食品卓越工程师

工程实践培养手册

主　编　毛相朝　汪东风

中国海洋大学出版社

·青岛·

图书在版编目(CIP)数据

食品卓越工程师工程实践培养手册 / 毛相朝，汪东风主编．—青岛：中国海洋大学出版社，2017．7

ISBN 978-7-5670-1465-7

Ⅰ．①食… Ⅱ．①毛… ②汪… Ⅲ．①食品工程－高等学校－教学参考资料 Ⅳ．① TS2

中国版本图书馆 CIP 数据核字(2017)第 137994 号

出版发行	中国海洋大学出版社		
社　　址	青岛市香港东路 23 号	邮政编码	266071
出 版 人	杨立敏		
网　　址	http：//www.ouc-press.com		
电子信箱	1193406329@qq.com		
订购电话	0532-82032573（传真）		
责任编辑	孙宇菲	电　　话	0532-85902349
装帧设计	青岛汇英栋梁文化传媒有限公司		
印　　制	蓬莱利华印刷有限公司		
版　　次	2017 年 7 月第 1 版		
印　　次	2017 年 7 月第 1 次印刷		
成品尺寸	185 mm × 260 mm		
印　　张	37.25		
字　　数	838 千		
印　　数	1—1 500		
定　　价	69.00 元		

发现印装质量问题，请致电 0535—5651533，由印刷厂负责调换。

《食品卓越工程师工程实践培养手册》编委会

主　编：毛相朝（中国海洋大学）　　汪东风（中国海洋大学）

副主编：（以姓名笔画为序）

王　卫（成都大学）　　王周平（江南大学）

刘成梅（南昌大学）　　孟祥红（中国海洋大学）

陈　野（天津科技大学）

编　委：（以姓名笔画为序）

丁占生（江南大学）　　王富龙（中国海洋大学）

付晓婷（中国海洋大学）　　刘军平（南昌大学）

张　崟（成都大学）　　陈安徽（徐州工程学院）

李先保（安徽科技学院）　　李昌文（郑州轻工业学院）

纵　伟（郑州轻工业学院）　　郑海波（安徽科技学院）

赵元晖（中国海洋大学）　　侯　虎（中国海洋大学）

前言

PREFACE

我国高等教育经过几十年的发展，已由精英教育走向了大众化教育，高等工程教育规模位居世界第一，基本满足了社会对多层次、多类型工程技术人才的需求。近年来，党中央、国务院做出了走中国特色新型工业化道路，建设创新型国家，建设人才强国等一系列重大战略部署，这对高等工程教育改革发展提出了迫切要求。体现在：为适应国家日益发展的工业，迫切需要培养一大批能够适应和支撑产业发展的工程人才；为建设创新型国家，提升我国工程科技队伍的创新能力，迫切需要培养一大批工程创新型人才；为增强综合国力，应对经济全球化的挑战，迫切需要培养一大批具有国际视野和竞争力的工程人才。基于上述背景，2010年6月23日，教育部在天津大学召开“卓越工程师教育培养计划”启动会，联合有关部门和行业协（学）会，共同实施“卓越工程师教育培养计划”（以下简称“卓越计划”）。卓越计划的实施是教育部落实《国家中长期教育改革和发展规划纲要（2010—2020年）》和《国家中长期人才发展规划纲要（2010—2020年）》的重大教育改革项目。卓越计划的实施是促进我国由工程教育大国迈向工程教育强国的重大举措；是旨在培养造就一大批有较强创新能力，适应经济社会发展需要的高质量、各类型工程技术人才；是为我国走新型工业化发展道路、建设创新型国家和由工业大国成为工业强国提供人才战略服务。该计划的制定和实施，也对促进我国高等教育面向社会需求培养人才，全面提高工程教育人才培养质量具有十分重要的示范和引导作用。

食品工业与人类生活需要密切相关，是国民经济的第一大支柱性产业，也是关联农业、工业和第三产业的重要支柱产业，全世界食品工业以每年约27 000亿美元的销售额居各行业之首，是全球经济的重要产业和最大的制造业。近年来，食品企业和食品产业越来越大，食品行业工程技术人才需求激增。我国要实现由食品业制造大国向制造强国迈进，需要一大批有较强创新能力、适应国内外食品行业发展需要的高素质工程技术人才；需要进一步提高行业关键技术和科技成果转化率，以提升我国食品产业的科技创新能力、科技含量和核心竞争力。为实现上述需要，急需一大批食品行业卓越工程技术人才。为此，2014年6月，中国海洋大学召集了江南大学、南昌大学、天津科技大学等实施卓越计划的高校食品科学与工程专业负责人，就如何开展卓越计划进行了深入研讨，一致认为编著一本《食品卓越工程师工程实践培养手册》是十分必要的。

《食品卓越工程师工程实践培养手册》共分为九章，由毛相朝、汪东风等组织编写。编写人员为长期从事食品科学与工程教学教师、科研人员及实践经验丰富的专家。编写分工如下：第一章、第二章由中国海洋大学负责；第三章由成都大学负责；第四章由南昌大学负责；第五章由徐州工程学院负责；第六章由天津科技大学负责；第七章由江南大学负责；第八章由安徽科技学院负责；第九章由郑州轻工业学院负责。全书由毛相朝、汪东风、孟祥红等统稿。虽然编者们做了大量资料收集、整理和编写工作，但由于水平有限，又无相关教科书参考，不足之处在所难免，敬请同行专家和广大读者批评指正，以便使本教材在使用中不断完善和提高。

本书编写得到了中国海洋大学出版社和教育部“卓越工程师教育培养计划”项目的支持，同时也得到了各位编者所在单位领导的大力支持，在此一并致谢。

编　者

2016年10月

目录

CONTENTS

第一章

绪　论

改革开放30多年来，我国高等教育得到了快速发展，具有全球最大的工程教育规模。然而，近年的《国际竞争力报告》(《洛桑报告》)显示：我国合格工程师的世界排名一直靠后。在日常学习中，学生所学多为书本知识和实验室科研操作，对工程环境和需求极不熟悉，难以形成解决实际问题的能力。与此同时，国内企业一方面对工程人才有着强烈需求，另一方面又没有担当起培养工程人才的责任。因此，急需在高等教育方面对工程型人才培养进行探索和实践。在这一背景下，教育部提出回归高等工程教育，瞄准国内外需求，启动"卓越工程师教育培养计划"。该计划是教育部贯彻教育规划纲要精神率先启动的一项重大改革计划，主要目标是面向工业界、面向世界、面向未来，培养造就一大批创新能力强、适应经济社会发展需要的高质量、各类型工程技术人才。参与"卓越工程师教育培养计划"的高校和企业通过校企合作途径联合培养人才，充分考虑行业的多样性和对工程型人才需求的多样性，采取多种方式培养工程师后备人才。

特别是作为国民经济重要支柱产业的食品工业，近年来发展迅猛。进一步加强我国食品产业科技创新能力，提高关键技术和科学成果转化率，关键是需要一大批食品行业卓越工程技术人才。

第一节　卓越工程师的培养标准和培养模式

食品科学与工程专业卓越工程师的培养目标是培养具备良好的思想道德、掌握丰富的食品科学与工程领域的基础理论、系统知识和专门技能，能够从事食品或相关产品的设计制造、技术开发、工程设计、生产管理、品质控制、产品销售等方面工作，具备较高的文化素养，良好的团队合作精神，具有解决复杂工程问题和关键攻关技术、提高食品科学与工程产业国际竞争力、引领食品科学与工程领域产业发展等能力的工程技术人才。

一、基本要求

(1) 具备较全面的食品科学以及相近学科的理论基础、基本技能和工程知识。

(2) 具有从事食品工厂设计、新产品开发、食品工艺技术改造、食品检验与分析等实际工作的良好素质；本专业和相近专业的实验技能和工程开发能力。

(3) 具有从事产品的设计制造、技术开发、工程设计、生产管理、品质控制、产品销售等工作的能力。

(4) 具有了解国内外食品贸易状况和企业经营管理的能力；了解国家有关食品生产经营、管理及安全等方面的政策和法规。

(5) 具有利用现代信息技术获取有效信息的能力；撰写工程报告和进行行业交流的能力。

二、培养标准

培养的卓越工程师应较好地掌握工程科学基础知识，遵纪守法，具有良好的职业道德，有效的交流与沟通能力，具备从事食品科学与工程、放大设计、生产管理等一般性和专门的工程技术知识和能力。能够在食品的生产、加工、流通及与食品科学与工程有关的进出口、卫生监督、安全管理等部门，从事食品或相关产品的技术开发、工程设计、生产管理、品质控制、产品销售等方面工作的卓越工程技术人才。

(1) 具备从事食品科学与工程领域生产、管理、开发、设计、研制等相关工作的必要的自然科学基础和专业基础的知识，形成初步分析问题和解决问题的思维方式，通过测试、试验及误差理论与数据处理等训练，初步形成食品科学的概念和对食品工程领域现状和发展趋势的认识和理解。

① 掌握并能应用从事工程工作所需的与食品科学与工程专业相关的各方面基础知识。(对应通用标准 1、2)掌握扎实的数学、物理、化学、生物等基础科学知识，能够使用数理化方法分析工程实际问题；具备一定的人文和社会科学知识，具有较高的道德文化修养和专业素质；至少熟练掌握一门外语进行技术交流。

a. 数学与计算机应用基础：高等数学(如极限、微积分、常微分方程和级数等)和工程数学(如线性代数、复变函数、概率与数理统计等)，大学计算机基础(如软硬件基本概念、计算机构成、C 语言程序设计、Visual Basic 程序设计等计算机语言)。熟悉计算机应用的相关知识，掌握计算机仿真、计算机辅助设计的方法和工具，具备一定的软件开发能力。

b. 物理、化学和生物学实验：普通物理与实验、无机及分析化学与实验、有机化学与实验、物理化学与实验、生物化学与实验、微生物学与实验、分子生物学与基因工程实验以及生物分离工程与实验等。

c. 人文和社会科学：哲学、经济学和管理学的基础知识，以及法律、文学、生命科学等基本的知识，初步形成较好的人文修养、道德修养，并具有较好的艺术欣赏能力。

d. 英语：熟练的阅读能力，良好的交流和写作能力，初步形成关注国内外文化、发展及食品科学与工程新技术等较宽广的视野。

② 将上述核心基础知识的原理运用在生工类、化工类、水产类和食品科学与工程等相关学科，能够应用食品科学与工程领域专业知识解决实际工程问题。(对应通用标准 4、6、8)

a. 应用上述基础知识来学习和掌握食品科学概论、食品工程原理、食品化学与实验、食品原料与营养学、食品生物技术、食品保藏原理与技术、食品加工机械与设备、食品工艺学、现代仪器分析、发酵食品、海洋生物资源加工与利用、食品检验与分析、食品安全与卫生学、食品包装工程、食品营销学、食品物流学等学科的基本原理与实验操作技能。上述是必须具备的食品科学与工程领域的核心理论基础知识。

b. 通过掌握食品原料的资源特征、储藏加工、生产管理、品质检验、安全监督等方面的基本实践技能，以及食品工程及其产业化的科学原理、工艺技术过程和食品工厂工程设计等基础理论，接受相关实验方法和工程技能的基本培训。

c. 具有综合运用理论与专业知识分析问题的能力，了解本学科发展动态，具备较强的自主学习及获取新知识的能力。

③ 在工程制图、机械工程基础、食工原理、化工原理、食品加工机械、食品工厂设计，或工厂设计、环境保护、食品保藏原理与技术、水产品加工与利用、食品检验与分析、食品包装学、生物工程、产品设计、工程管理等方面具有熟练的专业工程知识和应用能力。上述是必须具备的食品科学与工程领域的核心专业知识，其功能在于可以衔接和展现过去、现在及将来具有提出和解决食品科学与工程领域问题的底蕴。（对应通用标准 5）

a. 食品生产的技术开发：熟悉食品开发的理论与方法，能够从事新技术研究，新产品开发、评价、设计、实验、分析和综合方面的工作。

b. 食品生产的设计与放大：了解食品生产加工过程的特点，熟悉生产设计、放大的基本思想，具备从实验室到产业化过渡实施的食品开发能力。在食品生产过程中具备实际的操作技能与综合分析、解决问题的能力。

c. 生产过程的管理与规范：熟悉食品的生产管理与过程监控，熟悉行业的标准与规范，特别是有关食品与药品行业相应的企业管理、生产流程、产品质量等一系列规范。

（2）综合运用食品科学与工程领域理论和实践方法、相关学科理论和实践方法，沿着食品科学与工程领域生产、管理、开发、设计、研制等方向，具有提出问题、分析问题与解决问题的初步推理能力和思路；初步形成提出和解决食品科学与工程领域问题的基本流程和方法的能力，包括总体目标的形成、模型建立、方法确定和评价体系；同时具有与食品科学与工程领域相关的个人能力和专业能力。（对应通用标准 3、5、6、7）

① 能够进行工程推理、问题分析，并提出解决方案。

a. 问题评估和方案制定：具有了解食品科学与工程领域基本问题（研究、开发和设计食品新产品、新工艺、新技术）的具体要求，对应要求的评估指标，以及对问题进行任务分解、制订实施方案的初步能力。

b. 数学建模：具有初步对食品科学与工程领域问题进行数学建模的能力，并具有借用辅助计算机模拟、测试分析化验等工具予以解决问题的能力。

c. 指标估计和误差分析：具有初步的对食品科学与工程领域问题的解决方案所达到指标的定量化估计的能力，即指标满足的程度，以及实验或仿真与现实的一致性和误差分析等。

d. 解决方案的分析和评价：具有初步的对食品科学与工程领域问题的解决方案的综

合分析和评价的能力，即总体的性能，实验或仿真结果分析，对实施结果与原定指标进行对比评估，主动发现问题或者不足，进而有针对性地改进未来的设计方案。

② 能够对具体的工程问题进行有效的搜索和实验。

a. 知识技能的分辨探寻：针对食品科学与工程领域具体的工程问题，在明确需求的前提下，初步具有分辨和探寻为解决该问题所需要的基本理论知识（食品科学、食品工程原理）与实践技能（食品加工与开发）。

b. 相关文献信息的查阅整合：针对食品科学与工程领域具体的工程问题，能使用数据库和搜索引擎查询文献、信息（各类数据库、网络引擎、图书馆等）并进行整理和凝练，具有掌握解决该问题所需基础理论与技术前沿进展的能力。

c. 实验设计和探索：针对食品科学与工程领域具体的工程问题，具有对解决该问题进行需求分析（目前现状），可行性论证（已有技术基础和研究开发条件），初步设计（提出目标、思路、内容、可行性方案），实施调试完善（设备操作、实地验证）等环节的能力。

d. 偏差分析和方案改进：针对食品科学与工程领域具体的工程问题，具有自我判定解决该问题的目标、质量等完成情况的能力，能够分析出现偏差的原因，并制订改进方案。

③ 整体性、系统性思考问题的能力。

a. 系统性思维能力：具有对食品科学与工程领域具体工程问题解决的系统性思维能力，如食品生产、贮藏、包装、运输过程的系统观念，了解从原料到产品各环节的技术要求，以及食品生产和贮藏过程的复杂性。

b. 问题关联交互性分析：具有理解食品科学与工程领域具体工程问题之间相互关联和交互性的能力，如国家对于食品生产、设计、研究与开发、环境保护、安全监管等方面的方针、政策和法规。

c. 解决方案的决策判断：具有产品工程化过程优化的分析和决策能力，能够权衡不同食品科学与工程领域具体工程问题解决方案的优劣，并根据优化准则进行判断，在考虑各方利益平衡的情况下做出决策。

④ 具有成功进行工程实践所需的个人能力。

a. 主动性：在对食品科学与工程领域具体工程问题解决和优化过程中，有追求完善的主动意愿，理性承担相应的风险。

b. 应变能力：在对食品科学与工程领域具体工程问题解决和优化过程中，遇到困难能够采取变通的方法达到既定目标，做到理性应变问题。

c. 创造力和批判性思维：在对食品科学与工程领域具体工程问题解决和优化过程中，要有创造思维，能够批判性和创造性地对已有解决问题的方法提出疑义和改进措施，具有从多方面探索和研究产品开发和设计、技术改造与创新方案的合理性与可行性的能力。

d. 求知欲和时间管理：在对食品科学与工程领域具体工程问题解决和优化过程中，要有时间观念，能够高效地制定任务进度，能够保证任务按计划进度完成。

（3）能够在实际食品科学与工程等领域的多学科合作团队里工作并进行有效的交流。（对应通用标准 1、8、11、12）

① 具有在团队中工作和领导的能力。

a. 融入新集体的能力：在新企业实习过程中，能够积极、融洽地加入到工程项目的设计与开发团队当中。

b. 团队合作精神：在工作过程中，具备团队合作精神，善于与团队其他成员协作，并具备较强的协调、管理、竞争与合作的能力。

c. 团队组建和领导能力：具有团队组织、支配和协调的领导能力，能够根据任务要求和人员特点组建团队，合理组织任务、人员和资源，形成管理计划和预算，在团队中发挥积极作用。

d. 社会交际能力：具备良好的社交的技巧，能够控制自我并了解、理解他人需求和意愿，具备较强的适应能力，自信、灵活地处理新的和不断变化的人际环境。

② 以书面形式、电子形式、图标以及口头等方式进行有效交流。

a. 选择合适的交流战略和交流形式：具有在食品科学与工程领域，根据交流对象类别制定交流战略（如交流内容和逻辑思维）和交流形式（如书面形式、电子形式、图标以及口头等方式）的能力。

b. 项目文档撰写和表达能力：能够进行食品科学与工程领域项目、工作文档、工程文件（如项目投标书、论证书、任务书、可行性分析报告、项目进展报告、项目总结报告等）的撰写、阐释、说明、辩论的能力。

c. 选择合适的表达方式：具有在食品科学与工程领域，较好地应用图表、报告、多媒体、演讲等简洁表达方式，交流观点、方案等的能力。

d. 选择合适的远程交流方式：具有在食品科学与工程领域，熟练使用电子邮件、PPT、音频视频等工具进行电子和多媒体交流的能力。

③ 具备应用英语做日常和专业交流的基本能力。

a. 具有在食品科学与工程领域良好的语言、文字表达能力。

b. 能够使用专业术语、运用母语或英语，在跨文化背景下进行沟通与表达。

c. 具有较好的与现场工作人员沟通的人际交流能力。

d. 具有良好的语言逻辑思维表达能力。

（4）具备一定的企业和社会环境下的综合工程实践经验。（对应通用标准 7、11、13）

① 认识到社会和企业环境在工程实践中的重要性。

a. 能够了解当前食品科学与工程领域所处的社会环境和发展趋势与食品科学与工程领域自身的相互关系。

b. 具有认识和了解所在领域历史和文化背景环境的能力。

c. 能够认识和了解食品科学与工程领域不同的企业文化。

d. 具有发掘企业生存、发展所必须解决的关键问题的能力，能够在不同文化的企业中顺利开展工作。

② 具有系统的构思和工程化能力。

a. 针对食品科学与工程领域具体的工程问题，能够制定系统目标和要求。

b. 针对食品科学与工程领域具体的工程问题，能够界定系统功能、概念和结构。

c. 具有进行工程问题系统建模，并确保目标实现的能力。

d. 具有系统开发项目管理的能力。

③ 复杂系统的设计。

a. 针对食品科学与工程领域具体的工程问题,能够进行过程设计。

b. 针对食品科学与工程领域具体的工程问题,能够进行方法设计。

c. 具有应用食品科学与工程领域系统知识进行复杂系统的设计、开发和优化的能力。

④ 实际过程和管理程序的实施。

a. 针对食品科学与工程领域具体的工程问题,能够设计实施的过程。

b. 针对食品科学与工程领域具体的工程问题,能够确定和描述生产过程。

c. 具有对工程实际过程测试、检验、验证和认证的能力。

d. 具有对实施过程进行管理的能力。

⑤ 熟悉复杂系统、过程和管理的运行。

a. 针对食品科学与工程领域具体的工程问题,能够进行复杂的工程化系统、过程和管理的运行设计和优化。

b. 能够进行常规的培训及操作。

c. 能够对运行过程进行维护。

d. 具有对复杂系统改进与演变的能力。

e. 具有对复杂系统报废与回收的能力。

f. 具有对复杂系统运行管理的能力。

(5) 具有成功进行工程实践所需的职业(执业)能力。(对应通用标准 1、3、7、8)

① 具有高尚的职业道德。

a. 熟悉食品科学与工程领域企业员工应遵守的职业道德规范和相关法律知识。

b. 遵守所属职业体系的职业行为准则。

c. 在法律和制度的框架下工作。

② 具有强烈的责任感。

a. 具有良好的质量、安全、服务和环保意识。

b. 具备人类健康与资源环境和谐发展的理念。

c. 自觉将自然生态的一般原则应用于食品资源开发、食品加工与流通等环节。

③ 了解本专业领域相关标准法规。

a. 了解并熟悉食品科学与工程领域行业适用的技术标准。

b. 了解并熟悉食品科学与工程领域行业适用的职业健康安全。

c. 了解并熟悉食品科学与工程领域行业适用的环保法律法规。

④ 具有信息获取和终身学习的能力。

a. 为保持和增强职业能力,要不断主动获取食品科学与工程领域最新相关信息、行业发展现状及学科前沿技术。

b. 具备收集、分析、判断、选择国内外相关技术信息的能力。

c. 能够检查自身的发展需求。

d. 能够制定并实施继续职业发展规划。

三、培养模式

卓越工程师培养计划注重校企合作，注重学生实际工程能力的培养，将理论与实践相结合。旨在将产学研相结合的思想融入学生工程教育整体培养过程中，通过边教学、边实践、边科研、边应用，实现教学、实践、科研、应用、推广的全面互动，使工程教育和培养过程更贴近社会、贴近市场、贴近生产。把课程学习与工程实践相结合、真正体现校企联合培养；同时在校企合作过程中，实现企业、学校、学生三方共赢的局面，发挥三方的主观能动性。因此，校企合作是卓越工程师培养计划的关键和核心所在，关系到该计划的成败与否。

企业培养方案的实施主要是通过校企合作建立“卓越工程师”教育培养计划工程实践教育基地（中心），明确校外学生实践基地在卓越工程师教育培养过程中的任务，促进学校和相关企业建立校企联合培养工程实践人才的新机制。进一步转变学校教育思想观念，改革人才培养模式，加强实践环节教学，提升学生的工程素养，培养学生在食品科学与工程领域的工程实践能力、工程设计能力和工程创新能力，为培养造就一大批食品科学与工程领域创新能力强、适应经济社会发展需要的高质量工程技术人才提供良好的工程实践平台。

食品科学与工程专业本科工程型人才采用“3＋1”的4年制培养模式，3年在校学习，累计1年在企业学习和做毕业设计（论文）。本科阶段的企业培养计划环节主要分为四个层次，分别为企业认识实习（实现感悟、了解的过程），岗位参与（实现理解、掌握、动手的体验过程），生产实践（实现发现问题和初步分析问题的实际过程）和毕业设计（实现分析问题和解决问题，从事完整工程项目的训练过程），累计时间不低于1年。

第二节 卓越工程师企业认识实习

一、认识实习的主要目的

食品科学与工程专业卓越工程师企业认识实习阶段的主要目的和任务是，在学习学科基础、专业知识和工作技能等相关课程之前，使学生深入认识食品科学与工程专业学生将来所从事工作的性质和特点，对食品科学与工程行业及相关食品加工企业产生感性认识；使学生了解食品科学与工程行业背景及企业文化，了解行业的人才需求，为自己的职业生涯制定具体的目标，从而提高相关理论课程的学习兴趣。

二、认识实习的基本要求

（1）了解企业文化、组织形式和部门设置、规章制度。

（2）了解食品企业的主要产品及其分类。

（3）了解企业生产规模和主要市场。

（4）了解食品企业的主要生产原料。

（5）掌握食品产品制备生产过程的基本原理和基本特点。

（6）了解食品生产工艺的基本流程和关键控制点。

（7）认识食品企业的主要生产设备并了解其工艺性能。

（8）了解食品企业产品质量的基本检验和鉴定知识。

（9）了解食品企业的质量标准和操作规范。

（10）了解食品企业的经营管理和法律法规基本知识。

三、认识实习的主要内容

食品科学与工程专业卓越工程师企业认识实习的主要内容根据所在学校的学科特色与周边可供实习的企业种类，在达到认识实习主要目的和基本要求的前提下，来具体设置内容。一般选择学校周边可提供学生实习的水产品加工企业、肉制品加工企业、粮油食品加工企业、发酵酒类加工企业、调味品加工企业、果蔬加工企业和乳制品加工企业等开展认识实习教学环节。通过现场参观认识、企业宣传片观摩、邀请企业专家讲授、交流与讨论等形式达到认识实习的教学效果。具体内容参照表 1-1。

表 1-1　食品科学与工程专业卓越工程师企业认识实习的主要内容

企业类型	主要内容和要求
水产品加工企业	掌握冻虾仁、冷冻鱼糜、鱼片、鱼油、琼脂、褐藻胶、盐渍海带等产品的生产基本原理；了解主要产品种类和生产原料；了解生产工艺的基本流程；了解水产品加工企业管理经营知识；认识生产过程中的关键设备和操作要点；了解生产工艺操作及工艺控制；了解冻产品质量的基本检验和鉴定能力；理解冻虾仁制品的质量标准和操作规范
肉制品加工企业	掌握腌腊制品、酱卤制品、熏烧烤制品、肉干制品、火腿制品、罐头制品等各类型肉制品生产的基本原理；掌握各类型肉制品的主要原辅料和主要品种；了解各类型肉制品生产工艺的基本流程；了解影响各类型肉制品产品质量的主要因素；了解各类型肉制品企业管理经营知识；认识各类型肉制品生产过程中的关键设备和操作要点；了解各类型肉制品生产工艺和操作机械工艺控制；了解各类型肉制品质量标准，以及质量基本检验和鉴定知识；能够制定各类型肉制品加工生产的操作规范、整理改进措施
粮油食品加工企业	掌握稻谷、小麦粉、面制品、面包、植物油脂、豆制品等产品的主要品种、性质和加工特性；掌握生产的基本原理和技术；了解生产的基本工艺流程；了解粮油食品加工企业的管理经营知识；认识生产过程中的主要设备和操作要点；了解生产过程的工艺操作和工艺控制；了解产品质量的基本检验和鉴定能力；能够制定产品的操作规范和整改措施
发酵酒类加工企业	了解啤酒、葡萄酒、黄酒等产品的概念及其营养价值；了解产品的分类及特点；了解产品的主要原料，主要生化机制及参与的主要微生物；了解现代发酵酒生产的新技术和传统工艺的区别；掌握发酵酒原辅料的选择及处理工艺；认识发酵酒生产过程中的关键设备和操作要点；能够认识发酵酒生产工艺操作及工艺控制；了解发酵酒质量的基本检验内容和检测方法；能够制定发酵酒生产的操作规范、整理改进措施
调味品加工企业	掌握食醋、酱油、酱品、腌制菜品等产品的概念，了解其营养价值；了解调味品的分类及特点；了解调味品的主要生产原料；学会调味品生产的主要类型和工艺流程；能够掌握调味品生产工艺和工艺控制；掌握常用的调味品使用方法，熟悉我国几种传统的调味品工艺；能够进行调味品质量的基本检验与品质鉴定

续表

企业类型	主要内容和要求
果蔬加工企业	掌握果蔬干制品、果蔬冷冻制品、果蔬汁、果蔬罐头、果蔬糖制品等产品的生产基本原理；掌握工业化果蔬加工企业生产的特点；了解果蔬制品生产工艺的基本流程；了解影响果蔬制品品质形成的主要因素；了解果蔬制品的主要原料和主要品种；了解果蔬加工企业管理经营知识；认识果蔬制品生产过程中的关键设备和操作要点；了解果蔬制品生产工艺操作及工艺控制；了解果蔬制品质量的基本检验和鉴定能力；能够制定果蔬制品生产的操作规范、整理改进措施
乳制品加工企业	掌握巴氏杀菌乳、酸奶、乳粉、冰激淋等产品的概念、类型和对原料奶的要求；了解乳制品生产的工艺流程；掌握乳制品生产的基本原理；认识乳制品生产过程中的关键设备和操作要点；认识乳制品质量标准及检测方法；掌握乳制品加工关键工艺的控制条件；能够解决乳制品常见的质量问题；能够应用所学知识对奶油的质量进行控制并提出改进措施

四、认识实习的实习报告与考核要点

学生在参加卓越工程师企业认识实习结束以后，要认真撰写实习报告（表 1-2），全面反映实习的过程和实习大纲中所规定的实习内容，同时，对实习过程的体会、收获以及发现的问题、思考和建议进行总结。实习报告必须独立完成，字数一般不少于 6 000 字，要求全面、详细，逻辑性强，书写工整，文理通顺。认识实习的操作考核要点和参考评分参照表 1-3 制定。

表 1-2 食品科学与工程专业卓越工程师企业认识实习报告

<table>
<tr><td>学生姓名</td><td></td><td>班级</td><td></td><td>学号</td><td></td></tr>
<tr><td>实习时间</td><td colspan="2"></td><td colspan="2">指导教师</td><td></td></tr>
<tr><td>实习企业</td><td colspan="5"></td></tr>
<tr><td>实习目的</td><td colspan="5"></td></tr>
<tr><td>实习主要内容</td><td colspan="5">（1）实习单位概况和发展历程；
（2）实习单位的机构设置和管理；
（3）主要产品及其生产的基本原理；
（4）主要产品的生产原料；
（5）主要产品的生产工艺基本流程；
（6）通过实习认识的生产设备；
（7）主要产品的规模和市场销售情况</td></tr>
<tr><td>实习总结</td><td colspan="5">（1）实习过程的体会，如提出该厂生产中存在的问题和相应的建议；
（2）实习过程有何心得，自己应该如何学习今后的理论课程；
（3）该行业的人才需求现状如何，除了学习理论知识，你认为大学期间还应该培养哪些能力来适应行业的人才需求；
（4）认识实习中存在的问题，对实习方式的效果等提出建设性的改进意见</td></tr>
<tr><td>实习鉴定</td><td colspan="5"></td></tr>
<tr><td>实习成绩</td><td colspan="5"></td></tr>
</table>

表 1-3　食品科学与工程专业卓越工程师企业认识实习操作考核要点和参考评分

序号	项目	考核内容	技能要求	评分(100分)
1	企业概况	(1)企业组织形式; (2)产品概况	(1)了解企业的组织、部门任务; (2)了解企业的产品种类、特色	10
2	工艺设备	(1)主要设备; (2)主要工艺; (3)辅助设施	(1)了解生产工艺的各工序; (2)认识生产设备的型号和用途; (3)生产辅助设施	15
3	企业建筑	(1)全厂平面图; (2)主要建筑特点; (3)三废及其他	(1)了解生产线车间布局; (2)了解生产产品的副产物和三废情况	15
4	市场调研	(1)市场销售状况; (2)主要产品信息	(1)利用网络或到销售实地考查产品的销售情况; (2)做产品销售汇总	10
5	实习报告	(1)格式; (2)内容	(1)认识实习报告格式正确; (2)能正确记录主要产品生产工艺与要求,实习总结要包括体会、心得、问题与建议等	50

第三节　卓越工程师企业岗位参与实习

一、岗位参与实习的主要目的

食品科学与工程专业卓越工程师企业岗位参与实习阶段的主要目的和任务是将学生学习的基础理论知识和方法与食品加工企业不同岗位的实际单元操作过程相结合,实现知识从抽象到直观的转化,从理论到实践的转化;掌握在不同岗位实践过程中的学习方法,训练初步的工程操作能力,将实践融入到产品生产过程中,体验食品加工企业不同岗位的工作性质和对知识的要求。

二、岗位参与实习的基本要求

(1)理论结合实践,加深对食品生产基本理论的理解。

(2)掌握食品加工的基本工艺流程和单元操作,了解产品生产的关键技术。

(3)强化食品加工企业岗位生产操作控制能力,为独立开展生产实习做好准备。

(4)能够处理食品加工企业生产过程中遇到的常见问题。

(5)能够对实习企业的生产环境提出改进意见。

三、岗位参与实习的主要内容

食品科学与工程专业卓越工程师企业岗位参与实习的主要内容根据所在学校的学科

特色与周边可供实习的企业种类，在完成认识实习以后，结合岗位参与实习的主要目的和基本要求开展。一般选择学校周边可提供学生实习的水产品加工企业、肉制品加工企业、粮油食品加工企业、发酵酒类加工企业、调味品加工企业、果蔬加工企业和乳制品加工企业等开展岗位参与实习教学环节。具体内容参照表1-4。

由企业生产一线的工程师指导学生学习食品加工企业不同生产岗位的实际流程，参与生产岗位的实际操作；学校安排有丰富理论知识及实际生产经验的教师作为理论导师，为学生讲解用到的相关理论知识。一般安排4～5人为一组，以小组为单位，从选择原料及必要的加工设备开始，利用各种原辅材料的特性及主要生产原理，生产出质量合格的产品。

表1-4　食品科学与工程专业卓越工程师企业岗位参与实习的主要内容

企业类型	主要内容和要求
水产品加工企业	加深对冻虾仁制品、鱼糜制品、鱼片制品、鱼油制品、琼脂、褐藻胶、盐渍海带等产品生产基本理论的理解；掌握水产食品生产的基本工艺流程；掌握水产品加工过程中各生产岗位的主要设备和操作规范，熟悉产品生产的关键技术；能够处理水产食品生产中遇到的常见问题
肉制品加工企业	加深对腌腊制品、酱卤制品、熏烧烤制品、干制品、火腿制品、罐头制品等各类肉制品生产基本理论的理解；掌握各类肉制品加工生产的基本工艺流程；掌握各类肉制品加工生产过程中各岗位的主要设备和操作规范，熟悉肉制品加工生产的关键技术；能够处理各类肉制品生产中遇到的常见问题
粮油食品加工企业	加深学生对稻谷、小麦粉、面制品、面包、植物油脂、豆制品等产品加工基本原理的理解；掌握粮油食品加工的基本工艺流程及关键技术；掌握主要生产设备和操作规范；能够处理粮油食品加工过程中遇到的常见问题
发酵酒类加工企业	加深对啤酒、葡萄酒、黄酒等发酵酒产品生产基本理论的理解；掌握发酵酒生产的基本工艺流程，并进一步了解生产的关键技术；提高生产操作控制能力，能处理发酵酒生产中遇到的常见问题
调味品加工企业	加深对食醋、酱油、酱类、酱菜和泡菜等产品生产基本理论的理解；掌握产品生产的基本工艺流程，进一步了解不同生产岗位的关键技术；提高生产操作控制能力，能处理调味料食品生产中遇到的常见问题
果蔬加工企业	加深对果蔬干制品、果蔬冷冻制品、果蔬汁、果蔬罐头、果蔬糖制品等产品生产基本理论的理解；掌握果蔬制品生产的基本工艺流程；掌握果蔬制品生产过程中各岗位的主要设备和操作规范，熟悉产品生产的关键技术；能够处理果蔬制品生产中遇到的常见问题
乳制品加工企业	加深对乳制品生产基本理论的理解；掌握乳制品生产的基本工艺流程；掌握收奶岗位、配料岗位、均质和杀菌岗位、灌装岗位等生产过程中各岗位的主要设备和操作规范，熟悉产品生产的关键技术；能够处理乳制品生产中遇到的常见问题

四、岗位参与实习的实习报告与考核要点

学生在参加卓越工程师企业岗位参与实习结束以后，要认真撰写实习报告（表1-5），全面反映实习的过程和实习大纲中所规定的实习内容，同时，对实习过程的体会、收获以及发现的问题、思考和建议进行总结。实习报告必须独立完成，字数一般不少于6 000字，要求全面、详细，逻辑性强，书写工整，文理通顺。同时，结合实习地现场操作进行考核。认识实习的操作考核要点和参考评分参照表1-6制定。

表 1-5　食品科学与工程专业卓越工程师企业岗位参与实习报告

学生姓名		班级		学号	
实习时间		指导教师			
实习企业					
实习岗位					
实习目的					
实习主要内容	(1) 实习岗位所生产食品的主要生产原理; (2) 实习岗位的原辅料选择原则及分类特性; (3) 实习岗位的基本工艺流程和单元操作; (4) 实习岗位所涉及的生产设备及其操作规范; (5) 实习岗位主要产品的检验方法和产品标准				
实习总结	(1) 实习岗位生产过程的关键技术与在校所学课程的哪些基础理论知识相关; (2) 实习岗位生产过程中遇到的常见问题,应该通过何门课程的哪些知识点进行解决; (3) 绘制实习岗位的生产线流程图; (4) 对实习企业的生产环境提出的改进意见; (5) 岗位参与实习中存在的问题、对实习方式的效果等提出建设性的改进意见				
实习鉴定					
实习成绩					

表 1-6　食品科学与工程专业卓越工程师企业岗位参与实习操作考核要点和参考评分

序号	实习项目	考核内容	技能要求	评分(100 分)
1	准备工作	(1) 准备、检查器具; (2) 实习场地清洁	(1) 能准备、检查必要的加工器具; (2) 实习场地清理	5
2	原料处理	原料的预处理工艺	能正确进行原料的除杂、洗净、浸泡、淋清和沥干等处理,能正确判断关键控制点	10
3	生产工艺	(1) 生产工艺中各操作单元; (2) 生产过程新技术; (3) 产品贮存与包装	(1) 能正确掌握生产过程中各生产设备的使用方法; (2) 能准确掌握不同岗位的规范操作和参数控制; (3) 能正确分析生产过程中的参数检测; (4) 能正确注明品种、日期,掌握合理贮存期	55
4	产品的感官鉴定	色泽、香气、滋味和体态	应符合产品标准的要求	10
5	实习报告	(1) 格式; (2) 内容	(1) 实习报告格式正确; (2) 能正确记录实验现象和实验数据,报告内容正确、完整	20

第四节 卓越工程师企业生产实习

一、生产实习的主要目的

食品科学与工程专业卓越工程师企业生产实习是具有较强技术性和实践性的工作技能层面的课程，是专业理论与实际相结合的重要环节。本课程的主要目的和任务是在学生完成学科基础和专业知识的学习以后，通过生产实践使学生对专业的生产过程有全面的认识和理解，将所学理论知识转化为实践技能，培养学生严谨的实践技能和良好的操作习惯，培养独立操作生产设备的能力，并熟练掌握各类食品生产的工艺规范和控制方法；能够熟练运用所学理论知识分析生产过程中遇到的实际问题，并提出解决方案。

二、生产实习的基本要求

（1）熟练掌握食品生产中所用设备的工作原理和操作规程。

（2）全面熟悉所实习单位的生产工艺流程、操作步骤以及有关仪器设备的性能，巩固加深对专业理论知识的理解与掌握。

（3）综合应用专业理论知识，发现、分析和解决生产中出现的问题，提高独立工作的能力。

（4）了解食品科学与工程领域新技术的应用情况；熟悉并掌握项目投资额度、产品要求、质量控制措施、安全及环保要求。

（5）能够制定项目执行技术路线、可行性报告、经济分析报告、预算计划等。

（6）参与项目关键技术、设备的开发与改造，能够通过查阅相关资料、计算分析等方法解决其中的部分问题。

（7）能够较好地适应工作环境，为项目团队建设与组织、管理提供积极建议。

（8）通过参与项目具备分析问题、解决问题的能力，并能够确定自身职业发展及学习、培养计划。

三、生产实习的主要内容

食品科学与工程专业卓越工程师企业生产实习的主要内容是，在岗位参与的基础上，独立开展食品科学与工程领域生产的实际流程和操作。具体内容参照表1-7。全面掌握食品科学与工程领域中食品的生产过程，熟悉工程项目的背景、发展趋势和现状。以生产实践阶段的工程项目为目标，培养学生具备综合应用专业理论知识，发现、分析和解决生产中出现的问题，以及提高独立工作的能力，使学生在思想和工作技能方面得到锻炼。参与实习单位的新产品研制开发，进一步培养和锻炼学生的科研、组织生产和企业管理能力。使学生毕业后能尽快缩短工作适应期，成为具有生产、研发和管理知识与经验的卓越工程师。

表 1-7 食品科学与工程专业卓越工程师企业生产实习的主要内容

企业类型	主要内容和要求
水产品加工企业	全面掌握鳕鱼片生产企业、褐藻胶生产企业生产过程中的生产工艺流程、操作步骤，巩固加深对专业理论知识的理解与掌握。熟练掌握鱼片生产过程中解冻机、去鱼皮机、灯光检验台、平板鱼片速冻机、金属探测器等设备，以及褐藻胶生产过程中转笼浸泡器、切菜机、沥水绞笼、消化罐、平板过滤器、快开式叶片压滤机、微孔管压滤器、预涂料真空转鼓过滤机、螺旋压榨脱水机等设备的操作和关键控制点。掌握生产环节中常见的故障排除方法，培养突发问题的解决能力；能够有效分析产品生产过程的影响因素；了解食品科学与工程领域新技术在生产过程中的应用情况；熟悉并掌握生产过程安全及环保要求
肉制品加工企业	全面掌握盐水火腿、高温火腿肠、酱卤肉等肉制品生产工艺流程、操作步骤，巩固加深对专业理论知识的理解与掌握。熟练掌握肉制品生产过程中冻肉切割机、绞肉机、斩拌机、自动真空灌肠机、全自动打卡机、气动台式打卡机、台式拉伸打卡机、不锈钢控温蒸煮锅、冷却槽、烟熏炉、喷淋冷却器、全自动连续拉伸真空包装机、间歇式真空包装机、去肠皮机、装罐机、加汁机、杀菌釜、擦罐机、制冰片机等设备的操作和关键控制点。掌握盐水火腿生产环节中常见的故障排除方法，培养突发问题的解决能力；能够有效分析产品生产过程的影响因素；了解食品科学与工程领域新技术在盐水火腿生产过程中的应用情况；熟悉并掌握生产过程安全及环保要求
粮油食品加工企业	全面掌握大米、植物油脂等粮油食品生产工艺流程、操作步骤，巩固加深对专业理论知识的理解与掌握。熟练掌握大米生产过程中提升机、初清振动筛、振动清理筛、比重去石机、胶辊砻谷机、谷糙分离机、碾米机、白米分级筛等设备，以及油脂生产过程中碱炼锅、脱色锅、脱臭锅等设备的操作和关键控制点。掌握粮油食品生产环节中常见的故障排除方法，培养突发问题的解决能力；能够有效分析产品生产过程的影响因素；了解食品科学与工程领域新技术在粮油食品生产过程中的应用情况；熟悉并掌握生产过程安全及环保要求
发酵酒类加工企业	全面掌握啤酒的生产工艺流程、操作步骤以及有关仪器设备的性能，巩固加深对专业理论知识的理解与掌握。熟练掌握生产过程中斗式提升机、抛光机、麦芽粗选机、去石机、湿式粉碎机、糊化锅、糖化锅、过滤槽、煮沸锅、回旋沉淀槽、发酵罐、硅藻土过滤机、清酒罐、冷水罐、制冷机组、洗瓶机、灌装机、压盖机、灭菌机、标签喷码机及其自动控制系统等设备的操作和关键控制点。掌握啤酒生产环节中常见的故障排除方法，培养突发问题的解决能力；能够有效分析产品生产过程的影响因素；了解食品科学与工程领域新技术在发酵酒生产过程中的应用情况；熟悉并掌握生产过程安全及环保要求
调味品加工企业	全面掌握食醋和豆豉的生产工艺流程、操作步骤以及有关仪器设备的性能，巩固加深对专业理论知识的理解与掌握。熟练掌握生产过程中浸泡设备、液化及糖化罐、酒精发酵罐、发酵水泥池、制醅机等设备的操作和关键控制点。掌握调味品生产环节中常见的故障排除方法，培训突发问题的解决能力；能够有效分析产品生产过程的影响因素；了解食品科学与工程领域新技术在调味品生产过程中的应用情况；熟悉并掌握生产过程安全及环保要求
果蔬加工企业	全面掌握速冻西兰花和杨梅汁的生产工艺流程、操作步骤以及有关仪器设备的性能，巩固加深对专业理论知识的理解与掌握。熟练掌握速冻西兰花生产过程中切菜机、气泡清洗机、漂烫机、冷却槽、振荡机、输送网带、单体速冻机、包装机、金属探测器、低温冷库等设备，以及杨梅汁生产过程中脱核打浆机、螺旋榨汁机、过滤机、胶体磨、调配缸、暂存罐、超高温瞬时灭菌机、倒瓶杀菌机等设备的操作和关键控制点。掌握果蔬制品生产环节中常见的故障排除方法，培养突发问题的解决能力；能够有效分析产品生产过程的影响因素；了解食品科学与工程领域新技术在果蔬制品生产过程中的应用情况；熟悉并掌握生产过程安全及环保要求
乳制品加工企业	全面掌握巴氏杀菌乳、酸奶、奶粉、冷冻饮品的生产工艺流程、操作步骤以及有关仪器设备的性能，巩固加深对专业理论知识的理解与掌握。熟练掌握生产过程中杀菌机、配料机、均质机、喷雾干燥机、灌装机等设备的操作和关键控制点。掌握乳制品生产环节中常见的故障排除方法，培养突发问题的解决能力；能够有效分析产品生产过程的影响因素；了解食品科学与工程新领域新技术在乳制品生产过程中的应用情况；熟悉并掌握生产过程安全及环保要求

四、生产实习的实习报告与考核要点

学生在参加卓越工程师企业生产实习结束以后，要认真撰写实习报告，实习报告格式与要求参照表1-8，全面反映实习的过程和实习大纲中所规定的实习内容，同时，对实习过程的体会、收获以及发现的问题、思考和建议进行总结。实习报告必须独立完成，字数一般不少于6 000字，生产实习报告要求全面、详细，逻辑性强，书写工整，文理通顺，分数占50%。现场操作考核（参照第三节“生产实习考核要点及参考评分标准”），分数占50%。

表1-8　食品科学与工程专业卓越工程师企业生产实习报告

<table>
<tr><td>学生姓名</td><td></td><td>班级</td><td></td><td>学号</td><td></td></tr>
<tr><td>实习时间</td><td colspan="2"></td><td>指导教师</td><td colspan="2"></td></tr>
<tr><td>实习企业</td><td colspan="5"></td></tr>
<tr><td>实习岗位</td><td colspan="5"></td></tr>
<tr><td>实习目的</td><td colspan="5"></td></tr>
<tr><td>实习主要内容</td><td colspan="5">(1) 实习单位概况和发展历程；
(2) 该企业的机构设置和管理；
(3) 主要产品的生产原料及其来源和质量控制；
(4) 主要产品的规模和市场销售情况；
(5) 实习生产线的工艺流程和操作步骤；
(6) 生产设备的工作原理、操作规程和关键控制点；
(7) 产品质量检验和控制措施；
(8) 结果分析与讨论；
(9) 绘出生产车间及附属建筑的平面布置图；
(10) 主要产品的经济成本核算</td></tr>
<tr><td>实习总结</td><td colspan="5">(1) 实习过程的体会，如提出该厂生产中存在的问题和解决方法；
(2) 你所学的食品科学与工程领域哪些新技术能够应用到实习企业的产品生产过程中；
(3) 若开发类似的新产品，如何制定可行性报告、经济分析报告、预算计划等；
(4) 根据所学知识和企业生产线现状，提出企业现有设备的改进方法与新型设备的开发计划；
(5) 在实习过程中你所在团队成员之间是如何分工合作的；
(6) 评价自己要成为一名合格的卓越工程师还有哪些能力需要培养；
(7) 生产实习中存在的问题、对实习方式的效果等提出建设性的改进意见</td></tr>
<tr><td>实习鉴定</td><td colspan="5"></td></tr>
<tr><td>实习成绩</td><td colspan="5"></td></tr>
</table>

参考文献

[1] 林健．“卓越工程师教育培养计划”通用标准研制[J]. 高等工程教育研究，2010(4)：21-29.

[2] 林健.“卓越工程师教育培养计划”学校工作方案研究[J]. 高等工程教育研究，2010(5):30-36.
[3] 林健.“卓越工程师教育培养计划”专业培养方案研究[J]. 清华大学教育研究，2011(32):47-55.
[4] 林健.“卓越工程师教育培养计划”专业培养方案再研究[J]. 高等工程教育研究，2011(4):10-17.
[5] 张爱民，周天华. 食品科学与工程专业实验实习指导用书[M]. 北京：北京师范大学出版社，2011.

第二章

水产品加工企业卓越工程师实习指导

水产品是指以海水、淡水产的鱼类为主体，并包括虾蟹类、贝类、乌鲗类、海参类，以及鲸类和藻类等经济水产动植物。随着水产品产量的不断提高，除一部分就地鲜销之外，大都需要进行保鲜，长期保藏，并加工制造成各类食品、饲料和工业、医药等用品。本章主要针对卓越工程师实习过程中，如何指导常见水产品加工技术学习进行叙述，包含以下三部分内容。

（1）水产品加工企业认识实习：虾仁生产技术、冷冻鱼糜生产技术、鱼片生产技术、鱼油生产技术、琼胶生产技术、褐藻胶生产技术、盐渍海带生产技术。

（2）水产品加工企业岗位参与实习：冻虾仁制品加工岗位技能综合实训、鱼糜制品加工岗位技能综合实训、鱼片制品加工岗位技能综合实训、鱼油制品加工岗位技能综合实训、琼脂加工岗位技能综合实训、褐藻胶加工岗位技能综合实训、盐渍海带加工岗位技能综合实训。

（3）水产品加工企业生产实习：鱼片加工生产线实习、褐藻胶加工生产线实习。

第一节　水产品加工企业认识实习

一、虾仁生产技术

知识目标：

（1）掌握冻虾仁制品生产的基本原理。

（2）掌握工业化冻虾仁制品生产的两个阶段及特点。

（3）了解冻虾仁制品生产工艺的基本流程。

（4）了解冻虾仁制品的主要原料和主要品种。

（5）了解冻虾仁制品企业管理经营知识。

技能目标：

（1）认识冻虾仁生产过程中的关键设备和操作要点。

（2）了解冻虾仁制品生产工艺操作及工艺控制。

（3）了解冻虾仁制品质量的基本检验和鉴定知识。

（4）理解冻虾仁制品的质量标准和操作规范。

解决问题：

（1）冻虾仁制品生产的新技术有哪些？和传统工艺有什么区别？

（2）冻虾仁制品制备过程的主要添加剂有哪些？

（一）冻虾仁制品生产原料

1. 原料的选择

冻生虾仁产品的原料应为品质良好、可作为鲜品供人类消费的虾，应符合 GB 2733 的规定。以海水虾为原料的主要有对虾、白虾、毛虾、红虾等；以淡水虾为原料的主要有南美白对虾、罗氏沼虾等。根据冷冻方式分为单冻虾仁和块冻虾仁。

2. 原料的前处理

原料存放在清洁的虾盘中，用片冰保鲜。虾体温度低于 4 ℃，预冷库温低于 7 ℃，原料虾应及时加工，不能及时加工的原料虾应在 0～4 ℃的冷藏室内冷藏，时间不超过 12 h。原料虾在加工前，首先进行清洗，将附着在原料虾上的污垢、泥斑、杂质洗刷干净。

（二）冷冻虾仁的生产工艺

鲜虾→预处理→去头、去壳→漂洗→去肠腺→清洗→分级→沥水→称重→摆盘→速冻→脱盘→镀冰衣→包装、贴标→金属探测→冻藏。

（三）冷冻虾仁生产的新技术

1. 臭氧水动态杀菌处理法制备冷冻虾仁

从目前出口的冷冻虾仁生产的现状来看，传统工艺生产过程中采取的消毒方法主要采用含氯消毒剂来浸泡虾仁作为主要的杀菌保鲜方法，消毒剂使用不稳定，副溶血性弧菌也时有检出。利用臭氧水动态杀菌处理（喷淋杀菌法）可达到较好的杀菌保鲜效果，控制致病菌的发生，使产品达到优质、安全、低菌的出口要求。

2. 辐照技术法制备冷冻虾仁

辐照处理是解决冷冻虾仁质量问题的有效方法。已有实验表明，3～5 kGy 的辐照剂量可以杀灭冷冻虾仁中 99% 以上的微生物，0～10 kGy 辐照对虾仁的蛋白质无明显影响。

（四）冻虾仁制品的质量标准及检测

（1）SC/T 3026—2006 冻虾仁加工技术规范，规定了冻生虾仁的加工企业的基本条件及冻虾仁加工技术要求。

（2）SC/T 3110—1996 冻虾仁。

（五）实习考核要点和参考评分（表 2-1）

（1）记录实习过程所见所闻所想，结合专业知识撰写认识实习报告。

（2）指导教师提交认识实习教学指导教师工作报告一份。

表 2-1 冻虾仁制品认识实习的操作考核要点和参考评分

序号	项目	考核内容	技能要求	评分（100 分）
1	企业概况	（1）企业组织形式； （2）产品概况	（1）冻虾仁制品企业的部门设置及其职能； （2）冻虾仁制品企业的技术与设备状况； （3）冻虾仁制品的产品种类、生产规模和销售范围	10
2	工艺设备	（1）主要设备； （2）主要工艺； （3）辅助设施	（1）了解冻虾仁制品的生产工艺流程，能够绘制简易流程图； （2）了解主要设备的相关信息，能够收集冻虾仁生产设备的技术图纸和绘制草图； （3）了解冻虾仁生产企业的仓库种类和特点	15
3	企业建筑	（1）全厂平面图； （2）主要建筑特点； （3）三废及其他	（1）了解冻虾仁生产企业全厂总平面布置情况，能够绘制全厂总平面布置简图； （2）了解冻虾仁生产企业主要建筑物的建筑结构和形式特点； （3）了解冻虾仁生产企业三废处理情况和排放要求，能够阐述原理； （4）能够制定冻虾仁制品生产的操作规范、整理改进措施	15
4	市场调研	（1）市场销售状况； （2）主要产品信息	（1）了解冻虾仁制品主要产品的市场销售状况； （2）能准确描述一类主要产品的品牌、原料、生产厂家、包装形式、包装材料和规格、标签内容、价格、保质期等	10
5	实习报告	（1）格式； （2）内容	（1）认识实习报告格式正确； （2）能正确记录主要产品生产工艺与要求，实习总结要包括体会、心得、问题与建议等	50

二、冷冻鱼糜生产技术

知识目标：

（1）掌握鱼糜制品生产的基本原理。

（2）掌握工业化鱼糜制品生产的两个阶段及特点。

（3）了解鱼糜制品生产工艺的基本流程。

（4）了解影响鱼肉凝胶形成能力的主要因素。

（5）了解鱼肉蛋白的冷冻变性机理。

（6）了解鱼糜制品的主要原料和主要品种。

（7）了解鱼糜制品企业管理经营知识。

技能目标：

（1）认识鱼糜生产过程中的关键设备和操作要点。

（2）了解鱼糜制品生产工艺操作及工艺控制。

（3）了解鱼糜制品质量的基本检验和鉴定知识。

（4）能够制定鱼糜制品生产的操作规范、整理改进措施。

解决问题：

（1）鱼糜制品生产的新技术有哪些？和传统工艺有什么区别？

（2）鱼糜制品制备过程的主要添加剂有哪些？

（一）鱼糜制品生产原料

1. 原料的选择

要选用新鲜度良好的鱼类，即处于鱼体僵硬阶段的鱼类，原料的新鲜度是非常重要的条件，鲜度不好将严重影响制品的弹性，呈味性和贮藏性。在原料选择上要注意以下 3 点：① 原料鱼挥发性盐基氮要在 30 mg/100 g 以下；② 感官检查，有异味及不新鲜的不能采用；③ 进行单品试验，确认某种原料鱼能否利用。

目前，世界上生产鱼糜的原料主要有沙丁鱼、狭鳕、非洲鳕、白鲹等。除了利用海水鱼资源作原料外，淡水鱼中的鲢鱼、鳙鱼、青鱼和草鱼亦是制作鱼糜的优质原料，鱼类鲜度是影响鱼糜凝胶形成的主要因素之一。以狭鳕为例，捕获后 18 h 内加工鱼糜可得到特级品，冰保鲜 35～72 h 加工可得到一级鱼糜。原料鲜度越好，鱼糜的凝胶形成能力越强；一般生产的鱼糜制品在弹性上要求能够达到 A 级，因此原料鱼假如不能在海船上立即加工就必须加冰或用冷却海水使其温度保持在 －1 ℃左右。

2. 原料的前处理

对原料鱼冲洗干净，分等级、分类。人工或机械除鳞、去头、去内脏，再洗涤，除去污物。对个体大的原料，采用去头、开二片或开三片后再洗涤。除尽腹腔内壁黑膜，避免夹带到产品中引起色泽下降及夹杂物增加。

（二）鱼糜制品的生产工艺

1. 冷冻鱼糜生产的基本工艺

原料鱼→前处理→水洗（洗鱼机）→采肉（采肉机）→漂洗→脱水→精滤→搅拌→称量→包装→冻结。

2. 鱼糜制品生产的基本工艺

冷冻鱼糜→解冻→擂溃或斩拌→成型→凝胶化→加热→冷却→包装。

（三）鱼糜制品生产的新技术

1. 焦耳加热技术

随着食品加工工艺技术的发展和生活水平的提高，人们要求最大限度地保留食品的色、香、味及营养成分。传统的食品加热技术在某些场合往往满足不了这种需要，而焦耳加热技术由于其具有物料升温快、加热均匀、无污染、易操作、热能利用率高、加工食品质量好等优点，近年来逐渐引起国内外食品科学工作者的关注。其原理是把物料作为电路中一段导体，利用导电时它本身所产生的热达到加热的目的。焦耳加热是利用食品物料的电导特性来加工食品的技术。其电导方式是离子的定向移动，如电解质溶液或熔融的电解质等。

焦耳加热时间短，鱼糜弹性强，随着加热时间的增长，弹性也逐渐有所下降。这也表明焦耳加热同水浴加热一样，加热时间变长的话，也有凝胶劣化现象的发生。焦耳加热得到的鱼糜弹性之所以强，是因为鱼糜制品的弹性往往受其在凝胶劣化温度滞留时间长短的影响。换句话说，采用快速通过凝胶劣化温度域的加热方式可以充分促进鱼肉肌原纤维蛋白质的凝胶形成，加热速度极快的焦耳加热方式充分显示出其优异性。

2. 生物酶技术

生物酶技术对蛋白质的改质作用表现为：一是将蛋白质分解为氨基酸和肽，另一种是选择性地将蛋白质分子通过架桥作用而聚合。转谷氨酰胺酶（Transglutaminase，TGase），作为蛋白质凝胶改质的重要手段之一，对其在食品加工方面展开了一系列的应用性研究。通俗地讲，如果将通常的蛋白质水解酶当作“剪刀”的话，TGase 就具有“浆糊”的作用。

3. 超高压处理技术

超高压技术，就是在密闭容器内，用水或其他液体作为介质对食品或其他物料施以200～1 000 MPa 的压力，达到灭菌、改性、加工和保藏的目的。其最大优点是可保持原料的特有风味，保持原料的新鲜度。超高压技术在鱼类加工中的应用主要表现在灭酶、灭菌、灭虫和鱼糜制品质构的改良方面。食品经高压处理后，可杀灭微生物，使酶失活，而且其外观和质地也发生很大的变化。Chung 等采用高压制成的太平洋鳕鱼鱼糜，发现其透明度、强度和张力值都要好于传统加热定型的鱼糜凝胶。将鳕鱼糜装入乙烯袋内，以水为介质均匀加压 400 MPa、10 min 后，制成的鱼糕透明，咀嚼感坚实，破断强度达 1 200 g，弹性可以提高 50%。超高压技术不仅可以用于灭菌、灭酶、改善鱼糜质构，还可以起灭虫作用。对加压凝胶化的影响因素不仅要注意加压处理时的压力、温度和时间，还必须考虑处理后的贮藏温度和时间。如优选出加压处理时和加压处理后的条件，可以得到同传统加热凝胶显著不同的鱼糜制品。因此，可期待加压技术的实用化生产出新型的鱼糜制品。

（四）鱼糜制品的质量标准及检测

1. 冷冻鱼糜质量标准

（1）原料检查。

① 水分测定：将冻结状态的鱼糜，从原包装中切下适当大小，装入另外的聚乙烯袋中，防止其水分蒸发，至半解冻状态时取样。待品温达到 0 ℃以上后，取 5～10 g 于称量瓶中，在 105 ℃达到恒重后称量，取 3 个以上试样，其平均值以百分比（%）表示。

② pH 测定：在 5 g 解冻后的鱼糜中加入 9 倍量的水，用匀浆器匀浆或用研钵研细，用 pH 或 BTB 试纸测定。取两个以上样品，以平均值表示。

③ 夹杂物检查：将 10 g 解冻鱼糜推薄至 1 mm 以下，肉眼观察，数数（大小为 2 mm 以上的为 1 个，不满 2 mm 的计 1/2 个，但不满 1 mm 不明显的东西除外），以 10 段评分法表示分数（表 2-2）。

表 2-2　夹杂物评分标准

评分	夹杂物个数	评分	夹杂物个数
10	0	5	12～15
9	1～2	4	16～19
8	3～4	3	20～25
7	5～7	2	26～30
6	8～11	1	31 以上

（2）品质评定。取半解冻鱼糜 1 kg，用擂溃机擂溃 5 min，在鱼糜中添加 3% 的食盐，用擂溃机擂溃 30 min。需加淀粉时，加入 3% 或 5% 马铃薯淀粉，混匀，取出。在折径 48 mm（直径 30 mm）塑料薄膜肠衣中灌肠，长度约 20 cm，两端结扎，在 90 ℃热水中加热 30～40 min 后立即放入冷水中充分冷却，放置于室温。样品测定须在加热 48 h 内进行，品温 25 ℃～30 ℃。

① 凝胶强度：试样切成 25 mm 长度，剥去肠衣，用凝胶强度测定仪测定。测定压入球直径为 5 mm，将试样置于试验台上，其断面中心对准压入球以一定速度升起试验台，使压入球侵入试样，测定试样失去抵抗而破断时的强度及凹陷深度，破断强度以 W 表示，单位为 g，凹陷强度以 L 表示，单位为 cm，凝胶强度以 W×L 的数值表示，单位为 g•cm。试样需 3 个以上，结果取各自测定值的平均值。

② 白度：将试样切成一定长度，用白度计测定其断面白度。用标准板规定白度系数，再测样品的白度，以资比较。最终结果以 3 个以上样品片的平均值表示。

③ 感官检查：将试样切成 5 mm 厚度片状，由 3 名以上熟练人员品尝，用 10 分法评定（表 2-3）。评价以咀嚼时的硬度和柔韧度为主，将综合弹性以分数表示。

表 2-3　感官检查评分标准

评分	弹性强度	评分	弹性强度
10	极强	5	稍弱
9	非常强	4	弱
8	强	3	非常弱
7	稍强	2	极弱
6	普通	1	一触即溃

（3）折曲试验。将试验片切成 3 mm 厚度，用 5 段法评定，参见表 2-4。

表 2-4　折曲等级评价标准

评分	等级	性状
5	AA	四折不裂
4	A	对折不裂
3	B	对折缓缓裂开
2	C	对折立即裂开
1	D	指压即崩溃

陆上冷冻鱼糜质量标准见表 2-5。

表 2-5 陆上冷冻鱼糜质量标准

项目＼等级	一级	二级
水分(%)	79	80
破裂强度(g)	400	350
凹陷强度(g·cm)	1.10	1.00
白度	23	19

2. 鱼糜制品质量标准

鱼糜制品的种类繁多,每种产品都有具体的质量要求,可从感官、理化、微生物等几个方面加以检验。

(1) 外观:外观包括产品的形态(形状、大小、组织形态),色泽以及均匀一致性。要求鱼糜制品组织完整且表面色泽良好、切面鲜嫩,如制品发生凝胶化,将导致制品失去光泽。不同的鱼糜制品,它的形状、大小、组织形态、颜色、光泽等外观性状不可能完全相同,鱼糜制品在外观性状上因其种类乃至产地不同各有特色。外观主要通过感官目视法检查,其中色泽也可由色差计、白度计加以测定。

(2) 弹性:弹性作为食品的重要物理特性,是鱼糜制品的各种物理性质的总称,是一个包括硬度、伸缩性、黏性以及咀嚼感等特征的综合概念。它是反映鱼糜制品质量的一项很重要的指标。表示弹性强弱的常用方法有三种:第一种是用食品流变仪进行测定,结果用凝胶强度表示;第二种是感官评分法,用 10 分制表示;第三种是折曲试验,用等级表示。

(五) 实习考核要点和参考评分(表 2-6)

(1) 记录实习过程所见所闻所想,结合专业知识撰写认识实习报告。

(2) 指导教师提交认识实习教学指导教师工作报告一份。

表 2-6 鱼糜制品认识实习的操作考核要点和参考评分

序号	项目	考核内容	技能要求	评分(100 分)
1	企业概况	(1) 企业组织形式; (2) 产品概况	(1) 鱼糜制品企业的部门设置及其职能; (2) 鱼糜制品企业的技术与设备状况; (3) 鱼糜制品的产品种类、生产规模和销售范围	10
2	工艺设备	(1) 主要设备; (2) 主要工艺; (3) 辅助设施	(1) 了解鱼糜制品的生产工艺流程,能够绘制简易流程图; (2) 能正确控制蒸煮温度和时间,了解主要设备的相关信息,能够收集鱼糜生产设备的技术图纸和绘制草图; (3) 了解鱼糜生产企业的仓库种类和特点	15

续表

序号	项目	考核内容	技能要求	评分(100分)
3	企业建筑	(1)全厂平面图; (2)主要建筑特点; (3)三废及其他	(1)了解鱼糜生产企业全厂总平面布置情况,能够绘制全厂总平面布置简图; (2)了解鱼糜生产企业主要建筑物的建筑结构和形式特点; (3)了解鱼糜企业三废处理情况和排放要求,能够阐述原理; (4)能够制定鱼糜制品生产的操作规范、整理改进措施	15
4	市场调研	(1)市场销售状况; (2)主要产品信息	(1)了解鱼糜制品主要产品的市场销售状况; (2)能准确描述一类主要产品的品牌、原料、生产厂家、包装形式、包装材料和规格、标签内容、价格、保质期等	10
5	实习报告	(1)格式; (2)内容	(1)认识实习报告格式正确; (2)能正确记录主要产品生产工艺与要求,实习总结要包括体会、心得、问题与建议等	50

三、鱼片生产技术

知识目标:

(1)掌握鱼片生产工艺的基本流程。

(2)了解鱼片生产车间的设计。

(3)了解鱼肉蛋白的冷冻变性机理。

(4)了解鱼片产品的主要原料和主要品种。

(5)了解鱼片生产企业管理经营知识。

技能目标:

(1)认识鱼片生产过程中的关键设备和操作要点。

(2)能够制定鱼片生产的操作规范、整理改进措施。

解决问题:

(1)如何提高冷冻鱼片的质量?

(2)冷冻鱼片的卫生指标和检验方法有哪些?

(一)鱼片生产原料

1. 原料的选择

冷冻淡水鱼片的原料可用鲜活青鱼、草鱼、鲤鱼、鲢鱼、罗非鱼、鳙鱼等,个体规格在2 kg左右。冷冻海水鱼片的原料可用鳕鱼、三文鱼、红鱼、鲽鱼片、海鳗等。

鳕鱼是全世界年捕捞量最大的鱼类之一,具有重要的食用和经济价值。鳕鱼属于硬骨鱼类,种类较多。国内市场常见的是狭鳕,资源丰富。狭鳕属白肉少脂鱼,是制造鱼片的主要原料。近年来随着我国对外贸易的发展，有大量鳕鱼进口，加工成冷冻鳕鱼片后返销国际市场，不仅可为国家创汇，且有较好的经济效益。一般选用新鲜捕捞上来的真鳕、黑线鳕、狭鳕、无须鳕或进口的去头、去内脏冻鳕鱼作为加工原料。

2. 原料的前处理

（1）新鲜原料处理。

① 预处理：海捕捞的狭鳕要在 12 h 内加工完，无须鳕必须在 3 h 内加工完毕，以免品质劣变。原料鱼入舱时，放鱼要均匀，不能使大量鱼一下倒入舱内，避免鱼体因跌伤而淤血。鱼体进入分类传送带时，要放水冲洗，清除淤泥等。在分类过程中，注意拣去杂鱼，清除内脏，剔除超出切片机加工限度的大鱼和低于加工限度的小鱼（这部分鱼可用其他机械或手工加工成鱼片，也可加工成鱼粉等）。

② 切头：用 BA160 切头机去头，要使鱼鳍挂在夹板上，从而使机器切割准确。用 BA423 去头时，要使鱼体斜躺在输送带上，以增加鱼段出成率，并注意不能去头过大或者过小，过大降低出成率，过小又使部分头骨保留在鱼段上，会影响切片质量。

③ 水浸：用贮鱼槽放水浸泡去头鱼体，浸出体内残存的血迹，防止鱼片变色。

（2）冷冻进口原料处理。进口原料处理前要进行接货、进货、交货检查。接货检查时按每种规格 2 箱 / 吨的比例取样，进行外观检查，包括包装状态（五点法）、测品温、冰衣包覆状态（五点法）的检查；原料检查，包括测净重（解冻前后的重量），内装尾数，尾平均重量，鲜度（肉质、脂肪氧化、干燥）的检查；并通过试制，测定出成率。进货、交货数量的检查分整装、散装测定重量。

进口原料在解冻前应暂时存放在无菌、清洁、温度在 20 ℃以下的阴凉处。包装未拆除的原料不应重叠堆放，应尽量摊开解冻。个体较大的鱼在 20 ℃以上的场所暂时存放时，表面很快融化，而内部仍冻得很结实，特别是无包装而长时间接触大气时，会造成鱼质量恶化，不宜长时间贮存。若为红色肉鱼，体内的类胡萝卜素在光与氧的作用下会褪色，当温度达到 25 ℃～35 ℃时，褪色速度加快，故这种原料不宜拆包装，应避开日光照射，盖上罩布置于阴凉处保管。

（二）鱼片的生产工艺

原料→解冻→清洗→消毒→去皮→冲洗→开片→修整→摸刺→灯检→复验→消毒→漂洗、沥水→过磅称重→摆盘→速冻→脱模→称重→检验→包装入库。

（三）鱼片的质量标准及检测

1. 感官指标

（1）外观：冻块完整，表面平整，清洁。允许个别的组合块表面有轻微的凹陷现象。

（2）色泽：色泽正常，具有冷冻鳕鱼片固有的色泽，无不易去除的深度脱水痕迹（冻斑）及其他变色现象。

（3）组织及形态：鱼片片形基本完好，组织坚实，不硬、不软或成胶状。不带有不良的小鱼片，不带有毛边、撕条和撕片。

（4）滋味及气味：进行熟加工后，产品应具有鳕鱼鱼肉的特有风味，无异味。

(5) 杂质：无鱼内脏、鱼皮、鱼鳞、鱼骨、鱼鳍、血块、黑腹膜、线虫、挠足虫以及其他的外来杂质存在。

2. 理化指标

(1) 净含量允许偏差：每块净含量 ±3%，但每批平均不低于标出净含量。

(2) 挥发性盐基氮(mg/100 g)≤ 20.0。

(3) 汞(以 Hg 计)，(mg/kg)≤ 0.3。

(4) 砷(以 As 计)，(mg/kg)≤ 0.5。

(5) 六六六(mg/kg)≤ 2.0。

(6) 滴滴涕(mg/kg)≤ 1.0。

3. 细菌指标

(1) 细菌总数(个/克)≤ 1×10^5。

(2) 肠道致病菌：不得检出。

(四) 实习考核要点和参考评分(表 2-7)

(1) 记录实习过程所见所闻所想，结合专业知识撰写认识实习报告。

(2) 指导教师提交认识实习教学指导教师工作报告一份。

表 2-7　鱼片认识实习的操作考核要点和参考评分

序号	项目	考核内容	技能要求	评分(100 分)
1	企业概况	(1) 企业文化； (2) 企业组织形式； (3) 产品概况	(1) 鱼片生产企业的部门设置及其职能； (2) 鱼片生产企业的技术与设备状况； (3) 冷冻鱼片的产品种类、生产规模和销售范围	10
2	工艺设备	(1) 主要工艺； (2) 产品质量控制体系	(1) 了解冷冻鱼片的生产工艺流程，能够绘制简易流程图； (2) 了解鱼片生产企业的产品质量控制体系	15
3	企业建筑	(1) 全厂平面图； (2) 主要建筑特点； (3) 三废及其他	(1) 了解鱼片生产企业全厂总平面布置情况，能够绘制全厂总平面布置简图； (2) 了解鱼片生产企业主要建筑物的建筑结构和形式特点； (3) 了解鱼片企业三废处理情况和排放要求，能够阐述原理	15
4	市场调研	(1) 市场销售状况； (2) 主要产品信息	(1) 了解冷冻鱼片主要产品的市场销售状况； (2) 能准确描述一类主要产品的品牌、原料、生产厂家、包装形式、包装材料和规格、标签内容、价格、保质期等	10
5	实习报告	(1) 格式； (2) 内容	(1) 认识实习报告格式正确； (2) 能正确记录主要产品生产工艺与要求，实习总结要包括体会、心得、问题与建议等	50

四、鱼油生产技术

知识目标：

（1）了解鱼油的成分及理化性状。

（2）掌握鱼油的提取方法。

（3）掌握鱼油提取工艺的基本流程。

技能目标：

（1）认识鱼油生产过程中所需要的设备及工厂设计。

（2）了解鱼油制品生产工艺的关键控制体系。

（3）了解鱼油制品质量的基本检验和鉴定知识。

（4）能够制定鱼油制品生产的操作规范、整理改进措施。

解决问题：

（1）如何保证鱼油制品的质量？

（2）如何制备富含 EPA 和 DHA 的鱼油产品？

（一）鱼油制品的生产原料

1. 原料的选择

鱼油是鱼体内全部油类物质的统称，它包括体油、肝油和脑油。鱼油是鱼粉加工的副产品，是鱼及其废弃物经蒸、压榨和分离而得到的。由于肝脏具有分解胡萝卜素形成维生素 A 的功能，因此肝油中维生素 A 和 D 的含量比体油中的要丰富。在选择鱼肝油原料时，不仅要考虑肝油中的维生素含量，还要考虑肝的含油量、肝所占的比例及该鱼种的产量。此外，肝脏的含油量还受鱼种大小、季节、诱饵等因素的影响。

（1）鱼肝油工业原料主要来自鲨鱼、鳕鱼、比目鱼、马面鱼、鲐鱼、大黄鱼等鱼种的肝脏。从肝所占的比例和肝的含油量考虑，鲨鱼肝是最理想的原料，且有些鲨鱼肝油中维生素 A 含量也相当高。大黄鱼和鲐鱼肝脏所占的比例虽然很少，且含油量也低，但其油中维生素 A 的含量却非常高，可以集中回收利用。

（2）鱼肝油生产原料主要是鲨鱼肝、鲐鱼肝、大黄鱼肝等新鲜鱼肝脏，可用盐腌或冷藏方法予以贮存。采用盐腌法时鱼肝要除去胆囊，用冷水洗净，切成小块，加 10%～30% 食盐拌匀，装于桶内。采用冷藏法时，如果保存时间不长，可用冰或冰盐保藏；如果保存时间较长，必须置于－15 ℃冷库内贮藏。

（3）将鲜肝或已部分脱盐后的盐腌肝切碎成浆。

2. 原料的前处理

一般要获得优质鱼肝油产品，最好是直接利用新鲜的肝脏原料。如果当时来不及加工，就需要采取妥善的保藏措施。可根据原料的特点、保藏时间的长度和对产品的要求来选择保藏方法。

（1）冷藏和冷冻：如果从捕捞到鱼肝加工之间的时间较短，可用冰或盐冰混合物进行保鲜。若间隔时间较长则需要将鱼肝放到制冷设备中冻结。低温保藏，因肝油的黏度增加，不易流出肝组织，从而避免了与空气中氧气的接触，同时鱼肝的蛋白质也不易腐败。

（2）盐藏：将鱼肝除去胆囊，用冷水洗净，切成小块，拌盐10%～15%，密封于罐中。在盐藏前先进行杀酶和杀微生物，减少维生素A损失、减缓酸价上升，使保藏效果更好。盐藏的肝，往往会有肝油析出，在空气中很容易氧化变质，故不宜久藏。此外，盐藏后，鱼肝结缔组织更加紧密而变硬，导致肝油不易从组织中分离出来。

（3）罐藏：先将鱼肝切成2～3 cm的小块，装罐后按照一般制罐方法进行排气、密封、杀菌。

（二）鱼油的提取工艺

鱼油的提取工艺主要有以下几种方法：压榨法、淡碱水解法、溶剂法、蒸煮法、酶解法、氨法和超临界流体萃取法等。其中淡碱水解法提取鱼油工艺是利用淡碱液将鱼肝蛋白质组织分解，破坏蛋白质与肝油之间的结合关系，从而更充分地分离鱼油。工艺流程为：鱼肝→加水切碎→加碱水解→过筛（上清）→保温→分离→盐析→分离→精制。

（三）鱼油制品生产的新技术

1. 超临界CO_2萃取技术

超临界CO_2萃取法是将CO_2充入一个特殊压力温度装置中，使之能从样品中将脂肪选择性地在超临界状态下萃取出来。样品在设定的时间、压力和温度下，始终处于超临界液体的包围中，使样品中的脂肪发生溶解，溶解后的脂肪通过沉降从高压溶剂中分离出来。

2. 生物酶解技术

酶解法是利用蛋白酶对蛋白质的水解作用，破坏蛋白质和脂肪的结合关系，从而释放出油脂。该方法作用条件温和，产油质量高，同时可以充分利用蛋白酶水解产生的酶解液，因而是提取水产品中鱼油的较好方法。该方法最大的优点是肝渣可进一步回收加工成饲料。

（四）鱼油制品的质量标准及检测

（1）SC/T 3505—2006鱼油微胶囊。本标准规定了鱼油微胶囊产品的要求、试验方法、检验规则及标签、包装、运输、贮存。本标准适用于以鱼油为主要原料、以变性淀粉等为包囊材料，经加工制成的富含EPA、DHA等多烯脂肪酸的微胶囊制品。

（2）SC/T 3504—2006饲料用鱼油。本标准规定了饲料用鱼油的要求、试验方法、检验规则及标签、包装、运输、贮存。本标准适用于各类配合饲料添加使用的鱼油或作为高不饱和脂肪酸营养强化剂而使用的鱼油。

（3）SC/T 3503—2000多烯鱼油制品。本标准规定了多烯鱼油制品的要求、试验方法、检验规则及标签、包装、运输、贮存。本标准适用于以鱼油为主要原料经加工制成的各种富含多烯脂肪酸的食品或保健食品。

（4）SC/T 3502—2000鱼油。本标准规定了鱼油的要求、抽样、试验方法、检验规则及标签、包装、运输、贮存。本标准适用于粗鱼油及精制鱼油。

（5）SC/T 3504—2006饲料用鱼油。本标准适用于各类配合饲料添加使用的鱼油或作为高不饱和脂肪酸营养强化剂而使用的鱼油。

（五）实习考核要点和参考评分（表 2-8）

（1）记录实习过程所见所闻所想，结合专业知识撰写认识实习报告。

（2）指导教师提交认识实习教学指导教师工作报告一份。

表 2-8　鱼油认识实习的操作考核要点和参考评分

序号	项目	考核内容	技能要求	评分（100 分）
1	企业概况	（1）企业组织形式； （2）产品概况	（1）鱼油制品企业的部门设置及其职能； （2）鱼油制品企业的技术与设备状况； （3）鱼油制品的产品种类、生产规模和销售范围	10
2	工艺设备	（1）主要设备； （2）主要工艺； （3）辅助设施	（1）了解鱼油制品的生产工艺流程，能够绘制简易流程图； （2）了解主要设备的相关信息，能够收集鱼油生产设备的技术图纸和绘制草图； （3）了解鱼油生产企业的仓库种类和特点	15
3	企业建筑	（1）全厂平面图； （2）主要建筑特点； （3）三废及其他	（1）了解鱼油生产企业全厂总平面布置情况，能够绘制全厂总平面布置简图； （2）了解鱼油生产企业主要建筑物的建筑结构和形式特点； （3）了解鱼油企业三废处理情况和排放要求，能够阐述原理； （4）能够制定鱼油制品生产的操作规范、整理改进措施	15
4	市场调研	（1）市场销售状况； （2）主要产品信息	（1）了解鱼油制品主要产品的市场销售状况； （2）能准确描述一类主要产品的品牌、原料、生产厂家、包装形式、包装材料和规格、标签内容、价格、保质期等	10
5	实习报告	（1）格式； （2）内容	（1）认识实习报告格式正确； （2）能正确记录主要产品生产工艺与要求，实习总结要包括体会、心得、问题与建议等	50

五、琼脂生产技术

知识目标：

（1）掌握琼脂生产的基本原理。

（2）了解江蓠原料生产琼脂工艺的基本流程。

（3）了解影响琼脂凝胶强度的主要因素。

（4）了解琼脂生产的主要原料和主要产品。

（5）了解琼脂企业管理经营知识。

技能目标：

（1）认识琼脂生产过程中的关键设备和操作要点。

（2）了解琼脂生产工艺操作及工艺控制。

（3）了解琼脂质量的检验方法。

（4）能够制定琼脂生产的操作规范、整理改进措施。

解决问题：

琼脂制备过程中预处理的目的是什么？

（一）琼脂的生产原料

琼脂是一种由琼脂糖和硫琼胶构成的多糖，在结构上通常认为主要是由琼脂二糖以长链型分布构建而成，对应的琼脂二糖是由β-D-半乳糖和α-3，6-内醚-L-半乳糖相互交错连接构成。目前，我国用于琼脂生产的主要红藻原料为江蓠属、石花菜属和紫菜属。

1. 江蓠属（*Gracilaria*）

江蓠属红藻隶属于红藻门、真红藻纲、杉藻目、江蓠科，常见的用于生产琼脂的种为龙须菜（图 2-1）。江蓠属红藻的藻体呈圆柱形、线形分枝，分枝互生偏生，基部稍有缢缩。直径为 0.5～1.5 mm，株高 10～50 cm，高的可达 1 m。藻枝易折断，颜色为红褐色、紫褐色，有时带绿色或黄色，干后变为暗褐色。20 世纪 60 年代后，江蓠属琼脂实现工业化生产，由于江蓠属红藻的产量丰富，所产琼脂的品质优良，因此江蓠属红藻成为琼脂工业生产的主要原料。

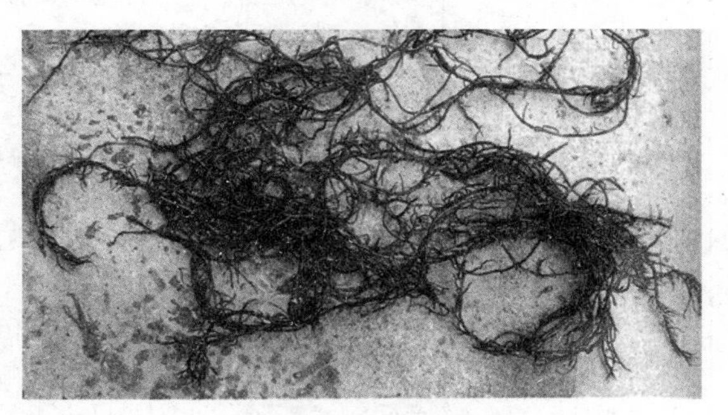

图 2-1　江蓠属龙须菜

2. 石花菜属（*Gelidium*）

石花菜属红藻隶属于红藻门、真红藻纲、石花菜目、石花菜科，常见的用于生产琼脂的种为石花菜（图 2-2）。藻体分主枝、分枝、小枝，直立丛生，分枝渐细，呈羽状互生、对生。主枝基部是固着器，每株高 10～20 cm，大者可达 30 cm。藻体颜色为紫红色、棕红色。石花菜是最早用于生产琼脂的原料。

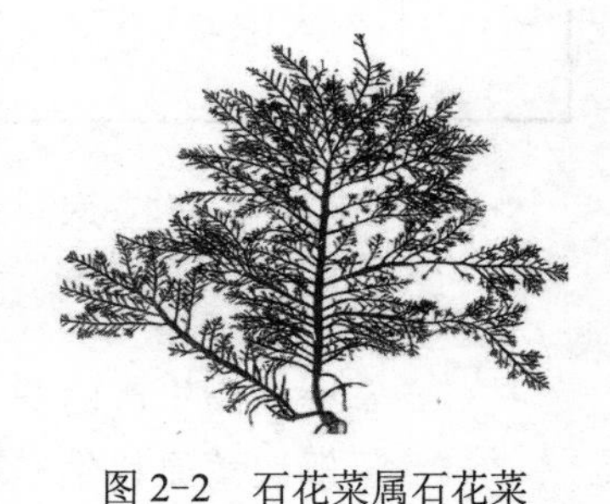

图 2-2　石花菜属石花菜

3. 紫菜属（*Pyropia*）

紫菜属红藻（图 2-3）隶属于红藻门、原红藻纲、红毛菜目、红毛菜科。藻体呈叶片膜状，披针形、亚卵圆形或长卵圆形，局部有两层细胞。一般长 10～50 cm，个别长达 1 m。由于紫菜属于散生长藻类，即整条藻体都能生长，所以紫菜能像韭菜一样多茬剪收，一般末茬紫菜较老，不适合用作紫菜食品加工，而多用于生产琼脂。

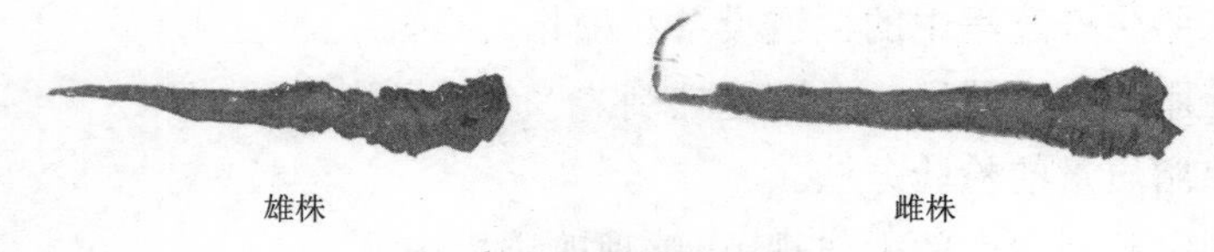

图 2-3　紫菜属坛紫菜

（二）琼脂的生产工艺

琼脂的生产工艺：海藻原料→预处理→水洗→提胶→过滤→凝固→切条→脱水→烘干→产品。

由于不同海藻的细胞结构及多糖组成有所不同，其预处理方法也有所不同。

（三）琼脂的质量标准及检测

1. 琼脂的质量标准

GB 1975—2010《食品安全国家标准 食品添加剂 琼脂（琼胶）》规定，琼脂需符合以下质量标准（表 2-9）。

表 2-9 琼脂的质量标准

指标名称	指标
水分（%）	≤ 22
灰分（%）	≤ 5
水不溶物（%）	≤ 1
重金属（以 Pb 计），（mg/kg）	≤ 20
铅（Pb），（mg/kg）	≤ 5
砷（As），（mg/kg）	≤ 3
淀粉实验	通过实验

2. 琼脂质量的检测

琼脂质量指标的检测方法参见 GB 1975—2010《食品安全国家标准 食品添加剂 琼脂（琼胶）》。

（四）实习考核要点和参考评分（表 2-10）

（1）记录实习过程所见所闻所想，结合专业知识撰写认识实习报告。

（2）指导教师提交认识实习教学指导教师工作报告一份。

表 2-10 琼脂认识实习的操作考核要点和参考评分

序号	项目	考核内容	技能要求	评分（100 分）
1	企业概况	（1）企业组织形式； （2）产品概况	（1）琼脂生产企业的部门设置及其职能； （2）琼脂生产企业的技术与设备状况； （3）琼脂生产企业的产品种类、生产规模和销售范围	10
2	工艺设备	（1）主要设备； （2）主要工艺； （3）辅助设施	（1）了解琼脂的生产工艺流程，能够绘制简易流程图； （2）了解提胶设备的相关信息，能够收集提胶设备的技术图纸和绘制草图； （3）了解琼脂生产企业的仓库种类和特点	15

续表

序号	项目	考核内容	技能要求	评分(100分)
3	企业建筑	(1)全厂平面图; (2)主要建筑特点; (3)三废及其他	(1)了解琼脂生产企业全厂总平面布置情况,能够绘制全厂总平面布置简图; (2)了解琼脂生产企业主要建筑物的建筑结构和形式特点; (3)了解琼脂企业三废处理情况和排放要求,能够阐述原理; (4)能够制定琼脂生产的操作规范、整理改进措施	15
4	市场调研	(1)市场销售状况; (2)主要产品信息	(1)了解琼脂主要产品的市场销售状况; (2)能准确描述一类主要产品的品牌、原料、生产厂家、包装形式、包装材料和规格、标签内容、价格、保质期等	10
5	实习报告	(1)格式; (2)内容	(1)认识实习报告格式正确; (2)能正确记录主要产品生产工艺与要求,实习总结要包括体会、心得、问题与建议等	50

六、褐藻胶生产技术

知识目标:

(1)掌握褐藻胶生产的基本原理。

(2)了解海带原料生产褐藻胶工艺的基本流程。

(3)了解影响褐藻胶黏度的主要因素。

(4)了解褐藻胶生产的主要原料和主要产品。

(5)了解褐藻胶企业管理经营知识。

技能目标:

(1)认识褐藻胶生产过程中的关键设备和操作要点。

(2)了解褐藻胶生产工艺操作及工艺控制。

(3)了解褐藻胶质量的检验方法。

(4)能够制定褐藻胶生产的操作规范、整理改进措施。

解决问题:

褐藻胶制备过程中加水稀释的目的是什么?

(一)褐藻胶的生产原料

褐藻胶又称为海藻酸钠,是由α-L-甘露糖醛酸(M单元)与β-D-古罗糖醛酸(G单元)的钠盐等组成的多糖化合物,是海带等褐藻类植物细胞壁结构多糖。我国用于褐藻胶生产的主要褐藻原料为海带属和巨藻属。

1. 海带属(*Laminaria*)

海带属褐藻(图 2-4)隶属于褐藻门、褐子藻纲、海带目、海带科。藻体褐色至深褐色,有光泽,长带状,革质,不分枝,梢部渐窄,一般高 2 ~ 5 m,宽 20 ~ 30 cm。叶边缘较薄软,呈波浪褶,叶基部为短柱状,叶柄与固着器(假根)相连。海带在我国福建、山东、辽宁均有养殖。

2. 巨藻属(*Maerocystis*)

巨藻属褐藻(图 2-5)隶属于褐藻门、褐子藻纲、海带目、巨藻科。藻体褐色,长度一般 15 ~ 50 m,最长可达 80 m,是世界上个体最大的海藻。藻体主要由固着器、主柄、分枝柄和叶片组成。主柄圆形或扁圆形,直径 1. 2 ~ 2. 0 cm,长 5 ~ 15 cm。主柄上端呈双叉分枝,延伸形成分枝柄。双叉分枝柄下部有侧生分枝柄。一棵成藻有分枝柄数条至数十条,上面侧生的叶片长 50 ~ 100 cm,宽 10 ~ 25 cm。叶缘有边刺。每个叶片因有一个带圆形或椭圆形气囊的叶柄而能漂浮于水面。巨藻在我国尚未实现人工养殖,主要依赖进口。

图 2-4　海带属海带

图 2-5　巨藻属巨藻

(二)褐藻胶的生产工艺

褐藻胶的生产工艺:浸泡→切碎→消化→稀释→过滤→钙析→脱钙→压榨→干燥→粉碎→成品。

(三)褐藻胶的质量标准及检测

1. 褐藻胶的质量标准

GB 1976—2008《中华人名共和国国家标准 食品添加剂 海藻酸钠》规定,海藻酸钠(褐藻胶)作为食品添加剂需符合以下质量标准(表 2-11)。

表 2-11　褐藻胶的质量标准

指标名称	指标
pH	6. 0 ~ 8. 0
水不溶物(以干基计),(%)	≤ 3. 0
透明度	合乎规定
黏度(厘泊)	≥ 150
硫酸灰分(%)	30 ~ 37
重金属(以 Pb 计),(%)	≤ 0. 004
铅(Pb)(%)	≤ 0. 000 4
砷(As)(%)	≤ 0. 000 2

本品生产时不得加入甲醛等有害防腐剂及可提高黏度的其他物品。

2. 褐藻胶质量的检测

褐藻胶质量指标的检测方法参见 GB 1976—2008《中华人名共和国国家标准 食品添加剂 海藻酸钠》。

（四）实习考核要点和参考评分（表 2–12）

（1）记录实习过程所见所闻所想，结合专业知识撰写认识实习报告。

（2）指导教师提交认识实习教学指导教师工作报告一份。

表 2–12　褐藻胶认识实习的操作考核要点和参考评分

序号	项目	考核内容	技能要求	评分（100 分）
1	企业概况	（1）企业组织形式； （2）产品概况	（1）褐藻胶生产企业的部门设置及其职能； （2）褐藻胶生产企业的技术与设备状况； （3）褐藻胶生产企业的产品种类、生产规模和销售范围	10
2	工艺设备	（1）主要设备； （2）主要工艺； （3）辅助设施	（1）了解褐藻胶的生产工艺流程，能够绘制简易流程图； （2）了解提胶设备的相关信息，能够收集提胶设备的技术图纸和绘制草图； （3）了解褐藻胶生产企业的仓库种类和特点	15
3	企业建筑	（1）全厂平面图； （2）主要建筑特点； （3）三废及其他	（1）了解褐藻胶生产企业全厂总平面布置情况，能够绘制全厂总平面布置简图； （2）了解褐藻胶生产企业主要建筑物的建筑结构和形式特点； （3）了解褐藻胶企业三废处理情况和排放要求，能够阐述原理； （4）能够制定褐藻胶生产的操作规范、整理改进措施	15
4	市场调研	（1）市场销售状况； （2）主要产品信息	（1）了解褐藻胶主要产品的市场销售状况； （2）能准确描述一类主要产品的品牌、原料、生产厂家、包装形式、包装材料和规格、标签内容、价格、保质期等	10
5	实习报告	（1）格式； （2）内容	（1）认识实习报告格式正确； （2）能正确记录主要产品生产工艺与要求，实习总结要包括体会、心得、问题与建议等	50

七、盐渍海带生产技术

知识目标：

（1）掌握盐渍海带生产的基本工艺。

（2）了解盐渍海带生产的主要原料和主要产品形式。

（3）了解盐渍海带企业管理经营知识。

技能目标：

（1）认识盐渍海带生产过程中的关键设备和操作要点。

（2）了解盐渍海带生产工艺操作及工艺控制。

(3) 能够制定盐渍海带生产的操作规范、整理改进措施。

解决问题：

盐渍海带生产过程中热漂烫的目的是什么？

（一）盐渍海带的生产原料

盐渍海带加工要求原料为3～5月份的薄嫩海带，其叶片要求丰厚满实，平直部分为褐色，具有新鲜气味和自然光泽。盐渍海带加工是我国海带食品加工的重要组成部分，每年的产量达42万吨，年产值超过12亿元，主要集中在山东、福建、辽宁等省的沿海地带。将打捞上来的新鲜海带经过短暂的热水漂烫，然后拌盐脱水可得到盐渍海带粗品。盐渍海带产品颜色深绿、外形美观、口感良好、易于烹调，保持了新鲜海带的营养成分。

（二）盐渍海带的生产工艺

盐渍海带的生产工艺：水洗→漂烫→沥水→拌盐→盐渍→沥水→整形→包装。

漂烫工艺是海带食品和海带化工中不可缺少的一项工艺。一般鲜嫩海带用80 ℃～85 ℃温度的水，漂烫20 s；稍老海带采用90～95 ℃温度的水，漂烫30 s。在海带食品的生产过程中，热烫漂工艺能去除海带表面的泥沙等杂质，并使鲜海带由原来的褐黄色变为墨绿色（肥厚者）或翠绿色（薄者）。

（三）盐渍海带的质量标准及检测

SCT 3212—2000《中华人民共和国水产行业标准 盐渍海带》规定，盐渍海带符合以下质量标准（表2-13、表2-14）。

表2-13　盐渍海带的感官指标

<table>
<tr><th>项目</th><th>一级品</th><th>二级品</th></tr>
<tr><td>色泽</td><td>均匀，绿色</td><td>绿色，褐绿色</td></tr>
<tr><td rowspan="2">组织形态</td><td>藻体表面光洁，无黏液，无孢子囊斑</td><td>藻体表面光洁，无黏液，允许带少量孢子囊斑</td></tr>
<tr><td colspan="2">合乎规定</td></tr>
<tr><td>气味</td><td colspan="2">具有盐渍海带固有的气味，无异味</td></tr>
<tr><td>杂质</td><td colspan="2">无肉眼可见杂物，咀嚼时无牙碜感</td></tr>
</table>

表2-14　盐渍海带的理化和卫生指标

项目	指标
水分（%）	≤68
盐分（以NaCl计），（%）	20～24
净含量允差（%）	−3
浮盐（%）	≤2
无机砷（mg/kg）	≤2.0
六六六（mg/kg）	≤2.0
滴滴涕（mg/kg）	≤1.0

1. 盐渍海带质量的检测

盐渍海带质量指标的检测方法参见SCT 3212—2000《中华人民共和国水产行业标准 盐渍海带》。

（四）实习考核要点和参考评分（表2-15）

（1）记录实习过程所见所闻所想，结合专业知识撰写认识实习报告。

（2）指导教师提交认识实习教学指导教师工作报告一份。

表2-15　盐渍海带认识实习的操作考核要点和参考评分

序号	项目	考核内容	技能要求	评分（100分）
1	企业概况	（1）企业组织形式； （2）产品概况	（1）盐渍海带生产企业的部门设置及其职能； （2）盐渍海带生产企业的技术与设备状况； （3）盐渍海带生产企业的产品种类、生产规模和销售范围；	10
2	工艺设备	（1）主要设备； （2）主要工艺； （3）辅助设施	（1）了解盐渍海带的生产工艺流程，能够绘制简易流程图； （2）了解盐渍海带设备的相关信息，能够收集提胶设备的技术图纸和绘制草图； （3）了解盐渍海带生产企业的仓库种类和特点	15
3	企业建筑	（1）全厂平面图； （2）主要建筑特点； （3）三废及其他	（1）了解盐渍海带生产企业全厂总平面布置情况，能够绘制全厂总平面布置简图； （2）了解盐渍海带生产企业主要建筑物的建筑结构和形式特点； （3）了解盐渍海带企业三废处理情况和排放要求，能够阐述原理； （4）能够制定盐渍海带生产的操作规范、整理改进措施	15
4	市场调研	（1）市场销售状况； （2）主要产品信息	（1）了解盐渍海带主要产品的市场销售状况； （2）能准确描述一类主要产品的品牌、原料、生产厂家、包装形式、包装材料和规格、标签内容、价格、保质期等	10
5	实习报告	（1）格式； （2）内容	（1）认识实习报告格式正确能正确记录主要产品生产工艺与要求； （2）实习总结要包括体会、心得、问题与建议等	50

八、鱼罐头生产技术

知识目标：

(1) 掌握鱼罐头生产的基本原理。

(2) 了解鱼罐头生产工艺的基本流程。

(3) 了解盐渍和油炸的作用。

(4) 了解鱼罐头排气及密封的原理。

(5) 掌握鱼罐头的杀菌条件。

(6) 了解鱼罐头企业管理经营知识。

技能目标：

(1) 了解鱼罐头生产工艺的基本流程。

(2) 了解鱼罐头质量的基本检验和鉴定能力。

(3) 能够制定鱼罐头生产的操作规范、整理改进措施。

解决问题：

(1) 影响鱼罐头质量的因素有哪些？

(2) 油炸调味的关键问题是什么？

(一) 鱼罐头生产原料

1. 原料的选择

鱼罐头是以新鲜或冷冻的鱼为原料，经加工处理、调味、装罐、密封、杀菌等加工过程制成的即食罐头产品。由于食用方便、营养丰富、便于携带，因而受到消费者的青睐。鱼罐头加工要求以食用价值较高、一般人所喜爱的鱼类为原料，如金枪鱼、鲮鱼、鲈鱼、剑鱼、梭子鱼、马林鱼、鳕鱼、三文鱼、鳟鱼、黄鱼等。

2. 原料的前处理

对原料鱼冲洗干净，分等级、分类。人工或机械除鳞、去头、去尾、去内脏，再洗涤，除去污物，用刀在鱼体两侧肉层厚处划 2～3 mm 深的线。对个体大的原料，要分两段或分三段。

(二) 鱼罐头的生产工艺

鱼罐头生产的基本工艺：原料处理→盐腌→清洗→油炸→调味→装罐→排气密封→杀菌、冷却→成品检验入库。

(三) 鱼罐头生产的新技术

微波杀菌技术。杀菌是罐头生产中的重要工序。传统的罐头杀菌技术由于加热时间长，可能会破坏某些罐头食品的色、香、味及营养成分。为提高罐头的质量和档次，需要对传统工艺进行改良，开展新工艺的研究。应用隧道式微波杀菌机，并且将微波杀菌技术与无菌封罐技术相结合，即可实现罐头生产的创新。与传统的杀菌方法相比，微波杀菌速度是传统方法的 3～5 倍，可以在保证杀菌效果的同时有效降低产品的质量损耗。尤其在固体和半固体食品中应用微波杀菌的效果可与高温瞬时杀菌技术相媲美。目前，国内在罐头生产中应用微波杀菌技术的还不多见。

（四）鱼罐头的质量标准

1. 与鱼罐头原料相关的质量标准

（1）GB 2733—2015 鲜、冻动物性水产品。本标准规定了鲜、冻动物性水产品的感官要求、理化指标、兽药残留限量等。本标准适用于鲜、冻动物性水产品，包括海水产品和淡水产品。

（2）NYT 842—2012 绿色食品 鱼。本标准规定了绿色食品鱼的要求、检验规则、标志和标签、包装、运输、贮存。本标准适用于绿色食品活鱼、鲜鱼以及仅去内脏进行冷冻的初加工鱼产品。

2. 与鱼罐头产品相关的质量标准

（1）GB 7098—2015 罐头食品。本标准规定了罐头食品的原料要求、感官要求、理化指标、污染物限量、真菌毒素限量和微生物限量。本标准适用于以水果、蔬菜、食用菌、畜禽肉、水产动物等为原料，经加工处理、装罐、密封、加热杀菌等工序加工而成的商业无菌的罐装食品。

（2）NYT 1328—2007 绿色食品 鱼罐头。本标准规定了绿色食品鱼罐头的要求、试验方法、检验规则、标志和标签、包装、运输、贮存。本标准适用于绿色食品鱼罐头，包括淡水鱼罐头和海水鱼罐头。本标准适用产品名称：油浸（熏制）类鱼罐头、调味类鱼罐头和清蒸类鱼罐头。

（五）实习考核要点和参考评分（表 2–16）

（1）记录实习过程所见所闻所想，结合专业知识撰写认识实习报告。

（2）指导教师提交认识实习教学指导教师工作报告一份。

表 2–16　鱼罐头产品认识实习的操作考核要点和参考评分

序号	项目	考核内容	技能要求	评分（100 分）
1	企业概况	（1）企业组织形式； （2）产品概况	（1）鱼罐头企业的部门设置及其职能； （2）鱼罐头企业的技术与设备状况； （3）鱼罐头的产品种类、生产规模和销售范围	10
2	工艺设备	（1）主要工艺； （2）主要设备； （3）辅助设施	（1）了解鱼罐头的生产工艺流程，能够绘制简易流程图； （2）了解主要设备的相关信息，能够收集鱼罐头设备的技术图纸和绘制草图； （3）了解鱼罐头生产企业的仓库种类和特点	15
3	企业建筑	（1）全厂平面图； （2）主要建筑特点； （3）三废及其他	（1）了解鱼罐头生产企业全厂总平面布置情况，能够绘制全厂总平面布置简图； （2）了解鱼罐头生产企业主要建筑物的建筑结构和形式特点； （3）了解鱼罐头企业三废处理情况和排放要求，能够阐述原理； （4）能够制定鱼罐头制品生产的操作规范、整理改进措施	15

续表

序号	项目	考核内容	技能要求	评分(100分)
4	市场调研	(1)市场销售状况; (2)主要产品信息	(1)了解鱼罐头主要产品的市场销售状况; (2)能准确描述一类主要产品的品牌、原料、生产厂家、包装形式、包装材料和规格、标签内容、价格、保质期等	10
5	实习报告	(1)格式; (2)内容	(1)认识实习报告格式正确; (2)能正确记录主要产品生产工艺与要求,实习总结要包括体会、心得、问题与建议等	50

九、牡蛎粉生产技术

知识目标:

(1)掌握牡蛎粉生产的基本原理。

(2)了解牡蛎粉生产工艺的基本流程。

(3)了解酶法水解的作用。

(4)了解真空浓缩及喷雾干燥的原理。

(5)了解牡蛎粉企业管理经营知识。

技能目标:

(1)了解牡蛎粉生产工艺的基本流程。

(2)了解牡蛎粉质量的基本检验和鉴定能力。

解决问题:

(1)如何去除牡蛎粉的腥味?

(2)如何防止牡蛎粉的吸湿?

(一)牡蛎粉生产原料

1. 原料的选择

牡蛎粉是以牡蛎为主要原料,经打浆、酶解、脱腥、浓缩、喷雾干燥等工艺制成的。该产品风味独特、营养价值高、有利于提高学习记忆能力并具有解酒的效果。

新鲜而质量好的牡蛎,它的蛎体饱满或稍软,呈乳白色,体液澄清,白色或淡灰色,有牡蛎固有的气味。质量差的牡蛎,色泽发暗,体液浑浊,有异臭味,不能食用。牡蛎采收时间一般均在蛎肉最肥满的冬春两季。

2. 原料的前处理

选取鲜活牡蛎,用清水冲去牡蛎壳上的泥沙,再用刀具撬开牡蛎壳,取出牡蛎肉,清洗,沥干水分后于−18 ℃冻藏备用。

(二)牡蛎粉的生产工艺

牡蛎粉生产的基本工艺:原料处理→匀浆→蛋白酶水解→离心分离→脱腥→真空浓缩→喷雾干燥→包装→成品。

（三）牡蛎粉生产的新技术

美拉德反应增香提味技术。美拉德（Maillard）反应是糖类（如五碳糖、六碳糖、双糖）的羰基与氨基类化合物（如氨基酸、肽和蛋白质等）的氨基经过加成、缩合、环化和聚合等最终生成棕色甚至是黑色的大分子物质类黑精的一类极其复杂的非酶促反应。在美拉德反应过程中会生成许多风味物质，产物的性质受很多因素影响，如反应pH、时间、温度以及各种辅料的添加量等。几乎所有含有羰基和氨基的食品在加热条件下均能发生Maillard反应，它赋予了食品特殊的风味和良好的色泽。

（四）牡蛎粉的质量标准

1. 与牡蛎粉原料相关的质量标准

（1）GB 2733—2015 鲜、冻动物性水产品。本标准规定了鲜、冻动物性水产品的感官要求、理化指标、兽药残留限量等。本标准适用于鲜、冻动物性水产品，包括海水产品和淡水产品。

（2）SC/T 3121—2012 冻牡蛎肉。本标准规定了冻牡蛎肉的要求、试验方法、检验规则、标签、包装、运输、贮存。本标准适用于以近江牡蛎、太平洋牡蛎、褶牡蛎等为原料，经脱壳、清洗、冷冻制成的单冻牡蛎肉或块冻牡蛎肉；其他品种牡蛎制成的冻牡蛎肉可参照执行。

2. 牡蛎粉产品的质量评定

（1）感官指标。色泽为淡黄色，均匀一致；细粉末状，无结块；具有本产品特有的滋味与气味，且无明显的苦味；无肉眼可见的外来杂质。

（2）理化指标。蛋白质含量（以干基计），（g/100 g）≥ 50%；多糖含量（以干基计），（g/100 g）≥ 15%；水分含量≤ 5%；无机砷（以As计），（mg/kg）≤ 0.5；铅（以Pb计），（mg/kg）≤ 0.5；镉（以Cd计），（mg/kg）≤ 0.5；甲基汞（以Hg计），（mg/kg）≤ 0.5；多氯联苯（mg/kg）≤ 0.5。

（3）微生物指标。菌落总数（cfu/g）≤ 1 000；大肠菌群（MPN/100 g）≤ 30；致病菌（沙门氏菌群、志贺氏菌群、副溶血性弧菌、金黄色葡萄球菌）不得检出。

（五）实习考核要点和参考评分（表 2-17）

（1）记录实习过程所见所闻所想，结合专业知识撰写认识实习报告。

（2）指导教师提交认识实习教学指导教师工作报告一份。

表 2-17　牡蛎粉产品认识实习的操作考核要点和参考评分

序号	项目	考核内容	技能要求	评分（100分）
1	企业概况	（1）企业组织形式； （2）产品概况	（1）牡蛎粉企业的部门设置及其职能； （2）牡蛎粉企业的技术与设备状况； （3）牡蛎粉的生产规模和销售范围	10

续表

序号	项目	考核内容	技能要求	评分(100分)
2	工艺设备	(1)主要工艺; (2)主要设备; (3)辅助设施	(1)了解牡蛎粉的生产工艺流程,能够绘制简易流程图; (2)了解主要设备的相关信息,能够收集牡蛎粉设备的技术图纸和绘制草图; (3)了解牡蛎粉生产企业的仓库种类和特点	15
3	企业建筑	(1)全厂平面图; (2)主要建筑特点; (3)三废及其他	(1)了解牡蛎粉生产企业全厂总平面布置情况,能够绘制全厂总平面布置简图; (2)了解牡蛎粉生产企业主要建筑物的建筑结构和形式特点; (3)了解牡蛎粉企业三废处理情况和排放要求,能够阐述原理; (4)能够制定牡蛎粉制品生产的操作规范、整理改进措施	15
4	市场调研	(1)市场销售状况; (2)主要产品信息	(1)了解牡蛎粉主要产品的市场销售状况; (2)能准确描述一类主要产品的品牌、原料、生产厂家、包装形式、包装材料和规格、标签内容、价格、保质期等	10
5	实习报告	(1)格式; (2)内容	(1)认识实习报告格式正确; (2)能正确记录主要产品生产工艺与要求,实习总结要包括体会、心得、问题与建议等	50

十、干海参生产技术

知识目标:

(1)掌握干海参生产的基本原理。

(2)了解干海参生产工艺的基本流程。

(3)了解生产干海参的主要原料和主要品种。

(4)了解海参制品企业管理经营知识。

技能目标:

(1)了解干海参生产工艺的基本流程。

(2)了解干海参质量的基本检验和鉴定能力。

(3)能够制定干海参生产的操作规范、整理改进措施。

解决问题:

(1)干燥海参的新技术有哪些?和传统工艺有什么区别?

(2)如何保证干海参的质量?

（一）干海参的生产原料

1. 原料的选择

海参是我国重要的经济养殖海珍品，养殖主要集中在北方沿海，尤以辽宁、山东两省为最。我国海参产量最高、质佳味美的品种当数刺参，主要分布在我国北方的辽宁、河北和山东海域。

海参品质的鉴别：参体肥壮、饱满、顺挺，肌肉厚实，肉刺挺拔鼓壮，体表无残迹，刀口处肉紧厚外翻者为上品；参体枯瘦肉薄、坑陷大、歪曲不挺直，肉刺倒伏、尖而不直、体表有溃烂残迹者为次品。

2. 原料的前处理

一般要获得优质的干海参产品，最好是直接利用新鲜的海参原料。如果当时来不及加工，可先将鲜海参加工成盐渍海参，冷冻保藏备用。

（1）鲜（冻）海参前处理：从参体后端，沿腹部向前 1/3 处剖开参体，摘除内脏，洗去污物。

（2）盐渍海参前处理：将盐渍海参用蒸馏水泡 2 ～ 3 d 使海参脱盐泡发，每半天换一次水至海参挤出来的水不咸为止，将处理好的海参放在干净的容器中备用。

（二）干海参的加工工艺

目前，干海参的加工方法主要有晾晒干燥、冷冻干燥和机械设备干燥。晾晒干燥是传统的海参干制方法，但这种方法极其烦琐，不能将海参一次性晾干，要每 2 ～ 3 d 收回库中回潮，反复进行 3 ～ 4 次，才能充分干燥；冷冻干燥得到的产品品质最好，但其加工成本及设备成本很高；机械设备干燥大都是热风干燥，其存在的问题是烘干不均匀，耗电量大，也需要反复回潮干燥。而新兴的红外线辐射干制技术正逐步成为海参干制的主流方法，其用电量少，干燥效率高，可一次性低温干燥海参，符合低碳经济模式，使产品更具竞争力。

干海参的各加工工艺流程如下。

1. 晾晒干燥

海参→前处理→煮参→腌渍→盐煮→拌灰→晒干→分级→包装→成品。

2. 冷冻干燥

海参→前处理→漂烫→沥水→冷冻→真空低温干燥→分级→包装→成品。

3. 机械设备干燥

海参→前处理→盐煮→沥水→干燥→分级→包装→成品。

（三）海参干制的新技术

1. 红外线辐射干制技术

红外线辐射干制技术使用的干燥设备为红外线烘烤箱，其采用红外线辐射加热，自动控温，具有用电量少，升温快，烘干均匀，干燥时间短等特点，可一次性低温干燥海参，一般 3 ～ 6 d 即可干制完成。

2. 真空冷冻干制技术

真空冷冻干制技术是将预处理后的海参在冻干仓内迅速冷冻到−45 ℃～−35 ℃，使其中的水分结冰，再在真空状态下将冰直接升华为水蒸气，从而达到将海参中的水分脱除的目的。该技术得到的产品品质最好，能最大限度地保留海参中的营养成分，但其加工成本及设备成本较高，一般企业难以接受。

（四）干海参的质量标准

1. 原料质量标准

（1）GB 2733—2015 鲜、冻动物性水产品。本标准规定了鲜、冻动物性水产品的感官要求、理化指标、兽药残留限量等。本标准适用于鲜、冻动物性水产品，包括海水产品和淡水产品。

（2）SC/T 3215—2014 盐渍海参。本标准规定了盐渍海参的要求、试验方法、检验规则、标签、包装、运输、贮存。本标准适用于以鲜、活刺参为原料，经去内脏、清洗、预煮、盐渍等工艺制成的产品。以其他品种海参为原料加工的产品可参照执行。

2. 干海参的质量标准

（1）GB 31602—2015 干海参。本标准规定了干海参产品的感官要求、理化指标、污染物限量、兽药残留限量等。本标准适用于以刺参等海参为原料，经去内脏、煮制、盐渍（或不盐渍）、脱盐（或不脱盐）、干燥等工序制成的产品；或以盐渍海参为原料，经脱盐（或不脱盐）、干燥等工序制成的产品。

（2）SC/T 3307—2014 冻干海参。本标准规定了冻干海参的要求、试验方法、检验规则、标签、包装、运输、贮存。本标准适用于以鲜活刺参、冷冻刺参、盐渍刺参等为原料，经真空冷冻干燥等工序制成的产品，以其他品种海参为原料加工的产品可参照执行。

（五）实习考核要点和参考评分（表 2-18）

（1）记录实习过程所见所闻所想，结合专业知识撰写认识实习报告。

（2）指导教师提交认识实习教学指导教师工作报告一份。

表 2-18 干海参认识实习的操作考核要点和参考评分

序号	项目	考核内容	技能要求	评分（100 分）
1	企业概况	（1）企业组织形式； （2）产品概况	（1）干海参企业的部门设置及其职能； （2）干海参企业的技术与设备状况； （3）干海参的产品种类、生产规模和销售范围	10
2	工艺设备	（1）主要工艺； （2）主要设备； （3）辅助设施	（1）了解干海参的生产工艺流程，能够绘制简易流程图； （2）了解主要设备的相关信息，能够收集干海参生产设备的技术图纸和绘制草图； （3）了解干海参生产企业的仓库种类和特点	15

续表

序号	项目	考核内容	技能要求	评分(100分)
3	企业建筑	(1)全厂平面图; (2)主要建筑特点; (3)三废及其他	(1)了解干海参生产企业全厂总平面布置情况,能够绘制全厂总平面布置简图; (2)了解干海参生产企业主要建筑物的建筑结构和形式特点; (3)了解干海参企业三废处理情况和排放要求,能够阐述原理; (4)能够制定干海参生产的操作规范、整理改进措施	15
4	市场调研	(1)市场销售状况; (2)主要产品信息	(1)了解干海参主要产品的市场销售状况; (2)能准确描述一类主要产品的品牌、原料、生产厂家、包装形式、包装材料和规格、标签内容、价格、保质期等	10
5	实习报告	(1)格式; (2)内容	(1)认识实习报告格式正确; (2)能正确记录主要产品生产工艺与要求,实习总结要包括体会、心得、问题与建议等	50

第二节　水产品加工企业岗位参与实习

一、冻虾仁制品加工岗位技能综合实训

实训目的:

(1)掌握冻虾仁制品生产的基本工艺流程。

(2)掌握冻虾仁制品生产过程中各岗位的主要设备和操作规范,熟悉冻虾仁制品生产的关键技术。

(3)能够处理冻虾仁制品生产中遇到的常见问题。

实训方式:

4～5人为一组,以小组为单位。从选择原料和加工设备开始,根据原料特性及生产原理,生产出质量合格的产品。要求学生掌握冻虾仁制品生产的基本工艺流程,抓住关键操作步骤。

(一)冻虾仁的生产

1. 主要设备

(1)清洗机(图2-6)。

(2)分级机(图2-7)。

图 2-6 清洗机

图 2-7 分级机

（3）速冻机（图 2-8）。

（4）真空包装机（图 2-9）。

图 2-8 速冻机

图 2-9 真空包装机

2. 工艺流程

鲜虾→预处理→去头、去壳→漂洗→去肠腺→清洗→分级→沥水→称重→摆盘→速冻→脱盘→镀冰衣→包装、贴标→金属探测→冻藏。

3. 操作要点

（1）清洗：将附着在原料虾上的污垢、泥斑、杂质洗刷干净。

（2）去头、去壳：先将虾体前四节的甲壳去净，然后将第五、六两节壳揭开，最后将两尾扇对齐，用拇指和食指夹住，由尾扇的最外端向里挤，使尾尖自动脱出。该工序要求将虾皮去干净，并使虾仁及尾尖完整，不允许折断。

（3）漂洗：将薄皮后的虾仁倒入圆形控水筛中，在 3 ℃～4 ℃清洁水中清洗，除去虾壳、虾足、虾须等杂质。

（4）去肠腺、去虾黄：用不锈钢小剪刀沿虾背尾尖剪开，剥去包壳并抽出肠腺。如抽不出肠腺，可用牙签将肠腺挑出，同时踢掉虾黄。

（5）分级：按出口合同要求将虾仁分成不同规格，个体要均匀。

（6）摆盘（单冻产品）：将虾仁一个个均匀地摆在洁净的细目不锈钢上，摆满后放在大冻盘内。每只冻盘可放 3～5 层不锈钢网，然后立即进入速冻间速冻。

（7）速冻：装盘后的虾应及时送入速冻间进行冷冻，冻前温度应在 25 ℃以下，速冻间温度应控制在－25 ℃以下，单冻虾仁的冻盘上要贴上规格标志，以防包装时发生混装。

（8）脱盘：用水淋式方法将冻好的虾块脱盘，水温不应超过 20 ℃，以防冰被融化。

（9）镀冰衣：将脱盘后的冻块在冰水中浸渍 3～5 s 取出，放在包装台上，待冰衣完全结冰时再套入塑料袋。

（10）包装：将塑料袋包装的产品按规定装入纸箱中，纸箱内上、中、下用单瓦楞纸隔开，装满后，外包装纸箱上、下用胶带封口，再用白色打包带打包，箱外标明中英文对照的品名、规格、毛净重、出口公司名称、厂代号、批号和生产日期。

(11) 冻藏：将包装好的产品按品种、规格、批号堆放，堆码与库房墙壁间有一定的空隙，库内要清洁卫生，库温要稳定在－18 ℃以下。

4. 常见问题分析

(1) 净含量不足。一些生产单位通过各种手段使虾仁带水，以水充净重的现象较普遍。

(2) 部分冻虾仁产品的磷酸盐含量不符合国家标准要求。磷酸盐作为品质改良剂可以使肉质保持汁液，防止蛋白质冷冻变性。大量使用磷酸盐能使冻虾仁产品吸收较多水分，增加重量，并使虾仁失去原有风味，影响消费者健康。

(3) 若使用的原料把关不严或加工不及时，会造成虾仁的口味、气味不正常。

(4) 产品存在无标识或标识不规范的问题。许多产品不按食品标签通用标准的要求标示厂名、厂址、净含量和生产日期等内容，绝大部分产品无规格，所有产品都未标示使用添加剂的种类和剂量。

5. 注意事项

(1) 挑肠时若不小心会挑断肠腺，肠腺内的细沙就会污染虾体，很难清洗；而沙肠虾由于肠腺饱满，更容易挑断或挑破。

(2) 冷冻虾仁解冻或失水导致失重不但影响外观和品质，更减少货值，直接影响经济利润。

(3) 去头剥壳时应戴上手套，手套应有颜色、完整无缺、清洁卫生，并且用不渗透的材料制作，剥虾工序时间应控制在 1 h 以内，虾体的温度应低于 10 ℃。

(4) 进入平板机急冻的虾仁应适时适量加冰水，以恰好盖过虾体为宜。通过－40 ℃以下温度急冻，使中心温度达到－18 ℃以下。

(5) 脱盘可用水浸和喷淋的方式，操作时间不宜过长，水温要求在 20 ℃以下，防止虾块冰融化。镀冰衣是为了防止氧化和风干，冰水要求在 4 ℃以下。

二、鱼糜制品加工岗位技能综合实训

实训目的：

(1) 加深学生对鱼糜制品生产基本理论的理解。

(2) 掌握鱼糜制品生产的基本工艺流程。

(3) 掌握鱼糜制品生产过程中各岗位的主要设备和操作规范，熟悉鱼糜制品生产的关键技术。

(4) 能够处理鱼糜制品生产中遇到的常见问题。

实训方式：

4～5 人为一组，以小组为单位。从选择原料和加工设备开始，利用各种原辅材料的特性及生产原理，生产出质量合格的产品。要求学生掌握鱼糜制品生产的基本工艺流程，抓住关键操作步骤。

（一）鱼糜制品的生产

1. 主要设备

（1）冷冻鱼糜生产设备。

① 预处理工作平台（图 2-10）：为方便人工操作及物料传送，设计预处理工作平台，设备包括 3 层输送带、两侧各 8 工位操作台、清洗水龙、接水槽等。

② 采肉机（图 2-11）：采肉工序多采用生产效率较高的滚筒式采肉机，靠多孔转筒与外侧胶带间的挤压、差动来达到鱼肉与骨刺分离的目的。

图 2-10　预处理工作平台

图 2-11　采肉机

③ 漂洗槽（图 2-12）：漂洗槽是冷冻鱼糜生产线的主要设备之一。漂洗槽由槽体、搅拌桨叶、减速器、电机、传动系统、出料阀等组成，有效容积根据鱼水比例和产量设计。漂洗槽的除脂形式分为溢水槽和排水管两种，可单独或混合使用。

④ 喷淋筛（图 2-13）：喷淋筛可沥去鱼肉中的大部分漂洗液以及清除鱼肉中的残余血水，同时达到预脱水和调整肉质的目的。喷淋筛主要由筛筒、集水槽、电机、减速器、传动链轮、喷水机构等组成。

图 2-12　漂洗槽

图 2-13　喷淋筛

⑤ 精滤机（图 2-14）：精滤机分为卧式精滤机和立式精滤机两种，其主体结构均为挤压螺杆与外套滤筒。操作时，鱼糜受螺旋的挤压，自滤孔中溢出，而体型较大较长的骨刺、筋带及硬质碎肉沿着螺杆方向排出。

⑥ 脱水机：螺旋压榨脱水机形式多样，其主体结构均为由网板制成的网筒，内有圆锥形的变螺距螺杆，可逐渐挤压、缩小鱼糜体积，受压的游离水分则由网孔排出。

图 2-15 为框架式结构的单螺杆脱水机，网筒由一层小孔径网片和一层大孔径网片组成。网片被固定在框架上，框架之间用螺栓固定。这种结构形式网片能承受较大的压力，从而延长使用寿命，但拆装、清洗较为麻烦。

图 2-14　精滤机

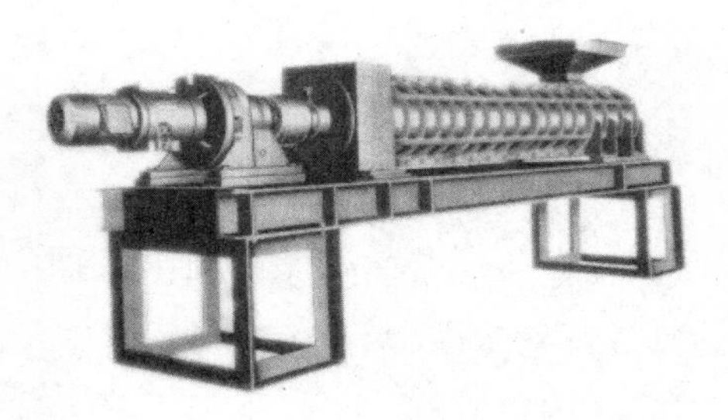
图 2-15　单螺杆脱水机

⑦ 填充机（图 2-16）：填充机为双螺杆形式。工作时，鱼糜直接倒入料斗内，由相对转动的螺杆送至充填口，物料受挤压后进入包装袋内，完成充填过程。设备具有充填速度快、操作简单、拆洗方便等特点。

（2）鱼糜制品加工设备。

① 解冻设备（图 2-17）：微波解冻机一般是由微波发生装置和隧道式输送带所构成，其作用是使鱼糜在传送过程中升温解冻。但微波加热不可能达到完全均匀，并可能导致部分鱼糜变性，因此还可采用流水解冻，将冷冻鱼糜块连包装一起浸入循环水槽中进行解冻。这种方法速度较快，各部分温差很小，但需注意控制水温，并防止流水侵入鱼糜包装袋内。

② 擂溃机、斩拌机（图 2-18）：虽然各种鱼糜制品的加工工艺不尽相同，擂溃却是不变的工序。传统擂溃机是以石制或不锈钢制的碗形槽为容器，借助旋转式的擂溃杆，与槽底产生摩擦作用达到盐溶性的目的。

图 2-16　鱼糜充填机

图 2-17　鱼糜微波解冻机

③ 成型机（图 2-19）：成型机主要结构为物料输送结构和成型结构。图 2-19 为包馅鱼丸成型机，采用灌肠式成型机与注入式成型机相结合的形式工作，持续注入肉馅即可生产普通鱼丸。设备还可生产各种规格的鱼丸，具有一定的通用性。

图 2-18　斩拌机

图 2-19　包馅鱼丸成型机

2. 工艺流程

（1）冷冻鱼糜生产的基本工艺：原料鱼→前处理→水洗（洗鱼机）→采肉（采肉机）→漂洗（漂洗设备）→脱水（离心机或压榨机）→精滤（精滤机）→搅拌（搅拌机）→称量→包装（包装机）→冻结（速冻设备）。

（2）鱼糜制品生产的基本工艺：冷冻鱼糜→解冻→擂溃或斩拌→成型→凝胶化→加热→冷却→包装。

3. 操作要点

（1）设备、刀具、场地消毒：按要求对设备、刀具、场地消毒。消毒液浓度为 500×10^{-6}（ppm）。喷上消毒液 30 min 后，再用清水冲洗干净，器具才可使用。

（2）鱼体清洗：按要求对鱼体清洗。

（3）宰杀：包括去鳞、去头、去内脏、去鱼尾、去划水、去肛门工序。鱼鳞必须刮干净，黑膜去干净，划水、肛门去除准确。品控部抽样检查并做好记录。

（4）鱼片清洗消毒：鱼片入清洗池，浸泡清洗去血水，水温控制在 10 ℃以下，再经传送带送至清洁池用 75×10^{-6} 的二氧化氯溶液浸泡清洗消毒 7～9 min。

（5）采肉：采肉过程温度必须控制在 10 ℃以下。

（6）鱼糜漂洗：水温控制在 10 ℃以下，漂洗时间为 5～10 min。

（7）精滤：设备要清洗干净，并消毒，精滤后鱼糜无鱼刺无杂质，温度控制在 10 ℃以下。

（8）脱水：脱水后产品水分含量小于 78%。

（9）包装：包装鱼糜温度不超过 10 ℃，微生物等指标达到企业标准。

4. 常见问题分析

（1）鱼糜制品在冷却过程中有可能受到污染，而且在包装环境、包装纸、包装操作等方面还会受到二次污染，保藏期很短。

（2）褐变亦是鱼糕、鱼卷等鱼糜制品中常见的变质现象，在常温下放置两三天就会在表面出现黑褐色斑点，并逐渐遍布整个表面。褐变在制品内也会出现，先是颜色较浅而后逐渐加深，随着褐变的产生，制品组织硬脆，失去特有弹性。

（3）包装良好的鱼糕类制品的变质。这类制品指鱼肉糜充填后密封杀菌的产品，基本控制了二次污染，贮藏性能较好。这类制品变质是由耐热的芽孢杆菌引起的，长时间贮藏也会腐败变质。它是芽孢杆菌繁殖的结果，在原辅料中这种细菌经常存在，如加热不充分会残存下来，等条件适宜时生长繁殖。地衣芽孢杆菌、枯草芽孢杆菌、环状芽孢杆菌的繁殖会使制品表面形成圆形斑纹或使制品软化，失去弹性。

（4）鱼糜制品膨胀是一种较明显的腐败现象，包装物呈现膨胀状态，内容物与包装物分离，有时有强烈腐臭味，这是梭状芽孢杆菌繁殖引起的。

5. 注意事项

（1）防止鱼糜制品变质的措施：减少原辅料的污染度；采用合适的加热温度杀死腐败细菌；要防止包装时二次污染；采取添加防腐剂，低温贮藏流通等综合保鲜手段。

（2）提高原辅料的清洁度，降低初始含菌量，使加热后的制品尽可能减少细菌残留量，因此鱼体清洗，内脏去净等工序必须认真操作。应对辅料进行检验、杀菌消毒后使用（耐热性芽孢杆菌多来自于淀粉、蔬菜等）。

（二）质量标准

1. SC/T 3701—2003 冻鱼糜制品标准

本标准规定了冻鱼糜制品的要求、试验方法、检验规则、标签、包装、运输。本标准适用于以冷冻鱼糜、鱼肉、虾肉、墨鱼肉、贝肉为主要原料制成的，并在小于等于－18 ℃低温条件下贮藏和流通的鱼糜制品，包括冻鱼丸、鱼糕、虾丸、虾饼、墨鱼丸、墨鱼饼、贝肉丸、模拟扇贝柱和模拟蟹肉等。

2. CCGF 124.3—2010 鱼糜制品

本规范适用于鱼糜制品产品质量国家监督抽查，针对特殊情况的专项国家监督抽查、县级以上地方质量技术监督部门组织的地方监督抽查可参照执行。本规范内容包括产品分类、术语和定义、企业规模划分、检验依据、抽样、检验要求、判定原则及异议处理复检及附则。

3. GB/T 21291—2007 鱼糜加工机械安全卫生技术条件

本标准规定了鱼糜加工机械及其附属装置在设计、制造、安装及操作上的安全与卫生方面的一般技术要求。

4. SN/T 1091—2002 进出口鱼糜制品检验规程

本标准规定了进出口鱼糜制品抽样、检验、检验结果的判定。本标准适用于以鱼糜为主要原料，经加工而制成的进出口鱼糜制品的检验。

5. NY/T 1327—2007 绿色食品鱼糜制品

本标准规定了绿色食品鱼糜制品的要求、试验方法、检验规则、标签、标志、包装、运输和贮存。本标准适用于以冷冻鱼糜、鱼肉、虾肉糜、墨鱼肉糜、贝肉糜为主要原料制成的，在－18 ℃低温或常温条件下贮藏和流通的绿色食品鱼糜制品，包括冻鱼丸、鱼糕、烤鱼卷、虾丸、虾饼、墨鱼丸、贝肉丸、模拟扇贝柱、模拟蟹肉和鱼肉香肠等。本标准适用产品名称：鱼丸、鱼糕、鱼饼、烤鱼卷、虾丸、虾饼、墨鱼丸、贝肉丸、模拟扇贝柱、模拟蟹肉、鱼肉香肠、其他鱼糜制品。

6. DB34/T 1808—2012 冷冻淡水鱼糜加工技术规程

本标准规定了冷冻淡水鱼糜的加工术语和定义、基本要求、加工、包装、冻结、贮藏、运输及生产记录等内容。本标准适用于以鲜、活及冷冻鱼为原料，经采肉、漂洗、精滤、脱水和冻结等加工而成的冷冻淡水鱼糜的生产。其他动物性水产品原料生产的冷冻鱼糜可参照执行。

7. GB 10132—2005 鱼糜制品卫生标准

代替 GB 10132—1988 熟制鱼糜灌肠卫生标准（已作废）、GB 10145—1988 熟制鱼丸（半成品）卫生标准（已作废）。本标准规定了鱼糜和虾糜制品的卫生指标和检验方法以及食品添加剂、生产加工过程、包装、标识、贮存与运输的卫生要求。本标准适用于以鲜(冻)鱼为主要原料,添加辅料,经一定工艺加工制成的鱼糜制品;也适用于以鲜(冻)虾为主要原料,添加辅料,经一定工艺加工制成的虾糜制品。

(三)实习考核要点和参考评分(表2-19)

(1)以书面形式每人提交岗位参与实习报告。

(2)按照小组提交岗位参与实习过程、实习每日记录和讨论一份。

(3)指导教师提交岗位参与实习教学指导教师工作报告一份。

表2-19 鱼糜制品岗位参与实习的操作考核要点和参考评分

序号	项目	考核内容	技能要求	评分(100分)
1	准备工作	(1)准备、检查器具; (2)实训场地清洁	(1)能准备、检查必要的加工器具; (2)实训场地清洁	5
2	原料处理	(1)原料选择和保藏; (2)清洗和处理	(1)能够识别原料鱼的鲜度,掌握原料鱼常规的保鲜方式; (2)掌握机械和手工去头去内脏的方式,能够发现鱼糜制品前处理不当的常规问题以及对产品质量的影响	10
3	采肉和漂洗	(1)采肉操作; (2)漂洗步骤	(1)掌握采肉机的操作,能够正确平衡采肉率和产品品质的矛盾; (2)掌握提高肉蛋白耐冻性的方法	15
4	精滤与脱水	(1)精滤与脱水的顺序; (2)精滤机的要求	(1)掌握精滤与脱水的先后顺序对不同鱼糜制品的影响; (2)掌握精滤机的选择和关键控制参数	15
5	质量评定	(1)必检项目; (2)感官检验	(1)能够独立操作水分、pH、夹杂物、弹性的检测; (2)感官检测符合表2-3的标准	5
6	实训报告	(1)格式; (2)内容	(1)实训报告格式正确; (2)能正确记录实验现象和实验数据,报告内容正确、完整	50

三、鱼片制品加工岗位技能综合实训

实训目的:

(1)掌握鱼片制品生产的基本工艺流程。

(2)掌握鱼片制品生产过程中各岗位的主要设备和操作规范,熟悉鱼片制品生产的关键技术。

(3)能够处理鱼片制品生产中遇到的常见问题。

实训方式:

3人为一组,以小组为单位。从选择原料和加工设备开始,利用各种原辅材料的特性及生产原理,生产出质量合格的产品。要求学生掌握鱼片制品生产的基本工艺流程,抓住关键操作步骤。

（一）鱼片制品的生产

1. 主要设备

（1）解冻机（图 2-20）。

（2）去鱼皮机（图 2-21）。

图 2-20 解冻机

图 2-21 去鱼皮机

（3）金属检测器（图 2-22）。

（4）平板鱼片速冻机（图 2-23）。

图 2-22 金属检测器

图 2-23 平板鱼片速冻机

2. 工艺流程

原料→解冻→清洗→消毒→去皮→冲洗→开片→修整→摸刺→灯检→复验→消毒→漂洗、沥水→过磅称重→摆盘→速冻→脱模→称重→检验→包装入库。

3. 操作要点

（1）原料预处理如前所述。

（2）原料解冻：理想解冻的方法是在低温下短时间内进行，以防止鱼体品质劣变。进行大量快速处理时，通常采用流水解冻法。一般采用 15 ℃～20 ℃清洁水，冬季水温较低时，可采用蒸汽加热等方法提高水温，但必须保证水温均匀。夏季水温较高时，应加冰降温。水循环的速度与解冻的速度应成正比，一般以保持在 1 m/min 以上为好。为加快解冻速度，可在水槽中通入喷气管道。解冻的程度可用手指按压来判断，以稍微能按凹进去，中心部位仍有些冻硬感的半解冻状态（中心温度－4 ℃～－3 ℃）为好。冻块原料一旦零散开，应立即捞出，此状态为最佳。若完全解冻，鱼体黏滑柔软，既不易处理，又因失水过多，影响产品质量和出成率。

（3）消毒：将解冻原料用清水冲洗干净后，再用浓度为2×10^{-6}（W/V）的次氯酸钠溶液浸泡消毒3～5 min。次氯酸钠母液的浓度须及时调整，以保证消毒效果。

（4）去皮：将消毒好的鳕鱼逐条平放在去皮机上，在剥皮工序中，剥皮机刀片的刃口是关键。刀片快易割断鱼皮，刀片太钝则剥皮困难，故必须掌握好刀片刃口的锋利程度，否则影响鱼片的质量和出成率。剥皮操作人员要带好手套，注意安全。此工序若采用BA51、TM238或其他剥皮机完成，应使鱼体或鱼片带皮面靠在传送带上，鱼尾向前进行剥皮，否则机器会将鱼尾部撕裂，甚至撕去，影响产品质量和产量。

（5）开片：将去皮后的鳕鱼用水冲洗后，按鱼体纵向用切鱼刀剖成两半，剔除鱼的脊椎骨、肩骨、大肋骨、内脏、皮、鳍、鱼腹黑膜等。此工序极为重要，对产品的出成率影响很大。所以，要求加工前一定要磨好刀，以免切碎鱼体而影响出成率。

（6）修整：将开片鱼片装入带孔塑料筐中，用流水冲洗一下，然后修整。注意去除鱼片上的残余鱼鳍、鱼腹黑膜等，以免影响产品外观。修整时应特别注意产品的出成率。

（7）摸刺：要求对修整后的鱼片逐片检查，用手沿鱼片从头到尾慢慢摸遍，去掉残余的鱼刺等。

（8）灯检：将鱼片逐片放在特制的灯光检验台上，用小镊子除去鱼片上附着的寄生虫。常见的寄生虫有线虫、绦虫和孢子虫。

（9）复检：要求操作人员细心地逐片检查，去掉残余的鱼皮、鱼刺、血肉、鱼腹黑膜及寄生虫等。

（10）消毒：将经复验后的鱼片平摆入带孔塑料筐中，先用清水冲洗一遍，然后放在浓度为5×10^{-6}（W/V）的次氯酸钠水溶液中浸泡3～5 s，迅速取出后控水5 min。

（11）漂洗、沥水：将经消毒控水后的鱼片放入已配制好的多聚磷酸钠和焦磷酸钠混合溶液中漂洗，时间约3～5 s，溶液浓度为3%左右，温度5 ℃左右，漂洗后的鱼片应充分沥水，时间15～20 min。

（12）过磅：标准冻块的重量为7. 48 kg（即16. 5磅），考虑让水量3%～4%，一般称重7. 75 kg。对不同的原料，称重也有所不同。对每批鱼可先做试验，定出一恰当称重量。要求过磅务必准确，以免影响成品质量及出成率。

（13）摆盘：称重后的鱼片应马上摆盘，不得积压。将鱼片按大小、头尾整理好，整齐地摆入特制的铝合金模子内，模子内先套上纸盒包装，要求摆盘后的鱼块上下及四周均平整光滑。操作人员应每小时用消毒水洗一次手，以免金黄色葡萄球菌污染鱼体。

（14）速冻：鱼片摆盘后应及时放入平板速冻机中进行速冻，积压时间不得超过1 h。速冻温度要求在－30 ℃以下，平板压力4. 9～5. 4 MPa，速冻时间约3 h。

（15）脱模、称重：速冻好的鱼块应及时用脱模机进行脱模，然后称重，鱼块质量要求在7. 61～7. 84 kg之间。

（16）检验：每天都要对成品做质量检验，并填写检验报告单，并每天两次进行卫生标准检验。

（17）包装、入库：称重合格的鱼块按每箱4块包装好，及时入库。库温要求不得高于

－23 ℃，温度变化不宜超过 2 ℃以免影响产品品质。

4. 常见问题

（1）鱼片解冻状态不当造成的鱼片不够完整。

（2）开片工序为冷冻鳕鱼片关键工艺，极为重要，对产品的出成率影响很大。刀口锋利程度直接影响产品最终质量。

5. 注意事项

（1）解冻是手工加工的头道工序，解冻的好坏直接影响到加工工序的流畅和加工产品的质量。保证原料鱼到下道工序时处于解冻适当状态，切忌解冻过大，否则影响出成率和鱼片完整度。

（2）摸刺要求手时常消毒并常把手放入冰水盒中，一则降低手的温度，保证鱼片温度不至过高，二则保持手面光滑，以免摸碎鱼片。

（3）单冻产品要求先对单冻机进行清洗消毒，预冷 10 min，鱼片的切面朝下摆放。

（4）摆盘操作中，操作人员应每小时用消毒水洗一次手，以免金黄色葡萄球菌污染鱼体。

（二）质量标准

1. 原料的质量标准参照

中华人民共和国出入境检疫行业标准 SN/T 0223—2011 进出口水产品检验规程。

2. 冷冻鱼片的质量标准参照

中华人民共和国出入境检疫行业标准 SN/T 0223—2011 进出口水产品检验规程。

（三）实习考核要点和参考评分（表 2-20）

（1）以书面形式每人提交岗位参与实习报告。

（2）按照小组提交岗位参与实习过程、实习每日记录和讨论一份。

（3）指导教师提交岗位参与实习教学指导教师工作报告一份。

表 2-20　鱼片生产岗位参与实习的操作考核要点和参考评分

序号	项目	考核内容	技能要求	评分（100 分）
1	准备工作	（1）准备、检查器具； （2）实训场地清洁	（1）能准备、检查必要的加工器具； （2）实训场地清洁	5
2	原料处理	（1）原料选择和保藏； （2）清洗和处理	（1）能够识别原料鱼的鲜度，掌握冷冻鱼的解冻方法； （2）掌握机械和手工去头去内脏的方式，能够发现鱼片制品前处理不当的常规问题以及对产品质量的影响	10
3	开片和修整	（1）切鱼片操作； （2）修整	（1）掌握鳕鱼开片的技巧和方法； （2）掌握鱼片修整的操作，能够正确平衡产品得率和产品品质的矛盾	15

续表

序号	项目	考核内容	技能要求	评分(100分)
4	摸刺、挑虫和金属检测	(1)明确摸刺工序中手的预处理对于鱼片品质的影响; (2)灯光检验台的清洁度的要求; (3)金属检测器检查的方法	(1)掌握摸刺工序对鱼片制品的影响; (2)掌握在灯光检验台上快速挑除寄生虫的方法; (3)掌握使用金属检测器检测金属的方法	15
5	质量评定	(1)必检项目; (2)感官检验	(1)掌握相关的鱼片质量标准; (2)掌握感官检测的方法	5
6	实训报告	(1)格式; (2)内容	(1)实训报告格式正确; (2)能正确记录实验现象和实验数据,报告内容正确、完整	50

四、鱼油制品加工岗位技能综合实训

实训目的:

(1)加深学生对鱼油制品生产基本理论的理解。

(2)掌握鱼油制品生产的基本工艺流程。

(3)掌握鱼油制品生产过程中的主要设备和操作规范。

(4)理解鱼油制品生产设计原理与存在的问题。

实训方式:

10人为一组,以小组为单位。从选择原料和加工设备开始,利用各种原辅材料的特性及生产原理,生产出质量合格的鱼油产品。要求学生掌握鱼油制品生产的基本工艺流程,抓住关键操作步骤。

(一)鱼油制品的生产

1. 主要设备

(1)带搅拌装置的立式夹套锅(图2-24)。

(2)板框压滤机(图2-25)。

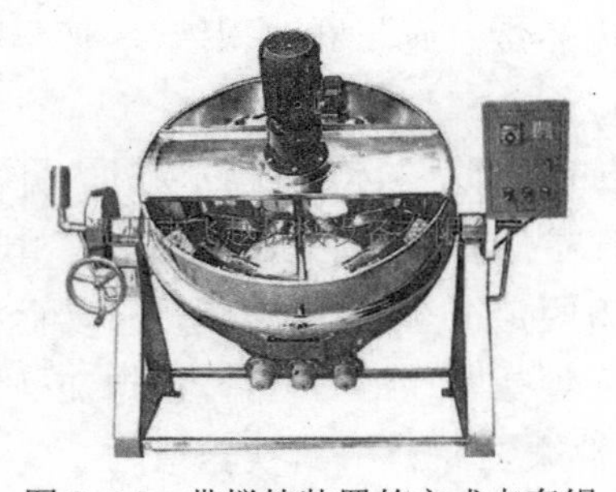

图2-24 带搅拌装置的立式夹套锅

图2-25 板框压滤机

(3)蝶式混合机(图2-26)。

(4)板式热交换器(图2-27)。

图 2-26　蝶式混合机

图 2-27　板式热交换器

（5）蝶式离心机（图 2-28）。

（6）油水分离器（图 2-29）。

图 2-28　蝶式离心机

图 2-29　油水分离器

2. 工艺流程

（1）鱼油的提取：鱼肝→加水切碎→加碱水解→过筛（上清）→保温→分离→盐析→分离→精制。

（2）鱼油的精制：粗鱼油→过滤→脱胶→脱酸→水洗→干燥→脱水→干燥→脱色→冬化→脱臭→调制。

3. 操作要点

以鱼肝油为例阐述工业制备鱼油过程中的关键控制要点。工业提炼鱼肝油主要采取淡碱水解法，即采用淡碱液，将鱼肝蛋白质组织分解，破坏蛋白质与肝油相结合，使鱼肝油得到分离。提炼的要点如下。

（1）切碎：为了便于水解，最大限度地提取鱼肝中的肝油，在水解前必须对大肝脏进行切碎处理。冷藏的鱼肝应先解冻，新鲜的鱼肝也应在检肝台上剔除杂物，随后将肝脏随热水送入切肝机切碎。切肝机有两种类型：一种是钢刀固定在垂直轴上，随轴转动而将鱼肝切碎，切碎的肝浆过筛后由漏斗送入肝浆池中。另一种是四片钢刀一排，固定在一根水平转动的转轴上。切肝机前端装有磁性装置，以吸去混杂在原料中的铁器杂物。旋转的钢刀将不断送入的鱼肝切碎，经下端钢筛过筛后通过漏斗，送入肝浆池。筛孔直径一般为 1 cm。

（2）将肝浆注入水解锅，加适量水后加热至 40 ℃，加入淡碱液，使水解液 pH 达 9～10。一般大鲨肝碱液浓度 1.5%～2.0%，小鲨肝浓度 3%～5%，大黄鱼肝及鳗鱼肝浓度10%。一般采用二次投碱,即第一次边搅拌边徐徐投入碱液至肝浆pH为8.0,然后进行第二次投入,使肝浆pH为9.0。若原料质量较差则应再投入过量碱至pH为10,使水解完全以确保肝油提炼达到最佳效果。通常采用二级温度制,先加热到45 ℃～50 ℃再进行加碱(可根据pH的变动分两次加入),继续升温至80 ℃,水解1～2 h至肝浆呈现黑色无黏性时过筛,除去肝渣等杂质,注入保温锅内并保持80 ℃。用离心机分离水解液得到肝油。

(3) 盐析、水洗与分离:过筛后的水解液是油、皂化液及残余细渣的混合液,需要进一步加工,将肝油从中分离出来,所以必须经盐析、水洗和离心机分离处理。

(4) 脱胶:脱除毛油中胶状杂质的工艺称为脱胶,毛油中的胶质主要是磷脂,它的存在不仅降低了油脂的使用价值,而且影响了油脂精炼,导致成品油质量下降。酸炼脱胶的工艺:毛油预热到60 ℃左右,加入油量1%的磷酸,充分混合后再加入少量水搅拌,然后用离心机分离。若毛油中胶质含量少,也可以不脱胶直接进入脱酸工序。

(5) 脱酸:除去鱼油中的游离脂肪酸。鱼油脱酸的方法有酯化脱酸法、蒸馏脱酸法、溶剂脱酸法等。其中,最常用的是碱炼法,其工艺是加热到30 ℃～40 ℃,用60 r/min搅拌,缓缓加入碱液,升温至60 ℃左右,搅拌速度降低至30 r/min,保温静置一段时间,放出皂角,加入油量30%～50%的清水,搅拌加热到40 ℃左右,水洗至鱼油呈中性,用离心机脱去残余皂角和水分。

(6) 脱色:一般脱色用活性白土作脱色剂。为避免脱色过程中油脂被氧化,采用真空吸附法进行脱色。鱼油的脱色工艺是脱酸鱼油泵入真空干燥器中减压脱水。在泵入脱色罐升温至100 ℃时加入0.5%～1%的酸性白土和活性炭混合物(8:1),减压至0.8 MPa搅拌,达到规定的色度时过滤。

(7) 冬化:鱼油的脂肪酸组成因鱼的种类不同而有较大差别,在温度较低时,凝固点较高的甘油酯会析出结晶,使油浑浊。对于要求始终保持清澈透明的油脂,必须事先冷却,再用压滤机将析出的固体甘油酯滤去。将粗油逐渐降温,一般先在7 ℃～10 ℃预冷,再经−2 ℃～4 ℃继续冷却,使粗油的中心温度降至0～1 ℃。在0～1 ℃的温度条件下压滤,将粗油制成清油。

(8) 脱臭:油脂中一些挥发性过氧化物等会导致产品产生臭味。一般脱臭使用的是蒸汽脱臭法。其工艺是将脱色油泵入脱臭装置中,在高真空度下喷入高温蒸汽去除油中的臭味,提高油脂的烟点。

4. 常见问题分析

(1) 常规的炼制鱼油过程所生产的粗鱼油会带入不同量的非甘油酯共存成分,如蛋白质、磷脂、色素等。这些鱼油中的非甘油酯杂质成分不仅影响油脂的稳定性,而且影响油脂精炼和深度加工的工艺效果,因此,必须通过一系列的精炼工艺去除这部分非甘油酯杂质成分。

(2) 由于鱼油来源的特殊性,在环境污染日趋严重的背景下,鱼油也未能避免被污染,粗鱼油中被检出二噁英、孔雀石绿、硝基呋喃等有毒物品已不罕见,特别是当精制鱼油作为食品、保健品甚至药品的原料时,是绝不允许有毒物质存在的。为此,在鱼油精制工艺的研究上,应将如何去除有毒物品作为重点突破对象。

5. 注意事项

(1) 以洁净干燥的铁桶或塑料桶包装。包装应有良好的密封,装入鱼油时,应避免留下过大顶隙以减少与空气接触。

(2) 鱼油加工工艺和植物油的精炼相似,但需要特别注意对鱼油中多不饱和脂肪酸(特别是 EPA 和 DHA)的保护,生产过程的参数选择应以较低温度和较高真空度为原则。

(3) 对脱臭参数的选择应特别注意,并注意在成品油中添加适当的抗氧化剂,以避免鱼油的氧化酸败。

(4) 从鱼粉厂来的鱼油和从溶油厂来的水产动物油,虽然其中的水分和机械性杂质已被除去,但这种油并不能满足某些高级用油和进一步加工的要求,需要进一步精炼。

(二) 质量标准

(1) SC/T 3505—2006 鱼油微胶囊。本标准规定了鱼油微胶囊产品的要求、试验方法、检验规则及标签、包装、运输、贮存。本标准适用于以鱼油为主要原料、以变性淀粉等为包囊材料,经加工制成的富含 EPA、DHA 等多烯脂肪酸的微胶囊制品。

(2) SC/T 3504—2006 饲料用鱼油。本标准规定了饲料用鱼油的要求、试验方法、检验规则及标签、包装、运输、贮存。本标准适用于各类配合饲料添加使用的鱼油或作为高不饱和脂肪酸营养强化剂而使用的鱼油。

(3) SC/T 3503—2000 多烯鱼油制品。本标准规定了多烯鱼油制品的要求、试验方法、检验规则及标签、包装、运输、贮存。本标准适用于以鱼油为主要原料经加工制成的各种富含多烯脂肪酸的食品或保健食品。

(4) SC/T 3502—2000 鱼油。本标准规定了鱼油的要求、抽样、试验方法、检验规则及标签、包装、运输、贮存。本标准适用于粗鱼油及精制鱼油。

(5) SC/T 3504—2006 饲料用鱼油。本标准适用于各类配合饲料添加使用的鱼油或作为高不饱和脂肪酸营养强化剂而使用的鱼油。

(6) 感官要求。鱼油的感官要求见表 2-21。

表 2-21 鱼油的感官要求

项目	精制鱼油	粗鱼油
外观	浅黄色或橙色	浅黄色或红标色稍有浑浊或分层
气味	具有鱼油特有的微腥味无鱼油酸败味	具有鱼油特有的微腥味稍有鱼油酸败味

(7) 理化指标。鱼油的理化指标的规定见表 2-22。

表 2-22 鱼油的理化指标

项目	精制鱼油		粗鱼油	
	一级	二级	一级	二级
水分及挥发物(%)	≤0.1	≤0.2	≤0.3	≤0.5
酸价(mg/g)	≤1.0	≤2.0	≤8	≤15

续表

项目	精制鱼油		粗鱼油	
	一级	二级	一级	二级
过氧化值(mmol/kg)	≤5	≤6	≤6	≤10
不皂化物(%)	≤1.0	≤3.0	……	……
碘价(g/100 g 油)	≥120			
杂质(%)	≤0.1	≤0.1	≤0.3	≤0.5

(8) 试验方法。每批产品必须进行出厂检验,出厂检验由生产单位质量检验。

(三) 实习考核要点和参考评分(表 2-23)

(1) 以书面形式每人提交岗位参与实习报告。

(2) 按照小组提交岗位参与实习过程、实习每日记录和讨论一份。

(3) 指导教师提交岗位参与实习教学指导教师工作报告一份。

表 2-23 鱼油制品岗位参与实习的操作考核要点和参考评分

序号	项目	考核内容	技能要求	评分(100 分)
1	准备工作	(1) 准备、检查器具; (2) 实训场地清洁	(1) 能准备、检查必要的加工器具; (2) 实训场地清洁	5
2	原料处理	(1) 原料选择和保藏; (2) 清洗和处理	(1) 能够识别原料鱼肝的鲜度,掌握鱼肝常规的保鲜方式; (2) 能够发现生产前处理不当的常规问题以及对鱼油产品质量的影响	10
3	水解提取	(1) 水解方法选择; (2) 提取步骤	(1) 掌握水解条件; (2) 熟悉提取步骤	15
4	精制鱼油	(1) 精制步骤顺序; (2) 精制的操作	(1) 掌握鱼油精制的先后顺序; (2) 熟悉脱酸、脱胶、脱臭等操作步骤	15
5	质量评定	(1) 必检项目; (2) 感官检验	(1) 能够独立操作各项必检项目; (2) 感官检测符合行业质量标准	5
6	实训报告	(1) 格式; (2) 内容	(1) 实训报告格式正确; (2) 能正确记录实验现象和实验数据,报告内容正确、完整	50

五、琼脂加工岗位技能综合实训

实训目的:

(1) 加深学生对琼脂生产基本理论的理解。

(2) 掌握琼脂生产的基本工艺流程。

(3) 掌握琼脂生产过程中各岗位的主要设备和操作规范,熟悉琼脂生产的关键技术。

实训方式:

4~5 人为一组,以小组为单位。从选择原料和加工设备开始,利用原料的特性及生产原理,生产出质量合格的产品。要求学生掌握琼脂生产的基本工艺流程,抓住关键操作步骤。

(一)琼脂的生产

1. 工艺流程、设备及操作要点

琼脂生产详细工艺流程为原料预处理、水洗、提胶、过滤、凝固、脱水、干燥、粉碎、包装。其关键控制环节为提胶、凝固、脱水、干燥。琼脂的生产工艺、各工艺所用设备及操作要点详述如下。

(1) 原料预处理:原料先除去含有的大量杂藻、贝壳、沙砾及石灰藻等杂质,不需经过化学预处理,而是在加热提取时加入少量硫酸,使pH为6.6左右,以利于破坏细胞壁,使琼胶易于溶出。

(2) 提胶:一般在带有蒸汽夹层的开口不锈钢锅或搪瓷锅中提取胶质,锅内加水,煮沸后投入原料。原料与水的重量比根据原料的情况决定,加水量以能使提取的琼胶成1%左右的溶液为适当(图2-30)。

(3) 过滤:由提取锅流出的琼胶溶液经过振动筛机(图2-31)粗滤之后,进入过滤机或离心机精滤以除去细小的杂物。常用的精滤机为板框压滤机(图2-32)。操作时,滤浆导入框内,胶液经过过滤介质进入滤板,而滤渣则沉积于滤布上,在滤框内形成滤饼,进入滤板的滤液经滤板下方排出口处的旋塞流出。

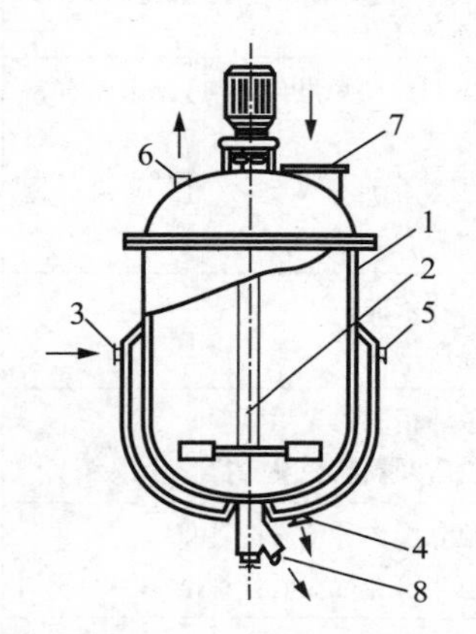

1—锅体;2—搅拌器;3—进气管;4—冷凝水排出管;
5,6—放空管;7—进料口;8—出料管

图2-30 提胶锅

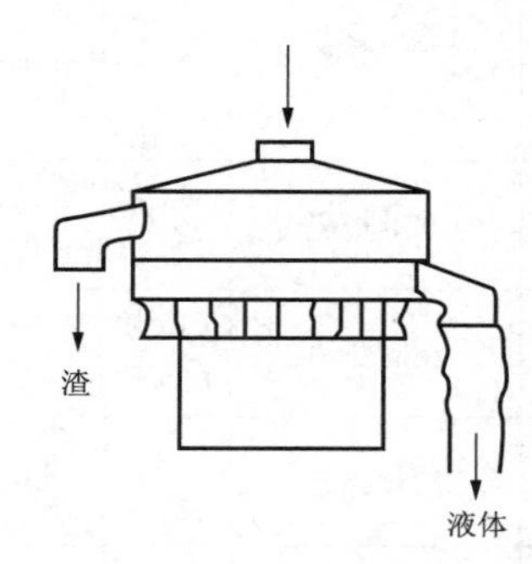

图2-31 振动筛机

(4) 冷凝:过滤后的琼胶提取凝固,一般是分装于镀锌薄铁板制成的固盘中,在盘中自然放冷凝固,而后切成大条,再通过推条器切成细条。为了加快冷凝速度并减少污染,采用带式冷凝器和管式冷凝器。

(5) 凝胶的脱水:根据产品的外形和用途的不同要求,可采用不同的脱水方法。常用的脱水方法有两种:冻结融化脱水法和压榨脱水法。冻结融化脱水法适用于条状琼胶产品,将切成条的琼胶凝胶放入冷库内,在0～7 ℃温度下进行预冷6～7 h,再送入冻结室,温度保持在－15 ℃左右,经过10～20 h,使凝胶中所含水分结成冰。冻结后的凝胶条可置于尼龙网架上,放在室外向阳处,在日光下解冻脱水并晒干。也可用淋水的方式使冰融化后晒干，或利用琼胶液体冷却时所交换的温水进行融化。压榨脱水法适合于粉末状琼胶的生产，将已切碎的凝胶分装于尼龙布袋中，在油压机（图 2-33）的框内排放整齐，开动油压机，逐步增加压力，达到49 Pa左右，凝胶内的水分受压排出，最后成为含水量80%～90%的薄片。

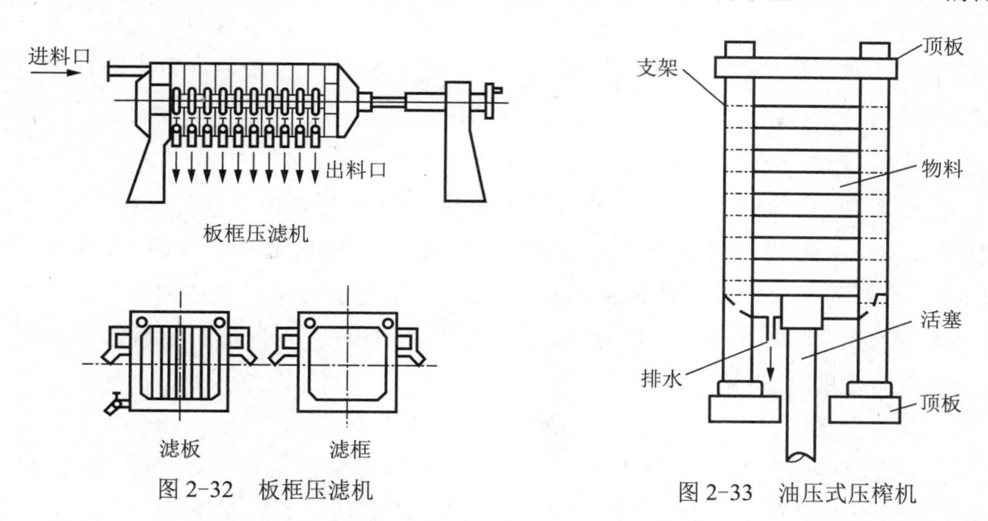

图 2-32 板框压滤机

图 2-33 油压式压榨机

（6）干燥：干燥的方法有多种，各有优缺点。阳光晒干多用于条状产品的生产，也用于压榨脱水后的半成品薄片的干燥。此法的优点是设备简单，只需木架和尼龙网，成本低，而且阳光有漂白作用，产品的色泽较好但易于被灰尘和微生物污染，并受到天气的限制；低温干燥是将脱水后的凝胶放在干燥盘上，并移于多层式干燥室，用风速为 25 m/s 的干风吹干，因未加热，故所得琼胶的质量较好；热风干燥是用 50 ℃～55 ℃的热风进行干燥，温度不可太高；红外线干燥法辐射性强，浸透性大，对产品质量有不利影响；喷雾干燥法把脱水与干燥两个工序一次完成，琼胶溶液首先要在真空蒸发器中浓缩，而后进入喷雾干燥室，产品干燥成粉末状但纯度低。

（7）粉碎：干燥后的琼胶如要制成粉末状产品，则要进行粉碎。琼胶富有韧性，在粉碎前应尽量降低其含水率。干燥后的琼胶在含水率达 6%～8%前应立即粉碎，以避免琼胶质量下降。常用的粉碎机有锤击式粉碎机（图 2-34）和盘击式粉碎机（图 2-35）两种。

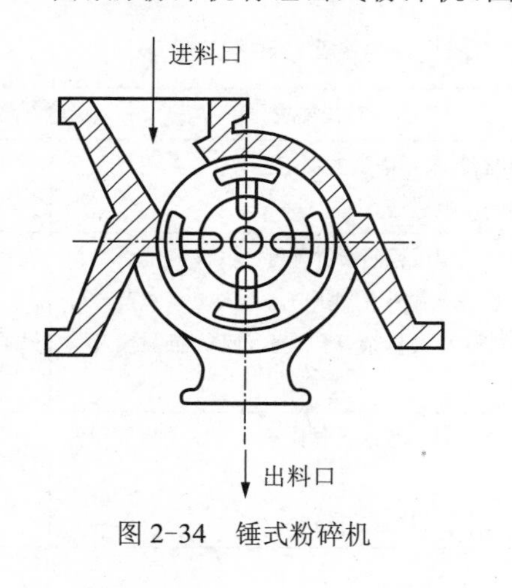

图 2-34 锤式粉碎机

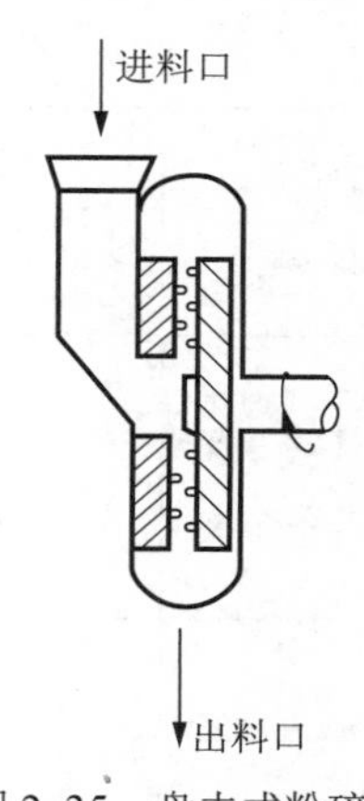

图 2-35 盘击式粉碎机

（8）包装：条状产品一般每 100 g 为一束，扎紧两端，套上透明塑料薄膜，密封。粉状产品一般装于 23 cm×23 cm×35 cm 的马口铁桶中，每 10 kg 为 1 桶。大型包装系采用圆柱形带有铁边的硬纸板大桶，每桶装 50 kg，最大者可装 100 kg。除了大型包装外，还有适应家庭使用的几十克和几克的小型包装，最小的只有 4 g，用自动连续包装机装于密封的防潮纸筒中。粉状食用琼胶的细菌含量每克不应超过 1 000 个，并不应含有大肠杆菌和沙门氏菌等致病菌。

2. 常见问题分析及注意事项

提取琼胶所用水的水质对产品的质量影响甚大，水中微量铁或锰的存在，会使产品带有褐色。因此，宜使用不锈钢或带搪瓷涂层的提取锅。此外，要使用优质水，或经过适当处理的水，也有的在水中添加各种聚磷酸盐，以封闭铁离子。所用漂白剂若为氧化性的次氯酸钠时，聚磷酸盐应在漂白之前加入，若为还原性漂白剂，则在漂白前后加入均可。加入量为琼胶溶液的 0. 06%。

为了防止铁锈对产品的污染，应该使用塑料制的压滤机。

风干状态的琼胶，其含水率为 15%～18%，在南方潮湿地区含水率更高，在粉碎机内，由于磨擦发热使产品发黏，或着色而产生焦臭，从而使琼胶质量下降。故干燥后的琼胶，应在其含水率达 6%～8%前立即粉碎，以避免发生上述情况。

在冷凝过程中，为防止污染和加快速度，一般采用冷凝器。

凝胶强度是琼脂质量的重要标准之一，在加工过程中尽量选择对凝胶强度影响较小的方法。

（二）琼脂的质量标准

相关内容参见本章琼脂生产技术相关部分。

（三）实习考核要点和参考评分（表 2-24）

（1）以书面形式每人提交岗位参与实习报告。

（2）按照小组提交岗位参与实习过程、实习每日记录和讨论一份。

（3）指导教师提交岗位参与实习教学指导教师工作报告一份。

表 2-24　琼脂加工岗位参与实习的操作考核要点和参考评分

序号	项目	考核内容	技能要求	评分（100 分）
1	准备工作	（1）准备、检查器具； （2）实训场地清洁	（1）能准备、检查必要的加工器具； （2）实训场地清洁	5
2	原料采集及水洗	（1）原料选择； （2）清洗和处理	（1）能够识别原料的新鲜程度； （2）掌握在水槽中清洗原料时，人工手洗配合分拣出破损叶、大量杂藻、贝壳、沙砾、石灰藻及其他异物	10
3	提胶及过滤	（1）提胶操作； （2）过滤操作	（1）掌握原料与水的重量比确定方法及提胶锅的使用操作； （2）掌握粗滤、精滤的操作	10

续表

序号	项目	考核内容	技能要求	评分(100分)
4	凝固及脱水	(1) 冷凝操作; (2) 脱水操作	(1) 掌握冷凝器的使用方法; (2) 掌握不同脱水方法操作及选择合适的脱水方法依据	10
5	干燥及包装	(1) 干燥操作; (2) 包装操作	(1) 掌握不同干燥方法的选择及比较其优缺点; (2) 掌握琼脂产品包装的方法	10
6	质量评定	(1) 感官检验; (2) 理化分析	能够按照行业标准的方法对琼脂产品质量进行感官和理化分析	5
7	实训报告	(1) 格式; (2) 内容	(1) 实训报告格式正确; (2) 能正确记录实验现象和实验数据,报告内容正确、完整	50

六、褐藻胶加工岗位技能综合实训

实训目的:

(1) 加深学生对褐藻胶生产基本理论的理解。

(2) 掌握褐藻胶生产的基本工艺流程。

(3) 掌握褐藻胶生产过程中各岗位的主要设备和操作规范,熟悉褐藻胶生产的关键技术。

实训方式:

4～5人为一组,以小组为单位。从选择原料和加工设备开始,利用原料的特性及生产原理,生产出质量合格的产品。要求学生掌握褐藻胶生产的基本工艺流程,抓住关键操作步骤。

(一) 褐藻胶生产的工艺流程、设备及操作要点

1. 褐藻胶生产详细工艺流程

褐藻胶生产详细工艺流程为水浸泡、切碎、水洗、固色、消化、稀释、粗滤、精滤、钙析、脱钙、压榨、固相转化、造粒、干燥、粉碎、包装。其关键控制环节为消化、钙析、脱钙、压榨。褐藻胶的生产工艺、各工艺所用设备及操作要点详述如下。

(1) 水浸泡:加15倍水,常温浸泡1.5 h,软化海藻组织,将有活性的成分洗出,洗清杂质。转笼浸泡器(图2-36)是在一个分成六格的转笼框架内,装入六个内笼,海带置于内笼内。浸液池内的浸泡液浸至框架中轴以下。当转笼框架旋转时,内笼的海带就不断得到浸泡。

(2) 切碎:海带通过切菜机(图2-37)切成约10 cm的碎块。

(3) 水洗:用清水逆流充分洗涤数次,直旋带动向前移,最后从出口排出,废液通过重力作用沥出(图2-38)。

(4) 固色:采用0.5%的甲醛溶液常温浸泡4 h,用甲醛溶液处理海藻对褐藻胶成品的呈色及黏度稳定性均起到良好作用。甲醛的作用:固定蛋白质、抑制褐藻苯酚化合物、破

坏和软化细胞壁纤维组织。

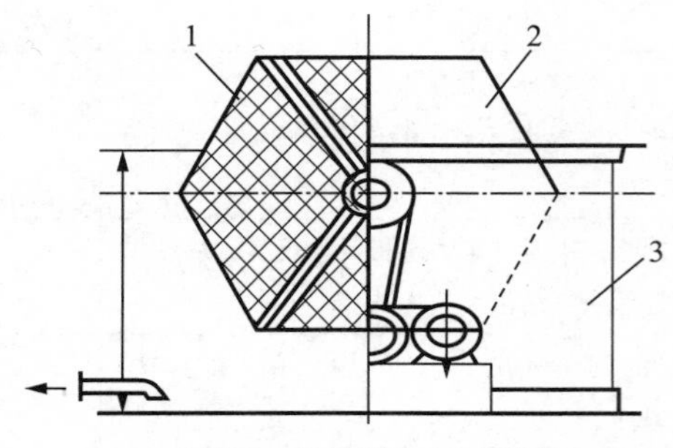

1—内笼;2—转笼框架;3—浸泡池

图 2-36　转笼浸泡器结构示意图

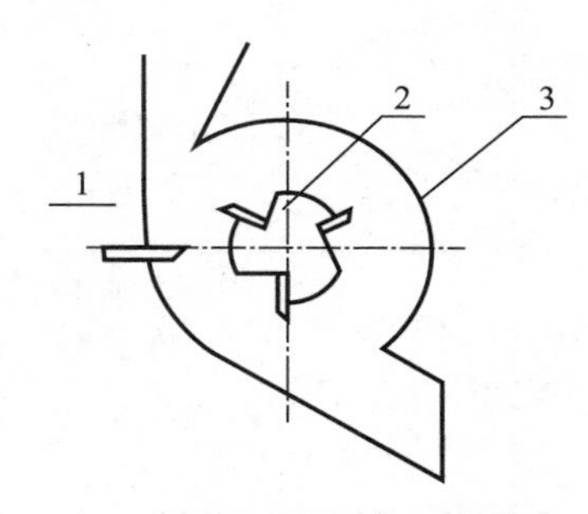

1—定刀;2—动刀轴;3—机壳

图 2-37　切菜机结构示意图

（5）消化：以 8%～15%（海藻）Na_2CO_3 溶液，在 55 ℃～75 ℃的条件下消化海带提取褐藻胶，提取时间一般为 3 h，所得产品质量比较理想。此工序的主要设备有消化罐，如图 2-39 所示，消化罐（图 2-39）由罐体和搅拌桨组成。海带在碱性介质中，经加温搅拌，进行消化提取褐藻酸钠。

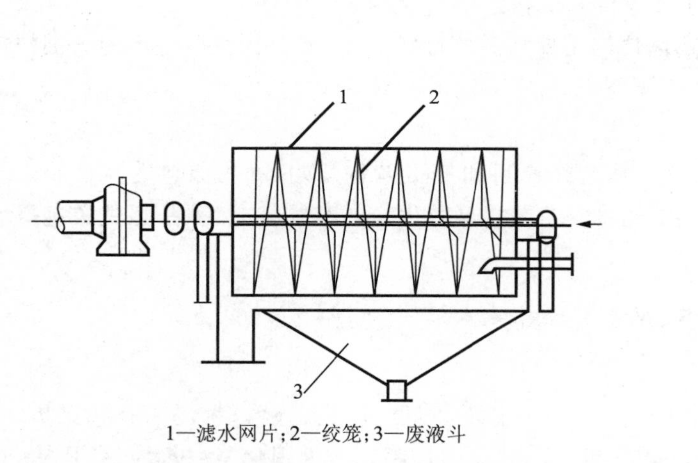

1—滤水网片；2—绞笼；3—废液斗

图 2-38　沥水绞笼结构示意图

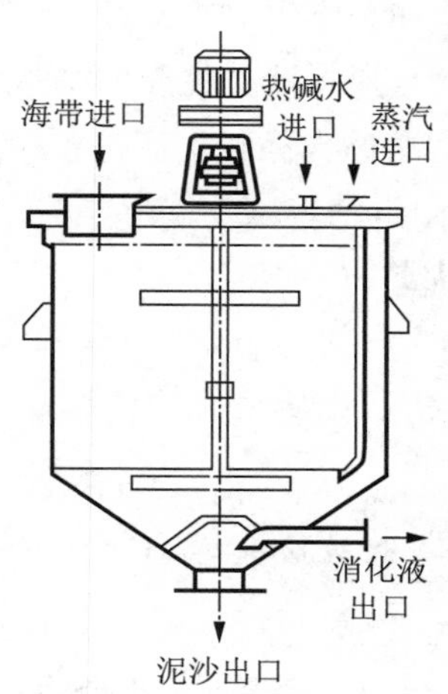

1—定刀；2—动刀轴；3—机壳

图 2-39　消化罐

（6）稀释：冲稀水的用量大约相当于干海带原料的 120～150 倍。

（7）粗滤：除去大量的不溶杂质。

（8）精滤：要获得高纯度的胶液，可采用真空抽滤或压滤（预涂料式真空转鼓过滤机或快开式叶片压滤机）的方法处理。平板式过滤器亦称履带式过滤器，其结构如图 2-40 所示，主要由滤网、滤网轴、清胶液盘、废液盘组成。胶液流至滤网上，在重力作用下清液透过滤网进入清液盘，废渣留在滤网上，随着滤网轴转动至下部，用自来水冲洗，废渣被冲入废液盘而排除，滤网得到再生，待滤网转到上部时，再进行过滤。用平板过滤器分几次过滤胶液逐步达到提纯的目的。其他的过滤设备还有快开式叶片压滤机（图 2-41）、微孔管压滤器（图 2-42）、预涂料真空转鼓过滤机（图 2-43）。

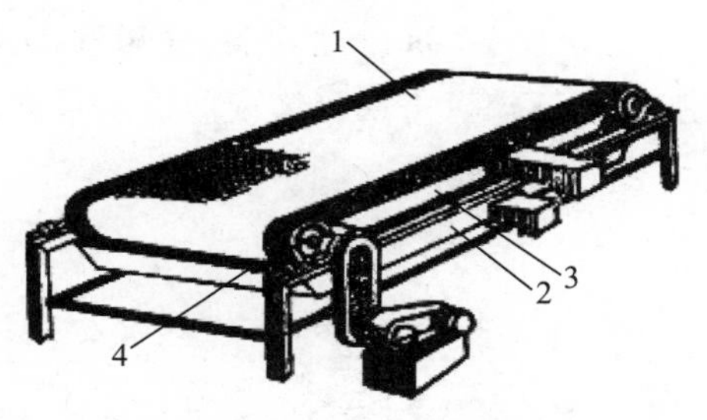

1—滤网；2—废液盘；3—清胶液盘；4—滤网轴

图 2-40 平板过滤器结构示意图

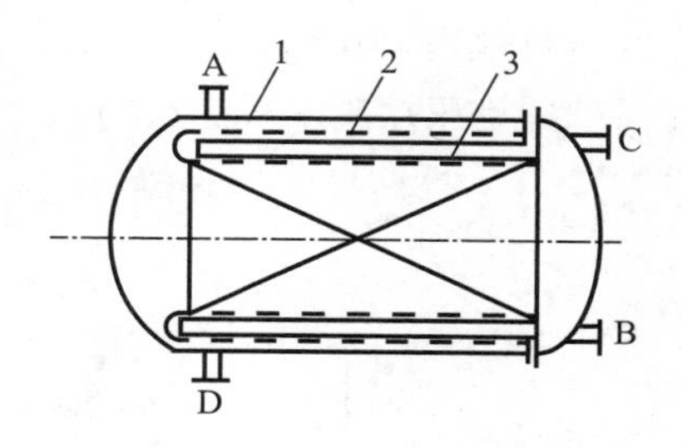

1—机体；2—滤布；3—过滤叶片

图 2-41 快开式叶片压滤机结构示意图

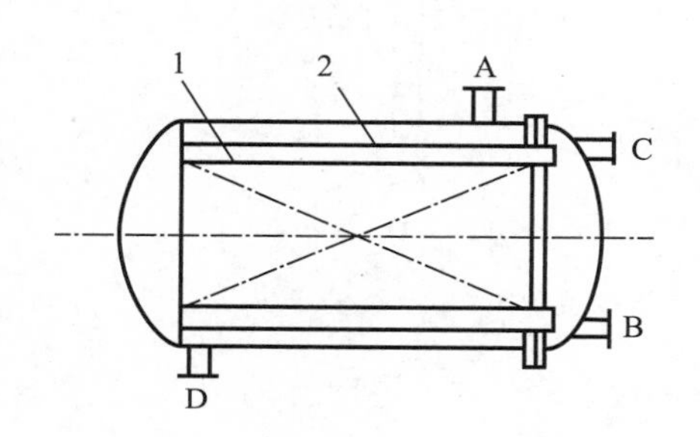

1—微孔管束；2—机体

图 2-42 微孔管压滤器结构示意图

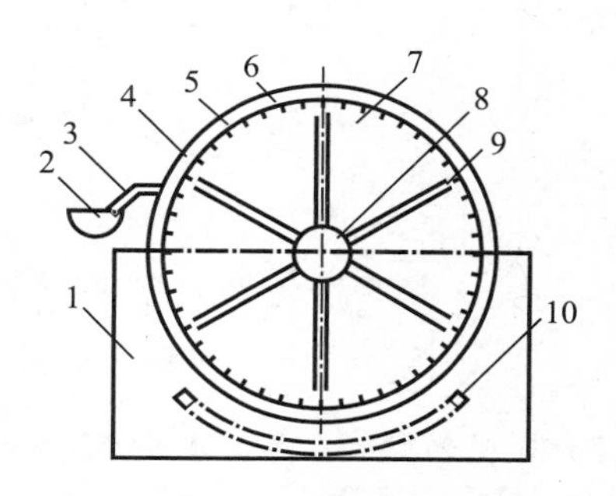

1—料液槽；2—排渣器；3—刮刀；4—助滤剂层；5—滤布；6—格栅；7—集液盘；8—真空轴；9—支管；10—搅拌器

图 2-43 预涂料真空转鼓过滤机结构示意图

(9) 钙析：就是用 $CaCl_2$ 作凝聚剂，使褐藻酸钠溶液转变成不溶性褐藻酸钙，并从胶液中絮凝出来，达到浓缩和精制的目的，反应式为

$$2NaAlg + CaCl_2 \rightarrow Ca(Alg)_2 + 2NaCl$$

$$CaCl_2 + Na_2CO_3 \rightarrow CaCO_3 + 2NaCl$$

$CaCl_2$ 的用量相当于胶液的 0.2% 为最适条件，即褐藻胶与氯化钙含量比为 1∶1.2。

(10) 脱钙：生产褐藻酸钙以外的其他褐藻酸盐产品，必须将褐藻酸钙凝胶再转变成褐藻酸，才能进一步转化得到。生产上是用盐酸脱钙。国内目前脱钙的方法分间歇式和连续式两种。

间歇式是先将钙化胶投入罐内沥水，而后加入二次脱钙废酸水搅拌 40 min，作为第一次脱钙；放掉废酸水，再加入 3% HCl 溶液，搅拌 20 min，即二次脱钙，放掉废酸水(回收，留待第一次脱钙套用)，最后用自来水搅拌 10 min，即完成脱钙全过程。

连续式脱钙用三组脱钙罐和螺旋沥水器按顺序位差安装组成。先将钙化胶经螺旋沥水器沥水后与二次脱钙废水一起由底部进入一次脱钙罐，经搅拌后，由脱钙罐顶部排出；进入螺旋沥水器沥去废酸水，与 3% HCl 溶液一起由底部进入二次脱钙罐，经搅拌后，由脱钙罐顶部排出；最后一组按上述流程用自来水洗涤并沥去废水，即完成脱钙全过程。

(11) 压榨：褐藻酸凝胶具有极强的吸水性，其水洗和完全脱水都是困难的。工厂大多采用两次脱水法，即将凝胶先经螺旋压榨脱水机(图 2-44)进行一次脱水，使其含水量降至 75% ～ 80%，然后，经粉碎，再经过二次螺旋压榨脱水，或将凝胶装入涤纶布袋中，将若干袋放入油压机膛内，自下缓缓上升施加压力挤出水分，使其含水量达65%～70%。目前，国内使用的螺旋压榨脱水机的压缩比为1∶0.358，一次压榨可将褐藻酸凝胶脱水至含水量75%左右。

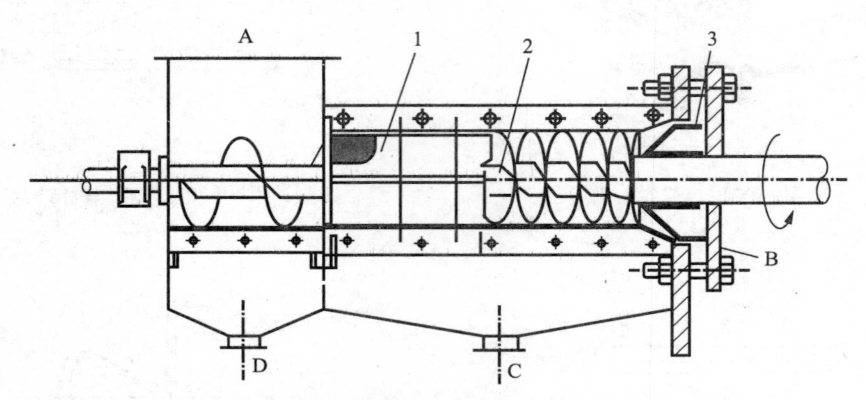

1—网片；2—螺杆；3—压力调整装置；A—进料口；B—出料口；C，D—排水口

图2-44　螺旋压榨脱水机结构示意图

（12）固相转化：是将含水量65%～70%的褐藻酸凝胶与一定比例的纯碱，经捏合机充分捏合，完全中和转化，其反应式为

$$2HAlg + Na_2CO_3 \rightarrow 2NaAlg + H_2O + CO_2 \uparrow$$

（13）造粒：在干燥前可通过造粒处理，将湿褐藻酸钠塑造成均匀的颗粒，有利于干燥。

（14）干燥：中和转化好的湿褐藻酸钠含水量在70%左右，必须进行干燥，使其水分含量降至15%以下（特殊规格产品13%以下）以利于长期贮存。

（15）粉碎：褐藻酸钠产品需按用户要求的细度规格进行粉碎。目前，国内各工厂选用较多的是“爪式”粉碎机和“锤击式”粉碎机，“爪式”粉碎机是通过动齿与定齿的挤压、研磨剪切、撞击作用粉碎物料；而“锤击式”粉碎机则主要靠锤片和定盘的撞击和剪切作用粉碎物料。

（16）包装：褐藻胶产品的内包装为聚乙烯薄膜袋，外包装为牢固的铁桶或内衬聚乙烯塑料的牛皮纸复合包装袋，封口必须严密，每桶（袋）净重25 kg。每批出厂的产品应附有质量证明书，内容包括生产厂、各产品名称、批号、生产日期和检验日期及产品质量等。

2. 常见问题分析及注意事项

（1）褐藻胶在藻体内主要是以褐藻酸钙、镁、铝、铁、铜等形式存在，加入纯碱，可使藻体细胞壁膨胀破坏，同时，将不溶性的褐藻酸盐（包括钙、铁、铝）转变为可溶性的褐藻胶酸钠，这一过程在生产上称“消化”。在消化过程中，碱的种类、碱的浓度、消化温度和消化时间是这一反应的必要条件，无论是过高的碱浓度或过高的温度以及过长的消化时间都会使褐藻胶的胶质受到破坏。

（2）褐藻酸转化为褐藻酸钠的反应程度是影响产品黏度稳定性的关键因素，生产操作应掌握如下几项要点。

① 转化应均匀，用广泛pH试液检查的胶样，呈色均一，不应夹杂红、橙红或蓝色。

② 试样表观 pH 介于 6.0～7.5 区间为最佳。

③ 纯碱应先通过 100 目过筛。

④ 褐藻酸水分含量应控制在 65%～70%之间。

（二）褐藻胶的质量标准

相关内容参见本章褐藻胶生产技术相关部分。

（三）实习考核要点和参考评分（表 2-25）

表 2-25 褐藻胶加工岗位参与实习的操作考核要点和参考评分

序号	项目	考核内容	技能要求	评分（100 分）
1	准备工作	（1）准备、检查器具； （2）实训场地清洁	（1）能准备、检查必要的加工器具； （2）实训场地清洁	5
2	原料采集及水洗	（1）原料选择； （2）清洗和前处理	（1）能够识别原料的新鲜程度； （2）掌握水浸泡和甲醛浸泡前处理海带，以及转笼浸泡器、切菜机和沥水绞笼的工作原理	5
3	碱消化	（1）碱消化原理； （2）消化条件的选择	（1）掌握碱消化原理； （2）掌握消化使用的碱浓度、消化温度和时间	10
4	稀释、粗滤及精滤	（1）稀释操作； （2）过滤操作	（1）掌握稀释倍数； （2）掌握粗滤和精滤的详细操作过程	10
5	钙析、脱钙	（1）钙析的操作； （2）脱钙的操作	（1）掌握钙析的原理和用钙量； （2）掌握脱钙的设备和操作方法	10
6	压榨脱水	压榨的操作	掌握工业上常用的两次压榨脱水法的操作	5
7	固相转换	（1）原理； （2）操作要点	（1）掌握固相转换的原理； （2）掌握固相转换的操作要点和注意事项	5
8	造粒、干燥、粉碎	（1）造粒的操作； （2）干燥的操作； （3）粉碎的操作	（1）掌握造粒、干燥和粉碎的操作； （2）掌握水分含量要求	5
9	包装	包装要求	掌握褐藻胶产品包装要求	5
10	实训报告	（1）格式； （2）内容	（1）实训报告格式正确； （2）能正确记录实验现象和实验数据，报告内容正确、完整	40

七、盐渍海带加工岗位技能综合实训

实训目的：

（1）加深学生对盐渍海带生产基本理论的理解。

（2）掌握盐渍海带生产的基本工艺流程。

（3）掌握盐渍海带生产过程中各岗位的主要设备和操作规范，熟悉盐渍海带生产的关键技术。

(4) 能够处理盐渍海带生产中遇到的常见问题。

实训方式:

4～5人为一组,以小组为单位。从选择原料和加工设备开始,利用各种原辅材料的特性及生产原理,生产出质量合格的产品。要求学生掌握盐渍海带生产的基本工艺流程,抓住关键操作步骤。

(一) 盐渍海带的生产

1. 工艺流程、设备及操作要点

盐渍海带生产的详细工艺流程为原料接收前处理、烫煮、冷却、控水、拌盐、腌渍、卤水洗涤、脱水、冷藏、成形切割、包装、冷藏。其关键控制环节为烫煮、腌渍、脱水、贮存。盐渍海带的生产工艺、各工艺所用设备及操作要点详述如下。

(1) 鲜海带采集:3～5月均可采集加工,选择海水畅通海区脆嫩期的海带,运输时要防污染、防日晒。

(2) 水洗:采取流动的自来水浸洗,去除海带中的杂藻、缠丝、杂草等杂质,为了保留海带中0.3%～0.5%的碘、10%～12%的甘露醇,清洗时间不宜过长,操作过程不能产生外源杂质。

通过滚筒清洗、气沸清洗、水槽漂洗的工序对原料进行细致的清洗。通过滚筒清洗机将原料进行淡水清洗,清洗水温在10 ℃～20 ℃。通过气沸清洗机将原料进行淡水清洗,可根据现场水温、生产量等具体情况确定海带投入量,清洗水温在10 ℃～20 ℃。汽沸清洗机清洗后的原料,在水槽中用淡水进行漂洗,由水槽两侧人工手洗配合,并分拣出厚叶、老叶、黄红叶、斑点叶及其他异物、沙石。进一步洗掉海带表面黏液及其他附着物,清洗水温在10 ℃～20 ℃。三种清洗方式的联用,使得藻体得以清洗和进一步的分选。

(3) 漂烫:采用海水或淡水加盐,烫漂后的海带鲜亮翠绿。绿色的呈现主要是基于海带藻体中褐藻黄素遭到破坏,而藻体中的叶绿素a和叶绿素c在较短的时间内破坏不十分严重。采热烫漂的水与海带的比例为5:1,控制好漂烫的时间与温度是漂烫技术的关键,需根据藻体的鲜嫩程度灵活掌握。漂烫过度会导致叶质软化,贮藏中易褪色和变质,漂烫过轻则海带中肋有褐心,色泽不均匀。水温太低,海带由褐变绿困难,水温太高,时间不宜掌握,所以要严格控制水温,及时补充热水。一般鲜嫩海带采用80 ℃～85 ℃的水温,漂烫15～30 s;稍微老一点的海带采用85 ℃～90 ℃的水温,漂烫30 s左右;老一点的采用90 ℃～95 ℃的水温,漂烫30 s左右。海带漂烫机的原料投入量可以根据海带的鲜嫩程度、现场水温等灵活调控。

(4) 冷却:为了保持翠嫩鲜绿的色泽,将漂烫好的菜,立即放入流动的20 ℃以下的冷海水中冷却,直到叶片中间温度接近冷海水温度为止。所用海水应进行灭菌处理。

(5) 沥水:冷却的海带装入编织袋中,堆垛起来,靠自身重力作用进行沥水,4 h后藻体附着的水分基本沥尽。或采用三足式离心机进行脱水。

(6) 拌盐:在海带中加入相当于菜重30%～35%的精盐,再加入0.05%的防腐剂(山梨酸、山梨酸钾、苯甲酸、苯甲酸钠中的一种),搅拌均匀,这样能保证海带3～4个月不腐烂。

（7）盐渍：将拌好盐的海带倒入大缸或水泥池中，加压重物盖顶，进行盐渍，上面盖上白布避光和防止杂质融入池中。盐渍过程中定时用比重计测定浸出液的卤度，如果低于饱和卤度则需加盐，加盐量根据卤水的浓度和水量粗略计算。在饱和盐水中盐渍 24 h 即可。

（8）沥水：将盐渍完毕的海带捞出堆垛，上面加压重物，自压脱水 4 昼夜，到含水量降至 65% 以下时为止。

（9）剪切整形：将带有黄梢、虫蛀、碎裂的海带剔除，把海带按基部、中部、梢部分别加工，切成海带片、海带丝、手工打成海带结或折叠之后用竹签串起。

（10）检验包装：将藻体呈深绿色、有弹性、不发黏、不乏盐、无杂质、无异味的海带，按产品规格包装。运输包装：内包装用食品用塑料袋，外包装用钙塑箱或瓦楞纸箱。销售包装：聚酯复合袋，聚乙烯、聚丙烯等食品用包装袋。运输包装应用瓦楞纸箱等定量包装，箱内袋数准确，纸箱容量适当，箱面平整；箱内放有一张“产品合格证”，需标明的内容为产品名称、规格、数量、批号、生产日期、检验合格记录、生产班组和质检者代号、企业名称等。

（11）贮存。产品应贮存在 −10 ℃冷库中，包装件完好无污损，不得与有异味的物品混放，保质期为一年。

2. 常见问题分析及注意事项

盐渍海带主要感观特征是产品呈鲜亮绿色、质地细嫩、口感滑脆，并保留了海带特有的清香。因此，生产工艺中确保产品的绿、嫩、脆、香则成了技术关键点。

漂烫水温及时间影响海带的色泽，需要严格控制。避免漂烫时受热不均匀，海带入水后应适当翻动。

产品的细嫩及滑脆是产品重要的口感指标。在原料选取时应掌握原料收采状态，特别是收采季节。东南沿海水域以 4 月中至 5 月初，海带尚未出现因气温偏高而发生烂尾之前为宜。原料采收至入漂烫水之前不得滞留时间过长，一般要求在 1.5～2 h 完成，否则由于日光作用，海带体中的海藻纤维会老化影响口感。为保证产品的“细嫩”状态漂烫时间也不宜延长。

保持海带固有的清香也是产品重要特征之一。由于海带脂肪中的脂肪酸为不饱和酸，所以海带散发出的气味体现出了大海特有的咸味和清香。这些不饱和脂肪酸极易氧化。在海带离水与空气接触时，海带体内的氧化酶被激活，加速了不饱和脂肪酸的分解，转化为低级酸、低级醛和酮并散发出令人不愉快的气味，大大降低了产品品质。所以海带离水上岸后绝对禁止日光曝晒，禁止大量堆积，滞岸时间以不超过 2 h 为宜。

影响产品质量品位的因素还有冷却工序。漂烫后的海带出水后应立即冷却，冷却水温愈低愈好，冷却速度愈快愈好。

（二）质量标准

相关内容参见本章盐渍海带生产技术相关部分。

（三）实习考核要点和参考评分（表 2-26）

（1）以书面形式每人提交岗位参与实习报告。

（2）按照小组提交岗位参与实习过程、实习每日记录和讨论一份。

(3)指导教师提交岗位参与实习教学指导教师工作报告一份。

表2-26 盐渍海带岗位参与实习的操作考核要点和参考评分

序号	项目	考核内容	技能要求	评分(100分)
1	准备工作	(1)准备、检查器具; (2)实训场地清洁	(1)能准备、检查必要的加工器具; (2)实训场地清洁	5
2	原料采集及水洗	(1)原料选择和保藏; (2)清洗和处理	(1)能够识别原料的新鲜程度,掌握海带常规的保鲜方式; (2)掌握在水槽中清洗海带时,人工手洗配合分拣出厚叶、老叶、黄红叶、斑点叶及其他异物、沙石	10
3	漂烫及冷却	(1)热烫漂操作; (2)冷却操作	(1)掌握投菜量、热烫漂温度和时间的确定和控制; (2)掌握迅速冷却处理的操作	10
4	拌盐及盐渍	(1)拌盐操作; (2)盐渍操作	(1)掌握均匀拌盐的操作; (2)掌握盐渍的操作及是否需要补盐的判断方法	10
5	剪切整形及包装	(1)剪切整形的操作; (2)包装操作	(1)掌握海带不良部位的剔除、海带的分割,及海带片、结等各类型海带盐渍产品的加工方法; (2)掌握盐渍海带产品包装的方法	10
6	质量评定	(1)感官检验; (2)理化分析	能够按照行业标准的方法对盐渍海带的产品质量进行感官和理化分析	5
7	实训报告	(1)格式; (2)内容	(1)实训报告格式正确; (2)能正确记录实验现象和实验数据,报告内容正确、完整	50

八、鱼罐头加工岗位技能综合实训

实训目的:

(1)掌握鱼罐头生产的基本工艺流程。

(2)掌握鱼罐头生产过程中各岗位的主要设备和操作规范,熟悉鱼罐头生产的关键技术。

(3)能够处理鱼罐头生产中遇到的常见问题。

实训方式:

5人为一组,以小组为单位。从选择原料和加工设备开始,利用各种原辅材料的特性及生产原理,生产出质量合格的产品。要求学生掌握鱼罐头生产的基本工艺流程,抓住关键操作步骤。

(一)豆豉鲮鱼罐头的生产

1. 主要设备

(1)解冻机(图2-45)。该解冻机能从底部产生气泡,使冷冻鲮鱼剧烈运动产生热量,因此，能在短时间内解冻。

（2）油炸机（图 2-46）。该自动油炸机集油炸、甩油、输送等功能为一体，采用先进的温控系统和合理的搅拌装置，保证食品最佳的油炸效果。油炸过程全部动作由 PLC 集中控制，自动运行，自动化程度高。

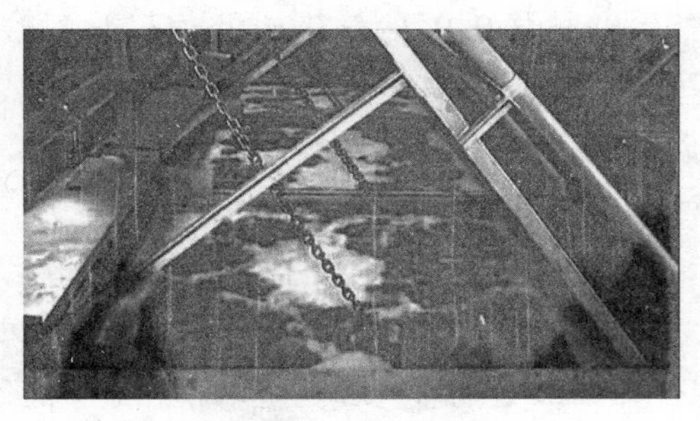
图 2-45 解冻机

图 2-46 油炸机

（3）真空封罐机（图 2-47）。全自动真空封罐机一般应用于自动化、大批量生产线上。该机型主要用于罐子的抽真空、密封，生产速度一般是 40 罐 / 分钟。原理：灌装后的罐子流入到封罐机转盘上，落盖机开始自动上盖。转盘转至第一刀预封，进入真空室，进行抽真空，然后再进入到第二刀紧固密封，成品输出。

（4）杀菌锅（图 2-48）。杀菌锅是为了延长食品的保存期，对食品进行高温杀菌或灭菌，既杀灭食品中可能的致病菌，又保持食品的重要营养成分及食品的色香味不受损害。该杀菌锅结构合理，密封性好，启闭省力，操作方便，安全可靠，性能稳定。

图 2-47 真空封罐机

图 2-48 杀菌锅

2. 工艺流程

原料处理→盐腌→清洗→油炸→调味→装罐→排气密封→杀菌、冷却→成品检验入库。

3. 操作要点

（1）原料选择与整理：条装用的鲮鱼每条重 0. 11 ～ 0. 19 kg，段装用的鲮鱼每条重 0. 19 kg 以上。将活鲜鲮鱼去头、去尾、去内脏、去鳞、去鳍，用刀在鱼体两侧肉层厚处划 2 ～ 3 mm 深的线。

（2）盐腌：鲮鱼 100 kg 的用盐量在 4 ～ 10 月生产时为 5. 5 kg，11 月至翌年 3 月生产时为 4. 5 kg。将鱼和盐充分拌搓均匀后，装于桶中，上面加压重石，鱼与石之比为

1:1.2～1:1.7;腌制时间在4～10月为5～6 h,11月至翌年3月为10～12 h。

（3）清洗:盐腌完毕,移去重石迅速将鱼取出,避免鱼在盐水中浸泡,用清水逐条洗净,刮净腹腔黑膜,取出沥干。

（4）调味汁的配制:

① 调味料配方(单位,kg):丁香1.2,桂皮0.9,甘草0.9,砂姜0.9,八角茴香1.2,水70,酱油1,砂糖1.5,味精0.02。

② 香料水的配制:将丁香、桂皮、干甘草、砂姜、八角茴香按上述用量放入夹层锅内,微沸熬煮4 h,去渣后得香料水65 kg备用。

③ 调味汁的配制:香料水10 kg,酱油、砂糖、味精按上述用量混合均匀,待溶解后过滤,总量调节至12.52 kg备用。

（5）油炸和浸调味汁:将鲮鱼投入170 ℃～175 ℃的油中炸至鱼体呈浅茶褐色,炸透而不过干为准,捞出沥油后,将鲮鱼放入65 ℃～75 ℃调味汁中浸泡40 s,捞出沥干。

（6）装罐:采用抹有抗硫涂料的501、603或500 mL罐头瓶。将容器清洗消毒后,按表2-27要求进行装罐。将豆豉去杂质后水洗一次,沥水后装入罐底,然后装炸鲮鱼,鱼体大小大致均匀,排列整齐,最后加入精制植物油。

表2-27　豆豉鲮鱼罐头净含量和固形物含量

罐号	净含量		固形物						
	标明净含量(g)	允许公差(%)	含量(%)	规定质量(g)	其中鱼占		其中豆豉占		鱼允许公差(%)
					%	G	%	G	
501	227	+3.0	≥90	≥204	60	136	≥15	≥40	+11.0
603	227	+3.0	≥90	≥204	60	136	≥15	≥40	+11.0
500 mL	300	+5.0	≥90	≥270	60	180	≥15	≥45	+9.0

（7）排气及密封:热排气罐头中心温度达80 ℃以上,趁热密封;采用真空封罐时,真空度为0.047～0.05 MPa。

（8）杀菌和冷却:杀菌公式为10′—60′—15′/115 ℃。将杀菌后的罐冷却至40 ℃左右,取出擦罐,检验入库。

4. 常见问题

（1）鲮鱼质地不紧密,口感不好。油炸是罐头生产中使用较多的一种脱水方法,能使原料蛋白质凝固,肉质紧密,这样既便于装罐,又利于调味液充分渗入肌肉中,还可保证固形物含量。油炸的温度和时间掌握不好,就会出现质地不紧密,口感不好的情况。

（2）贮藏期胀罐。鲮鱼罐头在贮藏期胀罐,主要是生物性胀罐引起的。这种罐头的内容物因含有细菌或污染了细菌,使食品被分解产生腐败现象,失去了食用价值。引起生物性胀罐的原因,主要是原料不新鲜,或杀菌不充分,罐头卷边不良,卫生条件差等。

5. 注意事项

（1）装罐时,鱼体要排列整齐;若罐中鲮鱼重量不足,每条质量35～90 g,允许添称小块一块；每条质量 20 g 以上，允许添称小块两块；段装时，块形需较均匀。

（2）热排气罐头中心温度须达到 80 ℃以上，要趁热密封；若采用真空封罐时，真空度应为 0. 047 ～ 0. 05 MPa。

（二）质量标准

1. 与豆豉鲮鱼罐头原料相关的质量标准

GB 2733—2015 鲜、冻动物性水产品。本标准规定了鲜、冻动物性水产品的感官要求、理化指标、兽药残留限量等。本标准适用于鲜、冻动物性水产品，包括海水产品和淡水产品。

2. 豆豉鲮鱼罐头的质量标准

GB/T 24402—2009 豆豉鲮鱼罐头。本标准规定了豆豉鲮鱼罐头的产品分类及产品代号、技术要求、试验方法、检验规则、标签、包装、运输、贮存。本标准适用于以鲜（冻）鲮鱼、豆豉等为主要原料，经预处理、装罐、密封、杀菌、冷却而制成的罐头产品。

（三）实习考核要点和参考评分（表 2–28）

（1）以书面形式每人提交岗位参与实习报告。

（2）按照小组提交岗位参与实习过程、实习每日记录和讨论一份。

（3）指导教师提交岗位参与实习教学指导教师工作报告一份。

表 2–28 豆豉鲮鱼罐头生产岗位参与实习的操作考核要点和参考评分

序号	项目	考核内容	技能要求	评分（100 分）
1	准备工作	（1）准备、检查器具； （2）实训场地清洁	（1）能准备、检查必要的加工器具； （2）实训场地清洁	5
2	原料处理	（1）原料选择； （2）处理	（1）能够挑选出条装用和袋装用的鲮鱼； （2）能够发现前处理不当的常规问题以及对罐头产品质量的影响	5
3	盐腌和清洗	（1）盐腌方法； （2）清洗方法	（1）掌握盐腌条件和方法； （2）掌握清洗和沥水程度	10
4	油炸和调味	（1）油炸方法； （2）调料配方和调味方法	（1）掌握油炸条件； （2）掌握调料配方和调味方法	10
5	密封和杀菌	（1）密封方法； （2）杀菌方法	（1）掌握热排气或真空封罐的方法； （2）掌握杀菌条件	10
6	质量评定	（1）感官检验； （2）必检项目	（1）感官检测符合行业质量标准； （2）能够独立操作各项必检项目	10
7	实训报告	（1）格式； （2）内容	（1）实训报告格式正确； （2）能正确记录实验现象和实验数据，报告内容正确、完整	50

九、牡蛎粉加工岗位技能综合实训

实训目的:

(1) 掌握牡蛎粉生产的基本工艺流程。

(2) 掌握牡蛎粉生产过程中各岗位的主要设备和操作规范,熟悉牡蛎粉生产的关键技术。

(3) 能够处理牡蛎粉生产中遇到的常见问题。

实训方式:

5人为一组,以小组为单位。从选择原料和加工设备开始,利用各种原辅材料的特性及生产原理,生产出质量合格的产品。要求学生掌握牡蛎粉生产的基本工艺流程,抓住关键操作步骤。

(一) 牡蛎粉的生产

1. 主要设备

(1) 胶体磨(图2-49)。胶体磨是由电动机通过皮带传动带动转齿(或称为转子)与相配的定齿(或称为定子)做相对的高速旋转,其中一个高速旋转,另一个静止,被加工物料通过本身的重量或外部压力(可由泵产生)加压产生向下的螺旋冲击力,透过定、转齿之间的间隙(间隙可调)时受到强大的剪切力、摩擦力、高频振动、高速旋涡等物理作用,使物料被有效地乳化、分散、均质和粉碎,达到物料超细粉碎及乳化的效果。它的优点是结构简单,设备保养维护方便,适用于较高黏度物料以及较大颗粒的物料。

图2-49 胶体磨

(2) 配料罐(图2-50)。配液罐是在夹套内由蒸汽进行加热,热量通过罐体内壁传热给物料,保持所需温度,同时靠磁力搅拌器的搅拌转动,不断翻滚物料而使药液达到混合均匀的目的。有节能、耐蚀、生产能力强、清洗方便,结构简单等特点。

图2-50 配料罐

(3) 碟片式分离机(图2-51)。碟片式分离机是沉降式离心机中的一种,用于分离难分离的物料(例如黏性液体与细小固体颗粒组成的悬浮液或密度相近的液体组成的乳浊液等)。碟片式分离机的转鼓装在立轴上端,通过传动装置由电动机驱动而高速旋转。转鼓内有一组互相套叠在一起的碟形零件——碟片。碟片与碟片之间留有很小的间隙。悬浮液(或乳浊液)由位于转鼓中心的进料管加入转鼓。当悬浮液(或乳浊液)流过碟片之间的间隙时,固体颗粒(或液滴)在离心机作用下沉降到碟片上形成沉渣(或液层)。沉渣沿碟片表面滑动而脱离碟片并积聚在转鼓内直径最大的部位,分离后的液体从出液口排出转鼓。碟片的作用是缩短固体颗粒(或液滴)的沉降距离、扩大转鼓的沉降面积,转鼓中由于安装了碟片而大大提高了分离机的生产能力。

(4) 浓缩罐(图 2-52)。浓缩罐(浓缩器)适用于热敏性物料的低温真空浓缩。装置由立管式加热器、浓缩器、冷凝器及管道阀门等组成,真空系统可与其他设备配用水力喷射器或真空泵。

图 2-51　碟片式分离机

图 2-52　浓缩罐

(5) 喷雾干燥机(图 2-53)。喷雾干燥机是一种可以同时完成干燥和造粒的装置。按工艺要求可以调节料液泵的压力、流量、喷孔的大小,得到所需的按一定大小比例的球形颗粒。其工作原理为空气经过滤和加热,进入干燥器顶部空气分配器,热空气呈螺旋状均匀地进入干燥室。料液经塔体顶部的高速离心雾化器,(旋转)喷雾成极细微的雾状液珠,与热空气并流接触在极短的时间内可干燥为成品。该设备干燥速度快,料液经雾化后表面积大大增加,在热风气流中,瞬间就可蒸发 95%～98%的水分,完成干燥时间仅需数秒钟,特别适用于热敏性物料的干燥。

图 2-53　喷雾干燥机

2. 工艺流程

原料处理→匀浆→蛋白酶水解→离心分离→脱腥→真空浓缩→喷雾干燥→包装→成品。

3. 操作要点

(1) 原料选择与处理:选取新鲜而质量好的牡蛎,它的蛎体饱满,呈乳白色,体液澄清,白色或淡灰色，有牡蛎固有的气味。用清水冲去牡蛎壳上的泥沙，再用刀具撬开牡蛎壳，取出牡蛎肉，清洗，沥干水分备用。

（2）匀浆：应用胶体磨对牡蛎进行匀浆，使其粒度达 50 μm 以下，均质度达 90% 以上。

（3）蛋白酶水解：按匀浆液：水 =1∶3（V/V）的比例混匀，置于酶解罐（带有搅拌与加热功能的配料罐）中，加热至 50 ℃，调节 pH 为 6. 0，加入风味蛋白酶 600 u/g，酶解 1. 5 h。

（4）离心分离：应用碟片式分离机（7 000 r/min）对牡蛎酶解液进行分离，去除残渣。

（5）脱腥：通过美拉德反应进行脱腥。反应条件为温度 100 ℃，时间 30 min，pH 7. 5，赖氨酸添加量为 0. 2%，葡萄糖添加量为 1%。

（6）真空浓缩：应用真空浓缩罐对牡蛎液浓缩到料液浓度的 30%。浓缩条件为浓缩温度 60 ℃，真空度 80 ～ 93 kPa。

（7）喷雾干燥：应用喷雾干燥机对浓缩液干燥，获得牡蛎粉。工艺参数为进风温度 180 ℃，出风温度 80 ℃。

（8）包装：牡蛎粉要立刻进行称重、包装、封口，防止吸湿和被污染。包装材料应符合食品卫生要求，包装容器应大小合适，且确保产品在贮藏和运输过程中，保持干燥和不受污染。

4. 常见问题

牡蛎粉腥味的脱除。牡蛎在经过酶解反应后仍然带有一定的腥味、涩味，这种腥味可能会给牡蛎产品的风味带来负面的影响，所以需要对牡蛎产品进行脱腥，使其具有可接受的风味。

在食品中，Maillard 反应的反应物通常是氨基酸、肽、蛋白质和还原糖类，它是食品香味的主要来源之一。由于牡蛎本身具有以及添加一定量的氨基酸和还原糖，通过加热可发生 Maillard 反应，从而产生香味物质，掩盖牡蛎本身的腥味。

5. 注意事项

（1）应用胶体磨对牡蛎进行匀浆时，可加适量水，循环匀浆，使其粒度达 50 μm 以下，均质度达 90% 以上。

（2）喷雾干燥后，牡蛎粉要立刻进行包装、称重、封口，否则会吸湿和被污染。包装材料密封性能要好、阻隔度要高、透氧透湿度低、能防潮防污防辐射防腐化。

（二）质量标准

1. 与牡蛎粉原料相关的质量标准

（1）GB 2733—2015 鲜、冻动物性水产品。本标准规定了鲜、冻动物性水产品的感官要求、理化指标、兽药残留限量等。本标准适用于鲜、冻动物性水产品，包括海水产品和淡水产品。

（2）SC/T 3121—2012 冻牡蛎肉。本标准规定了冻牡蛎肉的要求、试验方法、检验规则、标识、包装、运输、贮存。本标准适用于以近江牡蛎、太平洋牡蛎、褶牡蛎等为原料，经脱壳、清洗、冷冻制成的单冻牡蛎肉或块冻牡蛎肉；其他品种牡蛎制成的冻牡蛎肉可参照执行。

2. 牡蛎粉产品的质量评定

(1) 感官指标。色泽为淡黄色，均匀一致；细粉末状，无结块；具有本产品特有的滋味与气味，且无明显的苦味；无肉眼可见的外来杂质。

(2) 理化指标。蛋白质含量(以干基计)，(g/100 g)≥ 50%；多糖含量(以干基计)，(g/100 g)≥ 15%；水分含量≤ 5%；无机砷(以 As 计)，(mg/kg)≤ 0.5；铅(以 Pb 计)，(mg/kg)≤ 0.5；镉(以 Cd 计)，(mg/kg)≤ 0.5；甲基汞(以 Hg 计)，(mg/kg)≤ 0.5；多氯联苯(mg/kg)≤ 0.5。

(3) 微生物指标。菌落总数(cfu/g)≤ 1 000；大肠菌群(MPN/100 g)≤ 30；致病菌(沙门氏菌群、志贺氏菌群、副溶血性弧菌、金黄色葡萄球菌)不得检出。

(三) 实习考核要点和参考评分(表 2-29)

(1) 以书面形式每人提交岗位参与实习报告。

(2) 按照小组提交岗位参与实习过程、实习每日记录和讨论一份。

(3) 指导教师提交岗位参与实习教学指导教师工作报告一份。

表 2-29 牡蛎粉生产岗位参与实习的操作考核要点和参考评分

序号	项目	考核内容	技能要求	评分(100 分)
1	准备工作	(1) 准备、检查器具； (2) 实训场地清洁	(1) 能准备、检查必要的加工器具； (2) 实训场地清洁	5
2	原料处理	(1) 原料选择； (2) 处理	(1) 能够挑选出质量优的牡蛎； (2) 能够发现前处理不当的常规问题以及对牡蛎粉质量的影响	5
3	匀浆和酶解	(1) 匀浆方法； (2) 酶解方法	(1) 掌握匀浆方法； (2) 掌握酶解条件	10
4	脱腥和浓缩	(1) 脱腥方法； (2) 浓缩方法	(1) 掌握脱腥条件； (2) 掌握浓缩方法	10
5	喷雾干燥和包装	(1) 喷雾干燥方法； (2) 包装要求	(1) 掌握喷雾干燥的条件和方法； (2) 掌握包装要求	10
6	质量评定	(1) 感官指标检验； (2) 理化指标检验； (3) 微生物指标检验	(1) 检测符合行业质量标准； (2) 能够独立操作各项必检项目	10
7	实训报告	(1) 格式； (2) 内容	(1) 实训报告格式正确； (2) 能正确记录实验现象和实验数据，报告内容正确、完整	50

十、干海参加工岗位技能实训

实训目的：

（1）加深学生对干海参生产基本理论的理解。

（2）掌握干海参生产的基本工艺流程。

（3）掌握干海参生产过程中各岗位的主要设备和操作规范，熟悉干海参生产的关键技术。

（4）能够处理干海参生产中遇到的常见问题。

实训方式：

5人为一组，以小组为单位。从选择原料和加工设备开始，利用各种原辅材料的特性及生产原理，生产出质量合格的干海参产品。要求学生掌握干海参生产的基本工艺流程，抓住关键操作步骤。

（一）干海参的生产

1. 主要设备

（1）清洗机（图2-54）。气泡清洗机用于海参的清洗，除电机、轴承外全部用不锈钢材料制作，符合食品卫生要求。该设备中设有气泡发生装置，使物料呈翻滚状态，部分清洗水通过循环水泵冲洗物料，去除污物。漂浮物可以从溢流槽溢出，沉淀物从排污口排出。

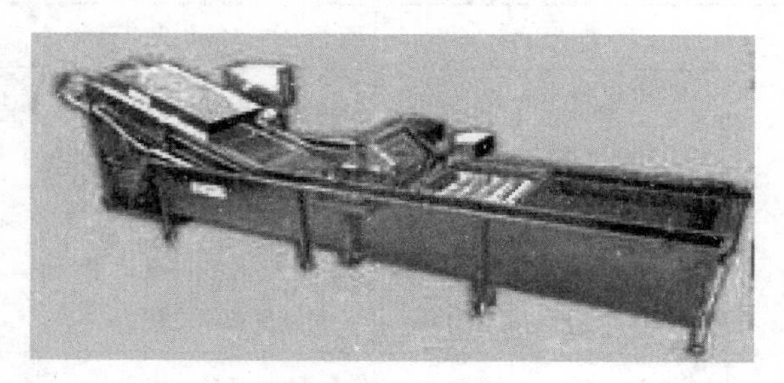

图2-54　清洗机

（2）漂烫机（图2-55）。可选用LPT型链式漂烫机，该设备尤为适用于海参的漂烫、盐煮，不会造成物料损伤。

（3）烘箱（图2-56）。可选用红外线烘烤箱，采用红外线辐射加热，自动控温，具有用电量少，升温快，烘干均匀，干燥时间短等特点。可一次性低温干燥海参，一般3～6 d即可干制完成。

图2-55　漂烫机

图2-56　烘箱

（4）分级机（图 2–57）。可选用 CCD 照相机电脑选别机，该设备主要用于海参、鲍鱼、牡蛎肉等干制水产品的分级。

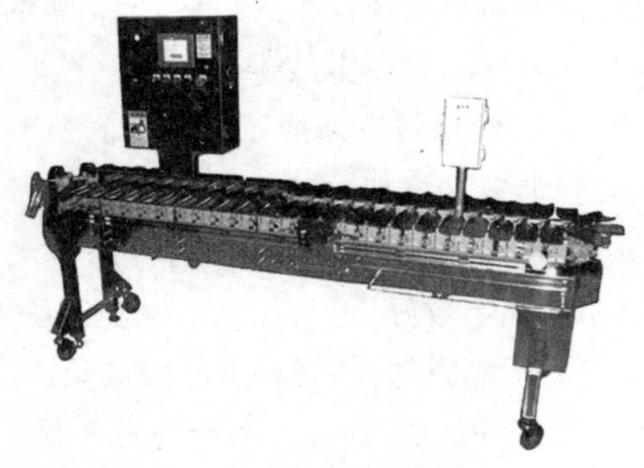

图 2–57 分级机

（5）输送机（图 2–58）。选用专用于输送水产品的输送机，可双向传送，整机架体为不锈钢材质，防水防锈；传送带采用的是模块式塑料网带，透气性好，便于沥水。

图 2–58 输送机

2. 工艺流程

海参→前处理→盐煮→沥水→干燥→分级→包装→成品。

3. 操作要点

（1）原料：原料为鲜（冻）海参，应符合 GB 2733—2015 的规定；原料为盐渍海参，应符合 SC/T 3215—2014 的规定。

（2）前处理：

① 鲜（冻）海参前处理：从参体后端，沿腹部向前 1/3 处剖开参体，摘除内脏，洗去污物。

② 盐渍海参前处理：将盐渍海参用蒸馏水泡 2 ～ 3 d 使海参脱盐泡发，每半天换一次水至海参挤出来的水不咸为止。

（3）盐煮：前处理后的海参放入约占容器容积 70% 的饱和食盐水中，快速加热，煮沸 30 min 左右时，观察参体表面见风即干，并有白霜似的盐粒结晶时，即可完成盐煮。

（4）沥水：采用模块式塑料网带链的传送带对盐煮后的海参进行传送，并起到沥水作用。

（5）干燥：采用红外线烘烤箱对海参进行烘干，烘干温度一般在 65 ℃左右，烘干时间一般为 3 ～ 6 d。

（6）分级：特级品为个体重≥ 20. 1 g；一级品为个体重 15. 1 ～ 20. 0 g；二级品为个体重 10. 1 ～ 15. 0 g；三级品为个体重 5. 1 ～ 10. 0 g；品外为个体重≤ 5. 0 g。

（7）包装：采用回转式枕包装机包装，包装规格通常为每袋 1 kg，也可根据实际情况调整包装规格。

（8）质检：按照相关标准对干制水产品进行指标检测，产品合格后入库存放，等待销售。

4. 常见问题分析

（1）原料药物残留问题。海参自然采捕量很少，市场上销售的大部分海参都是养殖的，由于水产养殖业从育苗到养成的过程中或多或少使用一些药物或激素类物质，导致原料中存在较为严重的药物残留问题，给消费者造成了不安全的消费心理，严重影响了养殖海参产业的发展。因此，须对海参原料严格把关。

（2）加工工艺问题。目前，海参的干制方法主要有冷冻干燥、晾晒干燥和机械设备烘干等。冷冻干燥得到的产品虽然品质较好，但其加工成本及设备成本非常高，加工耗时长，效率低。晾晒干燥是传统的海参干制方法，但这种方法极其烦琐，不能将海参一次性晾干，要每 2 ～ 3 d 收回库中回潮，反复进行 3 ～ 4 次，才能充分干燥。机械设备干燥大都是热风干燥，其存在的问题是烘干不均匀，耗电量大，也需要反复回潮干燥。而本节所使用的干燥设备为红外线烘烤箱，其采用红外线辐射加热，自动控温，具有用电量少、升温快、烘干均匀、干燥时间短等特点，符合低碳经济模式，使产品更具竞争力。

5. 注意事项

（1）应选择参体肥壮、饱满、顺挺，肌肉厚实，肉刺挺拔鼓壮，体表无残迹，刀口处肉紧厚外翻的海参为原料。

（2）海参盐煮时间不宜过长，最终干海参含盐量应在 40% 以内。

（3）海参干制要充分，最终干海参水分含量须在 15% 以内，否则会回潮软化。

（二）质量标准

1. 原料质量标准

（1）GB 2733—2015 鲜、冻动物性水产品。本标准规定了鲜、冻动物性水产品的感官要求、理化指标、兽药残留限量等。本标准适用于鲜、冻动物性水产品，包括海水产品和淡水产品。

（2）SC/T 3215—2014 盐渍海参。本标准规定了盐渍海参的要求、试验方法、检验规则、标签、包装、运输、贮存。本标准适用于以鲜、活刺参为原料，经去内脏、清洗、预煮、盐渍等工艺制成的产品。以其他品种海参为原料加工的产品可参照执行。

2. 干海参的质量标准

GB 31602—2015 干海参。本标准规定了干海参产品的感官要求、理化指标、污染物限量、兽药残留限量等。本标准适用于以刺参等海参为原料，经去内脏、煮制、盐渍（或不盐渍）、脱盐（或不脱盐）、干燥等工序制成的产品；或以盐渍海参为原料，经脱盐（或不脱盐）、干燥等工序制成的产品。

（三）实习考核要点和参考评分（表 2-30）

（1）以书面形式每人提交岗位参与实习报告。

（2）按照小组提交岗位参与实习过程、实习每日记录和讨论一份。

(3)指导教师提交岗位参与实习教学指导教师工作报告一份。

表2-30 干海参岗位参与实习的操作考核要点和参考评分

序号	项目	考核内容	技能要求	评分(100分)
1	准备工作	(1)准备、检查器具; (2)实训场地清洁	(1)能准备、检查必要的加工器具; (2)实训场地清洁	5
2	原料处理	(1)原料选择和保藏; (2)清洗和处理	(1)能够挑选出高品质的海参,掌握海参原料的保藏方式; (2)能够发现前处理不当的常规问题以及对海参产品质量的影响	10
3	盐煮和沥水	(1)盐煮方法; (2)沥水方法	(1)掌握盐煮条件; (2)掌握沥水程度	10
4	干燥和分级	(1)干燥方法; (2)分级要求	(1)掌握海参干燥的温度、时间等条件; (2)掌握分级机的级别选择和关键控制参数	10
5	质量评定	(1)感官检验; (2)必检项目	(1)感官检测符合行业质量标准; (2)能够独立操作各项必检项目	15
6	实训报告	(1)格式; (2)内容	(1)实训报告格式正确; (2)能正确记录实验现象和实验数据,报告内容正确、完整	50

第三节 水产品加工企业生产实习

一、鱼片加工生产线实习

实习目的:

(1)全面掌握鳕鱼片生产过程的关键控制和质量控制。

(2)掌握鳕鱼片生产环节中常见的故障排除方法,培养突发问题的解决能力。

(3)能够有效分析产品生产过程的影响因素。

(4)了解食品科学与工程领域新技术在鳕鱼片生产过程中的应用情况。

(5)熟悉并掌握生产过程安全及环保要求。

实习方式:

以大型鱼片加工企业上岗为主,掌握所从事的实际生产、分析及管理技术。遵从实习单位的安排,认真完成每日的上岗实习工作。可以根据生产实际,适度灵活安排工作内容。

(一)原、辅料材料

鳕鱼是全世界年捕捞量最大的鱼类之一,具有重要的食用和经济价值。鳕鱼属于硬骨鱼类，种类较多。国内市场常见的是狭鳕，资源丰富。可用新鲜捕捞上来的真鳕、黑线鳕、狭鳕、无须鳕进口的去头、去内脏冻鳕鱼作加工原料。

（二）操作工艺

鳕鱼原料→解冻→清洗→消毒→去皮→冲洗→开片→修整→摸刺→灯检→复验→消毒→漂洗、沥水→过磅称重→摆盘→速冻→脱模→称重→检验→包装入库。

（三）质量标准

中华人民共和国出入境检疫行业标准 SN/T 0223—2011 进出口水产品检验规程。

（四）设备及操作要点

（1）解冻机：用于－18 ℃的冻制鳕鱼块的解冻。解冻机配置：水箱，水箱的底部设置有排水口；若干出气孔的气管以及气泵，气泵设置在水箱外，气管带若干出气孔的一端设置在水箱内，其另一端设置在水箱外且与气泵相连；蒸汽加热或电加热自动恒温控制系统。将冷冻鳕鱼原料放进加满水的解冻池，用气泡将水翻腾，从而达到快速解冻的目的。解冻池旁边有恒温池，水从恒温池流入解冻机内，随着冻品的解冻，传送带上的产品向出料方向出料，解冻池内的水温慢慢下降，到出料这段时间，水再从解冻池进入到恒温池，这样循环利用，节约环保。鳕鱼解冻的程度可用手指按压来判断，以稍微能按凹进去，中心部位仍有些冻硬感的半解冻状态（中心温度－4 ℃～－3 ℃）为好。

（2）去鱼皮机：例如 TFE 350 型冷冻转筒去皮机，适用于对柔软的鱼片进行去皮。去皮效果佳，去皮干净，整齐，出成率高。鱼片带皮的一面朝上摆放在输送带上，并用水喷洒，当运行到与冷冻转筒接触时被冷冻附着在转筒上。一把锯片刀将鱼肉和鱼皮分开，如果有要求，则可以调节锯片将皮下脂肪层也去除。随后，留在转筒上的鱼皮被刮除，从而脱离去皮机掉落到下面的不锈钢滑道上。锯片带有一个高精度的导轨，能始终保持非常精确的切割。该机器的切割宽度是 350 mm。切割深度（去皮深度）可“无级调节”，最深达到 10 mm。通过一个喷水嘴和刮刀，使锯片在工作期间保持清洁。锯片可快速而简便地进行更换。

（3）灯光检验台：将鱼片逐片放在特制的灯光检验台上，用小镊子除去鱼片上附着的寄生虫。常见的寄生虫有线虫、绦虫和孢子虫。

（4）平板鱼片速冻机：以一系列与制冷剂管道相连的空心平板作为蒸发器，进行间接接触换热的冻结装置，主要由数块或十多块冻结平板、制冷系统和液压装置组成。冻结时，将装盘物料排列在各平板之间，液压控制使平板与物料之间紧密接触进行冷冻。鱼片摆盘后应及时放入平板速冻机中进行速冻，积压时间不得超过 1 h。速冻温度要求在－30 ℃以下，平板压力 4.9～5.4 MPa，速冻时间约 3 h。

（5）金属探测器：对包装好的鳕鱼片产品检测有没有金属碎片，灵敏度铁直径＜2 mm，非铁直径＜3 mm［FDA 健康危险评估部规定存在长度为 0.3″（7 mm）到 1.0″（25 mm）］的金属碎片的产品采取相应措施。

（五）注意事项

（1）解冻是手工加工的头道工序，解冻的好坏直接影响到加工工序的流畅和加工产品的质量。保证原料鱼到下道工序时处于适当解冻状态，切忌解冻过大，否则影响出成率和鱼片完整度。

（2）单冻产品要求先对单冻机进行清洗消毒，预冷 10 min，鱼片的切面朝下摆放。

（3）鱼片摆盘后应及时放入平板速冻机中进行速冻，积压时间不得超过 1 h。

（六）操作考核要点和参考评分（表 2–31）

（1）以书面形式每人完成生产实习报告和实习总结各一份。

（2）提交生产实习日记和生产实习鉴定表。

（3）指导教师提交生产实习教学指导教师工作报告一份。

表 2–31 鱼片生产实习的操作考核要点和参考评分

序号	项目	考核内容	技能要求	评分（100 分）
1	企业概况	（1）企业发展历史； （2）企业文化； （3）企业组织形式； （4）产品概况	（1）了解企业的发展历史与企业文化； （2）鱼片生产企业的部门设置及其职能； （3）鱼片生产企业的技术与设备状况； （4）冷冻鱼片生产规模和销售范围	5
2	工艺设备	（1）主要工艺； （2）产品质量控制体系	（1）掌握冷冻鱼片的生产工艺流程，能够绘制简易流程图； （2）熟悉鱼片生产企业的产品质量控制体系	5
3	企业建筑	（1）全厂平面图； （2）主要建筑特点； （3）三废及其他	（1）熟悉鱼片生产企业全厂总平面布置情况，能够绘制全厂总平面布置简图，画出工厂各车间、附属建筑（如机房、配电房、仓库、锅炉房、食堂、厕所、宿舍、车库等）的平面布置示意图； （2）了解鱼片生产企业主要建筑物的建筑结构和形式特点； （3）掌握鱼片企业三废处理情况和排放要求，能够阐述原理	10
4	原料及原料处理	（1）原辅料来源供应情况； （2）原料选择和保藏； （3）清洗和处理	（1）了解原辅料的来源与供应情况，能够识别原料鱼的鲜度，掌握冷冻鱼的解冻方法； （2）掌握机械和手工去头去内脏的方式，能够发现鱼片制品前处理不当的常规问题以及对产品质量的影响	5

续表

序号	项目	考核内容	技能要求	评分(100分)
5	开片和修整	(1)切鱼片操作; (2)修整	(1)掌握鳕鱼开片的技巧和方法; (2)掌握鱼片修整的操作,能够正确平衡产品得率和产品品质的矛盾	10
6	摸刺、挑虫和金属检测	(1)明确摸刺工序中手的预处理对于鱼片品质的影响; (2)灯光检验台的清洁度的要求; (3)金属检测器检查的方法	(1)掌握摸刺工序对鱼片制品的影响; (2)掌握在灯光检验台上快速挑除寄生虫的方法; (3)掌握使用金属检测器检测金属的方法	10
7	产品检验	(1)必检项目; (2)感官检验	(1)掌握相关的鱼片质量标准; (2)掌握感官检测的方法	5
8	实训报告	(1)格式; (2)内容	(1)实训报告格式正确; (2)能正确记录实验现象和实验数据,报告内容正确、完整; (3)实习过程的体会,如提出该厂生产中存在的问题并如何解决; (4)工厂的管理现状与改进措施。鱼片加工厂的营销管理及销售方式; (5)如何提高和保证食品质量等	50

二、褐藻胶加工生产线实习

实习目的:

(1)全面掌握褐藻胶生产过程的关键控制和质量控制。

(2)能够分析产品生产过程的影响因素。

(3)熟悉并掌握生产过程的安全及环保要求。

实习方式:

以大型褐藻胶生产企业上岗为主,掌握所从事的实际生产、分析及管理技术。遵从实习单位的安排,认真完成每日的上岗实习工作。可以根据生产实际,适度灵活安排工作内容。

(一)原、辅料材料

用于褐藻胶生产的主要褐藻原料为海带和巨藻(图2-59)。

海带主要收获于山东省和辽宁省,巨藻主要进口于智利和秘鲁。

(二)操作工艺

相关内容参见本章褐藻胶加工岗位技能综合实训相关部分。

(三)质量标准

相关内容参见本章褐藻胶生产技术相关部分。

（a）海带

（b）巨藻

图 2-59 用于生产褐藻胶的主要原料

（四）设备及操作要点

相关内容参见本章褐藻胶加工岗位技能综合实训相关部分。

（五）常见问题分析及注意事项

相关内容参见本章褐藻胶加工岗位技能综合实训相关部分。

（六）操作考核要点和参考评分

（1）以书面形式每人完成生产实习报告和实习总结各一份。

实习总结内容应包括以下内容。

① 企业的发展史。

② 企业当前机构设置和管理。

③ 包装物、原辅料来源供应情况、产品类型及市场销售情况。

④ 车间及附属建筑的平面设计布置示意图。

⑤ 工厂主要产品的工艺方法、产品成本、主要设备型号、性能及生产厂家。

⑥ 实习过程的体会，如提出该厂生产中存在的问题并如何解决。

⑦ 就实习中存在的问题、该实习方式的效果等提出建设性的改进意见。

提示：发展史可以通过与厂长、技术人员、工人交流或从工厂的原始资料中整理得出，机构设置及职责与管理协调方法、物料供给、产品市场销售情况，则通过了解、访问、查阅工厂的有关资料并加以整理。尽量画出工厂各车间、附属建筑（如机房、配电房、仓库、锅炉房、食堂、厕所、宿舍、车库等）的平面布置示意图。

生产报告是对生产实习中的某一部分内容进行较为详细的论述，必须与实习相关。其内容可以概括为以下几个方面。

① 工厂的管理现状与改进措施。

② 褐藻胶生产工艺与配方的改进。

③ 褐藻胶的营销管理及销售方式。

④ 如何提高和保证褐藻胶质量等。

（2）提交生产实习日记和生产实习鉴定表（表 2-32）。

表 2-32　褐藻胶企业生产实习鉴定表

序号	考核内容	技能要求	评分(100 分)
1	企业的发展史	熟悉企业的发展史	10
2	企业当前机构设置和管理	熟悉企业当前机构设置和管理	10
3	采购与销售	熟悉包装物、原辅料来源供应情况、产品类型及市场销售情况	20
4	工厂设计	能够准确绘制车间及附属建筑的平面设计布置示意图	20
5	生产工艺及设备	工厂主要产品的工艺方法、产品成本、主要设备型号、性能及生产厂家	20
6	针对企业的创新性思考	能够提出该厂生产中存在的问题并如何解决	10
7	针对实习的创新性思考	能够就实习中存在的问题、该实习方式的效果等提出建设性的改进意见	10

(3) 指导教师提交生产实习教学指导教师工作报告一份。

三、干海参加工生产线实习

实习目的:

(1) 全面掌握干海参生产过程的关键控制和质量控制。

(2) 掌握干海参生产环节中常见的故障排除方法,培养突发问题的解决能力。

(3) 能够有效分析产品生产过程的影响因素。

(4) 了解食品科学与工程领域新技术在干海参生产过程中的应用情况。

(5) 熟悉并掌握生产过程安全及环保要求。

实习方式:

以大型海参加工企业上岗为主,掌握所从事的实际生产、分析及管理技术。遵从实习单位的安排,认真完成每日的上岗实习工作。可以根据生产实际,适度灵活安排工作内容。

(一) 原、辅料材料

刺参是海参中最为名贵的一种,产于我国的山东半岛和辽东半岛,此种海参体壁肥厚,肉质细糯,刺多而挺。一般要获得优质的干海参产品,最好是直接利用新鲜的刺参原料。从参体后端,沿腹部向前 1/3 处剖开参体,摘除内脏,洗去污物。

(二) 操作工艺

刺参原料→前处理→盐煮→沥水→干燥→分级→检验→包装→入库。

(三) 质量标准

食品安全国家标准 GB 31602—2015 干海参。

（四）设备及操作要点

（1）QXJ 气泡清洗机。QXJ 气泡清洗机用于摘除内脏刺参的清洗，除电机、轴承外全部用不锈钢材料制作，符合食品卫生要求。该设备中设有气泡发生装置，使刺参呈翻滚状态，部分清洗水通过循环水泵冲洗物料，去除污物。漂浮物可以从溢流槽溢出，沉淀物从排污口排出。QXJ 气泡清洗机每小时处理量为 1 500 kg，完全能满足工厂的生产要求，清洗后的刺参运送到漂烫机中进行盐煮。

（2）LPT 型链式漂烫机。该设备尤为适用于海参的漂烫，不会造成物料损伤。清洗后的刺参放入约占漂烫机容积 70% 的饱和食盐水中，快速加热，煮沸 30 min 左右时，观察参体表面见风即干，并有白霜似的盐粒结晶时，即可完成盐煮。该漂烫机的处理能力为 1 500 kg/h，可满足工厂生产需要。

（3）红外线烘烤箱。红外线烘烤箱采用红外线辐射加热，自动控温，具有用电量少、升温快、烘干均匀、干燥时间短等特点。每台烘箱的生产能力为 50 kg，烘干温度一般在 65 ℃左右，可一次性干燥刺参，一般 3 ～ 6 d 即可干制完成。

（4）CCD 照相机电脑选别机。该设备用于干海参的分级，分级范围 5 ～ 250 g，工作速度为每小时 9 000 个产品，可满足干海参特级（个体重 ≥ 20. 1 g）、一级（个体重 15. 1 ～ 20. 0 g）、二级（个体重 10. 1 ～ 15. 0 g）、三级（个体重 5. 1 ～ 10. 0 g）以及品外（个体重 ≤ 5. 0 g）的分级。

（五）注意事项

（1）应选择参体肥壮、饱满、顺挺，肌肉厚实，肉刺挺拔鼓壮，体表无残迹，刀口处肉紧厚外翻的刺参为原料。

（2）刺参盐煮时间不宜过长，最终干刺参含盐量应在 40% 以内。

（3）刺参干制要充分，最终干刺参水分含量须在 15% 以内，否则会回潮软化。

（六）操作考核要点和参考评分（表 2–33）

（1）以书面形式每人完成生产实习报告和实习总结各一份。

（2）提交生产实习日记和生产实习鉴定表。

（3）指导教师提交生产实习教学指导教师工作报告一份。

表 2–33　干海参生产实习的操作考核要点和参考评分

序号	项目	考核内容	技能要求	评分（100 分）
1	企业概况	（1）企业发展历史； （2）企业文化； （3）企业组织形式； （4）产品概况	（1）了解企业的发展历史与企业文化； （2）干海参生产企业的部门设置及其职能； （3）干海参生产规模和销售范围	5

续表

序号	项目	考核内容	技能要求	评分(100分)
2	工艺设备	(1)主要工艺; (2)主要设备; (3)辅助设施	(1)掌握干海参的生产工艺流程,能够绘制简易流程图; (2)掌握主要设备的相关信息及操作要点; (3)了解干海参生产企业的仓库种类和特点	10
3	企业建筑	(1)全厂平面图; (2)主要建筑特点; (3)三废及其他	(1)熟悉干海参生产企业全厂总平面布置情况,能够绘制全厂总平面布置简图,画出工厂各车间,附属建筑(如机房、配电房、仓库、锅炉房、食堂、厕所、宿舍、车库等)的平面布置示意图; (2)了解干海参生产企业主要建筑物的建筑结构和形式特点; (3)掌握干海参企业三废处理情况和排放要求,能够阐述原理	10
4	原料处理	(1)原料选择和保藏; (2)清洗和处理	(1)能够挑选出高品质的海参,掌握海参原料的保藏方式; (2)能够发现前处理不当的常规问题以及对海参产品质量的影响	5
5	盐煮和沥水	(1)盐煮方法; (2)沥水方法	(1)掌握盐煮条件; (2)掌握沥水程度	5
6	干燥和分级	(1)干燥方法; (2)分级要求	(1)掌握海参干燥的温度、时间等条件; (2)掌握分级机的级别选择和关键控制参数	5
7	质量评定	(1)感官检验; (2)必检项目	(1)感官检测符合行业质量标准; (2)能够独立操作各项必检项目	10
8	实训报告	(1)格式; (2)内容	(1)实训报告格式正确; (2)能正确记录实验现象和实验数据,报告内容正确、完整; (3)实习过程的体会,如提出该厂生产中存在的问题并如何解决; (4)工厂的管理现状与改进措施; (5)干海参加工厂的营销管理及销售方式; (6)如何提高和保证产品质量等	50

参考文献

[1] 纪家笙,等. 水产品工业手册[M]. 北京:中国轻工业出版社,1999.

[2] 吴光红,等. 水产品加工工艺与配方[M]. 北京:科学技术文献出版社,2001.

[3] 王锭安. 出口冷冻鳕鱼片加工工艺[J]. 中国水产,1997(11):36-43.

[4] 上海水产大学，等．水产品加工机械与设备 [M]．北京：中国农业出版社，1996.
[5] 李振铎．出口冷冻鳕鱼片的加工方法及加工环境 [J]．齐鲁渔业，2001(6)：41-42.
[6] 刘春泉，朱佳廷，赵永富，等．冷冻虾仁辐照保鲜研究 [J]．核农学报，2004(3)：216-220.
[7] 王松治．HACCP 在单冻虾仁加工过程中的应用 [J]．浙江预防医学，2004(12)：33-34.
[8] 翁佩芳，吴祖芳．出口冻虾仁生产新工艺的研究 [J]．中国水产，2000(5)：46-63.
[9] 王莹莹，张辉珍，高华．青岛市售冻虾及冻虾仁中磷酸盐残留量的调查分析 [J]．现代食品科技，2012(4)：449-452.
[10] 汪之和．水产品加工与利用 [M]．北京：化学工业出版社，2003.
[11] 刘红英，齐凤生．水产品加工与贮藏 [M]．2 版．北京：化学工业出版社，2012.
[12] 李乃胜，薛长湖．中国海洋水产品现代加工技术与质量安全 [M]．北京：海洋出版社，2010.
[13] 姚其生，秦如江．鱼糜制品工艺技术的研究 [J]．食品科学，1982(9)：41-43.
[14] 魏丕恒．鱼糜制品加工技术及设备 [J]．粮油加工与食品机械，1998(2)：31.
[15] 沈月新．水产食品学 [M]．北京：中国农业出版社，2001.
[16] 中国农业科学院研究生院．水产品质量安全与 HACCP [M]．北京：中国农业科学技术出版社，2008.
[17] 曾洁，范媛媛．水产小食品生产 [M]．北京：化学工业出版社，2013.
[18] 沈月新．水产品冷藏加工 [M]．北京：中国轻工业出版社，1996.
[19] 李来好．新型水产品加工 [M]．广州：广东科技出版社，2002.
[20] 许加超．海藻利用化学 [M]．青岛：中国海洋大学出版社，2006.
[21] 杜连启，杨艳．海藻食品 [M]．北京：化学工业出版社，2013.
[22] 凌云，李恒，王勇，等．盐渍海带加工过程中质量安全问题的研究 [J]．中国食物与营养，2013(4)：14-16.
[23] 宫本利．出口盐渍熟海带卷(结)生产工艺 [J]．水产科学，1997，16(4)：38-39.
[24] 李桂芬．水产品加工 [M]．浙江：浙江科学技术出版社，2008.
[25] 刘洪晔．我国水产品出口贸易现状浅析 [J]．市场周刊，2014(2)：96-98.
[26] 陈蓝荪．中国水产品贸易在主要经济区域的发展特征研究(上) [J]．科学养鱼，2013(1)：4-6.
[27] 陈蓝荪．中国水产品进出口现状与趋势(上) [J]．科学养鱼，2011(4)：1-3.
[28] 胡智政．我国水产品加工业的现状及发展方向 [J]．江西水产科技，2003(1)：13-15.
[29] 王锡昌．中国水产品加工的当代思考 [J]．食品与机械，2006，22(4)：10-15.
[30] 励建荣，马永钧．中国水产品加工业的现状及发展 [J]．食品科技，2008(1)：1-4.
[31] 王进喜，马小珍，陈学群．HACCP 体系在水产品加工中的应用和改进 [J]．中国水

产，2003（8）：68-69.
[32] 唐家林，吴成业，等．即食海参加工工艺的研究[J]. 福建水产，2012，34（1）：31-35.
[33] 徐文其，沈建，等．鲜活海参清洗工艺试验研究[J]. 渔业现代化，2009，36（6）：42-45.
[34] 房英春，张慧，等．海参的食用与加工技术[J]. 农技服务，2007，24（10）：80-81.
[35] 马赛．海参加工存贮适宜温度条件的研究[D]. 济南：山东大学，2012.

第三章

肉制品加工企业卓越工程师实习指导

肉制品是指用畜禽肉为主要原料，经调味制作的熟肉制成品或半成品。经过加工，可大大延长肉类原料的保存期限，同时带来特殊的口感和风味。肉制品的种类繁多，加工工艺各有不同，本章主要针对卓越工程师实习过程中，如何指导常见肉制品加工技术学习进行叙述，包含以下三部分内容。

（1）肉制品加工企业认识实习：腌腊制品生产技术、酱卤制品生产技术、熏烧烤肉制品生产技术、肉干制品生产技术、火腿制品生产技术、罐头制品生产技术。

（2）肉制品加工企业岗位参与实习：腌腊制品加工岗位技能综合实训、酱卤制品加工岗位技能综合实训、熏烤制品加工岗位技能综合实训、肉干制品加工岗位技能综合实训、火腿制品加工岗位技能综合实训，罐头制品加工岗位技能综合实训。

（3）肉制品加工企业生产实习：盐水火腿加工生产线实习、高温火腿肠加工生产线实习。

第一节　肉制品加工企业认识实习

一、腌腊制品生产技术

知识目标：

（1）掌握腌腊制品生产的基本原理。

（2）了解腌腊制品生产的基本工艺及工艺要点。

（3）了解腌腊制品的主要原料和主要产品类型。

技能目标：

（1）认识腌腊制品生产过程中的关键操作要点。

（2）理解腌腊制品的质量标准和操作规范。

解决问题：

（1）腌腊制品加工的基本工艺。

（2）腌腊制品加工关键技术。腌腊制品是以畜禽肉类及其可食内脏等副产物为原料，经腌制、酱渍、晾晒或烘烤等工艺制成的生肉制品，食用前需经熟制加工。腌腊制品包括咸肉、腊肉、酱封肉和风干肉等。咸肉是预处理的原料肉经腌制加工而成的肉制品，如咸猪肉等。腊肉是原料肉经腌制、烘烤或晾晒干燥成熟而成的肉制品，如腊猪肉等。酱封肉是用甜酱或酱油腌制后加工而成的肉制品，如酱封猪肉等。风干肉是原料肉经预处理后，晾挂干燥而成的肉制品，如风鹅、风鸡等。典型的腌腊制品产品见图 3-1。

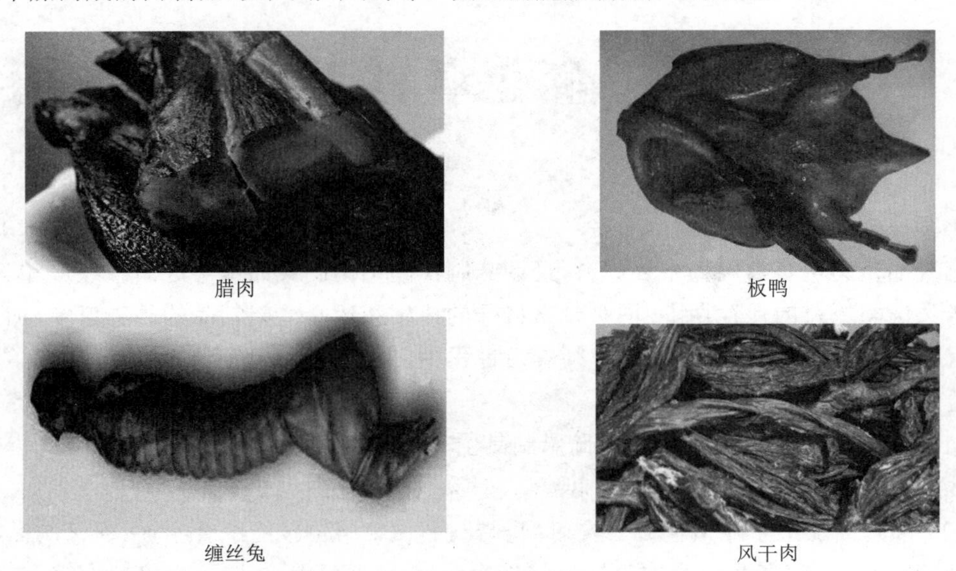

腊肉　板鸭　缠丝兔　风干肉

图 3-1　典型腊肉制品

（一）基本工艺及技术要点

1. 原料选择

可用于加工腌腊肉制品的原料主要包括畜禽肉及其可食内脏的副产物。原料肉必须经兽医验讫后符合腌制卫生要求，即不带毛、血、粪污，在贮运过程中不落地，保持清洁，防止污染，在加工前要摘除甲状腺及病变组织。

2. 上料

将盐、香辛料及食品添加剂等通过搽抹、浸泡、注射、滚揉等方法附着在肉表面的过程。这是影响后期产品风味的关键。良好的上料会使腌腊制品的入味均匀，风味一致。

3. 腌制

上料后的肉样品在常温或低温下放置一段时间，使调味料、食品添加剂等与肌肉组织有效结合，并进一步在肌肉组织中通过扩散而均匀分布。腌制剂的配制是影响腌制效果的关键。

4. 风干或烘烤干燥

将腌制或上料后的肉样置于比较干燥的环境下，如通风口、干燥箱等处，使其中的水分慢慢耗散，同时调味料、食品添加剂等成分进一步向肌肉组织扩散。肉样也在水分扩散的同时重量逐渐变轻，其表面形成一层较硬的保护膜。

5. 熟成

经过失水的肉样再在常温下放置一段时间，使干燥后的肉样品在微生物的作用下进一步成熟，并形成腌腊制品的天然风味。

6. 检验、包装及贮藏

按照产品卫生及质量标准对产品进行检测，合格产品包装后入库存放。

（二）加工关键控制技术

1. 辅料的控制

所有原辅料必须附带检验合格证。

2. 加工用水的控制

腌腊肉制品的加工用水应保证水质，确保用水中铅不会超标，必要时可以向自来水厂索取水质证明，用水管道也应保证为无铅的塑料管道或者金属水管。

3. 加工环节的控制

工艺过程符合卫生要求，严格按配方要求添加盐卤等添加剂，专人负责配制，严格按工艺标准操作规程执行，按规定的加工方法、时间进行调味、腌制、烟熏（烘烤）、晒干、冷却、包装。

4. 人员以及加工工器具的控制

各类器具要专用，及时洗刷，洗刷后的工器具用防尘罩遮盖严密；工作人员进入操作间前要洗手，穿戴工作衣帽。

（三）质量标准

腌腊制品质量标准及品质检测主要按照腌腊肉制品卫生标准（GB 2730—2015）执行。

二、酱卤制品生产技术

知识目标：

（1）掌握酱卤制品生产的基本原理。

（2）了解酱卤制品生产的基本工艺及工艺要点。

（3）了解酱卤制品的主要原料和主要品种。

技能目标：

（1）认识酱卤制品生产过程中的关键操作要点。

（2）理解酱卤制品的质量标准和操作规范。

解决问题：

（1）酱卤制品工艺和配料。

（2）老卤的保管及其对酱卤制品品质的作用。

酱卤制品是指以畜禽肉及其可食副产物为原料，添加调味料和香辛料，水煮而成的熟肉制品，主要产品包括白煮肉、酱卤肉、糟肉等。白煮肉是预处理的原料肉在水（盐水）中煮制而成的肉制品，一般食用时调味，如白斩鸡等。酱卤肉是原料肉预处理后，添加香辛料和调味料煮制而成的肉制品，如烧鸡、酱汁肉、盐水鸭等。糟肉类是煮制后的肉，用酒糟等煨制而成的肉制品，如糟鸡、糟鱼等。由于各地的消费习惯和加工过程中所用的配料、操作技术不同，形成了许多具有地方特色的肉制品。典型的酱卤制品见图 3-2。

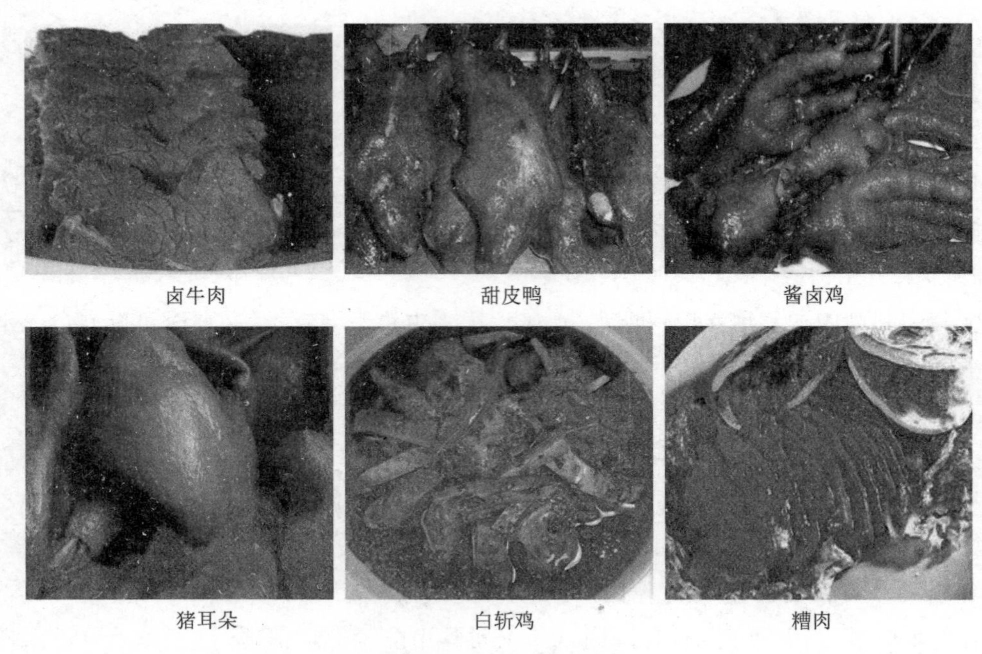

图 3-2　典型酱卤制品

（一）基本工艺及技术要点

1. 原料选择

酱卤制品所用的原料很多，如猪、牛、羊、鸡、鸭肉，以及其头、蹄、内脏等。酱猪肉一般选用体重 40 kg 左右，皮薄嫩瘦的猪，并以五花、肘子部位为佳。酱牛肉以无筋不肥的瘦肉为好，一般都用腿部的精肉。酱鸡、酱鸭以选当年 1 kg 左右的鸡（鸭）为宜。

2. 原料的前处理

原料经清水浸泡，清除血水，彻底洗干净原料上的毛和污物，将原料肉按照不同产品需求切成 250 ～ 1 000 g 重的方块或长方块。

3. 酱卤汁调制

调制卤肉、鸡骨、猪骨等原料，上火烧煮，烧沸后拂去泡沫，调用中小火，加入酱油、盐、冰糖（红糖）、黄酒、葱、姜等调味料，另把八角、丁香、茴香、桂皮、山萘、草果、香叶、花椒等香辛料放入宽松的纱布口袋包好后投入汤内一起熬煮。

4. 煮制

（1）清煮：在肉汤中不加任何调味料，只是清水煮制，在沸腾状态下加热 5 ～ 10 min，焯烫一遍，个别产品可清煮 1 h。

（2）红烧：将清煮后的肉料放入酱卤汁中煮制，加热的时间和火候依照产品的要求而定。以急火求韧、慢火求烂、先急后慢求美味的火候原则，控制煮制火候。

5. 检验、包装及贮藏

按每班产品为一批，每批抽取3～6袋进行检验，检验项目为细菌总数、大肠杆菌、净含量、外观、口味和杂质，合格产品包装后入库存放。

（二）质量控制技术关键

1 优选原辅料

严格控制原辅料质量，选择优质原料肉、调味料和香辛料，符合食用标准的原辅料，并根据各品种的原料定量标准投放辅料，以保证产品的风味一致，防止错放、漏放或标准过量；添加剂的添加必须符合食品添加剂使用卫生标准GB 2760。

2. 老卤的保管

每天生产结束后及次日生产前，将老汤烧沸，撇去浮油、沫，滤去沉渣，需清汤时做清汤处理。在高温季节，应保证每天生产后，将老汤烧沸冷却，如不连续生产，应将老汤入恒温库保存并定期烧沸，防止变质。

3. 加强卫生管理

生产用水符合国家饮用水标准GB 5749，一切直接接触产品的设备和器具的表面和物件必须定期进行有效的清洗、消毒，员工卫生和身体健康状况必须符合食品从业卫生要求，包装材料必须符合卫生要求，储存库温必须符合产品工艺要求，并做好库内卫生。

（三）质量标准及检测

除对原料、添加剂等有相关标准外，酱卤肉制品的质量标准及检测主要按照国家标准GB/T 23568—2009《酱卤肉制品》和行业标准GB 2728—1997《肴肉卫生标准》。

三、熏烧烤肉制品生产技术

知识目标：

（1）掌握熏烧烤肉制品生产的基本原理。

（2）了解熏烧烤肉制品生产的基本工艺及工艺要点。

（3）了解熏烧烤肉制品的主要原料和主要品种。

技能目标：

（1）认识熏烧烤肉制品生产过程中的关键操作要点。

（2）理解熏烧烤肉制品的质量标准和操作规范。

解决问题：

（1）不同熏烧烤肉制品的加工差异。

（2）影响熏烧烤肉制品质量的关键技术。

熏烧烤肉制品是指原料肉经腌制或熟制后的肉，以熏烟、高温气体或固体、明火等为介质热加工制成的熟肉制品，包括熏烤类和烧烤类产品。熏烤类是产品熟制后经烟熏工艺加工而成的肉制品，如熏鸡、熏口条等。烧烤类是指原料预处理后，经高温气体或固体、明火等煨烤而成的肉制品，如烤鸭、烤乳猪、烤鸡等。典型的熏烤肉制品见图3-3。

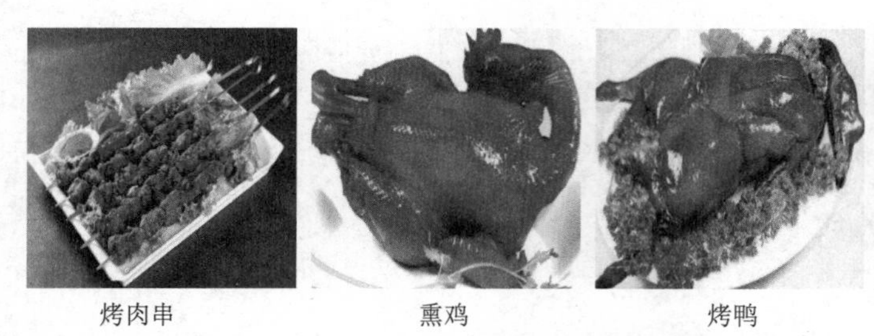
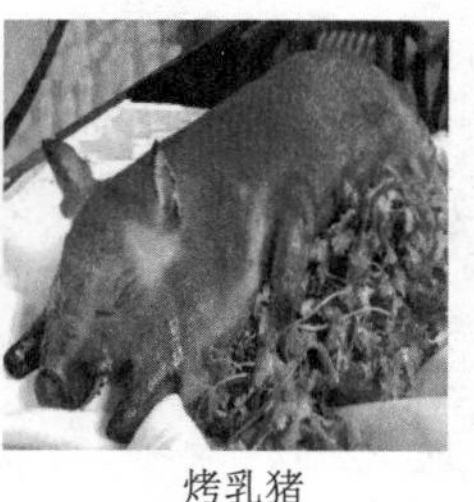

烤肉串　　熏鸡　　烤鸭　　烤乳猪

图 3-3　典型的熏烤肉制品

（一）基本工艺及技术要点

1. 原料选择

熏烤肉类原料来自于猪肉和乳猪肉、羊肉、鸡肉、鸭肉、鹅肉、鱼肉等。选健康无病饲养足期的动物原料（除烤乳猪），最好是体肥肉嫩，骨细而柔适用于烧烤的品种。

2. 原料前处理

（1）烫毛：水温不宜高，因原料肉皮薄，易于烫破皮。然后进行煺毛，修整。

（2）整形：将全净膛原料先去腿，再从放血处的颈部横切断，向下推脱颈皮，切断颈骨，去掉头颈。

（3）浸料：白糖加适量水在锅中熬成糖水待用。其他配料与原料肉拌匀，浸渍 30 min 后取出，挂在铁钩上晾干，将糖水均匀地洒在肉和皮面上，约 30 min 后，即可入炉烧烤。

（4）腌制：放香料和盐混合物等调味料，并使其在体腔内分布均匀，腌制好后捞出晾干，不同腌制浓度对成品的滋味、气味和质地三大指标影响较大。

3. 熏烤肉制品

（1）原料选择：选用烤肉原料，肉质香嫩，净肉率高，制成烤肉出品率高，风味佳。

（2）整形：用开片机或大刀开割下来的胚料往往不整齐，需用小刀修整，使肉坯四边基本成直线，并修去腰肌和横隔膜。

（3）腌制："盐硝"的配制，即将硝均匀拌和于盐中。方法是将硝溶于少量水中制成液体，再加盐拌和均匀即为盐硝。"盐卤"的配制，即将盐、硝溶于水中。方法是用配料的另一半倒入缸中，加入适量清水，用木棒不断搅拌。腌制要在冷库中进行，以防止细菌生长繁殖，引起原料肉变质。

（4）出缸浸泡、清洗：将腌制成熟的肉坯取出，浸泡在水温在 25 ℃左右的水中，时间 3 ～ 4 h。

（5）熏制：烟熏须在密闭的熏房内进行。先用木柴堆成若干堆，用火燃着，再覆盖锯屑，徐徐生烟，也可直接用锯屑分堆燃着。前者可提高熏房温度，使用广泛。木柴或锯屑分堆燃着后，将沥干水分的肉坯移入熏房，这样可使产品少沾灰尘。烟熏完成，即为成品。

（6）成品保存：挂在通风干燥处，数月不变质。

4. 烧烤肉制品

（1）原料处理：选用皮薄肉嫩的猪肋条肉或夹心腿肉，刮去皮上余毛、杂质。切成长约 40 cm、宽约 13 cm 的长条。然后洗净，待水分稍干后备用。

（2）腌制：把调味料（除麦芽糖和绍兴酒外）放在拌料盆里搅拌均匀，然后倒入肉条一起拌匀。每 2 h 搅拌一次，使肉条充分吸收配料。腌制 6 h 后再加绍兴酒，充分搅拌，使酒和肉条混合后，将肉一条条穿在叉烧铁环上。每排穿十条左右，适当晾干。

（3）浸烫：将填好料、缝好口的光鸡逐只放入加热到 100 ℃的浸烫液中浸烫 0.5 min 左右，然后取出挂起，晾干待烤。

（4）烤制：将皮面向上，肉面向下，炉温在 200 ～ 300 ℃烧烤 1.5 h 左右。待肉质基本烤熟后取出，用不锈钢针在皮面上戳孔，然后肉面向上，再入炉用猛火烧烤皮面。约 0.5 h 待皮面烧至酥起小泡时即可出炉。

（二）质量控制技术关键

1. 优选原辅料

严格控制原辅料质量及加强生产卫生管理，是加工安全产品的先决条件，应选择优质原料肉、调味料和香辛料，尤其是熏烤材料，不用水分含量高，发霉变质，有异味的熏料，尽可能选用含树脂少的硬质料和商品化标准化复合熏料。

2. 改进熏烤设备和工艺

对传统熏烤工艺进行优化和改进，在尽可能保持传统风味特色的同时，改善产品卫生质量，不断研究新技术、新设备，选择多功能熏烤设备及电烤制、红外烤制装置等，控制熏料生烟温度和烧烤温度，采用较低温熏制法和间接熏制法，对只是为了产生烟熏或烧烤香味，以及加工、销售和贮藏具备不中断冷链条件的低温产品，尽可能采用添熏烤液等无烟熏烤法，或与微烟熏及短时烧烤相结合的方法。

3. 强化产品质量检测

质量检测是产品优质安全的保证，对于熏烧烤肉制品，除一般食品常规感官、理化及微生物指标外，对苯并芘的在线快速监测尤为重要，在现代工艺及卫生条件下，熏烤肉制品中苯并芘含量完全可控制在小于 1×10^{-9}（ppb）范围内，使熏烤食品达到绿色优质产品标准。

（三）质量标准及检测

熏烧烤肉制品的质量标准及检测主要根据国家相关熟肉制品指标执行，可参见中华人民共和国标准烧烤肉卫生标准 GB 2727—1994 执行。

四、肉干制品生产技术

知识目标：

（1）掌握肉干制品生产的基本原理。

（2）了解肉干制品生产的基本工艺及工艺要点。

（3）了解肉干制品的主要原料和主要品种。

技能目标：

（1）认识肉干制品生产过程中的关键操作要点。

（2）理解肉干制品的质量标准和操作规范。

解决问题：

（1）肉干、肉脯和肉松（图 3-4）在工艺和产品特性上的差异。

（2）保证肉干制品可贮藏性的关键工艺。

肉干　　肉脯　　肉松

图 3-4　典型的干肉制品

（一）基本工艺及技术要点

1. 肉干

（1）原料肉的选择和处理：选择符合食品卫生标准的新鲜优质原料肉，例如猪肉和牛肉，均是以后腿的瘦肉为佳。先将原料肉的皮、骨、脂肪和筋腱剔除，切块，清洗并沥干。

（2）水煮：将肉块放入锅中，用清水煮开，待肉块过红、发硬，然后捞起，撇去肉汤上的泡沫，原汤待用。

（3）切坯：肉块冷凉后，按条、块、片、丁不同规格切成大小一致的肉坯。

（4）辅料配置：根据不同产品配方准备辅料，并按要求进行预调制。

（5）卤煮：将各种预调制的辅料放入原汤中熬煮，待汤汁浓度增加后，再放入切好的肉坯，大火烧煮后中火焖煮，最后用文火收汁，待汁水将干时，翻炒至松散的肉干取出。

（6）脱水：脱水的方法主要有烘烤法、炒干法和油炸法三种。

（7）包装和贮藏：肉干用陶瓷缸或塑料袋热合封口，或者用纸袋包装后，再烘烤 1 h。

2. 肉脯

（1）选料、整理：选用健康猪的后腿肉或精牛肉，经过剔骨处理，除去肥膘、筋膜，顺着肌纤维切成块，洗去油污，需冻结的则装入方型肉模内，压紧后送冷库内速冻，至肉块中心温度冷却后，取出脱模，将冷冻的牛肉放入切片机中切片或人工切片。切片时必须顺着牛肉的纤维切片。

（2）调味：将调味料与肉片均匀地混合，使肉片中的盐溶蛋白溶出。

（3）铺盘：首先用食物油将竹盘刷一遍，然后将调味后的肉片铺在竹盘上，肉片与肉片之间由溶出的蛋白胶相互黏住，但肉片与肉片之间不得重叠。

（4）烘干：将铺平在竹盘上的已连成一大张的肉片放入干燥箱中进行干燥。

（5）切形：将一大张肉片从竹盘中揭起，用切形机或手工切形。

（6）焙烤：牛肉片烘烤干、切形后可进行烤熟，以烤熟为准，不得烤焦。

（7）冷却、包装和贮藏：烤熟的肉脯在冷却后应迅速进行包装，包装可用真空包装或充氮包装，外加硬纸盒按所需规格外包装。

3. 肉松

（1）原料肉的选择：原料是经兽医卫生检疫合格的新鲜后腿肉、夹心肉和冷冻分割精肉。

（2）原料修整：首先将后腿肉、夹心肉的脂肪层与精肉层分离，然后将已削去肥膘的后腿肉和夹心肉中的骨头取出，最后把肉块上残留的肥膘、筋腱、淋巴、碎骨等修净，然后切块。

（3）烧煮：烧煮过程主要包括撇血沫、焖酥、收汤、炒松等工序。

（4）炒松：先将半制品肉松倒入热风顶吹烘松机，将水分蒸发一部分，然后将其倒入铲锅或炒松机进行烘炒。

（5）跳松：把混在肉松里的头子、筋等杂质，通过机械振动的方法分离出来。

（6）包装：把检验合格后的肉松按不同的包装规格密封装袋。

（二）质量控制

1. 肉干

（1）原料肉的选择：原料肉首先应该符合相应的质量标准和卫生安全标准，还要对原料肉进行品质评定，包括感官指标和内在指标的评定。考虑影响肉品质的因素，如原料肉产地、品种、年龄、活重、喂养饲料、宰后排酸和处理等。这些仅对产品品质有影响但对产品安全没有影响的因素也要加以规范、制定相应的标准后加以执行，确保产品品质的稳定性。

（2）调味品和产品配方的选择：调味品和产品配方的选择直接决定了肉干的品质和风味。

① 香辛料：要注意其是否有异味、霉变等问题并按照相关标准进行验收，以避免安全问题的发生。还要考虑原料产地、品种、等级等非安全因素对肉干品质的影响。

② 调味品：首先确定是否符合安全要求，应无假冒伪劣或质量品质低下，使用它们的时候应尽量用品牌、级别、生产商等相同的产品，以避免这些因素的差异对产品品质产生影响。

③ 配方：五香肉干的配方决定了它的风味，配方的重要性不亚于产品的安全性，目前五香肉配方多，风味各有特色，不利于产业化生产，也影响了产品的标准化。

（3）造型、复煮收汤汁和烘干生产工序。

① 造型：要求大小均匀一致。同时去除肉块的脂肪和筋腱，肉块的性状、大小和质地一致有利于入味、着色、烘干等工序的操作，可提高出品率。

② 复煮收汤汁：初煮母汤和肉块的比例、复煮时间、温度控制、各种辅料的加入顺序对肉干品质影响极大。

③ 烘干：烘干的设备、温度、时间和烘干时的操作对产品的安全性和品质有重要的影响，是产品最后的杀菌工序。

（4）冷却包装：应把避免二次污染作为首要考虑的问题，烘干结束后的冷却环境、产品接触到的工具、器皿、设备、包装材料等都应是无菌的，冷却方式和包装材料选择也是重要的方面。

2. 肉松

（1）原料肉、辅料及包装材料：原辅料及包装材料采购由采购部专门负责，按标准采购，并建立原料登记制度，要求供货商提供产地证明；品质部进行抽检化验验收，对不合格品进行拒收。

（2）蒸煮：蒸煮过程中如果残油撇不尽易造成肉松变质。蒸煮时肉纤维能自行散开达到酥烂的程度则蒸煮即可结束，蒸煮时间过长或过短都将影响产品品质。

（3）烘烤：烘烤脱水前肉松坯水分含量大，黏性小，几乎无法搓松。随着脱水率的增加，黏性逐渐减小，搓松变得易于进行。脱水率超过一定限度时，由于肉松坯变干，搓松又变得难以进行，甚至在成品中出现干肉棍。因此要严格控制烘烤脱水率。

（4）搓松：在搓松过程中可能会受到外界微生物的二次污染，这些危害为显著性危害，可通过 SSOP 常规控制。

（5）炒松：炒制过程中，如炒制时间不足而使肉松水分过高则会影响产品口感及保质期；如炒制时间过长则容易使肉松焦化，形成焦物，影响产品感官。这些危害属关键危害。

（6）拣松、包装：要在无菌车间进行，避免空气污染。包装人员的手要进行消毒，无菌间的所有操作均按 SSOP 执行，其中拣松过程中杂物残留问题更要严格按照良好的 GMP 操作规程来操作，减少杂物残留，提高产品品质。

3. 肉脯

（1）原料肉验收：原料肉验收环节严格把关，可以预防、消除潜在危害，或将危害降低到可接受水平，因此把原料肉验收环节确定为关键控制点之一。

（2）硝酸盐的添加：预腌环节应严格控制亚硝酸盐的添加量，使成品中亚硝酸盐残留量控制在国家标准允许范围内，是保证果蔬肉脯成品质量的关键控制点之一。

（3）烘烤：烘烤温度应控制在既能阻止肉脯微生物迅速繁殖，还要使肉脯水分散发均匀，最终成品的含水量控制在要求的范围内。

（4）金属检测：肉脯成品中可能含有来自原料肉和加工过程的金属残留物，对人体可能造成伤害，为避免这一潜在危害，将金属探测工序确定为关键控制点之一。

（三）质量标准及检验

干肉制品除了需要执行 GB 2726—2005《熟肉制品卫生标准》外，肉松、肉干、肉脯分别还有对应的 GB/T 23969—2009 肉干、GB/T 31406—2015 肉脯、GB/T 23968—2009 肉松国家标准。

五、火腿制品生产技术

知识目标：

（1）掌握火腿制品生产的基本原理。

（2）了解火腿制品生产的基本工艺及工艺要点。

（3）了解火腿制品的主要原料和主要品种。

技能目标：

（1）认识火腿制品生产过程中的关键操作要点。

（2）理解火腿制品的质量标准和操作规范。

解决问题：

（1）中式火腿与西式发酵火腿制品的工艺和产品特性差异。

（2）西式盐水火腿与蒸煮香肠制品的工艺和产品特性差异。

火腿制品是指用大块肉为原料加工而成的肉制品。其包括下述几类产品。干腌火腿是主要以猪后腿为原料，经腌制、干燥和成熟发酵等工艺加工而成的生腿制品。著名的产品有金华火腿、宣威火腿、如皋火腿、帕尔马火腿、伊比利亚火腿、美国的乡村火腿等。熏煮火腿是大块肉经盐水注射腌制、嫩化滚揉、充填入模具或肠衣中，再经熟制、烟熏等工艺制成的熟肉制品。压缩火腿是用小块肉为原料，并加入芡肉，经腌制、滚揉、充填入肠衣或模具中熟制、烟熏等工艺制成的熟肉制品。典型火腿制品见图 3-5。

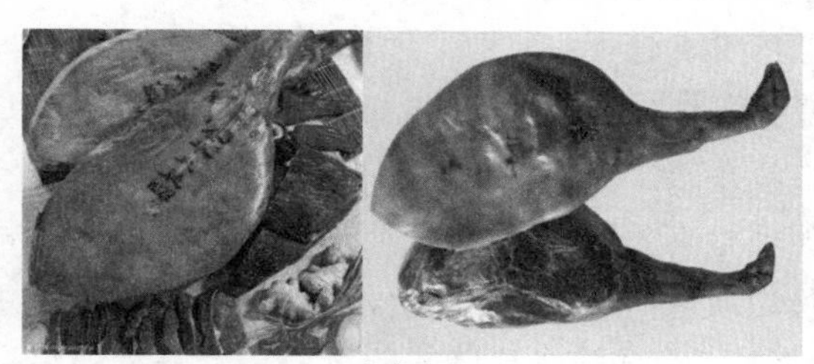

中式火腿

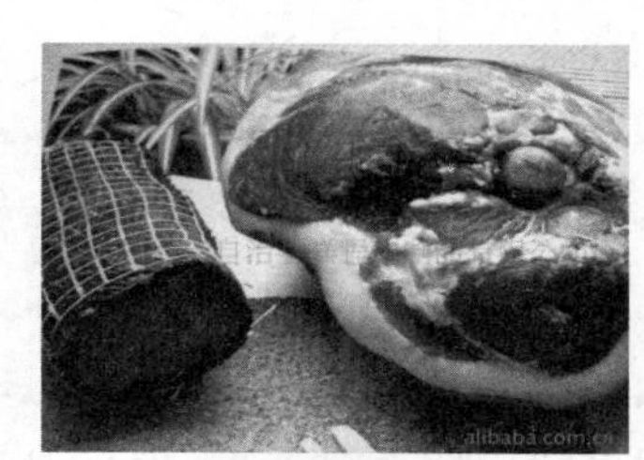

西式生熏火腿

西式压缩火腿

西式蒸煮火腿

图 3-5　典型火腿制品产品

（一）中式火腿

1. 基本工艺与技术要点

（1）原料选择：中式火腿一般选用饲养期短、肉质细嫩、皮薄、瘦肉多、腿心饱满的猪腿为加工原料，也可用其他瘦肉型猪的前后腿替代。用于生产熏煮火腿的原料肉原则上仅选猪的臀腿肉和背腰肉，也有的厂家根据销售对象选用猪的前腿部位肉，但品质稍差。一般选每只腿重 4. 5 ～ 6. 5 kg 的鲜猪腿。要求宰后 24 h 以内的鲜腿，放血完全，肌肉鲜红，皮色白润，脚爪纤细，小腿细长。

（2）修整：取鲜腿，去毛，洗净血污，剔除残留的小脚壳，将腿边修成弧形，用手挤出大动脉内的瘀血，最后修整成柳叶形。

（3）腌制：按比例加入食盐，一般分 5 ～ 7 次上盐，一个月左右加盐完毕。

（4）浸泡洗刷：将腌制好的猪腿置于清洁冷水中浸泡清洗。

（5）晒腿、整形：将洗后的腿挂晒至腿面已变硬，皮面干燥，内部尚软，此时可进行整形。

（6）发酵：将火腿挂在木架或不锈钢架上进行发酵。发酵季节常在3～8月份，发酵期一般为3～4个月。

（7）保藏：经发酵修整的火腿，可落架，用火腿滴下来的原油涂抹腿面，使腿表面滋润油亮，即成新腿，然后将腿肉向上、腿皮向下堆叠，一周左右调换一次。如堆叠过夏的火腿就称为陈腿，风味更佳。火腿可用真空包装，于20 ℃下可保存3～6个月。

2. 质量控制

（1）选料：选用饲养期短、肉质细嫩、皮薄、瘦肉多、腿心饱满的金华猪腿为加工原料，也可用其他瘦肉型猪的前后腿替代。所有原辅料须符合相应的质量标准，采购、运输及储藏过程中严格遵守相应的操作规范，保证原料质量安全卫生。

（2）用盐量的控制：传统中式干腌火腿腌制过程中，用盐量须根据原料腿的重量，经过准确计算确定，上盐的方式及次数按照工艺要求进行。

（3）烟熏工艺控制：有的中式火腿需要烟熏，烟熏工艺应选择优良的烟熏材料，以尽力减少有毒有害物质的生成，烟熏后产品的苯并芘含量应符合国家标准限量要求。

（4）发酵过程控制：发酵好坏与火腿质量有密切关系，晒干后的火腿，经过发酵过程，一面使水分继续蒸发，一面使肌肉中的蛋白质、脂肪等发酵分解，使肉色、肉味、香气更好。发酵过程中的环境温度、湿度，以及卫生条件，关系着产品风味的形成和贮藏性的好坏，是生产过程中的关键工艺技术。火腿发酵时，上下、左右、前后相距5～7 cm，互不相碰，以有利于火腿表面菌丝的生长。发酵期间，火腿以渐渐生出绿色菌丝为佳。

（二）蒸煮火腿

1. 基本工艺与技术要点

（1）原料肉的选择及修整：选猪的臀腿肉和背腰肉，或猪的前腿部位肉，经修整，去除皮、骨、结缔组织膜、脂肪、筋、腱，使其成为纯精肉，然后按肌纤维方向将原料肉切成不小于300 g的大块。

（2）盐水配制及注射：注射腌制所用的盐水，主要组成成分包括食盐、亚硝酸钠、糖、磷酸盐、抗坏血酸钠及防腐剂、香辛调味料等。按照配方要求，将上述添加剂用0～4 ℃的软化水充分地溶解并过滤，配制成注射盐水。利用盐水注射机，将上述盐水均匀地注射到修整的肌肉组织中。

（3）滚揉按摩：将经过盐水注射的肌肉放置在滚揉机内进行滚揉。

（4）填充：滚揉后的肉料，通过真空火腿压模型机将肉料压入模具中成型。火腿压模成型，一般包括塑料膜压模成型和人造肠衣成型两类。人造肠衣成型就是将肉料用充填机灌入人造肠衣内，用手工或机器封口，再经熟制成型。塑料膜压模成型是将肉料充入塑料膜内再装入模具内，压上盖，蒸煮成型，冷却后脱模，再包装而成。

（5）蒸煮与冷却：在全自动烟熏室内完成熟制。蒸煮后的火腿应立即进行冷却，采用水浴蒸煮法加热的产品，将蒸煮篮重新吊起放置于冷却槽中用流水冷却。用全自动烟熏室进行煮制后，可用喷淋冷却水冷却。

2. 质量控制

（1）原料肉的修整：修整时应注意，尽可能少地破坏肌肉的纤维组织，刀痕不能划得太大太深，并尽量保持肌肉的自然生长块型。

（2）盐水配制及注射：所需的盐水量采取一次或两次注射，以多大的压力、多快的速度和怎样的顺序进行注射，取决于使用的盐水注射机的类型。盐水注射的关键是要确保按照配方要求，将所有的添加剂均匀地注射到肌肉中。

（3）滚揉：滚揉过程应控制适当的载荷，过多或过少都会影响滚揉效果。此外滚揉期间应有适当的间歇，并根据产品需要调整转速。

（4）填充：充填压模成型要抽真空，其目的在于避免肉料内有气泡，造成蒸煮时损失或产品切片时出现气孔现象。

（5）蒸煮与冷却：一般采用低温巴氏杀菌法，即火腿中心温度达到 68 ℃ ～ 72 ℃即可。若肉的卫生品质偏低时，温度可稍高，以不超过 80 ℃为宜。

（三）压缩火腿

基本工艺与技术要点

（1）原料选择与处理：选用猪的臀腿肉，经修整去除筋、腱、结缔组织后，切成肉块，原料肉的肥肉率应小于 5%。

（2）滚揉：按照配方要求，用冷（冰）水将所有配料溶解后，同原料肉一起倒入滚揉机内滚揉。

（3）填充：用灌肠机将滚揉好的原料肉定量充入肠衣内并打卡封口。

（4）熟制：将灌好的火腿挂在肉车上，在全自动烟熏室内熟制和烟熏，并冷却。

（5）包装：将充分冷却的火腿真空包装，在 0 ～ 10 ℃条件下贮存、运输和销售。

（四）质量标准及检测

目前执行的相关标准包括 GB/T 20711—2006 熏煮火腿、GB/T 18357—2008 地理标志产品　宣威火腿、GB/T 19088—2008 地理标志产品　金华火腿等。

六、罐头制品生产技术

知识目标：

（1）掌握罐头制品生产的基本原理。

（2）了解罐头制品生产的基本工艺及工艺要点。

（3）了解罐头制品的主要原料和主要品种。

技能目标：

（1）认识罐头制品生产过程中的关键操作要点。

（2）理解罐头制品的质量标准和操作规范。

解决问题：

（1）硬罐和软罐在工艺和产品特性上的差异。

（2）罐头制品在常温下贮藏可以长期保质的原理。

罐头食品是指将符合要求的原料经处理、分选、修整、烹调（或不经烹调），装罐（包括马口铁罐、玻璃罐、复合薄膜袋或其他包装材料容器），密封，杀菌，冷却或无菌包装而制成的所有食品。罐头食品应为商业无菌、常温下能长期存放。肉类罐头一般是指以畜禽肉、鱼肉等肉类为主要原料，加入调味料和香辛料，经过加工制成的罐头产品。按GB/T 10784—2006《罐头食品分类》，根据加工及调味方法不同，肉类罐头可分为清蒸类罐头、调味类罐头、腌制类罐头、烟熏类罐头、香肠类罐头和内脏类罐头等。几种典型罐头肉制品见图3-6。

午餐肉罐头

猪肉风味罐头

清蒸猪肉罐头

红烧牛肉罐头

鱼肉软罐头

牛肉软罐头

图3-6　典型的罐头肉制品

（一）基本工艺及关键技术

1. 原料选择与前处理

畜禽原料肉应选用符合卫生标准的鲜肉或冷冻肉，预处理包括洗涤、剔骨、去皮（或不去骨皮）、去淋巴及切除不宜加工的部分等。

2. 原料的预调理

肉罐头的原料经预处理后，按各产品加工要求进行调理，有的要腌制，有的要预煮和油炸。预煮和油炸是调味类罐头加工的主要环节。

（1）预煮：预煮前按制品的要求，切成大小不等的块形。预煮时一般将原料投入沸水中适时煮制，要求达到原料中心无血水为止。加水量以淹没肉块为准，一般为肉重的1.5倍。

（2）油炸：有的产品需要油炸脱水上色，增加产品风味，油炸后肉类失重约30%。油炸方法一般采用开口锅放入植物油加热，然后根据锅的容量将原料分批放入锅内进行油炸，油炸温度为160 ℃～180 ℃。

（3）其他工艺：根据不同产品类型，例如腌制类、烟熏类、香肠类等产品，要按照相应的产品进行腌制、烟熏、绞制、灌装、热加工等工艺进行预调理。

3. 装罐

原料肉经预煮和油炸后，要迅速装罐密封。原汁、清蒸类以及生装产品主要是控制好肥瘦、部位搭配、汤汁或猪皮粒的加量，以保证固形物的含量达到要求。装罐时，要保证规定的重量和块数。装罐前食品须经过定量后再装罐，定量必须准确，同时还必须留有适当的顶隙，顶隙的大小直接影响着罐头食品的容量、真空度的高低和杀菌后罐头的变形。顶隙一般的标准在 6.4 ～ 9.6 mm 之间。

4. 排气与封罐

（1）排气：排气是指罐头在密封前或密封同时，将罐内部分空气排除掉，使罐内产生部分真空状态的措施。

① 排气的作用：排气的作用是防止杀菌时及贮藏期间内容物氧化，避免香味及营养的损失；减少罐内压力，加热杀菌时不致发生大压力使罐头膨胀或影响罐缝的严密度，便于长期贮存。

② 排气的方法：排气方法有加热排气和机械排气两种。加热排气是把装好食品的罐头，借助蒸汽排气，广泛采用的是链带式或齿盘式排气箱。链带式排气箱由机架、箱体、箱盖、方框输罐链、蒸汽喷管、四级变速箱所组成。装罐后，从一端进入排气箱，箱底两侧的蒸汽喷射管，由阀门调节喷出蒸汽，达到预定的温度时开始排气，然后由链带输送到一端封口。排气温度和时间，可由阀门和变速箱调节。

（2）封罐：所用的机械称为封罐机。根据各种产品的要求，选择不同的封罐机，按构造和性能可分为手板封罐机、半自动封罐机、自动封罐机和真空封罐机。手板封罐机结构简单，由机身、传动装置、旋转压头、封口辊轮、托底板及轴、按压手柄、脚踏板等组成。自动封罐机封罐速度快，密封性能好，但结构较复杂，要有较熟练技术方能操作。

5. 杀菌

肉类罐头属于低酸性食品，常采用加压蒸汽杀菌法，杀菌温度控制在 112 ℃ ～ 121 ℃。杀菌过程可划分为升温、恒温、降温三个阶段，其中包括温度、时间、反压三个主要因素。不同罐头制品杀菌工艺条件不同，湿度、时间和反压控制不一样。

6. 冷却

罐头杀菌后，罐内食品仍保持很高的温度，所以为了消除多余的加热作用，避免食品过烂和维生素的损失及制品色、香、味的恶化，应该立即进行冷却。杀菌后冷却速度越快，对于食品的质量影响越小，但要保持容器在这种温度变异中不会受到物理破坏。

7. 检验与贮藏

罐头在杀菌冷却后，必须经过成品检查以便确定成品的质量和等级。目前，我国规定肉类罐头要进行多天的保温检查。如果杀菌不充分或由于其他原因有细菌残留在罐内时，一遇适当温度，就会繁殖起来，使罐头变质。待保温终了，全部罐头应进行一次检查。检查罐头密封结构状况，罐头底盖状态；用打检棒敲击声音判断质量，最后将正常罐与不良罐分开处理。罐头经检验合格后，在出厂前，一般还要涂擦、粘贴商标和装箱，贮藏的温度不宜过高，并避免与吸湿的或易腐败的物质放在一起，防止罐头生锈。

（二）常见问题及防治措施

1. 原料变质造成感官指标不符合要求

原料必须选用经过检疫符合标准的鲜肉或冻肉。

2. 加工过程中带入外来杂质

罐头食品中不得有杂质存在。为此，装罐时要特别重视清洁卫生，保持操作台的整洁，与装罐无关的小工具、手指套、揩布、绳子等不准放在工作台上。同时要严格规章制度，工作服尤其是工作帽必须按要求穿戴整齐，禁止戴手表、戒指、耳环等进行装罐操作，严防夹杂物混入罐内，确保产品质量。

3. 物理性胀罐

该现象是由于肉馅中存在较多空气或装填太满而引起的。

4. 马口铁罐腐蚀造成内容物变质或硫化铁污染

选用质量合格的罐装材料。

5. 密封不良或杀菌不足造成内容物腐败变质或平酸菌败坏

使用真空封罐机迅速密封。

6. 锡超标

选用质量合格的罐装材料。

（三）质量标准及检测

肉类罐头除了需要执行 GB/T 13100—1991《肉类罐头食品卫生标准》外，相关参照标准包括 GB/T 13213—1991《火腿猪肉罐头》、GB/T 13214-1991《咸牛肉罐头》、GB/T 13215—1991《咸羊肉罐头》、GB/T 13512—1992《清蒸猪肉罐头》、GB/T 13513—1992《原汁猪肉罐头》、GB/T 13514—1992《清蒸牛肉罐头》、GB/T 13515—1992《火腿罐头》、GB/T 14939—1994《鱼罐头卫生标准》等。

八、实习考核要点和参考评分（表 3-1）

（1）记录实习过程所见所闻所想，结合专业知识撰写认识实习报告。

（2）指导教师提交认识实习教学指导教师工作报告一份。

表 3-1　肉制品认识实习的操作考核要点和参考评分

序号	项目	考核内容	技能要求	评分（100 分）
1	企业概况	（1）企业组织形式； （2）产品概况	（1）企业的部门设置及其职能； （2）企业的技术与设备状况； （3）产品种类、生产规模和销售范围	10

续表

序号	项目	考核内容	技能要求	评分（100分）
2	工艺设备	(1) 主要设备； (2) 主要工艺； (3) 辅助设施	(1) 了解产品的生产工艺流程，能够绘制简易流程图； (2) 能正确控制关键工艺参数，了解主要设备的相关信息，能够收集相关加工设备的技术图纸和绘制草图； (3) 了解生产企业的仓库种类和特点	15
3	企业建筑	(1) 全厂平面图； (2) 主要建筑特点； (3) 三废及其他	(1) 了解生产企业全厂总平面布置情况，能够绘制全厂总平面布置简图； (2) 了解生产企业主要建筑物的建筑结构和形式特点； (3) 了解企业三废处理情况和排放要求，能够阐述原理； (4) 能够制定加工生产的操作规范、整理改进措施	15
4	市场调研	(1) 市场销售状况； (2) 主要产品信息；	(1) 了解主要产品的市场销售状况； (2) 能准确描述一类主要产品的品牌、原料、生产厂家、包装形式、包装材料和规格、标签内容、价格、保质期等	10
5	实习报告	(1) 格式； (2) 内容	(1) 认识实习报告格式正确； (2) 能正确记录主要产品生产工艺与要求，实习总结要包括体会、心得、问题与建议等	50

第二节　肉制品加工企业岗位参与实习

一、腌腊制品加工岗位技能综合实训

实习目的：

(1) 掌握腌腊制品生产的基本工艺流程。

(2) 掌握腌腊制品生产过程中各岗位的主要设备和操作规范，熟悉腌腊制品生产的关键技术。

(3) 能够处理腌腊制品生产中遇到的常见问题。

实习方式：

4～5人为一组，以小组为单位。从选择原料和加工设备开始，根据原料特性及生产原理，生产出质量合格的产品。要求学生掌握腌腊制品生产的基本工艺流程，抓住关键操作步骤。

实习内容：

（一）产品配方

1. 咸肉类（以四川咸猪肉为例）

100 kg 鲜肉用细盐 15 ～ 18 kg，花椒微量，碾碎拌匀。

2. 腊肉类（以川味腊猪肉为例）

去骨肋条肉 100 kg，白糖 3. 75 kg，硝酸钾 0. 125 kg，精盐 1. 90 kg，大曲酒 1. 56 kg，白酱油 6. 25 kg，麻油 1. 5 kg。

3. 酱（封）肉类（以四川酱牛肉为例）

100 kg 牛肉，白糖 5. 0 kg，精盐 3. 0 ～ 3. 5 kg，桂皮 200 g，绍酒 4. 0 ～ 5. 0 kg，八角 200 g，红曲米 1. 2 kg，姜 200 g，葱 2. 0 kg。

4. 风干肉类（以风干羊肉为例）

新鲜羊肉 100 kg，精盐 1. 67 kg，酱油 7 kg，白糖 11 kg，白酒 1 kg，大茴 0. 38 kg，生姜 0. 28 kg，味精 0. 17 kg。

（二）主要设备

传统加工腌腊肉制品主要是自然风干或烘房干燥，在现代肉制品加工中，采用盐水注射及低温腌制用于缩短腌制进程和提高腌制效率，自动控制干燥设备设施也广为采用。设计的设备包括冷腌设施、盐水注射机和自动干燥箱等（图 3-7）。

注射腌制设备

真空腌制机

自动干燥箱

真空包装机

图 3-7　腌腊制品部分加工设备

（三）工艺流程及技术要点

1. 咸肉类（以四川咸猪肉为例）

（1）原料选择：选择新鲜整片猪肉或截去后腿的前、中躯作原料。

（2）修整：斩去后腿做成腿或火腿。剔去第一对肋骨，挖去脊髓，割去碎油脂，去净污血肉、碎肉和剥离的膜。

（3）开刀门：从肉面用刀划开一定深度的若干刀口，肉体厚、气温在 20 ℃以上，则刀口深而密；15 ℃以下，刀口浅而少；10 ℃以下，少开或不开刀口。

（4）腌制：分三次上盐。第一次上盐，将盐均匀地擦抹于肉表面，用盐量 30%。第二次上大盐，用盐量 50%，于第一次上盐的次日进行，沥去盐液，再均匀地上新盐。刀口处塞进适量盐，肉厚部位适当多撒盐。第三次复盐，用盐量为 20%，于第二次上盐后 4 ～ 5 d 进行。肉厚的前躯要多撒盐，颈椎、刀门、排骨上必须有盐，肉片四周也要抹上盐。每次上盐后，将肉面向上，层层压紧整齐地堆叠；第二次上盐后 7 d 左右为半成品，称嫩咸肉。以后根据气温，经常检查翻堆和再补充盐。从第一次上盐到腌至 25 d 即为成品。

2. 腊肉类（以川味腊猪肉为例）

（1）原料选择：选择新鲜猪肉，符合卫生标准之无伤疤、膘肥肉满、不带奶脯的肋条肉。修刮净皮上的残毛及污垢。

（2）剔骨、切肉条：将腰部肉剔去全部肋骨、椎骨和软骨，修整边缘，按规格切成长 35 ～ 40 cm，重 180 ～ 200 g 的薄肉条，并在肉的上端用尖刀穿一小孔，系 15 cm 长的麻绳，以便于悬挂。把切条后的肋肉浸泡在 30℃左右的清水中漂洗 1 ～ 2 min，以除去肉条表面的浮油、污物，然后取出沥干水分。

（3）腌制：将辅料倒入缸，使固体腌料和液体调料充分混合拌匀，完全溶化后，把切好的肉条放进腌肉缸中翻动，使每根肉条都与腌液接触，腌制 8 ～ 10 h（每 3 h 翻一次缸），使配料完全被吸收后，取出挂在竹竿上。

（4）烘烤：烘房温度上升到 50 ℃后将腌制好的肉条悬挂在烘房内，烘烤时温度在 60 ℃～ 70 ℃，温度不宜太高，以免烤焦，也不宜太低，以免水分蒸发不足。烘房内温度要求均一。经 72 h 烘烤至肉条表皮干燥，并有出油现象，即可出烘房。

（5）包装：冷凉后的肉条即为腊肉的成品。用竹筐或麻板纸箱盛装，箱底应以竹叶垫底，腊肉用防潮蜡纸包装。

3. 酱（封）肉类（以酱猪肉为例）

（1）原料整理：取其整块的肋条（中段）作原料。用刮刀刮净毛污，割下奶头和奶脯，斩下大排骨的脊骨，留下整块方肋肉，然后切成肉条，俗称抽条子，宽约 4 cm，长度不限。肉条切好后再斩成 4 cm 见方的块状，尽量做到每公斤切 20 块，排骨部分每公斤 14 块左右。肉块切好后，把五花肉、硬膘肉分开。

（2）煮制：根据原料的规格，分批下锅在沸水中煮制。五花肉煮 10 min 左右，硬膘肉煮约 15 min。捞起后用清水冲洗，去掉油沫污物等。将锅内白汤撇去浮油，全部舀出。用大火煮制 1 h。

（3）酱制：当锅内白汤沸腾时加入红曲米、绍酒和白糖（用糖量为总糖量的 4/5），再用中火焖 40 min 左右，至肉色为深樱桃红色，如不是，适当延长焖煮时间。当煮至汤将干、肉已酥烂时即可准备出锅。出锅时应逐块夹起平置于搪瓷盘内，不可堆叠放置。

（4）制卤：酱汁肉的质量关键在于制卤，上乘卤汁色泽鲜艳，味以甜味为主，甜中带咸，黏稠、细腻、流汁而不带颗粒。卤汁的制法是将留在锅内的酱汁再加入剩下的 1/5 的白糖，用小火煎熬，并用锅铲不停地翻动，防止烧焦和凝块，待汤汁逐渐成稠状即为卤汁。

4. 风干肉类（以风干羊肉为例）

（1）原料肉与整理：将原料肉剔除皮、骨、脂肪、腱等结缔组织。修整好的原料肉切成 1. 0 ～ 1. 5 kg 的肉块。切块时尽可能避免切断肌纤维，以免成品中短绒过多。

（2）腌制：将辅料倒入缸，使固体腌料和液体调料充分混合拌匀，完全溶化后，把切好的肉条放进腌肉缸中翻动，使每根肉条都与腌液接触，腌制 8 ～ 10 h（每 3 h 翻一次缸），待配料完全被吸收后，取出挂在竹竿上。

（3）风干：将腌制后的肉块置于一定空间内通过人工制风或自然风干法干燥。

（4）包装贮藏：风干肉短期贮藏可选用复合膜包装，贮藏期6个月。

（四）质量标准

腌腊制品质量及品质检测按照国标 GB 2730—2015 执行。具体质量标准如下。

1. 原料要求

原料和辅料应符合相应的国家标准和有关规定。

2. 感官要求

无黏液、无霉点、无异味、无酸败味。

3. 食品添加剂

食品添加剂质量应符合相应的标准和有关规定。食品添加剂的品种和使用量应符合 GB 2760 的规定。

4. 食品生产加工过程的卫生要求

腌腊肉制品生产加工过程的卫生要求应符合 GB 12694 的规定。

5. 包装

包装容器与材料应符合相应卫生标准和有关规定。

6. 标识

定型包装的标识要求按 GB 7718 的规定执行。

7. 贮存与运输

贮存：产品应贮存在干燥、通风良好的场所。不得与有毒、有害、有异味、易挥发、易腐蚀的物品同处贮存。

运输：运输产品时应避免日晒、雨淋。不得与有毒、有害、有异味或影响产品质量的物品混装运输。

（五）常见问题分析

1. 制品表面产生白斑（盐霜）和一些有碍美观的色泽

原因主要是在肉皮内外盐度不均匀时没有及时进行腌制后的洗肉坯工序。

2. 烤焦、肥膘变黄

烘烤过程中温度过高。

3. 发酸

烘烤过程中温度太低，水分蒸发不足。烘房的温度要求恒定。

4. 出现肉色发暗、脂肪发红的腐败现象，甚至长霉变质

原因可能是腌制时间不足、用盐量过少、腌制时没有充分搓擦，未仔细翻缸，未腌透，没有达到抑菌的效果；腌制时间过短或因为肉块过大食盐未能充分渗透，没有起到抑菌的效果；腊肉没有采用适合的包装方式。另外，腌制温度过高以及贮温过高，也易发生腐败。

5. 产品风味不足

可能是因为腌制方法和配料控制不当所致。

（六）实习考核要点和参考评分（表 3-2）

（1）以书面形式每人提交岗位参与实习报告。

（2）按照小组提交岗位参与实习过程、实习每日记录和讨论一份。

（3）指导教师提交岗位参与实习教学指导教师工作报告一份。

表 3-2　腌腊肉制品岗位参与实习的操作考核要点和参考评分

序号	项目	考核内容	技能要求	评分（100 分）
1	准备工作	（1）准备、检查器具； （2）实训场地清洁	（1）能准备、检查必要的加工器具； （2）实训场地清洁	5
2	原料辅料选择与处理	（1）原料选择和保藏； （2）清洗和处理	（1）能够识别原料的鲜度，掌握原料常规的新鲜程度检查方法； （2）掌握原料的清洗及预处理方法，能够辨别原料的状态对产品质量的影响	10
3	加工工艺流程及技术要点	（1）上料； （2）腌制； （3）风干或烘烤干燥； （4）熟成； （5）包装	（1）掌握腌制机的操作，能够正确控制设备参数； （2）掌握产品的配方、熟制及产品品质控制方法； （3）掌握真空包装机的操作及注意事项	15
4	质量评定	（1）必检项目； （2）感官检验	（1）能够独立操作水分、过氧化值、酸价的检测，并掌握 GB 2730—2005 中的其他理化指标限值； （2）感官检测能按照 GB 2730—2005 的要求对产品的感官品质优略进行评价	5
5	实训报告	（1）格式； （2）内容	（1）实训报告格式正确； （2）能正确记录实验现象和实验数据，报告内容正确、完整	50

二、酱卤制品加工岗位技能综合实训

实习目的：

（1）掌握酱卤制品生产的基本工艺流程。

（2）掌握酱卤制品生产过程中各岗位主要设备和操作规范，熟悉酱卤制品生产的关键技术。

（3）能够处理酱卤制品生产中遇到的常见问题。

实习方式：

4 ～ 5 人为一组，以小组为单位。从选择原料和加工设备开始，根据原料特性及生产原理，生产出质量合格的产品。要求学生掌握酱卤制品生产的基本工艺流程，抓住关键操作步骤。

实习内容：

（一）产品配方

1. 酱卤肉制品（以酱牛肉为例）

主料牛肉，以占原料成品率计算，食盐 2.2%，糖稀 2%～2.5%，亚硝酸钠＜30×10^{-6}，红曲红色素 0.004%～0.03%，草菇老抽 0.6%～1.5%，辛香料包 0.5%～1%，蚝油 0.5%～1%，味精 0.3%，I＋G 0.02%，焦糖色素 0.01%～0.15%，料酒 1%。

2. 白煮制品（以白斩鸡为例）

肥嫩光鸡 1 只（约 1 250 g），浸卤配方：生姜 250 g，草果 10 g，沙姜 25 g，陈皮 15 g，桂皮 20 g，香草 5 g，盐 250 g，味精 150 g。蘸料配方：姜茸 500 g，葱白茸 250 g，盐 80 g，白糖 30 g，味精 100 g，鸡精 50 g，胡椒粉 3 g，砂姜粉 5 g，芝麻油 20 g。

3. 糟肉（以糟猪肉为例）

主料猪肉，每 100 kg 原料用炒过的花椒 3～4 kg，陈年香糟 3 kg，上等绍酒 7 kg，高粱酒 500 g，五香粉 30 g，盐 1.7 kg，味精 100 g，上等酱油 500 g。

（二）主要设备

传统酱卤肉制品加工采用夹层锅即可，现代加工中盐水注射机、滚揉机、真空包装机等也广为采用（图 3-8）。

盐水注射机

真空包装机

可倾式夹层锅

图 3-8 酱卤肉制品主要设备

（三）工艺流程及技术要点

1. 酱卤肉制品（以高温杀菌保存的卤猪肉为例）

（1）原材料采购验收：经卫生检疫来自非疫区，供应商提供三证及检疫合格证明或质量检验合格证明，符合食用标准、规格标准，符合采购计划或合同要求。

（2）修整：猪头、蹄、耳等解冻后修整去浮毛污物，头蹄劈半加工，口条去舌苔，肚、肠等用 0.5%～1%的明矾去除黏膜，漂洗干净。

（3）预煮：每个品种应分类分时预煮，预煮时间温度参考表 3-3。

（4）酱卤：采用沸水下锅，再沸后小火恒温浸味，注意翻炒保证温度均衡，时间温度参考表 3-3。

表 3-3　酱卤制品预煮、酱卤和浸味温度时间

原料名称	预煮时间温度	酱卤时间温度	浸味时间温度	备注
猪头	95 ℃左右 /8 min	95 ℃左右 /70 min	75 ℃左右 /30 min	
浸味猪蹄	90 ℃左右 /5 min	90 ℃左右 /60 min	75 ℃左右 /30 min	
指膀半猪蹄	90 ℃左右 /5 min	90 ℃左右 /50 min	75 ℃左右 /30 min	
猪耳、尾	90 ℃左右 /8 min	90 ℃左右 /60 min	75 ℃左右 /30 min	
猪肚、大肠	90 ℃左右 /5 min	85 ℃左右 /40 min	75 ℃左右 /30 min	
猪肝	95 ℃左右 /5 min	90 ℃左右 /40 min	75 ℃左右 /20 min	需腌制
猪排、心	90 ℃左右 /5 min	90 ℃左右 /60 min	75 ℃左右 /40 min	
猪块肉	90 ℃左右 /5 min	90 ℃左右 /60 min	75 ℃左右 /40 min	需腌制
鸡爪	—	85 ℃左右 /30 min	75 ℃左右 /30 min	
牛肉	—	90 ℃左右 /60 min	75 ℃左右 /30 min	需腌制

（5）出锅冷却：产品出锅装盘冷却至常温（气温高时需加排风）。

（6）定量真空包装：根据产品规格设定净含量、包装袋规格、形状、真空时间、热封时间、具体操作按《小包装间岗位责任制》执行。

（7）高温杀菌：需在常温下长期保存的产品，可通过软罐头加工方式高温杀菌，根据产品及规格设定杀菌温度、时间、压力，参考表 3-4。具体操作按《杀菌间岗位责任制》执行。

表 3-4　酱卤制品杀菌温度、时间、压力

杀菌品种	罐排空时间	杀菌温度、时间、压力	降温时间
猪头肉 300 g	6 min	121 ℃ /25 min/0. 2 MPa	20 min
猪蹄 300 g	6 min	116 ℃ /25 min/0. 2 MPa	20 min
猪耳 200 g	6 min	121 ℃ /20 min/0. 2 MPa	20 min
猪排 300 g	6 min	121 ℃ /25 min/0. 2 MPa	20 min
猪块肉 250 g	6 min	121 ℃ /25 min/0. 2 MPa	20 min
鸡爪 200 g	6 min	112 ℃ /25 min/0. 2 MPa	20 min
猪蹄膀 1000 g	6 min	121 ℃ /40 min/0. 2 MPa	20 min
牛肉 200 g	6 min	121 ℃ /20 min/0. 2 MPa	20 min

（8）包装入库：纸箱封合胶带长短应适宜，端正美观。包装时查看所装产品品种、规格是否相符，包装箱、包装袋品名规格是否正确。装袋时注意检查坏袋、涨袋，装箱数量应正确。根据生产日期更换打码轮字符，封口。封口应平整、美观、牢固，查看所封产品品种、规格是否无误，清查装箱数量，无误后粘贴合格证，合格证字符应正确，打包带捆扎应无倾斜，位置合适。

（9）贮存：高温灭菌预包装产品及罐头工艺生产的产品应在阴凉、干燥、通风处贮存；低温灭菌的产品应在 0 ℃冷藏库内贮存，库房内应有防尘、防蝇、防鼠等设施。不得与有毒、有异味或影响产品质量的物品共存放。产品贮存应离墙离地，分类存放。码垛高度，不准

超过6层，最高不准超过8层。

2. 白煮制品(以白斩鸡为例)

(1) 原料选择：要求鸡体丰满健壮，皮下脂肪适中，除毛后皮色淡黄。鸡经宰前检疫，宰后检验确认合格后方可使用。

(2) 宰杀：口腔放血后，褪净鸡毛。开膛道口要小，去尽内脏，然后将鸡体内外清洗干净。

(3) 预煮：先将鸡坯放入沸水浸煮，煮沸后立即提出，使鸡形丰满、定型，并除去腥味。

(4) 煮制：重新加清水，将鸡放入煮锅中，加入葱、姜、食盐、黄酒少许，用大火烧开，小火焖煮。在煮制过程中需上下翻动，煮至熟而不烂，嫩而不生即可。

(5) 冷却：待鸡刚好时，立即捞出鸡，凉透，剁块。

3. 糟肉

(1) 原料采购和整理：经卫生检疫来自非疫区，供应商提供三证及检疫合格证明或质量检验合格证明，符合食用标准、规格标准，符合采购计划或合同要求，新鲜的皮薄而又细腻的方肉。

(2) 白煮：肉坯倒入卤煮锅内，大火烧至肉汤沸腾后，撇清血沫，改用小火继续煮制至骨头容易抽出为止，出锅后，一面拆骨，一面在肉坯两面敷盐。

(3) 搅拌香糟：每50 kg糟肉用陈年香糟1.5 kg，五香粉15 g，盐250 g，放入缸内，先放入少许上等绍酒，搅拌，并徐加绍酒(共2.5 kg)和高粱酒100 g，直至糟酒搅拌均匀。

(4) 制糟露：用白纱布置于桶上，四周用绳扎牢，中间凹下，在纱布上放表蕊纸一张，把搅拌均匀的糟酒混合物倒在纱布上，上面加盖，过滤。

(5) 制糟卤：将白煮肉汤撇去浮油，用纱布过滤倒入容器内，加盐、味精、上等酱油、高粱酒，拌和冷却。将拌和辅料后的白汤倒入糟卤内，拌和均匀。

(6) 糟制：将凉透的糟肉坯，皮朝外圈，圈砌在盛有糟卤的容器中，冷冻，直至糟肉凝结成冻为止。

(四) 质量标准

产品质量标准按国家标准 GB/T 23568—2009《酱卤肉制品》和 GB 2728—1997《肴肉卫生标准》执行。

1. 感官指标

用眼、鼻、口、手等感觉器官对产品的外观、色泽、组织状态及气味和滋味按照国家标准 GB 2726—1996 的感官指标进行检验。酱卤制品感官指标见表3-5。

表3-5 酱卤制品感官指标

项目	指标
外观	形态正常，无污渍
色泽	色泽基本均匀一致
组织状态	组织致密，有弹性
气味和滋味	滋味良好，咸淡适中

2. 理化指标

酱卤制品理化指标见表 3-6。

表 3-6　酱卤制品理化指标

项目	指标
水分(%)	≤ 30.0
盐分(以 NaCl 计),(%)	≤ 4.0
亚硝酸钠(mg/kg)	≤ 30.0
复合磷酸盐(PO_4^{3-} 计),(g/kg)	≤ 5.0
铅(P b),(mg/kg)	≤ 0.5
无机砷(mg/kg)	≤ 0.05
镉(Cd),(mg/kg)	≤ 0.1
总汞(以 Hg 计),(mg/kg)	≤ 0.05

3. 微生物指标

酱卤制品微生物指标见表 3-7。

表 3-7　酱卤制品微生物指标

项目	指标	
	出厂	销售
菌落总数(cfu/g)	≤ 30 000	≤ 80 000
大肠菌群(MPN/100 g)	≤ 70	≤ 150
致病菌	不得检出	不得检出

注:致病菌指肠道致病菌及致病性球菌

(五)常见问题分析

1. 上色不均匀

某些酱卤制品需要炸油上色,形成所需要的颜色,如柿红色、金黄色、红黄色等。上色不均匀是初加工卤制品者常遇到的问题,往往出现不能上色的斑点。这主要是由于在坯料涂抹糖液或蜂蜜时涂抹不均匀或坯料表面没有晾干造成。如果涂抹糖液或蜂蜜时坯料表面有水滴或明显的水层时糖液或蜂蜜不能很好附着,油炸时会脱落而出现白斑。因此,通常在坯料涂抹糖液或蜂蜜前一般要求充分晾干表面水分,这样就可以避免上色不均匀现象。

2. 肉质干硬或过烂不成型

酱卤制品易出现肉质干硬、不烂或过于酥烂而不成型的现象,这主要是煮制方法不正确或火候把握不好造成的。煮肉火过旺并不能使肉酥烂,反而嫩度更差;有时为了使肉质绵软,采取延长文火煮制时间的办法,又会使肉块煮成糊状而无法出锅。因此,为了既保持形状,又能使肉质绵软,一定要先大火煮,后小火煮,并掌控好煮制时间,以避免肉质干硬、不烂或过于酥烂而不成型的现象出现。

3. 酱卤制品保鲜

酱卤制品存放过程中易变质，颜色也会变差，不宜长时间贮存。一般经过包装后进行灭菌处理可以延长货架期，起到保鲜作用。但是，高温处理往往会使味劣变，一些产品还会在高温杀菌后发生出油现象，产品的外观和风味都失去传统特色。选用微波杀菌技术、高频电磁场技术等非热杀菌效应新技术，结合生物抑菌剂的应用及巴氏杀菌技术，可以在保持产品风味的前提下起到保鲜和延长货架期的目的。此外，一些酱卤制品如卤猪头肉等高温杀菌后易出油，不适合高温灭菌处理，可使用抑制革兰氏阳性菌繁殖的乳酸链球菌素，结合巴氏杀菌技术，或改变包装材料，如用铝箔袋进行包装。

4. 老汤的保管

老汤是酱卤制品加工的重要原料，良好的老汤是酱卤制品产生独特风味的重要条件。老汤中富含蛋白质、氨基酸和脂肪等，因此老汤在存放过程中，易滋生微生物导致老汤变质。此外，若老汤杂质含量高，杂质会黏附在肉的表面而影响产品的质量和一致性。因此，老汤的保管至关重要。老汤使用前须进行煮制，卤制后，卤汁要清渣、撇油、过滤，以保证卤汁洁净。如果较长时间不用须定期煮制并低温贮藏。

5. 食品添加剂超标

在酱卤制品中许多食品添加剂是不允许使用的，但许多允许使用的原料中常含有这些违禁食品添加剂，导致添加剂超标。如酱油中含有苯甲酸，在卤制过程中使用酱油，会导致肉品成品中含不允许使用的苯甲酸。因此，在生产中应严格按国家规定进行生产。

（六）实习考核要点和参考评分（表 3-8）

（1）以书面形式每人提交岗位参与实习报告。

（2）按照小组提交岗位参与实习过程、实习每日记录和讨论一份。

（3）指导教师提交岗位参与实习教学指导教师工作报告一份。

表 3-8　酱卤肉制品岗位参与实习的操作考核要点和参考评分

序号	项目	考核内容	技能要求	评分（100 分）
1	准备工作	（1）准备、检查器具； （2）实训场地清洁	（1）能准备、检查必要的加工器具； （2）实训场地清洁	5
2	原料辅料选择与处理	（1）原料选择和保藏； （2）清洗和处理	（1）能够识别原料的鲜度，掌握原料感官评价方法，能从色、香、味、嫩度等方面评价原料的质量； （2）掌握原料接收、解冻、腌制、预煮等操作规程，能够发现原料保藏和预处理过程中的常规问题以及对产品质量的影响； （3）认真履行原料处理岗位责任制度，严格把关，为后序提供合格、优质的加工原料	10

续表

序号	项目	考核内容	技能要求	评分(100分)
3	加工工艺流程及技术要点	(1)酱卤; (2)定量真空包装; (3)高温杀菌; (4)检验包装; (5)成品入库	(1)掌握盐水注射机、卤制夹层锅、煤气灶具、真空包装机、杀菌锅等设备的操作; (2)熟悉各种原料和辅料品种、质量及用法,按配方准备配料; (3)熟悉各种卤制品卤煮温度(火候)和时间,按时出锅; (4)熟悉半成品包装的操作规程; (5)熟悉杀菌的操作规程; (6)熟悉成品包装操作规程	15
4	质量评定	(1)感官检测; (2)理化检测; (3)微生物检测	(1)能够独立操作水分、pH、夹杂物、盐分、亚硝酸钠、复合磷酸盐、铅、无机砷、镉、汞的检测; (2)感官检测符合表3-5的标准,理化检测应符合表3-6的标准,微生物检测应符合表3-7的标准。	5
5	实训报告	(1)格式; (2)内容	(1)实训报告格式正确; (2)能正确记录实验现象和实验数据,报告内容正确、完整。	50

三、熏烧烤制品加工岗位技能综合实训

实习目的:

(1)掌握熏烧烤制品生产的基本工艺流程。

(2)掌握熏烧烤制品生产过程中各岗位的主要设备和操作规范,熟悉熏烧烤制品生产的关键技术。

(3)能够处理熏烧烤制品生产中遇到的常见问题。

实习方式:

4～5人为一组,以小组为单位。从选择原料和加工设备开始,根据原料特性及生产原理,生产出质量合格的产品。要求学生掌握熏烧烤制品生产的基本工艺流程,抓住关键操作步骤。

实习内容:

熏烧烤肉制品主要产品包括熏鸡、熏兔、烤肉、烤乳猪、叉烧肉、烤鸡、北京烤鸭、烤鹅、熏鱼等食品,实习内容围绕这些产品进行。

(一)产品配方

1. 熏烤肉配方(以熏鸡为例)

原料配方:鸡100 kg,白酒0.25 kg,鲜姜1 kg,草果0.15 kg,花椒0.25 kg,桂皮0.15 kg,山萘0.15 kg,味精0.05 kg,白糖0.5 kg,精盐3.5 kg,白芷0.1 kg,陈皮0.1 kg,大葱1 kg,大蒜0.3 kg,砂仁0.05 kg,豆蔻0.05 kg,八角1 kg,丁香0.05 kg。

2. 烧烤肉配方(以北京烤鸭和烤乳猪为例)

(1) 北京烤鸭配方:北京烤鸭的主料选用北京填鸭、精盐、饴糖水。以甜面酱、大葱白段、精盐、白糖、花椒油、姜末、蒜泥、小萝卜、小葱、黄瓜、青萝卜等为配料。

(2) 烤乳猪配方:乳猪1只(5～6 kg),香料粉7.5 g,食盐75 g,白糖150 g,干酱50 g,芝麻酱25 g,南味豆腐乳50 g,蒜和酒适量,麦芽糖溶液0.15 g。

(二) 主要设备

传统熏烤食品是通过简陋装置,甚至是简易烟熏架直接熏烤。在现代食品加工中,主要设备包括烘烤炉、熏烤箱、烧烤炉等(图3-9)。在广泛应用的各种空调式多功能自动烟熏装置加工产品时,熏烤室内各个部位温度均匀,温湿度均可自动控制,熏烤可间接进行,烟熏加热调控于合理状态,并可一机多用,因此加工产品质量好,污染程度小,标准化程度高,损耗少,加工周期短,可满足现代肉制品加工优质卫生化的要求。

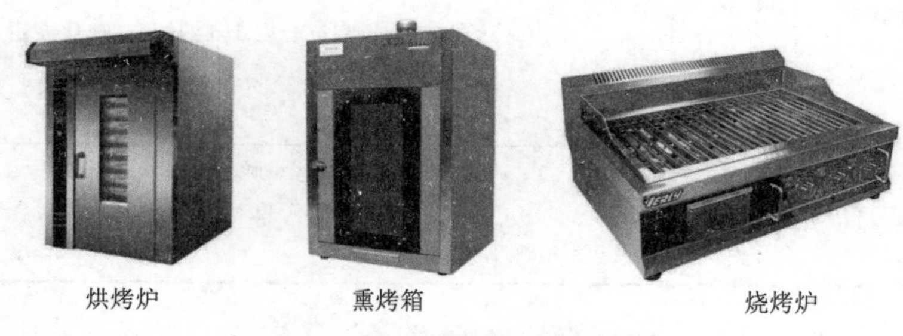

图3-9 熏烤肉制品主要熏烤设备

(三) 熏烧烤方法

1. 烟熏方法

烟熏方法分为普通常规熏烤法和新技术熏烤法两大类。后者又称速熏法,是用非烟的液熏和电熏。

(1) 普通常规烟熏法:普通常规法也称标准法,是直接用烟气熏制。此法又分直接烟熏法和间接烟熏法。直接烟熏法是在烟熏室内,用直火燃烧木材直接发烟熏制。根据烟熏温度不同分为以下几种。

① 冷熏法:熏制温度为15 ℃～30 ℃,在低温下进行较长时间(4～7 d)的烟熏。用这种温度熏制,重量损失少,制成的产品风味好。熏制前物料需要盐渍、干燥成熟。熏后产品的含水量低于40%,可长期贮藏,并且由于增加了产品的风味。常用于带骨火腿、培根、干燥香肠(如色拉米香肠、风干香肠)等的熏烟,主要用于烟熏不经过加热工序的制品。

② 温熏法:熏制温度在30 ℃～50 ℃,烟熏时间限制在5～6 h,最长不超过2～3 d,这种方法烟熏温度超过了脂肪熔点,所以很容易流出脂肪,而且使蛋白质开始受热凝固,因此肉质变得稍硬。这种方法用于脱骨火腿和通脊火腿的烟熏,但熏制后还需进行蒸煮才能成为成品。

③ 热熏法:温度在50 ℃～80 ℃,实际上常用60 ℃熏制,是广泛应用的一种方法。烟熏时间不必太长,最长不超过5～6 h。在此温度范围内蛋白质几乎全部凝固,其表面硬化

度较高，而内部仍含有较多水分，有较好弹性。一般用于灌肠产品的烟熏。

（2）间接烟熏法：此法不是在熏烟室直接发烟，而是利用单独的烟雾发生装置发烟，然后将一定温度和湿度的烟导入烟熏室，对肉制品进行熏烤。这种方法不仅可以克服直接法烟气密度和温度不匀现象，而且可以将发烟温度控制在400 ℃以下，减少有害物质的产生，因而间接法得到广泛的应用。

2. 烤制方法

（1）明炉烧烤法：明炉烧烤法，是用铁制的、无关闭的长方形烤炉，在炉内烧红木炭，然后把腌制好的原料肉，用一根长（烧烤专用的）铁叉叉住，放在烤炉上进行烤制，在烧烤过程中，有专人将原料肉不断转动，使其受热均匀，成熟一致。这种烧烤法的优点是设备简单，比较灵活，火候均匀，成品质量较好，但费人工多。驰名全国的广东烤乳猪（又名脆皮乳猪），就是采用此种烧烤方法。此外，野外的烧烤肉制品，也属于此种烧烤方法。

（2）挂炉烧烤法：挂炉烧烤法也称暗炉烧烤法，即是用一种特制的可以关闭的烧烤炉，如远红外线烤炉、家庭用电烤炉、缸炉等。前两种烤炉热源为电，缸炉的热源为木炭。在炉内通电或烧红木炭，然后将调制好的原料肉（鸭坯、鹅坯、鸡坯、猪坯或肉条）穿好挂在炉内，关上炉门进行烤制。烧烤温度和烤制时间视原料肉而定。一般烤炉温度为200 ℃～220 ℃，加工叉烧肉烤制时间为25～30 min，加工鸭（鹅）烤制时间为30～40 min，加工猪烤制时间为50～60 min。挂炉烧烤法应用比较多，它的优点是花费人工少，对环境污染小，一次烧烤的量比较多，但火候不是十分均匀，成品质量比不上明炉烧烤好。

（四）工艺流程及技术要点

1. 熏烤肉制品（以熏鸡为例）

（1）原料整理：先用骨剪将胸部的软骨剪断，然后将右翅从宰杀刀口处插入口腔，从嘴里穿出，将翅转压翅膀下，同时将左翅转回。最后将两腿打断并把两交叉插入腹腔中。

（2）紧缩定型：将处理好的鸡体投入沸水中，浸烫2～4 min，使鸡皮紧缩，固定鸡形，捞出晾干。

（3）油炸：先用毛刷将1∶8的蜂蜜水均匀刷在鸡体上，晾干。然后在150 ℃～200 ℃油中进行油炸，将鸡炸至柿黄色立即捞出，控油，晾凉。

（4）煮制：先将调料全部放入锅内，然后将鸡并排放在锅内，加水75～100 kg，点火将水煮沸，然后将水温控制在90 ℃～95 ℃，视鸡体大小和鸡的日龄煮制2～4 h，煮好后捞出，晾干。

（5）烟熏：煮好的鸡先在40 ℃～50 ℃条件下干燥2 h，目的是使烟熏着色均匀。鸡的熏制一般有两种方法。

锅熏法：先在平锅上放上铁帘子，再将鸡胸部向下排放在铁帘上，待铁锅底微红时将糖按不同点撒入锅内迅速将锅盖盖上，2～3 min（依铁锅红的情况决定时间长短，否则将出现鸡体烧煳或烟熏过轻）后，出锅，晾凉。

炉熏法：把煮好的鸡体用铁钩悬挂在熏炉内，采用直接或间接熏烟法进行熏制，通常熏20～30 min，使鸡体变为棕黄色即可。

（6）涂油：将熏好的鸡用毛刷均匀地涂刷上香油（一般涂刷3次）即为成品。

（7）成品标准：外形完整，表皮呈光亮的棕红色，肌肉切面有光泽，微红色，脂肪呈浅黄色。无异味，具有特有的烟熏风味。

2. 烧烤肉制品（以烤鸭、烤乳猪为例）

（1）烤鸭。

① 原料的选择：选用经过填肥的活重在2.5～3 kg以上、饲养期50～60 d的北京填鸭。

② 屠宰浸烫：鸭倒挂，用刀在鸭脖处切一小口，相当于黄豆粒大小，以切断气管、食管、血管为准，随即用右手捏住鸭嘴，把脖颈拉成斜直，使血滴尽，待鸭只停止抖动，便可下池烫毛。烫毛水温不宜高，因填鸭皮薄，易于烫破皮，一般61 ℃～62 ℃即可，最高不要超过64 ℃。然后进行煺毛。

③ 剥离打气：将颈皮向上翻转，使食道露出，沿着食道向嗉囊剥离周围的结缔组织，然后再把脖颈伸直，以利于打气。打（充）气时用手紧握住鸭颈刀口部位，由刀口处插入气筒的打气嘴给鸭体充气，这时气体就可充满皮下脂肪和结缔组织之间，当气体充至八成满时，取下气筒，用手卡住鸭颈部，严防漏气。用左手握住鸭的右翅根部，右手拿住鸭的右腿，使鸭呈倒卧姿势，鸭脯向外，两手用力挤压，使充气均匀。

④ 拉肠掏膛：打气以后，右手食指插入肛门，将直肠穿破，食指略向下一弯即将直肠拉断，并将直肠头取出体外，拉断直肠的作用在于便于开膛取出消化道。然后在右翅下开一长4 cm左右呈月牙形状的口子。随即取出内脏，保持内脏的完整性。取内脏的速度要快，以免污染切口。

⑤ 支撑洗膛：用一根7～8 cm长的秸秆由刀口送入腔内，秸秆下端放置在脊柱上，呈立式，但向后倾斜，一定要放稳。支撑的目的在于支住胸膛，使鸭体造型漂亮。将鸭坯浸入4 ℃～8 ℃清水中，反复清洗胸腹腔。

⑥ 烫坯：用100 ℃沸水，采用淋浇法烫制鸭体。烫坯时用鸭钩钩在鸭的胸脯上端颈椎骨右侧，再从左侧穿出，使鸭体稳定地挂在鸭钩上，然后用水浇。先浇刀口及四肢皮肤，使之紧缩，严防从刀口跑气，然后再浇其他部位。

⑦ 上糖色：以1份麦芽糖对6份水的比例调制成溶液，淋浇在鸭体上，三勺即可。

⑧ 晾皮：晾皮又称风干。将鸭坯放在阴凉、通风处，使肌肉和皮层内的水分蒸发，使表皮和皮下结缔组织紧密地结合在一起，经过烤制可增加皮层的厚度。

⑨ 灌汤和打色：制好的鸭坯在进炉以前，向腔内注入100 ℃的沸汤水，这样强烈地蒸煮肌肉脂肪，促进快熟，即所谓“外烤里蒸”，以达到烤鸭“外焦内嫩”的特色。灌汤方法是用6～8 cm高粱秸插入鸭体的肛门，以防灌入的汤水外流，然后从右翅刀口灌入100 ℃的汤水80～100 mL，灌好后再向鸭体浇淋2～3勺糖液，目的是弥补第一次挂糖色不均匀的部位。

⑩ 烤制：鸭子进炉后，先挂在前梁上，先烤刀口这一边，促进鸭体内汤水汽化，使其快熟。当鸭体右侧呈橘黄色时，再转烤另一侧，直到两侧相同为止，然后鸭体用挑鸭杆挑起在火上反复烤几次，目的是使腿和下肢着色，烤5～8 min，再左右侧烤，使全身呈现橘黄色，便可送到炉的后梁，这时鸭体背向炉火，经15～20 min即可出炉。鸭体烤制的关键是温度。正常炉温应在230 ℃～250 ℃，如炉温过高，会使鸭烧焦变黑；如炉内温度过低，

会使鸭皮收缩，胸脯塌陷。掌握合适的烤制时间很重要，一般 2 kg 左右的鸭体烤制 30～50 min，时间过长、火头太大，皮下脂肪流失过多，在皮下造成空洞，皮薄如纸，使鸭体失去了脆嫩的独特风味。母鸭肥度高，因此烤制时间较公鸭长。

⑪ 成品标准：鸭子是否烤熟有两个方面标志。一是鸭子全身呈枣红色，从皮层里面向外流白色油滴；二是鸭体变轻，一般鸭坯在烤制过程中失重 0.5 kg 左右。烤成后的鸭体甚为美观，表皮和皮下结缔组织以及脂肪混为一体，皮层变厚，色泽红润，鸭体丰满；具有香味纯正、浓郁，皮脂酥脆，肉质鲜嫩细致，肥而不腻的特点。烤鸭最好现制现食，久藏会变味失色，在冬季室温 10 ℃时，不用特殊设备可保存 7 天，若有冷藏设备可保存稍久，不致变质，吃前短时间回炉烤制或用热油浇淋，仍能保持原有风味。

（2）烤乳猪。

① 原料选择与整理：选健康无病、5～6 kg 重的乳猪一只，屠宰后，去毛，挖净内脏，刮洗干净备用。

② 腌制、晾挂：取乳猪胴体（不劈半），将香料和食盐混匀涂于乳猪胸腹内腔，腌 10 min，再在内腔加入其余配料。用长铁叉从猪后腿穿至嘴角，再用 70 ℃热水烫皮，将麦芽糖溶液浇身，挂在通风处吹干表皮。

③ 烘烤：有两种方法，分别是明炉烤法和挂炉烤法。

明炉烤法：把腌好的猪胚用长铁叉叉住，放在炉上烧烤，先烤猪的胸腹部，约 20 min。再用木条支撑腹腔，顺次烤头、尾、胸、腹的边缘部分和猪皮。猪的全身尤其是较厚的颈部和腰部，须进行针刺和扫油，使其迅速排除水分。在烧烤时要将猪频频转动，并不断刺针和扫油，以便受热均匀并且表皮酥脆。直至表皮呈红色为止。

挂炉烤法：将乳猪挂入烧烤鹅鸭的炉内（温度为 200 ℃～220 ℃），关上炉门烧烤 30 min 左右。在猪皮开始变色时，取出针刺，并在猪身泄油时，用干净的棕帚将油刷匀，再入炉内烤制。当乳猪烤至皮脆肉熟、香味浓郁时，即成成品。

④ 成品标准：外形完整，色泽鲜艳，皮脆肉香，肌肉切面呈微红，有光泽，脂肪呈浅白色。产品无异味。

（五）质量标准

熏烧烤肉制品的质量标准及检测主要按照中华人民共和国国家标准烧烤肉卫生标准 GB 2727—1994 执行。

1. 感官指标

烧烤肉制品感官指标要求见表 3-9。

表 3-9 烧烤肉制品感官指标要求

编号	品名	组织状态	色泽	气味
1	烧烤猪、鸡、鸭类	肌肉压之无血水，皮脆	成品为金黄色，无硬骨，刀工整齐，不焦苦。色泽红润，皮脆肉香，肥而不腻，味美适口	无异味 无异臭
2	叉烧类	肌肉切面紧密，脂肪结实	外形完整，表皮呈光亮的棕红色，肌肉切面有光泽，微红色。皮色金黄，油润光亮，皮脆肉香，味美可口	无异味 无异臭

2. 理化指标

烧烤肉制品理化指标要求见表3-10。

表3-10　烧烤肉制品理化指标要求

项目	指标		
	特级	优级	普通级
水分(%)	≤75		
食盐(以NaCl计),(%)	≤3.5		
蛋白质(%)	≥18	≥15	≥12
脂肪(%)	≤10		
淀粉(%)	≤2	≤4	≤6
亚硝酸盐(以$NaNO_2$计),(mg/kg)	≤70		

3. 苯并芘指标

烧烤肉制品苯并芘指标要求见表3-11。

表3-11　烧烤肉制品苯并芘指标要求

品种	指标(μg/kg)
烧烤猪、鸡、鸭类	按GB 7104执行
叉烧类	按GB 7104执行

4. 微生物指标

烧烤肉制品微生物指标要求见表3-12。

表3-12　烧烤肉制品微生物指标要求

项目	指标	
	出厂	销售
细菌总数(个/平方厘米)	≤5 000	≤50 000
大肠菌群(个/百平方厘米)	≤40	≤100
致病菌	不得检出	不得检出

(六)常见问题分析

1. 腌制

烟熏和腌制经常相互紧密地结合在一起,在生产中烟熏肉必须预先腌制。腌制是多数烟熏制品加工的重要工序,它决定成品口味和质量;腌制要在0～4℃的冷库中进行,以防止细菌生长繁殖,引起原料肉变质。

2. 防止腐败变质

由于烟气中含有抑菌物质,如有机酸、乙酸、醛类等。随着烟气成分在肉制品中沉积,使肉制品具有一定防腐特性。熏烟的杀菌作用较为明显的是在表层,产品表面的微生物经熏制后可减少10%。同时,烟熏时制品表面干燥,即失去部分水分,能延缓细菌生长,降低细菌数。但霉菌及细菌芽孢对烟的作用较稳定。故烟熏制品仍存在长霉的问题。

3. 预防氧化

熏烟中许多成分具有抗氧化特性，故能防止酸败，最强的是酚类，其中以苯二酚、邻苯三酚及其衍生物作用尤为显著。试验表明，熏制品在温度15 ℃下保存30 d，过氧化值无变化，而未经过烟熏的肉制品过氧化值增加8倍。另外，熏烟的抗氧作用还可以较好地保护脂溶性维生素不被破坏。

（七）实习考核要点和参考评分（表3-13）

（1）以书面形式每人提交岗位参与实习报告。

（2）按照小组提交岗位参与实习过程、实习每日记录和讨论一份。

（3）指导教师提交岗位参与实习教学指导教师工作报告一份。

表3-13　熏烤肉制品岗位参与实习的操作考核要点和参考评分

序号	项目	考核内容	技能要求	评分（100分）
1	准备工作	（1）准备、检查器具； （2）实训场地清洁	（1）能准备、检查必要的加工器具； （2）实训场地清洁	5
2	原料辅料选择与处理	（1）原料选择和保藏； （2）清洗和处理	（1）能够识别原料的鲜度，优质原料肉、调味料和香辛料，尤其是熏烤材料； （2）掌握熏烤材料的识别，能够发现水分含量高、发霉变质、有异味的熏料，尽可能选用含树脂少的硬质料和商品化、标准化复合熏料这些常规材料以及对产品质量的影响	10
3	加工工艺流程及技术要点	（1）腌制配方及工艺； （2）熏制方法； （3）烤制方法； （4）成品包装储藏	（1）掌握复合式熏烤机的操作，能够正确按照操作规程使用； （2）掌握烟熏箱和微波熏烤炉的使用方法	15
4	质量评定	（1）必检项目； （2）感官检验	（1）能够独立操作水分、pH、夹杂物尤其苯并芘的含量检测； （2）感官检测符合表3-9举例的熏烤肉制品的质量标准	5
5	实训报告	（1）格式； （2）内容	（1）实训报告格式正确； （2）能正确记录实验现象和实验数据，报告内容正确、完整。	50

四、肉干制品加工岗位技能综合实训

实习目的：

（1）掌握肉干制品生产的基本工艺流程。

（2）掌握肉干制品生产过程中各岗位的主要设备和操作规范，熟悉肉干制品生产的关键技术。

（3）能够处理肉干制品生产中遇到的常见问题。

实习方式：

4～5人为一组，以小组为单位。从选择原料和加工设备开始，根据原料特性及生产原理，生产出质量合格的产品。要求学生掌握肉干制品生产的基本工艺流程，抓住关键操作步骤。

实习内容：

（一）产品配方

1. 肉干

肉干配方可分为五香肉干、辣味肉干和咖喱肉干等。

（1）五香牛肉干配方（表3-14）。

表3-14　五香牛肉干配方

单位：kg

组分	含量	组分	含量
瘦牛肉	100	生姜	0.25
精盐	2	白糖	8
黄酒	1	葱	0.25
味精	0.2	五香粉	0.25

（2）麻辣牛肉干配方（表3-15）。

表3-15　麻辣牛肉干配方

单位：kg

组分	含量	组分	含量
猪瘦肉	50	五香粉	0.05
精盐	0.75	味精	0.05
白酒	0.25	芝麻面	0.15
大葱	0.5	花椒面	0.15
白糖	1	辣椒面	1～1.25
鲜姜	0.25	植物油	适量
酱油	2		

（3）咖喱猪肉干配方（表3-16）。

表3-16　咖喱猪肉干配方

单位：kg

组分	含量	组分	含量
新鲜猪后腿肉或瘦肉	50	白酒	1
精盐	1.5	味精	0.25
酱油	1.5	咖喱粉	0.25
白糖	5～6		

2. 肉松

我国肉松品种繁多,其中著名的传统产品是太松肉松和福建肉松。

(1)太仓肉松配方(表 3-17)。大仓肉松以猪肉为原料,成品呈现金黄色,带有色泽,纤维成蓬松的絮状,滋味鲜美。

表 3-17 太仓肉松配方

单位:kg

组分	含量	组分	含量
猪瘦肉	50	调料酒	0.75
酱油	5	白糖	1.5
生姜	0.25	茴香	0.2
食盐	1		

(2)福建猪肉松配方(表 3-18)。福建肉松也称为油肉松,是由瘦肉经煮制、调味、炒松后,再加食用动物油炒制而成的肌纤维成团粒状的肉制品。与太仓肉松的加工方法基本相同,只是在配料上有区别,在加工方法上增加了油炒工序制成颗粒状。

表 3-18 福建猪肉松配方

单位:kg

组分	含量	组分	含量
猪瘦肉	50	调料酒	0.25
白酱油	5	鲜姜	0.05
白糖	5	味精	0.075
食盐	1.5	猪油	2.5

3. 肉脯

肉脯的品种很多,但加工过程基本相同,只是配料不同,各有特色,现主要介绍几种具有地方特色的肉脯。

(1)上海猪肉脯配方(表 3-19)。

表 3-19 上海猪肉脯配方

单位:kg

组分	含量	组分	含量
猪瘦肉	50	高粱酒	1.25
食盐	1.25	味精	0.3
酱油	0.5	硝酸钠	0.025
白糖	7	五香粉	0.1

(2)靖江猪肉脯(表 3-20)。

表 3-20　靖江猪肉脯配方

单位：kg

组分	含量	组分	含量
猪瘦肉	50	酱油	4.25
食盐	6.75	味精	0.25
酱油	0.05	鸡蛋	1.5

（3）汕头猪肉脯（表 3-21）。

表 3-21　汕头猪肉脯配方

单位：kg

组分	含量	组分	含量
猪瘦肉	50	鱼露	5
食盐	8	胡椒	0.1
酱油	0.75	鸡蛋	1.25

（二）主要设备

传统干肉制品加工过程中，大都采用手工操作，最后的产品是在烘房里面干燥脱水得到，随着现代食品机械的发展，部分工序可由一些食品加工机械取代，例如，切片机、注射机、真空包装机等。

1. 肉干加工设备

干肉制品加工部分设备见图 3-10。

搓松机　　挑松机

肉脯搅拌机

图 3-10　干肉制品加工部分设备

（三）工艺流程及技术要点

1. 肉干工艺流程及技术要点

（1）初煮：初煮也叫作清煮，就是利用清水直接对肉进行煮制，一般不加任何辅料，但对于质量稍次或有特殊气味的原料（如羊肉具有膻味），需加相当于原料肉质量 1%～2% 的姜或其他香辛料以去除异味。煮肉的方式有两种，一种方式是将肉放入蒸煮锅后，加清水以盖过全部肉面为原则，烧煮至沸腾，保持 10～60 min，以肉块切面呈粉红色、无血水为宜，此时肉块中心温度为 55 ℃ ± 5 ℃；另外一种方式是先将清水入锅烧沸，再投入肉块，其他操作方式相同。

（2）切坯：肉块冷却后，可根据工艺要求在切坯机中切成小片、条、丁等形状。一般肉片、肉条以厚0.3～0.5 cm、长3～5 cm为宜，如切成肉丁则控制大小为1 cm^3。不过无论什么形状，都要求规格尽可能均匀一致，这对于保证后续的干燥工艺的一致性至关重要。切坯前注意剔除肉块中残余的脂肪、筋腱等。

（3）复煮、收汁：取一部分初煮的肉汤（约为肉块的1/2）入锅，按照配方称好配料、白糖、盐、酱油等可溶性辅料直接加入，不溶性的辅料（如各种香辛料）经适度破碎后，用纱布包裹后加入。用大火熬煮，待汤汁浓度稍增加后，将肉坯倒入锅内，用小火煮制，并不时轻轻翻动，防止粘锅，待汤汁快干时，改用文火收汤。此时，宜加入味精和料酒，待汤汁完全干后出锅。复煮过程中，也可加入色素以增色，收汤时要勤翻肉坯，以防止焦糊和粘锅，翻动宜轻，以免造成肉坯破碎。

（4）干燥脱水：肉干常规的脱水方法有三种。烘烤法：将收汁后的肉坯铺在竹筛或铁丝网上，放置于三用炉或远红外箱烘烤。烘烤温度前期可控制在80 ℃～90 ℃，后期可控制在50 ℃左右，一般需要5～6 h则可使含水量下降到20%以下。在烘烤过程中要注意定时翻动。炒干法：收汁结束后，肉坯在原锅中文火加温，并不停搅翻，炒至肉块表面微微出现蓬松茸毛时，即可出锅，冷却后即为成品。油炸法：先将肉切条后，用2/3的辅料（其中白酒、白糖、味精后放）与肉条拌匀，腌渍10～20 min，投入135～150 ℃的菜油锅中油炸。炸到肉块呈微黄后，捞出并滤净油，再将酒、白糖、味精和剩余的1/3辅料混入拌匀即可。

2. 肉脯工艺流程及技术要点

（1）冷冻：将整理后的猪腿肉切成长25 cm以内的大块，短于25 cm的不切，将切好的猪肉放入特制的方形模具送入冷冻室或冷冻柜，冷冻温度在－10 ℃左右，冷冻24 h左右，冷冻后猪肉的中心温度控制在－4 ℃～－2 ℃为佳。

（2）切片：将冷冻好的猪肉用切片机或人工切片，切片时必须注意要顺着猪肉的纤维切片，这样的切片不易破碎。肉片的厚度一般控制在1.5～2 cm之间。

（3）解冻、腌制：将切片好的猪肉放入解冻间解冻，解冻时不得再用清水冲洗，采用自然解冻的方法，解冻好后将各种辅料混合均匀加入猪肉中，充分搅拌均匀，搅拌10～15 min即可，搅拌后的肉片带有较强的黏性。

（4）摊贴：先用植物油将竹盘刷一遍，然后再将肉片均匀地平铺在竹盘上，摊贴的时候注意使肉片纤维方向一致，肉片之间不得留空隙，也不得重叠，使肉片相互黏接成平整的平板状。

（5）烘烤：将铺上肉片的竹盘送入干燥室中，干燥室的温度控制在55 ℃～60 ℃范围内。在烘烤的过程中要调换几次竹盘的位置，使肉片干燥均匀，一般干燥3～4 h，烘干到水分为25%为佳。

（6）烧烤：烘烤好的猪肉经过自然冷却后，从竹盘上取下，放入烤炉中烤制，烤制的温度在260 ℃～280 ℃之间，时间10～15 min，烤制的肉片呈酱红色，有特有的猪肉烤香味。

（7）压平、切片：烤好的肉脯趁热用厚铁板压平，然后用切形机或手工切形，一般切成

6～8 cm的正方形或其他形状，大小均匀。这时肉脯的水分要求在20%左右。

3. 肉松工艺流程及技术要点

（1）煮制：将香辛料用纱布包好，然后和肉一起放入夹层锅中，加与肉等量的水，用蒸汽加热常压煮制。煮沸后，撇去油沫。煮制结束后，于起锅前必须将残渣和浮油撇净。要根据肉质的老嫩来决定煮制时间，一般为2～3 h。

（2）炒压：肉块煮烂后，改用中火，加入酱油、酒，一边炒一边压碎肉块。然后加入盐、糖、味精，减小火力，收干肉汤，并用小火炒压肉丝纤维至肌纤维松散时即可进行炒松。

（3）炒松：由于肉松中的糖较多，容易塌底起焦，因此要注意掌握炒松时的火力。炒松有人工炒松和机炒。在实际生产中，可人工炒和机炒结合使用。当汤汁全部收干后，用小火炒至肉略干，转入炒松机内继续炒至水分含量小于20%，颜色由灰棕色变为金黄色，具有特殊香味时即可结束炒松。在炒松过程中，如有塌底起焦现象，应及时起锅，清洗锅巴后方可继续炒松。

（4）搓松：为了使炒好的肉松更加蓬松，可利用滚筒式搓松机搓松，使肌纤维呈绒丝软状。

（5）跳松：利用机器的跳动，使肉松从跳松机上面跳出，而肉粒则从下面跳出。

（6）拣松：跳松后，将肉松送入包装车间的木架上凉松。待肉松凉透后，便可进行拣松，将肉松中的焦块、肉块、粉粒等拣出，以提高成品质量。

（四）质量标准

1. 肉干成品标准

按照GB 23969—2009执行，感官指标为无异味、无酸败味、无异物；无焦斑和霉斑。理化和微生物指标见表3-22和3-23。

表3-22　肉干的理化指标

项目	指标
水分（%）	≤20.0
铅（Pb），（mg/kg）	≤0.5
无机砷（mg/kg）	≤0.05
镉（Cd），（mg/kg）	≤0.1
总汞（以Hg计），（mg/kg）	≤0.05
亚硝酸盐	按GB 2760执行

表3-23　肉干微生物指标

项目	指标
菌落总数（cfu/g）	≤10 000
大肠杆菌（MPN/100 g）	≤30
致病菌（沙门菌、金黄色葡萄球菌、志贺菌）	不得检出

2. 肉脯成品标准

按照 GB 31406—2015 执行，感官指标为无异味、无酸败味、无异物；无焦斑和霉斑。理化和微生物指标见表 3-24 和表 3-25。

表 3-24 肉脯的理化指标

项目	指标
水分（%）	≤ 16.0
铅（Pb），（mg/kg）	≤ 0.5
无机砷（mg/kg）	≤ 0.05
镉（Cd），（mg/kg）	≤ 0.1
总汞（以 Hg 计），（mg/kg）	≤ 0.05
亚硝酸盐	按 GB 2760 执行

表 3-25 肉脯微生物指标

项目	指标
菌落总数（cfu/g）	≤ 10 000
大肠杆菌（MPN/100 g）	≤ 30
致病菌（沙门菌、金黄色葡萄球菌、志贺菌）	不得检出

3. 肉松成品标准

按照 GB 23968—2009 执行，感官指标为无异味、无酸败味、无异物；无焦斑和霉斑。理化和微生物指标见表 3-26 和表 3-27。

表 3-26 肉松的理化指标

项目	指标
水分（%），（普通肉松）	≤ 20.0
水分（%），（油酥肉松和肉松粉）	≤ 4.0
铅（Pb），（mg/kg）	≤ 0.5
无机砷（mg/kg）	≤ 0.05
镉（Cd），（mg/kg）	≤ 0.1
总汞（以 Hg 计），（mg/kg）	≤ 0.05
亚硝酸盐	按 GB 2760 执行

表 3-27 肉干微生物指标

项目	指标
菌落总数（cfu/g）	≤ 30 000
大肠杆菌（MPN/100 g）	≤ 40
致病菌（沙门菌、金黄色葡萄球菌、志贺菌）	不得检出

（五）常见问题分析

1. 肉松加工的常见问题

肉松加工过程中存在的常见问题主要有两个，一是复煮后收汁工艺费时，且工艺条件不易控制。若复煮汤不足则会导致煮烧不透，给搓松带来困难；若复煮汤过多，收汁后煮烧过度，则使成品纤维短碎。二是炒松时肉直接与炒松锅接触，易塌底起焦，影响风味和质量。

2. 肉干加工的常见问题

传统肉干加工过程中由于缺乏无菌包装条件或包装条件差，产品在贮藏期和卫生方面呈明显劣势。传统制作工艺解决的办法大多为加大食盐用量或采用风干使得水分降至极低，这样肉组织纤维的排列构造发生改变，持水能力降低，肉组织纤维韧性增强。因而传统工艺加工、贮藏期长的牛肉干，通常质地非常坚硬，从而造成口感粗糙，碎渣多。同时，由于干燥时间过长，肉块受热不均匀，表面会因受热过长而出现焦煳现象。

3. 肉脯加工的常见问题

肉脯在烘烤前，如果采用人工摊筛，摊筛过程中可能由于上油不均匀，导致肉脯烘烤后韧性不够，极易断裂。

（六）实习考核要点和参考评分（表 3-28）

（1）以书面形式每人提交岗位参与实习报告。

（2）按照小组提交岗位参与实习过程、实习每日记录和讨论一份。

（3）指导教师提交岗位参与实习教学指导教师工作报告一份。

表 3-28　肉干制品岗位参与实习的操作考核要点和参考评分

序号	项目	考核内容	技能要求	评分（100 分）
1	准备工作	（1）准备、检查器具； （2）实训场地清洁	（1）能准备、检查必要的加工器具； （2）实训场地清洁	5
2	原料辅料选择与处理	（1）原料选择和保藏； （2）清洗和处理	（1）能够识别原料的鲜度，掌握原料常规的外观检验； （2）掌握感官检验，能够发现杂质及微生物等常规问题以及对产品质量的影响； （3）查看配料是否准确	10
3	加工工艺流程及技术要点	（1）原料处理； （2）肉干加工； （3）肉松加工； （4）肉脯加工； （5）保藏	（1）掌握肉干、肉松煮制，肉脯成型方法； （2）掌握打松机、肉脯成型机等的操作	15
4	质量评定	（1）必检项目； （2）感官检验； （3）成品检验	（1）能够独立操作水分、盐分、蛋白质、脂肪、总糖、过氧化值及亚硝酸盐的检测； （2）感官检测符合标准规定	5
5	实训报告	（1）格式； （2）内容	（1）实训报告格式正确； （2）能正确记录实验现象和实验数据，报告内容正确、完整	50

五、火腿制品加工岗位技能综合实训

实习目的：

（1）掌握火腿制品生产的基本工艺流程。

（2）掌握火腿制品生产过程中各岗位的主要设备和操作规范，熟悉火腿制品生产的关键技术。

（3）能够处理火腿制品生产中遇到的常见问题。

实习方式：

4～5人为一组，以小组为单位。从选择原料和加工设备开始，根据原料特性及生产原理，生产出质量合格的产品。要求学生掌握火腿制品生产的基本工艺流程，抓住关键操作步骤。

实习内容：

（一）干腌火腿

（1）原辅料配方（以金华火腿为例）：鲜猪腿 100 kg，食盐 10 kg。

（2）主要设备。传统中式火腿只需要简易加工间，现代干腌火腿加工中盐水注射、滚揉、切割，以及自动温湿控制装置已在广为应用。

（3）工艺流程及技术要点。

① 选料：选用饲养期短、肉质细嫩、皮薄、瘦肉多、腿心饱满的金华猪腿为加工原料，也可用其他瘦肉型猪的前后腿替代。一般选每只腿重4.5～6.5 kg的鲜猪腿。要求宰后24 h以内的鲜腿，放血完全，肌肉鲜红，皮色白润，脚爪纤细，小腿细长。

② 修整：取鲜腿，去毛，洗净血污，剔除残留的小脚壳，将腿边修成弧形，用手挤出大动脉内的瘀血，最后修整成柳叶形。

③ 腌制：在腌制过程中，按每 100 kg 鲜腿加 8 kg 食盐或按 10%比例计算加盐。一般分 5～7 次上盐，一个月左右加盐完毕。

④ 浸泡洗刷：将腌制好的猪腿置于清洁冷水中浸泡清洗，水温一般为 5 ℃～10 ℃。据气候、腿的大小和盐分轻重确定浸泡时间，一般 4～6 h，即可用竹刷逐只洗刷。如果水温高于 10 ℃，要适当缩短浸腿时间。洗刷时从脚爪开始直到肉面，顺肉纹依次洗刷干净，再用绳子吊起挂晒。

⑤ 晒腿、整形：洗后的腿一般需挂晒 8 h，在挂晒 4 h 后，可盖印厂名和商标，再继续挂晒 4 h，可见腿面已变硬，皮面干燥，内部尚软，此时可进行整形。

整形可分为三个工序，一是在大腿部用两手从腿的两侧往腿心部用力挤压，使腿心饱满呈橄榄形；二是使小腿部正直，膝踝处无皱纹；三是在脚爪部，用刀将脚爪修成镰刀形。

整形后继续曝晒，并不断修割整形，直到形状基本固定、美观为止，并经过挂晒使皮晒成红亮出油，内外坚实。

⑥ 发酵：发酵的主要目的一方面是使腿中的水分继续蒸发，进一步干燥。另一方面是促使肌肉中的蛋白质、脂肪等发酵分解，产生特殊的风味物质，使肉色、肉味和香气更加

诱人。

将火腿挂在木架或不锈钢架上，两腿之间应间隔 5 ～ 7 cm，以免相互膨胀。发酵场地要求保持一定温度、湿度、通风良好。气温在 15 ℃～ 37 ℃之间，前低后高，前期温度在 15 ℃～ 25 ℃之间，后期温度在 30 ℃～ 37 ℃之间，相对湿度在 55%～ 75%之间，以 60%～ 70%最佳。发酵季节常在 3 ～ 8 月份，发酵期一般为 3 ～ 4 个月。

经发酵的火腿，水分逐渐蒸发，腿部干燥，肌肉收缩，腿骨暴露于外，此时，可进行适当的修整，使之成为成品火腿。

⑦ 保藏：经发酵修整的火腿，可落架，用火腿滴下来的原油涂抹腿面，使腿表面滋润油亮，即成新腿，然后将腿肉向上、腿皮向下堆叠，一周左右调换一次。如堆叠过夏的火腿就称为陈腿，风味更佳，此时火腿重量约为鲜腿重的 70%。火腿可用真空包装，于 20 ℃下可保存 3 ～ 6 个月。

（4）质量标准。按照“GB/T 19088—2008 地理标志产品金华火腿”要求，其感官、理化见表 3-29 和表 3-30。

表 3-29　金华火腿感官要求

项目	要求		
	特级	一级	二级
香气	三签香	三签香	二签香，一签无异味
外观	腿心饱满，皮薄脚小，白蹄无毛，无红斑，无损伤，无虫蛀、鼠伤，无裂缝，小蹄至髋关节长度 40 cm 以上，刀工光洁，皮面平整，印鉴标记明晰	腿心较饱满，皮薄脚小，无毛，无虫蛀、鼠伤，轻微红斑，轻微损伤，轻微裂缝，刀工光洁，皮面平整，印鉴标记明晰	腿心稍薄，但不露股骨头，腿脚稍粗，无毛，无虫蛀、鼠伤，刀工光洁，稍有红斑，稍有损伤，稍有裂缝，印鉴标记明晰
色泽	皮色黄亮，肉面光滑油润，肌肉切面呈深玫瑰色，脂肪切面白色或微红色，有光泽，蹄壳灰白色		
组织状态	皮与肉不脱离，肌肉干燥致密，肉质细嫩，切面平整，有光泽		
滋味	咸淡适中，口感鲜美，回味悠长		
爪弯	蹄壳表面与脚骨直线的延长线呈直角或锐角		呈直角或略大于直角

表 3-30　金华火腿理化等级指标

项目	指标		
	特级	一级	二级
瘦肉比率（%）	⩾ 65		⩾ 60
水分（以瘦肉计），（%）	⩽ 42		
盐分（以瘦肉中的氯化钠计），（%）	⩽ 11		
质量（千克 / 只）	3.0 ～ 5.0	3.0 ～ 5.5	2.5 ～ 6.0
其他理化指标	应符合 GB 2760 的规定		

5. 常见问题分析

（1）表面发黏或肉面有结晶盐析出，表明火腿盐分太高、太咸。

（2）如有炒芝麻的气味，表明肉层开始轻度酸败；如有酸味，表明肉质已经重度酸败；如有豆瓣酱味道，表明腌制的盐分不足；如有臭味，表明火腿加工时原料已经变质；如有哈喇味，表明火腿肥膘氧化变质。

（3）发霉、招虫蚁，是由于火腿存放不当。

6. 实习考核要点和参考评分（表 3-31）

（1）以书面形式每人提交岗位参与实习报告。

（2）按照小组提交岗位参与实习过程、实习每日记录和讨论一份。

（3）指导教师提交岗位参与实习教学指导教师工作报告一份。

表 3-31 干腌火腿制品岗位参与实习的操作考核要点和参考评分

序号	项目	考核内容	技能要求	评分（100 分）
1	准备工作	（1）准备、检查器具； （2）实训场地清洁	（1）能准备、检查必要的加工器具 （2）实训场地清洁	5
2	原料辅料选择与处理	（1）原料选择和保藏； （2）清洗和处理	（1）能够识别原料的鲜度，掌握原料常规的外观检验； （2）掌握感官检验，能够发现杂质及微生物等常规问题以及对产品质量的影响； （3）查看配料是否准确	10
3	加工工艺流程及技术要点	（1）选料与修整； （2）腌制； （3）浸泡； （4）晒腿、整形； （5）发酵； （6）保藏	（1）掌握火腿原料选择的标准及方法； （2）掌握火腿上盐工艺及盐水注射机的操作； （3）掌握火腿晾晒工艺，能处理晾晒过程中的常见问题； （4）掌握火腿品质评定标准及方法	15
4	质量评定	（1）必检项目； （2）感官检验； （3）成品检验	（1）能够独立操作水分、盐分的检测； （2）检测符合标准规定	5
5	实训报告	（1）格式； （2）内容	（1）实训报告格式正确； （2）能正确记录实验现象和实验数据，报告内容正确、完整	50

（二）蒸煮火腿

1. 产品配方（以猪肉盐水火腿为例）

原料肉 100 kg，食盐 2. 24 kg，白糖 1. 68 kg，磷酸盐 0. 5 kg，亚硝酸钠 0. 015 kg，异抗坏血酸钠 0. 055 kg。

2. 主要设备

蒸煮火腿加工关键设备有盐水注射剂、嫩化机或蛋白活化机、真空滚揉机、灌装机、蒸煮装置等，主要设备见图 3-11。

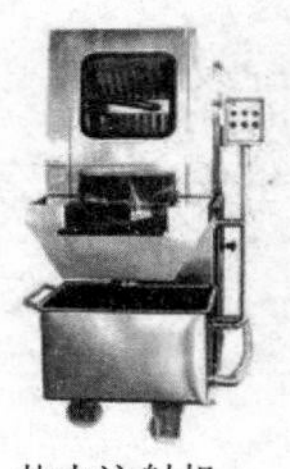

盐水注射机

滚揉机

灌装成型模

蒸煮熏制机

图 3-11　熏煮火腿关键加工设备

3. 工艺流程及技术要点

（1）原料肉的选择及修整：用于生产熏煮火腿的原料肉原则上仅选猪的臀腿肉和背腰肉，也有的厂家根据销售对象选用猪的前腿部位肉，但品质稍差。若选用热鲜肉作为原料，需将热鲜肉充分冷却，使肉的中心温度降至 0 ～ 4 ℃。如选用冷冻肉，宜在冷库内进行解冻。

选好的原料肉经修整，去除皮、骨、结缔组织膜、脂肪、筋、腱，使其成为纯精肉，然后按肌纤维方向将原料肉切成不小于 300 g 的大块。修整时应注意，尽可能少地破坏肌肉的纤维组织，刀痕不能划得太大太深，并尽量保持肌肉的自然生长块型。

（2）盐水配制及注射：注射腌制所用的盐水，主要组成成分包括食盐、亚硝酸钠、糖、磷酸盐、抗坏血酸钠及防腐剂、香辛调味料等。按照配方要求，将上述添加剂用 0 ～ 4 ℃的软化水充分地溶解并过滤，配制成注射盐水。将上述盐水均匀地注射到修整的肌肉组织中。所需的盐水量采取一次或两次注射，以多大的压力、多快的速度和怎样的顺序进行注射，取决于使用的盐水注射机的类型。盐水注射的关键是要确保按照配方要求，将所有的添加剂均匀地注射到肌肉中。

（3）滚揉按摩：滚揉按摩的方式一般分为间歇滚揉和连续滚揉两种。连续滚揉多为集中滚揉按摩两次，首先滚揉 1.5 h 左右，停机腌制 16 ～ 24 h，然后再滚揉 0.5 h 左右（工业上报道的滚揉时间为 20 min ～ 6 h）。间歇滚揉一般采用每小时滚揉 5 ～ 20 min，停机 40 ～ 55 min，连续进行 16 ～ 24 h 的操作。

（4）填充：滚揉后的肉料，通过真空火腿压模型机将肉料压入模具中成型。一般充填压模成型要抽真空，其目的在于避免肉料内有气泡，造成蒸煮时损失或产品切片时出现气孔现象。火腿压模成型，一般包括塑料膜压模成型和人造肠衣成型两类。人造肠衣成型就是将肉料用充填机灌入人造肠衣内，用手工或机器封口，再经熟制成型。塑料膜压模成型是将肉料充入塑料膜内再装入模具内，压上盖，蒸煮成型，冷却后脱模，再包装而成。

（5）蒸煮与冷却：熏煮火腿的加热方式一般有水煮和蒸汽加热两种方式。金属模具火腿多用水煮办法加热，充入肠衣内的火腿多在全自动烟熏室内完成熟制。为了保持熏煮火腿的颜色、风味、组织形态和切片性能，熏煮火腿的熟制和热杀菌过程，一般采用低温巴氏杀菌法，即火腿中心温度达到 68 ℃ ～ 72 ℃即可。若肉的卫生品质偏低时，温度可稍高，以不超过 80 ℃为宜。

蒸煮后的火腿应立即进行冷却，采用水浴蒸煮法加热的产品，是将蒸煮篮重新吊起放置于冷却槽中用流水冷却，冷却到中心温度 40 ℃以下。用全自动烟熏室进行煮制后，可用喷淋冷却水冷却，水温要求 10 ℃～12 ℃，冷却至产品中心温度 27 ℃左右，送入 0～7 ℃冷却间内冷却到产品中心温度至 1 ℃～7 ℃，再脱模进行包装即为成品。

4. 质量标准

熏煮火腿质量标准按照"GB/T 20711—2006 熏煮火腿"标准执行。感官、理化指标见表 3-32 和 3-33，微生物指标应符合"GB 2726—2005 熟肉制品卫生标准"的规定。

表 3-32　熏煮火腿感官要求

项目	要求
色泽	切片呈自然粉红色或玫瑰红色，有光泽
质地	组织致密，有弹性，切片完整，切面无密集气孔且没有直径大于 3 mm 的气孔，无汁液渗出，无异物
风味	咸淡适中，口感鲜美，具固有风味，无异味

表 3-33　熏煮火腿理化等级指标

项目	指标		
	特级	优级	普通级
水分（%）	≤ 75		
盐分（以 NaCl 计），（%）	≤ 3.5		
蛋白质（%）	≥ 18	≥ 15	≥ 12
脂肪（%）	≤ 10		
淀粉（%）	≤ 2	≤ 4	≤ 6
亚硝酸盐（以 $NaNO_2$ 计），（mg/kg）	≤ 70		

5. 常见问题分析

（1）产品缺油：缺油的产品往往切片不光亮、有气孔、口感不滑润、缺乏多汁感、肉香不突出、淀粉易返生、切面易发干。可在产品中增加油脂用量以解决该问题。

（2）产品出油：产生原因包括产品中油脂用量过多、使用熔点低的油脂。解决的方法可从三方面入手：一是改进工艺，二是修整配方，三是利用保油剂和预乳化技术。

（3）产品褪色：影响产品色泽的因素包括原料肉的种类和比例、亚硝酸盐的使用量、乙基麦芽酚的加入量、杀菌温度的高低等。氧化、光照以及微生物腐败等都会引起产品褪色。解决产品褪色问题可通过以下手段：选用好的发色剂和染色剂；采用护色处理。

6. 实习考核要点和参考评分（表 3-34）

（1）以书面形式每人提交岗位参与实习报告。

（2）按照小组提交岗位参与实习过程、实习每日记录和讨论一份。

（3）指导教师提交岗位参与实习教学指导教师工作报告一份。

表3-34　熏煮火腿制品岗位参与实习的操作考核要点和参考评分

序号	项目	考核内容	技能要求	评分(100分)
1	准备工作	(1)准备、检查器具; (2)实训场地清洁	(1)能准备、检查必要的加工器具; (2)实训场地清洁	5
2	原料辅料选择与处理	(1)原料选择和保藏; (2)清洗和处理	(1)能够识别原料的鲜度,掌握原料常规的外观检验; (2)掌握感官检验,能够发现杂质及微生物等常规问题以及对产品质量的影响; (3)查看配料是否准确	10
3	加工工艺流程及技术要点	(1)选料与修整; (2)腌制; (3)浸泡; (4)晒腿、整形; (5)发酵; (6)保藏	(1)掌握火腿原料选择的标准及方法; (2)掌握火腿上盐工艺及盐水注射机的操作; (3)掌握火腿晾晒工艺,能处理晾晒过程中的常见问题; (4)掌握火腿品质评定标准及方法	15
4	质量评定	(1)必检项目; (2)感官检验; (3)成品检验	(1)能够独立操作水分、盐分的检测; (2)检测符合标准规定	5
5	实训报告	(1)格式; (2)内容	(1)实训报告格式正确; (2)能正确记录实验现象和实验数据,报告内容正确、完整	50

六、罐头制品加工岗位技能综合实训

实习目的:

(1)掌握罐头制品生产的基本工艺流程。

(2)掌握罐头制品生产过程中各岗位的主要设备和操作规范,熟悉罐头制品生产的关键技术。

(3)能够处理罐头制品生产中遇到的常见问题。

实习方式:

4～5人为一组,以小组为单位。从选择原料和加工设备开始,根据原料特性及生产原理,生产出质量合格的产品。要求学生掌握罐头制品生产的基本工艺流程,抓住关键操作步骤。

实习内容:

(一)产品类型

罐头肉制品主要包括以下几类。

1. 清蒸类罐头

原料经初步加工后,不经烹调而直接装罐制成的罐头。它的特点是最大限度地保持各种肉类的特有风味。如原汁猪肉、清蒸牛肉、白切鸡等罐头。

2. 调味类罐头

原料肉经过整理、预煮或油炸、烹调后装罐，加入调味汁液而制成的罐头。这类罐头按烹调方法及加入汁液的不同，可分为红烧、五香、豉汁、浓汁、咖喱、茄汁等类别。它的特点是具有原料和配料特有的风味和香味，色泽较一致，块形整齐。如红烧扣肉、咖喱牛肉、茄汁兔肉罐头等。调味类罐头是肉类罐头品种中数量最多的一种。

3. 腌制类罐头

将原料肉整理，用食盐、硝酸盐、白糖等辅料配制而成的混合盐进行腌制后，再经过加工制成的罐头。这类产品具有鲜艳的红色和较高的保水性，如午餐肉、咸牛肉、猪肉火腿等。

4. 烟熏类罐头

处理后的原料经腌制、烟熏后制成的罐头。有鲜明的烟熏味，如西式火腿、烟熏肋条等。

5. 香肠类罐头

肉腌制后再加入各种辅料，经斩拌制成肉糜，然后装入肠衣，经烟熏、预煮再装罐制成的罐头。

6. 内脏类罐头

将猪、牛、羊的内脏及副产品，经处理调味或腌制后制成的罐头即为内脏类罐头。如猪舌、牛舌、猪肝酱、牛尾汤、卤猪杂等罐头。

（二）产品配方举例

1. 午餐肉罐头

猪肥瘦肉 30 kg，净瘦肉 70 kg，淀粉 11. 5 kg，玉果粉 58 g，白胡椒粉 190 g，冰屑 19 kg，混合盐 2. 5 kg（混合盐配料为食盐 98%、白糖 1. 7%、亚硝酸钠 0. 3%）。

2. 红烧猪肉罐头

煮制配方包括猪肉 100 kg，水 200 kg，鲜葱 0. 2 kg，生姜 0. 2 kg；焦糖上色液配方包括黄酒 6 kg，饴糖 4 kg，酱色 1 kg；汤汁配方包括肉汤（3%）100 kg，酱油 20. 6 kg，黄酒 4. 5 kg，砂糖 6 kg，鲜葱 0. 45 kg，精盐 2. 1 kg，生姜（切碎）0. 45 kg，味精 0. 15 kg。

（三）加工设备

罐头肉制品加工必备设备包括原料处理设备（如刀、清洗机、盐渍设备、油炸开口锅等工具），配料及调味设备（如调味锅、过滤等设施），装罐设备（人工或机械装罐装置），排气及密封设备（封口机），以及杀菌及冷却设备（杀菌釜装置或杀菌锅、贮水罐）等。以午餐肉为例，列举罐头肉制品生产设备见表 3-35 和图 3-12。

表 3-35　常见午餐肉生产线设备清单

序号	设备名称	参考规格	外形尺寸（mm）	数量
1	电子秤		700×700×1 000	2
2	操作台		5 670×1 420×1 000	6

续表

序号	设备名称	参考规格	外形尺寸(mm)	数量
3	切肉机	型号:GT6D2;生产能力:3 t/h 电动机功率:2.2 kW	2 200×1 560×1 510	2
4	通过式全自动烟熏室	型号:YX-3A;双门一车;功率:9 kW	1 700×1 500×2 420	1
5	绞肉机	型号:SGT3B1;生产能力:1.8 t/h;电动机功率:18.5 kW	1 730×1 044×1 805	2
6	斩拌机	型号:GT6D5;生产能力:1.5 t/h 电动机功率:斩拌 7.5 kW,出料 1.1 kW	1 650×1 470×1 215	1
7	真空搅拌机	型号:GT6E5B;生产能力:1.5 t/h;配用功率:2.2 kW	2 388×1 300×1 740	1
8	装罐机	型号:GT7A15;生产能力:60～150 只 / 分钟;电机总功率:4 kW	2 808×2 339×3 135	1
9	封罐机	型号:GT4B17;生产能力:80 只 / 分钟; 电机总功率:4.5 kW	1 180×1 140×1 800	1
10	杀菌锅	型号:GT7C5A;生产能力:1.2 吨 / 台	3 940×2 000×1 800	2
11	空罐清洗机	型号:LB4B1;生产能力:40～160 只 / 分钟;电机总功率:0.55 kW	2 800×1 200×1 100	1
12	检重台			1
13	输送带	输送能力:10 kg/m		1
14	刮平台	生产能力:70 只 / 分钟		1
15	碎冰机	生产能力:0.142 t/h	1 440×880×1 620	1

金属罐肉制品封罐机

罐头杀菌锅

图 3-12 罐头肉制品加工部分设备

(四)工艺流程及技术要点

1. 原料处理

选用去皮剔骨猪肉,去净前后腿肥膘,只留瘦肉,肋条肉去除部分肥膘,膘厚不超过 2 cm,成为肥瘦肉,经处理后净瘦肉含肥膘为 8%～10%,肥瘦肉含膘不超过 60%,在夏季生产午餐肉,整个处理过程要求室内温度在 25 ℃以下,如肉温超过 15 ℃需先行降温。

2. 腌制

净瘦肉和肥瘦肉应分开腌制,各切成 3～5 cm 小块,分别加入 2.5%的混合盐拌匀后,放入缸内,在 0～4 ℃温度下腌制 2～4 h,至肉块中心腌透呈红色,肉质有柔滑和坚实的感觉为止。

3. 预调理工艺

（1）午餐肉。

① 绞肉斩拌：净瘦肉使用双刀双绞板进行细绞（里面一块绞板孔径为 9～12 mm，外面一块绞板孔径为 3 mm），肥瘦肉使用孔径 7～9 mm 绞板的绞肉机进行粗绞。将全部绞碎肉倒入斩拌机中，并加入冰屑、淀粉、白胡椒粉及玉果粉进行斩拌 3 min，取出肉糜。

② 搅拌：将上述斩拌肉一起倒入搅拌机中，先搅拌 20 s 左右，加盖抽真空，在真空度 66.65～80.00 kPa 情况下搅拌 1 min 左右。若使用真空斩拌机效果更好，则不需真空搅拌处理。

③ 装罐及排气及密封：可采用不同规格罐形，如内径 99 mm，外高 62 mm 的圆罐，装 397 g，不留顶隙。排气及密封真空度约 40.00 kPa。

（2）红烧猪肉。

① 预煮：预煮时水与肉之比为 2∶1 左右，以肉块全部浸没为准。采用沸水下肉，视情况煮 35～55 min。预煮时加鲜葱及切碎的生姜。煮至肉皮发软并带有黏性时为止。

② 上色油炸：上色之前，先将皮表面的水分擦净，然后涂抹一层焦糖上色液（黄酒、饴糖、酱色混合而成）。上色只限于肉皮。接着投入 200 ℃～220 ℃的油锅中炸 1 min 左右，捞出。以肉皮呈棕红色并起皱发脆，瘦肉转黄色为佳。稍滤油后立即投入冷水中冷却 1～2 min，捞出切片。

③ 复炸：先将油炸后的肉块切成 8～10 cm 长的条块，然后再切成 1.2～1.5 cm 厚的肉片，放入 180 ℃～190 ℃的油锅中炸 30～50 min，并不断搅动，炸至肉片切面稍有黄色即可出锅。稍滤油后，在冷水中冷却 1 min，立即取出准备装罐。

④ 汤汁的配制：将汤汁配料在夹层锅中煮沸 5 min，黄酒和味精在临出锅前加入。用 6～8 层纱布过滤，备用。

⑤ 装罐浇汁：罐号 962 号，净重 397 g，肉重 260 g、汤汁 137 g。装罐时肉块要依次排列，皮向上，小块肉应垫在底部，肥瘦度搭配均匀。

⑥ 排气密封：真空抽气 350 mm 左右汞柱。热力排气，罐内中心温度为 60 ℃～65 ℃。密封由封罐机来完成。

⑦ 杀菌、冷却：根据不同产品采用不同杀菌公式杀菌，杀菌后及时冷却，经保温实验后检验，入库存放。

目前，我国大部分工厂均采用静置间歇的立式或卧式杀菌锅，罐头在锅内静止不动，始终固定在某一位置，通入一定压力的蒸汽，排除锅内空气及冷凝水后，使杀菌器内的温度升至 112 ℃～121 ℃进行杀菌。为提高杀菌效果，现常采用旋转搅拌式灭菌器。这种方法改变了过去罐头在灭菌器内静置的方式，加快罐内中心温度上升，杀菌温度也提高到 121 ℃～127 ℃，缩短了杀菌时间。

罐头经高温高压杀菌处理后，由于罐内食品和气体的膨胀，水分汽化等原因，罐内会产生很大的压力，因而罐头在杀菌过程中，有时会出现罐头变形、突角、瘪罐等现象。特别是一些大而扁的罐形，更易产生这种现象。除杀菌过程中采用空气加压或水浴加压之外，杀菌后的降压和降温过程中，采用反压降温冷却，是十分重要的措施。

反压冷却操作：杀菌完毕在降温降压前，首先关闭一切泄气旋塞，打开压缩空气阀，使杀菌锅内压力稍高于杀菌压力，关闭蒸汽阀，再缓慢地打开冷却水阀。当冷却水进锅时，必须继续补充压缩空气，维持锅内压力较杀菌压力高 0.21 ～ 0.28 kg/cm^2。随着冷却水的注入，锅内压力逐步上升，这时应稍打开排气阀。当锅内冷却水快满时，根据不同产品维持一段反压时间，并继续注入冷却水至锅内水满时，打开排水阀，适当调节冷却水阀和排水阀，继续保持一定的压力至罐头冷却到 38 ℃～40 ℃时，关闭进水阀，排出锅内的冷却水，在压力表降至零度时，打开锅盖取出罐头。

冷却的方法，按冷却时的位置，可分为锅内冷却和锅外冷却；按冷媒介质，可分为水冷却和空气冷却。空气冷却速度极其缓慢，除特殊要求外很少应用。水冷却法是肉类罐头生产中使用最普遍的方法，其又分为喷水冷却和浸水冷却，喷水冷却方式较好。对于玻璃罐或扁平面体积大的罐型，宜采用反压冷却，可防止容器变形或跳盖爆破，特别是玻璃罐。冷却速度不能过快，一般用热水或温水分段冷却（每次温差不超过 25 ℃），最后用冷水冷却。冷却必须充分，如未冷却立即入库，产品色泽变深，影响风味。肉罐头冷却到 39 ℃～40 ℃时，即可认为完成冷却工序，这时利用罐体散发的余热将罐外附着的少量水分自然蒸发掉，可防止生锈。

（3）检验与贮藏。罐头在杀菌冷却后，必须经过成品检查以便确定成品的质量和等级。目前，我国规定肉类罐头要进行保温检查，其温度为 37 ℃±2 ℃，保温 7 昼夜。如果杀菌不充分或由于其他原因有细菌残留在罐内时，一遇适当温度，细菌就会繁殖起来，使罐头变质。在保温结束后，全部罐头进行一次检查。检查罐头密封结构状况，罐头底盖状态；用打检棒敲击声音判断质量，最后将正常罐与不良罐分开处理。

罐头经检验合格后，在出厂前，一般还要涂擦、粘贴商标和装箱。罐头贮藏的适宜温度为 0 ～ 10 ℃，不能高于 30 ℃，也不要低于 0 ℃。贮藏间相对湿度应在 75%左右，并避免与吸湿的或易腐败的物质放在一起，防止罐头生锈。

（五）质量标准

肉类罐头除了需要执行 GB 13100—1991《肉类罐头食品卫生标准》外，还应根据不同的产品类型执行对应的产品的国家标准。感官指标要求无泄漏、胖听现象存在；容器内外表面无锈蚀、内壁涂料完整；无杂质。理化指标应符合表 3-36 的规定。微生物指标应符合罐头食品商业无菌的要求。午餐肉罐头质量标准见表 3-37。

表 3-36　理化指标

项目	指标
无机砷（mg/kg）	≤ 0.05
铅（Pb），（mg/kg）	≤ 0.5
锡（Sn），（mg/kg）	≤ 250
总汞（以 Hg 计），（mg/kg）	≤ 0.05

续表

项目	指标
镉(Cd),(mg/kg)	≤0.1
锌(Zn),(mg/kg)	≤100
亚硝酸盐(以 $NaNO_2$ 计),(mg/kg)	
西式火腿罐头	≤70
其他腌制罐头	≤50
苯并芘(μg/kg)	≤5

注:苯并芘仅适用于烧烤和烟熏肉罐头

表 3-37 午餐肉罐头质量标准

色泽	呈淡粉红色
滋味和气味	具有猪肉经腌制的滋味及气味,无异味
组织及形态	组织紧密细嫩,食之有弹性感,内容物完整地结为一块,表面平整,切面有明显的粗绞肉夹花,允许稍有脂肪析出和小气孔存在,不允许有杂质存在
净重	397 g,每罐允许误差 ±3%
食盐含量	1.5%~2.5%
亚硝酸残留量	每千克制品中不超过 50 mg

(六)常见问题分析

1. 固形物不足

防止措施:加强原料的验收,不符合规格的不投产;控制预煮和油炸时的脱水率,肥瘦搭配合理,在保证质量标注的前提下,适当增加肥肉的比例;调整装罐量。

2. 外来杂质

防止措施:原料运输、贮藏管理时,防止杂质污染;健全车间卫生制度;加强处理过程中原料的检查,装罐前必须复检;经常检查刀具、用具的完整情况,避免刀尖掉入等事故;部分原料如猪舌,需经 X 射线检查,以防金属等杂质混入。

3. 物理性膨胀

防止措施:注意罐头顶隙度的大小应合适;对带骨产品应增加预煮时间,根据标准要求块形尽可能小;提高排气后的罐内中心温度,排气箱出罐后立即密封,或提高真空封罐机真空室的真空度;严格控制装罐量,切勿过多;罐盖采用反打字,以增加膨胀系数;根据不同产品的要求,选用不同厚度的镀锡薄钢板。

4. 突角

防止措施:采用加压水杀菌和反压冷却,严格控制升压和降压的平衡;带骨产品的装罐力求完整;适当增加预煮时间和尽量减小块形;提高排气后的罐内中心温度或提高真空封罐机真空室的真空度;根据不同产品的要求选用不同厚度的镀锡薄钢板,尤其是罐底选用较厚的镀锡薄钢板;封口后立即杀菌。

5. 油商标

封口不紧，是经常引起油商标的原因。防止措施：对杀菌锅和杀菌篮（车）应经常用热水清洗上面的油污；含油量较多的产品，在杀菌前应对空罐表面进行去油污处理；含有淀粉等内容物（如午餐肉等）的产品，实罐外表常有含淀粉的油污污染，经高温杀菌后清洗将十分困难，故一般应在杀菌前对实罐进行去油污处理；含脂量较多的产品，杀菌后的冷却水不要回流使用。

6. 微生物导致的腐败变质

防止措施：严格执行车间卫生制度，防止和减少微生物的污染和繁殖，每道工序都必须做好清洁卫生；封罐到杀菌的半成品积压时间不能过长；加强进厂辅助材料的质量检验，并彻底做好清洗工作，以减少微生物污染的机会；装罐前检查和控制半成品中的芽孢数，以便及时发现问题，采取必要措施；调整杀菌时间，杀菌后冷却必须充分；控制成品的温度，不能超过37℃。

7. 硫化物污染

防止措施：含硫量较高的产品，要严格检查空罐质量，力求减少空罐机械擦伤，必要时加补涂料；清蒸类产品用专用抗硫涂料装罐；产品尽量避免与铁、铜器接触；采用素铁罐装罐时，装罐前空罐要经钝化处理；保证橡胶垫圈的硫化质量。

8. 流胶

流胶主要是因橡胶的耐油性差或注胶过厚而引起。防止措施：增加氧化锌用量；提高烘胶温度；提高陶土用量（但用量过多会龟裂）；调节注胶量，控制在0.5～0.7 mm厚度；尽可能采用抽气密封。

9. 罐外生锈

防止措施：空罐和实罐生产过程中所用制罐模具要光洁、无损伤，严格防止铁皮的机械伤；焊锡药水要擦干净，空罐经洗涤后要及时装罐不积压，封口后罐头力求清洁干净，封口的滚轮、六叉转盘及托罐盘要光洁不至刮伤罐头；杀菌篮以及冷却水应经常保持清洁，杀菌锅中加0.05%亚硝酸钠；升温、冷却时间不宜过久，冷却后罐温以38～40 ℃为宜，梅雨季节门窗要关闭；刮北风时要开启窗门通风；罐头如果堆放，每堆不宜太大，堆与堆间隔保持30 cm，以利于空气流通；装罐的木箱和纸箱的水分要控制，不宜太潮，黄板纸的pH要求在8.0～9.5。

（七）实习考核要点和参考评分（表3-38）

（1）以书面形式每人提交岗位参与实习报告。

（2）按照小组提交岗位参与实习过程、实习每日记录和讨论一份。

（3）指导教师提交岗位参与实习教学指导教师工作报告一份。

表3-38　罐头制品岗位参与实习的操作考核要点和参考评分

序号	项目	考核内容	技能要求	评分（100分）
1	准备工作	（1）准备、检查器具； （2）实训场地清洁	（1）能准备、检查必要的加工器具； （2）实训场地清洁	5

续表

序号	项目	考核内容	技能要求	评分(100分)
2	原料辅料选择与处理	(1)原料选择和保藏; (2)清洗和处理	(1)能够识别原料的鲜度,掌握原料常规的外观检验; (2)掌握感官检验,能够发现杂质及微生物等常规问题以及对产品质量的影响; (3)查看配料是否准确	10
3	加工工艺流程及技术要点	(1)原料处理; (2)腌制; (3)斩拌; (4)装罐; (5)排气; (6)杀菌	(1)掌握斩拌机的操作,能够正确制备肉糜; (2)掌握排气的方法; (3)掌握杀菌的方法	15
4	质量评定	(1)必检项目; (2)感官检验; (3)成品检验	(1)能够独立操作水分、pH、夹杂物的检测; (2)能够独立进行感官检验	5
5	实训报告	(1)格式; (2)内容	(1)实训报告格式正确; (2)正确记录实验现象和实验数据,报告内容正确、完整	50

第三节　肉制品加工企业生产实习

一、盐水火腿加工生产线实习

实习目的:

(1)全面掌握盐水火腿生产过程中的关键控制和质量控制方法。

(2)掌握盐水火腿生产环节中常见的故障排除方法,培养突发问题的解决能力。

(3)能够有效分析产品生产过程的影响因素。

(4)了解食品科学与工程领域新技术在盐水火腿生产过程中的应用情况。

(5)熟悉并掌握生产过程安全及环保要求。

实习方式:

以大型肉制品加工企业上岗为主,掌握所从事的实际生产、分析及管理技术。遵从实习单位的安排,认真完成每日的上岗实习工作。可以根据生产实际,适度灵活安排工作内容。

(一)生产线及加工产品概述

盐水火腿(熏煮火腿)是西式肉制品主要产品类型,也是肉制品中技术含量和质量级别较高的产品,我国已通过设备和技术引进,研发适应国内市场需求的盐水火腿(熏煮火腿),形成了火腿生产的各项操作标准及技术条件规程,本生产线实习即是选择在四川省某家企业进行,产品加工中使用的各种原辅料、包装材料均要求符合国家标准及本企业技术要求标准。

（二）原、辅料配方（每轮次操作投放量）

（1）原料：猪肉 100 kg。

（2）辅料：冰屑 22.0 kg，复合保水剂 0.8 kg，亚硝酸钠 0.003 kg，大豆蛋白 1.5 kg，食盐 1.65 kg，味精 0.1 kg，香辛料 0.07 kg，红曲红 0.002 kg，白糖 1.4 kg，卡拉胶 0.3 kg，酵母精膏 0.3 kg，乳酸钠 1.8 kg（合计 29.925 kg）。

（三）操作工艺

1. 原料选择与处理

（1）选用新鲜的冻结 4# 猪肉，采用空气自然解冻，环境温度为 15 ℃，时间为 10～12 h，肉的中心温度为 0～4 ℃。

（2）按照 4# 肉的自然纹路修去筋膜、骨膜、血膜、血管、淋巴、瘀血、碎骨等，剔除 PSE 肉，修去大块脂肪（如三角脂肪），必须将猪毛及其他异物挑出（修整完的肉立即送入 0～4 ℃库，备用）。

2. 配料

配料人员应按照配方配料，不得有缺项；所用辅料如有异常变化应停止使用，通知生产部；配料室闲人免进，如离开配料间，应将房门锁好；配料时，材料应该按先后顺序使用，即先开封口的材料应先使用。

3. 盐水配制

将称量好的冰水加入盐水配制器；将亚硝酸盐、色素用 0.5 kg 水充分溶解均匀，加入盐水配制器，先加入蛋白粉，搅拌均匀，充分溶解，再加磷酸盐搅拌 1～2 min；将防腐剂、食盐、白糖、卡拉胶、味精逐步加入混合溶液中，充分搅拌均匀。将冰片加入，保证温度≤5 ℃。

4. 注射嫩化与滚揉

注射嫩化：采用 SZ-8 手动盐水注射机，注射两遍，调节注射针头的推进气压为 150～320 kPa（根据产品的不同而调节，产品越疏松，压力越小，通常调整为 250 kPa），注射率为 10%～40%。将注射过的块肉采用 NH-132 型嫩化机及时嫩化。

滚揉：将切好的肉加入 500 L 真空滚揉机中，最后将盖盖上，密封好；真空度为 －0.08 MPa，转速为 10 r/min；滚揉方式为间歇滚揉，正转 20 min，反转 20 min，间歇 10 min，时间 8～10 h。然后加入淀粉、香精后，再滚揉 120 min。温度控制为出馅温度 4 ℃～10 ℃，环境温度为 0～4 ℃。

5. 灌装

烟熏产品（烟熏火腿）：用 90# 可烟熏复合肠衣膜，两端打扣，计量灌装，或者直接装模。

非烟熏产品（方火腿）：用塑料肠衣灌装，然后装入模具，再放入蒸煮篮里。

6. 烘烤与烟熏

烘烤 40 min/65 ℃，烟熏 20 min/60 ℃。注意观察色泽是否正常，若有异常现象应及时通知当班主任。烟熏炉一天清洗一次。

7. 蒸煮与冷却

方火腿，折径110肠衣灌装，2 h/ 恒温85 ℃蒸煮；烟熏火腿，90 min/ 恒温83 ℃蒸煮。蒸煮后用自来水喷淋3～5 min，再进冷却间风冷2～3 h，待肠体中的温度≤10 ℃，再包装。

8. 包装、二次杀菌与冷却

包装：烟熏火腿，剪去两端卡扣，装入包装袋；方火腿，直接脱模，洗净装袋；真空包装，按要求计量包装，注意焊接牢固。

二次杀菌与冷却：恒温15 min/90 ℃，循环水冷却至肠体中心温度≤10 ℃。

9. 贴标与装箱

贴标：擦净产品表面，一袋一签；商标贴在产品正面的中间，贴上后要用手抚平；商标要贴正，边缘要与包装袋切割边保持平行。废商标贴在标签纸上，不得粘在机器上；废商标随手丢入纸篓，不准随地乱扔。喷码：字体端正，日期清晰。

装箱：装箱数量要准确；装箱时，使产品边缘尽可能舒展，不要弯折、挤压摆放；装箱时，检查是否有不合格产品。工作中用完的周转箱及时放到规定位置，地面要保持干净。换模具后将不用的模具摆放回规定位置，设备上不得有与生产无关的物品。生产完毕后，清洗工具并摆放整齐，关水、关灯、断电、关气。

10. 质检、入库

按照公司产品标准及其检验方法和程序进行抽检，然后及时入库，库温确保在4℃左右。

（四）常见技术问题、操作难点与应对措施

（1）配料环节：配料人员应按照配方配料，不得有缺项；所用辅料如有异常变化应停止使用，通知生产部；配料室闲人免进，如离开配料间，应将房门锁好；配料时，材料应该按先后顺序使用，即先开封口的材料应先使用。

（2）盐水配制：亚硝酸盐、色素要先加入水中，否则容易导致溶解不匀；冰屑应在辅料溶解后加入，否则影响辅料溶解效果；加入冰屑后要保证注射液温度降至≤5℃，但也不宜过低。

（3）注射与嫩化：盐水注射压力不宜过低或过高，否则严重影响注射效果或产品外观。

（4）滚揉：滚揉机要密封好，注意检查密封圈是否有漏气现象；出馅温度以6℃左右较佳。

（5）灌装：灌好后，不能立即烟熏，应推入腌制库。灌装机器如出现故障，不能灌制时，修理时间超过半小时，应及时把料斗中的肉馅倒出，放入腌制库，并对机器进行一般清理。工作结束后应把机器内的残馅清理出来，地面的肉馅捡起，用水把设备冲洗干净，清洗机器部件时注意保护所有部件不受损伤。

（6）烘烤与烟熏：注意观察色泽是否正常，若有异常现象应及时通知当班主任。

（7）包装：特别要做好班前准备，工作服穿戴整齐后进入车间；工作开始前必须用消毒液洗手(切片操作工的工器具及手应每隔30 min消毒一次,确保清洁卫生);操作人员套一次性手套操作。

包装机注意事项:包装机由专人操作,发现问题及时报告;禁止在成型模具上放东西;操作人员上班时先开气泵,再看水管是否正常流水,然后再开机加温;换模具时必须先关闭电源,以免造成重大事故;工作完毕操作人员必须用毛巾把包装机底槽擦洗干净;所有的模具由操作人员保管好,专物专放;操作人员一定要节约包装膜,不要造成不必要的浪费;配电箱上面要保持干净,禁止在上面放任何东西,平时配电箱要关闭;工作完毕后每天将机器擦洗一遍,关掉机器电源、气泵、冷却水;日常工具及换下来的剩余材料,按规定位置存放。

二、高温火腿肠加工生产线实习

实习目的:

(1)全面掌握高温火腿肠生产过程的关键控制和质量控制。

(2)掌握高温火腿肠生产环节中常见故障排除方法,培养突发问题的解决能力。

(3)能够有效分析产品生产过程的影响因素。

(4)了解食品科学与工程领域新技术在高温火腿肠生产过程中的应用情况。

(5)熟悉并掌握生产过程安全及环保要求。

实习方式:

以大型肉制品加工企业上岗为主,掌握所从事的实际生产、分析及管理技术。遵从实习单位的安排,认真完成每日的上岗实习工作。可以根据生产实际,适度灵活安排工作内容。

(一)生产线及加工产品概述

高温火腿肠是一类高温熟肉灌制品,它是采用PVDC片状肠衣膜由KAP灌肠机热封、充填、结扎、杀菌而成,火腿肠经过高温蒸煮后,首先经沥水震动后将大颗粒水滴除掉;通过提升机把火腿肠提升到烘干箱最上层,然后利用空气处理机产生的高压冷热风与传输带的结合除湿、烘干后,经底层的冷风冷却,使得火腿肠达到要求的储存温度。很多肉制品加工企业均有生产,本生产实习是选择在这些企业的生产线上进行。

(二)原、辅料配方

腌制肉7盒(21.1千克/盒),肥膘36.4 kg;红曲色素水6.381 kg,水2盒(10千克/盒),冰3盒(10千克/盒),蛋液8.4 kg,玉米淀粉19.6 kg,卡拉胶1.2 kg,香辛料0.96 kg,分离蛋白5.04 kg。合计275.681 kg。

(三)操作工艺及关键技术

1. 原料的解冻

地面清洁卫生,无血污积水;选用新鲜的冻结2#、4#猪肉,经自来水解冻,水温为15 ℃～20 ℃,时间为10～12 h。肉中心温度为0～4 ℃。

2. 原料的修整

每个工作人员必须按照卫生要求进行消毒，操作前对工作台、生产用具必须清洗消毒。(修整刀每 30 min，消毒一次)按照 2#、4# 肉的自然纹路修去筋膜 、骨膜、血膜、血管、淋巴、瘀血、碎骨等，剔除 PSE 肉，修去大块脂肪(如三角脂肪)，允许保留较薄的脂肪层，必须将猪毛及其他异物挑出(修整完的 2#、4# 肉立即送 0 ～ 4 ℃库，备用)，环境温度保持在 10 ℃以下。

3. 配料

配料人员应按照配方配料，不得有缺项；材料开袋后，应先使用；所用辅料如有异常变化应停止使用，通知生产部。配料室闲人免进，如离开配料间，应将房门锁好；配料室所用的器具要天天清洗，对于磅秤、天平、电子秤要天天校对；配料时要细心准确，避免出错，要认真复查；配料齐合后，移交给当班操作工。

4. 绞制、斩拌

用 φ12 mm 的孔板绞制(肉馅为 2 ℃～6 ℃)；冻脂肪切片过后用 φ12 mm 的孔板绞制(肉馅温度为－6 ℃～－3 ℃)；禁止绞肉机空转；斩拌前要检查刀是否锋利，是否有裂纹。

5. 充填灌装

不同规格产品：40 克 / 支，使用宽度为 65 mm 的片状红色 PVDC 彩印复合肠衣膜，肠衣收缩率为横向，20%；纵向，26%～ 27%。充填长度(两扣之间) 173 mm，折叠宽度为 10 mm(使用周长 60 mm 的充填管)，卡扣 φ ＝ 2. 1 mm。5 克 / 支，使用宽度为 80 mm 的片状青金 PVDC 彩印复合肠衣膜，肠衣收缩率为横向，20%；纵向，26%～ 27%。充填长度(两扣之间)192 mm，折叠宽度为 8 ～ 10 mm，卡扣 φ ＝ 2. 1 mm。40 克 / 支，计量 41 ～ 43 克 / 支；75 克 / 支，计量 77 ～ 78 克 / 支。

灌装时要按照长度进行灌装，重量准确。封焊与卡扣要牢固。日期字迹要清晰，无误；机器设备在生产时要加油润滑；工作结束后应把机器内的残馅清理出来，地面的肉馅捡起，用水把设备冲洗干净，清洗机器部件时注意保护所有部件不受损伤。灌装完的半成品不能在常温下存放，要及时杀菌，杀菌前肉馅温度不得超过 9 ℃，灌装间的环境温度在 15 ℃以下。

6. 高压杀菌

要保持杀菌锅内、周围环境清洁卫生；操作工要严格按照工艺要求执行，不得擅自更改；杀菌前要认真检查、校正各环节、阀门、温度、记录仪是否正常(蒸汽、冷水、压缩空气等)。

不同规格采用相应杀菌方法，例如，40 克 / 支，杀菌公式为升温不超过 15 min，保温 20 min/121 ℃，水冷至 25 ℃(中心温度)出锅。水冷肠体中心温度小于 15 ℃时开始包装。75 克 / 支，杀菌公式为升温 15 min，保温 30 min/121 ℃，水冷至 25 ℃(中心温度)出锅。水冷肠体中心温度小于 15 ℃时开始包装。

注：进热水温度为 85℃，压力 0. 1 MPa；100 ℃，压力为 0. 2 MPa；121 ℃，压力为 0. 25 MPa；降温 80 ℃以上，压力保持 0. 25 MPa；80 ℃以下，压力保持 0. 2 MPa。

7. 包装

工作服穿戴整齐后进入车间；工作开始前必须用消毒液洗手。

40 g（袋装），每袋 10 支（包装袋热封口时注意焊接牢固）；75 g（袋装），每袋 5 支（包装袋热封口时注意焊接牢固）；40 g（散装），单箱 100 支；75 g（散装），单箱 100 支。前一批的火腿肠与后一批火腿肠同装一箱时，出厂日期以后一批为准。

封箱前检查每箱合格证的放置与填写和肠体日期是否一致（一般包装日期比生产日期晚一天）；工作中用完的周转箱放到指定位置，地面保持干净。挑出残次品，肠体要求清洁，无论袋装或散装，必须检查每支两头是否有小裂口或夹肉馅现象。产品不得堆放，挤压。包装完的产品要及时入库，码放高度不超过 90 cm。

（四）常见技术问题、操作难点与应对措施

1. 配料

色素水的配制比例为水∶红曲红∶胭脂虫红∶山梨酸钾＝6∶0.078∶0.023∶0.28，合计 6.381 kg。

2. 绞肉

原料肉搅拌，猪分割肉∶带皮鸡胸肉∶猪皮∶食盐∶三聚∶亚硝混合盐水溶液＝399∶278∶28∶21∶4.2∶7.8，合计 738.32 kg，其中，亚硝混合盐水溶液的配制比例为亚硝混合盐∶水＝0.8∶7；修整后的猪分割肉脂肪控制在 9%～11%；带皮鸡胸肉的蛋白质要求在 19% 以上；出锅后按每盒 21.1 kg 进行分盒。

3. 斩拌

（1）原料肉斩拌。启用 200 r/min，将原料肉缓慢倒入斩拌机中，再启用 1 850 r/min，斩 3～4 圈，观察肉馅颗粒为 6～7 mm 时即可出馅（肉馅最终温度不能超过 8 ℃），随后肉馅立即入滚揉间。

（2）基础馅斩拌。启动 200 r/min，将绞好的猪肉倒入斩拌机中，用 1 850 r/min，斩拌 3～4 圈；再启用 3 850 r/min，斩拌 7～8 圈；启用 200 r/min，加入食盐、脂肪后缓慢加入 1/3 冰水，启用 3 850 r/min，斩 3～4 圈；等斩成肉糜状时，转低速加入蛋白、1/3 冰水，提中速（1 850 r/min）连续斩 3～4 圈，再启动 200 r/min 加入淀粉和剩余的 1/3 冰水，提高速（3 850 r/min），斩肉糜成黏稠的乳化馅。斩好的肉馅及时入滚揉机，整个斩拌过程中注意测量温度，发现异常现象及时通知当班主任。

4. 杀菌

高温火腿肠系列产品高温高压杀菌的过程也是内容物和肠衣同步膨胀和同步收缩的过程，一旦不同步成品就会发皱。产品杀菌出锅后发皱，都发生在恒温和反压这段时间（即整个恒温时间和放完热水后打满凉水这段时间），杀菌锅的压力降到了 0.2 MPa 以下造成二者不能同步，有些不是人为原因而是供压设备在某段时间供压不足造成的。反压过程压力很容易波动，如果空压机此时供压不足压力很难保证恒定；空压机供压正常而操作人员操作不到位压力也很容易降下来。这样的话，成品就会发皱，只能进行二次返工。二次返工的办法是采用 10 min～20 min～30 min/95 ℃，0.25 MPa 工艺进行二次杀菌（就是在

95 ℃，维持 0. 25 MPa 的压力将产品重新杀菌 20 min）。这样产品的外观、口感、色泽和弹性均还能保持正常状态。

参考文献

[1] 王卫．四川省肉类加工产业发展战略［M］. 成都：四川科学技术出版社，2014.

[2] 胡爱军，郑捷．食品原料手册［M］. 北京：化学工业出版社，2012.

[3] 周光宏．畜产品加工学［M］. 北京：中国农业出版社，2012.

[4] 王卫．现代肉制品加工技术研究与应用［M］. 北京：中国农业出版社，2011.

[5] 于新，李小华．肉制品加工技术与配方［M］. 北京：中国纺织出版社，2011.

[6] 张凤宽．畜产品加工学［M］. 郑州：郑州大学出版社，2011.

[7] 展跃平．肉制品加工技术［M］. 北京：化学工业出版社，2010.

[8] 李芳，杨清香．肉、乳制品加工技能综合实训［M］. 北京：化学工业出版社，2009.

[9] 高翔，王蕊．肉制品加工实验实训教程［M］. 北京：化学工业出版社，2009.

[10] 乔晓玲．肉类制品精深加工实用技术与质量管理［M］. 北京：中国纺织出版社，2009.

[11] 许学勤，王海鸥．食品工厂机械与设备［M］，北京：中国轻工业出版社，2009.

[12] 竺尚武．火腿加工原理与技术［M］. 北京：中国轻工业出版社，2009.

[13] 曹程明．肉及肉制品质量安全与卫生操作规范［M］. 北京：中国计量出版社，2008.

[14] 蒋爱民，南庆贤．畜产食品工艺学［M］. 北京：中国农业出版社，2008.

[15] 许学勤．食品工厂机械与设备．北京：中国轻工业出版社，2008.

[16] 周光宏．肉品加工学［M］. 北京：中国农业出版社，2008.

[17] 张文权．干制肉制品的加工［J］. 肉类研究，2007，5：14-16.

[18] 马兆瑞，吴晓彤．畜产品加工实验实训教程［M］. 北京：科学出版社，2006.

[19] 约思福•克瑞．现代肉品加工与质量控制［M］. 北京：中国农业大学出版社，2006.

[20] 杨庆才．农畜产品加工一本通［M］. 长春：吉林人民出版社，2005.

[21] 杨寿清．食品杀菌和保鲜技术［M］. 北京：化学工业出版社，2005.

[22] 中国标准出版社编辑室．中国食品工业标准汇编［M］. 北京：中国标准出版社，2004.

[23] 南庆贤．肉类工业手册［M］. 北京：中国轻工业出版社，2003.

[24] 夏文水．肉制品加工原理与技术［M］. 北京：化学工业出版社，2003.

[25] 王卫，彭其德．现代肉制品加工实用技术手册［M］. 北京：科学技术出版社，2002.

[26] 周光宏．肉品学［M］. 北京：中国农业科技出版社，1999.

[27] 杜雅纯．食品卫生学［M］. 北京：中国轻工业出版社，1991.

第四章

粮油食品加工企业卓越工程师实习指导

粮油是农产品的重要组成部分，狭义的农产品一般即指粮油原料。粮油原料主要是农作物的籽粒，也包括富含淀粉和蛋白质的植物根茎组织，如稻谷、小麦、玉米、杂粮、大豆、花生、马铃薯等。粮油原料的化学组成是以碳水化合物（主要是淀粉）、蛋白质、脂肪为主。粮油原料经初加工成为粮油成品，是人们食物的主要来源。对粮油原料进行深加工和转化，可制的若干种食品、工业、医药等行业应用的重要原辅料。本章主要针对卓越工程师实习过程中，如何指导常见粮油食品加工技术学习进行叙述，包含以下三部分内容：

（1）粮油食品加工企业认识实习：稻谷加工技术、小麦粉生产技术、面制品生产技术、面包生产技术、植物油脂生产技术、豆制品生产技术。

（2）粮油食品加工企业岗位参与实习：稻谷加工岗位技能综合实训、小麦粉加工岗位技能综合实训、面制品加工岗位技能综合实训、面包生产岗位技能综合实训、植物油脂生产岗位技能综合实训、豆制品生产岗位技能综合实训。

（3）粮油食品加工企业生产实习：大米生产线实习、油茶籽油生产线实习。

第一节　粮油食品加工企业认识实习

一、稻谷加工技术

知识目标：

（1）掌握稻谷的主要品种、性质和加工特性。

（2）熟悉稻谷初加工、精加工、深加工的产品种类及性质。

（3）掌握稻谷制米和稻谷精加工的基本原理。

（4）了解普通大米、免淘米和蒸谷米的基本加工流程。

（5）了解砻谷和碾米的要求及对制米的影响。

（6）了解稻谷加工企业的管理经营知识。

技能目标：

(1) 认识稻谷加工过程中的关键设备和操作要点。

(2) 了解稻谷加工产品生产工艺操作及工艺控制。

(3) 了解稻谷加工产品质量的基本检验和鉴定。

(4) 能够制定稻谷加工的操作规范和整改措施。

解决问题：

(1) 稻谷加工中杂质清理的基本原理和方法是什么？

(2) 稻谷的精深加工有哪些产品？工艺流程是什么？

（一）稻谷加工原料

1. 原料的选择

稻谷加工包括三个层次：初加工、精加工和深加工。初加工也称常规加工，是将稻谷加工成大米的过程，即稻谷制米；精加工是在初加工基础上进一步分级、精选的过程，如免淘米、蒸谷米的加工；深加工是对稻谷加工中的主副产品进一步加工的过程，如米粉的加工。不同的加工层次选用的原料也不同。所有稻谷均适合初加工，只是制取的大米品质不同而已。精加工则应选择质量好的新鲜稻谷，如免淘米的原料应选择优质新鲜的稻谷，并要求纯度高、饱满均匀、千粒重大等；蒸谷米最好选择新鲜籼稻，要求组织较松、质地较脆、粒形细长等。深加工中米粉的原料为大米，以精制碾白的大米为宜，保证粉条净白光亮，同时要求选择含支链淀粉在85%以下的非糯性大米，韧性要好，保证粉条耐煮、爽口。

2. 原料的前处理

稻谷清理的基本工艺：稻谷（计量）→初清→除稗→去石→磁选→净谷（计量）。

稻谷的前处理是指稻谷清理的过程。用于加工的稻谷，一般都会混入多种杂质，如稻秆、杂草种子、虫类残渣、泥沙、金属等，在加工前必须进行清理。根据杂质粒度大小可分为大、中、小型杂质，其中以稗子和粒形大小与稻谷相似的并肩石最难去除。

清理稻谷杂质的方法主要包括风选法、筛选法、比重分选法、精选法、磁选法和光电分选法等，它们分别是利用稻谷与杂质的空气动力学、粒度、密度、长度、磁性和光电性质的差异进行分离的方法。风选法主要分离轻质杂质，筛选法主要分离与稻谷粒度相差较大的杂质，比重分选法主要分离稻谷中的沙石等杂质，精选法主要分离与稻谷长度相差较大的杂质，磁选法主要分离稻谷中的磁性金属杂质，光电分选法主要分离与稻谷色差或介电常数差异较大的杂质。

初清主要利用风选或筛选，去除较大的杂质；除稗是去除稻谷中混有的稗子，多采用筛选法分离；去石主要目的在于并肩石的去除，需要采用专门的去石机进行分离；磁选是清除有磁性的金属杂质等。稻谷清理的基本要求是净谷含杂总量不超过0.6%，其中含沙石不超过1粒/千克，含稗不超过130粒/千克。

（二）稻谷加工工艺

1. 普通大米加工工艺

普通大米加工主要是依据稻谷各部分品质和结构不同而利用物理碾磨方法去除稻壳和糠层，以制成大米。稻谷制米的基本工艺：净谷→脱壳→谷壳分离→谷糙分离→净糙米→碾米→擦米→凉米→分级→抛光→成品大米。

脱壳是脱除稻谷硬壳的工序，也称为砻谷，是利用砻谷机完成的。脱壳后的稻谷即为糙米，一般糙米中仍有部分未脱壳的稻谷存在，需要进行分离。砻下物分离即是谷壳分离和谷糙分离的过程。

碾米是将糙米碾去糠层得到白米的过程，在碾米机内完成。糙米经碾制得到的白米混有米糠、碎米等杂质，并且温度较高，需要进一步处理。成品的整理即为除糠、去碎、降温的过程，通常包括擦米、凉米、分级、抛光等工序。擦米的目的是擦除附着在白米上的米糠，凉米主要是为了降低大米温度，分级是按照大米的质量标准去除碎米的工序，抛光是大米润湿后在抛光机内处理的过程。

2. 蒸谷米加工工艺

蒸谷米是稻谷经清理、浸泡、蒸煮、干燥和冷却后再按普通稻谷制米工序生产的大米。蒸谷米能提高大米的营养价值，改善大米的食味品质和加工性能，延长产品储藏期。蒸谷米的加工的基本工艺：稻谷→清理、整理→浸泡→蒸煮→干燥与冷却→砻谷及砻下物分离→碾白→整理→成品蒸谷米。

蒸谷米与普通大米的加工工艺主要区别在于浸泡、蒸煮、干燥和冷却的工序。浸泡是使稻谷吸水膨胀以便于蒸煮，蒸煮一般采用汽蒸进行。蒸煮后的稻谷含水量和温度都很高，这时需要干燥和冷却。冷却后的稻谷再通过砻谷、碾米、整理等常规工序制成产品。

（三）稻谷深加工工艺

稻谷深加工的主要产品为米制品，米制品主要是指以大米为主要原料生产的食品，包括米粉、年糕等，其中尤以米粉最普遍。米粉的生产历史悠久，品种繁多，如直条米粉、波纹米粉、河粉、过桥米线等。直条米粉是一种传统米粉，在我国南方特别受欢迎，并且还有大量出口，直条米粉生产工艺：原料米→清洗→浸泡→脱水、粉碎→筛分→榨粉→老化→汽蒸→二次老化→梳条→干燥→切粉→包装。

（四）稻谷加工产品的质量标准及检测

1. 大米

大米按加工精度分为4个等级，其质量指标见表4-1。加工精度是加工后米胚残留以及米粒表面和背沟残留皮层的程度，以国家制定的加工精度标准样品对照检验。大米的其他指标和检测参考国家标准GB 1354—2009（大米）。

表 4-1 大米质量指标

品种		籼米				粳米				籼糯米			粳糯米		
等级		一级	二级	三级	四级	一级	二级	三级	四级	一级	二级	三级	一级	二级	三级
加工精度		对照标准样品检验留皮程度													
碎米	总量（%）	≤15.0	≤20.0	≤25.0	≤30.0	≤7.5	≤10.0	≤12.5	≤15.0	≤15.0	≤20.0	≤25.0	≤7.5	≤10.0	≤12.5
碎米	其中小碎米（%）	≤1.0	≤1.5	≤2.0	≤2.5	≤0.5	≤1.0	≤1.5	≤2.0	≤1.5	≤2.0	≤2.5	≤0.8	≤1.5	≤.3
不完善粒（%）		≤3.0		≤4.0	≤6.0	≤3.0		≤4.0	≤6.0	≤3.0	≤4.0	≤6.0	≤3.0	≤4.0	≤6.0
杂质最大限量	总量（%）	≤0.25		≤0.3	≤0.4	≤0.25		≤0.3	≤0.4	≤0.25		≤0.3	≤0.25		≤0.3
杂质最大限量	糠粉（%）	≤0.15		≤0.20		≤0.15		≤0.20		≤0.15		≤0.2	≤0.15	≤0.20	
杂质最大限量	矿物质（%）	≤0.02													
杂质最大限量	带壳稗粒（粒/千克）	≤3		≤5	≤7	≤3		≤5	≤7	≤3	≤5		≤3	≤5	
杂质最大限量	稻谷粒（粒/千克）	≤4		≤6	≤8	≤4		≤6	≤8	≤4	≤6		≤4	≤6	
水分（%）		≤14.5				≤15.5				≤14.5			≤15.5		
黄粒米（%）		≤1.0													
互混（%）		≤5.0													
色泽、气味		无异常色泽和气味													

2. 米粉

目前米粉尚无国家标准，生产企业一般以出口米粉检验规程（SN/T 0395—1995）为检验标准，其理化指标见表 4-2。

表 4-2 出口米粉理化指标

	水分（%）	酸度 c（OH）= 0.1 mol/L 碱液（mL/10 g）	SO_2 残留量 1×10^{-6}	粉碎率（%）	断条率（%）	复水时间（min）	汤汁沉淀（mL/10 g）	吐浆量（%）
发酵水煮粉	≤13.5	≤4.0	≤10	≤3.0	≤8.0			4.0
非发酵水煮粉	≤13.5	≤1.5	≤10	≤3.0	≤15.0		1.5	
快食粉	≤13.5	≤1.0	≤10	≤2.0	≤25.0	3～6	2.0	
排状粉	≤13.5	≤1.0	≤10	≤5.0	≤10.0		2.0	2.0
方块粉	≤13.5	≤1.0	≤10	≤2.0	≤20.0		2.0	2.0
直条粉	≤13.5	≤1.5	≤10	≤2.0	≤10.0		3.0	

注：① SO_2 残留量：进口国有特别要求的，按进口国的要求执行。

② 快食粉中的快食沙河粉：粉碎率≤6.0%，断条率指标暂不定。

③ 排状粉中的银丝粉：断条率≤20%。

④ 汤汁沉淀与吐浆量的检验，按地方习惯任选一项

（五）认识实习考核要点和参考评分（表 4-3）

（1）记录认识实习过程所见所闻所想，结合专业知识撰写认识实习报告。

（2）指导教师提交认识实习教学指导工作报告一份。

表 4-3 稻谷加工认识实习的考核要点和参考评分

序号	项目	考核内容	技能要求	评分（100 分）
1	企业概况	（1）企业组织形式； （2）产品概况	（1）了解稻谷加工企业的部门设置及其职能； （2）了解稻谷加工企业的技术与设备状况； （3）了解稻谷加工的产品种类、生产规模和销售范围	10
2	工艺设备	（1）主要设备； （2）主要工艺； （3）辅助设施	（1）了解稻谷的加工工艺流程，能够绘制简易流程图； （2）掌握砻谷和碾米的关键技术，能够收集稻谷加工设备的技术图纸和绘制草图； （3）了解稻谷加工企业的仓库种类和特点	15
3	企业建筑	（1）全厂平面图； （2）主要建筑特点； （3）三废及其他	（1）了解稻谷加工企业全厂总平面布置情况，能够绘制全厂总平面布置简图； （2）了解稻谷加工企业主要建筑物的建筑结构和形式特点； （3）了解稻谷加工企业三废处理情况和排放要求，能够阐述原理； （4）能够制定稻谷加工的操作规范和整改措施	15
4	市场调研	（1）市场销售状况； （2）主要产品信息	（1）了解稻谷加工主要产品的市场销售状况； （2）能准确描述一类主要产品的品牌、原料、生产厂家、包装形式、包装材料和规格、标签内容、价格、保质期等	10
5	实习报告	（1）格式； （2）内容	（1）认识实习报告格式正确； （2）能正确记录主要产品生产工艺与要求，实习总结要包括体会、心得、问题与建议等	50

二、小麦粉生产技术

知识目标：

（1）熟悉小麦的种类、结构及加工特性。

（2）熟悉普通小麦粉和专用小麦粉的种类、性质、应用和质量标准。

（3）掌握小麦制粉的基本原理。

（4）了解小麦制粉的基本工艺。

（5）了解小麦调水和搭配对制粉的影响。

（6）了解小麦制粉的经营管理知识。

技能目标：

（1）认识小麦制粉的关键设备和操作要点。

（2）了解小麦制粉的工艺操作及工艺控制。

（3）了解小麦粉的质量标准，掌握小麦粉和面制品质量的基本检验和鉴定。

（4）能够制定小麦制粉的生产规范和整改措施。

解决问题：

（1）小麦制粉中常见的质量问题主要有哪些？如何解决？

（2）小麦脱皮制粉技术的特点是什么？

（一）小麦粉生产原料

1. 原料的选择

小麦粉又称面粉，是以小麦为原料制作的小麦粉。小麦的品种很多，按照加工要求可以加工成不同等级的小麦粉以及不同使用用途的专用粉，各种小麦粉之间的差别主要在于粉中所含面筋蛋白数量和质量的不同。国家标准 GB 1351—2008 规定小麦可分为硬质白小麦、软质白小麦、硬质红小麦、软质红小麦、混合小麦五类，其中硬质小麦适用于加工高筋小麦粉；软质小麦适用于加工低筋小麦粉。

2. 原料的前处理

小麦的前处理是小麦的清理过程，简称为麦路。清理小麦杂质的方法有分选法、筛选法、精选法、密度分选法、磁选法、撞击法和色选法等。

根据清理工艺，麦路大致分三个过程：毛麦处理、水分调质、净麦处理。

毛麦处理主要包括初清和精选，初清是去除小麦中的大杂，一般使用风选、筛选、磁选的设备进行，同时利用擦麦机、打麦机和刷麦机清除小麦表面的杂质，精选是依据麦粒形状不同利用精选机去除芥子、大麦、砂石等杂质的过程。水分调质是对小麦着水和润麦的过程，以增加小麦麸皮的韧性，降低胚乳的结构，减少皮层与胚乳之间的粘连，从而提高小麦制粉的工艺品质。润麦后仍有杂质存在，需要进一步清理，润麦后的清理称为净麦处理。净麦处理是继续使用密度分选、磁选、筛选等设备再配合打麦、擦麦、刷麦机进行。此外，由于小麦原料品种很多，结构各异，在制粉之前还需进行小麦搭配，即将不同小麦原料按一定的比例混合搭配，以提高加工效果并保证面粉的质量。

入磨净麦要求不含金属杂质，所含尘芥质量不超过0.02%，粮谷杂质不超过0.5%，灰分降低不少于0.06%，麦粒间水分分布均匀合理，一般皮层水分与胚乳水分之比为1∶1～2∶1，硬麦的水分为15.5%～17.5%，软麦为14%～15%。

（二）小麦粉生产工艺

小麦制粉是将清理后的小麦通过研磨、筛理、打麸等工艺制成面粉的全部过程，称为粉路，其基本工艺如下。

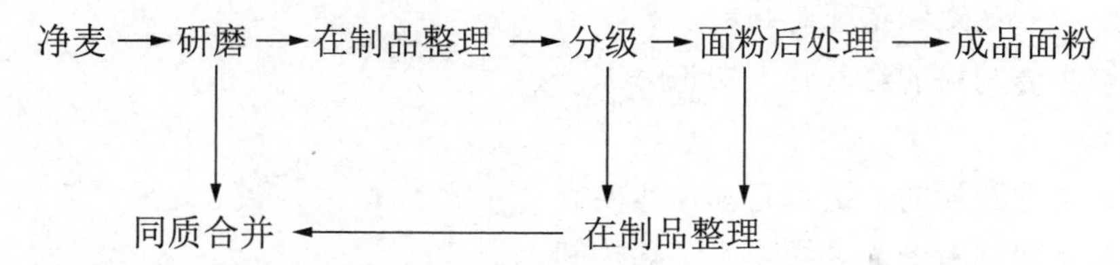

研磨主要是利用机械的挤压、剪切和撞击等作用力对小麦进行的处理，主要分两步进行，一是使麦粒破碎剥开，将胚乳从麸皮上刮下；二是将刮下的胚乳研磨成细度符合要求的面粉。

在制品是指制粉过程中的各种中间产品，主要有麸皮、粗粒、粗粉和面粉四类。为了提高生产效率，需要对在制品进行分级，可通过筛理完成。同时为提高分级效果可对物料进行松散处理，为提高出粉率可利用打麸机将黏附在后路皮层上的胚乳及时分离。其中的同质合并就是将不同系统中同类在制品合并进行统一的处理。

分级是为了分离出细度符合要求的小麦粉，避免研磨过度，并减少设备后路负荷，同时对在制品分级将物料按粒度分类处理。

面粉在包装前需要后处理以满足消费者要求，主要有配粉、品质改良和增白等。配粉是将几种面粉或不同部位的面粉进行搭配，从而生产出不同质量的专用粉；品质改良可以对面粉进行营养强化、氧化处理、还原处理、氯化处理等；增白是添加漂白剂改善面粉色泽。

（三）小麦脱皮制粉新工艺

小麦脱皮制粉是根据小麦籽粒各组成部分的营养和结构特点，在研磨前先将皮层脱去，留下胚乳及部分糊粉层构成的去皮麦粒，再根据其性质进行研磨制粉。这种制粉技术效果要明显好于传统工艺，其特点主要是粉路较短，降低了生产成本；入磨小麦比较纯净，水分调节比较方便和准确，提高了小麦粉品质和出粉率；将较多的糊粉层磨入小麦粉中，提高了小麦粉的营养价值，并改善了面粉的烘焙性能。小麦脱皮制粉技术在国内外均有大量研究，目前已有企业研制了成套小麦脱皮制粉的专用设备。

（四）小麦粉的质量标准及检测

小麦粉分为特制一等、特制二等、标准粉和普通粉四种，其质量标准见表4-4。小麦粉的检测参照国标GB 1355—1986（小麦粉）及相关标准执行。

表 4-4 小麦粉等级指标及其他质量指标

等级	加工精度	灰分(%)(以干物计)	粗细度(%)	面筋质(%)(以湿重计)	含砂量(%)	磁性金属物(g/kg)	水分(%)	脂肪酸值(以湿重计)	气味口味
特制一等	按实物标准样品对照检验粉色麸星	≤0.70	全部通过CB 36号筛，留存在CB 42号筛的不超过10.0%	>26.0	<0.02	<0.003	≤14.0	<80	正常
特制二等	按实物标准样品对照检验粉色麸星	≤0.85	全部通过CB 30号筛，留存在CB 36号筛的不超过10.0%	>25.0	<0.02	<0.003	≤14.0	<80	正常
标准粉	按实物标准样品对照检验粉色麸星	≤1.10	全部通过CQ 20号筛，留存在CB 30号筛的不超过20.0%	>24.0	<0.02	<0.003	≤13.5	<80	正常
普通粉	按实物标准样品对照检验粉色麸星	≤1.40	全部通过CQ 20号筛	>22.0	<0.02	<0.003	≤13.5	<80	正常

(五)认识实习考核要点和参考评分(表 4-5)

(1)记录认识实习过程所见所闻所想，结合专业知识撰写认识实习报告。

(2)指导教师提交认识实习教学指导工作报告一份。

表 4-5 小麦粉加工认识实习的考核要点和参考评分

序号	项目	考核内容	技能要求	评分(100分)
1	企业概况	(1)企业组织形式； (2)产品概况	(1)了解小麦粉加工企业的部门设置及其职能； (2)了解小麦粉加工企业的技术与设备状况； (3)了解小麦粉加工的产品种类、生产规模和销售范围	10
2	工艺设备	(1)主要设备； (2)主要工艺； (3)辅助设施	(1)了解小麦粉的加工工艺流程，能够绘制简易流程图； (2)能正确控制研磨和分级以及在制品整理的效果，了解主要设备的相关信息，能够收集小麦粉加工设备的技术图纸和绘制草图； (3)了解小麦粉加工企业的仓库种类和特点	15
3	企业建筑	(1)全厂平面图； (2)主要建筑特点； (3)三废及其他	(1)了解小麦粉加工企业全厂总平面布置情况，能够绘制全厂总平面布置简图； (2)了解小麦粉加工企业主要建筑物的建筑结构和形式特点； (3)了解小麦粉加工企业三废处理情况和排放要求，能够阐述原理； (4)能够制定小麦粉加工的操作规范和整改措施	15

续表

序号	项目	考核内容	技能要求	评分(100分)
4	市场调研	(1) 市场销售状况; (2) 主要产品信息	(1) 了解小麦粉主要产品的市场销售状况; (2) 能准确描述一类主要产品的品牌、原料、生产厂家、包装形式、包装材料和规格、标签内容、价格、保质期等	10
5	实习报告	(1) 格式; (2) 内容	(1) 认识实习报告格式正确; (2) 能正确记录主要产品生产工艺与要求,实习总结要包括体会、心得、问题与建议等	50

三、面制品生产技术

知识目标:

(1) 熟悉面制品加工用小麦粉的特点及加工特性。

(2) 熟悉面制品的种类和特点。

(3) 掌握面制品加工的基本原理。

(4) 了解面制品加工的基本工艺。

(5) 了解小麦粉面筋在面制品加工中的作用及要求。

(6) 了解面制品加工企业的经营管理知识。

技能目标:

(1) 认识面制品加工中的关键设备和操作要点。

(2) 了解面制品加工的工艺操作及工艺控制。

(3) 了解面制品的质量标准,掌握面制品质量的基本检验和鉴定。

(4) 能够制定面制品加工的生产规范和整改措施。

解决问题:

(1) 面制品加工原料的主要特点是什么?在加工中分别有什么作用?

(2) 面制品加工中有哪些新的干燥方式?

(一) 面制品生产原料

1. 原料的选择

面制品种类繁多,常见的有面条和方便面等。面条的生产原料主要有小麦粉、淀粉、食盐、食用碱、水、食品添加剂等,食品添加剂包括增黏剂、调味剂、着色料等,生产面条用的小麦粉为中等筋力面粉。方便面的原料与面条大致相同,只是油炸方便面需要油料,另外还有方便面的调味汤料。

2. 原料的前处理

面制品用小麦粉需存放一段时间,使面筋蛋白比例合理,才能有较好的工艺性能。一般制作面条用的小麦粉湿面筋含量为26%~32%,灰分为0.35%~0.8%,蛋白质为8%~12%,纤维素含量要尽量少。目前,已有面条专用小麦粉生产,可直接用于制作面条。其他原料如水、食盐、食碱、食品添加剂等应达到国家规定的质量和卫生标准,再根据工艺配方称量备用。

（二）面制品生产工艺

1. 面条加工工艺

面条的种类有很多，最常见的为挂面，因其生产中需要将湿面挂于杆上进行干燥，故称为挂面。制作挂面的基本方法是将原材料搅拌混合（和面）均匀，再经过放置熟化，面粉中的蛋白质吸水浸润形成面筋，从而使面粉变成具有可塑性、黏弹性和延伸性的湿面团，面条即是在湿面团的基础上通过压片、切条、干燥等工序制成，其基本工艺如下。

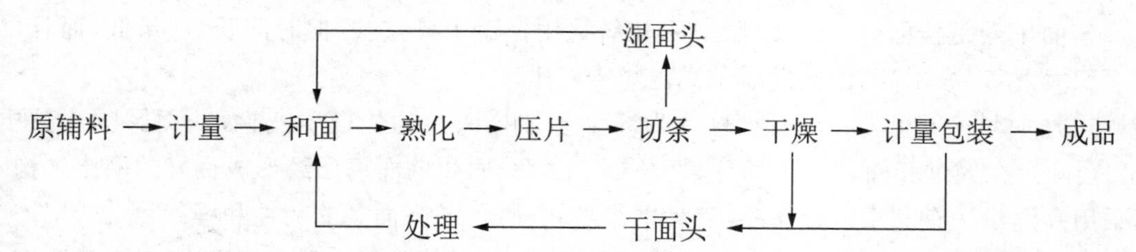

和面是在和面机内将面粉、水和其他辅料混合均匀，制成具有良好可塑性和延伸性的面团。熟化是在熟化设备内将和好的面团放置一段时间，使面团进一步成熟，面筋充分成形，以改善面团的加工性能。压片也称压延或轧压，是将熟化后的面团通过多道滚压制成一定要求的薄面片。切条是将面片切成面条的工序，即利用切面刀将薄面片纵向切开并按规定的长度切断，制成一定宽度和长度的湿面条。干燥是将湿面条送入烘房内，通过预备干燥、主干燥、最后干燥等阶段将湿面条烘干。烘干的面条借助切刀切断，制成符合包装长度的面条，切断后的面条进行称量后即可包装制成成品。

2. 方便面加工工艺

方便面作为一种方便食品，其生产过程是在成型的面条基础上通过蒸煮使面条淀粉糊化，变成熟食，再利用油炸或其他方法干燥脱水，从而制成含水量低、易保存、复水性好的熟面块，最后与调味料一起包装。按干燥工艺可分为油炸方便面、热风干燥方便面和微波干燥方便面；按包装方式可分为袋装、杯装、碗装方便面等。

油炸方便面的干燥速度快，糊化度高，具有良好的复水性，并具有油炸香味，食用很普遍。热风干燥是将蒸煮后的面条高温干燥，不使用油炸，成本较低，不易酸败，保质期长，但是它的干燥时间长，方便面的复水性差。微波干燥方便面在我国目前的市场上很少出现。油炸方便面和热风干燥方便面的基本工艺如下。

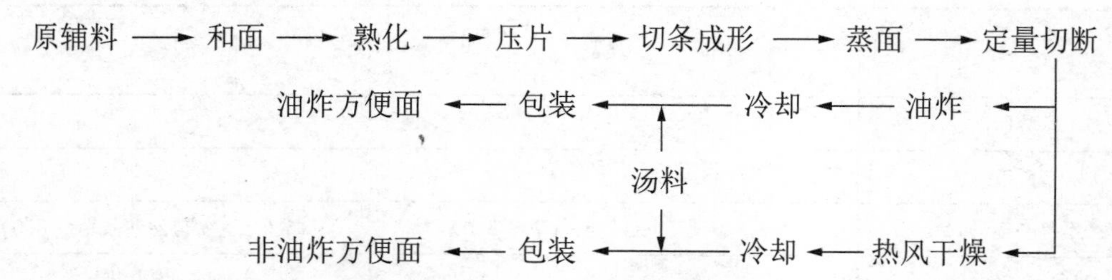

方便面的和面、熟化、压片和切条工艺与挂面的基本相似。在切条成形的过程中增加了折花（成纹）的工序，即利用成形器将切条后的直线面条折叠成波浪形面条。蒸面通过蒸面机来完成，利用蒸汽对面条加热使面条中的淀粉糊化。定量切断是将蒸熟的波浪形面

条按一定长度切断并定量定型。干燥可使用油炸或热风干燥。油炸通过油炸机进行，面块完全浸入高温油中，水分迅速气化以达到脱水的目的；热风干燥是将面块放入热风干燥机中，在热风隧道中经高温介质干燥脱水。干燥后的面块经冷却后，通过包装机连同调味汤包一起包装成袋装、杯装或碗装等形式的成品方便面。

（三）面制品生产新技术

1. 高温烘干技术

挂面干燥是挂面生产的重要工序，传统采用低温干燥方式，但时间长、产量低，而且烘房面积大，生产成本高，因此发展了高温烘干技术。

在挂面烘干过程中，人们一直认为高温会使挂面内的蛋白质变性，从而影响产品质量。实际上在经过和面、熟化、切片、切条等工序后，面团的面筋已经形成良好的网络结构，再采用高温烘干有利于蛋白质凝集，使网络结构固定，增强面条的韧性和强度。

高温烘房的设计应注意：保湿烘干原则，在增加温度的同时要增加烘房的相对湿度；合理设计烘房容量以及各烘干区段的长度并控制好烘干时间；各区段的烘干效果合理；烘房结构合理，烘房的进出口通道要小，四周应布置良好的保温材料并留有排湿孔和进气孔；热源宜采用导热油炉，各烘房区段循环吹风。

2. 微波干燥技术

方便面生产多使用油炸干燥方式，但是油炸后的面块含油量高，既影响产品的保质期也影响人体的健康。因此，非油炸方便面受到越来越多的关注，但是热风干燥的非油炸方便面复水性较差，不够方便。近年来，微波干燥技术已在方便面的生产中使用。微波干燥方便面的复水性很好，而且具有污染少、热效率高、不含油脂等优点。微波干燥是在高频电磁场的作用下使极性的水分子取向改变，并且使水分子之间相互作用，从而导致分子高速振动，产生热量使物料加热。一般在非油炸方便面中使用的电磁波频率为915 MHz。

（四）面制品的质量标准及检测

成品挂面要求色泽正常、均匀一致；气味正常、无酸味、霉味及其他异味；煮熟后口感不黏、不牙碜、柔软爽口。挂面可分为一级品和二级品，其理化指标见表4-6，其他质量标准及检测可参照LS/T 3212—1992（挂面）。

表4-6 挂面的理化指标

项目 \ 等级	一级品	二级品
水分(%)	≤14.5	
酸度	≤4.0	
不整齐度(%)	≤8.0（其中自然断条率≤3.0）	≤15.0（其中自然断条率≤8.0）
弯曲折断率(%)	≤5.0	≤15.0
熟断条率(%)	0	≤5.0
烹调损失(%)	≤10.0	≤15.0

方便面的感官要求为色泽应呈均匀的乳白色或淡黄色，无焦、生现象；滋味和气味正常，无异味；外形整齐，花纹均匀；面条复水后无明显断条、并条，口感不夹生、不黏牙；无可见杂质。方便面的理化和微生物指标见表4-7，其他质量标准及检测可参照LS/T 3211—1995（方便面）。

表4-7 方便面的理化和微生物指标

项目		指标	
		油炸面	风干面
理化指标	净含量允许偏差（每10袋面块平均值）	不得超过－3%	
	水分（%）	≤8.0	≤12.0
	脂肪（%）	≤24.0	—
	酸价（以脂肪计）（KOH），（mg/g）	≤1.8	—
	过氧化值（以脂肪计），（mmol/kg）	≤20.0	—
	碘呈色度（IOD值）	≥1.0	
	氯化钠（%）	≤2.5	
	复水时间（min）	≤4	≤6
	食品添加剂	应符合GB 2760的规定	
微生物指标	细菌总数（个/克）	≤1 000	
	大肠菌群（个/百克）	≤30	
	致病菌（肠道致病菌和致病性球菌）	不得检出	

（五）认识实习考核要点和参考评分（表4-8）

（1）记录认识实习过程所见所闻所想，结合专业知识撰写认识实习报告。

（2）指导教师提交认识实习教学指导工作报告一份。

表4-8 面制品生产认识实习的考核要点和参考评分

序号	项目	考核内容	技能要求	评分（100分）
1	企业概况	（1）企业组织形式； （2）产品概况	（1）了解面制品加工企业的部门设置及其职能； （2）了解面制品加工企业的技术与设备状况； （3）了解面制品加工的产品种类、生产规模和销售范围	10
2	工艺设备	（1）主要设备； （2）主要工艺； （3）辅助设施	（1）了解面制品的加工工艺流程，能够绘制简易流程图； （2）能正确控制和面、熟化和压片的效果，了解主要设备的相关信息，能够收集面制品加工设备的技术图纸和绘制草图； （3）了解面制品生产企业的仓库种类和特点	15

续表

序号	项目	考核内容	技能要求	评分(100分)
3	企业建筑	(1)全厂平面图; (2)主要建筑特点; (3)三废及其他	(1)了解面制品生产企业全厂总平面布置情况,能够绘制全厂总平面布置简图; (2)了解面制品生产企业主要建筑物的建筑结构和形式特点; (3)了解面制品企业三废处理情况和排放要求,能够阐述原理; (4)能够制定面制品生产的操作规范和整改措施	15
4	市场调研	(1)市场销售状况; (2)主要产品信息	(1)了解面制品主要产品的市场销售状况; (2)能准确描述一类主要产品的品牌、原料、生产厂家、包装形式、包装材料和规格、标签内容、价格、保质期等	10
5	实习报告	(1)格式; (2)内容	(1)认识实习报告格式正确; (2)能正确记录主要产品生产工艺与要求,实习总结要包括体会、心得、问题与建议等	50

四、面包生产技术

知识目标:

(1)熟悉面包生产的原材料及其功能。

(2)熟悉面包生产的基本原理。

(3)了解面包生产的三种基本方法。

(4)了解面包生产中面团调制和发酵的重要性。

(5)了解原材料及加工工艺对面包老化的影响。

(6)了解面包生产企业管理经营知识。

技能目标:

(1)认识面包生产中的主要设备和操作要点。

(2)了解二次发酵法的基本工艺和工艺控制。

(3)培养面包质量的基本检验和鉴定能力。

(4)能够制定面包生产的操作规范和整改措施。

解决问题:

(1)酵母的用量对面包有什么影响?酵母投料时需注意什么?

(2)原材料和工艺操作如何影响面包的老化?

(3)面包生产新工艺有哪些?其效果如何?

(一)面包生产原料

1. 原料的选择

面包属于焙烤食品。焙烤食品泛指以谷物或谷物粉为主原料,经过焙烤加工工艺定型和成熟的一大类固态食品,包括很多种类,主要有面包、饼干、蛋糕、松饼、小点心等。焙烤食品多以小麦粉为主要原料，并加上油、糖、蛋、奶等一种或几种辅料焙烤而成，食用方便，已成为方便食品的重要组成部分。焙烤食品的原辅料基本类似，主要包括以下几类。

（1）面粉。我国将面粉按加工精度分为特制一等粉、特制二等粉、标准粉和普通粉四类。一般情况下焙烤食品选用前两种粉。不同的焙烤食品对面粉有不同的要求，在生产中通常以面筋的含量及质量来选择面粉或搭配面粉。生产面包的面粉要求具有较好的延伸性和弹性，生产饼干的面粉要求具有较强的延伸性和较弱的弹性，而多数糕点对延伸性和弹性要求不高，但要具有较好的可塑性。近年来我国逐步完善了专用粉的标准制定，主要的焙烤食品都有相应的专用小麦粉标准，保证了焙烤食品的原料质量，如蛋糕用小麦粉（LS/T 3207—1993）、糕点用小麦粉（LS/T 3208—1993）、面包用小麦粉（LS/T 3201—1993）等。

（2）糖。焙烤食品中使用的糖包括食用糖和糖浆，食用糖有白砂糖、绵白糖等，糖浆有淀粉糖浆、饴糖、果葡糖浆等。其中白砂糖使用最多，白砂糖的质量应符合国家标准GB 317—2006的要求。

（3）油脂。油脂包括动物油脂、植物油脂、氢化油、起酥油、人造奶油等。各种油脂的理化性质都不同，针对不同的焙烤产品，应选择不同的油脂种类，如面包宜选择猪油、起酥油，饼干和蛋糕宜选择氢化油等。

（4）酵母。酵母是一类生物膨松剂。在生产过程中，酵母利用糖类发酵产生酒精和二氧化碳，使面团起发膨松并具有弹性。酵母一般有鲜酵母、活性干酵母和速效干酵母三类。

其他的还有水、食盐、蛋及蛋制品、乳制品、膨松剂及改良剂等。水要符合国家规定的饮用水卫生标准，硬度和酸碱度符合产品要求；食盐应选择精盐和溶解速度快的盐。

具体用于面包加工的原辅料主要有面粉、酵母、水、食盐、糖、油脂、蛋品、乳品、果料、改良剂等，其中面粉多采用高筋粉或特制粉。

2. 原料的前处理

面粉、淀粉等在使用前过筛，以清除杂质。水质要改善，对水的硬度和酸碱度进行调节，使水质达到生产要求。糖、食盐需要用水溶化，过滤后再使用。奶粉、蛋粉等其他固体添加物均需用水溶解后再使用。鲜酵母或活性干酵母在使用前要进行活化。鲜酵母活化时加入酵母重量5倍的水，水温28 ℃～30 ℃；活性干酵母则加入酵母重量10倍的水，水温40 ℃～44 ℃。活化时间15～20 min，待产生大量气泡后即可用于生产。

（二）面包生产工艺

面包的生产方法有很多，目前主要有一次发酵法（直接发酵法）、二次发酵法（中种发酵法）、快速发酵法、液体面团法及冷冻面团法等，我国主要使用的是一次发酵法、二次发酵法和快速发酵法。不同的方法主要区别在于面团的调制和发酵不同，而整形后的工序基本相同。

1. 一次发酵法

一次发酵法是将原辅料一次性混合搅拌成面团，再进行一次性发酵的方法。一次发酵法的特点是生产周期短，生产效率高，能耗低，产品具有良好的发酵风味，但是发酵耐力较差，后劲不足，产品易老化。一次发酵法的基本工艺如下。

原辅料处理→面团调制→面团发酵→分割、搓圆→整形→醒发→烘焙→冷却→包装

面团调制是在和面机中将面粉和水等其他辅料一起搅拌，面粉吸水逐渐形成面团。搅拌后的面团进入发酵室发酵，发酵温度约为 28 ℃，相对湿度为 75% ～ 80%，发酵时间视酵母用量而定，如使用 2% ～ 3% 鲜酵母发酵约 2 h。分割是将发酵后的大块面团分割成均匀大小的小面团。搓圆是将分割后的面团搓成光滑的表面。整形是将面团中的二氧化碳去除，并充入新鲜空气，使面团具有良好的发酵效果。醒发在醒发室内进行，将面团放置一段时间，以获得一定的气体和弹性。醒发后的面团在烘焙炉中烘焙成具有一定色、香、味的成品，再将烘焙后的面包中心温度冷却至 32 ℃左右，即可进行包装。

2. 二次发酵法

二次发酵法是采用两次搅拌、两次发酵的方法。第一次搅拌先将部分原辅料混合形成疏松的面团，发酵好的面团称为种子面团，然后将剩余的原辅料加入进行第二次搅拌，搅拌后进行第二发酵，发酵后的面团称为主面团。二次发酵法的产品体积大、不易老化、发酵耐力好，但生产周期长，效率低，成本高。二次发酵法的基本工艺：原辅料处理→种子面团调制→种子面团发酵→主面团调制→主面团发酵→面团制作→醒发→烘焙→冷却→包装。

种子面团调制是将部分原辅料搅拌 8 ～ 10 min，控制搅拌后面团温度在 24 ℃ ～ 26 ℃。种子面团发酵的时间为 2 ～ 4 h，温度为 28 ℃ ～ 30 ℃，相对湿度为 70% ～ 75%。主面团调制是将其余原辅料投入搅拌 12 ～ 15 min。主面团的发酵时间根据种子面团与主面团的面粉量来调节，一般为 40 ～ 60 min。

3. 快速发酵法

快速发酵法的发酵时间很短，甚至不经过发酵直接进行整形和醒发等。该法生产周期较短，生产的产品质量较差、保质期不长。快速发酵的主要措施是增加酵母量和酵母营养剂，提高面团发酵温度，促进发酵的进行。快速发酵法的基本工艺：原辅料处理→面团调制→静置→分块→成型→醒发→烘烤→冷却→包装。

（三）面包生产新工艺

1. 柯莱伍德机械法

柯莱伍德法是在面粉中加入大量酵母和氧化剂进行高速搅拌，可不经过发酵而制作面团。面团在加压情况下高速搅拌，在压力释放时，面团压力骤减而迅速膨胀，从而完成发酵，高速搅拌的能耗是常规方法的 5 ～ 8 倍，但总发酵耗能并没有增加。柯莱伍德法极大地缩短了生产周期，提高了生产效率及自动化程度。柯莱伍德法的基本工艺流程：酵母发酵液→原辅料混合均匀→高速搅拌→整形→醒发→烘烤→冷却→包装。

酵母前期发酵 2 ～ 3 h，高速搅拌 3 ～ 6 min，控制搅拌后温度 28 ℃ ～ 31 ℃，中间醒发约 8 min，温度为 29 ℃。最终醒发时间约为 25 min。

2. 冷冻面团法

冷冻面团法是将面包生产中整形后的面团速冻，以便于运输和储藏，在需要时再解冻、醒发、烘烤制成新鲜面包。冷冻面团法中所用酵母的耐冻性非常重要，必须选择耐冻

性好的酵母，酵母的用量一般为面粉的3.5%～5.5%，并且多采用快速发酵法，使产品冰冻后保鲜期较长。冷冻面团法的基本工艺：原料混合→面团调制→（发酵）→整形→冷冻→包装→贮藏→解冻→醒发→烘烤→成品。

（四）面包的质量标准及检测

面包可分为软式面包、硬式面包、起酥面包、调理面包和其他面包五类，其质量标准见表4-9。面包的质量检测方法参照国标GB/T 20981—2007（面包）及相关标准执行。

表4-9 面包的感官和理化标准

项目		软式面包	硬式面包	起酥面包	调理面包	其他面包
感官指标	形态	完整，丰满，无黑泡或明显焦斑，形状应与品种造型相符	表皮有裂口，完整，丰满，无黑泡或明显焦斑，形状应与品种造型相符	丰满，多层，无黑泡或明显焦斑，形状应与品种造型相符	完整，丰满，无黑泡或明显焦斑，形状应与品种造型相符	符合产品应有的形态
	表面色泽	金黄色、浅棕色或棕灰色，色泽均匀、正常				
	组织	细腻，有弹性，气孔均匀，纹理清晰，呈海绵状，切片后不断裂	紧密，有弹性	有弹性，多孔，纹理清晰，层次分明	细腻、有弹性，多孔，纹理清晰，呈海绵状	符合产品应有的组织
	滋味与口感	具有发酵和烘烤后的面包香味，松软适口，无异味	耐咀嚼，无异味	表皮酥脆，内质松软，口感酥香，无异味	具有品种应该有的滋味和口感，无异味	符合产品应有的滋味和口感，无异味
	杂质	正常视力无可见的外来异物				
理化指标	水分（%）	≤45	≤45	≤36	≤45	≤45
	酸度（°T）	≤6				
	比容（mL/g）	7.0≤				

（五）认识实习考核要点和参考评分（表4-10）

（1）记录认识实习过程所见所闻所想，结合专业知识撰写认识实习报告。

（2）指导教师提交认识实习教学指导工作报告一份。

表4-10 面包生产认识实习的考核要点和参考评分

序号	项目	考核内容	技能要求	评分（100分）
1	企业概况	（1）企业组织形式； （2）产品概况	（1）了解面包生产企业的部门设置及其职能； （2）了解面包生产企业的技术与设备状况； （3）了解生产面包的方法、生产规模和销售范围	10
2	工艺设备	（1）主要设备； （2）主要工艺； （3）辅助设施； （4）质量检测	（1）了解面包生产工艺流程，能够绘制简易流程图； （2）能够控制面团调制和发酵的基本工作参数； （3）了解主要设备的工艺性能和效果； （4）了解面包生产过程中产品质量的控制及次产品的处理	15

续表

序号	项目	考核内容	技能要求	评分(100分)
3	企业建筑	(1)全厂平面图; (2)主要建筑特点; (3)三废及其他	(1)了解面包生产企业全厂总平面布置情况,能够绘制全厂总平面布置简图; (2)了解面包生产企业主要建筑物的整体布局、建筑结构和形式特点; (3)了解面包企业三废处理情况和排放要求,能够阐述原理; (4)能够制定面包生产的操作规范和整改措施	15
4	市场调研	(1)市场销售状况; (2)主要产品信息	(1)了解主要生产方法生产的面包的市场销售状况; (2)能准确描述一类主要产品的品牌、原料、生产厂家、包装形式、包装材料和规格、标签内容、价格、保质期等	10
5	实习报告	(1)格式; (2)内容	(1)认识实习报告格式正确; (2)能正确记录主要产品的生产工艺与要求,实习总结要包括体会、心得、问题与建议等	50

五、植物油脂生产技术

知识目标:

(1)熟悉植物油脂的种类及营养价值。

(2)掌握油料的品质及预处理的方法和意义。

(3)掌握植物油脂生产的基本原理。

(4)了解机械压榨法和溶剂浸出法制取油脂的特点、方法和流程。

(5)了解植物油脂精炼的基本工艺。

(6)了解食用植物油企业管理经营知识。

技能目标:

(1)认识植物油脂生产中的主要设备和操作要点。

(2)了解植物油脂生产工艺操作及工艺控制。

(3)了解食用植物油质量的基本检验和鉴定能力。

(4)能够制定植物油脂生产的操作规范及整改措施。

解决问题:

(1)了解油料性质,根据油料性质和产品要求选择合适的油脂制取方法。

(2)植物油脂生产中的新技术有哪些?在制取和精炼中有哪些应用?

(一)植物油脂生产原料

1. 原料的选择

植物油脂的生产原料为油料。常见油料有大豆、油菜籽、棉籽、花生、芝麻、油葵籽、亚麻籽、大麻籽、蓖麻籽、红花籽、芥籽、油茶籽、油桐籽、乌桕籽、米糠、米胚芽、玉米胚芽、小麦胚芽等,其中油桐籽、油茶籽、乌桕籽为我国特有的油料。

2. 原料的前处理

在植物油脂生产中，从原料开始到提取油脂之前的工序统称为油料的预处理，包括油料的清理、干燥、剥壳去皮、破碎、软化、轧胚、熟胚等一系列的处理。

（1）油料清理。油料的清理主要是去除油料中所含有的有机杂质、无机杂质和含油杂质等。清理原理与粮食清理相似，采用筛选、磁选、风选、比重分选等方法清理杂质。

（2）水分调节。油料的水分对油料加工有重要影响。水分调节分干燥和增湿两种，最常见的是油料干燥。干燥主要是利用对流、传导、辐射、介电等方式降低油料中的水分。干燥后要达到油料贮藏或加工中规定的含水量，如花生和菜籽为9%～10%，棉籽为10%～12%，大豆为11%～12%。

（3）剥壳和去皮。大部分油料都带壳或带皮，一般在制油之前应除去。对于花生、棉籽、油葵籽等带壳率较高的油料必须经过剥壳之后才能制油；对于大豆、菜籽等含皮油料，在需要利用植物蛋白质时，要先脱皮再制油。剥壳和去皮是利用工作面的碾搓、撞击、剪切、挤压等作用进行的，然后再利用风选、筛选等方法将仁壳、仁皮分离。剥壳去皮要达到一定的程度才不至于影响油脂的生产，如剥壳后的棉籽仁、油葵籽仁中含壳率不超过10%，花生仁中不超过1%。

（4）破碎、软化和轧坯。油料制取之前要制备生坯，即将油料轧成一定厚度的薄片，以利于油脂的浸出。对于大颗粒油料在轧坯之前要进行破碎，使油料达到一定的粒度便于轧坯。油料破碎后应均匀一致，大小适合，不出油，少出粉。一般大豆破碎程度要求为4～6瓣，花生仁为6～8瓣。

软化是利用层式软化锅或滚筒软化锅等设备调节油料的水分和温度使之变软，以便轧坯的进行。通常软化采用加热去水和加热湿润的方法，需根据油料的种类和水分含量选择操作条件。一般大豆水分为13%～14%时，软化温度应控制在70～80 ℃，软化时间为15～30 min。

轧坯是将粒状的油料轧成片状的过程，即制作生坯。轧坯要求片薄而均匀，粉末度少且不漏油。一般轧坯后大豆坯厚度小于0.3 mm，棉仁小于0.4 mm，花生仁小于0.5 mm。

（二）植物油脂生产工艺

植物油脂的生产包括油脂制取和油脂精炼两个方面。油脂制取是将预处理后的油料制取获得毛油（粗油）的过程。通常采用的制取方法有机械压榨法和溶剂浸出法。制取的毛油主要成分为脂肪酸甘油三酯的混合物，俗称中性油，此外，还含有其他非甘油三酯成分，统称为杂质。杂质包括水分、固体杂质、胶溶性杂质、脂溶性杂质、毒性物质等。油脂的精炼就是将毛油中这些杂质去除的过程。

1. 油脂制取基本工艺

油脂的制取方法主要有压榨法和浸出法两种。

压榨法是利用机械外力将油料中的油脂挤压出来制油的方法。压榨法有一次压榨和预榨两种形式。一次压榨是油料通过一次压榨后尽可能多的榨出油脂，压榨后饼中含残油一般为3%～5%，一般适合棉籽、菜籽、油葵籽、花生仁等的加工；预榨是在压榨后榨出约

70%的油脂，饼中含残油 15% ～ 18%，预榨后的饼再利用浸出法取出剩余油脂。

浸出法是利用有机溶剂对油料的料坯进行喷淋或浸泡，使油脂从料坯中被萃取出来的方法。常见的大豆、菜籽和花生制取油脂基本工艺如下。

(1) 大豆油浸出基本工艺：大豆→清理→干燥调质→破碎→脱皮→轧坯→浸出→毛油。

(2) 菜籽油预榨浸出基本工艺：菜籽→清理→软化→轧坯→蒸炒→预榨→浸出→毛油。

(3) 花生油预榨浸出基本工艺：花生→清理→剥壳→破碎→轧坯→蒸炒→预榨→浸出→毛油。

2. 油脂精炼

油脂精炼包括机械去杂、脱胶、脱酸、脱色、脱臭、脱蜡等过程。机械去杂是将毛油中混有的少量粉末、粕屑、泥沙、纤维等固体杂质去除；脱胶是脱除毛油中的磷脂、蛋白质、黏液质等胶溶性杂质的过程；脱酸是将毛油中含有的游离脂肪酸脱除；脱色是将毛油中混入的有机色素、有机降解物、色原体等色素脱除；脱臭是去除油脂在制取和加工过程中混入的异常气味；脱蜡是指通过冷却和结晶的方法将蜡质从油脂中析出的过程。大豆油、菜籽油和花生油的连续精炼基本工艺如下。

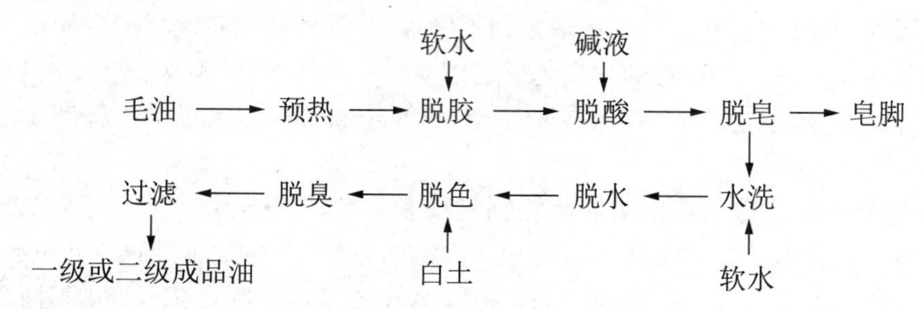

(三) 植物油脂制取新技术

1. 超临界流体萃取技术

超临界流体是指气体在高压低温的条件下呈现的流体状态。它具有介于液体和气体之间的物理化学性质，既具有类似于液体的高溶解度，也具有类似于气体的低黏度和扩散挥发性能。超临界流体萃取法制油是利用超临界流体作为溶剂对油料进行萃取分离的技术，常用的超临界流体为 CO_2。

超临界流体萃取法可分为固液萃取和液液萃取两种工艺，在油脂的制取和精炼中都可应用。固液萃取与浸出工艺类似，可用于油脂的制取工艺。液液萃取应用较广泛，多用于油脂的精炼，如从鱼油中提取 DHA，从脱臭飞溅油中分离甾醇等。

2. 酶法制油技术

在油脂制取工艺中，采用酶法降解油料组织和脂蛋白、脂多糖等复合体，可提高油脂的提取率和油脂副产品的质量。这些酶类有纤维素酶、半纤维素酶、果胶酶、淀粉酶、蛋白酶等，它们可分解细胞组织和含油脂的复合物，增加油料中油脂的流动性，从而有利于油脂的萃取。酶解温度比较温和，不仅降低了能耗，还较好地保持了油料中蛋白质的性能，达到同时制取植物油和植物蛋白的目的。

（四）植物油脂的质量标准及检测

1. 大豆油

大豆油分大豆原油、压榨成品大豆油和浸出成品大豆油三类，一般食用的是压榨成品大豆油或浸出成品大豆油，它们又可分为四个等级，其质量指标见表 4-11。大豆油的其他指标和质量检测参照国标 GB 1535—2003（大豆油）及相关标准执行。

表 4-11 压榨成品大豆油和浸出成品大豆油的质量指标

项目		质量指标			
		一级	二级	三级	四级
色泽	（罗维朋比色槽 25.4 mm）	—	—	黄≤ 70.0 红≤ 4.0	黄≤ 70.0 红≤ 6.0
	（罗维朋比色槽 133.4 mm）	黄≤ 20.0 红≤ 2.0	黄≤ 35.0 红≤ 4.0	—	—
气味，滋味		无气味，口感好	气味、口感良好	具有大豆油固有的滋味，无异味	具有大豆油固有的滋味，无异味
透明度		澄清，透明	澄清，透明	—	—
水分及挥发物（%）		≤ 0.05	≤ 0.05	≤ 0.10	≤ 0.20
不溶性杂质（%）		≤ 0.05	≤ 0.05	≤ 0.05	≤ 0.05
酸度（KOH），（mg/g）		≤ 0.20	≤ 0.30	≤ 1.0	≤ 3.0
过氧化值（mmol/kg）		≤ 5.0	≤ 5.0	≤ 6.0	≤ 6.0
加热试验（280 ℃）		—	—	无析出物，罗维朋比色：黄色值不变，红色值的增加小于 0.4	微量析出物，罗维朋比色：黄色值不变，红色值的增加小于 4.0，蓝色值的增加小于 0.5
含皂值（%）		—	—	≤ 0.03	—
熔点（℃）		≥ 215	≥ 205	—	—
冷冻试验（0 ℃储藏 5.5 h）		澄清，透明	—	—	—
溶剂残留量（mg/kg）	浸出油	不得检出	不得检出	≤ 50	≤ 50
压榨油	不得检出	不得检出	不得检出	不得检出	

注：压榨油和一二级浸出油的溶剂残留量检出值小于 10 mg/kg 时，视为未检出

2. 花生油

花生油分花生原油、压榨成品花生油和浸出成品花生油三类，常见的预压榨浸出法制取花生油的质量指标见表 4-12。花生油的其他指标和质量检测参照国标 GB 1534—2003（花生油）及相关标准执行。

表 4-12　浸出成品花生油的质量指标

项目		质量指标			
		一级	二级	三级	四级
色泽	（罗维朋比色槽 25.4 mm）	—	—	黄≤25.0 红≤2.0	黄≤25.0 红≤4.0
	（罗维朋比色槽 133.4 mm）	黄≤15.0 红≤1.5	黄≤20.0 红≤2.0	—	—
气味，滋味		无气味，口感好	气味、口感良好	具有花生油固有的滋味，无异味	具有花生油固有的滋味，无异味
透明度		澄清，透明	澄清，透明	—	—
水分及挥发物（%）		≤0.05	≤0.05	≤0.10	≤0.20
不溶性杂质（%）		≤0.05	≤0.05	≤0.05	≤0.05
酸度（KOH），（mg/g）		≤0.20	≤0.30	≤1.0	≤3.0
过氧化值（mmol/kg）		≤5.0	≤5.0	≤7.5	≤7.5
加热试验（280 ℃）		—	—	无析出物，罗维朋比色：黄色值不变，红色值的增加小于0.4	微量析出物，罗维朋比色：黄色值不变，红色值的增加小于4.0，蓝色值的增加小于0.5
含皂值（%）		—	—	≤0.03	—
烟点（℃）		≥215	≥205	—	—
溶剂残留量（mg/kg）		不得检出	不得检出	≤50	≤50

注：一二级浸出油的溶剂残留量检出值小于 10 mg/kg 时，视为未检出

3. 菜籽油

菜籽油分菜籽原油、压榨成品菜籽油和浸出成品菜籽油三类，后两类的质量指标见表4-13。其他指标和检测参照国标 GB 1536—2004（菜籽油）及相关标准执行。

表 4-13　压榨成品菜籽油和浸出成品菜籽油的质量指标

项目		质量指标			
		一级	二级	三级	四级
色泽	（罗维朋比色槽 25.4 mm）	—	—	黄≤35.0 红≤4.0	黄≤35.0 红≤7.0
	（罗维朋比色槽 133.4 mm）	黄≤20.0 红≤2.0	黄≤35.0 红≤4.0	—	—
气味，滋味		无气味，口感好	气味、口感良好	具有菜籽油固有的滋味，无异味	具有菜籽油固有的滋味，无异味
透明度		澄清，透明	澄清，透明	—	—
水分及挥发物（%）		≤0.05	≤0.05	≤0.10	≤0.20

续表

项目		质量指标			
		一级	二级	三级	四级
不溶性杂质(%)		≤0.05	≤0.05	≤0.05	≤0.05
酸度(KOH),(mg/g)		≤0.20	≤0.30	≤1.0	≤3.0
过氧化值(mmol/kg)		≤5.0	≤5.0	≤6.0	≤6.0
加热试验(280 ℃)		—	—	无析出物,罗维朋比色:黄色值不变,红色值的增加小于0.4	微量析出物,罗维朋比色:黄色值不变,红色值的增加小于4.0,蓝色值的增加小于0.5
含皂值(%)		—	—	≤0.03	—
烟点(℃)		≥215	≥205	—	—
冷冻试验(0 ℃储藏5.5 h)		澄清,透明	—	—	—
溶剂残留量	浸出油	不得检出	不得检出	≤50	≤50
(mg/kg)压榨油	不得检出	不得检出	不得检出	不得检出	

注:压榨油和一二级浸出油的溶剂残留量检出值小于10 mg/kg时,视为未检出

(五)认识实习考核要点和参考评分(表4-14)

(1)记录认识实习过程所见所闻所想,结合专业知识撰写认识实习报告。

(2)指导教师提交认识实习教学指导工作报告一份。

表4-14　植物油脂生产认识实习的考核要点和参考评分

序号	项目	考核内容	技能要求	评分(100分)
1	企业概况	(1)企业组织形式; (2)产品概况	(1)了解植物油生产企业的部门设置及其职能; (2)了解植物油企业的技术与设备状况; (3)了解植物油的产品种类、生产规模和销售范围	10
2	工艺设备	(1)主要设备; (2)主要工艺; (3)辅助设施; (4)质量检测	(1)了解植物油的生产工艺流程,能够绘制简易流程图; (2)熟悉植物油制取和精炼环节,针对不同油料能够选择合理的制取工艺; (3)了解主要设备的工艺性能和效果; (4)了解植物油生产过程中产品和副产品质量的控制	15
3	企业建筑	(1)全厂平面图; (2)主要建筑特点; (3)三废及其他	(1)了解植物油生产企业全厂总平面布置情况,能够绘制全厂总平面布置简图; (2)了解植物油生产企业主要建筑物的整体布局、建筑结构和形式特点; (3)了解植物油企业三废处理情况和排放要求,能够阐述原理; (4)能够制定植物油生产的操作规范和整改措施	15
4	市场调研	(1)市场销售状况; (2)主要产品信息	(1)了解植物油主要产品的市场销售状况; (2)能准确描述一类主要产品的品牌、原料、生产厂家、包装形式、包装材料和规格、标签内容、价格、保质期等	10

续表

序号	项目	考核内容	技能要求	评分(100分)
5	实习报告	(1)格式; (2)内容	(1)认识实习报告格式正确; (2)能正确记录主要产品的生产工艺与要求,实习总结要包括体会、心得、问题与建议等	50

六、豆制品生产技术

知识目标:

(1)熟悉豆制品的种类及其营养价值。

(2)掌握豆制品生产原辅料的选择和处理。

(3)掌握豆制品生产的基本原理。

(4)熟悉豆制品生产中凝固剂的种类、作用及使用方法。

(5)了解豆制品生产的基本工艺。

(6)了解影响豆制品生产中制浆和点浆效果的主要因素。

技能目标:

(1)认识豆制品生产中的主要设备和操作要点。

(2)了解豆制品生产工艺操作和工艺控制。

(3)了解豆制品质量的基本检验和鉴定能力。

(4)能够制定豆制品生产的操作规范和整改措施。

解决问题:

(1)普通豆腐与内酯豆腐的生产原理和工艺有哪些不同?

(2)各类豆制品对豆浆浓度的要求是多少?豆浆浓度如何影响豆制品的生产?

(3)新型豆制品的生产工艺有哪些?

(一)豆制品生产原料

1. 原料的选择

豆制品的主要原料为大豆,辅料有凝固剂、消泡剂、水等。

凝固剂主要有盐卤、石膏和葡萄糖酸内酯。盐卤是海水制盐的副产品,主要成分为氯化镁。石膏是一种矿产,主要成分为硫酸钙。葡萄糖酸内酯是一种新型酸性凝固剂,为白色结晶物,易溶于水。消泡剂主要有油脚、油脚膏、酸油、硅、有机酸树脂等。

2. 原料的前处理

大豆在加工之前要进行除杂。大豆除杂精选的方法有干选法和湿选法两种。其中湿选法在豆制品生产中应用最普遍,湿选操作中,先用水漂洗掉相对密度较小的草屑等杂质,再用分离器或水洗机去除相对密度较大的泥土、沙石等杂质。

辅料中主要是对凝固剂和水的处理。凝固剂在使用前要先配成一定浓度的溶液。豆制品水质以软水为宜,若为硬水,在使用前应软化,并且注意调节水的pH为中性或微碱性。

(二)豆制品生产工艺

豆制品是指以大豆为主要原料制作的食品。它的种类很多,一般可分为传统豆制品和新型豆制品两类。传统豆制品包括非发酵豆制品和发酵豆制品，非发酵豆制品有豆腐、豆浆、腐竹、素制品等，发酵豆制品有腐乳、豆豉、豆酱等。本节主要介绍豆腐和腐竹的生产工艺。

1. 豆腐生产工艺

传统豆腐可分为南豆腐和北豆腐两种。北豆腐是以盐卤水为凝固剂制作的豆腐，含水量较低，柔软有劲；南豆腐是通过石膏点浆制作，水分含量较高，质地细嫩。我国市售的豆腐还有内酯豆腐，它以葡萄糖酸内酯为凝固剂制作，豆腐质地细腻、味道纯正、出品率高、适合规模化生产。

豆腐的制作原理主要是基于蛋白质的亲水、凝胶、沉淀等特性，通过蛋白质变性、盐析等过程制成。普通豆腐生产的基本工艺：原料→清洗→浸泡→磨浆→滤浆→煮浆→点脑→蹲脑→成型→豆腐。

浸泡是使豆粒吸水膨胀，以利于粉碎后大豆蛋白质的提取。

磨浆、滤浆、煮浆是制作豆浆的过程。磨浆是借助机械力将浸泡好的大豆进行磨损，破坏大豆细胞组织，以利于蛋白质的浸出，形成良好的胶体溶液，即豆糊；滤浆是为了除去豆糊中的豆渣，使之成为豆浆；煮浆是通过加热使豆浆中的蛋白质变性，为点脑创造条件。

点脑和蹲脑是凝固的过程。点脑又称点浆，就是将一定量的凝固剂添加到煮熟的豆浆中，使大豆蛋白变成凝胶，即使豆浆变成豆腐脑的过程；蹲脑又称涨浆或养花，是豆腐脑凝固定型的过程。

成型包括装箱(又称上箱、上脑)，压制和切块等工序，即将凝固好的豆腐脑放入定制的型箱中，通过加压去除多余的黄浆水，再切成一定的形状即成豆腐。

内酯豆腐的生产除了应用蛋白质的性质外，还利用了葡萄糖酸内酯的水解性。葡萄糖酸内酯本身并不能使蛋白凝固，而是在分解后形成的葡萄糖酸才有凝固性，它的分解在加热条件下比较快。制作内酯豆腐时，先将豆浆冷却，再与葡萄糖酸内酯均匀混合并灌装，然后加热使大豆蛋白凝固，冷却后即成豆腐。内酯豆腐的制浆过程与普通豆腐相似，只是在煮浆之后要进行脱气，即将豆浆中的气体彻底排除，使豆腐质地细腻、口感细嫩。内酯豆腐生产的基本工艺：原料→清洗→浸泡→磨浆→滤浆→煮浆→脱气→冷却→加凝固剂混合→灌装→凝固杀菌→冷却→成品。

2. 腐竹生产工艺

腐竹是将煮熟的豆浆保温一定时间，使其表面产生软皮，挑出烘干而制成的。其制作原理是煮沸的豆浆在较高的温度下保温，浆表面水分蒸发使蛋白浓度增大，同时蛋白质胶粒的碰撞机会增加，易形成次级键，加大了聚合度，从而形成一层薄膜。随着时间的推移，薄膜变厚，到一定程度挑起烘干即可。腐竹生产的基本工艺：原料→清洗→脱皮→浸泡→磨浆→滤浆→煮浆→揭竹→烘干→包装→成品。

（三）新型豆制品生产工艺

1. 豆奶

豆奶又称豆乳，是以大豆为主要原料，可添加其他辅料加工制成的一种豆制品。豆奶的制作原理主要是利用大豆蛋白质、磷脂、油脂的功能特性。蛋白质在变性后水溶性降低，而磷脂是两性物质，油脂是疏水性物质，这些物质混合在一起，经过均质后相互之间发生作用，形成高度稳定的多元缔合体，这种缔合体均匀分散在水中形成乳状体系即成豆奶。豆奶生产的基本工艺：原料→清选→脱皮→浸泡→磨浆→滤浆→灭酶→脱臭→调制→均质→杀菌→包装。

2. 大豆蛋白

大豆蛋白主要产品有大豆蛋白粉、大豆浓缩蛋白、大豆分离蛋白等，大豆蛋白粉是直接将大豆磨成粉状的产品，制作比较简单，大豆浓缩蛋白和大豆分离蛋白的生产过程如下。

（1）大豆浓缩蛋白。大豆浓缩蛋白的蛋白质含量在65%～90%，是以脱脂豆粕为原料，除去可溶性非蛋白成分而制成的。它的生产工艺主要有醇法、酸法、热水法三种，其中醇法应用较普遍。大豆浓缩蛋白生产的基本工艺：脱脂豆粕→粉碎→浸提→分离→洗涤→干燥→成品。

（2）大豆分离蛋白。大豆分离蛋白的蛋白质含量在90%以上，生产时不仅要除去脱脂豆粕中的可溶性非蛋白成分，还要除去不溶性的高分子成分。大豆分离蛋白的生产主要以碱溶酸沉法为主，即先用稀碱溶液溶解豆粕中的蛋白质，经分离去除不溶物，再用酸调节 pH 至 4.5 左右，使蛋白质处于等电点而沉淀，最后经分离、干燥后获取成品。大豆分离蛋白的基本生产工艺：脱脂豆粕→粉碎→碱溶→一次分离→酸沉→二次分离→碱液回调→灭菌→干燥→成品。

（四）豆制品的质量标准及检测

1. 豆腐和腐竹的质量标准及检测

豆腐和腐竹类产品目前没有国标，但各地及厂家有不同的标准，大致要求如下。

（1）感官指标。豆腐感官要求洁白细腻、软硬适宜、不糊不碎、块形整齐、无异味及杂质。腐竹的感官要求色泽呈黄色或淡黄色、有豆香味、无异味、形态基本完整、无正常视力可见的外来杂质。

（2）理化及微生物指标。理化及微生物指标见表 4-15。

表 4-15　豆腐和腐竹的理化及微生物指标

	项目	标准		
		北豆腐	南豆腐	腐竹
理化指标	水分(%)	≤85%	≤90%	≤10
	蛋白质(%)	≥7%	≥5%	≥40
	脂肪(%)	—	—	≥7.5
	总砷(以 As 计),(mg/kg)	≤0.5		
	铅(以 Pb 计),(mg/kg)	≤1.0		
	硒(以 Se 计),(mg/kg)	≤0.3		—
	添加剂	按食品添加剂标准执行，不得使用如甲醛、次硫酸氢钠（吊白块）、硼砂、硫酸铝钾、硫酸铝铵、漂白剂等添加剂		

续表

项目		标准		
		北豆腐	南豆腐	腐竹
微生物指标	菌落总数(cfu/g)	≤ 750		—
	大肠杆菌群(MPN/100 g)	≤ 150		—
	致病菌	不得检出		—

2. 豆奶的质量标准及检测

豆奶的质量标准及检测可依据我国行业标准 QB/T 2132—2008（植物蛋白饮料、蛋奶(豆浆)和豆奶饮料)执行。豆奶应具有反映产品特点的外观及色泽,允许有少量沉淀和脂肪上浮,无正常视力可见外来杂质,无异味。

3. 大豆蛋白的质量标准及检测

大豆蛋白的质量标准及检测可依据我国标准 GB/T 20371—2006（食品工业用大豆蛋白)执行。基本要求是大豆蛋白的水分含量不应超过 10%,灰分含量不超过 8%,脂肪含量根据工艺需要控制。

(五)认识实习考核要点和参考评分(表 4-16)

(1) 记录认识实习过程所见所闻所想,结合专业知识撰写认识实习报告。

(2) 指导教师提交认识实习教学指导工作报告一份。

表 4-16　豆制品生产认识实习的考核要点和参考评分

序号	项目	考核内容	技能要求	评分(100 分)
1	企业概况	(1) 企业组织形式; (2) 产品概况	(1) 了解豆制品企业的部门设置及其职能; (2) 了解豆制品企业的技术与设备状况; (3) 了解豆制品的产品种类、生产规模和销售范围	10
2	工艺设备	(1) 主要设备; (2) 主要工艺; (3) 辅助设施; (4) 质量检测	(1) 了解豆制品的生产工艺流程,能够绘制简易流程图; (2) 熟悉豆制品生产制浆和点浆环节,掌握各类豆制品中凝固剂的使用; (3) 了解豆制品生产主要设备的工艺性能和效果; (4) 了解豆制品生产过程中产品质量的控制	15
3	企业建筑	(1) 全厂平面图; (2) 主要建筑特点; (3) 三废及其他	(1) 了解豆制品生产企业全厂总平面布置情况,能够绘制全厂总平面布置简图; (2) 了解豆制品生产企业主要建筑物的整体布局、建筑结构和形式特点; (3) 了解豆制品企业三废处理情况和排放要求,能够阐述原理; (4) 能够制定豆制品生产的操作规范和整改措施	15

续表

序号	项目	考核内容	技能要求	评分(100分)
4	市场调研	(1)市场销售状况; (2)主要产品信息	(1)了解豆制品主要产品的市场销售状况; (2)能准确描述一类主要产品的品牌、原料、生产厂家、包装形式、包装材料和规格、标签内容、价格、保质期等	10
5	实习报告	(1)格式; (2)内容	(1)认识实习报告格式正确; (2)能正确记录主要产品的生产工艺与要求,实习总结要包括体会、心得、问题与建议等	50

第二节　粮油食品加工企业岗位参与实习

一、稻谷加工岗位技能综合实训

实训目的:

(1)加深学生对稻谷加工基本原理的理解。

(2)掌握大米、免淘米、蒸谷米的基本工艺流程及关键技术。

(3)掌握稻谷制米的主要设备和操作规范。

(4)能够处理稻谷加工中遇到的常见问题。

实训方式:

4～5人为一组,以小组为单位。从选择原料和加工设备开始,利用各种原辅材料的特性及生产原理,生产出质量合格的产品。要求学生掌握稻谷加工的基本工艺流程,抓住关键操作步骤。

(一)稻谷的加工

1. 主要设备

(1)砻谷机。砻谷机主要由进料、脱壳、传动、谷壳分离等部分组成。进料部分有进料斗、喂料及调节控制机构,进料斗用来存储物料并可调节流量,喂料及调节机构是将物料以一定的速度投入轧区,投料速度要快,工艺效果才好,谷粒的厚度以单层谷粒厚度为佳。脱壳由辊筒完成,辊筒由铁圆筒和其上的弹性材料构成,弹性材料常用橡胶和聚氨酯,由橡胶制成的称为胶筒。

砻谷效果一般以脱壳率、稻谷含粮量、砻下物含壳量等评价,其中稻壳含粮量应小于30粒/千克,砻下物含壳量应小于0.8%,籼稻脱壳率为75%～85%,粳稻脱壳率为80%～90%。一般胶辊砻谷机处理籼稻的工艺参数为两辊速度为14～16 m/s和11～13 m/s,线速差为2.3～2.6 m/s,辊压约为5 kg/cm,单位辊长流量为140～160 kg/cm。

(2)谷糙分离设备。谷糙分离设备主要由进料、分离、调节和传动等四部分组成。进料部分主要用于喂料、匀料、调节流量以及兼作除大杂用；分离部分为谷糙分离设备的主要功能部分，主要分为筛理谷糙分离、重力谷糙分离和弹性谷糙分离装置；调节部分可针对转速、工作面倾角、冲程及流量等进行调节，不同种类的设备，调节部分不同；传动部分主要利用三角带转动以带动设备运转。

谷糙分离效果一般以净糙含谷量、回砻谷含糙量、回流量、净糙米质量等评价。其中净糙含谷量不超过40粒/千克，回砻谷含糙量不超过10%，回流量即为返回设备中物料的量，一般为净糙产量的40%～50%，净糙米中含杂总量不超过0.5%。

（3）碾米机。碾米机的种类很多，按碾米原理可分为碾削型碾米机、擦离型碾米机和混合型碾米机。就结构而言，碾米机主要由进料机构、碾白室、出料机构、传动机构及机架构成，若为喷风碾米机还应有喷风机构。

进料机构一般含有进料斗、流量调节机构和螺旋输送器。碾白室是碾米机的主要功能部件，一般由碾辊、米筛、米刀（即压筛条）构成。出料机构一般由出料口和出口压力调节器组成，出料方式有径向和横向两种，压力调节是针对出料口压力的调节，以改变碾白压力使机内外压力平衡。喷风机构一般由风机、进风套及喷风管道组成，不同喷风管道进风方式不同，可分为轴进风、辊进风等，辊进风因阻力小，进风面积大而被广泛使用。

2. 稻谷制米的工艺流程

根据GB/T 26630—2011大米加工企业良好操作规范，大米加工基本工艺流程如下。

净谷→砻谷脱壳→谷壳分离→谷糙分离→净糙米→碾米→擦米→凉米→分级→抛光→成品大米

3. 稻谷制米的操作要点

稻谷制米的工艺流程包括砻谷及砻下物分离、碾米、成品整理，其操作要点如下。

（1）砻谷及砻下物分离。这一阶段有三步：砻谷、稻壳分离和谷糙分离，基本工艺如下。

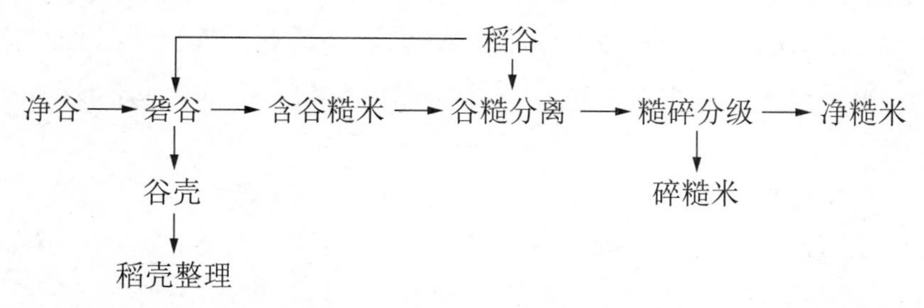

根据稻谷的脱壳方式，砻谷的方法有挤压搓撕脱壳、端压搓撕脱壳和撞击脱壳三种方法。挤压搓撕脱壳是指稻谷两侧面受到不同速度的工作面挤压、搓撕作用而脱去稻壳的方法，该法常应用于胶辊砻谷机，工作时胶辊线速差为2.0～3.2 m/s，线速和不宜超过30 m/s。端压搓撕脱壳是指稻谷两个顶端受到不同速度的工作面挤压、搓撕作用而脱去稻壳的方法，该法常应用于沙盘砻谷机，上盘不动，下盘以20～25 m/s线速转动。撞击脱壳是指高速运动的稻谷受到固定工作面的撞击力和摩擦力而脱壳的方法，该法常应用于离心砻谷机，机器上的旋转甩料盘可以将稻谷加速甩出。

稻壳分离及收集一般在砻谷机后段进行。分离方式主要有离心沉降和重力沉降两种。

离心沉降是利用气流使物料悬浮进入离心分离器,在离心力和重力的共同作用下分离稻壳;重力沉降是利用气流将物料带入沉降室后突然减速,使稻壳失去悬浮力而依靠自身重力沉降的方法。

谷糙分离是利用稻谷和糙米的性质差异加以分离的,在运动中稻谷上浮,糙米下沉,下沉的糙米充分接触筛面或工作面,并穿过它们而得到分离。

(2) 碾米。碾米的基本方法是物理碾制,即利用机械设备产生的物理作用力对糙米碾白的方法。按碾白的主要作用力不同,可分为摩擦擦离碾白和碾削碾白两种。擦离碾白是依靠谷粒之间和谷粒与碾白构件之间强烈的摩擦力,使糙米皮层沿着胚乳表面产生相对滑动并被拉伸或断裂而去除。这种碾白方式需要很高的压力才能达到足够碾白的摩擦力,一般机内平均压力为 200～1 000 g/cm^2,因此易产生碎米。碾削碾白是利用高速转动的金刚砂碾辊对糙米皮层施加的碾削力作用将皮层不断削离的方法。这种碾白所需压力不大,一般为 50 g/cm^2,产生的碎米较少,但经过砂碾辊碾削的米粒表面光洁度和色泽都较差。两种碾白方式各有利弊,在实际生产中,通常结合这两种碾白方式同时进行碾白,称为混合碾白,以发挥各自的碾白优势。

(3) 成品整理。成品整理通常包括擦米、凉米、白米分级、抛光、色选等工序。

擦米是擦掉在碾白过程中黏附在大米上的米糠或杂质等。擦米主要利用摩擦力来完成,要求经擦米产生的碎米不超过 1%,含糠量不超过 0. 1%。

凉米是为了降低大米经碾展和擦米后形成的高温。凉米的方法是通用室温空气作为介质来降低大米的热量,可以用喷风、气力输送或自然冷却等方式。凉米后的米粒温度应下降 4 ℃～7 ℃,爆腰率不超过 4%。

白米分级是利用米粒的长度大小不同分离出超过质量标准的碎米或将白米按不同含碎等级分开。

抛光是为了生产高质量精洁米而进行的一道工序,普通大米也可以抛光。抛光的原理实际上是湿法擦米,将适量的水喷于白米表面,去掉残存的糠粉,根据工艺要求还可在一定温度下,将米粒表面淀粉胶质化,使之更加光洁晶亮。抛光后大米的增碎率不应超过 0. 5%。

4. 蒸谷米的操作要点

蒸谷米工艺流程与普通大米加工的不同之处主要在于砻谷之前的稻谷处理,增加了浸泡、蒸煮、干燥与冷却几个工序,具体有以下操作要点。

(1) 浸泡。浸泡是将稻谷吸水体积膨胀的过程。一般采用热水浸泡以缩短浸泡时间,籼稻浸泡水温为 72 ℃～76 ℃,粳稻不应超过 70 ℃,浸泡时间控制在 3～4 h,含水量为 34%～36%。

(2) 蒸煮。蒸煮一般利用蒸汽进行,可分为常压蒸煮、加压蒸煮和真空蒸煮,我国通常采用 2～2. 2 kg/cm^2 的蒸汽压力蒸煮约 2 min。

(3) 干燥与冷却。蒸煮后的稻谷温度高达 100 ℃,含水量也达到 34%～36%,需要进行干燥和冷却。目前,我国主要采用急剧强化干燥的方法,急剧干燥是为了防止糊化的淀粉老化,以提高蒸谷米的品质。

5. 常见问题分析

（1）稻谷制米中碎米控制问题。原料稻谷对碎米率影响很大，优质品种的稻谷与其他稻谷的精米率之差可达10%。同时在稻谷的种植、收割、干燥和储藏等管理环节进行合理控制，如收割过晚就会增加爆腰率，碎米也就更多。

此外，加工工艺的调整可有效控制碎米率，主要表现在：保持稻谷在各个工序或设备中的流量平衡；控制砻谷机的脱壳率，控制碾削程度，抗性较差的糙米可采用多级轻碾；合理选择分级工艺，根据物料物理性质不同选择适当的分级方法；注意加工环节的温湿度变化，防止剧烈变化而产生爆腰；改善设备性能或改用高新设备，提高操作人员的操作和管理水平。

（2）稻谷爆腰控制问题。爆腰是指稻谷或米粒在胚乳上产生横向或纵向的裂纹，爆腰粒在加工和运输过程中易变成碎米，导致出米率低。降低爆腰的措施主要有：合理选择收割时间、干燥条件和储藏环境，如采用稻谷专用干燥系统，将稻谷预烘干至16%的含水率，可降低2%的爆腰率；合理选配设备，科学制定工艺，如采用低辊压分级砻谷、糙米调色、多级轻碾等；加强科学管理。

（3）稻谷的适度加工问题。近年来，受市场消费误区的影响，大米的品质过分追求白度、光亮度等表观指标，而忽略了其营养价值，导致稻谷的过度加工。过度加工不仅降低了大米的营养成分，还增加了成本和能耗，污染了环境。我国应引导粮油加工业向安全、优质、营养、方便的加工方向发展，倡导科学、合理的适度加工，保留大米的营养价值，降低能耗。

6. 注意事项

（1）注意原料稻谷的选择，生产蒸谷米的稻谷需新鲜，并注意选择同地区、同品种稻谷加工，避免不同稻谷混合加工。

（2）蒸谷米砻谷前注意浸泡的效果，合理控制浸泡温度和时间以及浸泡后的稻谷含水量。

（3）蒸谷米加工要注意掌握好蒸煮时间，蒸煮时间取决于蒸煮压力和温度，常压和高压蒸煮所需时间不同，需要严格把握。

（4）蒸谷米的干燥和冷却条件严重影响稻谷的爆腰率，应选择适宜的干燥温度和冷却速度。

（5）注意糙米碾白的操作，可适度加工保留营养成分。

（二）质量标准

1. 原料的质量标准

GB 1350—2009　稻谷

GB/T 17891—1999　优质稻谷

GB/T 22499—2008　富硒稻谷

2. 大米的质量标准

GB 1354—2009　大米

GB/T 18810—2002　糙米

NY/T 419—2007　绿色食品 大米

NY/T 595—2013　食用籼米

NY/T 594—2013　食用粳米

3. 其他稻谷加工产品的质量标准

GB/T 2652—2004　方便米粉(米线)

SN/T 0395—1995　出口米粉检验规程

SB/T 10652—2012　米饭、米粥、米粉制品

NY/T 1512—2007　绿色食品生面食、米粉制品

(三)岗位参与实习考核要点和参考评分(表 4-17)

(1)以书面形式每人提交岗位参与实习报告。

(2)按照小组提交岗位参与实习过程、实习每日记录和讨论一份。

(3)指导教师提交岗位参与实习教学指导工作报告一份。

表 4-17　稻谷加工岗位参与实习的考核要点和参考评分

序号	项目	考核内容	技能要求	评分(100 分)
1	准备工作	(1)准备、检查设备; (2)实训场地清洁	(1)能准备、检查必要的加工设备; (2)对实训场地清洁	5
2	原料处理	(1)原料保藏; (2)预处理	(1)熟悉稻谷保藏的要求,掌握稻谷的保藏方法; (2)掌握稻谷清理的要求和方法	10
3	砻谷及砻下物分离	(1)砻谷要求和操作; (2)砻下物分离要求和操作	(1)掌握砻谷及砻下物分离的方法和步骤; (2)掌握砻谷机的操作,能够获得良好的砻谷效果和糙米品质	10
4	碾米	(1)碾米的步骤; (2)碾米的设备和操作	(1)掌握糙米碾制的方法、要求和工艺流程; (2)掌握碾米机的操作,能够调控碾米机工艺参数,获得良好的碾制效果	10
5	成品整理	(1)成品整理的步骤; (2)成品整理的要求和操作	(1)掌握成品整理的步骤,熟悉擦米、凉米、白米分级、抛光、色选等工序的操作要求; (2)掌握成品整理各阶段所使用的设备及其操作,能够控制关键操作参数	10
6	质量评定	(1)必检项目; (2)感官检验	(1)能够独立操作碎米、黄粒米、水分、加工精度等的检验; (2)质量指标符合表 4-1 的标准	5
7	实训报告	(1)格式; (2)内容	(1)实训报告格式正确; (2)能正确记录生产现象,实训数据和报告内容正确、完整	50

二、小麦粉加工岗位技能综合实训

实训目的:

(1)加深学生对小麦制粉基本理论的理解。

（2）掌握小麦制粉的基本工艺流程。

（3）熟悉小麦制粉的主要设备及操作规程，掌握小麦制粉的主要控制点和关键技术。

（4）掌握小麦制粉的主要质量问题的解决方法。

实训方式：

4～5人为一组，以小组为单位。从选择原料和加工设备开始，利用各种原辅材料的特性及生产原理，生产出质量合格的产品。要求学生掌握小麦制粉的基本工艺流程，抓住关键操作步骤。

（一）小麦粉的生产

1. 主要设备

（1）磨粉机。现阶段使用的多为辊式磨粉机，其工作原理是利用一对相向差速转动的磨辊对物料进行挤压和剪切，使小麦粒破碎并被研磨成细粉。辊式磨粉机主要由磨辊、喂料装置、控制调节装置、传动装置、吸风装置、清理装置、出料装置及机身构成。在小麦加工企业中常采用含有两对以上磨辊的磨粉机进行生产，以提高生产效率，这种磨粉机称为复式磨粉机，一般有四磨辊和八磨辊两种。

（2）平筛。平筛是将研磨后的物料进行筛理分级的设备，其结构主要包括进出料装置、筛箱、压紧装置、转动和调挂装置等。平筛的筛箱是其主体，一般被分隔成多个独立的工作单元，每个单元组成一个仓，常见的有4仓、6仓和8仓平筛。每个仓由多层筛格按一定的筛理顺序组合而成，一般可叠加20～30层的筛格。在筛格内部和外侧分布着内通道和外通道，通道下面是出料底格，物料经筛理经内、外通道落入底格。

（3）清粉机。清粉机用于精选粗粒和粗粉，具有提净和分级的功能。清粉机是利用物料的气体力学性质和粒形大小进行工作的。工作方式是在振动电机的带动下使筛面做往复抛掷运动，当物料落入其中时，上升的空气穿过筛孔和料层使物料形成一种流体，在流动过程中因密度不同自上而下自动分级，最下层为最小的纯肧乳颗粒，最上层为质量较轻的麦皮。

2. 小麦制粉工艺流程和操作要点

小麦的制粉工艺流程称为粉路，目前按物料的种类和处理方式，粉路先后可分为皮磨系统、渣磨系统、清粉系统、心磨系统和尾磨系统，各系统有各自的功能，分别处理不同的物料。

（1）皮磨系统。皮磨系统的前路主要是将麦粒破碎，刮下肧乳，提取粗粒、粗粉，并尽量保持麸片（带有肧乳的麦皮）的完整；后路皮磨则是刮净麸片上残留的肧乳。

小麦加工中要使用多道皮磨系统，加工硬麦一般为4道，软麦为5道。皮磨系统的磨辊接触长度决定磨粉机的生产能力，以24 h加工100 kg物料所需的接触长度表示，一般加工低精度面粉的接触长度为8～10 mm/（100 kg·24 h），高精度面粉为11～14 mm/（100 kg·24 h）。皮磨系统技术参数的选择原则一般是筛网宜前稀后密、上稀下密，磨辊转速宜前高后低，齿数宜前稀后密，斜度宜前小后大，齿顶平面宜前宽后窄，一般情况下前路快速磨辊为550～600 r/min，后路为500～550 r/min，速比为2.5∶1。皮磨系统的总剥刮率为85%～88%，总出粉为10%～20%。

（2）渣磨系统。渣磨系统是将从皮磨系统提出的大粗粒或清粉系统提出的麦渣（粘有麦皮的胚乳粒）中的麦皮和胚乳分离，经过筛理回收质量好的面粉，并提取麦心和粗粉进入心磨系统制取面粉。

渣磨系统一般设为2～3道，其磨辊接触长度一般为0.8～1.2 mm/（100 kg·24 h），占全部磨粉机磨辊总长的7%～10%。渣磨系统的总取粉率一般为5%～25%。加工硬麦的渣磨系统流程一般为先清粉后入渣，加工软麦为先入渣后清粉。

（3）清粉系统。清粉系统是利用风筛作用将皮磨、渣磨系统分离出的麦渣、麦心、粗粒和粗粉进行精选，按品质分成麦皮、黏麸麦皮的胚乳和纯胚乳粒，再送入相应的研磨处理系统。一般清粉系统中粗麦心和小粗粒的筛出率均为80%～85%，灰分降低率为20%～25%。

（4）心磨系统和尾磨系统。心磨系统是将之前三个系统中提出的较纯的胚乳粒磨细成粉，并尽量降低麦皮和麦胚的破碎，再通过筛理获得符合要求的面粉，并将分离出的小麸片送入尾磨系统，麦心送入下道心磨。心磨系统的中后路一般设置2道尾磨系统，用于专门处理之前四个环节提出的细小麸片及部分小的黏麸粉粒，再将麦心筛选出来送入中后路的心磨系统。

一般加工高精度面粉需要6～8道心磨系统，1～2道尾磨系统。心磨和尾磨系统的接触长度一般为5～7 mm/（100 kg·24 h），占整个系统总长度的40%～55%，其中前路约占25%，中路占15%，后路占5%～10%。在总出粉率为72%～74%的制粉中，心磨和尾磨系统的取粉率为50%～55%。

3. 关键控制点

（1）研磨：研磨是小麦制粉的重要工序。目前的制粉方法不只是使用单道研磨设备完成的，而是多道共同作用的，研磨工序贯串于整个制粉工艺中。依据研磨效果和作用的不同便形成了不同研磨系统，如皮磨、渣磨、心磨等。研磨工序的操作应注意喂料系统、磨辊参数、轧距等的调节。

（2）筛理：筛理是将制粉过程中的中间产品按粒度或质量进行分级，并根据同质合并的原则投入不同工序中分别处理，以保证研磨效果。筛理需要依据制粉工艺流程中各个系统研磨的物料特性来合理选择筛面和筛路，使物料得以有效分离，如前路皮磨系统物料容重大，粒形大小差距大，自动分级性能好，而心磨系统的物料粒形小，大小相差不大，但含粉多，应以筛粉为主。

（3）清粉：清粉是将皮磨、渣磨系统筛理分级后的粗粒和粗粉进行精选，将麦皮和胚乳进一步分离，提高进入心磨系统的胚乳颗粒纯度。清粉主要利用风选进行，粗粒、粗粉以及灰分等在一定风速下的悬浮速度不同而得以分离。

4. 常见问题分析

（1）小麦的水分调节。水分调节是保证面粉质量的必须工序，包括着水、水分分散和润麦等过程。为了达到合理的水分分布，必须合理调节水分的着水温度、加水量和静置时间。

水温一般分为室温（小于40 ℃）、温水（46 ℃）和热水（46 ℃～52 ℃）三类，高水温可以缩短静置时间，但成本高，一般采用的是室温水分调节。加水量主要受到小麦原始含水量、品种、外界环境以及小麦粉对水分的要求的影响。静置时间与麦粒温度、原始含水量、蛋白质含量、硬度以及渗透路线相关。

（2）粉路设计。粉路的设计主要根据产品的质量要求、同质合并、流量平衡、连续灵活、节约成本等原则进行。产品要求决定粉路的简繁和长短；同质合并将相近物料合并处理，简化粉路；流量平衡在于负荷的合理分配；连续灵活是保持工艺的连续性并根据产品和环境等因素可灵活变动工艺。

5. 注意事项

（1）小麦前处理工序较多，较复杂，注意根据杂质种类合理安排工艺。

（2）注意小麦的搭配，保证操作时的稳定以及面粉的质量和出粉率。

（3）注意研磨时保持轧距吸风通道畅通，以保证磨辊的散热要求以及防止粉尘外逸，同时注意磨辊的质量，要及时更换。

（4）注意喂料的操作，喂料系统必须保持高度灵敏性，保持有料合闸，无料离闸，但需避免因物料在进料筒内高度差异引起频繁离合闸。

（5）研磨机的磨辊要及时清理，防止物料黏附，形成粉圈，既影响粉碎效率，也影响小麦粉的质量。

（6）注意各个系统中筛理过程的要求和操作，要充分利用筛理空间，保证各分级物料的筛净度，前路心磨是主要出粉工序，粉筛要长，并需配置分级筛将麸屑分离。

（7）清粉中注意控制清粉机流量，并保证同系统清粉机的均衡，防止流量过大引起料层过厚或流量过小导致不能良好分级，从而使清粉效果降低。

（二）质量标准

1. 原料的质量标准

GB 2715—2005　粮食卫生标准

GB 1351—2008　小麦

GB/T 17892—1999　优质小麦 强筋小麦

GB/T 17893—1999　优质小麦 弱筋小麦

NY/T 421—2012　绿色食品 小麦及小麦粉

2. 小麦粉的质量标准

GB 1355—1986　小麦粉

GB 8608—1988　低筋小麦粉

GB 8607—1988　高筋小麦粉

GB/T 21122—2007　营养强化小麦粉

GB/T 17892—1999　优质小麦强筋小麦

GB/T 17893—1999　优质小麦弱筋小麦

LS/T 3203—1993　饺子用小麦粉
LS/T 3204—1993　馒头用小麦粉
LS/T 3207—1993　蛋糕用小麦粉
LS/T 3208—1993　糕点用小麦粉
LS/T 3201—1993　面包用小麦粉
LS/T 3205—1993　发酵饼干用小麦粉
LS/T 3209—1993　自发小麦粉
LS/T 3206—1993　酥性饼干用小麦粉
LS/T 3202—1993　面条用小麦粉
NY/T 421—2012　绿色食品小麦及小麦粉

（三）岗位参与实习考核要点和参考评分（表 4–18）

（1）以书面形式每人提交岗位参与实习报告。

（2）按照小组提交岗位参与实习过程、实习每日记录和讨论一份。

（3）指导教师提交岗位参与实习教学指导教师工作报告一份。

表 4-18　小麦粉生产岗位参与实习的考核要点和参考评分

序号	项目	考核内容	技能要求	评分（100 分）
1	准备工作	（1）准备、检查设备；（2）实训场地清洁	（1）能准备、检查必要的加工设备；（2）对实训场地清洁	5
2	原料处理	（1）原料选择和保藏；（2）预处理	（1）能够识别小麦的品质，掌握小麦的保藏方法；（2）掌握小麦清理、水分调节、搭配的方法和操作	10
3	研磨	（1）研磨的方法和要求；（2）研磨的设备和操作	（1）掌握皮磨、渣磨、心磨及尾磨系统中研磨的要求和工艺流程；（2）掌握研磨设备的操作和提高研磨效果的工艺控制	10
4	筛理	（1）筛理的方法和要求；（2）筛理的设备和操作	（1）掌握研磨的筛理要求和工艺流程；（2）掌握筛理后各分离物的处理方式；（3）掌握筛理设备的操作和工艺控制	10
5	清粉	（1）清粉的方法和要求；（2）清粉的设备和操作	（1）掌握清粉的要求和工艺流程；（2）掌握清粉设备的操作和工艺控制	10
6	质量评定	（1）必检项目；（2）感官检验	（1）能够独立操作小麦粉加工精度、灰分、粗细度、面筋质含量、水分、脂肪酸值的检测；（2）小麦等级指标符合表 4-5 的标准	5
7	实训报告	（1）格式；（2）内容	（1）实训报告格式正确；（2）能正确记录生产现象，实训数据和报告内容正确、完整	50

三、面制品加工岗位技能综合实训

实训目的：

（1）加深学生对面制品加工基本理论的理解。

（2）掌握面制品加工的基本工艺流程。

（3）熟悉面制品加工的主要设备及操作规程，掌握面制品加工的主要控制点和关键技术。

（4）掌握面制品加工主要质量问题的解决方法。

实训方式：

4～5人为一组，以小组为单位。从选择原料和加工设备开始，利用各种原辅材料的特性及生产原理，生产出质量合格的产品。要求学生掌握面制品生产的基本工艺流程，抓住关键操作步骤。

（一）面制品的生产

1. 参考配方

（1）挂面（以添加物占面粉的百分比表示）。面粉100%，水25%～32%，精制盐2%～3%，食用碱0.15%～0.2%，鲜蛋10%或蛋粉2.5%，鲜奶14%～25%，味精0.5%～1%。注意鲜蛋、鲜奶可代替一部分和面用水。

（2）油炸方便面（以添加物占面粉的百分比表示）。面粉100%，水24%～33%，精制盐1.4%～2%，食用碱 0.1%～0.3%，增稠剂（羧甲基纤维素钠、变性淀粉、瓜尔豆胶等）0.2%～0.4%。

2. 主要设备

（1）和面机。和面机是制面中最主要的设备之一。和面机分常压和面机和真空和面机两大类，目前使用最多的为常压和面机。常压和面机包括卧式和面机和立式和面机，前者的搅拌容器轴线和搅拌器回转轴线均处于水平位置，后者的搅拌容器轴线沿垂直位置。卧式和面机主要由搅拌器、搅拌容器、转动和翻转装置及机身等组成，结构简单，占地面积大，按搅拌轴的数量可分为单轴式和双轴式两种，双轴式高效低耗而被广泛采用。卧式曲线状搅拌杆和面机是我国引进日本的专用设备，水平先进，其特点是仿照手工和面原理设计，装有两个经特殊设计的对称的不锈钢搅拌器，搅拌时犹如手工和面，速度慢，还能对面团起到压、捏、拌、翻等作用。

（2）压片机。压片机为复合压延机，是由复合机和压延机组成的设备，其结构大致有喂料装置、压辊、刮刀装置、轧距调节装置、转动装置和机身等。物料经过熟化后通过喂料装置进入压片机，通过压辊的挤压，将散装物料压成面皮。压辊是压片机的主要配件，为一对直径和转速相同，相向旋转的铁制或钢制圆筒。

（3）切条折花成型设备。切条机主要由面刀和切断刀组成。面刀是一对并列相向的等速旋转的齿辊，可分整体式和组合式两种。整体式是带齿槽的整体件，组装容易，但加工难度大，使用寿命较短；组合式由若干大小刀片交叉装在刀轴上，刀片加工精度较高，使用寿命较长，而且可组装成不同宽度的面刀。切段刀装于面刀下方，一定的转速旋转将湿面条切断成所需长度。面刀的槽宽以公制毫米为单位，不同的挂面品种所使用的面刀槽宽不同，如制作银丝面的面刀槽宽为 1 mm，宽面为 3 mm。

生产方便面时，湿面条要经过一个特殊设计的扁长方形成型器，成型器下方装有可以变速的细孔网带，利用网带和面条的速度差使通过成型器的湿面条受到阻力而前后摆动形成波浪形面层，同时将面条逐步拉开形成波纹状花纹。

（4）蒸面机。蒸面机是加工方便面时使用的，蒸面机有高压和常压两种，常压便于连续化生产而被广泛采用，常用的蒸面机为隧道式蒸面机。按运行方式，蒸面机还可分为单层直线式和多层往复式两种，单层式一般只有一条隧道，由多节组装而成，长度较长，达到 12～30 m，多层式一般从上到下分为多个蒸汽室，并可单独供汽，长度为 5.6～10.5 m。蒸面机一般由网带、链条、蒸汽喷管、排气管、低槽、上罩、机身等组成。

（5）干燥设备。挂面干燥一般在烘房内进行，烘房主要由烘道、移动装置和干燥装置三部分组成。烘道是提供挂面干燥的场所，要有足够的容量和较高的热利用效率；移动装置由棘轮、连杆、链条、传动轴、调速器、电机、机架等组成，用于隧道内挂面的悬挂移动或输送；干燥装置由鼓风机、散热器、送风管道、排湿装置等组成，为挂面的烘干提供热源。目前常用的烘房是以蒸汽作热源的隧道式干燥法。

油炸方便面的干燥是利用油炸机进行。油炸机由主机、油加热装置、循环油泵、储油罐、过滤器等组成。主机主要包括支架、低槽、上盖、链条、模盒、型模盖、电动机等，工作中通过电机带动链条及链条上的模盒和型模盖从油锅进口到出口，进行往复运动。

3. 挂面生产工艺流程和操作要点

挂面的生产工艺流程：原辅料预处理→和面→熟化→压片→切条→湿切面→干燥→切断→计量→包装→检验→成品挂面。其操作要点有以下几点。

（1）和面：和面是揉面和搅拌的过程，在和面机中加入面粉和适量的水及辅料，通过搅拌使蛋白质和淀粉吸收形成面筋。和面后应该形成加工性能良好的面团，即面团须混合均匀，吸水充足，色泽一致，颗粒松散且粒度一致，不含生粉，手握成团，轻揉仍能保持松散的小颗粒面团。

和面时主要做到定量、定水、定时、定温。定量是小麦粉的质量、配比以及面头数量等，要求小麦粉中的湿面筋含量为 28%～32%，添加面头的数量不应超过总面粉量的 10%。定水要求根据小麦粉的性质确定加水的量，要保证蛋白质和淀粉充分吸收膨胀，一般加水量为小麦面粉重的 25%～32%。定时要在一定时间内保证蛋白质和淀粉吸水并形成良好的面团结构，一般和面时间约为 15 min，不得少于 10 min。定温要求水温的控制应使和面温度在 30 ℃左右，环境温度为 15 ℃～20 ℃。

（2）熟化：熟化是让面团自然成熟的过程，将面团加入搅拌器中在低温低速下完成熟化，以改善面团品质，提高加工性能。影响熟化效果的主要因素为搅拌速度、熟化时间和温度三个方面。搅拌速度以 5～8 r/min 为宜；熟化时间一般为 10～20 min，控制和面和熟化的总时间为 30 min 左右；熟化温度为 25 ℃左右。

（3）压片：压片的主要作用是将松散的面团轧成细密的薄片。通过多道滚扎向面团施压，使分散在面团中的蛋白和淀粉集结在一起形成更加细密分布均匀的网络结构，这样才能将面团的可塑性、黏弹性和延伸性较好地展现出来。压片是由若干对等速相向旋转的轧辊完成的，轧辊的压力大小对面片的形成有重要影响，一般以压薄率来表示，压薄率是经过一道轧辊后面片前后厚度之差与压前厚度的百分率。一般生产要经过7道辊压，两个相同厚度的面片轧压成一片时，压薄率为50%，之后每经过一道辊压，压薄率依次下降为40%、29%、24%、15%、9%。

（4）切条：切条是使用面刀和切断刀进行的。利用面刀下面的切断刀将面条切成一定长度，以利于挂面。切好的湿面条应该表面光滑，长短一致，无并条，断条少。

（5）挂机和干燥：切好的面条通过自动挂机分别挂到挂杆上，再送入干燥房内进行烘干。湿面筋中的水分有三种结合方式：化学结合、物理化学结合、机械结合，其中化学结合的水分基本上不用去除；物理化学结合的水有吸附结合水和渗透压保持水，吸附结合水变成蒸汽后再向面条外表面移动以去除，渗透压保持水在浓度差的作用下以液体形式在面条内扩散再通过蒸发去除；机械结合水是游离水，通过蒸发去除。干燥后的面条水分应达到质量标准要求，为14.5%以下。

（6）切断、计量和包装：切断是利用切刀与挂面的相对运动，在切削作用下切断挂面。切断长度一般为180～260 mm，应尽量保持长度一致，允许误差为±10 mm。切断工序是最容易产生段头的工序，一般控制段头率在挂面产量的7%以内。

计量一般采用人工称量，称量要准确，误差在规定范围内，现行的行业标准LS/T 3212—1992规定净重偏差≤±2.0%。包装要求整齐美观、卫生安全、标志完整。

4. 方便面生产工艺流程和操作要点

油炸方便面生产工艺流程：原料预处理→和面→熟化→复合压延→连续压延→切丝成型→蒸煮→定量切断→油炸→风冷→包装。其操作要点有以下几点。

（1）和面、熟化、压片：方便面的和面、熟化和压片与挂面的基本相似。和面时将除面粉之外的原材料溶于水一次性投入和面机，以达到均匀投料和方便输送的目的。方便面的静置熟化时间为30～40 min。压片对面条的复水性和面块的耐压强度有重要影响，不同的方便面对压片的厚度要求不同，其中杯装方便面要求最薄，约为0.3 mm，袋装的煮食油炸面为1～1.2 mm。

（2）切条折花成型：面片的切条与挂面工序相似。切条后要使直线的面条扭曲折叠成波纹状。面刀切割出来的面条前后往复摆动，通过特殊设计的成型器后，利用成型器中编织网线速度与面条线速度的差异使面条在运动过程中形成波浪形面层。线速度差是影响折花成型的主要因素，面条线速度与网速比一般为6～8。成型的波纹面层要求面条光滑、波形整齐、密度适中、无并条等。

（3）煮面：煮面就是将成型的波纹状面块在蒸汽的作用下煮熟的过程，即面块中的淀粉吸收一定量水分后被加热糊化（α化）以及其内的蛋白质受热变性的过程。面块的糊化程度（α化度）对产品的品质尤其是复水性有重要的影响，一般要求油炸方便面的糊化度在80%以上，非油炸方便面的糊化度在75%以上。

（4）切断折叠：蒸熟的面块具有一定的柔韧性，需要在干燥脱水之前进行定量切断并定型。切断是利用回转式切刀将面块按一定长度切成长方形面段，每段的重量一般为100 g，再将面段从中心处折叠成两层即可定型。

（5）脱水干燥：干燥是为了去除面块中的水分，以便固定面块形状。目前市场上使用的干燥方式大部分为油炸脱水。油炸干燥是将定量切断的面块置于自动油炸机链盒中，通过连续高温的油槽使面块温度迅速上升，其中所含水分快速汽化以达到脱水的目的。在油炸过程中，水分的迅速逸出促使面条内多孔性结构的形成。油炸后的面块要求色泽一致、不焦不枯、含油少、复水性好等。油炸的油温一般为 135 ℃～150 ℃，时间为 70～80 s，面条含水量从蒸面后的 33%～35%下降到 5%以下。

（6）冷却、包装：冷却一般在自然冷却或强制冷却条件下进行，冷却后的面块温度要接近室温。冷却后的产品经过检测合格后再与调料包一起进行自动包装。

6. 关键控制点

（1）和面：和面的主要影响因素有原辅料的量和配比以及和面机的工作参数等。

原辅料要保证质量，配比要恰当。面粉主要考虑湿面筋的含量和质量以及粒度等。水质要符合饮用水标准，并为软水，酸碱适度。食盐要是精制盐，其中几乎不含氯化钾、氯化镁、硫酸镁等。一般夏季气温高食盐用量多，约为面粉重量的 3%；冬季食盐用量少，约为面粉重量的 2%；春秋适中，约为面粉重量的 2. 4%。食用碱的量一般为面粉重量的 0. 1%～0. 2%。

和面机的工艺参数主要是搅拌速度及和面时间。搅拌速度影响着面筋网络结构的形成。一般使用的卧式双轴和面机转速为 70～110 r/min，而曲线搅拌杆和面机为 12～17 r/min。和面时间与搅拌速度相互关联，在一定范围内，搅拌速度低，和面时间延长，速度高则时间短，一般采用较低速度长时间的搅拌方式。

（2）蒸面：方便面的蒸面是在连续蒸面机中进行的，蒸面的效果受蒸面温度、蒸面时间以及面条含水量的影响。小麦淀粉糊化的起始温度约为 59. 5 ℃，在方便面生产中蒸面的进口温度一般为 60 ℃～70 ℃，出口温度为 95 ℃～100 ℃。为了保证糊化度在 80%以上，一般蒸煮时间控制在 90～120 min。面块的含水量也与糊化度正相关，和面时加水率为 40%时，蒸面糊化度可达 91%，但是和面时加水过大对面块成型不利。另外，面块的粗细和厚薄也对蒸面效果产生影响。

（3）干燥：挂面的干燥过程可分为预干燥阶段、主干燥阶段和最后干燥阶段，也可分为冷风定条、保潮发汗、升温降潮和降温散热四个阶段。

冷风定条是预备阶段，一般使用室温空气，并适当排潮。该阶段的相对湿度一般为 85%～90%，空气温度一般低于车间温度 1 ℃～5 ℃，干燥时间约占总干燥时间的 25%，挂面水分由 30%～31%下降至 27%～28%，当相对湿度大于 95%或空气温度小于 10 ℃时可适当加温。

面条在预备阶段定型后进入保潮发汗阶段。该阶段的温度为 35 ℃～45 ℃，相对湿度为 80%～90%，干燥时间占总时间的 10%～15%，面条水分下降至 25%以下。

升温排潮为主要干燥阶段，需要进一步升高干燥温度并降低相对湿度加大热风流量。该阶段的温度为 40 ℃～50 ℃，相对湿度为 55%～65%，干燥时间占总时间的 30%～50%，面条水分下降至 16%～17%。

降温散热是干燥的最后阶段。该阶段一般只通风，利用热空气的余温干燥即可，并适当排潮，温度保持在高于室温 2 ℃～10 ℃，相对湿度 60%～70%，干燥时间约占总时间的 25%，面条水分达到产品的质量标准即 14.5%以下。

方便面的油炸干燥能快速脱水并带有油脂的香味，是方便面的主要干燥工序，油炸的操作和条件控制对方便面的品质有重要影响。油炸过程中面块经历了胀发、脱水、定型及二次糊化等变化，油炸的效果受到油炸温度、油炸时间、油位、油耗等影响。整个油炸过程可以分为三个阶段，油温依次上升。初阶段温度较低，一般为 130 ℃～135 ℃，最好保证油温与面块温度相差不超过 80 ℃～100 ℃，低油温主要是防止脱水过快影响面条进一步的糊化，并避免在中、后油炸阶段引起干炸现象，这一阶段以脱除游离水为主。中温区的油温一般为 135 ℃～140 ℃，以脱除吸附水或结合水为主。高温区的油温一般为 140 ℃～145 ℃，这一阶段脱水速度变慢，以脱除结合水为主。油炸时间与油温有关，一般油温低，油炸时间较长，当油温在 135 ℃～150 ℃，适宜的时间为 70～80 s。油炸时还要注意油位的高低，一般油位应满足油的上表面高于装有面块的油炸盒顶 30～60 mm。另外面块的含油量不能过高，否则影响产品品质，并使油耗增加，成本上升。

6. 常见问题分析

（1）和面温度控制问题。和面温度一般控制在 30 ℃左右，在这个温度下蛋白质的吸收性能最佳。目前使用的和面机没有配置加热装置，对和面温度的控制比较困难。和面的温度主要受水温、面温、散热的影响，只能通过水温调节，也可以在盐水罐上加装蒸汽加热装置，以蒸汽流量来调节水温。

（2）面头的处理。挂面生产过程中除了成品面条之外还会产生面头，这些面头大致分为湿面头、半湿或半干面头和干面头三种。

湿面头是进行预干燥末端之前产生的面头，它的性质与面团接近，需及时投入和面机中再与面团一起搅拌均匀继续生产。从预干燥末端到干燥完全初端掉落的面头为半湿或半干面头，它与面团性质不同，通常将其直接干燥成干面头处理。干面头是在烘干后端之后的工序中产生的面头，干面头与小麦粉有较大差别，需要处理后才能用于再加工。

干面头的处理主要有湿法和干法两种。湿法就是将干面头浸泡，使其吸水软化，再按一定配比加入和面机中与面团一起和面。一般春冬季的浸泡时间为 40～60 min，夏秋季为 30～40 min。干法是将干面头筛理、粉碎加工成干面头粉再按比例添加至和面机中。不论使用哪种方法，干面头掺入的比例要控制在 10%～15%。

（3）含油量的控制。方便面加工中油脂的使用成本比较高，而且过多地摄入油脂对人们健康也不利。方便面生产的各个环节均会对含油量产生影响。和面和熟化过程中面筋网络组织形成不充分，会导致淀粉不易糊化，造成含油量偏高。压延时要保持适当的松紧度，使面筋网络形成均匀、面片平整光滑，最终面片厚度应在 1.1 mm 以下，防止油炸时吸油过多。切条时宜采用圆刀，切条直径一般为 1.25～1.8 mm。蒸面时要使面条完全糊化，提高糊化度可降低含油量。油炸则直接影响面块的含油量，油温和油位偏高以及油炸时间过长均会导致含油量过高。

7. 注意事项

（1）注意辅料的质量和配比。小麦粉的含湿面筋量是主要指标，水、食盐、食碱或其他配料的加入量也要合理，尤其是方便面的油炸用油要保证品质，一般使用棕榈油。

（2）各种添加剂要先溶于水，待充分搅拌后一次性加入和面机中。

（3）回机湿面头要均匀加入和面机内，加入量要控制在规定的范围之内，干面头不可直接加入和面机内。

（4）水温直接影响和面的温度，需要严格控制，促进面团形成良好的湿面筋网络组织。

（5）烘干的过程不仅是水分的降低，还会导致面条的物理或化学变化，需要合理调节避免产生副作用。方便面生产中的油炸干燥要注意油温及时间的控制。

（6）在压片和切条过程中，要注意操作设备，避免湿面头有毛刺或并条、面带跑偏、拉断或破损等现象发生。方便面生产中面片要比较薄，一般在 1.1 mm 以下。

（7）注意方便面含水量的控制，若要求含水量越少，则油炸强度越高，面块的含油量增加。不能以方便面的含水量来评价质量好坏，不是越低越好，一般控制在 2%～5%。

（二）质量标准

1. 原料的质量标准

GB 1355—1986　小麦粉

GB 8608—1988　低筋小麦粉

GB 8607—1988　高筋小麦粉

GB 5461—2000　食用盐

GB 5749—2006　生活饮用水卫生标准

GB 2760—2011　食品安全国家标准食品添加剂使用标准

GB 14880—2012　食品安全国家标准食品营养强化剂使用标准

LS/T 3202—1993　面条用小麦粉

2. 面制品的质量标准

GB 17400—2003　方便面卫生标准

SB/T 10250—1995　方便面

LS/T 3212—1992　挂面

LS/T 3213—1992　花色挂面

（三）岗位参与实习考核要点和参考评分（表 4-19）

（1）以书面形式每人提交岗位参与实习报告。

（2）按照小组提交岗位参与实习过程、实习每日记录和讨论一份。

（3）指导教师提交岗位参与实习教学指导教师工作报告一份。

表 4-19　面制品生产岗位参与实习的考核要点和参考评分

序号	项目	考核内容	技能要求	评分（100 分）
1	准备工作	（1）准备、检查设备； （2）实训场地清洁	（1）能准备、检查必要的加工设备； （2）对实训场地清洁	5

续表

序号	项目	考核内容	技能要求	评分(100分)
2	原料处理	(1)原料选择和保藏; (2)预处理	(1)能够选择适合挂面和方便面生产的小麦粉和其他原料,能够正确保藏小麦粉; (2)掌握面制品小麦粉的要求,能够正确处理小麦粉及其他配料	10
3	和面、熟化和压片	(1)原料配方; (2)和面方法; (3)熟化和压片要求和操作	(1)掌握原料配方,熟悉各种原料的作用; (2)掌握和面机操作及其和面的工艺控制; (3)掌握熟化和压片的要求和操作,熟悉提高熟化和压片效果的工艺操作	15
4	切条、蒸煮和干燥	(1)切条的步骤; (2)蒸煮的要求和操作; (3)干燥的要求和操作	(1)掌握面制品切条的操作,能够正确控制切条效果; (2)掌握方便面蒸煮的要求和操作,能够正确控制蒸煮条件; (3)掌握面制品干燥的要求和操作,特别是方便面油炸的要求和油炸机的操作	15
5	质量评定	(1)必检项目; (2)感官检验	(1)能够独立操作水分、脂肪、酸度、弯曲折断率、复水时间等的检测,理化指标符合表4-6、4-7的标准; (2)感官检测符合挂面和方便面的要求	5
6	实训报告	(1)格式; (2)内容	(1)实训报告格式正确; (2)能正确记录生产现象,实训数据和报告内容正确、完整	50

四、面包生产岗位技能综合实训

实训目的:

(1)加深学生对面包生产原理的理解。

(2)掌握面包生产的基本工艺流程。

(3)掌握面包生产中各工序的主要设备及其操作规范。

(4)熟悉二次发酵法制取面包的工艺流程和关键控制点。

(5)能够处理面包生产中遇到的常见问题。

实训方式:

4～5人为一组,以小组为单位。从选择原料和生产设备开始,利用各种原辅材料的特性及生产原理,生产出质量合格的产品。要求学生掌握面包生产的基本工艺流程,抓住关键操作步骤。

(一)面包的生产

1. 参考配方

(1)一次发酵法。一次发酵法面包参考配方见表4-20。

表 4-20　一次发酵法面包参考配方

原辅料	份数	平均份数
面粉	100	100
水	50～65	60
鲜酵母	1.5～5.0	3
改良剂	0.5～1.5	1
糖	2～12	4
精盐	1.5～2.0	1.5
油脂	0～5	3
脱脂奶粉	0～8	2
乳化剂	0～0.50	0.35
鸡蛋	0～4	2
丙酸钙	0～0.35	0.25

（2）二次发酵法。二次发酵法面包参考配方见表 4-21。

表 4-21　二次发酵法面包参考配方

面团形式	原辅料	份数	平均份数
种子面团	面粉	60～80	65
	水	36～48	36
	鲜酵母	1～3	2
主面团	面粉	20～40	35
	水	12～24	24
	精盐	1.5～2.5	2.1
	糖	1～14	8
	油脂	0～7	3
	脱脂奶粉	0～8.2	2.0
	乳化剂	0～0.500	0.375
	鸡蛋	4～6	5
	丙酸钙	0～0.35	0.25

2. 主要设备

（1）和面机。和面机与面制品加工中的相似。

（2）切块机。切块机用来将面团切成大小均匀的小面团，主要包括盘式切块机、辊式切块机和真空吸入式面包切块机三种。其中盘式切块机由贮槽、切片刀、定量槽、传动装置及机架等组成。工作中把面团放入贮槽，随着转动盘的旋转，面团进入定量槽后利用切刀将面团切断。

（3）发酵及醒发设备。常见的发酵及醒发设备有发酵槽、发酵（醒发）箱、发酵（醒发）室。醒发箱采用铝合金和夹层发泡保温防锈钢板制成。醒发室内部主要为加热、加湿装置，外部结构为砖墙或金属框架结构。

（4）烤炉。烤炉根据结构可分为箱式炉、风车炉、旋转炉等，根据热源不同可分为煤炉、煤气炉、电炉等，其中电炉又包括普通电烤炉、远红外电烤炉和微波炉。面包常用的烤炉为远红外电烤炉，它的加热装置为远红外涂层电热管，远红外的特点是热效率高、加热均匀、节能，并便于连续化和自动化管理。远红外属于电磁波加热，不需要介质传热，物料因吸收电磁波使原子振动加剧而升温。

3. 工艺流程和操作要点

（1）面团调制：调制的作用主要是使原料充分分散和混合均匀，并加速面粉吸水、膨胀而形成面筋，同时通过搅拌和揉捏促进面筋网络形成，在面筋的形成过程中拌入的空气还有利于酵母的发酵。面团的调制过程应注意水温、加水量以及搅拌速度和时间的控制。一般在 30 ℃的水温下调制面团时，面筋的吸水性和胀润度达到最佳，调制后面团的温度应控制在 28 ℃～30 ℃。加水量应保证面粉中的蛋白质充分膨胀，一般为面粉中的 45%～55%。搅拌速度在初始阶段时要低，以使原料混合均匀，一般低速搅拌 5 min 左右，原料均匀混合后再用高速搅拌，一般高速搅拌时间为 7～12 min。

（2）发酵：面团的发酵是酵母利用营养物质代谢产生大量二氧化碳气体而使面团起发的过程。酵母一般在 30 ℃时产气量最大，超过 30 ℃则开始下降，因此，面团发酵温度不应超过 30 ℃。发酵的最适 pH 为 5. 0～6. 0，糖的使用量在 5%～7%时产气量较大。发酵时发酵室内的温度一般控制在 28 ℃～30 ℃，相对湿度为 70%～75%，发酵时间随发酵方法而定。

（3）整形：面团的整形由分割、搓圆、静置（中间醒发）、整形、装模等工序构成。整形期间面团仍在继续发酵，操作车间内需保持一定的温湿度，一般温度为 25 ℃～28 ℃，相对湿度为 65%～70%。

分割是按产品要求将大面团分割成合适大小的小面团。分割的重量要求是面包重量的 110%左右。同时为了缩小面团之间的发酵差距，分割应迅速进行，主食面包一般在 15～20 min 内完成，点心面包最好在 30 min 内完成。

搓圆是在人工或滚圆机操作下将分割的小面团滚成圆形的过程。

静置时的温度一般为 27 ℃～29 ℃，相对湿度为 70%～75%，静置时间依据面团性质判断，以静置后面包坯体积增大到原来体积的 1. 7～2 倍为宜，一般在 15 min 左右。

整形是利用碾压和拉伸等方式将面团做成一定形状，并排除二氧化碳，改善面包纹理，同时充入新鲜空气使面团发酵更好。

装模是将面团合缝向下放入模具中，再送至醒发室的过程。

（4）醒发：醒发也称最终醒发，使面团重新产气、膨松，以获得较好品质的面包。醒发的操作主要是对温度、湿度和时间的把握。醒发温度一般为 35 ℃～39 ℃；相对湿度一般为 80%～85%；醒发时间依据醒发温度和湿度而定，通常控制在 55～65 min，一般以醒发后的面团达到面包应有体积的 80%～90%为准。

（5）烘烤：面包的烘烤是使生的面团变成疏松、多孔、风味独特的熟制食品。烘烤条件随面包的种类而异，主要是掌握好烘烤的温度、湿度和时间。一般可以将面包的烘烤分为三个阶段。烘烤初期为膨胀阶段，上火温度较低，不宜超过 120 ℃，下火较高，但不超过 250 ℃～260 ℃，相对湿度也较高，一般为 60%～70%。这样有利于增加面包的体积，烘烤时间 2～3 min。第二阶段是定型阶段，可提高炉温，最高可达 270 ℃，便于面包定型。第三阶段是上色阶段，逐渐降低炉温，上火一般为 180 ℃～200 ℃，下火一般为 140 ℃～160 ℃，使面包表面上色，并增加面包的香味。整个面包的烘烤时间要依据炉温的高低和面包大小形状来判断。一般小面包在 8～12 min，大面包可达 30 min，甚至更长。

（6）冷却和包装：冷却的方法有自然冷却、通风冷却和真空冷却等，通风冷却效果较好，效率也高。一般冷却至面包中心温度 32 ℃即可。经过冷却后的面包要及时包装，要切片的面包先切片再包装。

4. 关键控制点

面团的调制和发酵是面包生产工艺中最重要的两个工序，它们的效果对面包质量的影响最大。

（1）面团的调制。面包的生产工艺不同面团的调制方法也不同。一次发酵法和快速发酵法在面团调制时，先将糖、蛋、添加剂和水搅拌均匀，再加入面粉、酵母继续搅拌，当面团形成后面筋充分扩展前加入油脂，最后在完成搅拌前 5～6 min 加入食盐。一般调制时间为 15～20 min，调制后的面团温度控制在 27 ℃～29 ℃。

二次发酵法是先将种子面团原料搅拌 8～10 min，控制搅拌后面团温度在 24 ℃～26 ℃，再进行第一次发酵。此时将主面团的糖、蛋、添加剂和水先搅拌均匀，再加入发酵好的种子面团搅拌拉开，然后加入面粉、奶粉等继续搅拌，随后再依次加入油脂和食盐。一般第二次搅拌时间为 12～15 min，控制搅拌后面团温度为 28 ℃～30 ℃。

（2）面团的发酵。一次发酵法中酵母用量大，不好掌控发酵效果。在发酵时，面团中二氧化碳越来越多，空气逐渐减少，导致酵母发酵速度变慢，这时可利用翻面的方式促进发酵速度。翻面是用手拍击面团或将四周面团提向中间，从而使二氧化碳气体逸出，减小面团体积，以充入新鲜空气，促进酵母发酵。翻面的时间一般在总发酵时间的 60%左右。发酵时间与酵母用量、糖用量、搅拌时间等工艺参数有关，一般在正常环境下，面团的鲜酵母用量为 3%时，发酵时间为 3～4 h。另外也可通过观察面团体积判断发酵时间，一般发酵至原来体积的 4～5 倍时，发酵完成。

二次发酵法较好掌握，发酵后的成品质量也较好，第一次发酵在 20 ℃～30 ℃发酵 2～4 h，第二次发酵 1 h 左右即可成熟。

5. 常见问题分析

（1）面包体积小。生产原料或工艺操作会影响面包的体积，如酵母的质量、面筋的筋力、搅拌和醒发操作等。在生产中应保证酵母的活性，活化方法要正确，若酵母活力不高可适当增加用量来弥补；面粉要符合面包专用粉的标准，面筋筋力充足；搅拌要达到面筋完全扩展的程度；醒发时间要恰当，保证酵母良好的发酵效果。

（2）面包内部组织粗糙及表皮过厚。面包的组织粗糙与面粉品质、发酵作用、搅拌和醒发等有关，操作中要使用高筋面粉，若品质较差可增加改良剂，在发酵以及醒发过程中酵母的效力要控制得当，使面团内部气体充足并分散均匀。对于表皮过厚需要保证油脂、糖和奶粉的用量，并控制好醒发和烤制时的温湿度。

(3) 面包的老化。老化主要是淀粉的回生过程，这是个自发进行的过程，在操作中只能尽量延缓老化而不能彻底阻止老化。根据老化的机理，可以对面包的原料、温度、加工、包装等方面进行调整，以延缓老化。面包中的糖、乳、蛋、油脂等辅料均有延迟老化的作用，同时面筋高的面粉也会推迟老化的进行。另外使用一些添加剂有助于延缓老化，如淀粉酶、硬酯酰乳酸钠(SSL)、甘油单酸酯等。温度对老化有直接影响，一般 7 ℃～20 ℃老化较快，可将面包在－20 ℃～－18 ℃冷冻，使水分冻结，以减缓老化速度，延长面包的新鲜度。

6. 注意事项

(1) 投料过程中，酵母不能与高浓度糖水和盐水接触，避免酵母的活力受到影响或丧失。

(2) 调制面团时，油脂具有强烈的反水化作用，会影响面筋的形成，应在后阶段加入。

(3) 面团的搅拌要适度，搅拌不足时，制作的面包体积小、内部组织粗糙、色泽较差；搅拌过度时，面团变得十分湿润和黏手，整形非常困难。

(4) 发酵过程要控制酵母的产气量和面包的持气性均达到最大，才能制作高质量的面包。

(5) 搓圆过程中要适量撒些粉，减少面团的黏附性，并尽量使面团与空气接触。而整形中尽量少撒粉，避免影响面包的内部组织和表皮色泽及均匀度，撒的粉最好为高筋面粉或淀粉。

(6) 面团装模时，模具内应先涂上一薄层油以防止粘连，并调节好模具温度与室温相当。

(7) 冷却时注意面包水分的变化，冷却空气的相对湿度要适当，湿度小，容易造成面包表皮开裂，湿度太大则使面包太软，不利于切片和包装，并影响口感。

(二) 质量标准

1. 原料的质量标准

GB 1355—1986　小麦粉

GB/T 8608—88　低筋小麦粉

GB/T 8607—1988　高筋小麦粉

GB 13104—2005　食糖卫生标准

GB 317—2006　白砂糖

GB 1445—2000　绵白糖

GB 5461—2000　食用盐

GB 5749—2006　生活饮用水卫生标准

GB 2760—2011　食品安全国家标准 食品添加剂使用标准

GB 14880—2012　食品安全国家标准 食品营养强化剂使用标准

GB 2716—2005　食用植物油卫生标准

GB/T 17756—1999　色拉油通用技术条件

LS/T 3201—1993　面包用小麦粉

LS/T 3218—1992　起酥油

LS/T 3217—1987　人造奶油（人造黄油）

2. 面包的质量标准

GB/T 20981—2007　面包

GB 7099—2003　糕点、面包卫生标准

（三）岗位参与实习考核要点和参考评分（表 4-22）

（1）以书面形式每人提交岗位参与实习报告。

（2）按照小组提交岗位参与实习过程、实习每日记录和讨论一份。

（3）指导教师提交岗位参与实习教学指导工作报告一份。

表 4-22　面包生产岗位参与实习的考核要点和参考评分

序号	项目	考核内容	技能要求	评分（100 分）
1	准备工作	（1）准备、检查设备； （2）实训场地清洁	（1）能准备、检查必要的加工设备； （2）对实训场地清洁	5
2	原料处理	（1）原料选择； （2）预处理	（1）能够选择适合面包生产的小麦粉和其他原料； （2）掌握酵母的活化方法以及小麦粉、糖、油、盐、碱、添加剂、水的预处理，并按配方要求准备称取或量取原辅料的量	10
3	面团调制和发酵	（1）原料配方； （2）调制方法； （3）发酵效果	（1）掌握原料配方，熟悉各种原料的作用； （2）掌握和面机操作，能准备判断是否搅拌完成； （3）掌握面团的调制方法，熟悉各种原料的加入顺序，能够按品种要求调制出具有良好弹性、延伸性的面团； （4）掌握发酵的工艺操作，能判断发酵终点	20
4	整形、醒发和烘烤	（1）整形的步骤； （2）醒发和烘烤的要求； （3）烤炉的操作	（1）掌握面包分割、搓圆、中间醒发、装模的操作和工艺参数； （2）掌握面包的醒发和烘烤工艺要求，正确判断醒发的终点； （3）掌握烤炉的操作及上下火温度对面包的影响，能够选择合适的烘烤温度和时间	10
5	质量评定	（1）必检项目； （2）感官检验	（1）能够独立操作水分、酸度、比容的检测； （2）感官和理化检测符合表 4-9 的标准	5
6	实训报告	（1）格式； （2）内容	（1）实训报告格式正确； （2）能正确记录生产现象，实训数据和报告内容正确、完整	50

五、植物油脂生产岗位技能综合实训

实训目的：

（1）加深学生对植物油脂生产基本原理的理解。

（2）掌握植物油脂制取和精炼的基本工艺及关键控制点。

（3）掌握植物油脂制取和精炼的主要设备和操作规范。

（4）能够处理植物油脂生产中遇到的常见问题。

实训方式：

4～5人为一组，以小组为单位。从选择加工设备和原料预处理开始，利用油料的特性及生产原理，生产出质量合格的产品。要求学生掌握植物油脂生产的基本工艺流程，抓住关键操作步骤。

（一）植物油脂的生产

1. 主要设备

（1）螺旋榨油机。螺旋榨油机主要由螺旋轴、榨笼、调饼装置、喂料装置、传动装置等组成。螺旋轴是主要工作部件，可将料坯向前推进并进行强烈挤压摩擦，从而挤出油脂。榨笼与螺旋轴形成榨膛。调饼装置是为了调节油饼的厚度，并随之改变榨膛的压力，工作中通过调节锥形出饼圈和锥形校饼头所形成的缝隙大小，从而改变油饼的厚度。

（2）浸出器。浸出器是浸出法制油的设备，一般有浸泡式和喷淋式两种。浸泡式的典型结构是罐组式浸出器。在浸出过程中每个浸出罐都包括进料、浸出、上压、上蒸、出粕等工序。一般罐组由3或4个浸出罐组成。罐组式浸出器设备简单，但操作麻烦、劳动强度大。

常见的喷淋式浸出器是履带式浸出器，主要由水平网状的输送履带组成。它的外壳上部是进料塔，油料从进料塔中落在移动的履带上，并随履带的移动，油料依次受到不同浓度溶剂的喷淋，从而使油脂浸出。履带式浸出器具有操作简单、动力消耗小、工艺效果好等特点，但是设备较复杂。

（3）皂角调和罐。皂角调和罐由短圆筒体、螺旋搅拌器、传热装置、传动装置等组成，短圆筒体是主体，搅拌器为主要功能配件。它主要用于处理富油皂角或油脚。一般间歇式碱炼或水化分离的皂角或油脚包容有40%以上的中性油，为了回收这些中性油，可使用调和罐将皂角或油脚稀释、加热、调和到一定稠度后再分离回收油脂。

（4）脱色设备。脱色设备有脱色器、吸附剂定量器、吸附剂分离机等。脱色器有脱色罐和脱色塔等。脱色罐主要用于间歇脱色，主要由带碟盖和锥底的密封圆筒体、传热装置、搅拌装置等组成，罐顶部碟盖上有正空管、入孔、照明灯等，罐底有出料口和冷却水出口管；脱色塔主要用于连续脱色工艺，有多种类型，如自控阀门或挡板控制塔层油流转移脱色塔、带蒸汽搅拌分层式真空脱色器等。

（5）脱臭器。脱臭器主要由填料装置、分布器、泵、换热装置、加热装置等组成。按外壳可分为双壳体和单壳体两类，双壳体外壳与内层有空隙，外壳连接真空管，可防止空气的氧化作用，同时保温性能也好。

2. 工艺流程和操作要点

植物油脂的生产基本工艺见本章第一节中植物油脂生产技术有关内容。操作要点如下。

（1）油脂的制取：油脂的制取方法分压榨法和浸出法两种。

压榨法是利用物理压力直接榨出油脂，压榨之前要将生坯油料通过蒸炒变为熟坯。蒸炒方法有干蒸法和湿润蒸炒法等，湿润蒸炒比较常用，是先将料坯湿润，再进行蒸炒的方法。连续式螺旋榨油机是压榨法使用的主要设备。在压榨过程中，主要表现为油脂与凝胶部分的分离和油饼的形成两个过程。

油脂浸出是固液萃取的过程，即利用有机溶剂使油脂从固相转移到液相的传质过程，这种传质过程是借助分子扩散和对流扩散完成的。浸出法中浸出溶剂的选择是最关键的，应遵循相似相溶的原理，一般有正己烷、正丁烷、丙烷、轻汽油等。目前我国常用的是6号溶剂油，俗称浸出轻汽油，是一种石油分馏产品。

浸出法制油时，浸出温度宜控制在低于溶剂最初沸点5 ℃左右。浸出时间以萃取出结合态的油脂而定，在保证出油率及油品质的情况下，尽量缩短浸出时间，一般为90～120 min。溶剂的使用量以溶剂比表示，即溶剂和油料的体积比，一般采用浸泡法的适宜溶剂比为0.6∶1～1∶1，使粕中残油率为0.8%～1%。

（2）油脂机械去杂：机械去杂的主要方法为重力沉降法、过滤法和离心分离法。

重力沉降是利用杂质与油脂的密度不同，在自然静置的情况下将杂质从油脂中沉降分离出来。过滤是利用重力或机械外力使杂质被截留在过滤介质上而与油脂分离的方法。离心分离是利用离心力使杂质去除的方法，即在转盘的快速旋转作用下产生离心力，使油脂透过滤孔而固体颗粒被截留在滤布上，从而使杂质和油脂分离。一般机械去杂后的毛油要求杂质含量≤0.2%。

（3）油脂脱胶：脱胶的方法有水化法、酸炼法、吸附法、热凝聚法、酶法等，其中水化法应用最普遍。

水化脱胶是利用胶溶性杂质的亲水性，将水或电解质溶液在搅拌下加入毛油中，使胶溶性杂质吸水凝聚，然后沉降分离的一种脱胶方法。水化工艺可分为间歇式和连续式两种。间歇式按操作温度又可分为高温、中温、低温和直接蒸汽水化法，其中高温水化法水温约90 ℃左右，加水量为毛油胶质含量的3～3.5倍，搅拌时间为10～15 min，静置沉降5～8 h。连续式水化包括预热、油水混合、油脚分离、干燥等工序，工艺比较先进，适合大规模生产。一般大豆和花生毛油的脱胶加水量为3%～5%，预热温度为80 ℃～85 ℃。

（4）油脂脱酸：脱酸的方法有碱炼、蒸馏、溶剂萃取、酯化等方法，其中碱炼应用比较普遍。

大豆、花生和菜籽毛油脱酸时的碱液浓度为18～22°Bé（波美度），超量碱用量为理论碱量的10%～25%，脱皂温度为70 ℃～82 ℃，水洗温度为95 ℃左右，软水添加量为油量的10%～20%。

（5）油脂脱色：脱色的方法有吸附脱色、加热脱色、氧化脱色、化学脱色等，其中吸附脱色应用最广泛。

一般大豆和花生毛油脱色的温度为 80 ℃～90 ℃，操作绝对压力为 2.5～4 kPa，脱色温度下操作时间约 20 min，活性白土添加量为油量的 1%～3%，分离白土时的过滤温度不大于 70 ℃，脱色油中 $P < 5\times10^{-6}$，$Fe < 0.15\times10^{-6}$，$Cu < 0.015\times10^{-6}$，不含白土；菜籽毛油脱色的温度为 100 ℃～105 ℃，操作绝对压力为 2.5～4 kPa，脱色温度下操作时间约 30 min，活性白土添加量为油量的 1%～4%，分离白土时的过滤温度不大于 70 ℃，脱色油中 $P \leqslant 55\times10^{-6}$，$Fe \leqslant 0.15\times10^{-6}$，$Cu \leqslant 0.015\times10^{-6}$。

（6）油脂脱臭：常用的脱臭方法为真空蒸汽脱臭法。操作中利用油脂中甘三酯与臭味物的挥发度不同，在高温和高真空环境下通过水蒸气蒸馏去除臭味物质。

一般大豆和花生毛油脱臭的温度为 230 ℃～260 ℃，脱臭时间为 15～20 min，操作绝对压力为 0.27～0.6 kPa，安全过滤温度≤ 70 ℃；菜籽的脱臭温度为 240 ℃～260 ℃，脱臭时间为 40～120 min，操作绝对压力为 265～650 kPa。

（7）油脂脱蜡：脱蜡的方法有常规法、溶剂法、表面活性剂法等，这些方法的机理均是利用蜡质和油脂的熔点差，在低温下蜡质结晶并形成胶体系统，同时蜡晶体相互凝胶增大而析出。

3. 油脂的改性

油脂改性是改变天然油脂中甘三酯的组成或结构，使其适应某种特殊用途，主要包括油脂的氢化和酯交换。

（1）油脂氢化。油脂的氢化是在催化剂作用下，将氢添加到不饱和甘油酯双键上以提高饱和度的过程。氢化的作用主要是使油脂熔点升高，固体脂增加，并提高油脂的抗氧化性、热稳定性，同时使油脂得到适宜的物理化学性能，扩大油脂的用途。油脂氢化的基本工艺：原料油→预处理→除氧脱水→氢化→过滤→后脱色→脱臭→成品。

（2）油脂的酯交换。酯交换是指油脂中的甘油三酸酯与脂肪酸、醇、自身或其他酯类交换酰基而产生新酯的一类反应。酯交换不需改变油脂中的脂肪酸组成，保持了油脂中天然脂肪酸的营养价值，并且提高了油脂的可塑性及可塑性范围。酯交换的反应类型有酸解、醇解、酯－酯交换等。酸解是酯中酰基与脂肪酸酰基交换的反应；醇解是油脂或其他酯类与醇交换酰基的反应；酯－酯交换是油脂中的甘三酯与自身或其他酯类交换酰基的反应。

4. 常见问题分析

（1）榨料的可塑性问题。压榨法过程中通常会因为榨料的可塑性不合适，而使压榨效率降低，油品质量较差。榨料的可塑性主要受水分、温度和蛋白质变性的影响。在水分较低时，随着水分含量的增加，可塑性也在增加，当达到某一范围的含水量时，压榨出油效果最好，这称为最优水分或临界水分。温度对可塑性的影响与水分类似，也有一个最优范围。蛋白质变性影响着油料内部胶体结构的破坏程度，蛋白质变性过度会使榨料塑性降低，不利于压榨出油。

（2）碱炼损耗。碱炼损耗包括绝对炼耗和附加损耗两部分。绝对炼耗又称威逊损耗，是工艺的必然损耗，即游离脂肪酸和其他杂质的损耗；附加损耗是指皂化和皂角中包容的中性油损耗。实际生产中碱炼损耗要远大于威逊损耗。碱炼脱酸过程中，烧碱和少量甘三酯（中性油）的皂化反应会增加碱炼的损耗，因此需要合理选择操作条件。

（3）脱臭损耗。一般油脂的臭味成分很少，脱臭的过程中的实际损耗要远大于臭味的含量。脱臭损耗包括蒸馏损耗和飞溅损耗两个方面，蒸馏损耗指油脂中的醛类、酮类、游离脂肪酸等被蒸馏出来，飞溅损耗是指油脂由于飞溅在汽提蒸汽中的损失。不同种类的油脂和操作条件，其脱臭损耗不尽相同，需要综合分析，合理控制操作条件降低甘三酯的损耗。

5. 注意事项

（1）压榨前注意调节榨料的结构，要求榨料颗粒大小适当并均匀，内外结构一致，特别是榨料的可塑性要合适。

（2）压榨时间和温度要合理把握。应在要求的出油率情况下，尽量缩短时间；在对油饼质量要求较高的情况下要避免高温压榨。

（3）机械除杂中注意毛油凝聚处理，需要根据悬浮颗粒的性质，选择合适的凝聚剂并注意操作，以获得紧密粗大的絮团。

（4）碱炼操作中要尽量增大碱液与游离脂肪酸的接触面积，从而降低碱炼损耗。

（5）碱炼操作中注意加入碱液的速率，以控制胶膜结构并使胶膜容易絮凝。

（6）中和反应中应注意控制操作温度，反应在进行时应保持温度稳定和均匀，在反应后应快速升温至操作终温，防止皂粒的解吸。

（7）注意避免油脂加工中被氧化，否则氧化产生的新色素很难脱去。

（8）脱色工序并非指完全脱除色素，而是在最低损耗下达到要求即可，脱色时间不宜太长。

（二）质量标准

1. 原料的质量标准

GB 19641—2005　植物油料卫生标准

GB 2715—2005　粮食卫生标准

GB 1352—2009　大豆

GB/T 11762—2006　油菜籽

GB/T 11763—2008　棉籽

GB/T 1532—2008　花生

GB/T 11761—2006　芝麻

GB/T 11764—2008　葵花籽

GB/T 15681—2008　亚麻籽

GB 10164—1988　核桃

NY/T 1990—2011　高芥酸油菜籽

NY/T 415—2000　低芥酸低硫苷油菜籽

NY/T 601—2002　油葵籽

NY/T 1266—2007　蓖麻籽

NY/T 1509—2007　绿色食品 芝麻及其制品

LY/T 2033—2012　油茶籽

2. 食用植物油脂的质量标准

GB 1535—2003　大豆油

GB 7653—1987　大豆色拉油

GB 1536—2004　菜籽油

GB 1537—2003　棉籽油

GB 1534—2003　花生油

GB 8233—2008　芝麻油

GB 11765—2003　油茶籽油

GB 10464—2003　葵花籽油

GB/T 8235—2008　亚麻籽油

GB/T 8234—2009　蓖麻籽油

GB/T 24301—2009　氢化蓖麻籽油

GB/T 22465—2008　红花籽油

GB 19112—2003　米糠油

GB/T 22327—2008　核桃油

GB/T 22478—2008　葡萄籽油

GB 23347—2009　橄榄油、油橄榄果渣油

GB 2716—2005　食用植物油卫生标准

NY/T 430—2000　绿色食品 食用红花籽油

NY/T 751—2011　绿色食品 食用植物油

NY/T 416—2000　低芥酸菜籽油

NY/T 1273—2007　低芥酸菜籽色拉油

NY/T 286—1995　绿色食品 大豆油

NY/T 287—1995　绿色食品 高级大豆烹调油

3. 改性植物油的质量标准

GB/T 5009. 77—2003　食用氢化油、人造奶油卫生标准的分析方法

GB/T 17756—1999　色拉油通用技术条件

GB 15196—2003　人造奶油卫生标准

SB/T 10292—1998　食用调和油

SB/T 10754—2012　蛋黄酱

LS/T 3226—1987　大豆色拉油

LS/T 3218—1992　起酥油

LS/T 3217—1987　人造奶油(人造黄油)

NY/T 1273—2007　低芥酸菜籽色拉油

NY 479—2002　人造奶油

(三)岗位参与实习考核要点和参考评分(表 4-23)

(1)以书面形式每人提交岗位参与实习报告。

（2）按照小组提交岗位参与实习过程、实习每日记录和讨论一份。

（3）指导教师提交岗位参与实习教学指导教师工作报告一份。

表 4-23　植物油脂生产岗位参与实习的考核要点和参考评分

序号	项目	考核内容	技能要求	评分（100 分）
1	准备工作	（1）准备、检查设备； （2）实训场地清洁	（1）能准备、检查必要的加工设备； （2）对实训场地清洁	5
2	原料处理	（1）预处理	（1）掌握油料清理、水分调节、剥壳或脱皮的方法和操作； （2）掌握“生坯”的制作方法，能够制作不同种类油料的生坯； （3）掌握“生坯”变“熟坯”的方法，能够获得适合制取油脂的料坯	10
3	油脂制取	（1）制取方法； （2）制取设备	（1）掌握压榨法和浸出法制取油脂的方法和操作； （2）能够根据油料性质选择合适的制取方法； （3）掌握压榨机、浸出器等主要制取设备的操作，能够合理设置参数获得较好的毛油产品	10
4	油脂精炼	（1）油脂精炼的流程； （2）油脂精炼的方法和要求； （3）精炼设备	（1）掌握毛油机械去杂、脱胶、脱酸、脱色、脱臭、脱蜡流程的基本原理； （2）掌握油脂精炼各个环节的方法和工艺操作，熟悉各个环节去除的杂质种类和性质； （3）掌握油脂精炼各个环节所用设备的操作，熟悉间歇式和连续式的生产工艺，能够合理设定参数，在获得合格产品的前提下尽量降低损耗	20
5	质量评定	（1）必检项目； （2）感官检验	（1）能够独立操作色泽、气味、滋味、透明度、水分及挥发物、不溶性杂质、酸值、过氧化值、含皂量、烟点、加热试验、冷冻试验、溶剂残留量等的检测； （2）质量检测符合表 4-11、4-12、4-13 各类植物食用油脂的标准	5
6	实训报告	（1）格式； （2）内容	（1）实训报告格式正确； （2）能正确记录生产现象，实训数据和报告内容正确、完整	50

六、豆制品生产岗位技能综合实训

实训目的：

（1）加深学生对豆制品生产基本原理的理解。

（2）掌握豆制品生产的基本工艺流程。

（3）掌握豆制品生产的主要设备和操作规范，熟悉豆制品生产的关键技术。

（4）能够处理豆制品生产中遇到的常见问题。

实训方式：

4～5 人为一组，以小组为单位。从选择原料和加工设备开始，利用各种原辅材料的特性及生产原理，生产出质量合格的产品。要求学生掌握豆制品生产的基本工艺流程，抓住关键操作步骤。

（一）豆制品的生产

1. 主要设备

（1）磨浆设备。磨浆设备主要有石磨、钢磨、砂轮磨三种。石磨是我国传统的磨浆设备，目前工业化生产中电动立磨使用较普遍。它的磨片立装，包括动片和定片，动片连着主轴，主轴另一头有一个活轮和一个固定轮，固定轮提供动力，定片则在磨架上。钢磨结构简单，效率高，但磨浆时大豆组织破坏不彻底。砂轮磨是比较理想的磨浆设备，分粗磨区和精磨区，磨碎程度高且均匀，蛋白质溶出率高，豆渣分离方便，生产效率较高。

（2）煮浆设备。煮浆设备主要是蒸汽煮浆罐，在罐外部有排气阀、排气管、供气管、进浆管、温度计等配件。操作时将豆浆输入罐体，通过供汽管加热进行煮浆，在豆浆温度达到要求后，电动关闭供汽阀，煮浆完成时通入蒸汽将豆浆压送出来即可。

2. 普通豆腐工艺流程和操作要点

豆腐的一般工艺流程为原料→清洗→浸泡→磨浆→滤浆→煮浆→点脑→蹲脑→成型→豆腐。操作要点如下。

（1）选料去杂：豆腐制作宜选用蛋白含量高的大豆，再去除大豆中混入的杂质以及霉豆等。

（2）浸泡：浸泡时加水量一般为大豆的3.5～4倍，浸泡好的大豆吸水1～1.2倍，体积增加1～1.5倍，浸泡水温一般为15 ℃～20 ℃，一般18 ℃下浸泡12 h，27 ℃下浸泡8 h，浸泡液pH在6.5以上。

（3）磨浆：磨浆时每千克浸好的大豆中加水2～5 kg，大豆的粉碎程度控制在100～120目，颗粒直径为10～12 μm，豆腐渣中蛋白质含量不超过2.6%。

（4）滤浆：滤浆一般采用三次分离，每次分离后的豆渣加清水稀释进行再次分离，加水的温度控制在50～55 ℃，过滤网应先粗后细，第一次可采用80目分离筛，后两次可采用100目分离筛。

（5）煮浆：采用高压蒸汽直接煮沸，煮浆温度一般为98 ℃～100 ℃，时间3～5 min，升温时间最多不超过15 min，蒸汽压力维持在0.588 MPa。煮浆后用80～100目筛过滤，除去微量杂质、锅巴等。

（6）点浆：北豆腐采用盐卤溶液点浆，盐卤溶度为13%～15%，点浆温度为78 ℃～80 ℃，所需豆浆浓度为7.5%～8%，采用手工点浆法，即在搅动熟浆的同时加入凝固剂。

南豆腐采用石膏溶液点浆，先将石膏粉碎，加入3～5倍的水调匀，过滤后使用，点浆温度为85 ℃～90 ℃，所需豆浆浓度为8%～9%，采用冲浆法，即先将石膏液与部分熟浆放在一起形成豆脑，再将余下豆浆从缸壁斜角度冲下，使豆浆在缸内上下翻动，与石膏均匀混合而凝固。

（7）蹲脑：一般北豆腐蹲脑时间为25～30 min，南豆腐为10～15 min。

（8）成型：将豆脑舀入木箱中的豆包布中，适当打碎排出小量黄浆水，一般要求上箱温度为70 ℃左右，最低不低于65 ℃。随后将豆包布扎好，均匀放上木板进行压制，压榨时间一般为15～18 min。压制后用刀将豆腐切成大小合适的块形。成型后的豆腐适当降温，防止变质。其出品率一般是1 kg大豆出北豆腐3.5～3.7 kg，出南豆腐4.5～5 kg。

3. 内酯豆腐的操作要点

（1）制浆：内酯豆腐制浆方式与普通豆腐相同，只需控制水量，使豆浆浓度控制在10%～11%，一般1 kg大豆出豆浆5 kg左右为宜。

（2）脱气：将煮熟的豆浆通过扩散泵送入高度真空的脱气罐，在真空状态下使豆浆内气体逸出，再由真空泵抽出。

（3）冷却、混合和灌装：将脱气后的豆浆冷却至30 ℃，再将葡萄糖酸内酯加入，其使用量一般为豆浆重量的0.25%～0.3%，混合后的豆浆必须立即灌装，一般需在15～20 min内灌装完成。

（4）凝固和冷却：将灌装好的豆浆加热至80 ℃～90 ℃，保持15～20 min，使豆浆凝固定型。热凝后的内酯豆腐冷却后即为成品。一般1 kg大豆内酯豆腐出品率为5～6 kg。

4. 腐竹的工艺流程和操作要点

腐竹的生产基本工艺为原料→清洗→脱皮→浸泡→磨浆→滤浆→煮浆→揭竹→烘干→包装→成品。操作要点如下。

（1）制浆：腐竹生产的制浆与豆腐的相似，只是在前处理时最好进行脱皮处理。腐竹的豆浆浓度要求为6.5%～7.5%，煮浆后要过滤除杂。向豆浆中添加磷脂等乳化剂可提高腐竹的质量和出品率。

（2）揭竹：将过滤后的熟豆浆放入成型锅内，揭竹温度保持在82 ℃ ±2 ℃，可用文火维持恒温环境。成型锅周围保持良好的通风，使豆浆表面凝固成浆膜，再用竹竿把膜揭起，即为湿腐竹。揭竹时每支腐竹成膜时间控制在10 min左右，一般一锅可揭竹16次。

（3）烘干：湿腐竹搭在竹竿上沥尽豆浆后要及时烘干。烘干在干燥室内进行，干燥温度为35 ℃～45 ℃，干燥8～10 h，烘干后的腐竹含水量达到10%以下即为成品。

5. 常见问题分析

（1）豆腐颜色变红。豆浆没有煮熟会造成豆腐发红，煮浆时应确保达到100 ℃，并在煮沸后维持5～7 min。

（2）豆腐脑老嫩不均。点浆失误会造成老嫩不均，点浆时应控制好点浆温度，添加凝固剂的速度要适宜，同时搅动要适度，方向要一致。

（3）腐竹的出品率和成膜速率偏低。工业化生产中可采用多种方法提高出品率和成膜速率，如向豆浆中添加少量分离大豆蛋白或磷脂可提高出品率，向豆浆中添加0.02%的红花油能加快成膜速度。

6. 注意事项

（1）浸泡大豆用水最好分多次加入，这样能较好地把握浸泡效果。

（2）注意避免追求短时间而过度提高浸泡温度，否则会使大豆的营养成分损失。

（3）磨浆时采用滴水加水法，注意不能中途断水或断料。

（4）豆渣加水分离时注意搅拌均匀，使蛋白质充分溶解。

（5）蒸汽直接煮浆会产生大豆质量1～2倍的冷凝水，这部分水会融入豆浆中，要注意豆浆的浓度是否合适。

（6）点浆中的搅拌方式直接关系豆腐凝固效果，注意搅拌方向应保持一致，并且在豆花达到凝固要求时应立即搅拌。

（7）内酯豆腐生产要注意彻底脱除豆浆中的气体，避免影响豆腐质量。

（8）内酯豆腐中内酯添加量要合适，混合时要注意内酯溶液温度，避免温度过低或过高加入。

（9）腐竹揭竹时要注意控制温度、时间和通风条件。

（二）质量标准

1. 原料的质量标准

GB 2715—2005　粮食卫生标准

GB 1352—2009　大豆

GB 13104—2005　食糖卫生标准

GB 317—2006　白砂糖

GB 1445—2000　绵白糖

GB 5461—2000　食用盐

GB 5749—2006　生活饮用水卫生标准

GB 2760—2011　食品安全国家标准食品添加剂使用标准

LS/T 3241—2012　豆浆用大豆

NY/T 1933—2010　大豆等级规格

SN/T 1849—2006　进境大豆检疫规程

SB/T 10686—2012　大豆食品工业术语

2. 豆制品的质量标准

GB 2711—2003　非发酵性豆制品及面筋卫生标准

GB/T 29876—2013　非发酵豆制品生产管理规范

GB/T 22106—2008　非发酵豆制品

GB/T 5009. 51—2003　非发酵性豆制品及面筋卫生标准的分析方法

GB/T 22493—2008　大豆蛋白粉

GB/T 20371—2006　食品工业用大豆蛋白

GB/T 22492—2008　大豆肽粉

GB/T 23494—2009　豆腐干

GB/T 23782—2009　方便豆腐花（脑）

GB/T 18738—2006　速溶豆粉和豆奶粉

SB/T 10828—2012　豆制品良好流通规范

SB/T 10453—2007　膨化豆制品
SB/T 10687—2012　大豆食品分类
SB/T 10649—2012　大豆蛋白制品
SB/T 10633—2011　豆浆类
SB/T 10632—2011　卤制豆腐干
NY/T 1052—2006　绿色食品 豆制品
QB/T 2132—2008　植物蛋白饮料 豆奶(豆浆)和豆奶饮料

(三)岗位参与实习考核要点和参考评分(表4-24)

(1)以书面形式每人提交岗位参与实习报告。
(2)按照小组提交岗位参与实习过程、实习每日记录和讨论一份。
(3)指导教师提交岗位参与实习教学指导教师工作报告一份。

表4-24　豆制品生产岗位参与实习的考核要点和参考评分

序号	项目	考核内容	技能要求	评分(100分)
1	准备工作	(1)准备、检查设备; (2)实训场地清洁	(1)能准备、检查必要的加工设备; (2)对实训场地清洁	5
2	原料处理	(1)预处理	(1)掌握大豆清理、脱皮的方法和操作; (2)掌握浸泡的方法和要求,能够将大豆浸泡至合适的含水量及结构; (3)掌握凝固剂的处理方法	10
3	制浆	(1)制取方法; (2)制取设备	(1)掌握磨浆、滤浆、煮浆的要求和操作方法; (2)能够制取适合各类豆制品生产的一定浓度的豆浆; (3)掌握磨浆、滤浆、煮浆过程中所使用的主要设备及其操作	10
4	点浆和成型	(1)点浆和成型的流程; (2)点浆和成型的方法和要求; (3)点浆和成型设备; (4)揭竹和烘干的方法和要求	(1)掌握点浆凝固和成型的基本要求和原理; (2)掌握凝固剂的使用方法,能够获得良好凝固效果的豆腐; (3)掌握成型的工艺操作,能够制取一定含水量和形状的豆腐; (4)掌握点浆和成型中各个环节的主要设备及其操作; (5)在腐竹制作中要掌握揭竹和烘干的方法和要求	20
5	质量评定	(1)必检项目; (2)感官检验	(1)能够独立操作水分、蛋白质、脂肪、总砷、铅等含量的检测; (2)质量检测符合表4-19的标准	5
6	实训报告	(1)格式; (2)内容	(1)实训报告格式正确; (2)能正确记录生产现象,实训数据和报告内容正确、完整	50

第三节　粮油食品加工企业生产实习

一、大米加工生产线实习

实习目的：

(1) 全面掌握大米生产过程中的关键控制和质量控制。

(2) 掌握大米生产环节中常见故障排除方法，培养突发问题的解决能力。

(3) 能够有效分析产品生产过程的影响因素。

(4) 了解食品科学与工程领域新技术在大米生产过程中的应用情况。

(5) 熟悉并掌握生产过程安全及环保要求。

实习方式：

以大型大米加工企业上岗为主，掌握所从事的实际生产、分析及管理技术。遵从实习单位的安排，认真完成每日的上岗实习工作。可以根据生产实际，适度灵活安排工作内容。

（一）原、辅料材料

1. 早籼稻谷

早籼稻谷性质如下：净谷出糙率 75%；不完善粒 8%；爆腰率 10%；异品种粒 12%（按粒形区分）；黄粒米 1.5%；粒型 1.99（长宽比）；千粒重 26 g；水分 13.5%；杂质总量 1.0%。

2. 晚籼稻谷

晚籼稻谷性质如下：净谷出糙率 76%；不完善粒 7%；爆腰率 8%；异品种粒 10%（按粒形区分）；黄粒米 1.5%；粒型 1.99（长宽比）；千粒重 26.2 g；水分 13.5%；杂质总量 1.0%。

（二）操作工艺

原粮接收→初清→清理→去石→磁选→分级砻谷→糙米清理→谷糙分离→糙米调质→碾米→凉米→分级→一次抛光→色选→二次抛光→白米分级→滚筒精选→计量包装。

（三）质量标准

糠粉 ≤ 0.15%（特级米），矿物质 ≤ 0.02%，带壳稗粒 ≤ 20 粒 / 千克（色选机前样），稻谷粒 ≤ 8 粒 / 千克（色选机前样），水分 ≤ 14%，成品含碎：国标 ≤ 30%（其中小碎 ≤ 2%）；根据需方要求，小包装整精米含碎 ≤ 10%；根据需方要求，中包装整精米含碎 ≤ 15%。质量标准参照国家标准 GB 1354—2009（大米）一级米标准。

（四）设备及操作要点

1. 提升机、初清振动筛、振动清理筛

(1) 开车前，检查振动清筛各筛面的筛孔有无堵塞现象，生产过程中，应每 2 h 清理筛面一次。

(2) 检查筛面紧固螺丝有无松动现象或其他结构有无松动现象。

(3) 清理出口处杂质，以免发生堵塞。

(4) 随时检视振动筛吸风系统筛下笼有无堵塞和粮粒被吸走现象。

(5) 定期检查斗式提升机的畚斗是否破损，如发现及时更换，流动轴承每月加油一次。

2. 比重去石机

(1) 要经常保持进料流量均匀及物料在筛面上分布均匀，严防流量忽大忽小现象，及时清理料斗下料口，以防堵塞。

(2) 工作筛面要保持平整，不得有表面不平整现象，筛面磨损后，要更换筛面。拆卸筛面时，要严禁重物压筛面。

(3) 要经常保持筛面及匀风板畅通无阻。

(4) 要经常检查各橡胶支座损坏与否，各固定件有无松动现象。

(5) 筛面在开车前应预先铺上一层物料，以免开车时由于物料不能及时铺满筛面，而气流分布不均产生石中含粮过多的现象。

(6) 工作时要勤检查净谷含石和石中带粮的情况，发现问题及时找出原因，以便采取处理措施。

(7) 调节流量控制进料闸门，使流量符合要求，再调节分料装置，使两进料流量均匀，而后调节料斗压力门两侧拉伸弹簧拉力，使料斗内存有一定数量的物料，并能均匀下料。

(8) 下缓冲槽的角度应调到物料能缓慢地散落至去石板为宜。

(9) 在正常情况下，物料在去石板上应呈松散悬浮状态，但料层又不被吹穿，否则，应调节风量。

(10) 没料及时停车，以免影响其筛理效果。

3. 胶辊砻谷机

(1) 熟悉原粮品种和质量情况，检查净谷纯度，选择技术参数，确定操作方法。

(2) 测定快、慢辊直径。为保持快、慢辊之间线差，快辊应比慢辊直径稍大些，但最大不超过 4 mm，变速时应按变速标牌规定的直径相应变档，车未停定严禁变挡。

(3) 开车时，其流量应与谷糙分离密切配合，其脱壳率应在 85%～95%。

(4) 开车后应立即检查大糠分离情况，如糙米含大糠过多，应开大风门，如大糠含粮应关小风门，确保大糠分离最佳状态。

(5) 检查清板是否落料均匀，应避免压力过大导致胶辊温度高损坏胶辊。

4. 谷糙分离机

(1) 开机前将糙米分流闸板关闭，避免糙米含谷过多，待筛面流量符合谷糙分离要求，糙米中没有谷粒时才开启闸板。

(2) 工作时，观察分离筛的谷糙分离效果，根据分离情况，调整净糙及回砻谷分料板，使其达到最佳位置，回砻谷含糙不超过 10%。

(3) 随时检查净糙含谷与否，如净糙有谷，必须将分流闸板关闭，使其回流。

5. 碾米机

(1) 根据糙米的品种、水分和加工成品的精度要求，调节好米刀与砂辊或铁辊的间距，配好米筛，初步确定具体操作方法。调节流量和精度时，应注意动力负荷不可超载(应在明显位置单独安装电流表)。

(2)刚开车时,在碾米机各部分尚未调节合适以前,碾出的不合规定精度的白米,应重新复碾。

(3)核对出机白米精度与标准米样是否相符,同时注意白米含碎和含杂情况。

(4)随时清除白米出口积糠,避免出口阻力加大,而影响白米精度和产量。

(5)及时检查碾米机各部位有无磨损。砂辊磨损后,如发现表面有不平现象,应及时修整;螺旋推进器和拨料铁辊突筋磨损到影响额定产量时,应予以更换;进、出口衬套在即将磨穿时,应予以更换。

(6)停车时,必须先关闭进料闸门,将压力门用力拉开,避免机内的米粒出不来被碾碎,待机内没有米流出再停车。最后流出精度不合规定要求的白米,应留在下班回机重碾。

6. 白米分级筛

(1)开机前检查筛面筛孔有无堵塞现象,并正确掌握流量。

(2)运行中检查橡皮球的清理功能是否减弱和筛面磨损程度。

(3)经常检查成品含碎米及碎米含整米情况,发现问题及时调整。

(五)注意事项

(1)机器开动后,应做短时间的空车运转,以察看待转动部分正常与否,要求机体运转平稳,不得有不正常的振动和异声。

(2)各种设备的进料闸门必须在空车运转正常后才准开启。

(3)经常检查各道机器设备流量的均匀程度,对发现有过厚过薄或走单的情况,应立即进行调整,对进口、出口处的杂物随时清除。

(4)随时注意各机器设备的效能,如有效率降低或不正常情况发生,应检查原因,采取措施。

(5)所有转动部分的轴承应随时检查其温升情况。

(6)随时检查各设备出口物料是否达到规定指标。

(7)经常检查各玻璃管道有无堵塞现象。

(六)常见故障与排除

1. 振动筛

振动筛常见故障有物料走单边、筛体扭摆、运动异响、产量低等。物料走单边可通过调整偏心进料管或进料箱内闸板解决;筛体扭摆需要检查机架的平衡、橡胶件老化以及扇形块位置和振动电机的安装角度等;运动异响需要拧紧螺栓并调节压紧机构;产量低需调整振幅、振动角度、筛面倾角等。

2. 砻谷机

砻谷机的常见故障有糙米损伤过度、爆腰率高、胶耗严重、飞边、跑粮等。糙米的损伤和爆腰率与稻谷流量及辊压有关,可适当降低流量和辊压;流量与辊压也影响胶耗,流量过高或高低、辊压过高等会引起胶耗增加;飞边现象主要是两辊中心线不平行或两辊端面没对齐导致的;跑粮主要是吸稻壳风量过高引起的。

3. 碾米机

碾米机存在含碎过多、精度不够、碾白室堵塞、轴承发热等常见问题。碎米过多可通过调整碾白室周围存气、砂辊与推进器接头和砂辊表面以及更换薄米刀解决；精度不够需要更换米刀或砂辊，调节流量，增加压破重量等；碾白室堵塞可通过降低产量、调整压砣重量、拉紧传动皮带、清理出口积糠或加速排糠等解决；轴承发热可能是轴承损坏、皮带过紧或润滑油过少且不清洁等引起。

（七）操作考核要点和参考评分（表 4–25）

（1）以书面形式每人完成生产实习报告和实习总结各一份。

（2）提交生产实习日记和生产实习鉴定表。

（3）指导教师提交生产实习教学指导教师工作报告一份。

表 4-25　江西省某粮油公司大米生产实习的考核要点和参考评分

序号	项目	考核内容	技能要求	评分（100 分）
1	公司概况	（1）公司信息； （2）产品信息	（1）了解公司发展历史和规划； （2）了解公司组织管理结构及经营机制； （3）了解公司原料、包装料的要求及供应情况； （4）了解公司产品的类型、销售以及生产技术和规模等信息	5
2	厂区结构	（1）厂区整理布置情况； （2）车间和附属建筑的分布和特点； （3）消防安全等通道建设情况	（1）观察整个厂区布置情况，能够绘制厂区简要布置图； （2）了解各个生产车间的功效和特点； （3）了解供能房、仓库、办公生活等附属区域的布置要求和特点； （4）了解大米生产过程的物流、人流通道的要求和布置； （5）了解厂区消防、安全、应急的建设情况	10
3	材料和成品	（1）材料和成品储藏； （2）原辅料前处理	（1）掌握稻谷和成品大米的储藏环境及要求，了解制米所需稻谷的质量要求； （2）掌握其他辅料、包装等材料的储藏环境和要求； （3）掌握稻谷清理除杂的方法和要求	10
4	生产流程	（1）工艺流程； （2）工艺要求	（1）熟悉稻谷制米中砻谷及砻下物分离、碾米、分级等的工艺流程； （2）熟悉稻谷制米各工序的生产要求； （3）掌握各工序分离出的副产品及废料的处理，熟悉整个工厂三废处理情况	15
5	工艺操作	（1）工艺条件； （2）设备操作； （3）设备控制和检修	（1）熟悉稻谷制米各个工序的操作条件； （2）掌握制米过程中主要设备的操作，能够调节设备工作参数完成正常生产； （3）了解砻谷机、碾米机等主要设备的基本结构，能够进行简单的设备检修工作	15

续表

序号	项目	考核内容	技能要求	评分(100分)
6	质量评定	(1)感官检验; (2)质量检验	(1)掌握大米的感官指标,能够正确判断该生产批次是否符合要求; (2)掌握大米质量检验的方法,能够正确判断大米的等级	5
7	实习报告	(1)格式; (2)内容	(1)实习报告格式正确; (2)实习报告能正确记录实习的过程、体会及意见等	40

二、油茶籽油加工生产线实习

实习目的:

(1)全面掌握植物油脂生产过程中的关键控制和质量控制。

(2)掌握植物油脂生产环节中常见故障排除方法,培养突发问题的解决能力。

(3)能够有效分析植物油脂生产过程的影响因素。

(4)了解食品科学与工程领域新技术在植物油脂生产过程中的应用情况。

(5)熟悉并掌握生产过程安全及环保要求。

实习方式:

以大型植物油脂加工企业上岗为主,掌握所从事的实际生产、分析及管理技术。遵从实习单位的安排,认真完成每日的上岗实习工作。可以根据生产实际,适度灵活安排工作内容。

(一)原、辅材料

1. 原料

油茶籽,水分含量≤13%,杂质含量≤2%,色泽和气味正常。

2. 辅料

烧碱为96%~99%食用级片碱;磷酸为85%食用级磷酸。

(二)操作工艺

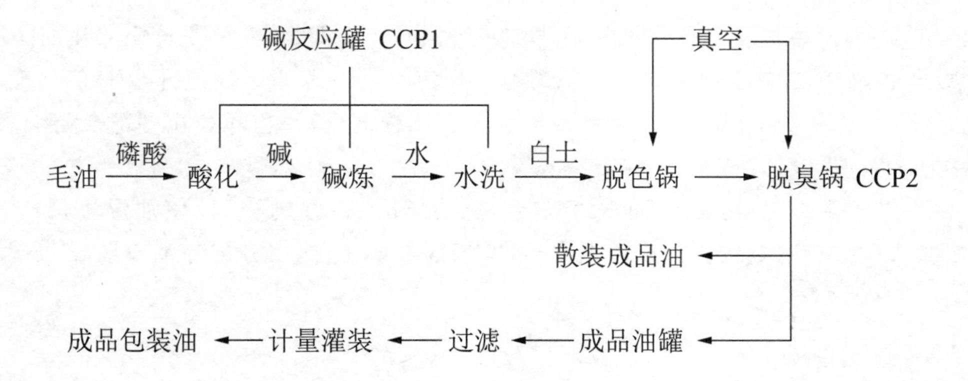

（三）质量标准

色泽（罗维朋比色槽 25.4 mm）≤黄 35.0，红 2.0；气味、滋味：具有茶籽油固有的气味、滋味，无异味；透明度：澄清、透明；水分及挥发物≤ 0.1%；不溶性杂质≤ 0.05%；酸值（KOH）≤ 1.0 mg/g；过氧化值≤ 6 mmol/kg。

其他相应指标参照国标 GB 11765—2003（油茶籽油）执行。

（四）设备及操作要点

1. 碱炼锅

（1）碱炼：油茶籽毛油品质较好，胶质含量不高，酸值较低，可直接进行碱炼。毛油由毛油齿轮泵经过过滤器泵至碱炼锅，搅拌加热到 60 ℃～65 ℃；加入盐水或磷酸，搅拌半小时；加入碱，搅拌 20～30 min，搅拌时控制温度不超过 75 ℃；搅拌后沉淀 4～5 h，沉淀后放出皂角。碱炼锅的搅拌速度为 60 r/min，加入碱的量根据毛油的酸价来定，最终碱液浓度控制在 18～20 °Bé，检测油的酸价不得超过 1 mgKOH/g。

（2）水洗：碱炼后的油升温到 75 ℃～80 ℃，加入盐水进行水洗，盐水的温度控制比油温高 5 ℃左右，搅拌半小时后，沉淀 4～5 h，沉淀后放出水洗水，检测油的含皂量不得大于 $1\,000\times10^{-6}$。

2. 脱色锅

（1）脱色：脱色锅抽真空，真空度达到 0.04 MPa 左右时开启脱色进油阀，用真空把碱炼罐中水洗油吸到脱色锅，开启搅拌器，并加热，使油温升至 85 ℃～95 ℃，在真空状态下通过观察孔看到油清亮、无泡为止。脱色用白土经进口吸入脱色锅与油充分混合均匀，吸附脱色油温需上升至 90 ℃～95 ℃，真空度保持在 0.06 MPa 以上，反应 30 min，再进行过滤。

（2）过滤：脱色反应后温度降至 85 ℃以下时，破除真空，开启压缩空气，打开脱色锅进气阀、板框过滤机进油阀，进行过滤，过滤压力不超过 0.3 MPa。刚开始过滤的油用桶接好，待出来的油清亮时正常过滤，脱色后油的色泽控制在 R/Y ≤ 2.0/25。

3. 脱臭锅

（1）油脂脱气：脱臭锅抽真空至 0.04 MPa 以上，打开进油阀，把脱色过滤油吸入脱臭锅中，进完油后真空度上升，在高真空下给油脂脱气。

（2）脱臭加热：脱臭是先用间接蒸汽加热升温至 110 ℃，再开启脱臭锅导热油阀门，使油温加热至 150 ℃，然后打开直接蒸汽翻动，开始辅助加热，直至油温升至 180 ℃左右，进行脱臭反应，反应 4～5 h。操作中定时到分离器取样观察，待色泽和稠度符合要求后关掉加热并进行冷却。

（3）脱臭冷却：反应后的油温度降至 180 ℃时开始强制冷却，使油温下降，当降至 120 ℃时关闭搅拌蒸汽阀门。当油温降至 70 ℃时开始出油，打开成品油输送泵，泵入成品油罐。

（五）注意事项

（1）操作中注意检查设备的运行情况，随时观察设备内温度和压力状况，确保安全生产。

(2) 连续炼油系统中注意检查各管路、阀门的通行和开闭情况,保证油脂的流向正确。

(3) 炼油装置中所需温度较高,注意加热设备或管路的输送情况。

(4) 真空操作中,在物流输送或反应时注意真空度的变化,避免油脂输送不完全或反应不足。

(5) 碱炼工序中注意超量碱的用量,茶油酸值较低,可适当降低超量碱的用量。

(6) 脱色后的过滤操作要恰当,过滤前期的油脂质量较差,需回收再处理。

(7) 脱臭温度较高,要注意操作,需要分多次逐级升温,每次所用升温介质和操作均有不同。

(8) 整个生产和后续处理及包装过程中注意避免油脂的氧化作用。

(六) 常见故障与排除

1. 碱炼操作

碱炼中的常见问题有精炼油脂色泽深、皂角含油高、油皂化损耗大、物料不易分离等。色泽与碱炼效果以及氧化作用有关,碱炼中温度较低,氧化作用对色泽影响不大,碱炼效果主要考虑超量碱的用量,可适当增加其用量;皂角含油高也与超量碱不足有关;皂化损耗大可能是由于碱液浓度过高、碱炼温度过高或时间过长等造成的;物料不易分离主要是碱炼过程中温度不稳定或不均匀引起的。

2. 脱色操作

脱色中常见问题有油品酸值偏离加大、油脂损耗大、油脂色泽深、油脂品质较差等。油脂的酸值和损耗与活性白土的性能有关,而活性白土受到原土、酸处理、水分、pH 等的影响,可从这几方面寻找原因;色泽深主要是产生了新的色素所致,需要提高真空度,并检查脱色设备的漏气情况或采取一些避免氧气与油脂长时间接触的措施,同时适当降低操作温度和时间,防止油脂回色;油品差可能是油脂与吸附剂混合不均匀所致,需增加它们的混合程度。

3. 脱臭操作

脱臭中常见问题有脱臭效果不明显、油脂损耗大、油脂酸值高、油脂色泽深等。脱臭不明显主要考虑脱臭锅的油循环装置、防飞溅和蒸馏液回流结构以及折流板的状况;油耗大可能是温度过高、真空度较低引起的;油脂酸值高可通过增加真空度解决;油脂色泽深与油脂的氧化有关,主要考虑直接蒸汽的质量,要求干燥不含氧,此外,脱臭系统的管路、阀门、泵等要严格紧密,不漏气。

(七) 操作考核要点和参考评分(表 4-26)

(1) 以书面形式每人完成生产实习报告和实习总结各一份。

(2) 提交生产实习日记和生产实习鉴定表。

(3) 指导教师提交生产实习教学指导教师工作报告一份。

表 4-26 江西某油脂有限公司油茶籽油生产实习的考核要点和参考评分

序号	项目	考核内容	技能要求	评分(100 分)
1	公司概况	(1) 公司信息; (2) 产品信息	(1) 了解公司发展历史和规划; (2) 了解公司组织管理结构及经营机制; (3) 了解公司原料、包装料的要求及供应情况; (4) 了解公司产品的类型、销售以及生产技术和规模等信息	5
2	厂区结构	(1) 厂区整理布置情况; (2) 车间和附属建筑的分布和特点; (3) 消防安全等通道建设情况	(1) 观察整个厂区布置情况,能够绘制厂区简要布置图; (2) 了解各个生产车间的功效和特点; (3) 了解供能房、仓库、办公生活等附属区域的布置要求和特点; (4) 了解油茶籽油生产过程的物流、人流通道的要求和布置; (5) 了解厂区消防、安全、应急的建设情况	10
3	材料和成品	(1) 材料和成品储藏; (2) 原辅料前处理	(1) 掌握油茶籽和油茶籽油的储藏环境及要求,了解油茶籽的质量要求; (2) 掌握油脂生产其他辅料及包装材料的储藏环境和要求; (4) 掌握稻谷清理除杂的方法和要求	10
4	生产流程	(1) 工艺流程; (2) 工艺要求	(1) 熟悉油茶籽油精炼中碱炼、脱色、脱臭的工艺流程; (2) 熟悉油茶籽油精炼中各工序的生产要求; (3) 掌握各工序分离出的副产品及废料的处理,熟悉整个工厂三废处理情况	10
5	工艺操作	(1) 工艺条件; (2) 设备操作; (3) 设备控制和检修	(1) 熟悉油茶籽油生产中各个工序的操作条件; (2) 掌握油茶籽油生产中主要设备的操作,能够调节设备工作参数获得符合要求的油脂; (3) 了解碱炼锅、脱色锅、脱臭锅等主要设备的基本结构,能够进行简单的设备检修工作	20
6	质量评定	(1) 感官检验; (2) 质量检验	(1) 掌握油茶籽油的感官指标,能够正确判断该生产批次是否符合要求; (2) 掌握油茶籽油质量检验的方法,能够正确判断大米的等级	5
7	实习报告	(1) 格式; (2) 内容	(1) 实习报告格式正确; (2) 实习报告能正确记录实习的过程、体会及意见等	40

参考文献

[1] 刘英．谷物加工工程 [M]．北京：化学工业出版社，2005.
[2] 刘永乐．稻谷及其制品加工技术 [M]．北京：中国轻工业出版社，2011.
[3] 华景清，张敬哲．粮油加工技术 [M]．北京：中国计量出版社，2010.
[4] 赵萍．粮油食品工艺 [M]．兰州：甘肃科学技术出版社，2004.
[5] 肖志刚，许效群．粮油加工概论 [M]．北京：中国轻工业出版社，2008.
[6] 李则选，金增辉．粮食加工 [M]．2 版．北京：化学工业出版社，2005.
[7] 于新，胡林子．谷物加工技术 [M]．北京：中国纺织出版社，2011.
[8] 陈启玉．粮油食品加工工艺学 [M]．北京：中国轻工业出版社，2005.
[9] 罗忠民．挂面生产技术 [M]．北京：中国轻工业出版社，1992.

[10] 施润淋，王晓东．高温烘干－挂面干燥新技术 [J]．面粉通讯，2005（2）：33-38.
[11] 马涛．焙烤食品工艺 [M]. 2 版．北京：化学工业出版社，2011.
[12] 李里特，江正强．焙烤食品工艺学 [M]. 2 版．北京：中国轻工业出版社，2010.
[13] 彭亚锋，黄文，郭顺清．焙烤食品科学与技术 [M]．北京：中国计量出版社．2011.
[14] 董瑞霞，周泽辉．绿茶饼干的研制 [J]．江苏农业科学，2011，39（5）：391-393.
[15] 刘清，杨邦宇．焙烤食品新产品开发宝典 [M]．北京：化学工业出版社，2008.
[16] 彭珊珊，骆小贝．糕点脱氧包装保藏的研究 [J]．包装工程，2004（4）：147-148.
[17] 张海红，黄蓉，严丽霞．脱氧包装在蛋糕保鲜中的应用研究 [J]．包装与食品机械，2009，27（6）：50-53.
[18] 王放．糕点食品防霉保鲜技术探讨 [J]．科技资讯，2007（28）：15.
[19] 胡国华．食品添加剂在粮油制品中的应用 [M]．北京：化学工业出版社，2005.
[20] 王丽琼．粮油加工技术 [M]．北京：中国农业出版社，2008.
[21] 李荣和，姜浩奎．大豆深加工技术 [M]．北京：中国轻工业出版社，2012.
[22] 石彦国．大豆制品工艺学 [M]. 2 版．北京：中国轻工业出版社，2005.
[23] 程建军．淀粉工艺学 [M]．北京：科学出版社，2011.
[24] 李新华，董海洲．粮油加工学 [M]. 2 版．北京：中国农业大学出版社，2009.
[25] 朱永义．谷物加工工艺与设备 [M]．北京：科学出版社，2002.
[26] 陈安，徐焱，凌利，宋军．精制出口直条米粉的生产工艺技术及设备 [J]．粮食加工，2007，32（1）：37-39.
[27] 林国明，陈长贵，陈嘉东．浅析大米加工的碎米控制技术 [J]．广东农业科学，2008（12）：112-114.
[28] 刘博，张宇，吴勇贤，解文孝．浅谈碎米产生的原因及应对措施 [J]．粮食与饲料工业，2012（10）：3-5.
[29] 潘登，张朝庭．稻谷爆腰的机理及应对措施 [J]．农业机械，2012（30）：53-55.
[30] 樊德俊．降低稻米爆腰及破碎的探索 [J]．中国商办工业，2002（12）：43-44.
[31] 李爽，寇淮，徐贤，刘朝忠．稻米适度加工现状与前景分析 [J]．粮食流通技术，2012（4）：32-34.
[32] 郭祯祥．小麦加工技术 [M]．北京：化学工业出版社，2003.
[33] 张国治．方便主食加工机械 [M]．北京：化学工业出版社，2005.
[34] 朱维军，陈月英，高伟．面制品加工工艺与配方 [M]．北京：科学技术文献出版社，2004.
[35] 高新楼，刑庭茂，刘劲哲，史芹．小麦品质与面制品加工技术 [M]．郑州：中原出版传媒集团，2009.
[36] 王文芳，肖建东，王海晖，张炜．生产工艺对方便面含油量的影响 [J]．农业机械，2012（12）：70-73.
[37] 陆启玉．谈谈方便面生产中的几个问题 [J]．食品科技，2000（1）：51-53.
[38] 万晓军．浅谈方便面质量控制 [J]．现代面粉工业，2010（6）：31-32.
[39] 朱珠．焙烤食品工艺与实训 [M]．郑州：郑州大学出版社，2012.

[40] 董海洲．焙烤工艺学 [M]. 北京：中国农业出版社，2008.
[41] 贾君，彭亚锋．焙烤食品加工技术 [M]. 北京：中国农业出版社，2008.
[42] 肖志刚，吴非．食品焙烤原理及技术 [M]. 北京：化学工业出版社，2008.
[43] 倪培德．油脂加工技术 [M]. 北京：化学工业出版社，2002.
[44] 刘玉兰．油脂制取与加工工艺学 [M]. 2 版．北京：科学出版社，2009.
[45] 何东平，闫子鹏．油脂精炼与加工工艺学 [M]. 2 版．北京：化学工业出版社，2012.
[46] 籍保平，李博．豆制品安全生产与品质控制 [M]. 北京：化学工业出版社，2005.
[47] 曹龙奎，李凤林．淀粉制品生产工艺学 [M]. 北京：中国轻工业出版社，2008.

第五章

发酵酒类加工企业卓越工程师实习指导

酒是一种用粮食、水果等含淀粉或糖的物质发酵制成的含乙醇的饮料，是多种化学成分的混合物。按照生产工艺，酒可以分为三大类：发酵酒、蒸馏酒和配制酒。发酵酒是以粮谷、水果、乳类等为原料，主要经酵母发酵等工艺酿制而成的、酒精含量小于24%的饮料酒，主要包括啤酒、葡萄酒、黄酒和清酒等。不同发酵酒类的生产原料处理和生产工艺流程各有特点。本章主要针对卓越工程师实习过程中，如何指导常见发酵酒类加工技术学习进行叙述，包含以下三部分内容。

（1）发酵酒类加工企业认识实习：啤酒生产技术、葡萄酒生产技术、黄酒生产技术。

（2）发酵酒类加工企业岗位参与实习：啤酒加工岗位技能综合实训、葡萄酒加工岗位技能综合实训、黄酒加工岗位技能综合实训。

（3）发酵酒类加工企业生产实习：啤酒生产线实习。

第一节　发酵酒类加工企业认识实习

一、啤酒生产技术

知识目标：

（1）了解啤酒的概念，了解其营养价值。

（2）了解啤酒的分类及特点。

（3）了解啤酒的主要原料，主要生化机制及参与的主要微生物。

（4）了解现代啤酒生产的新技术有哪些，和传统工艺有什么区别。

（5）掌握啤酒原辅料的选择及处理工艺。

（6）掌握啤酒的生产机理和操作要点。

技能目标：

（1）认识啤酒生产过程中的关键设备和操作要点。

（2）能够认识啤酒生产工艺操作及工艺控制。

（3）了解啤酒质量的基本检验内容和检测方法。

（4）能够制定啤酒生产的操作规范、整理改进措施。

解决问题：

（1）学会运用相关知识解决啤酒生产过程中常见的质量问题。

（2）啤酒生产过程中的主要原辅料及加入时间。

（一）啤酒酿造原料

1. 大麦

根据籽粒生长形态可将大麦分为六棱大麦、四棱大麦和二棱大麦三种类型。一般啤酒酿造使用二棱大麦，美国则较流行六棱大麦。

大麦除含水分 11%～12%外（贮藏大麦水分＜13%），其他成分主要有碳水化合物、蛋白质、酶类、脂肪、无机盐等。碳水化合物中主要是淀粉，占干物质的 58%～65%，大部分作为贮藏物质存在。另外还含有纤维素、半纤维素和麦胶物质（Barley Gum）、糖类，它们的含量分别占大麦干物质的 3.5%～7.0%、10%～11%和约 2%。酿造大麦的蛋白质含量为大麦干物质的 9%～12%，其中一部分为酶类，大麦经过发芽后，酶的种类和活力会有所增加。大麦中所含类脂物质（乙醚浸出物）占大麦干物质的 2%～3%，其中 95%以上属于甘油三酯。类脂物质对啤酒的风味稳定性和泡持性有不利影响。大麦中无机盐含量为其干物质的 2.5%～3.5%，它们对发芽、糖化及发酵有很大影响。除上述成分外，大麦还含有磷酸盐、维生素、酚类物质（占干物质的 0.1%～0.3%）等。

把原料大麦制成麦芽，称为制麦。发芽后制得的新鲜麦芽叫绿麦芽，经干燥和焙焦后的麦芽称为干麦芽。麦芽制造的主要目的是：使大麦生成各种酶，并使大麦胚乳中的成分在酶的作用下，达到适度的溶解；去掉绿麦芽的生腥味，产生啤酒特有的色、香和风味成分。

新收获的大麦需要贮藏 6～8 周才能使用。原料大麦要经过粗选、杂谷分离、分级后才能进行浸麦、发芽。大麦粗选使用去杂、集尘、脱芒、除铁等机械。精选的目的是除掉与麦粒腹径大小相似的杂质，包括荞麦、野豌豆、草籽和半粒麦等。大麦的分级是把粗选、精选后的大麦，按颗粒大小分级，目的是得到颗粒整齐的大麦，为发芽整齐、粉碎后获得粗细均匀的麦芽粉以及提高麦芽的浸出率创造条件。一般腹径 2.2 mm 以上的大麦才能进行后续的浸麦发芽，而成为啤酒酿造的原料。

2. 啤酒花

啤酒花（Humulus Lupulus），又叫蛇麻花、忽布花，为大麻科葎草属多年生蔓性草本植物，雌雄异株，酿造所用均为成熟雌花。

啤酒花成分有酒花树脂（10%～20%）、酒花油（0.5%～2%）、多酚物质（2%～5%）、单糖、果胶、蛋白质（约 15%）、脂和蜡等。其中前三者是对酿酒有用的成分，它们赋予啤酒特有的苦味和香味，酒花树脂还有防腐作用，多酚物质则具有澄清麦芽汁和赋予啤酒以醇厚酒体的作用。

酒花成分中最重要的是酒花树脂，它是啤酒苦味的主要来源。酒花树脂包括 α- 酸、β-

酸等成分，其中α-酸较为重要，它可异构化形成异α-酸，啤酒苦味主要来自异α-酸。国际上倾向于用α-酸来衡量酒花的酿造价值，并根据α-酸含量确定酒花添加量和平衡酒花的产量。酒花中α-酸含量不稳定，包装或贮藏不良时极易氧化而造成损失。

酒花是酿制啤酒的一种贵重原料，其使用方法是在麦汁煮沸锅中添加酒花，但其有效成分利用率仅25%左右，加之酒花体积大，要求低温贮存，且会因不断氧化而损失和变质。针对上述问题，人们已研制出许多种酒花制品，如酒花粉、颗粒酒花、酒花浸膏和酒花油等，从而大大提高了酒花的利用率，也简化了使用方法。

3. 辅助原料

国际上使用辅助原料的情况大都不一样。我国啤酒生产使用的谷物辅助原料中，除个别厂用玉米外，多数厂用大米，使用量多为原料的20%～30%，有的厂使用量高达40%～50%。在欧美有很多厂家用玉米做辅料，使用前经过去胚。有些国家早已采用小麦为某些特制啤酒的原料或辅料。国际上采用大麦为辅料，一般用量不超过20%。在产糖比较丰富的地区，麦汁中也常添加糖类为辅料，添加的糖种类主要有蔗糖、葡萄糖、转化糖和糖浆等，添加量一般为原料的10%左右。在我国，也有厂家使用部分蔗糖为辅料。

（二）生产工艺

1. 麦芽生产工艺

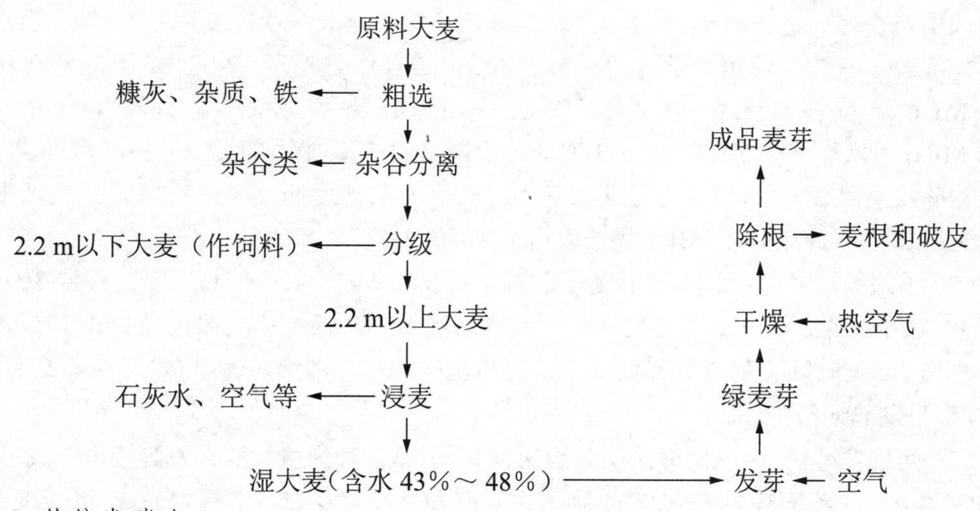

2. 传统发酵法

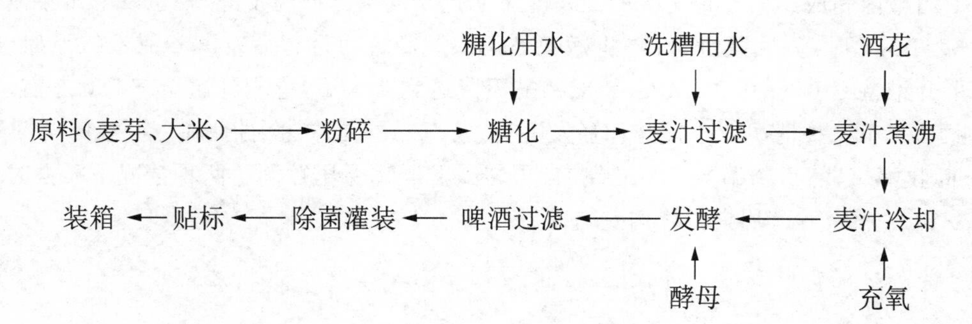

3. 大罐发酵法

传统啤酒是在正方形或长方形的发酵槽(或池)中进行的,设备体积为5～30 m^3,啤酒生产规模小,生产周期长。20世纪50年代以后,由于世界经济的快速发展,啤酒生产规模大幅度提高,传统的发酵设备已满足不了生产的需要,大容量发酵设备受到重视。所谓大容量发酵罐是指发酵罐的容积与传统发酵设备相比而言。大容量发酵罐有圆柱锥底发酵罐、朝日罐、通用罐和球形罐。圆柱锥底发酵罐是目前世界通用的发酵罐,该罐主体呈圆柱形,罐顶为圆弧状,底部为圆锥形,具有相当的高度(高度大于直径),罐体设有冷却和保温装置,为全封闭发酵罐。圆柱锥底发酵罐既适用于下面发酵,也适用于上面发酵,加工十分方便。德国酿造师发明的立式圆柱锥底发酵罐由于其诸多方面的优点,经过不断改进和发展,逐步在全世界得到推广和使用。我国自20世纪70年代中期,开始采用室外圆柱锥底发酵罐发酵法(简称锥形罐发酵法),目前全国新建的和改建的啤酒厂已全部采用了圆柱锥底发酵罐发酵的方式。

圆柱锥底发酵罐发酵工艺有低温发酵和高温发酵、单罐发酵和两罐发酵之分。目前国内多采用单罐发酵法,也有少数厂采用两罐发酵法生产。

(1) 单罐低温发酵:麦汁冷却到6 ℃～8 ℃,在酵母添加槽中添加0.8%左右的酵母,然后送入锥形罐。由于锥形罐的容量较大,常分批送入麦汁,一般16～24 h满罐,满罐时料温以9 ℃以下为宜。

满罐后麦汁即进入发酵,料温上升,24 h后从罐底排放一次冷凝固物和酵母死细胞。于9 ℃发酵6～7 d,糖度降到4.8～5.0°Bé,让其自然升温至12 ℃,罐压升到0.08～0.09 MPa,糖度降到3.6～3.8°Bé、双乙酰还原达到要求时,提高罐压到0.10～0.12 MPa,并以每小时0.2 ℃～0.3 ℃的速度降温到5 ℃,保持此温24～48 h,并排放酵母。发酵将至终了时,在3 d内继续以每小时0.1 ℃的速度降温至－1 ℃左右,并保持此温7～14 d,保持罐压0.10 MPa,整个发酵周期约20 d。

(2) 单罐高温发酵:在11 ℃的麦汁中添加0.6%～0.8%的酵母,入罐后保温36 h,升温到12 ℃并保持2 d,开始旺盛发酵。自然升温到14 ℃,保持4 d,罐压升到0.125 MPa。大约在第7 d天时降温到5 ℃并保持1 d,排出沉淀酵母。继续降温至0 ℃,保持5～7 d,过滤,整个发酵期约14 d。

(3) 两罐发酵法:两罐发酵法又分为两种方式,第一种为主发酵在发酵罐内完成,后发酵和贮酒成熟在贮酒罐内完成;第二种为主发酵和后发酵都在发酵罐内完成,贮酒成熟单独在贮酒罐内完成。第一种情况的主发酵工艺操作同单罐低温发酵,在主发酵结束酒温降至5 ℃～6 ℃时,先回收酵母,再将嫩啤酒送入贮酒罐内进行后发酵和双乙酰还原,罐压缓慢上升维持0.06～0.08 MPa,待双乙酰下降达到要求后,急剧降温至－1 ℃左右,进行保压贮酒。第二种情况在主发酵和后发酵后,待双乙酰还原达到指标时,酒温降至5 ℃～6 ℃,回收酵母,然后降温至－1 ℃左右,再转入贮酒罐保压贮酒。两种情况下贮酒时间均为7～14 d,整个发酵周期为3周左右。

（三）啤酒发酵新技术

1. 连续化啤酒发酵

啤酒连续发酵即向发酵系统内连续不断地流加经过杀菌、冷却的麦汁，同时又连续不断地排出发酵成熟的啤酒，二者达成平衡，确保发酵系统内的醪液量处于动态平衡，从而使发酵液中酵母细胞始终维持在生长加速期，同时降低了代谢产物的积累。发酵液中细胞浓度、底物浓度及代谢产物浓度具有相对稳定性，酵母细胞在发酵过程中始终维持在稳定状态，细胞处于均质状态，能充分发挥微生物的作用，提高产物的收得率。因而生产操作稳定，便于实现自动化、连续化，且发酵周期短，设备利用率高。主要的连续发酵方法有塔式和多罐式。

（1）塔式连续发酵：塔式连续发酵是20世纪60年代在英国出现的一种新工艺，最早由APV公司设计，因此又称为APV塔式发酵。发酵塔的主体为一个锥底的圆管柱体，顶端一段直径加大。经冷却加氧等处理的麦汁从塔底送入，嫩啤酒从塔顶端的出口流出。发酵中，在控制的条件下，发酵塔内形成四个区段。在塔的底端为一稳定的酵母塞柱，在此，酵母细胞暴露于具有氧气及丰富营养的麦汁中，生长极为迅速；往上是一不稳定的酵母塞柱，主要由发酵产生的CO_2使酵母分散；再往上是依靠上升的CO_2而引起搅动混合的区段；最后在塔顶有一缓冲罩，使该罩的上部形成相对静止区。

（2）多罐连续发酵：分为四罐和三罐两种系统。四罐系统有四个发酵罐，相互串联，其中罐Ⅰ、罐Ⅱ和罐Ⅲ有搅拌装置。麦汁不断输入罐Ⅰ，并在此添加酵母，使之增殖。罐Ⅱ为一大罐，在此完成主发酵后转入罐Ⅲ，在罐Ⅲ中完成全部发酵过程，然后送入罐Ⅳ，在此啤酒得以冷却并趋向成熟，罐底沉积的酵母返回罐Ⅰ或罐Ⅱ。三罐系统的情况与四罐系统相同。

2. 固定化酵母啤酒发酵

固定化酵母啤酒发酵技术室将酵母细胞固定在某一载体上，使之成为固定化酵母细胞，然后将它置于发酵容器内，将麦芽汁发酵成啤酒。固定酵母细胞的方法有很多，主要有吸附法和包埋法。

（1）吸附法：酵母细胞带有负电荷，而某些固相载体带有正电荷，由于两者之间的静电作用而相互吸附，使酵母固定在固相的载体上。常用的固相载体有硅藻土、卡普隆、多孔硅、聚乙烯等。但由于酵母的发酵作用，易使基质的pH发生较大的变动而影响两者的带电量，致使酵母细胞脱落而流失。因此，该法在实践应用中受到一定的限制。

（2）包埋法：该法是将酵母细胞埋于某种具有较好透性而酵母细胞不至漏出的凝胶内，使之成为一定大小的固定化酵母球，然后用于啤酒发酵。常用的包埋剂有琼脂、海藻酸钠、聚丙烯酰胺等。目前在啤酒生产中应用最多的是海藻酸钠。包埋时先将海藻酸钠加水加热糊化，冷却至一定温度时按比例加入酵母悬浮液，混合后滴入或挤压到一定浓度的氯化钙溶液中，海藻酸钠与氧化钙作用后形成海藻酸钙凝胶，酵母细胞即被包埋在内。用这种固定化酵母生产批件，主发酵时间可由传统工艺的6 d缩短到2 d，后发酵可由15 d缩短到8～10 d，总发酵周期可缩短一半。

在利用固定化细胞制批件方面，芬兰、比利时、日本等国家较为领先，目前已具备小规模试生产的条件，尚有不少问题需要解决。

（四）啤酒的质量标准及检测（GB 4927—2008）

1. 啤酒的感官指标（表 5-1、表 5-2）

表 5-1　淡色啤酒感官要求

项目			优级	一级
外观[a]	透明度		清亮，允许有肉眼可见的细微悬浮物和沉淀物（非外来异物）	
	浊度（EBC）		≤ 0.9	≤ 1.2
泡沫	形态		泡沫洁白细腻，持久挂杯	泡沫较洁白细腻，较持久挂杯
	泡持性[b]（s）	瓶装	≥ 180	≥ 130
		听装	≥ 150	≥ 110
香气和口味			有明显的酒花香气，口味纯正，爽口，酒体协调，柔和，无异香、异味	有较明显的酒花香气，口味纯正，较爽口，协调，无异香、异味

[a] 对非瓶装的“鲜啤酒”无要求。

[b] 对桶装（鲜、生、熟）啤酒无要求。

表 5-2　浓色啤酒、黑色啤酒感官要求

项目			优级	一级
外观[a]			酒体有光泽，允许有肉眼可见的细微悬浮物和沉淀物（非外来异物）	
泡沫	形态		泡沫细腻挂杯	泡沫较细腻挂杯
	泡特性[b]（s）	瓶装	≥ 180	≥ 130
		听装	≥ 150	≥ 110
香气和口味			具有明显的麦芽香气，口味纯正，爽口，酒体醇厚，杀口，柔和，无异味	有较明显的麦芽香气，口味纯正，较爽口，杀口，无异味

[a] 对非瓶装的“鲜啤酒”无要求。

[b] 对桶装（鲜、生、熟）啤酒无要求。

2. 啤酒的理化指标（表 5-3、表 5-4）

表 5-3　淡色啤酒理化要求

项目		优级	一级
酒精度[a]（% vol）	≥ 14.1 °P	≥ 5.2	
	12.1°P～14.1 °P	≥ 4.5	
	11.1°P～12.0 °P	≥ 4.1	
	10.1°P～11.0 °P	≥ 3.7	
	8.1°P～10.0 °P	≥ 3.3	
	≤ 8.0 °P	≥ 2.5	

续表

项目		优级	一级
原麦汁浓度[b](°P)		X	
总酸(mL/100 mL)	≥14.1 °P	≤3.0	
	10.1 °P～14.0 °P	≤2.6	
	≤10.0 °P	≤2.2	
二氧化碳[c](%),(质量分数)		0.35～0.65	
双乙酰(mg/L)		≤0.10	≤0.15
蔗糖转化酶活性[d]		呈阳性	

[a] 不包括低醇啤酒、无醇啤酒。

[b]“X”为标签上标注的原麦汁浓度,≥10.0 °P允许的负偏差为“−0.3”;＜10.0 °P允许的负偏差为“−0.2”。

[c] 桶装(鲜、生、熟)啤酒二氧化碳不得小于0.25%(质量分数)。

[d] 仅对“生啤酒”和“鲜啤酒”有要求。

表5-4 浓色啤酒、黑色啤酒理化要求

项目		优级	一级
酒精度[a](% vol)	≥14.1 °P	≥5.2	
	12.1 °P～14.1 °P	≥4.5	
	11.1 °P～12.0 °P	≥4.1	
	10.1 °P～11.0 °P	≥3.7	
	8.1 °P～10.0 °P	≥3.3	
	≤8.0 °P	≥2.5	
原麦汁浓度[b](°P)		X	
总酸(mL/100mL)		≤4.0	
二氧化碳[c](%),(质量分数)		0.35～0.65	
双乙酰(mg/L)		≤0.10	≤0.15
蔗糖转化酶活性[d]		呈阳性	

[a] 不包括低醇啤酒、脱醇啤酒。

[b]“X”为标签上标注的原麦汁浓度,≥10.0 °P允许的负偏差为“−0.3”;＜10.0 °P允许的负偏差为“−0.2”。

[c] 桶装(鲜、生、熟)啤酒二氧化碳不得小于0.25%(质量分数)。

[d] 仅对“生啤酒”和“鲜啤酒”有要求。

(五)实习考核要点和参考评分(表5-5)

(1)记录实习过程所见所闻所想,结合所学啤酒专业知识及个人见解撰写认识实习报告。

(2)指导教师提交认识实习教学指导教师工作报告一份。

表 5-5　啤酒认识实习的操作考核要点和参考评分

序号	项目	考核内容	技能要求	评分(100 分)
1	企业概况	(1) 企业组织形式; (2) 产品概况	(1) 啤酒生产企业的部门设置及其职能; (2) 啤酒生产企业的技术与设备状况; (3) 啤酒的产品种类、生产规模和销售范围	10
2	工艺设备	(1) 主要设备; (2) 主要工艺; (3) 辅助设施	(1) 了解啤酒的生产工艺流程,能够绘制简易流程图; (2) 能正确控制糊化、糖化及发酵、灭菌温度和时间,了解主要设备的相关信息; (3) 能够收集啤酒生产设备的技术图纸和绘制草图; (4) 了解啤酒生产企业的仓库种类和特点	15
3	企业建筑	(1) 全厂平面图; (2) 主要建筑特点; (3) 三废及其他	(1) 了解啤酒生产企业全厂总平面布置情况,能够绘制全厂总平面布置简图; (2) 了解啤酒生产企业主要建筑物的建筑结构和形式特点; (3) 了解啤酒生产三废处理情况和排放要求,能够阐述原理; (4) 能够制定啤酒生产的操作规范、整理改进措施	15
4	市场调研	(1) 市场销售状况; (2) 主要产品信息	(1) 了解啤酒主要产品的市场销售状况; (2) 能准确描述一类主要产品的品牌、原料、生产厂家、包装形式、包装材料和规格、标签内容、价格、保质期等	10
5	实习报告	(1) 格式; (2) 内容	(1) 认识实习报告格式正确; (2) 能正确记录主要产品生产工艺与要求,实习总结要包括体会、心得、问题与建议等	50

二、葡萄酒生产技术

知识目标:

(1) 了解葡萄酒的概念、分类及特点。

(2) 了解葡萄酒的主要原料,主要生化机制及参与的主要微生物。

(3) 掌握葡萄酒原辅料的选择及处理。

(4) 掌握葡萄酒的生产机理和操作要点。

技能目标:

(1) 认识葡萄酒生产过程中的关键设备和操作要点。

(2) 能够完成葡萄酒生产工艺操作及工艺控制。

(3) 了解葡萄酒质量的基本检验和鉴定。

(4) 能够制定葡萄酒生产的操作规范、整理改进措施。

解决问题:

(1) 学会运用相关知识解决葡萄酒生产过程中常见的质量问题。

(2) 葡萄酒生产过程中的防氧化措施。

(一) 葡萄酒生产原料

1. 葡萄

葡萄是酿制葡萄酒的最主要的原料。葡萄包括果梗和果实两部分,其重量百分比是果梗占4%～6%,果实占94%～96%。

果梗是果实的支持体,由木质构成,含有维管束,起运输营养物质到果实的作用。化学成分上,果梗含有木质素(6%～7%)、单宁(1%～3%)、树脂(1%～2%)、无机盐及少量的有机酸和糖。其中单宁和苦味树脂含量较高,因此发酵前必须除梗,以免使产品带有严重的苦涩味,影响产品的质量。

葡萄果实包括果皮、果核和果肉三部分,三者的重量百分比分别为6%～12%、2%～5%、83%～92%。果皮中含有色素、单宁和芳香成分等,它们对酿酒很重要。果核中含有各种有害葡萄酒风味的物质,如脂肪、树脂、单宁等,这些物质若带入发酵醪液中会影响产品质量,因此在葡萄破碎时,必须尽量避免将果核压碎。果肉和果汁是葡萄的主要成分,不同品种其化学组成不同,有水分(65%～80%)、还原糖(15%～30%)、有机酸、含氮物、矿物质、果胶质等。

葡萄大体可分为酿酒葡萄和食用葡萄两大类,其中供酿酒用葡萄品种多达千种以上,多数为欧亚种。

酿造红葡萄酒一般采用红色葡萄品种。我国使用的优良品种有法国蓝(Blue French)、佳丽酿(Carignane)、玫瑰香(Muscat Hamburg)、赤霞珠(Cabernet Sauvignon)、蛇龙珠(Cabernet Gernischt)、品丽珠(Cabernet Franc)、味儿多(Verdot)、梅鹿辄(Merlot)、黑品乐(Pinot Noir)、烟73、烟74等。

酿造白葡萄酒选用白葡萄或红皮白肉葡萄品种。我国使用的优良品种有龙眼、贵人香(Italian Riesling)、雷司令(Gray Riesling)、白羽(Rkatsiteli)、李将军(Piont Gris)、长相思(Sauvignon Blanc)、米勒(Muller-Thurgau)、红玫瑰(qepbeH MyckaT)、芭蒂娜(Banati Riesling)、泉白、黑品乐、白雷司令(White Riesling)等。

酿造桃红葡萄酒的葡萄品种有玫瑰香、法国蓝、黑品乐、佳丽酿、玛大罗(Mataro)、阿拉蒙(Aramon)等。

在国内目前葡萄的采摘还是人工作业,使用采摘工具(如剪刀)等进行采摘。采收时,一手持采果剪,一手紧握果穗梗,于贴近果枝处带果穗梗剪下,在采摘过程中工人要注意葡萄果穗是否有坏掉的,应将葡萄果穗中破裂的或霉变的果粒剔除,轻放在果篮中。在采收和运输过程中要防止葡萄之间的摩擦、挤压，保证葡萄完好无损。装运时应降低容器的高度，防止葡萄果实的相互挤压，并减少转倒的次数和高度，以保证果实的良好清洁状态。

除梗是将葡萄浆果与果梗分开并将后者除去，破碎是将葡萄浆果压破，以利于果汁的流出。目前的趋势是，在生产优质葡萄酒时，只将原料进行轻微的破碎。破碎要求：每粒葡萄都要破碎；籽粒不能压破，梗不能压碎，皮不能压扁；破碎过程中，葡萄及葡萄汁不得与铁、铜等金属接触。

目前的除梗破碎机有两种，一种是破碎除梗机，另一种是除梗破碎机。破碎除梗机是对葡萄先进行破碎再进行除梗，但是它有一定的缺点，果粒破碎的同时果梗也会相应地被破碎，而果梗上含有一部分劣质丹宁，果梗破碎后，果梗中的一些劣质成分会进入葡萄汁影响葡萄酒的质量，且在除梗的同时果梗上也可能会沾有葡萄汁而造成浪费；除梗破碎机就是对葡萄先进行除梗再破碎，它的优点正好弥补了破碎除梗机的缺点，目前酒厂多采用这种机器。

2. 其他原材料

（1）白砂糖。酿酒和葡萄汁改良需要使用白砂糖或绵白糖。白砂糖应符合 GB 317—2006 优级或一级质量标准。

（2）食用酒精。配酒时要用到食用酒精，其质量必须达到国家一级的质量标准，若为二级酒精则需要进行脱臭、精制。也可采用葡萄酒精原白兰地（葡萄皮渣经发酵和蒸料而得到的，又称皮渣白兰地）。

（3）酒石酸、柠檬酸。葡萄汁的增酸改良要用到酒石酸和柠檬酸。另外在配酒时，要用到柠檬酸以调节酒的滋味，并可防止铁破败病。柠檬酸应符合 GB 2760—2007 所规定的质量标准，纯度 98% 以上。

（4）二氧化硫。在葡萄酒酿造中，二氧化硫有着重要的作用。第一是选择性杀菌或抑菌作用，第二是澄清作用。此外还有促使果皮成分溶出、增酸和抗氧化等作用。

二氧化硫有三种应用形式：一是直接燃烧硫黄生成二氧化硫，这是一种最古老的的方法，目前有些葡萄酒厂用此法来对贮酒室、发酵和贮酒容器进行杀菌；二是将气体二氧化硫在加压或冷冻下形成液体，贮存在钢瓶中，可以直接使用，或间接将之溶于水中成亚硫酸后再使用，使用方便而准确；三是使用偏重亚硫酸钾固体，偏重亚硫酸钾又名双黄养，白色结晶，理论上含二氧化硫 57.6%（实际按 50% 计算），需保存在干燥处，这种药剂目前在国内葡萄酒厂普遍使用。

（5）澄清剂。葡萄酒澄清使用的澄清剂（又称下胶材料）有明胶、鱼胶、干酪素（酪蛋白）、皂土、单宁、血粉、硅藻土、果胶酶等。

白葡萄汁澄清使用的澄清剂有二氧化硫、果胶酶、皂土等。

（二）葡萄酒生产工艺

1. 白葡萄酒生产工艺

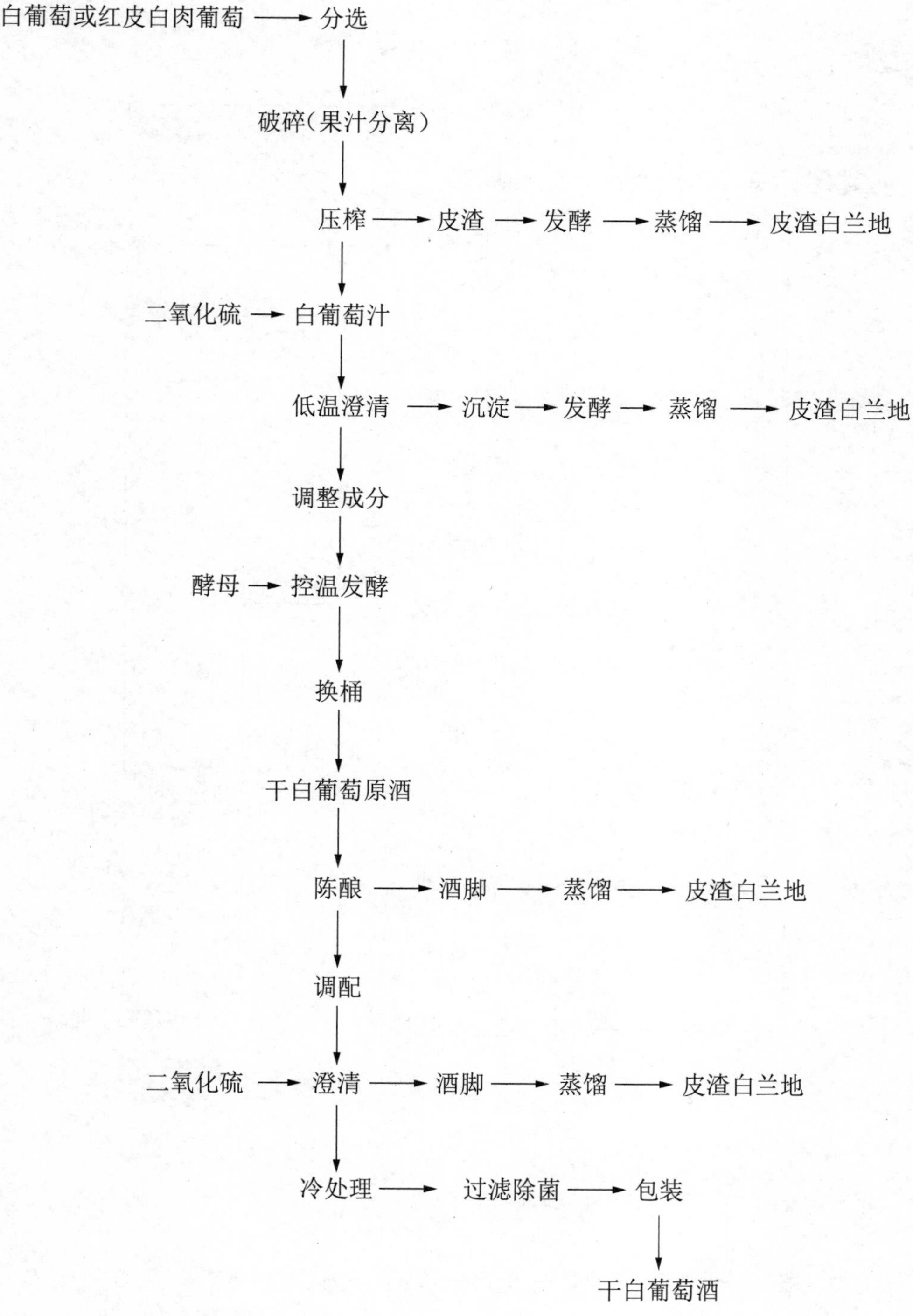

白葡萄或红皮白肉葡萄 → 分选

↓

破碎（果汁分离）

↓

压榨 → 皮渣 → 发酵 → 蒸馏 → 皮渣白兰地

↓

二氧化硫 → 白葡萄汁

↓

低温澄清 → 沉淀 → 发酵 → 蒸馏 → 皮渣白兰地

↓

调整成分

↓

酵母 → 控温发酵

↓

换桶

↓

干白葡萄原酒

↓

陈酿 → 酒脚 → 蒸馏 → 皮渣白兰地

↓

调配

↓

二氧化硫 → 澄清 → 酒脚 → 蒸馏 → 皮渣白兰地

↓

冷处理 → 过滤除菌 → 包装

↓

干白葡萄酒

2. 红葡萄酒生产工艺

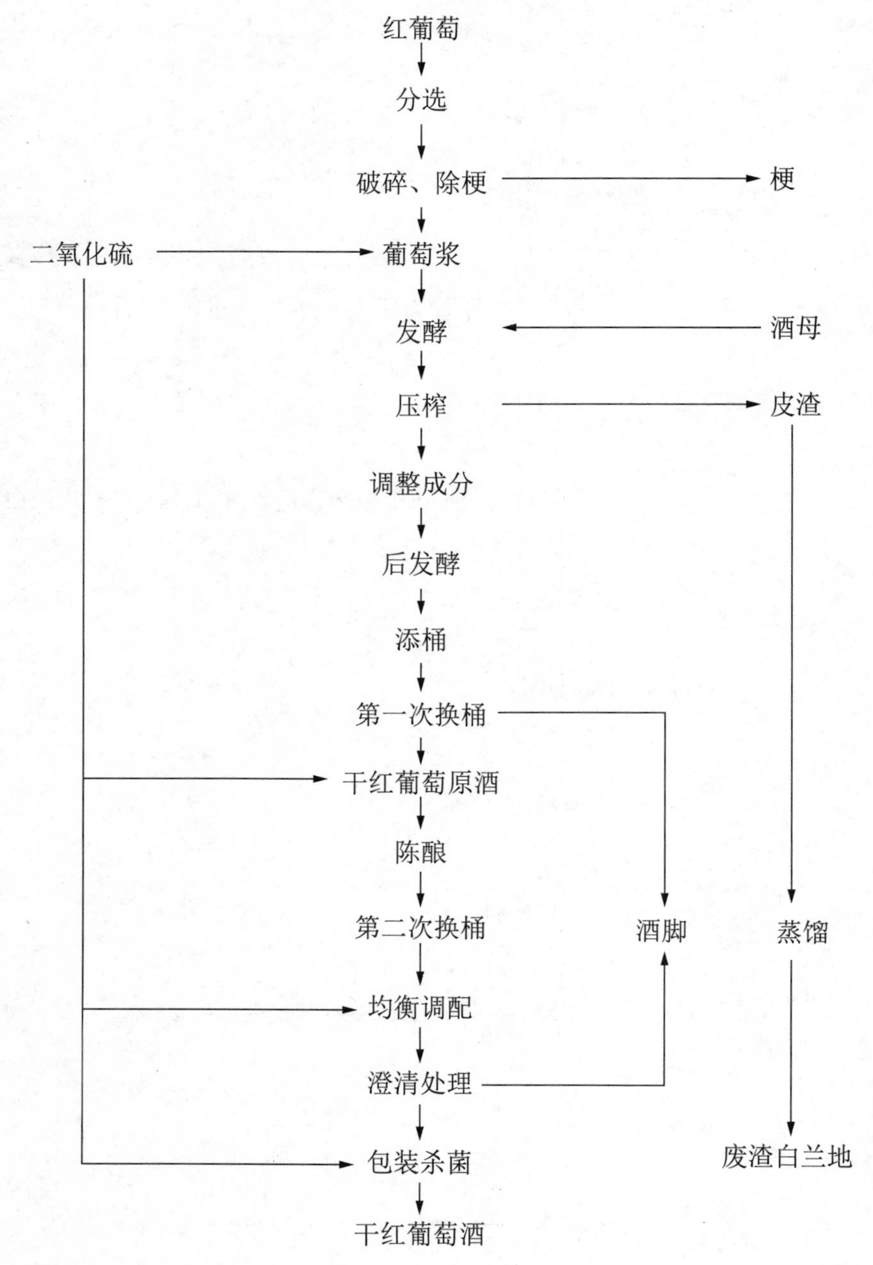

3. 桃红葡萄酒生产工艺

桃红色葡萄(或红葡萄：白葡萄=1∶3)

↓

除梗、破碎 → 果浆 → 静置 → 分离 → 果汁 → 发酵 → 倒酒 → 原酒 → 贮存

（果浆 ↑ SO_2；分离 ↓ 皮渣）

（三）葡萄酒生产新技术

1. 低温浸渍法

存在于葡萄果皮中的香气和酚类物质对葡萄酒感官质量有重要作用，在红葡萄酒酿造过程中，发酵和浸渍的工艺技术决定了其进入葡萄酒中的含量和优劣。高温易浸出粗糙、生硬的劣质单宁，低温浸出单宁少，使葡萄酒酒体单薄、寡淡。随着葡萄酒酿造技术的发展，在 10 ℃以下低温浸渍后升温至 20 ℃添加酵母，迅速启动酒精发酵的低温浸渍酿造工艺在发达国家被广泛使用，并酿造出了多种品质上乘的葡萄酒产品。

葡萄皮中含丰富的色素和芳香物质，花色苷赋予红葡萄酒鲜亮的色泽。葡萄酒浸渍过程中花色苷一直处于动态变化状态，在葡萄酒酒精发酵期间同时也浸渍大量非花色苷酚，防止具苦味和生青味的劣质单宁浸出是红葡萄酒工艺技术优化的关键所在。

浸渍速度随浸渍温度上升而增加，对葡萄酒单纯地进行低温浸渍，虽然可保留香气但不利于酚类物质浸出，高温不但浸出劣质单宁多，而且还造成二类香气挥发，降低葡萄酒质量，影响其酒体稳定性。对陈酿型葡萄酒，发酵温度一般在 28 ℃～30 ℃，也可进行分段控温，以满足不同类型酚类物质的浸出需要。

由于 6 ℃～10 ℃能够快速大量地浸渍出小分子酚类物质，28 ℃～30 ℃有利于大分子酚类物质的浸出，故常于发酵前在低于 10 ℃条件下浸渍出小分子酚类物质，而发酵后 20 ℃～30 ℃条件下进行大分子酚类物质的浸出，在不同发酵阶段采用不同浸渍温度，浸出种类不同的特定酚类物质。与传统工艺比较，该法酿造的葡萄酒酒体结构丰满，无空缺感，贮藏寿命长，增加了 6 ℃～10 ℃范围内能够浸出的酚类物质含量。

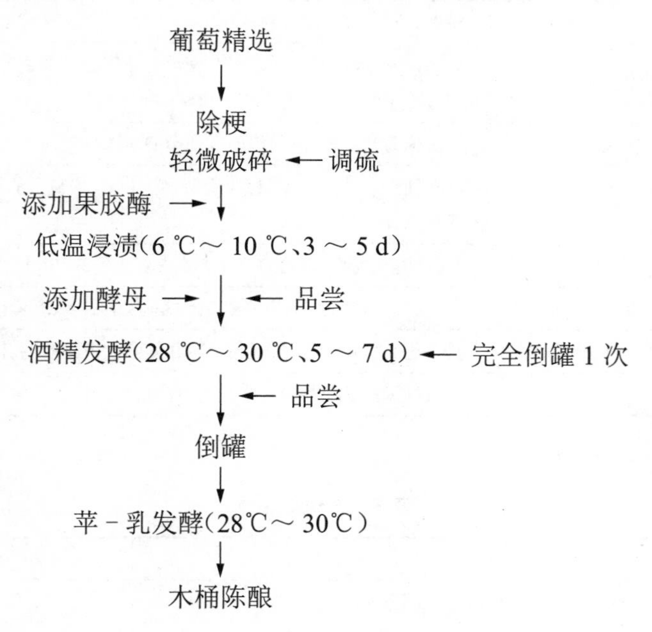

2. 冷榨过滤法

先将葡萄冷冻，然后压榨挤出果汁，进行发酵，再用极细的网眼过滤葡萄酒并除去酵母，使酒液更加澄清。

3. 果汁酿造法

先将葡萄制成果汁，用离心分离机离心分离，去除残渣和杂质，用清澈果汁进行酿造，生产出的酒澄清透亮、色佳味醇、质量上乘。

4. 碳酸气密封法

在酿造原料破碎前数日，整批葡萄密封在碳酸气中，能减少导致葡萄酒酸味的主要成分苹果酸及涩味成分多酚，生产出的酒醇香爽口。

5. 无酒精葡萄酒制法

用美国FCCB葡萄和白葡萄作原料，进行完全发酵，过滤后，送入旋转蒸汽加热槽内，由离心分子膜蒸发器进行处理，从而使发酵后的葡萄酒在酒槽内做旋转运动，使酒精在热空气的作用下蒸发。用此工艺制成的"雷金思"葡萄酒，色香味与白葡萄酒一样，酒精的最高含量仅0.49 mL/100 mL。但酒精有防腐作用，"雷金思"由于含酒精极少，因而容易变质，故需进行杀菌，即在20 min内通过65 ℃的连续杀菌设备，进行巴氏灭菌。

（四）葡萄酒的质量标准及检测（GB 15037—2006）

1. 感官要求（表5-6）

表5-6　感官要求

项目			要求
外观	色泽	白葡萄酒	近似无色、微黄带绿、浅黄、禾秆黄、金黄色
		红葡萄酒	紫红、深红、宝石红、红微带棕色、棕红色
		桃红葡萄酒	桃红、淡玫瑰红、浅红色
	澄清程度		澄清，有光泽，无明显悬浮物（使用软木塞封口的酒允许有少量软木渣，瓶装超过1年的葡萄酒允许有少量沉淀）
	起泡程度		起泡葡萄酒注入杯中时，应有细微的串珠状气泡升起，并有一定的持续性
香气与滋味	香气		具有纯正、优雅、怡悦、和谐的果香与酒香，陈酿型的葡萄酒还应具有陈酿香或橡木香
	滋味	干、半干葡萄酒	具有纯正、优雅、爽怡的口味和悦人的果香味，酒体完整
		半甜、甜葡萄酒	具有甘甜醇厚的口味和陈酿的酒香味，酸甜协调，酒体丰满
		起泡葡萄酒	具有优美醇正、和谐悦人的口味和发酵起泡酒的特有香味，有杀口力
典型性			具有标示的葡萄品种及产品类型应用的特征和风格

2. 理化要求（表5-7）

表5-7　理化要求

项目			要求
酒精度[a]（20 ℃），（%）（体积分数）			≥7.0
总糖[d]（以葡萄糖计），（g/L）	平静葡萄酒	干葡萄酒[b]	≤4.0
		半干葡萄酒[c]	4.1～12.0
		半甜葡萄酒	12.1～45.0
		甜葡萄酒	≥45.1

续表

项目			要求
总糖[d](以葡萄糖计),(g/L)	高泡葡萄酒	天然型高泡葡萄酒	≤12.0(允许差为3.0)
		绝干型高泡葡萄酒	12.1～17.0(允许差为3.0)
		干型高泡葡萄酒	17.1～32.0(允许差为3.0)
		半干型高泡葡萄酒	32.1～50.0
		甜型高泡葡萄酒	≥50.1
干浸出物(g/L) 桃红葡萄酒 红葡萄酒		白葡萄酒	≥16.0
		≥17.0	
		≥18.0	
挥发酸(以乙酸计),(g/L)			≤1.2
柠檬酸(g/L) 甜葡萄酒		干、半干、半甜葡萄酒	≤1.0
		≤2.0	
二氧化碳(20 ℃),(MPa)	低泡葡萄酒	<250 mL/瓶	0.05～0.29
		≥250 mL/瓶	0.05～0.34
	高泡葡萄酒	<250 mL/瓶	≥0.30
		<250 mL/瓶	≥0.35
铁(mg/L)			≤8.0
铜(mg/L)			≤1.0
甲醇(mg/L)	白、桃红葡萄酒		≤250
	红葡萄酒		≤400
苯甲酸或苯甲酸钠(以苯甲酸计),(mg/L)			≤50
山梨酸或山梨酸钾(以山梨酸计),(mg/L)			≤200
注:总酸不做要求,以实测值表示(以酒石酸计),(g/L)			

[a] 酒精度标签标示值与实测值不得超过 ±1.0%(体积分数)。

[b] 当总糖与总酸(以酒石酸计)的差值小于或等于 2.0 g/L 时,含糖量最高位 9.0 g/L。

[c] 当总糖与总酸(以酒石酸计)的差值小于或等于 2.0 g/L 时,含糖量最高位 18.0 g/L。

[d] 低泡葡萄酒总糖的要求同平静葡萄酒。

(五)实习考核要点和参考评分(表 5-8)

(1)记录实习过程所见所闻所想,结合专业知识撰写认识实习报告。

(2)指导教师提交认识实习教学指导教师工作报告一份。

表 5-8 葡萄酒认识实习的操作考核要点和参考评分

序号	项目	考核内容	技能要求	评分(100分)
1	企业概况	(1)企业组织形式; (2)产品概况	(1)葡萄酒生产企业的部门设置及其职能; (2)葡萄酒生产企业的技术与设备状况; (3)葡萄酒的产品种类、生产规模和销售范围	10

续表

序号	项目	考核内容	技能要求	评分(100分)
2	工艺设备	(1)主要设备; (2)主要工艺; (3)辅助设施	(1)了解葡萄酒的生产工艺流程,能够绘制简易流程图; (2)能正确控制发酵温度和时间,了解主要设备的相关信息,能够收集葡萄酒生产设备的技术图纸和绘制草图; (3)了解葡萄酒生产企业的仓库种类和特点	15
3	企业建筑	(1)全厂平面图; (2)主要建筑特点; (3)三废及其他	(1)了解葡萄酒生产企业全厂总平面布置情况,能够绘制全厂总平面布置简图; (2)了解葡萄酒生产企业主要建筑物的建筑结构和形式特点; (3)了解葡萄酒生产三废处理情况和排放要求,能够阐述原理; (4)能够制定葡萄酒生产的操作规范、整理改进措施	15
4	市场调研	(1)市场销售状况; (2)主要产品信息	(1)了解葡萄酒主要产品的市场销售状况; (2)能准确描述一类主要产品的品牌、原料、生产厂家、包装形式、包装材料和规格、标签内容、价格、保质期等	10
5	实习报告	(1)格式; (2)内容	(1)认识实习报告格式正确; (2)能正确记录主要产品生产工艺与要求,实习总结要包括体会、心得、问题与建议等	50

三、黄酒生产技术

知识目标:

(1)了解黄酒的概念,了解其营养价值。

(2)了解黄酒的分类及特点。

(3)了解黄酒的主要原料,主要生化机制及参与的主要微生物。

(4)掌握黄酒原辅料的选择及处理。

(5)掌握黄酒的生产机理和操作要点。

技能目标:

(1)认识黄酒生产过程中的关键设备和操作要点。

(2)能够完成黄酒生产工艺操作及工艺控制。

(3)了解黄酒质量的基本检验和鉴定能力。

(4)能够制定黄酒生产的操作规范、整理改进措施。

解决问题:

(1)学会运用相关知识解决黄酒生产过程中常见的质量问题。

(2)黄酒生产新工艺及其与传统生产工艺的区别。

（一）黄酒生产原料

黄酒生产原料主要为大米（糯米、粳米或籼米），少数厂家用黍米（大黄米）或玉米等。我国南方都用大米，北方以前仅用黍米和粟米（小米），现在也开始用糯米、粳米或玉米酿酒。有些厂家还使用糯高粱或甘薯酿制黄酒。

1. 大米

大米是黄酒酿造的最主要原料，包括糯米、粳米或籼米。

黄酒酿造用米，应淀粉含量高，蛋白质、脂肪含量少；米粒大，饱满整齐，碎米少；精白度高；米质纯，糠秕等杂质少。另外，应尽量使用新米，陈米对酒的质量有不利影响。

直链淀粉含量是评定大米蒸煮品质的重要指标，应尽量使用直链淀粉含量低、支链淀粉含量高的大米品种。

大米的淀粉、蛋白质、脂肪含量及碎米率等除与大米品种有关外，还与大米的精白度有关。从酿酒工艺角度考虑，应尽量除去糙米的外层和胚，将大米精白（将糙米碾成白米）。大米精白度用精米率［（白米／糙米）×100%］来衡量，精米率越低，精白度越高。随着大米精白度的提高，大米淀粉的比例增加，蛋白质、脂肪、粗纤维及灰分等相应减少，碎米率也相应增加。

糯米在北方也称为江米，可分为粳糯和籼糯两类，其中粳糯米粒较短，一般呈椭球形，所含淀粉几乎全部都是支链淀粉；籼糯米粒较长，一般呈长椭球形或细长形，所含淀粉绝大多数也是支链淀粉，直链淀粉只有 0.2%～0.4%。糯米由于所含淀粉几乎都是支链淀粉，在蒸煮过程中很容易完全糊化，糖化发酵后，酒中残留的糊精和低聚糖较多，酒味香醇，是传统的酿制黄酒的原料，也是最好的原料，尤其以粳糯的酿酒性能最优。现今的名优黄酒大多都是以糯米为原料酿造的，如绍兴酒即是以品质优良的粳糯酿制的。

粳米粒形较宽，呈椭球形，透明度高；直链淀粉含量为 15%～23%；亩产量比糯米的高。直链淀粉含量高的米粒，蒸饭时饭粒显得蓬松干燥，色暗，冷却后变硬，熟饭伸长度大；另外，浸米吸水及蒸饭糊化较为困难，在蒸煮时需要喷淋热水，使米粒充分吸水和糊化彻底，以确保糖化发酵的正常进行。粳米因直链淀粉含量较高，质地较硬，浸米时的吸水率较低，蒸饭技术要求较高，用作酿黄酒原料也有不少优点，如糖化分解彻底，发酵正常而出酒率较高，酒质量稳定等，加上粳米亩产量较糯米高，因而，粳米已成为江苏、浙江两省生产普通黄酒的主要用米，部分粳米黄酒产品可以达到高档糯米黄酒的水平。

籼米米粒呈长椭球形或细长形，直链淀粉含量较高，一般为 23%～28%，有的高达 35%。杂交晚籼米可用来酿制黄酒。杂交晚籼如军优 2 号、汕优 6 号等品种，直链淀粉含量在 24%～25%，蒸煮后米饭黏湿而有光泽，但过熟会很快散裂分解。这类杂交晚籼既能保持米饭的蓬松性，又能保持冷却后的柔软性，其品质特性偏向粳米，较符合黄酒生产工艺的要求。一般的早、中籼米酿酒性能要差一些，因其胚乳中的蛋白含量高，淀粉充实度低，质地疏松，碾轧时容易破碎；蒸煮时吸水较多，米饭干燥蓬松，色泽较暗，冷却后变硬；淀粉容易老化，出酒率较低。老化淀粉在发酵时难以糖化，成为产酸菌的营养源，使黄酒酒醪升酸，风味变差。故一般的早、中籼米酿酒性能要差一些。

2. 黍米和粟米

黍米是我国北方人喜爱的主食之一，且能用来酿酒和制作糕点。黍米从颜色来区分大致分为黑色、白色、梨色（黄油色）三种。其中以大粒黑脐的黄色黍米酿酒品质最好，它俗称为龙眼黍米，是黍米中的糯性品种，蒸煮时容易糊化，出酒率较高。其他品种则米质较硬，蒸煮困难，出酒率较低。黍米亩产量较低，供应不足，现在我国仅少数酒厂用黍米酿制黄酒。代表性的黍米黄酒有山东省的即墨黍米黄酒和兰陵美酒，以及辽宁省的大连黄酒等。

除黍米外，我国北方以前还曾用粟米酿造黄酒。粟米又称小米，主要产于华北和东北各省，虽播种面积较广，但亩产量很低。现由于供应不足，酒厂很少使用。

3. 玉米

近年来，国内有的厂家开始用玉米为原料酿制黄酒，一方面开发了黄酒的新原料，另一方面为玉米的深加工找到了一条很好的途径。玉米与大米相比，除淀粉含量稍低于大米外，蛋白质和脂肪含量都超过大米，特别是脂肪含量丰富。淀粉中直链淀粉占10%～15%，支链淀粉为85%～90%；黄色玉米的淀粉含量比白色的高。玉米所含的蛋白质大多为醇溶性蛋白，不含β-球蛋白，这有利于酒的稳定。玉米所含脂肪多集中于胚芽中（胚芽干物质中脂肪含量高达30%～40%），它给糖化、发酵和酒的风味带来不利的影响，因此，玉米必须脱胚，加工成玉米渣后才适于酿制黄酒。另外，与糯米、粳米相比，玉米淀粉结构致密坚硬，呈玻璃质的组织状态，糊化温度高，胶稠度硬，较难蒸煮糊化。因此，要十分重视对颗粒的粉碎度、浸泡时间和水温、蒸煮温度和时间的选择，防止因没有达到蒸煮糊化的要求而老化回生，或因水分过高饭粒过烂而不利发酵，导致糖化发酵不良和酒度低、酸度高的后果。

（二）黄酒生产工艺

1. 稻米黄酒酿造工艺

（1）摊饭酒酿造工艺流程。

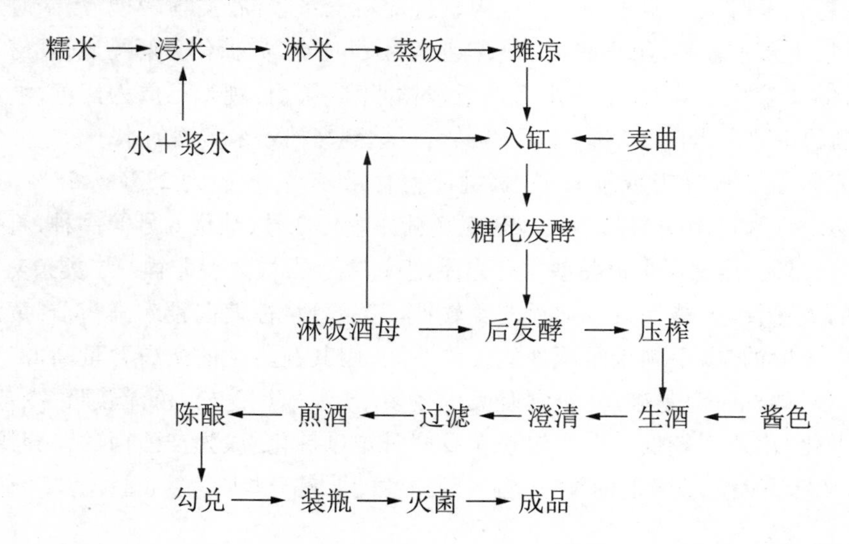

（2）喂饭酒酿造工艺流程。

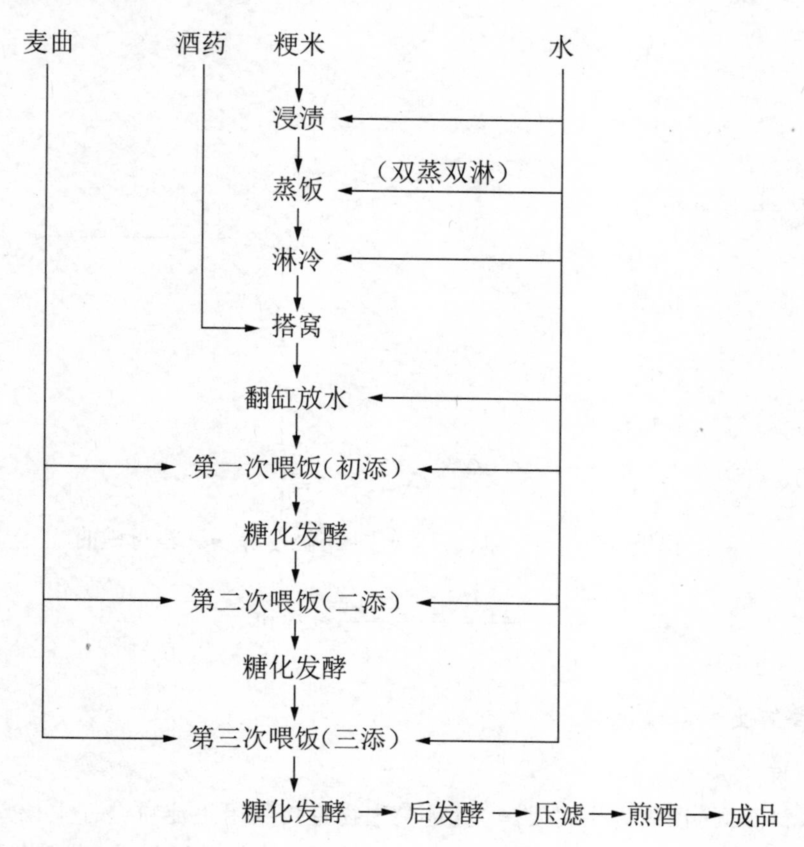

2. 黍米黄酒酿造工艺

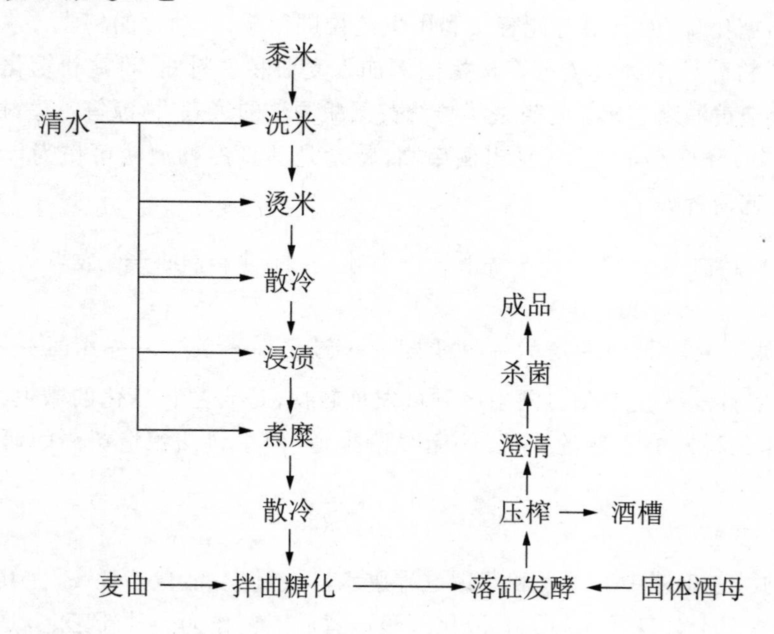

3. 玉米黄酒酿造工艺

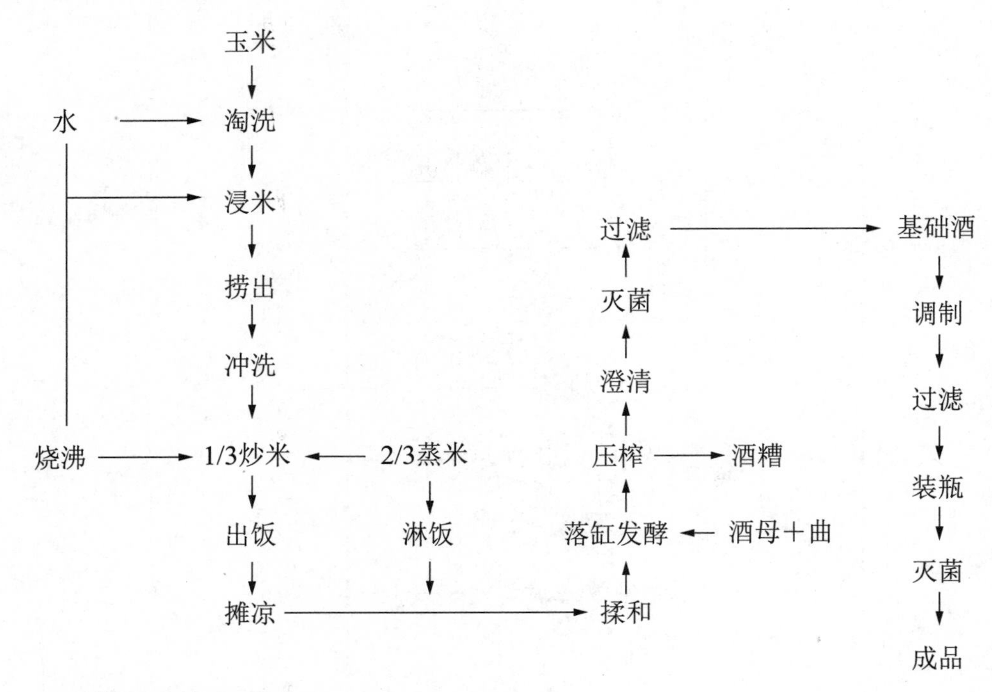

(三)黄酒生产新技术

1. 生料发酵法

所谓生料酿酒(也称为生料发酵)就是微生物直接利用生淀粉进行生长繁殖、代谢产生酒精的过程。这种无蒸煮原料酿酒技术的关键在于生淀粉的糖化,此糖化过程不仅要有高转化率的糖化酶,而且要有能直接利用生淀粉进行液化、糖化的酶类。生料发酵法酿造黄酒是原料粉碎后不经过蒸煮直接按比例加入麦曲和生料曲,将淀粉糖化和酒精发酵同时进行的酿造黄酒新工艺。它省去了传统黄酒酿酒法的蒸煮、摊凉等工序,能降低能耗,节约场地、设备,降低酿酒成本,且出酒率高,特别是其副产物酒糟可作为优质的蛋白饲料。其基本工艺流程如下。

大米 → 精白 → 浸米 → 洗米 → 加水、麦曲、生料酒曲 → 发酵

→ 压滤 → 澄清 → 陈酿 → 调配 → 过滤 → 装瓶 → 杀菌 → 成品

在我国,生料发酵技术在白酒生产领域发展较快,适合生料糖化的微生物菌种选育、各种生料曲和生料发酵工艺的研究,不断见诸报道,但生料法酿造黄酒的研究报道还较少。

2. 液化法酿造工艺

传统黄酒酿造工艺中的浸米和蒸饭过程废水排放量大,能量消耗高,尤其废水处理困难,是目前黄酒厂十分棘手的问题。液化法酿造黄酒工艺作为一种新工艺,是将原料粉碎后不经蒸煮,而直接添加淀粉酶进行液化,取代传统工艺中的长时间浸米和蒸饭。该工艺

同传统黄酒酿造工艺相比，液化程度的控制是整个液化法酿造黄酒工艺中的关键因素之一，不同的液化程度对酿酒产生很大影响，合适的液化程度是指将原料米中的部分长链淀粉分解为短链的糊精、寡糖，保证发酵时麦曲作用的发挥及黄酒品质和特点的体现。影响液化程度的因素主要有原料的粉碎度、淀粉酶用量、液化时间和液化温度等。该新工艺具有节能减排、便于机械化输送等优点，有利于黄酒的清洁生产。

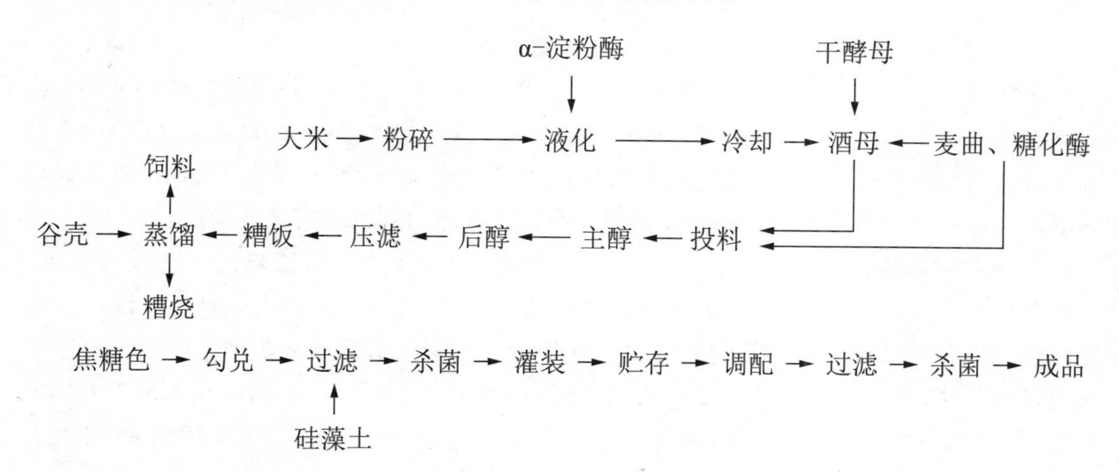

3. 膨化米酿造工艺

膨化技术现已广泛应用于食品、饲料、酿造、油脂加工等方面。但将其应用于黄酒生产中的原辅料处理，还是一个比较新的课题。通过膨化改变谷物的结构，使淀粉易受淀粉酶水解，转化成可发酵性糖，提高原料利用率；膨化可使原料淀粉获得较高的糊化度，省去蒸煮或糊化工序，节约能源，简化工序；另外，膨化还能杀死原料中一些有害微生物。

将膨化技术应用于黄酒酿造，提高了糊化度、糖化率及原料利用率，并可缩短生产周期；膨化过程中，原料营养物质和显微结构的变化有利于酵母利用与发酵；膨化法酿制的黄酒酒质与传统法相比，并无多大的差别，同时具有口味清淡的特征。膨化法替代传统的蒸饭法对生产淡爽型黄酒十分有利。

4. 高温流化米酿造工艺

黄酒酿造过程米需浸渍，米浸渍过程产生大量的米浆水，米浆水中营养物质丰富并且酸度高，处理非常困难，处理成本高。为了减少污染，开发不同香味和风味的黄酒新品种，我们用高温流化米试制高温流化米黄酒。高温流化米是使用回转式流动高温流化装置，大米等谷物原料（可加少量水或不加水）从该装置的上部进入后下落，在转动翼中，与向上吹的热风连续均匀接触，大米被迅速加热，经短时间高温（温度 230 ℃～290 ℃，时间 40～60 s）流化处理后排出；米中淀粉长链和支链断裂，淀粉颗粒疏松 α- 化，其杀菌效果与一般蒸米相同，但脂肪酸含量少，蛋白质变性过度推进，炒米香明显增加，其基本工艺流程如下所示。

1988 年，日本“宝酒造”株式会社率先将原料“焙炒”技术引入清酒生产中，并开发出新型的“焙炒”清酒。而所谓“焙炒”，其原理就是将大米在高温热风中进行流态化处理，在数十秒内就使大米淀粉糊化。在我国高温流化米酿制黄酒的实验室小试报道较多，但尚未见工业生产报道。

糯米 —高温→ 高温流化米 → 投料 → 开耙发酵 → 榨酒 → 煎酒 → 灌坛

↑

水、生麦曲、熟麦曲、酒母

5. 快速淋米酿造工艺

在黄酒传统生产工艺中，浸米工序会产生大量米浆废水，其废水COD高达30 000 mg/L以上，且酸度高达10 g/L（以乳酸计），悬浮固体超过10 000 mg/L，企业需投入大量财力、物力进行污水处理。随着原材料、能源价格的上涨，企业负担加重，成为制约黄酒厂规模扩大的主要瓶颈之一。快速淋米酿造工艺则可较好地解决此问题。

传统黄酒酿造工艺中大米需在浸米罐中浸泡2 d以上方可取出输送至蒸饭机蒸饭，浸米工序产生大量浸米浆水；而在快速淋米酿造新工艺中，则直接将大米通过喷淋输送网带，在输送网带上方布满水喷头，对米直接在线喷淋浸泡1 h，基本流程如下所示。该过程水可循环利用，最终基本被米全部吸收，杜绝了传统工艺长时间浸米后产生高浓度COD、高悬浮固体、高酸度的米浆废水，并节约了生产用水；且产品指标符合优级酒标准，可为下一步推动黄酒行业向节能、环保、循环经济方向发展提供可借鉴的思路。

大米 → 除尘筛选 → 喷淋吸水 → 蒸饭 → 加曲、酒母投料

→ 发酵 → 压榨 → 煎酒 → 灌坛 → 贮存

（四）黄酒的质量标准及检测（GBT 13662—2008）

1. 感官要求（表5-9）

表5-9 传统型、清爽型黄酒感官要求

项目	类型	一级	二级
外观	干黄酒	橙黄色至黄褐色，清亮透明，有光泽，允许瓶（坛）底有微量聚集物	
	半干黄酒		
	半甜黄酒		
香气	干黄酒	具有本类黄酒特有的清雅醇香，无异香	
	半干黄酒		
	半甜黄酒		
口味	干黄酒	柔净醇和、清爽、无异味	柔净醇和、较清爽、无异味
	半干黄酒	柔和、鲜爽、无异味	柔和、较鲜爽、无异味
	半甜黄酒	柔和、鲜甜、清爽、无异味	柔和、鲜甜、较清爽、无异味
风格	干黄酒	酒体协调，具有本类黄酒的典型风格	酒体较协调，具有本类黄酒的典型风格
	半干黄酒		
	半甜黄酒		

2. 理化要求(表 5-10～表 5-16)

表 5-10　传统型黄酒理化要求

项目	稻米黄酒			非稻米黄酒	
	优级	一级	二级	优级	一级
总糖(以葡萄糖计),(g/L)	≤ 15.0				
非糖固形物(g/L)	≥ 20.0	≥ 16.5	≥ 13.5	≥ 20.0	≥ 16.5
酒精度(20 ℃),(% vol)	≥ 8.0				
总酸(以乳酸计),(g/L)	3.0～7.0				
氨基酸态氮(g/L)	≥ 0.50	≥ 0.40	≥ 0.30	≥ 0.20	
pH	3.5～4.6				
氧化钙(g/L)	≤ 1.0				
B- 苯乙醇(g/L)	≥ 60.0			—	

注:① 稻米黄酒酒精度低于 14% vol 时,非糖固形物、氨基酸态氮、β- 苯乙醇的值,按 14% vol 折算。非稻米黄酒酒精度低于 11% vol 时,非糖固形物、氨基酸态氮的值,按 11% vol 折算。

② 采用福建红曲工艺生产的黄酒,氧化钙指标值可以≤ 4.0 g/L。

③ 酒精度标签标示值与实测值之差为 ±1.0

表 5-11　传统型半干黄酒理化要求

项目	稻米黄酒			非稻米黄酒	
	优级	一级	二级	优级	一级
总糖(以葡萄糖计),(g/L)	15.1～40.0				
非糖固形物(g/L)	≥ 27.5	≥ 23.0	≥ 18.5	≥ 22.0	≥ 18.5
酒精度(20 ℃),(% vol)	≥ 8.0				
总酸(以乳酸计),(g/L)	3.0～7.5				
氨基酸态氮(g/L)	≥ 0.60	≥ 0.50	≥ 0.40	≥ 0.25	
pH	3.5～4.6				
氧化钙(g/L)	≤ 1.0				
β- 苯乙醇(g/L)	≥ 80.0			—	

注:同表 5-10

表 5-12　传统型半甜黄酒理化要求

项目	稻米黄酒			非稻米黄酒	
	优级	一级	二级	优级	一级
总糖(以葡萄糖计),(g/L)	40.1～100				
非糖固形物(g/L)	≥ 27.5	≥ 23.0	≥ 18.5	≥ 23.0	≥ 18.5
酒精度(20 ℃),(% vol)	≥ 8.0				
总酸(以乳酸计),(g/L)	4.0～8.0				
氨基酸态氮(g/L)	≥ 0.50	≥ 0.40	≥ 0.30	≥ 0.20	

续表

项目	稻米黄酒			非稻米黄酒	
	优级	一级	二级	优级	一级
pH	3.5～4.6				
氧化钙(g/L)	≤1.0				
β-苯乙醇(g/L)	≥60.0			—	

注：同表5-10

表5-13　传统型、甜型黄酒理化要求

项目	稻米黄酒			非稻米黄酒	
	优级	一级	二级	优级	一级
总糖(以葡萄糖计),(g/L)	>100				
非糖固形物(g/L)	≥23.0	≥20.0	≥16.5	≥20.0	≥16.5
酒精度(20℃),(%vol)	≥8.0				
总酸(以乳酸计),(g/L)	4.0～8.0				
氨基酸态氮(g/L)	≥0.40	≥0.35	≥0.30	≥0.20	
pH	3.5～4.8				
氧化钙(g/L)	≤1.0				
β-苯乙醇(g/L)	≥40.0			—	

注：同表5-10

表5-14　清爽型干黄酒理化要求

项目	稻米黄酒		非稻米黄酒	
	一级	二级	一级	二级
总糖(以葡萄糖计),(g/L)	≤15.0			
非糖固形物(g/L)	≥7.0			
酒精度(20℃),(%vol)	8.0～15.0			
总酸(以乳酸计),(g/L)	4.0～8.0			
氨基酸态氮(g/L)	≥0.30	≥0.20		
pH	3.5～4.6			
氧化钙(g/L)	≤0.5			
β-苯乙醇(mg/L)	≥35.0			

注：同表5-10

表5-15　清爽型半干黄酒理化要求

项目	稻米黄酒		非稻米黄酒	
	一级	二级	一级	二级
总糖(以葡萄糖计),(g/L)	15.1～40.0			
非糖固形物(g/L)	≥15.0	≥12.0	≥15.0	≥12.0

续表

项目	稻米黄酒		非稻米黄酒	
	一级	二级	一级	二级
酒精度(20 ℃),(% vol)	8.0～16.0			
总酸(以乳酸计),(g/L)	2.5～7.0			
氨基酸态氮(g/L)	≥0.50	≥0.30		≥0.25
pH	3.5～4.6			
氧化钙(g/L)	≤0.5			
β-苯乙醇(mg/L)	≥35.0			

注:同表5-10

表5-16　清爽型半甜黄酒理化要求

项目	稻米黄酒		非稻米黄酒	
	一级	二级	一级	二级
总糖(以葡萄糖计),(g/L)	40.1～100			
非糖固形物(g/L)	≥10.0	≥8.0	≥10.0	≥8.0
酒精度(20 ℃),(% vol)	8.0～16.0			
总酸(以乳酸计),(g/L)	2.5～7.0			
氨基酸态氮(g/L)	≥0.40	≥0.30	≥0.20	
pH	3.8～8.0			
氧化钙(g/L)	≤0.5			
β-苯乙醇(mg/L)	≥30.0			

注:同表5-10

(五)实习考核要点和参考评分(表5-17)

(1)记录实习过程所见所闻所想,结合专业知识撰写认识实习报告。

(2)指导教师提交认识实习教学指导教师工作报告一份。

表5-17　黄酒认识实习的操作考核要点和参考评分

序号	项目	考核内容	技能要求	评分(100分)
1	企业概况	(1)企业组织形式; (2)产品概况	(1)黄酒生产企业的部门设置及其职能; (2)黄酒生产企业的技术与设备状况; (3)黄酒的产品种类、生产规模和销售范围	10
2	工艺设备	(1)主要设备; (2)主要工艺; (3)辅助设施	(1)了解黄酒的生产工艺流程,能够绘制简易流程图; (2)能正确控制蒸煮温度和时间,了解主要设备的相关信息,能够收集黄酒生产设备的技术图纸和绘制草图; (3)了解黄酒生产企业的仓库种类和特点	15

续表

序号	项目	考核内容	技能要求	评分（100分）
3	企业建筑	（1）全厂平面图； （2）主要建筑特点； （3）三废及其他	（1）了解黄酒生产企业全厂总平面布置情况，能够绘制全厂总平面布置简图； （2）了解黄酒生产企业主要建筑物的建筑结构和形式特点； （3）了解黄酒生产三废处理情况和排放要求，能够阐述原理； （4）能够制定黄酒生产的操作规范、整理改进措施	15
4	市场调研	（1）市场销售状况； （2）主要产品信息	（1）了解黄酒主要产品的市场销售状况； （2）能准确描述一类主要产品的品牌、原料、生产厂家、包装形式、包装材料和规格、标签内容、价格、保质期等	10
5	实习报告	（1）格式； （2）内容	（1）认识实习报告格式正确； （2）能正确记录主要产品生产工艺与要求，实习总结要包括体会、心得、问题与建议等	50

第二节　发酵酒类加工企业岗位参与实习

一、啤酒加工岗位技能综合实训

实训目的：

（1）通过本实训项目的学习，使学生加深对啤酒生产基本理论的理解。

（2）使学生掌握啤酒生产的基本工艺流程，进一步了解啤酒生产的关键技术。

（3）提高学生的生产操作控制能力，能处理啤酒生产中遇到的常见问题。

实训要求：

（1）4～5人为一组，以小组为单位。从选择原料和加工设备开始，利用各种原辅材料的特性及生产原理，生产出质量合格的产品。要求学生掌握啤酒生产的基本工艺流程，抓住关键操作步骤。

（2）书写书面实训报告。

（一）下面发酵啤酒的生产

1. 参考配方

啤酒生产的主要原料为大麦（麦芽）、啤酒花和酵母，辅料主要有大米、谷物等。

淡色啤酒料水比为1:4～1:5，浓色啤酒料水比为1:3～1:4。从醪液浓度看，淡色啤酒的第一麦汁浓度以控制在14%～16%为宜，浓色啤酒的第一麦汁浓度可适当提高到18%～20%。

啤酒花的添加量依据啤酒花的质量（α-酸含量）、消费者的嗜好、啤酒的品种、浓度等不同而异。目前我国的添加量为0.8～1.3 kg/m^3（麦汁），在南方地区的酒花用量较低，为 0.5～1.0 kg/m^3（麦汁）。酵母泥的添加量为 0.5%～0.65%（麦汁）。

分开在糊化锅内进行糊化和液化的谷物辅料，投料时料水比一般控制在 1∶5 左右。采用麦芽为液化剂的，用 1∶5 左右；采用 α- 淀粉酶为液化剂的，用 1∶4 左右。

2. 主要设备

根据生产工艺，啤酒酿造设备主要包括以下几种系统设备。

制麦设备，麦芽清选机、浸麦槽（主要有柱体锥底浸麦槽和平底浸麦槽两种）、发芽箱（主要为萨拉丁发芽箱），用于大麦清选、浸麦和发芽；

粉碎系统，主要有对辊式或湿式粉碎机等，用于麦芽及辅料的粉碎；

糖化过滤系统，现多采用由糊化锅、糖化锅、过滤槽、煮沸锅和回旋沉淀槽组合的复式糖化设备，用于原料淀粉的糖化、辅料的糊化与液化等；

发酵系统，主要为发酵罐及相应的管道、阀门系统等，用于啤酒的发酵；

制冷系统，主要为冷水罐、制冷机组等，用于啤酒发酵过程中的温度控制；

水处理系统，主要为机械或活性炭过滤器等，用于处理啤酒生产用水；

控制系统，主要指可编程控制器（PLC 控制系统），用于控制整个啤酒酿造系统工序。

3. 工艺流程

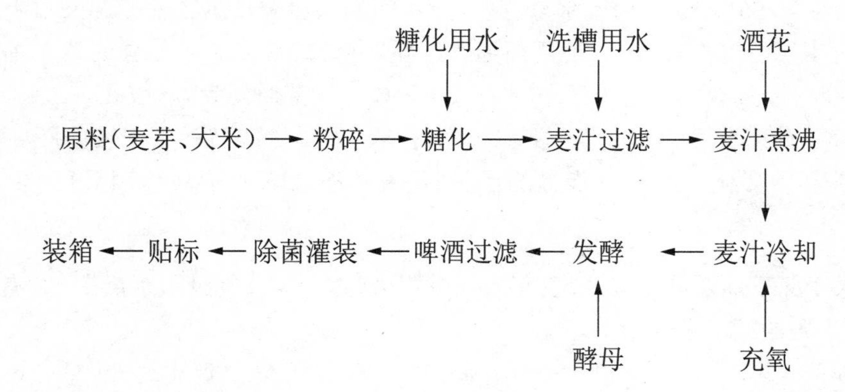

4. 操作要点

（1）浸麦：新收获的大麦需要经过 6～8 周贮藏才能使用。大麦经清选分级后，即可入浸麦槽浸麦。在浸麦中大麦吸收充足的水分，含水量（浸麦度）43%～48%时，即可发芽。在浸麦过程中还可以充分洗去大麦表面的尘埃、泥土和微生物。在浸麦水中适当添加石灰乳、碳酸钠、氢氧化钠、氢氧化钾和甲醛等其中任何一种化学药物，也可加速酚类等有害物质的浸出，促进发芽，有利于提高麦芽质量。

浸麦水温一般不超过 20 ℃，但为了缩短浸麦时间，也有的采用温水浸麦法，即用 30 ℃以内的温水浸麦。另外还有的采用重浸渍浸麦法和多次浸麦法。

（2）发芽：发芽是一个生理生化变化的过程，通过发芽，可使大麦中的酶系得到活化，使酶的种类和活力都明显增加。随着酶系统的形成，麦粒的部分淀粉、蛋白质和半纤维素等大分子物质得到分解，使麦粒达到一定的溶解度，以满足糖化时的需要。

在大麦发芽过程中要根据具体情况采用不同的发芽技术条件。从发芽温度看，低温发芽的温度控制在 12 ℃～16 ℃，适于制作浅色麦芽；高温发芽的温度控制在 18 ℃～22 ℃，适于制造深色麦芽。发芽水分一般应控制在43%～48%，制造深色麦芽，浸麦度宜提高到45%～48%，而制造浅色麦芽的浸麦度一般控制在43%～46%。发芽时一般要保持空气相对湿度在95%以上。另外，在发芽初期，充足的氧气有利于各种酶的形成，此时CO_2不宜过高；而发芽后期，应增大麦层中的CO_2浓度，通气式发芽麦层中的CO_2浓度很低，后期通气应补充以回风。发芽时间一般控制在6 d左右，深色麦芽为8 d左右。

发芽方法可分为地板式发芽和通气式发芽两大类。地板式发芽是传统方法，比较落后，已逐渐被通气式发芽取代。通气式发芽是厚层发芽，通过不断向麦层送入一定温度的新鲜饱和的湿空气，使麦层降温，并保持麦粒应有的水分，同时将麦层中的CO_2和热量排出。当前，通气式发芽最普遍采用的是萨拉丁箱式发芽、麦堆移动式发芽和发芽干燥两用箱发芽等三种。

在萨拉丁箱式发芽过程中，首先将浸渍完毕的大麦带水送入发芽箱，铺平后开动翻麦机以排出麦层中的水。麦层的高度以0. 5～1. 0 m为宜。发芽温度控制在13 ℃～17 ℃，一般前期应低一些，中期较高，后期又降低。翻麦有利于通气、调节麦层温湿度，使发芽均匀。一般在发芽的第1～2 d可每隔8～12 h翻一次，第3～5 d为发芽旺盛期，应每隔6～8 h翻一次，第6～7 d应每12 h翻一次。通气对调节发芽的温度起主要作用，一般发芽室的湿度应在95%以上，由于水分蒸发，应不断通入湿空气进行补充。又由于大麦呼吸产热而使得麦层温度升高，所以应不断通入冷空气降温，必要时进行强通气。直射强光会影响麦芽质量，一般认为蓝色光线有利于酶的形成。发芽周期为6～7 d。

发芽好了的麦芽称为绿麦芽，要求新鲜、松软、无霉烂；溶解（指麦粒中胚乳结构的化学和物理性质的变化）良好，手指搓捻呈粉状，发芽率95%以上；叶芽程度为麦粒长度的$\frac{2}{3}\sim\frac{3}{4}$。

（3）绿麦芽干燥及后处理：绿麦芽干燥过程大体可分为凋萎期、焙燥期、焙焦期三个阶段，这三个阶段的技术条件如下。

凋萎期：一般从35 ℃～40 ℃起温，每小时升温2 ℃，最高温度达60 ℃～65 ℃，需时15～24 h（视设备和工艺条件而异）。此期间要求风量大，每2～4 h翻麦一次。麦芽干燥程度为含水量10%以下。但必须注意的是麦芽水分还没降到10%以前，温度不得超过65 ℃。

焙燥期：麦芽凋萎后，继续每小时升温2 ℃～2. 5 ℃，最高温度达75 ℃～80 ℃，约需5 h，使麦芽水分降至5%左右。期间每3～4 h翻动一次。

焙焦期：进一步提高温度至85 ℃，使麦芽含水量降至5%以下。深色麦芽可增高焙焦温度到100 ℃～105 ℃。整个干燥过程24～36 h。

根芽对啤酒酿造没有意义，并影响啤酒质量。根芽吸湿性强，能够很快吸收环境的水分，使干燥麦芽含水量重新提高；根芽含有不良的苦味，影响啤酒的口味；根芽能使啤酒的色度增加。所以麦芽干燥后应用除根机将根芽除掉。新干燥的除根麦芽必须经过至少一个月时间的贮藏，才能用于酿造。

（4）原料粉碎：粉碎是一种纯机械加工过程，原料通过粉碎可以增大比表面积，使内含物与介质水和生物催化剂酶接触面积增大，加速物料内含物的溶解和分解。

麦芽粉碎方法分为三种，即干法粉碎、增湿粉碎和湿法粉碎，20 世纪 80 年代后德国又推出连续浸渍湿粉碎。干法粉碎是一种传统的并且一直延续至今的粉碎方法，而增湿粉碎和湿法粉碎被越来越多的厂家采用。

大米等辅料的粉碎多使用辊式粉碎机。要求有较大的粉碎度，粉碎成细粉状有利于它们的糊化和糖化。

（5）糖化：糖化是利用麦芽中所含有的各种水解酶，在适宜的条件下将麦芽和辅料中的不溶性的大分子物质（淀粉、蛋白质、半纤维素及其中间分解产物等）逐步分解为可溶性的低分子物质的分解过程。由此制备的浸出物溶液就是麦汁。原料及辅料粉碎物与水混合后的混合液称为“醪”（液），糖化后的醪液称为“糖化醪”，溶解于水中的各种干物质（溶质）称为“浸出物”。浸出物由可发酵性和不可发酵性物质两部分组成，糖化过程应尽可能多地将麦芽干物质浸出来，并在酶的作用下进行适度的分解。

糖化时，淡色啤酒的料水比为 1∶4～1∶5，浓色啤酒的料水比为 1∶3～1∶4。从醪液浓度看，淡色啤酒的第一麦汁浓度以控制在 14%～16%为宜，浓色啤酒的第一麦汁浓度以控制在 18%～20%为宜。醪液过稀或过浓对浸出物收得率都有影响。分开在糊化锅内进行糊化和液化的谷物辅料，投料时料水比一般控制在 1∶5 左右。采用麦芽为液化剂的，用 1∶5 左右；采用 α- 淀粉酶为液化剂的，用 1∶4 左右。

糖化时的温度一般要对几个阶段进行控制，每个阶段所起的作用是不同的。主要分为以下几个阶段。

① 浸渍阶段：此阶段温度通常控制在 35 ℃～40 ℃。在此温度下有利于酶的浸出和酸的形成，并有利于 β- 葡聚糖的分解。

② 蛋白分解阶段：此阶段温度通常控制在 45 ℃～55 ℃。温度偏向下限，低分子氮含量较高，反之，则高分子氮含量较高。溶解良好的麦芽，可采用高温短时间蛋白质分解；溶解不良的麦芽，可采用低温长时间蛋白质分解；麦芽溶解特好，可省略蛋白质分解阶段。在 45 ℃～55 ℃温度范围内，β- 葡聚糖继续分解。

③ 糖化阶段：此阶段温度通常控制在 62 ℃～70 ℃之间。温度偏高（65 ℃～70 ℃），有利于 α- 淀粉酶的作用，可发酵性糖减少，适于制造低发酵度啤酒；温度偏低（62 ℃～65 ℃），有利于 β- 淀粉酶的作用，可发酵性糖增多，适于制造高发酵度啤酒。

④ 糊精化阶段：此阶段温度为 75 ℃～78 ℃。在此温度下，α- 淀粉酶仍起作用，残留的淀粉可进一步分解，而其他酶则受到抑制或失活。

麦芽中各种主要酶的最适 pH 一般都较糖化醪的 pH 低，比较合理的糖化 pH 应为 5.6 左右。对残余碱度较高的酿造水应采取加石膏、加酸等处理，也可添加 1%～5%的乳酸麦芽。

糖化时间随不同的糖化方法而异。淀粉必须分解至碘检反应合格为止，此时麦汁中淀粉已完全分解为糊精和可发酵性糖。

糖化方法主要有煮出糖化法和浸出糖化法两大类基本方法，其他一些糖化法均由此两类方法演变而来。

煮出糖化法：将糖化醪液的一部分，分批地加热到沸点，然后与其余未煮沸的醪液混合，使全部醪液温度分阶段地升高到不同酶分解底物所要求的温度，最后达到糖化终了温度。煮出糖化法根据部分醪液煮沸的次数，分为一次、二次和三次煮出糖化法。

浸出糖化法：全部糖化醪液自始至终不经煮沸，它是纯粹利用酶的作用进行糖化的方法。其特点是将全部醪液从一定的温度开始，缓慢分阶段升温到糖化终了温度。浸出糖化法常采用二段式糖化，第一段在 63 ℃～65 ℃糖化 20～40 min，然后升温至 76 ℃～78 ℃进行第二段糖化。

双醪糖化法（也称复式糖化法）：为了节省麦芽，降低成本并改进质量，很多国家采用部分未发芽谷类原料作为麦芽的辅助原料，由此衍生出双醪糖化法。该法的特点是将麦芽和谷类辅料分别在糖化锅和糊化锅内进行处理，然后并醪。并醪以后按照煮出糖化法操作进行糖化的，即为双醪煮出糖化法；按照浸出糖化法进行糖化的，即为双醪浸出糖化法。

（6）麦汁过滤：糖化工序结束后，应在最短的时间内将糖化醪从原料溶出的物质与不溶性的麦糟分离，以得到澄清的麦汁，并获得良好的浸出物收得率。

麦汁过滤分两步进行，首先用过滤方法提取糖化醪中的麦汁，此称为第一麦汁或过滤麦汁；然后利用热水洗出第一麦汁过滤后残留于麦槽中的麦汁，此称为第二麦汁或洗涤麦汁。

过滤应趁热（76 ℃～78 ℃）进行，最早滤出的麦汁中含有较多的不溶性颗粒，应让其回流 5～10 min，待麦汁清亮时再放入贮存槽或流入麦汁煮沸锅。洗涤麦槽应用 76 ℃～78 ℃温水，当水温高于 80 ℃时，其中的 α- 淀粉酶失活，易造成第二麦汁浑浊。洗涤麦汁的残糖浓度控制在 1. 0%～1. 5%，当制造高档啤酒时，应适当提高残糖浓度，一般在 1. 5%以上，以保证啤酒的高质量。

（7）麦汁煮沸和添加酒花：麦汁过滤结束后，应升温将麦汁煮沸，以钝化酶活力、杀灭微生物、使蛋白质变性和絮凝沉淀，起到稳定麦汁成分的作用，并蒸发掉多余水分。淡色啤酒的麦汁煮沸时间一般控制在 90 min 左右，浓色啤酒的可适当延长一些；在加压 0. 11～0. 12 MPa 条件下，煮沸（温度高达 120 ℃）时间可缩短一半左右。煮沸强度是指在煮沸时每小时蒸发的水分相当于麦汁的百分数，煮沸强度控制在每小时 6%以上，以 8%～12%为佳。煮沸时，麦汁的 pH 控制在 5. 2～5. 4 范围内较为适宜。

酒花的添加量依据酒花的质量（α- 酸含量）、消费者的嗜好、啤酒的品种、浓度等不同而异。目前我国的酒花添加量为 0. 8～1. 3 kg/m^3（麦汁），在南方地区的酒花添用量较低，为 0. 5～1. 0 kg/m^3（麦汁）。添加的方法也不尽相同。我国目前还是采用传统 3～4 次添加法为主。3 次添加法：第一次在煮沸 5～15 min，添加总量的 5%～10%；第二次在煮沸 30～40 min，添加量为总量的 55%～60%；第三次在煮沸终了前 10 min 加入剩余的酒花，最后一次添加的应是香型酒花或质量较好的酒花，以赋予啤酒较好的酒花香味。

（8）麦汁冷却、充氧：麦汁经煮沸并达到要求浓度后，要及时分离酒花，除去热凝固物，同时应在较短的时间内把它冷却到要求的温度，并设法除去析出的冷凝固物。

常用的麦汁冷却设备是薄板冷却器，分为两段冷却和一段冷却。两段冷却法中，第一段冷却用自来水作冷却介质，将麦汁从 95 ℃左右冷却至 40 ℃～50 ℃，冷却水由不到 20 ℃被加热到 55 ℃左右；第二段冷却是用深度冷冻的水作为冷却介质，麦汁被进一步冷却到发酵入罐温度 6 ℃～8 ℃，冷却水从－4 ℃～－3 ℃升温至 0 ℃左右。

麦汁冷却后，应给麦汁通入无菌空气，以供给酵母繁殖所需要的氧气。通气后的麦汁溶解氧浓度应达 6～10 mg/L。

（9）发酵：传统的啤酒发酵分为下面发酵和上面发酵两大类型，两者采用不同的酵母菌种，其发酵工艺和设备条件也各不相同，制出的啤酒风味各异。我国啤酒厂均采用下面发酵法生产下面发酵啤酒。

下面发酵法中应用的酵母为下面酵母，不同的啤酒厂都有适合本厂使用的啤酒酵母。国内啤酒厂较好的下面酵母菌种主要有青岛啤酒酵母、首啤酵母、沈啤 1 号、沈啤 5 号等。国内许多厂都采用 U 酵母做菌种，许多大厂使用的酵母与 776 号酵母相似。

下面发酵过程包括主发酵和后发酵两个阶段。

主发酵又称前发酵，是发酵的主要阶段。主发酵的大致过程：当麦汁冷却到 6 ℃～8 ℃时，送入酵母增殖槽，按照 0.5%～0.65%比例添加酵母泥（酵母泥需要用麦汁 1∶1 稀释，再用压缩空气或泵送入添加槽），通入无菌空气，使酵母与麦汁充分混合，并溶解一定的氧气供酵母增殖呼吸。通常接种后的细胞浓度为 800～1 200 万个 / 毫升。经 8～16 h 增殖，麦汁表面形成一层白色泡沫，即可进行倒槽，即将增殖后的发酵液转入发酵罐或另一个发酵池（或发酵槽）。

倒槽后 4～5 h，液面四周出现较多的白色泡沫，并向中间扩展至全液面。吹开泡沫，可看到二氧化碳气泡涌上液面。此阶段称为低泡期，可维持 1～2 d，每天温度上升 0.5 ℃～0.8 ℃，糖度平均每天下降 0.3～0.5 °P，不需人工降温。

发酵 2～3 d，泡沫增高，可高达 25～30 cm，由于酒精含量增加、酒花树脂析出和蛋白质－单宁复合物的析出，泡沫表面呈棕黄色，此阶段称为高泡期，为发酵旺盛期。一般维持 2～3 d，每日降糖 1.5 °P 以上。由于大量释放出热量，需注意降温。

发酵 4～5 d，发酵力逐渐减弱，CO_2 气泡减少，泡沫回缩。由于发酵液中析出物增多，泡沫由棕黄色变成棕褐色，此阶段称为落泡期，应控制液温每日下降 0.5 ℃左右，每日降糖 0.5～0.8 °P，此阶段一般维持 2 d 左右。发酵 6～7 d，泡沫进一步回缩，可发酵糖已大部分分解，发酵进入末期，每日降糖 0.2～0.4 °P。发酵最后一天，急剧降温，使酵母沉淀良好，并下酒进入后发酵。

后发酵又称啤酒后熟、贮酒。后发酵操作大致过程为将主发酵后并除去多量沉淀酵母的发酵液送到后发酵罐（贮酒罐）内，这个过程称为下酒。贮酒罐可用单批发酵液装满，也可分几批将发酵液混合分装在几个贮酒罐内。下酒前应用 CO_2 充满贮酒罐，以除去罐内氧气。下酒后的液面上方应留 10～15 cm 空隙，作为 CO_2 气的压力贮存。

下酒后要实行 2～3 d 敞口发酵，以排除啤酒中的生青味物质。一般下酒 24 h 就有泡沫从灌口冒出，数天后泡沫变黄回缩，即行封罐，进行加压发酵。有时下酒 3～4 d 仍无泡沫出现，可能因为主发酵过度，可加 10%～20%的发酵旺盛的主发酵液来补救（俗称加高泡酒）。后发酵对发酵室温和罐内压力控制十分重要。封罐一周后，罐压应升到 0.05 MPa 以上，以后逐渐上升，当罐压上升到 0.1 MPa 时应缓慢放掉部分 CO_2。整个后发酵过程的罐压应保持相对稳定，不可忽高忽低。后发酵稳定多用室温控制，贮酒罐自身具备冷却设施时则自身冷却。传统的后发酵，多将贮酒温度控制为先高后低的趋势，即前期控制在3 ℃～5 ℃，而后逐步降温至－1 ℃～1 ℃，降温速度随不同类型啤酒的贮酒时间而定。新型的后发酵工艺，前期温度控制的高一些，以期尽快降低双乙酰含量；后期则保持7～14 d的低温－1 ℃左右贮酒，以利CO_2饱和酒内和澄清。后发酵时间（也称酒龄）根据啤酒类型、原麦汁浓度和贮酒温度不同而异，一般来说淡色啤酒的酒龄较长，浓色啤酒的酒龄较短。国内传统的11～14 °P熟啤酒和10～12 °P鲜啤酒的酒龄分别为50～75 d和30～40 d。

（10）啤酒过滤与离心分离：啤酒发酵结束后，需经过机械过滤或离心分离以除去啤酒中的少量酵母、微小的浑浊物粒子、蛋白质等大分子物质以及细菌等，使啤酒澄清，改善啤酒的生物和非生物稳定性。

过滤可分为粗滤和精滤两步进行。可先用硅藻土过滤机或滤棉过滤机进行粗滤，或采用离心分离的办法，以除去啤酒中的较大颗粒和酵母，再用板式过滤机精滤。经粗滤和精滤的啤酒澄清度较高，非生物稳定性较好。

5. 常见问题分析

（1）发酵液“翻腾”现象：造成酒液澄清慢，过滤困难，质量较差。

产生的原因：冷却夹套开启不当，造成上部温度与工艺曲线偏差1.5 ℃～4 ℃，罐中部温度更高，引起发酵液强烈对流；另外，压力不稳，急剧升降也会造成翻腾。

解决的办法：检查仪表是否正常；严格控制冷却温度，避免上部酒液温度过高；保持罐内压力稳定。

（2）酵母自溶。

产生的原因：当发酵罐下部温度与中、上部温度差1.5 ℃以上时，会造成酵母沉降困难和酵母自溶现象；罐底酵母泥温度过高（16 ℃～18 ℃）、维持时间过长，也会造成酵母自溶，产生酵母味，有时会出现啤酒杀菌后混浊的现象。

解决的办法：检查仪表是否正常；及时排放酵母泥；冷媒温度保持－4 ℃，贮酒期上、中、下温度保持在－1 ℃～1 ℃之间。

（3）双乙酰还原困难：发酵结束后双乙酰含量一直偏高达不到要求。

产生的原因：麦汁中α-氨基氮含量偏低，代谢产生的α-乙酰乳酸多，造成双乙酰峰值高，迟迟降不下来；采取高温快速发酵，麦汁中可发酵性糖含量高，酵母增殖量大，利于双乙酰的形成；主发酵后期酵母过早沉降，发酵液中悬浮的酵母数过少，双乙酰还原能力差；使用的酵母衰老或酵母还原双乙酰的能力差等。

解决的办法：控制麦汁中α-氨基氮含量（160～200 mg/L），避免过高或过低；适当提高酵母接种量和满罐温度，双乙酰还原温度适当提高；发酵温度不宜过高，升温后采用加压发酵抑制酵母的增殖；主发酵结束后，降温幅度不宜太快；采用双乙酰还原能力强的菌种；添加高泡酒，加快双乙酰的还原；用CO_2洗涤排除双乙酰；降温后与其他罐的酒合滤。

（4）双乙酰回升：发酵结束后双乙酰合格，经过低温贮酒或过滤以后，或经过杀菌双乙酰的含量增加。

产生的原因：啤酒中双乙酰前体物质残留量高，滤酒后吸氧造成杀菌后双乙酰超标的回升现象；发酵后期染菌造成双乙酰含量回升；过滤后吸氧使酵母再繁殖产生α-乙酰乳酸，经氧化后使双乙酰含量增加。

解决的办法：过滤时尽可能减少氧的吸入；过滤后清酒不宜长时间存放，更不能在不满罐的情况下放置过夜；清酒中添加抗氧化剂如抗坏血酸等或添加葡萄糖氧化酶消除酒中的溶解氧；灌装机要用二氧化碳背压；灌酒时用清酒或脱氧水引沫，以保证完全排除瓶颈空气，避免啤酒吸氧。

（5）发酵中止现象：发酵液发酵中止，即所谓的“不降糖”。

产生的原因：麦芽汁营养不够，低聚糖含量过高，α-氨基氮不足，酸度过高或过低；酵母凝聚性强，造成早期絮凝沉淀；酵母退化，发生突变导致不降糖；酵母自发突变，产生呼吸缺陷型酵母所致。

解决的办法：如果是由酵母凝聚性强，造成早期絮凝沉淀所致，可以通过增加麦汁通风量，调整发酵温度，待糖度降到接近最终发酵度时再降温以延长高温期，但此种方法会改进酵母的凝聚性能，最好采用分离凝聚性较弱的酵母菌株解决这一现象；如果是因酵母退化，发生突变导致不降糖所致，则可以采用更换新的酵母菌种来解决；如果是由酵母自发突变，产生呼吸缺陷型酵母所致，可以采用原菌种重新扩培或更换菌种的方法解决；此外，在麦芽汁制备过程中，要加强蛋白质的水解，适当降低蛋白质分解温度，并延长蛋白质分解时间；糖化时要适当调整糖化温度，加强低温段的水解，保证足够的糖化时间，并调整好醪液的 pH。

（6）发酵罐结冰：当发酵罐的下部温度与工艺曲线偏差 2 ℃左右，会使贮酒期罐内温度达到啤酒的冰点（－1. 8 ℃～2. 3 ℃），可能导致冷却带附近结冰。

发生的原因：仪表失灵、温度参数选择不当、热电阻安装位置深度不合适、仪表精度差、操作不当等。

解决的办法：检查测温元件及仪表误差，特别要检查铂电阻是否泄漏，若泄漏应烘烤后用石蜡密封或更换；选择恰当的测温点位置和热电阻插入深度；加强工艺管理、及时排放酵母；冷媒液温度应控制在－2. 5 ℃～4 ℃，不能采用－8 ℃的冷媒液。

6. 注意事项

（1）麦芽粉碎时，麦芽要分布均匀，不要集中在一处进行；从麦芽粉碎机排出的物料，不应残留或堵塞在出口，以免残留的麦粉变酸；麦芽粉碎物的贮存时间不应过长。

（2）发酵罐使用之前要确认是否已 CIP 清洗，微生物检验是否合格，各阀门是否正常，温度探头处是否漏气，安全阀、真空阀是否已洗净，锥体和锥底是否有其他缺陷。

（二）质量标准

1. 啤酒大麦的质量标准

GB/T 7416—2008 规定了麦芽的感官要求和理化指标标准。

（1）感官要求，见表 5-18。

表 5-18　啤酒大麦感官要求

项目	优级	一级	二级
外观	淡黄色具有光泽，无病斑粒[a]	淡黄色或黄色，稍有光泽，无病斑粒[a]	黄色，无病斑粒[a]
气味	有原大麦固有的香气，无霉味和其他异味	无霉味和其他异味	无霉味和其他异味

[a]此处指检疫对象所规定的病斑粒。

（2）理化要求，见表 5-19、表 5-20。

表 5-19　二棱大麦理化要求

项目	二棱大麦		
	优级	一级	二级
夹杂物（%）	≤ 1.0	≤ 1.5	≤ 2.0
破损率（%）	≤ 0.5	≤ 1.0	≤ 1.5
水分（%）	≤ 12.0		≤ 13.0
千粒重（以干基计），(g)	≥ 38.0	≥ 35.0	≥ 32.0
三天发芽率（%）	≥ 95	≥ 92	≥ 85
五天发芽率（%）	≥ 97	≥ 95	≥ 90
蛋白质（以干基计），(g)	10.0～12.5		9.0～13.5
饱满粒（腹径≥ 2.5 mm），(%)	≥ 85.0	≥ 80.0	≥ 70.0
瘦小粒（腹径＜ 2.2 mm），(%)	≤ 4.0	≤ 5.0	≤ 6.0

表 5-20　多棱大麦理化要求

项目	多棱大麦		
	优级	一级	二级
夹杂物（%）	≤ 1.0	≤ 1.5	≤ 2.0
破损率（%）	≤ 0.5	≤ 1.0	≤ 1.5
水分（%）	≤ 12.0		≤ 13.0
千粒重（以干基计），(g)	≥ 37.0	≥ 33.0	≥ 28.0
三天发芽率（%）	≥ 95	≥ 92	≥ 85
五天发芽率（%）	≥ 97	≥ 95	≥ 90
蛋白质（以干基计），(g)	10.0～12.5		9.0～13.5
饱满粒（腹径≥ 2.5 mm），(%)	≥ 85.0	≥ 75.0	≥ 60.0
瘦小粒（腹径＜ 2.2 mm），(%)	≤ 4.0	≤ 6.0	≤ 6.0

2. 麦芽的质量标准

QB/T 1686—2008 规定了麦芽的感官要求、理化指标和卫生指标等标准。

（1）感官要求。

① 淡色麦芽：淡黄色，有光泽，具有麦芽香气，无异味。

② 焦香麦芽：具较浓的焦香味，无异味。

③ 浓色麦芽和黑色麦芽：具有麦芽香气及焦香气味，无异味。

（2）理化要求，见表 5-21、表 5-22。

表 5-21　淡色麦芽理化要求

<table>
<tr><th>项目</th><th>优级</th><th>一级</th><th>二级</th></tr>
<tr><td>夹杂物（%）</td><td>≤ 0.9</td><td>≤ 1.0</td><td>≤ 1.2</td></tr>
<tr><td>出炉水分（%）</td><td colspan="3">≤ 5.0</td></tr>
<tr><td>商品水分[a]（%）</td><td colspan="3">≤ 5.5</td></tr>
<tr><td>糖化时间（min）</td><td colspan="2">≤ 10</td><td>≤ 15</td></tr>
<tr><td>煮沸色度（BC）</td><td>≤ 8.0</td><td>≤ 9.0</td><td>≤ 10.0</td></tr>
<tr><td>浸出物（以干基计），（%）</td><td>≥ 79.0</td><td>≥ 77.0</td><td>≥ 75.0</td></tr>
<tr><td>粗细粉差（%）</td><td colspan="2">≤ 2.0</td><td>≤ 3.0</td></tr>
<tr><td>α- 氨基氮（以干基计），（mg/100 g）</td><td>≥ 150</td><td colspan="2">≥ 140</td></tr>
<tr><td>库尔巴哈值（%）</td><td colspan="2">40～45</td><td>38～47</td></tr>
<tr><td>糖化力（WK）</td><td>≥ 260</td><td>≥ 240</td><td>≥ 220</td></tr>
</table>

[a] 商品水分可按供需双方合同执行。

表 5-22　焦香麦芽、浓色麦芽和黑色麦芽理化要求

<table>
<tr><th colspan="2">项目</th><th>优级</th><th>一级</th><th>二级</th></tr>
<tr><td colspan="2">夹杂物（%）</td><td>≤ 0.9</td><td>≤ 1.0</td><td>≤ 1.2</td></tr>
<tr><td colspan="2">出炉水分（%）</td><td colspan="3">≤ 5.0</td></tr>
<tr><td colspan="2">商品水分[a]（%）</td><td colspan="3">≤ 5.5</td></tr>
<tr><td rowspan="3">色度（EBC）</td><td>焦香麦芽</td><td colspan="3">25～60</td></tr>
<tr><td>浓色麦芽</td><td colspan="3">9.0～130</td></tr>
<tr><td>黑色麦芽</td><td colspan="3">≥ 130</td></tr>
<tr><td>浸出物（以干基计），（%）</td><td>焦香麦芽</td><td colspan="3">≥ 60</td></tr>
</table>

[a] 商品水分可按供需双方合同执行。

（3）卫生要求，见表 5-23。

表 5-23　啤酒麦芽卫生要求

项目	啤酒麦芽
无机砷（以 As 计），（mg/kg）	≤ 0.2
铅（Pb），（mg/kg）	≤ 0.2
镉（Cd），（mg/kg）	≤ 0.1
汞（Hg），（mg/kg）	≤ 0.02
六六六，（mg/kg）	≤ 0.05
滴滴涕，（mg/kg）	≤ 0.05

3. 啤酒花制品的质量标准

啤酒花制品包括压缩啤酒花、颗粒啤酒花和二氧化碳酒花浸膏等。

GB/T 20369—2006 规定了各类啤酒花制品的感官指标、理化指标。

（1）感官要求，见表 5-24、表 5-25。

表 5-24　压缩啤酒花感官要求

项目	优级	一级	二级
色泽	浅黄绿色，有光泽		浅黄色
香气	具有明显的、新鲜正常的酒花香气，无异杂气味		有正常的酒花香气，无异杂气味
花体状态	花体基本完整	有少量破碎花片	破碎花片较多

表 5-25　颗粒啤酒花感官要求

项目	90 型	45 型
色泽	黄绿色或绿色	
香气	具有明显的、新鲜正常的酒花香气，无异杂气味	

（2）理化要求，见表 5-26、表 5-27。

表 5-26　压缩啤酒花理化要求

项目	优级	一级	二级
夹杂物[a]（%）	≤1.0		≤1.5
褐色花片（%）	≤2.0	≤5.0	≤8.0
水分（%）	7.0～9.0		
α- 酸（干态计）[b]，（%）	≥7.0	≥6.5	≥6.0
β- 酸（干态计）[b]，（%）	≥4.0	≥3.0	
贮藏指数（HSI）[b]	≤0.35	≤0.40	≤0.45

[a] 不允许有植株以外的任何金属、沙石、泥土等有害物质。

[b] 已正式定名的芳香型、高 α- 酸型酒花品种，其 α- 酸、β- 酸、贮藏指数不受此要求限制。

表 5-27　颗粒啤酒花理化要求

项目	90 型		45 型
	优级	一级	
散碎颗粒（匀整度），（%）	≤4.0		
崩解时间（s）	≤15		
水分（%）	6.5～8.5		
α- 酸（干态计）[b]，（%）	≥6.7	≥6.2	≥11.0
β- 酸（干态计）[b]，（%）	≥3.0		≥5.0
贮藏指数（HSI）[b]	≤0.40	≤0.45	≤0.45

[a] 已正式定名的芳香型、高 α- 酸型酒花品种，其 α- 酸、β- 酸、贮藏指数不受此要求限制。

表 5-28　二氧化碳酒花浸膏理化要求

项目	超临界二氧化碳萃取	液态二氧化碳萃取
α- 酸(干态计),(%)	≥ 35	≥ 30
水分(%)	≤ 5.0	

4. 啤酒酿造用水质量标准(表 5-29、表 5-30)

表 5-29　酿造水标准

项目	标准
TTHM(μg/L)	≤ 15.0
固形物(mg/L)	≤ 300.0
有机物(mg/L)	≤ 1.0
氯离子(mg/L)	≤ 50.0
铁离子(mg/L)	≤ 0.1
锰离子(mg/L)	≤ 0.1
镁离子(mg/L)	≤ 30.0
钙离子(mg/L)	≤ 50.0
钾离子(mg/L)	≤ 10.0
钠离子(mg/L)	≤ 30.0

表 5-30　稀释水质量标准

项目	标准
TTHM(μg/L)	≤ 5.0
二氧化碳(m/m),(%)	0.45～0.50
浊度(EBC)	≤ 0.3
铁离子(mg/L)	≤ 0.05
钙离子(mg/L)	≤酒液中钙离子浓度
pH	4.2～4.6

5. 啤酒的质量标准

GB 4927—2008 规定了淡色啤酒、浓色啤酒和黑色啤酒等的感官要求和理化指标等(表 5-1、表 5-2、表 5-3 和表 5-4)。

(三)实习操作考核要点及参考评分(表 5-31)

表 5-31　啤酒认识实习的操作考核要点和参考评分

序号	项目	考核内容	技能要求	评分(100 分)
1	准备工作	(1)准备、检查器具; (2)实训场地清洁	(1)能准备、检查必要的加工器具; (2)实训场地清洁	5

续表

序号	项目	考核内容	技能要求	评分(100分)
2	原料处理	(1)浸麦; (2)发芽; (3)干燥	(1)能正确进行原料的除杂、分级; (2)能正确控制浸水和通气的时间、温度; (3)能正确控制麦层的高度、发芽的温度、浸麦度和发芽时间; (4)能正确判断麦芽的质量; (5)能正确控制凋萎期、焙燥期、焙焦期等绿麦芽干燥过程中的温度; (6)能正确进行干燥麦芽除根、磨光和贮藏	15
3	麦芽汁制备	(1)原辅料粉碎; (2)糖化; (3)麦汁过滤和洗槽; (4)麦汁煮沸和添加酒花	(1)能正确进行原辅料的粉碎; (2)能正确控制糖化中的料水比、温度、pH和时间; (3)能正确进行麦汁的过滤和洗槽; (4)能正确控制麦汁煮沸时间、温度、强度和pH; (5)能正确掌握酒花的添加量和添加时间	20
4	下面发酵	(1)主发酵; (2)后发酵	(1)能正确掌握酵母泥的添加量; (2)能正确判断低泡期、高泡期、落泡期和发酵末期的时间、糖度、温度和泡沫状态; (3)能正确控制高泡期、落泡期和发酵末期的温度; (4)能正确进行下酒、封罐; (5)能正确判断酒龄	20
5	过滤、灌装	(1)过滤; (2)洗涤、灌装; (3)灭菌	(1)能正确进行过滤; (2)能正确进行洗涤、灌装; (3)能正确进行灭菌; (4)能正确注明品种、日期	10
6	产品的感官鉴定	色泽、香气、滋味和体态	符合表5-1、表5-2的要求	10
7	实训报告	(1)格式; (2)内容	(1)实训报告格式正确; (2)能正确记录实验现象和实验数据,报告内容正确、完整	20

二、葡萄酒加工岗位技能综合实训

实训目的:

(1)通过本实训项目的学习,使学生加深对葡萄酒生产基本理论的理解,使学生掌握葡萄酒生产的基本工艺流程,进一步了解葡萄酒生产的关键技术。

(2)提高学生的生产操作控制能力,能处理葡萄酒生产中遇到的常见问题。

实训要求:

(1)4～5人为一组,以小组为单位。从选择原料和加工设备开始,利用各种原辅材料的特性及生产原理,生产出质量合格的产品。要求学生掌握葡萄酒生产的基本工艺流程,抓住关键操作步骤。

(2) 书写书面实训报告。

(一) 干白葡萄酒的生产

1. 参考配方

干白葡萄酒以白葡萄或红皮白肉葡萄为原料。

2. 主要设备

干白葡萄酒的加工设备主要有葡萄破碎机、果汁分离机、果汁压榨机、高速离心机、灌酒机等，贮藏容器主要有发酵罐、贮酒罐等。每种设备和容器，凡是与葡萄、葡萄浆、葡萄汁接触的部分，要用不锈钢或其他耐腐的材料制成，防止铁、铜或其他金属污染。

3. 工艺流程

参见本章葡萄酒生产技术相关内容。

4. 操作要点

(1) 葡萄采收：白葡萄比较容易被氧化，采收时必须尽量小心保持果粒完整，以免影响品质。

(2) 葡萄破碎：根据葡萄破碎机的能力，均匀地把新鲜的葡萄投入破碎机里，注意捡出异杂物。在葡萄破碎的同时，要均匀地加入 60 mg/L 的 SO_2。根据葡萄质量的好坏，SO_2 的加入量可酌情增减。葡萄破碎时加入的 SO_2，可以通过亚硫酸的形式，均匀加入，也可以使用偏重亚硫酸钾，用软化水化开，根据计算的量均匀地加入。SO_2 能有效地抑制有害微生物的活动，防止葡萄破碎以后在输送、分离、压榨过程中及发酵以前的氧化。

(3) 果汁分离：白葡萄酒与红葡萄酒的前加工工艺不同。白葡萄酒加工采用先压榨后发酵的方法，而红葡萄酒加工要先发酵后压榨。白葡萄经破碎(压榨)或果汁分离，果汁单独进行发酵。果汁分离是白葡萄酒的重要工艺。

葡萄破碎后经淋汁取得自流汁，即从榨汁机里流出的第一批葡萄汁，味道最醇美，香气最纯正。再经压榨取得压榨汁，为了提高果汁质量，一般采用二次压榨分级取汁，取汁量如下表。自流汁和压榨汁质量不同，应分别存放，作不同用途(表 5-32)。

表 5-32　自流汁、一次压榨汁和二次压榨汁分量(%)

汁别	按总出汁量 100%	按压榨出汁率 75%	用途
自流汁	60～70	45～52	酿制高级葡萄酒
一次榨汁	25～35	18～26	单独发酵或自流汁混合
二次榨汁	5～10	4～7	发酵后作调配用

果汁分离后需立即进行 SO_2 处理，每 100 kg 葡萄加入 10～15 g 偏重亚硫酸钾(相当于 $SO_2$50～75 mg/kg)，以防果汁氧化。破碎后的葡萄浆应立即压榨分离出果汁，皮渣单独发酵蒸馏得白兰地。

(4) 果汁澄清：葡萄汁澄清处理是酿造高级干白葡萄酒的关键工序之一。自流汁或经压榨的葡萄汁中含有果胶质、果肉等杂质，因此，浑浊不清，应尽量将之减少到最低含量，以避免杂质发酵给酒带来异杂味。

葡萄汁的澄清可采用 SO_2 低温静置澄清法、果胶酶澄清法、皂土澄清法和分离澄清法等几种方法。

（5）发酵：葡萄汁经澄清后，根据具体情况决定是否进行改良处理，之后再进行发酵。白葡萄酒发酵多采用添加人工培育的优良酵母（或固体活性酵母）进行发酵。酵母的选择除具有酿酒风味好这一重要条件外，还应能适应低温发酵、保持发酵平稳、有后劲，发酵彻底、不留较多的残糖、抗 SO_2 能力强，发酵结束后，酵母凝聚，并较快沉入发酵容器底部，使酒易澄清。

白葡萄酒的发酵通常采用控温发酵，低温发酵有利于保持葡萄中原果香的挥发性化合物和芳香物质。发酵分为主发酵和后发酵两个阶段。主发酵温度一般控制在 16 ℃～22 ℃为宜，发酵期一般为 15 d 左右。主发酵结束后残糖降低至 5 g/L 以下，即可转入后发酵。后发酵温度一般控制在 15 ℃以下，发酵期约 1 个月。在缓慢的后发酵中，葡萄酒香和味的形成更为完善，残糖继续下降至 2 g/L 以下。

如果发酵温度超过工艺规定范围，会造成以下主要危害：易于氧化，减少原葡萄品种的果香；低沸点芳香物质易于挥发，减低酒的香气；酵母菌活力减弱，易感染杂菌或造成细菌性病害。因此控制发酵温度是白葡萄酒发酵管理的一项重要工作。目前白葡萄酒发酵设备常采用密闭夹套冷却的钢罐，此外还有采用其他方式冷却发酵液的。

由于主发酵结束后，CO_2 排出缓慢，发酵罐内酒液减少，为防止氧化、尽量减少原酒与空气的接触面积，应做到每周添罐一次，添罐时要以优质的同品种（或同质量）的原酒添补，或补充少量的 SO_2。同时，罐孔注意密封，且严格控制发酵设备及发酵间的工艺卫生。

（6）陈酿：葡萄汁经发酵制得的酒称为原酒（或称新酒）。原酒需要经过一定时间的贮存（或称陈酿）后酒质才趋于稳定成熟。在贮酒过程中要进行换桶（倒酒）和添桶（添酒）。

贮酒容器主要有橡木桶、水泥池和金属罐（碳钢或不锈钢罐）三大类。橡木桶是酿造某些特产名酒或高档红葡萄酒必不可少的特殊容器，而酿制优质白葡萄酒用不锈钢罐最佳。

贮酒方式有传统的地下酒窖贮酒、地上贮酒室贮酒和露天大罐贮酒等几种方式。

贮酒温度一般以 8 ℃～18 ℃为佳，不宜超过 20 ℃。采用室内贮酒，要调节室内湿度，以饱和状态（85%～90%）为佳，室内要有通气设施，定期更换空气，保持室内空气新鲜，并要保持室内清洁。

就贮酒期而言，白葡萄酒的贮酒期一般为 1～3 年，干白葡萄酒贮酒期更短，一般为 6～10 个月。

5. 常见问题分析

葡萄酒的酒精发酵是一个复杂的、多因素控制的生化过程，只有各因素之间都达到理想指标时，发酵才能沿着理想曲线进行，而生产实践中并不是所有因素都是人为可控的，因此，常出现多种问题，如起酵缓慢或困难、发酵过程迟缓或中止、发酵过程正常但发酵曲线异常、发酵不彻底等。这些问题都可能导致杂菌感染、挥发酸偏高、副产物含量增加、香气质量被破坏、残糖偏高（微生物不稳定性）等一系列不良感观质量缺陷，轻则降低葡萄酒自身的质量和价值，重则造成发酵事故，使酒质遭受极大破坏。

对这些常见的问题归纳分析发现，其主要是由以下几个主客观因素引起的。

（1）温度因素：起酵温度过低，或者发酵温度偏高，超过酵母进行正常生理活动所能承受的温度区间，使酵母的生长发育和代谢受阻，这个时候如果酵母所需的营养成分充足，对逆境温度的耐力还会适当增强。

（2）营养因素：上述分析表明酵母在完成生长发育、繁殖和发酵使命的过程中，需要大量的营养，这些营养成分不足时，就会影响到正常生理活动的进行，在实践中的直观表现为发酵迟缓或中止。

（3）供氧量因素：酵母的兼性厌氧属性，使其对氧气供给有着特殊需求，供给量太大会造成酵母自身有氧呼吸和繁殖过度，从而降低酒精产量；而氧气供给不足时，发酵液中酵母活体数量太少，无法保证发酵的彻底性和完整性，特别是发酵旺盛期，发酵环境中二氧化碳和酒精等的大量产生，对酵母有一定的杀伤作用，氧气不足使新生酵母的数量不能及时弥补，这时最容易造成发酵迟缓或中止，到发酵后期就表现为发酵不彻底。所以在这里提出了一个微氧的概念，也就是说葡萄酒发酵过程需要控制在一个微氧环境中。

（4）SO_2 用量因素：SO_2 在葡萄酒发酵前后期具有特殊的作用，发酵前期 SO_2 添加量太小时，不能完全抑制原料和周围环境中带来的野生菌，会影响接种酵母的快速繁殖，也会影响发酵曲线的方向，也就是发酵的纯正性，但是如果添加量过大也会抑制酵母的繁殖和代谢，严重时会对酵母造成毒害作用，从而导致起酵迟缓或困难。

（5）原料状况不理想：主要是原料卫生状况和农药残留，如果原料卫生状况不佳（如受霉菌感染/或有破损腐烂现象）或农药残留量较大时，都会抑制酵母的生长繁殖和代谢，也可能会导致起酵迟缓或困难问题，但是一般来说如果发酵初期能够供给充足的营养，使酵母菌自身机能增强，抗逆境能力也会随之增强。

（6）酸度和 pH 因素：酵母菌对外界环境的酸碱变化相对还是比较敏感的，它只在中性或微酸性条件下，发酵能力最强。如在 pH 4.0 的条件下，其发酵能力比在 pH 3.0 时更强，在 pH 很低的条件下，酵母菌活动生成挥发酸或停止活动。另外，葡萄汁中的氨态氮的含量与总酸可能存在一定的相关性，因此，总酸偏低的发酵液的酒精发酵启动相对比较困难，这时在发酵前期补充一定的发酵助剂是非常必要的。

（7）糖度的影响：国内很多产区原料的自然含糖量都不能满足实现目标酒度的要求，实践中一般采取人为加糖或浓缩汁的方式来补充。酵母菌只能直接利用六碳糖（葡萄糖和果糖），人为补充的蔗糖（白砂糖）则需要预先经过酵母分泌的转化酶或果汁中原有的转化酶分解成己糖后才能被酵母菌同化，但克氏酵母和贝酵母不能分泌这种酶，所以如果发酵后期加蔗糖，很容易导致发酵中止和不彻底现象；另外，浓缩汁会损失很多可同化氮，同样会带来发酵不顺利的风险。

（8）代谢产物的抑制因素：酵母菌代谢产生的乙醇和脂肪酸对其自身的生长发育和代谢等活动都有不同程度的影响，随着发酵的进行，乙醇和脂肪酸的不断积累，超过酵母菌的耐受范围，就可能会影响酵母菌正常活动，从而导致发酵迟缓或中止。

（9）酵母菌种选用不合理：酵母菌的种类很多，但并不是任意的酵母菌都能够适应相同的活动环境，不同的酵母对酸度、糖度、酒度和其他抑制物的耐性各有不同，如果酵母菌种选用不合适，很容易导致发酵迟缓、中止和不彻底等问题。

（10）酵母菌活化和制备不科学：目前大生产基本上都应用商业生产的活性干酵母，但是干酵母的应用也是有很多技术讲究的，如第一次接种数量不够（启动发酵所需的最少细胞数）、活化温度、添加时机等不科学也容易造成起酵、发酵迟缓或困难。

（11）果汁澄清过度：主要是针对干白葡萄酒而言，如果在发酵前期澄清过度，会造成果汁中营养匮乏，如果前期没有及时补充外源营养物质，就有发酵异常的风险。

6. 注意事项

（1）葡萄除梗破碎过程中，破碎度不要太大。

（2）SO_2 添加量要适中，用量过多可能会延迟甚至阻止酒精发酵，用量过少则起不到杀菌、抗氧化效果。

（3）陈酿过程中，贮酒容器要密封，若密封不严，则易造成葡萄酒的氧化和杂菌污染。

（4）陈酿过程中，要及时将沉淀下来的酒脚和澄清的葡萄酒分开，否则温度升高时，酒脚中的酵母和细菌有可能重新活动引起微生物病害，而且酒石酸盐、色素、蛋白质以及铁、铜等沉淀也可能会重新溶解于葡萄酒中，造成葡萄酒的不稳定。

（二）质量标准

1. 酿酒葡萄质量标准

糖、酸、单宁、色素和芳香物质是构成酿酒葡萄品质优劣的最主要因素。前苏联曾用糖 $\times \rho H^2$ 来评价酿酒葡萄品质，指出在克里米亚地区酿造各类葡萄酒的葡萄品质指标的最佳值，这是目前见到的唯一的比较全面的地区性酿酒葡萄评价标准。我国尚未制定出评价酿酒葡萄的行业标准或国家标准。

2. 干白葡萄酒的质量标准

GB 15037—2006 规定了干白葡萄酒的感官指标和理化指标（表 5-6、表 5-7）。

3. 皮渣中有效成分含量

葡萄皮渣中含有多酚、酒石酸盐、葡萄籽油等多种有益成分。

果皮中多酚类物质主要有花色素、白藜芦醇和类黄酮，葡萄籽中多酚类物质主要有儿茶素、槲皮素、原花青素和单宁等。红葡萄果皮中多酚含量可达 25% ～ 50%，籽中可达 50% ～ 70%。

酒石酸是一种多羟基有机酸，2，3- 二羟基丁二酸，有左旋、右旋、外消旋和内消旋等 4 种旋光异构体，其中右旋体最为重要。葡萄皮渣中富含酒石酸，从皮渣中提取的产品全部为右旋酒石酸。

葡萄籽油是一种具有良好保健功能的食用油，在降低血脂胆固醇、软化血管等方面具有特殊功效。葡萄籽油的主要成分为亚油酸、亚麻酸等多不饱和脂肪酸。葡萄籽中含有 14% ～ 17%的葡萄籽油。

葡萄籽中含有谷氨酸、甘氨酸、丙氨酸等 18 种氨基酸及赖氨酸、酪氨酸和苯丙氨酸等 7 种人体必需的氨基酸，总含量约 8%。

（三）实习操作考核要点及参考评分（表 5-33）

表 5-33　葡萄酒认识实习的操作考核要点和参考评分

序号	项目	考核内容	技能要求	评分（100 分）
1	准备工作	（1）准备、检查器具； （2）实训场地清洁	（1）能准备、检查必要的加工器具； （2）实训场地清洁	5
2	原料处理	（1）葡萄分选； （2）果汁分离	（1）能正确进行葡萄分选； （2）能正确进行自流汁、一次压榨汁和二次压榨汁的分离； （3）能正确掌握偏重亚硫酸钾的加入量	10
3	果汁澄清	（1）果汁澄清； （2）成分调整	（1）能正确判断二氧化硫加入量和静置澄清时间； （2）能正确对澄清葡萄汁进行成分调整	10
4	发酵	（1）主发酵； （2）后发酵	（1）能正确掌握酵母的添加量； （2）能正确控制主发酵和后发酵的温度、时间； （3）能正确进行下酒、封罐； （4）能正确判断酒龄	15
5	陈酿	（1）换桶； （2）添桶	（1）能正确进行换桶和添桶； （2）能正确掌握贮酒温度和合理贮存期	10
6	调配	调配	能正确掌握白葡萄酒色、香、味的调配	10
7	澄清、冷处理和过滤	（1）澄清； （2）冷处理； （3）过滤	（1）能正确进行葡萄酒的澄清和过滤； （2）能准确掌握葡萄酒冷处理的温度和时间	5
8	包装、杀菌、瓶贮	（1）包装； （2）杀菌； （3）瓶贮	（1）能正确进行葡萄酒包装； （2）能准确掌握巴氏消毒的温度和时间； （3）能准确掌握合理的瓶贮期	5
9	产品的感官鉴定	色泽、香气、滋味和体态	符合表 5-6 的要求	10
10	实训报告	（1）格式； （2）内容	（1）实训报告格式正确； （2）能正确记录实验现象和实验数据，报告内容正确、完整	20

三、黄酒加工岗位技能综合实训

实训目的：

（1）通过本实训项目的学习，使学生加深对黄酒生产基本理论的理解。

（2）使学生掌握黄酒生产的基本工艺流程，进一步了解黄酒生产的关键技术。

（3）提高学生的生产操作控制能力，能处理黄酒生产中遇到的常见问题。

实训要求：

（1）4～5 人为一组，以小组为单位。从选择原料和加工设备开始，利用各种原辅材料的特性及生产原理，生产出质量合格的产品。要求学生掌握黄酒生产的基本工艺流程，抓住关键操作步骤。

(2)书写书面实训报告。

(一)摊饭酒的生产

1. 参考配方

绍兴元红酒为典型的摊饭酒,其配料如表5-34(每缸)(加入酸浆水与清水的比例为3:4,即"三浆四水")。

表5-34 绍兴元红酒配料

原料	加入量
糯米	144 kg
麦曲	22.5 kg
水	112 kg
酸浆水	84 kg
淋饭酒母	5~6 kg

麦曲主要以小麦为原料,加入20%~22%的清水而制成;淋饭酒母以糯米为原料,麦曲用量为原料米的15%~18%,控制饭水总重量为原料米的300%而制成。

2. 主要设备

卧式或立式连续蒸饭机:蒸煮糯米原料。

发酵罐:糖化和酒精发酵。

板框式气膜压滤机:压榨分离发酵成熟的酒醅,把酒和糟粕分离。

板框式棉饼压滤机:过滤经澄清后的酒液。

板式热交换器:煎酒。

3. 工艺流程

参见本章黄酒生产技术相关内容。

4. 操作要点

(1)米的精白:糙米的糠层含有较多的蛋白质、脂肪,会给黄酒带来异味,降低成品酒的质量;糠层的存在,妨碍大米的吸水膨胀,米饭难以蒸透,影响糖化发酵;糠层所含的丰富营养会促使微生物旺盛发酵,品温难以控制,容易引起生酸菌的繁殖而使酒醪的酸度升高。因此,对糙米或精白度不足的原料应进行精白,以消除上述不利的影响。

精白米占糙米的百分率称为精米率,也称出白率,反映米的精白度。精白度的提高有利于米的蒸煮、发酵,有利于提高酒的质量。我国酿造黄酒、粳米和籼米的精白度以选用标准一等为宜,糯米则选用标准一等、特等二级都可以。

(2)洗米:大米中附着一定数量的糠秕、米粞和尘土及其他杂物,黄酒酿造中主要是通过用洗米机清洗的方法除去这些杂物,洗米机有自动洗米机和回转圆筒式洗米机,有的厂还使用兼有洗米和输送米功能的特殊泵。洗米需洗到淋出的水无白浊为度。目前国内采用是洗米与浸米同时进行,也有取消洗米而直接浸米的。

(3) 浸米：不同的黄酒浸米时间、水温和要求各不相同。传统的摊饭酒酿造过程中，浸米时间长达 16～20 d，浸米水的酸度达 0.8 g/100 mL 以上，以便抽取浸糯米的浆水（称为酸浆水）配料，依靠酸浆水来抑制产酸细菌的繁殖。除此之外，大都根据水温高低、米质软硬、精白程度以及米粒大小来决定浸米时间，一般 1～3 d，如浙江的淋饭酒、喂饭酒以及新工艺大发酵罐的浸米时间一般为 2～3 d，而福建老酒夏季浸米时间仅 5～6 h。传统工艺浸米的水温一般采用常温浸米，而新工艺大发酵罐则要求控制室温和水温为 20 ℃，不要超过 30 ℃以防止米变质。

浸米的程度一般要求米的颗粒保持完整，用手指捏米粒又能呈粉状为度，不可过度或不足。新工艺大发酵罐要求米浆水酸度大于 0.3 g/100 mL（以琥珀酸计），米浆水略稠，水面布满白色薄膜，浸米时间不少于 48 h。

(4) 蒸饭和摊凉：将浸渍好的米捞出，不经淋洗，保留附在米上的浆水，常压进行蒸煮。一般对于糯米和精白度高的软质粳米，常压蒸煮 15～20 min 就可以了；而对于糊化温度较高的硬质粳米和籼米，要在蒸饭中途追加热水，以促使饭粒在此膨胀，同时适当延长蒸煮时间。用蒸桶蒸硬质粳米和籼米，需采用“双淋、双蒸”的蒸饭操作，以解决它们在蒸饭中易出现的米粒吸水不足、糊化不完全、白心生粒多等问题。蒸好的米要求饭粒松软，熟而不糊，内无白心。

蒸熟后的米饭，必须经过冷却，迅速把品温降至适合微生物繁殖发酵的温度。对米饭降温要求：品温下降迅速而均匀，不产生热块，并根据气温掌握冷却后温度，一般应为 60 ℃～65 ℃。以前摊饭酒蒸熟米饭的冷却是把米饭摊在竹簟上，用木楫翻拌冷却，现多改为机械鼓风冷却，有的厂已实现蒸饭和冷却的连续化生产。

(5) 入缸：入缸前，应把发酵缸及一切用具先清洗和用沸水灭菌。在入缸前一天，称取一定量的清水置缸中备用。入缸时分两次投入冷却的米饭，打碎饭块后，依次投入麦曲、淋饭酒母和浆水，搅拌均匀，使缸内物料上下温度均匀，糖化发酵剂与饭料均匀接触。传统黄酒生产中，淋饭酒母用量一般为投料用米量的 4%～5%。入缸过程中需注意，勿使酒母与热饭块接触，以免引起“烫酿”，造成发酵不良，引起酸败。入缸的温度根据气温高低灵活掌握，摊饭酒生产中，加浆水的糯米黄酒投料品温较低，一般为 24 ℃～26 ℃，不超过 28 ℃；不加浆水的粳米酒，投料品温可高些，为 27 ℃～30 ℃。

(6) 糖化和酒精发酵：物料落缸后便开始糖化和发酵。前期主要是酵母的增殖，品温上升缓慢，应注意保温，随气温高低不同，保温物要有所增减。一般经过 10 h 左右，醅中酵母已大量繁殖，进入主发酵阶段，温度上升较快，缸内可听见嘶嘶的发酵响声，并产生大量的 CO_2 气体，把酒醅顶上缸面，形成厚厚的米饭层，此时必须及时开耙。开耙时以测量饭面下 15～20 cm 处的缸心温度（一般比周边温度高 10 ℃～20 ℃）为依据，结合气温高低灵活掌握。开耙温度的高低影响成品酒的风味。高温开耙（头耙品温 35 ℃～36 ℃），酵母易早衰，发酵能力减弱，使酒残糖含量增多，酿成的酒口味较甜，俗称热作酒；低温开耙（头耙品温不超过 30 ℃），发酵较完全，酿成的酒甜味少而酒精含量高，俗称冷作酒。

头耙后，黄酒醪即进入主发酵阶段。开头耙后热作酒品温一般降为 22 ℃～26 ℃，头耙后经过 3～4 h 温度升至 30 ℃～32 ℃，开第二耙，耙后品温降为 26 ℃～29 ℃；第三、四耙的耙前品温控制在 30 ℃以下，开耙时机多根据醪液的发酵速度和成熟程度决定。冷作酒头耙后品温为24 ℃～26 ℃（头耙前后温差4 ℃～6 ℃），经6～7 h当温度接近30 ℃时，开第二耙（前后温差 2 ℃～3 ℃）；以后每隔 4～5 h 分别开第三、四耙（前后温差 1 ℃～2 ℃）；第四耙后每日捣耙 2～3 次，直至品温接近室温。主发酵一般 5～7 d 结束。注意防止酒精过多的挥发，应及时灌坛进行后发酵。

（7）后发酵（养醅）：传统工艺酿酒过程中，后发酵多在寒冷季节进行。后发酵灌坛操作时，先在每坛中加入 1～2 坛淋饭酒母（俗称窝醅），搅拌均匀后将发酵缸中的酒醅分盛于酒坛中，每坛约装 20 kg。2～4 坛堆一列，堆置室外。后发酵使一部分残留的淀粉和糖分继续发酵，进一步提高酒精含量，并使酒成熟增香，风味变好。后发酵的品温常随自然温度而变化，所以前期气温较低的酒醅要堆放在向阳温暖的地方，以加快后发酵的速度；在后期天气转暖时的酒醅，则应堆放在阴凉的地方，防止温度过高产生酸败现象，一般控制室温在 20 ℃以下为宜。元红酒主发酵一般 5～7 d，而后发酵期长达 70 d 左右。

（8）压榨：发酵成熟的酒醅通过压榨把酒和糟醅分离。目前，黄酒压榨都采用板框式气膜压滤机，能达到酒液澄清、糟粕干、时间短的要求。

压榨出来的酒液颜色淡黄色（米曲类黄酒除外），按传统习惯必须添加着色剂，所用着色剂通常为糖色（或称酱色）。使用时要用热水或热酒稀释，用量随酒的品种不同而异，一般普通干黄酒每吨用量为 3～4 kg。待澄清池已接受约 70% 的黄酒时开始加酱色。

（9）澄清、过滤：刚榨出来的生酒并不清，需静置澄清 2～4 d，将生酒中少量微细悬浮固形物逐渐沉到酒池底部。但澄清时间不宜过长，特别是在气温 20 ℃以上时更应该注意，以防止酒变酸（俗称“失煎”）。

经澄清后的酒液还需要再进行一次过滤，以除去酒中部分极细小、相对密度较小的悬浮粒子，使酒液变得澄清。过滤设备一般采用板框式棉饼压滤机。

（10）煎酒（灭菌）：煎酒的目的是杀死酒液中的微生物和破坏残存酶的活性，除去生酒杂味，使蛋白质等胶体物质凝固沉淀，以确保黄酒质量稳定。另外，经煎酒处理后，黄酒的色泽变得明亮。煎酒温度应根据生酒的酒精度和 pH 而定，一般为 85 ℃～90 ℃。对酒精度高、pH 低的生酒，煎酒温度可适当低些。煎酒后，将酒液灌入已杀菌的空坛中，并及时包扎封口，进行贮存。

（11）贮存（陈酿）：新酿制的酒香气淡、口感粗，经过一段时间贮存后，酒质变佳，不但香气浓，而且口感醇和，其色泽会随贮存时间的增加而变深。贮存时间要恰当，陈酿太久，若发生过熟，酒的品质反而会下降。应根据不同类型产品要求确定贮存期，普通黄酒一般贮存期为 1 年，名优黄酒贮存期 3～5 年，甜黄酒和半甜黄酒的贮存期适当缩短。黄酒在贮存过程中，色、香、味、酒体等均发生较大的变化，以符合成品酒的各项指标。

传统方法贮酒采用陶坛包装贮酒。现在多数厂还在沿用此方法。热酒装坛后用灭过菌的荷叶、箬壳等包扎好，再用泥头或石膏封口后入库贮存。通常以 3 个或 4 个为一叠堆在仓库内。贮存过程中，贮存室应通风良好，防止淋雨。长期贮酒的仓库最好保持室温 5 ℃～20 ℃，每年天热时或适当时间翻堆 1～2 次。

现代大容量碳钢罐或不锈钢罐贮酒效果没有陶坛好，酒的香味较少。在冷却操作方法上，当热酒灌入大罐后就用喷淋法使酒温迅速降至常温，不宜采取自然冷却，因其冷却所需时间长，会产生异味异气。

5. 常见问题分析

发酵醪中存在着多种微生物，如多品种、高密度的酵母和多品种高密度的有益细菌（乳酸杆菌），它们之间有互生、共生，互相促进的关系，也有互相对抗、互相抑制的关系；正常情况下，它们之间互生、共生，促进、协同发酵平衡进行。因此，只有在异常条件下，发酵醪液中的自身乳酸菌（细菌）、其他乳酸杆菌、外界侵入的有害菌会大量生长繁殖，产生过量的乳酸和其他有机酸，致使发酵醪的酸度上升，抑制正常酵母发酵产酒精，当总酸度超过 7.5 g/L，发酵醪的香味和口味就变坏，称为酸败。

引起传统黄酒发酵醪酸败的原因较多，主要有以下几种。

（1）淋饭酒母质量差。

① 酒药保存和制作不当，或淋饭酒母制作不当，引起淋饭酒母中酵母种类的改变、变异或发酵力降低；淋饭酒母培养过程中，酒精上升缓慢；用这样的淋饭酒母接入发酵醪进行发酵，将导致发酵缓慢，酒精度上升慢，对细菌（有益乳酸杆菌）产酸的抑制能力降低，营养成分偏高，给细菌（有益乳酸杆菌）的大量繁殖提供机会，发酵醪中酵母和有益乳酸杆菌（细菌）协同发酵作用被破坏，失去平衡，造成酸度升高幅度大，酒精含量上升缓慢，则酸度上升就快。

② 淋饭酒母成熟醪有异味，酒精度、总酸正常，有异味（非酵母味）。镜检：酵母形态不正常的较多，细菌数量少；或酵母形态基本正常，细菌数量多。这样的淋饭酒母接入发酵醪，表现出升温稍慢，开耙稍迟；或者表现为主发酵期升温和开耙正常；抑制乳酸杆菌自身产酸能力降低，到发酵后期，酒精度上升缓慢，酸度上升较快，出现超酸。尤其是后发酵期，当气温升高时，酸度上升快。

③ 淋饭酒母成熟醪质量差，总酸偏高，培养过程酒精度上升缓慢。镜检：酵母形态不正常的多；正常形态的细菌（有益乳酸杆菌）数量少，细菌形态不正常的多；这样的淋饭酒母接入发酵醪进行发酵，将导致发酵缓慢，酒精上升不快，对细菌的抑制作用降低，营养成分偏高，给细菌的大量繁殖提供机会，发酵醪中酵母和有益乳酸杆菌协同发酵作用及保障安全发酵系统被破坏，失去平衡，造成主发酵期或后发酵前期酸度升高幅度大，酒精上升缓慢，则酸度上升就快。

④ 后期投料的酒（俗称后性酒），淋饭酒母是在冬酿前期一起制成的，则淋饭酒母由于存放时间长，酵母活力降低，死亡率高，酵母数量减少，发酵力弱；此淋饭酒母用于发酵，则酵母起酵慢，而乳酸杆菌（细菌）生长快，数量急剧增加，乳酸杆菌和酵母的协同发酵作用失去平衡，乳酸杆菌产乳酸量增加，主发酵醪的酸度上升快。

（2）麦曲质量差。麦曲质量差主要表现在曲块内部菌丝不均匀，有黑心、黑圈、黄心、红心、烂心等现象，曲块表面菌丝少，有干皮现象。这将引起曲的酶系改变，其液化力低，饭液化慢，使酵母繁殖、生长慢，产酒精慢，累积酒精慢，酵母与乳酸杆菌协同作用不平衡，抑制有益乳酸杆菌自身产酸作用小或无，乳酸杆菌的数量和产酸量逐渐增加，使后发酵醪液酸度升高快而酸败；同时，还引起曲的菌系改变，有益乳酸杆菌少，其他细菌数量多，提供给发酵醪中酵母和有益乳酸杆菌生长的营养有所改变，使得发酵醪中正常菌减少，有害菌增加，有害菌的发酵产酸，使后发酵醪中酸度上升快。

局部麦曲中有益乳酸杆菌数量少，其他细菌数量太多，这时麦曲在制作过程中某一小块区域的工艺条件控制不当，刚好加入同一缸中，浆水中的低酸条件和乳杆菌菌素无法选择正常的乳酸杆菌，不能抑制其他细菌的生长，而其他细菌的大量繁殖和产酸，使主发酵醪酸度升高快，导致酸败。这就是开耙中产生"跳缸"(在同一批中只有一缸或个别缸发酵醪酸败的现象)的原因之一。

(3) 浸米浆水酸度影响。浸米浆水可调节发酵醪的 pH，使发酵醪在微酸性环境下，抑制其他细菌的生长，确保酵母安全生长、发酵。选择有益乳酸杆菌(细菌)的数量和种类，使酵母和有益乳酸杆菌(细菌)协调作用，并提供营养，如各种营养物质和生长因子：氨基酸、核酸、维生素等，可促进酵母的快速生长和发酵，产生酒精，累积和提高发酵醪液的酒精含量，又可抑制有害菌的生长。浸米浆水酸度不符合要求，使发酵醪酸败有下列几种情况(以加饭酒的浸米浆水为例)：① 浸米浆水酸度太低，浸米池底部浆水酸度在 9.0 g/L 以下，无法抑制其他细菌的生长，使其他细菌快速生长，醪液中会运动的杆菌很多，细菌种类很杂、很多，发酵液挥发酸含量高，乙酸和乙酸乙酯香很明显，这样的酒一天或头耙开出就酸败，以后酸度快速增长，甚至发臭。② 浸米浆水酸度低，浸米池底部浆水酸度在 9.0～11.0 g/L，不符合要求，非有益乳酸杆菌数量多，异型乳酸杆菌多，其他细菌如醋酸菌、芽孢杆菌、对生芽孢杆菌等多，发酵产生较多的乙酸，抑制酵母的正常发酵，2 d 后，酸度快速增加而酸败。酒精度上升缓慢。③ 浸米浆水酸度稍低，浸米池底部浆水酸度在 11.0～14.0 g/L，这样的浆水酸度有两种情况，若其他工艺条件(曲质量、蒸饭、投料、酒母质量等)都控制得好，发酵能正常进行；若其他工艺条件也有缺陷，则发酵可能无法正常进行，异型乳酸杆菌数量很多，其他细菌如醋酸菌、芽孢杆菌等多，有益乳酸杆菌少，在后发酵期，若气温上升，则发酵醪酸度上升较快，使发酵醪酸败。④ 浸米浆水酸度过高，其池底部浆水酸度在 20.0～22.0 g/L，或米质差，浆水发稠，则蒸饭困难，生米增加，也易使发酵醪酸度过快升高；或在后发酵期，发酵醪酸度上升较快，使发酵醪酸败；若蒸饭正常，饭质量好，对发酵影响不大。⑤ 浸米浆水酸度太高，浸米池底部浆水酸度在 22.0 g/L 以上，蒸饭更加困难，浆水中其乳酸杆菌的种类发生改变，使发酵醪中的乳酸杆菌种类也发生改变，到后发酵后期，抑制酵母的发酵作用，酒精度上升慢，酸度上升较快。

在同一浸米池中，浸米池上部浆水酸度低，浸米池底部浆水酸度高，相差大；由于在放浆水前没有翻匀或翻得不均匀，使得浸米池上部的米刚好投入同一缸中，其浆水酸度低，使这一缸发酵醪酸败。这也是开耙中产生"跳缸"的原因之一。

(4) 米质差。浸米浆水发稠，蒸饭困难，有大量生米，易使发酵醪酸败。浸米后，大都成为碎米，蒸饭后成为饼状，投料后成糊状，不能很好地形成醪盖，升温慢，或不能升到开耙要求的温度，有益乳酸杆菌繁殖慢，数量少，酵母发酵产生和累积酒精量少，其他细菌增殖就快，产酸量大，使发酵醪酸败。

软质米浆水酸度易浸出，浸米时间和温度可短一些和低一点。硬质米浆水酸度浸出困难，米质越好，浆水酸度浸出越困难，浸米时间和温度需延长和提高。由于米质变化频繁，又不能很好区分软质米和硬质米，浸米条件控制不恰当，要么浆水酸度过头，使蒸饭困难，生米多，发酵醪易酸败；要么浆水酸度不足，而使发酵醪易酸败。

（5）蒸饭质量差。由于饭蒸得不熟，有生米，或饭中有夹生现象；有些细菌能利用生淀粉进行代谢，并且能利用生淀粉进行代谢的细菌增加。一般前发酵尚正常，酵母繁殖旺盛，未见异常，但到发酵的中后期，酵母菌逐渐衰退，能利用生淀粉进行代谢的细菌则迅速繁殖，有些细菌的快速生长繁殖，会抑制酵母的生长、繁殖、发酵，酸度上升较快。因米质不同，饭黏稠，冷却困难，饭温太高，投料温度太高（这种情况很少见，不应该发生），超过酵母的适宜繁殖和发酵温度，酵母繁殖被抑制，耐高温细菌的繁殖就加快，细菌产酸，醪液酸度上升非常快而酸败。

极个别甑饭没有蒸透，表面饭熟，内部有较多生米，此甑饭投入缸中，能利用生淀粉进行代谢的细菌大量增加，产酸，使这一缸醪液酸败，这也是开耙中产生“跳缸”的原因之一。

（6）投料配比不正确。传统黄酒生产的配方是经过几十年，甚至上百年的生产实践检验、不断完善而成的，不是随意可调整的。配方的随意调整，要破坏“边糖化与边酵母发酵、边乳酸杆菌（细菌）发酵同时协同进行的三边发酵的平衡”，无法抑制乳酸杆菌的发酵产酸量或外界其他微生物的侵入，在发酵醪中大量繁殖而酸败。在投料过程中，各种物料称量不正确，即配方不正确，如麦曲加多了，糖化快了，麦曲中细菌加入多了，细菌繁殖就快，酸度上升快；饭量少了，相应的麦曲、水就多了；投料初始 pH 提高，糖化快，麦曲中细菌加入多，就更容易酸败。

（7）前酵温度控制偏高或偏低。前酵温度控制偏高，或高温期持续时间长，前期发酵激烈，前期酒精上升速度超过一般水平，旺盛期短，发酵中期酵母即开始衰退，引起细菌快速繁殖。发酵醪进入后酵期，尤其当气温升高，酒精上升缓慢，而酸度却随即上升。检测发现，发酵醪还原糖含量高，味甜带酸涩；镜检：酵母死亡率增加，细胞个体变小，有些酵母形体发生改变；细菌数量大大增加。前酵温度控制偏低，前 4 耙耙前温度低于下限，则有益乳酸杆菌不能很好地增殖，发酵产酸，降低和维持 pH 在 4.0 以下，不能抑制其他细菌的增殖和自身乳酸杆菌的发酵产酸量，酸度上升快。

（8）卫生工作做得不好。发酵容器、工具的卫生工作做得不好，就会在发酵容器、工具中有大量的微生物繁殖生长，这样的发酵容器、工具，必然会把有害菌大量带入发酵醪内，使得发酵醪的正常菌系发生改变，其他细菌会快速生长，使酵母和有益乳酸杆菌（细菌）协调发酵作用遭到破坏，发酵醪的酸度上升快。

（9）后发酵期后期气温的快速升高。后酵后期气温的快速升高，则导致发酵醪的品温也快速升高，而乳酸杆菌的耐酒精性比酵母高，可达 24% Vol 以上，高耐酒精度的乳酸杆菌（细菌）就会快速生长繁殖，从而产生大量的酸，也会造成发酵醪酸败。

（10）原料不清洁。加入的原料不清洁，如不清洁的水、曲粉带有大量细菌等。水中含有大量的有害菌如对生芽孢杆菌，此菌发酵产乳酸和乙酸。产乙酸量大，对酵母和有益乳酸杆菌有严重的抑制作用，若用这样的水作为投料水，则淋饭酒母不正常，酸度高，淋饭酒母中对生芽孢杆菌数量多；米浆水酸度浸不出，浆水中对生芽孢杆菌数量多，乳杆菌素及生长因子无法满足发酵过程的需要；在发酵醪中有害菌的大量生长繁殖，对生芽孢杆菌数量多，产多量的乙酸，抑制有益乳酸杆菌和酵母的正常繁殖、生长和发酵，保障安全发酵的体系被破坏，那么发酵醪中酒精上升慢，而酸度上升很快。

防止黄酒发酵醪酸败的措施主要有以下几种。

（1）保持清洁卫生。发酵容器、工具等必须每批清洗灭菌。发酵用缸的灭菌消毒工作，可采用煮沸的石灰水和沸水并举进行灭菌，减少有害菌的污染。

（2）提高麦曲质量。严格按照制曲工艺操作，保证麦曲中正常有益微生物的生长繁殖，使麦曲中酶系正常，提供给发酵醪足够的营养物质，对麦曲中的糖化力、液化力、蛋白酶活力进行测定，确定指标，保证质量；减少麦曲中有害菌的污染，提高正常、有益菌系（有益乳酸杆菌）的数量，保证接入发酵醪正常、有益的细菌（有益乳酸杆菌）。保证麦曲质量均一。

（3）提高淋饭酒母质量。做好酒药的制作和保存工作，保持酒药中的微生物为优良菌种；重视淋饭酒母的制备和选择，保证淋饭酒母中正常有益酵母和乳酸杆菌的生长繁殖，保证淋饭酒母中酵母菌和乳酸杆菌优良，提供给发酵醪液足够的优良发酵菌种，对淋饭酒母中的酒精度、酸度、酵母和乳酸杆菌数量和形态、口味等进行定期测定，确定指标，保证质量，保证接入发酵醪正常、优良的发酵菌。选择淋饭酒母的酒精度上升快，总酸在6.1 g/L以下，酵母和细菌（乳酸杆菌）形态正常，口味正常等。

（4）重视浸米工艺。浸米是黄酒酿造的传统工艺，大米浸渍过程中主要由乳酸杆菌产生乳酸等有机酸、乳杆菌素、营养物质、生长因子等，不但能改善黄酒的风味，而且能抑制大部分有害细菌的污染，有利于出酒率的提高，浸米浆水也是保证发酵能正常、顺利进行的关键因素之一。浸米浆水酸度须控制在13.0 g/L以上；并根据浆水取样位置不同，确定米浆水的酸度指标；浸米浆水酸度太高也不适合，一是米的损失大，二是蒸饭困难，易产生生米或夹心米。加水量大的发酵醪，其浆水酸度须更高。投料后醪液的初始pH控制在4.5以下，浆水酸度不足，用乳酸调节；而且，投料后醪液的pH在4～6 h内须快速下降到4.0以下。根据米质变化情况和气温的变化适时调整浸米温度和时间，保证浸米质量。浸米结束时，把浸米池内的米翻匀，而且不能增加碎米量，然后放浆水并沥干浆水。

（5）采用优质原料、提高蒸饭质量。采用优质原料，控制米质，不使用劣质原料，并保持原料的清洁。提高蒸饭质量使饭粒疏松不糊，熟而不烂，内无白心，均匀一致。提高蒸饭质量使饭粒疏松不糊，熟而不烂，内无白心，均匀一致，以抑制能分解利用生淀粉的微生物的增殖。米质差，投料后应做好保温工作。

（6）严格控制投料配比。生产上要调整投料配方，须经过多次反复的试验，经实践检验可行后，才可推广应用。投料时各种物料需称量正确，各种物料均匀，使生麦曲、淋饭酒母、饭量、水的投料量正确适宜，以确保三边发酵的平衡。使发酵一开始，酵母菌、乳酸杆菌等有益菌就占绝对优势，以抑制其他细菌的生长，抑制乳酸杆菌自身的产酸量和抑制其他细菌的产酸。

（7）严格控制发酵温度等工艺条件。酵母菌适宜的繁殖温度在28 ℃～30 ℃之间，黄酒发酵醪中最多的有益乳酸杆菌之一——植物乳杆菌的最适生长温度为30 ℃～35 ℃，而其他细菌适宜的繁殖、发酵温度在37 ℃左右，适当控制主发酵最高温度在37 ℃以下；并且前4耙耙前温度不得低于下限，并根据气候变化情况，适当调节开耙温度，增加有益乳酸杆菌的增殖数量，降低和维持低pH，可以减少其他细菌的增殖数量，降低自身乳酸杆菌的产酸量。为了维持酵母菌发酵的持久性和控制自身乳酸杆菌的产酸量，尤其要严格控制后发酵温度在 15 ℃以下。

（8）提高原料的清洁度。所有投料和浸米用水须用清洁水，以减少其他细菌的数量；饭、麦曲也需清洁，不能有杂质、异物、污物所污染；减少从配料中接入其他细菌。

（9）协调三边发酵平衡。三边发酵平衡是指酵母菌和有益乳酸杆菌（细菌）能够在一个较长时间内协同作用，并从糖化中持续获得足够的营养，迅速、大量地生长繁殖和持久地发酵，产生高浓度酒精、适量的有机酸、累积乳杆菌素、降低和维持低 pH，从而抑制有害菌的侵袭，也抑制有益乳酸杆菌（细菌）自身的产酸量。

传统黄酒发酵醪的酸败往往不一定是某一种因素引起的，有可能是综合因素造成的，有时还比较复杂，其防止方法也不能一概而论，要根据具体情况，具体分析，具体对待，从而解决之。

6. 注意事项

已经酸败的发酵醪液，若酸度超过国家标准 7.5 g/L 以上，不经处理，生产出的黄酒是不能出厂的。因此要根据超酸情况进行必要的处理。轻度超酸，酸度在 7.5～9.15 g/L 的发酵醪，可采用与低酸度发酵醪混合搭配的方法，使酸度符合要求。酸度在 9.15 g/L 以上的发酵醪，能与低酸度发酵醪混合搭配的方法处理的，即搭配处理；不能处理的，则单独榨酒、调色、煎酒、灌坛、贮存，这样的酒经煎酒贮存，其乳酸乙酯和其他有机酸酯含量大大超过正常酒，而且经过较长时间的贮存，其香气优，可作为勾兑、调味用；也可与来年低酸度黄酒进行勾兑，提高来年黄酒的口味和香气。但对于腐败变质、已发臭的发酵醪，只能作为饲料和废水处理。

（二）质量标准

1. 大米质量标准

GB 1354—2009 规定了大米和优质大米的质量标准（表 5-35、表 5-36）。

表 5-35　大米质量指标

品种		籼米				粳米				籼糯米			粳糯米		
等级		一级	二级	三级	四级	一级	二级	三级	四级	一级	二级	三级	一级	二级	三级
加工精度		对照标准样品检验留皮程度													
碎米	总量（%）	≤15.0	≤20.0	≤25.0	≤30.0	≤7.5	≤10.0	≤12.5	≤15.0	≤15.0	≤20.0	≤25.0	≤7.5	≤10.0	≤12.5
	小碎米（%）	≤1.0	≤1.5	≤2.0	≤2.5	≤0.5	≤1.0	≤1.5	≤2.0	≤1.5	≤2.0	≤2.5	≤0.8	≤1.5	≤2.3
不完善粒（%）		≤3.0		≤4.0	≤6.0	≤3.0		≤4.0	≤6.0	≤3.0	≤4.0	≤6.0	≤3.0	≤4.0	≤6.0
杂质最大限量	总量（%）	≤0.25		≤0.30	≤0.40	≤0.25		≤0.30	≤0.40	≤0.25		≤0.30	≤0.25		≤0.30

续表

品种		籼米				粳米				籼糯米			粳糯米		
等级		一级	二级	三级	四级	一级	二级	三级	四级	一级	二级	三级	一级	二级	三级
杂质最大限量	糠粉（%）	≤0.15		≤0.20		≤0.15		≤0.20		≤0.15		≤0.20	≤0.15		≤0.20
	矿物质（%）	≤0.02													
	带壳稗粒（粒/千克）	≤3		≤5	≤7	≤3		≤5	≤7	≤3		≤5	≤3		≤5
	稻谷粒（粒/千克）	≤4		≤6	≤8	≤4		≤6	≤8	≤4		≤6	≤4		≤6
水分（%）		≤14.5				≤15.5				≤14.5			≤15.5		
黄粒米（%）		≤1.0													
互混（%）		≤5.0													
色泽、气味		无异常色泽和气味													

表 5-36　优质大米质量指标

品种		籼米			粳米			籼糯米			粳糯米		
等级		一级	二级	三级	一级	二级	三级	一级	二级	三级	一级	二级	三级
加工精度		对照标准样品检验留皮程度											
碎米	总量（%）	≤5.0	≤10.0	≤15.0	≤2.5	≤5.0	≤7.5	≤5.0	≤10.0	≤15.0	≤2.5	≤5.0	≤7.5
	小碎米（%）	≤0.2	≤0.5	≤1.0	≤0.1	≤0.3	≤0.5	≤0.5	≤1.0	≤1.5	≤0.2	≤0.5	≤0.8
不完善粒（%）		≤3.0		≤4.0	≤3.0		≤4.0	≤3.0		≤4.0	≤3.0		≤6.0
垩白粒率（%）		10.0	20.0	30.0	10.0	20.0	30.0	—	—	—	—	—	—
品尝评分值（分）		≥90	≥80	≥70	≥90	≥80	≥70	75					
直链淀粉含量（干基），（%）		14.0～24.0			14.0～20.0			≤2.0					
杂质最大限量	总量（%）	≤0.25		≤0.30	≤0.25		≤0.30	≤0.25		≤0.30	≤0.25		≤0.30
	糠粉（%）	≤0.15		≤0.20	≤0.15		≤0.20	≤0.15		≤0.20	≤0.15		≤0.20
	矿物质（%）	≤0.02											
	带壳稗粒（粒/千克）	≤3		≤5	≤3		≤5	≤3		≤5	≤3		≤5
	稻谷粒（粒/千克）	≤4		≤6	≤4		≤6	≤4		≤6	≤4		≤6
水分（%）		≤14.5			≤15.5			≤14.5			≤15.5		

续表

品种	籼米			粳米			籼糯米			粳糯米		
等级	一级	二级	三级	一级	二级	三级	一级	二级	三级	一级	二级	三级
黄粒米(%)	≤1.0											
互混(%)	≤5.0											
色泽、气味	无异常色泽和气味											

2. 淋饭酒母的质量标准

淋饭酒母发酵期一般为15 d，成熟酒母酒精含量应在16%(v/v)左右，酸度0.4 g/100 mL以下，口感老嫩适中，爽口无异杂味。

3. 蒸饭的质量要求

饭粒疏松不糊，透而不烂，没有团块；成熟均匀一致，蒸煮没有短路死角，没有生米；蒸煮熟透，饭粒外硬内软，内无白心，充分吸足水分。

4. 摊饭酒的质量标准

摊饭酒质量标准应符合GB/T 13662—2008所规定的黄酒感官指标和理化标准(表5-9～表5-16)。

(三)实习操作考核要点及参考评分(表5-37)

表5-37　黄酒认识实习的操作考核要点和参考评分

序号	项目	考核内容	技能要求	评分(100分)
1	准备工作	(1)准备、检查器具； (2)实训场地清洁	(1)能准备、检查必要的加工器具； (2)实训场地清洁	5
2	麦曲制备	(1)小麦除杂、破碎； (2)加水拌曲； (3)踏曲； (4)堆曲； (5)保温培养	(1)能正确进行小麦除杂、破碎； (2)能准确掌握加水和陈麦曲的量，正确进行加水拌曲； (3)能正确进行踏曲、堆曲； (4)能准确掌握保温培养的温度和时间	15
3	淋饭酒母制备	(1)糯米精白、浸米、蒸饭、淋水； (2)落缸搭窝； (3)加曲冲缸； (4)开耙； (5)灌坛养醅	(1)能正确进行糯米精白、浸米、蒸饭、淋水； (2)能正确进行落缸搭窝； (3)能正确掌握加曲冲缸、开耙、灌坛养醅的时间和温度	15
4	原料处理	(1)糯米精白； (2)浸米； (3)蒸饭； (4)摊凉	(1)能正确进行糯米精白、洗米； (2)能准确掌握浸米的时间和水温； (3)能正确进行蒸饭，并能正确判断蒸料质量； (4)能正确进行摊凉	10

续表

序号	项目	考核内容	技能要求	评分（100分）
5	发酵	（1）落缸； （2）糖化发酵； （3）后发酵	（1）能准确掌握麦曲、淋饭酒母和浆水的量及温度，正确进行落缸； （2）能准确掌握发酵时间及温度，能正确进行开耙； （3）能准确掌握后发酵的时间和温度	15
6	压滤、澄清、煎酒、贮存	（1）压滤； （2）澄清； （3）煎酒	（1）能正确进行压滤、澄清； （2）能准确掌握煎酒温度与煎酒时间，正确进行煎酒； （3）能正确注明品种、日期，掌握合理贮存期	10
7	产品的感官鉴定	色泽、香气、滋味和体态	符合表5-9的要求	10
8	实训报告	（1）格式； （2）内容	（1）实训报告格式正确； （2）能正确记录实验现象和实验数据，报告内容正确、完整	20

第三节　发酵酒类加工企业生产实习

一、啤酒生产线实习

实习目的：

（1）全面熟悉所实习单位的生产工艺流程、操作步骤以及有关仪器设备的性能，巩固加深对专业理论知识的理解与掌握。

（2）综合应用专业理论知识，发现、分析和解决生产中出现的问题，提高独立工作的能力，使学生在思想上和工作技能方面得到锻炼。

（3）了解实习单位生产产品的全过程，参与实习单位或工厂的新产品研制开发，进一步培养、锻炼学生的科研、组织生产和企业管理能力。使学生毕业后能尽快缩短工作适应期，成为具有生产、研发和管理知识与经验的综合性的开拓型食品专业人才。

实习方式：

以一个啤酒厂为实习单位或较大型发酵酒生产企业上岗为主，掌握所从事的实际生产、分析及管理技术。遵从实习单位的安排，认真完成每日的上岗实习工作。可以根据生产实际，适度灵活安排工作内容。

（一）原、辅料材料

1. 大麦

大麦主要成分包括淀粉、蛋白质、纤维素、维生素等，其中淀粉含量高，蛋白质适中，是啤酒酿造的最好原料。实习啤酒公司主要靠直接买进麦芽，而不是大麦。该公司购进的麦芽主要有苏北麦芽、西北麦芽以及一些进口的麦芽等。

2. 大米

在啤酒酿造过程中，除了大麦麦芽作为主要原料外，一般还添加部分辅助原料以降低成本、调整麦汁组成、提高啤酒发酵度、改善啤酒泡沫性质等。

我国盛产大米，且大米的淀粉含量高，蛋白质含量低。用它作辅料，酿造的啤酒色泽浅、口味爽净、泡沫细腻、酒花香味突出、非生物稳定性好。

实习啤酒厂里中高档酒以大米为辅料，其他酒以淀粉作为辅料以减少成本。

3. 啤酒花

酒花，学名“蛇麻”，又名“忽布”，是荨麻科葎草属蔓性宿根多年生草本植物。酿造上用的是酒花的成熟雌花。酒花成熟时前叶和苞叶所分泌的树脂和酒花油是酿造啤酒的主要成分，为啤酒提供了芬芳的香味和苦味。用于啤酒酿造的酒花有多种形式，如压缩酒花、颗粒酒花、酒花浸膏、异构酒花浸膏等。

4. 酿造用水

啤酒生产用水包括酿造用水（直接进入产品中的水如糖化用水、洗糟用水、啤酒稀释用水），洗涤和冷却用水及锅炉用水。成品啤酒中水的含量最大，俗称啤酒的“血液”，水质的好坏将直接影响啤酒的质量，因此酿造优质的啤酒必须有优质的水源。酿造用水的水质好坏主要取决于水中溶解盐的种类与含量、水的生物学纯净度及气味，这些因素将对啤酒酿造、啤酒风味和稳定性产生很大影响，因此必须重视酿造用水的质量。

酿造用水直接进入啤酒，是啤酒中最重要的成分之一。酿造用水除必须符合饮用水标准外，还要满足啤酒生产的特殊要求。在啤酒酿造过程中，许多物理变化、酶反应、生化反应都直接与水质有关，所以酿造用水的好坏也是决定啤酒质量的重要因素之一。保证与啤酒接触水的口味纯净度是提高啤酒口味一致性的第一步，啤酒酿造水中应绝对避免有余氯的存在，因为氯是强烈氧化剂，会破坏酶的活性，抑制酵母，并和麦芽中酚类（单酚）结合，形成强烈的氯酚臭。因此，用城市自来水或自供水（用氯消毒的水）作酿造用水时必须经过活性炭过滤脱氯。

酿造用水的硬度和矿物质含量也会影响啤酒的质量。一般来说，软水适于酿造淡色啤酒，碳酸盐含量高的硬水适于酿制浓色啤酒。淡色啤酒用水要求无色、无臭、透明、无浮游物、味醇正、无生物污染、硬度低、铁和锰含量低（含量高对啤酒的色和味有害而且能引起喷涌现象）、不含亚硝酸盐等。

（二）操作工艺

1. 啤酒生产总工艺流程

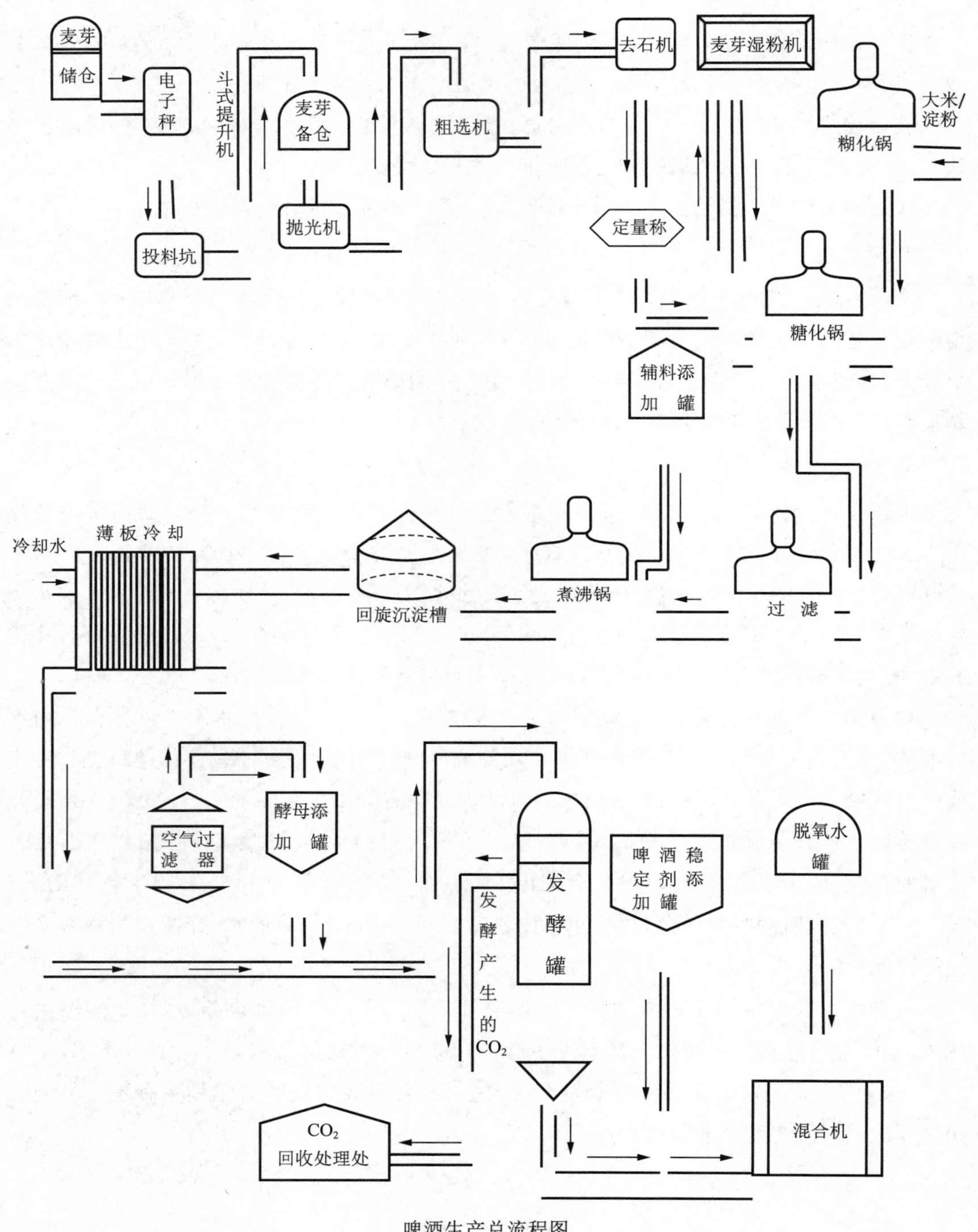

啤酒生产总流程图

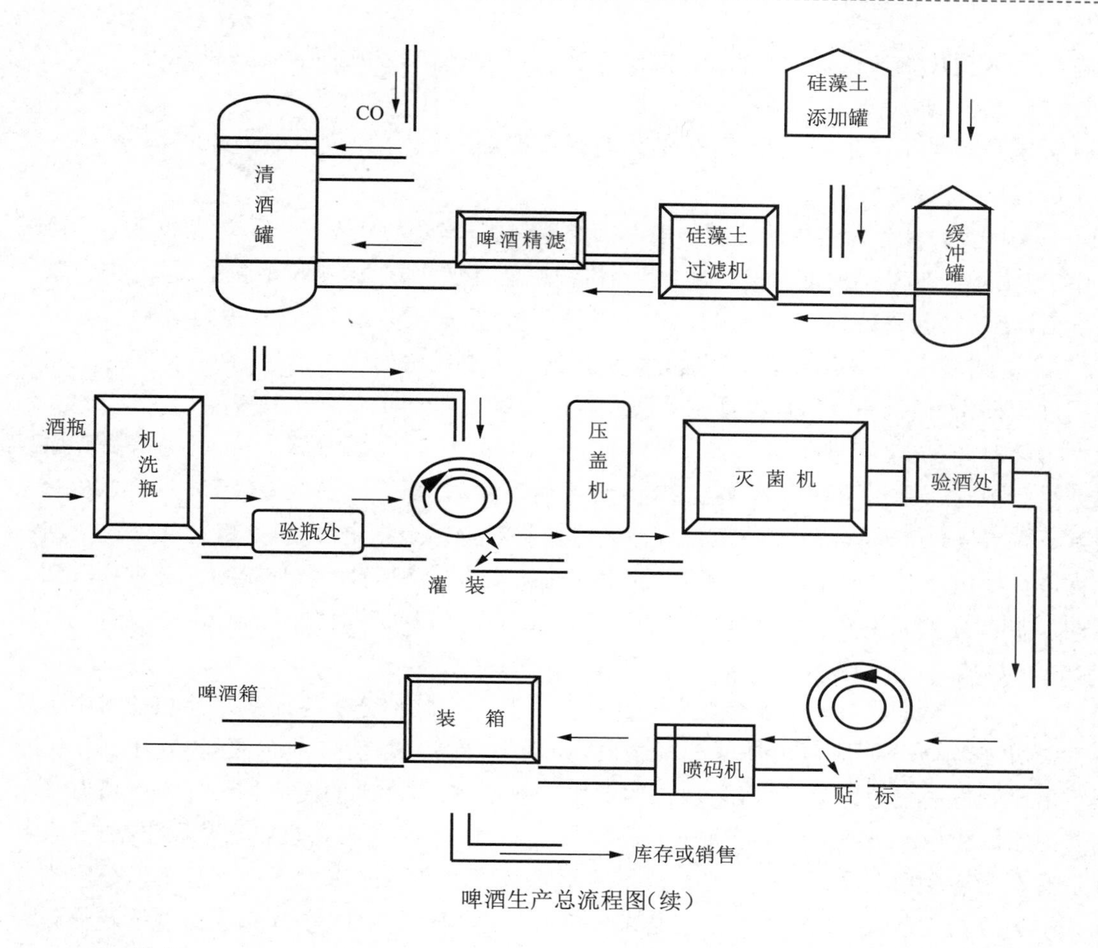

啤酒生产总流程图(续)

2. 糖化

(1) 工艺流程。

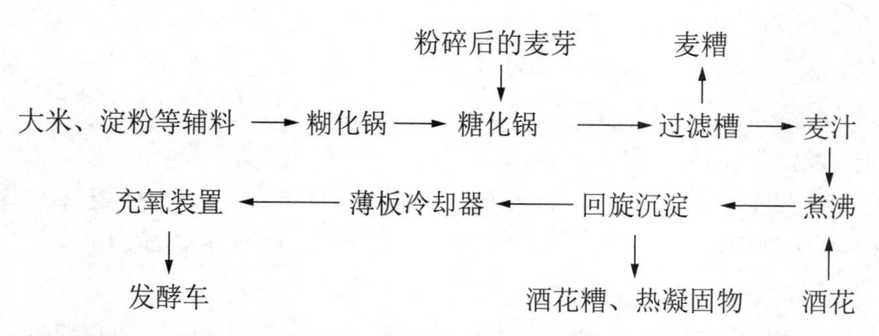

大米→提升机→永磁滚筒→米箱→脉冲除尘器→液压磨粉机→米粉箱→螺运机→糊化锅。

麦芽→提升机→脉冲除尘器→循环风筛去石组合机→麦箱→永磁滚筒→麦芽湿式粉碎机→螺运机→糖化锅。

(2) 糖化步骤。

① 原辅料粉碎：将麦芽通过 70 ℃～80 ℃热水喷淋浸渍 50～60 s，使其水分达到 28%～30%后，用对辊粉碎机进行湿式粉碎。粉碎时需一边粉碎，一边加入 30 ℃～40 ℃

水调浆泵入糖化锅。这样的粉碎物，麦皮完整，而胚乳则被磨成浆状细粒，既有利于加速麦汁过滤，又可增加麦芽浸出率。

大米粉碎也可采用湿法粉碎，也是边粉碎边调浆，调浆水温度一般为 50 ℃～60 ℃，调浆后直接泵入糊化锅。

② 糊化：大米等辅料中的淀粉一般有细胞壁包围，以颗粒状存在。这种颗粒不溶于冷水中，也很难被麦芽中的淀粉酶分解；当淀粉颗粒经过加热，会迅速吸水膨胀，当升到一定温度后，淀粉细胞壁破裂，淀粉进入水中后继续膨胀，形成凝胶物，此过程称为“糊化”。因此，对于大米淀粉（玉米粉）原料而言，经过前面的原辅料预处理过程后，直接将其送入糊化锅进行糊化，糊化完成后再将糊化醪液送入糖化锅。

糊化时，首先需在糊化锅中加入一定量的水，升温至 30 ℃后加入大米、淀粉等粉碎原料并进行搅拌后升温至 70 ℃，保温 20 min；之后温度从 70 ℃升温至 100 ℃，并于 100 ℃条件下保温 40 min 后，启动冷水阀，将糊化锅内物料降温至指定温度后，将糊化液送入糖化锅进行糖化。在进行糊化时还需加入一些添加剂以提高糊化效率，使淀粉充分糊化。常用的添加剂主要是 $CaCl_2$ 和 α- 淀粉酶，其中 $CaCl_2$ 在进料 1/3 时加入，α- 淀粉酶则在加入 $CaCl_2$ 后加入，加入的量视具体情况而定。

③ 糖化：糖化是指利用麦芽自身酶或外加酶制剂代替部分麦芽而将麦芽和辅料中不溶性高分子物质分解成可溶性低分子物质，如糖类、糊精、氨基酸、肽类等的麦汁制作过程。由此制得的溶液称为麦汁，溶出来的物质叫浸出物，麦汁中的浸出物与原料中所有干物质的比数称为浸出率。糖化的目的是将原料和辅助原料中的可溶性物质萃取出来，并且创造有利于各种酶作用的条件，使高分子的不溶性物质在酶的作用下尽可能多地分解为低分子的可溶性物质，制成符合生产要求的麦汁。影响糖化的因素有麦芽的质量及粉碎度、温度、pH 及糖化醪浓度等。

糖化时，需先在糖化锅中加入一定量的水，升温至 37 ℃，加入粉碎后的麦芽并搅拌均匀，保温 20 min；将温度升高至 50 ℃并保持 40 min；升温至 65 ℃，然后将糊化醪液加入，并混合均匀，保温 70 min；此温度下取少量醪液进行碘检，直至碘检合格为止；最后将糖化液排出并送入过滤槽进行过滤（图 5-1）。

糖化时的温度和 pH 分别通过冷却水和添加磷酸来控制。糖化时需添加一些添加剂和酶，其中添加剂主要为 $CaCl_2$，在进料 1/3 时加入；并醪后 5 min 时，用磷酸调节醪液的 pH 在 5. 4～5. 6 之间；调节 pH 后，加入相应的酶，包括 β- 葡聚糖酶、中性蛋白酶以及木聚糖酶等，加入量视具体要求而定。

④ 过滤：糖化结束后，必须将糖化醪尽快地进行固液分离，即过滤，从而得到清亮的麦汁。麦汁过滤分两步进行：一是以麦糟为滤层，利用过滤的方法滤出麦汁，称第一麦汁或过滤麦汁；二是利用热水冲洗出残留在麦糟中的麦汁，称第二麦汁或洗涤麦汁。过滤后剩余的固体部分称为“麦糟”，滤出的液体部分为麦汁，麦汁是啤酒酵母发酵的基质。

实习啤酒厂麦汁过滤采用的是过滤槽法。过滤槽的槽身内安装有过滤筛板、耕刀等，槽身与若干管道、阀门以及泵组成可循环的过滤系统，利用液柱静压为动力进行过滤。麦汁的黏度和过滤层的厚度影响过滤速度。

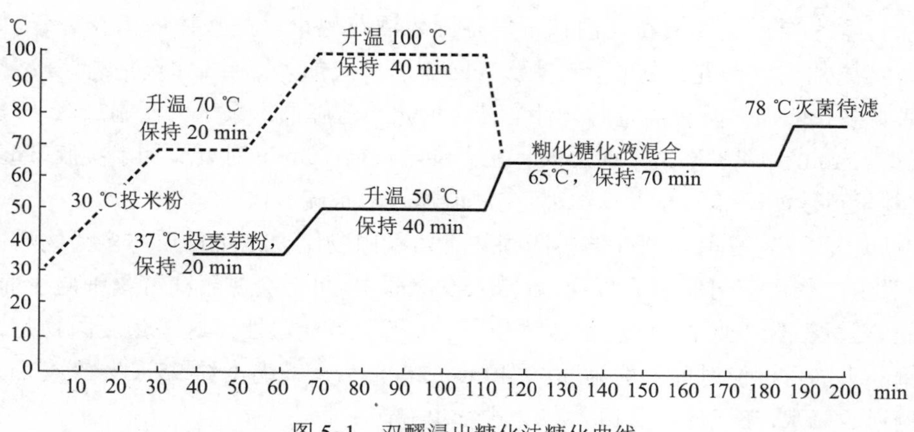

图 5-1 双醪浸出糖化法糖化曲线

在过滤过程中要适时取样，检测第一麦汁的浓度和浊度，不同品种的啤酒有不同的要求。过滤时洗槽水温一般在 76 ℃～78 ℃之间，洗槽水 pH 一般为 5.5～6.0，要求洗槽后残糖浓度在 1.0%～1.5%之间，总过滤时间不少于 120 min。

另外，在糖化醪送入过滤槽前要用脱氧水进行引酒。引酒时，首先用脱氧水填充管道，排尽管内空气，并置换至溶解氧 < 60 μg/L，然后再用 CO_2 顶吹 10～15 min。脱氧水制备时采用 CO_2 滤芯杀菌，要求蒸汽压 0.1 MPa、温度 121 ℃杀菌 30 min，杀菌前要排尽气凝水，杀菌后要用 CO_2 吹干 5 min。

⑤ 煮沸：将过滤后的麦汁送入煮沸锅进行煮沸，煮沸麦汁有多个目的，蒸发多余的水分；破坏酶的活性，终止生物化学反应，固定麦汁组成；将麦汁灭菌；浸出酒花中的有效成分；使蛋白质变性凝固等。

该啤酒厂采用低压动态法煮沸，将过滤后的麦汁加热至 98.5 ℃，进入初沸状态；初沸 2 min，使麦汁温度达到 100 ℃；加压煮沸 5 min，使温度达 103 ℃；低压动态 35 min（5 次动态，每次升压 4 min，降压 3 min）；常压 7 min（图 5-2）。煮沸后要求满量浓度为 13°±0.1°；交酒浓度≥ 13.8°；煮沸强度一般在 7%～10%。

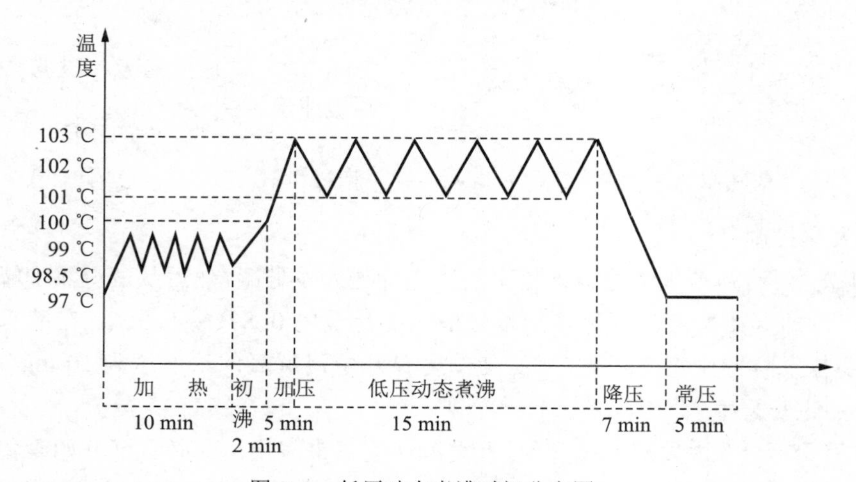

图 5-2 低压动态煮沸时间分布图

煮沸过程中要添加啤酒花。酒花可以是固体酒花也可以是液体的酒花浸膏，如是固体就需将其先加入到酒花储罐内，通过醪液回流的方式加入煮沸锅；若是酒花浸膏，则可直接加入。酒花的加入量视满量时麦汁的苦味而定。若啤酒厂采用两次添加法，一般在煮沸 20 min±1 min 时和煮沸结束前加入。在煮沸结束前 15 min 时要添加卡拉胶（起絮凝的作用，以利于后续的沉淀），在煮沸结束、交酒前加入七水硫酸锌。

⑥ 回旋沉淀：发酵前必须除掉热凝固物。热凝固物主要是蛋白质与多酚物质的复合物，另外吸附一些酒花树脂和无机物，若带入发酵醪中，可能会黏附在酵母细胞表面，影响酵母的正常发酵，影响啤酒色度、泡沫性质、苦味和口感稳定性。这些热凝固物是通过回旋沉淀槽除去的。沉淀时间一般为 30～40 min，沉淀后麦汁温度约 95 ℃。在交酒之前要给沉淀槽通脱氧水，在沉淀时要通入 CO_2 进行填充。

⑦ 冷却：将从回旋冷却槽出来的热的麦汁送入薄板冷却器进行冷却。冷却的目的有三个：一是降低麦汁温度，使之达到适合酵母发酵的温度；二是使麦汁吸收一定量的氧气，以利于酵母的生长增殖；三是析出分离麦汁中的冷、热凝固物，改善发酵条件提高啤酒质量。

工作时先将酿造水冷却至 15 ℃～20 ℃作为冷媒，与热麦汁在板式换热器中进行热交换，结果使 95 ℃左右的麦汁冷却至 40 ℃～50 ℃，冷却水由不到 20 ℃被加热到 55 ℃左右，进入热水箱，作糖化用水，此法使得冷耗可节约 30%左右，冷却水可回收使用，节省能源；第二段冷却是用深度冷冻的水作为冷却介质，麦汁被进一步冷却到发酵入罐温度 7 ℃左右，冷冻水从－4 ℃～－3 ℃升温至 0 左右。麦汁冷却时间在 60 min 左右，冷却后的麦汁直接送入发酵车间进行发酵。

3. 发酵

（1）工艺流程。

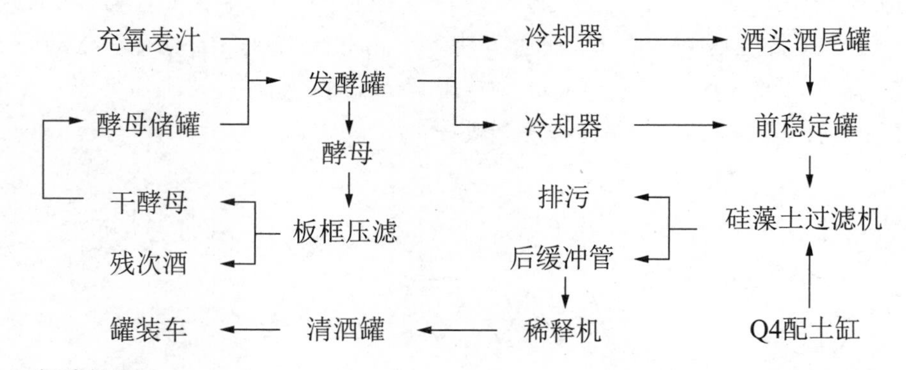

（2）发酵控制。

① 主发酵：将从薄板冷凝器送过来的冷麦汁送入发酵罐，然后从酵母添加罐向发酵罐中添加酵母，即开始发酵。酵母添加量一般为麦汁量的 0.8%～1.0%。在酵母进入发酵罐前，先要往发酵罐中充入无菌空气，使原麦芽汁中溶解氧的浓度达到 10 mg/L 左右，以促进酵母的生长繁殖。

添加酵母后 8 h 内发酵即已开始，且发酵速度越来越快。此时逐渐开始聚集高密度泡沫（皱沫），这种泡沫在第 3～4 d 达到最高阶段；从第 5 天开始，发酵的速度有所减慢，泡沫开始散布于整个麦芽汁表面，此时须将它撇掉；随之温度逐渐降低，在 8～10 d 发酵就完全结束了。酵母在发酵完麦芽汁中所有可供发酵的物质后，就开始在容器底部形成一层稠状的沉淀物。一般将这部分酵母回收起来以供下一罐使用。

整个发酵过程中，需对温度和压力进行严格的控制。发酵最高温度一般控制在 10 ℃～12 ℃；一般麦汁注入发酵罐 16 h 后即接通 CO_2 回收管路，一方面使发酵压维持在 0.02 MPa，另一方面进行 CO_2 回收。

② 后发酵：主发酵完成、除去酵母后，"嫩啤酒"被泵入后发酵罐（也称为熟化罐）中。啤酒在后发酵罐中冷却至 0 ℃左右，调节罐内压力使 CO_2 溶入啤酒中。贮酒期间残存的酵母、冷凝固物等逐渐沉淀，啤酒逐渐澄清，CO_2 在酒内饱和，消除双乙酰、醛类以及二氧化硫等嫩酒味，使啤酒口味纯正；而且在后发酵罐中完成残糖的最后发酵，增加啤酒的稳定性。在贮酒期间应尽可能使酒液处于还原态，降低含氧量。啤酒成熟的时间随啤酒品种的不同而异，一般在 7～21 d。经过后发酵而成熟的啤酒送入过滤机，在过滤机中将所有剩余的酵母和不溶性蛋白质滤去。

③ 过滤：待啤酒发酵成熟后将其送入过滤机进行过滤。啤酒过滤一般采用双重过滤工艺，在－1 ℃下进行。一般先进行硅藻土预涂，再进行过滤。在过滤时不断添加硅藻土起到连续更换滤层的作用，以保证过滤的快速进行。分 3 次添加硅藻土。过滤的目的有三个，一是除去酒中的悬浮物，改善啤酒外观，使啤酒澄清透明，富有光泽；二是除去或减少使啤酒出现浑浊沉淀的物质（多酚物质和蛋白质等），提高啤酒的胶体稳定性（非生物稳定性）；三是除去酵母或细菌等微生物，提高啤酒的生物稳定性。

过滤过程中，发酵罐中的啤酒首先经过冷凝后进入缓冲罐中使酒液的流速平稳，酒液在硅藻土搅拌机中与硅藻土混合，若酒液太浓，酒液应先与脱氧水混合再与硅藻土结合，混合液进入硅藻土过滤机，硅藻土形成滤饼，利用硅藻土 0.03 μm 的孔径过滤除去微生物，达到过滤的目的。

啤酒过滤后就成为待包装的清酒，将过滤后的清酒送入清酒罐（也称缓冲罐）。清酒罐是过滤机和灌装机之间的缓冲容器，为了灌装稳定，清酒需要停留 6～12 h 才能灌装，但清酒在清酒罐最多只能存放 3 天。同时，清酒在送包装前要达到一定要求，要通过取样进行检测，对于不合格的清酒要回流进行重新过滤直到达到要求为止。清酒在清酒罐中停留一段时间后送入包装车间进行包装。

④ CIP 清洗：所谓 CIP 系统，是 Cleaning in Place 的简称，即为内部清洗系统。整个清洗程序分 7 个步骤。

a. 预冲洗：在罐底的沉渣放了一半之后进行，每次预冲洗的时间为 30 s，进行 10 次，是通过回转喷嘴进行的，每次冲洗之后要有 30 s 的排泄时间，主要排去底部的沉渣。

b. 在罐底被冲干净后，用定量的水充入 CIP 的供应及返回管线，改变系统进行碱预洗，自动地将清洗剂加入供水中，使清洗剂成为一种氯化了的碱性洗涤剂，其总碱度在 3 000～3 300 mg/kg之间，用这种碱液循环 16 min。在此期间 CIP 供应泵吸引端注入蒸汽，使清洗液温度维持在 32 ℃左右。

c. 中间清洗：用 CIP 循环单位的水罐来的清水进行 4 min 冲洗。

d. 从气动器来的空气流入罐顶的固定喷头，然后进行3次清水的喷冲，每次30 s，从罐顶沿罐的四周冲洗下来。

e. 进行碱喷冲：用总碱度为3 500～4 000 mg/kg的氯化了的碱液进行喷冲，碱液的温度为32 ℃左右，喷冲循环15 min。

f. 用清水冲洗，将残留于罐表面及管线中的碱液冲洗干净。

g. 最后用酸性水冲洗循环，以中和残留的碱性，放走洗水，使罐保持弱酸状况。至此完成了全部清洗过程。

4. 啤酒灌装和灭菌

（1）啤酒灌装。

① 洗瓶。洗瓶工艺要求：瓶内外无残存物，瓶内无菌，瓶内滴出的残水不得呈碱性反应。洗涤剂要求无毒性。

洗涤剂要求：具有很强的洗净力（包括溶解污垢的能力、抑制污垢的能力、抑制和杀灭细菌的能力和快速穿透标签纸和溶解贴标胶的能力），无毒，不结垢，无泡，易于计量添加，价格低廉等。洗涤剂一般采用NaOH溶液，同时添加消泡剂，洗涤液含碱量一般要求2.5%。

采用蒸汽加热洗涤，洗涤完后的蒸汽通过回收管返回蒸汽制造车间。加热过程为逐级加热，防止温差过大而导致爆瓶；加热温度从常温到80 ℃～90 ℃。洗瓶机每14～15班次停机清洗一次。

影响清洗效果的因素主要有温度、洗涤液浓度以及喷充压力等。

② 装瓶。将清酒罐中的啤酒输送到灌酒的贮酒槽中，由此将啤酒分配至灌酒阀，在等压条件下，缓慢平稳地将酒装入酒瓶内，并排除瓶颈空气，保持啤酒质量。装瓶由装瓶机完成，每个装瓶机有60个喷头，机器转一圈装满60瓶，每瓶啤酒不是一次性装满，而是转一圈装满；喷头喷酒速度由微机自动控制。清酒由管道从发酵车间清酒罐中输送过来。

注意事项：

a. 排除瓶颈的空气：通过激沫装置，喷热的NaOH溶液，利用它快速分解的性质排除瓶子内的空气；

b. 打开盖子之后，喷洒细水柱，把瓶外残留的啤酒液冲洗掉，因为啤酒液中富含酵母，干后就显得很脏；

c. CIP清洗：在罐装机停产不用时，应该用脱氧水清洗；

d. 装瓶要严格无菌操作，啤酒中CO_2控制在0.45%～0.55%之间；

e. 溶解氧含量小于0.3 mg/L，装酒温度要求6 ℃以下。

灌装好的啤酒应尽快压盖，压盖前通过小喷嘴向瓶内喷水使啤酒激起泡沫，之后由压盖机压盖，瓶盖要通过无菌空气除尘处理。

③ 灭菌。将封装好的啤酒用巴氏灭菌法进行灭菌，除去啤酒中的活菌，以保证啤酒的生物稳定性，有利于长期保存。习惯上把60 ℃经过1 min处理所达到的杀菌效果称为1个巴氏杀菌单位，用Pu表示。杀菌效果＝$T \times 1.393(t-60)$［式中，T为时间(min)，t为温度(℃)］。生产上一般控制在15～30 Pu。

待杀菌的装瓶啤酒从杀菌机一端进入，在移动过程中瓶内温度逐步上升，达到63 ℃

左右(最高杀菌温度)后,保持一定时间,然后瓶内温度又随着瓶的移动逐步下降至接近常温,从出口端进入相邻的贴标机贴标。整个杀菌过程需要1 h左右;杀菌由蒸汽加热进行。

5. 污水处理

啤酒厂废水的性质和一般生活污水性质比较接近,含有大量的有机物。处理方法采用好气性生物处理系统,利用细菌充分分解有机物而减轻污染。

废水采用生物处理方法,对环境、生态和经济最为有利。好气性生物处理方法反应所产生的自由能,可用于生长细胞所需化合物的合成。好气性生物方法处理废水,影响处理效果的因素有以下几点:温度、营养水平、pH、细菌污泥浓度、被处理水的有机负荷浓度、流量平衡、负荷平衡、曝气时间等。

(三)质量标准

1. 啤酒酿造用水质量标准

该啤酒厂酿造用水除符合表5-29和表5-30的要求外,对淡色啤酒酿造用水还有本厂更高的质量要求(表5-38)。

表5-38 啤酒厂淡色啤酒酿造用水质量要求

项目	理想要求	最高极限	备注
混浊度	透明,无沉淀	透明,无沉淀	影响麦汁浊度,啤酒容易混浊
色	无色	无色	有色水是污染的水,不能使用
味	20 ℃无味 50 ℃无味	20 ℃无味 50 ℃无味	若有异味,污染啤酒,口味恶劣
残余碱度(RA),(ºd)	≤3	≤5	影响糖化醪pH,使啤酒的风味改变。总硬度5~20 ºd,对深色啤酒RA>5 ºd,黑啤酒RA>10 ºd
pH	6.8~7.2	6.5~7.8	不利于糖化时酶发挥作用,造成糖化困难,增加麦皮色素的溶出,使啤酒色度增加、口味不佳
总溶解盐类(mg/L)	150~200	<500	含盐过高,使啤酒口味苦涩、粗糙
硝酸根态氮(氮计),(mg/L)	<0.2	0.5	会妨碍发酵,饮用水硝酸盐含量规定为<50 mg/L
亚硝酸根态氮(氮计),(mg/L)	0	0.05	影响糖化进行,妨碍酵母发酵,使酵母变异,口味改变,并有致癌作用
氨态氮(mg/L)	0	0.5	表明水源受污染的程度
氯化物(mg/L)	20~60	<100	适量,糖化时促进酶的作用,提高酵母活性,啤酒口味柔和;过量,引起酵母早衰,啤酒有咸味
硫酸盐(mg/L)	<100	240	过量使啤酒涩味重
铁离子(mg/L)	<0.05	<0.1	过量水呈红或褐色,有铁腥味,麦汁色泽暗
锰离子(mg/L)	<0.03	<0.1	过量使啤酒缺乏光泽,口味粗糙

续表

项目	理想要求	最高极限	备注
硅酸盐(mg/L)	＜20	＜50	麦汁不清,发酵时形成胶团,影响发酵和过滤,引起啤酒混浊,口味粗糙
高锰酸钾消耗量(mg/L)	＜3	＜10	超过 10 mg/L 时,有机物污染严重,不能使用
微生物		细菌总数＜100 个/mL,不得有大肠杆菌和八叠球菌	超标对人体健康有害

2. 啤酒质量标准(表 5-39)

表 5-39　啤酒质量标准

项目	单位	产品档次/CRB 标准			备注
		高档	中档	主流/低档	
酒精度	%(v/v)	T±0.2(体积百分比)			国家强制性标准
原麦汁浓度	%(m/m)	≤10 °P:原浓－0.2			国家强制性标准
		≥10.1 °P:原浓－0.3			
发酵度	%(m/m)	T±1.5(干啤≥72%)			
色度	EBC	T±0.5			国家强制性标准(淡色酒 2～14EBC)
浊度	EBC	≤0.40			国家强制性标准(优级 0.9/一级 1.2)
泡持性	秒(s)	≥240	≥210	≥180	国家强制性标准(瓶装优级 180 秒)
双乙酰	mg/L	≤0.070	≤0.070	≤0.070	国家强制性标准(优级≤0.1)
苦味值 BU	BU	T±0.5	T±0.5	T±0.1	产品标准,一般为 10～30BU
CO_2 含量	%(m/m)	T±0.02			国家强制性标准(优级和一级 0.35～0.65)
pH		T±0.15			产品标准
总酸	mg/100 mL	T±0.15			国家强制性标准
二甲基硫化物	ug/L	≤50			产品标准
乙醛	mg/L	≤4(原麦汁浓度≤10 °P)			产品标准
		≤5(原麦汁浓度≥10.1 °P)			
总高级醇	mg/L	≤60(原麦汁浓度≤10 °P)			产品标准
		≤70(原麦汁浓度≥10.1 °P)			
瓶颈空气	mg/L	≤0.5	≤0.5	≤0.8	产品标准
净含量	mL	＜500 mL/瓶、听,不得超过 8 mL			国家强制性标准
		≥500 mL/瓶、听,不得超过 10 mL			
溶解氧 DO(鲜瓶酒)	10^{-9}	≤50	≤80	≤100	产品标准

续表

项目	单位	产品档次 /CRB 标准			备注
		高档	中档	主流 / 低档	
保质期(瓶熟酒)	天数	180	120	90	国家强制性标准
风味稳定性(保鲜期)	天数	≥ 90	≥ 60	≥ 30	产品标准
大肠杆菌	个 / 百毫升	≤ 1			国家强制性标准
细菌总数	个 / 百毫升	≤ 1			

3. 污水处理后的水的质量标准(表 5-40)

表 5-40　污水处理后质量标准

项目	最高允许排放浓度
pH	6～9
悬浮固体(SS),(mg/L)	400
生物需氧量 [BOD(20 ℃, 5 d)],(mg/L)	600 mg/L
化学需氧量(CODCr),(mg/L)	1 000 mg/L

(四)设备及操作要点

1. 粉碎系统

主要有斗式提升机、抛光机、麦芽粗选机、去石机及湿式粉碎机等,用于麦芽及辅料的除杂、粉碎。

(1) 麦芽:70 ℃～80 ℃热水喷淋浸渍 50～60 s,粉碎时一边粉碎,一边加入 30 ℃～40 ℃水调浆泵入糖化锅。

(2) 大米:湿法粉碎,边粉碎边调浆,调浆水温度一般为 50 ℃～60 ℃,调浆后直接泵入糊化锅。

2. 糖化过滤系统

由糊化锅、糖化锅、过滤槽、煮沸锅和回旋沉淀槽组合的复式糖化设备,用于原料淀粉的糖化、辅料的糊化与液化等。

(1) 糊化:30 ℃水+大米粉碎原料→ 70 ℃, 20 min → 100 ℃, 40 min → 64 ℃→糖化锅→进料 1/3 时加入 $CaCl_2$,加入 $CaCl_2$ 后加入 α- 淀粉酶

糊化醪液

↓

(2) 糖化:水+粉碎的麦芽→ 37 ℃, 20 min → 50 ℃, 40 min → 65 ℃, 70 min(碘检)→过滤槽过滤。

在进料 1/3 时加入 $CaCl_2$;并醪后 5 min 时,用磷酸调节醪液的 pH 在 5. 4～5. 6 之间;调节 pH 后,加入 β- 葡聚糖酶、中性蛋白酶以及木聚糖酶等相应的酶。

(3) 低压动态法煮沸:将过滤后的麦汁加热至 98. 5 ℃,进入初沸状态;初沸 2 min,使麦汁温度达到 100 ℃;加压煮沸 5 min,使温度达 103 ℃;低压动态 35 min(5 次动态,每次

升压 4 min，降压 3 min）；常压 7 min。

一般在煮沸 20 min±1 min 时和煮沸结束前加入酒花；煮沸结束前 15 min 时添加卡拉胶；煮沸结束、交酒前添加七水硫酸锌。

3. 发酵系统

主要为发酵罐、硅藻土过滤机、清酒罐及相应的管道、阀门系统等，用于啤酒的发酵。

主发酵：往发酵罐中充入氧气，使原麦芽汁中溶解氧的浓度为 10 mg/L 左右；添加酵母，加量一般为麦汁量的 0.8%～1.0%；控温控压发酵，发酵最高温度一般控制在 10 ℃～12 ℃，麦汁注入发酵罐 16 h 后接通 CO_2 回收管路使发酵压维持在 0.02 MPa；回收酵母。

4. 制冷系统

主要为冷水罐、制冷机组等，用于啤酒发酵过程中的温度控制。

5. 灌装、灭菌系统

主要为洗瓶机、灌装机、压盖机、灭菌机、标签喷码机等，用于啤酒的灌装和灭菌等。

6. 水处理系统

主要为机械或活性炭过滤器等，用于处理啤酒生产用水。

7. 控制系统

主要指可编程控制器（PLC 控制系统），用于控制整个啤酒酿造系统工序。

（五）注意事项

1. 酵母扩培

扩培出来的酵母要强壮无污染。扩培在实验室阶段，由于采用无菌操作，只要能遵守操作技术和工艺规定，很少出现杂菌污染现象。进入车间后，如卫生条件控制不好，往往会出现染菌现象，所以扩培人员首先无菌意识要强，凡是接种、麦汁追加过程所要经过的管路、阀门必须用热水或蒸汽彻底灭菌，室内的空气、地面、墙壁也要定期消毒或杀菌，通风供氧用的压缩空气也必须经过 0.2 μm 的膜过滤之后才能使用。同时充氧量要适量，充氧不足酵母生长缓慢，充氧过度会造成酵母细胞呼吸酶活性太强，酵母繁殖量过大对后期的发酵不利。一般扩培酵母在进入培养罐前每天要通氧三次，每次 20 min。发酵后的培养，要求麦汁中溶解氧 10 mg/L 左右。最后，每一批扩培的同时还应对酵母的发酵度、发酵力、双乙酰峰值、死灭温度等指标进行检测，以便及时、正确掌握酵母在使用过程中的各种性状是否有新的变化。

2. 酵母添加

酵母添加前麦汁的冷却温度非常重要。各批麦汁冷却温度要求必须呈阶梯式升高趋势，满罐温度控制在 7 ℃～9 ℃，严禁有先高后低现象，否则将会对酵母活力和以后的双乙酰还原产生不利的影响。同时要准确控制酵母添加量，如果添加量太小，则酵母增长缓慢，对抑制杂菌不利，一旦染菌，无论从口味还是双乙酰还原都将受到影响。添加量太小会因酵母增值倍数过大而产生较多的高级醇等副产物；添加量过大，酵母易衰老、自溶等，添加量控制在 8‰左右最为合适。

3. 温度控制

在发酵过程中，温度的控制十分关键。根据菌种特性，采用低温发酵，高温还原。既有利于保持酵母的优良性状，又减少了有害副产物的生成，确保了酒体口味比较纯净、爽口。如果发酵温度过高，虽然可缩短发酵周期，加速双乙酰还原，但过高的发酵温度会使啤酒口味比较淡薄，醇醛类副产物增多，同时也会加速菌种的突变和退化。

4. 酵母的回收与排放

酵母回收的时机非常关键，通常是在双乙酰还原结束后开始回收酵母，但酵母死亡率较高，大都在 7%～8%，对下批的发酵非常不利，通过反复实验、对照，并对酵母进行跟踪检测，发现封罐 4～5 d 大部分酵母已沉降到锥底，只有少量悬浮在酒液中参与双乙酰还原，此时回收酵母，基本不会对双乙酰还原产生什么影响，而且回收酵母的死亡率也下降至 2%～3%。回收前的准备工作也很重要，首先要把酵母暂存罐用 80 ℃热水彻底刷洗干净，然后降温至 7 ℃～8 ℃，并备有一定量的无菌空气，以防止酵母突然减压，造成细胞壁破裂，从锥形罐回收的酵母，应尽量取中间较白的部分。回收完毕后缓慢降温到 4 ℃左右，以备下次使用，在酵母罐保存的时间不得超过 36 h。当酒液降至 0 ℃以后，还要经常排放酵母，否则由于锥底温度较高，酵母自溶后，一方面有本身的酵母臭味，另一方面自溶后释放出来的分解产物进入啤酒中，会产生比较粗糙的苦味和涩味。另外，酵母自溶产生的蛋白质，在啤酒的酸性条件下，尤其在高温灭菌时极易析出形成沉淀，从而破坏了啤酒的胶体稳定性。

（六）常见故障与排除

1. 插上电源后，搅拌电机、压缩机、风机均不工作

电源问题插座没电或接触不良，可用万用表检查处理；机器电源引线插片松脱或断线，需电工换线 / 插片；全部烧毁机器供电出错，需与生产厂联系修理。

2. 搅拌电机工作，压缩机和风机不工作

冷凝器风叶被异物卡死，需清除异物；温控器损坏或连线松脱，需换温控器或连好线。

3. 压缩机和风机工作，搅拌电机不工作

断线或插片松脱，需电工检查换线或换插片；电容、电机烧坏，需更换电机、电容。

4. 压缩机时开时跳，而风机、搅拌电机正常

电压太低，压缩机保护器跳开，需改善供电质量；散热不好、环境温度太高，需扩大通风带或换地置放。

5. 噪声、振动过大

机器放置不平稳，需放稳机器；附近有振动源，需清除振动源；风叶变形，需调整风叶；搅拌电机轴弯，需更换电机。

6. 机器工作但制冷不好

电压太低，需改善供电质量；制冷剂不足，需专业人员查漏修理。

7. 机器完全不制冷

压缩机没工作线路问题或压缩机故障，需专业人员检查修理；压缩机工作系统堵塞或

制冷剂漏完，需专业人员检查修理。

8. 贴标标纸歪斜

标盒位置不对，需根据标纸在标板上的位置，调整标盒左右的高低。

9. 贴标标纸褶皱、不平展

调整胶辊上胶膜的厚度；调整标刷的位置。

10. 贴标标纸翘角、飞边

标板取胶不均匀，调整标板位置，使其取胶均匀；调整标刷的位置。

（七）操作考核要点和参考评分（表 5-41）

（1）以书面形式每人完成生产实习报告和实习总结各一份。

（2）提交生产实习日记和生产实习鉴定表。

（3）指导教师提交生产实习教学指导教师工作报告一份。

表 5-41　啤酒厂实习操作考核要点和参考评分标准

序号	项目	考核内容	技能要求	评分（100 分）
1	准备工作	（1）准备、检查器具； （2）实训场地清洁	（1）能准备、检查必要的加工器具； （2）实训场地清洁	5
2	麦芽汁制备	（1）原辅料粉碎； （2）糖化； （3）麦汁过滤和洗槽； （4）麦汁煮沸和添加酒花	（1）能正确进行原辅料的粉碎； （2）能正确控制糖化中的料水比、温度、pH 和时间； （3）能正确进行麦汁的过滤和洗槽； （4）能正确控制麦汁煮沸时间、温度、强度和 pH； （5）能正确掌握酒花的添加量和添加时间	20
3	下面发酵	（1）主发酵； （2）后发酵	（1）能正确掌握酵母泥的添加量； （2）能正确判断低泡期、高泡期、落泡期和发酵末期的时间、糖度、温度和泡沫状态； （3）能正确控制高泡期、落泡期和发酵末期的温度； （4）能正确进行下酒、封罐； （5）能正确判断酒龄	30
4	过滤、灌装	（1）过滤； （2）洗涤、灌装； （3）灭菌	（1）能正确进行过滤； （2）能正确进行洗涤、灌装； （3）能正确进行灭菌； （4）能正确注明品种、日期	15
5	产品的感官鉴定	色泽、香气、滋味和体态	符合表 5-1 的要求	10
6	实训报告	（1）格式； （2）内容	（1）实训报告格式正确； （2）能正确记录实验现象和实验数据，报告内容正确、完整	20

附：啤酒厂厂区分布图

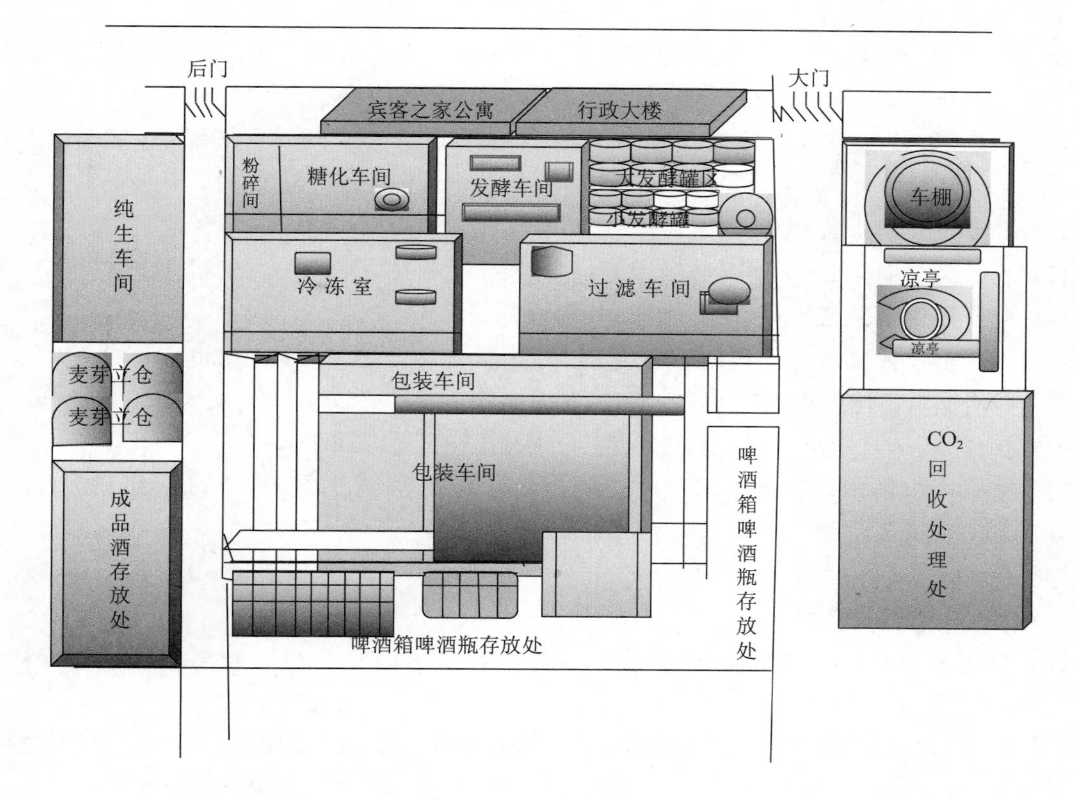

参考文献

[1] 奚德智，孟庆，刘文忠．中国葡萄酒产业的现状与发展趋势[J]．酿酒，2008(5)：21-22.

[2] 宋洁，蓝海林，席丽娟．中国葡萄酒业现状及发展探讨[J]．特区经济，2007(1)：203-204.

[3] 王辉，赵晨霞．我国有机葡萄酒的发展现状与前景展望[J]．中国酿造，2007(8)：1-3.

[4] 周艳琼．我国葡萄酒市场的发展[J]．中国酿造，2006(6)：80-81.

[5] 励建荣．黄酒工业的现状和发展方向[J]．酿酒，2005(1)：2-4.

[6] 李博斌．黄酒新国标介绍与分析[J]．酿酒科技，2001(3)：72-74.

[7] 季树太．我国啤酒行业现状与发展前景展望[J]．酿酒，2003(6)：15-17.

[8] 胡普信．中国黄酒的科研现状及发展[J]．中国酿造，2008(3)：4-8.

[9] 黄现璠．古书解读初探[M]．桂林：广西师范大学出版社，2004.

[10] 顾国贤．酿造酒工艺学[M]．北京：中国轻工业出版社，2011.

[11] 何国庆．食品发酵与酿造工艺学[M]. 2版．北京：中国农业出版社，2011.

[12] 管敦仪. 啤酒工业手册 [M]. 2版. 北京:中国轻工出版社,2009.
[13] 王宏华,孙浩思,林智平. 啤酒酿造过程中异α-酸变化的初步研究 [J]. 啤酒科技,2011(4):19-21.
[14] 管少华. 啤酒风味物质的标准含量及其来源——双乙酰和2,3-戊二酸 [J]. 酿酒,1993(6):45-48.
[15] 严斌,陈晓杰. 低温浸渍法干红葡萄酒酿造工艺初探 [J]. 中国酿造,2006(8):31-33.
[16] 高年发. 葡萄酒生产技术 [M]. 北京:化学工业出版社,2005.
[17] 杨天英. 果酒生产技术 [M]. 北京:中国科学出版社,2004.
[18] 陆寿鹏. 果酒工艺学 [M]. 北京:高等教育出版社,2002.
[19] 杨天英. 葡萄酒生产技术发展动态 [J]. 山西食品工业,2004(4):20-21.
[20] 傅金泉. 黄酒生产工艺 [M]. 北京:化学工业出版社,2005.
[21] 黄平主. 生料酿酒技术 [M]. 北京:中国轻工出版社,2002.
[22] 董鲁平,张辉,万全林,等. 快速浸米酿制黄酒新工艺研究 [J]. 酿酒科技,2001(2):89-92.
[23] 吕伟民,夏海华,赵云财,等. 生大米酿制黄酒的生产工艺 [J]. 酿酒科技,2003(3):77-78.
[24] 赵宝成,杨国琪,赵光鳌. 液化法黄酒酿造新技术的应用 [J]. 酿酒,2003(5):63-65.
[25] 陆燕,徐岩,徐文琦,等. 糯米膨化法对黄酒酿造及其风味的影响 [J]. 食品与发酵工业,2003(6):67-71.
[26] 彭昌亚,张建华,帅桂兰,等. 利用高温硫化米酿制新型黄酒 [J]. 酿酒,2002(2):90-91.
[27] 张建华,陶绍木,彭昌亚,等. 高温流化法糊化在黄酒生产中的应用 [J]. 酿酒,2005(2):79-81
[28] 王梅,赵光鳌,帅桂兰,等. 液化法酿造黄酒的研究 [J]. 酿酒,2002(2):93-95.
[29] 侯振建,王帅领. 生料法酿造黄酒的初步研究 [J]. 酿酒,2004(2):78-79.
[30] 刘志伟. 控制发酵度、稳定啤酒风格 [J]. 酿酒科技,2006(5):72-75.
[31] 杨天英. 果酒生产技术 [M]. 北京:中国科学出版社,2004.
[32] 马佩选. 葡萄酒质量与检验 [M]. 北京:中国计量出版社,2002.
[33] 李记明. 关于葡萄品质的评价指标 [J]. 中外葡萄与葡萄酒,1999(1):54-57.
[34] 李明元,杨洁,焦云,等. 干白葡萄酒生产工艺研究 [J]. 西南师范大学学报(自然科学版),2008(5):137-140.
[35] 刘万强,李保国. 葡萄酒生产中品质与食品安全控制 [J]. 酿酒科技,2009(12):100-103.
[36] 彭丽霞,黄彦芳,刘翠平,等. 酿酒葡萄皮渣的综合利用 [J]. 酿酒科技,2010(10):93-96.

[37] 周家琪. 黄酒生产工艺[M]. 北京:中国轻工业出版社,1998.
[38] 孟中法. 黄酒生产中常见的质量问题及改进方法[J]. 中国酿造,2004(10):25-27.
[39] 毛青钟,鲁瑞刚,陈宝良,等. 传统黄酒发酵醪的酸败及防止措施[J]. 酿酒科技,2006(7):73-77.
[40] 孔小勇,王鹏举. 黄酒发酵过程中酸败现象的研究[J]. 酿酒科技,2011(8):47-50.

第六章

调味品加工企业卓越工程师实习指导

调味品，是指能增加菜肴的色、香、味，促进食欲，有益于人体健康的辅助食品。它的主要功能是增进菜品质量，满足消费者的感官需要，从而刺激食欲，增强人体健康。相当一部分的调味品种类，如食醋、酱油、腐乳、酱品和腌制菜品等，都是以农产品为原料，通过发酵、腌制等技术进行加工，从而得到味道鲜美的调味产品。本章主要针对卓越工程师实习过程中，如何指导常见调味品加工技术学习进行叙述，包含以下三部分内容。

（1）调味品加工企业认识实习：食醋生产技术、酱油生产技术、酱品生产技术、腌制菜品生产技术。

（2）调味品加工企业岗位参与实习：食醋加工岗位技能综合实训、酱油加工岗位技能综合实训、酱类产品加工岗位技能综合实训、酱菜和泡菜加工岗位技能综合实训。

（3）调味品加工企业生产实习：制醋生产线实习、豆豉生产线实习。

第一节　调味品加工企业认识实习

一、食醋生产技术

知识目标：

（1）掌握食醋的概念，了解其营养价值。

（2）了解食醋的分类及特点。

（3）了解酿醋的主要原料。

（4）学会食醋生产的主要类型和工艺流程。

技能目标：

（1）能够掌握食醋生产工艺和工艺控制。

（2）掌握常用的酿醋方法，熟悉我国几种传统的酿醋工艺。

解决问题：

（1）学会运用相关知识解释食醋生产过程中常见的质量问题。

（2）食醋的生产需要注意哪些工艺操作。

食醋分酿造食醋和配制食醋。酿造食醋：单独或混合使用各种含有淀粉、糖的物料或酒精，经微生物发酵酿制成的液体调味品。现行标准为酿造食醋 GB 18187—2000。配制食醋：以酿造食醋为主体，与冰乙酸、食品添加剂等混合配制而成的调味食醋。现行标准为配制食醋 SB 10337—2000。

（一）食醋的原料

1. 原料

制醋原料一般可分为主料、辅料、填充料和添加剂四大类。

主料：主料是指能生成醋酸的主要原料。它包括淀粉质原料、糖质原料和酒精原料（酒精和酒糟）三大类。

（1）淀粉质原料。粮谷类：高粱、大米、小麦、玉米、大麦、小米等。

薯类：甘薯、马铃薯。

野生植物类：橡子、菊芋等。

加工产品类：淀粉、碎米、麸皮等。

（2）糖质原料。果蔬类：苹果、柿子、桃、枣、梨、番茄等。

加工副产品类：糖糟、废糖蜜、粉渣、酒糟等。

（3）酒精原料主要有酒精和酒糟等。目前制醋多以含淀粉质的粮食为基本原料，所以制醋的主料是粮食。长江以南一般习惯采用大米，长江以北多用玉米、高粱、甘薯等酿醋。近年来也有一些采用含淀粉质、糖和酒精的代用原料制醋。

辅料：固体发酵酿醋需大量的辅助原料，以补充微生物活动所需的营养物质或增加食醋中糖分及氨基酸含量，又可使醋醅起到疏松作用。辅料一般采用细砻糠（又称统糠）和麸皮。生麸皮中含有 β- 淀粉酶，直接用于发酵，有利于淀粉的糖化作用。

填充料：固态发酵制醋及速酿法都需要填充料，用于调整淀粉浓度，吸收酒精及液浆，保持一定的空隙，使醋醅疏松和空气流通，有利于醋酸的好氧性发酵，提高出醋率。通常填充料有谷壳、麦壳、玉米芯、玉米秸秆、高粱壳等。填充料要求具有空隙度和接触空气面积大，纤维质有适当硬性和惰性。

添加剂：常用的添加剂有以下几种。

食盐：醋酸发酵成熟后，加入食盐抑制醋酸菌的生理作用，防止对醋酸的进一步分解，并且起到调和食醋风味的作用。

砂糖：增加甜味的浓度

香料：芝麻、茴香、生姜等，有助于赋予食醋特殊的风味。

炒米色：增加色泽及香气。

发酵剂：糖化剂是将淀粉转变成糖所用的催化剂。酿醋工业中常用的糖化菌株有米曲霉沪酿 3. 042、3. 040、AS3. 683，甘薯曲霉 AS3. 324，乌氏曲霉 AS3. 758，黑曲霉 AS3. 4309，泡盛曲霉 AS3. 976。目前糖化剂分为以下 5 类。

大曲（快曲）：是以根酶、毛酶、曲霉和酵母为主，并有大量野生菌存在的糖化曲。

小曲(药曲或酒药):是以根酶、酵母为主,对原料选择性强,适用于糯米、大米、高粱等原料。

麸曲:是以糖化力强的黑曲霉、黄曲霉为主,对各种原料适用性强,制曲周期短。

液体曲:一般以曲霉、细菌经发酵罐内深层培养,得到一种液态的含 α- 淀粉酶及糖化酶的曲,可代替固体曲用于酿醋。

酶制剂:主要是从深层培养法生产中提取的酶制剂。常用的有 α- 淀粉酶、葡萄糖淀粉酶和酸性蛋白酶等。酶制剂的主要作用是代替制曲或弥补曲中酶活力不足的缺陷,提高曲的使用效果。

酒母只在制酒制醋工业中含有大量酵母繁殖的酵母液。目前国内酿醋工业常用的酵母菌有 AS2. 399、AS2. 541、AS2. 109 和东酒 1 号等。

醋母目前国内酿醋工业常用的醋酸菌有中科 AS1. 41 和沪酿 1. 01 醋酸菌。

2. 原料处理

生产前原料要经过检验,霉变等不合格的原料不能用于生产。无论选用何种原料、工艺酿造食醋,都要对原料进行处理。

(1) 除去泥沙杂质。除去泥沙常用的方法为谷物原料在投产前采用风选、筛选等方式处理,使原料中的尘土和轻质杂物吹出,并经过几层筛网把谷粒筛选出来。

(2) 粉碎与水磨。为了扩大原料同糖化曲的接触面积,使有效成分被充分利用,粮食原料应先粉碎,然后再进行蒸煮、糖化。采用酶法液化通风回流制醋工艺时,用水磨法粉碎原料,淀粉更容易被酶水解,并可避免粉尘飞扬。磨浆时,先浸泡原料,再加水,原料与水比例在 1∶1. 5～1∶2 之间为宜。

(3) 原料蒸煮。蒸煮方法随制醋工艺而异,一般分为煮料发酵法和蒸料发酵法两种。蒸料发酵法是目前固态发酵酿醋中应用最广的一种方法,为了便于蒸料糊化,以利于下一步糖化发酵,必须在原料中加入定量的水进行润料,并搅拌均匀,然后再蒸料。润料所用水量,由原料种类而定,高粱原料用水量为 50% 左右,时间约 12 h。大米原料可用浸泡方法,夏季 6～8 h,冬季 10～12 h,浸泡后捞出沥干。蒸料一般在常压下进行,如采用加压蒸料可缩短蒸料时间。传统的固态煮料法是将主料浸泡于其重量的 3 倍水中约 3 h,然后煮熟达到无硬心,呈粥状,冷却后进行糖化,再进行酒化。

(二) 食醋的原料选择原则

(1) 原料价格低廉,可以降低成本。

(2) 原料内碳水化合物含量多,蛋白质含量适当,并且适合微生物的需求和吸收利用。

(3)资源丰富,容易收集,原料产地离工厂近,便于运输和节省费用。

(4) 容易贮藏,并且最好选择经干燥的含水极少的原料。

(5) 无霉烂变质,符合卫生标准。

(三) 食醋的生产工艺

1. 固态法食醋生产工艺

(1) 一般固体发酵制醋工艺。

工艺流程如下。

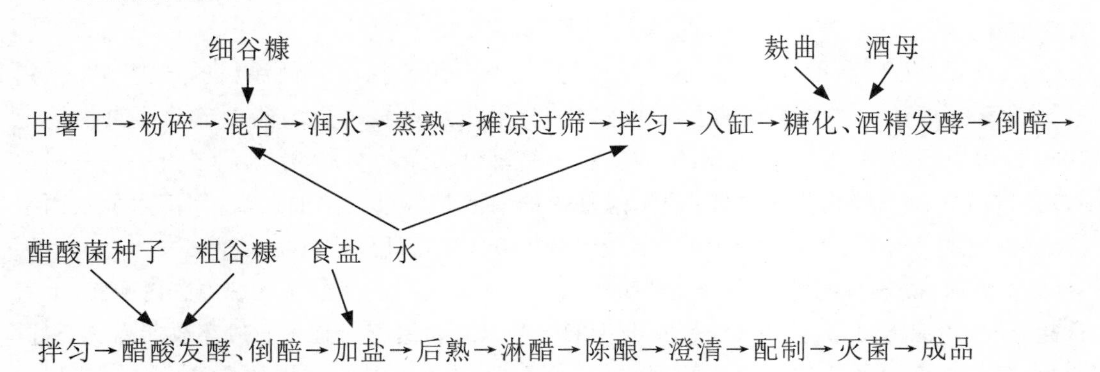

（2）操作方法。

① 原料配比：甘薯干（或碎米）100 kg、细谷糠（统糠）175 kg，蒸料前加水 275 kg，蒸料后加水 125 kg，麸曲 50 kg，酒母 40 kg，粗谷糠 50 kg，醋酸菌种子 40 kg，食盐 3.75～7.5 kg（夏多冬少）。

② 原料处理：甘薯干先经粉碎成甘薯干粉，或将碎米粉碎成米粉。将细谷糠（统糠）摊平在拌料场上，取甘薯粉或米粉倒在细谷糠上，混合均匀。在料上第一次加水，随翻随加，使水与原料充分拌匀吸透。润水完毕，装锅上蒸 1 h（加压蒸料为 0.15 MPa，40 min），蒸熟后，将熟料取出放在干净的拌料场上，过筛，以基本消除糊粒，同时翻拌及排风冷却。

③ 添加麸曲及酒母：熟料要求夏季降温至 30 ℃～33 ℃，冬季降温至 40 ℃以下，再第二次撒入冷水，翻拌一次，再行摊平。将经细碎的麸曲铺于面层，再将经搅匀的酒母均匀地撒上，然后进行一次彻底翻拌，即可装入缸内。入缸醋醅的水分含量以60%～62%为宜。

④ 淀粉糖化及酒精发酵：醋醅入缸后，摊平，一般每缸装醋醅 160 kg 左右，检查醅温应在 24 ℃～28 ℃，冬季不得低于 24 ℃，夏季不得高于 28 ℃。缸口盖上草盖，室温保持在 28 ℃左右。当醅温上升至 38 ℃时，进行倒醅，一般不应超过 40 ℃。倒醅方法是每 10～20 个缸留出一个空缸，将已升温的醋醅移入空缸内，再将下一缸倒在新空出的缸内，依此将所有醋醅倒一遍。再经过 5～8 h，醅温又上升到 38 ℃～39 ℃，再行倒醅一次。此后，正常醋醅醅温在 38 ℃～40 ℃，经过 48 h 后逐渐降低，每天倒醅一次。至第五天醅温降低至 33 ℃～35 ℃，表明糖化及酒精发酵已完成。此时醋醅的酒精含量达到 8%左右。

⑤ 醋酸发酵：酒精发酵结束后，每缸拌入粗谷糠 10 kg 左右及醋酸菌种子 8 kg。粗谷糠的用量要根据气温的不同适量增减，夏季适当减少，冬季适当增加。拌和粗谷糠及醋酸菌种子的方法为上下分拌法：先将粗谷糠及醋酸菌种子一半撒在缸内，用双手将上半缸醋醅拌匀，倒入空缸内；再将余下的一半粗谷糠及醋酸菌种子加入下半缸醋醅内，拌匀，合并成一缸。加入粗谷糠及醋酸菌种子后，第一天醅温不会很快升高，第 2～3 d 醅温就会很快升高，这时醅温最好掌握在 39 ℃～41 ℃，一般不超过 42 ℃。每天倒醅一次。经 12 d 左右，醅温开始趋于下降，每天取样测定醋酸含量。冬季掌握醋酸含量在 7.5%以上，夏季掌握在 7%以上，而醅温下降至 38 ℃以下时，表明醋酸发酵结束，应及时加盐。

⑥ 加盐及后熟：醋酸发酵完毕，立即加盐。一般每缸醋醅夏季加食盐 3 kg，冬季只需 1.5 kg。加盐方法是先将食盐一半撒在醋醅上，用长把铲翻拌上半缸醋醅，拌匀后移入另

一缸内；次日再把余下的一半食盐拌入剩下的下半缸内，拌匀，合并成一缸。加盐后，再放置 2 d，作为后熟。

⑦ 淋醋：淋醋所用的设备，小型厂用缸，大型厂用涂抹了耐蚀涂料的水泥池。采用淋缸三套循环法。如甲组淋缸放入成熟醋醅，用乙组淋缸淋出的醋倒入甲组缸内浸泡 20～24 h，淋下的称为头醋，乙组缸内的醋渣是淋过头醋的头渣，用丙组缸淋下的三醋放入乙组缸内，淋下的作为套二醋；丙组淋缸内的醋渣是淋过二醋的二渣，用清水放入丙组缸内，淋出的就是套三醋。丙组缸的醋渣残酸仅 0.1%，可用作饲料。

⑧ 陈酿：陈酿有两种方法，一是醋醅陈酿，将加盐后熟的醋醅移入院中缸内砸实，上盖食盐一层，用泥土封顶，放置 15～20 d，中间倒醅一次再进行封缸。一般存放期为一个月，即行淋醋，但在夏季尚须防止烧醅现象的发生。另一方法是将醋液放在院中缸内或坛子内，上口加盖，陈酿时间为 1～2 个月。此法当醋酸含量低于 5% 以下时容易变质，不宜采用。陈酿后醋的质量显著提高，色泽鲜艳，香味醇厚。

⑨ 灭菌及配制成品：头醋移入澄清池沉淀并调整质量标准。除现销产品及高档醋不需添加防腐剂外，一般食醋均应加入 0.1% 苯甲酸钠作为防腐剂。生醋用蛇管热交换器进行灭菌，灭菌温度在 80 ℃以上。最后定量装坛封泥，即为成品。每 100 kg 甘薯粉或米粉能产 5% 醋酸含量的食醋 700 kg 左右。

2. 液态法食醋生产工艺

液态发酵法酿醋工艺，在我国常用的有表面液体发酵工艺、速酿醋工艺、浇淋法酿醋工艺、液体深层发酵工艺等，一些名优醋如江浙玫瑰香醋、福建红曲醋等，也是采用液体发酵工艺。

（1）表面发酵法酿醋工艺。表面发酵法依原料及前道工序的操作不同，又可分为白醋（或酒醋）、糖醋和米醋等不同生产方法。

① 白醋（酒醋）生产工艺。白醋的生产方法为敞口容器中置醋种（一般为上批的成熟醋），加入酒精溶液（如将白酒加水冲淡，稀释至酒精含量为 3% 的稀释溶液）及少量的营养物质（如豆腐水）盖上缸盖，在自然气温或在 30 ℃的保温室内自然发酵。此时醋酸菌在液面上形成一层薄菌膜，借液面与空气接触，空气中的氧溶解于溶液内。发酵周期视气温情况而定，在 30 ℃左右时经 20 多天发酵即结束。温度低时需延长发酵周期。成熟醋液清澈无色，醋酸含量 2.5～3 g/100 mL。

② 糖醋生产工艺。糖醋是北京地区以饴糖为原料生产的一个品种，在接种醋母后，用纸封缸进行发酵，保持室温 30 ℃左右，30 d 左右成熟。成品醋醋酸含量为 3～4.5 g/100 mL。

③ 米醋生产工艺。米醋是以大米为原料进行液态表面发酵的制品。有的于大米饭中接种米曲霉后制成米曲，加水糖化，或加曲对大米饭进行糖化；有的以小麦面粉接种米曲霉制成面曲，与大米饭一起加水进行糖化，制成糖化液后接种酵母进行酒精发酵，再接入醋酸菌进行表面发酵；有的加酒饼于大米饭中进行边糖化边发酵，然后加入醋种进行表面发酵。米醋口味纯正，醋酸含量 3～5 g/100 mL。

（2）速酿醋工艺。速酿醋是以白酒为原料，在速酿塔中经醋酸菌的氧化作用，将酒精氧化成醋酸，再经陈酿而成，所以速酿醋也称塔醋。速酿醋呈无色或稍带微黄色，体态澄清透明，醋香味较纯正。我国生产塔醋始于20世纪40年代，现在塔醋生产主要在东北地区。

（3）液体深层发酵工艺。液体深层发酵制醋是一项先进的新工艺，其设备可用标准发酵罐或自吸式发酵罐，其特点是发酵周期短，劳动生产率高，占地面积小，不用稻壳等填充料，能显著减轻工人劳动强度。液体深层发酵制醋新工艺的出现使我国古老的酿醋行业朝着机械化生产前进了一大步，由于该工艺酿醋周期很短，风味上尚有不足之处，需继续改进。

（四）食醋的质量标准及检测

1. 固态发酵法酿醋质量标准

以粮食为原料酿造的食醋的质量指标如下。

（1）感官指标。

① 色泽：琥珀色或棕红色。

② 气味：具有食醋特有的香气，无不良气味。

③ 口感：酸味柔和，稍有甜味，不涩，无异味。

④ 澄清：无悬浮物及沉淀物，无霉花浮膜，无醋鳗及醋虱。

（2）理化指标。

① 一级醋：总酸 5. 0 g/mL 以上（以醋酸计），氨基酸 0. 12 g/100 mL 以上，还原糖 1. 5 g/mL（以葡萄糖计），比重 5. 0 °Bé 以上。

② 二级醋：总酸 3. 5 g/mL 以上（以醋酸计），氨基酸 0. 08 g/100 mL 以上，还原糖 1. 0 g/mL（以葡萄糖计），比重 3. 5 °Bé 以上。

（3）卫生指标。砷（以 As 计）不超过 0. 5 mg/kg，铅（以 Pb 计）不超过 1 mg/kg，游离矿物质不得检出；黄曲霉毒素不得超过 5 μg/kg；杂菌总数不得超过 5 000 个 / 毫升；大肠杆菌最近似值不超过 1 个 / 百毫升，致病菌不得检出。

2. 液态发酵法酿醋的质量标准

参照我国液态法食醋质量标准（ZBX 66004—85），此标准适用于以粮食、糖类、酒类、果类为原料，采用液态醋酸发酵法酿造而成的酸性调味料。

（1）感官指标。具有本品种固有的色泽；有正常酿造食醋的滋味。

（2）理化指标。总酸（以醋酸计）3. 5 g/100 mL 以上；无盐固形物；粮食醋 1. 5 g/100 mL 以上，其他醋 1. 0 g/100 mL 以上。

（3）卫生指标。砷（以 As 计）不超过 0. 5 mg/kg，铅（以 Pb 计）不超过 1 mg/kg，游离矿物质不得检出；黄曲霉毒素不得超过 5 μg/kg；杂菌总数不得超过 5 000 个 / 毫升；食品添加剂按 GB 2760—86 规定；大肠杆菌最近似值不超过 3 个 / 百毫升，致病菌不得检出。

（五）实习考核要点和参考评分（表 6–1）

（1）记录实习过程所见所闻所想，结合专业知识撰写认识实习报告。

（2）指导教师提交认识实习教学指导教师工作报告一份。

表 6-1　食醋认识实习的操作考核要点和参考评分

序号	项目	考核内容	技能要求	评分(100 分)
1	企业概况	(1) 企业组织形式; (2) 产品概况	(1) 了解企业的组织、部门任务; (2) 了解企业的产品种类、特色	10
2	工艺设备	(1) 主要设备; (2) 主要工艺; (3) 辅助设施	(1) 了解生产工艺的各工序; (2) 认识生产设备的型号和用途; (3) 了解生产辅助设施	15
3	企业建筑	(1) 全厂平面图; (2) 主要建筑特点; (3) 三废及其他	(1) 了解生产线车间布局; (2) 了解生产产品的副产物和三废情况	15
4	市场调研	(1) 市场销售状况; (2) 主要产品信息	利用网络或到销售实地考察产品的销售情况,做产品销售汇总	10
5	实习报告	(1) 格式; (2) 内容	(1) 认识实习报告格式正确; (2) 能正确记录主要产品生产工艺与要求,实习总结要包括体会、心得、问题与建议等	50

二、酱油生产技术

知识目标:

(1) 了解酱油的基本分类、发展趋势和生产新技术。

(2) 熟悉种曲制备和成曲制备的工艺和标准。

(3) 熟悉低盐固态发酵法、高盐稀态发酵法酱油酿造工艺。

技能目标:

(1) 掌握酱油生产原辅料的选择及处理方法。

(2) 掌握酱油生产的一般工艺。

(3) 能够进行酱油质量的基本检验与品质鉴定。

解决问题:

(1) 学会运用相关知识解释酱油生产过程中常见的质量问题。

(2) 酱油生产需要注意哪些工艺操作。

酱油起源于中国,是一种古老的传统调味品,是以豆、麦、麸皮等为原料酿造的液体调味品,色泽红褐色,有独特酱香,滋味鲜美,有助于促进食欲。

(一) 酱油概念及其分类

酱油是以富含蛋白质的豆类和富含淀粉的谷类及其副产品为主要原料,在微生物酶的催化作用下分解成熟并经浸滤提取的调味汁液。

1. 酱油按行业标准分类

(1) 酿造酱油:酿造酱油是以豆、谷类或其他粮食为主要原料,经曲菌酶分解,使其发酵成熟制成的调味汁液。可供调味及复制用。

① 高盐发酵酱油:是指原料在生产过程中应用高盐发酵工艺酿制的调味汁液。可供

调味及复制用。其还可以细分为以下几类:a. 高盐固态发酵酱油。是指原料在发酵阶段采用高盐度、小水量固态置醅工艺,然后在适当条件下再稀释浸取的调味汁液。b. 高盐固稀发酵酱油。是指原料在发酵阶段采用高盐度、小水量固态制醅工艺。然后在适当条件下再稀释成醪,继续分解成熟制取的调味汁液。c. 高盐稀态发酵酱油。是指原料在发酵阶段采用高盐度、多水量稀态制醪工艺,分解成熟后直接滤取或适当稀释滤出的调味汁液。

② 低盐发酵酱油:指原料在生产过程中应用低盐发酵工艺酿制的调味汁液。产品通常用于调味及复制。可细分为以下两类:a. 低盐固态发酵酱油。是指原料在发酵阶段采用低盐度、小水量固态制醅工艺,分解成熟后再稀释浸取的调味汁液。b. 低盐固稀发酵酱油。是指原料在发酵阶段以低盐度、小水量固态制醅工艺,然后在适当条件下再以一定浓度盐水稀释,继续分解成熟制取的调味汁液。

③ 无盐发酵酱油:指原料在生产过程中不添加食盐,采用固态发酵工艺进行酿制的调味汁液。产品通常用于调味及复制。

(2) 再制酱油:再制酱油是以酿造酱油为基料,添加其他调味品或辅助原料进行加工再制的产品。其体态有液态和固态两种,均供调味用。又可分为:

① 液态再制酱油:指利用酿造型调味汁液直接配制的产品或经简易再加工获得的复制品。

② 固态再制酱油:指以酿造酱油为基料,经加热或以其他方式浓缩并加入适当充填料制成的产品。稀释后用于调味。可分为酱油膏、酱油粉、酱油块等。

③ 酱油状调味液以主要原料水解液为基料,再经发酵后熟制成的调味汁液。

2. 商业流通中的酱油分类

在商业流通中,有的按生产方法分类,有的按添加风味物质分类,还有的按形态分类,常见种类如下。

(1) 抽油:古法提取酱油时,以有蜂眼的管子插入酱缸中,让酱油渗入管内,然后抽取而出,故得名抽油。第一次抽取的汁液质量最好,称“头抽”;第二次抽取的质量次之,称“二抽”;第三次抽取的质量最差,称“三抽”。

(2) 生抽:是一种不用焦糖色素调色、增色的酱油。一般以精选的黄豆(7 份)和面粉(3 份)为原料用曲霉制曲经曝晒、发酵成熟后提取而成,并以提取次数的先后分为特级、一级、二级。其风味、使用方法与普通酱油基本相同,尤其适用于色泽要求较深的食品。

(3) 老抽:是在生抽中加入用红糖熬制成的焦糖,再经加热搅拌、冷却、澄清而制成的浓色酱油。按生抽的级别相应分为特级、一级、二级。其风味、使用方法与普通酱油基本相同,尤其适用于色泽要求较深的食品。

(4) 复制红酱油:是在酱油中加入红糖、八角、山柰、草果等调味品,用微火熬制,冷却后加入香味剂制成的酱油。可用于冷菜及面食的调味。

(5) 白酱油:是未经调酱色或酱色较浅的化学酱油。风味与普通酱油相同,只是色泽呈浅黄色或无色。多用于要求保持原料原色的菜肴及食品,如白蒸、白煮、白拌等。

(6) 甜酱油:是以黄豆制成酱醅,添加红糖、饴糖、食盐、香料、酒曲等酿造而成的酱油,色泽酱红、质地黏稠、香气浓郁、咸甜兼备、咸中偏甜、鲜美可口。用法同普通酱油类似,尤以浇拌凉菜为宜。

(7) 美极鲜酱油：用大豆、面粉、食盐、糖色、鲜贝提取物等加工制成的浅褐色酱油，其味极鲜，多用于清蒸、白煮、白焯等菜肴的浇蘸佐食或用于凉拌菜肴。

(8) 辣酱油：是在酱油中加入辣椒、生姜、丁香、砂糖、红枣、鲜果及上等药材，经加热、浸泡、熬煎、过滤而成的酱油。其色酱红，具有咸、鲜、辣、甜、酸、香等多种味感。多用于蘸食及调拌冷菜。另外在西餐中较多使用。

(9) 加料酱油：此类酱油是在酿造过程中加入动物或植物性原料，制成具有特殊风味的酱油。如草菇老抽、香菇酱油、虾子酱油、蟹子酱油、五香酱油等。

(二) 酱油酿造工艺

1. 酱油的酿造工艺

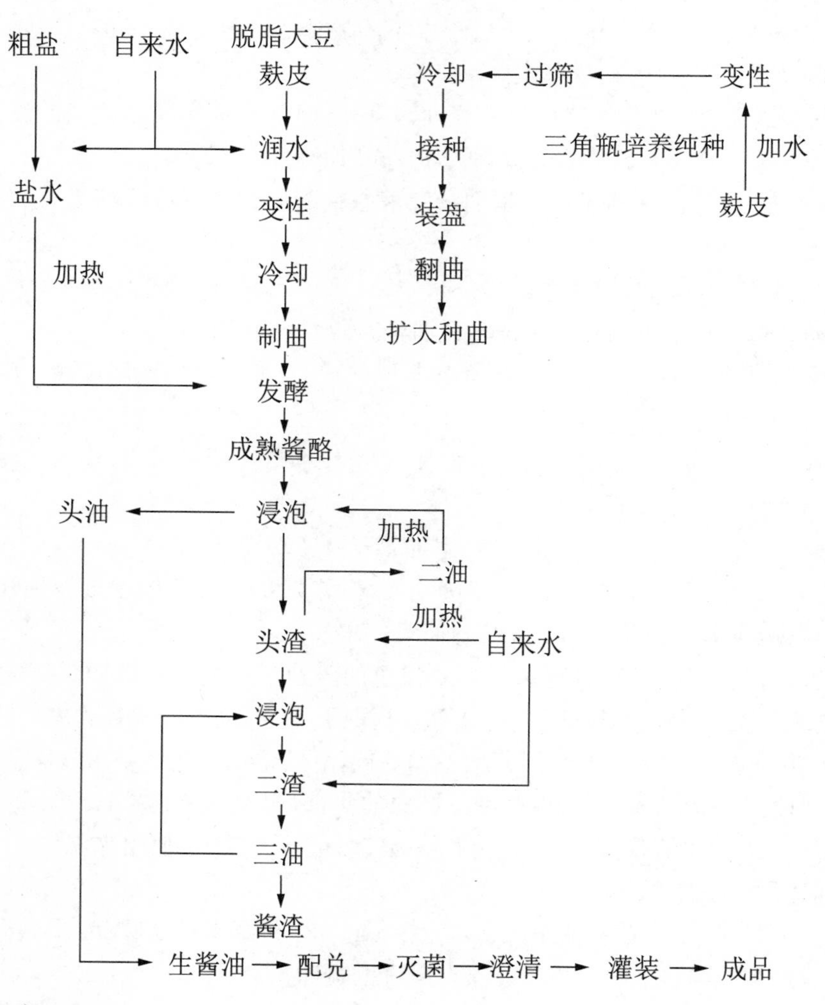

2. 操作步骤

(1) 原料验收：对所有原辅料如豆粕、麸皮等进行感官、理化及卫生学等方面的检验，合格者方可用于生产。

(2) 粉碎：粉碎的目的是使原料有适当的粒度，便于润水和蒸煮，增加米曲霉的繁殖面积和酶的作用面积，有利于原料成分的充分分解。豆饼或豆粕的粉碎可采用适当的粉碎设备，例如锤式粉碎机、多功能粉碎机。粉碎后再通过筛分，使豆粕细碎度达到标准要求。

（3）混合：制曲原料的配比，各地不一。既要考虑酱油的质量，又要照顾各地区酱油风味特点。由于酱油的鲜味主要来源于原料中蛋白质分解生成的氨基酸，而酱油的香甜主要来源于原料中淀粉分解生成的葡萄糖及其生成的醇类，醇与有机酸结合生成酯形成香味。所以若需酿制鲜味较浓并带香甜的酱油，在原料配比中需适当增加蛋白质原料；如需酿制出香甜味浓并带有鲜味、体态黏稠的酱油，在原料配比中需适当增加淀粉质原料。常用的原料配比是豆饼（豆粕）：麸皮为8：2或7：3或6：4或5：5，粉碎后的豆饼与麸皮应按一定比例充分拌匀，混合均匀。

（4）润水：所谓“润水”，就是给原料加入适量的水分，使原料均匀而完全吸收水分的工艺过程。

① 原料润水的目的。使原料均匀地吸收一定水分，使其膨胀、松软，以利于蒸煮时蛋白质达到适度变性，淀粉充分糊化，溶出曲霉生长所需的营养成分，同时也为曲霉生长提供所需的水分。

② 原料润水的方式。目前润水的方式有三种，即人工翻拌润水、螺旋输送机润水、旋转式蒸煮锅直接润水。

人工翻拌润水是在蒸锅附近筑一平台，周围稍砌高畦，以防翻拌润水时水分流失。加水时在平台上用铲翻拌，使水与原料充分接触，均匀吸水。加水后堆积一段时间，让水分自然浸润，使原料均匀而完全吸收水分。螺旋输送机润水是将原料送入螺旋输送机内，边加水、边混合，使原料与水充分接触，然后再堆积一段时间，让其自然润湿。旋转式蒸煮锅润水是将原料装入蒸煮锅内，蒸锅回转运动同时按一定比例喷入水分，并使水分尽可能分布均匀及渗入料粒内部的操作过程。

（5）加水量：加水量对制曲、原料利用率及氨基酸生产率影响很大。加多少水适宜必须根据原料的性质及配比，制曲的条件、制曲的季节而定。原料品质好，加工设备先进，操作环境卫生洁净，操作过程不易被杂菌浸染，加水量宜多些，反之加水量宜少些。据日本有关资料报道，豆饼加水量从70%增至160%过程中，原料全氮利用率和氨基酸生产率随加水量增加而逐渐提高。

（6）原料的蒸煮及冷却：蒸煮是使原料中的蛋白质适度变性、淀粉糊化，有利于被酶水解；杀灭原料中的有害及致病微生物。蒸熟后的原料应立即冷却到接种温度，常压蒸料可采用摊冷法或扬凉法，旋转式蒸煮锅蒸料可用扬送机扬凉，刮刀式蒸煮锅蒸料可将熟料缓慢送入凉料机中风冷。不论哪一种冷却方式都应注意卫生，防止二次污染影响酱油质量，同时打碎团块，以利于下一步的操作。

（7）制曲：制曲时在熟料中加入种曲，创造曲霉生长繁殖的适宜条件，使之能充分繁殖，同时产生酱油酿造时所需各种酶类的过程。产生的主要酶类有蛋白酶、淀粉酶、脂肪酶、纤维素酶等。制曲是酿制酱油最关键的环节，成曲的好坏对酱油的产量、质量起决定性作用。要制好成曲，一是要制出优良的种子曲，二是做好原料的选择、配比及处理工作，三是制曲时要做到科学管理。

（8）发酵：酱油发酵是利用成曲中曲霉、酵母、细菌所分泌的各种酶类，对曲料中的蛋白质、淀粉等物质进行分解，形成酱油独有的色、香、味成分。在成曲中拌入多量的盐水，使其呈浓稠的半流动状态的混合物称为酱醪；在成曲中拌入少量的盐水，使其呈不流动状态的混合物称为酱醅。酱油发酵的方法很多，根据醪和醅状态的不同，可分为稀醪发酵、固态发酵及固稀发酵；根据加盐量不同，可分为高盐发酵、低盐发酵和无盐发酵；根据发酵时加温情况不同，又可分为日晒夜露发酵及保温速酿发酵。无论何种发酵方式，其目的都是为了创造酶促反应的有利条件，避免有害杂菌污染，使酱醅（醪）能顺利、正常地发酵与成熟。

（9）酱油的浸出（提取）：浸出是指在酱醅成熟后，利用浸泡及过滤的方式，将有效成分从酱醅中分离出来的过程。浸出包括浸泡和过滤两个工序。浸出法代替了传统的压榨法，节省了烦琐而沉重的压榨设备，减少了占地面积。改善了劳动条件，提高了生产效率及原料利用率。浸出原则是尽可能将固体酱醅中的有效成分解离出来，溶解到液相中，并保持绝大部分浸提成分快速分布到成品中去。浸出方式有原池浸出和移池浸出两种方式。

（10）酱油的后处理：

① 加热处理。其作用是杀灭产品中的有害及致病微生物，钝化各种酶类，调和香气及风味，改善酱油色泽，脱除热凝固物、促进酱油澄清，提高酱油的保藏稳定性及食用安全性。

② 热处理方法。采用间歇式加热法，应将成品酱油加热到 70 ℃，并保持 30 min。如采用连续式加热法，应将酱油加热至 80 ℃～85 ℃，维持 5～10 min。有条件的可采用超高温瞬时灭菌法（UHT 法），可最大限度地保留产品中热敏性营养物质。

（11）产品的调配：

① 风味的调整。添加某些风味成分对酱油风味进行调整。鲜味成分，谷氨酸钠（味素）、鸟苷酸、肌苷酸等；甜味成分，砂糖、甘草、饴糖等；芳香成分，花椒、丁香、桂皮（浸提液）等；色素成分，焦糖色素、酱色等；防腐成分，苯甲酸钠、山梨酸钾等。

② 理化指标的调整。一般对全氮含量、氨基酸态氮含量、盐的含量、无盐固形物的含量进行检测和调整，使产品符合相应标准规定。

③ 澄清与防腐。澄清是杀菌后的酱油迅速冷却，在无菌条件下自然放置 4～7 d，使热凝固物沉淀并凝聚、沉降到下层，从而获得上清液。也可以采用过滤器进行过滤澄清。酱油防腐可采用添加防腐剂法进行防腐，常用的有苯甲酸钠、山梨酸钾，其最大用量不能超过 0.1%。

（12）灌装、封口、检验及储存：采用玻璃瓶、聚酯瓶或塑料薄膜袋对酱油进行包裹，包装材料应符合食品卫生要求，无毒无味，不透气，不透水，不透油、灌装封口操作尽量采用无菌灌封技术，保证产品不被二次污染。产品应该按照国家有关酱油的质量标准要求进行检验，合格者方可出厂，成品酱油应当在 10 ℃～15 ℃、阴凉、干燥、避光、避雨处存放。

（三）酱油的质量标准及检测

1. 酱油的质量标准

酿造酱油国家标准（GB 18186—2000）。

（1）感官特性（表 6-2）。

表 6-2　酿造酱油的感官特性

<table>
<tr><th rowspan="3">项目</th><th colspan="8">指标</th></tr>
<tr><th colspan="4">高盐稀态发酵酱油(含固稀发酵酱油)</th><th colspan="4">低盐固态发酵酱油</th></tr>
<tr><th>特级</th><th>一级</th><th>二级</th><th>三级</th><th>特级</th><th>一级</th><th>二级</th><th>三级</th></tr>
<tr><td>色泽</td><td colspan="2">红褐色或浅红褐色,色泽鲜艳,有光泽</td><td colspan="2">红褐色或浅红褐色</td><td>深红褐色,鲜艳,有光泽</td><td>红褐色或棕褐色,有光泽</td><td>红褐色或棕褐色</td><td>棕褐色</td></tr>
<tr><td>香气</td><td colspan="2">浓郁酱香及酯香</td><td colspan="2">有酱香及酯香</td><td>酱香浓郁,无不良气味</td><td>酱香较浓,无不良气味</td><td>有酱香,无不良气味</td><td>微有酱香,无不良气味</td></tr>
<tr><td>滋味</td><td colspan="2">味鲜美、醇厚、鲜、咸甜适口</td><td>味鲜、咸甜适口</td><td>鲜、咸适口</td><td>味鲜美,醇厚,咸味适口</td><td>味鲜美,咸味适口</td><td>味较鲜、咸味适口</td><td>鲜咸适口</td></tr>
<tr><td>体态</td><td colspan="4">澄清</td><td colspan="4">澄清</td></tr>
</table>

(2)理化指标(表 6-3)。

表 6-3　酿造酱油理化指标　(g/100 mL)

<table>
<tr><th rowspan="3">项目</th><th colspan="8">指标</th></tr>
<tr><th colspan="4">高盐稀态发酵酱油(含固稀发酵酱油)</th><th colspan="4">低盐固态发酵酱油</th></tr>
<tr><th>特级</th><th>一级</th><th>二级</th><th>三级</th><th>特级</th><th>一级</th><th>二级</th><th>三级</th></tr>
<tr><td>可溶性无盐固形物</td><td>≥ 15.00</td><td>≥ 13.00</td><td>≥ 10.00</td><td>≥ 8.00</td><td>≥ 20.00</td><td>≥ 18.00</td><td>≥ 15.00</td><td>≥ 10.00</td></tr>
<tr><td>全氮(以氮计)</td><td>≥ 1.50</td><td>≥ 1.30</td><td>≥ 1.00</td><td>≥ 0.70</td><td>≥ 1.60</td><td>≥ 1.40</td><td>≥ 1.20</td><td>≥ 0.80</td></tr>
<tr><td>氨基酸态氮(以氮计)</td><td>≥ 0.80</td><td>≥ 0.70</td><td>≥ 0.55</td><td>≥ 0.40</td><td>≥ 0.80</td><td>≥ 0.70</td><td>≥ 0.60</td><td>≥ 0.40</td></tr>
</table>

2. 配制酱油行业标准(SB10336—2000)

(1)感官特性(表 6-4)。

表 6-4　配制酱油感官特性

项目	要求
色泽	红棕色或红褐色
香气	有酱香气,无不良气味
滋味	鲜咸适口
体态	澄清

(2)理化指标(表 6-5)。

表 6-5　配制酱油理化指标　(g/100 mL)

项目	指标
可溶性无盐固形物	≥ 8.00
全氮(以氮计)	≥ 0.70
氨基酸态氮(以氮计)	≥ 0.40

注:铵盐的含量不得超过氨基态氮含量的 30%

(3)卫生指标(表 6-6)。

表 6-6　酿造酱油卫生指标

项目	指标
总酸(以乳酸菌计),(g/100 mL)	≤2.5
总砷(以 As 计),(mg/L)	≤0.5
铅(Pb),(mg/L)	≤1.0
黄曲霉毒素 B1 (μg/L)	≤5
细菌总数(cfu/mL)	≤3 000
大肠菌群(MPN/100 mL)	≤30
致病菌(沙门氏菌、志贺氏菌、金黄色葡萄球菌)	不得检出

(四)实习考核要点和参考评分

(1)记录实习过程所见所闻所想,结合专业知识撰写认识实习报告。

(2)指导教师提交认识实习教学指导教师工作报告一份。

(3)酱油生产技术认识实习的操作考核要点和参考评分参照表 6-1 制定。

三、酱品生产技术

知识目标:

(1)了解制酱所用的原料及种类。

(2)掌握酱在生产过程中的制作工艺及操作要点。

(3)学会并掌握制曲和发酵技术。

(4)了解甜面酱的酿制过程。

技能目标:

(1)能够完成面酱、豆酱生产中原料处理、制曲管理、发酵控制等基本操作。

(2)学会各类酱品的制作工艺及操作步骤。

(3)掌握豆酱的生产工艺及质量控制。

(4)学会对各种酱品进行质量评定。

解决问题:

学会运用相关知识解决酱品生产过程中常见的质量问题。

酱是以富含蛋白质的豆类和富含淀粉的谷类及其副产品为主要原料,利用以米曲霉为主的微生物,经发酵而制成糊状调味品。酱经过发酵具有独特的色、香、味,含有较高的蛋白质、糖、多肽及人体必需的氨基酸,还含有钠、氯、硫、磷、钙、镁、钾、铁等离子。酱不但营养丰富,而且容易消化吸收,它既可作为菜肴,又是调味品,还保持特有的色、香、味、体,价格也便宜,因而是一种很受大众欢迎的调味副食品。酱是我国传统的咸暸调味品,因其原料不同,工艺差异,品种也有所不同,现将市售品种分类介绍如下。

(一)酱的分类

1. 豆酱

以豆类为主要原料,经过曲霉菌分解,使其发酵熟成的酱类。可直接佐餐或供复制用。

(1) 黄豆酱:以黄豆为主要原料加工酿制的酱类。

① 干态黄豆酱:指原料在发酵过程中控制较少水量,使成品外观是干涸状态的黄豆酱。

② 稀态黄豆酱:指原料在发酵过程中加大用水量,使成品外观呈稀稠状态的豆酱。

(2) 蚕豆酱:以蚕豆为主要原料加工酿制的酱类。分为生料蚕豆酱和熟料蚕豆酱。

(3) 杂豆酱:以豌豆或其他豆类及其副产品为主要原料加工酿制的酱类。

2. 面酱

以谷类为主要原料,经过曲菌酶分解,使其发酵熟成的酱类,可直接佐餐或作为制作酱菜的腌制料。

(1) 小麦面酱:以小麦为主要原料加工酿制的酱类。

(2) 杂面酱:以其他谷类淀粉及其副产品为主要原料加工酿制的酱类

3. 复合酱

指以豆、面等酱为基料,添加其他辅料混合制成的酱类。可供佐餐用,如郫县豆瓣、辣面酱等。消费者在选购酱类时,应注意,优质面酱应为黄褐色或红褐色,鲜艳,有光泽,具酱香和脂香,无不良气味;入口咸鲜甜浓,醇厚,无苦味、焦煳味、酸味及其他异味;体态黏稠适度,无霉变、杂质。优质豆酱基本同面酱,并具浓郁豆香,甜度较低。面酱含盐量大于等于7%,豆酱含盐量大于等于12%。使用时应注意折算合理添加量。另外,若以酱作味碟蘸食,一定要蒸或炒后食用,否则可能引起肠胃疾病。

(二) 传统豆酱生产工艺

1. 工艺流程

食盐水
↓
大豆→除杂→浸泡→蒸熟→制曲→豆瓣曲→发酵→成品

2. 操作要点

(1) 大豆浸泡:先将大豆清洗,再浸渍,浸渍时间为冬季4～5 h,夏季2～3 h,以豆粒胀起无皱纹为度,淋干备用。

(2) 蒸煮:蒸煮适度的大豆熟透而不烂,用手捻时豆皮脱落,豆瓣分开为宜。

(3) 制曲:将蒸煮好的大豆冷却,在木盘或竹匾上摊平,放于通风处,几天后,豆子上长满0.5～1寸厚的黄毛,制曲完成。

(4) 发酵:将制好的豆瓣曲加食盐水(食盐添加量为40%),拌匀。酱醅耙平,轻轻压实,再用塑料布封口,加盖。此后开始保温发酵。分别于第5 d、第10 d翻酱醅,15 d左右即可发酵成熟。

(三) 现代豆酱生产工艺

传统方法制酱,周期长,劳动强度大,而且容易污染杂菌,因此豆酱的现代化生产非常重要。豆酱的现代化工艺主要表现在制曲工艺上,实现了人工接种,制曲和发酵的管理更加科学、合理和可控。

1. 制曲

(1) 工艺流程:

水　　　　　　　　　　面粉　种曲(或曲精)
↓　　　　　　　　　　　↓　　↓
大豆→洗净→浸泡→蒸熟→冷却→混合→接种→厚层通风培养→大豆曲

(2) 操作要点:

① 原料配比:大豆 100 kg,标准粉 40～60 kg,种曲量为 0.15%～0.3%。

② 大豆清洗:大豆中混有泥土、沙砾和其他杂物,因此有必要除去。方法是将大豆置于清水中,利用人工或机械不断搅拌,使豆荚、浮豆及其他较轻的杂物浮在水面,沙砾等重物沉积在底部,泥土是把水弄浑浊,弃去上层和沉底的物质后连续冲洗数次,大豆便洗涤清洁。

③ 大豆的浸泡:将洗净的大豆加水浸泡。浸渍程度为豆粒胀起无皱纹,豆内无白心,并能于指间容易压成两瓣为宜。大豆浸水要透,否则蛋白质吸水不够,蒸料时很难蒸熟,影响蛋白质完成一次性变质,从而降低成品质量和原料利用率。大豆经浸泡沥干后,一般重量增至 2.1～2.15 倍,容重增至 2.2～2.25 倍。

④ 蒸煮:目的是使大豆组织充分软烂,其中所含蛋白质变性,易于水解,同时部分碳水化合物水解为糖和糊精,以利于曲霉利用。大豆蒸煮的方法,因设备不同而分为常压和加压两种。将浸泡好的大豆放入蒸桶和蒸锅内,通入蒸汽,待蒸汽全部从面层冒出后加盖。若以常压煮豆,则加盖后维持 2h 左右,焖 2h 出锅;若以加压蒸豆,待蒸汽全部从面层冒出后,密闭盖子,通蒸汽至压力达到 4.9×10^4 Pa,再放出冷气,继续通蒸汽至压力达到 9.8×10^4～ 1.47×10^5 Pa,维持 30～60min 即可。

⑤ 面粉处理:面粉可采用炒焙的方法或干蒸,也可加少量水后蒸熟,但经过蒸后水分增加,不利于制曲。因此现在有些工厂已直接利用面粉而不采取任何处理。将蒸熟的大豆冷却至 80 ℃,与面粉拌和。

⑥ 接种:当熟料降温至 38 ℃～40 ℃时,接入种曲,接种量为 0.3%,接种后混合拌匀,为了使豆酱中不含麸皮,种曲最好分离出孢子后使用。料曲水分要适宜,水分过少,米曲霉生长困难;水分过大,会引起杂菌污染,且制曲过程中,有效成分损失过多。

⑦ 制曲:为了给米曲霉繁殖创造最佳的生长条件,使其分泌大量的酶类,作为发酵的动力,需要制曲。目前有通风制曲和制盒曲两种形式。通风制曲用机械通风代替人工倒盒,劳动强度低,曲质量也相对稳定,被大多数工厂所采用;小型工厂则用木盘、竹匾等制盒曲,曲室要求有保温、降温、保湿措施,还要定期灭菌。曲料接种完毕,接入菌槽,进行培养。曲室温度为 26 ℃～28 ℃,干温差 1 ℃～2 ℃。曲料入槽品温 30 ℃左右,料层厚度约 30 cm,入槽培养 8～10 h,为米曲霉孢子生长的发芽期,此时期静置培养,当品温升至 36 ℃～37 ℃时,通风降温至品温 35 ℃以下。培养 14～16 h,米曲霉进入菌丝生长期,应持续通风,使品温不超过 35 ℃。曲料出现结块时,进行第一次翻曲,此后,米曲霉进入菌丝繁殖期,品温上升迅速,应持续通风,使品温不超过 35 ℃。当曲料层面产生裂缝全部发白

时，可以进行第二次翻曲。培养20～22 h，米曲霉开始着生孢子，进入孢子着生期。此时期内，米曲霉蛋白酶分泌最为旺盛。为了不影响蛋白酶的分泌，应严格控制品温不超过35 ℃，还要求通湿风（相对湿度90%左右），或者用喷雾器喷洒一定量的凉水，并要连续通风。孢子着生期进行两次产曲。此后，米曲霉逐渐成熟，品温降至30 ℃～32 ℃，孢子呈淡绿色，总培养时间为30～36 h，就可以出曲。

2. 制酱

（1）工艺流程：

食盐＋水→配制→澄清→盐水

↓

大豆曲→发酵容器→自然升温→第一次加盐水→酱醅保温发酵→第二次加盐水及盐→翻酱→成品

（2）操作要点：

① 盐水的制备：由于制酱方法现在采用的有一般发酵法和固态低盐发酵法，其所需浓度不同，又因酱的种类不同，制醅发酵所需盐水浓度也有差异，经常需要配制14.5°Bé、15°Bé、19°Bé、23°Bé及24°Bé等不同浓度的盐水，澄清后，吸取其清液供不同酱品使用。

② 发酵：豆酱的发酵过程是利用米曲霉及其他微生物所分泌的各种酶的生理作用，在适宜的条件下，使原料中的物质进行一系列的复杂的生物化学反应，形成豆酱特有的色、香、味、体。小型工厂都使用缸、桶，都有保温设施。大型工厂可使用有水浴保温的水泥池。豆酱的发酵可分为高盐发酵和低盐发酵法两种。

高盐发酵（豆片曲制酱）需豆片曲100 kg，19%盐水150 kg。先将豆片曲预热至40 ℃，盐水预热至50 ℃，拌匀。发酵容器底部预先加入盐水少量，以免酱醅黏底变质。成曲拌盐时，底部盐水量可少一些，以后逐渐增多，最后把剩余盐水全部浇至面层，使其缓慢渗入。最后耙平，轻轻压实，表面铺盖聚乙烯薄膜及加盖。此后开始保温发酵。初期发酵1～5 d，品温维持44 ℃～46 ℃，主要是蛋白质水解酶水解蛋白质。第5 d进行第一次翻醅。发酵6～10 d，品温升至46 ℃～48 ℃，仍以蛋白质分解分解为主，也伴有淀粉水解作用。第10 d进行第二次翻醅。发酵11～15 d，品温升至50 ℃～52 ℃，此期间主要是淀粉的水解作用。15 d以后，酱醅发酵成熟，加入0.1%苯甲酸钠（先溶于沸水中），再利用压缩空气或翻酱机翻拌均匀，即得成品。

低盐发酵（大豆曲制酱）时，需大豆曲100 kg，14.5%盐水90 kg，24%盐水40 kg，再制盐10 kg。先将成曲倒入发酵容器内，表面耙平，稍微压实。其目的有二：一是使盐水逐渐缓慢渗入，曲与盐水的接触时间增长，二是避免底部盐水积得过多，同时面曲层也充分吸收盐水。压实后成曲会自然升温至40 ℃左右，再将14.5%盐水加热至60 ℃～65 ℃，浇至面层，使之逐渐全部渗入曲内，最后面层加再制盐一层，并将盖盖好。成曲加入热盐水后，醅温即可达到45 ℃左右。如果酱醅温度不低于40 ℃成品可以保持正常pH（pH 6.0左右）。平时每天检查温度1～2次。10 d后，酱醅成熟，补加24%盐水和剩余食盐，翻拌均匀，使食盐全部溶化。置室温下再发酵4～5 d，以改善风味。

（四）面酱酿造工艺

面酱也称甜酱，又叫甜面酱，是以面粉为主要原料的一种酱类，由于其味道咸中带甜而得名。它利用米曲霉分泌的淀粉酶，将面粉经蒸熟而糊化的大量淀粉分解为糊精、麦芽糖及葡萄糖。曲霉菌丝繁殖越旺盛，则糖化程度越强。此项糖化作用，在制曲时已开始进行，在酱醅发酵期间则更进一步加强。同时面粉中的少量蛋白质，也经曲霉所分泌的蛋白酶的作用，将其分解成为各种氨基酸，而使甜酱又稍有鲜味，成为具有特殊滋味的产品。该产品已经远销日本和其他国家，是烤鸭必备的调味品，也是烹调中的调味佳品。

在面酱生产过程中，有两种不同的做法，即南酱园做法和京酱园做法，又简称为南做法和京做法。它们之间的一个区别在于一个是死面的，一个是发面的。南酱园的做法是发面的，即将面蒸成馒头，之后制曲拌盐水发酵。京酱园是死面的，即将面粉拌入少量的水撮成麦穗形，而后再蒸，蒸完后降温接种制曲，拌盐水发酵。发面的特点是利口，味正。死面的特点甜度大，发黏。

1. 传统曲法酿造面酱

（1）工艺流程：

种曲（或曲精）
↓
面粉＋水→拌和→蒸熟→冷却→接种→厚层通风培养→面糕曲

（2）操作要点：

① 原料处理：用和面机将面粉与水充分拌和均匀（每 100 kg 面粉加水 28～30 kg），使其形成细长条形或蚕豆大小的颗粒，然后及时送入常压蒸锅中，当最后一包碎面块入蒸锅后，面层予以翻拌，待全部冒汽后即可。蒸熟的标准是面粉呈玉色，嘴嚼时不黏牙齿且稍有甜味为适度。或者可以用拌和机将面粉与水充分拌和成碎面块后，立即连续进入蒸料机内，蒸熟的面糕也就连续出料，效果良好。

② 冷却接种：当蒸熟的面糕冷却至 40 ℃时，按 100 kg 的面粉接种曲 0.3 kg 的比例，将与面粉拌和后的种曲均匀撒在面糕表面，再混合拌匀。为了保证面酱细腻无渣，接种的种曲以分离出的孢子（曲精）为宜。

③ 制曲：将曲料疏松平整地装入曲箱，料层厚 25 cm，曲料入箱后立即通风，使曲料品温均衡在 30 ℃～32 ℃，静置培养 6 h 左右，曲料品温逐渐上升，开始间断输入循环风，使料温保持 33 ℃左右。6～8 h，曲料表面出现白色绒毛状菌丝，内部有菌丝繁殖，曲料结块，间断通风，品温难以下降时，进入制曲第二阶段。

当料曲温度持续上升，曲料结块，料呈白色，立即输入冷风，使曲料品温降至 30 ℃左右，翻曲一次，继续通风。品温保持在 35 ℃左右，经 8 h 通风培养，曲料二次结块，再进行一次翻曲即进入第三阶段。

二次翻曲时，曲料品温上升缓和，曲料表层菌丝体顶端开始有孢子产生，并随着时间的延长，曲料颜色逐渐变黄，此时应连续向曲箱输入循环风，并调节室温和相对湿度，品温保持在35 ℃，18 h左右，孢子由黄变绿，曲料结成松软的块状，即为成曲。成曲应呈黄绿色，有曲香，手感柔软，有弹性，没有硬曲，花曲，烧曲，无酸臭气及其他不良气息。

2. 制酱

（1）工艺流程：

食盐＋水→配制→澄清→盐水→加热
↓
面糕曲→发酵容器→自然升温→加盐水→酱醅保温发酵→成熟酱

（2）操作要点：

① 配合比例：面糕曲 100 kg，14°Bé 盐水 100 kg。

② 制醪发酵：发酵时食盐对于淀粉酶、蛋白酶的活力有显著的抑制作用。根据试验测定，一般当氯化钠含量在 10%的情况下，米曲霉的糖化力要比无盐时降低 50%。同时，产品中若盐分含量高，在舌觉上甜味被遮盖，也影响成品质量。因此面酱的发酵方法习惯上采用低盐发酵。盐水的浓度只要求 14°Bé，而且盐水用量少，它的总含盐量比较低。这种低盐发酵的优点是成熟快，甜味足，色泽和香气也都很好，它既能防腐，又能及时成熟，并能获得较好的甜味。

发酵方法有两种：一种是先将面糕曲送入发酵容器内，耙平后自然升温，并随即从面层四周徐徐一次注入制备好的 14°Bé 热盐水（加热至 60 ℃～65 ℃，并经澄清除去沉淀），让它逐渐全部渗入曲内，最后将面层压实，加盖保温发酵。品温维持在 53 ℃～55 ℃，每天搅拌一次，至 4～5 d 面糕曲已吸足盐水而糖化。7～10 d 后酱醅成熟，变成浓稠带甜的酱醪。另一种操作是先将 14°Bé 盐水加热到 65 ℃～70 ℃，同时将面糕曲堆积升温至 45 ℃～50 ℃，第一次盐水用量为面粉的 50%，用制醅机将面糕曲与盐水充分拌和后，送入发酵容器内，此时要求品温达到 53 ℃以上。拌种入发酵容器完毕，应迅速耙平，面层用再制盐封好并加盖，品温维持在 53 ℃～55 ℃，发酵时间为 7 d。发酵完毕，再第二次加入沸盐水。最后利用压缩空气翻匀后，即得浓稠带甜的酱醪。

发酵温度要求 53 ℃～55 ℃，需要严格掌握。如果发酵温度低，不但面酱糖分降低、质量变劣，而且容易发酸；若发酵温度过高，虽可促使酱醪成熟加快，缩短生产周期，但接触发酵容器壁的酱醪往往因温度过高而变焦，产生苦味。

面酱成熟后，一般当室温在 15 ℃以下时，可以移至室外储存容器中保存，如果室温在 15 ℃以上时，则贮藏时必须经过加热处理和添加防腐剂，以防止酵母发酵而变质。

（五）酶法制面酱工艺

酶法制酱是在传统的曲法制酱的基础上改进而来的。面酱糕不制曲，只加入少量特制的粗酶液进行水解。此法不仅可以减少杂菌污染，还可以缩短生产周期，提高出品率，但生产的面酱风味较差。

1. 工艺流程

温水　面粉＋水→拌和→蒸熟→面糕
↓　↓
3. 040 米曲霉＋ 3. 324 黑曲霉→浸泡→压滤→酶液→拌和入发酵容器→保温发酵→磨酱→灭菌→成品

2. 操作要点

（1）菌种的选择：酶法制面酱选用的菌种主要是3.324甘薯曲霉及沪酿3.040米曲霉。3.324甘薯曲霉所制得的麸曲（简称黑曲霉）的特点是它的糖化型淀粉酶比米曲霉的糖化型淀粉酶的耐热性强，在60 ℃的糖化的效果较好，到65 ℃稍为减退，在30 ℃～58 ℃时则有较持久的耐力，生产中主要就是利用这个特点。其次，3.324甘薯曲霉能产生有机酸，可加快面酱的风味调和而增进适口性。3.324甘薯曲霉的缺点是在制曲时，如果曲料水分大，时间控制不当，则孢子容易老熟而产生黑色素。如果用这样的麸曲萃取曲液，不但糖化型淀粉酶的活力低，而且影响面酱的色泽，降低了面酱的质量，这是必须引起注意的一个环节。

3.040米曲霉的菌株的糖化力相当强，而持续性则比较差，但是酱的色泽与风味都比较好，现在同时采用3.324与3.040两种菌种所生产的麸曲，则取长补短，发挥了各自的特点。

（2）3.324黑麸曲的制备：

① 试管培养：培养基为6°Bé左右的饴糖液100 mL，蛋白胨0.5 g，琼脂2.5 g，分装于试管后，加压9.8×10^4 Pa，灭菌30 min，然后制成斜面。无菌检查试验3 d后接种，30 ℃～32 ℃培养3～5 d孢子老熟，即可应用。

② 三角瓶培养：麸皮80 g，面粉20 g，水100 mL，拌匀过筛，250 mL三角瓶内装入20 g，加压9.8×10^4 Pa，灭菌30 min，冷却后接种，置于30 ℃～32 ℃恒温箱内培养。18～22 h后菌丝生长，温度上升，开始结块，摇瓶一次，第三天菌丝大量生长，即可扣瓶。孢子由黄色变成黑色时就可使用。培养时间为4～5 d。

③ 通风制曲：多次试验的结果证明，固体曲所分泌的糖化型淀粉酶的条件颇为复杂，虽同一菌种也因原料不同而异。即使菌种及原料相同，培养温度及培养pH改变时，则酶的产量及组成比也有很大的变化。因此必须严格控制制曲期间的各个环节，以求得产酶的稳定。

利用麸皮制曲，菌体长得较好，酶活力也较高，所以采用麸皮为制酶的主要原料。原料处理是麸皮250 kg，加水65%，充分拌匀，常压蒸50 min，焖30 min（加压蒸料达到9.8×10^4 Pa时，维持15 min），送入通风曲池，冷却至40 ℃，0.3%接入三角瓶扩大种培养，接种完毕通风一次，使料层品温上下一致，6～7 h后品温上升，即可间歇通风，使品温维持在32 ℃左右，不使超过38 ℃，如品温继续上升不易控制时，则可翻曲一次，经过26～30 h，菌丝生长旺盛，呈微黄色，糖化酶活力达到高峰，就可出曲，摊凉备用。

④ 通风制曲的几点注意事项：

a. 温度与发芽的关系：实践证明，在25 ℃的低温下，曲霉要9 h才能发芽，30 ℃下6.5 h发芽，35 ℃时则6 h就能发芽。所以为了缩短制曲时间应适当控制温度，促使提前发芽。

b. 制曲温度：如曲料水分在51%，料层厚度20 cm左右，温度一般能稳定在30 ℃～35 ℃。

c. 制曲时间：视曲料水分、培养温度、接种量等条件不同，一般是24～28 h，当菌丝生长旺盛、孢子呈微黄色时出曲为最佳。如果孢子完全老熟变成黑色时出曲，则极不适宜。

d. 成曲贮存：3.324 黑麸曲以在新鲜状态使用为宜。如果不能一次用完，可放在阴凉干燥通风处，其水分不得超过 13%。

（3）沪酿 3.040 黄麸曲的制备：

① 试管及三角瓶培养：同 3.324 菌种培养。

② 种曲培养：如果三角瓶扩大曲用量过多，大批培养就有困难，应制造种曲。原料配比为麸皮 10 kg，加水 60%～80%。

③ 通风制曲：原料配比及其处理、料层厚薄、制曲管理及成曲贮存等均可参照 3.324 通风制曲。制曲时间应比 3.324 黑麸曲长，为 32～38 h，曲呈淡黄色即可。

（4）酶液的萃取：将麸曲按投入原料重量的 13%（其中沪酿 3.040 黄麸曲 10%，3.324 黑麸曲 3%），加 2～5 倍 40 ℃温水浸泡 1.5～2 h，搅拌促使酶能溶出，然后装入布袋压榨，也可用离心机使液渣分离。最简单的萃取方法是在木桶或缸内设一假底，再开一小洞，待曲浸泡后即可放出，这样循环套淋 2～3 次就可测定酶的活力，一般每毫升的酶液活力为 45 U 左右（糖化酶活力）就可备用。浸出酶液热天易变质，要严加防止，必要时可适当加入食盐。

（5）原料处理：原料处理主要是面粉蒸熟。蒸面糕操作可参照一般面酱生产，但拌和面粉的水量应掌握在 28%，即比原来减少 2%，其细度也要比原来细些，尽可能做到越细越好。在正常情况下，蒸熟后面糕水分为 36%～38%。酶法面酱生产用料配比如表 6-7 所示。

表 6-7 酶法面酱生产用料配比

面粉（kg）	蒸熟后面糕重量（kg）	沪酿 3.040 黄麸曲（kg）	3.324 黑麸曲（kg）	食盐（kg）	水（包括酶液）（kg）
600	828	60	18	96	400

（6）拌料下缸及保温发酵：面糕蒸熟后冷却到 60 ℃左右下缸，按原料配比加入麸曲浸出液，同时补足食盐量，充分拌匀后压实，此时品温要求达到 45 ℃左右，以便使各种酶能迅速地起作用。24 h 以后，发酵容器四周已经出现液化现象，有液体渗出，面糕开始膨胀软化，这时即可进行翻酱，并维持酱温在 45 ℃～50 ℃。第七天后即可升温到 55 ℃～60 ℃，第八天可视面酱色泽的深浅调节温度到 65 ℃，出酱前最好升温到 70 ℃，这对防止成品变质有一定的作用，必要时按规定添加苯甲酸钠。酱温达到 70 ℃后要注意立刻出酱，以免糖分焦化变黑，影响质量，每 100 kg 面粉能生产面酱 200 kg 左右。

在此过程中，应注意以下几点。

① 酶浸出液数量要掌握好，宜少不宜多。酶液少，浓度高，还可加水；酶液多，浓度低就难处理。

② 面糕出锅温度在 80 ℃～90 ℃，因此不能立即与酶液混合，一定要冷却到要求温度，以保证酶的活力。

③ 要认真检查酶浸出液的变质情况，如已变质就不能应用。

（六）面酱成品质量标准（甜面酱行业标准 SB/T 10296—2009）

1. 感官特性（表 6-8）

表 6-8　面酱的感官特性

项目	要求
色泽	黄褐色或红褐色，鲜艳，有光泽
香气	有酱香和脂香，无不良气味
滋味	咸甜适口，味鲜醇厚，无酸、苦、焦煳及其他异味
体态	稀稠适度，无杂质

2. 理化指标（表 6-9）

表 6-9　面酱的理化指标

项目	指标
还原糖（以葡萄糖计），（%）	≥ 20.00
水分（%）	≤ 50.00

3. 卫生指标（表 6-10）

表 6-10　面酱的卫生指标

项目	指标
总砷（以 As 计），（mg/L）	≤ 0.5
铅（Pb），（mg/L）	≤ 1.0
黄曲霉毒素 B1（μg/L）	≤ 5
大肠菌群（MPN/100 mL）	≤ 30
致病菌（沙门氏菌、志贺氏菌、金黄色葡萄球菌）	不得检出

（七）大豆酱质量标准（GB/T 24399—2009）

1. 感官特性（表 6-11）

表 6-11　大豆酱的感官特性

项目	要求
色泽	黄褐色或红褐色，鲜艳，有光泽
香气	有酱香和脂香，无不良气味
滋味	咸甜适口，味鲜醇厚，无涩、无苦、焦煳及其他异味
体态	稀稠适度，允许有豆瓣颗粒，无异物

2. 理化指标（表 6-12）

表 6-12　大豆酱的理化指标

项目	指标
氨基酸态氮（以氮计），(g/100 g)	≥ 0. 50
水分(g/100 g)	≤ 65. 0

注：铵盐的含量不得超过氨基酸态氮含量的 30%

3. 卫生指标（表 6-13）

表 6-13　大豆酱的卫生指标

项目	指标
总砷（以 As 计），(mg/L)	≤ 0. 5
铅(Pb)，(mg/L)	≤ 1. 0
黄曲霉毒素 B1（μg/L）	≤ 5
大肠菌群(MPN/100 mL)	≤ 30
致病菌（沙门氏菌、志贺氏菌、金黄色葡萄球菌）	不得检出

（八）实习考核要点和参考评分

（1）记录实习过程所见所闻所想，结合专业知识撰写认识实习报告。

（2）指导教师提交认识实习教学指导教师工作报告一份。

（3）酱品生产技术认识实习的操作考核要点和参考评分参照表 6-1 制定。

四、腌制菜品生产技术

知识目标：

（1）了解腌制菜的分类，熟悉腌制菜的原辅料。

（2）熟悉咸菜、酱菜及泡菜的生产工艺。

技能目标：

（1）能够处理腌制菜生产中的原料，会选择腌制菜生产的辅料。

（2）掌握腌制菜生产加工中的基本操作技能。

（3）具备分析腌制菜质量的影响因素。

解决问题：

低盐化腌制菜常用的保鲜技术有哪些？

我国用食盐腌制蔬菜，历史悠久，早在两千多年前的周朝时期就有这方面的文字记载："中田有庐，疆场有瓜，是剥是菹，献于皇祖。"（《诗小雅•信南山》）这里的"菹"就是指腌菜。长期以来，经过劳动人民的不断改进，又出现了不少的加工方法和品种繁多的腌渍蔬菜，可谓咸、酸、甜、辣，应有尽有，充分满足了不同口味的人们的需要。我国蔬菜腌渍品在世界上享有盛誉，世界著名的三大腌菜即榨菜、酱桑、泡酸菜均起源于我国，日本的酱菜、德国的酸菜也是由我国传入，榨菜乃是世界上的独特产品。我国各地都有驰名的蔬菜腌渍品，各具特色。如北京冬菜，扬州酱菜，重庆的榨菜，四川的冬菜、芽菜、大头菜，广东酥姜，江浙糖醋菜，云南大头菜，贵州独山盐酸菜，等等。

（一）蔬菜腌制品的分类（表 6-14）

因蔬菜原料、辅料、工艺条件及操作方法不同或不完全相同，而生产出不同风味的不同产品，因此腌制品分类方法也各异。一般是按照生产工艺进行分类。

表 6-14　腌制品分类

种类	产品
盐渍菜类	盐渍黄瓜、盐渍白菜，榨菜、萝卜干，梅干菜
酱渍菜类	扬州酱瓜、北京八宝菜、天津什锦酱菜等
糖醋渍菜类	糖醋萝卜，糖醋大蒜
盐水渍菜类	四川泡菜、酸菜、酸黄瓜等
清水渍菜类	酸白菜等
菜酱类	辣椒酱、蒜蓉辣酱等

（二）常用的腌制方法

蔬菜通常采用盐腌法，按照用盐方式不同，可分为干腌法、湿腌法和混合腌制法。湿腌法比干腌法腌制的产品，含盐量较少而含水量多。

1. 干腌法

干腌法是将食盐直接撒于食品原料表面，利用食盐产生的高渗透压使原料脱水，同时食盐化为盐水并渗透到食品组织内部，或者以重物压在食品顶部以加速盐水渗透并使其在原料内部分布均匀。

干腌法的特点：干腌法的优点是所用的设备简单，操作方便，用盐量较少，腌制品含水量低而利于储存，同时蛋白质和浸出物等食品营养成分流失较别的方法少；其缺点是食盐撒布不均匀而影响食品内部盐分的均匀分布，其产品脱水量大，减重多。当盐卤不能浸没原料时，易引起蔬菜的长膜、生花和发霉等劣变。

干腌法的用盐量：干腌法的用盐量因食品原料和季节而异。干腌蔬菜时，用盐量一般为 7%～10%，夏季为 14%～15%。腌渍酸菜时，由于乳酸发酵产生乳酸，其用盐量控制在 4%～6%。为了利于乳酸菌繁殖，需将蔬菜原料以干盐揉搓，然后装坛、捣实和封坛，防止好气性微生物的繁殖所造成的产品劣变。

2. 湿腌法

湿腌法是将食品原料浸没在盛有一定浓度食盐溶液的容器中，利用溶液的扩散和渗透作用使食盐溶液均匀地渗入原料组织内部。当原料组织内外溶液浓度达到动态平衡时，即完成湿腌的过程。

湿腌法的特点：湿腌法的优点是食品原料完全浸没在浓度一致的盐溶液中，既能保证原料组织中盐分均匀分布，又能避免原料接触空气出现氧化变质现象；其缺点是用盐量多，易造成原料营养成分较多流失，并因制品含水量高，不利于储存，此外，湿腌法需用容器设备多，工厂占地面积大。湿腌法采用的盐水浓度在不同的食品原料中是不一样的。蔬菜腌制时的盐水浓度一般为5%～15%，以10%～15%为适宜。

3. 混合腌制

混合腌制是采用干腌法和湿腌法相结合的一种腌制方法。湿腌法混合加工可增加贮藏时的稳定性，防止产品过度脱水，避免营养物质过分损失。这种方法应用最为普遍。

（三）蔬菜腌制工艺

我国蔬菜腌制品种类多样，生产工艺更是各有千秋。以咸菜、泡菜、酱菜三种产量较大的腌制菜为例，说明基本的加工工艺流程。

1. 咸菜加工工艺

咸菜是最常见的腌制品，种类繁多，各地每年均有大量加工，四季均可进行，以冬季为主，加工方式各有千秋。适用的蔬菜有芥菜、雪里蕻、白菜、萝卜、辣椒等，尤以前三种最常用。国内外知名的有榨菜、冬菜、芽菜、大头菜、梅干菜等。榨菜为以茎用芥菜为原料的腌制品，1898年，现重庆涪陵邓炳臣腌青菜头用木榨压去菜块水分得名。目前，我国出口的低盐榨菜，是四川坛装榨菜（高盐）经过脱盐、杀菌制成的新型方便食品，销往东南亚、美国、日本等地，年出口达2 000吨。冬菜，因在10月下旬到11月上旬腌制而得名，有四川冬菜和北京冬菜两种。前者，以芥菜（俗称青菜头）为原料，主产区在南充和资中；后者，以大白菜为主要原料，工艺简单，色金黄，清香，风味独特，可以生吃。

（1）工艺流程：原料处理→晾晒→盐渍→倒菜→渍制。

（2）操作要点：

① 原料处理：腌制蔬菜于每年小雪前后采收，削去菜根，剔除边皮黄叶，备用。

② 晾晒经处理的菜在日光下晒1～2 d，减少部分水分，并使菜质变软，便于操作。

③ 盐渍将晾晒后的净菜依次排入缸（池）内，按每100 kg净菜加食盐6～10 kg。加盐量依保藏时间的长短和所需口味的咸淡而定。腌制按一层菜一层盐的方式，并层层搓揉或踩踏，进行腌制。

④ 倒菜为了使食盐均匀地接触菜体，使上下菜渍制均匀，并尽快散发腌制过程中产生的不良气味，刚开始腌制的3～5 d，每天倒菜1～2次。

⑤ 渍制经倒菜后进行封缸，进入渍制，冬季为1个月左右，以腌至菜梗或片块呈半透明而无白心为标准。成品色泽嫩黄，鲜脆爽口。一般可贮藏3个月。

2. 泡菜加工工艺

世界上喜食泡菜的人群非常庞大，且所喜风味差异很大，因此，泡菜种类也非常多，名称很杂。根据其风味特征大体上可分为三种：① 保持原有风味的一般泡菜。② 酸度较高者，通常称酸泡菜。③ 具有甜味或淡甜味的甜泡菜。可以用来腌制泡菜的蔬菜甚多，如萝卜、白菜、葛芭、竹笋、黄瓜、茄子、甜椒及嫩姜等，可以不受时间季节限制。我国大部分地区都用较标准的容器泡菜坛（又名水上坛）制作泡菜，其特点是抗酸、抗碱、抗盐，能密封、隔离空气和自动排气，使坛内造成一种嫌氧状态，既利于乳酸菌活动，又能防止外界杂菌侵入，能使泡菜长期保存。国外多用木桶，现多改用钢制容器。泡菜可直接食用，也可作配菜，也可经杀菌处理后长期保存。

（1）工艺流程：原料预处理→腌制→水洗→沥干→配料→装缸→成熟→制品。

（2）操作要点：

① 原料处理：若原料体积过大，要进行切分口。

② 盐水配制：取硬度较高的水使用，可更好地保持脆度，也可适度加入保脆剂。盐水含盐 6%～8%，另可加入 2. 5%白酒，2. 5%黄酒，1%甜醪糟，2%红糖及 3%干红辣椒。亦可加入其他香料，以使制品具备更诱人的风味。

③ 入坛泡制：原料入坛泡制后，应注意坛口的密封性。

④ 泡菜成熟：20 ℃～25 ℃下 2～3 d 即可完成供食用，冬天则需较长的时间。泡菜盐水可继续使用，且时间越长久、使用次数越多，泡菜品质越好。传说民间使用泡菜水有达数十年之久的，并用作女儿出嫁的嫁妆。

泡菜的管理：要注意坛上水槽内水不能干枯，在发酵初期会有大量气体从坛内逸出，使坛内形成利于乳酸菌活动的厌氧条件。在泡菜成熟后，取食时期在卤水表面会生成白膜（俗称生花），这是因酒花酵母繁殖所致，此菌能分解乳酸，降低泡菜酸度，甚至导致腐败菌生长使泡菜败坏。处理办法是把菌膜捞出，加少量白酒或酒精，或切碎的洋葱或生姜片，将菜和盐水加满，密封几天，菌膜即可消失。

3. 酱菜加工工艺

酱菜的种类很多，口味不一，但制造过程和操作方法基本一致。一般是取腌渍后的咸坯菜，去咸排卤后酱渍。酱渍包括用酱或酱油加工两种。用酱腌制者在腌制期间可耐久存；而用酱油者则快速易调味。我国各地方的名产酱菜多用甜酱腌制，而近年来罐装酱菜及一般酱菜多用酱油腌制。北方酱菜多用甜酱，成品略带甜味；南方酱菜多用豆酱，咸味略重。各地酱菜均有传统制品，北京“六必居”酱菜、扬州什锦酱菜等皆为名品。优良的酱菜除有所用酱料的色、香、味外，还应保持蔬菜固有的形态和品质。

酱菜的生产工艺分盐腌及酱渍两大工序。

（1）工艺流程：原料预处理→盐腌→清水浸泡脱盐→沥干→酱渍→成熟→制品。

① 盐腌：原料经预处理之后进行盐腌处理。含水量较多的蔬菜直接用 14%～16%干盐混合后腌制，称为干腌。含水量低的原料则用 25%的盐水进行腌制，称为湿腌。盐腌时间 17～20 d 不等，视原料而定。

② 酱渍：用于酱渍的盐腌菜坯需先进行脱盐处理，达 2%～2. 5%为宜，一般为清水浸泡脱盐，沥干水后进行酱渍。酱渍方法有三：其一是将菜坯直接浸没在酱缸内；其二是一层酱一层菜，层层相间进行酱渍；其三是部分蔬菜不经盐腌而直接进行酱渍，如草食蚕、嫩姜等。

一般酱的用量与菜坯相同，当然酱的比例越高越好，一般最少不低于 3∶7，即酱为 3，菜为 7。通常酱渍是在常压下不断搅拌完成，但时间长，酱油耗量大。如采用真空—压缩速制酱菜新工艺，可缩短周期 10 倍以上。即在渗透缸内抽真空，随即吸入酱料，再加压注入净化空气，维持一定的压力和温度，短时间即可完成。

（四）糖醋渍菜类加工工艺

糖醋菜是将选用的蔬菜原料先用稀盐洒或清水进行一定时间的乳酸发酵，以利于排除原料中不良风味，逐步提高食盐浓度浸渍及增强蔬菜组织的透性。大多数糖醋菜含醋酸1%以上，并与糖、香料配合调味，因此可以较长时间保存，如糖醋大蒜，糖醋酥姜等。

（五）腌制菜质量标准

1. 腌制菜感官要求

具有腌制菜固有的色、香、味，无杂质，无其他不良气味，不得有酶斑白膜。

2. 腌制菜理化指标（表6-15）

表6-15 腌制菜理化指标

指标	指标
总砷（以As计），(mg/kg)	≤0.5
铅(Pb)，(mg/kg)	≤1.0
亚硝酸盐($NaNO_3$计)，(mg/kg)	≤20

3. 腌制菜微生物指标（表6-16）

表6-16 腌制菜微生物指标

项目	指标
大肠杆菌	散袋装≤90个
大肠杆菌	瓶(袋)装≤30个
致病菌（沙门氏菌、志贺氏菌、金黄色葡萄球菌）	不得检出

（六）实习考核要点和参考评分

(1) 记录实习过程所见所闻所想，结合专业知识撰写认识实习报告。

(2) 指导教师提交认识实习教学指导教师工作报告一份。

(3) 腌制菜生产技术认识实习的操作考核要点和参考评分参照表6-1制定。

第二节 调味品加工企业岗位参与实习

一、食醋加工岗位技能综合实训

实习目的：

(1) 通过本实习的学习，使学生加深对食醋生产基本理论的理解。

(2) 使学生掌握食醋生产的基本工艺流程，进一步了解食醋生产的关键技术。

(3) 提高学生的生产操作控制能力，能处理食醋生产中遇到的常见问题。

实习要求：

（1）4～5人为一组，以小组为单位，从选择原料及必要的加工设备开始，利用各种原辅材料的特性及主要生产原理，生产出质量合格的产品。要求学生掌握食醋生产的基本工艺流程，抓住关键的操作步骤。

（2）写出书面实习报告。

（一）镇江香醋的生产

镇江香醋采用固态分层发酵法酿制而成，为我国最著名的食醋之一，产品具有“色、香、酸、醇、浓”等特色，其口味“香而微甜，酸而不涩，色浓而味鲜”。

参考配方：按质量比为糯米100，酒药0.4，麦曲6，麸皮170，稻壳95，成熟醋醅6，盐7，糖0.7，米色47.3。

主要设备：浸泡设备，电加热锅，发酵箱，淋醋缸，储存容器等。

工艺流程：

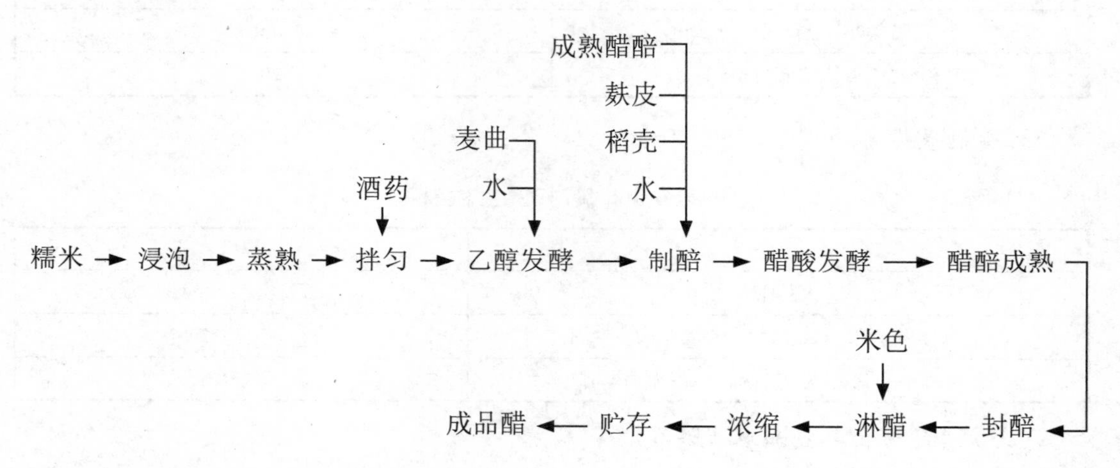

1. 原料处理

将糯米加入清水中浸泡，一般冬季浸泡24 h，夏季15 h。要求米粒浸透而无白心。然后捞起用清水淋清，沥干。将沥干的糯米放入锅中蒸熟透，取出用凉水淋饭冷却。冬季冷至30 ℃，夏季25 ℃。

2. 淀粉糖化及乙醇发酵

在冷却的熟料中均匀拌入酒药，搭成“V”字形饭窝，盖好，以保持品温和减少杂菌污染。品温31 ℃～32 ℃，经60～72 h后，饭粒从缸底浮起，糖化液增多，有乙醇及CO_2气泡产生，此时糖分为30%～35%，乙醇为4%～5%（体积分数）。在拌药4 d后，添加水和麦曲。加水量为糯米的140%，麦曲量为6%，品温控制在26～28 ℃，即“后发酵”，在此期间应注意及时开耙。加水后24 h开头耙，以后3 d每天开耙1～2次。发酵时间自加入酒药算起，总共为10～13 d。冬季醪中酒精度达13°～14°，酸度0.5%以下。夏季酒精度达10°以上，酸度0.8%以下。

3. 醋酸发酵

醋酸发酵是食醋生产中的重要环节，采用固态分层发酵法制醅，大多数敞口操作，是多菌种的混合发酵。

（1）提热过杓：将麸皮和酒醪混合成半固态，要求无干麸，乙醇含量控制在5%～7%为好，取当日已翻过的发酵优良的成熟醋醅作种子，再加少量稻壳和温水，将酒醪、稻壳和成熟醋醪充分搅拌均匀，放于醅面上，用稻壳覆盖，不必加盖，任其发酵。第2 d开始，将稻壳、上层发热的醅料与下面一层未发热的醅料充分拌匀后，再盖一层稻壳，一般10 d后可将配比的稻壳用完，酒麸也用完开始露底，此操作过程为“过杓”。过杓品温43 ℃～46 ℃，一般经24 h，再添加稻壳并向下翻拌一层。

（2）露底：过杓结束，醋酸发酵已达旺盛期。这时应每天将底部的潮醅翻上来，表面的热醋醅翻下去，要见底，这个操作过程称为“露底”。露底应使面上温度不超过45 ℃，每天一次，连续7 d，此时醋醅中的乙醇含量越来越少，酸度越来越高，品温逐渐下降，醋醅的酸度达最高值，每日应及时化验，待酸度不再上升甚至出现略有下降的现象时，应立即封醅，转入陈酿阶段，避免过氧化而降低醋醅的酸度。

4. 封醅

醋醅成熟后，加盐，耙平压实，用塑料布盖好，四边用食盐封住，不透气。整个陈酿期20～30 d，期间翻缸一次。封醅的目的主要是减少醋醅中空气，控制过氧化，减少水分、醋酸、乙醇挥发。

5. 淋醋

淋醋采用循环法。将淋醋缸清洗干净，投入陈酿结束的醋醅，干醅放在下面，潮醅放在上面，一般装醅量为淋醋缸容积的80%，按此比例加入食盐、米色，用上一批第2次淋出的醋液将醅料浸泡数小时后，进行淋醋，第1次淋出的醋品质最好，为头醋汁，作为半成品。第1次淋完后，再加入第3次淋出的醋液浸泡数小时，淋出的醋液为二醋汁，作为第1次浸泡的水用。第2次淋完后，再加清水浸泡数小时，淋出得三醋汁，作为第2次浸泡的水用。循环淋泡，每缸淋醋3次。淋尽后醋渣酸度要低于0.5%。

6. 浓缩、贮存

将淋出的生醋加入食糖配置，澄清后，加热煮沸浓缩。再将醋冷却到60 ℃装入贮存容器，密封存放。容器上注明品种、酸度、日期。在贮存期间会发生氧化反应，如乙醇氧化成乙醛，主要进行酯化反应生成各种酯，如醋酸乙酯、醋酸丙酯、醋酸丁酯和乳酸乙酯等。贮存的时间越长，成酯数量也越多，食醋的风味就越好。但是贮存期过长，由于醋中的糖分与氨基酸结合产生类黑素等物质，使食醋的色泽变深，氨基酸态氮、糖分也会下降，这些成分的减少与增色有关。食醋的贮存期越长，贮存温度越高，色泽越深。因此，一般贮存1～6个月。

（二）香醋生产注意事项

（1）糯米要求米粒圆、整齐、粒大。糯米含支链淀粉比例高，所以吸水速度快，黏性大，不易老化，营养丰富，有利于酯类芳香物质生成，对提高食醋风味有很大作用。

糯米蒸煮要适当，避免局部过热和蒸煮时间过长。经过蒸煮后，糯米易被淀粉酶所糖化，并且高温蒸煮有杀菌作用，可以减少食醋生产中杂菌的污染。但是在蒸煮过程中如有局部过热现象极易生成焦糖，焦糖不仅不能被发酵，还会阻碍糖化酶对淀粉的糖化作用，并对发酵有影响。蒸煮时间过长糖分损失也越多。

糖化时应掌握好糖化时间。液化时间过长或过短对糖化操作都不利。过度糖化不但所增加的糖量有限,而且会降低淀粉利用率和糖化设备利用率。

糖化时应保持一定酶单位,糖化剂酶单位过少,会严重影响原料利用率,造成乙醇发酵和醋酸发酵困难。

(2)乙醇发酵阶段,要准确掌握前、后酵的发酵温度。在添加麦曲之后的后发酵期间,应注意及时开耙,以调节温度和水分。应做好卫生清洁工作,以免污染上杂菌。发酵过程中产生的二氧化碳要及时排除,以消除对发酵的不利影响。应及时测定酒精度和糖分,以判断乙醇发酵终点。

(3)醋酸发酵阶段,必须满足四项条件:充分的氧气,足够的前体物质,一定的水分及适宜的温度。品温适宜,可产生良好的醋香味;若醋醅品温过高,则有利于杂菌的生长,使醋醅产生异味。

一定要选用品质优良的成熟醋醅作种子,也就是取醋酸菌繁殖最旺盛醋醅作种子。应及时测定醋醅的酸度,及时转入封醅,防止醋醅成熟后醋酸分解。

(4)封醅期内,要随时检查封口,避免产生漏气等现象。

(5)应控制煮沸时间,避免醋酸及其他香气成分过多挥发。

(三)质量标准

1. 镇江香醋感官特性(表 6-17)

表 6-17　镇江香醋感官特性

项目	要求
色泽	深褐色或红棕色,有光泽
香气	香气浓郁
滋味	滋味口味柔和,酸而不涩,香而微甜,醇厚味鲜
体态	体态纯净,无悬浮物,无杂志,允许有微量沉淀

2. 理化指标(表 6-18)

根据总酸的不同,镇江香醋分为 4 类。

表 6-18　镇江香醋理化指标

项目	4.5%	5.0%	5.5%	6.0%
总酸含量(以乙酸计),(g/100 g)	≥4.50	≥5.00	≥5.50	≥6.00
不挥发酸含量(以乳酸计),(g/100 g)	≥1.00	≥1.20	≥1.40	≥1.60
氨基酸态氮(以 N 计),(g/100 g)	≥0.10	≥0.12	≥0.15	≥0.18
还原糖(以葡萄糖计),(g/100 g)	≥2.00	≥2.20	≥2.30	≥2.50

3. 卫生指标(表 6-19)

镇江香醋的卫生指标按食醋卫生标准执行。

表 6-19 食醋卫生标准

项目	指标	项目	指标
醋酸含量(以乙酸计),(g/100 g)	≥ 3.5	食品添加剂	按 GB 2760 规定
游离矿酸	不得检出	菌落总数(个 / 百克)	≤ 10 000
砷含量(以 As 计),(mg/kg)	≤ 0.5	大肠菌群(MPN/100 g)	≤ 30
铅含量(以 Pb 计),(mg/kg)	≤ 1	致病菌(系指肠道致病菌)	不得检出
黄曲霉毒素 B_1 含量,(ug/kg)	≤ 5		

(四)常见问题分析

1. 粗淀粉的测定(酸水解法)

(1)原理。在酸的作用下,淀粉溶液受热很容易水解成为糊精及少量麦芽糖、葡萄糖,使之具有还原性。本实验采用费林试剂检测还原糖。

(2)试剂。2% HCl 溶液,20% NaOH 溶液,0.5%葡萄糖标准溶液,亚甲基蓝指示剂。费林甲液:将 34.639 g 硫酸铜溶于蒸馏水中,稀释定容至 500 mL。费林乙液:将 173 g 酒石酸钾钠及 50 g 氢氧化钠溶于蒸馏水中,定容至 500 mL。费林试剂可长期保存。

(3)器材。250 mL 锥形瓶,恒温水浴锅,电炉,5 mL、10 mL 移液管,250 mL、500 mL 容量瓶,滴定管,铁架。

(4)操作。

① 淀粉水解:精确称取试样 1～2 g,加入 250 mL 锥形瓶中,再加入 2% HCl 溶液 100 mL,在三角瓶口上用软木塞插一根 1 m 左右长的玻璃管作为空气冷凝管。放在沸水浴中加热至沸腾,保持微沸 3 h,取出冷却,逐滴加入 20% NaOH 溶液中和至 pH 6.0～7.0,溶液移入 250 mL 容量瓶,定容。过滤取清液备用。

② 预备滴定:精确吸取费林甲、乙液各 5 mL 于 250 mL 锥形瓶中,加入蒸馏水 30 mL,加热煮沸后,用糖液滴定管滴入准备好的滤液,观察溶液变为橙色时,再加入亚甲基蓝指示剂 1～2 滴,摇匀,溶液又变为蓝色,加热煮沸 2 min 后,继续滴入准备好的滤液,至蓝色消失即为终点,记下耗用的滤液体积作为参考。重复三次。

③ 正式滴定:精确吸取费林甲、乙液各 5 mL 于 250 mL 锥形瓶中,加入蒸馏水 30 mL 加热煮沸后,用糖液滴定管滴入准备好的滤液,其量要比预备滴定所耗用的滤液少 1 mL,再加入亚甲基蓝指示剂 1～2 滴,煮沸 2 min 后,继续滴入滤液,要求在 1 min 内滴至终点。记下耗用的滤液体积。重复三次。

④ 计算:

$$粗淀粉含量(\%)=[(10\times 0.9\times 250)/(m\times V)]\times 100\%$$

式中:10—10 mL 费林混合液相当于葡萄糖质量(g);

0.9—葡萄糖换算淀粉的系数;

250—试样经水解后稀释至 250 mL;

m—试样质量(g);

V—滴定消耗的滤液体积(mL)。

2. 总酸的测定

（1）操作。精确称取试样 1 mL，加入 250 mL 锥形瓶中，再加入蒸馏水 50 mL 和酚酞指示剂 3～4 滴，摇匀，用 0.1 mol/L NaOH 标准溶液滴定至刚呈微红色，30 s 不褪色即为终点，记下耗用的 0.1 mol/L NaOH 标准溶液体积。重复三次。

（2）计算。

$$\text{总酸含量(g/100 mL，以醋酸计)} = [(c \times V \times 0.06)/V_1] \times 100$$

式中：V—滴定消耗的 0.1 moL/L NaOH 标准溶液体积（mL）；

c—NaOH 标准溶液浓度（moL/L）；

0.06—醋酸的毫摩尔质量（g/mmoL）；

V_1—试样的体积（mL）。

3. 食醋成品感官鉴定

（1）色泽、体态：将样品摇匀后，用量筒量取 20 mL 放入 20 mL 比色皿中，在白色背景上观察其颜色，并对光观察其澄清度及有无沉淀物。

（2）香气：用量筒量取样品 50 mL 放入 150 mL 锥形瓶中，将瓶轻轻摇动嗅其气味。

（3）滋味：用清水漱口后，取样品 0.5 mL 滴入口中，然后涂布满口，鉴别其滋味优劣和后味长短。

（五）食醋实习操作考核要点及参考评分（表 6-20）

（1）食醋生产实习考核要点及参考评分标准。

表 6-20　食醋生产实习考核要点及参考评分

序号	实习项目	考核内容	技能要求	评分（100 分）
1	准备工作	（1）准备、检查器具； （2）实习场地清洁	（1）能准备、检查必要的加工器具； （2）实习场地清理	5
2	原料处理	（1）原料的浸泡； （2）蒸煮	（1）能正确进行原料的除杂、洗净、浸泡、淋清和沥干等处理； （2）能正确控制蒸煮温度和时间； （3）能正确判断熟料质量	5 5
3	乙醇发酵	（1）淀粉糖化； （2）乙醇发酵	（1）能正确掌握接种量； （2）能准确掌握前、后酵的发酵温度； （3）能正确检测酒精度和糖分	15
4	醋酸发酵	（1）提热过杓； （2）露底	（1）能正确制醅； （2）能准确掌握品温和发酵时间；能正确检测酸度	15
5	陈酿	封缸	封口严密不透气	5
6	淋醋	循环法	能正确采用循环法对醋醅进行淋醋	15
7	浓缩、贮存	（1）加热浓缩； （2）贮存	（1）能合理控制加热煮沸时间； （2）能正确注明品种、酸度、日期，掌握合理贮存期。	5
8	产品的感官鉴定	色泽、香气、滋味和体态	应符合表 6-19 的要求	10

续表

序号	实习项目	考核内容	技能要求	评分(100分)
9	实习报告	(1)格式; (2)内容	(1)实习报告格式正确; (2)能正确记录实验现象和实验数据,报告内容正确、完整	20

(2)考核方式。实习地现场操作。

二、酱油加工岗位技能综合实训

实习目的:

(1)通过本实习项目的学习,使学生加深对酱油生产基本理论的理解。

(2)使学生掌握酱油生产的基本工艺流程,进一步了解酱油生产的关键技术。

(3)提高学生的生产操作控制能力,能处理酱油生产中遇到的常见问题。

实习要求:

(1)4~5人为一组,以小组为单位。从选择原料及加工机械设备开始,利用各种原辅材料的特性及生产原理,生产出质量合格的产品。要求学生掌握酱油生产的基本工艺流程,抓住关键操作步骤。

(2)写出书面实习报告。

(一)低盐固态发酵酱油的生产

参考配方:(1)制曲 豆粕:小麦:麸皮=50:10:40(质量比),沪酿3.042米曲霉菌种0.3%(以原料计)。

(2)制醅 成曲:12°Bé盐水=1:1.1。配制:酱油50%,白糖25%,核苷酸0.03%。

主要设备:洗涤、浸泡设备,蒸煮锅,曲池(曲箱),发酵池(发酵罐、发酵箱)杀菌装置,温度计,凯氏定氮仪,精密pH计,食品捣碎机等。

工艺流程:

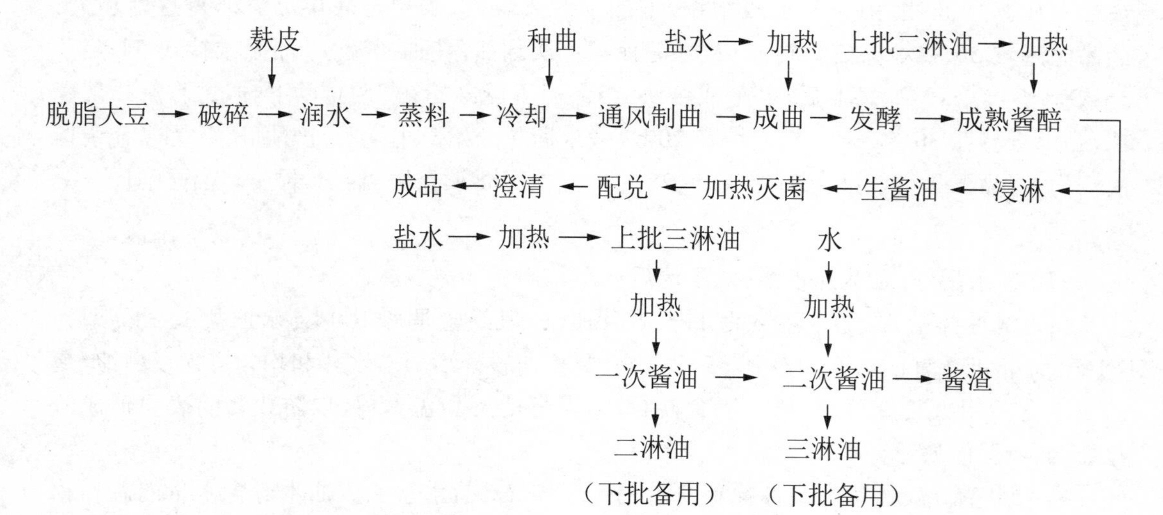

操作要点：

1. 原料处理

原料处理包括破碎、润水、蒸料和混合等步骤，是酱油生产的重要环节。原料处理的目的：一是使原料粉碎成小颗粒或粉末状，以便于充分润水、蒸熟；二是使原料中的蛋白质适度变性，并使淀粉变为糊状，产生少量糖类；三是通过蒸煮可以杀灭附着在原料上的微生物，以便于米曲霉的正常生长；四是供给米曲霉生长、繁殖必需的水分。

（1）脱脂大豆的处理：脱脂大豆的破碎程度，以粗细均匀为宜。要求颗粒直径为2～3 mm，2 mm以下粉末量不超过20%。

（2）润水：破碎后的脱脂大豆均匀拌入80 ℃左右热水，加水量为原料（脱脂大豆）的120%～125%。润水适当时间后，混入麸皮，拌匀，蒸料。

（3）蒸料：采用蒸煮锅，一般控制条件为1.5～2.0 kgf/cm^2，蒸汽温度为125 ℃～130 ℃，维持5～15 min。蒸料结束后迅速冷却至40 ℃即可出料。

熟料要求呈淡黄褐色，有甜香味和弹性，无硬心及浮水，不黏，无其他不良气味，蛋白质变性适度；熟料水分在46%～50%之间；原料蛋白质消化率在80%以上；无变性沉淀。

2. 制曲

（1）接种入池：熟料出锅后，打碎并迅速冷却，拌入粉碎的熟小麦，在45 ℃以下接入种曲，约为原料总质量的0.2%～0.4%，混合均匀后，移入曲池制曲。

（2）制曲工艺主要参数：为了给米曲霉生长创造最适宜的条件，铺料时尽量保持料层疏松、厚薄均匀。制曲过程中控制品温28 ℃～32 ℃，最高不得超过35 ℃，室温28 ℃～30 ℃，曲室相对湿度在90%以上，制曲时间24～28 h，在制曲的过程中应进行2～3次翻曲。

（3）制曲过程中温度控制：接种后调节温度在32 ℃左右，促使米曲霉孢子发芽。在曲料上、中、下层及面层各插入一支温度计，静止培养6～8 h，此时料层开始升温到35～37 ℃，应通风降温并维持曲料的温度到35 ℃以下，不低于30 ℃。曲料入池培养12 h后，由于菌丝繁殖旺盛，曲料易形成结块，增加了通风阻力，表层与底层品温温差逐渐加大。当品温超过35 ℃难以控制时，应及时进行第一次翻曲，使曲料疏松，品温维持在34 ℃～35 ℃。继续培养4～6 h后，又形成结块，当品温不能维持在35 ℃以下时，进行第二次翻曲，品温维持在30 ℃～32 ℃。培养20 h后，米曲霉开始产生孢子，产酶旺盛，为了使蛋白酶活力高，品温尽可能维持在25 ℃～28 ℃。翻曲时要求翻松、翻匀、摊平，操作迅速。

3. 发酵

（1）盐水配制：食盐加水溶解，澄清后使用。

（2）成曲拌盐水：盐水浓度为11～13ºBé。一般经验是每100 kg水加盐1.5 kg即为1ºBé。先将准备好的盐水加热到55 ℃左右，将成曲粉碎后与盐水拌和均匀进入发酵池，最后盖上食品用聚乙烯薄膜，四周以食盐封边，发酵池上加盖木板，以防止酱醅表层形成氧化层，影响酱醅质量。

盐水用量一般控制在制曲原料总量的65%左右，盐水量和成曲本身含水量的总和相当于原料的95%（质量分数）左右，酱醅水分在50%～53%（移池浸出法）。

拌曲盐水的温度根据入池后酱醅品温的要求来决定，一般控制在夏季 45 ℃～50 ℃，冬季 50 ℃～55 ℃。入池后，酱醅品温在 40 ℃～45 ℃。

（3）前期保温发酵：一般条件下，蛋白酶的最适温度是 40 ℃～45 ℃。因此入池后，应采取保温措施使酱醅品温控制在 44 ℃～50 ℃，发酵前期时间为 15 d 左右。每天定时定点测定温度。

（4）后期低温发酵：前期发酵结束后，倒池，品温控制在 40 ℃～43 ℃，进行后熟作用，以改善风味。整个发酵周期为 20 d 左右。

4. 酱油的半成品处理

（1）浸淋：酱醅成熟后，加入 80 ℃～90 ℃的二淋油浸泡 6 h 以上，过滤得头淋油（即生酱油），头淋油可以从容器假底放出，溶加食盐，加食盐量应视成品规格定。再加入 80 ℃～90 ℃的三淋油浸泡 2 h 以上，滤除二淋油；同法再加入热水浸泡 2 h 左右，滤出三淋油。

（2）加热和配制：加热温度依酱油品种、加热时间等因素而定。间隙式加热温度为 65 ℃～70 ℃，时间为 30 min。

每批生产中的头淋油、二淋油或原油，按统一的质量标准进行配兑，使酱油产品达到感官特性、理化指标要求。还可按品种要求加入适量甜味剂、鲜味剂和防腐剂等食品添加剂。

5. 酱油的澄清、贮存及包装

（1）澄清：生酱油加热后，逐渐产生沉淀物，酱油变得浑浊，须静置数日，使杂质沉淀于容器底部，成品酱油达到澄清透明的要求，这个过程称为澄清。加热温度为 65 ℃～80 ℃，一般的澄清时间需要 7 d 以上。

将容器底部的酱油浑脚集中放置于另一容器内，让其自然澄清，吸出上层澄清的酱油。然后将较厚的浑脚装入布袋内，压出酱油，回收的酱油须再经加热灭菌处理。头渣再加水搅匀后，装入布袋内压出二油作浸泡用。残渣即为酱渣。

（2）贮存：贮存设备要求保持清洁，上面加盖，但必须注意通气，以防散发的水汽冷凝后滴入酱油面层，形成霉变。

（3）包装：取配制好并经存放 1 周以上的澄清酱油进行分装。澄清的酱油在分装前应经巴士灭菌（65 ℃～70 ℃，30 min），然后用瓶分装。

6. 注意事项

（1）原料细度要适当。如果原料过细，会造成润水时易形成结块，制曲时通风阻力加大，发酵时酱醅发黏，过滤困难，而且还影响原料利用率。

（2）蛋白原料应占主要成分。若拌料中淀粉质物料过多，会导致发酵醅料不疏松，不利于气体交换，易感染有害菌，淋油困难等。正常情况下，蛋白质原料与淀粉质原料比为 6∶4。

（3）原料处理原则上要求原料充分润水、适度蒸煮，迅速冷却。主、辅料可采用分开润水的方式。蒸煮要严格控制温度和时间，防止蒸得不透或过度。蒸好的料冷却时间越短越好，若冷却时间过长，则料易黏结成块状，同时在不洁环境中易感染有害菌，不利于制曲。

（4）制曲时，必须严格控制种曲质量，接种应均匀。酱油酿造中目前所用的曲霉是米曲霉。选择米曲霉菌种的条件是：不产生黄曲霉毒素；蛋白酶及糖化酶活力强；生长繁殖快，抗杂菌能力强；发酵后的酱油香气好。

（二）酱油酿造的质量标准

1. 成曲的质量标准（表 6–21）

表 6-21　成曲的质量标准

项目	要求
感官特性	外观呈淡黄色，内部菌丝密集，质地均匀，无黑色、棕色、灰色、夹心。手感蓬松柔软，曲香浓厚，无异味
理化指标	水分含量约 30%，蛋白酶活力 1 000～1 500 U

2. 成熟酱醅的质量标准（表 6–22）

表 6-22　低盐固态发酵移池淋油工艺成熟酱醅的质量标准

项目	要求
感官特性	外观呈赤褐色，有光泽，不发乌，颜色一致；手感柔软、松散、不干、不黏，无硬心，酱香、脂香浓郁，无异味。由酱醅内挤出的酱汁，口味鲜，微甜，味厚，无酸、苦、涩味
理化指标	水分含量 48%～52%，食盐 6%～7%，pH4. 8 以上，原料水解率达 50% 以上，可溶性无盐固形物含量 25～27 g/100 g

3. 酱渣的理化标准（表 6–23）

表 6-23　酱渣的理化标准

项目	指标	项目	指标
水分含量	80%	食盐含量	≤ 1%
粗蛋白含量	≤ 5%	可溶性无盐固形物含量	≤ 1%

4. 酱油的质量指标

（1）感官特性（表 6–24）。

表 6-24　低盐固态发酵酱油感官特性

项目	要求			
	特级	一级	二级	三级
色泽	鲜艳的深红褐色，有光泽	红褐色或棕褐色，有光泽	红褐色或棕褐色	棕褐色
香气	酱香浓郁，无不良气味	酱香浓郁，无不良气味	有酱香，无不良气味	微有酱香，无不良气味
滋味	味鲜美，醇厚，咸味适口	味鲜美，咸味适口	味较鲜，咸味适口	鲜咸味适口
体态	澄清（不浑浊、无沉淀、无异物、无霉花浮膜）			

（2）理化指标（表 6-25）。

表 6-25 低盐固态发酵酱油理化指标

项目	指标			
	特级	一级	二级	三级
可溶性无盐固形物含量（g/100 mL）	20.00	18.00	15.00	10.00
全氮（以氮计含量），（g/100 mL）	1.60	1.40	1.20	0.80
氨基酸态氮（以氮计含量），（g/100 mL）	0.80	0.07	0.06	0.40

（3）酱油卫生国家标准。

① 具有正常酿造酱油的色泽、气味和滋味，无不良气味，不得有酸、苦、涩等异味和霉味，不浑浊，无沉淀，无异物，无霉花浮膜。

② 理化指标应符合表 6-26 的规定。

③ 微生物指标应符合表 6-27 的规格。

表 6-26 理化指标

项目	指标
氨基酸态氮（g/100 mL）	≥ 0.4
总酸含量（以乳酸计，仅用于烹调酱油），（g/100 mL）	≤ 2.5
总砷（以 As 计），（mg/L）	≤ 0.5
铅（Pb），（mg/L）	≤ 1
黄曲霉毒素 B1（μg/L）	≤ 5
食品添加剂	按 GB2760 的规定

表 6-27 微生物指标

项目	指标
菌落总数（仅用于餐桌酱油），（cfu/mL）	≤ 30 000
大肠菌群（MPN/100 mL）	≤ 30
致病菌（沙门氏菌、志贺菌、黄金色葡萄球菌）	不得检出

（三）常见问题分析

1. 酱油生产过程中常见问题

（1）蒸料时原料变性不够或过度变性是一个常出现的问题。因此蒸料工序要求采用合适的蒸煮温度及时间。蒸好的料应达到应有的熟料质量标准。

（2）在发酵过程中酱醅发出酸味、臭味、异味。

这种现象产生的原因有：发酵水分过高，合适水分含量在 50%～60%；盐分含量太低，合适的盐分含量在前期为 10% 左右，中后期在 15% 以上；产酸菌污染，应注意环境的清洁；长时间高温，pH 下降导致酸败。

（3）发酵中酱醅色泽偏黑，苦涩味重。

这种现象主要是发酵温度过高造成的，一般低盐固态发酵法温度应控制在 40～

50 ℃,不得超过 55 ℃。

2. 酱油的防霉

(1) 酱油生霉(长白)的原因。酱油生霉是酱油生产和销售过程中的常见质量问题之一。酱油长白(或生花)是指酱油表面有时会产生白色的斑点,逐步形成白色的皮膜,继而加厚变皱,色泽由嫩白逐渐变为黄褐色的现象。

酱油含量在 16% 以上,绝大多数的微生物受到抑制。但酱油中含有丰富的营养素,是耐盐微生物的天然培养基。一些有害的微生物特别是需氧耐盐产膜酵母(如粉状毕赤酵母、醭酵母等),其最适繁殖温度为 25 ℃ ~ 30 ℃,可以通过接触空气带入酱油中。这些微生物在适宜的条件下生长繁殖,能在酱油表面形成醭,消耗酱油中的糖分和其他营养成分,生成丁酸等有机酸,使酱油生霉,酸味增加,甜味和鲜味下降,降低了酱油风味和食用价值。引起酱油生霉(长白)的主要原因有:酱油本身质量不好;加工和贮藏过程卫生条件恶劣;操作不当,发酵不成熟,灭菌不彻底,盐浓度太低,防腐剂添加不均匀,包装容器不清洁;包装后造成二次污染。

(2) 酱油防霉措施。要防止酱油发霉,应该注意以下几点:提高酱油质量,使酱油本身具有较高的抗霉能力;生产车间所用设备、工器具等要进行清洗消毒,操作人员应严格卫生管理;包装容器严格按规定洗净;成品酱油按加热要求进行灭菌;合理使用防腐剂。酱油中常使用的防腐剂有苯甲酸钠、山梨酸、山梨酸钾、维生素 K 类,使用量参考国家标准。

3. 酱油生产技术经济指标

酱油生产技术经济指标主要有原料利用率、酱油出品率和氨基酸生成率等核算指标。

(1) 原料利用率:酱油生产的原料利用率主要包括蛋白质利用率和淀粉利用率,即原料中蛋白质及淀粉成分进入产品的比例。

蛋白质利用率计算公式如下:

$$蛋白质利用率(\%)=\frac{\left(\frac{m\times\rho_N}{d}-\frac{m_1\times\rho_{N1}}{d_1}+\frac{m_2\times\rho_{N2}}{d_2}\right)\times 6.25}{m_p}\times 100\%$$

式中:m—本次产酱油的实际质量(kg);

d—本次产酱油的实际密度(g/mL);

ρ_N—本次产酱油的全氮含量(g/100 mL);

m_1—借用上次二淋油的质量(kg);

d_1—上次二淋油的密度(g/mL);

ρ_{N1}—上次二淋油的全氮含量(g/100 mL);

m_2—本次产二淋油的质量(kg);

d_2—本次产二淋油的密度(g/mL);

ρ_{N2}—本次产二淋油的全氮含量(g/100 mL);

m_p—混合原料中蛋白质总质量(kg);

6.25—全氮换算成蛋白质的系数。

一般蛋白质利用率在 70% ~ 80% 之间。

（2）氨基酸生成率：通过氨基酸生成率，可以看出蛋白质分解的程度，并可大致判断酱油生产的水平和产品的质量情况。如果氨基酸含量越多，表示原料中蛋白质分解得越彻底，酱油滋味越好，一般酱油氨基酸生产率在50%左右。计算公式如下：

$$氨基酸生成率(\%)=\frac{AN}{TN}\times 100\%$$

式中：AN—酱油中氨基酸态氮含量（g/100 g）；

TN—酱油中全氮含量（g/100 g）。

（3）酱油出品率：酱油出品率的表示方法有全氮出品率、氨基酸态出品率和无机盐固形物出品率等，全氮出品率的计算公式如下：

$$全氮出品率=酱油总量(kg)/混合原料蛋白质总量(kg)=\frac{m\times TN\times 1.17}{m_p\times 1.2\times d}$$

式中：1.17—标准二级酱油的密度（g/mL）；

1.2—标准二级酱油的全氮含量（g/100 g）。

（四）实习操作考核要点及参考评价

（1）实习操作考核要点及参考评分（表6-28）。

表6-28　实习操作考核要点及参考评分

序号	实习项目	考核内容	技能要求	评分（100分）
1	准备工作	（1）准备、检查器具； （2）生产场地清洁	（1）能准备、检查必要的加工器具； （2）实习场地清理	5
2	原料处理	（1）原料混合、润水	（1）能正确按比例混合原料； （2）能按产品配方计算出实际加水量	5
		（2）蒸料	（1）能正确控制蒸煮温度和时间； （2）能正确判断熟料质量	5
3	制曲	（1）接种	（1）能正确使用消毒剂； （2）能根据制曲要求正确接种	10
		（2）温、湿度和空气调节	（1）能正确控制曲料温、湿度和通风； （2）能正确观察霉菌在曲料上的生长变化； （3）能正确判断翻曲时间	10
4	发酵	（1）制醅	（1）能正确配制盐水浓度； （2）能正确掌握盐水用量和盐水温度； （3）能正确制醅	5
		（2）发酵	（1）能正确控制酱醅发酵温度； （2）能正确倒池	15
5	酱油的半成品处理	（1）浸泡和过滤	（1）能根据头淋油、二淋油、三淋油特点正确加入浸提液； （2）能正确掌握浸泡温度和浸泡时间； （3）能正确掌握合理浸提次数	10
		（2）加热和配制	能正确掌握加热和配制方法	

续表

序号	实习项目	考核内容	技能要求	评分(100分)
6	酱油的澄清、贮存	(1)澄清	能正确进行澄清操作	5
		(2)贮存	能根据产品特性合理贮存	
7	产品的感官鉴定	感官特性	应符合表6-26的要求	15
8	实习报告	(1)格式; (2)内容	(1)实习报告格式正确; (2)能正确记录实验现象和实验数据,报告内容正确、完整	15

(2)考核方式。实习地现场操作。

三、酱类产品加工岗位技能综合实训

实习目的:

(1)通过本实训的学习,使学生加深对酱类生产基本理论的理解。

(2)使学生掌握酱类生产的基本工艺流程,进一步理解酱类生产的关键技术。

(3)提高学生的生产操作控制能力,能处理酱类生产中遇到的常见问题。

实习要求:

(1)4～5人为一组,以小组为单位,从选择原料及加工设备开始,利用各种原辅材料的特性及加工原理,生产出质量合格的产品。要求学生掌握酱类生产的基本工艺流程,抓住关键操作步骤。

(2)写出书面实训报告。

(一)黄豆酱的生产

参考配方:按质量比为大豆100,标准分43,沪酿3.042米曲霉0.5,14°Bé盐水40,细盐4,冷却水适量。

主要设备:清洗、浸泡设备,蒸煮锅,曲房,发酵罐等。

工艺流程:黄豆酱是以大豆(或豆片)、面粉、食盐、水为原料,利用米曲霉为主的微生物作用而制得的发酵型糊状调味品。发酵分高盐发酵和低盐发酵两种,目前大多数工厂普遍采用低盐发酵法。黄豆酱的生产工艺流程如下。

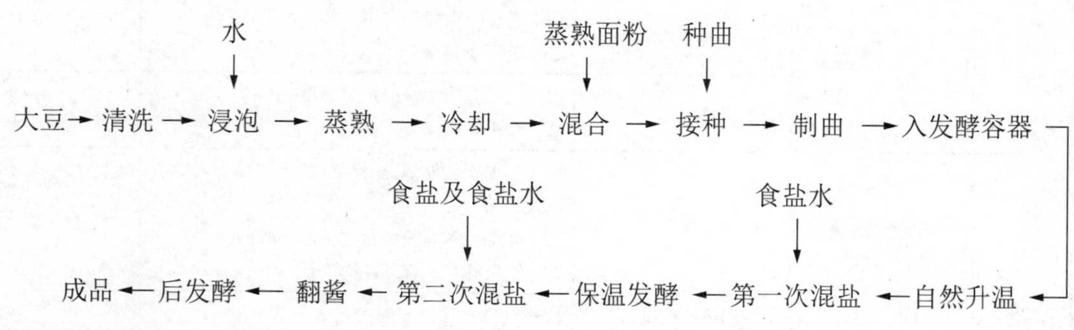

1. 原料处理

(1)浸豆:以整粒大豆为原料时,将过筛洗净的大豆在容器中加冷水没过面5 cm浸泡

2～5 h，使其膨胀到原体积的1.5倍，放掉浸泡水控干。浸豆后豆粒胀起，表面无皱纹，豆内无白心，用手捻豆瓣易分开。

（2）蒸豆：在1 kgf/cm^{2}下蒸料45 min。蒸料要求是在大豆含水量一定的条件下，控制适当的压力和时间，尽可能使大豆蒸熟蒸透，蛋白质全部一次变性。蒸煮适度的大豆熟透而不烂，用手捻时豆皮脱落，豆瓣分开。

豆片蒸煮：一般用加压蒸料。蒸煮适度的豆片呈棕黄色。

2. 制豆酱曲

当熟料冷却至80 ℃时与面粉拌和，降温到40 ℃，接入种曲，接种量为0.3%～0.5%。种曲先与事先蒸熟的适量面粉拌匀，再和黄豆混合均匀。接种后调节曲料温度在30 ℃左右，静止培养8～10 h，当料层开始升温到36 ℃～37 ℃时，通风降温维持温度到35 ℃以下，不低于30 ℃。培养14～16 h后，曲料易形成结块，此时进行第一次翻曲，使品温维持在34 ℃～35 ℃。继续培养4～6 h后，当曲料表面产生裂缝全部发白时，进行第二次翻曲，使品温维持在30 ℃～32 ℃。培养20 h后，为了使米曲霉分泌出的蛋白酶活力高，品温尽可能维持在25 ℃～28 ℃。制曲总的培养时间是30～36 h，比酱油的制曲时间稍长。成曲的质量要求里外布满白色菌丝，密生黄绿色孢子，无杂菌，无杂心，均匀一致，闻之有曲香味，无霉味及其他杂味。制曲管理及温度、湿度控制与酱油制曲相同。

3. 发酵

先将大豆曲倒入发酵容器内，表面平整，轻轻压实，曲料很快升温至40 ℃左右，再将70%准备好的澄清14°Bé盐水加热到60 ℃～65 ℃，浇在曲料表面，使盐水慢慢渗入曲料，最后面层加盖面盐，成曲加盐水后，要求品温达到45 ℃左右，发酵10 d。每天检查1～2次，第11天在成熟酱醅中再二次补加剩余的盐水（温度30 ℃，浓度14°Bé）和食盐，充分搅拌均匀转入稀态发酵，发酵罐调到30 ℃，品温维持28 ℃～30 ℃，隔天搅拌一次，发酵4～5 d，以改善风味，豆酱成熟发酵终了加入适量冷开水，调和均匀，使其浓度适当，最后加入0.1%苯甲酸作为防腐剂，拌和均匀，即得成品。

（二）黄豆酱生产注意事项

（1）大豆蒸煮程度要适当。主要影响因素是蒸料压力和时间。若蒸料压力小，时间短，大豆蒸不熟，部分蛋白质未变性；若蒸料压力大，时间过长，则蛋白质又过度变性。未变性和过度变性的蛋白质都不能被蛋白酶水解，从而降低出品率。

（2）制曲时曲料水分要适当，若水分过少，不利于米曲霉的正常生长，水分过多，杂菌又会在曲料中繁殖，使有效成分损耗较多。一般要求曲料水分含量为冬季47%～48%，春、秋季48%～49%，夏季49%～51%。

（3）制曲时应仔细操作。接种应均匀，维持米曲霉繁殖所需要的最适条件，并及时进行翻曲。严格控制曲房温度、湿度，不能让温度、湿度大起大落，影响制曲质量。

（4）做好曲房的卫生清洁工作。曲房要定期进行消毒，例如用硫黄熏蒸等。

（5）发酵时，水分和温度要适当。水分含量过少，温度过高，使酱醅产生焦煳味。酱醅水分含量在53%～55%为宜。发酵前期品温在42 ℃～45 ℃左右，适合蛋白酶作用，不宜过高，否则会影响豆酱的鲜味和口感；发酵后期品温可适当升高，以适合淀粉酶作用。

（三）面酱的生产

参考配方：按质量比为面粉 100，食盐 15，水 150，沪酿 3.042，米曲霉 0.5，苯甲酸钠适量。

主要设备：和面机，蒸煮锅，曲房，发酵罐，杀菌装置等。

工艺流程：面酱滋味咸中带甜，味鲜醇厚，是由于在制曲和发酵过程中发生糖化作用，即米曲霉分泌的淀粉酶将面粉中糊化的淀粉分解为糊精、麦芽糖及葡萄糖产物，使面酱带有甜味。同时，米曲霉分泌的蛋白酶将面粉中的少量蛋白质分解成氨基酸使面酱又带有鲜味。面酱生产工艺流程如下。

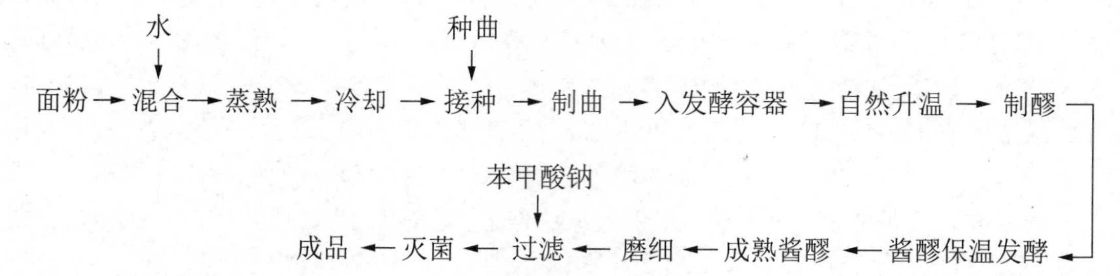

1. 原料处理

（1）蒸料：将面粉倒入和面机中，按比例加入水，边加水边充分拌和，使其成蚕豆大的颗粒，加热常压蒸煮。蒸熟的标准是面糕成白色，口感不黏且稍带甜味。另一种方法是将面粉加水制成馒头，然后常压蒸熟。因为馒头多孔，米曲霉容易穿透到内部生长繁殖，使成品质量优良。但是工序复杂，如果在夏天时间过长，馒头容易发酸变质。

（2）摊凉：将蒸熟料及时摊凉。

2. 制曲

面料凉至 40 ℃左右，接入 0.3%沪酿 3.042 米曲霉。现将种曲与约 5 倍干蒸过的面粉混匀，然后均匀扬洒在熟料上，拌和均匀，使曲料疏密一致，表面平整，送入制曲装置培养。甜面酱由于要求淀粉酶活力较强，不要求成曲中有大量孢子生成，所以面酱制曲时间较酱曲时间短，大约在 24～28 h。

（1）前期培养：培养前期要求品温 30 ℃～32 ℃，相对湿度 90%以上，待品温上升至 35 ℃～36 ℃时，通风降温为 32 ℃。

（2）中期培养：当培养 8 h 左右时，品温逐渐上升至 36 ℃～38 ℃。此时，通风位置品温 37 ℃～39 ℃时，培养至 12 h 左右，曲料结块并稍有发白时进行第一次翻曲。继续通风维持品温 40 ℃培养，此时菌丝大量繁殖，米曲霉分泌出活力较强的糖化型淀粉酶。

（3）后期培养：在第一次翻曲后 4～6 h，再进行第二次翻曲，以降低品温。当曲料全部变白并稍有黄色孢子即可。

3. 发酵

为了突出甜度高的特点，面酱的发酵习惯采用低盐发酵法。

（1）配制浓度为14°Bé（相对密度为1.1063）盐水，配制时选用无杂质的优质盐和饮用水，配制完毕后，澄清。盐水用量为成曲：盐水＝100：100。

（2）一次加盐法发酵：先将成曲加入发酵容器内，自然升温至45 ℃～50 ℃，向面层四周徐徐注入加热至60 ℃～65 ℃的14°Bé盐水，每100 kg成曲加109 kg盐水，让盐水逐渐全部渗入曲内，最后面层压实加盖，保温发酵。品温控制在46 ℃～50 ℃，每天搅拌一次，4～5 d后曲料开始糖化，7～10 d后酱醅变为黄褐色或棕褐色，即为成熟。

（3）另一种发酵方法是两次加盐法，先将成曲与一半用量的盐水充分拌和制成酱醅，加入发酵容器内，便面整平，用少量再制盐封盖好，品温维持在46 ℃～50 ℃，发酵7 d左右，然后再加入煮沸的剩余盐水，充分拌和即得浓稠带甜的酱醪。

① 磨细、过滤：将成熟后的甜酱迅速磨细、过滤，使口感细腻。

② 灭菌：在过滤的面酱中加入0.1%苯甲酸钠，混匀后进行杀菌，杀菌温度65 ℃～75 ℃，杀菌时间30 min。

（四）面酱生产注意事项

（1）蒸料应尽可能使面糕充分熟透。

（2）由于对面酱质量要求口感细腻无渣，接种的种曲以用曲精（分离出的孢子）为宜，但一般用种曲也可以。

（3）由于制曲时发生糖化作用，要求米曲霉的淀粉酶活力强，因此应适当提高培养温度，一般控制品温在40 ℃左右。培养后要求米曲霉菌丝发育旺盛，肉眼能看到曲料全部发白，孢子不宜过多，因而制曲时间可以相应缩短。

（4）低盐发酵用的盐水，浓度最好用14°Bé左右。若盐水浓度过高，会抑制淀粉酶的活性；盐水浓度过低，则腐败菌易繁殖。考虑到淀粉酶的最适温度，要求盐水预热至60 ℃～65 ℃。若盐水温度超过70 ℃，则会使淀粉酶的活力受到一定的影响，造成糖化作用受一定的阻碍，成品甜味差，酱品发黏。

（5）一次加盐法发酵时，因盐水数量过多，必须及时充分搅拌均匀，酱醪应每天搅拌1次。

（6）一次加盐法发酵时应准确掌握水分用量。特别是在发酵前期，如果水分过大，则会出现面曲下沉、久打不起，面酱颜色干黄、不发等现象。若对水分无把握，可采用二次加盐法发酵。

（7）掌握温度。温度是甜酱发酵中的一个关键因素，如果发酵温度过低，则不利于淀粉酶的作用，影响酱醪成熟，且产品容易发酸。若发酵温度过高，接触发酵容器壁的酱醪又会出现焦味。温度对甜酱的成熟周期、风味和成品的二次发酵有极其重要的影响。有关资料报道，如果控制发酵温度在53 ℃～55 ℃，发酵周期短，成熟快，可减轻成品二次发酵的程度，但颜色易变黑。如果控制发酵温度在40 ℃，发酵周期延长，但成品二次发酵严重。因此，控制发酵温度在46 ℃～50 ℃效果较好。

（8）面酱成熟后，当室温在15 ℃以下时，可置室外容器中储存，若室温在15 ℃以上时，贮藏时必须经过加热处理和添加防腐剂，以控制酵母发酵变质。

（五）酱类产品生产质量标准

1. 黄豆酱质量标准

（1）感官指标。产品成红褐色或棕褐色，鲜艳有光泽；稠度适度，豆粒完整或分瓣；滋味鲜美醇厚，咸淡适口；有酱香和醇香气，无苦味、焦煳、酸味及其他不良异味。

（2）理化指标（表6-29）。

表6-29 黄豆酱理化指标

项目	指标	项目	指标
水分（%）	≤60	氨基酸态氮（以氮计），（%）	≥0.60
食盐（以氯化钠计），（%）	≥12.00	还原糖（以葡萄糖计），（%）	≥3.00
总酸含量（以乳酸计），（%）	≤2.0		

2. 面酱质量标准

（1）感官指标。产品呈红褐色或黄褐色，有光泽；有酱香气和醇香气，无其他不良异味。

（2）理化指标（表6-30）。

表6-30 面酱理化指标

项目	指标	项目	指标
水分（%）	≤50	氨基酸态氮（以氮计），（%）	≥0.80
食盐（以氯化钠计），（%）	≥7.00	还原糖（以葡萄糖计），（%）	20±2
总酸含量（以乳酸计），（%）	≤2.0		

3. 酱类卫生标准（表6-31）

表6-31 酱类生产卫生标准

项目	指标	项目	指标
食盐（以氯化钠计），（%）		砷含量（以As计），(mg/kg)	≤0.5
黄豆酱	≥12.00	铅含量（以Pb计），(mg/kg)	≤1.0
甜面酱	≥7.00	黄曲霉毒素B1含量(ug/kg)	≤5.0
氨基酸态氮（以氮计），（%）		食品添加剂	按GB2760规定
黄豆酱	≥0.60	大肠杆菌(MPN/100 g)	≤30
甜面酱	≥0.80	致病菌（系指肠道致病菌）	不得检出
总酸含量（以乳酸计），（%）	≤2.0		

（六）常见问题分析

在传统豆酱的发酵过程中和加工成产品后，会发现在豆酱的表面或瓶壁上附着着一些颗粒状或片状的白色物质。有资料报道，这些白色物质的主要成分是酪氨酸和面筋蛋白，其原因是生产豆浆的原料配比中面粉的使用量较多，通常为黄豆∶面粉＝6∶4，制曲中米曲霉分泌的蛋白酶和淀粉酶不能完全将曲料中面粉中的蛋白质和淀粉进行水解和糖化。这些面粉在制曲和发酵过程中由于翻动少而结成团块，在盐水浸泡下才慢慢分散，大部分淀粉被分解，而面粉中一些未被彻底分解的蛋白质与酱体中的部分游离氨基酸结合，黏附于黄豆的表面，在盐水浸泡下形成较硬、难溶解的白点。

这些物质对人体健康没有危害，但直接影响了产品的外观，容易被消费者误认为产品已经发霉变质。减少豆酱中白色物的方法有：加强发酵过程中的生产管理，增加前期翻酱的次数，翻酱要均匀、彻底，使结团粉料得到分散；在加工中适当添加乳化剂，利用其乳化效果提高产品外观。

（七）实习操作考核要点及参考评分（表6-32、表6-33）

（1）黄豆酱生产的实习操作考核要点及参考评分标准。

表6-32 黄豆酱生产的实习操作考核要点及参考评分

序号	实习项目	考核内容	技能要求	评分（100分）
1	准备工作	（1）准备、检查器具； （2）实习场地清洁	（1）能准备、检查必备的加工设备； （2）实习场地清理	5
2	原料处理	（1）浸泡	能正确判断大豆浸泡终点	5
		（2）蒸熟	（1）能正确控制蒸煮温度和时间； （2）能正确判断熟料质量	5
3	制曲	（1）接种	能根据要求正确接种	10
		（2）温度控制	（1）能正确控制曲料温度； （2）能正确判断翻曲时间	15
4	发酵	（1）盐水的配置	（1）能正确配置盐水、并使用波美计测定其浓度； （2）能正确计算出实际盐水用量	10
		（2）发酵	（1）能正确控制发酵温度； （2）能正确补加食盐	15
5	添加防腐剂	添加0.1%苯甲酸钠	能正确掌握苯甲酸钠的使用标准和方法	5
6	产品的感官鉴定	色泽、香气、滋味和体态	应符合黄豆酱感官指标的要求	10
7	实习报告	（1）格式； （2）内容	（1）报告格式正确； （2）能正确记录实验现象和实验数据，报告内容正确、完整	20

表6-33 面酱生产的实习操作考核要点及参考评分

序号	实习项目	考核内容	技能要求	评分（100分）
1	准备工作	（1）准备、检查器具； （2）实训场地清洁	（1）能准备、检查必备的加工设备； （2）实习场地清理	5
2	原料蒸熟	面粉蒸熟	（1）能正确控制蒸煮温度和时间； （2）能正确判断熟料质量	5
3	制曲	（1）接种	能根据要求正确接种	10
		（2）温度控制	（1）能正确控制曲料温度； （2）能正确判断翻曲时间	15

续表

序号	实习项目	考核内容	技能要求	评分(100分)
4	发酵	(1) 盐水的配置	(1) 能正确配置盐水、并使用波美计测定其浓度; (2) 能正确计算出实际盐水用量	10
		(2) 发酵	(1) 能正确控制发酵温度; (2) 能正确补加食盐	15
5	磨细过滤	磨细、过滤	能正确将酱醪磨细过滤	5
6	添加防腐剂	添加0.1%苯甲酸钠	能正确掌握苯甲酸钠的使用标准和方法	5
7	灭菌	灭菌	能掌握合理的灭菌方法,正确进行灭菌操作	5
8	产品的感官鉴定	色泽、香气、滋味和体态	应符合黄豆酱感官指标的要求	10
9	实习报告	(1) 格式; (2) 内容	(1) 报告格式正确; (2) 能正确记录实验现象和实验数据,报告内容正确、完整	20

(2) 考核方式。实习地现场操作。

四、酱菜和泡菜加工岗位技能综合实训

实习内容:

(1) 通过本实习项目的学习,加深学生对酱菜生产基本理论的理解。

(2) 使学生掌握酱菜、泡菜生产工艺流程,进一步了解生产的关键技术。

(3) 提高学生的操作能力,能处理加工生产中遇到的常见问题。

实习要求:

(1) 4～5人一组,以小组为单位,从选择原料及加工设备开始,通过利用原辅料的特性和生产工艺,生产出质量达到应有要求的产品。要求学生能了解各种原辅料的加工特性,理解酱菜、泡菜生产基本原理、工艺流程,抓住关键操作步骤。

(2) 写出书面实习报告。

(一) 扬州萝卜头酱菜的生产

参考配方:

酱菜配方(质量比):萝卜头100,食盐9,稀甜酱38,水适量。

配制卤配方:甜酱汁60%,水33%,蔗糖7%,味精0.5%。

主要设备:洗涤、浸泡设备,离心机,加热排气箱,缸,坛,玻璃瓶,布袋等。

工艺流程:

原料→洗涤→分级→腌制→倒缸→晒制→烫卤→装坛→取坯→浸泡→灌袋→初酱→复酱→装瓶→加卤(配制卤↓)→加热灭菌→分段冷却→成品

1. 扬州萝卜头酱菜加工工艺

（1）原料洗涤、分级：用清水洗去萝卜附着的泥土、污物，然后捞出沥干，根据大小分级。生产扬州萝卜头酱菜的原料主要有晏种、二户头、鸭蛋头、五樱等品种。要求外形为球形，无叶，无主根，细的根须少，每个大小为20～25 g，直径为4 cm左右，每千克40～50个，表皮白而薄、光滑、肉质脆嫩、无辣味、微甜，剔除有虫斑、黑疤、裂口的萝卜。

（2）腌制：加入占原料质量7.5%的食盐，一层萝卜一层盐，逐层下缸腌制，盐要洒匀拌匀，底层盐比上层少一些。

（3）倒缸：每隔12 h倒缸一次，共翻四次。腌坯手捏稍有弹性，萝卜皮上略显浅浅的皱纹，体积比鲜萝卜小$\frac{1}{6}$～$\frac{1}{5}$。倒缸的目的是使腌制的蔬菜能均匀地吸收盐分，防止因局部高温造成腐败变质，及时排除蔬菜组织中产生的不良气味。

（4）晒制：将腌坯出缸后置于阳光下曝晒5～6 d，以萝卜头起皱皮，手捏心无硬块为宜。

（5）烫卤：将16°Bé的盐卤加热煮沸，再冷却至70 ℃～75 ℃，先沿四周浇，再浇到中间，直至卤漫过萝卜头。卤烫后让盐卤继续浸泡萝卜头，隔日捞起晒1 d，晒干表皮水分后，即可装坛贮存。烫卤的目的是去除萝卜臭和辛辣味，突出甜味，破坏酶的活性，保持萝卜的脆度，对附着在萝卜表面的微生物有一定的杀菌作用，有利于贮藏。

（6）装坛：萝卜头用1.5%炒熟的细盐拌透后装坛压紧，装满后在坛口加一点封面盐，坛口塞紧稻草，静置2～3 d，然后讲坛口朝下，堆放在室内阴凉通风处，避免阳光直射，进行后熟和贮存。

（7）酱制：酱制是酱菜加工非常关键的一道工序。取坛内咸坯，剔除空心、脱皮、不脆、有霉斑的萝卜头，放入12～14°Bé淡酱油中浸泡3 h后装袋，浸泡时间根据季节的不同灵活调整。离心脱干卤汁后立即初酱，初酱使用二酱（即酱渍后剩下的酱），初酱时间一般为4 d左右；起缸沥去酱汁再复酱。复酱使用新鲜的稀甜酱，其作用主要是使咸坯吸收酱中的甜、鲜、香味，菜坯与稀甜酱用量比为1∶1，用酱量以将咸坯全部浸没为度。复酱时间为夏季7 d，春秋季10 d，冬季14 d左右即可成熟。初、复酱期间每天捺缸一次。初、复酱可使咸坯在不同浓度梯度中缓缓渗制，既可以节省酱的用量，又可制成优质的酱菜。捺缸的目的是散发异味，加快酱渍的速度，同时使菜袋所处的位置移动，以便浸汁均匀，避免咸坯由于吸附色素不均匀而造成“花色”现象，保证酱菜制品形成良好的色泽和口味。

在酱制过程中咸坯的细胞膜已成为全透性膜，失去了对物质的选择，料液中各种美味成分大量地向咸坯的细胞内渗入，使咸坯细胞恢复了膨压，酱菜外形恢复如初，并赋予酱菜风味。

（8）灌装：每瓶装精制酱菜60%、配制卤40%。甜酱汁由稀甜酱经压榨过滤而得。

（9）杀菌、冷却：将装好菜和卤的玻璃瓶，在蒸汽压力0.05 MPa下保持16 min，进行排气、杀菌。要求瓶内中心温度达80 ℃～82 ℃，立即旋紧瓶盖，放到70 ℃、55 ℃、40 ℃和常温水四个不同温度区域内分段冷却。

2. 扬州萝卜头酱菜生产的注意事项

（1）腌制时掌握食盐浓度和分批加盐量。用盐量与蔬菜的质地、可溶性物质含量的多少、pH、温度、微生物等因素有关。蔬菜的组织细嫩，可溶性物质含量少，用盐量少；环境的pH低，温度低，可降低食盐浓度；3%以上的盐液对乳酸菌有明显的抑制作用，10%以上时乳酸菌发酵作用大大减弱，而酵母菌和霉菌抗盐力强，甚至能忍受饱和食盐溶液。

（2）使用符合卫生要求的水。

（3）酱制过程中浸泡时应除去漂浮物和咸坯的表面附着物。酱制时，若发现酱中的杂物通过布袋粘在菜坯表面，在罐装前必须漂洗干净，以除去菜坯表面附着物和脱皮，防止加热后产品形成沉淀。

（4）配制罐装卤时应选用澄清的稀甜卤和辅料经加热、过滤、冷却和沉淀后取澄清、透明的上清液作为罐装卤，以防止产品汤汁出现沉淀。

（5）罐装时注意酱菜含量和罐装卤含量。

3. 扬州萝卜头酱菜的质量标准

（1）感官指标。

① 色泽：卤汁澄清，呈黄褐色，有光泽。

② 滋味、香气：滋味鲜美，咸甜适口，具有酱香气及萝卜头的自然香气、无酸味及其他异味。

③ 组织形态：个头整齐，大小一致，质地脆嫩，无浑浊、无杂质。

（2）理化指标（表6-34）。

表6-34　扬州萝卜头酱菜的理化指标

项目	扬州萝卜头酱菜	项目	扬州萝卜头酱菜
氨基酸态氮（以氮计），（%）	≥0.15	总酸含量（以乳酸计），（%）	≤0.6
还原糖（以葡萄糖计），（%）	≥7.0	食盐（以氯化钠计），（%）	≥8.0

（3）卫生指标（表6-35）。

表6-35　扬州萝卜头酱菜的卫生指标

项目	扬州萝卜头酱菜	项目	扬州萝卜头酱菜
砷含量（以As计），（mg/kg）	≤0.5	食品添加剂	按国标规定
铅含量（以Pb计），（mg/kg）	≤1.0	大肠杆菌（个/百克）	≤30
黄曲霉毒素B1含量（μg/kg）	≤5	致病菌	不得检出

4. 扬州萝卜头酱菜生产常见问题分析

（1）蔬菜腌制品的保脆。蔬菜在腌制过程中，由于果胶酶的作用和腌制时失水等，会使腌制品脆性降低。通过加入钙离子等高价离子与果胶互相作用，可以增加蔬菜组织的脆度和硬度，因此在腌制蔬菜时可用碳酸钙、氯化钙等作为保脆剂。

（2）蔬菜组织中叶绿素的破坏和保护。若选用绿色蔬菜作为原料制作酱菜，原料中游离的叶绿素很不稳定，在加工中易被破坏而变色。叶绿素在活的蔬菜细胞中与蛋白质结合成叶绿体，在腌制过程中，游离的叶绿素被释放出来，在酸性条件下叶绿素分子中的镁原子被氢原子取代，生成暗绿色至绿褐色的脱镁叶绿素，在碱性条件下叶绿素皂化水解为绿色较稳定的叶绿酸(盐)、叶绿醇和甲醇。它们之间的关系如图6-1。因此,在腌制蔬菜时,可添加碱性物质,如碳酸钠、碳酸镁等来保绿。

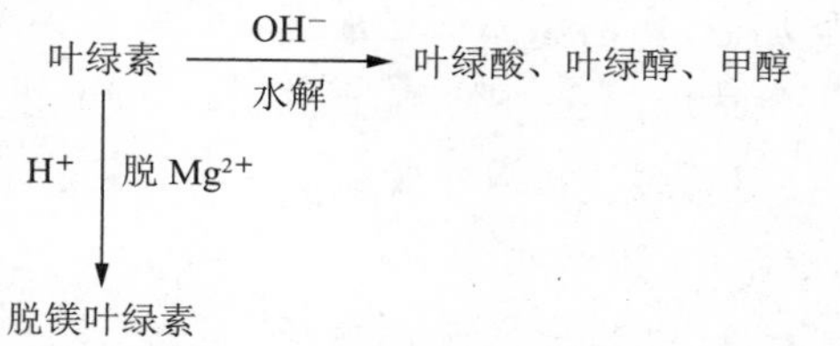

叶绿素 $\xrightarrow[\text{水解}]{OH^-}$ 叶绿酸、叶绿醇、甲醇

叶绿素 $\xrightarrow{H^+\ \text{脱}\ Mg^{2+}}$ 脱镁叶绿素

图6-1　叶绿素与叶绿酸、脱镁叶绿素之间的关系

(3) 腌制蔬菜中的亚硝酸盐含量。许多蔬菜都含有大量的硝酸盐。新鲜蔬菜腌制成咸菜后,其硝酸盐含量下降,而亚硝酸盐含量上升。亚硝酸盐是合成致癌性很强的亚硝胺的前体,新鲜蔬菜的亚硝酸盐的含量一般在0.7 mg/kg以下,咸菜的亚硝酸盐含量可升至13～75 mg/kg,高于国家标准的规定。蔬菜在腌制的初期,会出现一个亚硝酸盐高峰期,亚硝酸盐含量主要聚集在高峰持续期。因此,食用腌菜时,只要避免亚硝酸盐高峰期,一般就比较安全。

(二) 泡菜的生产

参考配方:甘蓝1 000 g,食盐88 g,花椒1 g,干红辣椒30 g,生姜30 g,黄酒30 g,白糖25 g,茴香1 g,草果1 g。

主要设备:泡菜坛等。

工艺流程:

配料 → 装坛

原料 → 预处理 → 装坛 → 发酵 → 成品

1. 泡菜加工工艺

(1) 泡菜坛的准备:泡菜坛是制作泡菜所使用的较标准的容器,能耐酸、碱和食盐。泡菜坛的特点是能使坛内产生的气体向外排除,而外面的气体却不能进入坛内,使泡菜坛内保持一种厌氧状态,这样既有利于乳酸菌的活动,又能抑制需氧的霉菌和有害细菌的生长,同时可防止外界杂菌的污染。

选好泡菜坛后,盛满清水放置几天,然后将其洗净,用干净的纱布抹干内壁水分,备用。

(2) 原料处理:清洗、剔除有腐烂、病虫害的甘蓝,切成宽1 cm、长4 cm的小块,阴干2～3 h。

(3) 食盐水的配制:一般食盐浓度为6%～8%。最好选用井水、泉水等含矿物质较多的硬水,可使泡菜脆嫩。若水质较软,可在食盐水中添加0.05%氯化钙等钙盐,以增加成品脆性。配制好的食盐水经加热至沸腾杀菌、冷却后备用。

配制比例是水1.25 kg,盐88 g,糖25 g,也可以在新盐水中加入25%～30%的老盐水,以调味接种。

(4) 香料包:称取花椒1 g、生姜30 g、茴香1 g、草果1 g,香辛料分别制成粉,用布包裹,备用。

(5) 装坛:将甘蓝放入已经洗净、沥干的泡菜坛,装至半坛时,放入香料包、黄酒、干红辣椒等,接着装至八成满,加入盐水将甘蓝完全淹没,用竹片压紧,水与原料比约为1:1,然后加盖，用清水添满坛沿密封。将泡菜坛在阴凉处放置 1～2 d 后，再加入适量的甘蓝和与之相适应的食盐水，装到离坛口 3 cm 以下处。

（6）发酵：夏季腌制 5～6 d，冬季 12～16 d 即可食用，注意观察其颜色、质地、风味的变化。

2. 泡菜生产注意事项

（1）泡菜盐水配置时注意事项。最好采用井水和泉水等含矿物质较多的硬水，以保持泡菜成品的脆性。软水不宜用来配制盐水。所使用的水应达到国家生活饮用水标准。为了增加泡菜的脆性，可以在配制盐水时加少量的钙盐，如氯化钙、碳酸钙、硫酸钙和磷酸钙等。加工泡菜时最好使用精制食盐。

（2）蔬菜装坛前的预处理。蔬菜在装坛前，可先用食盐进行腌渍。在盐水的作用下，浸出蔬菜中过多水分，渗透部分盐味，以免装坛后降低盐水与泡菜的质量。同时，盐还有灭菌的作用，可使盐水和泡菜清洁卫生。绿叶类蔬菜含有较浓的色素，经预处理可去掉部分色素，有利于定色、保色。有些蔬菜，如夏莴笋、胡萝卜等含苦涩、辛辣等异味，经预处理可基本去除异味。

（3）装坛时注意事项。蔬菜放置应有次序，切忌装得过满，坛中要留下一定的空隙，以防止坛内泡菜水的冒出。盐水必须淹没蔬菜，以免原料氧化变质。

（4）发酵时注意事项。泡菜坛水沟的管理。应避免让水沟中的水进入坛中，以防止微生物混入。水沟中的水应及时加满。

从坛中取出泡菜时，防止油脂进入泡菜中，否则会引起泡菜变臭。

发酵汁可多次使用。制成泡菜后剩下的发酵汁中含有丰富的乳酸和乳酸菌，适当补充食盐和香辛料等辅料后，可以用来腌制新的泡菜。老盐水中含有乳酸菌、乳酸、酯、食盐、香辛料，在其中加入新的蔬菜时通常 2～3 d 即可完成发酵。

（5）注意保存期。泡菜以适时取食为佳，发酵中期的泡菜乳酸量约为 0.6%，这时泡菜品质最为优良。若保存太久，继续发酵，乳酸量超过 1%后，泡菜的风味反而会降低。

（6）泡菜中成分的变化。和新鲜蔬菜相比，泡菜中还原糖含量降低，酸度增加；维生素 C 的破坏主要发生在杀菌和预腌过程，在低酸性隔氧泡菜中的损失很少；氨态氮降低；钙与钠等矿物质显著高于新鲜原料，磷和铁的化合物减少。

3. 泡菜生产质量标准

（1）泡菜的感官标准。保持新鲜蔬菜固有的色泽，香气浓郁，甜味、酸味和咸味协调，质地清脆，组织细嫩、不软化，无异味、异臭。

（2）理化指标。食盐浓度 2%～4%，总酸 0.4%～0.8%。

4. 常见问题分析

（1）泡菜盐水生霉花。在制作泡菜的发酵过程中常见盐水浑浊、表面长霉等变质现象，对泡菜品质影响很大，引起发霉的微生物是好气性的酒花酵母菌，它是盐水表面一层白膜状微生物，有较强的抗盐性和抗酸性，能分解乳酸，降低泡菜的酸度，使泡菜组织软化，甚至还会导致其他腐败菌的繁殖，使泡菜变质。

预防措施：加盖密封，及时添满坛沿水，保持坛沿水清洁，并可在坛沿内加入适量的食盐；取泡菜时，注意勿把生水和油污带入坛内。若坛内霉花生长较多，可把坛口倾斜，徐徐灌入新盐水，使之逐渐溢出；若坛内霉花较少，可将霉花捞出。在除去霉花的盐水内，应酌情加入大蒜、洋葱、白酒等含有抑制物质的作料，以抑制酒花菌。此外，在去掉霉花的泡菜坛内，加入适量食盐、蔬菜，使之发酵，形成乳酸菌的优势种群，也可以抑制酒花菌。如果盐水已浑浊、生蛆、发黑，泡菜出现腐败味、恶臭等变质现象，应舍弃泡菜和盐水，并对泡菜坛进行高温杀菌消毒。

（2）泡菜的安全性。泡菜的安全性主要集中在亚硝酸盐和黄曲霉毒素的问题上。

亚硝酸盐是人体内合成致癌物——亚硝胺的前体，可导致高铁血红蛋白症和肾小球肥大。在卫生状况好的条件下进行正常乳酸发酵，泡菜制作时产生亚硝胺的可能性是很小的。泡菜生产利用的乳酸菌是抗酸、耐盐菌，不会还原硝酸盐生成亚硝酸盐。泡菜中产生亚硝酸盐是由于腐败菌的生长繁殖，分解蛋白质，还原硝酸盐。

影响泡菜亚硝酸盐含量的因素主要有以下几方面。

① 接种乳酸菌发酵能显著降低亚硝酸盐生成。

② 食盐浓度的影响：食盐浓度低，“亚硝峰”出现早，峰值较低；食盐浓度高，“亚硝峰”出现晚，峰值较高，最终产品中的亚硝酸盐含量也较高。

③ 发酵温度的影响：低温发酵，亚硝酸盐生成慢，含量高，高峰持续时间长；高温发酵，亚硝酸盐生成快，峰值低且消失得快。

④ pH：当 pH 为 4.0 时，亚硝酸盐开始降解，随着 pH 下降，亚硝酸盐迅速分解。

发酵初期：凡能迅速形成较高酸度的因素，都能降低产品中亚硝酸盐的含量。

若在泡菜制作过程中，没有隔绝氧气，黄曲霉大量繁殖，产生黄曲霉毒素。霉菌的繁殖需要氧气，规范的泡菜制作是在完全密封的条件下完成的，不会有大量的氧气让霉菌繁殖而产生黄曲霉毒素。

为避免亚硝胺和黄曲霉毒素的产生，提高泡菜的安全性，采取措施有：选用新鲜蔬菜，去掉腐烂变质的蔬菜，减少腐败菌的带入；在腌制时加入 400 mg/kg 的维生素 C，利用其还原性阻止亚硝胺的产生；在腌制前期加入 50 mg/kg 的苯甲酸钠，利用其防腐作用抑制腐败菌；在制作泡菜时，将容器内装满、压实以隔绝氧气；在腌制过程中注意容器卫生，防止腐败菌的污染；保证坛沿水的卫生；在腌制前期加入适量柠檬酸或乳酸以调节酸度；在制作泡菜时接种乳酸菌，如加入老泡菜水或凝固性酸奶，形成乳酸菌的优势种群，抑制腐败菌生长。

（三）酱菜和泡菜实习操作考核要点及参考评分

（1）酱菜实习操作考核要点及参考评分标准（表 6-36）。

表 6-36 酱菜实习操作考核要点及参考评分

序号	实习项目	考核内容	技能要求	评分（100 分）
1	准备工作	（1）准备、检查器具； （2）实习场地清洁	（1）能选择和准备必要的加工设备，并能解决一般的故障； （2）实习场地清理	5

续表

序号	实习项目	考核内容	技能要求	评分(100分)
2	原料处理	(1)洗涤; (2)分级	(1)萝卜表皮干净; (2)萝卜外形符合要求	5
3	腌制、晒制、烫卤、装坛	(1)腌制; (2)晒制; (3)烫卤; (4)装坛	(1)正确掌握用盐量和加盐方法; (2)正确掌握晒制的时间; (3)正确掌握烫卤操作; (4)正确掌握装坛和贮存	20
4	酱制	(1)浸泡; (2)初酱; (3)复酱	(1)正确掌握浸泡时间; (2)正确掌握初、复酱使用酱汁; (3)正确掌握初、复酱时间	20
5	罐装	酱菜和卤含量	正确定量酱菜和卤	5
6	杀菌、冷却	(1)杀菌; (2)冷却	(1)正确掌握杀菌温度和时间; (2)正确掌握冷却方法	15
7	产品的感官鉴定	滋味、香气和组织形态	应符合产品感官要求	10
8	实习报告	(1)格式; (2)内容	(1)实习报告格式正确; (2)能正确记录实验现象和实验数据,报告内容正确、完整	20

(2)泡菜实习操作考核要点及参考评分标准(表6-37)。

表6-37 泡菜实习操作考核要点及参考评分

序号	实习项目	考核内容	技能要求	评分(100分)
1	准备工作	(1)泡菜坛的准备; (2)实习场所清洁	(1)泡菜坛的选择和准备; (2)实习场所清理	10
2	原料处理	原料的清洗,整形	能正确进行蔬菜清洗、整形等处理	10
3	盐水的配制	盐水的配制	能正确配制盐水	5
4	香料包	香料包的准备	能正确准备香料包	5
5	装坛	(1)装坛次序; (2)盐水用量; (3)空隙; (4)杂质	(1)蔬菜放置有序; (2)盐水用量适宜; (3)留有一定的空隙; (4)无油脂等杂物带入	20
6	发酵	(1)发酵温度、时间; (2)观察色、质、味	(1)能正确掌握发酵期; (2)能正确观察颜色、质地、风味	20
7	产品的感官鉴定	色泽、滋味和质地	应符合产品的感官质量要求	10
8	实习报告	(1)格式; (2)内容	(1)实习报告格式正确; (2)能正确记录实验现象和实验数据,报告内容正确、完整	20

(四)考核方式

实习地现场操作。

第三节　调味品加工企业生产实习

实习目的：

（1）全面熟悉所实习单位的生产工艺流程、操作步骤以及有关仪器设备的性能，巩固加深对专业理论知识的理解与掌握。

（2）综合应用专业理论知识，发现、分析和解决生产中出现的问题，提高独立工作的能力，使学生在思想上和工作技能方面得到锻炼。

（3）了解实习单位生产产品的全过程，参与实习单位或工厂的新产品研制开发，进一步培养锻炼学生的科研、组织生产和企业管理能力。使自己毕业后能尽快缩短工作适应期，成为具有生产、研发和管理知识与经验的综合性的开拓型食品专业人才。

实习方式：

以一个实习单位或较大型食品加工厂上岗为主，掌握所从事的实际生产、分析及管理技术。遵从实习单位的安排，认真完成每日的上岗实习工作。可以根据生产实际，适度灵活安排工作内容。

一、制醋生产线实习

（一）酶法液化通风回流制醋

1. 原料处理

参见本章第一节食醋生产技术相关内容。

2. 工艺流程

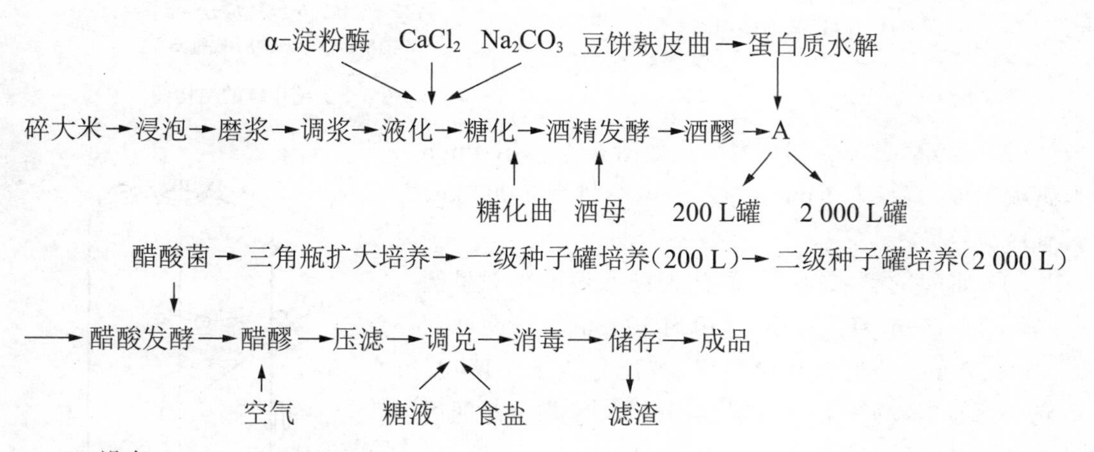

3. 设备

酶法液化通风回流制醋工艺所需主要设备介绍如下。

（1）液化及糖化罐。液化罐的结构如图6-2，它可以用厚度为3～4 mm的钢板制成，直径1. 5 mm，高12 m，容积21 m^3罐内置有搅拌，其中心轴上装有三档横叶板，搅拌器以2. 2 kW电动机转动。罐边近底部通入直径为2. 54 cm的蒸汽管至罐的中心部，下边钻两排孔径4 mm的小孔使蒸汽分布均匀。

糖化罐结构如图 6-3，与液化罐相比，糖化罐内还安装了一套蛇形冷却管，用直径 2. 51 cm，长 20 m 自来水管制成。

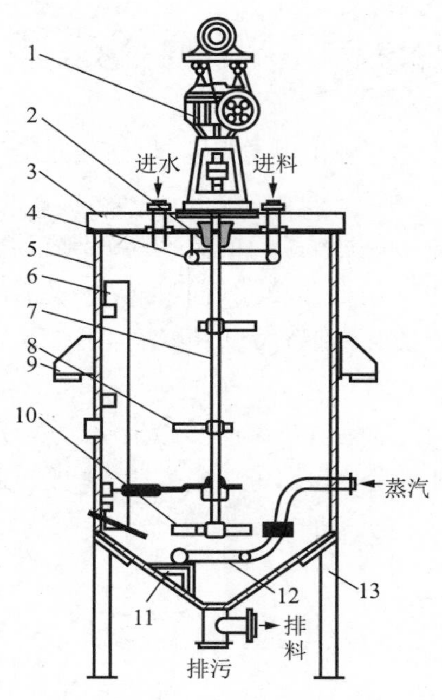

1—传动装置；2—填料箱；3—传动钢架；4—进料环管；5—罐体；6—挡板；7—轴；8—半浆式搅拌器；9—罐耳；10—浆式搅拌器；11—搁脚；12—蒸汽环管；13—支架

图 6-2　液化罐的结构图

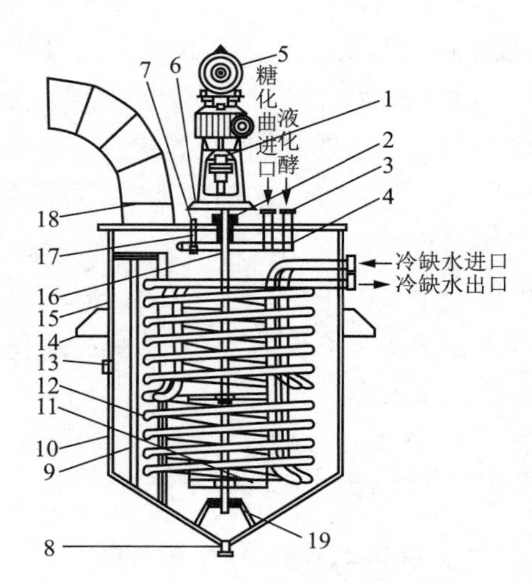

1—传动装置；2—填料密封；3—法兰接管；4—进料环管；5—电动机；6—传动钢架；7—入孔盖；8—放料管；9—蛇管支架；10—罐体；11—浆式搅拌器；12—冷却蛇管；13—温度计插座；14—罐耳；15—罐体；16—轴；17—钩形螺栓；18—排气管；19—底轴承

图 6-3　糖化罐的结构图

（2）酒精发酵罐。酒精发酵罐如图 6-4，可用 4 mm 厚钢板制成，直径为 3 mm，高 2. 5 m，容量为 7 000 kg，设有冷却装置。

（3）醋酸发酵水泥池。醋酸发酵水泥池外观呈圆柱形，高 2. 45 m，直径 4 m，容积为 30 mm^3。在距池底高 15～20 mm 处架上竹篾假底，把池分成上下两层。假底上面装料发酵，假底下层存留醋汁，紧靠竹篾四周设有直径 10 cm 过风洞共 12 个，对称排列于池周围。喷淋管上开小孔，回流液体用泵打入喷淋管，利用液压旋转，把液体均匀地淋浇其层面。水泥池内壁最好再砌一层耐酸的白瓷砖，防止酸的腐蚀作用，又符合卫生要求。发酵池示意图如图 6-5 所示。

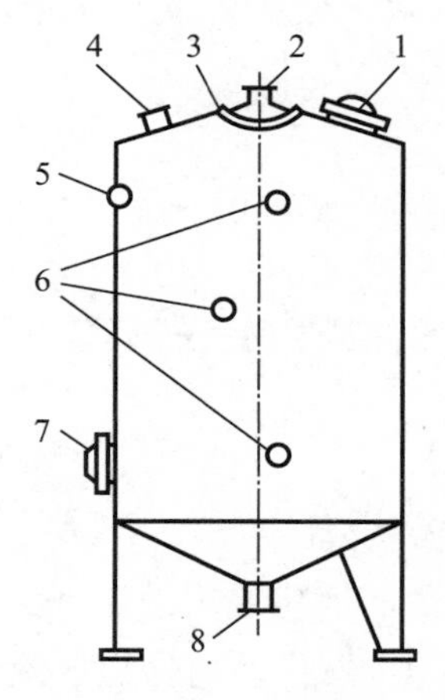

1，7—入口；2—CO_2 排气口；3—进冷却水；4—进料口；5—温度计插口；6—取样口；8—出料口

图 6-4　酒精发酵罐结构示意图

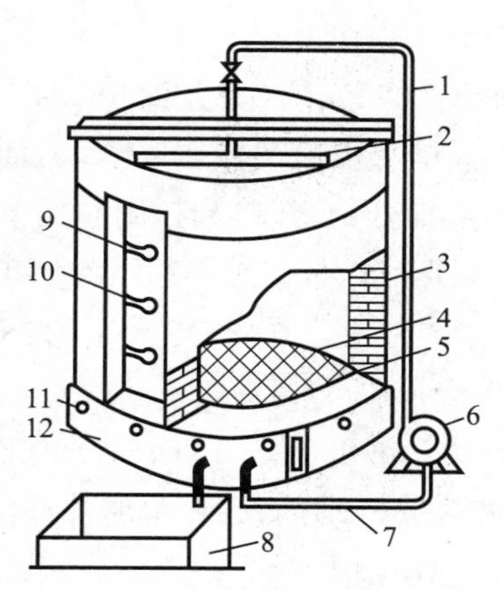

1—回流管；2—喷淋管；3—水泥池壁；4—木架；5—竹篾假底；6—料泵；7—醋液管；
8—贮醋池；9—温度计；10—出渣门；11—通风筒；12—醋液存留处

图 6-5 发酵池示意图

（4）制醅机。又称落曲机或下池机。由斗式提升机及绞龙拌和螺旋拌和器两部分组成。

（二）操作方法

1. 原料配方

碎米 1 200 kg，Na_2CO_3 1. 2 kg（一般以碎米的 0. 1％计），细菌 α- 淀粉酶（酸制单位 2 000 U/g），按原料 6. 5 U/g 碎米计，麸曲按酶活力 60 U/g 淀粉计，酒母 500 kg，水 3 250 kg（配酵醪用），麸皮 1 400 kg，米糠 1 650 kg，醋酸菌种子 200 kg，食盐 100 kg。

2. 水磨和调浆

先将碎米用水浸泡，使粒充分膨胀，然后将米与水按 1∶1. 5～1∶2 的比例均匀送入磨粉机（水磨），磨成 70 目以上细度的粉浆（浓度为 18～20°Bé），用水泵送到粉浆桶调浆，用 Na_2CO_3 调到 pH 6. 2～6. 4（用精密试纸测定），再加入 $CaCl_2$，加入 α- 淀粉酶的量为 6. 5 单位 /g 碎米，充分搅匀流入液化桶。

3. 液化与糖化

液化时边加热边进料边搅拌，液化品温掌握在 85 ℃～92 ℃，待粉浆全部进入液化锅后，维持 10～15 min，以碘液检查呈棕黄色时缓缓升温至 100 ℃保持 10 min，将液化醪泵入糖化桶内，冷却至 63 ℃ ± 2 ℃时加入麸曲（一般为碎米量的 5％～10％），维持 30 min，开始降温时待糖化醪冷却到 27～30 ℃泵入酒精发酵缸内。

4. 酒精发酵

将糖化醪 3 000 kg 送入发酵缸后同时加水 3 250 kg，此时为 7. 5～8°Bé，调节 pH 为 4. 2～4. 4，接入酒母 500 kg，使发酵醪总量为 6 750 kg，发酵温度 30 ℃～33 ℃，发酵周期 64～72 h，酒醪的酒度为 8. 5 左右，酸度 0. 3～0. 4。

5. 醋酸发酵

（1）进池：将酒醪、麸皮、米糠与醋酸菌种子用制醅机充分混合后，均匀进入醋酸发酵池内，面层要加大醋酸菌种子的接种量，耙平，盖上塑料布，开始酸发酵。进池温度控制在

40 ℃以下，以35 ℃～38 ℃为宜。

（2）松醅：面层醋醅的醋酸菌生长繁殖快，升温快，24 h即可升温到40 ℃，可回流，使醅温降至36 ℃～38 ℃，醋醅发酵温度前期可达42 ℃，后期为36 ℃～38 ℃，如果温度上升过快，可将通风洞全部堵塞或部分堵塞，起到控制和调节品温的效果。每次放出醋汁100～200 kg进行回流，每天一般回流6次，全过程共回流120～130次左右醋醅即可成熟。回流时应注意均匀撒入，不能只集中一点。醋酸发酵结束时酒精含量极微，酸度也不再上升，一般20～25 d，夏季需要30～40 d。

（3）加盐：醋酸发酵结束时醋汁酸度已达6.5～7 g/100 mL，此时，加入100 kg食盐以抑制醋酸菌的活动，一般是将盐撒在醋醅表面，用醅汁回流，使其全部溶解。由于大池不能封池，久放容易生热，因此应立即淋醋。

（4）淋醋：淋醋仍在醋酸发酵池内进行。先开醋汁管阀门，再把二醋汁分次浇在面层上，以醋汁管收集头醋。下面收集多少，上面放入多少。当醋酸含量降到5个／百毫升时停止淋醋，以上淋出头醋可用来配制成品，每池产量为10吨。平均每千克碎米出醋8 kg。头醋收集完毕，再在上面分次浇入三醋，下面收集的叫二醋，最后上面加水，下面收集的叫三醋。二醋三醋供淋醋循环使用。

（5）灭菌和配制：头醋通过管道入澄清池里沉淀，并调整质量标准，除现销产品及高档醋不需要加防腐剂外，一般食醋均应加入0.08%的苯甲酸钠作防腐剂。生醋用蛇管热交换进行消毒，消毒温度80 ℃以上，最后定量装坛封泥，为成品。

酶法通风回流制醋的优点是出醋率提高，能源耗量下降，机械化与生产率高，生麸皮的利用对提高质量有利。旧工艺（翻缸）每千克碎米产食醋数量为7.34 kg，新工艺（回流）每千克碎米产食醋8.55 kg

（三）操作时的注意问题

1. 液化

液化要彻底，粉浆配料要适当。如磨浆时水分过多，会造成粉浆过粗而造成液化不彻底，且温度要适宜。

2. 糖化曲的使用

目前使用较多的是东酒一号（乌沙米曲霉 Aspusamii），As 3.409。

3. 醋酸发酵

醋酸发酵24 h松醅一次很有必要，必须认真操作。

4. 回流

回流的掌握在松醅后一般达到40 ℃即进行回流，要定温度时，如果经过一段时间（4 h以后）醅温并未上升，则也需以回流来调节温度，增加新鲜空气，如气温低，回流醋汁可加热至40 ℃后（不要太高）再进行回流。

5. 发酵周期

夏天发酵周期延长。夏天气温高，为了降温，必须相应地堵塞通风洞。但因此而气量减少，发酵时间延长，其矛盾尚待解决，醋汁最好做到先降温后再回流。

6. 淋醋

淋醋时，二醋汁要分次缓慢地浇在面层上，不要冲乱醋醅层次，以免影响产品质量。

二、豆豉生产线实习

（一）传统阳江豆豉的生产

阳江豆豉是广东传统食品，属曲霉型豆豉，它具有豆粒完整、乌黑油亮、鲜美可口、豉味醇香、松软化渣的特点，在东南亚、我国港澳等地享有特高的声誉。为了增加豆豉的乌亮程度和表皮的柔韧度，使豆豉表面呈深蓝色，在生产中添加了硫酸亚铁和五倍子。

1. 原料和配比

黑豆 100，食盐 16～18，硫酸亚铁 0.25，五倍子 0.015，水 6～10。

2. 主要设备、材料

清洗、浸泡设备，竹匾，曲房，发酵箱，陶坛，塑料薄膜等。

3. 工艺流程

黑豆 → 浸豆 → 蒸煮 → 摊凉 → 制曲 → 洗霉 → 配料 → 入坛后期发酵 → 出坛晒豉 → 成品

（二）操作方法

1. 原料处理

（1）浸泡：选用阳江的黑豆，除去虫蛀豆、伤痕豆和杂类豆后，加水浸没豆子进行浸泡，水温 40 ℃以下，浸泡时间随季节而异。一般冬季为 6 h 左右，夏天浸泡 2 h 左右，中间换一次水，以浸泡 80%豆粒表面膨胀无皱纹，水分含量在 45%～50%为宜。

（2）蒸煮：在常压下蒸煮 2 h 左右或在 0.18 MPa 压力下高压蒸煮 8 min 即可。蒸好的熟豆以有豆香味，用手指捻压豆粒能成薄片且易粉碎，蛋白质适度变性，水分含量在 45%左右为宜。然后摊开放凉，待熟料温度降至 35 ℃时制曲。

2. 曲霉制曲

传统豆豉制曲都是人工控制天然微生物制曲，即在常温下自然接种，利用适宜的温度、湿度等条件，促使有益微生物生长、繁殖并分泌酶系。曲菌采用天然的豆豉曲，适宜生产温度为 28 ℃～35 ℃。

将冷却至 35 ℃的豆坯入竹匾内，四周厚（约 3 cm），中间薄（1.5～2 cm），曲料入室品温控制在 25 ℃～29 ℃。培养 10 h 左右，霉菌孢子开始发芽，品温慢慢上升。培养 17～18 h 时豆粒表面出现白色斑和短短的菌丝。培养 25～28 h 时，品温达 31 ℃左右，曲料稍有结块。经 44 h 左右培养，品温达 37 ℃～38 ℃，曲料长满菌丝而结块，进行第一次翻曲和倒匾，使品温接近。翻曲时用手将曲料轻轻搓散。翻曲后，品温显著下降至 32 ℃左右。再过 47～48 h，品温又回升到 37 ℃，通风降温，使品温下降至 33 ℃左右。保持这个品温至 67～68 h，品料又结块，并且出现嫩黄绿色孢子时，进行第二次翻曲，以后保持品温在

28 ℃～30 ℃，培养至 5～6 d 出曲。正常成曲，粒有皱纹，孢子呈略暗的黄绿色，水分含量在 21%左右。

3. 制醅发酵

（1）水洗：将豆曲倒入盛有温水的桶中，洗去表面的孢子和菌丝。然后捞出用水冲至豆曲表面无孢子和菌丝，只留下豆瓣内的菌丝体，且脱皮甚少。

（2）堆积吸水：水洗后，豆曲沥干、堆积，并向豆曲间断洒水，调整豆曲水分含量在 45%左右。

（3）升温加盐：豆曲调整好水分后，加盖塑料薄膜保温，经过 6～7 h 的堆积，品温上升至 55%，可见豆曲重新出现菌丝，具有特殊的清香气味，迅速拌入约 17%的盐、少量的硫酸亚铁和五倍子水。

（4）发酵：拌匀后的豆曲立即装入坛中至八成满，层层压实，用塑料薄膜封口，在阳光下曝晒。发酵温度一般以 20 ℃～35 ℃为宜，30～40 d 豆豉成熟。将发酵成熟的豆豉从坛中取出，在阳光下曝晒，使水分蒸发，至豆豉水分含量为 35%，即为成品豆豉。成品豆豉存放于干燥阴凉处。

（三）注意事项

（1）制作豆豉的黑豆浸泡要求与制作酱油、豆酱及其他豆制品不同，浸泡时间要适度，大豆吸水要适度。生产阳江豆豉一般以浸至 80%的豆表皮无皱纹为宜。

（2）蒸煮后熟料的水分含量应在 45%左右。若水分过低则抑制微生物生长繁殖和产酶，成品发硬不酥；水分过高，则制曲时温度控制困难，杂菌易于繁殖，豆粒容易溃烂。

（3）洗霉的目的在于洗净豆豉表面附着的曲霉菌孢子和菌丝，使其显出乌亮润滑的光泽，避免产品有苦涩味。同时洗去部分酶系，以抑制继续分解，使代谢产物在特定的条件下，在成型完整的豆粒中保存下来，不致因继续分解导致较多的可溶物流失，造成豆粒溃烂、变形和失去光泽，因而能使产品保持颗粒完整、油润光亮的外形和特色的风味。整个水洗过程控制在 10 min 左右，避免因时间过长豆曲洗水过多而造成发酵后豆粒容易溃烂，水洗后豆曲水分在 33～35%。

（4）堆积吸水工序要求间断洒水，以防止豆豉腐败和增加豆豉风味。使豆曲水分含量在 45%左右。若水分过大会使成品脱皮、溃烂、失去光泽；而水分过少，则不利于发酵，成品发硬，不酥松。

（5）辅料添加的方法：先将五倍子用沸水煮沸。取上清液与硫酸亚铁混合，使其溶解，再取上清液与食盐一起浇到豆曲中。

（6）豆豉的后发酵以无氧发酵为主，装坛时要充满，层层压实，且封口。

（7）阳江豆豉的生产最好选用阳江当地的黑豆。它有如下特点：颗粒细而均匀，皮薄，肉质好，蛋白质含量高，酿出的豆豉表面光滑、色泽乌黑油亮、味鲜美。

（四）生产实习考核标准

1. 生产实习总结要求

实习总结内容应包括以下内容。

（1）生产企业的发展史。

（2）该企业的机构设置和管理。

（3）企业的产品类型及市场销售情况。

（4）绘出车间及附属建筑的平面布置图。

（5）产品的工艺方法、产品成本、主要设备型号、性能及生产厂家。

（6）实习过程的体会，如提出该厂生产中存在的问题并如何解决。

（7）生产实习中存在的问题、对实习方式的效果等提出建设性的改进意见。

提示：发展史可以通过与厂长、技术人员、工人交流或从工厂的原始资料中整理得出，机构设置及职责与管理协调方法、物料供给、产品市场销售情况，则通过了解、访问、查阅工厂的有关资料并加以整理。尽量画出工厂各车间，附属建筑（如机房、配电房、仓库、锅炉房、食堂、厕所、宿舍、车库等）的平面布置示意图。

2. 生产实习专题报告要求

专题报告是对生产实习中的某一部分内容进行较为详细的论述，必须与实习相关。其内容如下。

（1）企业的管理现状与改进措施。

（2）生产工艺与配方的改进。

（3）企业的营销管理及销售方式。

（4）如何提高和保证产品质量等。

3. 考核

（1）现场操作考核（参照第二节“生产实习考核要点及参考评分标准”），分数占50%。

（2）生产实习报告，分数占50%。

参考文献

[1] 李勇．调味品加工技术［M］．北京：化学工业出版社，2003.

[2] 尚丽娟．调味品生产技术［M］．北京：中国农业大学出版社，2012.

[3] 谢骏．调味品及其他食品加工加工技能综合实训［M］．北京：化学工业出版社，2008.

[4] 徐清萍．调味品加工技术与配方［M］．北京：中国纺织出版社，2011.

[5] 宋安东．调味品发酵工艺学［M］．北京：化学工业出版社，2009.

第七章

果蔬加工企业卓越工程师实习指导

果蔬是果品与蔬菜的统称，果蔬加工就是通过各种加工工艺处理，使果蔬达到长期保存、随时取用的目的。在加工处理中要最大限度地保存其营养成分，改进食用价值，使加工品的色、香、味俱佳，组织形态更趋完美，进一步提高果蔬加工制品的商品化水平。本章主要针对卓越工程师实习过程中，如何指导常见果蔬加工技术学习进行叙述，包含以下三部分内容。

（1）果蔬加工企业认识实习：果蔬干制品生产技术、果蔬冷冻制品生产技术、果蔬汁生产技术、果蔬罐头生产技术、果蔬糖制品生产技术。

（2）果蔬加工企业岗位参与实习：果蔬干制品加工岗位技能综合实训、果蔬冷冻制品加工岗位技能综合实训、果蔬汁加工岗位技能综合实训、果蔬罐头加工岗位技能综合实训、果蔬糖制品加工岗位技能综合实训。

（3）果蔬加工企业生产实习：速冻西兰花生产线实习、杨梅汁生产线实习。

第一节　果蔬加工企业认识实习

一、果蔬干制品生产技术

知识目标：

（1）掌握果蔬干制品生产的基本原理。

（2）掌握工业化果蔬干制品生产的特点。

（3）了解果蔬干制品生产工艺的基本流程。

（4）了解影响果蔬干制品品质形成的主要因素。

（5）了解果蔬干制品的主要原料和主要产品。

（6）了解果蔬干燥企业管理经营知识。

技能目标：

（1）认识果蔬干制品生产过程中的关键设备和操作要点。

（2）了解果蔬干制品生产工艺操作及工艺控制。

（3）了解果蔬干制品质量的基本检验和鉴定能力。

（4）能够制定果蔬干制品生产的操作规范、改进措施。

解决问题：

（1）如何进一步提高果蔬干制品质量？

（2）如何降低果蔬干制品生产成本？

（一）果蔬干制品生产原料

1.原料的选择

不同果蔬加工产品的性质差异较大，对加工原料也有一定的要求。不同果蔬原料也有各自特点，其性状也存在较大差异。正确选择适合于加工产品的原料是果蔬加工的前提，而如何选择合适的原料要根据各种加工品的制作要求和原料本身的特性来决定。总的来说，果蔬加工要求有合适的原料种类、品种，合适的成熟度，以及保证新鲜、完整、卫生。果蔬干制品对原料一般有以下要求：干物质含量较高，水分含量较低，可食部分多，粗纤维少，风味及色泽好，成熟度适中。较理想的原料有枣、柿子、山楂、苹果、龙眼、杏、胡萝卜、马铃薯、辣椒、南瓜、洋葱、姜及大部分的食用菌等。但某一适宜的种类中并不是所有的品种都可以用来加工干制品，同一种类不同品种的果蔬也存在较大差异。大部分蔬菜均可干制，但黄瓜、葛笋干制后失去柔嫩松脆的质地，失去食用价值。石刁柏干制后，质地粗糙，组织坚硬，不堪食用。下面举例说明果蔬干制品对原料的要求。

（1）葡萄：宜选用含糖量在20%以上，皮薄，肉质柔软，无核，充分成熟的品种。如无核白、秋马奶子、无核红等品种。

（2）荔枝：宜选用果型大而圆整，干物质含量高，肉厚核小，香味浓，涩味谈，但壳不宜太薄，以免干制裂壳或破裂凹陷。常用的品种有糯米糍、槐枝等。

（3）桂圆（龙眼）：果型大而圆整，干物质和糖分含量高，肉厚核小，果皮厚薄中等。如果皮过薄的，在干制时易凹陷或破碎，不宜选用。大元、乌头岭、油潭木等品种可用于干制。

（4）枣：宜选用果型大，皮薄肉厚，含糖量高，肉质致密，核小的品种。此外，优良的小枣品种也可用于干制。山东金丝小枣、山西板枣、河南灰枣、甘肃临泽枣都适合干制。

（5）柿：果型大，呈圆形，无沟纹，肉质致密，合糖量高，种子少而小或无核品种，充分成熟，颜色转红但肉质坚硬而不软时采收。适合干制的品种有河南水柿、山东菏泽镜面柿、陕西牛心柿、尖柿等。

（6）马铃薯：要求块茎大，圆形或椭圆形，无疮病和其他疣状物，表皮薄，芽眼浅而少，修整损耗少（不超过30%），果肉白色或浅黄色，干物质含量高（不低于21%），其中淀粉含量不超过18%。原料不宜久藏，否则糖分高，制品褐变严重。适宜干制的品种有白玫瑰、青山、爱尔兰、卵圆等。

（7）胡萝卜：中等大小，钝头，表面光滑，须根少，皮肉均呈橙红色，无机械损伤，无病虫害及冻僵情况，心髓不明显，成熟充分而未木质化，胡萝卜素含量高。干物质含量不低于11%，糖分不低于4%，废弃部分不超过15%。干制后复水串为4～9倍。大将军、长橙、无敌等品种适于干制。

（8）食用菌：宜选菇面直径为3.5 cm以下，肉厚，色白，菇带韧性，菌伞边缘向内卷，具菌褶或不具菌褶的品种。用于干制的有白蘑菇、丹麦菇、香菇等。

2. 原料的前处理

果蔬加工前的处理，对其制成品的生产影响很大，如果处理不当，不但会影响产品质量和产量，而且会对以后的加工工艺造成影响。为了保证质量、降低损耗、顺利完成加工过程，必须认真对待加工前的预处理。果蔬加工前处理包括筛选、分级、清洗、去皮、切分、护色、修整、漂烫等。

（1）筛选和分级：原料进厂后首先要进行粗选，即要剔除霉烂及病虫害果实，对残、次及机械损伤类原料要分别加工利用。然后再按大小、成熟度及色泽进行分组。原料合理的分级，不仅便于操作，提高生产效率，重要的是可以保证提高产品质量，得到均匀一致的产品。

（2）清洗：原料清洗的目的在于洗去果蔬产品表面附着的灰尘、泥沙和大量的微生物及部分残留的化学农药，保证产品清洁卫生。洗涤用水，最好使用饮用水，水温一般是常温，有时为增加洗涤效果，可用热水。原料上残留农药，还须用化学药剂洗涤。一般常用的化学药剂有0.5%～1.5%盐酸溶液、0.1%高锰酸钾或600 mg/kg漂白粉液等，还有一些脂肪酸系列的洗涤剂，如单甘酸酯、磷酸盐、糖脂肪酸由、柠檬酸钠等。原料在常温下浸泡数分钟，再用清水洗去化学药剂。洗时必须用流动水致使原料振动及摩擦，以提高洗涤效果。

（3）去皮、切分：果蔬（除大部分叶菜类以外）外皮一般口感粗糙、坚硬，虽有一定的营养成分，但口感不良，对加工制品均有一定的不良影响。如甘薯、马铃薯的外皮含有单宁物质及纤维素、半纤维素等。对于外皮比较粗糙的果蔬，如苹果、梨、柿、马铃薯、毛笋等在干制前还须进行去皮处理，以提高制品品质，同时也使水分易于蒸发，促进干燥。去皮时，只需去掉不合要求的部分，不能去得过多，否则会增加原料的消耗。去皮方法有手工、机械、碱液、热力、真空、酶法、冷冻去皮等。

此外，除枣、柿、葡萄、龙眼、樱桃、杏、荔枝等果实外，很多果蔬干制前还要进行去核和切分处理。桃、杏一般沿缝合线对切成两瓣；苹果、梨等切成环形或瓣状；蔬菜如马铃薯、萝卜等可切成圆片、细条或方块；甘蓝、白菜可切成细条形状；生姜切成薄片状。切分多采用机械进行。

（4）硫处理：二氧化硫或亚硫酸盐类处理是果蔬干制加工中常用的一项原料预处理方式，其作用不仅是护色，还有其他重要的作用。常用一定浓度的亚硫酸（盐）溶液，在密封容器中将洗净后的原料浸没。亚硫酸（盐）的浓度以有效二氧化硫计。一般要求为果实及溶液总重的0.1%～0.2%。亚硫酸具有强烈的护色效果，因为它对氧化酶活性有很强的抑制或破坏作用，故可防止酶促进褐变。亚硫酸能与葡萄糖起加成反应，其加成物也不酮化，可防止碳氨反应的进行，从而可防止非酶促褐变。另外，亚硫酸与许多有色化合物结合而变成无色的衍生物。对花青素中的紫色及红色特别明显，对类胡萝卜色素影响则小，对叶绿素不起作用。二氧化硫解离后，有色化合物又恢复到原来的色泽。所以用二氧化硫处理保存的原料，色泽变淡，经脱硫后色泽复显。亚硫酸能增大细胞膜的渗透性，缩短干燥脱水时间，还使干制品具有良好的复水性能。亚硫酸还有较好的抗氧化、防腐作用。亚硫酸处理在酸性环境条件下作用明显，一般应在 pH 3.5 以下，不仅发挥了它的抑菌作用，而且本身也不易被解离成离子，降低作用。所以，对于一些酸度偏小的原料处理时，应辅助加一些柠檬酸，增加其效果。硫处理时应避免接触金属离子，因为金属离子可以将残留的亚硫酸氧化，还会显著促进已被还原色素的氧化变色，故生产中应注意不要混入铁、铜、锡等其他重金属离子。亚硫酸盐类溶液易于分解失效，最好是现用现配。原料处理时，宜在密闭容器中。亚硫酸和二氧化硫对人体有一定的毒害作用，所以在使用时需注意控制使用浓度，一般成品中含量不应超过 20 mg/kg。

（5）热处理：热烫是果蔬干制时的一个重要工序。原料经过热烫后，钝化氧化酶，减少氧化变色和营养物质的损失；其次使细胞透性增强，有利于水分蒸发，缩短干制时间，经过热烫的杏、桃、梨等果品，干制时间可以较原来缩短 1/3；此外热烫排除组织中的空气，使干制品呈半透明状，使外观品质提高。热烫的最大弊病是损失一部分可溶性物质，特别是用沸水热烫的损失更大；物料切分愈细，损失愈多。采取热烫水重复使用，可减少热烫的损失，热烫水的浓度随热烫次数增多而增大，因此愈到后来，热烫原料的可溶性物质的流失也就愈少。热烫后的水，可收集起来综合利用。

绿色蔬菜要保持其绿色，可在热烫水中加入 0.5% 的碳酸氢钠或者用其他方法使水呈中性或微碱性。因为叶绿素在碱性介质中加水分解，会生成叶绿酸、甲醇和叶醇。叶绿酸仍为绿色，如进一步与碱反应形成钠盐则更使绿色稳定。

热烫可采用热水和蒸汽。热烫的温度和时间应根据原料种类、品种、成熟度及切分大小不同而异。一般情况下热烫水温为 80 ℃～100 ℃，时间为 2～8 min，热烫过度使组织腐烂，影响质量。相反，如果热处理不彻底，反而会促进褐变。如白洋葱、荸荠热烫不完全，变红的程度比未热烫的还要严重。可用愈创木酚或联基苯胺检查热烫是否达到要求，其方法是将以上化学药品的任何一种用酒精溶解，配成 0.1% 的溶液，取已烫过的原料横切、随即浸入药液中，然后取出。在横切面上滴 0.3% 双氧水（H_2O_2），数分钟后，如果愈创木酚变成褐色或联基苯胺变成蓝色，说明酶未被破坏，热烫未达到要求，如果不变色，则表示热烫完全。

（6）浸碱脱蜡：有些果实如李、葡萄等，在干制前要进行浸碱处理。其作用在于除去果皮上附着的蜡粉，以利于水分蒸发，促进干燥，同时易使果实吸收二氧化硫。碱可用氢氧化钠、碳酸钠或碳酸氢钠。碱液处理的时间和浓度依果实附着蜡粉的厚度而异，葡萄一般用 1.5%～4.0% 的氢氧化钠处理 1～5 s，李子用 0.25%～1.50% 的氢氧化钠处理 5～30 s。浸碱良好的果实，果面上蜡质被溶去并出现细微裂纹。

碱液处理时，应保持沸腾状态，每次处理果实不宜太多。浸碱后应立即用清水冲洗，以除去残留的碱液，或用 0.25%～0.5% 的柠檬酸或盐酸浸几分钟以中和残碱，再用水漂洗。

（二）果蔬干制品的生产工艺

1. 常用热风干制及热泵干制脱水蔬菜的工艺流程

原料→清理→浸泡→清洗→沥干→切制→漂烫→硫处理→热风干制（热泵干制）→成型→包装。

其中，热风干制工艺中的关键是对蔬菜的漂烫、硫处理、干制三个环节。

漂烫可破坏蔬菜中的氧化酶系统，防止褐变和维生素的氧化，加快干制速度，使干制品复水时重新吸水，保护叶绿素并可除去一些果蔬中的苦涩味，同时起到一定程度的杀菌作用。

2. 真空冷冻干制脱水蔬菜工艺流程

原料→清理→切分→漂烫→冷却→沥干→预冻→冻干→成型→包装。

在真空冷冻干制脱水果蔬中，关键在于冻干工艺操作上。预冻过程，在水分升华时使制品中的固体颗粒得以固定，以防止制品发生物理和化学反应。由于各种有机物或无机物构成的液态制品在预冻后通常形成一种共晶状态，因此对于每一种需进行冷冻干制处理的制品，都应找出其相应的共晶点温度，即制品中结合水冻结时的温度。实际制定工艺路线时，一般预冻温度要比共晶点温度低 5 ℃～10 ℃，预冻过程的关键在于控制食品的冻结速率。一般来说，冻结速度快，在细胞内部和细胞间隙所生成的冰晶越细，对细胞的机械损坏作用也越小；同时，细胞内部的溶质迁移效应小，干制后能保持原有结构。

冰晶升华过程是整个真空冷冻干制过程时间最长的阶段。冻结后的食品迅速放入干制室中，将干制室抽真空，以促使产品中的水分迅速升华。升华过程是一种传热、传质同时进行的复杂过程，随着冰界面的不断推移，干制层越来越厚，而干制速率则随之下降。主要原因是随着升华的进行，多孔干制层厚度增加，不仅降低了传热速度，还延缓冰界面上升华水分子的外逸速度，所以，升华干制过程中提供的热量以及干制室内的真空度是影响干制速率的两个主要因素。

解析过程在升华阶段结束后，干制物质的内部还吸附着一部分水分，这些水分将为微生物的生长繁殖和一些化学反应提供条件。因此，解析过程就是要让吸附在干制物质内部的水分子解析出来，达到进一步降低食品水分含量的目的，以确保食品长期贮存的稳定性。在解析过程中，产品的温度可适当提高，冻干箱内也须保持较高的真空度，这样才能使吸附的水分子在较大的解析推动力下从食品中解析出来。产品最后的含水量视具体要求一般在 2%～5%范围即可。

3. 微波、远红外干制脱衣蔬菜的工艺流程

原料→清洗→切分→漂烫→冷却→沥干→微波、远红外干制→成型→包装。

微波干制、远红外干制技术都是内部的水分吸收热能后，以水分向外扩散的方式干制脱水，具有干制速度快的特点，如对物料干制的温度控制不当，会造成产品烧焦的情况，目前使用上受到一定限制。

（三）果蔬干制品生产的新技术

现代化的干燥设备是干制技术发展的基础，近年来，不断有新型、高效的干制技术出现，下面介绍几种国内外比较先进的干燥技术。

1. 冷冻升华干燥

冷冻升华干燥主要用于医药和食品工业。这种干燥方法的优点是能较好地保持产品的色、香、味和营养价值，且复水容易，复水后产品接近新鲜产品。因此，产品品质比热烘

干优越得多。但这种干燥方法成本比较高，只适合于对产品质量要求特别高的产品干燥。

冷冻升华干燥是先将物料中的水分冻结成冰晶。然后在较高真空度下结冰晶提供升华热，使冰直接气化除去达到干燥的目的。

目前国内使用的冷冻升华干燥装置，其主要部分是干燥室。以JDG冻干设备为例，其干燥仓是一个很大的卧式圆筒，两端装有悬吊式仓门。加热架置于仓体中部，料架可沿天轨方便地推进或拉出。水汽冷阱置于仓内两侧或独立于仓外。加热架上的加热板，经专门表面处理，能以辐射方式向物料传递所需的升华热。水汽冷阱能及时地捕获内物料升华出来的水汽。真空机组能快速排出干燥仓的不可凝性气体（主要是空气），同水汽冷阱共同维持物料升华所要求的低气压。制冷系统采用集中制冷和强迫循环，能确保水汽冷阱和速冻库所要求的冷量和低温。在监控台上可以显示、记录和控制有关的升华参数。

不同干制脱水方法各有优缺点。通常所采用的脱水方式中常压热风干制、热泵干制虽然在脱水蔬菜行业中发挥了举足轻重的作用，被大多数企业所采用，但这两种方法在脱水的过程中普遍存在脱水时间较长、耗能大、生产效率低、卫生条件差、贮藏期品质明显下降、风味较差、复水程度差、复水速度较慢等缺陷。而高档次、高附加值的食品一般采用真空冷冻干制、微波干制、远红外干制三种方法相结合的生产方式，它们因具有能较好保持原材料的色香味和营养成分、食品不易变质、复水性好、重量轻、可在常温下贮藏等优点而受到人们的青睐，但存在加工时间长、成本高、产品价格昂贵等缺点。此外，我国还存在冻干设备、冻干工艺、冻干特性等方面的问题，如类型单一、性能落后、工作可靠性差、开发制造混乱；对冻干工艺的研究多集中在小型干制试验机上干制样品，而多数研究又都集中在工艺参数对冻干速率的影响上，而这些研究工作脱离了食品冻干过程的特点，对冻干工艺参数及其之间的关系缺乏系统的分析；在制定冻干工艺时忽视干制原料的特点，且干制物料品种少；当前国内生产的冻干机都是间隙式，难以判断干制何时结束，这是重要的缺陷，它可能造成产品含水率高而不合格，也可能造成干制时间过长而浪费能源；加工标准和质量体系不健全，特别是对农药残留限量等质量安全指标少，与农业生产发展的需要相差较远。今后冻干设备的发展趋势为：改进结构，优化设计，降低成本，减少能耗；保证质量，提高性能；开发连续式冻干设备；扩大物料品种，着重优化工艺参数，制定出最佳工艺曲线，完善冻干产品质量检查标准，降低冻干产品的价格。在脱水方式上，将热风干制和真空冷冻、微波、远红外干制技术结合起来发挥各自的优势是今后脱水技术的发展方向。

2. 膨化干燥

膨化干燥又称为加压减压膨化干燥或压力膨化干燥，其干燥系统主要由一个体积比压力罐大5～10倍的真空罐组成。果蔬原料经预干燥后，干燥至水分含量15%～25%（不同果蔬要求的水分含量不同），然后将果蔬置于压力罐内，通过加热使果蔬内部水分不断蒸发，罐内压力上升至40～480 kPa，物料温度大于100 ℃。因而和大气压下水蒸气温度相比，它处于过热状态，随着迅速打开连接压力罐和真空罐（真空罐已预先抽真空）的减压阀，由于压力罐内瞬间降压，使物料内部水分闪蒸，导致果蔬表面形成均匀的蜂窝状结构。在负压状态下维持加热脱水一段时间，直至达到所需的水分含量（3%～5%），停止加热，使加热罐冷却至外部温度时破除真空，打开盖，取出产品进行包装，即得到膨化果蔬脆片。

膨化技术已成功地应用于土豆、苹果、胡萝卜、葡萄等果蔬上。采用这种膨化技术生产出的果蔬制品除了具有蜂窝状结构，高复水率外，产品的质地松脆，极大限度地保持了新鲜果蔬的风味、色泽和营养。膨化干燥与传统干燥方法相比较，可节约蒸汽 44%，同时，比传统干燥法快。

3. 真空油炸脱水

真空低温油炸脱水是利用减压条件下，产品中水分汽化温度降低，能在短时间内迅速脱水，实现在低温条件下对产品的油炸脱水。热油脂作为产品的脱水供热介质，还能起到膨化及改进产品风味的作用。真空油炸的技术关键在于原料的前处理及油炸时真空度和温度的控制，原料前处理除常规的清洗、切分、护色外，对有些产品还需进行渗糖和冷冻处理。渗糖浓度为 30% ～ 40%，冷冻要求在 －18 ℃左右的低温冷冻 16 ～ 20 h，油炸时真空度一般控制在 92 ～ 98 kPa 之间，油温控制在 100 ℃以下。

目前，国内外市场出售的真空油炸果品有苹果、猕猴桃、草莓、葡萄、香蕉等；蔬菜有胡萝卜、南瓜、西红柿、四季豆、甘薯、土豆、大蒜、青椒、洋葱等。近年来，随着这项技术研究的深入，使制品能更好地保留其原有的风味和营养、松脆可口，具有广阔的开发前景。

4. 远红外线干燥

远红外线干燥的原理与近红外线干燥的完全相同，唯一不同的是射线的波长不同。获得远红外线的方法靠发射远红外线的物质——主要是氧化钴、氧化铁之类氧化物的混合物。此外，还有氯化物、硼化物、硫化物和碳化物等。利用这些物质制成的远红外辐射元件能够产生波长在 2 ～ 15 μm 以上乃至 50 μm 的远红外线。

远红外线辐射元件的形式很多，但主要由三部分构成：金属或陶瓷的基体、基体表面发射远红外线的涂层以及使基体涂层发热的热源。热源发生的热量通过传导到表面涂层，然后由表面涂层发射出远红外线。热源可以是电热器，也可以是煤气加热器。

远红外线干燥的主要特点：首先是干燥速度快，生产效率高；其干燥时间一般为近红外线干燥的一半，为热风干燥的 1/10。其次是耗电少，远红外线干燥的耗电量为近红外线干燥的 50% 左右，与热风干燥相比，效果更明显。第三是干燥产品质量好，由于产品表层和表层以下同时吸收远红外线，所以干燥均匀，制品的物理性能好。第四是设备尺寸小，成本低；用远红外线干燥所需的烘道长度一般可缩短 50% ～ 90%。

5. 微波干燥

微波一般是指 300 ～ 300 000 MHz 的电磁波，波长为 1 mm ～ 1 m。所用的微波管为磁控管，常用的加热频率为 915 ～ 2 450 MHz。微波的穿透能力比红外线更强，水又是吸收微波良好的介质，另外微波加热不是由外部热源加进去的，而是在加热物体内部直接生产的。因此，微波干燥具有干燥时间短、热效率高和反应灵敏等优点。它可以把原来的干燥速度提高 10 倍以上。由于微波对水分有选择加热效应，所以，原料可以在较低温度下进行快速干燥。对于提高制品品质，减少制品营养成分损失具有重大意义。

6. 渗透干制

渗透干制指蔬菜在一定的温度下，浸入高渗透压的溶液中，除去其中部分水分的一种方法。由于植物细胞壁和细胞膜具有渗透选择性，因此在渗透脱水时，存在两个相反的质传递过程，即水分透过膜进入溶液，溶液中的溶质也有一部分渗透到细胞中去。渗透脱水一般在较短的时间内除去水分而不损坏蔬菜的组织结构，经过渗透脱水的蔬菜产品仍具有原有蔬菜的风味、色泽、质构、营养品质。渗透脱水只能脱去蔬菜中的部分水分，作为脱水蔬菜加工的一种前处理方式，常与微波干制或热风干制技术相结合使用。

影响果蔬渗透脱水的因素很多，首先是高渗透溶液种类及其浓度和温度，常用的高渗透溶液有糖类和盐类，前者主要为蔗糖、葡萄糖、果糖、果糖浆等，后者为氯化钠、柠檬酸纳等。常用糖溶液作水果的高渗透液，盐溶液作蔬菜的高渗透液。一般来说，渗透液的浓度越高，果蔬的失水量越大，产品的总固形物和可溶性固形物的含量都增加。渗透过程中，果蔬的失水量随着渗透液温度的提高而增加，但温度达到 45 ℃时，果蔬可能发生酶褐变，风味物质受到影响。其次是渗透脱水时间，浸泡时间越长，果蔬的失水量越多。一般浸泡时间 5～6 h 为宜，浸泡时间过长，影响果蔬的感官品质和营养品质，并且增大微生物污染的概率。一般渗透液的重量为果蔬的 10 倍以上，通过适当的搅拌，保持整个渗透过程中溶液的浓度一致，以加快脱水。

7. 热泵干制

热泵干制由热泵和干制两大系统组成。热泵主要由压缩机、蒸发器(冷量交换器)、冷凝器(热量交换器)和膨胀阀等组成闭路循环系统。热泵系统内的工作介质(简称工质)首先在蒸发器中吸收来自干制过程排放废气中的热量后，由液体蒸发为蒸汽，经压缩机压缩后送到冷凝器中；在高压下，热泵工质冷凝液化，放出高温的冷凝热去加热来自蒸发器的降温去湿的低温干空气，把低温干空气加热到要求的温度后进入干制室内作为干制介质循环使用；液化后的热泵工质经膨胀阀再次回到蒸发器内，如此循环下去。废气中的大部分水蒸气在蒸发器中被冷凝并直接排掉，从而达到除湿干制的目的。在热泵干制过程中，干制所需的热量来自于被干制物料蒸发出水分的显热和潜热。当来自干制室出口的湿空气通过蒸发器时，部分空气被降至露点以下，结果有冷凝水从蒸发器中析出。制冷循环过程中，冷凝水的潜热(约 2 255 kJ/kg)被制冷剂吸收并由蒸发器带到冷凝器，在制冷剂的冷凝过程中放出这份热量，重复加热用于干制的循环空气。

热泵干制是目前应用于食品干制加工的较节能方法，它的实质是冷风干制，能耗低，干制气流温度在 50 ℃左右，相对湿度在 15%左右，在一定程度上能克服热风干制使物料表面硬化、干缩严重、营养成分损失大、复水后很难恢复到原状的缺点。

8. 联合干制

联合干制是指根据物料的特性，将两种或两种以上的干制方式优势互补，分阶段进行的一种复合干制技术，如热风－微波联合干制、热风－冷冻联合干制、热风－微波真空联合干制、热风－微波冷冻联合干制、热风－压力膨化联合干制、渗透－热风联合干制等。它是热风干制、微波干制、真空干制、冷冻干制、渗透干制、压力膨化干制、太阳能干制和喷雾干制等各种干制方式相结合而发展的产物，涉及物理学、低温制冷、流体力学、化工学、原料学、传热传质学、数学、自动控制等学科，也是这些学科交叉发展的产物，因此是一项综合性极强的应用性技术。

果蔬中的水以游离水、结合水和化合水三种不同的状态存在。大部分游离水和胶体结合水在干制过程中被除去，化合水一般不能用干制的方法除去，联合干制则利用各种干制方式的优点，在不同干制阶段采用不同的干制方法，分别以蒸发或升华等方式除去大部分游离水和胶体结合水，同时，联合干制以减少干制时间、降低能耗、提高质量、便于操作、利于环保、安全高效为基本原则。多数联合干制具有速度快、时间短的特点，例如热风-微波联合干制，由于微波加热的特殊方式，使物料温度短时间内快速升高，且温度梯度和水分蒸发方向相同，致使干制时间很短。

多数联合干制的产品性价比较高，如热风和冷冻联合干制既具有热风干制低成本的特点，又有冷冻干制品质高的特点，联合干制方式优势互补，避免了单一干制方式的缺点。如热风干制的食品易使产品收缩和变色，产品表面形成硬壳，风味损失，不完全复水，而通过热风-微波-冷冻联合干制的方式使这些缺点最小化。

（四）实习考核要点和参考评分（表 7-1）

（1）记录实习过程所见所闻所想，结合专业知识撰写认识实习报告。

（2）指导教师提交认识实习教学指导教师工作报告一份。

表 7-1　果蔬干制品认识实习的操作考核要点和参考评分

序号	项目	考核内容	技能要求	评分（100 分）
1	企业概况	（1）企业组织形式； （2）产品概况	（1）果蔬干制品企业的部门设置及其职能； （2）果蔬干制品企业的技术与设备状况； （3）果蔬干制品的产品种类、生产规模和销售范围	10
2	工艺设备	（1）主要设备； （2）主要工艺； （3）辅助设施	（1）了解果蔬干制品的生产工艺流程，能够绘制简易流程图； （2）能正确控制蒸煮温度和时间，了解主要设备的相关信息，能够收集果蔬干制品生产设备的技术图纸和绘制草图； （3）了解果蔬干制品生产企业的仓库种类和特点	15
3	企业建筑	（1）全厂平面图； （2）主要建筑特点； （3）三废及其他	（1）了解果蔬干制品生产企业全厂总平面布置情况，能够绘制全厂总平面布置简图； （2）了解果蔬干制品生产企业主要建筑物的建筑结构和形式特点； （3）了解果蔬干制品企业三废处理情况和排放要求，能够阐述原理； （4）能够制定果蔬干制品生产的操作规范、整理改进措施	15
4	市场调研	（1）市场销售状况； （2）主要产品信息	（1）了解果蔬干制品主要产品的市场销售状况； （2）能准确描述一类主要产品的品牌、原料、生产厂家、包装形式、包装材料和规格、标签内容、价格、保质期等	10
5	实习报告	（1）格式； （2）内容	（1）认识实习报告格式正确； （2）能正确记录主要产品生产工艺与要求，实习总结要包括体会、心得、问题与建议等	50

二、果蔬冷冻制品生产技术

知识目标：

（1）掌握果蔬冷冻制品生产的基本原理。

（2）掌握工业化果蔬冷冻制品生产的特点。

（3）了解果蔬冷冻制品生产工艺的基本流程。

（4）了解影响果蔬冷冻制品品质形成的主要因素。

（5）了解果蔬冷冻制品的主要原料和主要产品类型。

（6）了解果蔬冷冻企业管理经营知识。

技能目标：

（1）认识果蔬冷冻制品生产过程中的关键设备和操作要点。

（2）了解果蔬冷冻制品生产工艺操作及工艺控制。

（3）了解果蔬冷冻制品质量的基本检验和鉴定能力。

（4）能够制定果蔬冷冻制品生产的操作规范、整理改进措施。

解决问题：

（1）如何进一步提高果蔬冷冻制品质量？

（2）如何降低果蔬冷冻制品生产成本？

（一）果蔬冷冻制品生产原料

果品和蔬菜加工产品中，速冻制品是能够保持其“原汁原味”的最佳加工方式。要获得最佳的品质，需有上好的原料，没有优质的原料，就没有优质的产品。这句话用于速冻制品则更为恰当，也可以这样认为，投入的原料直接决定了速冻制品的质量，在严格控制工艺的条件下，速冻制品的质量就是果蔬原料质量的体现。

果品蔬菜采收的季节性强，是一类富含维生素、矿物质和大量水分的食品原料，也是一类极易腐烂变质的原料。适时采收、适时加工是获得优质产品的关键，同时还要选择适宜的加工品种。

果品和蔬菜在速冻加工工艺上有所区别。果品要充分体现出原果实的色泽、香气和味道，因而对成熟度有一定的要求。不成熟的果实往往糖酸比例构成达不到要求，果实产生的香气也不充分，一些果品还含有较多量的单宁物质，内部含有的淀粉转化的过程也没有完成，这些都会影响速冻后的品质。蔬菜的速冻加工，要求原料新鲜、组织脆嫩，内部纤维含量少，不像果品一样要求特定的成熟度，相反当其成熟后对加工品质不利，即蔬菜要求在组织幼嫩状态下加工速冻。蔬菜一定要新鲜，要求及时采收，及时加工，最好当天加工完毕，不能当天加工完的也要做好贮存措施，防止原料大量失水、枯萎。

适宜速冻加工的果品主要有葡萄、樱桃、李子、草莓、杏、板栗等可整果冻结的原料，以及桃、梨、苹果、西瓜等需切分后冷冻的原料。用于速冻的蔬菜种类很多，如果菜类（可食部分为菜的果实和幼嫩的种子）有青刀豆、荷兰豆、嫩蚕豆、豌豆、青椒、茄子、西红柿、黄瓜、南瓜等；叶菜类（可食部分为植物的叶和嫩茎）有菠菜、油菜、韭菜、香菜、香椿、芹菜、芥菜等；块茎根菜类（可食用部分为蔬菜根部和变态茎）有马铃薯、芋头、芦笋、莴苣、竹笋、胡萝卜、山药、甘薯、牛蒡等；食用菌类（可食部是无毒真菌的子实体）有双孢菇、香菇、凤菇、金针菇、草菇等以及花菜类（可食部分为植物的花部器官）的花椰菜和绿菜花。

速冻果蔬加工厂由于需要新鲜原料供应，应建立自己的原料供应基地，距离加工厂越近越好。从加工厂的质量控制看，目前原料供应中存在问题较多。一是厂家有时原料标准把握不严，尤其在原料收购这一关管不好，收来的不是优质原料，导致产品加工过程中投入加大；二是原料运输中无法保证质量，体现在运输工具落后，途中保护措施不力，结果当原料经长途运输进入工厂时，内部产生了大量的热量，使得整批原料作废，一些不负责任的厂家使用此类原料进行生产加工，其产品质量可想而知；三是原料进厂后，较少采用有效的保护性措施和手段，当时、当天加工不完的原料任其自然停放，同样也大大降低了原料的质量。加工厂要根据生产规模建好原料冷藏设施，进厂后要及时处理加工。

（二）果蔬冷冻制品的生产工艺

不同的果蔬原料在速冻加工中，工艺略有差别，如浆果类一般采用整果速冻；叶菜类有的采用整株冻结，有的进行切段后冻结；块茎类和根菜类一般切条、切丝、切块或切片后再速冻。果蔬速冻的工艺为：原料→剔选→清洗→去皮、切分→烫漂（或浸糖）→冷却→沥干→速冻→包装→成品

1. 原料选择

果蔬原料与速冻产品的质量有着非常紧密的关系，原料选择是控制产品质量的第一道关口。原料进厂后，要根据情况进行分选，将不合格的部分先从整批原料中挑出来，合格的进入下道工序。选料一定不能心慈手软，否则将会对速冻产品的加工过程和产品质量造成不可挽回的影响。

原料投产前还要经过认真仔细地剔选，严格去除不合格原料。那些发生腐烂、有病虫害、畸形、老化、枯黄、失水过重的原料，一定不能投入生产，并在各道工序中层层把关。随时发现随时剔除。原料中如果混入了不同的品种，也要全部分选出来，因为不同品种间加工习性和产品质量要求各不相同，如果混杂对产品质量也会有较大影响，尤其对加工产品的色香味等感官质量影响显著。

2. 清洗

原料运进加工厂后，要先进入原料车间进行清洗，清洗前不得进入其他车间，采收后的果蔬原料，表面黏附了大量的灰尘、泥沙、污物、农药及杂菌，是一个重要的卫生污染源。原料清洗这一环节，是保证加工产品符合食品卫生标准的重要工序，一定要彻底清洗，保证原料以洁净状态进入下道工序。对于不同的原料要采用不同的清洗方法和措施。污染农药较重的果品和蔬菜要用化学试剂洗涤，如用盐酸、漂白粉、高锰酸钾等浸泡后再加以清洗，保证不将农药污物带入加工车间。叶菜类、果菜类、根菜类都要相应使用不同的清洗设施，使洗涤达到最佳的效果。

洗涤设备有多种形式，如转筒状洗涤机、振动网带洗涤机、喷淋式洗涤机、高压喷水冲洗机、高压气流洗涤机等，一般都配有大型原料洗涤糟和传送带。

清洗车间是一个比较脏乱的车间，要与其他车间严格隔离开，更不能与其他工序合用

一个车间。车间内要严格卫生管理，要定时清理、及时消毒，污物污水应排除通畅，车间内冲刷方便。

运送工具要严格区分，不能混用，进出车间都要经过清水冲洗。原料洗涤的效果与车间内的卫生状况有直接的关系，清洗的目的就是要杜绝不该有的杂物进入加工车间。根据多年来国内食品出口贸易反馈的信息资料看，冷冻包装食品的质量问题很多就出在原料清洗环节，导致恶性杂质事故的索赔。

3. 去皮和切分

果品中有一部分小形果，整个果实冷冻不需经过去皮和切分。较大果实或外皮比较坚实粗硬的果蔬原料，要经过去皮和切分处理。果蔬原料外皮一般角质化和纤维化较重，习惯上人们均不食用外皮。如果带皮加工，厚硬的外皮也给加工过程带来不便，造成产品质量不均匀，感官质量不佳。去皮时要连带去除原料的须根、果柄、老筋、叶菜类的根和老叶等。切分的目的，一方面使原料经切分后，大小和规格一致，产品质量均匀，包装整齐；二是切分后的原料工艺处理方便，工艺参数便于统一，使后续工艺流程容易控制。相反，如果不经过切分，则很难在同一工艺参数下使原料达到同样的处理效果，而且会加大处理的难度。切分的缺点是造成原料在处理过程中的损失加重。切分时果品和果菜类要除掉果芯、果核和种子。切分的规格，一般产品都有特定的要求，切分的形状主要有块、片、条、段、丁、丝等，都要根据原料的具体状况而定。切分时要求切的大小、厚度、长短、形态均匀一致、掌握统一的标准严格管理。

目前国内食品加工企业，在原料处理上自动化水平不高，部分原料的去皮和切分还是采用手工处理。我国果蔬原料处理机械的研究和开发近年来也发展很快，各种去皮去核机、切片机、切丝机、切块机应运而生。食品加工厂要及时选择、使用适应自身加工水平的原料处理机械，以提高生产效率和产品质量。

4. 浸糖

对于水果，为控制酶促氧化作用，防止褐变，但不能采用漂烫处理时，往往采用糖液或维生素 C 液进行浸渍处理。同时还具有减轻冰结晶对水果内细胞组织的破坏作用。因水果种类、品种不同，糖液浓度应有所不同，一般需控制在 30% ～ 50% 的浓度。糖液过浓会造成果肉收缩，影响品质。另外，有些水果，如桃、苹果等，即使经过糖液浸泡，冻藏期间仍会变色。可在糖液中同时加入 0. 1% ～ 0. 5% 的维生素 C 来防止这种褐变，或者在糖液中添加 0. 5% 柠檬酸来降低溶液的 pH，控制氧化酶活性，防止褐变。一些水果，如苹果，还可以在去皮、切片后，投入 50 mg/kg 的二氧化硫溶液中或 2% ～ 3% 亚硫酸氢钠溶液浸渍 2 ～ 5 min，以抑制褐变。

5. 漂烫和冷却

漂烫是将整理好的原料放入沸水或热蒸汽中加热处理适当的时间。通过漂烫可以全部或大部分地破坏原料中的氧化酶、过氧化物酶及其他酶，并杀死微生物，保持蔬菜原有的色泽，同时排除细胞组织中的各种气体（尤其是氧气），利于维生素类营养素的保存。漂烫处理还可软化蔬菜的纤维组织、去除不良的辛辣涩等味，便于后续的烹调加工，漂烫中要掌握的关键是热处理的温度和时间。过高的温度与过长的时间都不利于产品的质量，漂烫的时间是根据原料的性质、酶的耐热性、水或蒸汽的温度而定，一般几秒钟至数分钟。漂烫的时间并非一成不变，要根据原料的老嫩、切分的大小以及酶的活性强弱来规定时间，因而生产中必须经常做氧化酶活性的检验。

漂烫的方法有热水漂烫法、蒸汽漂烫法、微波漂烫法和红外线漂烫法等。如果用沸水热处理，漂烫的容器设施一定要大，当投入一定量的原料后，不至于导致急剧降温，水可以立即再沸腾。水只有处于沸腾状态，才有较好的漂烫效果。生产中漂烫时间要严格掌握好，防止漂烫过度或不足。叶菜类漂烫，一般要根部朝下叶朝上，根茎部要先入水烫一段时间后再将菜叶浸入水中。有些蔬菜遇到金属容器会变色，因而漂烫容器要采用不锈钢制成。

漂烫后的原料要立即冷却，使其温度降到 10 ℃以下。冷却的目的是为了避免余热对原料中营养成分的进一步毁坏，避免酶类再度活化，也可避免微生物重新污染和大量增殖。原料热烫时间过长或不足、烫后不及时冷却都会使产品在贮藏过程中发生变色变味，质量下降，并使贮藏期缩短。此外，研究证明，冻结前蔬菜的温度每下降 1 ℃，冻结时间大约缩短 1%，因此可以通过冷却大大地提高速冻生产效率。冷却的方法有冷水浸泡、冲淋、喷雾冷却、冰水冷却、空气冷却及混合冷却等，用冷水冲淋冷却或用冰水直接冷却要比空气冷却快得多，在实际生产中应用较多。采用冷水冷却，至少要经过两次以上的冷却处理，特别在水温较高时。

6. 沥干

原料经过一系列处理后表面黏附了一定量的水分，这部分水分如果不去掉，在冻结时很容易结成冰块，既不利于快速冻结，也不利于冻后包装。这些多余的水分一定要采取措施将其沥干。沥干的方式很多，有条件时可用离心甩干机或振动筛沥干，也可简单地把原料放入箩筐内，将其自然晾干。

7. 快速冻结

沥干后的蔬菜，要整齐地摆放在速冻盘内，或以单体进行快速冻结。要求蔬菜在冻结过程中，在很短的时间内（不超过 20 min）迅速通过最大冰晶形成带（−5 ℃～−1 ℃），冻品的中心温度应在−18 ℃以下，才能保证质量。快速深温冻结可使物料内 90% 的水分在原位置冻结成细小的冰晶体，不会对果蔬组织造成破坏，还有利于保存维生素 C 和保护原有色泽。

8. 包装

速冻食品之所以能够长时间贮藏不变质，包装起了很重要的作用，包装是贮藏好速冻果蔬制品的重要条件。包装的作用主要如下：可以有效地控制速冻果蔬制品内部冰晶的升华，即防止水分由产品表面蒸发而形成干燥状态；防止产品在长期贮藏中接触空气而发生氧化，引起变色、变味、变质；阻止外界微生物的污染，保持产品的卫生质量；便于产成品的运输、销售和食用；利用自身的包装可吸引消费者，起到宣传推广的作用。

速冻果蔬制品要经过冷却、冻结、冻藏、解冻等工序，因而用于速冻制品的包装材料需具备耐低温、耐高温、耐酸碱、耐油、气密性强和能进行印刷等性能。

速冻食品的包装材料从用途上可分为内包装、中包装和外包装材料。内包装材料有聚乙烯、聚丙烯、聚乙烯与玻璃纸复合、聚酶复合、聚乙烯与尼龙复合、铝箔等。小包装材料有涂蜡纸盒、塑料托盘等。外包装材料有瓦楞纸箱、耐水瓦楞纸箱等。按材料的性质则可分为塑料薄膜包装、硬塑料包装和纸包装等。

速冻食品的包装形式，随着人们要求的多样化也发生了深刻的变化。大包装、小包装、适量包装、充气包装和真空包装等特种包装形式已越来越多地出现在人们的面前，使不同的人群有了多种选择的余地。充气包装的顺序是抽气、充气，主要充入二氧化碳和氮气等具惰性气体性质的气体，这些气体能防止内部食品的氧化和微生物的繁殖。充入气体的种类和数量不同，其效果也不一样，但无论充入何种气体或是混合气体，其中氧气的含量都不得超过0.5%。真空包装就是抽除包装内的氧气，形成包装内的一种缺氧状态。因而避免或减轻食品发生氧化现象，同时抑制好气菌的生长和繁殖。包冰衣是果蔬制品在速冻结束后，快速在0～2 ℃的洁净水中浸没数秒钟，利用其自身的低温，可以在制品表面形成一层薄薄的冰壳，这一处理称为包冰衣。冰衣可以看作最简单的包装，尽管其结构比较疏松、脆弱，但对速冻果蔬制品却可以起到非常独特的保护作用。冰衣能够保持冻后产品内部的水分，避免失水干缩，同时对外界污染和外来空气起到一定的阻碍作用，对于速冻果蔬制品的质量保持有着十分重要的意义。

9. 除杂

包装后的制品变成了产品，可以直接投放市场。产品的质量是企业竞争的基础，而食品质量的基础便是保证其内部的洁净、卫生。金属、毛发及其他杂物被称为食品的恶性杂质，要严格剔除，否则会导致严重的贸易纠纷。除金属杂质，目前食品企业一般广泛采用金属探测仪，当包装食品经过金属探测仪时，如果内部混有金属类杂质，探测仪会发出警报，并将其从流水线上剔除。但无论如何，对杂质的控制还应主要加强食品加工过程中的质量管理，每一道工序严格把关，车间内要严格按照规程管理。杜绝金属类杂质进入车间，才是控制食品质量的关键。

（三）果蔬速冻的方法和设备

果蔬速冻的方法和设备，随着技术的进步发展很快，主要体现在自动化程度和工作效率的大幅度提高。速冻的方法较多，但按使用的冷却介质与食品接触的状况可分为两大类，即间接接触冷冻法和直接接触冷冻法。

1. 鼓风冻结法

鼓风冻结法是一种空气冻结法，它主要是利用低温和空气高速流动，促使食品快速散热，以达到速冻的目的。有时生产户所用设备尽管有差别，但食品速冻时都在其周围有高速流动的冷空气循环，因而不论采用的方法有何不同，能保证周围空气畅通并使之能和食品密切接触是速冻设备的关键所在。速冻设备内采用的空气温度为－46 ℃～－29 ℃，强制的空气流速为10～15 m/s。这种方法比缓冻法要快6～10倍。增大风速能够使食品表面的传热系数提高，从而提高冻结速度达到速冻的目的。与静止的空气相比较，风速为1.5 m/s时冻结速度提高1倍，风速为3 m/s时提高近2倍，风速为5 m/s时提高近3

倍。目前的困难是如何使冻结室内各点的风速都保持一致，以便使冻结质量也均匀一致。

速冻设备可以是供分批冻结的房间，也可以是用输送设施进行连续冻结的隧道。大量食品冻结时一般都采用隧道式速冻设备。即在一个长形的、墙壁有隔热装置的通道中进行。产品放在输送带上或放在车架上逐层摆放的筛盘中，以一定的速度通过隧道。冷空气由鼓风机吹过冷凝管再送进隧道中川流于产品之间，使之降温冻结。有的装置是在隧道中设置几层往复运行的网状履带，原料先落于最上层网带上，运行到末端就卸落到第二层网带上，如此反复运行到原料卸落在最下层的末端，完成冻结过程。

鼓风速冻设备内空气流动方式并不一定相同，空气可在食品的上面流过，也可在下面流过。逆向气流是速冻设备中最常见的气流方式，即空气的流向与食品传送方向相反。由于冷风的进向与产品通过的方向相向而遇，冻结食品在出口处与最低的冲空气接触，可以得到良好的冻结条件，使冻结食品的温度不至于上升，也不会出现部分解冻的可能性。

在鼓风冷冻时，对未包装的食品，不论是在冻结过程中还是在食品冻结后，食品内的水分总是有损耗。这就会带来两种不良的后果，一是食品表面干缩而出现冻伤，使冻结食品在色泽、质地、风味和营养价值方面发生不可逆性变化；二是冻结设备的蒸发管和平板表面出现结霜现象，为了维持传热效果，就必须经常清霜。先将原料在－4 ℃的高湿空气中预冷，然后再完成冻结，可充分缩短冻结时间并减轻制品的水分损耗。

2. 流化床式冻结

在鼓气冻结设备中如果让气流从输送带的下面向上鼓风并流经其上的原料时，在一定的风速下，会使较小的颗粒状食品轻微跳动，或将物料吹起浮动，形成流化现象。这样不仅能使颗粒食品分散，并且还会使每一颗粒都能和冷空气密切接触，从而解决了食品冻结时常互相粘连的问题，这就是流化冻结法。流化冻结法适合于冻结散体食品，散体食品的速冻又称为单体速冻法，国外称作IQF。这是当前冻结设备中被认为是比较理想的方法，特别适宜于小型水果如草莓、樱桃等的速冻。

流化床是流体与固体颗粒复杂运动的一种形式，固体颗粒受流体的作用，其运动形式已变成类似流体的状态。在流态化速冻中，低温空气气流自下而上吹送，置于筛网上的颗粒状、片状、小块状食品，在强力气流作用下形成类似沸腾状态，像流体一样运动，并在运动中被快速冻结。根据低温气流的速度不同，食品物料的状态可分为固定床、临界流化床、正常流化床三类。当低温气流自下而上地穿过食品床层而流速较低时，食品物料处于静止状态，称为固定床。随着气流速度的加大，食品床层两侧的气流压力降也将增加，食品层开始松动。当压力降达到一定程度时，食品颗粒不再保持静止状态，部分颗粒悬浮向上，造成床层膨胀。空隙度增大，即开始进入流化状态，但此时的流化状态还不太稳定。这种临界状态称为临界流化床。对应的最大压力降叫作临界压力，气流速度为临界风速或临界流化速度。临界压力和临界流化速度是开始形成流态化的必要条件，正常的流化状态处于临界流化速度以上的某一段范围内。当气流速度进一步提高时，床层的均匀和平稳状态遭到破坏，床层中形成沟道，一部分空气沿沟道流动，使床层两侧的压力差下降，并产生剧烈的波动，这种现象叫作沟流。理论上沟流现象属不正常现象，它破坏了流化床的正常操作，大大降低了速冻的效果。实际上，对于片状、颗粒或小块状的离散体物料，这种现象不可避免，问题在于如何使该现象减低到最低程度。在正常流化速冻操作中，由于颗粒时上时下无规则地运动，颗粒与周围冷空气密切接触和相对摩擦，大大强化了食品与气流间的传热，加快了食品的制冷速度，从而实现了食品单体快速冻结。

冻结器中有条带孔的传送带，也可以是固定带孔的盘子。从孔下方以较大风速向上吹送－35 ℃以下的强冷风，使物料几乎悬空飘浮于冷气流中加快冷冻速度。这种速冻法也是小型颗粒产品如青豆、甜玉米以及各种切分成小块的蔬菜常用的方法，但要求物料形体大小要均匀，铺放厚度要一致，使冷冻效果迅速、均衡。

3. 间接接触冷冻法

用制冷剂或低温介质冷却的金属板，同食品密切接触并使食品冻结的方法称为间接接触冷冻法。这是一种完全用热传导方式进行冻结的方法，其冻结效率取决于它们的表面相互间密切接触的程度，可用于冻结未包装或用塑料袋、玻璃纸或是纸盒包装的食品。这是一种常用的速冻方法，其设备结构是由钢或铝合金制成的金属板并排组装起来的，在板内配有蒸发管或制成通路，制冷剂在管内(或冷媒在通路内)流过，各金属板之间放入食品，以液压装置使板与食品贴紧，以提高平板与食品之间的表面传热系数。由于食品的上下两面同时进行冻结，故冻结速度大大加快，厚度6～8 cm的食品在2～4 h内可被冻好。被冻物品的形状一般为扁平状，厚度也有限制。该装置的冻结时间取决于制冷剂或冷媒的温度、金属板与食品密切接触程度、放热系数、食品厚度及食品种类等。制冷剂温度与制冷剂种类有关，在以直接膨胀式供液时，当液氨的蒸发温度为－33 ℃时，平板的温度可在－31 ℃以下。以冷媒间接冷却时所用的不冻液多为氯化钙溶液，也有用传统的氯化钠溶液。有机溶液不冻液有酒精、甘油等。当盐水温度为－28 ℃时，平板的温度在－26 ℃以下。使用平板冻结装置时必须使食品与板贴紧，如果有空隙，则冻结速度明显下降，包装时食品装载量宜满，以便使之与金属板紧密接触。

一般食品与板的接触压力为0.007～0.03 MPa。另外冻结时间随食品表面与平板间的传热系数和食品的厚度而变化，厚度越大，食品表面与平板间的传热系数越小，其冻结时间也越长。

金属平板冻结装置有卧式和立式两种，设计类型也很多，有间歇式、半自动及自动化装置。其优点是无须通入冷风，占地空间小，每冻结1 t食品装置占6～7 m^3(鼓风式冻结设备占12 m^3)；单位面积生产率高，为每日2～3 t/m^2以上；制冷剂蒸发温度可采用比空气冻结装置低的温度，因而降低能耗，大约为鼓风冻结装置耗能量的70%。

4. 直接接触冻结法

散态或包装食品在与低温介质或超低温制冷剂直接接触下进行冻结的方法称为直接接触冻结法。直接接触冻结法中常用的制冷介质可分为两大类：一是与制冷剂间接接触冷却的液态或气态介质，如盐水、甘油、糖液、空气等；二是蒸发时本身能产生制冷效应的超低温制冷剂，如液氮、特种氟利昂、液态二氧化碳等。与空气或其他气体相比，液态介质的传热性能好，如盐水的传热系数是空气的7～10倍。此外，液态介质还能和所有的食品及食品所有的部位密切接触，因而热阻很低，传热迅速，在液态介质中，食品能够在很短时间内完全冻结。

直接接触冻结法中并不是所有介质或超低温制冷剂都能使用，必须满足一定的条件：和未包装食品接触的介质必须无毒、清洁、纯度高、无异味、无外来色素及漂白作用等。对于包装食品、介质也必须无毒并对包装材料无腐蚀作用。

近年来，利用超低温制冷剂进行食品速冻的技术和方法正在逐步被人们重视，并成为冷冻干燥中最有效的冻结方法。所用的超低温制冷剂是沸点非常低的液化气体，如沸点为－196 ℃的液氮和－79 ℃的二氧化碳等。现在国外很多国家已将液氮作为直接接触冻结食品的最重要的超低温制冷剂。

液氮作为无毒无味的惰性气体，不与食品成分发生化学反应。当液氮取代食品内的空气后，能减轻食品在冻结和冻藏时的氧化作用。在大气压力下，液氮是在－196 ℃时缓慢沸腾并吸收热量，从而产生制冷效应的，无须预先用其他制冷剂冷却。液氮的超低温沸点还对食品自然散热有强有力的推动作用，原来用其他方法不能冻结的食品，现在用液氮就可以使其完全冻结。如肉质肥厚的意大利番茄片，其细胞具有较强免受冻伤的能力，使用液氮冻结，就能制成品质优良的速冻制品。液氮冷冻通常采用液氮浸渍冷冻、液氮喷射冷冻、利用液氮蒸汽川流于产品之中冷冻三种形式。目前看，液氮速冻装置中采用液氮喷射冷冻的较多。从原理上来分析，液氮速冻具有传热效率高，冻结速度快；降低氧化变质，冻结质量好；干耗少；设备结构简单，易操作，安装面积小；可冻结许多特殊的食品，如豆腐、蘑菇、番茄等高水分柔软的食品的优点。

二氧化碳也常用作超低温制冷剂。其冻结方式有两种：一是将－79 ℃升华的干冰和食品混合在一起使其冻结；二是在高压下将液态二氧化碳喷淋在食品表面，液态二氧化碳在压力下降情况下在－79 ℃时变成干冰霜。冻后食品的品质和液氮冻结相同。同量干冰汽化时吸收的热量为液氮的二倍，因而用二氧化碳冻结比用液氮还要经济一些。

（四）实习考核要点和参考评分（表 7-2）

（1）记录实习过程所见所闻所想，结合专业知识撰写认识实习报告。

（2）指导教师提交认识实习教学指导教师工作报告一份。

表 7-2　果蔬冷冻制品认识实习的操作考核要点和参考评分

序号	项目	考核内容	技能要求	评分（100 分）
1	企业概况	（1）企业组织形式； （2）产品概况	（1）果蔬冷冻制品企业的部门设置及其职能； （2）果蔬冷冻制品企业的技术与设备状况； （3）果蔬冷冻制品的产品种类、生产规模和销售范围	10
2	工艺设备	（1）主要设备； （2）主要工艺； （3）辅助设施	（1）了解果蔬冷冻制品的生产工艺流程，能够绘制简易流程图； 2. 能正确控制蒸煮温度和时间了解主要设备的相关信息，能够收集果蔬冷冻制品生产设备的技术图纸和绘制草图； （3）了解果蔬冷冻制品生产企业的仓库种类和特点	15

续表

序号	项目	考核内容	技能要求	评分(100分)
3	企业建筑	(1)全厂平面图; (2)主要建筑特点; (3)三废及其他	(1)了解果蔬冷冻制品生产企业全厂总平面布置情况,能够绘制全厂总平面布置简图; (2)了解果蔬冷冻制品生产企业主要建筑物的建筑结构和形式特点; (3)了解果蔬冷冻制品企业三废处理情况和排放要求,能够阐述原理; (4)能够制定果蔬冷冻制品生产的操作规范、整理改进措施	15
4	市场调研	(1)市场销售状况; (2)主要产品信息	(1)了解果蔬冷冻制品主要产品的市场销售状况; (2)能准确描述一类主要产品的品牌、原料、生产厂家、包装形式、包装材料和规格、标签内容、价格、保质期等	10
5	实习报告	(1)格式; (2)内容	(1)认识实习报告格式正确; (2)能正确记录主要产品生产工艺与要求,实习总结要包括体会、心得、问题与建议等	50

三、果蔬汁生产技术

知识目标:

(1)掌握果蔬汁生产的基本原理。

(2)掌握工业化果蔬汁生产的特点。

(3)了解果蔬汁生产工艺的基本流程。

(4)了解影响果蔬汁品质形成的主要因素。

(5)了解果蔬汁的主要原料和主要品种。

(6)了解果蔬汁企业管理经营知识。

技能目标:

(1)认识果蔬汁生产过程中的关键设备和操作要点。

(2)了解果蔬汁生产工艺操作及工艺控制。

(3)了解果蔬汁质量的基本检验和鉴定能力。

(4)能够制定果蔬汁生产的操作规范、整理改进措施。

解决问题:

(1)如何进一步提高果蔬汁质量?

(2)如何降低果蔬汁生产成本?

(一)果蔬汁生产原料

优质果蔬汁生产必须选择优质的制汁原料。在一定的工艺条件下,只有采用合适的原料种类品种,才能得到优良制品。加工果蔬汁的原料要求美好的风味(酸甜适口)和香味;无异味;色泽美好而稳定;糖酸比合适,并且在加工贮藏中能保持这些优良的品质。要求出汁率高，取汁容易。果蔬汁加工对原料的果形大小和形状虽无严格要求，但对成熟度要求较严，严格说，未成熟或过熟的果品、蔬菜均不合适。此外，果蔬汁原料特别要强调新鲜、无霉变和腐烂。

1. 柑橘类

橙汁是世界产量最大的果汁，尤以冷冻浓缩橙汁为多。橙汁对原料总的要求是：果实大小均匀一致，以便于机械榨汁；果皮厚度适当，有足够的韧度；果实出汁率高；糖、酸含量适当；果肉色泽浓、维生素C含量高；无过多苦味，要求自然成熟。宽皮橘风味较平淡，香味也远较橙类为淡，唯色泽橙红，因此宜与橙类或凤梨等混合制汁。温州蜜柑和各种小红橘风味平淡、香味不足，加热时易产生煮过味，制汁时须用其他品种混合，以改进品质。葡萄柚及一些杂柑具有较广泛的制汁潜力，其风味独特，具有一定的保健作用，含较高的类黄酮和其他生理活性物质，但果肉血红的品种不适宜于制汁。

2. 苹果

大多数中熟和晚熟品种都可用来制汁。制汁的要求主要是风味浓，糖分较高，酸味和涩味适当，香味浓、果汁丰富、取汁容易、酶褐变不甚明显。不少品种单独制汁，常不能取得满意的结果，但与其他品种搭配即可取得好的果汁。

3. 凤梨

不同品种凤梨的化学成分差异较大，这种差异影响着出汁率、色泽、风味、香气和维生素C含量、酸和糖等。制汁加工要求凤梨的果大、长筒形、果心小、果眼浅、香气浓郁、糖酸平衡、成熟度适当。果汁工业所用的原料有许多是利用糖水罐头的下脚料制取。因此，制汁品种与罐藏品种基本相同。凤梨有后熟作用，采后放置2～3 d待其后熟，再行罐装和制汁。若采收时已充分成熟，制品质量较差。

4. 桃

大多用于制取带肉果汁，以肉厚、核小、汁液丰富、粗纤维少、味浓、酸适度而富有香气的品种为好。肉质为溶质而色泽金黄者，制成品质量较好。白桃中水蜜桃风味浓、香味好，但产品易发生褐变。原料果必须品质完好而成熟。目前我国还没有果汁专用种，而美国等地则有大量的适宜品种。

5. 番茄

番茄汁是蔬菜汁的主要种类，要求原料色泽鲜红、番茄红素含量高，果实红熟一致，无青肩或青斑、黄斑等；胎座红色或粉红色，种子周围胶状物最好为红色，梗洼木质化程度小，果蒂小而浅；果实可溶性固体物含量高，维生素C含量高，风味浓，pH低。我国大多仍是酱、汁兼用种，常采用大量的杂种一代。番茄制汁成熟度要求特别严格，过熟的果实常会产生“沙味感”，但未成熟果也没有良好的风味。

（二）果蔬汁生产工艺

1. 澄清果蔬汁

工艺流程：原料→挑选→清洗→破碎→热处理或酶处理→取汁→澄清→过滤→调配→脱气→杀菌、灌装→冷却→成品。

（1）挑选与清洗：为了保证果汁的质量，原料必须进行挑选，剔除霉变果、腐烂果、未成熟和受伤变质的果实。清洗是减少杂质污染、降低微生物污染和农药残留的重要措施，特别是带皮压榨的原料更应注意洗涤，洗涤一般先浸泡后喷淋或用流动水冲洗。对于农药残留较多的果实，洗涤时可加用稀盐酸溶液或脂肪酸系洗涤剂进行处理。某些带菌较多的果实，宜用漂白粉、高锰酸钾溶液来进行消毒。一般认为，果汁中的主要微生物来自原料，如从土壤、果皮伤口等处带入。

（2）破碎：许多果蔬如苹果、梨、凤梨、葡萄、胡萝卜等榨汁前常需破碎，特别是皮和果肉致密的果蔬，更需借破碎来提高出汁率。这是因为果实的汁液均含于细胞质内，只有打破细胞壁才可取出汁液。但果实破碎必须适度，过度细小使肉质变成糊状，造成压榨时外层的果蔬汁很快地被压出，形成一厚饼，使内层的果蔬汁反而不易出来，造成出汁率降低。破碎程度视种类品种不同而异，苹果、梨、凤梨等用辊压机破碎时，碎片以 3～4 mm 大小为宜；草莓和葡萄以 2～3 mm 为好；樱桃可破碎成 5 mm；番茄等浆果则可大些，只需破碎成几块即可。果蔬破碎采用破碎机或磨碎机，有辊压式、聘式、锤磨和打浆机、纹肉机等。不同的果蔬种类采用不同的机械，如番茄、梨、杏采用辊式破碎机；葡萄采用破碎、去梗送浆联合机；桃、杏、胡萝卜等制取带肉果汁时可采用绞肉机。

（3）加热处理和酶处理：许多果蔬破碎后、取汁前须行热处理，其目的在于提高出汁率和品质。因为加热使细胞原生质中的蛋白质凝固，改变细胞的结构，同时使果肉软化，果胶部分水解，降低了果汁黏度。另外，加热可抑制多种酶类（如果胶酶、多酚氧化酶、脂肪氧化酶、过氧化氢酶等）的活性，从而抑制产品发生分层、变色、产生异味等不良变化。再者，对于一些含水溶性色素的果蔬，加热有利于色素的提取，如杨梅、山楂、红色葡萄等。对柑橘类果实中的宽皮橘类，加热有利于去皮。

果胶酶和纤维素、半纤维素酶可使果肉组织分解，提高出汁率。使用时，应注意与破碎后的果蔬组织充分混合。根据原料品种控制其用量，根据酶的性质不同掌握适当的 pH、温度和作用时间。相反，酶制剂的品种和用量不适合，有时同样会降低果蔬汁品质和产量。对于榨汁后产生的大量皮渣，可再次酶解，有效地实现二次榨汁及便于皮渣中芳香成分及功能性成分的回收，有利于降低生产成本和促进产品多样化。

（4）取汁和打浆：果蔬取汁有压榨和浸提法两种，制取带肉果汁或混浊果汁有时采用打浆法，大多果蔬含有丰富的汁液，故以压榨法为多用。仅在山楂、李、干果、乌梅等果干采用渗出法。杨梅、草莓等浆果有时也用渗出法来改善色泽和风味。

实际生产中，压榨时间和压力对果蔬汁出汁率影响较大，如果压力增加太快，那么施加压力也能降低出汁率。压榨时，加入一些疏松剂可提高出汁率。据报道，葡萄、梨、苹果、桃、杏等水果中加入一种由烯烃聚合物的短纤维可有明显的效果。这种纤维的平均长度在 0.5～50 mm，平均直径 1～500 μm，它还具有使果汁易澄清，降低酚类物质和二价铁含量等优点。果蔬汁加工所用压榨机必须符合下述要求：工作快速、压榨量大，结构简单、体积小、容量大、与原料接触表面有抗腐蚀性等。主要的压榨机有连续螺旋式压榨机、水压机、卧篮式压榨机、带式压榨机、打浆机等。

（5）澄清：果蔬汁为复杂的多分散相系统，它含有细小的果肉粒子，胶态或分子状态及离子状态的溶解物质，这些粒子是果蔬汁混浊的原因。在澄清汁的生产中，它们影响到产品的稳定性，须加以除去。澄清方法有酶法、高分子化合物絮凝法、物理澄清法。

（6）过滤：为了得到澄清透明且稳定的果汁和菜汁，澄清之后的果汁必须经过滤，目的在于除去细小的悬浮物质。设备有袋滤器、纤维过滤器、板框压滤机、真空过滤器、离心分离机等。滤材有帆布、不锈钢或尼龙布、纤维、棉、木浆、硅藻土等。过滤速度受到过滤器滤孔大小、施加压力、果蔬汁强度、悬浮颗粒密度和大小、果蔬汁的温度等影响。无论采用哪一种类型的过滤器，都必须减少压缩性的组织碎片淤塞滤孔，以提高过滤效果。

（7）调配：为使果蔬汁制品有一定的规格，为了改进风味，增加营养、色泽，果蔬汁加工常需进行调配，它包括加糖、酸、维生素C和其他添加剂，或将不同的果蔬汁进行混合，或加用水及糖浆将果蔬汁稀释。除了番茄、柑橘、苹果等常以100%原果汁饮用外，大多数果蔬汁加糖水稀释制成直接饮用的制品。各国规定的果蔬汁最低原汁比例各不相同，为25%～50%。确定最低果汁的含量后，即可依所要求的固酸比确定配方，固酸比来源于市场调查、各级标准。除了加糖、酸，果蔬汁生产中也常加两种或几种不同糖、酸含量的原汁来调整。许多国家在生产果汁中常规定原果汁（浆）的最基本可溶性固形物含量，达不到最低可溶性固形物含量的原果汁在调整时须多加，而超过最低固形物含量的原果汁则可少加。

许多果蔬虽然单独制汁有优良的品质，但与其他种类或品种进行混合则更可以起到取长补短之目的。混合的目的是改善风味、营养及色泽。橙汁常与苹果、杏、葡萄等果汁混合。蔬菜汁的混合生产更加普遍，番茄是最常用的混合菜汁基料，适合于与菠菜、芹菜、青菜等几乎所有蔬菜混合。另外果品与蔬菜也常混合制汁，如凤梨与胡萝卜、石刁柏，石刁柏与山楂，胡萝卜与柑橘、苹果，南瓜与苹果等。

（8）脱气：果蔬细胞间隙存在着大量的空气，在原料的破碎、取汁、均质和搅拌、输送等工序中会混入大量的空气，所以得到的果汁中含有大量的氧气、二氧化碳、氮气等。这些气体以溶解形式或在微粒表面吸附着，也有一小部分以果汁的化学成分形式存在。脱气即采用一定的机械和化学方法除去果蔬汁中气体的工艺过程。脱气的目的在于：① 脱去果汁内的氧气，从而防止维生素等营养成分的氧化，减轻色泽的变化，防止挥发性物质的氧化及异味的出现。② 除去附吸在果蔬汁漂浮颗粒上的气体，防止带肉果汁装瓶后固体物的上浮，保持良好的外观。③ 减少装瓶和高温瞬时杀菌时的起泡，从而影响装罐和杀菌效果，防止浓缩时过分沸腾。④ 减少罐头内壁的腐蚀。脱气的方法有加热法、真空法、化学法、充氮置换法等，且常结合在一起使用，如真空脱气时，常将果汁适当加热。

（9）杀菌和灌装：传统的罐藏方法常以灌装、密封、杀菌的工艺进行加工。现代工艺则先杀菌后灌装，亦大量采用无菌灌装方法进行加工。杀菌的目的一是消灭微生物防止发酵；二是钝化各种酶类，避免各种不良的变化。果蔬汁杀菌的微生物对象为酵母和霉菌，酵母在66 ℃下1 min、霉菌在80 ℃下20 min即可被杀灭。一般的巴氏杀菌条件为80 ℃、30 min，可保证杀灭果蔬汁内微生物。果汁的杀菌依赖于热交换器，主要有管式、片式和刮板式几种。其主要的选择依据为产品的黏度或产品内是否有颗粒物质存在。

常用的灌装方法有以下三种：① 传统灌装法。将果蔬汁加热到85 ℃以上，趁热装罐

（瓶），密封，在适当的温度下进行杀菌，之后冷却。此法产品的加热时间较长，品质下降较明显，但对设备投入不大，要求不高，在高酸性果汁中有时可获得较好的产品。② 热灌装。将果蔬汁在高温短时或超高温瞬时杀菌，之后趁热灌入已预先消毒的洁净瓶内或罐内，趁热密封，之后倒瓶，冷却。此法较常用于高酸性的果汁及果汁饮料，亦适合于茶饮料。③ 无菌灌装。是近 50 年来液态食品包装最大进展之一，包括杀菌和无菌充填密封两部分，为了保证充填和密封时的无菌状态，还须进行机器和空气的无菌处理。

2. 混浊果蔬汁

工艺流程：原料→挑选→清洗→破碎→热处理或酶处理→取汁→调配→均质→脱气→杀菌、灌装→冷却→成品。

与澄清果蔬汁相比，混浊汁加工采用的不同工艺主要是均质。生产混浊果蔬汁，如柑橘汁、番茄汁、胡萝卜汁等或带肉果汁时，为了防止产生固液体的分离，常进行均质处理。均质即将果蔬汁通过一定的设备，使其中的细小颗粒进一步细微化，使果胶和果蔬汁亲和，保持果蔬汁均一的外观。

高压均质机是最常用的机械，其原理是将混匀的物料通过柱塞泵的作用，在高压低速下通过阀座和阀杆之间的空间，这时速度增至 290 m/s，同时压力相应降低到物料中水的蒸汽压以下，于是在颗粒中形成气泡而膨胀，引起气泡炸裂物料颗粒（空穴效应）。由于空穴效应造成强大的剪切力，由此得到极细且均匀的固体分散。所用的均质压力随果蔬种类而异，一般在 15～40 MPa，重复均质有一定的增强作用。

胶体磨的破碎作用在于快速转动转子和狭腔的摩擦作用，当果蔬汁进入狭腔（间距可调）时，受到强大的离心力作用，颗粒在转齿和定齿之间的狭腔中摩擦、撞击而分散成细小颗粒。

3. 浓缩果蔬汁

工艺流程：原料→挑选→清洗→破碎→热处理或酶处理→取汁→澄清→过滤→浓缩→杀菌、灌装→冷却→成品。

与澄清果蔬汁相比，浓缩果蔬汁生产采用浓缩工艺。浓缩果蔬汁容量小，可溶性固形物可高达 65%～70%，可节省包装和运输费用，便于贮运；糖、酸含量的提高，增加了产品的保藏性。浓缩汁用途广泛，可作为各种食品的基料。理想的浓缩果蔬汁，在稀释和复原后，应和原果蔬汁的风味、色泽、混浊度相似，因而加热的温度、果蔬汁在浓缩机内的停留时间就显得很重要。目前所采用的浓缩方法按其所用设备原理，可以分成真空浓缩法（真空低温浓缩法、真空高温瞬时浓缩法、真空闪蒸浓缩法），反渗透浓缩法及冷冻浓缩法。果蔬汁的冷冻浓缩应用了冰晶与水溶液的固、液相平衡原理。当水溶液中所含溶质浓度低于共溶浓度时，溶液被冷却后，水（溶剂）部分成冰晶析出，剩余溶液中的溶质浓度则由于冰晶数量的增加和冷冻次数的增加而提高，溶液的浓度逐渐增加，及至某一温度，被浓缩的溶液以全部冻结而告终，这一温度即为低共熔点或共晶点。冷冻浓缩产品具有很好的质量，但亦有一些问题，如能耗高、设备价格高、酶未被有效钝化、分离时损失一部分果蔬汁等。

（三）实习考核要点和参考评分（表 7-3）

（1）记录实习过程所见所闻所想，结合专业知识撰写认识实习报告。

(2)指导教师提交认识实习教学指导教师工作报告一份。

表 7-3　果蔬汁制品认识实习的操作考核要点和参考评分

序号	项目	考核内容	技能要求	评分(100 分)
1	企业概况	(1)企业组织形式; (2)产品概况	(1)果蔬汁制品企业的部门设置及其职能; (2)果蔬汁制品企业的技术与设备状况; (3)果蔬汁制品的产品种类、生产规模和销售范围	10
2	工艺设备	(1)主要设备; (2)主要工艺; (3)辅助设施	(1)了解果蔬汁制品的生产工艺流程,能够绘制简易流程图; (2)能正确控制蒸煮温度和时间,了解主要设备的相关信息,能够收集果蔬汁制品生产设备的技术图纸和绘制草图; (3)了解果蔬汁制品生产企业的仓库种类和特点	15
3	企业建筑	(1)全厂平面图; (2)主要建筑特点; (3)三废及其他	(1)了解果蔬汁制品生产企业全厂总平面布置情况,能够绘制全厂总平面布置简图; (2)了解果蔬汁制品生产企业主要建筑物的建筑结构和形式特点; (3)了解果蔬汁制品企业三废处理情况和排放要求,能够阐述原理; (4)能够制定果蔬汁制品生产的操作规范,整理改进措施	15
4	市场调研	(1)市场销售状况; (2)主要产品信息	(1)了解果蔬汁制品主要产品的市场销售状况; (2)能准确描述一类主要产品的品牌、原料、生产厂家、包装形式、包装材料和规格、标签内容、价格、保质期等	10
5	实习报告	(1)格式; (2)内容	(1)认识实习报告格式正确; (2)能正确记录主要产品生产工艺与要求,实习总结要包括体会、心得、问题与建议等	50

四、果蔬罐头生产技术

知识目标:

(1)掌握果蔬罐头制品生产的基本原理。

(2)掌握工业化果蔬罐头制品生产的特点。

(3)了解果蔬罐头制品生产工艺的基本流程。

(4)了解影响果蔬罐头制品品质形成的主要因素。

(5)了解果蔬罐头制品的主要原料和主要品种。

(6)了解果蔬罐头企业管理经营知识。

技能目标:

(1)认识果蔬罐头制品生产过程中的关键设备和操作要点。

(2)了解果蔬罐头制品生产工艺操作及工艺控制。

(3)了解果蔬罐头制品质量的基本检验和鉴定能力。

(4) 能够制定果蔬罐头制品生产的操作规范、整理改进措施。

解决问题：

如何进一步提高果蔬罐头制品质量？

（一）果蔬罐头生产原料

果蔬原料对果蔬罐藏制品的品质有很大的影响，它影响到制品的色泽、风味、质地、大小及原料的利用率。因此，正确地选择罐藏原料，是保证制品质量的关键。

虽然大部分水果和多数蔬菜都可罐藏，但其适应性在品种、品系之间常有较大的差异，以致罐藏常局限于少数品种。在品种成熟期方面，要求早、中、晚熟品种搭配，但常以中、晚熟品种为佳，因后者品质常优于早熟，且有较好的耐藏性，可以延长工厂的生产季节。在成熟度方面，要求有适当的工艺成熟度、便于贮运、减少损耗、能经受工艺处理和达到一定的质量标准。为了便于原料处理的机械化和自动化，要求果实形状整齐、大小适中。为避免预煮、酸碱处理和加热杀菌时出现组织溃烂、汤汁混浊，要求果肉组织紧密，具有良好的煮制性。此外，为减少加工过程中的损耗，降低原料的消耗定额，提高产品得率，要求果皮、果核、果心等废弃部分少。

用作罐藏的蔬菜原料要求新鲜饱满、成熟适度且一致、具有一定的色香味，肉质丰富、质地柔嫩细致，粗纤维少，无不良气味，没有虫蛀和霉烂以及机械损伤，能耐高温处理。罐藏蔬菜原料的选择通常从品种、成熟度和新鲜度三个方面考虑。罐藏用的蔬菜品种极其重要，如番茄罐头加工应选择小果型、茄红素含量高的品种。蔬菜原料的成熟度对罐藏蔬菜色泽、组织、形态、风味、汤汁澄清度有决定性影响，与工艺过程的生产效率和原料利用率关系密切。不同的蔬菜种类、品种要求有不同的罐藏成熟度，如豌豆罐头应选用幼嫩豆粒，蘑菇罐头应用不开伞的蘑菇，罐藏加工的番茄要求可溶性固形物含量5%以上、番茄红素含量达到12%以上。罐藏用蔬菜原料越新鲜，加工的质量越好。因此，从采收到加工，间隔时间越短越好，一般不要超过24 h。有些蔬菜如甜玉米、豌豆、蘑菇、芦笋等应在2～6 h内加工。如果时间过长，甜玉米或青豌豆粒的糖分就会转化成淀粉，风味变差，杀菌后汤汁混浊。

（二）果蔬罐头的生产工艺

果蔬罐藏工艺过程包括原料的预处理、装罐、排气、密封、杀菌、冷却、保温及商业无菌检验。其中原料的预处理包括清洗、选别、分级、去皮、去核、切分、预煮。原料的预处理工艺与果蔬速冻、制汁的类似，不再复述。在此重点介绍装罐、排气、密封、杀菌等工艺。

1. 装罐

(1) 装罐前需先准备空罐。原料装罐前应检查空罐的完好情况，对马口铁罐要求罐型整齐、缝线标准、焊缝完整均匀、罐口和罐盖边缘无缺口或变形、马口铁皮上无锈斑和脱锡现象。玻璃罐要求形状整齐、罐口平整光滑、无缺口、罐口正圆、厚度均匀、玻璃罐壁内无气泡裂纹。空罐在使用前必须进行清洗和消毒，以清除灰尘、微生物、油脂等污物及氯化锌残留物，以保证容器的卫生，提高杀菌效果。金属罐先用热水冲洗，后用清洁的100 ℃沸水或蒸汽消毒30～60 s，然后倒置沥干备用。玻璃罐先用清水(或热水)浸泡，然后用有毛刷的洗瓶机刷洗，再用清水或高压水喷洗数次，倒置沥干备用。罐盖也进行同样处理，或用前用75%酒精消毒。清洗消毒后的空罐要及时使用，不宜堆放太久，以免灰尘、杂质再一次污染或金属罐生锈。

（2）然后进行罐液的配制。果蔬罐藏时除了液态食品（果汁、菜汁）和黏稠食品（如番茄酱、果酱等）外，一般都要往罐内加注液汁，称为罐液或汤汁。果品罐头的罐液一般是糖液，蔬菜罐头多为盐水，也有只用清水的。有的为了增进风味同时起到护色、提高杀菌效果，可在果蔬罐头灌液中加入适当的柠檬酸，加注罐液能填充罐内除果蔬以外所留下的空隙，目的在于增进风味、排除空气、提高初温，并加强热的传递效率。

果品罐头所用的糖液浓度依水果种类、品种、成熟度、果肉装量及产品质量标准而定。我国目前生产的糖水果品罐头，一般要求开罐糖度为14%～18%。配制糖液的主要原料是蔗糖，要求纯度在99%以上，色泽洁白、清洁干燥、不含杂质和有色物质。最好使用碳酸法生产的蔗糖，因为用亚硫酸法生产的蔗糖，若残留的二氧化硫过多，会引起罐内壁产生硫化铁，污染内容物。除蔗糖外，如转化糖、葡萄糖、玉米糖浆也可使用。另一方面，配制糖液用水也要求清洁无杂质，符合饮用水质量标准。

糖液配制方法有直接法和稀释法两种。直接法是根据装罐所需的糖液浓度，直接称取蔗糖和水在溶糖锅内加热搅拌溶解并煮沸过滤待用。例如，装罐需用30%浓度的糖液，则可按蔗糖30 kg、清水70 kg的比例入锅加热配制。稀释法是配制高浓度的糖液（称为母液），一般浓度在65%以上，装罐时再根据所需浓度用水或稀糖液稀释。例如，用65%的母液配30%的糖液。蔗糖溶解调配时，必须煮沸10～15 min，然后过滤，保温85 ℃以上备用；如需在糖液中加酸必须做到随用随加，防止积压，以免蔗糖转化为转化糖，促使果肉色泽变红。荔枝、梨等罐头所用糖液，加热煮沸后应迅速冷却到40 ℃再装罐，对防止果肉变红有明显效果。配制糖液车间一般在装罐车间的楼上，配制好的糖液则由管道流送到楼下的注液机中，以便装罐。配制糖液的容器以不锈锅最好，如用其他材料最好在内壁涂上特殊的涂料；容器内部要光滑平展，便于清洗。

盐液配制。所用食盐应选用精盐，食盐中氯化钠含量98%以上。配制时常用直接法按要求称取食盐，加水煮沸过滤即可。一般蔬菜罐头所用盐液浓度为1%～4%。

调味液配制。调味液的种类很多，但配制的方法主要有两种，一种是将香辛料先经一定的熬煮制成香料水，然后香料水再与其他调味料按比例制成调味液，另一种是将各种调味香辛料（可用布袋包裹，配成后连袋去除）一起一次配成调味液。

（3）装罐。经预处理整理好的果蔬原料应迅速装罐，不应堆积过多，停留时间过长，否则易受微生物污染，影响其后的杀菌效果；同时应趁热装罐，可提高罐头中心温度，有利于杀菌。在装罐时应注意以下问题：① 要确保装罐量符合要求。装入量因产品种类和罐型大小而异，罐头食品的净重和固形物含量必须达到要求。净重是指罐头总重量减去容器重量后所得的重量，它包括固形物和汤汁，固形物含量指固形物（即固态食品）在净重中所占的百分率，一般要求每罐固形物含量为45%～65%，常见的为55%～60%。各种果蔬原料在装罐时应考虑其本身的缩减率，通常比装罐要求多装10%左右；另外，装罐后要把罐头倒过来沥水10 s左右，以沥净罐内水分，保证开罐时的固形物含量和开罐糖度符合规格要求。② 罐内应保留一定的顶隙。所谓顶隙是指罐头内容物表面和罐盖之间所留空隙的距离，顶隙大小因罐型大小而异，一般装罐时罐头内容物表面与翻边相距 4～8 mm，在封罐后顶隙为 3～5 mm。罐内顶隙的作用很重要，但须留得适当。如果顶隙过大，会引起罐内食品装量不足，同时罐内空气量增加，造成罐内食品氧化变色；如果顶隙过小，则会在杀菌时罐内食品受热膨胀，使罐头变形或产生裂缝，影响接缝线的严密度。③ 保证内容物在罐内的一致性。同一罐内原料的成熟度、色泽、大小、形状应基本一致，搭配合理，排列整齐。有块数要求的产品应按要求装罐。④ 保证产品符合卫生要求。装罐时要注意卫生，严格操作，防止杂物混入罐内，保证罐头质量。

装罐的方法可分为人工装罐和机械装罐。果蔬原料由于形态、大小、色泽、成熟度、排列方式各异，所以多采用人工装罐，主要过程包括装料、称量、压紧和加汤汁等。对于颗粒状、流体或半流体食品，如青豆、甜玉米、番茄酱、果酱、果汁等常用机械装罐。装罐时一定要保证装入的固形物达到规定的重量。

2. 排气

排气是指食品装罐后，密封前将罐内顶隙间的、装罐时带入的和原料组织细胞内的空气尽可能从罐内排除的技术措施，从而使密封后罐头顶隙内形成部分真空的过程。排气是罐头食品生产中维护罐头的密封性和延长贮藏期的重要措施。排气的作用：① 阻止需氧菌及霉菌的生长发育。② 防止或减轻因加热杀菌时空气膨胀而使容器变形或破损影响其密封性。③ 控制或减轻罐藏食品贮藏中出现的罐内壁腐蚀。④ 避免或减轻食品色香味的变化。⑤ 避免维生素和其他营养素遭受破坏。⑥ 有助于避免将假胀罐误认为腐败变质性胀罐。此外，对于玻璃罐，排气还可以加强金属盖和容器的密合性，即将覆盖在玻璃罐口上的罐盖借大气压紧压在罐口上。同时还可减轻罐内所产生的内压，减少出现跳盖的可能性。玻璃本身具有透光性，光线则会促使罐内残留氧破坏食品的风味和营养素。因此，排气也将有利于减弱光线对食品的影响，延长食品的贮藏期。

罐头食品排气以获得适当的真空，采用的方法主要有两种：热力排气法和真空排气法。

（1）热力排气法。利用空气、水蒸气和食品受热膨胀的原理将罐内空气排除。目前常用的方法有两种，热装罐密封排气法和食品装罐后加热排气法。① 热装罐密封排气法：就是将食品加热到一定的温度（一般在 75 ℃以上）后立即装罐密封的方法。采用这种方法一定要趁热装罐、迅速密封，不能让食品温度下降，否则罐内的真空度相应下降。此法只适用于高酸性的流质食品和高糖度的食品，如果汁、番茄汁、番茄酱和糖渍水果罐头等。密封后要及时进行杀菌，否则嗜热性细菌容易生长繁殖。② 加热排气法：就是将装好原料和注液的罐头，放上罐盖或不加盖。送进排气箱，在通过排气箱的过程中，加热升温。因热使罐头中内容物膨胀，把原料中存留或溶解的气体排斥出来，在封罐之前把顶隙中的空气尽量排除。罐头在排气箱中经过的时间和最后达到的温度（一般要求罐头中心温度应达到 65.6 ℃～87.8 ℃），视原料的性质、装罐的方法和罐型而定。

加热排气时，加热温度愈高和时间愈长，密封温度愈高，最后罐头的真空度也愈高。对于空气含量低的食品来说，主要是排除顶隙内的空气。密封温度是关键性因素，而温度和时间的选择应根据密封温度加以考虑。对于空气含量高的食品来说，除达到预期密封温度外，还应合理地延长排气时间，使存在和溶解于食品组织中的空气有足够向外扩散和外逸的时间，尽量使罐内气体含量降低到最低限度。

选用加热排气工艺条件时，还应考虑到果蔬成熟度和酸度、容器大小和材料以及装罐情况等因素。果蔬成熟度低，组织坚硬，食品内气体排除困难，排气时间就要长一些。成熟度高，则反之，而且选用温度也应低一些。高酸度食品在热力作用下会促使铁腐蚀产生氢气，降低真空度。容器小些，对真空度的要求可以高一些；容器愈大，对真空度的要求相应地降低一些，如真空度过高，容易出现瘪罐现象。容器大时，传热速度慢，加热排气时间就应长些。

（2）真空排气法。装有食品的罐头在真空环境中进行排气密封的方法。常采用真空封罐机进行。因排气时间短，所以主要是排除顶隙内的空气，而食品组织及汤汁内的空气不易排除。故对果蔬原料和罐液要事先进行脱气处理。采用真空排汽法，罐头的真空度取决于真空封罐机密封室内的真空度和罐内食品温度。如果密封室内的真空度不足，可用补充加热的方法来提高罐内真空度。用真空封罐机封罐时，由于各种原因，真空封罐机密封室内的真空度一般达不到 86.7 kPa。为了使罐内的真空度达到最高程度，就需要补充加热。大部分果蔬罐头真空密封前，常在罐内添加热汤汁，这就是一种真空密封前补充的加热方法。

大部分食品放在真空环境中后，组织细胞间隙内的空气会膨胀，导致体积扩张，使汤汁外溢。因此，很少食品能用 86.7 kPa 左右的真空度。一般采用 53.3 kPa 的真空度密封。要使罐内得到最高的真空度，食品温度应在 80 ℃左右。这说明，真空封罐时真空度受食品本身特性的限制，热力排气不仅需要，而且有必要。

真空封罐时罐内食品常会出现真空度下降的现象，即真空密封的罐头静置 20～30 min 后，它的真空度会下降到比原来刚封好时低，这就是“真空吸收”现象。这是因为在真空封罐机内，在较短的抽气时间内细胞间隙内的空气未能得到及时排除，以致在密封后逐渐从细胞间隙内向外逸，于是罐内的真空度也相应降低，有时还可以使罐内真空度在开始杀菌前已达到完全消失的程度。因此，对“真空吸收”程度较大的水果罐头来说，应采用热力排气为主，而真空封罐只能起辅助的作用。

3. 密封

罐头食品之所以能长期保存而不变质，除了充分杀灭能在罐内环境生长的腐败菌和致病菌外，主要是依靠罐头的密封，使罐内食品与外界完全隔绝，罐内食品不再受到外界空气和微生物的污染而产生腐败变质。为保持这种高度密封状态，必须采用封罐机将罐身和罐盖的边缘紧密结合，这就称为封罐或密封。显然，密封是罐藏工艺中的一项关键性操作，直接关系到产品的质量。密封必须在排气后立即进行，以免罐温下降而影响真空度。

4. 杀菌

罐头加热杀菌的方法很多，根据其原料品种的不同、包装容器的不同等，而采用不同的杀菌方法。罐头的杀菌可以在装罐前进行，也可以在装罐密封后进行。装罐前进行杀菌，即所谓的无菌装罐，需先将待装罐的食品和容器均进行杀菌处理，然后在无菌的环境下装罐、密封。

我国各罐头厂普遍采用的是装罐密封后杀菌。果蔬罐头的杀菌方法根据果蔬原料的性质不同，一般可分为常压杀菌（杀菌温度不超过 100 ℃）和加压杀菌两种。

常压杀菌适用于 pH 在 4.5 以下的酸性食品，如水果类、果汁类、酸渍菜类等。常用的杀菌温度是 100 ℃或以下。一般是用开口锅或柜子，锅（柜）内盛水，水量要浸过罐头 10 cm 以上，用蒸汽管从底部加热至杀菌温度，将罐头放入杀菌锅（柜）中（玻璃罐杀菌时，水温控制在高于罐头初温时放入为宜），继续加热，待达到规定的杀菌温度后开始，计算杀菌时间，经过规定的杀菌时间，取出冷却。目前有些工厂已用一种长形连续搅动式杀菌器，使罐头在杀菌器中不断地自转和绕中轴转动，增强了杀菌效果，缩短了杀菌时间。

加压杀菌是在完全密封的加压杀菌器中进行，靠加压升温来进行杀菌，杀菌的温度在 100 ℃以上。此法适用于低酸性食品（pH 大于 4.5），如蔬菜类、肉食和水产类的罐头。在高温加压杀菌中，依传热介质不同有高压蒸汽杀菌和高压水杀菌。目前大都采用高压蒸汽杀菌法，这对马口铁罐来说是较理想的，而对玻璃罐，则采用高压水杀菌较为适宜，可以防止和减少玻璃罐在加压杀菌时脱盖和破裂的问题。

加压杀菌器有立式和卧式两种类型，设备装置和操作原理大体相同。立式杀菌器大型的则大多部分安装在工作地面以下，为圆筒形；卧式的则全部安装在地面上，有圆筒形和方形。加压杀菌过程可分三个阶段：① 排气升温阶段，将罐头送入杀菌器后，将杀菌器盖严密封，然后通入蒸汽，并将所有能泄气的阀门打开，让杀菌器内的空气彻底排除干净，待空气排完后，只留排气阀开着，关闭其他所有的泄气阀门，这时就开始上压升温，使温度升到规定的杀菌温度；② 恒温杀菌阶段，到达杀菌温度时关小蒸汽阀门，但排气阀仍开着，使杀菌器内保持一定的疏通蒸汽，并维持杀菌温度达到规定的时间；③ 消压降温阶段，杀菌结束后，关闭蒸汽阀门，同时打开所有泄气阀，使压力降至 0，然后通入冷水降温，若用反压冷却，则杀菌结束关闭蒸汽后，通入压缩空气和冷水，使降温时罐内外压力达到基本平衡。

5. *冷却*

罐头食品加热杀菌结束后应当迅速冷却，因为热杀菌结束后的罐内食品仍处于高温状态，还在继续对它进行加热作用。如不立即冷却，食品质量就会受到严重影响，如果蔬色泽变暗、风味变差、组织软烂，甚至失去食用价值。此外，冷却缓慢时，在高温阶段（50～55 ℃）停留时间过长，还能促进嗜热性细菌如平酸菌繁殖活动，致使罐头变质腐败。继续受热也会加速罐内壁的腐蚀作用，特别是含酸高的食品。因此，罐头杀菌后冷却越快越好，对食品的品质越有利；但对玻璃罐的冷却速度不宜太快，常采用分段冷却的方法，即 80 ℃、60 ℃、40 ℃三段，以免爆裂受损。

罐头杀菌后一般冷却到 38 ℃～43 ℃即可。因为冷却到过低温度时，罐头表面附着的水珠不易蒸发干燥，容易引起锈蚀。冷却只要保留余温，足以促进罐头表面水分的蒸发而不致影响败坏即可，实际操作温度还要看外界气候条件而定。

常压杀菌的罐头在杀菌完毕后，即转到另一冷却水池或柜中进行冷却。玻璃罐冷却时水温要分阶段逐渐降温，以避免破裂损失。金属罐头则可直接进入冷水中冷却。在高压杀菌下的罐头需要在加压的条件下进行冷却，即称反压冷却。高压杀菌的罐头在开始冷却时，由于温度下降、外压降低，而内容物的温度下降比较缓慢，内压较大，会引起罐头卷边松弛和裂漏，还会发生突角、爆罐事故。为此，冷却时要保持一定的外压以平衡其内压。目前最常用的是用压缩空气打入来维持外压，然后放入冷水，随着冷却水的进入，杀菌锅的压力降低。因此，冷却初期时压缩空气和冷水同时不断地进入锅内，冷却水进锅的速度，应使蒸汽冷凝时的降压量能及时地从同时进锅的压缩空气中获得补充，直至蒸汽全部冷凝后，即停止进压缩空气，使冷却水充满全锅，调整冷水进出量，直至罐温降低到40～50 ℃为止。

罐头冷却过程中有时由于机械原因或因罐盖胶团暂时软化造成暂时性或永久性缝隙，尤其是当罐头在水中冷却时间过长，以致罐内压力下降到开始形成真空度的程度，这样罐头就可能在内外压力差的作用下吸入少量冷却水，并因冷却水不洁而导致微生物污染，成为罐头今后贮运过程中出现腐败变质的根源。因而加压冷却应使用清洁水（即微生物含量极低的水），一般认为用于罐头的冷却水含活的微生物为每毫升不超过50个为宜。为了控制冷却水中微生物含量，常采用加氯的措施。次氯酸盐和氯气为罐头工厂冷却水常用的消毒剂。只有在所有卷边质量完全正常后，才可在冷却水中采用加氯措施。加氯必须小心谨慎，并严格控制，一般控制冷却水中含游离氯3～5 mg/kg。

6. 保温和商业无菌检验

为了保证罐头在货架上不至于发生由于各种原因造成杀菌不足引起的败坏，传统的罐头工业常在冷却之后采用保温处理，将冷却后的罐头在保温仓库内38～40 ℃的温度下贮存1周左右；之后挑选出胀罐，再装箱出厂。但这种方法会使果蔬罐头质地和色泽变差、风味不良。同时有许多耐热菌也不一定在此条件下发生增殖而导致产品败坏。因而，这一方法并非万无一失。目前推荐采用所谓的“商业无菌检验法”，此法首先基于全面质量管理，其方法要点如下：① 审查生产操作记录。如空罐检验记录、杀菌记录、冷却水的余氯量等。② 抽样，每杀菌锅抽两罐或1/1 000。③ 称重。④ 保温。低酸性食品在36 ℃ ±1 ℃下保温10 d，酸性食品在30 ℃ ±1 ℃下保温10 d，预销往40 ℃以上热带地区的低酸性食品在55 ℃ ±1 ℃下保温10 d。⑤ 开罐检查。开罐后留样、涂片、测pH、进行感官检查。此时如发现pH、感官质量有问题即进行革兰氏染色，镜检。显微镜观察细菌染色反应、形态、特征及每个视野菌数，与正常样品对照，判别是否有明显的微生物增殖现象。⑥ 结果判定。通过保温发现胖听或泄漏的为非商业无菌，并通过保温后的正常罐开罐后的感官、镜检、培养结果判断是否是商业无菌。

（三）实习考核要点和参考评分（表7-4）

（1）记录实习过程所见所闻所想，结合专业知识撰写认识实习报告。

（2）指导教师提交认识实习教学指导教师工作报告一份。

表7-4 果蔬罐头制品认识实习的操作考核要点和参考评分

序号	项目	考核内容	技能要求	评分（100分）
1	企业概况	（1）企业组织形式； （2）产品概况	（1）果蔬罐头制品企业的部门设置及其职能； （2）果蔬罐头制品企业的技术与设备状况； （3）果蔬罐头制品的产品种类、生产规模和销售范围	10

续表

序号	项目	考核内容	技能要求	评分（100分）
2	工艺设备	（1）主要设备； （2）主要工艺； （3）辅助设施	（1）了解果蔬罐头制品的生产工艺流程，能够绘制简易流程图； （2）能正确控制蒸煮温度和时间了解主要设备的相关信息，能够收集果蔬罐头制品生产设备的技术图纸和绘制草图； （3）了解果蔬罐头制品生产企业的仓库种类和特点	15
3	企业建筑	（1）全厂平面图； （2）主要建筑特点； （3）三废及其他	（1）了解果蔬罐头制品生产企业全厂总平面布置情况，能够绘制全厂总平面布置简图； （2）了解果蔬罐头制品生产企业主要建筑物的建筑结构和形式特点； （3）了解果蔬罐头制品企业三废处理情况和排放要求，能够阐述原理； （4）能够制定果蔬罐头制品生产的操作规范，整理改进措施	15
4	市场调研	（1）市场销售状况； （2）主要产品信息	（1）了解果蔬罐头制品主要产品的市场销售状况； （2）能准确描述一类主要产品的品牌、原料、生产厂家、包装形式、包装材料和规格、标签内容、价格、保质期等	10
5	实习报告	（1）格式； （2）内容	认识实习报告格式正确； 能正确记录主要产品生产工艺与要求，实习总结要包括体会、心得、问题与建议等	50

五、果蔬糖制品生产技术

知识目标：

（1）掌握果蔬糖制品生产的基本原理。

（2）掌握工业化果蔬糖制品生产的特点。

（3）了解果蔬糖制品生产工艺的基本流程。

（4）了解影响果蔬糖制品品质形成的主要因素。

（5）了解果蔬糖制品的主要原料和主要产品类型。

（6）了解果蔬糖制品企业管理经营知识。

技能目标：

（1）认识果蔬糖制品生产过程中的关键设备和操作要点。

（2）了解果蔬糖制品生产工艺操作及工艺控制。

（3）了解果蔬糖制品质量的基本检验和鉴定能力。

（4）能够制定果蔬糖制品生产的操作规范、整理改进措施。

解决问题：

如何进一步提高果蔬糖制品的安全品质？

（一）果蔬糖制品生产原料

1. 原料的选择

糖制品加工是果蔬原料综合利用的重要途径之一。糖制品对原料的要求不严，除正品果蔬外，各种果蔬的级外品，各成熟度的自然落果，酸、涩、苦味果和野生果等，均可依其加工特性，加以合理利用，用作糖制，以改善食用品质。通过综合加工，可充分利用果蔬的皮、肉、汁、渣或残、次、落果，甚至不宜生食的橄榄和梅子，制成果脯、蜜饯、凉果和果酱。尤其值得重视的野生果实（如猕猴桃、野山核、刺梨、毛桃等），可制成当今最受欢迎的无污染、无农药的糖制品。

糖制品的质量主要取决于外观、风味、质地及营养成分。选择优质的原料是制成优质产品的关键之一。原料质量的优劣主要在于品种和成熟度两个方面，蜜饯类因需保持果实或果块形态，则要求原料肉质紧密，耐煮性强。一般在绿熟－坚熟时采收，但不同产品对原料要求不同。青梅类制品：制品要求鲜绿、脆嫩。原料宜选鲜绵质脆、果形完整、果大核小的品种，于绿熟时采收。大果适加工雕花梅，中等以上果实宜制糖渍梅，而小果只好制青梅干、雨梅、话梅和陈皮梅等制品。蜜枣类制品：宜选果大核小，质地较疏松的品种，如安徽宣城的央枣、圆枣和郎枣。橘饼类制品：金橘饼以质地柔韧、香味浓郁的罗纹和罗浮最好，其次是金弹和金橘，饼以宽皮橘类为主。带皮橘饼宜选苦味淡的中小型品种，如浙江黄岩的朱红。杨梅类制品：选果大核小、色红、肉饱满的品种。如浙江萧山的早色、新昌的刺梅。橄榄制品：选肉质脆硬的惠园和长营两个品种最好，药果、福果、笑口榄也宜。一般在肉质脆硬、果核坚硬时采收，过早过迟采收的果实，都会影响制品质量。生姜制品：糖姜片加工应选肉质肥厚，结实少筋，块形较大的新鲜嫩姜。

果酱类、果泥类制品要选柔软多汁，易于破碎的品种，一般在充分成熟时采收。果冻制品要求原料含有丰富果胶质，而且采收成熟度较低。不同产品对原料的具体要求不同。果酱类宜选用香气浓郁、色泽美观、易于破碎的柑橘、凤梨、苹果、杏、无花果、草莓等果实为原料。凤梨、柑橘类果酱也可用罐藏下脚料加工制成。杏子以大红杏、鸡蛋杏、巴斗杏、串枝红等品种为佳。无花果中以浙江、安徽的红皮无花果为佳。草莓宜选红色的鸡心、鸡冠、鸭嘴等品种。苹果泥用含糖虽和含酸量高的原料最好。枣泥用红枣制成。南瓜泥适合选肉质肥厚、纤维素少、色泽金黄的南瓜。

2. 原料的前处理

（1）蜜饯制品的原料前处理。

① 筛选分级。剔除不符合加工要求的原料，如腐烂、生虫等。为便于加工，还应按大小或成熟度进行分级。

② 去皮、切分、切缝、刺孔。剔除不能食用的皮、种子、核，大型果适宜适当切分成块、片、丝、条。枣、李、杏等小果不便去皮和切分，常在果面切缝或刺孔。切缝可用切缝机。

③ 盐腌。用食盐或加入少量明矾或石灰腌制的盐坯（果坯），常作为半成品保存，来延

长加工期限。然而，盐坯只能作为南方凉果制品的原料。盐坯腌渍包括盐腌、暴晒、回软和复晒四个过程。盐腌有干盐和盐水两种。干盐法适用于果汁较多或成熟度较高的原料，用盐量依种类和贮存期长短而异，一般为原料重的14%～18%，盐水法适于果汁稀少或未熟果或酸涩苦味浓的原料。盐腌结束，可作水坯保存，或经晒制成干坯长期保藏。

④ 保脆和硬化。为提高原料耐煮性和松脆性，在糖制前对原料进行硬化处理。即将原料浸泡于石灰或氯化钙或明矾或亚硫酸氢钙稀薄溶液中，让钙、镁离子与原料中的果胶物质生成不溶性盐类，使细胞间相互熟结在一起，提高硬度和耐煮性。用0.1%的氯化钙与0.2%～0.3%的亚硫酸氢钠混合液浸泡30～60 mim，起护色、保脆的双重作用。对不耐贮运易腐的草莓、樱桃，用含有0.75%～1.0%二氧化硫的亚硫酸与0.4%～0.6%的消石灰混合液浸泡，可防腐烂兼硬化的目的。明矾具有触媒作用，能提高樱桃、草莓、青梅等制品的染色效果。硬化剂的选用、用量及处理时间必须适当，过量会生成过多钙盐或导致部分纤维素钙化，使产品质地租糙，品质劣化。经硬化处理后的原料，糖制前需经漂洗除去残余的硬化剂。

⑤ 硫处理。为获得色泽清淡而半透明的制品，在糖制前进行硫处理，抑制氧化变色。在原料整理后，浸入含0.1%～0.2%二氧化硫的亚硫酸液中数小时，再经脱硫除去残留的硫。

⑥ 染色。在加工过程为防止樱桃、草莓失去红色，青梅失去绿色，常用染色剂进行着色处理。天然色素和人工合成色素是当前主要的两类染色剂。天然色素如姜黄、胡萝卜素、叶绿素等，因着色效果差，使用不便，成本高，生产上应用较少。但随着生活水平的增加，天然色素的应用会越来越普及，我国规定40多种天然色素，如胡萝卜素、酸性红、甜菜红等可使用。

⑦ 漂洗和预煮。经亚硫酸盐保藏、盐腌、染色及硬化处理的原料，在糖制前均需漂洗或预煮，除去残留的二氧化硫、食盐、染色剂、石灰或明矾，避免对制品外观和风味产生不良影响。预煮还具有排氧和钝酶，防止氧化变色，利于糖分渗入和脱苦、脱涩等作用。

（2）果酱类制品的原料预处理。原料须剔除霉烂、成熟度低等不合格果实，必要时按成熟度分级，再按不同种类的产品要求，分别经过清洗、去皮（或不去皮）、去核（芯或不去核）、切块（萄果类及全果糖渍品原料要保持全果浓缩）、修整（彻底修除斑点、虫害等部分）等处理。果皮粗硬的原料，如菠萝、梨、苹果、桃、柑橘（金柑可借皮）等，必须除去外皮。去皮、切块时易变色的果实，必须及时浸入食盐水或酸溶液中护色，并尽快加热软化，破坏酶的活力。加热软化的主要目的是破坏酶的活力，防止变色和果胶水解，软化果肉组织，便于打浆和糖液渗透。果实软化时，可加水或稀糖液加热软化、软化升温要快，时间依原料种类及成熟度而异。每批投料不宜过多，生产流程要快，防止长时间加热，影响风味和色泽。

生产果冻的果实，软化后需经过榨汁、过滤等处理。柑橘类一般先使用果肉榨汁，残渣再加入适量水加热软化，抽出的果胶液与汁混合使用。

（二）蜜饯类制品的生产工艺

工艺流程：原料→预处理→糖制→烘晒和上糖衣→包装→贮藏。

1. 糖制

糖制是蜜饯类加工的主要工艺。糖制过程是果蔬原料排水、吸糖的过程。糖液中的糖分依赖扩散作用先进入到组织细胞间隙,再通过渗透作用进入细胞内最终达到要求的含糖量。

糖制方法有蜜制(冷制)和煮制(热制)两种。蜜制适用于皮薄多汁、质地柔软的原料;煮制适用于质地紧密,耐煮性强的原料。

(1) 蜜制。蜜制是指用糖液进行糖渍,使制品达到要求的糖度。糖青梅、糖杨梅、樱桃蜜饯、无花果蜜饯以及多数凉果,都是采用蜜制法制成的。此法的基本特点在于分次加糖,不对果实加热,能很好保存产品的色泽、风味、营养价值和应有的形态。

在未加热的蜜制过程中,原料组织保持一定的膨压,当与糖液接触时,由于细胞内外渗透压存在差异而发生内外渗透现象,使组织中的水分向外扩散排出,糖分向内扩散渗入。但糖浓度过高时,会出现失水过快、过多,使组织膨压下降而收缩,影响制品的饱满度和产量。为了加速扩散并保持一定的饱满形态,可采用下列蜜制方法。分次加糖法:将需要加入的食糖,在蜜制过程中,分3～4次加入,逐次提高空制的糖浓度。一次加糖多次浓缩法:在蜜制过程中,分期将糖液倒出,加热浓缩,提高糖浓度,再将热糖液回加到原料中继续糖渍,冷果与热糖液接触,利用温差和糖浓度差的双重作用,加速糖分的扩散渗透。其效果优于分次加糖法。减压蜜制法:将果实放在减压锅内抽空,使果实内部蒸汽压降低,然后破除真空,因外压大,促进糖分深入果实。蜜制干燥法:凉果的蜜制多用此法。在蜜制后期,取出半成品曝晒,使之失去20%～30%的水分后,再行蜜制至终点。此法可减少糖的用量,降低成本,缩短蜜制时间。

(2) 煮制。加糖煮制有利于糖分迅速渗入,缩短加工期,但色香味较差,维生素损失多。煮制分常压煮制和减压煮制两种。常压煮制又分一次煮制、多次煮制和快速煮制三种。减压煮制分真空煮制和扩散煮制。一次煮制法:经预处理好的原料在加糖后一次性煮制成功。如苹果脯、蜜枣等。先配好40%的糖液入锅,倒入处理好的果实,加大火使糖液沸腾,果实内水分外渗,糖液浓度渐稀,然后分次加糖,使糖浓度缓慢增高至60%～65%停火。此法快速省工,但持续加热时间长,原料易烂,色香味差,维生素破坏严重,糖分难以达到内外平衡,致使原料失水过多而出现干缩现象。多次煮制法:经3～5次完成煮制。先用30%～40%的糖溶液煮到原料稍软时,放冷糖渍24 h。其后,每次煮制均增加糖浓度10%,煮沸腾2～3 min,直到糖浓度达60%以上。多次煮制法的每次加热时间短,辅以放冷糖渍,逐步提高糖浓度,因而可获得较满意的产品质量。适用于细胞壁较厚、难以渗糖(易发生干缩)和易煮制烂的柔软原料或含水量高的原料。但加工时间过长,煮制过程不能连续化,费工、费时、占容器,在生产实践中,创造了快速煮制法和连续扩散法。快速煮制法:让原料在糖液中交替进行加热糖煮和放冷糖渍,使果实内部水气压迅速消除,糖分快速渗入而达平衡。处理方法是将原料装入网袋中,先在30%的热糖液中煮4～8 min,取出后立即浸入等浓度的15 ℃糖液中冷却。如此交替进行4～5次,每次提高糖浓度10%,最后完成煮制过程。此法可连续进行、时间短、产品质量高,但需备有足够的冷糖液。真空煮制法:原料在真空和较低温度下煮沸,因组织中不存在大量空气,糖分能迅速渗入达到平衡。温度低，时间短，制品色香味体都比常压煮制优。扩散煮制法：原料装在一组真空扩散器内。用由淡到浓的几种糖液，对一组扩散器的原料，连续多次进行浸渍，逐步提高糖浓度。操作时，先将原料密闭在真空扩散器内，抽空排除原料组织中的空气，而后加入 95 ℃热糖液，待糖分扩散渗透后，将糖液顺序转入另一扩散器内。在原来的扩散器内加入较高浓度的热糖液，如此连续进行几次，制品即达到要求的糖浓度。这种方法是真空处理，煮制效果好，可连续化操作。

2. 烘晒和上糖衣

除糖渍蜜饯外，多数制品在糖制后需进行烘晒，除去部分水分，使表面不黏手，利于保藏。烘烤温度不宜超过 65 ℃，烘烤后的蜜饯，要求保持完整、饱满、不皱缩、不结晶、质地柔软的状态。含水量在 18%～22%，含糖达 60%～65%。

包糖衣是将蜜饯在干燥后用过饱和糖液浸泡一下取出冷却，使糖液在制品表面上凝结成一层晶亮的糖衣薄膜。使制品不黏结、不返砂，增强保藏性，这种产品称糖衣蜜饯。

在快结束干燥的蜜饯表面，撒上结晶糖粉或白砂糖，拌匀，筛去多余糖粉，得到晶糖蜜饯。

3. 包装与贮藏

干燥后蜜饯应及时整理或整形，然后按商品包装要求进行包装。

包装既要达到防潮、防霉，便于转运和保藏，还要在市场竞争中具备美观、大方、新颖和反映制品面貌的装潢。干态蜜饯或半干态蜜饯的包装形式，一般先用塑料食品袋包装，再进行装箱（纸箱或木箱），箱内衬牛皮纸或玻璃纸。颗粒包装、小包装和大包装，已成为新的发展趋势。每块蜜饯先用透明玻璃纸包好，再装入塑料食品袋或硬纸包装盒内，然后装箱，纸箱外用胶带纸粘好，木箱扎铁箍两道。带汁的糖渍蜜饯则采用罐头包装形式。在装罐、密封后，用 90 ℃进行巴氏杀菌 20～30 min，取出冷却。

不论何种包装，所用材料必须无毒、清洁，符合食品卫生要求。包装人员身体应该健康，并注意个人卫生。包装的环境是清洁、无尘。大包装上要有标志、图案，注明产品名称、净重、厂名、出厂日期、保存期限和注意事项等。

贮存糖制品的库房要清洁、干燥、通风。库房地面要铺垫隔湿材料。库房温度最好保持在 12 ℃～15 ℃，避免温度低于 10 ℃而引起蔗糖晶析。对不进行杀菌和不密封的蜜饯，宜将相对湿度控制在 70%以下。贮存期间如发现制品轻度吸湿变质现象，则应将制品放入烘房复烤，冷却后重新包装；受潮严重的制品要重新煮烘后复制为成品。

（三）果酱类制品的生产工艺

工艺流程：原料→预处理→加热浓缩→包装→杀菌冷却。

1. 加热浓缩

加热浓缩是果蔬原料及糖液中水分的蒸发过程，大部分果蔬原料对热敏感性很强，浓缩方法和设备有常压浓缩和减压浓缩。

常压浓缩的主设备是盛物料、带搅拌器的夹层锅。物料入锅后在常压下用蒸汽加热浓缩，开始时蒸汽压较大，29.4～39.2 kPa。后期因物料可溶性固形物含量提高，极易因高温褐变、焦化，蒸汽压降至19.6 kPa左右。为缩短浓缩时间，保持制品良好的色、香、味和胶凝力，每锅下料量以控制出成品50～60 kg为宜，浓缩时间以30～60 min为好。时间太短会因转化糖不足，而在贮藏期发生蔗糖结晶现象。浓缩过程要注意不断搅拌，以防锅底焦化，出现大量气泡时，可洒入少量冷水，防止汁液外溢损失。常压浓缩的主要缺点是温度高，水分蒸发慢，芳香物质和维生素C损失严重，制品的色泽较差。

减压浓缩又称真空浓缩。分单效、双效两种浓缩装置。以单效浓缩锅为例，该设备是一个带搅拌器的双层锅，配有真空装置。工作时，先通入蒸汽于锅内，赶走空气，再开动离心泵，使锅内形成一定的真空。当真空度达53.3 kPa以上时，开启进料阀，待浓缩的物料靠锅内的真空吸力吸入锅中，达到容量要求后，开启蒸汽阀门和搅拌器进行浓缩。加热蒸汽压力务必保持在98.0～147.1 kPa，锅内真空度为86.7～96.1 kPa，温度50 ℃～60 ℃。浓缩过程若泡沫上升激烈，可开启锅内的空气阀，使空气进入锅内抑制泡沫上升，待正常后再关闭。浓缩过程应保持物料超过加热面，以防焦锅。当浓缩至接近终点时，关闭真空泵开关，破坏锅内真空，在搅拌下将果酱加热升温至90 ℃～95 ℃，然后迅速关闭进气阀，出锅。

番茄酱宜选用双效真空浓缩锅，该设备是由蒸汽喷射泵使整个装置造成真空，将物料吸入锅内，由循环泵控制循环，加热器进行加热，然后由蒸发室蒸发，浓缩泵出料。整个设备由电器仪表控制，生产连续化、机械化、自动化，生产效率高，产品质优，番茄酱固形物浓度可高达22%～28%。浓缩终点的判断，主要靠取样用折光计测定可溶性固形物的浓度，或凭经验控制。

2. 包装

果酱类大多用玻璃瓶或防酸涂料马口铁罐为包装容器，容器使用前必须彻底洗刷干净。铁罐以95 ℃～100 ℃的热水或蒸汽消毒3～5 min，玻璃罐用95 ℃～100 ℃的蒸汽消毒5～10 min，而后倒罐、沥水。装罐时，罐温在40 ℃以上。胶圈经水浸泡脱酸后使用。罐盖以沸水消毒3～5 min。果丹皮、丹糕等干态制品采用玻璃纸包装。果糕类制品包装时内层用糯米纸，外层用塑料糖果纸。

果酱、果膏、果冻出锅后，应及时快速装罐密封，一般要求每锅酱分装用时不超过30 min，密封时的酱体温度不低于80 ℃～90 ℃，封罐后应立即杀菌冷却。

3. 杀菌冷却

果酱在加热浓缩过程中，微生物绝大多数被杀死，加上果酱高糖高酸对微生物也有很强烈的抑制作用，一般装罐密封后，残留于果酱中的微生物是难以繁殖产生危害的。对于工艺卫生条件好的生产厂家，可在封罐后倒置数分钟，利用酱体的余热进行罐盖消毒，然后直接入库，不用杀菌，即可保存1～2年。但为了安全，在封罐后可进行杀菌处理（5～10 min，100 ℃）。

马口铁罐包装的可在杀菌结束后迅速用冷水冷却至常温，但玻璃罐（或瓶）包装的宜分段降温冷却（85 ℃热水中，冷却10 min→60 ℃水中，冷却10 min→冷水中冷却至常温）。然后用干布擦去罐（瓶）外的水分和污物，送入库房保存。

（四）实习考核要点和参考评分（表 7-5）

（1）记录实习过程所见所闻所想，结合专业知识撰写认识实习报告。

（2）指导教师提交认识实习教学指导教师工作报告一份。

表 7-5　果蔬糖制品认识实习的操作考核要点和参考评分

序号	项目	考核内容	技能要求	评分（100 分）
1	企业概况	（1）企业组织形式； （2）产品概况	（1）果蔬糖制品企业的部门设置及其职能； （2）果蔬糖制品企业的技术与设备状况； （3）果蔬糖制品的产品种类、生产规模和销售范围	10
2	工艺设备	（1）主要设备； （2）主要工艺； （3）辅助设施	（1）了解果蔬糖制品的生产工艺流程，能够绘制简易流程图； （2）能正确控制蒸煮温度和时间，了解主要设备的相关信息，能够收集果蔬糖制品生产设备的技术图纸和绘制草图； （3）了解果蔬糖制品生产企业的仓库种类和特点	15
3	企业建筑	（1）全厂平面图； （2）主要建筑特点； （3）三废及其他	（1）了解果蔬糖制品生产企业全厂总平面布置情况，能够绘制全厂总平面布置简图； （2）了解果蔬糖制品生产企业主要建筑物的建筑结构和形式特点； （3）了解果蔬糖制品企业三废处理情况和排放要求，能够阐述原理； （4）能够制定果蔬糖制品生产的操作规范、整理改进措施	15
4	市场调研	（1）市场销售状况； （2）主要产品信息	（1）了解果蔬糖制品主要产品的市场销售状况； （2）能准确描述一类主要产品的品牌、原料、生产厂家、包装形式、包装材料和规格、标签内容、价格、保质期等	10
5	实习报告	（1）格式； （2）内容	（1）认识实习报告格式正确； （2）能正确记录主要产品生产工艺与要求，实习总结要包括体会、心得、问题与建议等	50

第二节　果蔬加工企业岗位参与实习

一、果蔬干制品加工岗位技能综合实训

实训目的：

（1）加深学生对干制品生产基本理论的理解。

（2）掌握果蔬干制品生产的基本工艺流程。

（3）掌握果蔬干制品生产过程中各岗位的主要设备和操作规范，熟悉产品生产的关键技术。

(4) 能够处理果蔬干制品生产中遇到的常见问题。

实训方式：

4～5人为一组，以小组为单位。从选择原料和加工设备开始，利用各种原辅材料的特性及生产原理，生产出质量合格的产品。要求学生掌握果蔬干制品生产的基本工艺流程，抓住关键操作步骤。

（一）果蔬干制品生产中常见问题分析

1. 复水性不理想

脱水产品的复水往往很困难或者复水不理想。干制的复水过程绝不是干燥过程的简单逆转。复水时不仅会有干燥而产生的一些变化，而且还有外层再吸水时所发生的膨胀，使软化的外层受到很大的应力，致使已经破坏和崩溃了的结构不易恢复到原来的状态。另外，复水时还有组织中溶质溶出，也对细胞胀压的恢复产生影响。一般来说，复水后的产品要比原来产品的水分少一些，脆性变差而柔性增加。例如，脱水菜心在复水后，难以具有新鲜菜心所具有的脆性。

2. 风味较差

干燥时，水分由产品中逸出，水蒸气中总是夹带着微量的各种挥发物质，致使产品特有的风味损失，无法恢复。例如，脱水莲子在复水后，难以具有的新鲜莲子所具有的清香味。

3. 色泽劣变

脱水蔬菜、果品在加工和贮藏过程中容易出现褐变、原有色素降解等问题。褐变的原因有酶促反应和非酶促反应。酶促反应由果蔬内的氧化酶催化酚类物质氧化而产生褐变，一般果蔬富含氧化酶和多酚类物质，漂烫等护色处理不充分很容易引起酶促褐变。果蔬内含有羰基化合物和氨基酸，两者在受热条件下容易发生美拉德反应，而引起非酶促褐变。例如脱水梨片等容易产生褐变。一些果蔬含有丰富的叶绿素、花色苷等色素，这些色泽在加工和贮藏过程中容易发生降解而引起色泽劣变。例如，脱水莴苣片在加工和贮藏过程中容易产生褪绿，其原因是叶绿素的降解。脱水红色辣椒在贮藏过程中容易色泽变暗、红色程度降低，其原因是红色素降解。

4. 营养成分损失

果蔬中含有多种维生素。在干制时，各种维生素的破坏损失是一个值得注意的问题，其中以维生素C氧化破坏最快。维生素C的破坏程度除与干制环境中的氧含量和温度有关外，还与抗坏血酸酶的活性和含量密切相关。氧化与高温共同影响，常可能使维生素C全部破坏，但在缺氧加热的条件下，则可以使维生素免遭破坏。此外，阳光照射和碱性环境也易使维生素C遭到破坏，但在酸性溶液或者在浓度较高的糖溶液中则较稳定。因此，干制时对原料的处理方法不同，维生素C的保存率也不相同。

另外，其他维生素在干制时也有不同程度的破坏。如维生素B1（硫胺素）对热敏感，维生素B2（核黄素）对光敏感，胡萝卜素也会因氧化而遭受损失。未经酶钝化处理的蔬菜在干制时胡萝卜损耗量高达80%，如果脱水方法选择适当，可下降到5%。

5. 能耗较高

脱水加工是能耗消耗较高的过程。目前我国蔬菜脱水加工主要采用热风干燥的方法进行脱水，热能的有效利用率较低，存在大量能量损失的问题。采用冷冻干燥加工，虽然可得到品质优良的产品，但干燥过程较长、能耗很高，严重限制了该技术在实际生产中的应用。热泵干燥、微波干燥等新的干燥技术，虽然可有效降低能耗，但还存在产业化应用中难以规模化应用和产品质量不理想等问题。

（二）果蔬干制品的质量标准及检测

1. 质量标准

脱水果蔬的质量标准包括感官、理化和卫生指标。

（1）感官指标：干果无虫蛀、无霉变、无异味，具有本品固有的色泽、甜酸味，组织致密，无肉眼可见杂质；脱水蔬菜的色泽与原料相近或接近一致，块状和片状产品的规格均匀一致、无黏结，具有原料特有的气味和滋味、无异味，无杂质和霉变，95 ℃热水浸泡 2 min 后基本恢复脱水前状态（粉、粒产品除外）。

（2）理化指标：干果含水量依不同产品而不同，如桂圆、荔枝、葡萄干和柿饼的含水量指标分别为不高于 25 g/100 g、25 g/100 g、20 g/100 g、35 g/100 g；含酸量也是依不同产品而不同，如桂圆、荔枝、葡萄干和柿饼的含酸量分别不高于 1. 5 g/100 g、1. 5 g/100 g、2. 5 g/100 g、6 g/100 g。脱水蔬菜的含水量不高于 8%（粉状的不高于 6%），总灰分（以干基计）含量不高于 6%，酸不溶性灰分（以干基计）不高于 1. 5%。

（3）卫生指标：包括重金属和微生物等，具体见表 7-6。

表 7-6 脱水果蔬的卫生指标

序号	项目	根菜指标	叶菜指标	茄果菜指标	干果指标
1	砷（以 As 计），(mg/kg)	≤ 0. 5	≤ 0. 5	≤ 0. 05	
2	铅（以 Pb 计），(mg/kg)	≤ 0. 2	≤ 0. 2	≤ 0. 3	
3	镉（以 Cd 计），(mg/kg)	≤ 0. 05	≤ 0. 05	≤ 0. 1	
4	汞（以 Hg 计），(mg/kg)	≤ 0. 01	≤ 0. 01	≤ 0. 01	
5	亚硝酸盐（以 $NaNO_2$ 计），(mg/kg)	≤ 4	≤ 4	≤ 4	
6	亚硫酸盐（以 $NaSO_2$ 计），(mg/kg)	≤ 30	≤ 30	≤ 30	
7	菌落总数（cfu/g）	≤ 100 000	≤ 100 000	≤ 100 000	
8	大肠菌群（MPN/100 g）	≤ 300	≤ 300	≤ 300	
9	致病菌（肠道致病菌和致病性球菌）	不得检出	不得检出	不得检出	不得检出
10	霉菌（cfu/g）			≤ 150	≤ 50

2. 检测方法

感官指标检测采用感官评定的方法。称取混合后样品 200 g 于白瓷盘内，色泽、形态、杂质、霉变等用目测法检测。气味和滋味采用嗅和尝的方法检测。称取 20 g 样品放入 500 mL 的烧杯中，倒入 95 ℃热水恒温浸泡 2 min 后，观察其复水性。

果蔬中水分含量检测采用直接干燥法(GB 5009.3—2010)。利用食品中水分的物理性质,在101.3 kPa(一个大气压),温度101 ℃~105 ℃下采用挥发方法测定样品中因干燥减失的重量,包括吸湿水、部分结晶水和该条件下能挥发的物质,再通过干燥前后的称量数值计算出水分的含量。

食品经灼烧后所残留的无机物质称为灰分,灰分数值通过灼烧、称重后计算得出。脱水果蔬中灰分检测采用GB 5009.4—2010所述的方法。检测步骤:① 先进行坩埚的灼烧,取大小适宜的石英坩埚或瓷坩埚置马弗炉中,在550 ℃±25 ℃下灼烧0.5 h,冷却至200 ℃左右,取出,放入干燥器中冷却30 min,准确称量。重复灼烧至前后两次称量相差不超过0.5 mg为恒重。② 称样:灰分大于10 g/100 g的试样称取2~3 g(精确至0.000 1 g);灰分小于10 g/100 g的试样称取3~10 g(精确至0.000 1 g)。③ 固体或蒸干后的试样,先在电热板上以小火加热使试样充分炭化至无烟,然后置于马弗炉中,在550 ℃±25 ℃灼烧4 h。冷却至200 ℃左右,取出,放入干燥器中冷却30 min,称量前如发现灼烧残渣有炭粒时,应向试样中滴入少许水湿润,使结块松散,蒸干水分再次灼烧至无炭粒即表示灰化完全,方可称量。重复灼烧至前后两次称量相差不超过0.5 mg为恒重。

干果中的总酸检测采用酸碱滴定法(GB/T 1246—2008)。依据酸碱中和的原理,用碱液滴定样品中的酸,以酚酞指示剂确定滴定终点,以滴定所消耗的碱液来计算样品中的总酸含量。称取有代表性的样品至少200 g,加入等量的去离子水,用研钵研碎,或用组织捣碎机捣碎,然后经过滤收集滤液,用于测定。检测时,在试样中滴入约0.2 mL 1%酚酞指示剂,然后用0.01~0.1 mol/L的氢氧化钠溶液滴定,至试样呈现粉红色并在30 s内不褪色。然后根据所消耗的氢氧化钠量计算样品中的总酸含量。

脱水果蔬中亚硝酸盐含量的检测采用离子色谱法或分光光度法(GB 5009.33—2008)。果蔬中亚硫酸盐含量的检测采用蒸馏法(GB 5009.34—2003),在密闭容器中对试样进行酸化并加热蒸馏,以释放出其中的二氧化硫,释放物用乙酸铅溶液吸收。吸收后用浓酸酸化,再以碘标准溶液滴定,根据所消耗的碘标准溶液量计算出试样中的亚硫酸盐含量。

脱水果蔬中铅的检测可用双硫腙比色法、石墨炉原子吸收光谱法、火焰原子吸收光谱法(GB 5009.12—2010),其最低检出浓度分别为0.25 mg/kg、5 μg/kg、0.1 mg/kg。首先将样品进行消化,然后进行检测。双硫腙与某些金属离子形成络合物溶于氯仿、四氯化碳等有机溶剂中,在一定的pH下,双硫腙可与不同的金属离子呈现出不同的颜色,在加入掩蔽剂和其他消除干扰的试剂后调节pH为8.5~9.0时铅离子可与双硫腙形成双硫腙铅,可被三氯甲烷萃取出来,根据三氯甲烷呈现的颜色与标准比色,510 nm处测定。石墨炉原子吸收光谱法的原理,样品经灰化或酸消解后,注入原子吸收分光光度计石墨炉中,电热原子化后吸收283.3 nm共振线,在一定浓度范围,其吸收值与铅含量成正比,与标准系列比较定量。脱水果蔬中总砷和无机砷的检测按GB/T 5009.11—2003的方法进行。采用砷斑法检测时,试样经消化后,以碘化钾、氯化亚锡将高价砷还原为三价砷,然后与锌粒和酸产生的新生态氢生成砷化氢,再与溴化汞试纸生成黄色至橙色的色斑,与标准砷斑比较定量。脱水果蔬中镉含量按GB/T 5009.15—2003的方法检测。试样经灰化或酸消解后,注入原子吸收分光光度计石墨炉中，电热原子化后吸收 228. 8 nm 共振线，在一定浓度范围，其吸收值与镉含量成正比，与标准系列比较定量。石墨炉原子化法检测镉的检出限为 0. 1 μg/kg。脱水果蔬中汞含量按 GB/T 5009. 17—2003 的方法检测。采用原子荧光光谱分析法时，试样经酸加热消解后，在酸性介质中，试样中汞被硼氢化钾或硼氢化钠还原成原子态汞，由载气（氩气）带入原子化器中，在特制汞空心阴极灯照射下，基态汞原子被激发至高能态，在去活化回到基态时，发射出特征波长的荧光，其荧光强度与汞含量成正比，与标准系列比较定量。原子荧光光谱分析法对汞的检出限为 0. 15 μg/kg。

果蔬中微生物的检测按 GB/T 4789 规定的方法进行。细菌总数检测采用平板菌落法。平板菌落计数法又称标准平板活菌计数法（Standard Plate Count，简称 SPC 法），是最常用的一种活菌计数法。它是根据微生物在高度稀释条件下于固体培养基上所形成的单个菌落，是由一个单细胞繁殖而成，这一培养特征设计的计数方法，即一个菌落代表一个单细胞。计数时，根据待检样品的污染程度，做 10 倍递增系列稀释，制成均匀的系列稀释液，尽量使样品中的微生物细胞分散开，使之呈单个细胞存在（否则一个菌落就不只是代表一个细胞），选择其中 2～3 个稀释度，使至少有一个稀释度的平均菌落数在 30～300 之间，再取一定量的稀释液接种到培养皿中，使其均匀分布于平皿中的培养基内，经恒温培养后，由单个细胞生长繁殖形成菌落，统计菌落数，根据其稀释倍数和取样接种量即可换算出样品中的活菌数。

菌落总数是指食品检样经过处理，在严格规定的条件下（限定培养基种类及其 pH、培养温度和时间、需氧性质等）培养后，所得 1 mL（g，cm^2）检样中所含菌落总数。通常以 cfu/g（mL，cm^2）表示。cfu 代表菌落形成单位数（Colony Forming Unit），是指单位质量或体积样品在培养基上形成的菌落数。由于待测样品中的细菌往往不易完全分散成单个细胞，即不能保证每个菌落都是由单个细胞繁殖而来，以及受供试培养基和实验条件的限制，在待测样品中并非所有细菌都能形成肉眼可见的菌落，因此，平板菌落计数的结果往往偏低，其检测结果现在均以菌落形成单位数表达，而不是活细菌数。

由于菌落总数是在普通营养琼脂上，37 ℃有氧条件下培养的结果，故对于厌氧菌、微需氧菌、嗜冷菌和嗜热菌在此条件下不生长，有特殊营养要求的细菌也受到限制。因此，SPC 法所得结果实际上只包括一群在普通营养琼脂中生长、嗜中温的需氧和兼性厌氧的细菌菌落的总数。由于自然界这类细菌占大多数，其数量的多少能反映样品中细菌总数，而且所测结果是活菌数，能更真实反映样品中的细菌总数，故用 SPC 法测定食品中含有的细菌总数已得到了广泛认可，被广泛用于生物制品检验（如活菌制剂）、发酵剂、食品、饮料和饮用水等的含菌数量或污染程度的检测。菌落总数可作为判定食品清洁程度（被污染程度）的标志，通常越干净的食品，单位样品菌落总数越低，反之，菌落总数就越高。因此，细菌菌落总数测定为检样进行卫生学评价提供依据。

各类食品由于霉菌的侵染，常常使食品发生霉坏变质，有些霉菌如青霉、黄曲霉和镰刀霉产生毒素，侵染食品机会较多，因此对食品加强霉菌的检验，在食品卫生学上具有重要意义。霉菌计数方法与细菌 SPC 方法相似。不同之处在于所用培养基必须选择抑制细菌生长的选择性培养基，培养温度一般为 25 ℃～28 ℃，培养时间在 3～5 d 后观察菌落，计算方法通常选择菌落数在 10 ～150 之间的平皿进行计数。同稀释度的 2 个平皿的菌落平均数乘以稀释倍数，即为每克（毫升）检样中所含霉菌数量。目前，我国对霉菌菌落计数常用培养基是高盐（渗）察氏培养基，利用高渗抑制细菌或酵母菌的生长。

大肠菌群系指一群好氧及兼性厌氧，在 37 ℃经 24 h 能发酵乳糖、产酸、产气的 G^- 无芽孢的小杆菌。该菌群主要成员有埃希氏菌属（如大肠埃希氏菌），肠杆菌属（如产气肠杆菌、阴沟肠杆菌），柠檬酸杆菌属（如弗氏柠檬酸杆菌），克雷伯氏菌属（如肺炎克雷伯氏菌）等。大肠菌群的检测是依据它们能发酵乳糖产酸、产气的特性而设计的初发酵试验；初发酵阳性管通过伊红美蓝平板进行分离；复发酵对分离菌做证实实验的三步法。根据证实为大肠菌群的阳性管数，查 MPN 检索表，报告每 100 mL（g）检样中大肠菌群的最可能数。食品中大肠菌群数系以每 100 mL（g）样品中大肠菌群的最可能数来表示，即为大肠菌群 MPN 值。最可能数是表示样品中活菌密度的估计。

沙门氏菌等致病菌的检测常采用生化与血清检测相结合的方法。沙门氏菌属是一类革兰氏阴性、无荚膜和无芽孢的短小杆菌，具有周身鞭毛（除鸡白痢沙门氏菌、鸡伤寒沙门氏菌外），能运动，大多数具有菌毛，能吸附于宿主细胞表面或凝集豚鼠红细胞，主要寄居于人和其他温血动物的肠道中。沙门氏菌属的细菌有 2 300 多个血清型，但对人类致病的仅占少数，如引起伤寒病的伤寒沙门氏菌和甲、乙、丙型副伤寒沙门氏菌。引起人类食物中毒的常见菌株有鼠伤寒沙门氏菌、猪霍乱沙门氏菌、肠炎沙门氏菌等十余种。沙门氏菌在污染的食物中可大量繁殖，于 20 ℃～37 ℃温度下繁殖尤为迅速，食入这类未经足够加热的食物后即能引起沙门氏菌食物中毒。沙门氏菌不产生外毒素，但菌体裂解时，可产生毒性很强的内毒素，此种毒素为致病的主要因素，可引起人体发冷、发热及白细胞减少等病症。

致病性大肠埃希氏菌是革兰氏阴性短杆菌，菌体大小为（1. 0～1. 5）μm×（2. 0～6. 0）μm，多数有鞭毛。致病性大肠埃希氏菌在普通营养琼脂培养基上常表现出 3 种菌落形态。第一种光滑型：菌落边缘整齐，表面有光泽、湿润、光滑、呈灰白色，在生理盐水中容易分散。第二种粗糙型：菌落扁平、干涩、边缘不整齐，易在生理盐水中自凝。第三种黏液型：常为含有荚膜的菌株。致病性大肠埃希氏菌属兼性厌氧菌，在氧气充足条件下生长较好，其最适生长 pH 为 6. 8～8. 0，最适生长温度为 37 ℃。其表面抗原包括菌体抗原（O 抗原）、鞭毛抗原（H 抗原）和荚膜抗原（K 抗原）。

志贺氏菌属的细菌是 G^- 无芽孢短杆菌，无鞭毛，无荚膜，个别有菌毛。需氧或兼性厌氧，但厌氧时生长不很旺盛。最适温度为 37 ℃，最适 pH 7. 2。在鉴别培养基平板上，培养 18～24 h 后，形成圆形、隆起、透明、表面光滑、湿润、边缘整齐、直径为 2～3 mm 的菌落。该属由痢疾志贺氏菌（A 群）、福氏志贺氏菌（B 群）、鲍氏志贺氏菌（C 群）和宋内志贺氏菌（D 群）4 个血清群（种）组成，我国福氏和宋内志贺氏菌最为常见。志贺氏菌的鉴定主要以血清学反应分群、定型，再以生化反应证实。

金黄色葡萄球菌细胞呈球形，直径为 0. 5～1 μm，在固体培养基中常呈葡萄串状排列，在液体培养基中呈单个、成双或成短链排列。该菌不形成芽孢，无鞭毛，一般不形成荚膜，为兼性厌氧的 G^+ 菌，当菌体衰老或死亡时可呈革兰氏阴性。其最适生长温度为 37 ℃，最适 pH 7. 4，在氧气充足、温度适宜、营养丰富的条件下能产生金黄色脂溶性色素，使平板菌落呈金黄色。致病性金黄色葡萄球菌在肉汤中生长时能产生血浆凝固酶，使含有柠檬酸钠和葡萄糖的血浆凝固；多数菌株能产生溶血毒素，使血琼脂平板菌落周围出现大而透明的溶血圈；在 Baird-Parker 氏平板上生长时，因将亚碲酸钾氧化成碲酸钾使菌落呈灰黑色，又因产生脂肪酶使菌落周围有一浑浊带，而在其外层因产生蛋白水解酶有一透明带。这些均是鉴定金黄色葡萄球菌的重要指标。

（三）实习考核要点和参考评分（表 7-7）

（1）以书面形式每人提交岗位参与实习报告。

（2）按照小组提交岗位参与实习过程、实习每日记录和讨论一份。

（3）指导教师提交岗位参与实习教学指导教师工作报告一份。

表 7-7 果蔬干制品岗位参与实习的操作考核要点和参考评分

序号	项目	考核内容	技能要求	评分（100 分）
1	准备工作	（1）准备、检查器具； （2）实训场地清洁	（1）能准备、检查必要的加工器具； （2）实训场地清洁	5
2	原料处理	（1）原料选择和保藏； （2）清洗； （3）切分	（1）能够识别原料的鲜度，掌握原料常规的保鲜方式； （2）掌握原料清洗的方式； （3）掌握原料切分的方式	10
3	漂烫	漂烫操作	掌握漂烫的操作方式	15
4	冷冻	冷冻的方式及条件	掌握冷冻的条件	15
5	质量评定	（1）必检项目； （2）感官检验	（1）能够独立操作色泽、微生物的检测； （2）感官检测符合相应的标准	5
6	实训报告	（1）格式； （2）内容	（1）实训报告格式正确； （2）能正确记录实验现象和实验数据，报告内容正确、完整	50

二、果蔬冷冻制品加工岗位技能综合实训

实训目的：

（1）加深学生对冷冻制品生产基本理论的理解。

（2）掌握果蔬冷冻制品生产的基本工艺流程。

（3）掌握果蔬冷冻制品生产过程中各岗位的主要设备和操作规范，熟悉产品生产的关键技术。

（4）能够处理果蔬冷冻制品生产中遇到的常见问题。

实训方式：

4～5 人为一组，以小组为单位。从选择原料和加工设备开始，利用各种原辅材料的特性及生产原理，生产出质量合格的产品。要求学生掌握果蔬干制品生产的基本工艺流程，抓住关键操作步骤。

（一）果蔬冷冻制品生产中常见问题分析

1. 干缩

在冷却、速冻、冻藏过程中都会产生干缩现象，以及色泽、风味方面的劣变。冻藏时间越长，干缩就越突出。干缩的发生主要是速冻食品表面的冰晶直接升华所造成的，与冷冻干燥的原理相似。在冻藏室内，由于速冻食品表面温度、室内空气温度和空气冷却器蒸发管表面温度三者之间存在温度差，因而形成了水蒸气压力差。速冻食品表面温度与冻藏室空气温度之间的温差使速冻食品失去热量，进一步受到冷却，同时水蒸气压力差使速冻食品表面的冰晶不断升华，而这部分含水蒸气较多的空气吸收了速冻食品放出的热量，相对密度减小就向上运动，当流经空气冷却器时，由于蒸发管表面的温度很低，该温度下的饱和水蒸气压也很低，因此空气被冷却，在蒸发管表面达到露点，水蒸气便凝结成霜附着在管的表面。水蒸气含量减少后的空气因相对密度增大就向下运动，当再次遇到速冻食品时，因水蒸气压力差变大，食品表面的冰晶继续升华。如此周而复始，出现以空气为媒介，速冻食品不断干燥的现象，并由此造成重量损失。

开始时仅仅在冻结食品表面层发生冰晶升华，出现所谓的脱水多孔层，长时间后逐步向里推进，达到深部冰晶升华，并经过脱水多孔层向外扩散，从而使内部的脱水多孔层不断加深。这样不仅使速冻食品脱水减重，造成重量损失，而且由于在冰晶升华的地方形成细微空穴，大大增加了食品与空气的接触面积，使脱水多孔层极易吸收外界向内扩散的空气以及环境中的各种气味，容易引起强烈的氧化反应。在氧气的作用下，食品中的多种成分要发生一系列不利于食品质量的反应和变化，如食品表面变黄、变褐，损害到食品外观、滋味、风味，营养价值也发生劣变，内部蛋白质脱水变性，食品质量严重下降。

为避免和减轻速冻食品在冻藏过程中的干缩及冻害，首先要防止外界热量的传入，提高冷库外围结构的隔热效果，使冻藏室内温度保持稳定。如果速冻果蔬产品的温度能与库温一致，可基本上不发生干缩。其次是对食品本身附加包装或包冰衣，隔绝产品与外界的联系，阻断物料同环境的汽热交换。另外，在包装内添加一定量的抗氧化剂，对速冻食品的冻藏也会起到保质的作用。

2. 变色

速冻果蔬制品色泽发生变化的原因主要有酶促褐变、非酶褐变、色素的分解以及因制冷剂泄漏造成的食品变色。如氨泄漏时，胡萝卜的红色会变成蓝色，洋葱、卷心菜、莲子的白色会变成黄色等。

果蔬原料在冻结以前，均要进行漂烫处理，破坏组织内部的氧化酶及其他酶系统。但如果漂烫的温度或时间不够，过氧化物酶没有完全破坏，产品在速冻后的某个时间内会发生褐变，使色泽变成黄褐色。如果漂烫的时间过长，绿色蔬菜也会发生黄褐变。绿色蔬菜内部含有叶绿素，而叶绿素的性质不稳定，会由于环境理化条件的变化而改变结构并改变颜色。当叶绿素变成脱镁叶绿素时，绿色蔬菜就会失去绿色变成黄褐色。处理后的绿色蔬菜组织，经日光照射、在酸性环境下及漂烫加热时间过长等，都能引发黄褐变。因而必须正确掌握果蔬原料处理的工艺参数，并进行严格控制，才能保证速冻果蔬制品的质量。

（二）果蔬冷冻制品的质量标准及检测

1. 质量标准

冷冻果蔬的质量标准主要包括感官和卫生指标。

（1）感官指标：在冻结状态下，色泽一致，具有本品种应有的颜色；形状规则，大小一致，整齐；无杂质，无病虫害伤，无漂烫过度、腐烂、揉烂等缺陷；每批样品中感官要求不合格率不超过5%。在解冻状态下，具有原蔬菜品种应有的风味，无异味，无纤维感。

（2）卫生指标：包括重金属和微生物等，具体见表7-8。

表7-8　冷冻果蔬的卫生指标

序号	项目	茄果菜指标
1	砷（以As计），(mg/kg)	≤0.05
2	铅（以Pb计），(mg/kg)	≤0.1
3	镉（以Cd计），(mg/kg)	≤0.05
4	汞（以Hg计），(mg/kg)	≤0.01
5	亚硝酸盐（以$NaNO_2$计），(mg/kg)	≤4
6	菌落总数（cfu/g)	≤100 000
7	大肠菌群（MPN/100 g)	≤300
8	致病菌（沙门氏菌、金黄色葡萄球菌）	不得检出

2. 检测方法

感官指标检测采用感官评定的方法。称取混合后样品200～500 g于白瓷盘内，色泽、形态、杂质等用目测法检测。气味采用嗅和尝的方法检测。卫生指标的检测方法参考果蔬干制品的检测方法。

（三）实习考核要点和参考评分（表7-9）

（1）以书面形式每人提交岗位参与实习报告。

（2）按照小组提交岗位参与实习过程、实习每日记录和讨论一份。

（3）指导教师提交岗位参与实习教学指导教师工作报告一份。

表7-9　果蔬冷冻制品岗位参与实习的操作考核要点和参考评分

序号	项目	考核内容	技能要求	评分（100分）
1	准备工作	（1）准备、检查器具； （2）实训场地清洁	（1）能准备、检查必要的加工器具； （2）实训场地清洁	5
2	原料处理	（1）原料选择和保藏； （2）清洗； （3）切分	（1）能够识别原料的鲜度，掌握原料常规的保鲜方式； （2）掌握原料清洗的方式； （3）掌握原料切分的方式	10
3	漂烫	漂烫操作	掌握漂烫的操作方式	15
4	干燥	干燥的方式及条件	掌握干燥的条件	15

续表

序号	项目	考核内容	技能要求	评分(100分)
5	质量评定	(1) 必检项目; (2) 感官检验	(1) 能够独立操作水分、色泽、微生物的检测; (2) 感官检测符合相应的标准	5
6	实训报告	(1) 格式; (2) 内容	(1) 实训报告格式正确; (2) 能正确记录实验现象和实验数据,报告内容正确、完整	50

三、果蔬汁加工岗位技能综合实训

实训目的:

(1) 加深学生对果蔬汁生产基本理论的理解。

(2) 掌握果蔬汁生产的基本工艺流程。

(3) 掌握果蔬汁生产过程中各岗位的主要设备和操作规范,熟悉产品生产的关键技术。

(4) 能够处理果蔬汁生产中遇到的常见问题。

实训方式:

4～5人为一组,以小组为单位。从选择原料和加工设备开始,利用各种原辅材料的特性及生产原理,生产出质量合格的产品。要求学生掌握果蔬干制品生产的基本工艺流程,抓住关键操作步骤。

(一) 果蔬汁生产中常见问题分析

1. 果蔬汁的不稳定性

带肉果蔬汁或混浊果蔬汁,特别是瓶装带肉果汁,保持均匀一致的质地对品质至关重要。要使混浊物质稳定,就要使其沉降速度尽可能降至零。增强果蔬汁稳定性的措施有:① 通过机械均质、超声波均质等降低颗粒的体积。② 增加分散介质的黏度。果蔬汁的黏度取决于其果胶物质的含量,因此应尽快钝化果胶酶,柑橘类果汁和番茄汁加工中尤其如此。另外,可通过添加胶体物质来增加稠度。果胶、黄原胶、卡拉胶、琼脂均可作为食用胶加入。据研究,在苹果汁和柑橘汁中加入低甲氧基果胶和低浓度的钙离子,可以形成网络防止颗粒沉降。在一些悬浮饮料中加入琼脂可以形成网络,阻止下降。③ 降低颗粒与液体之间的密度差。加入高脂化的亲水果胶分子作为保护分子包埋颗粒,可降低密度差。相反,空气混入会提高密度差,因此充分脱气亦可保持其稳定。

澄清果汁在加工之后或流通期间有时也会出现混浊和沉淀现象,它可以大大降低产品的商品性,特别在透明包装中尤其如此。其原因主要有胶体物质除去不完全,蛋白质过量,花色素及其前体物质被氧化,微生物污染等。需先通过测定来确定原因,并进一步消除。

2. 柑橘类果汁的苦味

柑橘类果汁在加工过程或加工后常易产生苦味,主要成分是黄烷酮糖苷类和三萜系化合物,属于前一类的有柚皮苷、新橙皮苷等,后一类有柠檬素、诺米林等。柚皮苷存在于白皮层、种子和囊衣中，是葡萄柚子、夏蜜柑等的主要苦味物质。柠碱是橙类和葡萄柚的主要苦味物质，在果汁加工中表现为所谓的“迟发”“苦味”。防止措施主要有：选择含苦味物质少的原料种类、品种，果实充分成熟或进行后熟处理；加工中尽量减少苦味物质的融入，如种子等尽量少压碎，悬浮果浆与果汁的接触时间尽量短；采用柚苷酶和柠碱前体脱氢酶处理；采用吸附树脂等吸附脱苦；添加环状糊精、“新地奥明”以及二氢查尔酣等可提高苦味物质阈值的物质。

但是这些苦味物质均有很好的生理活性，具有抗氧化作用和一定的抗癌和防癌作用，也对防止心血管疾病发生具有积极作用。因此，适量保持苦味并非坏事，特别是对于葡萄柚等果汁。

3. 棒曲霉素超标

棒曲霉素又称展青霉素，是青霉属、曲霉属、裸囊菌属和丝衣霉属中的某些真菌的有毒内酯代谢产物，WHO规定稀释后苹果汁中棒曲霉素的最大允许浓度为50 μg/L。棒曲霉素污染苹果相当广泛，腐烂和发霉的苹果可能含有高浓度的棒曲霉素，自然落果、昆虫或鸟类伤害的果实或采摘时受伤而贮藏不当的腐烂果都有可能产生。棒曲霉素在碱性条件下相对不稳定。针对上述特点，苹果汁加工中一般通过如下几点来加以控制。

（1）选择良好的原料：当苹果腐烂率低于2%时，基本检不出棒曲霉素，超过5%时，生产的果汁则很易超标。所以加工时剔除腐烂果很重要。

（2）掌握不同的加工时期：实践表明，在我国，生产早期如9月份，因为较多采用落果，棒曲霉素含量常较高，10月份采用新采摘的果实进行加工，则毒素下降。之后由于贮藏时间的延长，棒曲霉素的含量又会逐渐上升。

（3）加强清洗和消毒：在苹果加工的不同工序中分别采用次氯酸钠、过氧化氢、双乙酸、二氧化氯、臭氧、丙酸、乙二酸、乙酸钙、抗坏血酸等进行处理，可降低棒曲霉素。

（4）加工工艺的控制：缩短加工工艺，有利于减少棒曲霉素，对超标的产品采用大孔树脂进行吸附处理可有效地降低棒曲霉素的含量。

4. 富马酸超标

富马酸又名延胡索酸、反丁烯二酸。苹果汁中的富马酸来源于原料的腐烂，主要由根霉属的菌类引起，当苹果受伤、过熟或处理不及时就有可能引起根霉的侵害，从而造成苹果腐烂。对于出口苹果汁，是控制指标之一，因为它部分代表了原料被霉菌侵染的程度，因此它可以作为衡量果汁加工厂加工工艺和管理状况的一个指标。所以许多进口国规定其含量在果汁浓度11白利度时为5 mg/kg以下。其控制措施有以下几个。

（1）提高原料质量：原料收购时的腐烂率为重要的指标，腐烂率超过5%的原料则有很高的超标风险。

（2）加大清洗：苹果原料压榨前进行彻底的清洗可有效地降低富马酸含量，清洗机的长度要足够，同时可用含25～50 mg/kg有效氯的水进行冲洗

（3）加强挑选和拣果工序：保证进入压榨的果实是完整和清洁的。

（4）保证加工及时、不积压：加工过程中半成品的长时间堆积有可能造成霉菌的感染，如果浆在贮藏罐中的停留时间过长、混浊汁未及时澄清、浓缩过程不及时等都有可能造成

富马酸的含量上升，因此，加工过程要及时，同时严格实施 GMP 体系。

（二）果蔬汁的质量标准及检测

1. 质量标准

冷冻果蔬的质量标准主要包括感官和卫生指标。

（1）感官指标：在冻结状态下，色泽一致，具有本品种应有的颜色；形状规则，大小一致，整齐；无杂质，无病虫害伤，无漂烫过度、腐烂、揉烂等缺陷；每批样品中感官要求不合格率不超过 5%。在解冻状态下，具有原蔬菜品种应有的风味，无异味，无纤维感。

（2）卫生指标：包括重金属和微生物等，具体见表 7-10。

表 7-10　果蔬汁的卫生指标

序号	项目	茄果菜指标
1	砷（以 As 计），（mg/L）	≤ 0.2
2	铅（以 Pb 计），（mg/L）	≤ 0.05
3	铜（Cu），（mg/L）	≤ 5
4	锌（Zn）[a]，（mg/L）	≤ 5
5	铁（Fe），（mg/L）	≤ 15
6	锡（Sn）[a]，（mg/L）	≤ 200
7	锌、铜、铁总和（mg/L）	≤ 20
8	二氧化硫残留量（SO_2），（mg/kg）	≤ 10
9	展青霉素 [b]（ug/L）	≤ 50
10	菌落总数（cfu/mL）	≤ 100
11	大肠菌群（MPN/100 mL）	≤ 3
12	霉菌（cfu/mL）	≤ 20
13	酵母（cfu/mL）	≤ 20
14	致病菌（沙门氏菌、志贺氏菌，金黄色葡萄球菌）	不得检出

[a] 仅适用于金属灌装。

[b] 仅适用于苹果汁、山楂汁。

2. 检测方法

感官指标检测采用感官评定的方法。打开包装，立即品尝其风味和滋味。取 50 mL 混合均匀的被测样品于洁净的样品杯中，置于明亮处，用肉眼观察其色泽和可见杂质。

苹果和山楂汁中展青霉素的测定采用薄层层析的方法（GB/T 5009. 185），试样中展青霉素经提取、净化、被缩、薄层展开后，利用薄层扫描仪进行紫外反射光扫描定量。果蔬汁中二氧化硫含量的检测可采用蒸馏法（GB/T 5009. 34）。

果蔬汁中铜含量检测可采用原子吸收光谱法（GB/T 5009. 13），试样经消化处理后，导入原子吸收分光光度计中，原子化以后，吸收 324. 8 nm 共振线，其吸收值与铜含量成正比，与标准系列比较定量。

果蔬汁产品中铁含量检测可采用原子吸收分光光度法（GB/T 5009. 90），试样经湿消化后，导入原子吸收分光光度计中，经火焰原子化后，铁分别吸收 248.3 nm 的共振线，其吸收量与它们的含量成正比，与标准系列比较定量。果蔬汁中锌含量检测也可采用原子吸收分光光度法（GB/T 5009.14）。

果蔬汁中锡含量检测可采用氢化物原子荧光光谱法（GB/T 5009.16）。试样经酸加热消化，锡被氧化成四价锡，在硼氢化钠的作用下生成锡的氧化物，并由载气带入原子化器中进行原子化，在特制锡空心阴极灯的照射下，基态锡原子被激发至高能态，在去活化回到基态时，发射出特征波长的荧光，其荧光强度与锡含量成正比。与标准系列比较定量。

其他卫生指标的检测方法参考果蔬干制品的检测方法。

（三）实习考核要点和参考评分（表 7–11）

（1）以书面形式每人提交岗位参与实习报告。

（2）按照小组提交岗位参与实习过程、实习每日记录和讨论一份。

（3）指导教师提交岗位参与实习教学指导教师工作报告一份。

表 7–11 果蔬汁生产岗位参与实习的操作考核要点和参考评分

序号	项目	考核内容	技能要求	评分（100 分）
1	准备工作	（1）准备、检查器具； （2）实训场地清洁	（1）能准备、检查必要的加工器具； （2）实训场地清洁	5
2	原料处理	（1）原料选择和保藏； （2）清洗； （3）切分	（1）能够识别原料的鲜度，掌握原料常规的保鲜方式； （2）掌握原料清洗的方式； （3）掌握原料切分的方式	10
3	制汁	制汁操作	掌握制汁的操作方式	15
4	罐装杀菌	罐装杀菌的方式及条件	掌握罐装杀菌的条件	15
5	质量评定	（1）必检项目； （2）感官检验	（1）能够独立操作色泽、微生物的检测； （2）感官检测符合相应的标准	5
6	实训报告	（1）格式； （2）内容	（1）实训报告格式正确； （2）能正确记录实验现象和实验数据，报告内容正确、完整	50

四、果蔬罐头加工岗位技能综合实训

实训目的：

（1）加深学生对果蔬罐头生产基本理论的理解。

（2）掌握果蔬罐头生产的基本工艺流程。

（3）掌握果蔬罐头生产过程中各岗位的主要设备和操作规范，熟悉产品生产的关键技术。

(4) 能够处理果蔬罐头生产中遇到的常见问题。

实训方式:

4～5人为一组,以小组为单位。从选择原料和加工设备开始,利用各种原辅材料的特性及生产原理,生产出质量合格的产品。要求学生掌握果蔬干制品生产的基本工艺流程,抓住关键操作步骤。

(一) 果蔬罐头生产中常见问题分析

果蔬罐头在生产过程中由于原料处理不当、加工不够合理、操作不谨慎或成品贮藏条件不适宜等,往往能使罐头发生败坏。罐头的败坏有两种类型:一是失去食用价值,罐头内容物因腐败微生物的作用已经腐败,不能食用;二是失去商品价值,罐头外形失去正常状态,食品色泽改变,罐头内容物质量变化不大,还能食用,但不能被消费者接受,只能作为次品罐头来处理。罐头败坏的原因可归纳为理化性的败坏和微生物的败坏两类。

1. 理化性败坏

由物理或化学因素引起罐头或内容物的败坏,包括内容物的变色、变味、混浊沉淀、罐头的腐蚀等。① 硫化铁:罐头内壁易于擦落的点状或线状的黑色斑点,原因是硫化氢与马口铁作用所致。因此,含蛋白质较多的食品,原料用亚硫酸保藏或使用二氧化硫漂白的白砂糖及马口铁擦伤的容器均易造成此种现象。硫化铁虽无损于人体健康,但少量即可污染内容物,所以,不允许存在。② 硫化斑:是罐内壁产生的有色斑点,形成原因同硫化铁,允许少量存在,但色泽较深,面积布满罐壁的不允许存在。③ 硫化铜:与硫化铁相似,呈绿黑色。原因是食品受铜制设备的污染,进而与硫化氢作用所致。有毒,不允许存在。④ 氧化圈:罐头内壁液面处发生的暗灰色腐蚀圈。原因是罐内顶隙中残存的氧气与罐壁发生氧化所形成。允许微量存在,但应尽量防止。⑤ 涂料脱落:发生在采用涂料罐的产品中。罐内马口铁上的涂料成片状脱落或涂料已与马口铁分离,但尚未脱落,允许轻度发生。原因是涂料有擦伤,可通过提高空罐制造机械的光洁度来解决。⑥ 内流胶:罐内罐边缘上的胶圈落入内容物或已游离开罐边的现象,或胶圈离开罐边不明显,但面积较宽。原因是生产不慎,不允许存在。⑦ 变色:由于内容物的化学成分之间或与罐内残留的氧气、包装的金属容器等的作用而造成的变色现象,致使品质下降。如桃子、杨梅等果实中的花色素与马口铁作用而呈紫色,甚至可使杨梅褪色;荔枝、白桃、梨等的无色花青素变色(变红);绿色蔬菜的叶绿素变色;桃罐头的多酣类物质氧化为醌类而显红色;苹果中的单宁物质变黑以及果蔬罐头中普遍存在的非酶褐变引起的变色等。这些情况都会影响产品的质量指标,虽然一般无毒,但直接影响到外观色泽,故应尽量加以防止。⑧ 变味:变味情况较多。微生物可以引起变味从而不能食用,如罐头内平酸菌(如嗜热性芽孢杆菌)的残存,会使食品变质后呈酸味;加工中的热处理过度常会使内容物产生煮过味,罐壁的腐蚀又会产生金属味(铁腥味);原料品种的不合适会带来异味,如杨梅的松脂味、柑橘制品中由于橘络及种子的存在而带有苦味。对于这一类的变味,应分别从各种原因上去针对性地采取措施加以防止,如严格卫生制度、掌握热处理的条件、选择合适的罐藏原料和适当的预处理、避免内容物与铜等材料的接触等。⑨ 罐内汁液的混浊和沉淀:此类现象产生的原因有多种,如加工用水中钙、镁等金属离子含量过高(水的硬度大);原料成熟度过高,热处理过度,罐头内容物软烂;制品在运销中震荡过剧,而使果肉碎屑散落;罐头贮藏过程中内容物由于物理的或化学的影响而发生沉淀。如糖水橘子罐头和清渍笋罐头的白色沉淀,一些果汁和蔬菜汁的絮状沉淀或分层等。这些情况如不严重影响产品外观品质,则允许存在。应针对上述原因采取相应的措施。

2. 微生物败坏

罐头食品微生物的败坏,造成的原因主要有:① 杀菌上的缺陷。杀菌不足是造成微生物败坏的主要原因,使某些耐热性微生物得以幸存,在适宜的条件下活动,产生气体而形成胀罐,这种情况易被发现。而某些嗜热性微生物存在时,它不产生气体只生成酸,这在罐头外形上无法区别,但内容物味道已变酸,其 pH 常降至 2.0 以下,这种酸败现象称为"不产气酸败"(俗称"平酸败坏"),主要是杀菌条件不足,没有将嗜热性腐败菌(如嗜热脂肪芽孢杆菌、凝结芽孢杆菌等)杀死所致,这种"不产气酸败"常在蔬菜罐头中出现。有的是严格执行了杀菌操作,但由于原料过度微生物污染而杀菌达不到要求;还有的是由于杀菌锅操作失误造成的。② 密封方面的缺陷。由于封罐机调节不当或没有及时检查调整,致使罐头密封不严,卷边松弛泄漏,造成微生物的再污染而引起的败坏。这类败坏常造成漏罐或胀罐。③ 杀菌前的败坏。主要是原料在运输和加工过程中拖延时间过长,造成微生物的大量繁殖,有的甚至产生毒素,若拿这种原料加工,势必使罐头败坏。生产上要求原料要新鲜,原料处理要及时,避免加工中时间拖延。④ 冷却污染。冷却时由于冷却时间过短或水温过高,以及嗜热性微生物的存在而引起罐头败坏。因此,杀菌后的罐头应迅速冷却至 40 ℃左右,而玻璃罐头应分段冷却。

3. 罐藏容器的损坏

这类损坏现象常造成罐形的异常,一般用肉眼就能鉴别。① 胀罐:俗称"胖听"。所谓胀罐是指罐头的一端或两端(底和盖)向外凸的现象。根据凸的程度,可将其分为弹胀、软胀和硬胀几种。弹胀是罐头一端稍外突,用手挤压可使其恢复正常,但一松手又恢复原来突出的状态;软胀是罐头两端突出,如施加压力可以使其正常,但一除去压力立即恢复外突状态;硬胀是即使施加压力也不能使其正常。胀罐的主要原因是微生物生长繁殖所致,尤其是产气微生物的生长,产生大量的气体而使罐头内部压力超过外界气压之故。这种胀罐除产生气体外,还常伴有恶臭味和毒素,已完全失去食用价值,应予废弃。也有可能是罐头内容物装量太多、排气不完全或贮藏温度过高造成的物理性胀罐,这种胀罐的内容物并未败坏,可以食用。② 氢胀罐:罐头内容物与金属包装容器作用引起金属罐内壁腐蚀而产生氢气,外形上也为一种胖罐。因其不是腐败菌引起,轻度时亦无异味,尚可食用;严重时能使制品产生金属味,且重金属含量超标。高酸性果蔬罐头常易出现此类败坏。③ 瘪罐:罐头外形明显瘪陷。这是由于罐内真空度过高或过分的外力(如碰撞、摔跌、冷却时反压过大等)所造成。一般排气过度,装量不足,大型罐头容易产生凹陷。此类损坏不影响内部品质,但已不能作为正常产品,应作次品处理。轻微的瘪陷若外贴商标后不影响外观者可不作瘪罐论。④ 漏罐:罐头缝线或孔眼渗漏出部分内容物。这是由于密封时缝线有缺陷,铁皮腐蚀后生锈穿孔,或者由于腐败微生物产气引起内压过大,损坏缝线的密封，机械损伤有时也会造成这种泄漏。⑤ 变形罐：罐头底盖不规则突出成峰脊状，这是由于冷却技术不当，消除蒸汽过快之故，稍加外压即可恢复正常。

4. 罐藏容器的腐蚀

主要是指马口铁罐，可分为罐头外壁的锈蚀和罐头内壁的腐蚀两种情况。罐头外壁的锈蚀主要是由于贮藏环境中湿度过高而引起马口铁与空气中的水汽发生氧气作用，形成黄色锈斑，严重时不但影响商品外观，还会促进罐壁腐蚀穿孔而导致食品的变质和腐败。罐头内壁的腐蚀情况较为复杂，现分述如下。

（1）均匀腐蚀：马口铁罐内壁在酸性食品的腐蚀下，常会全面地、均匀地出现溶锡现象，致使罐壁内锡层晶粒体全面外露，在表面呈现出鱼鳞斑纹或羽毛状斑纹，这种现象就是均匀腐蚀的表现。随着时间的延长，腐蚀继续发展，会造成罐内壁锡层大片剥落，罐内溶锡量增加，食品出现明显的金属味。同时，铁皮表面腐蚀时，会形成大量氢气造成氢膨胀。

（2）集中腐蚀：在罐头内壁上出现有限面积内金属（锡或铁）的溶解现象，称为集中腐蚀。表现出麻点、蚀孔、蚀斑，严重时能导致罐壁穿孔。常在酸性食品或空气含量较高的水果罐头中出现。溶铁常是集中腐蚀的主要现象，因而食品中的含锡量不会像均匀腐蚀时那样高，但其腐蚀速度快，造成的损失常比均匀腐蚀大得多。涂料擦伤和氧化膜分布不匀的马口铁罐极易出现集中腐蚀现象。

（二）果蔬罐头的质量标准及检测

1. 质量标准

脱水果蔬的质量标准主要包括感官和卫生指标。

（1）感官指标：无泄露、胖听现象存在。容器外表无锈蚀，内壁涂料无脱落。内容物具有该品种罐头食品的正常色泽、气味和滋味，汤汁清晰或稍有混浊。

（2）卫生指标：包括重金属和微生物等，具体见表 7-12。

表 7-12　果蔬罐头的卫生指标

序号	项目	茄果菜指标
1	砷（以 As 计），(mg/kg)	≤ 0.5
2	铅（以 Pb 计），(mg/ kg)	≤ 1.0
3	锡（Sn）[a]，(mg/ kg)	≤ 250
4	微生物	符合罐头食品的商业无菌要求

2. 检测方法

感官指标检测采用感官评定的方法。在室温下将罐头打开，嗅其是否具有与原果蔬相似的滋味和气味。将汤汁倒入烧杯中，观察其汁液是否清亮透明，有无夹杂物及引起混浊的果肉碎屑。将内容物倒入白磁盘中观察组织、形态是否适合符合标准。卫生指标的检测方法参考果蔬汁的检测方法。

（三）实习考核要点和参考评分（表 7-13）

（1）以书面形式每人提交岗位参与实习报告。

（2）按照小组提交岗位参与实习过程、实习每日记录和讨论一份。

（3）指导教师提交岗位参与实习教学指导教师工作报告一份。

表 7-13　果蔬罐头生产岗位参与实习的操作考核要点和参考评分

序号	项目	考核内容	技能要求	评分（100 分）
1	准备工作	（1）准备、检查器具； （2）实训场地清洁	（1）能准备、检查必要的加工器具； （2）实训场地清洁	5
2	原料处理	（1）原料选择和保藏； （2）清洗； （3）切分	（1）能够识别原料的鲜度，掌握原料常规的保鲜方式； （2）掌握原料清洗的方式； （3）掌握原料切分的方式	10
3	排气	排气操作	掌握排气的操作方式	15
4	杀菌	杀菌的方式及条件	掌握杀菌的条件	15
5	质量评定	（1）必检项目； （2）感官检验	（1）能够独立操作质构、色泽、微生物的检测； （2）感官检测符合相应的标准	5
6	实训报告	（1）格式； （2）内容	（1）实训报告格式正确； （2）能正确记录实验现象和实验数据，报告内容正确、完整	50

五、果蔬糖制品加工岗位技能综合实训

实训目的：

（1）加深学生对糖制品生产基本理论的理解。

（2）掌握果蔬糖制品生产的基本工艺流程。

（3）掌握果蔬糖制品生产过程中各岗位的主要设备和操作规范，熟悉产品生产的关键技术。

（4）能够处理果蔬糖制品生产中遇到的常见问题。

实训方式：

4～5 人为一组，以小组为单位。从选择原料和加工设备开始，利用各种原辅材料的特性及生产原理，生产出质量合格的产品。要求学生掌握果蔬干制品生产的基本工艺流程，抓住关键操作步骤。

（一）果蔬糖生产中常见问题分析

在蜜饯加工过程中，由于操作方法的失误或原料处理不当，往往会出现一些问题，造成产品质量低劣，成本增加，影响经济效益。

1. 蜜饯产品生产中常见问题

（1）果脯的“返砂”与“流糖”。质量正常的果脯，应质地柔软、鲜亮而有透明感。如

果在糖煮过程中掌握不当，转化糖含量不足、比例失调，就会造成产品表面出现结晶糖霜，这种现象称为“返砂”。果脯如果返砂，则质地变硬而且粗糙，表面失去光泽，容易破损，品质降低。相反，如果果脯中的转化糖含量过高，特别是在高温高湿季节，又容易产生“流糖”现象，使产品表面发黏，容易变质。

造成“返砂”或“流糖”的主要原因是转化糖在总糖中的比例不合适。果脯中的总糖含量为68%～70%，含水量为17%～19%，转化糖占总糖的30%以下时，容易出现不同程度的“返砂”；转化糖占总糖的50%时，在良好的条件下产品不易“返砂”；当转化糖达到占总糖的70%以上时，产品易发生“流糖”。严格掌握糖煮的时间及糖液的pH（糖液的pH应保持在2.5～3.0)，是解决此问题的关键。

（2）返砂产品不返砂。返砂蜜饯其质量应是产品表面干爽、有结晶糖霜析出、不黏不燥。但是，由于原料处理不当，或糖煮时没有掌握好正确的时间，因而使转化糖急剧增高，致使产品发黏，糖霜析不出。

造成不返砂的主要原因：原料处理时，没有添加硬化剂；原料本身的果酸或果胶较多；糖渍时，半成品有发酵现象，糖液发黏；糖煮时间太短，糖液的浓度不足。

解决的办法：在处理原料时，应适当添加一定数量的硬化剂；延长漂烫时间，尽量除去果胶、果酸；在糖煮时掌握好时间，防止煎糖过度转化，尽量采用新糖液，或者添加适量的白砂糖；调整糖液的pH，返砂蜜饯都是中性，pH应在7.0～7.5之间，因此，含果酸较丰富的果实，在原料前道工序处理时，就要注意添加适量的碱性物质进行中和；密切注意糖渍的半成品，防止发酵。增加用糖量或添加防腐剂，不使半成品发酵。

（3）煮烂与干缩现象。煮烂的原因主要是品种选择不当、果蔬的成熟度过高、糖煮温度过高或时间过长、划纹太深（如金丝蜜枣）等。干缩的原因主要是果蔬成熟度过低、糖渍或糖煮时糖浓度差过大、糖渍或糖煮时间太短、糖液浓度不够致使产品吸糖不饱满等。

解决的方法：选择成熟度适中的原料；组织较柔软的原料品种，在预处理中应进行适当硬化，防止煮烂；为防止产品干缩，应分次加糖，使糖浓度逐步提高，并适当延长糖渍的时间，使原料充分吸糖饱满后再进行糖煮，糖煮时间要掌握适当。

（4）变色。蜜饯的各个品种，都有各自的应有色泽。产品多为金黄、橙黄、淡黄色，色泽明亮。而在加工中，由于操作不当，就可能产生褐变现象或色泽发暗的情况。其原因主要是原料发生酶褐变和非酶褐变或原料本身色素物质受破坏褪色。糖煮时间越长、温度越高、转化糖越多、干燥时的条件及操作方法不当等都会加速非酶褐变或色素物质破坏。

解决的方法：原料去皮切分后及时护色处理（硫处理、热烫等），减少与氧气接触；缩短糖煮时间和尽量避免多次重复使用糖煮液；改善干燥的条件，干燥温度不能过高，一般控制在55℃～65℃；抽真空或充氮气包装；避光、低温（12℃～15℃）贮存等。

（5）发酵、长霉。主要是产品含糖量太低和含水量过大，在贮藏中通风不良，卫生条件差，微生物污染造成。解决的方法是控制成品含糖量和含水量，加强加工和贮藏中的卫生管理，适当添加防腐剂。

2. 果酱生产中常见问题

果酱加工过程中，由于操作方法的失误，往往会出现一些问题，造成产品质量低劣。

果酱加工中容易出现的质量问题有以下几个方面。

（1）变色。造成果酱变色的原因很多，有金属离子引起的变色、单宁的氧化、糖和酸及含氮物质的作用引起的变色、糖的焦化等。防止果酱变色的办法为加工操作迅速，碱去皮后务必洗净残碱，迅速预煮，破坏酶的活性；加工过程中防止与铜、铁等金属接触；尽量缩短加热时间，浓缩中不断搅拌，防止焦化；浓缩结束后迅速装罐、密封、杀菌和冷却；贮藏温度不宜过高，以 20 ℃左右为宜。

（2）糖结晶。由于果酱中转化糖含量过低造成。应严格控制配方，使果酱中含糖量不超过 65%，并使其中转化糖占 30% 左右。也可用淀粉糖浆代替部分砂糖，一般为总加量糖的 20%。

（3）液汁分泌。由于果块软化不充分、浓缩时间短或果胶含量低未形成良好的胶凝。防止办法为软化充分，使原果胶水解而溶出果胶；对果胶含量低的可适当增加糖量；添加果胶或其他增稠剂增强凝胶作用。

（4）发霉变质。由于原料霉烂严重，加工、贮藏中卫生条件差，装罐时瓶口污染，封口温度低、不严密，杀菌不足等原因造成。防止办法为严格分选原料，剔除霉烂原料，原料库房要严格消毒，通风，防止长霉；原料要彻底清洗；车间、工器具、人员要加强卫生管理；装罐中严防瓶口污染，如有沾污立即用消毒纱布擦干净，瓶子、盖子要严格消毒，果酱装罐后密封温度要大于 80 ℃并封口严密，杀菌必须彻底。

（二）果蔬糖制品的质量标准及检测

1. 质量标准

蜜饯和果酱的质量标准主要包括感官和卫生指标。

（1）感官指标：蜜饯具有该品种正常的色泽、气味和滋味，无异味、霉变，无杂质，组织均匀，无明显分层和析水，无结晶。

（2）理化指标：果酱的可溶性固形物含量不低于 25。

（3）卫生指标：包括重金属和微生物等，具体见表 7-14。

表 7-14 果蔬糖制品的卫生指标

序号	项目	蜜饯	果酱
1	砷（以 As 计），(mg/kg)	≤ 0.5	≤ 0.5
2	铅（以 Pb 计），(mg/kg)	≤ 1	≤ 1
3	铜	≤ 10	
5	锡（Sn）[a]，(mg/L)		≤ 250
6	二氧化硫（mg/kg）	350	符合罐头商业无菌要求
7	菌落总数（cfu/g）	≤ 1 000	
8	大肠菌群（MPN/100 g）	≤ 30	
9	致病菌（沙门氏菌、志贺氏菌，金黄色葡萄球菌）	不得检出	
10	霉菌（cfu/g）	≤ 50	

[a] 仅限马口铁罐。

2. 检测方法

感官指标检测采用感官评定的方法。称取混合后蜜饯样品200 g于白瓷盘内，色泽、形态、杂质、霉变等用目测法检测。气味和滋味采用嗅和尝的方法检测。用不锈钢匙取样品约20 g，置于清洁的白磁盘中；观察其色泽、组织形态、有无杂质，鼻嗅和口尝滋味、气味。可溶性固形物含量的测定方法采用折光计法（GB/T 10786）。用折光计测量试验溶液的折光率，并用折光率与可溶性固形物含量的换算表或在折光计上直接读出可溶性固形物的含量。卫生指标的检测方法参考果蔬汁的检测方法。

（三）实习考核要点和参考评分（表7-15）

（1）以书面形式每人提交岗位参与实习报告。

（2）按照小组提交岗位参与实习过程、实习每日记录和讨论一份。

（3）指导教师提交岗位参与实习教学指导教师工作报告一份。

表7-15　果蔬糖制品岗位参与实习的操作考核要点和参考评分

序号	项目	考核内容	技能要求	评分（100分）
1	准备工作	（1）准备、检查器具； （2）实训场地清洁	（1）能准备、检查必要的加工器具； （2）实训场地清洁	5
2	原料处理	（1）原料选择和保藏； （2）清洗； （3）切分	（1）能够识别原料的鲜度，掌握原料常规的保鲜方式； （2）掌握原料清洗的方式； （3）掌握原料切分的方式	10
3	糖制	糖制操作	掌握糖制的操作方式	15
4	加热浓缩	加热浓缩的方式及条件	掌握加热浓缩的条件	15
5	质量评定	（1）必检项目； （2）感官检验	（1）能够独立操作水分、色泽、微生物的检测； （2）感官检测符合相应的标准	5
6	实训报告	（1）格式； （2）内容	（1）实训报告格式正确； （2）能正确记录实验现象和实验数据，报告内容正确、完整	50

第三节　果蔬加工企业生产实习

一、速冻西兰花生产线实习

实习目的：

（1）全面掌握速冻西兰花生产过程中的关键控制和质量控制。

（2）能够有效分析产品生产过程的影响因素。

（3）了解食品科学与工程领域新技术在速冻西兰花生产过程中的应用情况。

（4）熟悉并掌握生产过程安全及环保要求。

实习方式：

以大型速冻西兰花加工企业上岗为主，掌握所从事的实际生产、分析及管理技术。遵从实习单位的安排，认真完成每日的上岗实习工作。可以根据生产实际，适度灵活安排工作内容。

西兰花，别名绿花菜、青花菜、茎椰菜，一年生或两年生草本植物。西兰花的食用部分是带花蕾群的肥嫩花茎，其营养丰富，味道鲜美。西兰花富含维生素C，可延缓衰老、提高免疫力、增强肝脏的解毒功能。富含纤维素的西兰花可有效降低肠胃对葡萄糖的吸收，是糖尿病人的天然药膳。西兰花还含有抗癌物质异硫氰酸盐，其含量占西兰花鲜重的0.05%～0.1%（0.5～1.0 g/kg），因此西兰花被誉为“防癌新秀”。下面主要介绍速冻西兰花的工艺流程以及操作的要点等。

（一）工艺流程

原料验收→切分→挑选→一次清洗→二次清洗→漂烫→冷却→沥干→速冻→挑选→装袋箱→冻藏→选别→一次金属探测→计量包装→二次金属探测→装箱、封箱→冻藏。

（二）操作工艺

1. 原料验收

原料要求：新鲜，花蕾新鲜紧实，花蕾球面规整，颗粒细小，没有开花，色泽鲜绿，无病虫害，无斑疤、异色，无机械伤，无发霉、腐烂、变软、变色和畸形。用于速冻的西兰花是西兰花未成熟的嫩豆粒，应选择适宜的成熟度，采摘后及时加工。

原料对产品质量的影响：若成熟度过大或采摘后贮藏时间过长，则西兰花色泽变黄，质量下降。因此，原料采摘后及时加工。

原料验收的作用：确认原料农药含量以及规格符合标准，将不合格品剔除。

原料验收完，需记录验收结果。

2. 切分

按照客户要求，通过切菜机将西兰花切割成合适大小，通常花球直径为2～5 cm，花柄总长2～6 cm。

3. 挑选

在工作台上通过人工进行挑选，将有病虫害的、异色、菜花过大等质量不达标的剔除，为的是保证产品质量，满足客户与消费者的需求。

4. 一次清洗

通过气泡清洗机对西兰花进行清洗，去除污泥、毛发等。

5. 二次清洗

将经过第一次清洗后西兰花花朵全部浸泡在含有2%（*W*/*W*）左右精盐水中，浸泡约10 min，达到驱虫的目的。不应用粗盐，因粗盐会使组织变得粗糙，而且不符合食用要求。充分浸泡后，用流动水进行清洗，起到除虫与清洗的双重作用。多次进行清洗的目的是为了保证清洗干净。

6. 漂烫

将清洗后的西兰花在漂烫机内进行漂烫。漂烫水温在 96 ℃以上，时间为 70～120 s，具体根据原料规格、品质可做适当调整。漂烫程度以过氧化物酶活性刚呈阴性为准，并达到企标里产品微生物要求为准。此时西兰花呈鲜绿色，食之无生味，漂烫时间会根据原料的成熟度来加以选择。

漂烫的作用：保持和改进色泽，由于酶的钝化和内部气体的排除，减少了褐变的条件，从而保持了色泽。降低蔬菜中的微生物数量，漂烫可以使大量的微生物死亡。去除不良风味，通过漂烫可以去除西兰花的不良风味。软化组织，通过加热可以排除果蔬内部组织内的气体，使组织软化。

7. 冷却

将漂烫后的西兰花在冷却槽中进行冷却，先用自来水喷淋，再用强制冷却水冷却，强制冷却水温度控制在15 ℃以下，冷却用水含有效氯浓度1×10^{-6}以下，冷却至物料中心温度，25 ℃以下（根据客户要求决定是否使用含氯消毒液，计算出添加量后配置并搅拌均匀，用余氯测试仪或试纸进行验证）。通过及时冷却，中断热作用，防止色泽变暗和产品软化。

8. 沥水、选别

经漂烫处理后的原料，表面都附着有一定的水分，若不除去，冷冻时易形成块状，不利于快速冻结，也不利于日后的包装。在振荡机和输送网带上进行沥水，同时通过人工挑出不合格品。

9. 速冻

迅速冷冻可避免蔬菜组织细胞间隙生成过大的冰晶体。冷冻可以减缓微生物繁殖，延长产品的保质期。速冻方式是单体冻结，30 min 内产品中心温度不高于－12 ℃。速冻采用单体速冻机。

10. 挑选

对速冻后的西兰花，通过人工剔除碎末、杂物等，同时挑出不符合质量标准的产品。

11. 装箱、冻藏

通过包装机，将速冻后的西兰花装入大袋，装入－18 ℃以下冷藏库内冷冻保藏。

12. 选别

对即将销售的速冻西兰花，从大包装袋中倒出，并在工作台或输送网带上进行人工挑选，按照客户要求剔除变色等不合格品，保证产品质量。

13. 一次金探

通过金属探测器对速冻西兰花进行金属探测。探测的灵敏度为 Fe：Φ1. 0 mm。对探测结果进行记录。通过金属探测，确保西兰花在生产以及加工的过程中没有沾染到金属。

14. 计量包装

按客户要求准确称量，封口要平直牢固，并把标记打印在正确位置。操作必须迅速及时正确。

15. 二次金探

将包装后的产品通过金属探测仪，检出有金属异物的产品，确保最终产品中无沾染金属。

16. 装箱、封箱

将内袋包装后产品应该迅速、平整、正确地放入纸箱，外箱打印要正确地打印在应打印的位置，不得模糊不清。

17. 冻藏

将包装后准备销售产品移入－18 ℃以下低温库，避免产品回温。

（三）产品质量标准

1. 感官指标

冷冻西兰花产品的感官品质达到如下指标：无风斑、虫斑、虫眼；无黄叶、枯叶、老叶、老根；根茎类菜应无皮、无黑心、黄心；无内、外杂质，内杂质为菜本身不符合标准的残留物，外杂质为纤维、杂草、塑料丝或片、铁丝、铁钉等恶性残留物；碎条、断条等不良品率不超过合同规定；具有本品种应有的滋味及气味，无异味。

2. 残留金属含量标准

产品的金属含量达到如下指标：① 砷（以砷计），(mg/kg)≤ 0.5；② 铅（以铅计），(mg/kg)≤ 1.0；③ 汞（以汞计），(mg/kg)≤ 0.1；④ 铜（以铜计），(mg/kg)≤ 10；⑤ 锡（以锡计），(mg/kg)≤ 200。

3. 微生物指标

产品的微生物方面达到以下指标：冷冻状态下的一般细菌数为 1×10^4 以下；大肠菌群（MPN/100 g）≤ 300；葡萄球菌呈阴性；沙门氏菌呈阴性。

（四）车间布置

1. 车间布置应遵循的 6 种原则

（1）由于车间要生产几种不同品种、不同规格的速冻蔬菜，对设备进行平面布置时，要充分考虑专用设备和通用设备，使能共用的设备尽量共用，并根据需要适当添加设备。

（2）设计排水沟位置尽量位于经常排污、排水设备的下面，保证车间排水通畅、每个排污口要安装防鼠网。

（3）设备与设备、设备与墙壁之间均要留出适当的空隙，不但可以保证操作方便，而且便于维修和清洗。

（4）由于速冻产品的温度比较低，为保证产品的质量，在速冻之后的包装车间温度应控制在 0～10 ℃，以 0 ℃为好。车间尽量密闭，内墙设置隔热保温层，减少能耗。

（5）为便于运输以及减少劳动量，冷库和包装车间宜构建在一起。

（6）更衣室位于车间入口处，工人先更衣，经洗手、消毒后方能进入车间。为保证产品质量和车间卫生，工人进入车间时必须保证工作服、工作帽、口罩、手套、胶鞋等统一规范，开始工作前有专人检查并记录。

2. 建筑结构

（1）门：车间采用折叠门，各个门尺寸根据需要而定。

（2）窗：铝合金推拉窗户，窗下离地 1 500 mm，窗户尺寸 3 000 mm×4 000 mm。

（3）地坪：采用水磨石地面。

（4）排水：墙壁靠墙两内侧设深 300 mm 的宽水沟，地面为圆弧，便于清洗。每隔 20 000 mm 设置一个穿墙的出水管道。

（5）墙壁：除特殊的隔热需要外，墙壁内墙铺设白瓷砖 3 m 高。

（6）通风：排气扇通风，增加通风量。

（7）采光：窗户采光，屋面采光板。

（8）照明：满足车间照明，单位容量一般为 6～8 W/m^2。

3. 车间与辅助部门平面设计

（1）生产车间。生产车间是速冻西兰花的主要加工车间，原料经拣选等初步加工以后，进行浸泡、清洗，然后进行漂烫、冷却、沥水和速冻，其中速冻是耗能和最影响速冻蔬菜质量的加工区域。

（2）包装车间。包装车间地坪加高到与低温库标高一致，在加工车间相同的建筑要求之上，增加吊顶，墙壁四周外加隔热材料，包装完毕后直接入库。

（3）更衣室、卫生间。位于进入各个车间的必经之地，分左右男女更衣室，不同工段的工人可以分别从不同更衣室进入不同的生产车间，避免交叉污染。

（4）包装材料库。本厂包装材料库紧靠包装车间，并紧挨厂区道路。

（5）低温冷库。与主要生产车间比邻，是存放加工、包装后的速冻蔬菜产品的区域。

（6）制冷车间。邻近生产车间，并预留孔穴。

（7）配电、机修车间。配电房、机修间临近生产车间。

4. 管路安装

布置应遵循以下 3 个原则。

（1）满足生产需要，易于操作安装，尽量缩短管线，尽量集中布置，并沿墙壁柱子边等，架空铺设的管道应不影响车辆和行人通过。具体设计是公用管路自来水、蒸汽、冰水高度为 4 000 mm，纯水、清洗管路设计高度为 3 800 mm，各设备分支管路设计标高为 3 600 mm。管路支吊架设计两种。

（2）沿墙壁的公用管道采用三角槽钢支撑架支撑，并固定。

（3）物料管路和分支架空铺设的管路采用 DN50 mm 不锈钢龙门架做支路，龙门架与附近设备、设施固定，管道依托固定。

（五）卫生、安全及生活设施

1. 用水方面要求

（1）水源与废水处理。水源：本公司使用的水为城市公用水——自来水，没有使用自备水源，有中间蓄水塔。按公司的实际情况制作给排水网络图，并对生产加工用水管道末梢的出水口进行编号，以便对生产用水的安全、卫生检测监控制定计划（每只水管出水口都编号，挂永久性标识牌）。给排水网络图要详细明了，以便日常对生产供水系统管理与维护，并保证给水和排水二个系统不存在交叉互联。

废水：由于速冻蔬菜工厂属于非化工类工厂，污水大部分来源于车间地坪冲洗及工艺设备清洗和原料清洗，未含有毒物质，可以由车间两侧明沟直接排出，经厂污水处理系统处理后，排放到厂外河流中。

（2）加工车间给排水设施的维护。给排水设施要保持完好，防止水质污染，公司所有管道都要有效防止虹吸和倒流现象，各水龙头与容器之间都有空气隔断，管道变动时必须验证是否有回流现象。注意自来水阀门不得埋于地上或被污水浸泡。

日常清洁消毒检查时，及时发现和预防由下列情况可能出现的倒流：管道堵、破裂、突发性的大破坏、水泵失灵。发现出现这种情况，要立即停止使用这种水，直到问题得到解决。

车间使用的软水管颜色要浅，用后盘挂于墙上。

保持污水排水畅通，排水道内无垃圾、下脚料、原料等杂物，并且按规定（规定同地面清洗消毒）清洗消毒，清洁区和非清洁区污水分别排放，污水排入公共污水处理网。

（3）生产用水的检测。每年两次从公司水龙头取自来水样品送市卫生防疫站进行全项目的检测，公司收集并保存好报告，符合卫生部《生活饮用水水质卫生规范》后方可投入生产。要求检测标准按照卫生部《生活饮用水水质卫生规范》项目，制定规范性的官方水质检测报告。

公司按如下要求对水进行抽样检测：质检科制定水的抽样检测计划表，对所有出水口进行循环检测；化验室按抽样检测计划表实施抽样检测，并做好相应的记录；公司化验室监测的项目、方法、频率；化验室对加工用水进行常规项目检测，将检验结果记录入《生产用水检验记录》。

2. 个人卫生

车间生产人员每年至少进行一次健康体检，新进厂地人员必须进行健康检查，取得健康证后方可参加工作。

生产人员必须经过车间入口处的消毒池，经洗手消毒以后方可进入车间，上岗以前必须穿戴整洁、统一的工作服、帽，工作服应盖住外衣，头发不得露出帽子外。

生产人员应保持良好的卫生习惯，做到“四勤”，即勤洗澡、勤洗工作服、勤剪指甲、勤理发。

进入车间生产人员不准戴耳环、戒指、手镯、项链，不准浓妆艳抹、涂染指甲、喷洒香水、不准吃零食、吸烟、随地吐痰或进行其他有碍食品卫生地活动。

生产人员不准穿工作服、工作帽和工作鞋进厕所或离开生产加工车间。

生产人员遇到下列情况必须洗手：开始工作前、上厕所后、处理被污染地原料以后、从事与生产活动无关的其他活动以后，操作期间也应该常洗手。

3. 车间设备、环境卫生

车间光线充足，通风良好，地面平整、清洁、无积水、无污垢，墙面、门窗应经常清洗。

车间入口处设有感应式吸收清洗设备及消毒措施。

车间设有防蚊蝇、防虫和防鼠设施，车间门窗严禁随便乱开，以防鼠、蚊蝇、飞鸟及昆虫等侵入。

车间生产废弃物每班必须定时清除，并清洗干净。

更衣室、厕所、车间参观走廊等公共场所必须经常清扫、清洗、定期消毒。

操作人员在生产前和生产后应立即对所使用的设备和物料管道进行清洗，对于清洗不到的设备、部件及设备外部也要及时清洗、消毒，保证设备及工艺管道的卫生。

4. 食品接触表面清洁卫生标准

本公司加工设备与工器具条件必须符合卫生要求，并始终保持完好的维修状态，具体的要求如下。

（1）与食品接触面的材料卫生要求：耐腐蚀、光滑、易清洗、不生锈；禁止使用竹木制品、纤维等。

（2）与食品接触的设备、工器具要求：无粗糙焊缝、破裂、凹陷；表里如一；拆装方便，便于清洗和维护保养。

（3）包装材料的卫生要求：盛放食品的内包装塑料袋，必须来自经卫生防疫部门备案的、有卫生许可证的企业，并有产品的检测报告；外包装纸箱必须有检疫部门出具的包装性能检验结果单。

（4）食品表面接触的消毒液浓度规定：手消毒水的次氯酸钠浓度为 50×10^{-6}～100×10^{-6}；脚踏消毒池、车间墙壁、车间地面消毒水的次氯酸钠浓度为 150×10^{-6}～200×10^{-6}。

5. 防止交叉污染卫生标准及操作规程

本公司可能造成交叉污染的来源主要有因清洁消毒和卫生操作不当而造成的人流、物流、气流和水流造成交叉污染。为防止和消除能够造成交叉污染的环节，应严格控制人流、物流、气流和水流方向，确保操作人员养成良好的卫生习惯，防止交叉污染的发生，并制定以下操作要点。

（1）防止人流造成的交叉污染：加工车间的布局严格按GMP的要求进行物理性隔断，严格区分清洁区、准清洁区和一般作业区。不同加工区设有不同条件的更衣室，加工操作人员只能在各自加工区的更衣室内更衣消毒和进出。

（2）防止物流造成的交叉污染：成品库按不同产品分库存放，专库专用，不得存放有碍卫生的物品；清洁区与准清洁区加工的界面为杀青锅，要严格按照工艺操作规程，保持界面严格分开，区域的工器具只能在各自的区域使用；工器具清洗消毒要在工器具消毒间操作，不得随意在生产车间进行；车间产生的废弃物应放在带盖的并有明显标识的废弃物桶中，每日生产结束后清理出车间；在工器具的清洗消毒固定区域，“未清洗消毒”和“已清洗消毒”的工器具要分别存放，“已清洗消毒”的工器具要通过窗口传递出消毒间，操作人员必须使用来自“已清洗消毒”的工器具。

（3）防止气流、水流造成的交叉污染：加工车间按要求用臭氧发生器对空气进行消毒；清洁区和准清洁区污水流向必须是清洁区向准清洁区流出；车间清洗用水管不得拖地，冲洗地面和消毒时不能将水和消毒液溅到食品接触表面上。

6. 虫害防治卫生标准及操作规程

(1) 防蝇虫计划的实施。检查防蝇窗、门帘是否完好;每天将灭蚊灯清理一遍,并且检查安全情况。消除蚊蝇孳生地,各有关部门每天对各自公司区包干区进行一次打扫,做到无杂物、无杂草;各部门对各自室内卫生认真保洁,做到"六面光",每周要组织一次大检查,车间外的虫害用杀虫剂杀灭,杀虫剂由质检科保管,专人使用。

(2) 防(灭)鼠计划的实施。定灭鼠图,在灭鼠点用灭鼠夹灭鼠,并做好记录,每天检查防鼠网完好情况,每天下班前将灭鼠笼放置灭鼠点,并且将鼠夹装上诱饵。第二天上午在职工上班前将所有灭鼠夹收回。如果在鼠夹上发现死老鼠,及时处理(焚烧)。

7. 生产安全及劳动保护

(1) 车间生产有关的蒸汽、压缩空气、燃气、氨气等阀门、仪表在安装前要进行检测、校对。

(2) 蒸汽管路和氨气管路应有石棉保温层,一方面能起到绝缘作用,另一方面可防止生产人员触及烫伤或冻伤。

(3) 各机械设备的传动部分均需要保护装置,防止机械损坏和人员伤害事故的发生。

(4) 为保证良好的操作条件,白天必须有良好的采光,晚上有适当的照明,便于生产安全。

(六) 操作考核要点和参考评分

(1) 以书面形式每人完成生产实习报告和实习总结各一份。

(2) 提交生产实习日记和生产实习鉴定表。

(3) 指导教师提交生产实习教学指导教师工作报告一份。

二、杨梅汁生产线实习

实习目的:

(1) 全面掌握杨梅汁生产过程中的关键控制和质量控制。

(2) 掌握杨梅汁生产环节中常见的故障排除方法,培养突发问题的解决能力。

(3) 能够有效分析产品生产过程的影响因素。

(4) 了解食品科学与工程领域新技术在杨梅汁生产过程中的的应用情况。

(5) 熟悉并掌握生产过程安全及环保要求。

实习方式:

以大型杨梅汁加工企业上岗为主,掌握所从事的实际生产、分析及管理技术。遵从实习单位的安排,认真完成每日的上岗实习工作。可以根据生产实际,适度灵活安排工作内容。

杨梅是广大消费者非常喜爱的一种特色水果,杨梅果实具有色泽鲜艳、风味诱人、营养丰富等优点。杨梅风味独特,宋代苏东坡有佳句"西凉葡萄,闽广荔枝,未若吴越杨梅"。

随着现代食品研究的深入和发展,杨梅的保健功能因此被不断发现,见证了"止渴,和五脏，能涤肠胃，除烦溃恶气”等美好传承的科学依据。但其采后保鲜难度较大，很不耐贮藏。所以杨梅加工是发展杨梅产业的重要途径之一，杨梅汁是其加工的重要方法之一。

近年来，杨梅产业化取得了迅速的发展，新品种培育和种植、保鲜加工、综合利用以及产品营销产业链逐步完善。江浙一带是我国杨梅的主产区。下面对杨梅汁的生产工艺进行简要介绍。

（一）工艺流程

鲜杨梅→筛选、去杂→清洗→脱核、打浆→榨汁→过滤→胶体磨→冻藏→调配→超高压均质→真空脱气→超高温瞬时灭菌→灌装→倒瓶→喷淋冷却→烘干→喷码→装箱。

（二）操作工艺

1. 筛选、去杂

杨梅原料的好坏直接关系到杨梅汁的质量，因此筛选、去杂是生产杨梅汁的重要步骤。筛选时选择成熟度高、新鲜、无腐烂变质的杨梅作为原料，要求风味正常，可溶性固形物含量≥8.0%，去杂包括去除不合格杨梅，同时还须除去树叶及果梗等。筛选及去杂均采用人工方式。原料应采用色泽鲜艳，酸甜适口，风味浓郁，富含多种矿物质元素、维生素、氨基酸等营养成分的杨梅。优质杨梅果肉的含糖量为12%～13%，含酸量为0.5%～1.1%，富含纤维素、矿质元素、维生素和一定量的蛋白质、脂肪、果胶及8种对人体有益的氨基酸，其果实中钙、磷、铁含量要高出其他水果10多倍。原料不符合标准，将会对产品的色泽、风味、口感、营养价值及储藏期等品质造成影响。

2. 清洗

由于杨梅在生长、成熟、运输和储存过程中受到外界环境的污染，原料清洗的目的是清除原料表面的沙土、尘埃和残留农药等污染物。只有通过清洗才能清除这些污染物，控制原始菌数，对保证果蔬汁的质量具有重要的作用。清洗操作分两步，第一步用5%的盐水浸泡10 min，去除杨梅果实里面的小虫；第二步用流动的清水冲洗，直至无盐分后捞出、沥干。清洗及沥干均采用人工操作来进行。

3. 脱核、打浆

将沥干的杨梅倒入脱核打浆机内，要求速度均匀，出来的果核上面不能带有果肉；为提高杨梅的出汁率，需加入果胶酶。果胶酶可使细胞间的果胶质降解，把细胞从组织内分离出来，从而提高果汁的出汁率。果胶酶的用量为果重的0.05%，酶的最佳作用温度为40 ℃～42 ℃，作用时间为2 h，出汁率达到70%。

4. 榨汁

杨梅的汁液成分包含在细胞的结构内，榨汁就是将细胞内的汁液成分分离出来。杨梅浆通过卫生泵输送到螺旋榨汁机，螺旋榨汁机的筛网要求孔径达到80～100目。

5. 过滤

经榨汁获得的杨梅汁含有悬浮物，它们的存在会影响澄清果汁的质量和稳定性，故须过滤。过滤方式有加压过滤，重力过滤和抽真空过滤。其中加压过滤，过滤速度较大，操作性可靠，适用范围广，故采用此种过滤方法。

6. 胶体磨处理

通过管道，杨海汁直接输送到胶体磨的料斗中，使颗粒进一步的细化，胶体磨的间隙要求在 2～50 μm。胶体磨的优点是结构简单，设备保养维护方便，适用于较高黏度物料以及较大颗粒的物料。可使物料被有效地乳化、分散、均质和粉碎，达到物料超细粉碎及乳化的效果。

7. 冻藏

杨梅生产具有明显的季节性，为保证杨梅汁全年时间生产，采取先制成杨梅原浆或原汁的措施，并进行冻藏贮存。

8. 调配

按照配料表(表 7-16)提供的数据，事先称好各种原辅料，并将稳定剂与一定量的白砂糖混合均匀，一起置于 80 ℃的热水中充分溶解，过滤后泵入调配缸，与果汁、水搅拌均匀并加热至 50 ℃～55 ℃。辅料为柠檬酸、果胶酶及杨梅香精。稳定剂为果胶、黄原胶等常规胶体。

表 7-16　主要原辅料规格及用量配比

名称	规格	用量(%)
杨梅原汁	冷冻保藏	40
白砂糖	市售，纯度 99.65%	4.5～5.5
柠檬酸	一级品	0.05～0.15
果胶酶	复合型	0.01～0.02
饮料稳定剂	食用级	0.2～0.3

9. 超高压均质

调配好的饮料泵入高位暂存罐，然后进行均质，均质压力控制在 20 MPa。均质可使料液在挤压、强冲击与失压膨胀的三重作用下细化，从而使物料能更均匀地相互混合，进而使整个产品体系更加均一、稳定。

10. 真空脱气

由于加工过程中会有气体进入果汁中，气体中所含的氧气会氧化色素、维生素 C 和其他物质，影响产品的品质和外观，因此需要脱气。均质后的物料温度在 60 ℃左右时，应立即进行真空脱气，在低于 80 kPa 的真空度下脱除果汁中的空气。

11. 超高温瞬时灭菌

杀菌是果汁生产的关键工艺。若杀菌不彻底，果汁的微生物指标超标，影响产品的保质期；若杀菌时间过长，会破坏果汁的营养成分，而且影响果汁的色泽、口感和风味。为减少果汁的色泽损失和营养物质的破坏，本工艺采用超高温瞬时灭菌。一般灭菌温度控制在 121 ℃，灭菌时间 4～6 s，出料温度控制在 90 ℃。除了能杀死微生物外，此热处理还具有使料液中原本所含的酶灭活的作用，控制酶对产品的色泽、风味、口感、营养价值及储藏期等品质造成的影响。过氧化物酶、多酚氧化酶在果蔬汁加工过程中，能使果蔬汁中的酚类化合物氧化，不同程度地破坏果汁的色泽香气和味道。因此在果蔬汁加工过程中，也必须采取措施对这些酶的活力加以控制。

12. 灌装

灌装采用无菌灌装。灌装前须对空瓶和瓶盖进行消毒，空瓶消毒采用稳定性强二氧化氯，并用纯水彻底冲净余氯，瓶盖消毒采用臭氧，灌装采用热灌装，灌装温度为 90 ℃。灌装间封闭，空气采用净化措施，整体空气质量达到万级（1 m^3 空气中 5 μm 以上的尘埃数在万级），局部达到百级（1 m^3 空气中 5 μm 以上的尘埃数在百级）。包装材料除玻璃瓶外，还有易拉罐包装、PET 包装及利乐包装。

13. 倒瓶

利用倒瓶杀菌机设备使饮料在瓶内翻动，借饮料的余温对瓶内少量空气和瓶盖做进一步的消毒，倒瓶杀菌机的长度为 6 m。

14. 喷淋冷却

物料经倒瓶后立即冷却，冷却水采用自来水循环，冷却后的温度达到 30 ℃。

15. 烘干、喷码

经冷却后的瓶壁上挂有水珠，必须采用电热式烘干器进行干燥，然后喷码。

16. 装箱、入库

通过人工下瓶台，将饮料装入纸箱内，入低温冷库储藏。

（三）操作考核要点和参考评分

（1）以书面形式每人完成生产实习报告和实习总结各一份。

（2）提交生产实习日记和生产实习鉴定表。

（3）指导教师提交生产实习教学指导教师工作报告一份。

参考文献

[1] 叶兴乾．果品蔬菜加工工艺学 [M]. 3 版．北京：中国农业出版社，2008.

[2] 赵丽芹．园艺产品贮藏加工学 [M]. 北京：中国轻工业出版社，2006.

[3] 夏文水．食品工艺学 [M]. 北京：中国轻工业出版社，2011.

[4] 中国农业科学院蔬菜花卉研究所．中国蔬菜栽培学 [M]. 2 版．北京：中国农业出版社，2009.

[5] 中国农业百科全书总编辑委员会果树卷编辑委员会，中国农业百科全书编辑部．中国农业百科全书•果树卷 [M]. 北京：农业出版社，1993.

[6] 中国农业百科全书总编辑委员会蔬菜卷编辑委员会，中国农业百科全书编辑部．中国农业百科全书•蔬菜卷 [M]. 北京：农业出版社，1990.

第八章

乳制品加工企业卓越工程师实习指导

乳制品是指以生鲜牛(羊)乳及其制品为主要原料,经加工而制成的各种产品。中国乳制品工业协会颁布的《乳制品企业生产技术管理规则》将乳制品分为七大类,分别为液体乳类、乳粉类、乳脂类、炼乳类、干酪类、冰淇淋类、其他乳制品类。每一大类又包含若干小类,目前对小类的划分没有统一标准。不同的乳制品,其生产工艺过程大不相同,相应的产品形式和产品风味也各有特色。本章主要针对卓越工程师实习过程中,如何指导常见乳制品加工技术学习进行叙述,包含以下三部分内容。

(1) 乳制品加工企业认识实习:巴氏杀菌乳生产技术、酸奶生产技术、奶粉生产技术、冰淇淋生产技术。

(2) 乳制品加工企业岗位参与实习:收奶岗位技能综合实训、配料岗位技能综合实训、均质和杀菌岗位技能综合实训、灌装岗位技能综合实训。

(3) 乳制品加工企业生产实习:液态乳生产线实习、酸奶生产线实习、奶粉生产线实习、冷冻饮品生产线实习。

第一节　乳制品加工企业认识实习

一、巴氏杀菌乳生产技术

知识目标:

(1) 掌握巴氏杀菌乳的概念和杀菌方式。

(2) 了解巴氏杀菌乳对原料乳的质量要求。

(3) 了解巴氏杀菌乳的质量标准和检验方法。

(4) 了解巴氏杀菌乳的工艺。

技能目标:

(1) 认识巴氏杀菌乳的关键设备和操作要点。

（2）认识巴氏杀菌乳的感官评定方法、理化指标检测方法。

（3）掌握巴氏杀菌乳关键工艺的控制方法。

（4）能对巴氏杀菌乳的工艺按生产要求进行适当调整。

解决问题：

（1）能解决巴氏杀菌乳常见的质量问题。

（2）能应用所学知识对巴氏杀菌乳的质量提出改善措施。

（一）巴氏杀菌乳的概念

巴氏杀菌乳（Pasteurized Milk）是以新鲜牛奶为原料，采用巴氏杀菌法加工而成的牛奶，特点是杀菌强度低，在有效杀灭牛奶中有害菌群的同时完好地保存了营养物质和纯正口感。经过离心净乳、标准化、均质、杀菌和冷却，以液体状态灌装，直接供给消费者饮用的商品乳。巴氏杀菌乳因脂肪含量不同，可分为全脂乳、低脂乳、脱脂乳和稀奶油；就风味而言，有草莓、巧克力、果汁和调酸等风味产品。

根据杀菌方式不同，可分为以下几种。

（1）低温长时（LTLT）杀菌乳：又称保温杀菌乳，指经 62 ℃～65 ℃、30 min 保温杀菌，非无菌条件下灌装的乳。此杀菌方式可以杀灭乳中的病原菌，包括耐热性较强的结核菌。

（2）高温短时（HTST）杀菌乳：指牛乳经 72 ℃～75 ℃、15～20 s，或稀奶油经 80 ℃～85 ℃、10～15 s 杀菌，非无菌条件下灌装的乳。此杀菌方式，受热时间短，热变性现象很少，风味有浓厚感，无蒸煮味。牛乳经热处理杀菌，磷酸酶被破坏，磷酸酶试验呈阴性。

（3）超高温瞬时（UHT）杀菌乳：也称超巴氏杀菌乳，指高于常规巴氏杀菌的热处理强度，其热处理强度接近甚至超过超高温杀菌乳，处理温度 120 ℃～138 ℃，时间保持 2～4 s，但在非无菌条件下灌装，并冷却到 7 ℃以下的乳。其货架期比巴氏杀菌乳长，可达 30～40 d。

（二）巴氏杀菌乳的原料

只有优质的原料才能生产出优质的产品。乳品厂收购新鲜乳时，应该严格要求并做检验。检验内容包括感官指标（牛乳的滋味、气味、清洁度、色泽、组织状态），理化指标（酸度、相对密度、脂肪、冰点等），微生物指标（菌落总数等）。

从符合国家有关要求的健康奶畜乳房中挤出的无任何成分改变的常乳。产犊后七天的初乳、应用抗生素期间和休药期间的乳汁、变质乳不应用作生乳。

对于乳品（包括巴氏杀菌乳）的生产，其原料乳品质应符合国标 GB 19301《生乳》所规定的相关内容，主要指标及检测要求如下。

1. 感官检验

感官检验指标和方法如表 8-1 所示。

表 8-1 感官检验

项目	指标	检验方法
色泽	呈乳白色或稍带微黄色，不得有红、绿等异色	取适量试样置于 50 mL 烧杯中，在自然光下观察色泽和组织状态。闻其气味，用温开水漱口，品尝滋味
组织状态	呈均匀的胶态流体，无沉淀，无凝块，无肉眼可见杂质和其他异物	
滋味与气味	具有新鲜牛乳固有的香味，无其他异味，不能有苦、涩、咸的滋味和饲料、青贮、霉等异味	

乳白色是由于乳中的酪蛋白酸钙－磷酸钙胶粒及脂肪球微粒对光的不规则反射产生的。微黄色是由于水溶性的核黄素使乳清呈荧光性黄绿色。取适量乳液于 50 mL 烧杯中，在自然光下观察色泽和组织状态。注意视觉检验不宜在灯光下进行，因为灯光容易给视觉带来错觉。

牛乳中的挥发性脂肪酸等挥发性成分具有乳香味。香味随温度高低而异，经加热后乳香味会增强，冷却后则减弱，但温度过高会产生焦糖味。牛乳还具有吸收环境气味的特性，若在不良气味的环境中贮藏，可能会使牛乳吸收不良气味而产生异味。将少量的牛乳加热后进行嗅检，应注意长时间闻嗅会使嗅觉迟钝，因此应间隔休息进行。

味觉检测时，应先漱口，然后摄取少量乳品于口中，细心品尝，然后吐出（不要咽下），漱口除余味。与嗅觉类似，检验时应先淡后浓，中间适当间隔休息。味觉检验前不要吸烟和吃刺激性强的食物，避免影响感觉器官的敏感度。另外对于有腐败迹象的乳样，不要进行味觉检验。

组织状态检验时，应注意观察牛奶的形态和流动状态。一看挂瓶，新鲜的牛奶装在透明的玻璃瓶中，用手摇动奶瓶，质量好的牛奶在奶瓶上部空处挂有一层薄薄的乳汁并缓慢的向下流动，此现象称为挂瓶。若不挂瓶或挂得很少并很快流下，说明牛奶稀薄可能掺了水；若瓶上挂有微小的颗粒可能掺有淀粉类成分，或牛奶酸度过高发生质量变化。二看下沉，把一滴牛奶滴入清水中，牛奶立即下沉到水底是好奶；若滴入水中的牛奶在水面向四周扩散是质量不好的奶。三看形状，把一小滴牛奶滴在指甲盖上能形成球珠状的是好奶，不能形成球珠状的是质量不好的奶。四看状态，取约 10 mL 牛奶于试管中煮沸观察，如有凝结或絮状物产生，则牛奶已变质，无凝结的小块是好奶。

2. 理化检验（表 8-2）

表 8-2 理化指标

项目	指标	检验方法
冰点[ab]（℃）	—0.560 ~—0.500	GB 5413.38
相对密度（20 ℃ /4 ℃）	≥ 1.027	GB 5413.33
蛋白质（g/100 g）	≥ 2.8	GB 5009.5
脂肪（g/100 g）	≥ 3.1	GB 5413.3
杂质度（mg/100 g）	≤ 4.0	GB 5413.30
非脂乳固体（g/100 g）	≥ 8.1	GB 5413.39

续表

项目	指标	检验方法
酸度(°T) 牛乳[b] 羊乳	 12 ～ 18 6 ～ 13	GB 5413.34

[a] 挤出 3 h 后检测。

[b] 仅适用于荷斯坦奶牛。

3. 污染物限量

应符合 GB 2762 的规定。

4. 真菌毒素限量

应符合 GB 2761 的规定。

5. 微生物限量

应符合表 8-3 的规定。

表 8-3　微生物限量

项目	限量［cfu/g(mL)］	检验方法
菌落总数	$\leq 2\times10^{6}$	GB 4789.2

6. 农药残留限量和兽药残留限量

农药残留量应符合 GB 2763 及国家有关规定和公告。

兽药残留量应符合国家有关规定和公告。

（三）巴氏杀菌乳的生产工艺

1. 工艺流程

原料乳→预处理→标准化→均质→杀菌→冷却→包装→冷藏。

2. 工艺要点

（1）预处理：生乳验收后必须净化。其目的是除去乳中的机械杂质并减少微生物数量。净乳的方法有过滤法和离心净乳法。净化后的生乳应立即冷却到 4 ℃ ～ 10 ℃，以抑制细菌的繁殖，保证加工之前生乳的质量。为保证连续生产的需求，乳品厂必须有一定的原料贮藏量。贮藏量按工厂具体条件确定，一般为生产能力的 50%～ 100%。在贮藏过程中必须搅拌，防止脂肪上浮。

（2）标准化：原料乳中的脂肪和非脂乳固体的含量随乳牛品种、地区、季节和饲养管理等因素不同而有很大差别。因此，必须对原料乳进行标准化。标准化的目的是为了确定巴氏杀菌乳中的脂肪、蛋白质及乳固体的含量，以满足不同消费者的需求。因此，根据原料奶验收数据计算并标准化，使鲜牛奶理化指标符合 GB 5408.1 的要求。根据所需巴氏杀菌乳成品的质量要求，须对每批原料乳进行标准化，改善其化学组成，以保证每批成品质量基本一致。食品添加剂和调味辅料必须符合国家卫生标准要求。原料奶标准化所用原料包括水、全脂奶粉、脱脂乳粉、无水黄油、新鲜稀奶油和乳清浓缩蛋白等，它们可单独使用或配合使用,此工序可能造成的危害因素有配料时不慎混入物理性危害物质、操作过程中员工及设备等带来的微生物污染等。在标准化过程中,必须避免细菌、致病菌、杂物和异物的污染,以及管道上的酸碱残留。乳脂肪的标准化方法有如下 3 种。

① 预标准化。主要是指在杀菌之前把全脂乳分离成稀奶油和脱脂乳。如果标准化乳脂率高于原料乳,则须将稀奶油按计算比例与原料乳在罐中混合以达到要求的含脂率。如果低于原料乳,则须将脱脂乳按计算比例与原料乳在罐中混合,以达到要求的含脂率。

② 后标准化。在杀菌之后进行,方法同上,但该法的二次污染可能性大。

③ 直接标准化。这是一种快速、稳定、精确,与分离机联合运作,单位时间内能大量地处理乳的现代化方法。将牛乳加热到 55 ℃～65 ℃,按预先设定好的脂肪含量分离出脱脂乳和稀奶油,并根据最终产品的脂肪含量,由设备自动控制回流到脱脂乳中的稀奶油流量,从而达到标准化的目的。

(3) 预热均质:均质是指对脂肪球进行适当的机械处理,使它们呈现更细小的微粒均匀一致地分散在乳中,从而使牛乳风味良好,口感细腻,减少脂肪上浮现象,降低凝块张力,改变了牛奶的可消化性。较高的温度下均质效果较好,但温度过高会引起乳脂肪、乳蛋白质等变性。另一方面,温度与脂肪球的结晶有关,固态的脂肪球不能在均质机内打碎。牛乳中脂肪球的直径一般在 1～10 μm 之间,经均质后直径小于 2 μm,分布均匀,不产生脂肪上浮现象。

牛乳的温度一般控制在 50 ℃～65 ℃,一般采用二级均质。二级均质是指让物料连续两次通过均质阀头,将黏在一起的小脂肪球打开,目的是使一级均质后重新结合在一起的小脂肪球打开,从而提高均质效果。使用二级均质时,第一级均质压力为 17～21 MPa,第二级均质压力为 3.5～5 MPa。均质工序可能造成的危害因素有均质机清洗不彻底造成的微生物污染、均质机清洗剂的残留、均质机泄露造成的机油污染等。

(4) 杀菌:杀菌时按关键限值控制杀菌温度及时间。杀菌乳中巴氏杀菌热处理法可杀灭牛奶中的致病菌和有害微生物,巴氏杀菌法能最大限度地有效保持牛奶中的营养成分,对于有用的赖氨酸、维生素 B12、叶酸和维生素 C 的平均损害较小。冷却温度为 2 ℃～8 ℃。可能造成的危害因素有杀菌温度和时间控制不当造成杀菌不彻底、冷却温度偏高造成残留菌繁殖等。

① 低温长时间杀菌法(LTLT)。又叫保持杀菌法、低温杀菌法。其杀菌方法为向具有夹套的消毒缸或保温缸中泵入牛乳,开动搅拌器,同时向夹套中通入蒸汽或热水(66 ℃～77 ℃),使牛乳的温度升至 62 ℃～65 ℃并保持 30 min。但是使病原菌完全死灭的效率只达到 85%～99%,对耐热的嗜热细菌及孢子等不易杀死。尤其是牛乳中的细菌数越多时杀菌后的残存菌数也多,因此,为了解决这一问题,有些工厂采用 72 ℃～75 ℃、15 min 的杀菌方式。

保持杀菌法应注意消毒缸的大小、搅拌器的大小及与其相配合的转数,以获得最好的传热效率和不产生泡沫。要准确地确认乳温,在杀菌完后 15 min 以内迅速地将乳温降到 5 ℃以下。为防止二次污染,杀菌开始后不准打开消毒缸的盖子。

② 高温短时间杀菌法(HTST)。高温短时间杀菌是用管式或板状热交换器使乳在流

动的状态下进行连续加热处理的方法。加热条件是 72 ℃～75 ℃、15 s。但由于乳中菌数的不同，也有采用 72 ℃～75 ℃、16～40 s 或 80 ℃～85 ℃、10～15 s 的方法进行加热。

HTST 杀菌机的特点是将预备加热、加热及冷却部分合理地结合了起来。首先生乳进入预备加热部的热交换机，在此与从加热部分出来的杀菌乳进行热交换达到 60 ℃左右，接着被送入到加热部加热到规定的温度。杀菌如果正常，乳被送到冷却部分，与重新进入的生乳进行热交换，达到部分冷却后，进一步地冷却到 5 ℃以下。如果在加热部分牛乳杀菌不充分，通过流动转换阀将牛乳送回杀菌部分进行再杀菌。热交换器有管式、片式两种，由于片式比管式热传导效率高，生产中常用片式。加热保持时间一般是通过调整管的长度或粗细，或通过调整热交换器片数（片式）来进行的。

HTST 杀菌与低温长时间杀菌比较，有许多优点：占地面积小，节省空间，因利用热交换连续短时间杀菌，所以效率高、节省热源，加热时间短，牛乳的营养成分破坏小，无蒸煮臭，自动连续流动，操作方便、卫生，不必经常拆卸。另外，设备可直接用酸、碱液进行自动就地清洗。

③ 超高温瞬间杀菌法（UHT）。该方法是采用加压蒸汽将牛乳加热到 120 ℃～140 ℃保持 0. 5～4 s，然后将牛乳迅速冷却的一种杀菌方法，该方法杀菌效率极高，可以达到灭菌的效果，一般在冷藏下可保存 20 d。如果与无菌包装结合起来可以生产灭菌乳，保持商业无菌状态，低温下（7 ℃）可长期保存 1 个月或更长。这种类型的热处理温度称“超巴氏消毒”。

直接式是将预热的牛乳与具有一定压力的热蒸汽混合，蒸汽冷凝放热将产品加热至所需温度。这种直接超高温加热系统分为两种类型：一种是蒸汽通过喷嘴直接喷入到产品中去的喷射式；另一种是注入式即加压容器内充满达到灭菌温度的蒸汽，产品从顶部喷入。

直接加热系统中由于蒸汽与产品混合、冷凝会增加产品的水分，一般通过真空蒸发除去所加的水分。但是蒸汽里所含的各种化合物将残存于产品中。因此，对使用的蒸汽有严格的要求，即蒸汽中不能含有对消费者有害的化合物，也不能含有能导致产品在贮存期变质的化合物。

④ 过滤除菌（图 8-1）。在良好的技术和卫生条件下，由高质量原料所生产的巴氏杀菌乳在未打开包装状态下，5 ℃～7 ℃条件贮存，保质期一般为 8～10 d。为了改善巴氏杀菌乳的细菌学状况，从而保证，甚至延长巴氏杀菌乳的保质期。巴氏杀菌生产设备可补充一台离心除菌机或微滤装置。离心除菌工艺过程基于对微生物离心分离，虽然二级离心减少了细菌芽孢的有效率达到 99%，但是，如果要求在 7 ℃以上延长保质期，此方法对巴氏消菌氏乳是不够的。使用孔径为 1. 4 μm 或更小的微滤膜可以有效地减少细菌和芽孢达到 99. 5%～99. 99%。

为有效地阻挡细菌和满足芽孢需要很小的孔径尺寸，但同时截留乳脂肪球，微滤机进料要用脱脂乳。此外，微滤单元包括一台为稀奶油和细菌浓缩液（截留液）的混合液进行高温处理的设备，此混合液经过热处理之后，与透过液，即加工后的脱脂乳重新混合。

稀奶油和截留液在 130 ℃条件下灭菌 12 s。与过滤后的脱脂乳重新混合之后，经均质并最后在 72 ℃条件下巴氏杀菌 15～20 s，然后冷却到 4 ℃。如果牛乳从乳品厂经零售商到消费者手里，整个过程中牛乳的温度不超过 7 ℃，则未开启包装的产品保质期达到 40～45 d 是有可能的。

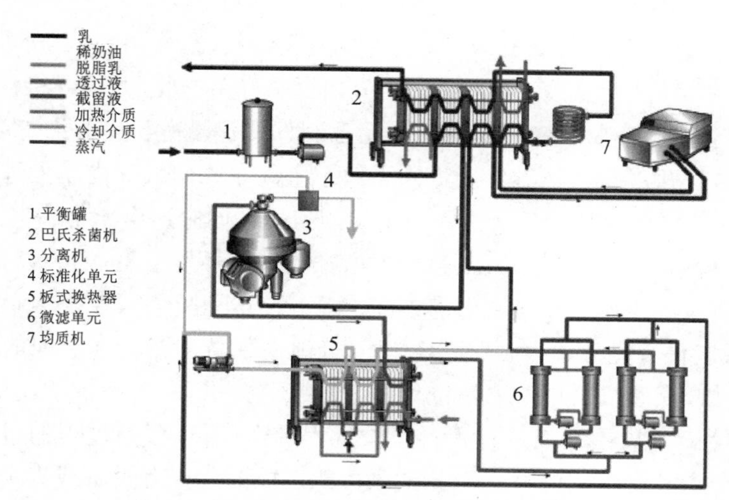

图 8-1　带有过滤装置的巴氏杀菌乳加工工艺图

(5) 冷却：牛乳经杀菌后应立即冷却至 5 ℃以下，以抑制乳中残留细菌的繁殖，增加产品的保存期。同时也可以防止因温度高而使黏度降低导致脂肪球膨胀、聚合上浮。凡用连续性杀菌设备处理的乳一般都直接通过热回收部分和冷却部分冷却到 4 ℃。非连续式杀菌时需采用其他方法加速冷却。

(6) 灌装：灌装的目的主要是便于分送销售与消费者饮用。此外还能防止污染，保持杀菌乳的良好滋味和气味，防止吸收外界异味，减少维生素等成分的损失。

① 灌装容器。灌装容器多种多样，有玻璃瓶、塑料瓶、塑料袋、塑料夹层纸盒和涂覆塑料铝箔纸等。虽然玻璃瓶有成本低、可反复使用等优点，但由于其易破损、运费成本高、又不利于消费者使用，所以现在市场上很少使用。取而代之的是塑料瓶、复合袋和纸容器。其优点是一次性使用，减少污染机会，运输、携带方便，材料质轻、遮光、绝热性好，有利于乳的品质保持。杀菌乳在用复合袋、纸盒灌装后，在 5 ℃的条件下可贮存 1 ～ 2 周。

a. 玻璃瓶。玻璃瓶包装具有化学性质稳定，耐高温等特点。使用前要确保清洗洁净度。

b. 新鲜屋型纸盒包装。这种包装具有易于运输、携带方便等优点。在车间生产须注意以下几方面：生产前须对机器每条心轴进行成型密封性检测，操作工应时刻对成品进行抽查称量，由于液体飞溅造成顶封而出现渗漏现象，可通过上升式灌装消除这一现象。

c. 塑料杯。塑杯杯由于其杯壁较薄，因此传热的速度较快，同时避免了热胀冷缩的不利影响。其原理是将结晶聚合物塑料片材(Ps)加热至结晶熔融温度以下，经模具全塞拉伸及模内吹入净化压缩空气吹胀定型，制成薄壁容器，然后自动灌装、覆膜、热封和冲剪成型。

d. 塑料袋。塑料袋成本低，形式多样，易于运输；但容易发生漏包变质。须严格控制横竖封的密封效果。由于不同品种的包装膜采用的颜料不同，因此在更换品种时须及时改变其横竖封压力及温度；对由于热融而黏附在横竖封处的塑料膜要及时清理，确保良好的密封性。

② 无菌灌装。现在市场上流通的保质期较长的乳品主要是用塑料瓶包装利乐包和小房形包装。塑料瓶包装的奶是在灌装后进行了二次灭菌，其保质期可达 6 个月或 1 年。而利乐包和小房形包装若是在无菌条件下灌装，不必采用二次灭菌，这种方式正在成为市场的主流。利乐包是利用专用纸为包装材料，过氧化氢为杀菌剂，灌装时纸先通过一个过氧

化氢层，使纸壁上涂上一层过氧化氢膜，然后卷成纵纸筒，热合，再用红外线辐射，将过氧化氢分解，并蒸发掉，然后在该灭菌的纸筒内充填已杀好菌的乳，并热合、封口。

小房形包装不同于利乐包，它是将一个个已制好的但没有封底的纸筒放在灌装机上，通过气吸将纸筒打开，热合封底，然后进入无菌小室。在此向纸盒内喷入过氧化氢进行杀菌、加热，使过氧化氢蒸发掉。随后注入杀菌奶，热封口，同时送出无菌小室。

灌装工序应特别注意员工个人卫生并严格控制车间环境卫生，灌装设备消毒要彻底，严防灌装过程的二次污染。严格密闭灌装间，车间空气严格消毒，工作人员坚持二次更衣消毒，穿戴整齐工作衣帽和口罩，头发不得外露，地面保持湿润。灌装间的空间细菌数控制在 50 个 / 平皿，灌装机采用 CIP 清洗消毒，灌装工每 1 h 用 75% 的酒精消毒，灌装间每 30 min 用酒精喷壶对周围空气进行消毒。按规程操作，防止灌装过程的再次污染。其包装材料必须符合食品卫生法的规定。此工序可能造成的危害有设备或人员造成的二次污染、包装封口不严造成的二次污染、包装物带来的纸屑及铝膜等物理性危害等。

（四）巴氏杀菌乳的质量标准及检测

所生产的巴氏杀菌乳应符合 GB 19645《食品安全国家标准巴氏杀菌乳》

1. 原料要求

生乳应符合 GB 19301 的要求。

2. 感官要求

感官要求及检测应符合表 8-4。

表 8-4　感官要求

项目	要求	检验方法
色泽	呈乳白色或微黄色	取适量试样置于 50 mL 烧杯中，在自然光下观察色泽和组织状态。闻其气味，用温开水漱口，品尝滋味
滋味与气味	具有乳固有的香味，无异味	
组织状态	呈均匀一致的液体，无凝块、无沉淀、无正常视力可见异物	

3. 理化要求

理化指标及检测应符合表 8-5。

表 8-5　理化指标

项目	指标	检验方法
脂肪[a]（g/100 g）	≥ 3.1	GB 5413.3
蛋白质（g/100 g） 牛乳 羊乳	 ≥ 2.9 ≤ 2.8	GB 5009.5
非脂乳固体（g/100 g）	≥ 8.1	GB 5413.39
酸度（°T） 牛乳[b] 羊乳	 12 ～ 18 6 ～ 13	GB 5413.34

[a] 仅适用于全脂巴氏杀菌乳。

4. 污染物限量

应符合 GB 2762 的规定。

5. 真菌毒素限量

应符合 GB 2761 的规定。

6. 微生物限量

应符合表 8-6 的规定。

表 8-6 微生物限量

项目	采样方案[a]及限量(若非指定,均以 cfu/g 或 cfu/mL 表示)				检验方法
	n	c	m	M	
菌落总数	5	2	50 000	100 000	GB 4789. 2
大肠菌群	5	2	1	5	GB 4789. 3 平板计数法
金黄色葡萄球菌	5	0	0/25 g(mL)	—	GB 4789. 10 定性检验
沙门氏菌	5	0	0/25 g(mL)	—	GB 4789. 4

[a] 样品的分析及处理按 GB 4789. 1 和 GB 4789. 18 执行。

7. 其他要求

应在产品包装主要展示面上紧邻产品名称的位置,使用不小于产品名称字号且字体高度不小于主要展示面高度 1/5 的汉字标注“鲜牛(羊)奶”或“鲜牛(羊)乳”。

(五)实习考核要点和参考评分(表 8-7)

(1)记录实习过程所见所闻所想,结合专业知识撰写认识实习报告。

(2)指导教师提交认识实习教学指导教师工作报告一份。

表 8-7 巴氏杀菌乳认识实习的操作考核要点和参考评分

序号	项目	考核内容	技能要求	评分(100 分)
1	企业概况	(1)企业组织形式; (2)产品概况	(1)了解企业的组织、部门任务; (2)了解企业的产品种类、特色	10
2	工艺设备	(1)主要设备; (2)主要工艺; (3)辅助设施	(1)了解巴氏奶生产工艺的各工序; (2)认识巴氏奶生产设备的型号和用途; (3)了解巴氏奶生产辅助设施	15
3	企业建筑	(1)全厂平面图; (2)主要建筑特点; (3)三废及其他	(1)了解巴氏奶生产线车间布局; (2)了解巴氏奶生产产品的副产物情况	15
4	市场调研	(1)市场销售状况; (2)主要产品信息	利用网络或到销售实地考察巴氏奶的销售情况,做巴氏奶销售汇总	10
5	实习报告	(1)格式; (2)内容	(1)认识实习报告格式正确; (2)能正确记录巴氏奶生产工艺与要求,实习总结要包括体会、心得、问题与建议等	50

二、酸奶生产技术

知识目标：

（1）了解酸奶的概念和类型。

（2）了解酸奶发酵剂的作用及制备过程。

（3）掌握发酵剂的制备方法。

（4）了解三种类型酸奶的加工工艺流程。

技能目标

（1）认识酸奶加工中的关键设备和操作要点。

（2）认识酸奶的质量标准及检测方法。

（3）掌握酸奶加工关键工艺的控制条件。

（4）认识酸奶加工设备及控制条件。

解决问题

（1）能解决酸奶常见的质量问题。

（2）能应用所学知识对酸奶质量提出改善措施。

（一）酸奶的概念

发酵乳制品是指乳在发酵剂（特定菌）的作用下发酵而成的乳制品，在保质期内，大多数该类产品中的特定菌必须大量存在。

酸乳（Yoghurt），即在添加（或不添加）乳粉（或脱脂乳粉）的乳（杀菌乳或浓缩乳）中，由于保加利亚杆菌和嗜热链球菌的作用，经过乳酸发酵而制成凝乳状产品，成品中必须含有大量相应的活性微生物。

通常根据成品的组织状态、口味、原料中乳脂肪含量、生产工艺和菌种的组成将酸乳分成不同类别。按成品的组织状态分类：

凝固型酸乳（Set Yoghurt）：其发酵过程在包装容器中进行，从而使成品因发酵而保留其凝乳状态。

搅拌型酸乳（Stirred Yoghurt）：发酵后的凝乳在灌装前搅拌成黏稠状组织状态。

饮料型酸乳（Drinking Yoghurt）：基本组成与搅拌型酸乳一样，但状态更稀，可直接饮用的饮品称之为饮料型酸乳。

冷冻型酸乳（Frozen Yoghurt）：发酵罐中发酵，然后像冰淇淋那样被冷冻。

（二）发酵剂的制备

1. 概念

发酵剂（Starter Culture）是一种能够促进乳的酸化过程，含有高浓度乳酸菌的特定微生物培养物。

2. 种类

（1）按发酵剂制备过程分类。

① 乳酸菌纯培养物。即一级菌种的培养，一般多接种在脱脂乳、乳清、肉汁或其他培

养基中，或者用冷冻升华法制成一种冻干菌苗。

② 母发酵剂（Mother Culture）。即一级菌种的扩大再培养，它是生产发酵剂的基础。

③ 生产发酵剂（Bulk Culture）。即母发酵剂的扩大培养，是用于实际生产的发酵剂。

（2）按使用发酵剂的目的分类。

① 混合发酵剂。这一类型的发酵剂含有两种或两种以上的菌，如保加利亚乳杆菌和嗜热链球菌按 1∶1 或 1∶2 比例混合的酸乳发酵剂，且两种菌比例的改变越小越好。

② 单一发酵剂。这一类型发酵剂只含有一种菌。

③ 补充发酵剂。为了增加酸奶的黏稠度、风味和提高产品的功能性效果，单独培养或混合培养后加入乳中。

3. 发酵剂的主要作用

（1）分解乳糖产生乳酸。

（2）产生挥发性的物质，如丁二酮、乙醛等，从而使酸乳具有典型的风味。

（3）具有一定的降解脂肪、蛋白质的作用，从而使酸乳更利于消化吸收。

（4）酸化过程抑制了致病菌的生长。

4. 发酵剂的选择

菌种的选择对发酵剂的质量起着重要作用，应根据生产目的不同选择适当的菌种。选择发酵剂应从以下几方面考虑。

（1）产酸能力和后酸化作用。一般情况下，生产中应选择产酸能力弱或中等的发酵剂，过强的产酸能力易导致过度酸化和强后酸化过程。

后酸化（Post-acidification）是指在发酵乳酸度达到一定值后，终止发酵进入冷却和冷藏阶段仍继续产酸的现象。在任何情况下，后酸化程度都应尽可能小，以便控制发酵乳的质量。

（2）滋味和芳香味的产生。优质的酸奶必须有良好的滋味和香味。一般酸奶发酵剂产生的芳香物质有乙醛、丁二酮、3- 羟基丁酮和挥发性酸。风味的评定方法有感官评估、挥发酸检测、乙醛的生成。乙醛∶丁二酮∶3- 羟基丁酮＝ 5∶1∶1 时风味佳。

（3）黏性物质的产生。胞外黏性多糖类物质，有助于改善酸奶的组织状态和黏稠度。

（4）蛋白质的水解性。若酸奶保质期短，蛋白质水解问题可以不予考虑；若酸奶保质期长，应选择蛋白质水解能力适度的菌株，并选择产酸温和且后酸化弱的发酵剂。

蛋白质适度水解可促进发酵并利于消化，但过度水解则导致产品黏度下降等不利影响。

5. 发酵剂的制备

（1）菌种的复活及保存。菌种通常保存在试管（液态发酵剂）或复合薄膜（粉状发酵剂）中，需恢复其活力，即在无菌操作条件下接种到灭菌的脱脂乳试管中多次传代、培养。而后保存在 0 ～ 4 ℃冰箱中，每隔 1 ～ 2 周移植一次。

在长期移植过程中，可能会有杂菌污染，造成菌种退化、老化、裂解。因此，菌种须不定期的纯化、复壮。

（2）母发酵剂的调制。将充分活化的菌种接种于盛有灭菌脱脂乳的三角瓶中，混匀后，放入恒温箱中进行培养。凝固后再移入灭菌脱脂乳中，如此反复2～3次，使乳酸菌保持一定活力，然后再制备生产发酵剂。

母发酵剂和中间发酵剂的制备须在严格的卫生条件下，制作间最好有经过过滤的正压空气。操作前小环境要用消毒剂消毒。

（3）生产发酵剂的制备。生产发酵剂制备时取实际生产量的3%～4%脱脂乳，装入经灭菌的容器中，以90 ℃、15～30 min杀菌，并冷却。用脱脂乳量3%～4%的母发酵剂接种，充分混匀后置于恒温箱中培养。待达到所需酸度时即可取出置于冷藏库中。生产发酵剂的培养基最好与成品的原料相同，以使菌种的生活环境不致急剧改变而影响菌种的活力。

6. 发酵剂的质量要求

（1）凝块应有适当的硬度，均匀而细滑，富有弹性，组织状态均匀一致，表面光滑，无龟裂，无皱纹，未产生气泡及乳清分离等现象。

（2）具有优良的风味，不得有腐败味、苦味、饲料味和酵母味等异味。

（3）若将凝块完全粉碎后，质地均匀，细腻滑润，略带黏性，不含块状物。

（4）按规定方法接种后，在规定时间内产生凝固，无延长凝固的现象。测定活力（酸度）时符合规定指标要求。

为了不影响生产，发酵剂要提前制备，可在低温条件下短时间贮藏。

7. 发酵活力的测定

（1）酸度检查法。在灭菌冷却后的脱脂乳中加入3%的发酵剂，并在37.8 ℃的恒温箱下培养3.5 h，然后测定其酸度，若滴定乳酸度达0.8%以上，认为活力良好。

（2）刃天青还原试验法。在9 mL脱脂乳中加入1 mL发酵剂和0.005%刃天青溶液1 mL，在36.7 ℃的恒温箱中培养35 min以上，如完全褪色则表示活力良好。

刃天青pH 3.8橙色，pH 6.5深紫，氧化还原剂，缺氧下由粉红变为无色。

（三）酸奶的生产工艺

酸乳（Yoghurt），即在添加（或不添加）乳粉（或脱脂乳粉）的乳（杀菌乳或浓缩乳）中，由于保加利亚杆菌和嗜热链球菌的作用，经过乳酸发酵而制成凝乳状产品，成品中必须含有大量相应的活性微生物。常温贮藏饮用型酸奶因为经过了发酵后杀菌工艺，因此活菌基本杀灭，只有菌体存在。

1. 工艺流程

发酵型酸奶根据工艺不同，主要有凝固型、搅拌型和饮用型三种，三种类型的酸奶生产步骤见图8-2。

2. 原辅料要求及预处理方法

（1）原料乳的质量要求。用于制作发酵剂的乳和生产酸乳的原料乳必须是高质量的，要求酸度在18°T以下，杂菌数不高于500 000 cfu/mL，乳中全乳固体不得低于11.5%。

健康的乳、没有异味的乳、高蛋白的乳、不含抗生素的乳。

（2）酸乳生产中使用的原辅料。

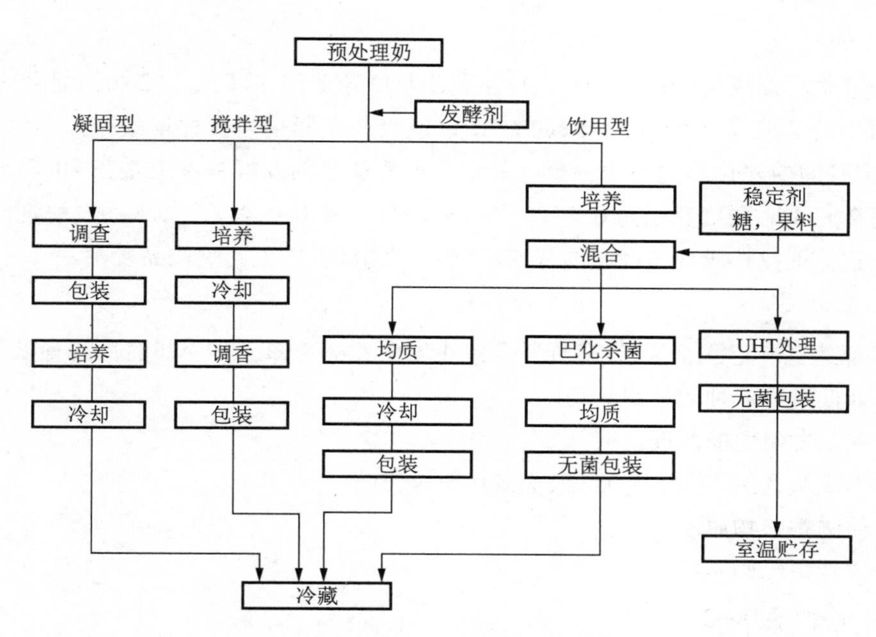

图 8-2 凝固型、搅拌型、饮用型酸奶生产步骤

① 脱脂乳粉。用作发酵乳的脱脂乳粉要求质量高、无抗生素和防腐剂。脱脂奶粉可提高干物质含量。改善产品组织状态，促进乳酸菌产酸，一般添加量为 1%～1.5%。

② 稳定剂。在搅拌型酸乳生产中，通常添加稳定剂。常用的稳定剂有明胶、果胶和琼脂，其添加量应控制在 0.1%～0.5%。

③ 糖及果料。在酸乳生产中，常添加 6.5%～8%的蔗糖或葡萄糖。在搅拌型酸乳中常常使用果料及调香物质，如果酱等。在凝固型酸乳中很少使用果料。

3. 标准化

（1）脂肪含量标准化。乳中较高的脂肪含量对发酵乳的风味和均一性有非常有利的影响。

（2）总固体物含量。乳中总固体物含量与发酵乳质地的均一性和风味有很大关系。一般认为 15.5%～16%的总固体物含量可以获得最佳品质的酸奶。

4. 均质

均质处理可使原料充分混匀，有利于提高酸乳的稳定性和稠度使酸乳质地细腻，口感良好。均质所采用的压力一般为 10～20 MPa，温度 60 ℃～70 ℃。

5. 杀菌

杀灭原料乳中的杂菌，确保乳酸菌的正常生长和繁殖，钝化原料乳中对发酵菌有抑制作用的天然抑制物；使牛乳中的乳清蛋白变性，以达到改善组织状态，提高黏稠度和防止成品乳清析出的目的。杀菌条件一般为 90 ℃～95 ℃、5～10 min，85 ℃、30 min。

牛奶通过 90 ℃～95 ℃、5 min 的热处理效果最好，因为在这样的条件下乳清蛋白变性 70%～80%，尤其是主要的乳清蛋白 -β- 乳球蛋白会与 κ- 酪蛋白相互作用，使酸奶成为一个稳定的凝固体。

6. 接种

酸奶常用的发酵剂由保加利亚乳杆菌和嗜热链球菌按 1∶1 或 1∶2 比例混合而成。

杀菌后的乳应马上降温到 45 ℃左右，以便接种发酵剂。接种量根据菌种活力、发酵方法、生产时间的安排和混合菌种配比而定。一般酸奶的发酵基本上是在 40 ℃～45 ℃，发酵时间 2～4 h，酸度变化为 0.7%～1.1%，pH 为 4.0～4.2。加入的发酵剂应事先在无菌操作条件下搅拌成均匀细腻的状态，不应有大凝块，以免影响成品质量。

7. 冷却

在发酵达到一定酸度后，发酵乳需要终止发酵并被冷却。其冷却的目的有以下几种。

（1）降低发酵菌种的代谢活动。

（2）控制发酵乳的酸度。

（3）形成所谓的“硬度”的组织状态和结构。

（4）促进香味物质的产生。

（5）搅拌型酸奶生产线。

8. 预处理（图 8-3）

（1）预热：牛奶从平衡罐 1 出来，牛乳被泵到热交换器 2 中进行第一次热回收并被预热至 70 ℃左右，然后在第二段加热至 90 ℃。

（2）蒸发：从热交换器中出来的热牛奶被送到真空浓缩罐 3，在此牛奶中有 10%～20% 的水分被蒸发，每一次循环蒸发掉 3%～4% 的水，因此牛奶须进行数次循环以达到所要求的蒸发量，增加牛乳的浓度。因为水分蒸发吸热，牛乳温度会从 85 ℃～90 ℃下降到 70 ℃左右。

（3）均质：蒸发后，牛奶被送到均质机 4，均质压力为 20～25 MPa。

（4）杀菌：经均质的牛乳回流到热交换器 2 热回收段，再加热到 90 ℃～95 ℃，然后牛乳进入保温管 5，保温 5 min。

（5）冷却：巴氏杀菌后的牛乳要进行冷却。首先是在热回收段，然后用水冷却至所需接种温度 40 ℃～45 ℃。

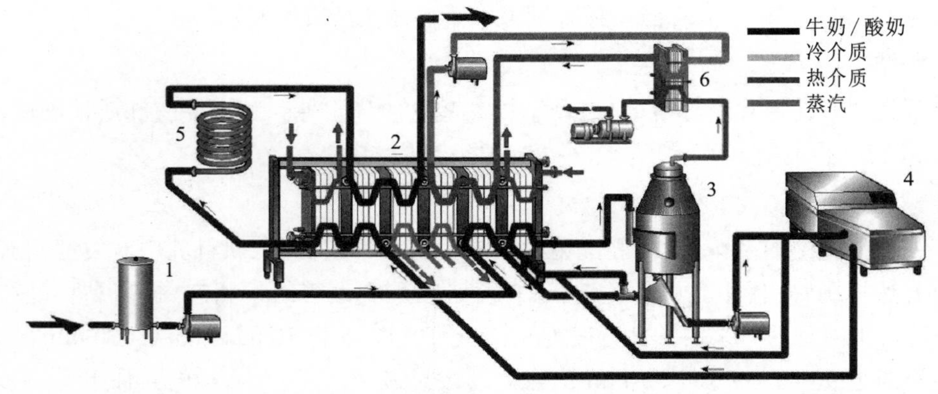

1—平衡罐；2—片式热交换器；3—真空浓缩罐；4—均质机；5—保温管；6—板式热交换器

图 8-3　原料奶预处理生产线

9. 加发酵剂(图 8-4)

预处理的牛奶冷却到培养温度,然后连续地与所需体积的生产发酵剂一并泵入发酵罐 7。罐满后,开动搅拌数分钟,保证发酵剂均匀分散。

10. 发酵

发酵剂与牛乳充分混合后在发酵罐 7 中进行静止发酵。搅拌型酸奶生产的接种量为 2.5%～3%,培养温度 42 ℃～43 ℃,培养时间为 2.5～3 h。

11. 冷却

达到所需的酸度时(pH 4.2～4.5),酸奶必须迅速降温至 15 ℃～22 ℃。冷却是在具有特殊板片的板式热交换器 8 中进行,这样可以保证产品不受强烈的机械扰动。冷却的酸奶在进入包装机 12 以前一般先打入到缓冲罐 9 中。

12. 调香

冷却到 15 ℃～22 ℃,酸奶就准备调香和包装。果料和香料 10 可在酸奶从缓冲罐 9 到包装机 12 的输送过程中加入,通过混合器 11 进行混合。

13. 包装

调香后的牛乳进入包装机 12 进行包装。

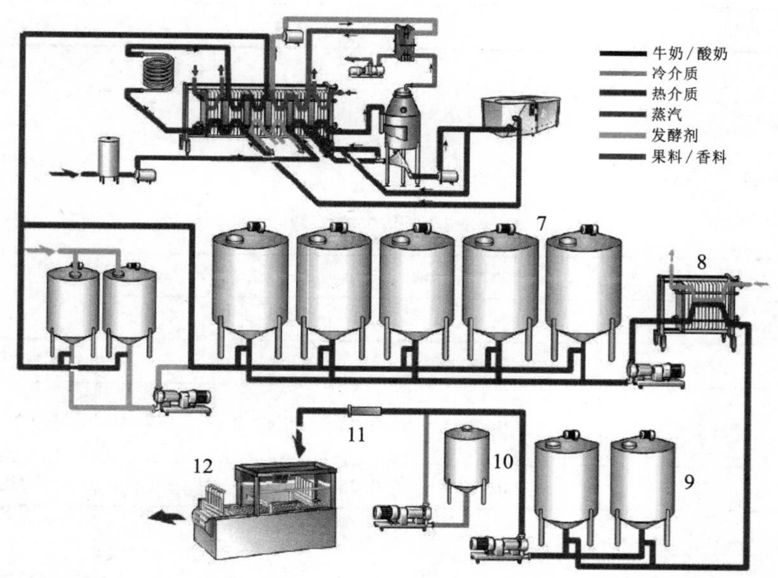

7—发酵罐(加入发酵剂);8—板式热交换器;9—缓冲罐;10—小料罐(果料和香料罐);11—混合器;12—包装机

图 8-4　搅拌型酸奶的生产线

(四)酸奶的质量标准及检测

根据国标 GB 19302《发酵乳》要求,酸奶的质量标准及检测方法如下。

1. 感官要求

酸奶的感官要求应符合表 8-8 的要求。

表 8-8　感官要求

项目	要求		检验方法
	发酵乳	风味发酵乳	
色泽	色泽均匀一致，呈乳白色或微黄色	具有与添加成分相符的色泽	取适量试样置于 50 mL 烧杯中，在自然光下观察色泽和组织状态。闻其气味，用温开水漱口，品尝滋味
滋味、气味	具有发酵乳特有的滋味、气味	具有与添加成分相符的滋味和气味	
组织状态	组织细腻、均匀，允许有少量乳清析出；风味发酵乳具有添加成分特有的组织状态		

2. 理化指标

理化指标及检测应符合表 8-9 的要求。

表 8-9　理化指标

项目	指标		检验方法
	发酵乳	风味发酵乳	
脂肪[a]（g/100 g）	≥3.1	≥2.5	GB 5413.3
非脂乳固体（g/100 g）	≥8.1	—	GB 5413.39
蛋白质（g/100 g）	≥2.9	≥2.3	GB 5009.5
酸度（°T）	≥70.0		GB 5413.34

[a] 仅适用于全脂产品。

3. 微生物限量

微生物限量及检测应符合表 8-10 的要求。

表 8-10　微生物限量

项目	采样方案[a]及限量（若非指定，均以 cfu/g 或 cfu/mL 表示）				检验方法
	n	c	m	M	
大肠菌群	5	2	1	5	GB 4789.3 平板计数法
金黄色葡萄球菌	5	0	0/25 g（mL）	—	GB 4789.10 定性检验
沙门氏菌	5	0	0/25 g（mL）	—	GB 4789.4
酵母	≤100				GB 4789.15
霉菌	≤30				

[a] 样品的分析及处理按 GB 4789.1 和 GB 4789.18 执行。

4. 乳酸菌数要求

乳酸菌数要求及检测应符合表 8-11 的要求。

表 8-11　乳酸菌数

项目	限量［cfu/g（mL）］	检验方法
乳酸菌数[a]	$\geq 1\times10^{6}$	GB 4789.35

[a] 发酵后经热处理的产品对乳酸菌数不作要求。

5. 食品添加剂和营养强化剂

食品添加剂和营养强化剂质量应符合相应的安全标准和有关规定。

食品添加剂和营养强化剂的使用应符合 GB 2760 和 GB 14880 的规定。

6. 其他要求

（1）污染物限量：应符合 GB 2762 的规定。

（2）真菌毒素限量：应符合 GB 2761 的规定。

（五）实习考核要点和参考评分（表 8-12）

（1）记录实习过程所见所闻所想，结合专业知识撰写认识实习报告。

（2）指导教师提交认识实习教学指导教师工作报告一份。

表 8-12　酸奶认识实习的操作考核要点和参考评分

序号	项目	考核内容	技能要求	评分（100 分）
1	企业概况	（1）企业组织形式； （2）产品概况	（1）了解企业的组织、部门任务； （2）了解企业的产品种类、特色	10
2	工艺设备	（1）主要设备； （2）主要工艺； （3）辅助设施	（1）了解酸奶生产工艺的各工序； （2）认识酸奶生产设备的型号和用途； （3）了解酸奶生产辅助设施	15
3	企业建筑	（1）全厂平面图； （2）主要建筑特点； （3）三废及其他	（1）了解酸奶生产线车间布局； （2）了解酸奶生产产品的副产物和三废情况	15
4	市场调研	（1）市场销售状况； （2）主要产品信息	利用网络或到销售实地考察酸奶的销售情况，做酸奶销售汇总	10
5	实习报告	（1）格式； （2）内容	（1）认识实习报告格式正确； （2）能正确记录酸奶生产工艺与要求，实习总结要包括体会、心得、问题与建议等	50

三、奶粉生产技术

知识目标：

（1）了解乳粉的概念和特点。

（2）了解乳粉的生产工艺。

（3）掌握乳粉的雾化干燥工艺对原料的要求和雾化方式、过程。

（4）了解乳粉的湿法和干法工艺的特点。

技能目标：

（1）认识乳粉加工中的关键设备和操作要点。

（2）认识乳粉的质量标准及检测方法。

（3）掌握乳粉加工关键工艺的控制方法。

（4）认识乳粉加工设备及控制条件。

解决问题：

（1）能解决乳粉常见的质量问题。

（2）能应用所学知识对乳粉质量提出改善措施。

（一）乳粉的概念

乳粉是指以新鲜乳为原料，或为主要原料，添加一定数量的植物或动物蛋白质、脂肪、维生素、矿物质等配料，通过冷冻或加热的方法除去乳中几乎全部的水分，干燥而成的粉末。

奶粉的优点：水分含量很低，抑制了微生物的繁殖；除去了几乎全部的水分，大大减轻了重量、减小了体积，为贮藏运输带来了方便；乳粉冲调容易，便于饮用，可以调节产奶的淡旺季对市场的供应。

（二）乳粉的生产工艺

1. 工艺流程

鲜奶验收→净乳→降温贮存→配料→均质→冷却、暂存→杀菌、浓缩→喷雾干燥→接粉、贮粉→半成品检验→包装→成品检验→入库→出厂。

2. 工艺要点

（1）原料验收：对用于生产奶粉的原料的质量具有极严格的要求，国标 GB 19644《乳粉》中规定每克奶粉的细菌数不得超过50 000，有些国家甚至30 000，在没有再污染的前提下，这与产品复配后每升细菌总数约 5 000（或 3 000）相当，由于喷雾干燥过程中会真空蒸发，控制浓缩物中的耐热细菌在真空蒸发过程不生长繁殖也同样非常重要。离心除菌机处理或微滤也就因此应用于奶粉生产中以除去乳中的细菌芽孢，以及控制终产品的微生物质量。

用于奶粉生产的牛乳在送到奶粉加工厂之前不允许进行任何强烈的、超常的热处理。这样的热处理会导致乳清蛋白凝聚，影响奶粉的溶解性、气味和滋味。使用过氧化物酶实验或乳清蛋白实验可以检测牛乳所受热处理是否过于强烈。以上两个实验都能表明牛乳是否受过高温下的巴氏杀菌。

（2）净乳：净乳方式包括过滤除杂和净乳机除杂两种方式。牛奶中机械杂质采用80～120目的绢布过滤；净乳机可除去细小杂质，可降低乳中的细菌总数和芽孢，净乳后杂质要小于 2×10^{-6}。影响净乳机除杂的因素包括进料量和及时排渣，连续式每处理 7.5～10 t 排渣 1 次。

（3）降温贮存：净乳后应及时冷却降温，以免微生物繁殖，造成原奶腐败。通常情况下，在运输途中，不可避免的奶温会略高于 4 ℃。因此，牛乳在贮存等待加工前，通常经过板式热交换器冷却到 4 ℃以下。鲜奶贮存时间不可过长，以免嗜冷菌大量繁殖，分解蛋白质，使牛奶产生苦味，影响最终滋味和气味，原料耐贮存时间不超过 24 h。

（4）配料：配料工序容易引起的质量和安全问题有辅料卫生质量不佳（在运输、贮藏中因防护不当，受到细菌、霉菌及鼠虫污染，产生毒素、致病菌，对人体产生危害）；营养素过量（一些微量元素、脂溶性维生素含量超标可能对人体产生危害）；辅料溶化效果（如果溶解不彻底则在后续的过滤和净乳中被甩出，影响产品营养指标）。

每批辅料在进厂后严格验证检验（含理化和卫生指标），细菌总数＜50 000 g^{-1}。使用前配料员对每袋料进行感观检查（结块、霉变、有异味、色变的拒绝使用）；微量元素（小辅料由化验室准确计量后按配比发放）；保证辅料的化料效果（要有化料罐、高速搅拌等，乳清粉、糊精粉、乳清蛋白粉，可按粉水6∶1的比例直接在化料罐中溶化，水温40 ℃～50 ℃，对于难溶的如大豆蛋白，则要延长溶解时间，使其充分水合完全溶解）；保证料液与原料奶混合均匀（在定位罐中）。

（5）均质：防止脂肪上浮、并可防止奶粉中脂肪分子游离到颗粒表面，影响奶粉的冲调性和保质期。均质温度40 ℃～50 ℃，均质压力15～20 MPa。

均质的作用是破碎原料奶中的大脂肪球，防止成品奶在静止或贮存过程中发生脂肪上浮，影响保质期。在使用均质机时应做好均质机清洗杀菌工作，另外应防止冷却密封水渗入原料奶中，造成二次污染。经常检查均质头和密封圈的磨损情况，破损后及时更换。

（6）冷却、暂存：冷却10 ℃以下，暂存不超过12 h，避免微生物大量繁殖。

（7）杀菌：不同的产品可根据本身的特性选择合适的杀菌方法。目前最常见的是高温短时灭菌法，因为使用该方法牛乳的营养成分损失较小，乳粉的理化特性较好。用于奶粉生产的脱脂乳热处理必须达到磷酸酶实验阴性。生产全脂奶粉的乳热处理需要达到脂酶失活，也就是通常用高温巴氏消毒以达到过氧化物酶实验阴性。

（8）浓缩：牛乳经杀菌后立即泵入真空蒸发器进行减压（真空）浓缩，除去乳中大部分水分（65%），然后进入干燥塔中进行喷雾干燥，以利于产品质量和降低成本。

一般要求原料乳浓缩至原体积的1/4，乳干物质达到45%左右，浓缩后的乳温一般47 ℃～50 ℃。不同的产品浓缩程度如下：全脂乳粉浓度为11. 5～13 ºBé，相应乳固体含量为38%～42%；脱脂乳粉浓度为20～22 ºBé，相应乳固体含量为35%～40%；全脂甜乳粉浓度为15～20 ºBé，相应乳固体含量为45%～50%，生产大颗粒奶粉时浓缩乳浓度提高。

杀菌、浓缩工序容易出现的质量问题：杀菌不彻底或漏过剩奶造成浓奶细菌总数过高，导致最终产品微生物超标；设备清洗不彻底，污染产品；设备故障，如物料泵冷却密封水漏进奶中、加热蒸汽漏进奶中等，均容易导致产品大肠杆菌和杂质超标；浓奶浓度低，导致奶粉颗粒小，影响冲调性。

工艺控制措施：控制杀菌温度82 ℃～90 ℃，保持24 s。杀菌温度稳定，制定杀菌温度操作限值，温度发生偏离时及时调整；生产前检查设备清洗效果，并对双效设备杀菌，可用90 ℃～100 ℃热水循环10～15 min；生产结束后，对设备清洗。定期对设备做涂抹试验；检查清洗效果；定期对设备进行系统维修；一效蒸发温度70 ℃，二效蒸发温度50 ℃，浓奶质量浓度0. 5 kg/L，也可根据颗粒大小确定浓度。

（9）干燥：

① 滚筒或滚鼓干燥（图8-5）。滚筒干燥即是将乳分散在由蒸汽加热的转动的圆鼓上，当乳触及热鼓表面，乳中的水分蒸发出来并被空气带走，高温的热表面使蛋白变为一种不易溶解且使产品变色的状态。强烈的热处理使奶粉的持水性能上升，这一特性对于预制食品工业是很有用的。

槽供料和喷雾供料的差别在于滚筒干燥上乳被送到热鼓表面的方式。

槽供料滚筒干燥原理：预处理后的乳被送至由铸铁鼓和四壁构成的槽中，乳在热鼓表面迅速被加热形成一薄层，这层乳中的水分被加热蒸发而干燥，干燥的料持续被每一鼓上的刮刀刮下来。干燥的乳落入螺杆传送器，在期间磨成碎片。这些碎片，被传送到一个磨碎机，同时硬颗粒和焦粒在滤网中被分离出去。根据生产能力，一个双滚筒干燥器 1～6 m长，鼓直径为 0.6～3 m，这一尺寸取决于膜厚度、温度、转鼓速度和干粉的干固物要求。干燥层的厚度可通过调整鼓间距来改变。

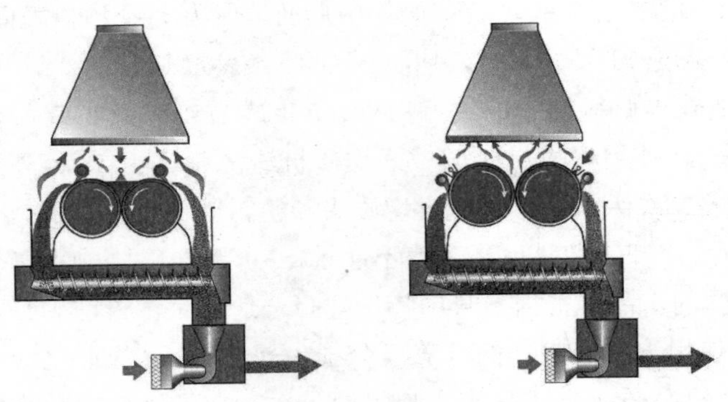

图 8-5　滚筒干燥示意图（左：槽供料；右：喷雾供料）

喷雾供料滚筒干燥原理：鼓上的喷嘴在热鼓表面将预处理奶喷成一个薄层，在此状况下，大约 90%的传热表面得以利用，相比之下槽供料干燥器只有不到 75%的利用率。膜厚度由喷雾嘴压力而定，干燥时间可通过调整温度和鼓的转速来控制。奶粉的一些特性可由视比板来控制，如果参数正确，奶膜从鼓上刮下来时应为基本干燥的。刮下来的干燥膜粉送入到和槽供料干燥器一样的处理设备中。

② 喷雾干燥（图 8-6）。喷雾干燥分两段进行，第一阶段预处理奶被蒸发浓缩到干物质含量为 45%～55%。第二阶段浓缩物被泵送到干燥塔最后干燥，后者的过程分 3 个步骤：浓缩物分散为细小液滴；将细小分散的浓缩液与热空气混合，在其中水分快速蒸发；将干粉颗粒与干燥空气分离。

蒸发是生产高质奶粉不可或缺的过程，没有预浓缩，奶粉颗粒将会非常小并含有大量空气，润湿性能下降，货架期缩短，加工过程也不经济。浓缩常用降膜蒸发器，经二级或更多级蒸发，以获得 45%～55%干物质含量，设备与生产炼乳的设备相同。

喷雾干燥第一步是将浓缩物分散为细小液滴，这个操作是由喷雾干燥器的雾化盘来完成的。雾化盘分为两种，分别是压力式雾化盘和离心式雾化盘。

a. 压力式雾化盘。采用压力式雾化盘雾化的喷雾干燥技术称为压力式喷雾干燥，它是将浓乳经高压泵施加高压，然后经过雾化盘内一个狭小的喷嘴，高速喷射的浓乳受到空气的撕裂作用，浓乳就被雾化成细小的小液滴。

b. 离心式雾化盘。离心式雾化盘是一个高速旋转的圆盘，当浓乳落入圆盘，便受到强大的离心力作用而被加速甩出，由于液流与空气的摩擦而被碎裂成微小的液滴。

喷雾干燥第二步是水分蒸发。浓乳被雾化成小液滴后，便与热空气接触，由于小液滴比表面积比较大，水分在 0. 01 ～ 0. 04 s 之内瞬间蒸发。

喷雾干燥第三步是干燥粉末的分离。被干燥成粉末后在重力作用下落入干燥器底部并收集，而水蒸气从干燥器上部排出。整个干燥过程仅需 15 ～ 30 s。

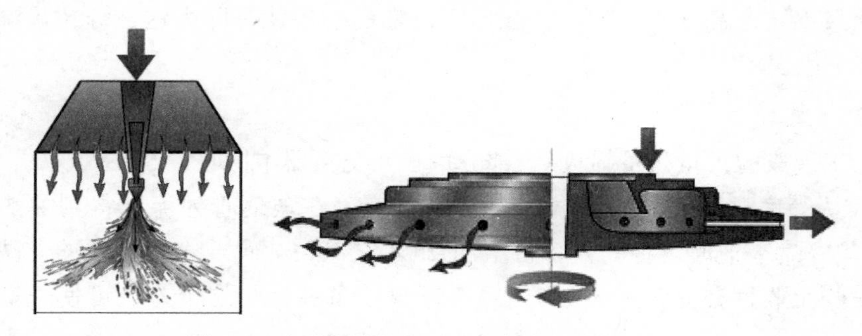

图 8-6 喷雾式雾化盘（左）和离心式雾化盘（右）

（10）冷却：在不设置二次干燥的设备中，须冷却以防脂肪分离，然后过筛（20 ～ 30 目）后即可包装。在二次干燥设备中，乳粉经二次干燥后进入冷却床被冷却到 40 ℃以下，再经过粉筛送入奶粉仓，待包装。

（11）包装：奶粉一般包装于有塑料内衬且具铝箔层的纸袋中。塑料包装常热封。因此这种包装实际上与铁罐包装一样密闭。家用奶粉或类似小批量用户需要的奶粉也可装于铁罐、铝箔袋或装在纸盒中的塑料袋中。

奶粉应在冷却条件存放，同时避免与水接触。在室温和低水分的条件下，奶粉的各种化学反应进行得非常缓慢，奶粉的营养价值即使经过几年的贮存，也不会受到影响。为避免全脂奶粉发生脂肪氧化，可添加抗氧剂和在铁罐包装内添入惰性气体。

3. 干燥设施（图 8-7）

这一系统建立在一级干燥原理上，即将浓缩液中的水分脱除至要求的最终湿度的过程全部在喷雾干燥室内完成。相应风力传送系统收集奶粉，一起离开喷雾塔室进入主旋风分离器与废空气分离，最后进入装袋漏斗。

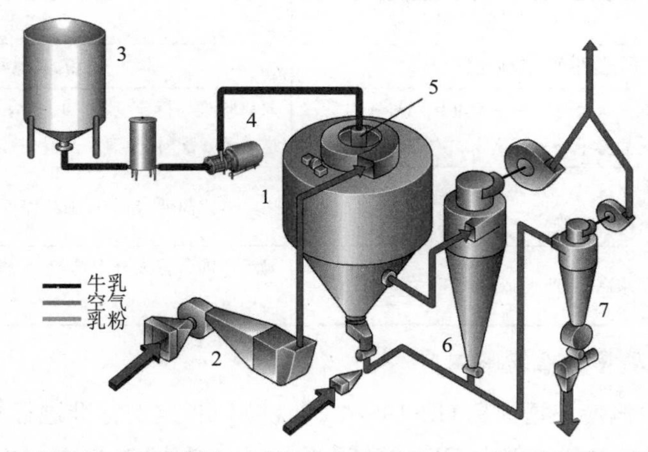

1—干燥室；2—空气加热器；3—牛乳浓缩缸；4—高压泵；5—雾化器；6—主旋风分离器；7—旋风分离输送系统；

图 8-7 传统一段喷雾干燥设施

由于提高出口干燥温度对奶粉具不利影响，所以奶产品基本上都使用较低的出口温度。如果最终产品奶粉的湿含量仍很高，在喷雾干燥中可结合使用再干燥段，形成两段加工。两段干燥方法生产奶粉包括了喷雾干燥第一段和流化床干燥第二段。奶粉离开干燥室的湿度比最终要求高2%～3%，流化床干燥器的作用就是除去这部分超量湿度并最后将奶粉冷却下来。

4. 热能回收

干燥加工造成的大量热量损失，一部分可在热交换器中回收。

热空气从管底进入，强制通过玻璃管，新鲜空气在玻璃管外流动得到加热。使用这种热回收方法，喷雾干燥设备的效率可增加25%～30%。另一个热回收的方法是从蒸发器中的浓缩物上收回热量，这一操作与喷雾干燥设备并行。这个方法可使干燥费用节约5%～8%。

（三）干法和湿法工艺比较（表8-13）

对于配方奶粉的生产，根据营养成分的添加方式不同，分为干法和湿法两种。

干法工艺比较简单，就是将奶粉与各种营养素在干燥状态下进行混合与处理，而制成最终产品的生产工艺。由于可以直接采用现成的乳粉进行生产，干法生产工艺相对简单，生产设备主要是混合机、包装机等。但是干法工艺对车间的洁净度要求较高，一般采用GMP车间。

湿法工艺就是将各种营养素加入新鲜采集的牛奶中，在液体状态下进行混合与处理。然后对混合后的牛乳进行干燥处理。由于湿法工艺采用的是鲜奶生产，需要完整的乳粉生产设施，因此对生产硬件设施要求较高。湿法生产要求生产企业靠近奶源基地，奶源新鲜可靠，同时具有完善的硬件设施和乳粉生产能力。

简而言之，干法生产是先干燥奶粉，然后将干燥后的奶粉与营养成分混合而成，湿法生产是将营养成分添加到新鲜奶中混匀，然后进行干燥而成。

表8-13　湿法和干法工艺区别

	湿法工艺	干法工艺
原料	鲜牛奶、其他配料	奶粉、其他配料
工艺	原料乳→净乳→杀菌→冷藏→标准化配料→均质→杀菌→浓缩→喷雾干燥→流化床二次干燥→包装	原料验收→拆包（脱外包）→内包装的清洁→称量→隧道杀菌→配料（预混）→投料→混料→包装
优点	奶粉新鲜；液体混合、分散均匀；喷雾干燥一次成粉；密封生产，防止污染	生产方式简便；易于添加和保存热敏性成分
缺点	奶源新鲜度要求高；生产设施要求高	奶粉中的营养成分不均匀；品质可控度较低，存在二次污染风险

（四）乳粉的质量标准及检测

乳粉的质量检测应根据国标GB 19644《乳粉》所指定的标准进行检测。对于专门供婴幼儿食用配方乳粉还必须符合GB 10765《婴儿配方食品》的要求。

1. 原料要求

生乳：应符合 GB 19301 的规定。

其他原料：应符合相应的安全标准和/或有关规定。

2. 感官要求

感官指标应符合表 8-14 的要求。

表 8-14 感官要求

项目	要求		检验方法
	乳粉	调制乳粉	
色泽	呈均匀一致的乳黄色	具有应有的色泽	取适量试样置于 50 mL 烧杯中，在自然光下观察色泽和组织状态；闻其气味，用温开水漱口，品尝滋味
滋味与气味	具有纯正的乳香味	具有应有的滋味、气味	
组织状态	干燥均匀的粉末		

3. 理化要求

理化指标应符合表 8-15 的要求。

表 8-15 理化指标

项目	指标		检验方法
	乳粉	调制乳粉	
蛋白质(%)	非脂乳固体[a]的 34%	≥ 16.5	GB 5009.5
脂肪[b](%)	≥ 26.0	—	GB 5413.3
复原乳酸度(°T) 牛乳 羊乳	 ≤ 18 7 ～ 14	 — —	GB 5413.34
杂质度(mg/kg)	≤ 16	—	GB 5413.30
水分(%)	≤ 5.0		GB 5009.3

[a] 非脂乳固体(%)= 100%－脂肪(%)－水分(%)。

[b] 仅适用于全脂乳粉。

4. 微生物限量

微生物指标应符合表 8-16 的要求。

表 8-16 微生物限量

项目	采样方案[a]及限量(若非指定，均以 cfu/g 表示)				检验方法
	n	c	m	M	
菌落总数[b]	5	2	50 000	200 000	GB 4789.2
大肠菌群	5	1	10	100	GB 4789.3 平板计数法
金黄色葡萄球菌	5	2	10	100	GB 4789.10 平板计数法
沙门氏菌	5	0	0/25 g	—	GB 4789.4

[a] 样品的分析及处理按 GB 4789.1 和 GB 4789.18 执行。

[b] 不适用于添加活性菌种(好氧和兼性厌氧益生菌)的产品。

5. 其他要求

污染物限量：应符合 GB 2762 的规定。

真菌毒素限量：应符合 GB 2761 的规定。

食品添加剂和营养强化剂：食品添加剂和营养强化剂质量应符合相应的安全标准和有关规定。食品添加剂和营养强化剂的使用应符合 GB 2760 和 GB 14880 的规定。

（五）实习考核要点和参考评分（表 8–17）

（1）记录实习过程所见所闻所想，结合专业知识撰写认识实习报告。

（2）指导教师提交认识实习教学指导教师工作报告一份。

表 8–17　奶粉认识实习的操作考核要点和参考评分

序号	项目	考核内容	技能要求	评分（100 分）
1	企业概况	（1）企业组织形式； （2）产品概况	（1）了解企业的组织、部门任务； （2）了解企业的产品种类、特色	10
2	工艺设备	（1）主要设备； （2）主要工艺； （3）辅助设施	（1）了解奶粉生产工艺的各工序； （2）认识奶粉生产设备的型号和用途； （3）了解奶粉生产辅助设施	15
3	企业建筑	（1）全厂平面图； （2）主要建筑特点； （3）三废及其他	（1）了解奶粉生产线车间布局； （2）了解奶粉生产产品的副产物和三废情况	15
4	市场调研	（1）市场销售状况； （2）主要产品信息	利用网络或到销售实地考察奶粉的销售情况，做奶粉销售汇总	10
5	实习报告	（1）格式； （2）内容	（1）认识实习报告格式正确； （2）能正确记录奶粉生产工艺与要求，实习总结要包括体会、心得、问题与建议等	50

四、冰淇淋生产技术

知识目标：

（1）了解冰淇淋的概念、构成和类型。

（2）了解冰淇淋的原辅料及要求。

（3）了解冰淇淋的工艺流程。

（4）掌握冰淇淋的老化、凝冻工艺作用及原理。

技能目标：

（1）认识冰淇淋加工的关键设备和操作要点。

（2）认识冰淇淋的质量标准及检测方法。

（3）掌握冰淇淋加工关键工艺的控制条件。

解决问题：

（1）能解决冰淇淋常见的质量问题。

（2）能应用所学知识对冰淇淋的质量提出改善措施。

（一）冰淇淋的概念

冰淇淋指由乳和乳制品加入蛋或蛋制品、香味料、甜味料、增稠剂、乳化剂、色素等食品添加剂，通过混合配制、杀菌、均质、成熟、凝冻、成型、硬化等工序加工而成的体积膨胀的冷冻制品。

冰淇淋的物理构造很复杂，见图 8-8。气泡包围着冰的结晶连续向液相中分散，在液相中含有固态的脂肪、蛋白质、不溶性盐类、乳糖结晶、稳定剂、溶液状的蔗糖、乳糖、盐类等，即由液相、气相、固相等三相构成。典型的冰淇淋的膨胀率约为混合料总干固物的 2.5 ～ 2.7 倍，也即意味着冰淇淋中近一半体积为空气。

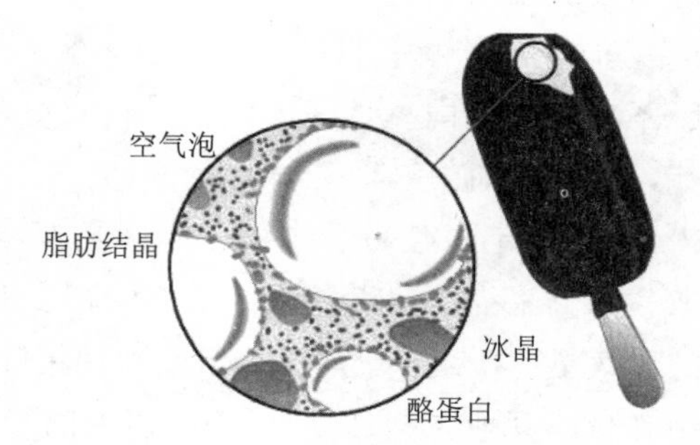

图 8-8　冰淇淋的组织结构

一般冰淇淋中的脂肪含量在 6% ～ 12%，高的可达 16% 以上，蛋白质含量为 3% ～ 4%，蔗糖含量在 14% ～ 18%。

冰淇淋品种繁多，按照脂肪的含量可以分为以下几种。

（1）高级奶油冰淇淋：一般其脂肪含量在 14% ～ 16%，总干物质含量在 38% ～ 42%。

（2）奶油冰淇淋：一般其脂肪含量在 10% ～ 12%，总干物质含量在 34% ～ 38%。

（3）牛奶冰淇淋：一般其脂肪含量在 5% ～ 6%，总干物质含量在 32% ～ 34%。

（4）果味冰淇淋：一般其脂肪含量 3% ～ 5%，总干物质含量在 26% ～ 30%。

按照产品各种形状分为砖状冰淇淋、杯状冰淇淋、蛋卷冰淇淋、蛋糕冰淇淋等。

按照冰淇淋组分分为完全由乳制品制备的冰淇淋；含有植物油脂的冰淇淋；添加了乳脂和乳干物质的果汁制成的莎白特（Sherbet）冰淇淋；由水、糖和浓缩果汁生产的冰果。前两种冰淇淋可占到全世界冰淇淋产量的 80% ～ 90%。

（二）冰淇淋原料和辅料

1. 脂肪类

乳脂肪的数量和质量同成品质量有密切关系。含脂肪为 8% ～ 12% 时，冰淇淋的风味和组织状态最好，含脂率低于 8% 则味平淡，高于 14% 则有较强的脂肪臭。

乳脂肪是冰淇淋最重要的成分，与风味的浓厚、组织的干爽与圆滑、形体的强弱、保形性密切相关。脂肪含量高的冰淇淋，可以减少稳定剂的用量。脂肪在冰冻中，部分凝固抑制结晶，可使味觉细腻、均匀、柔和。同时乳脂肪起泡，包住微细的气泡，可增加膨胀率，但有使搅打性劣化的倾向。

脂肪可以是乳脂肪或植物油脂。乳脂肪原料：全脂乳、稀奶油、奶油或天然乳脂。植物脂肪原料：向日葵油、椰子油、豆油和葡萄籽油等。

乳脂可部分或全部用氢化植物油取代奶油，导致冰淇淋与使用乳脂的冰淇淋在色泽和风味上略有差别。如果添加食用色素和香味料则这种差别几乎无法识别。在一些国家禁止在冰淇淋中使用植物油。冰淇淋中，脂肪最好采用稀奶油或奶油，亦可用部分氢化油代替。

2. 非脂乳固体（Milk Solid Nonfat, MSNF）

非脂乳固体含有蛋白质、乳糖及盐类。为取得最佳效果，非脂乳固体的量应和脂肪的量成一定比例。一般成品中非脂乳固体含量以8%～10%为宜。一般以奶粉或脱脂炼乳的形式被加入。

非脂乳固体中的蛋白质能显著影响在凝冻加工过程空气在冰淇淋中的分布，以及膨胀率。非脂乳固体也使冰淇淋具有良好的组织结构，但含量过多时，则会影响乳脂肪的风味，而产生轻微咸味；若成品贮藏过久，会产生沙砾状结构。若含量过少时，成品的组织疏松，缺乏稳定性且易于收缩。非脂乳固体不仅具有很高的营养价值，而且具有通过结合或取代水分来提高冰淇淋组织状态的重要能力。

炼乳具有特殊的香味，但单独使用味不太好，所以一般与原料乳混合使用。若全部采用乳粉或其他乳制品，会影响冰淇淋的组织质地与膨胀率。特别是溶解度差的乳粉会使冰淇淋质量降低。乳制品原料的酸度过高，在成品中可尝到酸味，且在杀菌工序中易产生蛋白质凝固现象。所以对乳制品原料的酸度应加以控制。

为了维持恰当的混合料平衡作用，确保良好的质地和贮藏性能，防止其中乳糖呈过饱和而逐渐结晶析出沙状沉淀，应当使非脂乳固体的含量控制在一个合适的范围内。通过下式可计算配料中非脂乳固体的最高添加量。

$$\text{非脂乳固体含量} = \frac{100 - \text{非脂乳固体除外的总量}}{A} \times 100\%$$

式中，A 周转条件系数。周转快时，$A = 5.4$；周转慢时，$A = 6.4$。

3. 甜味剂

糖的添加是为了调整冰淇淋中的干物质构成，能使成品的组织细致和降低其凝冻时的速度和冰点，增加混合料的黏度，并赋予消费者喜爱的甜味。冰淇淋的甜味剂可以选用蔗糖、葡萄糖、转化糖、果葡糖浆和饴糖等，但大多使用蔗糖，一般添加量为13%～16%，高级冰淇淋13%～15%，中低级冰淇淋14%～16%，果子露冰淇淋17%～20%。若要使用葡萄糖、转化糖和果葡糖浆，其使用量一般为蔗糖的$\frac{1}{4}$～$\frac{1}{3}$。

各种糖类对冰淇淋的冰点的影响不同，选用各种糖类时须加以考虑。蔗糖的用量一般在12%～16%，若低于12%时，会感到甜味不足；若过多时，会使冰淇淋混合料的冰点降低，凝冻时膨胀率不易提高，成品容易融化。一般蔗糖含量每增加2%，其冰点相对地降低0.22 ℃。

4. 蛋与蛋制品

蛋与蛋制品能改善组织结构和风味，提高冰淇淋的营养价值。一般蛋黄粉用量为0.5%～2.5%，若过量，则易呈现蛋腥味。

由于卵磷脂具有乳化剂和稳定剂的性能，使用鸡蛋或蛋黄粉能形成持久的乳化能力和稳定作用，所以适量的蛋品使成品具有细腻的“质”和优良的“体”，并有明显的牛奶蛋糕的香味。

5. 稳定剂

由于稳定剂具有较强的吸水性，能提高冰淇淋的黏度和膨胀率，防止形成冰结晶，减少粗糙的舌感，使成品的组织润滑、吸水力良好、不易融化。借以改善组织状态并提高凝结能力。冰淇淋中稳定剂的用量一般为0.3%～0.9%。

有两种类型的稳定剂：蛋白质和碳水化合物稳定剂。蛋白质稳定剂主要有明胶、干酪素、乳白蛋白和乳球蛋白；碳水化合物稳定剂主要有海藻胶类、半纤维素和改性纤维素化合物。

明胶是较佳的稳定剂之一，膨胀时吸收它本身质量14倍的水。它在温水中能溶胀，但在70 ℃热水中将失去凝胶能力。琼脂与明胶相似，但使用时会使冰淇淋具有较粗的组织状态，其凝胶能力超过明胶，所吸收水分较其本身质量大17倍。另外，海藻酸钠、果胶以及羧甲基纤维素等亦具有较高的凝胶能力。

6. 乳化剂

乳化剂是通过减小液体产品的表面张力来协助乳化作用的物质，它们有助于稳定乳状液。常用的乳化剂主要是天然脂肪酯化的非离子衍生物，即在一个或多个脂溶性残基上结合一个或多个水溶性残基。用于冰淇淋生产的乳化剂可分为四种：硬脂酸酯、山梨醇酯、糖脂和一些其他的酯类。在冰淇淋混合料中的使用量通常为0.3%～0.5%。

7. 香料

香料是冰淇淋制品中必要的调香成分。常见香味料主要有香草、巧克力、草莓和坚果。这些香味剂可在混料段加入。

（1）大块的坚果、果汁或果酱，在混合料凝冻时添加。

（2）可可广泛用作冰淇淋涂层。

（3）加入量通常用量在0.075%～0.1%范围，果仁用量一般为6%～10%，芳香果实用量为0.5%～2.0%，鲜水果（经糖渍）的用量在10%～15%为宜。

8. 食用色素

混合料中加入色素以提高冰淇淋的外观品质。在冰淇淋中着色不但要考虑均匀一致，而且应与该产品香味和谐相称，如橘子冰淇淋应配用橘红或橘黄色素为佳。食用色素的种类很多，如焦糖色、叶绿素等。应用的色素必须是无菌或经证实无害的。

9. 总固形物

在混合料中，总固形物代替水，增加了黏度和营养价值，也改进了冰淇淋的质地和形体。总固形物多者，一般能增大膨胀率，提高凝冻能力，增加得率。另外，由于含水量减少，组织将变得润滑，品质亦将提高，且能减少凝冻及硬化所需的热量。但若固形物过多，混合料的黏性将会过大，冰淇淋会产生不良的冰结晶现象，使质地劣化，因此，总固形物含量一般不超过42%。

（三）冰淇淋的生产工艺

1. 工艺流程

空气
↓
原料处理→混合料配制→灭菌→均质→冷却→老化→凝冻→灌装成型→硬化→贮藏
↑
香精、着色剂、果汁等

2. 原料的配合

（1）原料的标准化。为了使产品符合标准要求，具有稳定的产品质量，必须对原料进行标准化。冰淇淋主要成分如下：乳脂肪 8%～14%，非脂乳固体 8%～12%，糖类 13%～16%，稳定剂 0.2%～0.3%，乳化剂 0.1%～0.2%，总固形物 32%～40%。

（2）混合料的调制。按配方要求准备好各种原料。首先将液体原料如牛乳、稀奶油、炼乳等放到带搅拌器的圆形夹层罐中加热，然后添加脱脂乳、砂糖、稳定剂等加热到 65 ℃～70 ℃。增稠剂与等量以上的砂糖混合并添加砂糖 3 倍量的水，用带有高速搅拌器的乳化泵溶解，也可先将明胶浸水膨胀后添加。为了防止乳化剂的凝胶化，并充分发挥乳化剂的作用，应预先混合入油脂中使其充分分散之后，再与混合料进行混合。如用鸡蛋、奶粉等，也可先用少量液料或水混合，然后和其他液料混合。各种原料完全溶解后，通常用 80～100 目筛孔的不锈钢金属网或带有孔眼的金属过滤器过滤；添加酸性水果时，为了防止混合料形成凝块，应在混合料充分凝冻后添加；添加香料、色素、果仁、点心等，则应在混合料成熟后添加。

混合料的酸度对成品的风味、组织状态和膨胀率有很大的关系。混合料的正常酸度随其所含的非脂乳固体的多少而异，其数值可用非脂乳固体百分比 ×0.018（系数）来计算。混合料的酸度应控制在 0.18%～0.20%之间，一般不得超过 0.25%，否则杀菌时有凝固的危险。当酸度过高时，可用小苏打或碱中和，切忌添加过量，否则使品质劣化。

3. 杀菌

（1）杀菌的作用。杀菌的主要目的是减少微生物，提高产品食用安全性；同时通过加热杀菌还可促进混合液更加均匀，增加混合料的黏度；破坏酶的活性，避免产生不良酶解风味，增进产品的硬度和质地。

（2）杀菌的方式。杀菌的主要方式有以下几种。

① 巴氏杀菌法（LTLT）：68 ℃～70 ℃，保温 30 min；75 ℃，保温 15 min。如果混合料中使用增稠剂海藻酸钠时，以 70 ℃加热 20 min 以上为好；如果使用淀粉，杀菌温度必须提高或延长保温时间。采用此法应注意温度均衡一致，若液体表面产生泡沫，则会影响泡沫部分的杀菌效果，可用蒸汽对泡沫部分进行喷射。该法生产效率低，已很少使用。

② 高温短时杀菌法（HTST）：85 ℃～90 ℃，保温 3～5 min；95 ℃，保温 1～2 min。该法杀菌能力更强，可节省稳定剂 25%～30%，减少营养素损失，改善质地，生产效率高，产品质量高。中小企业普遍采用该法。

③ 超高温瞬时杀菌法（UHT）：120 ℃～135 ℃，保温 1～3 s。该法杀菌效果极好，可节省更多稳定剂，营养素损失极低，生产能力很大，产品质量稳定。大中型企业普遍采用该法。

（3）杀菌的影响。当料温在 60 ℃以下时，乳类的性质基本无明显变化，但黏度会有所降低，乳脂肪上浮速度加快。

当料温在 60 ℃～63 ℃时，黏合脂肪粒开始分散，其上浮速度变慢，溶解在混合料中的二氧化碳逸出，使其酸度略有降低。原来呈胶体状态的白蛋白微粒开始轻度脱水而凝固，并从悬胶态变为凝胶态，导致其余白蛋白的凝固。

当料温到63 ℃～80 ℃时，乳糖受热开始分解，加上水分的蒸发，使混合料的酸度重新升高，白蛋白也由于温度的升高而加速凝固。

当料温超过80 ℃时，由于酪蛋白分子发生分解，生成少量硫化氢，使物料产生煮熟味。再者，硫化氢会与某些金属发生反应，生成硫化物使混合料呈暗褐色。此外，在蛋白质存在的条件下，乳糖会逐渐分解而生成乳酸、蚁酸、甲酸等，致使酸度更加增高。

当料温超过100 ℃时，乳糖会发生焦糖反应，导致物料变色，同时维生素也受到破坏。

以上变化跟受热的时间有直接关系，UHT灭菌时，由于时间很短，反应很短暂，因此影响很低。

4. 均质

均质的目的在于将混合料中的脂肪球（4～6 μm）微细化至1～2 μm，以防止乳脂层的形成，使各成分完全混合，增加分散相使得乳状液的黏度增加，形成稳定的乳状液，改善冰淇淋组织，缩短成熟时间，节省乳化剂和增稠剂，有效地预防在凝冻过程中形成奶油颗粒等。

混合料的均质，一般采用两段均质，温度范围为60 ℃～70 ℃。高温均质，混合料的脂肪球集结的机会少，有降低稠度、缩短成熟时间的效果，但也有产生加热臭的缺陷。均质压力随混合料的成分、温度、均质机的种类等而不同，一般第一段为13.734～17.658 MPa，第二段为2.943～3.924 MPa，这样可使混合料保持较好的热稳定性。若均质压力过低，脂肪球达不到所要求的大小；若均质压力过高，则使混合料的黏度过高，凝冻时空气混入困难。影响均质压力的因素主要有混合料的酸度、脂肪含量、总固形物等因素。

5. 冷却

均质后的物料温度在60 ℃以上，应将其迅速冷却，以适应老化需要。混合料的老化温度为2 ℃～4 ℃，及时冷却物料进入老化工序，从而可以缩短工艺时间。温度高时，物料的黏度较低，脂肪容易聚集、上浮，及时冷却，还可以增大物料黏度，从而避免脂肪上浮。物料温度高，还容易导致物料的酸度增加，香味成分逸失加快，降低料温，可以避免这些缺陷，稳定产品质量。

冷却设备与杀菌设备类似，是一种热交换器，常用的有板式热交换器，可以实现快速连续降温。

6. 老化

杀菌后的混合料应迅速冷却至0～4 ℃，并在此温下保持一定的时间进行物理成熟（老化）。老化为稳定剂发挥效用和脂肪结晶提供时间。成熟过程中，由于脂肪的固化和黏稠度的增加，可提高成品的膨胀率，改善成品的组织状态。这是因为均质后的冰淇淋混合料中，脂肪球的表面积有了很大的增加，增强了脂肪球在溶液界面间的吸附能力，在卵磷脂等乳化剂的存在下，脂肪在混合料中能形成较为稳定的乳浊液。随着分散相体积的增加，乳浊液的黏度也相应增加，这样在凝冻过程中形成的泡沫较为坚韧。老化过程还会加强蛋白质和稳定剂的水化作用，减少游离水，防止凝冻时形成大的冰晶，从而改善冰淇淋的组织。

老化所需时间与料温有关。料温 2 ℃～4 ℃，老化 4 h；料温 0～1 ℃，老化 2 h；若料温＞6 ℃，则难以形成良好的效果。一般老化时间 8～24 h，为提高老化效率，可分两步进行。首先将物料温度降至 15 ℃～18 ℃，保温 2～3 h，此时稳定剂（明胶、琼脂等）膨胀，并与水充分化合，提高水化程度；然后，再将料温降至 2 ℃～4 ℃，保温 3～4 h，从而完成老化操作。

7. 凝冻

凝冻是将流体状的混合料在强制搅刮下进行冰冻，使空气以极微小的气泡状态均匀分布于混合料中，在体积逐渐膨胀的同时，由于冷冻而成为半固体状的过程。凝冻具有两个功能：一是将一定量的空气搅入混合料；二是将混合料中的水分凝冻成大量的细小冰结晶。

当物料温度下降到冰点以下时，水分开始凝固成冰，由于水分的冻结，未冻结物料的浓度升高，导致浓度增加，冰点随之下降，因此需要更低的温度才会冻结。由于冰淇淋中含有一些无机盐，这些物质的共融点很低，达到－55 ℃，但达到这一温度缺乏商业价值，工业中最低也在－40 ℃以上，因此冰淇淋并非完全冻结。水的冰点是 0 ℃，对物料冰点影响最大的是含糖量。添加糖后，冰点降低，每降低 1 ℃，硬化所需时间可缩短 10%～20%。

物料在凝冻初期，物料温度下降到冰点以下但未冻结的现象称为过冷现象。过冷现象容易造成产品组织粗糙，可通过刮擦、控制冷量、预留冰晶等方式减轻过冷现象。

8. 成型

凝冻后的冰淇淋呈半流体状，称为软质冰淇淋。它组织松软，无固定形状，故需要成型。同时也方便运输和销售。

冰淇淋为半流体状物质，而成型多以容器或模具为载体，采用类似灌装机的成型设备进行填充。

9. 硬化

凝冻灌装的冰淇淋是软质冰淇淋，为了保证质量，便于销售和运输，凝冻后的冰淇淋在灌装成型包装后，必须迅速进行 10～12 h 的低温－40 ℃～－25 ℃冷冻，以固定冰淇淋的组织形态，并使其保持适当的硬度，即冰淇淋的硬化。

硬化的优劣与品质有密切的关系。硬化迅速，则冰淇淋融化减少，组织中冰结晶细小，成品细腻；若硬化迟缓，则部分冰淇淋融化，冰的结晶粗而多，成品组织粗糙，品质低劣。

冰淇淋硬化有三种形式：速冻室速冻（适合大型企业）－35 ℃～－23 ℃，时间 6～24 h；速冻隧道机速冻－45 ℃～－35 ℃，时间 0. 5～1 h；盐水硬化设备－30 ℃～－25 ℃，时间 12～16 h，或冰盐硬化设备，－18 ℃，时间 14～18 h。

影响硬化的因素很多，除硬化温度外，配料、包装、冻结堆放方式等都有影响。如冰淇淋的配料，一般含脂率低，凝结点高，硬化时间可以缩短，反之时间延长。冰淇淋包装越小，传热越快，越容易达到硬化要求。硬化效率也受到冰淇淋堆放方式的影响，产品不宜靠得太紧，中间要有空隙，以便空气流通。如果室内装有冷风机，硬化时间可以缩短。

10. 贮藏

硬化后的冰淇淋即可销售，也可贮藏，但贮藏时间不宜超过 10 d。贮藏冻库的温度保持在－20 ℃～－15 ℃。

（四）冰淇淋的质量标准及检测

国家标准 GB/T 31114《冷冻饮品 冰淇淋》和商业部标准 SB/T 10013《冷冻饮品 冰淇淋》对冰淇淋的质量标准进行了规定。本文仅介绍国家标准 GB/T 31114《冷冻饮品 冰淇淋》所述规定。

1. 感官要求

（1）感官要求。冰淇淋感官指标应符合表 8-18。

表 8-18 感官要求

项目	要求					
	全脂乳		半乳脂		植脂	
	清型	组合型	清型	组合型	清型	组合型
色泽	主体色泽均匀，具有品种应有的色泽					
形态	形态完整、大小一致，不变形，不软塌，不收缩					
组织	细腻润滑，无气孔，具有该品种应有的组织特征					
滋味气味	柔和乳脂香味，无异味		柔和淡乳香味，无异味		柔和植脂香味，无异味	
杂质	无正常视力可见外来杂质					

（2）检验方法。在冻结状态下，取单只包装样品，置于清洁、干燥的白瓷盘中，先检查包装质量，然后剥开包装物，用目测检查色泽、形态、组织和杂质；用口尝、鼻嗅检查滋味气味。

2. 理化指标

（1）理化指标。冰淇淋理化指标应符合表 8-19 规定。

表 8-19 理化指标

项目	指标					
	全脂乳		半乳脂		植脂	
	清型	组合型	清型	组合型	清型	组合型
非脂乳固体（g/100 g）	≥ 6.0					
总固形物（g/100 g）	≥ 30.0					
脂肪（g/100 g）	≥ 8.0		≥ 6.0	≥ 5.0	6.0	6.0
蛋白质（g/100 g）	≥ 2.5	≥ 2.2	≥ 2.5	≥ 2.2	2.5	2.2

注：① 组合型产品的各项指标均指冰淇淋主体部分；
② 非脂乳固体含量按原始配料计算

（2）检验方法。总固形物、脂肪、蛋白质的检测，按 SB/T 10009 规定的方法测定。卫生指标按 GB 2759. 1 规定的方法测定。

3. 卫生指标

卫生指标应符合 GB 2759. 1 的规定，并按该法测定。

4. 净含量

应符合《定量包装商品计量监督管理办法》的规定，按 JJF 1070 的规定检测。

5. 食品添加剂和食品营养强化剂

应分别符合 GB 2760 和 GB 14880 的规定。

（五）实习考核要点和参考评分（表 8-20）

（1）记录实习过程所见所闻所想，结合专业知识撰写认识实习报告。

（2）指导教师提交认识实习教学指导教师工作报告一份。

表 8-20　冰淇淋认识实习的操作考核要点和参考评分

序号	项目	考核内容	技能要求	评分（100 分）
1	企业概况	（1）企业组织形式； （2）产品概况	（1）了解企业的组织、部门任务； （2）了解企业的产品种类、特色	10
2	工艺设备	（1）主要设备； （2）主要工艺； （3）辅助设施	（1）了解冰淇淋生产工艺的各工序； （2）认识冰淇淋生产设备的型号和用途； （3）了解冰淇淋生产辅助设施	15
3	企业建筑	（1）全厂平面图； （2）主要建筑特点； （3）三废及其他	（1）了解冰淇淋生产线车间布局； （2）了解冰淇淋生产产品的副产物和三废情况	15
4	市场调研	（1）市场销售状况； （2）主要产品信息	利用网络或到销售实地考察冰淇淋的销售情况，做冰淇淋销售汇总	10
5	实习报告	（1）格式； （2）内容	（1）认识实习报告格式正确； （2）能正确记录冰淇淋生产工艺与要求，实习总结要包括体会、心得、问题与建议等	50

第二节　乳制品加工企业岗位参与实习

一、收奶岗位技能综合实训

实习目的：

（1）掌握原料乳验收项目、指标要求及验收方法，完成原料乳的验收工作。

（2）完成对设备进行日常维护保养工作。

（3）保持本工段的设备及环境的卫生。

（4）保持奶罐车内部清洁卫生。

实训方式：

（1）4 ～ 5 人为一组，以小组为单位。从选择原料和加工设备开始，利用各种原辅材料的特性及生产原理，生产出质量合格的产品。要求学生掌握收奶岗位的基本工艺流程，抓住关键操作步骤。

（2）书写书面实训报告。

(一)收奶加工岗位流程

1. 收奶程序

奶车进厂→化验→准备工作→收奶→过滤→称量→清洗→检查。

(1)奶车到厂后,由司机通知化验室采样。

(2)化验室采样后30 min内出具检验报告,送交收奶人员。

2. 准备工作

(1)收奶前保持收奶泵、管线、过滤器、奶槽、暂存罐、阀的清洁卫生,确保无奶垢、无积水。

(2)收奶罐连接正确,阀动作正确,确保无滴漏、渗漏。

3. 收奶

(1)收奶人员必须在接到检验合格的化验报告单后,方可收奶。

(2)所有牛奶均须经电子秤称量,记录每一秤原始记录。

(3)称量后牛奶全部流入收奶槽后,再泵入牛奶,进行下一秤称量。

(4)收奶槽内牛奶泵入收奶暂存罐。

(5)奶车罐内牛奶必须全部卸完,确保无存奶。

(6)对奶车内最后无法泵出的牛奶(及奶沫)应从奶车出口阀用盆接出,称量、计数。

(7)奶车卸完后,将收奶管线、收奶槽内牛奶接出,倒入收奶暂存罐。

(8)每车牛奶收奶完毕,应及时汇总整车牛奶数量。

4. 清洗

(1)每车牛奶卸完后,收奶人员应及时对奶罐车内部清洗。奶罐车内部清洗状况由化验室人员抽检确认。

(2)奶车罐体表面清洗,应保持罐体无奶垢、油垢、尘土、车体干净卫生。

(3)每车牛奶卸奶结束,收奶人员应对管线、收奶槽内积存牛奶接出或顶出,倒入收奶暂存罐内。并对管线、阀、过滤器清洗,保持无奶垢。

(4)收奶过程应保持地面清洁卫生,积水及时清除。

5. 检查

(1)收奶全部结束,应检查管线、阀、收奶槽是否清洗干净。

(2)收奶贮存罐出口阀是否已关闭。水、电、气检查是否关闭,水管是否盘卷整齐。

(3)软管清洗干净并盘放整齐。

(4)收奶车间物品摆放整齐,无废物、杂物积存,排水沟无废物、杂物、奶垢,地漏口无废物堵塞。

(5)检查收奶记录是否及时、完整填写。

(二)基础知识与常见问题分析

1. 乳的基本组成

乳是从哺乳动物乳腺中分泌出来的用来哺育其幼崽的液体食物。它是该种动物幼子的完全食物。乳中含有丰富的营养物质，是人类优质的食品，因此被加工成花样繁多的乳制品。不同动物的乳，其成分有所差异，目前乳品工业常用的原料乳主要是牛奶。

牛奶是由复杂的化学物质所组成的，主要包括水、脂肪、蛋白质、乳糖及灰分等几大类，此外还有维生素、酶类等一些微量成分。乳的基本组成如表 8-21、表 8-22 所示。

表 8-21 几种动物乳的化学组成

动物 / 成分	水分(%)	脂肪(%)	乳糖(%)	酪蛋白(%)	乳白蛋白及乳球蛋白(%)	灰分(%)
牛	87.32	3.75	4.75	3.00	0.40	0.75
山羊	82.34	7.57	4.96	3.62	0.60	0.84
绵羊	79.46	3.63	4.28	5.23	1.45	0.97
马	90.68	1.17	5.70	1.27	0.75	0.36
猪	84.04	4.55	3.30	7.23	7.23	1.05
犬	75.44	9.57	3.09	6.10	5.05	0.73
人	88.50	3.30	6.60	0.90	0.40	0.20

表 8-22 牛奶的化学组成

成分		变量范围(%)	平均值(%)
水分		85.5～89.5	87.0
总乳固体		10.5～14.5	13.0
总乳固体	脂肪	2.5～6.0	4.0
	蛋白质	2.9～5.0	3.4
	乳糖	4.0～5.5	4.8
	无机盐	0.6～0.9	0.7

正常的牛奶中各种成分的组成大体上是稳定的，但受奶牛的品种、个体、泌乳期、畜龄、饲料、季节、气温、挤奶情况及奶牛健康状态等因素的影响而有差异，其中变化最大的是乳脂肪，其次是蛋白质，乳糖及灰分比较稳定。

以对成分影响较大的奶牛品种为例，不同品种奶牛分泌的牛奶组成的差异如表 8-23 所示。

表 8-23 不同品种牛奶组成的差异

品种	水分(%)	乳固体(%)	非脂乳固体(%)	蛋白质(%)	脂肪(%)	乳糖(%)	灰分(%)
荷斯坦牛	87.72	12.28	8.87	3.32	3.41	4.87	0.68
短角牛	87.43	12.57	8.94	3.63	3.63	4.89	0.73
瑞士褐牛	86.87	13.13	9.28	3.48	3.85	5.08	0.72
埃西安牛	86.97	13.03	9.00	3.51	4.03	4.81	0.68
娟姗牛	85.47	14.53	9.48	3.78	5.05	5.00	0.70
蒿姗牛	84.35	14.65	9.60	3.90	5.05	4.96	0.74

如表 8-23 所示，不同品种牛奶的乳固体、蛋白质与脂肪的含量不同，即荷斯坦牛的乳固体含量低，而娟姗牛、蒿姗牛的乳固体含量高，中国黑白花奶牛与纯种荷斯坦牛相似，其乳固体含量低，但产乳量很高。

饲料对牛奶的组成影响非常大，适当的饲料可提高泌乳量与乳固体含量，而长期饲料不足或营养不当，不仅使泌乳量、乳固体含量与脂肪率下降，而且造成蛋白质降低并难以恢复。此外，饲料对乳脂肪的色泽、乳的风味及维生素的含量等有一定影响。

个体对乳的组成也有影响，同一品种的奶牛，虽在同样条件下饲养，不同的个体之间乳的组成也不一样。

必须特别注意的是，由于泌乳期及健康状态的影响而造成组成的变化，形成所谓的异常乳。这类乳的组成变化较大，有些甚至不能作为生产原料，对生产影响很大，因此，在原料乳验收时及在生产上是要严加控制的。

组成乳的成分种类多，各种成分的特性差异大，结构复杂。有些物质在乳中呈溶液状态，如乳糖、大部分盐类、水溶性维生素等。有些呈胶体状态存在，如绝大多数的蛋白质等。有些则以悬浮状态存在，如乳脂肪等。乳是一种复杂的分散体系，各种物质的变化都会影响到乳的性质，因此，也可以根据乳的某些物理或化学性质的变化来判断乳的成分变化。

2. 乳的性质

（1）乳的色泽与光学性质。新鲜的牛奶一般是乳白色或稍呈淡黄色。乳白色是乳的基本色调，这是酪蛋白胶粒及乳脂肪对光不规则反射的结果。脂溶性的胡萝卜素和叶黄素使乳略带淡黄色，水溶性的核黄素使乳清呈荧光性黄绿色。如果乳色泽发生变化，说明乳不正常。牛奶的折射率由于溶质的影响而大于水的折射率，但是在脂肪球不规则反射的影响下，不易正确测定。由脱脂乳测得的比较正确的折射率为 1.344 ～ 1.348，此值与乳固体含量有比例关系。牛奶掺水后折射率下降，可通过测定乳清的折射率加以判定。

（2）乳的热学性质。牛奶的热学性质主要有冰点、沸点及比热。

牛奶冰点的平均值约为－0.55 ℃～－0.53 ℃，作为溶质的乳糖与盐类是导致冰点下降的主要因素，由于牛奶中它们的含量较稳定，所以新鲜正常牛奶的冰点是物理性质中一项稳定的数据。如果在牛奶中掺水，可导致冰点回升，掺水 10%，冰点约上升 0.054 ℃。可根据冰点的变动用下列公式来推算掺水量。

$$W = (T - T') / T \times (100 - TS)$$

式中：W—以重量计的加水量（%）；

T—正常乳的冰点；

T'—被检乳的冰点；

TS—被检乳的乳固体（%）。

以上计算对新鲜奶是有效的，但酸败奶冰点会降低。另外贮藏与杀菌条件对冰点也有影响，所以测定冰点必须要求是酸度在 20 °T 以内的新鲜奶。

（3）乳的相对密度与密度。牛奶的相对密度或密度与牛奶组成成分有关，当原料乳的相对密度或密度发生变化而不在正常范围内时，说明牛奶的成分发生了变化。

乳的相对密度以 15 ℃为标准，正常乳的相对密度平均为 $d_{15}^{15} = 1.032$。

乳的密度是指乳在 20 ℃时的质量与同体积水在 4 ℃时的质量之比，正常乳的相对密度平均为 $d_4^{20}=1.030$。

在相同温度下相对密度和密度的绝对值相差甚微，乳的密度较相对密度小 0. 000 19，乳品生产中常以 0. 000 2 的差数进行换算。

刚挤出来的乳放置 2 ～ 3 h 后，其密度要升高 0. 001 左右，这是由于气体的逸散及脂肪的凝固而使体积发生变化的结果。

乳的相对密度与乳中所含乳固体的含量有关。乳中各种成分的含量虽有一定变动幅度，但大体上还是比较稳定的，仅其中脂肪含量变动较大些。如果脂肪含量已知，则只要测定相对密度，就可以用下面的经验公式计算出乳固体的近似值。

乳固体(%)= 1. 2 × 脂肪(%)+ 0. 25 × 牛奶相对密度计的读数 + 0. 14

原料乳验收过程中，密度或相对密度是一个必须检测的项目，作为判断乳固形含量的一个参考指标。

(4) 牛奶的酸度。乳是由多种物质以多种状态存在的复杂体系。乳中的蛋白质以胶体状态存在于乳中。乳蛋白质是两性电解质，正常的新鲜乳也具有两性反应，由于乳蛋白质分子中含有较多的酸性氨基酸和自由的羧基，这些与乳所含的磷酸盐、乳酸盐等物质的影响，使乳呈偏酸性。乳中微生物在生长代谢过程中也会产生乳酸等酸性物质。因此，原料乳验收时酸度是一个必测项目，乳品生产过程中也经常需要测定乳的酸度。

乳的酸度的表示方式有多种。我国乳品工业中常用的酸度，是指以 0. 1 mol/L NaOH 标准碱溶液为滴定法测定的滴定酸度。我国《乳、乳制品及其检验方法》规定酸度试验以滴定酸度为标准。

滴定酸度亦有多种测定方法及其表示形式。我国滴定酸度用吉尔涅尔度(简称 °T)或乳酸百分率(%)来表示。

测定滴定酸度(°T)，以酚酞为指示剂，中和 100 mL 奶消耗 0. 1 mol/L NaOH 标准溶液 x mL，即为 x °T。如消耗 18 mL 即为 18 °T。正常新鲜牛奶的滴定酸度为 14 ～ 18 °T，一般为 16 ～ 18 °T。

方法：取 10 mL 牛奶，加 20 mL 蒸馏水予以稀释，再加 0. 5 mL 酒精酚酞指示剂，然后用 0. 1 mol/L NaOH 溶液滴定，按消耗的 0. 1 mol/L NaOH 溶液的毫升数(乘以 10 即为中和 100 mL 牛奶所消耗的 0. 1 mol/L NaOH 溶液的毫升数)计算。

用乳酸百分率表示(美国、日本常用此法)时，滴定后可按下列公式计算：

乳酸(%)= 0. 1 mol/L NaOH (mL) ×0. 009 ÷ 测定乳样质量(g) ×100%

正常新鲜牛奶的滴定酸度用乳酸百分率表示时为 0. 136% ～ 0. 162%，一般为 0. 15% ～ 0. 16%。

滴定酸度随试样稀释程度不同而不同。例如同一个试样牛奶，分不稀释、加 1 倍水、加 9 倍水稀释三组，然后分别测定其酸度，结果分别为 0. 172%、0. 149%、0. 110%。所以在做酸度测定时一定要按照滴定标准程序操作，否则，结果就不准确。

以上讨论的是牛奶的滴定酸度，若从酸的含义出发，酸度可用氢离子浓度指数(pH)来表示，pH 可称为离子酸度或活性酸度。正常新鲜牛奶的 pH 为 6. 4 ～ 6. 8，而以 pH

6.5～6.7居多。一般酸败乳或初乳pH在6.4以下。乳腺炎乳或低酸度乳pH在6.8以上。

刚挤出的新鲜乳的酸度可称为固有酸度或自然酸度。固有酸度来源于乳中固有的各种酸性物质。初乳的非脂乳固体特多，其固有酸度就特高。

挤出后的乳，在微生物作用下进行乳酸发酵，导致乳的酸度逐渐升高。由于发酵产酸而升高的这部分酸度可称为发酵酸度或发生酸度。固有酸度和发酵酸度之和称为总酸度。乳的酸度越高，乳蛋白质对热的稳定性就越低。

3. 异常乳

在泌乳期中，由于生理、病理或其他因素的影响，乳的成分与性质发生变化，这种发生变化的乳称为异常乳。异常乳是不作为正常乳制品生产的原料乳。乳生产中很多质量问题的根源就在于乳质上，控制与改善原料乳质量对于保证乳制品的质量具有极为重要的意义。

异常乳可分为生理异常乳、微生物污染乳及化学异常乳等三大类。

（1）生理异常乳。生理异常乳包括初乳及末乳。初乳是指奶牛产犊后7 d内分泌的乳，称为初乳。初乳呈显著的黄色，黏稠而有特殊的气味，乳固体含量高，其中蛋白质特别是对热不稳定的乳清蛋白质的含量特高，乳糖含量较低。初乳的热稳定性差。但由于初乳含有丰富的维生素，而且有多量的免疫球蛋白，所以对初生牛犊是非常必要的。

末乳是指末乳期所产的乳，称为末乳或老乳。末乳成分也与常乳不同，带有苦而微咸的味道，酸度降低，细菌数与脂酶增多，所以常常带有脂肪氧化味，因此不能作为原料乳。

（2）微生物污染乳。从奶牛乳房中分泌出的乳本身带有一定量的微生物，尤其是患有疾病的牛。挤奶过程中，牛奶也会污染一定量的微生物，尤其是挤乳环境卫生条件不良时。牛奶本身含有丰富的营养物质，是微生物的良好培养基，牛奶中的这些微生物在适宜条件下会迅速繁殖、生长代谢，产生严重影响牛奶质量的有害物质。因此，原料乳验收时，乳的卫生指标是检测项目之一。最常见的微生物污染乳是酸败乳及乳腺炎乳。乳腺炎乳及一些致病菌污染乳对人体是有害的，也可称其为病理异常乳。

（3）化学异常乳。化学异常乳是指乳的成分或理化性质有不正常变化的乳，包括低成分乳、低酸度酒精阳性乳、风味异常乳及异物混杂乳。

① 低成分乳。低成分乳是由于乳牛品种、饲养管理、营养配比、高温多湿及病理等因素的影响而形成的乳固体含量过低的牛奶。主要要从加强育种改良及饲养管理等工作来加以改善。

② 低酸度酒精阳性乳。低酸度酒精阳性乳是酸度虽正常但发生酒精凝固的异常乳。由于代谢障碍、气候剧变、喂饲不当等复杂的原因引起盐类平衡或胶体系统的不稳定，可能是低酸度酒精阳性乳产生的原因。

③ 风味异常乳。影响牛奶风味异常的因素很多，主要有通过机体转移或从空气中吸收而来的饲料臭，由酶作用而产生的脂肪分解臭，挤奶后从外界污染或吸收的牛体臭或金属臭等。克兰茨等（1967）对美国19 000个试样进行风味试验，结果是饲臭的出现率最高（84%），其次是涩味（12.7%）及牛体臭（11%）。

为解决风味异常的问题，主要要改善牛舍与牛体卫生，保持空气新鲜流畅，此外应注意防止微生物等的污染。

④ 异物混杂乳。异物混杂乳中含有随摄食饲料而经机体转移到乳中的污染物质，或含有有意识或无意识地掺杂到乳中的物质，异物混杂乳的种类见表 8-24。

表 8-24　异物混杂乳的种类

种类	主要的异物	混杂的原因	主要危害
污染物乳	抗生素	治疗牛病	影响发酵乳生产，人体过敏反应，产生细菌抗药性等
	激素	促进奶牛生长	人体激素障碍，变态反应
污染物乳	残留农药、植物生长激素、放射性物质	饲料及饮水污染	由于蓄积作用破坏人体正常代谢机能而发生慢性中毒，甚至可能有潜在的致癌、致畸作用
	塑料助剂	容器溶出	
	微量元素	饲料及饮水污染、容器溶出	
人工掺杂	水	增加重量	降低乳固体含量
	异种成分	增加重量	影响营养品质
	防腐剂	非法保持乳质	影响发酵乳生产，违反卫生法规
	中和剂	掩蔽酸败乳	影响乳品品质，细菌数增加
异物混杂	各种污物	卫生条件不良	细菌污染，乳质降低，传染疾病的媒介
	各种杂物	挤乳管理不善，异物混入	影响乳质

影响原料乳质量的因素很多，原料乳的检测指标和检测项目也很多，有些指标的检测速度较快，有些指标的检测需要较长时间，而原料乳验收过程需要在较短的时间内完成。因此原料乳验收过程中，其检验项目分为必检项目、抽检项目。

一般乳品生产企业原料乳验收时必检项目有：感官检测、密度测定、酸度滴定、酒精试验、乳脂肪含量测定、三聚氰胺含量检测、抗生素检测、含碱检测、微生物含量检测（新鲜度检测）。

4. 原料乳净化与贮存

（1）原料乳的净化。

① 过滤净化。过滤方法有常压（自然）过滤、吸滤（减压过滤）和加压过滤等。多用滤孔比较粗的纱布、人造纤维等作过滤材料，也可采用膜技术（如微滤）去杂质。凡是将乳从一个地方送到另一个地方，从一个工序到另外一个工序，或者由一个容器送到另一个容器时，都应该进行过滤。除用纱布过滤外，也可以用过滤器进行过滤。过滤器上装有滤布、不锈钢或合成纤维制成的筛网。采用减压或加压方法过滤时，在正常的过滤操作条件下，过滤器进、出口压力差应控制在 0. 07 MPa 以内。压差过大会使滤网上的杂质通过（跑滤）。另外注意滤布或滤网的清洗和消毒，否则滤布或滤网将成为微生物和杂质的污染源。通常滤布或滤网应在过滤 5 000 ～ 10 000 L 牛奶后进行更换、清洗和消毒。

② 离心净化。乳的净化是指利用机械的离心力，将肉眼不可见的杂质去除的一种方法。可使乳达到净化的目的。净化原理为乳在分离钵内受到强大离心力的作用，将大量的机械杂质留在分离钵内壁上，而乳被净化。净化后的乳最好直接加工，如要短期贮藏时，必须及时进行冷却，以保持乳的新鲜度。

（2）原料乳的冷却。净化后的原料乳应立即冷却到5 ℃～10 ℃，以抑制细菌的增长。刚挤下的乳，温度在36 ℃左右，是微生物发育最适宜的温度，如果不及时冷却，则侵入乳中的微生物大量繁殖，酸度迅速增高，不仅降低乳的质量，甚至使乳凝固变质，所以挤出后的乳应迅速进行冷却，以抑制乳中微生物的繁殖，保持乳的新鲜度。

挤出后的鲜乳中含有一种能抑制微生物生长的抗菌物质，这种物质名为乳抑菌素，可抑制某些链球菌增殖。但乳抑菌素抗菌作用时间长短与乳的贮存温度有关。将鲜乳迅速冷却至5 ℃～10 ℃，可使抗菌作用时间延长。当然，抗菌作用时间长短与细菌污染程度也有直接关系，污染程度越大，抗菌作用时间越短。因此，将验收合格的原料乳及时冷却是十分必要的。冷却的温度可根据贮存时间进行选择，一般不能立即加工的乳，都应冷却到5 ℃以下。

（3）乳的贮存。冷却只能暂时抑制微生物的生长繁殖，当乳温逐渐升高时，微生物又开始生长繁殖，所以乳在冷却后应在处理前的整个时间内维持在低温下，温度越低保持时间越长。因此贮奶罐的隔热尤为重要，外边有绝缘层（保温层）或冷却夹层，以防止奶罐温度上升。要求恒温性能良好，一般乳经过24 h贮存后，乳温上升不得超过2 ℃。贮奶罐使用前应彻底清洗、杀菌，待冷却后贮入牛奶。每罐须放满，并加盖密封，如果装半罐，会加快乳温上升，不利于原料乳的贮存。贮存期间要开动搅拌机，定时搅拌乳液，防止脂肪上浮而造成分布不均匀。

（三）实习考核要点和参考评分（表8-25）

（1）以书面形式每人提交岗位参与实习报告。

（2）按照小组提交岗位参与实习过程、实习每日记录和讨论一份。

（3）指导教师提交岗位参与实习教学指导教师工作报告一份。

表8-25 收奶生产岗位参与实习的操作考核要点和参考评分

序号	项目	考核内容	技能要求	评分（100分）
1	准备工作	（1）准备、检查器具； （2）实训场地清洁	收奶前保持收奶泵、管线、过滤器、奶槽、暂存罐、阀的清洁卫生，确保无奶垢、无积水。收奶罐连接正确，阀动作正确，确保无滴漏、渗漏	5
2	收奶	检验合格后方可进行收奶	收奶人员必须在接到检验合格的化验报告单后，方可收奶。所有牛奶均须经电子秤称量，记录每一秤原始记录。称量后牛奶全部流入收奶槽后，再泵牛奶，进行下一秤称量。对奶车内最后无法泵出的牛奶（及奶沫）应从奶车出口阀用盆接出，称量、计数	10
3	清洗	清洗设备及罐体	每车牛奶卸完后，应及时对奶罐车内部清洗。奶罐车内部清洗状况由化验室人员抽检确认。奶车罐体表面清洗，应保持罐体无奶垢、油垢、尘土，车体干净卫生。每车牛奶卸奶结束，收奶人员应对管线、收奶槽内积存牛奶接出或顶出，倒入收奶暂存罐内。并对管线、阀、过滤器清洗，保持无奶垢。收奶过程应保持地面清洁卫生，积水及时清除	15

续表

序号	项目	考核内容	技能要求	评分(100分)
4	检查	检查清洗及杂物摆放	收奶全部结束,应检查管线、阀、收奶槽是否清洗干净。收奶贮存罐出口阀是否已关闭。水、电、气检查是否关闭,水管是否盘卷。软管清洗干净并盘放整齐。收奶车间物品摆放整齐,无废物、杂物积存,排水沟无废物、杂物、奶垢,地漏口无废物堵塞。检查收奶记录是否及时、完整填写	15
5	质量评定	(1)必检项目; (2)感官检验	(1)掌握相关的收奶质量标准; (2)掌握感官检测的方法	5
6	实训报告	(1)格式; (2)内容	(1)实训报告格式正确; (2)能正确记录实验现象和实验数据,报告内容正确、完整	50

二、配料岗位技能综合实训

实习目的:

(1)完成辅料的称量及产品配料工作。

(2)能熟练进行标准化操作。

(3)保持配料罐的清洁卫生。

(4)保持本工段的设备及环境的卫生。

(5)根据岗位规范,及时准确完成本职工作。

实训方式:

(1)4～5人为一组,以小组为单位。从选择原料和加工设备开始,利用各种原辅材料的特性及生产原理,生产出质量合格的产品。要求学生掌握配料岗位的基本工艺流程,抓住关键操作步骤。

(2)书写书面实训报告。

(一)配料加工岗位流程

1. 原料的配合计算

制造乳制品最基本的是配料,即配方计算,产品的配方组成按消费者嗜好、原料价格及供应情况、产品的销售状况来确定。定好质量标准,再根据标准要求用数学方法来计算其中各种原辅料的需用量,从而保证所制成的产品质量符合技术标准。计算前首先必须知道各种原料和欲制作的乳制品组成,作为配方计算的依据。配方计算采用物料平衡法,配方计算及其各种原料用量的一般规律见生产工艺。

2. 混合料的配制

混合料的配制首先应根据配方比例将各种原料称量好,然后在配料缸内进行配制,原料混合之顺序宜从浓度低的水、牛奶等液体原料始,其次为炼乳、稀奶油等液体原料,再次为砂糖、奶粉、乳化剂、稳定剂等固体原料。最后以水、牛奶等做容量调整。混合溶解时的温度通常为 40 ℃～50 ℃。奶粉在配制前应先加水溶解，均质一次，再与其他原料混合，砂糖应先加入适量的水，加热溶解过滤。乳化稳定剂可与 5 倍以上的砂糖拌匀后，在不断搅拌的情况下加入到混合缸中，使其充分溶解和分散。

（1）混合料的配制程序。

① 领取原、辅料。按照配方要求及生产能力，计算每次原、辅料的数量，并据此取料。

② 原、辅料的处理。鲜牛奶：使用鲜牛奶前应经过滤除杂质，可用 120 目筛进行过滤。

冰牛奶：应先击碎成小块，然后热溶解，过滤再泵入杀菌缸中。

奶粉：先加入水溶解，有条件的可均质一次，使奶粉充分溶解。

奶油（包括人造奶油和硬化油）：应先检查其表面有无杂质，若无杂质时再用刀切成小块，加到灭菌缸中。

稳定剂（明胶或琼脂）：先将其浸入水中 10 min，再加热至 60 ℃～70 ℃，配制 10%的溶液。

蔗糖：在容器中加入适量水，加热溶解成糖浆，并经 100 目过筛。

蛋类：鲜蛋可与鲜乳一起混合，过滤后均质，冰蛋要先加热融化后使用。

蛋黄粉：先与加热到 50 ℃的奶油混合，再用搅拌机使其均匀分散在油脂中。

果汁：果汁一般静置存放会变得不均匀，在使用前应搅匀或均质处理。

③ 配料设备及工具的消毒。配料设备的消毒；导管的消毒。

④ 混料配制基本顺序。

a. 先往配料缸中加入鲜牛奶、脱脂乳等黏度最低的原料及半量左右的水。

b. 加入黏性稍高的原料，如糖浆、奶粉液、稳定剂和乳化剂。

c. 加入黏度高的原料，如稀奶油、炼乳、果葡糖浆、蜂蜜等。

d. 对于一些数量较少的固体料，如可可粉、非脂乳固体等，可用细筛筛入高速搅拌缸。

e. 最后以水或牛奶做容量调解，使混合料的总固体在规定范围内。

（2）配料注意事项。

① 配料温度对混合料的配制效率和质量影响重大，通常温度控制在 40 ℃～50 ℃。

② 为使各种原料尽快融合在一起，在配料时应不停搅拌。

（二）基础知识与常见问题分析

1. 原料乳的感官检验

鲜乳的感官检验主要是进行嗅觉、味觉、外观、尘埃等的鉴定。具体方法是打开贮奶器或奶槽车的盖后，立即闻鲜乳的味道，然后观察色泽，有无杂质、发黏或凝块，是否有脂肪分离。最后，试样入口中，遍及整个口腔的各个部位，鉴定是否存在异味。

2. 各种辅料

（1）乳化剂。乳化剂是由分子中间同时含有极性和非极性基团的物质所组成。

① 乳化剂的主要作用。

a. 在分散相表面形成一定强度的稳定保护膜。由于乳化剂分子的两亲性，使其分子在分散相表面形成一定的组织结构（界面吸附膜），这层膜具有一定的强度，使液滴在碰撞时不易聚合。

b. 降低界面张力，由于界面吸附膜的存在，降低了两相界面的表面张力，可以使液滴均匀分散在连续相中。

c. 在分散液滴表面形成双电层，对于离子型乳化剂，被吸附于分散液滴表面后，其亲水基团经电离后带有电荷，可形成双电层，使液滴之间相互排斥，阻止液滴的聚合。

② 乳化剂的选择。

a. 无毒、无味、无色。

b. 可以降低表面张力。

c. 可以很快地吸附在界面上形成稳固的膜。

d. 不易发生化学变化。

e. 亲水基与憎水基间有适当平衡。

（2）甜味剂。

① 砂糖。一般在制作风味酸奶时需要添加砂糖。如使用水果或果酱类，其本身即可提高糖分，往往不再另加过多的砂糖，砂糖浓度过高，会提高渗透压而对乳酸菌起抑制作用。砂糖的添加量不超过12%。

常用的加糖方法有以下三种：

a. 先将原料乳加热到 50 ℃左右，再加入砂糖加热到 65 ℃，开始用泵循环通过纱布滤除杂质，再加到标准化奶罐中，同牛奶一起杀菌。

b. 将糖投入水中溶解，制成浓度约为65%的糖浆溶液进行杀菌，再与杀菌过的牛奶混合。

c. 将糖粉杀菌后，再与喷雾干燥好的产品混匀。

② 其他甜味剂。代替砂糖的其他甜味剂多用于保健食品。

a. 有营养：山梨醇，甜味菊，乙酰环磺胺酸钾。

b. 无营养：糖精。

c. 添加量：酸奶中限量 0.2 g/kg 左右；乳酸饮料 0.3 g/kg 左右。

（3）稳定剂。稳定剂是来自动植物体的亲水性胶体，具有结合性、胶体性、黏稠性。

① 作用。

a. 可使乳酸凝固物稳定。

b. 改善产品的硬度和黏度。

② 添加方法。

a. 将稳定剂与其他干燥物（蔗糖、奶粉）预先混合均匀，边搅拌边添加。

b. 对粉末状稳定剂混合物进行强烈搅拌，边添加边搅拌直到获得均一的悬浊液。

c. 将稳定剂先溶于少量水，或溶于少量水乳中，在适当搅拌情况下加入。

（4）原料乳的标准化。原料乳的标准化就是通过调整原料乳中的脂肪含量，使产品中的脂肪含量与非脂乳固体物含量保持一定的比例关系。原料乳中脂肪与无脂干物质的含量随奶牛品种、地区、季节和饲养管理等因素不同而有较大的差别。我国食品卫生标准规定，消毒乳的含脂率为 3.0%。因此，凡不合乎标准的乳，都必须进行标准化。

标准化的目的是为了确定巴氏杀菌乳中的脂肪含量，以满足不同消费者的需求。根据标准化原则，使标准化原料乳中的脂肪与非脂固体物含量之比等于成品中脂肪与非脂固体物含量之比。乳脂肪的标准化可以通过添加稀奶油或脱脂乳进行调整。如果原料乳中脂肪含量不足时，应添加稀奶油或分离一部分脱脂乳；当原料乳中脂肪含量过高时，则可添加脱脂奶或提取一部分稀奶油；标准化在贮奶缸的原料乳中进行或在标准化机中连续进行。产品成分标准由其中的水分及脂肪含量决定。

① 标准化的原理。乳制品中脂肪与无脂干物质间的比值取决于标准化后乳中脂肪与无脂干物质之间的比值，而标准化后乳中的脂肪与无脂干物质之间的比值取决于原料乳中脂肪与无脂干物质之间的比例。

若原料乳中脂肪与无脂干物质之间的比值不符合要求，则对其进行调整，使其比值符合要求。

若设：

F—原料乳中的含脂率（%）；

SNF—原料乳中无脂干物质含量（%）；

F_1—标准化后乳中的含脂率（%）；

SNF_1—标准化后乳中无脂干物质含量（%）；

F_2—乳制品中的含脂率（%）；

SNF_2—乳制品中无脂干物质含量（%）。

则

$$F/SNF = F_1/SNF_1 = F_2/SNF_2$$

② 标准化的步骤。

a. 正确称量原料乳的质量。

b. 正确测定原料乳脂肪、蛋白质、乳糖、灰分、柠檬酸的含量。

c. 计算原料乳应有的含脂率。

d. 确定标准化量。

在生产上通常用比较简便的皮尔逊法进行计算，其原理是设原料中的含脂率为 $F\%$，脱脂乳或稀奶油的含脂率为 $q\%$，按比例混合后乳（标准化乳）的含脂率为 $F_1\%$，原料乳的数量为 X，脱脂乳或稀奶油量为 Y 时，对脂肪进行物料衡算，则形成下列关系式：原料乳和稀奶油（或脱脂乳）的脂肪总量等于混合乳的脂肪总量。

$$FX + qY = F_1(X + Y)$$

则

$$X(F-F_1) = Y(F_1 - q)，\text{或 } X/Y = (F_1 - q)/(F - F_1)$$

脱脂乳或稀奶油的量：

$$Y = X(F - F_1)/(F_1 - q)$$

$$\because F_1/SNF_1 = F_2/SNF_2$$

$$\therefore F_1 = (F_2/SNF_2) \times SNF_1$$

又因在标准化时添加的稀奶油（或脱脂乳）量很少，标准化后乳中干物质含量变化甚微，标准化后乳中的无脂干物质含量大约等于原料乳中无脂干物质含量，即

$$SNF_1 = SNF \quad \text{故 } F_1 = (F_2/SNF_2) \times SNF$$

若 $F_1 > F$，则加稀奶油调整；若 $F_1 < F$，则加脱脂乳调整。

③ 标准化的方法：当所有参数不变时，则由分离机分离出来的稀奶油和脱脂乳中的脂肪含量也是一定的，而且原则上与手控或自控无关。

标准化有三种不同的方法：

a. 预标准化。预标准化是在巴氏杀菌前把全脂乳分离成稀奶油和脱脂乳。如果标准化乳脂率高于原料乳，则须将稀奶油按计算比例与原料乳混合以达到要求的含脂率；如果标准化乳脂率低于原料乳的，则须将脱脂乳按计算比例与原料乳在罐中混合以达到稀释的目的。

b. 后标准化。后标准化是在巴氏杀菌之后进行，方法同上，它与预标准化不同的是二次污染的可能性较大。

c. 直接标准化。将牛奶加热至 55 ℃～65 ℃，然后按预先设定好的脂肪含量，分离出脱脂乳和稀奶油，并且根据最终产品的脂肪含量，由设备自动控制回流到脱脂乳中稀奶油的流量，多余的稀奶油会流向稀奶油巴氏杀菌机。其主要特点是快速、稳定、精确、与分离机联合运作、单位时间内处理量最大。

（三）实习考核要点和参考评分（表 8-26）

（1）以书面形式每人提交岗位参与实习报告。

（2）按照小组提交岗位参与实习过程、实习每日记录和讨论一份。

（3）指导教师提交岗位参与实习教学指导教师工作报告一份。

表 8-26　配料生产岗位参与实习的操作考核要点和参考评分

序号	项目	技能要求	评分(100 分)
1	领取原料	按照配方要求及生产能力，计算每次原、辅料的数量，并据此取料	5
2	原辅料处理	鲜牛奶：使用鲜牛奶前应经过滤除杂质，可用 120 目筛进行过滤。冰牛奶：应先击碎成小块，然后热溶解，过滤再泵入杀菌缸中。奶粉：先加入水溶解，有条件的可均质一次，使奶粉充分溶解。奶油（包括人造奶油和硬化油）：应先检查其表面有无杂质，若无杂质时再用刀切成小块，加到灭菌缸中。稳定剂（明胶或琼脂）：先将其浸入水中 10 min，再加热至 60 ℃～70 ℃，配制 10% 的溶液。蔗糖：在容器中加入适量水，加热溶解成糖浆，并经 100 目过筛。蛋类：鲜蛋可与鲜乳一起混合，过滤后均质，冰蛋要先加热融化后使用。蛋黄粉：先与加热到 50 ℃的奶油混合，再用搅拌机使其均匀分散在油脂中。果汁：果汁一般静置存放会变得不均匀，在使用前应搅匀或均质处理	10
3	消毒	配料设备的消毒；导管的消毒	15
4	混料	（1）先往配料缸中加入鲜牛奶、脱脂乳等黏度最低的原料及半量左右的水； （2）加入黏性稍高的原料，如糖浆、奶粉液、稳定剂和乳化剂； （3）加入黏度高的原料，如稀奶油、炼乳、果葡糖浆、蜂蜜等； （4）对于一些数量较少的固体料，如可可粉、非脂乳固体等，可用细筛筛入高速搅拌缸； （5）最后以水或牛奶做容量调解，使混合料的总固体在规定范围内	15

续表

序号	项目	技能要求	评分(100分)
5	质量评定	(1)掌握相关的配料量标准; (2)掌握感官检测的方法	5
6	实训报告	(1)实训报告格式正确; (2)能正确记录实验现象和实验数据,报告内容正确、完整	50

三、均质和杀菌岗位技能综合实训

实习目标

(1)了解均质的意义、原理,掌握均质的工艺要求及影响均质的因素。

(2)了解杀菌方法和杀菌设备的杀菌原理。

(3)掌握均质、杀菌岗位职责。

(4)掌握均质和杀菌设备的操作规程。

实训方式:

(1)4~5人为一组,以小组为单位。从选择原料和加工设备开始,利用各种原辅材料的特性及生产原理,生产出质量合格的产品。要求学生掌握均质杀菌岗位的基本工艺流程,抓住关键操作步骤。

(2)书写书面实训报告。

(一)均质杀菌加工岗位流程

1. 均质机操作规程

(1)检查。均质机周围有无杂物,查看电源、冷却水、曲轴箱油面。

(2)开机。先打开柱塞冷却水和冷却器冷却水进水阀,再打开进料阀,然后检查调压手柄(须在放松无压力的状态下),最后启动主电机。

(3)待出料口出料正常后,旋动调压手柄,先调节二级调压手柄,再调节一级调压手柄,缓慢将压力调至使用压力,整个过程1~3 min。

(4)关机。先将调压手柄卸压,再关主电动机,最后关冷却水。

(5)填写本班次设备运行记录。

注意事项:

① 调压时,当手感觉到已经受力时,须十分缓慢地加压。

② 均质物料的温度以65 ℃为宜,不宜超过85 ℃。

③ 物料中的空气含量须在2%以下。

④ 严禁待载启动。

⑤ 工作中严禁断料。

⑥ 进口物料的颗粒度对软性物料在70目以上,对坚硬颗粒在100目以上;禁止粗硬杂质进入泵体。

⑦ 设备运转过程中,严禁断冷却水。

⑧ 均质阀组件为硬脆物质，装拆时不得敲击。

⑨ 停机前须用净水洗去工作腔内残液。

2. 巴氏杀菌设备操作规程

（1）准备工作。

① 检查收奶暂存罐牛奶温度，牛奶数量。

② 检查水、电、气、冷是否正常。

③ 检查预巴氏杀菌板是否有盐水渗漏。

④ 检查奶泵是否滴漏。

⑤ 检查管线连接、阀动作是否正确。

（2）预巴氏杀菌。准备工作结束后，用热水预杀菌清洗板和管线，程序如下：

① 预巴氏杀菌物料平衡罐内进入自来水。

② 启动平衡罐下进料泵，使自来水循环进入平衡罐。

③ 打开蒸汽疏水阀排除蒸汽管路积水，缓慢打开进气阀，给循环自来水升温。

④ 当循环水升温至 85 ℃时，开始计时，循环 15 min，清洗杀菌。

⑤ 循环杀菌热水排空。

⑥ 检查贮奶罐进料管线连接阀动作是否正确。

⑦ 待预巴氏杀菌平衡物料罐内牛奶接近 2/3 液位时，打开冰水阀，启动巴氏杀菌进料泵和真空泵、自来水泵。

⑧ 将管线内水顶出后，牛奶进入贮奶罐。

⑨ 结束后，用自来水将巴氏杀菌机及管线内牛奶顶入贮奶罐中。

（3）清洗。全部牛奶预巴氏杀菌结束后，应以水代料对管线、收奶暂存罐、巴氏杀菌机进行清洗，具体程序如下：

① 收奶槽中打入 90 ℃热水 500 kg。

② 用热水冲洗收奶暂存罐，将奶垢冲洗干净。

③ 预巴氏杀菌物料平衡罐内打入自来水，循环加热清洗板和管线。

④ 清洗废水排空。

⑤ 清洗结束，拆卸管线检查，若发现存有奶垢或清洗不干净现象，则继续进行 CIP 清洗程序，具体程序如下：

a. 碱洗：粗配碱液 1.5%～2.0%，循环均匀后，由化验室抽样检测浓度合格后，循环加热至 85 ℃，保持 15 min，排空。

b. 热水洗：80 ℃～85 ℃热水循环冲洗至中性。

c. 酸洗：粗配酸液 1.0%～1.5%，循环均匀后，化验室抽检浓度合格后循环加热至 80 ℃～85 ℃，保持 15 min，排空。

d. 水洗：80 ℃～85 ℃热水循环冲洗至中性。

（4）检查。

① 检查管线、阀是否清洗干净，阀动作是否正确。

② 检查车间卫生清洁是否已完成。

③ 检查水、汽、冷是否已关闭。

④ 检查预处理记录是否及时、完整填写。

⑤ 对预处理系统的清洗状况，化验室通过抽检杀菌后原料乳卫生指标，对管道、罐涂抹试验，管道拆卸检查结果等给予确认。对发现卫生状况差、管线积存奶垢的，必须加强CIP清洗。

3. 超高温灭菌设备操作规程

（1）检查。

① 检查管道接口有无滴漏，若发现异常，拧紧或更换卫生胶垫。

② 检查各种泵有无渗漏，每运转 500 ～ 1 000 h 应进行维护保养。

③ 检查各活塞阀，每周对相关阀涂抹凡士林。

④ 清洁设备表面、过滤器、风扇过滤器、水箱。

⑤ 每周检查压缩空气的清洁度，必要时排放压缩空气控制阀内的杂质。

⑥ 每月检查泵机油状况，必要时更换（500 ～ 1 000 h）。

⑦ 检查均质机的水管接口，冷却水供应、油量压力、液位。

（2）设备开机。

① 只有经过培训合格具备资格的人才能操作此设备，认真阅读设备操作手册。

② 启动设备前，检查水、电、压缩空气、蒸汽是否正常，确定正常后方可启动。

③ 及时清除地面的积水、奶渍、酸、碱，小心滑倒。

④ 将程序开关设置为预杀菌程序。

⑤ 开启物料泵，检查各阀的工作位置，各管卡接头是否有滴漏现象，检查均质机进口、出口压力是否正常。

⑥ 物料泵开启正常后，开启均质机，检查均质机冷凝水是否正常，主电机运转是否正常，均质机运转参数是否在额定值内。

⑦ 均质机运行正常后，开启加热开关，观察显示屏及温控仪的温度变化。

⑧ 一切正常后，设备开始预杀菌，预杀菌程序设置为 20 min，预杀菌过程中随时检查各温度、压力参数的变化。

⑨ 预杀菌计时到，将程序转到杀菌程序，设备管道开始冷却，冷却到设定值开始打料，示意包装机可以开始包装。

⑩ 在生产过程中到规定的中间清洗时间，应将程序转到中间清洗程序，设备自动进行中间清洗。生产结束后，将程序转到最终清洗程序，设备自动清洗，操作工及时清洁设备及地面卫生，为下次生产做准备。

（3）维护保养规程。

① 每运转 250 h 检查均质机的均质阀、均质头，在运转 500 ～ 1 000 h 时检查均质机提升阀弹簧、阀座，必要时维修（研磨）。

② 每运转 2 000 h，检查均质机机油、油过滤器、齿轮箱油。

③ 每天清扫电器控制柜内的灰尘，保持柜内清洁。保持设备的清洁，清洁空气过滤器滤网。

④ 每天对横封部自由滑竿进行润滑。定期对设备各个润滑点加注润滑油。

⑤ 生产中随时检查包装袋封口、灌装量，如有异常立即处理。

⑥ 每日检查驱动装置的运转，传送带的松紧度。

⑦ 每周检查双氧水槽，密封装置的电阻丝和温度传感器。

⑧ 每月检查拼接装置，每 3 000 ～ 6 000 h 更换紫外线灯管。

⑨ 每 3 000 h 向斜齿轮箱补充适量机油，每 2 000 h 向角形齿轮箱补充适量机油。

⑩ 每月对轴承、垂直轴进行润滑，每两周对传动链条进行润滑。控制缸每周进行清洁、润滑。

（二）基础知识与常见问题分析

1. 均质

（1）均质的意义。在强力的机械作用下（16. 7 ～ 20. 6 MPa）将乳中大的脂肪球破碎成小的脂肪球，均匀一致地分散在乳中，这一过程称为均质。均质可防止脂肪球上浮。图 8-9 为均质前后脂肪球大小的变化。

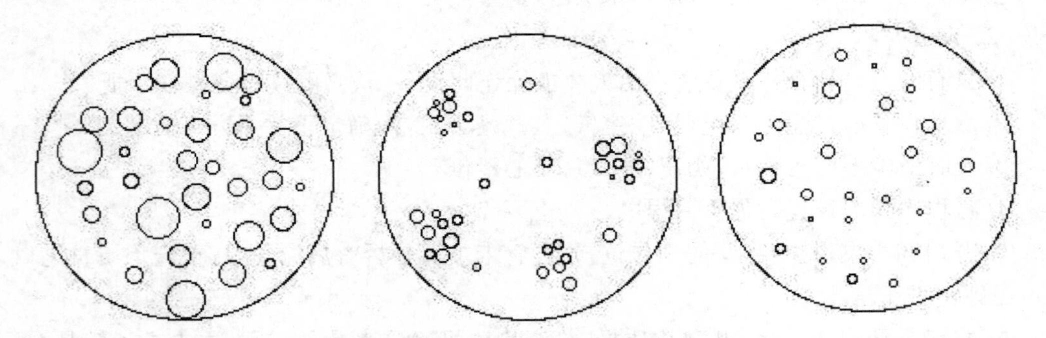

图 8-9　均质前后脂肪球的状态（从左到右：均质前，一段均质，二段均质）

牛奶在放置一段时间后，有时上部分会出现一层淡黄色的脂肪层，称为“脂肪上浮”。究其原因主要是乳脂肪的相对密度小（0. 945）、脂肪球直径大，容易聚结成团块。脂肪上浮影响乳的感官质量，所以原料乳在经过验收、净化、冷却、标准化等预处理之后，必须进行均质处理。均质是指对脂肪球进行机械处理，使它们呈数量更多的较小的脂肪球颗粒而均匀一致地分散在乳中，脂肪球数目的增加，同时增加了光线在牛奶中折射和反射的机会，使得均质乳的颜色更白。

自然状态的牛奶，其脂肪球大小不均匀，变动于 1 ～ 10 μm，一般为 2 ～ 5 μm。如经均质，脂肪球直径可控制在 1 μm 左右，这时乳脂肪表面积增大，浮力下降，乳可长时间保持不分层，且不易形成稀奶油层脂肪，也就不易附着在贮奶罐的内壁和盖上。另一方面，经均质后的牛奶脂肪球直径减小，脂肪均匀分布在牛奶中，其他的维生素 A 和维生素 D 也呈均匀分布，促进了乳脂肪在人体内的吸收和同化作用。

更重要的是经过均质化处理的牛奶具有新鲜牛奶的芳香气味，同非均质化牛奶相比较，均质化以后的牛奶防止了由于铜的催化作用而产生的臭味，这是因为均质作用增大了脂肪表面积。因为脂肪球膜上的类脂物，尤其是磷脂中的脑磷脂部分含有很大比例的不饱和脂肪酸残基，它很容易氧化生成游离基，并转化为过氧化物，游离出新的基团，这种反应组分具有强烈的刺激性气味。铜能够催化上述反应，因天然而混入的铜，即使很少量（10 μg/kg）也都会造成氧化，从而使牛奶带有一种臭味。而均质后的牛奶脂肪球表面积增大了，但磷脂和铜的含量几乎不变，故膜中铜与磷脂之比近乎恒定，但其浓度大致与脂肪表面积成反比，因此铜与磷脂间的接触将减少，从而降低了脂肪的氧化作用。

在巴氏杀菌乳的生产中，一般均质机的位置处于杀菌机的第一热回收段；在间接加热的超高温灭菌乳生产中，均质机位于灭菌之前；在直接加热的超高温灭菌乳生产中，均质机位于灭菌之后，因此应使用无菌均质机。

均质不仅可以防止脂肪球上浮，而且还具有其他一些优点：经均质后的牛奶脂肪球直径减小，易消化吸收；使乳蛋白质凝块软化，促进消化和吸收；在酶制干酪生产中，可使乳凝固加快，乳产品风味更加一致。

除以上优点外，均质后的牛奶也呈现出一些不足：对阳光、解脂酶等敏感，有时会产生金属腥味；蛋白质的热稳定性降低。

（2）均质的原理。均质作用是由三个因素协调作用而产生的，如图 8-10 所示。

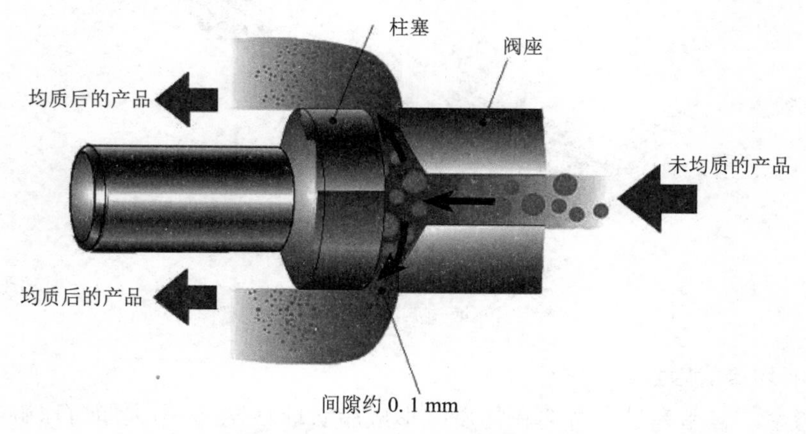

图 8-10　脂肪球在均质中的状态

乳以高速度通过均质头中的窄缝对脂肪球产生巨大的剪切力，此力使脂肪球变形、伸长和粉碎。

牛奶液体在间隙中加速的同时，静压能下降，可能降至脂肪的蒸汽压以下，这就产生了气穴现象，使脂肪球受到非常强的爆破力。

当脂肪球以高速冲击均质环时会产生进一步的剪切力。

图 8-11 和图 8-12 是均质头及其液压系统结构示意图。在物料的入口处，柱塞泵使物料的压力从 0. 3 MPa 提升至 10 ～ 25 MPa。液压泵的油压与阀芯的均质压力保持平衡。

（3）均质的工艺要求。均质前需要进行预热，达到 60 ℃ ～ 65 ℃；均质方法一般采用二段式，即第一段均质使用较高的压力（16. 7 ～ 20. 6 MPa），目的是破碎脂肪球。第二段均质使用低压（3. 4 ～ 4. 9 MPa），目的是分散已破碎的小脂肪球，防止粘连。

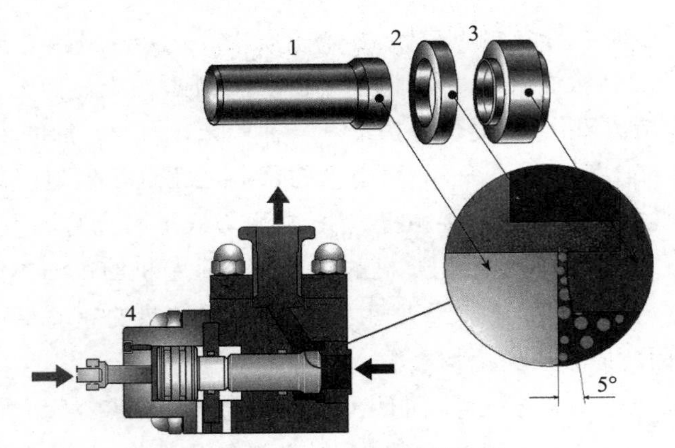

图 8-11　一级均质装置的组成图

1—均质头；2—均质环；3—阀座；4—液压传动装置

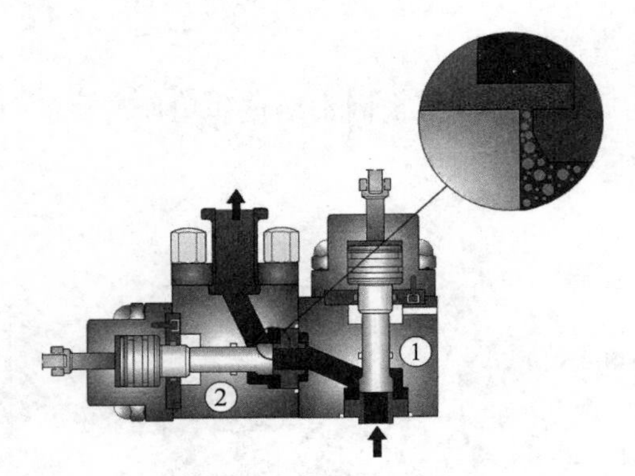

图 8-12　两级均质头

1—第一级；2—第二级

（4）影响均质的因素。

① 含脂率。含脂率过高时会在均质时形成脂肪球粘连，因为大脂肪球破碎后形成许多小脂肪球，而形成新的脂肪球膜需要一定的时间，如果均质乳的脂肪率过高，那么新的小脂肪球间的距离就小，这样会在保护膜形成之前因脂肪球的碰撞而产生粘连。当含脂率 > 12%时，此现象就易发生，所以稀奶油的均质要特别注意。

② 均质温度。均质温度高，均质形成的黏化现象就少，一般在 60 ℃ ～ 70 ℃为佳。较高的温度下均质效果较好，但温度过高会引起乳脂肪、乳蛋白质变性。另一方面，温度与脂肪球的结晶有关，低温下均质产生黏化乳现象较多。固态的脂肪球不能在均质机内被打碎。

③ 均质压力。均质压力低，达不到均质效果；压力过高，又会使酪蛋白受影响，对以后的灭菌十分不利，杀菌时往往会产生絮凝沉淀。

（5）均质效果检测。均质可采取全部式或部分式均质，全部式均质一般应用于含脂率 > 12%的牛奶或稀奶油，这样不能产生黏化现象，即脂肪球粘连。部分式均质是一种只对原料的 1/2 或 1/3 进行均质的方法，这主要是对含脂率高的稀奶油而言，以防产生黏化乳现象。均质效果可以用显微镜、离心或静置的方法来检验。

① 显微镜检验。一般采用100倍的显微镜镜检，可直接观察均质后乳脂肪球的大小和均匀程度。在显微镜下直接用油镜镜检脂肪球的大小是最方便、最直接和快速的方法，但缺点是只能定性不能定量，而且要有较丰富的实践经验。

② 尼罗(NIZO)法。取25 mL乳样在半径250 mm、转速为1 000 r/min的离心机内，于40 ℃条件下离心30 min。然后取下层20 mL样品和离心前样品分别测其含脂率，两者相除，乘以100即得尼罗值。一般巴氏杀菌乳的尼罗值在50%～80%范围内。此法较迅速，但精确度不高。

③ 均质指数。均质效果可通过测定均质指数来检查，其方法为将乳样在4 ℃～6 ℃条件下冷藏48 h，分别测定上层(总体积的1/10)和下层(总体积的9/10)的含脂率。上层与下层含脂率的差，除以上层含脂率的百分数，即为均质指数。均质指数应在1～10范围之内。

④ 激光测定法。激光光束通过均质乳样时，其光的散射决定于脂肪球的大小和数量，然后将结果转换成脂肪球分布图即可。此法快速准确，但仪器昂贵。

2. 杀菌

(1) 杀菌的概述。

① 杀菌的定义。杀菌就是杀死所有微生物的生命体的过程，通常意义下的微生物主要是指细菌、霉菌、酵母菌和病毒。高温、高压、强电流、紫外线(UV)、离子辐射等会杀死这些微生物，防腐剂、抗感染试剂等化学试剂也能杀死微生物，目前常用的灭菌方法也就是根据这些原理设计的。

评价杀菌效率的参数有SAL (Sterility Assurance Level，灭菌安全水平)和D值，SAL表示无菌产品中检出一个细菌的概率，如SAL $=10^{-3}$为产品中微生物检出率为1/1 000；D值是微生物死亡90%所需的时间(单位：min)，即微生物数量减少一个数量级所需时间。

目前，在牛奶和乳制品生产上使用的杀菌方法几乎都是热处理，热处理的目的主要包括杀灭产品中的微生物、灭活酶或其他更多的化学变化。热处理的效果主要取决于温度、加热时间等热处理强度；而且热处理有可逆和不可逆之分，当牛奶用于干酪凝乳、制备发酵剂等过程时所需要的热处理是可逆的。

热处理在保持产品品质的同时也会引起营养物质损失、色泽变深、引发蒸煮味等不利变化，还会破坏免疫球蛋白、乳铁蛋白、溶菌酶和过氧化物酶等生物活性物质，影响牛奶的凝奶能力。所以选择合适的热处理工艺主要应该考虑正反两方面的影响。

评价一种杀菌方法的优劣不能仅仅依靠很孤立的因素，设计一个合理的灭菌方法应该综合SAL、杀菌介质特性、产品／包装特性、材料选择、员工操作、成本和环境因素等参数，应尽量使这些因素达到一种平衡。

② 杀菌目的。对牛奶进行杀菌的目的包括以下几个方面。

a. 确保产品安全。热处理能杀死对热敏感的致病菌，杀死这些菌只需很温和的热处理就能实现。耐热的致病菌(如 *Bacillus Anthracis*)不会出现在牛奶中，或者在其他菌的协助下畸形生长(如 *Clostridium Perfringens*)，或者在牛奶中根本就不能生长(如 *Clostridium Botulinum*)，或者只有当它们达到一定数量条件下才具有致病性(如 *Bacillus Cereus*)，其实这些菌均达到这个数量前牛奶的自身物质就能将它们抑制住。一些菌(*Staphylococci*)的代谢毒素也能用温和的热处理将其灭活。

b. 延长保质期。热处理可杀死存在于牛奶的微生物或其芽孢，灭活牛奶本身的酶或微生物代谢酶产物，热处理还能抑制脂肪的自身氧化；灭活凝集素还能避免牛奶的快速稀奶油化。

c. 使产品获得特有的性状。乳蒸发前加热可提高炼乳杀菌期间的凝固稳定性；使细菌的抑制剂——免疫球蛋白和乳过氧化氢酶系统失活，促进发酵剂菌的生长；使酸奶具有一定的黏度；促进乳在酸化过程中乳清蛋白和酪蛋白凝集等。

③杀菌分类。根据原理不同，杀菌可以分为以下几大类。

a. 热杀菌。热杀菌可根据所用载体不同，分为蒸汽杀菌、干热杀菌。

b. 化学杀菌。根据使用的化学试剂不同，化学杀菌可分为环氧乙烷杀菌、乙酸杀菌、臭氧杀菌（用于医药和饮料行业）、过氧化氢杀菌、二氧化氯杀菌。

c. 超滤杀菌。

d. 辐射杀菌。根据辐射波的波长，可以分为Y射线杀菌、X射线杀菌、紫外线杀菌、微波杀菌。

e. 新式杀菌。包括超高压杀菌（Ultrahigh Pressure, UHP），电场杀菌（Pulsed Electrical Field, PEF），电流杀菌（也称欧姆杀菌），蒸汽和真空冷却杀菌。

3. 巴氏消毒

（1）巴氏消毒的目的。巴氏杀菌的目的首先是杀死引起人类疾病的所有微生物，杀菌条件是（62.8 ℃～65.6）℃/30 min，这就是结核杆菌的致死温度。巴氏杀菌乳应不含任何致病微生物，若产品中出现致病菌，其原因是热处理强度不够；后处理出现污染，包括平衡缸、管道、灌装和压盖设备、巴氏消毒下行管道等引起的污染。

除了致病微生物以外，牛奶中微生物的代谢产物和一些酶也会影响产品味道和保存期，这些酶主要有磷酸酶、淀粉酶、乳过氧化物酶、过氧化氢酶（触酶）、溶菌酶、核糖核酸酶等。杀灭磷酸酶活性的温度比杀死结核杆菌的温度略高，所以以前一般通过测定磷酸酶的方法测定巴氏消毒的效果，现在已经有了更精确的巴氏消毒效率分析仪器。巴氏杀菌的第二个目的是尽可能多地破坏这些微生物和酶类系统，以保证产品质量，这就需要比杀死致病微生物更强的热处理。随着乳品厂生产规模的扩大，该目的变得越来越重要。由于牛奶收购间隔时间的延长，尽管有现代化的制冷技术，但微生物有更充足的时间繁殖并产生酶类，而且微生物代谢产生的副产物有时是有毒的。此外，微生物还引起乳中某些成分分解，使pH下降等。因此当牛奶到达乳品厂后必须尽快地进行热处理。

（2）巴氏杀菌的时间、温度组合。为了杀死某些致病菌，同时为了使产品微生物指标符合“少于30 000个/mL”的规定，牛奶必须加热到某一温度，并在此温度下持续一定的时间，然后再冷却。温度和时间组合决定了热处理的强度。

全球的巴氏杀菌工艺都相似，只是温度时间组合、冷却温度和测试程序有微小差异，如美国用于A级牛奶消毒的工艺有63 ℃、30 min，77 ℃、15 s，89 ℃、1 s，90 ℃、0.5 s，94 ℃、0.1 s，96 ℃、0.05 s，100 ℃、0.01 s。

目前的设备条件尚无法控制如此短的杀菌时间，这些产品在7 ℃以下可以保存18 d

甚至更长。在中欧，大多数国家采用 74 ℃、30 ~ 40 s，但就是这样短暂的加热条件都会导致产品的蒸煮味。现在尚无证据可以证明更快的杀菌条件可以延长产品的保质期，相反保质期更容易受贮存温度和后加工的污染影响。Kessler 和 Horak 发现，热处理条件越强、时间越短，牛奶的保存时间会越短，如 85 ℃、15 s 或 78 ℃、40 s。这是因为在这种热处理的条件下，嗜热芽孢被激活而转变为营养体，从而导致牛奶变质。

（3）巴氏杀菌的方法。从杀死微生物的观点来看，牛奶的热处理强度是越强越好，但强烈的热处理对牛奶外观、味道和营养价值会产生不良后果，如牛奶中的蛋白质在高温下将变性，强烈的加热会使牛奶味道改变，首先是出现蒸煮味，然后是焦味。因此时间和温度组合的选择必须考虑到微生物和产品质量两方面，以达到最佳效果。表 8-27 是乳品厂中常用的热处理方法。

表 8-27　乳品工厂中常用的热处理方法

工艺名称	温度(℃)	时间
初次杀菌	63 ~ 65	15 s
低温长时间巴氏杀菌	62. 8 ~ 65. 6	30 min
高温短时巴氏杀菌(牛奶)	72 ~ 75	15 ~ 20 s
高温短时巴氏杀菌(稀奶油)	＞ 80	1 ~ 5 s
超巴氏杀菌	125 ~ 138	2 ~ 4 s
超高温杀菌(连续式)	135 ~ 140	4 ~ 7 s
保持杀菌	115 ~ 121	20 ~ 30 min

① 初次杀菌。初次杀菌的目的主要是杀死嗜冷菌，在许多大乳品厂中，牛奶在收购后不可能都会立刻进行巴氏消毒或加工，因此有一部分必须在大贮奶罐中贮存数小时或数天，这样再深度的冷却也不足以阻止牛奶的严重变质。许多乳品厂对牛奶进行初次杀菌，初次杀菌的目的主要是可以减少原料乳的细菌总数，尤其是嗜冷菌。初次杀菌条件通常为 57 ℃ ~ 68 ℃、15 s，是一种比巴氏温度更低的热处理。为了防止热处理后需氧芽孢菌在牛奶中繁殖，必须将牛奶迅速冷却到 4 ℃或者更低的温度，许多专家认为初次杀菌对某些芽孢菌有利，因为温和热处理能使许多芽孢恢复到生长状态，这意味着在后面的巴氏杀菌中它们将被杀死。经初次杀菌后的牛奶，其磷酸酶试验应呈阳性，经处理的牛奶冷却并保存在 0 ~ 1 ℃，贮存时间可以延长到 7 d 而其品质保持不变。初次杀菌只是一个用于例外情况的措施，实际上牛奶在到达乳品厂后约 24 h 内应全部进行巴氏杀菌。

② 低温巴氏杀菌。低温巴氏杀菌采用 63 ℃、30 min 或 72 ℃、15 ~ 20 s 加热而完成。可钝化乳中的碱性磷酸酶，可杀死乳中所有的病原菌、酵母和霉菌以及大部分的细菌。而在乳中生长缓慢的某些微生物不被杀死。此外，一些酶被钝化，乳的风味改变很大，几乎没有乳清蛋白变性、冷凝聚且抑菌特性不受损害。

根据杀菌的方式可将低温巴氏杀菌分为两种，其中 62 ℃ ~ 65 ℃、30 min 叫低温杀菌（LTLT），也称保温杀菌。在这种温度下，乳中的病原菌，尤其是耐热性较强的结核菌都被杀死。72 ℃ ~ 75 ℃、15 s 杀菌或采用 75 ℃ ~ 85 ℃、15 ~ 20 s 杀菌通常称为高温短时杀菌(HTST),由于受热时间短,热变性现象很少,风味有浓厚感,无蒸煮味。

③ 高温巴氏杀菌(HTST)。高温巴氏杀菌采用 70 ℃～75 ℃、20 min 或 85 ℃、5～20 s 加热,可以破坏乳过氧化物酶的活性,可以用该酶的失活比例来评定 HTST 的消毒效率。然而,生产中有时采用更高温度,一直到 100 ℃,使除芽孢外所有细菌生长体都被杀死;大部分的酶都被钝化,但乳蛋白酶和某些细菌蛋白酶与脂酶不被钝化或不完全被钝化;这种杀菌方法会使大部分抑菌特性被破坏;部分乳清蛋白发生变性,乳中产生明显的蒸煮味。除了损失维生素 C 之外,营养价值没有重大变化。

磷酸酶试验不适用于酸性乳制品的巴氏杀菌,它们都可以用过氧化氢酶试验代替磷酸酶试验。

稀奶油和发酵乳制品的巴氏杀菌是加热到 80 ℃以上并保持 5 s,这一组合足以钝化过氧化物酶。因此过氧化物酶试验用来检查稀奶油和发酵乳制品的巴氏杀菌效果,该试验结果必须是阴性的,即在产品中不能测出有活力的过氧化物酶。

④ 超巴氏杀菌(Ultra Pasteurisation)。目前,许多乳品工厂采用超巴氏杀菌工艺,以延长产品的保质期,其采取的主要措施是最大可能避免产品在加工和包装过程中再污染。如我们常见的新鲜屋包装牛奶就是超巴氏杀菌牛奶。

超巴氏杀菌需要极高的生产卫生条件和优良的冷链分销系统。一般冷链温度越低,保质期越长,但最高不得超过 7 ℃。超巴氏杀菌的条件为 125 ℃～138 ℃、2～4 s,或者 118 ℃～120 ℃、10 s,然后将产品冷却到 7 ℃以下贮存和分销,即可使保质期延长至 40 d 甚至更长。巴氏杀菌温度再高,时间再长,它仍然与超高温灭菌有根本的不同。首先超巴氏杀菌产品并非无菌灌装,其次超巴氏杀菌不能在常温下贮存和分销,再者超巴氏杀菌产品也不是商业无菌产品。

(4) 巴氏杀菌牛奶中残留微生物。

① 低温长时间巴氏杀菌效果。原料乳经 63 ℃、30 min 加热杀菌,原料乳所含的病原菌死亡,其余的细菌也大部分被杀灭,但某种细菌还残存着,这种细菌称为耐热性细菌。原料乳中的耐热性细菌的分布按季节变动。耐热性细菌数夏、冬季虽均为 10^4 cfu/mL 的水平,但一般夏季较多。人们所知道的牛奶的耐热性细菌有乳酸小杆菌,嗜热链球菌,耐热性微球菌(凝聚性微球菌、变异微球菌、藤黄微球菌),芽孢杆菌等。它们当中,在数量上占优势的细菌是乳酸小杆菌。也就是说,这种菌占夏季原料乳的耐热性细菌的主要部分,冬季虽也出现别的细菌,但仍然是中等程度的出现。与此相反,其他耐热性细菌的出现概率较低;牛链球菌的耐热性尚有疑问,但被认为随着气候变冷出现较多。杀菌前的原料乳中污染较多的是乳酸菌(乳酸链球菌),低温细菌(无色杆菌、产碱杆菌、极毛杆菌),大肠杆菌和葡萄球菌等,但经 63 ℃、30 min 加热杀菌,这些细菌几乎全部死亡。

巴氏杀菌牛奶应贮存在尽可能低的温度下,在运输和配送时应尽量采用冷链。在这样的条件下,嗜冷革兰氏阴性细菌会大量繁殖,并影响产品的保质期,但若在较温暖的环境中保存,产品中的嗜温菌将成为优势菌。为了抑制嗜冷菌的生长,可以在原料乳中接种某些乳酸菌,以降低它的氧化还原电位,这些菌将在巴氏杀菌时失活。

巴氏杀菌处理后引起的牛奶污染,一开始杂菌的数量总是很少。试验发现,若设备运行过久容易导致后处理污染，为了避免该现象，一般要求每 8 h 对管道等设备进行清洗、消毒，高温短时间杀菌消毒后并热灌装至塑料袋或玻璃瓶中。

② 高温短时间杀菌效果。高温短时间杀菌方法与低温长时间巴氏杀菌很相似，但比 63 ℃、30 min 杀菌效果好，而且残存菌数大为减少，但仍有残存菌。高温短时间杀菌法的残存菌数，减少到 63 ℃、30 min 杀菌乳的 1/10，菌数为 10^3 cfu/mL 的水平，在季节上夏季仍较多。该杀菌工艺残存的细菌只有乳酸小杆菌和芽孢杆菌，其他的耐热性细菌几乎被杀灭。63 ℃、30 min 和高温短时间杀菌的牛奶在室温保存时，快的在 24 h，慢的也在 48 h 以内酸败。对酸败前的状态进行观察，先是牛奶逐渐变浓，上浮的乳脂层固化失去浑浊状态；如果继续保存，不久凝固物逐渐溶解，这些变化乃是由于芽孢杆菌的增殖所致。凝固时的细菌数达 10^6 ～ 10^7 cfu/mL 的水平。使杀菌牛奶凝固的芽孢杆菌多为蜡状芽孢杆菌。在这些杀菌牛奶中，残存菌大部分为产生孢子的耐热性细菌，芽孢杆菌与之相比仅为少数。

4. 超高温灭菌（UHT）

（1）UHT 灭菌意义。牛奶与乳制品的热处理方式很多，根据热处理的目的不同，可将其分为以下几种。

① 初步杀菌。即将牛奶进行一定的低温加热处理，杀死不耐温的细菌营养体，以延长牛奶在冷藏条件下的保存时间。

② 巴氏杀菌。目的是杀死乳和乳制品中所有的致病菌营养体。

③ 灭菌。目的是杀死所有能导致乳和乳制品变质的微生物，使产品在常温下贮存一段时间，如 6 ～ 9 个月。

牛奶中的耐热芽孢是影响牛奶和乳制品保质期的重要因素，但初步杀菌和巴氏杀菌都不能保证杀灭这些芽孢的活性；为了确保牛奶能在常温下存放一定时期，我们可以对牛奶进行更高强度的杀菌，也就是灭菌。一般来说，灭菌可分为保持式灭菌乳和超高温灭菌乳两类，保持式灭菌也称为高温长时间灭菌，随着加工技术的发展，通过升高灭菌温度和缩短保持时间也能达到相同的灭菌效果，这种灭菌方式称为超高温灭菌。连续式超高温灭菌条件是 138 ℃ ～ 142 ℃、2 ～ 7 s，保持式灭菌是二段工艺，第一段采用 UHT 灭菌，即 138 ℃ ～ 142 ℃、2 ～ 7 s，第二段经 120 ℃、10 ～ 12 min 杀菌。经超高温灭菌工艺的牛奶一般采用无菌灌装，并用特制的无菌包装纸盒包装，但也有一些是用特制的塑料瓶包装。

超高温灭菌方式的出现，大大改善了灭菌乳的特性，不仅使产品从颜色和味道上得到了改善，而且还提高了产品的营养价值。

（2）UHT 灭菌温度的选择。根据微生物和营养物质两方面的因素，在对牛奶和乳制品进行 UHT 灭菌时一般选用 137 ℃ ～ 142 ℃、2 ～ 7 s 的条件。

其他液态食品中的蛋白质、脂肪、碳水化合物等的含量与牛奶具有很大的差异，所以 UHT 灭菌强度也不一样。

5. 二次灭菌

（1）灭菌条件。UHT 灭菌主要是杀死肉毒梭状杆菌，不能保证将嗜热脂肪芽孢杆菌杀死（脂肪芽孢杆菌生长最适温度为 50 ℃ ～ 65 ℃，最高临界温度为 70 ℃）；为了杀死该芽孢杆菌，我们可以对牛奶进行高温长时间灭菌。

高温长时间灭菌采用传统的杀菌方式，也称保持式灭菌（Incontainer Sterilisation），灭菌条件是 115 ℃～121 ℃、10～30 min；英国一般采用 121 ℃、6～8 min。

为进一步改进产品的感官质量，现广泛采用二段式灭菌即二次灭菌生产保持灭菌乳。二次灭菌即将牛奶先经过超高温瞬时处理，进行灌装、封合后再进行保持灭菌。由于先进行了超高温处理，因此保持灭菌的条件可相对较温和，从而提高了牛奶的感官质量。商业灭菌乳的生产始于 20 世纪初，尤其在欧洲比较普遍。

（2）高温长时间灭菌类型。高温长时间灭菌的加工类型有间歇式、半连续式和连续式 3 类。

① 间歇式高温长时间灭菌。间歇式高温长时间灭菌是最简单的加工类型，主要是利用蒸汽将高压锅等容器内的物品进行高温、长时间杀菌。高压锅必须配有盖子或门、安全装置（安全阀），它应能承受生产中内部压力的 2 倍。

间歇式高温长时间灭菌的时间和温度控制一般通过手动和自动相结合，具体是对气体温度、排气时间和整个处理过程采取自动控制，而灭菌器装载、紧固门或盖、启动蒸汽供给阀等需手工控制。

间歇式灭菌一般只是在简单的加工厂中采用，该工艺控制系统简单，设备成本较低且维修保养方便；但灭菌器利用率很低，劳动效率特别低，尤其是处理能力非常有限，不适合于大规模的生产。另外，间歇式灭菌加工出的产品的色泽、口味会因处理强度的不稳定而变化，即使是同一批的产品可能都会出现该差异。

② 半连续高温长时间灭菌。在加工规模较小的牛奶加工厂中，高温、长时间灭菌的加热和冷却可以通过不同的设备来实现。若加热与冷却时间相同，则可以在灭菌后的产品进行冷却时，对另一批产品进行加热，这样灭菌操作和冷却操作可同时进行。这就是半连续的高温长时间灭菌工艺。

③ 静水压式连续灭菌器。静水压式连续灭菌器是为了减少间歇式高温长时间灭菌工艺的不稳定性而产生的工艺。静水压式灭菌器工作时蒸汽室的压力通过水柱的质量保持稳定，产品在准确的控制条件下被缓慢加热到所需的灭菌温度，经过一定的保温时间后缓慢地冷却。

静水压式连续灭菌器适用于大规模牛奶的加工，加工能力为 1 000～11 000 L/h，设备需 1 h 的启动时间。静水压式灭菌器造价较高，加工的灵活性较差，杀菌的时间和温度很难调整。但该设备占地小，生产成本低，生产和产品质量很稳定。

6. 加热处理引起乳的支化

（1）乳蛋白的热凝聚（热凝固性）。乳的初始 pH 对热凝固时间有相当大的影响，即 pH 越低，发生凝固的温度越低。在温度保持不变的条件下，凝结速率随 pH 的降低而增加。凝聚往往不可逆，即 pH 增加不能使形成的凝聚再分散。实际上，乳很少产生热凝固问题，但浓缩乳如炼乳在杀菌过程中有时会凝固。炼乳热凝固主要有以下情况。

在没有经预热的原料乳生产的炼乳中，乳清蛋白处于自然状态，所以 120 ℃加热，乳清蛋白开始变性并且在酸性范围内强烈聚合，因为炼乳中的乳清蛋白是被浓缩的，浓度高，所以酪蛋白胶束与乳清蛋白形成胶体结合。

用预热过的原料乳生产的炼乳中，乳清蛋白已经变性并与酪蛋白胶束结合，在乳预热过程中，没有形成胶体化是因为乳清蛋白浓度太低，而在炼乳中不发生胶体化是因为乳清蛋白已经变性了。

炼乳中 pH 由 6.2 上升到 6.5，稳定性也随之增加，因为 Ca^{2+} 活性降低的缘故。在 pH > 7.6 时，炼乳稳定性降低，是由于酪蛋白胶粒的 κ 酪蛋白脱落，导致酪蛋白胶束对 Ca^{2+} 敏感性增加，而炼乳中盐浓度比液态乳的要高，因此造成炼乳的不稳定。

（2）乳的其他物理及化学变化。

① 加热过程中乳的颜色起初变得微白一些，随着加热强度的增加，颜色变为棕色；乳的黏度增加。

② CO_2 等气体在加热期间除去，特别是 O_2 的除去与加热期间氧化反应速度和细菌增长速度密切相关。

③ 风味改变、营养价值降低，如一些维生素损失、蛋白质与乳糖之间发生的反应，主要是美拉德反应，使得赖氨酸效价降低。

④ 乳中的一些微生物在经热处理过的乳中生长较快，这是因为一些细菌抑制剂，如乳过氧化物酶和免疫球蛋白钝化失活。此外，一定条件下热处理可以产生某些物质促进一些菌生长，相反抑制另一些菌生长。所有这些变化取决于加热的强度。

⑤ 浓缩乳的热凝固和稠化趋势会降低，凝乳能力降低。

⑥ 加热后乳脂上浮趋势降低，自动氧化趋势降低，在均质或复原过程形成的脂肪球表面层物质组成受均质前加热强度的影响，例如形成均质团的趋势有所增加。

⑦ 加热会产生乳糖的同分异构体，如异构化乳糖；产生乳糖的降解物，如乳酸等有机酸。

⑧ 加热会使乳的 pH 降低，并且滴定酸度增加，所有这些变化都依赖于条件的变化。加热过程中乳 pH 的最初降低主要是由磷酸钙沉淀引起的，进一步的降低是由于乳糖产生甲酸。

⑨ 加热后大部分的乳清蛋白变性，导致不溶，酪蛋白胶束发生聚集，最终会导致凝固；蛋白中的二硫键断裂，游离巯基的形成，使氧化还原电势降低；酪蛋白中的磷酸根、磷脂会降解而无机磷增加。

7. 加热对原料乳中微生物的影响

（1）微生物的耐热性。各种微生物在抗热性方面有很大不同。一般用特征参数 D 和 Z 来表示。加热杀菌时，要精确地确定杀死所有微生物的时间是不可能的，但可以确定在给定的温度下杀死 90% 的微生物细胞（或芽孢）所需的时间。杀死一个对数循环即 90% 的残存的活菌所需时间（min）称为指数递降时间（Decimal Reduction Time），即 D 值。对于不同的热处理时间所得的残存活菌数在半对数坐标图上就可画出相应的热力致死速率曲线。根据某种微生物在不同温度下相应的 D 值就可在半对数坐标图上画出热力致死时间（TDT）曲线，从曲线的斜率可得 Z 值。Z 值的定义是热力致死时间下降一个对数循环所需提高的温度（℃）。从某一微生物 TDT 曲线上可以选择在特定的条件下杀死该微生物的温度与时间关系组合。如果一种微生物（或芽孢）的 D 值和 Z 值已知，就可确定其耐热性。

通过确定某种微生物的耐热性就可以确定将该微生物从原始菌数减少到安全范围所需的杀菌率，也就确定了对应的热处理工艺。牛奶在加热杀菌过程中要注意短时加热牛奶有时会增加菌落数。因为加热器中的对流作用，以聚集状态存在的微生物会被分散成单细胞，因此菌落数增加。

（2）影响微生物耐热性的因素。影响微生物耐热性的因素很多，杀死细菌的芽孢、酵母菌和霉菌的温度要比杀死细菌营养细胞要高得多。一些致病菌的营养细胞对热很敏感，因此，在相对较低的温度下就能被杀死，而有些嗜热菌须在 80 ℃以上长时间加热才能被杀死。

细菌营养细胞的耐热性受以下因素影响。

① 不同种类的微生物耐热性不同。

② 微生物的最适和最高生长温度。温度越高意味着耐热性越强。

③ 细胞内脂类物质的含量。脂类会增强耐热性。

④ 微生物所处对数生长期。处于对数生长期的细胞比衰退期的更耐热。

⑤ 微生物生长环境的化学组成。脂肪类食品能保护微生物。

⑥ 环境的 pH。远离最适生长 pH 时，微生物的耐热性下降。

⑦ 水分活度（Aw）减少，耐热性会下降。

微生物的种类、最适和最高生长温度、细胞内脂类物质的含量等因素也影响芽孢的耐热性和芽孢的形成，芽孢的耐热性远高于营养细胞的耐热性，有的芽孢在 100 ℃以上长时间加热才能被完全杀死。

与细菌相比，酵母菌和霉菌的细胞及芽孢耐热性要差得多，酵母菌的营养细胞在 55 ℃、10 ～ 12 min 被杀死，但彻底杀死其营养细胞和芽孢须用巴氏杀菌（71. 7 ℃、15 s）；60 ℃～ 65 ℃、5 ～ 10 min 湿热杀菌足以杀死绝大部分的霉菌及其芽孢，但霉菌的芽孢抗干热能力很强，必须经 120 ℃、20 ～ 30 min 才能杀死；巴氏杀菌（71. 7 ℃、15 s）往往足以杀死牛奶中的霉菌及其芽孢。

（3）酶的灭活。因为加热不会使脂酶完全失活，使乳中脂肪分解而带来酸败的气味。乳中残留的蛋白酶专一作用于 β 和 α 酪蛋白，将会产生苦味，并且使脱脂乳最后变得透明。而乳中残留的细菌蛋白酶主要作用于 κ 酪蛋白，结果可能使乳产生苦味、形成凝胶、产生乳清。热处理虽然可以灭活乳中的酶，但多数细菌的酶因为有很强的抗热性，而不能用一般的热处理方法被充分地灭活。因此，最好的方法是去阻止乳中有关细菌的生长。

8. 超高温灭菌乳的物理及化学变化

（1）物理变化。

① 色泽变化。当牛奶加热时可发生褐变和白变。褐变是氨基酸和醛缩合反应的结果。但也有人认为褐变是牛奶中糖变焦，随后带色物质被蛋白质吸附的缘故。这种褐变在牛奶加热到 100 ℃以上温度时发生，而白变甚至可能在 60 ℃以上的温度就发生了。白变被认为是牛奶中可溶性蛋白质成分的变性以及后来的凝结作用所引起的，结果增加了牛奶中不透明粒子的数量。

② 沉淀。在超高温杀菌处理过程中，加热器中的高热通常会引起牛奶蛋白质变性，甚

至析出盐类，产生沉淀。影响沉淀的因素包括超高温灭菌乳的钙平衡，预热手段（具有稳定化作用）的采用，乳脂均质的压力，盐的添加等。每L超高温灭菌乳中添加0.5 g的柠檬酸钠或碳酸氢钠，就可抑制沉淀的生成；相反，钙会促进沉淀作用。

③ 脂肪分离。超高温灭菌乳中的脂肪会产生分离，特别是在长期贮存之后。脂肪的分散稳定性可通过均质处理得到改善，其均质程度用均质指标（HI）来确定。按照美国公共卫生署标准，均质指标的定义是指经过均质的牛奶在50 ℃下贮存24 h之后，顶层10%K脂肪（f_t）和底层90%脂肪（f_b）的百分数差值。即$HI = 100(f_t \sim f_b)/f_t$。就超高温灭菌乳而论，如果$HI$少于5%，脂肪的分布就可认为是稳定的。在20 MPa、74 ℃～77 ℃下对牛奶进行高效均质，将明显地减少超高温灭菌乳的脂肪分离问题。

（2）化学变化。

① 酸度变化。经直接加热超高温杀菌法处理后，牛奶的酸度总是降低一些。托曼等人进行66个样品的试验结果为平均酸度从14.36 °T（处理前）下降到13.28 °T（处理后），即减少了1.08 °T。对于酸度变小的一种解释是真空闪蒸过程中牛奶内的某些挥发性酸逸出导致。

② 酶的复活。磷酸酶是牛奶中一种最常见的酶，一般在巴氏杀菌过程中就被破坏了，但在长期贮存之后会重新恢复活性。这种现象在超高温灭菌的牛奶中比巴氏杀菌的牛奶中更为显著。超高温灭菌的牛奶，其在杀菌之后，磷酸酶的活性也马上降为零，但酶恢复活性的程度却依赖于贮存的时间和温度。超高温灭菌的产品贮存温度越高，酶的活性恢复得越快。同样，贮存的时间越长，酶活性恢复的程度也越高。酶复活的原因，可能是巯基释放的结果，已知巯基对磷酸酶试剂呈阳性反应。灭菌牛奶装在长颈瓶中，以棉絮塞起来作盖子，结果表明酶的复活较菱形袋灭菌牛奶少。这是因为棉絮比菱形袋更易渗透，因而多余的巯基由于空气透过棉花而被氧化了。

③ 风味变化。当牛奶及其制品经超高温杀菌处理时，常会产生焦煮味，特别是采用缓慢冷却的工艺会使焦煮味更明显。牛奶经150 ℃左右热处理，就有焦煮味，该气味在5～10 d之后逐渐减轻。一般认为焦煮味是超高温灭菌处理过程中深度热处理，巯基从含硫氨基酸中释放所引起的。通过使巯基氧化的方法可以减少牛奶焦煮味的产生。残留在牛奶产品中的氧气或大气中的氧透过容器器壁能使巯基发生氧化。为了使灭菌牛奶得到良好的风味，把适量的灭菌氧气注入超高温杀菌牛奶中以减少焦煮味的方法已经取得专利权。

利用蒸汽直接喷入牛奶的超高温灭菌法生产的产品迅速冷却，可将空气从产品中排除，氧含量减少，巯基氧化就较慢。另一方面，太多的氧气在产品后来的贮存过程中又可能会使货架寿命缩短。

实际上贮存温度在牛奶风味变化中起着重要作用。在较低温度下，比如4 ℃，风味变化就轻微；而在较高温度（35 ℃以上），风味变化就快得多，尤其是产品贮存在不透气的容器（例如马口铁罐）中更加显著。光线也会加速氧化，故在纸袋内壁涂黑色，这样可减少光的催化作用。一般说来，较低的贮存温度，可用空气将巯基自由基进行限制性的氧化，在贮存超高温灭菌制品时，可能有利于除掉焦煮味。

④ 维生素的分解。牛奶中的维生素A和维生素B_2对热较为稳定，抗坏血酸（维生素C）

对热很敏感，但超高温灭菌并不比高温短时巴氏杀菌对维生素 C 破坏更大。维生素 C 在贮存期间将逐渐减少，减少趋势主要决定于贮存温度。例如，在 5 ℃所贮存的超高温灭菌牛奶中的维生素 C，在贮存的 9 d 内渐渐丧失。而 37 ℃贮存同一超高温灭菌乳中的维生素 C，只要 2 d 时间就全部丧失。在 B 族维生素当中，维生素 B_1 和维生素 B_2 对热稳定，而维生素 B_6 和维生素 B_{12} 经过超高温杀菌处理之后会发生显著的影响。损失量取决于超高温工艺的类型，一般用直接热处理比间接热处理法对维生素 B_6 的损失更大；相反，维生素 B12 在间接热处理中损失比较显著。

9. 杀菌设备

在液态乳杀菌过程中，最常用的热交换器主要有两种：管式热交换器（THE）和板式热交换器（PHE）。

板式热交换器是由一组不锈钢板组成。这个框架可以包括几个独立的板组和区段，不同的处理阶段，如预热、杀菌、冷却等均可在此进行。根据产品要求的出口温度，热介质是热水，冷介质可以是冷水、冰水或丙基乙二醇。板片设计成传热效果最好的瓦楞型，板组牢固地压紧在框中，瓦楞板上的支撑点保持各板分开，以便在板片之间形成细小的通道。液体通过板片一角的孔进出通道，改变孔的开闭，可以使液体从一通道按规定的线路进入另一通道。板周边和孔周边的垫圈形成了通道的边界，以防向外渗漏与内部液流混合。

除了板式热交换器，管式热交换器也用于液态乳制品的处理。管式热交换器在产品通道上没有接触点，这样它就可以处理含有一定颗粒的产品。颗粒的最大直径取决于管子的直径。从热交换的角度来讲，管式换热器比板式换热器的传热效率低。管式热交换器分为多个 / 单个流道和多个 / 单个管道两种类型。

（1）管式加热设备。

① 列管式加热设备（图 8-13）。

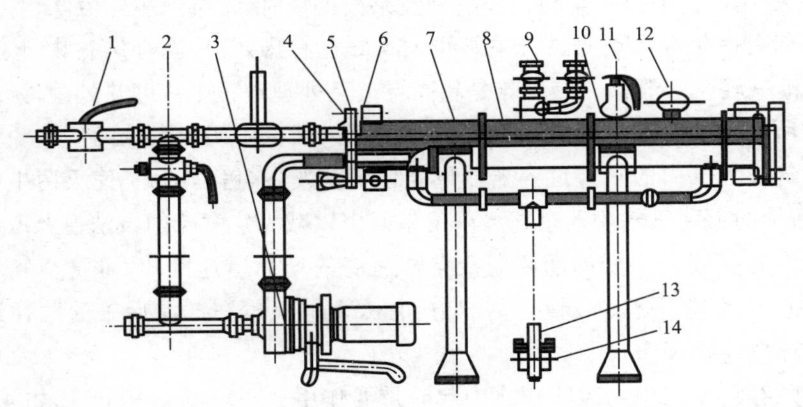

1—出料阀；2—回流阀；3—乳泵；4—壳盖；5—密封圈；6—管板；7—壳体；8—加热管；9—蒸汽截止阀；10—支脚；11—弹簧安全阀；12—压力表；13—冷凝水排出管；14—疏水器

图 8-13　列管式加热器

列管式加热器是在一大直径的圆筒体内排列多根不锈钢管组成的热交换器，其基本结构如图 8-14 所示。大直径两端分别焊接一定厚度的不锈钢管板，管板上开有呈一定规则排列的管孔。加热管穿过管板并固定于管板，管板外端装有不锈钢壳盖，两侧壳盖内部不同形状的设计决定了物料在不锈钢加热管内的流程。物料经泵被送入加热器后，经壳盖进行多次往返方向的流动。每往返一次，物料进入新一组加热管加热，经加热杀菌后的物料由壳盖上的出料管流出，加热蒸汽则由壳体上部进入壳体空间，加热终了的蒸汽冷凝液经壳体下部的冷凝水管由疏水器排出。在管式热交换器用于自动操作时，可在物料的出口管上加装测温一次元件，并通过二次仪表的接收控制出口物料的流向，不合格物料经由回流阀送回加热器进行再杀菌，达到杀菌温度的物料同样地经由回流阀送入下一工序。

②套管式热交换器。套管式热交换器系用管件将2个或3个不同直径的管道连接成同轴的套管组成的热交换设备，通常套管以螺旋形式盘绕起来安装于圆柱形的套管内。三管式系统多用于产品加热，产品在内环流动，加热介质在中心管和外环间流动，由于传热面积增大了2倍，大大提高了传热效率。

管式灭菌的最大优点是能承受较高的均质压力，因此，在灭菌段的均质机上可安装高压往复泵，而且均质阀的位置不受限制。可任意选择均质在灭菌段前或后，不过，若选择后均质，则均质泵要求采用无菌泵。

图8-14是典型的间接超高温加热系统流程图。生产时，产品由平衡槽通过离心泵泵入加热灭菌器。热回收加热器将灭菌后的产品加热至适当温度后进入均质机。本系统中安装了两个均质阀，一个与均质机泵相连，另一个在灭菌后产品冷却到适宜温度时（5a段）均质。这样产品可以灵活选择灭菌前后均质，或进行两次均质。

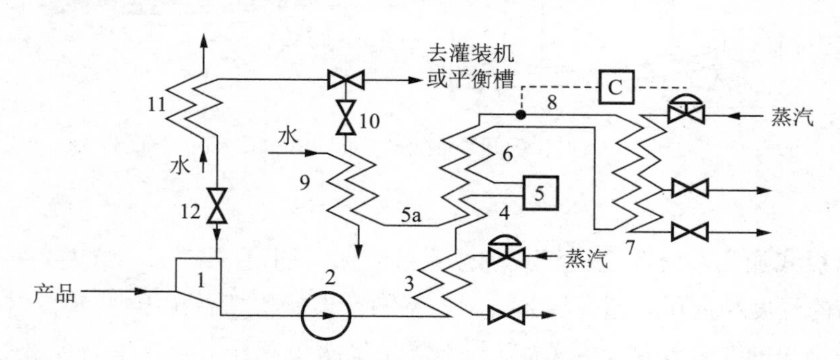

1—平衡槽；2—离心泵；3—灭菌加热器；4—热回收加热器；5—均质机；6—热回收段；7—蒸汽加热段；8—保温管；9—冷却段；10—背压阀；11—冷却器；12—限制器

图8-14 典型的间接超高温加热系统流程图

产品第一次经过均质机后，继续在热回收段被加热，然后进入蒸汽加热段达到灭菌温度。经过保温管后，产品返回热回收段被冷却，然后进入冷却段达到最终冷却温度。背压是通过孔板或背压阀保持的。灭菌温度通过保温管处的温控器调整蒸汽供应量来实现。在生产前的灭菌过程中，为防止热水沸腾，回流热水可通过冷却器降到100 ℃以下，然后通过限制器进入常压平衡槽。本系统中仅仅在灭菌时，额外蒸汽可通过灭菌加热器供给，确保热水迅速升至灭菌温度，对热回收段进行灭菌。

（2）板式热交换器。板式热交换器是一种新型的高效节能热交换设备，由于它占地面积小、组装方便、清洗拆卸容易，能适用于各种对不锈钢无腐蚀的液体加热或冷却。

①工作原理。板式热交换器由支架、传热板片、中间分配板、压紧板等组成(图 8-15)。支架由前、后支架,连接前支架的上下导杆,以及安装在后支架的压紧螺杆组成。传热板为利用冲压模将不锈钢薄板冲制成一定的波纹并以橡胶垫密封的一组板片,它被悬挂于上导杆下。压紧板悬挂于传热板与后支架之间,通过后支架压紧螺杆对压紧板的作用,使传热板片叠合在一起,板间的橡胶密封垫圈既保证了两板之间一定的空隙,又保证了板片的密封。传热板的四角开有角孔,根据不同的工艺要求,传热板片间可设必要的中间分配板,前后支架和中间分配板相对于角孔的位置都可安装必要的管接头。冷热流体分别通过支架或中间分配板上的管接头经由角孔进入传热板片的两边流动,进行热交换。当设备工作完毕,洗涤剂也可经由原来的物料管道对设备进行清洗。当需对设备进行拆洗时,仅需转动压紧螺杆使之放松,压紧板与传热板即沿着导杆滑动松开,传热板与中间板片就可随意挂上、取下。

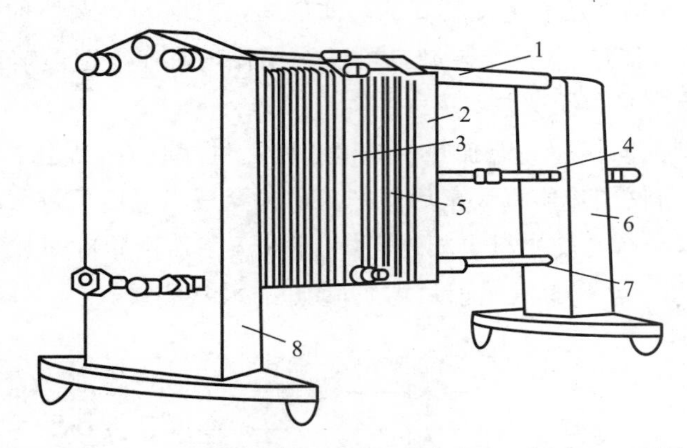

1—上导杆;2—下导杆;3—中间板;4—压紧螺杆;5—换热片;6—后支架;7—下导杆;8—前支架

图 8-15　板式热交换器

超高温板式加热系统和巴氏板式加热系统有所不同,主要表现在 UHT 板式加热系统能承受更高的温度和内压。超高温系统中的垫圈必须能耐高温和压力,垫圈材料的选择要使其与不锈钢板的黏合性越小越好,以利于防止垫圈与板片之间发生黏合,便于拆卸和更换。产品在加工过程中是不能沸腾的。为了防止沸腾,产品在最高温度时必须保持一定的背压使其等于该温度下的饱和蒸汽压。

图 8-16 是较为先进的间接式超高温板式加热系统。未加工的牛奶由离心泵从平衡槽泵出,对于某些不适于离心泵输送的产品则采用容积泵并配有旁通管。牛奶首先经第一加热段加热至 110 ℃ ~ 115 ℃在保温段保温几秒钟,目的是为了减少灭菌段的结垢情况。第二加热段将牛奶加热至灭菌温度并在保温段保持一定的时间,之后产品进入第一冷却段冷却到均质温度 55 ℃ ~ 75 ℃,而后进行均质。在本系统中均质机可任意置于保温段前后,若均质机置于保温段后,要求它必须是无菌状态下的均质机。无菌均质后,产品经过冷却段,最终由冷却水冷却至所需的出口温度,离开超高温系统。限压阀用以保证系统内维持一定的内压。

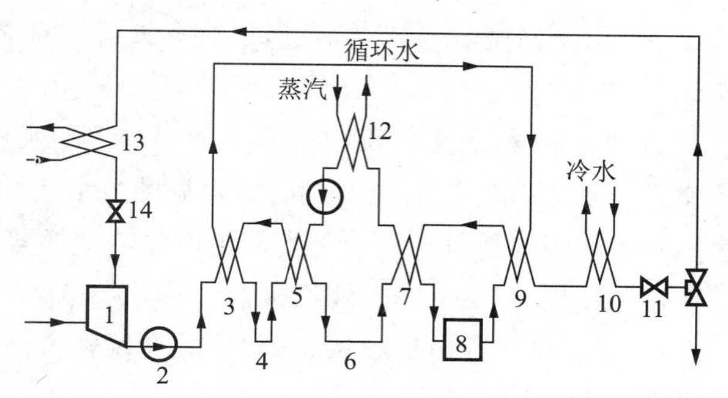

1—平衡槽；2—离心泵；3、5、12、13—加热段；4、6—保温段；7、9、10—冷却段；8—均质机；11、14—限压阀

图 8-16　较为先进的间接式超高温板式加热系统

本系统的 3、5、7、9 段，热量是在产品与热水之间以逆流形式进行换热的。在热水循环系统中，热水在加热段 12 通过加热蒸汽被加热至略高于灭菌温度 1 ℃～3 ℃，然后进入加热段 5 将产品加热至灭菌温度，再进入加热段 3 对产品进行预热。这时循环水已被冷却至较低温度，同时完成了对产品的加热过程。之后水进入冷却段 9 和 7 冷却灭菌后的产品，同时再加热。水在整个系统中起到了热量回收、传递介质的作用。

② 板式热交换器的特点。

a. 传热效率高。在板式热交换器中，加热和冷却介质是在两块不锈钢薄板之间的空隙中流过，由于两块板之间的间隙很小，一般仅 3. 5 ～ 4 mm，因此，流体在通过时相对能获得较高的流速，加之传热板上压制有一定形状的凹凸沟纹，迫使流体不断改变流动方向，使紧贴板面的滞流层受到破坏，增大了流体的湍动程度。实验证明，当 Re ≈ 200 时，流体即进入湍流状态，这种状态能使流体在换热器中均匀分布，更利于进行热交换。因此，板式热交换器的传热系数极高，水 - 水换热的传热系数甚至可达 7 000 W/（m^2•K）。一般情况下，也可达到 1 600 ～ 4 000 W/（m^2•K）。

b. 结构紧凑，占地面积小。在较小的工作体积内可容纳较多的传热面积，这是板式换热器较为显著的特点。一般列管式换热设备，每立方米可容纳 40 ～ 150 m^2 的传热面积，而一般的板式热交换器却可达到 150 m^2 以上。

c. 热利用率高。板式热交换器可使数种流体同时在同一热交换器内进行换热。因此，合理的工艺设计能使热交换器保持最经济的运行。高达 80%～ 85%的热量可通过设备予以回收，这是一般设备所不能达到的。

d. 适宜于处理热敏性强的物料。由于物料在板式热交换器中高速薄层通过，因此，既能保证物料的杀菌，又能缩短物料在设备内不必要的升温与降温时间。因此，于热敏性较强的物料加热、杀菌尤为适宜。

e. 有较大的适应性。板式热交换器的这一特性，对于设备改造、工艺改革以及新产品设计特别重要。当工艺改变时，只需通过计算，增减传热片数或者改变板片的排列、组合。如有必要，适当增加中间板片，即可满足生产需要。前后支架上的管接头位置，也可根据要求自行调换。此外，如遇加片后导杆长度不够，也可通过更换予以解决。

f. 能保证操作的安全、卫生。板式热交换器在结构上保证了两种流体不致相混，发生泄露，抑制向外泄出。此外，由于其临界雷诺数较低，即使是高黏度液体，也不易结垢。一旦结垢严重，也极易拆卸清洗。

g. 密封周边长。板式热交换器需要很长的密封周边，这就限制了设备的使用范围。此外，由于板片是由很薄的金属板片冲压而成，因此，对材质的要求比其他热交换器要高。

③ 热交换器板片的种类。国内目前一般用于乳品生产的热交换器板片有以下几种。

a. 平直波纹板。平直波纹板(图 8-17)是波纹板的一种，是在金属板表面冲压出与流体方向垂直的波纹，使流体能在水平方向形成条状薄膜，并在垂直方向形成波状流动的一种波纹板，主要用于加热和冷却。

b. 人字形波纹板。人字形波纹板(图 8-18)与平直波纹板不同，表面冲压有人字形波纹，流体的流向与人字形波纹呈一定的斜角，人字形波纹板主要用于乳品生产的冷却。

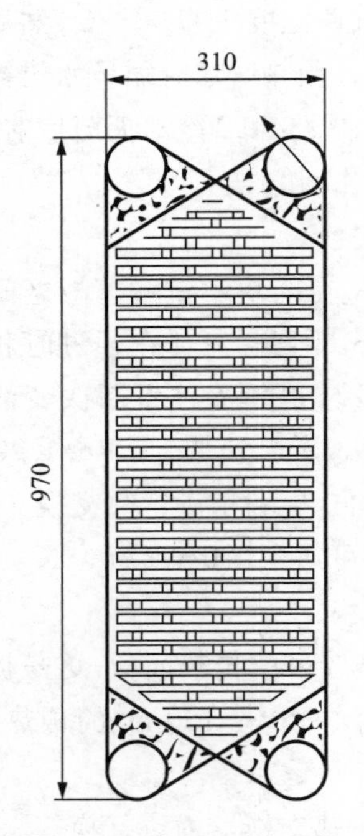

图 8-17　国产 BP2 型平直波纹板

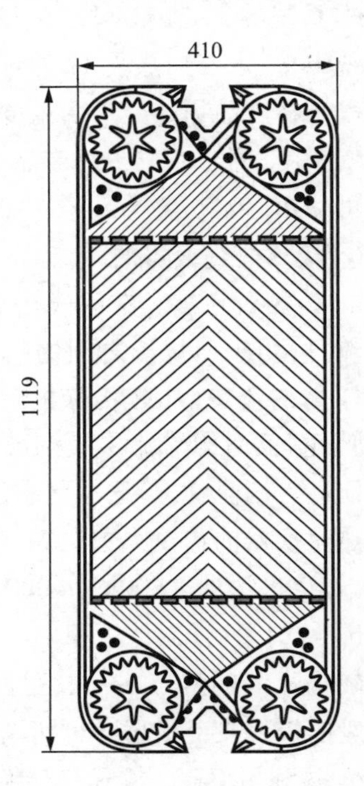

图 8-18　国产 BR3 型人字形波纹板

c. 网流板。在乳品厂中尚可见到表面冲有许多凹凸状花纹的网流板，此种板片当流体通过时，会不断改变其运动方向，因此，其传热效果较波纹板更好，特别适宜于蒸汽与液体之间的传热。又由于板间具有较大的距离(比波纹板要大)，因此，也适用于黏度较高的物料。

在板式热交换器工作时，板片的两边经常受到不同的压力，为了防止板片变形，增加板片的刚度，在板的表面设置了较多的突缘，突缘形成了整个板间的多支点支撑，也保证了两板间所需的间距。

板片的橡胶密封周边是板式热交换器的重要零件之一，它除了规定和保证流体的密闭通道，又决定了板片间的间隙。当压紧螺杆后，密封橡胶能确保流体不泄漏。同时，使相邻板片间突缘几近接触，以防止由于板片间的压力差而造成板片的弯曲变形。

橡胶密封周边固定于板片四周的密封槽内，用胶水与不锈钢黏结（也有嵌于U型密封槽内的）。根据不同的工艺要求，橡胶密封周边组成不同的通道。

平直波纹板按其流体流动情况又可称为单边流板片，即流体的进入和流出位于板片角孔的同一侧。流体的进入和流出在板片角孔的两侧即对角线方向的板片称对角流板片。

④ 板式热交换器的正常使用。

a. 尽量避免板片两面较大的压力差。板式热交换器在正常工作时，由于诸多方面的原因，板片两面将受到不同的压力。由于板片的结构，一般尚能保证板片不致变形。但是，在某些特殊的情况下，板片两边的压力差将变得很大。例如，在设备启动时，先使板片一面充满介质，另一面却无介质通过；又如在设备运行过程中，一台介质泵突然停止转动；再如在热水系统中，高压蒸汽将热水压出系统，使板片一边压力剧增。在这些情况下，板片产生较大的变形。如果板片经常遇到诸如此类的情况，板片就会发生永久性变形。因此，必须尽量避免上述情况的发生。在设备启动时，一般应先启动物料泵，因为物料泵的压力较低，仅0.2 MPa左右。在物料泵启动后，应立即启动热水泵、冰水泵，在正常工作时，应注意所有附属设备的正常运行。

b. 不得使用对板片有腐蚀的介质。目前，乳品行业使用的板式热交换器一般均为铬镍不锈钢材质，而很少使用金属钛板材质的。铬镍不锈钢有抵抗硝酸、醋酸和食品以及大部分有机、无机试剂腐蚀的能力。但是，它对盐酸以及含氯离子溶液却易产生锈斑与腐蚀。而有很多乳品工厂由于采用氯化钙冷冻盐水作为载冷剂，并导入板式热交换器，使不锈钢板片产生锈蚀，严重时导致板片穿孔。由于板片严重结垢而且盐酸强制清洗，也会使板片产生氯离子腐蚀。

为了防止板片腐蚀，应使用冰水或其他不含氯离子的载冷剂。在板片严重结垢后，可加强设备的正常清洗，或者将板片拆下，浸没于硝酸溶液中，然后以竹片或硬毛刷清洗，不得用金属硬物擦伤板片。

c. 定期更换橡胶密封垫。橡胶密封垫一般可使用一年，胶垫使用过久将发生永久变形（即被压扁）。轻者，使板间隙变小，造成生产能力降低，严重的将使板片突缘顶坏而发生板片渗漏。因此，定期更换橡胶密封垫无论从设备正常使用方面或是经济方面，都是值得进行的。

更换胶垫应在设备停用后进行，可先进行杀菌段的板片圈的更换，因为这一段板片受高温影响，变形最大。更换时，剥去旧有胶垫，并用醋酸乙酯清洁密封凹槽，再用布擦干放平，涂以胶水，稍干，将新胶垫放入，并用手指压紧。待该段胶垫全部更换后，仍按顺序将板片挂上导杆，压紧螺杆使之过夜即可。

（三）实习考核要点及参考评分（表8-28）

（1）以书面形式每人提交岗位参与实习报告。

（2）按照小组提交岗位参与实习过程、实习每日记录和讨论一份。

(3) 指导教师提交岗位参与实习教学指导教师工作报告一份。

表 8-28　均质和杀菌生产岗位参与实习的操作考核要点和参考评分

序号	项目	技能要求	评分(100 分)
1	均质机使用	(1) 检查。均质机周围有无杂物,查看电源、冷却水、曲轴箱油面; (2) 开机。先打开柱塞冷却水和冷却器冷却水进水阀,再打开进料阀,然后检查调压手柄(须在放松无压力的状态下),最后启动主电机; (3) 待出料口出料正常后,旋动调压手柄,先调节二级调压手柄,再调节一级调压手柄,缓慢将压力调至使用压力,整个过程约 1 ~ 3 min	5
2	巴杀机准备	(1) 检查收奶暂存罐牛奶温度,牛奶数量; (2) 检查水、电、气、冷是否正常; (3) 检查预巴氏杀菌板是否有盐水渗漏; (4) 检查奶泵是否滴漏; (5) 检查管线连接、阀动作是否正确	5
3	巴氏杀菌	(1) 预巴氏杀菌物料平衡罐内进入自来水; (2) 启动平衡罐下进料泵,使自来水循环进入平衡罐; (3) 打开蒸汽疏水阀排除蒸汽管路积水,缓慢打开进气阀,给循环自来水升温; (4) 当循环水升温至 85 ℃时,开始计时,循环 15 min,清洗杀菌; (5) 循环杀菌热水排空; (6) 检查贮奶罐进料管线连接阀动作是否正确; (7) 待预巴氏杀菌平衡物料罐内牛奶接近 2/3 液位时,打开冰水阀,启动巴氏杀菌进料泵和真空泵、自来水泵; (8) 将管线内水顶出后,牛奶进入贮奶罐; (9) 结束后,用自来水将巴氏杀菌机及管线内牛奶顶入贮奶罐中	5
4	清洗	全部牛奶预巴氏杀菌结束后,应以水代料对管线、收奶暂存罐、巴氏杀菌机进行清洗,具体程序为: (1) 收奶槽中打入 90 ℃热水 500 kg; (2) 用热水冲洗收奶暂存罐,将奶垢冲洗干净; (3) 预巴氏杀菌物料平衡罐内打入自来水,循环加热清洗板换和管线; (4) 清洗废水排空; (5) 清洗结束,拆卸管线检查,若发现存有奶垢或清洗不干净现象,则继续进行 CIP 清洗程序。① 碱洗:粗配碱液 1.5%～2.0%,循环均匀后,由化验室抽样检测浓度合格后,循环加热至 85 ℃,保持 15 min,排空。② 热水洗:80 ℃～85 ℃热水循环冲洗至中性。③ 酸洗:粗配酸液 1.0%～1.5%,循环均匀后,化验室抽检浓度合格后循环加热至 80 ℃～85 ℃,保持 15 min,排空	15
5	混料	(1) 先往配料缸中加入鲜牛奶、脱脂乳等黏度最低的原料及半量左右的水; (2) 加入黏性稍高的原料,如糖浆、奶粉液、稳定剂和乳化剂; (3) 加入黏度高的原料,如稀奶油、炼乳、果葡糖浆、蜂蜜等; (4) 对于一些数量较少的固体料,如可可粉、非脂乳固体等,可用细筛筛入高速搅拌缸; (5) 最后以水或牛奶做容量调解,使混合料的总固体在规定范围内	15

续表

序号	项目	技能要求	评分(100分)
6	质量评定	(1)掌握相关的配料量标准; (2)掌握感官检测的方法	5
7	实训报告	(1)实训报告格式正确; (2)能正确记录实验现象和实验数据,报告内容正确、完整	50

四、灌装岗位技能综合实训

实习目标:

(1)了解各种灌装设备的结构及基本原理。

(2)熟悉灌装设备的组成及操作规程,能熟练进行灌装操作。

(3)完成本工段生产设备的清洗消毒及日常维护保养工作。

(4)保持生产现场环境卫生。

实训方式:

(1)4～5人为一组,以小组为单位。从选择原料和加工设备开始,利用各种原辅材料的特性及生产原理,生产出质量合格的产品。要求学生掌握灌装岗位的基本工艺流程,抓住关键操作步骤。

(2)书写书面实训报告。

(一)灌装加工岗位流程

1. 预杀菌

(1)检查水、电、气是否正常,打开控制电源,压缩空气控制开关,检查各管路接头处是否渗漏,发现后立即处理。

(2)打开控制电源后,检查各紫光灯是否正常,将横封、竖封加热开关打开,将温度调到设定值。

(3)用酒精擦拭灌装管,接好铝膜,打开灌装开关,一切准备工作就绪后,通知杀菌工可以预杀菌,预杀菌时间设定为20 min,预杀菌过程中随时检查管路的温度变化,同时开启无菌空气发生器。

2. 杀菌

(1)预杀菌结束后,向双氧水槽、双氧水杯内注入适量双氧水。

(2)预杀菌结束后,程序转到杀菌程序,管道开始冷却,无菌空气发生器向膜筒内吹入无菌空气。

(3)灌到冷却结束后,操作工将铝膜拉下,取下截止栓,将包装膜拉好,一切准备工作就绪后通知杀菌工杀菌机可以进料,包装机可以包装。

(4)到中间清洗时间,包装机自动停止,杀菌机转到中间清洗程序自动清洗,中间清洗时间为25 min,清洗期间操作工进行设备卫生清扫,保证设备卫生清洁。

3. 清洗

(1)生产结束后,设备转入最终清洗程序。

(2) 操作工将包装膜剪下,用酒精及时清洗灌装管上的奶垢,保证灌装管的清洁,同时装上截止栓,关闭无菌空气发生器。

(3) 设备开始最终清洗,操作工接好铝膜,用酒精清洁设备,扫除操作间地面奶渍、积水,保持设备、室内清洁,为下次生产做准备。

(二) 基础知识与常见问题分析

1. 玻璃瓶牛奶灌装机

玻璃瓶牛奶旋转型重力灌装机。装瓶机由贮奶槽(灌装部分)、传动部分、打盖部分、机架等组成。贮奶槽是一圆形不锈钢贮槽,底部装有若干灌装头,圆槽中央有一垂直轴安装于机架,通过动力、传动装置使之旋转。机架上装有圆柱凸轮,在垂直轴上还装有圆盘,若干对应于灌装头的瓶托安装在圆盘上,垂直轴的旋转带动了瓶托旋转。圆柱凸轮的形状使瓶托在圆盘上按要求上下运动进行灌装。灌装机的后部打盖部分也相应安装了若干打盖机,打盖部分分主轴也装有圆盘。相应的瓶托安装在圆盘,垂直主轴的旋转带动了瓶托旋转,在圆柱凸轮作用下上升、下降,完成整个打盖过程。

2. 铝塑复合袋包装机

铝塑全自动牛奶铝塑复合袋包装机为典型三面封合型充填包装机。铝塑复合袋经紫外线杀菌后经导辊引入领式成型器折叠,当薄膜向前运动时能沿着成型器的对称三角形边将薄膜一折为二,电热纵封装置将薄膜热合成一圆筒,薄膜下行经成型的塑料袋中,当一次灌装完成,塑料袋下行一个工位时,横封再次作用将塑料袋密封、切断,同时又完成了下一个塑料袋的封底。

3. 吹塑成型瓶无菌包装系统

多年来,吹塑瓶作为代替玻璃瓶的一种成本较低的一次性包装形式,广泛使用于多种液态食品的包装中,其中包括巴氏杀菌、保持灭菌乳和风味乳等。对保持灭菌乳来说,吹塑瓶除了成本低的优势外,由于其瓶壁较薄,因此热速度较快,同时还避免了热胀冷缩的不利影响。从经济和易于成型的角度考虑,聚乙烯和聚丙烯广泛使用于液态乳乳制品的包装中。但这种材料避光、隔绝氧气能力差,会给长货架期液态乳乳制品带来氧化的问题,因此在材料中通常加入色素以避免这一缺陷。但加入色素后瓶子的颜色却不被消费者所接受。随着材料和吹塑技术的发展,采用多层复合材料制瓶,虽然其成本较高,但有良好的光和氧气的阻隔性。使用这种包装改善了长货架期产品的保存性。目前市场上广泛使用的聚酯瓶就是采用了这种材料的包装。

4. 屋顶包装机

屋顶型包装通常也称新鲜屋。新鲜屋采用卫生型包装,一般除印刷层外,包装纸共有三层,每层各有其不同功能。从外向内看,第一层是聚乙烯,主要作用是防水并能阻止部分微生物的透过;第二层是纸层,主要作用是赋予包装盒良好的形状和强度;第三层是聚乙烯,经“电感加热”,使其融化,在一定压力的作用下完成横封,同时防止液体的透过。

5. 无菌复合纸包装系统

常见无菌复合纸包装系统包括利乐包装系统、无菌纸包装系统两种。

（三）实习考核要点及参考评分（表 8-29）

（1）以书面形式每人提交岗位参与实习报告。

（2）按照小组提交岗位参与实习过程、实习每日记录和讨论一份。

（3）指导教师提交岗位参与实习教学指导教师工作报告一份。

表 8-29　浓缩生产岗位参与实习的操作考核要点和参考评分

序号	项目	技能要求	评分（100 分）
1	预杀菌	（1）检查水、电、气是否正常，打开控制电源，压缩空气控制开关，检查各管路接头处是否渗漏，发现后立即处理； （2）打开控制电源后，检查各紫光灯是否正常，将横封、竖封加热开关打开，将温度调到设定值； （3）用酒精擦拭灌装管，接好铝膜，打开灌装开关，一切准备工作就绪后，通知杀菌工可以预杀菌，预杀菌时间设定为 20 min，预杀菌过程中随时检查管路的温度变化，同时开启无菌空气发生器	15
2	杀菌	（1）预杀菌结束后，向双氧水槽、双氧水杯内注入适量双氧水； （2）预杀菌结束后，程序转到杀菌程序，管道开始冷却，无菌空气发生器向膜筒内吹入无菌空气； （3）灌到冷却结束后，操作工将铝膜拉下，取下截止栓，将包装膜拉好，一切准备工作就绪后通知杀菌工杀菌机可以进料，包装机可以包装； （4）到中间清洗时间，包装机自动停止，杀菌机转到中间清洗程序自动清洗，中间清洗时间为 25 min，清洗期间操作工进行设备卫生清扫，保证设备卫生清洁	20
3	清洗	（1）生产结束后，设备转入最终清洗程序； （2）操作工将包装膜剪下，用酒精及时清洗灌装管上的奶垢，保证灌装管的清洁，同时装上截止栓，关闭无菌空气发生器； （3）设备开始最终清洗，操作工接好铝膜，用酒精清洁设备，扫除操作间地面奶渍、积水，保持设备、室内清洁，为下次生产做准备	15
4	实训报告	（1）实训报告格式正确； （2）能正确记录实验现象和实验数据，报告内容正确、完整	50

第三节　乳制品加工企业生产实习

一、液态乳生产线实习

（一）巴氏杀菌乳的生产

1. 实训目的

通过本实训，要求学生掌握巴氏杀菌乳生产理论知识的基础上，学习掌握巴氏杀菌乳生产实际操作技术，学习巴氏杀菌乳生产中各种设备的基本操作技能，如奶油分离机的使用、均质杀菌机组的操作和使用、CIP 系统的操作和使用等，并在实训过程中学习和解决生产中出现的实际问题，以巩固所学理论知识，提高学生动手能力、理论知识的应用能力和综合职业素质。

2. 实训要求

要求学生在进入车间实训之前，复习所学的巴氏杀菌乳生产知识及生产中所涉及的相关的设备知识。做好产品的生产工艺预案，制定好产品的生产工艺流程及生产工艺条件。进入车间后，听从实训指导老师安排和指挥，按照操作规程要求对生产设备实施操作。

3. 概述

概念：巴氏杀菌乳又称市乳，它是以合格的新鲜牛乳为原料，经离心净乳、标准化、均质、巴氏杀菌、冷却和灌装，直接供给消费者饮用的商品乳。国际乳品联合会(IDF)(SDT，1983：P. 99)将巴氏杀菌定义为适合于一种制品的加工过程，目的是通过热处理尽可能地将来自于牛乳中的病原性微生物的危害降至最低，同时保证制品中化学、物理和感官的变化最小。

(1) 种类：因脂肪含量不同，可分为全脂乳、高脂乳、低脂乳、脱脂乳和稀奶油；就风味而言，可分为草莓、巧克力、果汁等风味产品。

(2) 基本指标要求：主要目的是减少微生物和可能出现在原料乳中的致病菌。不可能杀死所有的致病菌，它只可能将致病菌的数量降低到一定的、对消费者不会造成危害的水平。

(3) 巴氏杀菌后，应及时冷却、包装，一定要立即进行磷酸酶试验，且呈阴性。

4. 工艺流程

巴氏杀菌乳的生产工艺(图 8-19)：原料乳的验收→缓冲缸→净乳→标准化→均质→巴氏杀菌→灌装→冷藏。

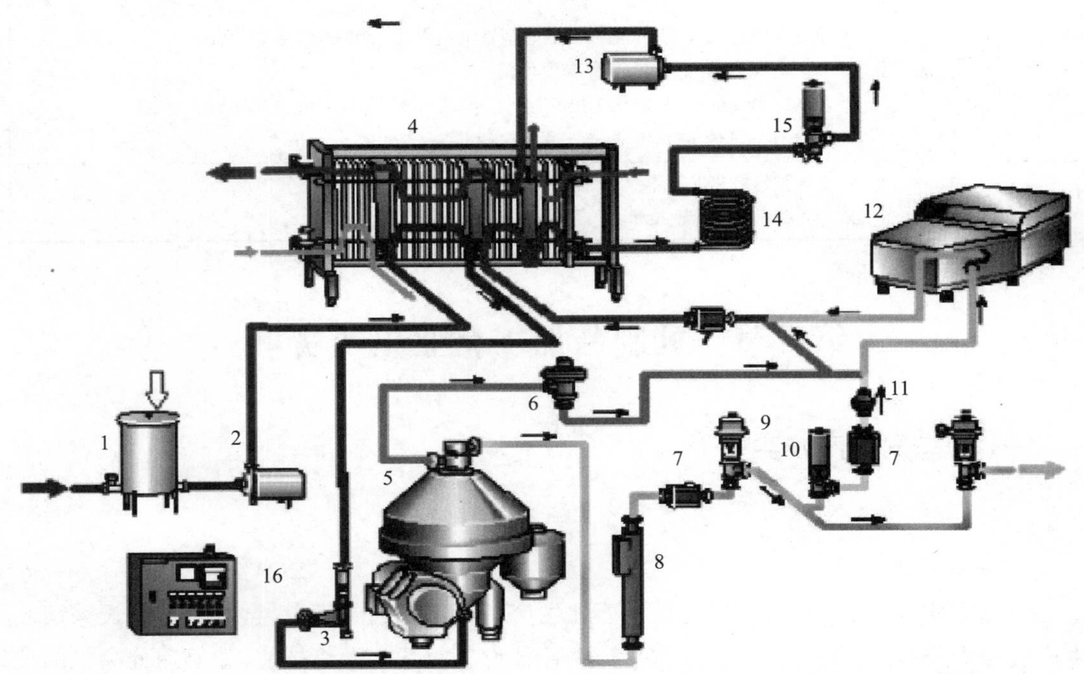

1—平衡槽；2—进料泵；3—流量控制器；4—板式换热器；5—分离机；6—稳压阀；7—流量传感器；8—密度传感器；9—调节阀；10—截止阀；11—检查阀；12—均质机；13—增压泵；14：保温管；15—转向阀；16—控制盘

图 8-19 巴氏杀菌乳生产线示意图

原料乳先通过平衡槽1,然后经泵2送至板式热交换器4,预热后,通过流量控制器3至分离机5,以生产脱脂乳和稀奶油。其中稀奶油的脂肪含量可通过流量传感器7、密度传感器8和调节阀9确定和保持稳定,而且为了在保证均质效果的条件下节省投资和能源,仅使稀奶油通过一个较小的均质机。实际上图8-19中稀奶油的去向有两个分支,一是通过阀10、11与均质机12相连,以确保巴氏杀菌乳的脂肪含量;二是多余的稀奶油进入稀奶油处理线。此外,进入均质机的稀奶油的脂肪含量不能高于10%,所以一方面要精确地计算均质机的工作能力,另一方面应使脱脂乳混入稀奶油进入均质机,并保证其流速稳定。随后均质的稀奶油与多余的脱脂乳混合,使物料的脂肪含量稳定在3%,并送至巴氏杀菌机4和保温管14进行杀菌。然后通过回流阀15和动力泵13使杀菌后的巴氏杀菌乳在杀菌机内保证正压。这样就可避免由于杀菌机的渗漏,导致冷却介质或未杀菌的物料污染杀菌后的巴氏杀菌乳。当杀菌温度低于设定值时,温感器将指示回流阀15,使物料回到平衡槽。巴氏杀菌后,杀菌乳继续通过杀菌机热交换段与流入的未经处理的乳进行热交换,而本身被降温,然后继续进入冷却段,用冷水和冰水冷却,冷却后先通过缓冲罐,再进行灌装。

巴氏杀菌乳的加工工艺因不同的法规而有所差别,而且不同的乳品厂也有不同的规定。

(1)脂肪的标准化可采用前标准化、后标准化或直接标准化;

(2)均质可采用全部均质或部分均质;

(3)最简单的全脂巴氏杀菌乳加工生产线应配备巴氏杀菌机、缓冲罐和包装机等主要设备;

(4)复杂的生产线可同时生产全脂乳、脱脂乳、部分脱脂乳和含脂率不同的稀奶油。

在部分均质后,稀奶油中的脂肪球被破坏,游离脂肪与外界相接触很容易受到脂肪酶的侵袭。因此,均质后的稀奶油应立即与脱脂乳混合并进行巴氏杀菌。图8-19所示工艺流程不会造成这一问题,因为重新混合巴氏杀菌过程全部在同一封闭系统中迅速而连续地进行。但是,如果采用前标准化则存在这样的问题,这时必须重新设计工艺流程。

5. 操作要点

(1)原料乳要求:欲生产高质量的产品,必须选用品质优良的原料乳。巴氏乳的原料乳检验内容包括以下几方面。

① 感官指标。包括牛乳的滋味、气味、清洁度、色泽、组织状态等。

② 理化指标。包括酸度(酒精试验和滴定酸度)、相对密度、含脂率、冰点、抗生素残留量等,其中前三项为必检项目,后两项可定期进行检验。

③ 微生物指标。主要是细菌总数,其他还包括嗜冷菌数、芽孢数、耐热芽孢数及体细胞数等。

(2)原料乳的预处理(净乳、冷却、贮存、标准化、均质)。

(3)杀菌:巴氏杀菌乳一般采用巴氏杀菌法,如表8-30所示。

表 8-30　生产巴氏杀菌乳的主要热处理分类

工艺名称	温度(℃)	时间	方式
初次杀菌	63 ~ 65	15 s	
低温长时间巴氏杀菌	62.8 ~ 65.6	30 min	间歇式
高温短时间巴氏杀菌	72 ~ 75	15 ~ 20 s	连续式
超巴氏杀菌	125 ~ 138	2 ~ 4 s	

间歇式热处理足以杀灭结核杆菌，对牛乳的感官特性的影响很小，对牛乳的乳脂影响也很小。

连续式热处理：要求热处理温度至少在 71.1 ℃保持 15 s（或相当条件），此时乳的磷酸酶试验应呈阴性，而过氧化物酶试验呈阳性。如果在巴氏杀菌乳中不存在过氧化物酶，表明热处理过度。热处理温度超过 80 ℃，也会对牛乳的风味和色泽产生负面影响。磷酸酶与过氧化物酶活性的检测被用来验证牛乳已经巴氏杀菌，采用适当的热处理后，产品可以安全饮用。

经 HTST 杀菌的牛乳（和稀奶油）加工后在 4 ℃贮存期间，磷酸酶试验会立即显示阴性，而稍高的贮温会使牛乳表现出碱性磷酸酶阳性。经巴氏杀菌后残留的微生物芽孢还会生长，会产生耐热性微生物磷酸酶，这极易导致错误的结论，IDF（1995）已意识到用磷酸酶试验来确定巴氏杀菌是有困难的，因此一定要谨慎。

（4）杀菌后的冷却：杀菌后的牛乳应尽快冷却至 4 ℃，冷却速度越快越好。其原因是牛乳中的磷酸酶对热敏感，不耐热，易钝化（63 ℃，20 min 即可钝化）。

但同时牛乳中含有不耐高温的抑制因子和活化因子，抑制因子在 60 ℃，30 min 或 72 ℃，15 s 的杀菌条件下不被破坏，所以能抑制磷酸酶恢复活力，而在 82 ℃ ~ 130 ℃加热时抑制因子被破坏；活化因子在 82 ℃ ~ 130 ℃加热时能存活，因而能激活已钝化的磷酸酶。所以巴氏杀菌乳在杀菌灌装后应立即置 4 ℃下冷藏。

（5）灌装：冷却后要立即灌装。灌装的目的是便于保存、分送和销售。

① 包装材料。包装材料应具有以下特性：能保证产品的质量和营养价值；能保证产品的卫生及清洁，对内容物无任何污染；避光、密封，有一定的抗压强度；便于运输；便于携带和开启；减少食品腐败；有一定的装饰作用。

② 包装形式。巴氏杀菌乳的包装形式主要有玻璃瓶、聚乙烯塑料瓶、塑料袋、复合塑纸袋和纸盒等。

③ 危害关键控制。在巴氏杀菌乳的包装过程中，要注意：避免二次污染，包括包装环境、包装材料及包装设备的污染；避免灌装时产品的升温；包装设备和包装材料的要求高。

（6）贮存、分销：必须保持冷链的连续性，尤其是出厂转运过程和产品的货架贮存过程是冷链的两个最薄弱环节。应注意：温度；避光；避免产品强烈震荡；远离具有强烈气味的物品。

（二）超高温灭菌乳的生产

1. 实训目的

通过本实训，要求学生在掌握超高温灭菌乳生产工艺理论知识的基础上，学习掌握超高温灭菌乳生产实际操作技术，学习超高温灭菌乳生产中各种设备的基本操作技能，如奶油分离机的使用技术、均质杀菌机组的操作和使用技术、均质杀菌过程中加热热水压力及物料背压控制的操作技术、CIP系统的操作和使用技术等，并在实训过程中学习和解决生产过程中出现的实际问题，以巩固所学理论知识，提高学生动手能力、理论知识的应用能力和综合职业素质。

2. 实训要求

要求学生在进入车间实训之前，复习所学的超高温灭菌乳生产知识及生产中所涉及的相关的设备知识。做好产品的生产工艺预案，制定好产品的生产工艺流程及生产工艺条件。进入车间后，听从实训指导老师的安排和指挥，按照操作规程要求对生产设备实施操作。

3. 概述

（1）灭菌乳概念。灭菌乳即是对这一产品进行足够强度的热处理，使产品中所有的微生物和耐热酶类失去活性。灭菌乳具有优异的保存质量并可以在室温下长时间贮存。20世纪初，商业灭菌乳在欧洲非常普遍。

（2）灭菌乳生产有两种方法：灌装后灭菌，称瓶装灭菌，产品称瓶装灭菌乳；超高温瞬间灭菌处理。

（3）瓶装灭菌概念。将牛乳装到瓶子中，再进行灭菌处理的牛乳。产品和包装（罐）一起被加热到约116 ℃，保持20 min，可在环境温度下贮存。

（4）UHT（超高温瞬间灭菌）的概念。物料在连续流动的状态下，经135～150 ℃不少于1 s的超高温瞬时灭菌（以完全破坏其中可以生长的微生物和芽孢），然后在无菌状态下包装，包装保护产品不接触光线和空气中的氧，可在环境温度下贮存。以最大限度地减少产品在物理、化学及感官上的变化，这样生产出来的产品称为UHT产品。UHT产品应能在非冷藏条件下分销。超高温灭菌的出现，大大改善了灭菌乳的特性，不仅使产品的色泽和风味得到改善，而且提高了产品的营养价值。

（5）灭菌乳的基本要求。加工后产品的特性应尽量与其最初状态接近；贮存过程中产品质量应与加工后产品的质量保持一致。

（6）超高温灭菌加工系统。超高温灭菌加工系统的各种类型如表8-31所示。这些加工系统所用的加热介质为蒸汽或热水。从经济角度考虑，蒸汽或热水是通过天然气、油或煤加热获得的，只在极少数情况下使用电加热锅炉。因电加热的热效率仅为30%，而采取其他形式加热，锅炉的热转化率为70%～80%。

表8-31 各种类型的超高温加热系统

<table>
<tr><td rowspan="5">蒸汽或热水加热</td><td rowspan="3">间接加热</td><td>板式加热</td></tr>
<tr><td>管式加热（中心管式和壳管式）</td></tr>
<tr><td>刮板式加热</td></tr>
<tr><td rowspan="2">直接蒸汽加热</td><td>直接喷射式（蒸汽喷入牛乳）</td></tr>
<tr><td>直接混注式（牛乳喷入蒸汽）</td></tr>
</table>

如上所述使用蒸汽或热水为加热介质的灭菌器可进一步被分为两大类，即直接加热系统和间接加热系统。在间接加热系统中，产品与加热介质（或热水）由导热面所隔开，导热面由不锈钢制成，因此在这一系统中，产品与加热介质没有直接的接触。在间接加热系统中，产品与一定压力的蒸汽直接混合，这样蒸汽快速冷凝，其释放的潜热很快对产品进行加热，同时产品也被冷凝水稀释。

4. 超高温灭菌乳的加工工艺

（1）超高温灭菌乳加工的基本工艺：原料乳→验收及预处理→超高温灭菌→无菌平衡贮槽→无菌灌装→灭菌乳。

下面以管式超高温方法为例介绍 UHT 乳的典型加工工艺。原料乳首先经验收、标准化、巴氏杀菌等过程。UHT 乳的加工工艺有时包含巴氏杀菌过程，因为巴氏杀菌可有效提高生产的灵活性，及时杀灭嗜冷菌，避免其繁殖代谢产生的酶类影响产品的保质期。巴氏杀菌后的乳（一般为 4 ℃左右）由平衡槽经离心泵进入预热段，在这里牛乳被热水加热至 75 ℃后进入均质机。通常采用二级均质，第二级均质压力为 5 MPa，均质机合成均质效果为 25 MPa。均质后的牛乳进入加热段，在这里牛乳被加热至灭菌温度（通常为 137 ℃），在保温管中保持 4 s，然后进入热回收段，在这里牛乳被盐水冷却至灌装温度。冷却后的牛乳直接进入灌装机或先进无菌贮存罐后，再进入灌装机。若牛乳的灭菌温度低于设定值，则牛乳就沿着返回管返回平衡槽。加热循环热水的流程是这样的：首先热水经平衡槽、离心泵后进入预热段和热回收段，由蒸汽喷射阀注入蒸汽，调节至灭菌所需要的加热介质温度后进入管路，热水温度通常高于产品的温度 1 ℃～3 ℃，之后热水经冷却返回平衡槽。

① UHT 灭菌乳的温度变化大致如下。

原料乳经巴氏杀菌后 4 ℃→预热至 75 ℃→均质 75 ℃→加热至 137 ℃→保温 137 ℃→盐水冷却至 6 ℃→（无菌贮罐 6 ℃）→无菌包装 6 ℃

可以看出，在此灭菌过程中，牛乳不与加热或冷却介质直接接触，可以保证产品不受外界污染；另外，热回收操作可节省大量能量。

② 经过超高温灭菌及冷却后的灭菌乳，应立即进行无菌包装。而无菌灌装系统是生产 UHT 产品所不可缺少的。

无菌包装必须符合以下要求：

a. 包装容器和封合方法必须适合无菌灌装，并且封合后的容器在贮存和分销期间必须能阻挡微生物透过，同时包装容器应能阻止产品发生化学变化；

b. 容器和产品接触的表面在灌装前必须经过灭菌，灭菌效果与灭菌前容器表面的污染程度有关；

c. 灌装过程中，产品不能受到来自任何设备表面或周围环境等的污染；

d. 若采用盖子封合，封合前必须及时灭菌；

e. 封合必须在无菌区域内进行，以防止微生物污染。

5. 关键操作

（1）设备灭菌——无菌状态。在投料之前，先用水代替物料进入热交换器。热水直接进入均质机、加热段、保温段、冷却段，在此过程中保持全程超高温状态，继续输送至包装机，从包装机返回，流回平衡槽。如此循环保持回水温度不低于 130 ℃，时间 30 min 左右。杀菌完毕后，放空灭菌水，进入物料，开启冷却阀，投入正常生产流程。

（2）生产过程——保持无菌状态。整个生产过程包括灌装要控制在密封的无菌状态下，乳从灭菌器输送至包装机的管道上应装有无菌取样器，当一切生产条件正常时可定时取样检测乳中是否无菌。

（3）水灭菌——保证乳无菌。在生产中，由控制盘严密监视灭菌温度。当温度低于设定值时，立即启动分流阀，牛乳返回进料槽，将其放空并用水顶替，重新进行设备灭菌及重新安排生产操作。这样可保证送往包装机的牛乳是经冷却的无菌牛乳。

（4）中间清洗及最后清洗。大规模连续生产中，一定时间后，传热面上可能产生薄层沉淀，影响传热的正常进行。这时，可在无菌条件下进行 30 min 的中间清洗，然后继续生产，中间不用停车，生产完毕后用清洗液进行循环流动清洗。中间清洗及最后清洗操作均由控制盘内的程序板控制，按程序执行 CIP 操作。

（5）停车。生产及清洗完毕后即可由控制盘统一停车。同时注意停供蒸汽、冷却水及压缩空气。

6. 关键控制

超高温灭菌为高度自动化操作。均质机配有专用控制柜，并与总控制柜连通。主要操作由控制柜指挥。

（1）流程控制。生产中的开车、设备灭菌、牛乳灭菌、水灭菌、中间清洗及最后清洗等都有不同的流程和程序，都由控制盘统一控制。操作人员只需操作控制按钮即可。

（2）流量控制。设备的生产能力由物料流量决定，物料流量由均质机的转速控制——流量要稳定。生产中，应首先设定准确均质机的转速，以保持要求的牛乳流量。

（3）灭菌温度控制。牛乳灭菌的最高温度要先行设定。在生产过程中，实际的灭菌温度不断变化，在控制盘上控制系统可根据记录数据发出指令，不断调整进汽阀的开启大小，以保持稳定的灭菌温度。应注意稳定蒸汽压力使其不低于 0.6 MPa。

（4）冷却温度控制。由冷却阀的调节来控制——冷却温度要稳定。

二、酸奶生产线实习

（一）凝固型酸奶的生产

1. 实训目的

通过实训，使学生学会制作生产酸奶所用的脱脂凝固乳培养基，制备母发酵剂和工作发酵剂；掌握凝固型酸奶的加工方法、条件控制和操作要点；熟练掌握生产设备的使用方法和操作技能，能进行设备的简单维护；能分析凝固型酸奶常见问题，选择相应的防范措施。

2. 实训要求

学生实训从选择、购买原料及确定合适的工艺路线开始，要求学生积极参与实训，掌握操作过程中的品质控制点，掌握关键操作步骤及设备的使用和维护，利用各种原辅助材料的特性及加工中的各种变化，合理控制工艺条件，使最终的产品质量达到应有的口感和品质要求。

3. 工艺流程

原料乳预处理→标准化→配料→预热→均质→杀菌→冷却→接种→灌装→发酵→冷藏后熟。

4. 材料与设备

材料：原料乳、甜味剂、稳定剂、脱脂乳培养基、酸奶容器等。

菌种：保加利亚乳杆菌、嗜热链球菌等菌种。

设备：高压均质机、高压灭菌锅、酸度计、超净工作台、恒温培养箱等。

5. 操作要点

(1) 发酵剂的设备：

① 脱脂乳培养基设备。脱脂乳用三角瓶和试管分装，置于高压灭菌器中，121 ℃灭菌15 min。

② 菌种活化与培养。用灭菌后的脱脂乳将粉碎菌种溶解，用接种环接种于装有灭菌乳的三角瓶和试管中，42 ℃恒温培养直到凝固。

③ 发酵剂混合扩大培养。将以活化培养好的液体菌种以球菌∶杆菌为1∶1的比例混合，接种于灭菌脱脂乳中恒温培养。

(2) 原料乳的质量要求：原料乳要求酸度在180 °T以下；总固形物含量不得低于11.5%，其中非脂乳固形物量不应低于8.5%；不得含有抗生素或残留杀菌剂、清洗剂；抗菌物质检验应为阴性；不得使用患有乳腺炎的奶牛分泌的乳；不得使用不卫生牧场或受到严重污染的乳。

(3) 甜味剂的要求：蔗糖和葡萄糖是常用的甜味剂，通常使用量不超过10%。对低热量酸奶的生产一般选用产热量低或不产生热量的甜味剂，如异麦芽低聚糖、木糖醇、阿斯巴甜等甜味剂。

(4) 预处理：主要包括计量、净化、冷却、贮藏。

(5) 乳的标准化：乳制品中脂肪与干物质含量要求保持一定比例。

① 直接加混原料。

② 浓缩原料乳。

③ 复原乳。

(6) 配料：一般添加6%～9%的蔗糖，将原料乳加热到50 ℃左右，再加入蔗糖，继续升温至65 ℃，用泵循环通过纱布滤除杂质。

(7) 预热、均质：原料基液由过滤器进入杀菌器后，先经55 ℃～65 ℃预热，再进入均质机。均质所采用的压力一般为20 MPa左右。

(8) 杀菌、冷却：杀菌条件一般为90 ℃～95 ℃、5 min，然后冷却到43 ℃～45 ℃。有的加热到85 ℃，保持30 min进行杀菌。还有更高效率的UHT法，135 ℃加热2～3 s，立即冷却。

(9) 接种发酵剂：一般工作发酵剂，其产酸活力在0.7%～1.0%之间，此时接种量应为2%～4%。

（10）灌装：接种后经过充分搅拌的牛奶要立即连续地灌装到零售用的小容器中，这道工艺也称为充填。

（11）发酵：控制发酵条件使原料发酵。

① 培养温度：一般为 41 ℃～42 ℃。

② 培养时间：3 h。

（12）冷却：一般采用一级冷却工艺，迅速而有效地抑制酸奶中乳酸菌的生长，降低酶的活性，终止发酵过程，防止产生酶过度。冷却速率会影响到产品的最终酸度。

（13）冷藏、后热：发酵好的凝固酸奶，应立即移入 0 ～ 4 ℃的冷库中冷藏，迅速抑制乳酸菌的生长，以免继续发酵而造成酸度升高。

（14）冷链分销：包装好的酸奶贮藏、运输、销售尽可能保持在 10 ℃以下环境进行。

（二）搅拌型酸奶的生产

1. 实训目的

通过实训，使学生学会制作生产酸奶所用的脱脂凝固乳培养基，制备母发酵剂和工作发酵剂；掌握凝固型酸奶的加工方法、条件控制和操作要点；熟练掌握生产设备的使用方法和操作技能，能进行设备的简单维护；能分析凝固型酸奶常见问题，选择相应的防范措施；使学生团队意识、合作能力得到锻炼。

2. 实训要求

学生实训从选择、购买原料及确定合适的工艺路线开始，要求学生积极参与实训，掌握操作过程中的品质控制点，掌握关键操作步骤及设备的使用和维护，利用各种原辅助材料的特性及加工中的各种变化，合理控制工艺条件，使最终的产品质量达到应有的口感和品质要求。

3. 工艺流程

冷却→后熟→凝固型酸奶→ 在发酵罐中发酵→冷却→添加果料→搅拌→灌装→后熟→搅拌型酸奶。

4. 材料与设备

材料：原料乳、甜味剂、稳定剂、脱脂乳培养基、酸奶容器等。

菌种：保加利亚乳杆菌、嗜热链球菌等菌种。

设备：高压均质机、高压灭菌锅、酸度计、超净工作台、恒温培养箱等。

5. 操作要点

（1）原料乳处理、标准化：与凝固型酸奶的要求一致。

（2）配料：

① 加糖。一般 4%～ 8%。

② 添加稳定剂。先将稳定剂与白糖以 1∶8 的比例干混均匀，搅拌后加入 65 ℃～ 75 ℃的热原料乳中，溶解后，用离心泵打入到标准化罐中，用原料乳定容。

（3）预热：一般控制在 60 ℃～ 65 ℃，过高或过低均会影响乳中脂肪球的大小。

（4）均质：通过均质将脂肪球的平均直径降低到 1 ～ 2 μm，即大的脂肪球破碎成小的脂肪球。

（5）杀菌：巴氏杀菌法为 90 ℃～95 ℃保持 5 min，80 ℃～85 ℃保持 30 min；超高温瞬时灭菌法 135 ℃保持 2～3 s，115 ℃～120 ℃保持 2～3 min。

（6）冷却：一般冷却温度控制在 40 ℃～43 ℃，企业也可根据实际情况适当调整冷却温度。

（7）接种发酵剂：一种是直投菌种；另一种是传代式菌种。

（8）发酵：将接种了工作发酵剂的乳在发酵罐中保温培养，热媒体的温度可随发酵的要求而变动。

（9）冷却、搅拌：罐中酸奶终止培养的方法就是在快速降温的同时适度搅拌凝乳，用体积式泵将酸奶送入板式或管式冷却器，冷却温度的高低根据需要而定。

（10）灌装：在包装过程中，用计量泵将杀菌果汁或其他香料连续添加在酸奶中与酸奶混合均匀，混合均匀的酸奶和果汁，直接流入到罐装机进行罐装。

（11）冷藏后熟：短期冷藏产品冷藏于 6 ℃～10 ℃，长期冷藏的产品贮存于 0～4 ℃。

三、奶粉生产线实习

1. 实训目的

通过理论学习和工厂实训，使学生掌握奶粉加工技术，特别是各种奶粉生产工艺流程、技术要点、材料与设备及常见问题分析与处理，能独立操作。

2. 实训要求

要求教师和学生要深入车间，结合生产实际，对每个生产环节的操作技术及设备维护使用等熟练掌握，进而达到在各工序段上学生能独立顶岗。

3. 工艺流程

（1）全脂奶粉：原料乳验收→过滤及净化→冷却→标准化→杀菌→浓缩→喷雾干燥→冷却→筛粉→包装→装箱→检验→成品贮藏。

（2）脱脂奶粉：原料乳验收→过滤、净化→预热、杀菌→分离（排稀奶油）→脱脂乳→冷却贮藏→预热杀菌→浓缩 →喷雾干燥→乳粉冷却→过筛→包装→成品。

（3）速溶奶粉：原料乳验收→标准化（脱脂乳无标准化操作）→热处理→浓缩→预热→干燥（喷涂卵磷脂）→成品。

（4）配方奶粉：

① 婴儿配方奶粉：

a. 鲜乳预处理→配料（大豆、维生素和铁盐等）→均质→浓缩→喷雾干燥→出粉。

b. 鲜乳预处理→加乳清粉→搅拌→过滤→混合→杀菌→浓缩→加入柠檬酸钠 、脂溶性维生素、植物油→混合→喷雾干燥→出粉。

② 成人配方奶粉：原料乳→验收→过滤及净化→冷却→加入部分营养元素、添加剂等辅料→混合均匀→均质→杀菌→浓缩→喷雾干燥（喷涂卵磷脂）→干混合部分营养元素→包装→检验→出厂。

4. 材料与设备

（1）附聚与干燥设备。附聚：通常定位为将较小颗粒聚集的过程。

流化床技术：振动流化床干燥机，是用于颗粒状物料烘干的设备。

（2）干燥设备。

① 一段干燥设备：成品水分含量控制在2%～4%。

② 二段干燥设备：两段式干燥能耗低（节能20%），生产能力更大（提高57%）

③ 三段法干燥设备：分为带输送带的喷雾干燥塔和带流化床的喷雾干燥塔。

（3）出粉、冷却、计量、包装设备。

① 出粉与冷却设备：

a. 气流输粉冷却。

b. 流化床输粉冷却。

② 计量与包装设备：

a. 量杯式充填机。

b. 转鼓式定量装罐装置。

c. 柱塞式定量装罐装置。

d. 螺杆式定量装罐装置。

e. 真空充填机。

f. 称重式计量充填装置。

g. 真空包装机。

5. 操作要点

（1）全脂奶粉的操作要点。

① 标准化：生产乳粉时，为了获得一定化学组成的产品，须用标准化的具有固定组分的原料乳。由于原料乳的脂肪和非脂乳固体随季节、地区和饲料等多种因素的不同有较大的差别。因此需要调整原料乳中脂肪和非脂乳固体之间的比例关系，使其符合制品的要求。

② 均质：均质时压力一般控制在14～21 MPa，温度控制在60 ℃为宜。

③ 杀菌：大多采用80 ℃～85 ℃的巴氏杀菌。

④ 真空浓缩：一般全脂乳浓缩到45%～50%总固形物（TS）。

⑤ 喷雾干燥：在雾化前，浓缩乳一般加热到72 ℃以降低黏度获得最佳的雾化效果。

（2）脱脂奶粉的操作要点。

① 预热与分离：控制含脂率不超过0.1%

② 预热杀菌：脱脂乳的预热杀菌温度和时间为80 ℃、15 s。

③ 真空浓缩：浓缩温度不超过65.5 ℃为宜，乳固体含量可控制在36%以上。

（3）速溶奶粉的操作要点。

① 脱脂速溶奶粉的操作要点：速溶奶粉制造方法有喷雾干燥法、真空薄膜干燥法和真空泡沫干燥法等。

② 全脂速溶奶粉的操作要点：一般采用附聚－喷涂－卵磷脂工艺。

（4）配方奶粉的操作要点。配方奶粉的生产大多采用湿法或半干法，需要将大量的粉状配料重新溶解，然后和牛奶及营养添加剂混合喷雾干燥，生产周期长，能耗大，成本高。

四、冷冻饮品生产线实习

1. 实训目的

（1）熟练掌握配料系统、均质杀菌设备、水处理设备的操作规范及操作技术，并能根据产品工艺要求不同，控制不同的杀菌温度。

（2）学会使用老化设备、冰水机组及凝冻机，会调节膨胀率及出料状态。

（3）掌握冰淇淋的质量标准，并能以此为依据进行配方设计。

（4）培养学生分析问题和解决问题的能力，能解决实际生产中的常见问题。

（5）增强协作能力和团队精神，培养良好的职业道德和创新意识。

2. 实训要求

（1）根据标准，拟定 2 ～ 3 种冰淇淋的配方，根据配方进行正确的计算和配料。

（2）正确分散、溶解乳化稳定剂。

（3）拟定冰淇淋的生产过程及工艺条件，根据配方制作产品。

（4）熟悉操作、清洗相关设备。

3. 工艺流程

调酸 调香 调色
↓
配料→混合→杀菌→冷却→均质→老化→凝冻→灌装→硬化→包装→检验→成品

4. 材料与设备

材料：奶粉、白砂糖、冰淇淋专用乳化稳定剂、稀奶油、香精、色素。

设备：泵、双联过滤器、紫外线杀菌器、夹层锅、杀菌罐、均质机、板式热交器、老化罐、连续凝冻机、速冻冰箱、灌装机。

5. 操作要点

（1）配方设计：保证产品质量的前提下，尽量降低成本。一般冰淇淋的组成为脂肪 8%～ 12%，非乳脂固体 8%～ 15%，糖 13%～ 20%，乳化稳定剂 0%～ 0.7%，总固体 36%～ 43%。

（2）杀菌：混合料在杀菌缸内杀菌，多采用巴氏杀菌法。混合料的杀菌一般采用 75 ℃～ 78 ℃、15 min 的杀菌条件。

（3）均质：杀菌之后，混合料温度一般在 63 ℃～ 65 ℃，此时经均质机以 15 ～ 18 MPa 的压力进行均质，可以取得良好效果。

（4）冷却：通过板式热交换器或圆筒式冷却缸等冷却设备，迅速冷却至 2 ℃～ 4 ℃以防止脂肪分离上浮。

（5）老化：使蛋白质、脂肪凝结物、稳定剂等物料充分地水和溶胀，提高黏度，有利于提高产品膨胀率和缩短凝冻时间，并能改善冰淇淋组织状态。成熟时容器尽量加盖封尘，防止细菌和异味的进入。

（6）凝结：将成熟后的混合料通过冰淇淋的强烈搅拌混入空气，并使空气呈极微小的气泡状态均匀分布于混合料中，冰淇淋一般含有50%体积的空气，空气泡的直径约为50 μm，同时，混合料中的一部分，20%～40%的水分形成微细的冰结晶，使产品呈半固体状态。

（7）成型：冰淇淋成型须采用各种不同类型的成型机来完成。目前我国常采用冰砖灌装机、纸杯灌装机、小冰砖切块机、连续回转式冰淇淋凝冻机等。

（8）硬化：硬化时间受容器体积、膨胀率高低、凝冻温度高低（凝冻温度每降低1 ℃，硬化所需的持续时间就可缩短10%～20%）等因素影响。通常要求硬化温度为－25 ℃～－18 ℃，时间为12～24 h。

五、奶油生产线实习

1. 实训目的

（1）掌握奶油的种类和性质。

（2）学会奶油的生产工艺、加工原理和方法。

（3）能够分析奶油生产过程中的常见问题，并进行处理。

2. 实训要求

（1）学会奶油的加工工艺流程和工艺要点。

（2）掌握奶油生产工艺的具体操作。

（3）重点掌握中和、成熟、搅拌、洗涤和压炼的方法。

（4）熟悉奶油缺陷产生的原因及其预防措施。

3. 工艺流程

（1）稀奶油加工工艺：原料乳→过滤→预热→分离→标准化→冷却→杀菌→冷却→均质→成熟→冷却→包装。

（2）发酵稀奶油加工工艺：

袋内发酵：稀奶油→脱脂奶粉和稳定剂→预热→均质→高温巴氏杀菌→冷却至培养温度→接种→罐装→培养→冷却至5 ℃→贮藏、销售→发酵稀奶油。

罐内发酵：稀奶油→脱脂奶粉和稳定剂→预热→均质→高温巴氏杀菌→冷却至培养温度→接种发酵罐装培养→冷却至5 ℃→罐装→贮藏、销售→发酵稀奶油。

（3）甜性奶油加工工艺：原料乳→奶油分离→稀奶油→杀菌→冷却→物理成熟→调色→搅拌→奶油颗粒→洗涤→加盐→压炼→包装。

（4）酸性奶油加工工艺：原料乳→奶油分离→稀奶油→杀菌→冷却→物理成熟→调色→搅拌→奶油颗粒→洗涤→加盐→压炼→包装。

4. 材料与设备

材料：牛奶、食盐、色素等

设备：（1）离心分离机。

（2）间歇式奶油搅拌器。

（3）奶油压炼锅。

（4）连续奶油制造机。

5. 操作要点

原料稀奶油的制备及处理

（1）原料乳的质量要求及贮藏：用于生产奶油的原料乳要过滤、净乳和冷藏。在冷藏初期占优势的乳酸菌被嗜冷菌取代。而嗜冷菌又在巴氏杀菌中被杀死。原料乳运到乳品厂后，为防止嗜冷菌繁殖，预热杀菌不应超过 24 h。

（2）原料乳的分离：一般使用静置上浮法和机械离心分离法。

（3）稀奶油的脂肪标准化：连续化生产时，规定稀奶油的含脂率为 40%～45%。

（4）稀奶油的中和：一般使用的中和剂为石灰和碳酸钙。石灰难溶于水，必须调成 20%的乳剂加入。

（5）真空脱气：首先将稀奶油加热到 78 ℃，然后输送到真空机，真空室的真空度可以使稀奶油在 62 ℃沸腾，引起稀奶油的挥发性成分和芳香物质溢出。

（6）稀奶油的冷却：稀奶油的冷却可采用二段式冷却，在杀菌完成后先冷却到 25 ℃左右，再继续冷却到 2 ℃～10 ℃。

（7）均质：一般均质温度为 50 ℃～60 ℃，均质压力则根据脂肪含量和添加剂的不同而异。一般脂肪含量越低，所需的均质压力越高。

（8）稀奶油的发酵：一般先进行发酵，然后才进行物理成熟。发酵与物理成熟同时在成熟罐内完成。生产甜性奶油时，则不经过发酵过程，杀菌后立即进行冷却和物理成熟。

六、干酪生产线实习

1. 实训目的

（1）通过实训使学生能够明白干酪生产工艺流程，并能自制干酪。

（2）能对干酪生产中常见问题进行分析处理。

（3）能评价干酪质量。

2. 实训要求

（1）掌握干酪的种类，发展现状。

（2）掌握干酪工艺流程及操作要点。

（3）能制作 1～2 种典型干酪。

（4）掌握干酪常见问题的处理方法。

3. 工艺流程

原料乳→标准化→杀菌→冷却→添加发酵剂→调整酸度→加氯化钙→加色素→加凝乳剂→凝块切割→搅拌→加温→排出乳清→成型压榨→盐渍→成熟→上色挂蜡→包装

4. 材料

（1）原料乳。

（2）生产干酪的发酵剂。

（3）凝乳酶。

（4）氯化钙。

（5）硝酸盐。

5. 操作要点

（1）原料乳：生产干酪的原料乳必须是健康奶畜分泌的新鲜优质乳，酒精试验应符合要求（牛奶 18 °T，羊奶 10 ～ 14 °T）。

（2）原料乳的检验：菌落总数应低于 100 000 cfu/mL。

（3）原料乳的预处理：主要分为净乳除杂和冷却贮存两个部分。

（4）标准化：实践中主要通过原料乳中的脂肪和蛋白质之间的比率进行评价。

6. 原料乳的杀菌

一般可采用 75 ℃，15 s 的高温短时杀菌。

7. 加入添加剂

（1）氯化钙。促进凝乳酶的作用，促进酪蛋白凝块的形成。

（2）色素。使干酪成品色泽一致。

（3）硝酸盐。抑制产气菌的生长。

（4）添加发酵剂和预酸化。将牛奶冷却到 30 ℃ ～ 32 ℃，然后按操作要求加入发酵剂。发酵过程中乳酸的生成使一部分钙盐变成可溶性，促进皱胃酶的凝乳作用。

8. 凝块的搅拌及加温

（1）凝块搅拌。搅拌持续到第一次乳清排出时间为 15 ～ 25 min，这时颗粒较硬且不易堆积，之后搅拌速度可稍微加快。

（2）乳清排出。为热烫时加水提供空间并降低热烫时的能源消耗；有助于进一步采用强度较大的搅拌。

（3）中期搅拌。第一次排出乳清后的热烫前的搅拌称为中期搅拌，时间为 5 ～ 20 min。在凝乳、前期搅拌和中期搅拌期间保持温度和时间恒定将有助于使每批产品的凝乳程度及酸度保持恒定，促使产品质量稳定。

（4）热烫。初始时每 3 ～ 5 min 升高 1 ℃，当温度升高至 35 ℃时，则每隔 3 min 升高 1 ℃。

（5）后期搅拌。热烫结束后须对凝乳颗粒进行冷却处理，确定后期搅拌的时间。

（6）排出乳清。排出乳清可分几次进行，要求每次排出同体积的乳清，一般为牛奶体积的 35% ～ 50%，排放乳清可在不停搅拌下进行。

（7）成型压榨。

① 堆积：乳清排除后，用带木板或不锈钢板压 5 ～ 10 min，压出部分乳清使其成块，并继续排出乳清，此过程称为堆积。

② 成型：将堆积后的干酪块切成方砖形或小立方体，装入成型器中进行定型压榨。

③ 压榨：在内衬衬网的成型器内装满干酪凝块后，放入压榨机上进行压榨定型。

（8）加盐。干酪的盐分含量一般在 0. 5% ～ 0. 3%（*W/W*）。

（9）成熟。将生鲜干酪置于 10 ～ 12 ℃和湿度 85% ～ 90%条件下，在乳酸菌等有益微生物和凝乳酶的作用下，经过 3 ～ 6 个月，使干酪发生一系列物理和生物化学变化过程，使干酪成熟。

参考文献

[1] 王丁棉．中国奶业面临机遇与挑战 [J]．食品工业科技，2013（5）：45-48.

[2] 财经网．中国乳品行业发展历程回顾 [EB/OL]. 2012-3-6. http://www. caijing. com. cn/2012-03-06/111725788. html.

[3] 中华人民共和国国家统计局 . 2015 中国统计年鉴 [M]．北京：中国统计出版社，2013.

[4] 陈历俊，姜铁民．我国乳品行业现状与发展趋势探讨 [J]．食品科学技术学报，2013，31（4）：1-5.

[5] 顾佳升，龚林妹，夏静．我国液态奶产品的系统分类和命名 [J]．食品工业，2004（1）：23-24.

[6] 周光宏，彭增起，李红军，等．畜产品加工学 [M]．北京：中国农业出版社，2011.

[7] 田世平．粮油畜禽产品贮藏加工与包装技术指南 [M]．北京：中国农业出版社，2000.

[8] 潘道东，孟岳成．畜产食品工艺学 [M]．北京：科学出版社，2013.

[9] 李基洪，孙昌波，彭培勇．冰淇淋生产工艺与配方 [M]．北京：中国轻工业出版社，2010.

[10] 任国谱．乳制品工艺学 [M]．北京：中国农业科学技术出版社，2013.

[11] 郭本恒，刘振民．干酪科学与技术 [M]．北京：中国轻工业出版社，2014.

[12] 谷鸣．乳品工程师实用技术手册 [M]．北京：中国轻工业出版社，2009.

[13] 李晓东．乳品工艺学 [M]．北京：科学出版社，2011.

第九章

卓越工程师毕业设计与工厂设计指导

毕业设计是本科培养计划中的最后一个综合性实践教学环节，食品科学与工程专业的培养目标定位是培养具备从事食品科学与工程项目设计、研究开发、施工及项目管理能力，能够在食品科学与工程领域从事创新实践的卓越工程师。通过毕业设计，如何顺利完成从“学生”到“工程师”的角色转换，需要指导教师在毕业设计各环节精心指导、严格管理。把毕业设计指导过程当作实际工程设计进行指导，提高学生的工程实践能力。本章主要针对毕业设计中如何指导工厂设计进行叙述，包含以下几部分内容：工厂总平面规划、工艺设计、工厂生产车间的设计、工厂供水排水设计、车间空调与空气净化设计、食品工厂的物流设计、工厂其他公共系统设计、工厂辅助设施的设计。

第一节　工厂总平面规划

一、总平面设计的内容

食品工厂总平面设计是食品科学与工程专业学生毕业设计的重要内容之一，总平面布置图是将厂区范围内各项建筑物（包括架空、地面、地下）总体布置在水平面和剖面上的投影图。总平面设计是将全厂不同使用功能的建筑物、构筑物按整个生产工艺流程，结合用地条件进行合理的布局，使建筑群组成一个有机整体。这样既便于组织生产，又便于企业管理。因此总平面设计，就是一切从生产工艺出发，研究并处理建筑物、构筑物、道路、堆场、各种管线和绿化等方面的相互关系，并在一张或几张图纸上用设计语言表示出来。

食品工厂总平面设计的内容包括平面布置和竖向布置两大部分。平面布置就是合理地对用地范围内的建筑物、构筑物及其他工程设施在水平方向进行布置。

竖向布置就是与平面设计相垂直方向的设计，也就是厂区各部分地形标高的设计。其任务是把地形设计成一定形态，使其既平坦又便于排水。在地形比较平坦的情况下，一般都不做竖向设计。假如要做竖向设计，那么就要结合具体地形合理地进行综合考虑，在不影响各车间之间联系的原则下，应尽量保持自然地形，使土方工程运送到最少限度，从而节省投资。

总平面布置设计的内容一般包括以下几方面。

（1）合理进行厂区的建筑物、构筑物及其他工程设施的平面布置。确定区域划分，建筑物、构筑物及其他室外设施的相互关系及其位置，并注意与区域规划相协调。

（2）厂内外运输系统的合理组织安排。合理组织用地范围内的交通运输线路的布置，即人流、物流分开，避免往返交叉。厂区道路一般采取水泥或者沥青路面，以保持清洁，厂区道路应按运输量及运输工具情况决定其宽度，运输货物道路应与车间保持一定的间隔，特别是运煤和煤渣的车，一般道路应设计为环形道，道路两旁有绿化。

（3）厂区竖向布置。确定厂房的室外整平标高和室内地坪标高，也就是把地形设计成一定形态，既要平坦又便于排水。

（4）协调室外各种生产、生活的管线铺设，进行厂区管线综合布置。确定地上、地下管线的走向、平行铺设顺序、管线间距、架设高度和埋设深度，解决其相互干扰，尽量和人流、物流分开。

（5）环境保护、三废综合治理和绿化安排。绿地率一般在20%左右较好。

二、总平面设计的基本原则

食品工厂总平面设计的基本原则如下。

（1）总平面设计应按批准的设计任务书和城市规划要求，总平面布置应做到紧凑、合理。分期建设的工程，应一次布置、分期建设，同时还应为远期发展留有余地。

（2）建筑物、构筑物的布置必须符合生产工艺要求，保证生产过程的连续性。互相联系比较密切的车间、仓库，应尽量考虑组合厂房，既有分隔又缩短物流线路，避免往返交叉，合理组织人流和物流。

（3）建筑物、构筑物的布置必须符合城市规划要求和结合地形、地质、水文、气象等自然条件，在满足生产作业的要求下，根据生产性质、动力供应、货运周转、卫生、防火等分区布置。生产区应在生活区的上风向，有大量烟尘及有害气体排出的车间，应布置在厂边缘及厂区常年下风方向。

（4）动力设施应靠近负荷中心，如变电所高压线网输入本厂的一边。

（5）建筑物、构筑物之间的距离，应满足生产、防火、卫生、防震、防尘、噪音、日照、通风等条件的要求，并使建筑物、构筑物之间距离最小。

（6）食品工厂总平面设计要满足食品工厂卫生要求，生产车间要注意朝向，保证通风良好；生产厂房要离公路有一定距离，通常考虑30～50 m，中间设有绿化地带；对卫生有不良影响的车间应远离其他车间；生产区和生活区尽量分开，厂区尽量不搞厝宰。

（7）厂区道路一般采用混凝土路面。厂区尽可能采用环行道，运煤、出灰不穿越生产区。厂区应注意合理绿化，但不宜过大，例如乳品厂绿地率不宜低于20%，但厂区的利用系数不低于50%，建筑系数不低于30%。

（8）合理地确定建筑物、构筑物的标高，尽可能减少土石方工程量，并应保证厂区场地排水畅通。

三、总平面设计的具体要求

（一）不同使用功能的建、构筑物在总平面中的关系

食品工厂中有较多的建筑物，根据它们的使用功能可分为：① 生产车间，榨汁车间、浓缩车间、灌装车间、饼干车间、饮料车间、综合利用车间等。② 辅助车间（部门），车间办公室、中心实验室、化验室、机修车间等。③ 动力部门，发电间、变电所、锅炉房、冷机房和真空泵房等。④ 仓库，原材料库、成品库、包装材料库、各种堆场等。⑤ 供排水设施，水泵房、水处理设施、水井、水塔、废水处理设施等。⑥ 全厂性设施，办公室、食堂、医务室、厕所、传达室、围墙、宿舍、自行车棚等。

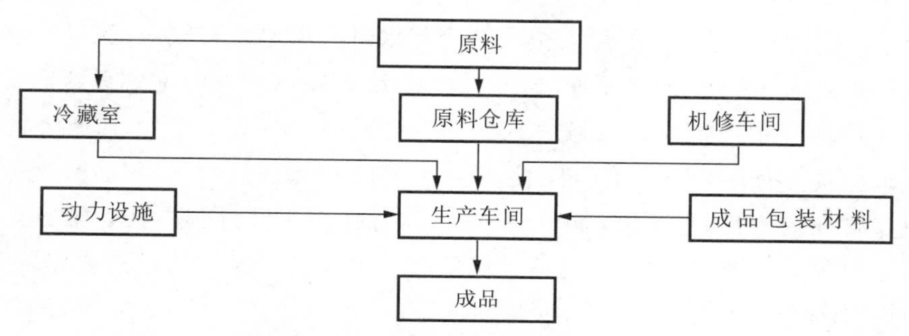

图 9-1 主要不同使用功能的建、构筑物在总平面图中的关系

由图 9-1 可以看出，食品工厂总平面设计中生产车间是食品工厂的主体建筑物，其他建筑物一般都是围绕生产车间进行排布，也就是说一般把生产车间布置在中心位置，其他车间、部门及公共设施都围绕主体车间进行排布。不过，以上仅仅是一个比较理想的示意图，实际上由于地形地貌、周围环境、车间组成以及数量上的不同，都会影响总平面布置图中的建筑物的布置。

（二）各类建筑物的设计布置要求

建筑物布置应严格符合食品卫生要求和现行国家法规、标准的规定。各有关建筑物应相互衔接，并符合运输线路及管线短捷、节约能源等原则。生产区的相关车间及仓库可组成联合厂房，也可形成各自独立的建筑物。

1. 生产车间的布置

生产车间的布置应按工艺生产过程的顺序进行配置，生产线路尽可能做到直接和短捷，但并不是要求所有生产车间都安排在一条直线上。如果这样安排，当生产车间较多时，势必形成一长条，从而使仓库、辅助车间的配置及车间管理等方面带来困难和不便。为使生产车间的配置达到线性的目的，同时又不形成长条，建筑物还可设计成 T 形、L 形或 U 形等。

车间生产线路一般分为水平和垂直两种，此外也有多线生产的。加工物料在同一平面由一车间送到另一车间的叫作水平生产线路；而由上层（或下层）车间送到下层（或上层）车间的叫作垂直生产线路。多线生产线路是一开始为一条主线，而后分成两条以上的支线，或是一开始即是两条或多条支线，而后汇合成一条主线。但不论选择何种布置形式，

车间之间的距离应该是最小的，而且要符合法规、标准等要求。

2. 辅助车间及动力设施的布置

锅炉房应尽可能布置在使用蒸汽较多的地方，这样可以使管道缩短，减少压力和热能损耗。在其附近应有燃料堆场，煤、灰场应布置在锅炉房的下风向。煤场的周围应有消防通道及消防设施。

污水处理站应布置在厂区和生活区的下风向，并保持一定的卫生防护距离；同时应利用标高较低的地段，使污水尽量自行流到污水处理站。污水排放口应在取水的下游。污水处理站的污泥干化场地应设在下风向，并要考虑汽车运输条件。

压缩空气主要用于仪表动力、鼓风、搅拌、清扫等。因此空压站应尽量布置在空气较清洁的地段，并尽量靠近用气部门。空压站冷却水量和用电量都较大，应尽可能靠近循环冷水设施和变电所。由于空压机工作时振动大，还要考虑振动、噪声对邻近建筑物的影响。

食品工厂生产中冷却水用量较大，为节省开支，冷却水尽可能达到循环使用。循环水冷却构筑物主要有冷却喷水池、自然通风冷却塔及机械通风冷却塔几种。在布置时，这些设施应布置在通风良好的开阔地带，并尽量靠近使用车间；同时，其长轴应垂直于夏季主导风向。为避免冬季产生结冰，这些设施应位于主建(构)筑物的冬季主导风向的下侧。水池类构筑物应注意有漏水的可能，应与其他建筑物之间保持一定的防护距离。

维修设施一般布置在厂区的边缘和侧风向，并应与其他生产区保持一定的距离。为保护维修设备及精密仪器设备，应避免火车、重型汽车等振动对它们的影响。

仓库的位置应尽量靠近相应的生产车间和辅助车间，并应靠近运输干线(铁路、河道、公路)。应根据贮存原料的不同，选定符合防火安全所要求的间距与结构。

行政管理部门包括工厂各部门的管理机构、公共会议室、食堂、浴室、宿舍、中心试验室、车库、传达室等，一般布置在生产区的边缘或厂外，最好位于工厂的上风向位置，通称厂前区。

3. 道路布置

根据总平面设计的要求，厂区道路必须进行统一的规划。从道路的功能来分，一般可分为人行道和车行道两类。

人行道、车行道的宽度，车行道路的转弯半径以及回车场、停车场的大小都应按有关规定执行。在厂内道路布置设计中，在各主要建(构)筑物与主干道、次干道之间应有连接通道，这种通道的路面宽度应能使消防车顺利通过。

在厂区道路布置时，还应考虑道路与建(构)筑物之间的距离(表 9-1)。

表 9-1　道路边缘至相邻建筑物的最小距离

相邻建筑物名称	说明	最小距离(m)
1. 建筑物外墙	面向道路一侧无出入口	1.5
	面向道路一侧有出入口，但不通行汽车	3.0
	面向道路一侧有汽车出入口	6.0～8.0
	面向道路一侧有电瓶车出入口	4.5

续表

相邻建筑物名称	说明	最小距离(m)
2. 各类管线支架		1.0～1.5
3. 围墙		1.5

4. 绿化布置

厂区绿化布置是总平面设计的一个重要组成部分，应在总平面设计中统一考虑。食品工厂的绿化一般要求厂房之间、厂房与公路或道路之间应有不少于 15 m 的防护带，厂区内的裸露地面应进行适当的绿化。

5. 总平面布置的形式

水平布置有以下几种形式。

(1) 整体式：将厂内的主要车间、仓库、动力等布置在一个整体的厂房内。这种布置形式具有节约用地、节省管路和线路、缩短运输距离等优点。国外食品工厂多用此形式。

(2) 区带式：将厂区建筑物、构筑物按性质、要求的不同而布置成不同的区域，并用厂区道路分隔开。此类布置形式具有通风采光好、管理方便、便于扩建等优点，但是也存在着占地多，运输线路、管线长等缺点。我国的食品工厂多采用这种布置形式。

(3) 组合式：由整体式和区带式组合而成，主车间一般采用整体布置，而动力设施等辅助设施则采用区带式布置。

(4) 周边式：将主要厂房建筑物沿街道、马路布置，组成高层建筑物。这种布置形式节约用地，景象较好；但是须辅以人工采光和机械，有时朝向受到某些限制。

四、总平面设计方案的评价

评价一个食品工厂总平面设计方案的优劣，主要从以下技术经济指标进行分析。

(一) 建筑系数和土地利用系数

建筑系数是指建筑物、构筑物和有固定装卸设备的堆场、作业区的占地面积与厂区占地面积的百分比，这个指标反映了总体布置是否合理紧凑，用地面积是否节省。计算公式为

$$J=\frac{Z+I}{G}\times 100\%$$

式中：J—建筑系数(%)；

Z—建筑物、构筑物面积(m^2)；

I—露天仓库、操作场地面积(m^2)；

G—厂区总占地面积(m^2)。

土地利用系数是指建筑物、构筑物、露天堆场、道路和地上、地下工程总管线占地面积与厂地总面积的百分比，计算公式为

$$Y=\frac{Z+I+T+D}{G}\times 100\%$$

式中：Y—厂区场地利用系数(%)；

T—铁路、道路、绿化占地面积(m^2)；

D—地上、地下工程管线的占地面积(m^2)。

建筑系数尚不能完全反映厂区土地利用情况，而土地利用系数能全面反映厂区的场地利用是否经济合理。表 9-2 表明了不同类型食品工厂的建筑系数及土地利用系数。

表 9-2　部分食品工厂的建筑系数和土地利用系数

工厂类型	建筑系数(%)	土地利用系数(%)
罐头食品厂	25 ～ 35	45 ～ 65
乳品厂	25 ～ 40	40 ～ 65
面包厂	17 ～ 23	50 ～ 70
糖果食品厂	22 ～ 27	65 ～ 80
粮食加工厂	22 ～ 28	40 ～ 52
啤酒厂	34 ～ 37	—

（二）工程量指标

这个指标表示是否充分利用地形。工程量指标包括平整场地的土方工程量、修建铁路和道路的工程量、给排水工程量和厂区围墙长度。

（三）经营费用指标

这个指标反映从原料进厂到成品出厂，生产流程是否合理，设备选择和布置是否得当，仓库和车间之间是否紧凑。当原料、燃料、产品的运输流向比较合理，运输距离比较短，水、电、气能耗较低时，经营费用指标就小，因而产品的总成本也越低。

（四）投资费用指标

投资费用指工厂基本建设总投资额。在对不同方案的投资费用指标进行比较时，可能出现甲方案所需的基本建设投资大，但预计工厂生产后的经营费用小；而乙方案所需的基本建设投资小，但预计工厂投入生产后经营费用大的情况。此时，要评价一个方案的经济效果，需计算追加投资回收期指标(τ_a)，τ_a 计算公式为

$$\tau_a = \frac{K_1 - K_2}{C_1 - C_2} = \frac{\Delta K}{\Delta C}$$

式中：K_1, K_2—甲、乙方案的基本建设投资额(元)；

C_1, C_2—甲、乙方案的经营费用(元 / 年)；

ΔK, ΔC—基本建设投资和经营费用的节约或增加值(元)。

如部门的追加投资回收定额已经规定，也可用计算费用指标来比较不同的基本建设方案的经济效果，计算费用的公式为

$$C_c = \frac{K}{\tau_{an}} + C$$

式中：C_c—计算费用(元)；

K—基建投资额(元)；

τ_{an}—追加投资回收期定额(年);

C—年产品总成本(元)。

如果考虑基建投资贷款的时间因素(贷款的利率为 i),则可推导出下式:

$$C_c = \frac{1}{\tau_{an}}\left[K(1+i)^{\tau_{an}} + C\frac{(1+i)^{\tau_{an}}-1}{i}\right]$$

(五)定性分析

定性分析指标是指在进行设计方案比较时,不能用数值衡量的指标。例如总平面设计中主要生产车间的通风和采光条件是否良好;行政区和生活区的环境条件是否会受到工厂产生的废气污染;生产区与管理区、生活区的联系是否方便等。这类指标,一般只能通过分析、比较来评价。

通过以上指标的比较,就能确认平面设计方案的优劣,从中选出最佳设计方案。

五、总平面布置设计实例

(一)总平面图的绘制要求与图例

总平面布置设计的内容常包括总平面布置图和设计说明书。平面布置图内既包括了建筑物、构筑物和道路等布置,又包括设计说明书,必要的时候还要附有区域位置。具体的内容及要求有以下几方面。

(1)图的比例、图例及有关文字说明。总平面图上反映的范围面积很大,所以绘制时都用较小的比例,如1∶500、1∶1 000、1∶2 000等。总平面图上标注尺寸,一律以米为单位,图中的图例和符号,必须按国标绘制,表9-3为国标中规定的在总图中常用的几种图例。

表9-3　国标总图常用的图例

图例	说明	图例	说明	图例	说明
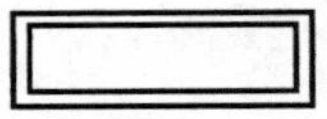	建设中的建筑物	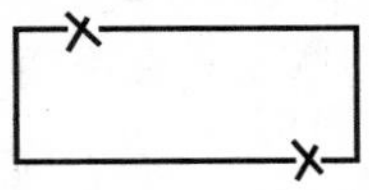	拆除原有的建筑物	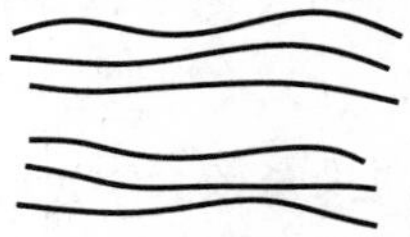	河流
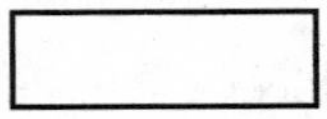	改建的原有建筑物		地下建筑物	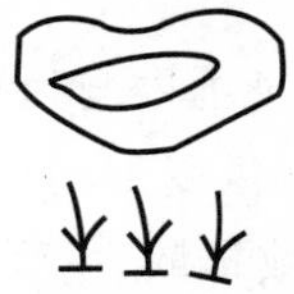	土坑、稻田区
	计划扩建的预留地	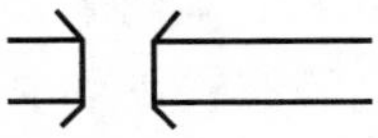	公路、桥		山脚坡
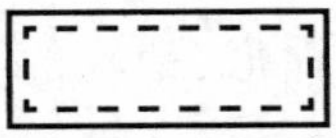	保留原有的建筑物	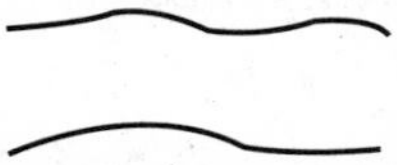	图公路		围墙

在较复杂的总图中，还需要一些其他图例，如图 9-2 所示，该图中各图例的含义如下。

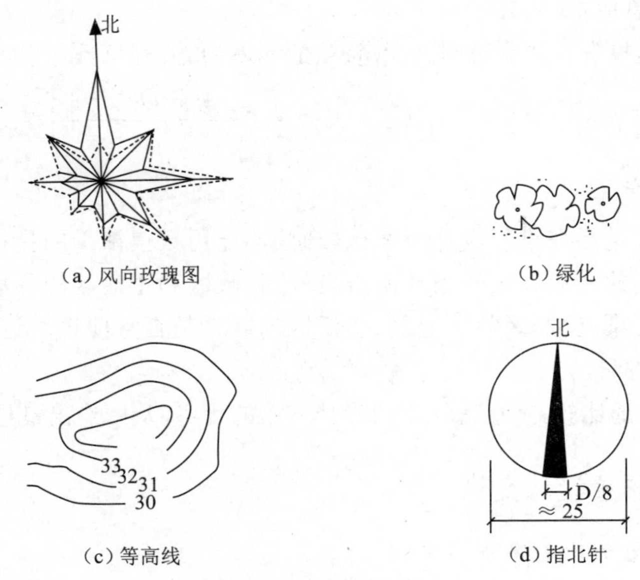

图 9-2　图例说明

① 风向玫瑰图。风向玫瑰图表示风向和风向频率。风向频率是在一定时间内各种风向出现次数占所观测总次数的百分比。根据各方向风的出现频率，以相应的比例长度，按风向中心吹描在 8 个或 16 个方位所表示的图线上，然后将各相邻方向的端点用直线连接就形成了风向玫瑰图，由于图形类似玫瑰花所以称之为风向玫瑰图。看风向玫瑰图时要注意：最长者为当地主导风向；风向是由外缘吹向中心；粗实线为全年风频情况，虚线为 6 ～ 8 月夏季。

在某些场合也可用风速玫瑰图代替风向玫瑰图使用，风速玫瑰图同风向玫瑰图类似，不同的是在各方位的方向线上是按平均风速（m/s）而不是风向频率取点。

在总平面布置图上标明风向玫瑰图的主要目的是为了表明厂区的污染指数。有害气体和空气中微粒对邻近地区空气的污染不仅与风向频率有关，同时也受风速影响，其污染程度一般用污染系数表示：

$$污染系数＝风向频率 / 平均风速$$

它表明污染程度与风向频率成正比，与平均风速成反比。也就是说某一方向的风向频率越大，则下风受到污染的机会就越多，而该方向的平均风速越大，则上风位置有害物质很快被吹走或扩散，受到的污染也就越少。

食品工厂总平面布置时，应该将污染性大的车间或部门，布置在污染系数最小的方位，如南方地区将食品原辅料仓库、生产车间等布置在夏季主导风向的上风向，而锅炉、煤堆等则应布置在下风向。同时注意风向玫瑰图的局限性，应该指出，风向玫瑰图表示的是一个地区，特别是平原地区的一般情况，而不包括局部地方小气候，因此地形、地物的不同，也会对气候起着直接的影响。所以当厂址选择在地形复杂位置时，也要注意小气候的影响，并在设计中考虑利用地形、地势及产生的局部地方风。

② 绿化图例。本例中表示乔木，同样也可用草坪、灌木等作为绿化。

③ 等高线。等高线地图就是将地表高度相同的点连成一环线直接投影到平面形成水平曲线，一般是画在地形图上。而地形起伏较大的地区，则需绘出等高线。图上每条等高线所经过的地方，它们的高度都等于等高线上所注的标高。地形图通常说明厂址的地理位置，比例一般为1∶5 000、1∶10 000，该图也可附在总平面图的一角上，以反映总平面周围环境的情况。

④ 指北针。在没有风向玫瑰图时，必须在总平面图上画出指北针。指北针箭头所指的方向为正北，由此来确定房屋的建筑方位。按照国标规定：指北针的圆圈25 mm左右（视图纸、图形大小比例而定），指北针箭头下端的宽约等于圆圈直径的1/8。

（2）工程的性质、用地范围、地形地貌和周围环境情况。可以在总平面布置图的右边或右下方用文字说明。

（3）原有建筑物、新建的和将来拟建的建筑物的布置位置、层数和朝向，地坪标高、绿化布置、厂区道路等，按建筑标准绘制在总平面布置图上。

（二）总平面设计的步骤

食品工厂的总平面设计分为以下几个步骤。

（1）设计准备。总平面设计工作开始之前，应具备以下资料。

① 已经批准的设计任务书。

② 已经确定的厂址具体位置、场地面积、地质、地形资料。

③ 厂区地形图。

④ 风向玫瑰图。

（2）设计方案的评价和确定。

（3）初步设计。完成初步设计时须提交一张总平面布置图和一份总平面设计说明书。图纸中要展示各建筑物、构筑物、道路、管线的布置情况，并要画出风向玫瑰图。设计说明书则要写明设计的依据、本平面设计的特点、该厂的各项主要经济技术指标以及概算情况。主要经济技术指标包括厂区总占地面积、生产区占地面积、生活区占地面积、办公区面积、各建筑物和构筑物面积、道路长度、露天堆场面积、绿化带面积、建筑系数和土地利用系数等。

（4）施工设计。初步设计经上级主管部门批准后进行施工设计，施工设计将深化和细化初步设计，全面落实设计意图，精心设计和绘制全部施工图纸，提交总平面布置施工设计说明书。

施工图主要包括建筑总平面图、竖向布置图和管线布置图。施工设计说明书要求说明设计意图、施工顺序及施工中应当注意的问题，可以将主要建筑物和构筑物列表加以说明，同时提供各种经济技术指标。

施工图是整个食品工厂总平面的施工依据，由具备设计资质的单位和工程师设计、校对、审核和审定，交付施工单位进行施工，在施工过程中如果需要变更，必须经设计单位和施工单位会签并注明变更原因和时间，同时留有必要的文字性文件。

（三）总平面布置实例

图 9-3 是年产 2 000 t 苹果果酱厂总平面布置图。

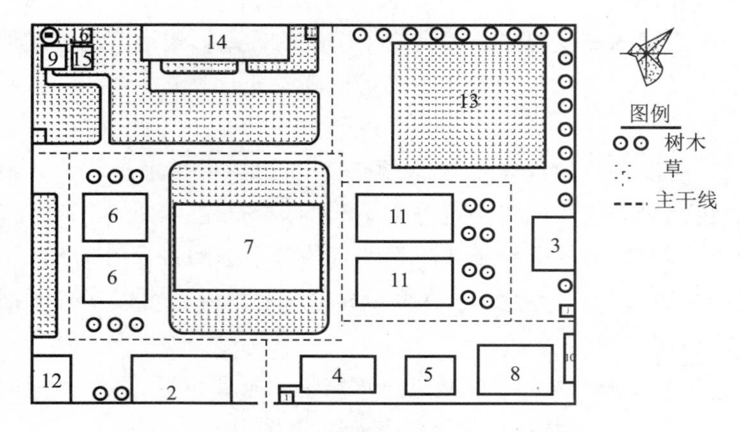

图 9-3　年产 2 000 t 苹果果酱厂总平面布置图

1—门卫（36 m^2，4 处）；2—车库（800 m^2）；3—配电室（225 m^2）；4—办公楼（450 m^2）；5—食堂（300 m^2）；6—原料库（600 m^2，2 处）；7—生产车间（1 800 m^2）；8—职工宿舍（600 m^2）；9—锅炉房（150 m^2）；10—自行车棚（200 m^2）；11—成品库（800 m^2）；12—垃圾站（300 m^2）；13—预留地（3 600 m^2）；14—包装材料库（900 m^2）；15—煤场（150 m^2）；16—煤渣场（100 m^2）

第二节　食品工厂工艺设计

所谓工艺设计就是按工艺过程的要求进行的设计工作。食品工厂设计要求工艺设计具有先进性和合理性，因为它将直接影响到其他协同设计的配套专业的设计先进性和合理性。食品工厂工艺设计是整个食品工厂设计的主体和中心，决定全厂生产和技术的合理性，并对建厂的投资和生产的产品质量、生产成本、劳动强度有着重要的影响，是决定工艺计算、车间组成、生产设备及设备布置等方面内容的关键步骤，所以工艺设计在整个工厂设计中占有很重要的地位。进行工艺设计要指导学生掌握食品工厂的产品方案及班产量制定的原则和方法，掌握生产工艺特点及关键技术，熟悉工厂设备选型，指导物料、能源衡算方法以及人员的配备情况和配备方法。

一、工艺设计的内容和步骤

（一）工艺设计的依据和内容

1. 生产工艺设计的依据

食品工艺专业设计人员在进行生产工艺设计时必须以项目建议书和可行性研究报告中规定的生产纲领为依据。根据原料的产地、特性和产品的质量要求，以及厂址的水文地理条件，并结合国内设备制造供应条件和引进国外技术与装备的可能性，尽量采用先进的工艺技术和设备。设计的主要依据为：① 项目建议书、可行性研究报告、设计任务书和项目设计文件。② 环境影响预评价报告。③ 厂址选择报告。④ 项目负责人下达的设计工作提纲和技术决定。⑤ 若采用新工艺、新技术和新设备时,必须在技术上有切实把握并且依据正式的试验研究报告和技术鉴定报告,经有关方面核准后方可作为设计依据。

2. 生产工艺设计的内容

设计阶段一般分为初步设计(扩初设计)和施工图设计。初步设计主要解决生产技术经济问题;施工图设计主要解决工程项目的施工、安装、制造及生产问题。

(1) 初步设计阶段:初步设计是根据批准的《可行性研究报告》《环境影响预评价报告》《厂址选择报告》等设计基础资料,对项目进行系统地研究,在投资额度内和质量要求下,在指定的时间、空间限制条件下,做出技术上可行、经济上合理的设计和规定,并编制项目总概算。

根据轻工业建设项目初步设计编制内容,生产工艺设计的主要内容有:① 设计依据和范围。② 全厂生产车间组成(如空罐车间、实罐车间、杀菌车间等)。③ 全厂生产工艺流程比较、选择和阐述。④ 各生产车间综合叙述。内容包括车间概况及特点(阐述车间设计的生产规模、生产方案、生产方法及工艺流程等的特点、技术的先进性、布置的合理性、生产的安全性及多方案比较);车间劳动组织(车间主任、工段长、班长及员工);工作制度(年工作日、日工作小时、生产班数等);成品或半成品的主要技术规格及标准(国家标准、行业标准、地方标准和企业标准);生产工艺流程简述(物料经过设备的顺序及生成物的去向,产品及原料的运输和贮备方式,主要操作技术条件及操作要点);采用新技术的内容、效益及来源(专利或中试报告);主要工艺技术指标和工艺参数(需列表说明)。⑤ 原料、辅料、水、电、气等的消耗量,物料平衡、热能平衡等的计算,并与国内先进技术指标比较;设备选型及计算,确定生产设备的规格和台数;车间设备布置及说明、设备一览表。⑥ 存在的问题及建议。⑦ 附件。内容一般包括工程平面总设计图;生产工艺流程图(需标明原料、辅料、设备名称及代号、各种介质流向、工艺参数和控制点等);生产工艺设备布置图(需绘制生产工艺设备平面、剖面布置图,有时需要做"渲染图"或"鸟瞰图");设备安装图及管道安装图;非标设备设计图;土建工程图。

(2) 施工图设计阶段:在初步设计的基础上,进行施工图设计,使工程设计达到施工、安装的要求(详细、具体),并编制项目施工预算。施工图设计阶段,要在图纸上详细的标注尺寸、材料及施工技术要求,以使施工人员可以按照工程技术人员的规范语言去认识和了解项目施工过程中的每一个细节。根据轻工业建设项目施工图设计编制内容,施工图设计阶段的主要内容有:① 设计文件目录、列表。需列出所有标准图、非标准图、复用图并统计图纸量。② 生产工艺设计说明。对批准的初步设计内容若有所变化,需说明之并补充说明理由;对遗留问题需提出解决办法及建议。③ 工艺安装说明。设备和管道安装标准及规范;安装技术程序及特殊说明(如设备吊装、基础做法、管道连接及保温等)。④ 详细的设备一览表和各种材料汇总表,满足订货需要。设备一览表内设备的名称、规格、型号、台数、重量、主要材质、性能和动力等必须准确详细,特殊设备标明生产厂家(通用设备一般不允许注明生产厂家);材料汇总表需要注明材料规格、型号、数量、单重、总重及余量等。⑤ 带控制点的工艺流程图。⑥ 工艺设备布置图。⑦ 工艺管道布置图。⑧ 非标准设备制造图。

（二）食品工厂工艺设计的步骤

工艺设计主要是在由原料到各个生产过程中，设计物料变化及流向，包括所需设备的选型及布置等。具体步骤如下：① 产品方案的确定。② 根据当前的技术、经济水平及未来趋势选择合适的生产方法。③ 生产工艺流程的确定。④ 物料衡算和能量衡算（包括热量、耗冷量、供电量、给水量计算）。⑤ 设备生产能力计算和设备选型。⑥ 车间设备的工艺布置。⑦ 管路设计。⑧ 向非工艺设计提出的要求和提供的技术参数。⑨ 编制工艺流程图、管道设计图及说明书等。

二、产品方案及班产量的确定

（一）制定产品方案的要求

产品方案又称生产纲领，是食品厂针对全年（季度、月）生产品种和各种产品的规格、产量、生产周期、生产班次等制订的计划安排。当然市场经济条件下的工厂要“以销定产”，产品方案既作为设计依据，又是工厂实际生产能力的确定及挖潜余量的测算。产品方案的制订是食品工厂生产活动有序进行的保证，也是食品工厂自身实际生产能力的体现。影响产品方案制定的因素有很多，主要有产品的市场销售、人们的生活习惯、地区的气候和不同季节的影响。因此在制定产品方案时，首先要调查研究，优先安排受季节性影响强的产品；其次是用调节产品来调节生产忙闲不均的现象；最后尽可能把原料综合利用及贮存半成品，以合理调剂生产中的淡、旺季节。如北方地区水果蔬菜罐头厂在生产草莓罐头时就要充分考虑原料的生长季节性。每年 5、6 月是草莓的收获季节，因其肉质娇嫩，不好储存，应及时安排生产。有些食品的消费也是有季节性的，如夏季是冰淇淋的销售旺季，而鲜奶在冬季销量较好，因此，在安排生产方案时要充分考虑到这一点。

安排产品方案时，要遵循一定的原则，符合一定的要求，应尽量做到“四个满足”和“五个平衡”。“四个满足”是：满足主要产品产量的要求；满足原料综合利用的要求；满足淡旺季平衡生产的要求；满足经济效益的要求。“五个平衡”是：产品产量与原料供应量平衡；生产季节性与劳动力平衡；生产班次要平衡；产品生产量与设备生产能力要平衡；水、电、气负荷要平衡；除此之外，在确定生产方案时还要考虑全厂劳动力的平衡、原料的综合利用、设备及厂房的综合利用等问题。

（二）产品方案的确定

一种原料生产多种规格的产品时，为便于机械化生产，应力求精简。但是，为了尽可能地提高原料的利用率和使用价值，或为了满足消费者的需求，往往有必要将一种原料生产成几种规格的产品（即进行产品品种搭配），各种产品量的多少可以根据原料情况而定。

食品工厂的产品方案是用表格形式表现的，其内容包括产品名称、年产量、班产量、1 ～ 12 月的生产安排，用线条或数字两种形式表示。例如表 9-4、表 9-5 和表 9-6 列出几种不同类型食品工厂的产品方案以供参考。

表 9-4 华东地区年产 5 000 ～ 6 000 t 罐头车间生产方案

产品	年产量(t)	班产量（t）	1月	2月	3月	4月	5月	6月	7月	8月	9月	10月	11月	12月
青豆	400	16												
蘑菇	600	20												
番茄	300	10												
番茄酱	300	4												
糖水橘子	1 200	12												
橘子酱	100	2												
竹笋	180	8												

续表

产品	年产量(t)	班产量(t)	1月	2月	3月	4月	5月	6月	7月	8月	9月	10月	11月	12月
糖水桃子	400	8												
糖水杨梅	400	20												
茄汁黄豆	250	5												
午餐肉	1 500	10												
红烧肉	250	8												

注:表中短横线表示生产安排,下同

表 9-5 北方地区年产 4 000 t 罐头工厂产品方案

产品	年产量(t)	班产量(t)	1月	2月	3月	4月	5月	6月	7月	8月	9月	10月	11月	12月
草莓酱	400	4												
糖水杏	250	5												
糖水黄桃	500	8												
糖水梨	500	5												
糖水苹果	1 200	8												
苹果酱	800	3												

表 9-6　日处理 50 ～ 100 t 原乳乳品厂产品方案

产品	年产量(t)	1月	2月	3月	4月	5月	6月	7月	8月	9月	10月	11月	12月
无菌灌装奶	7 500												
酸奶	2 500												
乳酸菌饮料	7 500												
固体饮料	5 000												
奶油	200												
冰淇淋	2 000												
甜炼乳	200												
淡炼乳	200												

（三）产品方案比较

制订产品方案时，为保证方案科学合理，有利于食品工厂发展和管理，应按设计计划任务书中确定的年产量和品种，制定出 2 个以上的产品方案，按下述原则进行分析，对方案进行技术上的先进性和可行性比较，并结合市场、经济、生产、社会综合考虑，从中找出一个最佳方案作为设计依据。比较的内容有：主要产品年产值和年产量的比较；每天所需工人数及最多最少之差的比较；劳动生产率（年产量 / 工人总数）的比较；每天（月）原料、产品数之差的比较；平均每人年产值（元 / 人·年）的比较；季节性和设备平衡的比较；水、电、气消耗量比较；组织生产难易的比较；基建投资的比较；社会、经济效益的比较。技术上先进性即采用先进设备、先进工艺，但又要注意可能性，不能脱离实际条件，盲目选用先进工艺和引进先进设备。

产品方案的比较常用表 9-7 的形式。

表 9-7　产品方案比较与分析表

项目方案	方案一	方案二	方案三
产品年产值			

续表

项目方案	方案一	方案二	方案三
劳动生产率(吨 / 人·年)			
平均每人年产值(元 / 人·年)			
基建投资(元)			
季节性			
设备平衡			
经济效益			
水、电、气消耗量			
员工人数			
组织生产			
结论			

(四)班产量的确定

食品工厂的生产规模就是食品厂的生产能力,即年产量。根据项目建议书和可行性研究报告,可知生产规模的大小,再结合工厂全年的实际生产日数,就可确定班产量的大小。

班产量定义为每班生产产品的数量,主要产品的班产量是工艺设计中最主要的计算基础,班产量直接影响到车间布置、设备配套、占地面积和公用设施,辅助设施的规格以及劳力的定员等。班产量受原料供应、设备生产能力和市场销售等因素制约。

1. 年产量

年产量按如下公式估算:

$$Q = Q_1 + Q_2 - Q_3 - Q_4 + Q_5$$

式中:Q—新建厂某类食品年产量(吨);

Q_1—本地区该类食品消费量(吨);

Q_2—本地区该类食品年调出量(吨);

Q_3—本地区该类食品年调入量(吨);

Q_4—本地区该类食品原有厂家的年产量(吨);

Q_5—本厂准备销出本地区以外的量(吨)。

对于淡旺季明显的产品,如糕点、饮料、月饼、巧克力、糖果可按下式计算:

$$Q = Q_{旺} + Q_{中} + Q_{淡}$$

式中:$Q_{旺}$—旺季产量(吨);

$Q_{中}$—中季产量(吨);

$Q_{淡}$—淡季产量(吨)。

在确定生产方案时,食品工厂的全年工作日数一般为 250 ~ 300 天,对于生产连续性强的食品工厂,一般要求每天 24 h,3 班连续生产;对于连续性不强的食品工厂,每天生产班次为1～2班，淡季1班，中季2班，旺季3班制，管理人员和服务人员按白班或两班。这根据食品工厂工艺和原料特性及设备生产能力来决定，若原料供应正常，或工厂有冷库贮藏室及半成品加工设备，可以延长生产期，不必突击多开班次，这样有利于劳动力平衡、设备利用充分、成品正常销售，便于生产管理，经济效益提高。

2. 班产量

日产量用公式表示为

$$Q_{日} = Q_{班} \times nK$$

式中：$Q_{日}$—平均日产量（吨／日）；

$Q_{班}$—班产量（吨／班）；

n—生产班次1、2、3；

K—设备不均衡系数，$K = 0.7 \sim 0.8$；

班产量可由下式求得：

$$Q = Q_{旺} + Q_{中} + Q_{淡} = K \times Q_{班} \times (3T_{旺} + 2T_{中} + T_{淡})$$

$$Q_{班} = \frac{Q}{K(3T_{旺} + 2T_{中} + T_{淡})}$$

式中：$Q_{班}$—班产量（吨／班）；

Q—年产量（吨）；

K—设备不均衡系数，可取$K = 0.7 \sim 0.8$；

$T_{旺}$，$T_{中}$，$T_{淡}$—旺季、中季、淡季的生产天数。

三、生产工艺流程设计

生产工艺流程即产品的加工过程，是食品工厂的核心所在，决定着食品工厂的生存与发展。生产工艺流程设计是工艺设计的一个重要内容。选用先进合理的工艺流程并进行正确设计对食品工厂建成投产后的产品质量、生产成本、生产能力、操作条件等产生重要影响。同时，工艺流程决定厂区总平面规划、生产车间布置、生产设备选购等。

生产工艺流程设计的主要任务包括两个方面：一是确定生产流程中各个生产过程的具体内容、顺序和组合方式，达到由原料制得所需产品的目的；二是绘制工艺流程图，要求以图解的形式表示生产过程，当原料经过各个单元操作过程生产产品时，物料和能量发生的变化及其流向，以及采用了哪些生产过程和设备，再进一步通过图解形式表示出管道流程和计量控制流程。

（一）工艺流程设计的原则、依据

1. 工艺流程设计的原则

（1）注意经济效益，尽量选择投资少、消耗低、成本低、产品收效率高的生产工艺，尽量做到综合利用。

（2）“三废”处理效果好。减少“三废”处理量。治理“三废”项目与主体工程同时设计、同时施工。选用产生“三废”少或经过治理容易达到国家规定的“三废”排放标准的生产工艺。

(3) 产品在市场上有较强的竞争能力,有利于原材料的综合利用。

(4) 根据原料性质和产品规格要求拟定工艺流程。外销产品严格按合同规定拟定。

(5) 不得随意更改生产工艺,一旦更改必须经过反复实验,经过中试放大后,才能用于设计中。

(6) 优先采用机械化、连续自动化作业线。对暂时不能实现机械化生产的品种,其工艺流程应尽量按流水线排布,减少原料、半成品在生产流程中停留的时间,避免变色、变味、变质现象发生。

(7) 保证安全生产,工艺过程要配备较完善的控制仪表和安全设施,如安全阀、报警器、阻火器、呼吸阀、压力表、温度计等。加热介质尽量采用高温、低压、非易燃易爆物质。

2. 工艺流程设计的依据

(1) 加工原料的性质。依据加工原料品种和性质的不同,选用和设计不同的工艺流程。如经常需要改变原料品种,就应选择适合多种原料生产的工艺,但这种工艺和设备配置通常较复杂,投资较多。如加工原料品种单一,应选择单纯的生产工艺,以简化工艺和节省设备投资。

(2) 产品质量和品种。依据产品用途和质量等级要求的不同,设计不同的工艺流程,一般要求工艺流程要先进。

(3) 生产能力。生产能力取决于:原料的来源和数量;配套设备的生产能力;生产的实际情况预测;加工品种的搭配;市场的需求情况。一般生产能力大的工厂,有条件选择较复杂的工艺流程和较先进的设备;生产能力小的工厂,根据条件可选择较简单的工艺流程和设备。

(4) 地方条件。在设计工艺流程时,还应考虑当地的工业基础、技术力量、设备制造能力、原材料供应情况及投产后的操作水平等。确定适合当前情况的工艺流程,并对今后的发展做出规划。

(5) 辅助材料。如水、电、气、燃料的预计消耗量和供应量。

(二) 工艺流程图

把各个生产单元按照一定的目的和要求,有机地组合在一起,形成一个完整的生产工艺过程,并用图形描绘出来,即是工艺流程图。工艺流程图是已确定的工艺流程的表现形式。

1. 工艺流程图的类型

设计中的工艺流程有两种,即生产工艺流程示意图和生产工艺设备流程图。生产工艺流程示意图作为报批材料上报。待工艺流程方案批准后,再绘制生产工艺设备流程图,设备流程图为生产车间布置提供直观依据。两种流程图的画法和要求如下所述。

(1) 工艺流程示意图。工艺流程示意图的内容包括工序名称、完成该工序工艺操作手段(手工或机械设备名称)、物料流向、工艺条件等。在流程图中,应以箭头表示物料流动方向，其中以实线箭头表示物料由原料到成品的主要流动方向，细实线箭头表示中间产物、废料的流动方向。

茶饮料生产工艺流程如图 9-4 所示。

茶叶 → 净化 → 一次浸提 → 二次浸提 → 过滤 → 调配 → 精滤 → 杀菌 → 热灌装 → 恒温 → 倒瓶 → 冷却 → 成品

图 9-4　茶饮料生产工艺流程示意图

油炸方便面工艺流程如图 9-5 所示。

和面 → 熟化 → 复合压延 → 连续压延 → 切丝成型 → 蒸煮 → 定量切断 → 油炸 → 风冷 → 包装

图 9-5　油炸方便面生产工艺流程示意图

（2）生产工艺设备流程图。生产工艺设备流程图包括有关设备的基本外形（主视图）、工序名称、物料流向等。必要时，还应表示各设备间距及其高度，设备外形以简单、直观为准。

生产工艺设备流程图的画法是，将生产设备按生产流程顺序和高低位置在图面自左至右展开，用细实线绘制，绘出显示设备形状特征的简单外形，可按比例画，也可不按比例画。设备的相对位置在图上表示出来。图上的设备应注明设备名称或设备编号，还应列出设备编号表，表中注明设备编号所代替的设备名称、型号、规格和台数。介质、阀门、管件的代号相符合，应严格按国家制图标准规定来绘制。

下面列举几种主要罐头产品及乳制品的生产工艺设备流程。

① 蘑菇罐头生产工艺设备流程，见图 9-6。

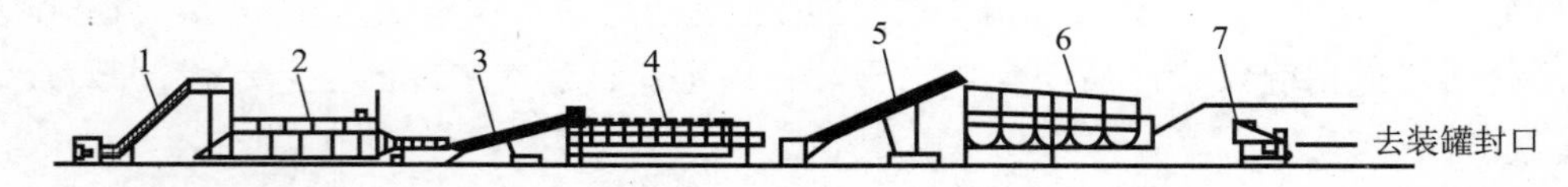

1—斗式提升机；2—连续预煮机；3—冷却升运机；4—带式检验台；5—升运机；6—蘑菇分级机；7—定向切片机

图 9-6　蘑菇罐头生产工艺设备流程

② 青刀罐头生产工艺设备流程，见图 9-7。

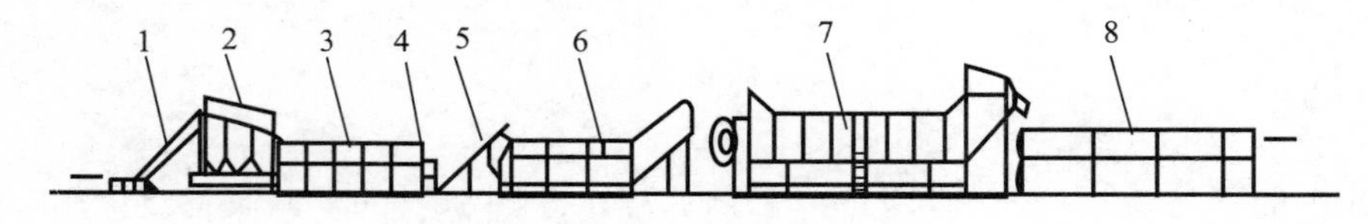

1—升运机；2—青刀豆切端机；3—选择运输机；4—集送带；5—升运机；
6—青刀豆盐水浸泡机；7—预煮机；8—装罐运输带

图 9-7　青刀罐头生产工艺设备流程

③ 全脂奶粉生产工艺设备流程，见图 9-8。

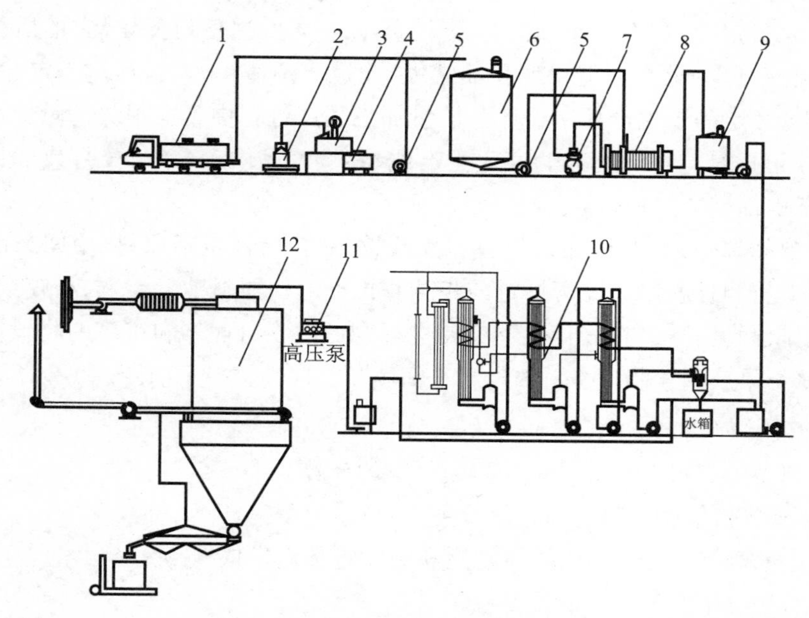

1—奶槽车；2—奶桶；3—磅奶桶；4—受奶槽；5—奶泵；6—储奶罐；7—离心分离机；
8—板式预热冷却器；9—平衡罐；10—三效蒸发罐；11—高压泵；12—喷雾干燥塔及其系统、液化床

图 9-8 全脂奶粉生产工艺设备流程图

④冰淇淋生产工艺设备流程，见图 9-9。

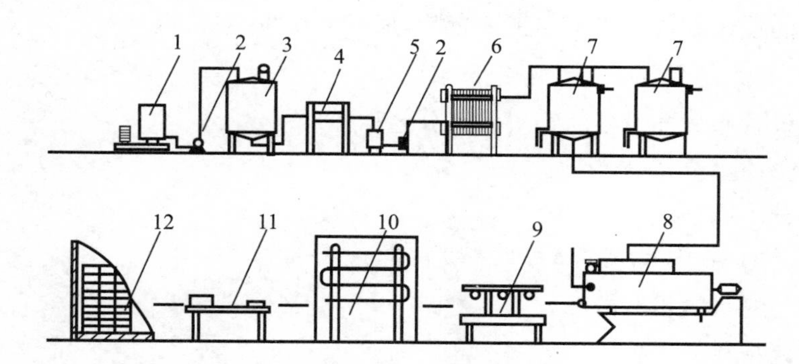

1—高速搅拌机；2—奶泵；3—配料；4—高压均质机；5—平衡罐；6—板式杀菌、冷却机；
7—老化罐；8—凝冻机；9—注杯灌装机；10—速冻隧道；11—外包装机；12—冷冻库

图 9-9 冰淇淋生产工艺设备流程图

四、物料与能源计算

食品工厂工艺计算主要是应用守恒定律（物质不灭定律）来研究生产过程的物料衡算和热量衡算问题。物料衡算和能量衡算是进行食品工厂工艺设计、经济效益评价、节能分析以及工艺过程优化的基础。此外，还要对生产用水、用汽做出计算。

（一）物料衡算

物料衡算是工艺计算中最重要的内容之一，它是能量衡算的基础。物料衡算的理论

依据是质量守恒定律，即在一个孤立体系中，不论物质发生任何变化，它的质量始终不变（不包括核反应，因为核反应能量变化非常大，此定律不适用）。根据这一定律，输入某一设备的原料量必定等于生产后所得产品的量加上生产过程中物料损失的量。在物料计算时，计算对象可以是全厂、全车间、某一生产线、某一产品，在一年或一月或一日或一个班次，也可以是单位批次的物料数量。

经过物料衡算，可以得出加入设备和离开设备的物料（包括原料、中间产品、产品）各组分的成分重量和体积。由此可以进一步计算出产品的原料消耗定额、昼夜或年消耗量，以及有关的排出物料量。在设计中往往要进行全厂的物料衡算和工序的物料衡算两种计算，根据计算结果分别绘制出全厂的物料平衡图和工序的物料平衡图。

1. 物料衡算的作用

物料衡算包括该产品的原辅料和包装材料的计算。

（1）取得原料、辅助材料的消耗量及主、副产品的得率。

（2）为热量衡算、设备计算、设备选型和劳动定员提供依据。

（3）是编制设计说明书的原始资料。

（4）有利于制定最经济合理的工艺条件，确定最佳工艺路线。

（5）为成本核算提供计算依据。

2. 物料衡算的依据

（1）生产工艺流程示意图。

（2）所需的理化参数和选定的工艺参数，成品的质量指标等。

3. 物料衡算的结果

（1）加入设备和离开设备的物料各组分名称。

（2）各组分的重量。

（3）各组分的成分。

（4）各组分的100%物料重量（即干物料量）。

（5）各组分物料的相对密度。

（6）各组分物料的体积。

4. 物料衡算计算步骤

（1）收集计算数据，列出已知条件和选定工艺参数包括生产规模、生产班次、班产量、原辅料利用率、包装材料损耗率、成品得率等。

（2）按工艺流程顺序用方块图和箭头画出物料衡算示意图。图中用简单的方框表示过程中的设备，用线条和箭头表示每个流股的途径和流向，并标出每个流股的已知变量（如流量、组成）及单位。对一些未知的变量，可用符号表示。

（3）选定计算基准，一般以 t/d 或 kg/h 为单位。

（4）列出物料衡算式，然后用数学方法求解。

在食品生产过程中，一些只有物理变化、未发生化学反应的单元操作，如混合、蒸馏、干燥、吸收、结晶、萃取等，这些过程可以根据物料衡算式，列出总物料和各组分的衡算式，再用代数法求解。

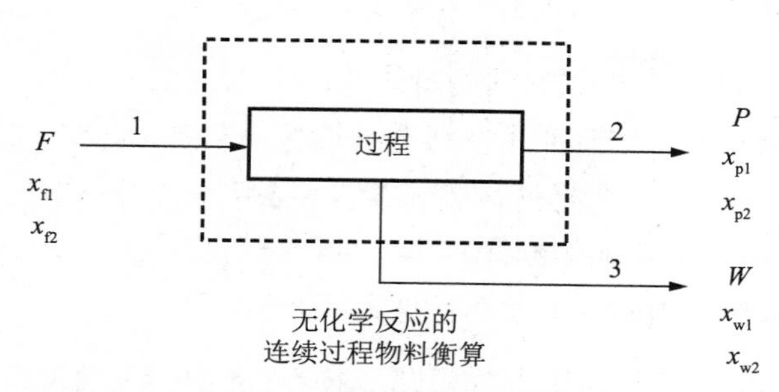

图 9-10　表示无化学反应的连续过程物料流程

图 9-10 表示无化学反应的连续过程物料流程图中方框表示一个体系，虚线表示体系边界。有三个流股，即进料 F、出料 P 和出料 W，有两个组分，每个流股的流量及组成如图所示。图中 x 为质量分数。

无化学反应的连续过程物料流程可列出物料衡算式。

总物料衡算式：
$$F = P + w$$

每种组分衡算式：
$$F \cdot \chi_{f1} = P \cdot \chi_{p1} + W \cdot \chi_{w1}$$
$$F \cdot \chi_{f2} = P \cdot \chi_{p2} + W \cdot \chi_{w2}$$

（5）将计算结果用物料平衡图或物料平衡表（输入 - 输出物料平衡表）表示。物料平衡图是根据任何一种物料的重量与经过加工处理后得到的成品及少量损耗之和在数值上是相等的原理绘制的。平衡图的内容包括物料名称、质量、物料流向、投料顺序等。

绘制平衡图（图 9-11）时，实线箭头表示物料主流向，必要时用细实线表示物料支流向。

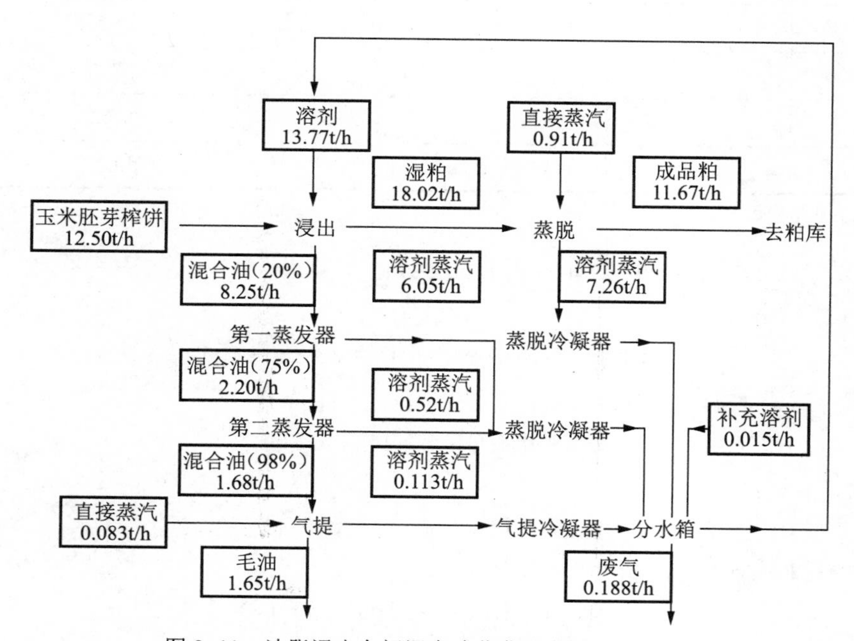

图 9-11　油脂浸出车间混合油蒸发工序物料平衡图

（6）校核计算结果。

5. 物料衡算计算题

例题：年产 2 000 t 大豆发酵饮料的物料计算。

（1）大豆发酵饮料生产工艺：大豆→筛选→热烫→浸泡→磨浆→均质→暂存（需加糖）→熟化与杀菌→冷却→发酵→调配→均质→罐装→杀菌→冷却→检验→成品。

（2）工艺技术经济指标及基础数据。

① 主要工艺技术经济指标及基础数据见表 9-8。

表 9-8　大豆发酵饮料主要工艺技术经济指标及基础数据

指标名称	指标	指标名称	指标
生产规模	2 000 吨 / 年	磨浆浆液损失率	1%
生产天数	250 天 / 年	饮料含糖量	9%
发酵周期	72 小时	发酵菌液添加量	4%
日产量	8 吨 / 天	检样损失系数	0.6%
出浆率（豆:浆）	1:14	罐装浆液损失率	0.8%

② 调配时添加配料配方见表 9-9。

表 9-9　配料配方

序号	配料名称	添加比例
1	多聚磷酸盐	0.015%
2	乳酸、柠檬酸	0.32%
3	稳定剂	0.5%
4	水	稳定剂的 50 倍
5	乳化剂	0.02%
6	糖	水的 9%

注：百分比均为质量分数

（3）以 1 t 大豆（原料量）为计算基准进行计算。

① 1 t 大豆出浆：

$$(14 - 14\times 1\%)\times 10^3 = 13\ 860\ (\text{kg})$$

② 暂存时需加糖：

$$13\ 860\times 9\% = 1\ 247.40\ (\text{kg})$$

此时豆液重：

$$13\ 860 + 1\ 247.4 = 15\ 107.4\ (\text{kg})$$

③ 发酵时需加入发酵菌液：

$$15\ 107.4\times 4\% = 604.296\ (\text{kg})$$

发酵时豆液重：

15 107.4 + 604.296 = 15 711.696(kg)

④ 除去0.6%的检样损失,调配时豆液重:

15 711.696 − 15 711.696×0.6% = 15 617.426(kg)

⑤ 调配时,各配料加入量计算结果见表9-10。

表9-10　各配料加入量

序号	配料名称	添加量(kg)
1	多聚磷酸盐	15 617.426×0.015% = 2.343
2	乳酸、柠檬酸	15 617.426×0.32% = 49.976
3	稳定剂	15 617.426×0.5% = 78.087
4	水	78.087×50 = 3 904.356
5	乳化剂	15 617.426×0.02% = 3.123
6	糖	3 904.356×9% = 351.392
	合计	4 389.277

⑥ 调配后浆液重:

15 617.426 + 4 389.277 = 20 006.703(kg)

⑦ 减去罐装损失,1 t大豆可生产饮料量:

20 006.703 − 20 006.703×0.8% = 19 846.649(kg)

(4)年产2 000 t大豆发酵饮料所需原料、辅料量,计算结果见表9-11。

表9-11　年产2 000 t大豆发酵饮料所需原料、辅料量

物料名称	物料量(kg)	每日物料量(kg)
大豆	100 772.68	403.09
糖	161 114.56	644.46
多聚磷酸盐	236.11	0.94
乳酸、柠檬酸	5 036.22	20.14
稳定剂	7 869.04	31.48
乳化剂	314.71	1.26
发酵菌液	60 896.53	243.59

(二)热量衡算

在食品工厂生产中,能量的消耗是一项重要的技术经济指标,它是衡量工艺过程、设备设计、操作制度是否先进合理的重要指标之一。能量衡算的基础是物料衡算,只有在进行完物料衡算后才能做能量衡算。

1. 热量衡算的作用

热量衡算是能量衡算的一种表现形式,遵循能量守恒定律,即输入的总热量等于输出的总热量。

(1) 可确定输入、输出热量，从而确定传热剂和制冷剂的消耗量，确定传热面积。

(2) 提供选择传热设备的依据。

(3) 优化节能方案。

2. 热量衡算的依据

(1) 基本工艺流程及工艺参数。

(2) 物料计算结果中有关物料流量或用量。

(3) 介质(加热或冷却)名称、数量及确定的参数(如温度、压力等)。

(4) 基本物性参数(热交换介质及单一物料的物化参数：热焓、潜热、始末状态以及混合物性能参数等)。

3. 热量衡算的方法和步骤

(1) 列出已知条件，即物料衡算的量和选定的工艺参数。

(2) 选定计算基准，一般以 kJ/h 计。

(3) 对输入、输出热量分项进行计算。

(4) 列出热平衡方程式，求出传热介质的量。

热量衡算式如下：

$$Q_1 + Q_2 = Q_3 + Q_4 + Q_5$$

式中：Q_1—所处理原料带入热量(kJ)；

Q_2—由加热剂(或制冷剂)传给设备(或物料)的热量(kJ)；

Q_3—所处理的物料从设备中带走的热量(kJ)；

Q_4—消耗在设备上的热量(kJ)；

Q_5—设备向四周散发的热量(热损失)(kJ)。

4. 连续式与间歇式设备操作的热量衡算的区别

(1) 间歇式操作的条件是随时间的变化而周期性变化的，因此，热量衡算须按每一周期为单位进行，计算单位用千焦 / 一次循环，然后再换算成 kJ/h，热损失取最大值。

(2) 连续设备操作则不受时间变化的影响，仅取其平均值即可，单位用 kJ/h。

(三) 用水量计算

食品加工的用水，除日常的锅炉用水和场地、设备的清洁用水外，大量的是直接加工产品用水，如原料清洗、漂烫、硬化、护色、制浆等用水。在食品生产中水是必不可少的物料。食品生产用水量的多少随生产性质和产品种类的不同而异。用水量计算即根据不同食品生产中对水的不同需求对其用水量进行计算。

食品工厂生产车间用水量的计算方法有两种，即按单位产品耗水量定额估算和按实际生产用水量计算。

1. 按单位产品耗水量定额估算

对于规模小的食品工厂，在进行水用量计算时可采用“单位产品耗水量定额”估算法，这种方法即根据目前我国相应食品工厂的生产用水量经验数值来估算生产用水量。这种方法简单，但因不同食品工厂所在地区不同、原料品种差异以及设备条件、生产能力大小、管理水平等不同，同类食品工厂的技术经济指标会有较大幅度的差异，故用这种方法估算的用水量只能是粗略的。如每生产 1 t 肉类罐头，用水量在 35 t 以上；每生产 1 t 啤酒，用水量在 10 t 以上（不包括麦芽生产）；每生产 1 t 软饮料，用水量在 7 t 以上；每生产 1 t 全脂奶粉，用水量在 130 t 以上等。表 9-12、表 9-13 列出了我国部分罐头食品生产和乳制品生产的单位产品耗水量，可供参考。

表 9-12　部分罐头食品的单位耗水量

成品类别或产品名称	耗水量 [（吨 / 吨）成品]	备注
肉类罐头	30 ～ 50	
禽类罐头	40 ～ 60	不包括原料的速冻及冷藏
水产类罐头	50 ～ 70	
水果类罐头	60 ～ 85	以橘子、桃子、菠萝为高
蔬菜类罐头	50 ～ 80	番茄酱例外，180 ～ 200 t/t 成品

表 9-13　部分乳制品的单位耗水量

产品名称	耗水量 [（吨 / 吨）成品]	产品名称	耗水量 [（吨 / 吨）成品]
消毒乳	8 ～ 10	奶油	28 ～ 40
全脂乳粉	130 ～ 150	干酪素	380 ～ 400
全脂甜乳粉	100 ～ 120	乳粉	40 ～ 50
甜炼乳	45 ～ 60		

2. 按实际生产用水量计算

对于规模较大的食品工厂，在进行用水量计算时必须认真计算，保证用水量的准确性。

（1）首先弄清题意和计算的目的及要求。例如，要做一个生产过程设计，就要对其中的每一个设备和整个生产过程做详细的用水量计算，计算项目要全面、细致，以便为后一步设备计算提供可靠依据。

（2）绘出用水量计算流程示意图。为了使研究的问题形象化和具体化，使计算的目的准确、明了，通常使用示意图显示所研究的系统。图形表达的内容应准确、详细。

（3）收集设计基础数据。需收集的数据资料一般应包括生产规模，年生产天数，原料、辅料和产品的规格、组成及质量等。

（4）确定工艺指标及消耗定额等。设计所需的工艺指标、原料消耗定额及其他经验数据时，应根据所用生产方法、工艺流程和设备，对照同类生产工厂的实际水平来确定，这必须是先进而又可行的。

（5）选定计算基准。计算基准是工艺计算的出发点，正确的选取能使计算过程大为简化且保证结果的准确。因此，应该根据生产过程耗点，选定计算基准，食品工厂常用的基准有以下几种。

① 以单位时间产品或单位时间原料作为计算基准。

② 以单位重量、单位体积的产品或原料为计算基准。如肉制品生产用水量计算,可以100 kg原料作为基准进行计算。

③ 以加入设备的一批物料量为计算基准,如啤酒生产就可以投入糖化锅、发酵罐的每批次用水量作为计算基准。

(6) 由已知数据根据质量守恒定律进行用水量计算。此计算既适用于整个生产过程,也适用于某一个工序和设备。根据质量守恒定律列出相关数学关联式,并求解。

(7) 列出计算表。在整个水用量计算过程中,对主要计算结果都必须认真校核,以保证计算结果准确无误。一旦发现差错,必须及时重算更正,否则将耽误设计进度。最后,把整理好的计算结果列成水用量计算表。

(四) 用汽量计算

用汽量计算的目的在于定量研究生产过程,为过程设计和操作提供最佳化依据。通过用汽量计算,计算生产过程能耗定额指标。应用蒸汽等热量消耗指标,可对工艺设计的多种方案进行比较,以选定先进的生产工艺;或对已投产的生产系统提出改造或革新,分析生产过程的经济合理性、过程的先进性,并找出生产上存在的问题。用汽量计算的数据是设备类型的选择及确定其尺寸、台数的依据。用汽量计算也是组织和管理、生产、经济核算和最优化的基础。用汽量计算的结果有助于工艺流程和设备的改进,以达到节约能源、降低生产成本的目的。

食品生产用汽量计算的方法有两种:按单位产品耗汽量定额估算和计算的方法。

1. 按单位产品耗汽量定额估算法

对于规模较小的食品工厂,其生产用汽量可采用按单位产品耗汽量定额估算法。它又可分为三个方法,即按每吨产品耗汽量估算、按主要设备的用汽量估算及按食品工厂生产规模拟定给汽能力。表9-14列出了部分乳制品平均每吨产品耗汽量,表9-15列出了部分罐头和乳品生产用汽设备的用汽量,供参考。

表9-14 部分乳制品平均每吨产品耗汽量

产品名称	耗水量[(吨/吨)成品]	产品名称	耗水量[(吨/吨)成品]
消毒乳	0.25～0.4	奶油	1.0～2.0
全脂乳粉	10～15	甜炼乳	3.5～4.6

表9-15 部分罐头和乳品用汽设备的用汽量表

设备名称	设备能力	用汽量(kg/h)	进汽管径(DN)	用汽性质
可倾式夹层锅	300 L	120～150	25	间歇
五链排水箱	10212号235罐	150～200	32	连续
立式杀菌锅	8113号522罐	200～250	32	间歇
卧式杀菌锅	8113号2 300罐	450～500	40	间歇
常压连续杀菌机	8113号608罐	250～300	32	连续

续表

设备名称	设备能力	用汽量(kg/h)	进汽管径(DN)	用汽性质
番茄酱预热器	5 t/h	300 ～ 350	32	连续
双效浓缩锅	蒸发量 1 000 kg/h	400 ～ 500	50	连续
双效浓缩锅	蒸发量 4 000 kg/h	2 000 ～ 2 500	100	连续
蘑菇预煮机	3 ～ 4 t/h	300 ～ 400	50	连续
青刀豆预煮机	2 ～ 2. 5 t/h	200 ～ 250	40	连续
擦罐机	6 000 罐 /h	60 ～ 80	25	连续
KDK 保温缸	100L	340	50	间歇
片式热交换器	3 t/h	130	25	连续
洗瓶机	2 000 瓶 /h	600	50	连续
洗桶机	180 个 /h	200	32	连续
真空浓缩锅	300 L/h	350	50	间歇或连续
真空浓缩锅	700 L/h	800	70	间歇或连续
真空浓缩锅	1 000 L/h	1 130	80	间歇或连续
双效真空浓缩锅	1 200 L/h	500 ～ 720	50	连续
三效真空浓缩锅	3 000 L/h	800	70	连续
喷雾干燥塔	75 kg/h	300	50	连续
喷雾干燥塔	150 kg/h	570	50	连续
喷雾干燥塔	250 kg/h	875	70	连续
喷雾干燥塔	350 kg/h	1 050	80	连续
喷雾干燥塔	700 kg/h	1 960	100	连续

2. 用汽量的计算法

对于规模较大的食品工厂，在进行用汽量计算时必须采用计算方法，保证用汽量的准确性。

（1）画出单元设备的物料流向及变化的示意图。

（2）分析物料流向及变化，写出热量计算式。

$$\Sigma Q_{入} = \Sigma Q_{出} + \Sigma Q_{损} Q_5$$

式中：$\Sigma Q_{入}$—输入的能量总和(kJ)；

$\Sigma Q_{出}$—输出的能量总和(kJ)；

$\Sigma Q_{损}$—损失的能量总和(kJ)。

通常

$$\Sigma Q_{入} = Q_1 + Q_2 + Q_3$$

$$\Sigma Q_{出} = Q_4 + Q_5 + Q_6 + Q_7$$

$$\Sigma Q_{损} = Q_8$$

式中：Q_1—物料带入的热量(kJ)；

Q_2—由加热剂（或冷却剂）传给设备和所处理的物料的热量（kJ）；

Q_3—过程的热效应，包括生物反应热、搅拌热等（kJ）；

Q_4—物料带出的热量（kJ）；

Q_5—加热设备需要的热量（kJ）；

Q_6—气体或蒸汽带出的热量（kJ）。

值得注意的是，对具体的单元设备，上述的 $Q_1 \sim Q_8$ 各项的热量不一定都存在，故进行热量计算时，必须根据具体情况进行具体分析。

（3）收集数据。为了使热量计算顺利进行，计算结果无误和节约时间，首先要收集数据，如物料量、工艺条件以及必需的物性数据等。这些有用的数据可以从专门手册中查阅或取自工厂实际生产数据，或根据试验研究结果选定。

（4）确定合适的计算基准。在热量计算中，取不同的基准温度，按照热量计算式所得到的结果就不同。所以必须选准一个设计温度，且每一物料进出口基准温度必须一致。通常，取 0 ℃为基准温度可简化计算。此外，为使计算方便、准确，可灵活选取适当的基准，如按 100 kg 原料或成品、每 h 或每批次处理量等作基准进行计算。

（5）进行具体的热量计算。

① 物料带入的热量 Q_1 和带出的热量 Q_4 按下式计算，即

$$Q_1/Q_4 = \Sigma m_1 c_1 t_1$$

式中：m_1—物料质量（kg）；

c_1—物料比热容（kJ/kg·K）；

t—物料进入或离开设备的温度（℃）。

② 过程的热效应 Q_3：过程的热效应主要由合成热 Q_B、搅拌热 Q_S 和状态热（例如汽化热、溶解热、结晶热等）组成，其计算公式如下：

$$Q_3 = Q_B + Q_S$$

式中：Q_B—发酵热（呼吸热）（kJ），视不同条件、环境进行计算；

Q_S—搅拌热（kJ），$Q_S = 3\ 600P\eta$。其中 P 为搅拌功率（kW），η 为搅拌过程功热转化率，通常 $\eta = 92\%$。

③ 加热设备耗热量 Q_5：为了简化计算，忽略设备不同部分的温度差异，则

$$Q_5 = m_2 c_2 (t_2 - t_1)$$

式中：m_2—设备总质量（kg）；

c_2—设备材料比热容（kJ/ kg·K）；

t_1，t_2—设备加热前后的平均温度（℃）。

④ 气体或蒸汽带出热量 Q_7：

$$Q_7 = \Sigma m_3 (c_3 t + r)$$

式中：m_3—离开设备的气体物料（如空气、CO_2 等）量（kg）；

c_3—液态材料由 0 ℃升温至蒸发温度的平均比热容（kJ/ kg·K）；

t—气态物料温度（℃）；

r—蒸发潜热（kJ/kg·K）。

⑤ 设备向环境散热 Q_8：为了简化计算，假定设备壁面的温度是相同的，则

$$Q_8 = A\lambda_T(t_w \sim t_a)\tau$$

式中：A—设备总表面积(m^2)；

λ_T—壁面对空气的联合热导率(W/m·℃)。空气做自然对流时，$\lambda_T = 8 + 0.05t_w$；空气做强制对流时，$\lambda_T = 5.3 + 3.6v$(空气流速 $v = 5$ m/s)或 $\lambda_T = 6.7\lambda_T(v > 5$ m/s)；

t_w—壁面温度(℃)；

t_a—环境空气温度(℃)；

τ—操作过程时间(s)。

⑥ 加热物料需要的热量 Q_6：

$$Q_6 = m_1c_1(t_2 - t_1)$$

式中：m_1—物料质量(kg)；

c_1—物料比热容(kJ/kg·K)；

t_1，t_2—物料加热前后的温度(℃)。

⑦ 加热(或冷却)介质传入(或带出)的热量 Q_2：对于热量计算的设计任务，Q_2 是待求量，也称为有效热负荷。若计算出的 Q_2 为正值，则过程需加热；若 Q_2 为负值，则过程需从操作系统移出热量，即需冷却。

最后，根据 Q_2 来确定加热(或冷却)介质及其用量。

五、生产设备计算及选型

设备的合理选配是保证产品质量与产量的关键，是体现生产水平的标准，是进行工艺布置的基础，又是各种能源的种类、性质的选择依据和供给量的计算依据。设备选型的好坏对保证产品质量、生产稳定运行都至关重要，要认真地进行设计。对于生产中关键设备除按实际生产能力所许的台数配备外，还应考虑备用设备。对于几种产品都需要的共同设备，应按处理量最大的品种所需的台数确定。一般后道工序设备的生产能力要略大于前道，以防物料积压。

(一)设备计算及选型的一般原则和程序

食品工厂的生产设备总体上可以分为两类：标准设备或定型设备，非标准设备或非定型设备。标准设备是专业设备厂家成批成系列生产的设备，有产品目录或产品样本手册，有各种规格型号和不同生产厂家，设备计算和选型的任务是根据工艺要求，计算并选择某种型号的设备，直接列表，以便订货。非标准设备是需要专门设计和制作的特殊设备，非标准设备计算和选型就是根据工艺要求，通过工艺计算，提出设备的形式、材料、尺寸和其他一些要求，再由设备专业进行机械设计，由设备制造厂制造。在非标准设备设计时，也应尽量采用已经标准化了的图纸。

1. 设备计算及选型的一般原则

选择设备必须根据生产规模、班产量大小和工艺流程特点和工厂条件综合考虑，一般

按如下原则和要求选择。

(1) 满足工艺要求，保证产品的质量和产量。

(2) 选择技术先进、造型美观、机械化、连续化、自动化程度高的设备，注意设备利用率和成本核算。中小食品厂应选简单设备。

(3) 选用能充分利用原料、能耗少、效率高、体积小、维修方便、劳动强度小，并能一机多用的设备。

(4) 所选设备应符合食品卫生要求，拆装清洗方便，与食品接触部分用不锈钢或对食品无污染的材料。

(5) 设备结构合理，适应各种工作条件(温度、压力、湿度、酸碱度)。

(6) 在温度、压力、真空、浓度、时间、速度、流量、记数和程序等方面有合理控制系统和安全保护措施。

2. 设备选择的程序

(1) 确定各生产品种的详细工艺流程与工序划分。

(2) 按各生产品种配方的最大单位小时产、销需求进行物料计算。

(3) 确定各生产品种的各工艺、工序环节的原料、半成品、成品品质特性、规格形状、尺寸要求、计量标准、加工方法、品质标准、包装形式等技术要求。

(4) 确定各生产品种的产、销需求时间与数量，并确定先后顺序。

(5) 计算需求共用设备的最大单位小时产、销物耗量总和。

(6) 确认可提供能源的情况。

(7) 确认投资者的意愿和资金。

(8) 收集确认各设备生产厂家的详细资料。

(9) 确认建筑物的面积、货载等情况。

(10) 初步选配工艺设备种类，核算设备能力，确定台数。

(11) 初步确定设备平面布置。

(12) 修改、调整、补充、完善。

(13) 会审，由投资者、建筑设计部门等相关人员共同确定。

(二) 定型设备的计算和选型

在选择定型设备时，必须充分考虑工艺要求和各种定型设备的规格型号、性能、技术特性与使用条件，在选择设备时，一般先确定类型，再考虑规格。

1. 主要定型设备的选择和计算

在进行工艺设计时，这些设备只需根据工艺要求和产量选择合适的型号，需要的台数。

在选用定型产品时，可以根据下式算出所需选用设备的台数：

$$n = G/g$$

式中：G—由物料衡算得知某工序的物料处理量(t/d)；

g—由产品目录查知某设备的生产能力(t/d)。

所取得的 n 值不能是小数，应取相邻较大的整数。

2. 辅助定型设备的选择

辅助设备是协助主要设备完成工作的设备，如电机、泵、输送设备、计量设备等。应根据不同的工艺要求进行选择。

（三）非定型设备的计算与选型

非定型设备计算和选型的主要工作和程序如下。

（1）根据工艺流程和工艺要求确定设备类型。如使用旋风分离器实现气固分离，使用过滤机实现液固分离等。

（2）根据各类设备的性能、使用特点和适用范围选定设备的基本结构形式。

（3）确定设备材质。根据工艺操作条件和设备的工艺要求，确定适应要求的设备材质。

（4）汇集设计条件。根据物料衡算和热量衡算，确定设备负荷、转化率和效率要求，确定设备的工艺操作条件如温度、压力、流量、流速、投料方式和投料量、卸料、排渣形式、工作周期等，作为设备设计和工艺计算的主要依据。

（5）根据必要的计算和分析确定设备的基本尺寸。如设备外径、高度、搅拌器主要尺寸、转速、容积、流量、压力等；设备的各种工艺附件，如进出料口、排料装置等。设备基本尺寸计算和设计完成之后，画出设备示意草图，标注各类特性尺寸。应注意，在设计出基本尺寸之后，应查阅有关标准规范，将有关尺寸规范化，尽量选用标准图纸。

（6）向设备设计（机械设计）专业提出设计条件和设备草图，由设备设计人员根据各种规范进行机械设计、强度设计和检验，完成施工图等。

（7）汇总列出设备一览表。

（四）食品工厂主要设备的选用

为了方便、正确地进行设备计算和选用，将食品工厂常用设备的选用和设计方法介绍如下。

1. 泵的选用与设计

（1）确定泵型：根据工艺条件及泵的特性，首先决定泵的形式，再确定泵的尺寸。从被输送物料的基本性质，如物料的温度、黏度、挥发性、毒性、化学腐蚀性、溶解性和物料是否均一等因素出发来确定泵的基本形式。此外，还应考虑到生产的工艺过程和动力、环境等条件，如生产操作连续或间断运转、扬程和流量的波动范围、动力来源、厂房层次高低等因素。在选择泵的形式时，应以满足工艺要求为主要目标，食品应用中要求的泵，其制造材料不能与产品发生化学反应或者以任何方式影响产品味道、颜色和其他特点。优先选择体积小、重量轻、性能优、易操作、寿命长、能耗低的产品。

（2）确定泵的流量和扬程：① 流量的确定和计算，选泵时以最大流量为基础。如果数据是正常流量，则应根据工艺情况可能出现的波动，开车和停车的需要等，在正常流量的基础上乘以 1.1～1.2 的安全系数。如果给的是重量流量，通常都必须换算成体积流量，因为泵生产厂家的产品样本中的数据是体积流量。② 扬程的确定和计算，先计算出所需要的扬程，用来克服两端容器的位能差和两端的速度差引起的动能差。扬程值用伯努利方程计算，用米液柱表示。计算出的扬程一般要放大 5%～10%余量作为选泵的依据。③ 确定泵的安装高度，泵的安装高度的确定原则是保证泵在指定条件下工作而不发生气蚀。④ 确定泵的台数和备用率，按泵的操作台数，一般只设一台泵，在特殊情况下，也可采用两台泵同时操作。输送含有固体颗粒及其他杂质的泵和一些重要操作岗位用泵应设有备用泵。对于大型的连续化流程，可适当提高泵的备用率，而对于间歇性操作、泵的维修简易、操作很成熟的常常不考虑备用泵。⑤ 校核泵的轴功率，泵的样本上给定的功率和效率都是用水试验出来的，输送介质不是清水时，应考虑流体密度、黏度等对泵的流量、扬程性能的影响。⑥ 确定冷却水或驱动蒸汽的耗用量，对于需要冷却水或驱动蒸汽的情况，需确定其耗用量。⑦ 选用电动机，对中小型泵可选用电机，根据输送介质的特性或车间等级选择防爆或不防爆电机；对装置中的大型泵或需调速等特殊要求的泵，可选用汽轮机。⑧ 填写选泵规格表。

2. 容器类设备的设计

食品工厂中有许多设备，它们有的用来贮存物料，如贮罐、计量罐、高位槽等；有的进行物理过程，如换热器、蒸发器、蒸馏塔等；有的用来进行化学反应，如中和锅、皂化锅、氢化釜、酸化锅等，这些设备虽然尺寸大小不一，形状结构各不相同，内部构件的形式更是多种多样，但它们都可以归为容器类设备。

（1）容器设计的一般程序：① 收集整理工艺设计数据，数据包括物料衡算和热量衡算的计算结果数据、贮存物料的温度和压力、最大使用压力、最高使用温度、最低使用温度、腐蚀性、毒性、蒸汽压、进出量和贮罐的工艺方案等。② 选择容器材料，对有腐蚀性的物料可选用不锈钢等金属材料，在温度压力允许时可用其他材料，但都不能给食品带来污染。③ 容器形式的选用，我国已有许多化工贮罐实现了标准化和系列化。在贮罐形式选用时，应尽量选择已经标准化的产品。④ 容积计算，容积计算是贮罐工艺设计的尺寸设计的核心，它随容器的用途而异。根据容器的用途不同可将贮罐分为原料贮罐或产品贮罐（一般至少有一个月的贮量，罐的装满系数一般取 80%），中间贮罐（一般为 24 h 的贮量），计量罐（一般至少 10～15 min 的贮量，多则 2 h 的贮量，装满系数一般取 60%～70%），缓冲罐（其容量通常是下游设备 5～10 min 用量，有时可以超过 20 min 用量）等。⑤ 确定贮罐基本尺寸，根据物料密度、卧式或立式的基本要求、安装场地的大小，确定贮罐的大体直径。依据国家规定的设备零部件即筒体与封头的规范，确定一个尺寸，据此计算贮罐的长度，核实长径比。如长径比太大（即偏长）或太小（即偏圆），应重新调整，直到大体满意。⑥ 选择标准型号，各类容器有通用设计图系列，根据计算初步确定它的直径、长度和容积，在有关手册中查出与之符合或基本相符的标准型号。⑦ 开口和支座，在选择标准图纸之后，要设计并核对设备的管口。在设备上考虑进料、出料、温度、压力（真空）、放空、液面计、排液、放净以及入孔、手孔、吊装等装置，并留有一定数目的备用孔。如标准图纸的开孔及管口方位不符合工艺要求而又必须重新设计时，可以利用标准系列型号在订货时加以说明并附有管口方位图。容器的支承方式和支座的方位在标准图系列上也是固定的，如位置和形式有变更时，则在利用标准图订货时加以说明，并附有草图。⑧ 绘制设备草图（条件图），绘制设备草图并标注尺寸，提出设计条件和订货要求。选用标准图系列的有关图纸，应在标准图的基础上提出管口方位、支座等的局部修改和要求，并附有图纸，作为订货的要求。如标准图不能满足工艺要求，应重新设计，绘制设备容器的外形轮廓，标注一切有关尺寸，包括容器管口的规格，并填写“设计条件表”，由设备专业的人员进行非标准设备设计。

3. 换热器设备的设计

在食品工厂中，换热器应用很广泛，例如冷却、冷凝、加热、蒸发等工序都要用。列管式换热器是目前生产上应用最广泛的一种传热设备，它的结构紧凑、制造工艺较成熟、适应性强、使用材料范围广。

（1）换热器设计的一般原则：① 基本要求，换热器设计要满足工艺操作条件，能长期运转，安全可靠，不泄漏，维修清洗方便，满足工艺要求的传热面积，尽量有较高的传热效率，流体阻力尽量小，还要满足工艺布置的安装尺寸等要求。② 介质流程，何种介质走管程，何种介质走壳程，可按下列情况确定：腐蚀性介质走管程，可以降低对外壳材质的要求；毒性介质走管程，泄漏的概率小；易结垢的介质走管程，便于清洗与清扫；压力较高的介质走管程，这样可以减小对壳体的机械强度要求；温度高的介质走管程，可以改变材质，满足介质要求；黏度较大、流量小的介质走壳程，可提高传热系数。从压降考虑，雷诺数小的介质走壳程。③终端温差，换热器的终端温差通常由工艺过程的需要而定。但在工艺确定温差时，应考虑换热器的经济合理性和传热效率，使换热器在较佳范围内操作。一般认为：热端的温差应在 20 ℃以上；用水或其他冷却介质冷却时，冷端温差可以小一些，但不要低于 5 ℃；当用冷却剂冷凝工艺流体时，冷却剂的进口温度应当高于工艺流体中最高凝点组分的凝点 59 ℃以上；空冷器的最小温差应大于 20 ℃；冷凝含有惰性气体的流体时，冷却剂出口温度至少比冷凝组分的露点低 5 ℃。④ 流速，在换热器内，一般希望采用较高的流速，这样可以提高传热效率，有利于冲刷污垢和沉积。但流速过大，磨损严重，甚至造成设备振动，影响操作和使用寿命，能量消耗亦将增加。因此，比较适宜的流速需经过经济核算来确定。⑤ 压力降，压力降一般随操作压力不同而有一个大致的范围。压力降的影响因素较多。⑥ 传热系数，传热面两侧的传热膜系数 a。如相差很大时，a 值较小的一侧将成为控制传热效果的主要因素。设计换热器时，应设法增大该侧的传热膜系数。计算传热面积时，常以小的一侧为准。增大 a 值的方法通常是：缩小通道截面积，以增大流速；增设挡板或促进产生湍流的插入物；管壁上加翅片，提高湍流程度也增大了传热面积；糙化传热面积，用沟槽或多孔表面，对于冷凝、沸腾等有相变化的传热过程来说，可获得大的膜系数。⑦ 污垢系数换热器使用中会在壁面产生污垢，在设计换热器时应慎重考虑流速和壁温的影响。从工艺上降低污垢系数，如改进水质，消除死区，增加流速，防止局部过热等。⑧ 尽量选用标准设计和标准系列，这样可以提高工程的工作效率，缩短施工周期，降低工程投资。

（五）非标容器的工艺设计

非标容器的工艺设计由工艺专业人员负责。工艺专业人员根据生产要求，提出工艺技术条件和要求，然后提供给机械设计人员进行施工图设计。设计图纸完成后，再返回给工艺人员核实条件并会签。

工艺专业向机械专业提供的技术条件和要求如下。

(1) 设备名称、作用和使用场所。

(2) 相关技术参数。

① 物料组成、黏度、相对密度等。

② 操作条件,如温度、压力、流量、酸碱度、真空度等。

③ 容积,包括全容积、有效容积。

④ 传热面积,包括蛇管和夹套传热。

⑤ 工作介质性质,介质是否易燃、易爆、有腐蚀、有毒等。

(3) 结构要求。

① 材质要求,工艺人员应提出材质的建议,供机械人员参考。

② 主要尺寸要求,如容器的外形(轮廓)尺寸;容器的直径、长度、各种管口大小等性能尺寸;管口方位等定位尺寸;设备基础或支架等安装尺寸。

③ 传热面要求,如内换热采用盘管或列管;外换热使用夹套是否包括封头等。

(4) 其他特殊要求。上述工艺条件及要求,以表格形式提出,其内容包括以下三方面。

① 技术特性指示。

② 管口表。

③ 设备示意图。

六、管路设计

管路设计与布置的内容包括管路的设计计算和管道的布置两部分内容。

管道设计与布置的步骤如下。

(1) 选择管道材料。根据输送介质的化学性质、温度、压力等因素,经济合理地选择管道的材料。

(2) 选择介质的流速。根据介质的性质、输送的状态、温度、成分,以及与之相连接的设备、流量等,参照有关表格数据,选择合理经济的介质流速。

(3) 确定管径。根据输送介质的流量和流速,通过计算、查图或查表,确定合适的管径。

(4) 确定管壁厚度。根据输送介质的压力及所选择的管道材料,确定管壁厚度。实际上在给出的管材表中,可供选择的管壁厚度有限,按照公称压力所选择的管壁厚度一般都可以满足管材的强度要求。在进行管道设计时,往往要选择几段介质压力较大,或管壁较薄的管道,进行管道强度的校核,以检查所确定的管壁厚度是否符合要求。

(5) 确定管道连接方式。管道与管道间,管道与设备间,管道与阀门间,设备与阀门间都存在着一个连接的方法问题,有等径连接,也有不等径连接,可根据管材、管径、介质的压力、性质、用途、设备或管道的使用检修状态,确定连接方式。

(6) 选阀门和管件。介质在管内输送过程中,有分、合、转弯、变速等情况。为了保证工艺的要求及安全，还需要各种类型的阀门和管件。根据设备布置情况及工艺、安全的要求，选择合适的弯头、二通、异径管、法兰等管件和各种阀门。

(7) 选管道的热补偿器。管道在安装和使用时往往存在温差，冬季和夏季使用往往也有很大温差。为了消除热应力，首先要计算管道的受热膨胀长度，然后考虑消除热应力的方法：当热膨胀长度较小时可通过管道的转弯、支管、固定等方式自然补偿；当热膨胀长度较大时，应从波形、方形、弧形、套筒形等各种热补偿器中选择合适的热补偿形式。

(8) 绝热形式、绝热层厚度及保温材料的选择。根据管道输送介质的特性及工艺要求，选定绝热的方式，即保温、加热保护或保冷。然后根据介质温度及周围环境状况，通过计算或查表确定管壁温度，进而由计算、查表或查图确定绝热层厚度。根据管道所处环境(振动、湿度、腐蚀性)，管道的使用寿命，取材的方便及成本等因素，选择合适的保温材料及辅助材料。需要提及的是，应当计算出热力管道的热损失，以为其他设计组提供资料。

(9) 管道布置。首先，根据生产流程，介质的性质和流向，相关设备的位置、环境、操作、安装、检修等情况，确定管道的铺设方式，是明装或暗设。其次，在管道布置时，垂直面的排布和水平面的排布、管间距离、管与墙的距离、管道坡度、管道穿墙、穿楼板、管道与设备相接等各种情况，要符合有关规定。

(10) 计算管道的阻力损失。根据管道的实际长度、管道相连设备的相对标高、管壁状态、管内介质的实际流速，以及介质所流经的管件、阀门等来计算管道的阻力损失，以便校核检查选泵、选设备、选管道等前述各步骤是否正确合理。当计算管道的阻力损失时，不必所有的管道全部计算，要选择几段典型管道进行计算。当出现问题时，或改变管径，或改变管件、阀门，或重选泵等输送设备或其他设备。

(11) 选择管架及固定方式。根据管道本身的强度、刚度、介质温度、工作压力、线膨胀系数，投入运行后的受力状态，以及管道的根数、车间的梁柱墙壁楼板等土水建筑结构，选择合适的管架及固定方式。

(12) 确定管架跨度。根据管道材质、输送的介质、管道的固定情况及所配管件等因素，计算管道的垂直荷重和所受的水平推力，然后根据强度条件或刚度条件确定管架的跨度。也可通过查表来确定管架的跨度。

(13) 选定管道固定用具。根据管架类型、管道固定方式，选择管架附件，即管道固定用具。所选管架附件是标准件，可列出图号；若为非标准件，需绘出制作图。

(14) 绘制管道图。管道图包括平、剖面配管图，透视图，管架图和工艺管道支吊点预埋件布置图等。

(15) 编制管材、管件、阀门、管架及绝热材料综合汇总表。

(16) 选择管道的防腐蚀措施，选择合适的表面处理方法和涂料及涂层顺序，编制材料及工程量表。

管路的设计计算参照有关《食品工厂设计》书籍。

七、劳动力计算

劳动力计算主要用于工厂定员编制，生活设施(如工厂更衣室、食堂、厕所、办公室等)

的面积计算和生活用水，用汽量的计算。同时，对设备的合理使用，人员配备，以及对产品产量，定额指标的制定均有密切的关系。

劳动力的计算主要根据生产单位重量的品种所需劳动工日来计算，对于各生产车间来说其计算公式如下：

每班所需工人数（人／班）＝劳动生产率（人工／吨产品）× 班产量

全厂工人数为各车间所需工人数之总和。

食品厂劳动生产率的高低，主要取决于原料新鲜度、成熟度、工人操作的熟练程度以及设备的机械化、自动化程度等。在确定每个产品劳动生产率指标时，一般参照相仿生产条件的老厂。另外，在编排产品方案时用班产量来调节劳动力，每班所需工人数基本相同，对季节性强的产品，高峰期除生产骨干是基本工人外，可适当使用临时工。平时正常生产时，基本员工应该是平衡的。

第三节　工厂生产车间的设计

工厂生产车间的设计也是毕业设计最为重要的部分。工厂生产车间的设计包括车间的建筑设计、车间生产工艺设计、车间平面布置设计、车间安全卫生设计等。食品工厂生产车间工艺布置的任务是进行车间厂房的布置和设备的布置，概括说就是要完成车间厂房轮廓外形、结构尺寸的设计和确定以及设备在车间的排列和布置两项任务。车间工艺布置是工艺设计的重要部分，不仅与车间本身的建设成本及使用功能有很大关系，而且影响到工厂的整体效果。车间布置一经施工就不易改变，所以，在设计过程中必须全面考虑。工艺设计必须与土建、给排水、供电、供汽、通风采暖、制冷、安全卫生、原料综合利用以及三废治理等方面取得统一和协调。本节中还介绍了食品生产工艺设计对厂房建筑结构的要求。

一、生产车间工艺设计的原则

在进行食品生产车间工艺布置时，应根据下列原则进行。

（1）要有全局的观念：生产车间的工艺布置首先必须要能满足生产的要求，同时，还必须从本车间在总平面图上的位置、本车间与其他车间或部门间的关系以及工厂今后的建设发展等方面满足总体规划设计的要求。

（2）设备布置要尽量按工艺流水线安排：对于有些特殊设备可按相同类型适当集中，从而使生产过程占地最少、生产周期最短、操作最方便。如果一车间系多层建筑，要设有垂直运输装置，一般重型设备最好设在底层。

（3）应考虑到进行多品种生产的可能：食品的生产不仅受市场需求变化的影响，同时还受原料供应、原料价格等因素的影响，企业的产品结构经常需要进行一定的调整。因此，在进行生产车间设备布置时，应考虑到进行多品种生产的可能，以便灵活调动设备，并留有适当的余地，便于对生产线进行调整。同时，还应注意设备相互间的间距和设备与建筑物的安全维修距离。既要保证操作方便，又要保证维修装拆和清洁卫生的方便。

（4）生产车间与其他车间的各工序要相互配合：保证各物料运输通畅，避免重复往返。必须注意：要尽可能利用生产车间的空间进行运输；合理安排生产车间各种废料排出；人员进出口和物料进出口不得交叉。

（5）必须考虑生产卫生和劳动保护：如卫生消毒、防蝇防虫、车间排水、电器防潮及安全防火等措施。

（6）应考虑车间的采光、通风、采暖、降温等设施，对散发热量、气味及有腐蚀性的介质，要单独集中布置。对空压机房，空调机房、真空泵房等既要分隔，又要尽可能接近使用地点，以减少输送管路及管路损失。

（7）可以设在室外的设备，尽可能设在室外，上面可加盖简易棚。

（8）根据生产工艺对品质控制的要求，对生产车间或流水线的卫生控制等级要求进行明确的区域划分和区间隔离。

（9）要对生产辅助用房或空间留有充分的面积，各辅助部门在生产过程中对生产的进行和控制做到方便、及时、准确。

二、车间工艺布置的要求

厂房的布置包括平面布置和立面布置。厂房的布置主要取决于工艺流程和设备的布置，同时还必须满足生产卫生、安全防火等相关要求。食品加工厂生产车间厂房的柱网及层高应尽量符合建筑模数制的要求。

（一）厂房的平面布置

厂房的平面布置主要是确定厂房的面积及柱网的布置（确定柱距、跨度）。

（1）计算所需厂房面积时应考虑如下问题。生产车间和贮存场所的配置及使用面积与产品质量要求、品种和数量相适应。生产车间人均占地面积（不包括设备占位）不能少于 1.50 m^2，高度不应低于 3 m。

生产车间内设备与设备间、设备与墙壁之间，应有适当的通道或工作空间（其宽度一般应在 90 cm 以上），保证使员工操作（包括清洗、消毒、机械维护保养），不致因衣服或身体的接触而污染食品或内包装材料。其他设施如变电所、操作控制室、隔音装置、采暖通风、防尘、车间卫生所需要的面积；生产管理和车间生活设施如车间办公室、车间化验室、休息室、更衣室、厕所、浴室等所需要的面积；辅助间面积，如各种原料辅料、半成品、包装材料的暂存间，机电维修间、工具间等所需要的面积；各种通道，如楼梯间、电梯间、物流和人流通道等所需要的面积。

（2）卫生要求不同的生产区域应用隔墙分开，卫生及防护条件要求高的控制室、变电所等设施也必须用隔墙分开。

车间应根据生产工艺流程、生产操作需要和生产操作区域清洁度的要求进行隔离，以防止相互污染。清洁度区分为清洁、准清洁及一般作业区（表 9-16）。

表 9-16　食品企业各作业场所的清洁度区分

<table>
<tr><th>厂房设置</th><th>清洁度区分</th><th colspan="2">空气菌落数要求</th></tr>
<tr><td>原辅料仓库
材料仓库
原材料处理场所
空瓶(罐)堆放、整理场所
内包装容器清洗场所(注 2)
杀菌场所(采用密闭设备及管路输送)
密闭发酵罐
外包装室
成品仓库
现场检验室
其他相关辅助区域</td><td>一般作业区</td><td colspan="2">≤ 500</td></tr>
<tr><td>加工制造场所
非易腐即食食品的内包装室
内包装材料准备室
缓冲室
其他相应的辅助区域</td><td>准清洁作业区</td><td>≤ 75</td><td rowspan="2">管制作业区</td></tr>
<tr><td>易腐即食食品最终半成品的冷却和非密闭贮存
易腐即食食品成品的内包装室
微生物接种室
其他相应辅助区域</td><td>清洁作业区</td><td>≤ 50</td></tr>
</table>

注:① 专业规范有规定的,以专业规范为准;
② 内包装容器清洗场所的出口应设在管制作业区内

(3) 噪声大的设施必须用隔墙分开,并布置在便跨的位置。

(4) 在适当的位置设置厂房大门、通道和楼梯,车间厂房的大门设置应符合设备进出、生产运输、人流进出以及食品卫生的需要。车间内布置有大型设备的时候,应考虑预留安装门洞。

(5) 各种地下沟如地坑、地沟、排水沟、电缆沟等应统一考虑、合理安排,避免与车间建筑物基础发生矛盾,并减少基本建设工程量。

(6) 厂房的布置应力求规整,并应考虑今后扩建的可能性,在扩建的时候,应不妨碍或少妨碍现有的生产秩序,不拆除原有的建筑,还能正常地进行扩建工程的施工。

(二) 厂房的立面布置

厂房的立面布置即厂房的空间布置,主要是确定厂房的层数和高度。

在考虑厂房层高时,不仅要考虑设备本身的高度,还要考虑设备基础的高度、设备顶部突出部分的高度、顶部输送管道的安装高度、生产操作及设备检修的高度等因素。此外,还必须考虑车间厂房建筑的结构对净空的影响,故在立面布置时必须对梁的位置及梁、板的尺寸有所估计。

走廊、地坑、操作平台等通行部分的高度不低于 2.0 m,不经常通行的部分应不低于

1.9 m。空中廊跨越公路或铁路时，公路上方的净空不低于4.5 m，铁路上方的净空不低于5.5 m。

对于预煮间、油炸间、杀菌间等高温、高湿加工间，应适当加高这些工作间厂房的高度，并考虑加天窗以利于采光和车间通风排气。

个别设备或设施上方有提升或其中设备时，应在这些设备或设施的上方加高厂房的高度。

三、生产车间工艺布置对车间建筑的要求

车间工艺布置设计与建筑设计密切相关，在工艺布置过程中应对建筑结构、外形、长度、宽度及其他有关问题提出要求。

（一）对建筑外形的选择要求

工厂的车间建筑的外形有长方形、“L”形、“T”形、“U”形等，一般食品厂车间建筑常采用长方形。车间的长度主要取决于生产流水作业线的形式和生产规模，一般以60 m左右适宜；车间层高按房屋的跨度（食品工厂生产车间采用的跨度多为9 m、12 m、15 m、18 m、24 m）和生产工艺要求而定，一般以6 m为宜。单层厂房可酌量提高，车间内立柱越少越好。

国外生产车间柱网一般6～10 m，车间为10～15 m连跨，一般高度7～8 m（吊平顶4 m），也有车间达12 m以上。

（二）建筑统一模数制

为了建筑设计、构件生产以及施工等方面的尺寸协调，从而提高建筑工业化的水平，降低造价并提高建筑设计和建造的质量和速度，建筑设计应采用国家规定的建筑统一模数制。建筑工业化要求建筑物件必须标准化、定型化、预制化。尺寸按统一标准，规定建筑物的基本尺度，即实行建筑物的统一模数制。基本尺度的单位叫模数，用M表示。我国规定为100 mm。任何建筑物的尺寸必须是基本尺寸的倍数。模数制是以基本模数（又称模数）为标准，连同一些以基本模数为整倍数的扩大模数和一些以基本模数为分倍数的分模数共同组成。模数中的扩大模数有3 M（300 mm）、6 M、15 M、30 M、60 M。基本模数连同扩大模数的3 M、6 M主要用于建筑构件的截面、门窗洞口、建筑构配件和建筑物的进深、开间与层高的尺寸基数。扩大模数的15 M、30 M、60 M主要用于工业厂房的跨度、柱距和高度以及这些建筑的建筑构配件。在水平方向和高度方向都使用一个扩大模数，在层高方向，单层为200 mm（2 M）的倍数，多层为600 mm（6 M）的倍数。在水平方向的扩大模数用300 mm（3 M）的倍数，在开间方面可用3.6 m、3.9 m、4.2 m、6 m。其中以4.2 m和6 m在食品厂生产车间用得较普遍。跨度小于或等于18 m时，跨度的建筑模数是3 m；跨度大于18 m时，跨度建筑模数是6 m。

（三）对门的要求

食品生产的每个车间必须有两道以上的门（门的代号用“M”表示），分别作为人流、

货流和设备的出入口。一般单扇门规格（宽 × 高，宽、高的单位：mm，以下同）有 1 000×2 200；1 000×2 700。双扇门规格有 1 500×2 200；1 500×2 700；2 200×2 700。作为设备进出口的门，其规格尺寸应比设备高 0.6 ～ 1.0 m，比设备宽 0.2 ～ 0.5 m。为满足货物或交通工具进出，门的规格应比装货物后的车辆高出 0.4 m 以上，宽出 0.3 m 以上。

生产车间的门应按生产工艺及食品卫生的要求进行设计，一般要求设置防蝇、防虫装置，如水幕、风幕、暗道或飞虫控制器，车间的门常用的有空洞门、单扇门、双扇门、单扇推拉门或双扇推拉门、单扇双面弹簧门、双扇双面弹簧门、单扇内外开双层门、双扇内外开双层门等。我国最常用的，效果较好的是双层门（一层纱门和一层开关门）。在车间内部各工段间，生产性质及卫生要求差距不太大时，为便于各工段间往来运输及人员流动一般均采用空洞门。国外食品工厂生产车间几乎很少使用暗道及水幕，亦不单用风幕。为保证有良好的防虫效果，一般用双道门，头道是塑料幕帘，二道门装有风幕（风口宽 100 mm）。

对排出大量水蒸气或油烟的车间，应特别注意排汽问题。一般对产生水蒸气或油烟的设备须进行机械通风，可在设备附近的墙上或设备上部的屋顶开孔，用轴流风机在屋顶或墙上直接进行排汽。

食品工厂生产车间，对于局部排出大量蒸汽的设备，在平面布置时，应尽量靠墙并设置在当地夏季主导风向的下风向位置，同时，将顶棚做成倾斜式，顶板可用铝合金板，这样，可依靠空气的自然流动使大量蒸汽排至室外。

（四）对采光和窗的要求

目前，我国大多数食品工厂生产车间主要采用自然采光，车间的采光系数要求为 $\frac{1}{6}$～$\frac{1}{4}$。采光系数是指采光面积和房间地坪面积的比值。采光面积不等于窗洞面积，采光面积占窗洞面积的百分比与窗的材料、形式和大小有关，一般木窗的玻璃有效面积占窗洞的 46%～ 64%，钢窗的玻璃有效面积占窗洞的 74%～ 79%。

窗是车间主要透光的部分，窗有侧窗和天窗之分。厂房建筑的窗分为侧窗和天窗。

（1）侧窗：为了保证生产车间天然采光和通风的要求，车间通常都设置侧窗。只有在特殊情况下才采用人工采光和机械通风。生产车间工人坐着工作时，窗台的高度可取 800 ～ 900 mm，工人站着工作时，窗台高度可取 1 000 ～ 1 200 mm。厂房常用的侧窗有平开窗、推拉窗、固定窗、悬窗和立旋窗等。

（2）天窗：在厂房建筑中，当侧窗不能满足采光和通风要求时（如大跨度或多跨连续单层厂房，以及要求加强通风等），一般采用设置天窗的方式来达到自然采光和通风的目的。常见天窗形式有矩形天窗、“M”形天窗、三角形天窗、平天窗、锯齿形天窗、下沉式天窗等，窗的代号用“C”表示。

（五）对地面的要求

食品工厂的生产车间地面经常受水、酸、碱、油等腐蚀性介质侵蚀及运输车轮冲击，地面应使用无毒、不渗水、不吸水、防滑、无裂缝、耐腐蚀、易于清洗消毒的建筑材料铺砌，食品厂中常见的地面有水磨石地面、水泥地面、铁屑水泥地面、陶瓷地面、大理石地面等。工艺布置中尽量将有腐蚀性介质排出的设备集中布置，做到局部设防，缩小腐蚀范围。

为便于车间地面排水，地面应有适当坡度（以 1.0%～1.5%为宜）。如生产时有液体流至地面、生产环境经常潮湿或以水洗方式清洗作业的区域，其地面的坡度应根据流量大小设计在 1.5%～3.0%之间。

地面应设足够的排水口。排水口不得直接设在生产设备的下方。所有排水口均应设置存水弯头，并配有相应大小的滤网，以防产生异味及固体废弃物堵塞排水管道。排水沟的侧面与底面交接处应有适当的弧度（曲率半径在 3 cm 以上），排水沟应有约 3.0%的倾斜度，其流向应由高清洗区流向低清洁区，并有防止逆流的设计。排水出口应有防止有害动物侵入的装置。废水应排至废水处理系统或经其他适当方式处理。

（六）对内墙面的要求

食品工厂对车间内墙面要求很高，要防霉、防湿、防腐、有利于卫生。转角处理最好设计为圆弧形，具体要求如下。

（1）墙裙：一般有 1.8～2.0 m 的墙裙（护墙），可用白瓷砖。墙裙可保证墙面少受污染，并易于洗净。

（2）内墙粉刷：一般用白水泥沙浆粉刷，还要涂上耐化学腐蚀的过氯乙烯油漆或六偏水性内墙防霉涂料。也可用仿瓷涂料代替瓷砖，可防水、防霉，这种涂料对食品工厂车间内墙面很适宜。

（七）对温控的要求

生产车间最好有空调装置。在没有空调的情况下，门窗应设纱门纱窗。在我国南方地区，在没有空调的情况下，除设纱门纱窗外，其车间的层高一般不宜低于 6 m，以确保有较好的通风。密闭车间应有机械送风，空气经过过滤后送入车间，屋顶布有通风器，风管一般可用铝板或塑料。产品有特别要求者，局部地区可使用正压系统和采取降温措施。如美国的 Echrich 肉类包装中心加工车间温度要求控制在 50～60 ℉（10 ℃～15 ℃），车间除一般送风外，另有吊顶式冷风机降温。该冷风机之风往车间顶部吹，以防天花板上积聚凝结水。再如皇冠可乐饮料厂的糖浆混合室，要求洁净，不混杂脏空气，就用过滤的空气送入该室，使房间呈正压系统，不让外界空气进入该室（即室内的压力稍高于室外）。

（八）楼盖

楼盖，指楼层面的承重结构构件组成型式。楼盖是由承重结构、铺面、天花、填充物等组成。承重结构是梁和板，铺面是楼板层表面层，它可保护承重结构，并承受地面上的一切作用力。填充物起隔音、隔热作用。天花起隔音、隔热和美观作用。顶棚必须平整，防止积尘。为防渗水，楼盖最好选用现浇整体式结构，并保持 1.5%～2.0%的坡度，以利排水，保证楼盖不渗水、不积水。

（九）楼梯

楼梯要求：楼梯要使用方便，安排在厂房的显眼处；踏步走上去要舒适；楼梯要有足够的通行能力，紧急情况疏散快；防火安全；通风良好，采光好；楼梯要坚固耐用、经济实惠。

楼梯一般由楼梯平台和楼梯段两个部分组成。楼梯平台由平台梁及平台板组成，其宽度不小于楼梯的宽度。楼梯段由斜梁(钢筋混凝土板式楼梯无斜梁)、踏步及栏杆或栏板组成。踏步由水平的踏板和垂直的踢板组成。按规定每段楼梯不得超过18级踏步,也不得少于3级踏步。楼梯的斜度一般要求在20°~45°之间。踏板宽度通常为260~300 mm,踢板高度为150~170 mm。楼梯的宽度由建筑类型、建筑物的防火等级、层数及通过的人数、疏散人流等决定。一般单人楼梯宽度不小于850 mm;双人楼梯宽度为1 000~1 200 mm;公共楼梯宽度为1 500~1 650 mm;辅助楼梯宽度不小于900 mm;作疏散用的安全楼梯不小于1 100 mm。

(十)对建筑结构的要求

食品工厂生产车间厂房的建筑结构大体上可分砖木结构、混合结构、钢筋混凝土结构和钢结构等。

建筑物屋顶支承构件采用木制屋架,建筑物的所有重量由木柱或砖墙(这样的墙叫承重墙)传递到基础和地基上的结构为砖木结构。因受木材长度和强度的限制,这种结构的建筑物的跨度一般在9~15 m,通常会小于15 m。这种结构的厂房高度较低、强度小、防火防腐能力差且不抗震,所以仅适用于临时生活用房,食品厂生产车间一般不宜选用这种结构。

混合结构的屋架用钢筋混凝土,由承重墙来支持。砖柱大小根据建筑物的重量和楼盖的载荷决定,一般不小于二砖(一砖为24 cm,二砖为49 cm,其中包括二砖中的砂浆1 cm)。混合结构一般只用作单层厂房,跨度在9~18 m,层高可达5~6 m,柱距不超过4 m。混合结构可用于食品工厂生产车间的单层建筑。

钢筋混凝土是指由水泥、沙子、石子和水经过适当搅拌、浇灌结硬,并配有钢筋的混凝土。在钢筋混凝土结构中,梁、柱、楼板、屋架、屋面板均由钢筋混凝土制成,墙用砖或其他材料砌成,墙体仅起隔离围护的作用,不再作为承重构件,建筑物的重量及载荷主要由钢筋混凝土柱承受,然后传给基础、大地。这种结构的厂房层数、跨度都无严格限制,门窗大小及位置都比较灵活,且钢筋混凝土可在建筑工厂预制成各种构件,符合建筑工业统一化的要求,因而在食品工厂中得到广泛应用。该结构的跨度一般为9~24 m,层高可达5~10 m以上,柱距可按需要,一般为5~6 m。这种结构可以是单层,也可以是多层,并可将不同层高,不同跨度的建筑物组合起来。因为这种结构强度高,耐久性好,所以是食品工厂生产车间和仓库等常用的结构。

钢结构的梁、柱、屋架等均为钢制,墙用砖或其他材料制成,楼板用钢或钢筋混凝土制成。这种结构的厂房跨度大、强度高、造价昂贵。以前由于钢结构造价高,且食品生产车间的温、湿度较高,车间建筑材料易于腐蚀,需经常维修,故不常采用。随着钢结构建筑成本与其他结构建筑成本比价的降低、钢结构材料性能的改善,加之钢结构施工工期短的特点,钢结构在食品生产车间建筑中的应用越来越多。

四、生产车间工艺布置的步骤与方法

食品工厂生产车间平面设计一般有两种情况,一种是新设计的车间平面布置,另一种

是对原有厂房进行平面布置设计。后一种较难些，但方法相同。生产车间平面布置设计步骤一般如下。

（1）整理好设备清单和工作室等各部分的面积要求，设备清单格式如表 9-17 所示。

表 9-17 ×× 食品厂 ×× 车间设备清单

序号	设备名称	规格型号	安装尺寸	生产能力	台数	备注
1						
2						
3						
…						

在设备清单的备注栏中应对设备是固定的还是移动的，公共的还是专用的以及重量等情况予以说明。其中笨重的、固定的、专用的设备应尽量排在车间四周，轻的、可移动的、简单的设备可排在车间中央，方便更换设备。

（2）确定厂房的建筑结构、建筑形式、朝向、跨度，绘出建筑轮廓和承重柱、墙的位置。一般车间 50 ～ 60 m 长（不超过 100 m）为宜。在计算纸上画出车间长度、宽度和柱子。

（3）按照工厂总平面图，确定车间的生产流水线方向。

（4）根据设备设施等平面尺寸，按比例用硬纸板剪成小方块，在草图上进行布置，排出多种方案并分析比较，以求较佳方案。此步也可用计算机进行布置，修改起来十分方便。

（5）讨论、修改、画草图，对不同方案可以从以下几个方面进行比较：建筑结构造价；管道安装（包括工艺、水、冷、汽等）；车间运输；生产卫生条件、操作条件；通风采光。

（6）布置车间卫生室、生活室、车间办公室等。

（7）画出车间主要剖面图（包括门窗）。

（8）审查修改。

（9）画出正式图。 车间工艺布置设计与建筑设计密切相关，在工艺布置过程中应对建筑结构、外形、长度、宽度及有关问题提出要求。操作间主体面积，按照所布置的生产工艺设备、设施（固定状态的工作台、洗槽、架、柜台等）与操作、运输所占空间，一般可按以下公式计算：

$$A_1 = A_2 \times M$$

式中：A_1—操作间主体面积（m^2）；

A_2—各种设备、设施占地面积（m^2）；

M—系数，大操作间系数采用 3.0 ～ 3.5，中、小操作间系数采用 2.5 ～ 3.0。

在平面工艺设备、设施布置时必须预留出操作、行走、运输以及（大型）设备、维修用的空间位置，此外应考虑操作人员、管理人员、参观者的安全行走非作业通道。大型流水线设备应留出顺设备作业方向左右的双面通道。操作间的操作、行走、运输通道最小宽度如表 9-18 所示。

表 9-18 操作间的操作、行走运输通道最小宽度

单位:mm

内容		最小宽度	内容	最小宽度
工作通道	一人操作	700	多用通道，一人操作，背后过一人	1 200
	两人背向操作	1 500	二人操作，中间过一人	1 800
通行走道	两人平行通过	1 200	二人操作，中间过一推车	1 200 ＋推车宽度
	一人行走和一辆车并行通过	600 ＋推车宽度		

总之，生产车间平面设计主要是把车间的全部设备(包括工作台等)，在一定的建筑面积内做出合理安排。平面布置图是按俯视，画出设备的外形轮廓图。在平面图中，必须表示清楚各种设备的安装位置。下水道、门窗、各工序及各车间生活设施的位置，进出口及防蝇、防虫措施等。除平面图外，有时还必须画出生产车间剖面图(又称立剖面图)，以解决平面图中不能反映的重要设备与建筑物立面之间的关系，画出设备高度、门窗高度等在平面中无法反映的尺寸。生产车间工艺布置实例见图 9-12。

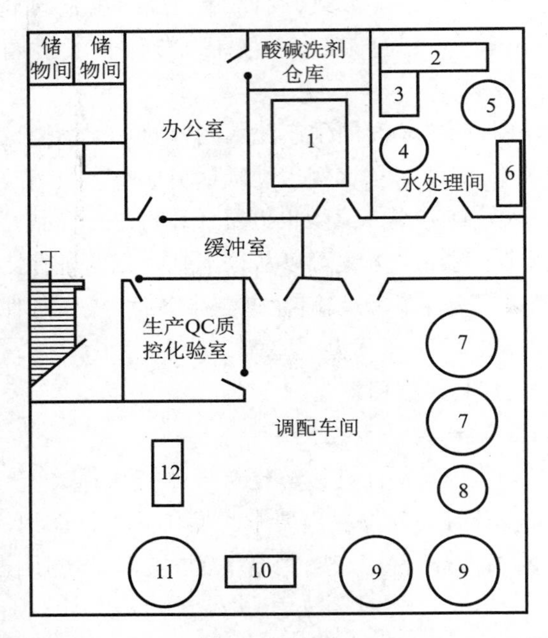

1—CIP 机；2—紫外线消毒系统；3—水预处理系统；4—储水罐；5—纯水储罐；6—反渗透系统；
7—酶解罐；8—糖液罐；9—调配罐；10—超高温灭菌均质系统；11—保湿罐；12—控制箱

图 9-12 果汁调配车间平面布置图

第四节 工厂给排水系统设计

食品工厂给排水系统设计范围包括冷水系统、热水系统、给水系统、排水系统和消火水系统等。

一、给排水系统设计所需的基础资料

（一）设计内容

食品工厂整体项目的供水、排水设计一般包括取水及处理、净化工程、厂区及生活区的给排水管网、车间内外给排水管网、室内卫生工程、冷却循环水系统和消防系统等。要满足工艺、设备、生活等对水量、水质及水压的不同要求。

（二）设计所需基础资料

给水排系统工程设计大致需要收集如下资料。

（1）工厂各用水部门对水量、水质、水温、水压、用水时间的要求及用水负荷的时间曲线。

（2）厂区所在地和厂区周围地区的气象、水文、地质资料。

① 当采用地下水为给水水源时，应根据水源地地下水开采现状，了解已有地下取水构筑物的运行情况和运行参数，地下水长期观测资料等，并根据水文地质条件选择合理取水构筑物形式，了解单井、渗渠、泉室的供水能力（出水量以枯水季节为准）及水质全分析报告。

② 当采用地表水为给水水源时，应了解水源地地表水的水文地质资料，如河床断面、年流量、最高洪水位、常水位、枯水位及地表水的水质全分析报告。特别是取水河湖的详细水文资料。

③ 当采用城市自来水为给水水源时，应了解厂区周围市政自来水网的形式、给水管数量、管径、水压情况及有关的协议或拟接进厂区的市政自来水管网状况。

④ 厂区所在地和厂区周围地区的地质、地形资料（包括外沿的引水排水路线）。

⑤ 当地节能减排、环保和公安消防等主管部门的有关规定。

⑥ 所在地管材供应情况。

（三）给排水系统设计注意事项

（1）所在地有城市自来水供应的，应优先考虑采用自来水。

（2）如采用自备水源时，水质应符合卫生部规定的《生活饮用水卫生标准》及本厂的特殊要求。

（3）消防、生产、生活给水管网应尽可能使用同一管路系统。

（4）生活、生产废水应达到国家规定的排放标准后才能排放。

（5）为了节约用水和节能减排，冷却水应循环使用，避免不必要的浪费。

（6）消防、冷却循环等用于增压的水泵应尽可能集中布置，便于统一管理及使用。

（7）设计主厂房或车间的给排水管网时，应满足生产工艺和生活安排的需要。

二、用水分类及对水源、水质的要求

（一）用水分类

食品工厂用水大致可分为产品用水、生产用水、生活用水等几大类。

（1）产品用水：产品用水因产品品种的不同而有所区分。根据其用途的不同可分为两类：一是直接作为产品的产品用水，如矿泉水、饮用纯净水等。二是作为产品原料的溶解、浸泡、稀释、灌装等的产品用水，如啤酒生产的糖化投料水、软饮料、果菜汁、蛋白饮料的溶糖、配料水、碳酸饮料的糖浆制备、配料、灌装水、柠檬酸提取工段的洗料水、黄酒生产加曲搅拌饭的投料水等。以上产品用水水质必须在满足生活饮用水卫生标准 GB 5749 的基础上采用不同水质处理的方法来满足产品用水的要求。

（2）生产用水：除了产品用水之外的，直接用于工艺生产的用水，一般指与生产原料直接接触，如原料的清洗和加工，产品的杀菌、冷却，工器具的清洗等。

（3）生活用水：生活用水是指食品工厂的管理人员、车间工人的日常生活用水及淋浴用水。

（4）锅炉用水。

（5）冷却循环补充用水。

（6）绿化、道路的浇洒水及汽车冲洗用水：这部分用水可用厂区生产、生活污水经处理后达标的出水（再生水或称为中水）来代替，实现再生水回用是缓冲水资源紧缺、保护生态环境、污水资源化的一条有效途径，在现代食品工厂的设计中应予以高度重视。

（7）未预见水量及管网漏损量。

（8）消防用水量，此部分水量仅用于校核管网计算，不属于正常水量。

（二）各类用水的水质要求

不同的用途，有不同的水质要求。生产用水和生活用水的水质要求符合《生活饮用水卫生标准》（GB 5749）；产品用水和锅炉用水对水质有特殊要求，必须在符合《生活饮用水卫生标准》（GB 5749）的基础上给予进一步处理。一般由厂家自设一套进一步处理系统，处理的方法有精滤、离子交换、电渗析、反渗透等，可视具体情况分别选用；冷却用水（如制冷系统的冷却用水）和消防用水，在理论上，其水质要求可以低于生活饮用水标准，但在实际上，由于冷却水往往循环使用，用量不大，为便于管理和节省一些投资，大多食品厂并不另外设供水系统。各类用水的水质标准的某些项目指标见表 9-19。

表 9-19　各类用水水质标准

项目	生活饮用水	清水类罐头用水	饮料用水	锅炉用水
pH	6.5～8.5			＞7
总硬度（以 $CaCO_3$ 计），（mg/L）	＜250	＜100	＜50	＜0.1
总碱度（mg/L）			＜50	
铁（mg/L）	＜0.3	＜0.1	＜0.1	
酚类（mg/L）	＜0.3	无	无	
氧化物（mg/L）	＜250		＜80	
余氯（mg/L）	0.05	无		

（三）水源的选择

食品工厂用水的水源分自来水、地下水和地面水。水源的选择应根据当地的具体情况进行技术经济比较后确定。水源选择前必须进行水资源的勘察，通过技术经济比较后综合考虑确定，且符合水量充足可靠、原水水质符合要求，取水、输水、净化设施安全、经济和维护方便，具有施工条件的要求。自备水源应先选择地下井水，最后才考虑地表河湖之水，并对符合卫生要求的地下水，宜优先作为食品工厂生产与生活饮用水的水源。

各方面均衡情况下，应尽可能择近取水，以便管理和节省投资，在取水工程设计中凡有条件者，应尽量设计成节能型（如重力流输水）。按取水构筑物的结构可分为固定式和移动式取水构筑物，固定式适用于各种取水量和各种地表水源，移动式适用于中小取水量，多用于江河、水库、湖泊取水。

三、用水量的计算

（一）生产用水量

生产用水量的计算前面已经介绍过，这里不再重复介绍。生产用水水压的确定，因车间不同，用途不同而有不同的要求。如水压过高，不但增加动力消耗，而且要提高管件的耐压强度，致使费用增加。如水压太低，则不能满足生产要求，将影响正常生产。确定水压的一般原则为进车间水压，一般应为 0.2 ～ 0.25 MPa；如最高点用水量不大时，车间内可另设加压泵。

（二）生活用水量

生活用水量与当地气候，人们的生活习惯以及卫生设备的完备程度有关，生活用水量标准是按最大班次的工人总数计算，我国标准规定如下。

车间职工：高温车间（每 h 放热量为 83.6 kJ/m^3 以上），每人每班次用水量为 35 L，其他车间 25 L。

淋浴用水：在易污染身体的生产车间（工段）或为了保证产品质量而要求特殊卫生要求的生产车间（工段），每人每次用水量为 40 L；在排除大量灰分的生产岗位（如锅炉、备料等）以及处理有毒物质或易使身体污染的生产岗位（如接触酸、碱岗位），每人每次用水量为 60 L。

盥洗用水：脏污的生产岗位，每人每次 5 L，清洁的生产岗位每人每次 3 L。

计算生活用水总量时，要确定淋浴和盥洗的次数，乘以每班人数。

家属宿舍以每人每日用水量 30 ～ 250 L 计算；集团宿舍以每人每日用水量 50 ～ 150 L 计算；办公室以每人每班 10 ～ 25 L 计算；幼儿园、托儿所以每人每日 25 ～ 50 L 计算；小学、厂校以每人每日 10 ～ 30 L 计算；食堂以每人每餐 10 ～ 15 L 计算；医务室以每人每次 15 ～ 5 L 计算。食品工厂生活用水量相对其生产用水量小得多，在生产用水量不能精确计算的情况下，生活用水量可根据最大班人数按下式估算：

$$生活最大小时用水量=\frac{最大班人数\times 70}{1\,000}\quad (m^3/h)$$

消防用水量的确定：由于消防设备一般均附有加压装置，对水压的要求不大严格，但必须根据工厂面积、防火等级、厂房体积和厂房建筑消防标准而保证供水量的要求。食品厂的室外消防用水量为 10 ～ 75 L/s，室内消防用水量以 2×2.5 L/s 计。由于食品厂的生产用水量一般都较大，在计算全厂总用水量时，可不计消防用水量，在发生火警时，可调整生产和生活用水量加以解决。

（三）其他用水量

厂区道路、广场浇洒用水量按浇洒面积 2.0 ～ 3.0 L/m^2•d 计算；厂区绿化浇洒用水量按浇洒面积 1.0 ～ 3.0 L/m^2•d 计算；干旱地区可酌情增加。汽车冲洗用水量定额，应根据车辆用途、道路路面等级、沾污程度以及所采用的冲洗方式确定。

管网漏失水量及不可预见水量之和，可按日用水量 10%～ 15%计。

四、给水系统及给水处理

（一）给水系统

食品工厂给水系统按水源分为自来水给水系统、地下水给水系统和地面水给水系统。自来水给水系统通常由自来水、水池、加压泵房、水塔及给水管网组成；地下水给水系统通常由地下水、深井水、沉沙器、清水池、加压泵房、水塔及给水管网等组成，同时地下水须经加氯消毒、除铁钙等工序的处理；地面水给水系统通常由地表水源、预沉淀池、沉淀池、水泵房、水塔及给水管网等组成，地面水须经混凝、沉淀、澄清、过滤、消毒等工序的处理。

给水管网包括室外管网和室内管网。室外管网布置形式分为环状和树枝状两种，小型食品厂的给水系统一般采用树枝状，大中型生产车间进水管多分几路接入，为确保供水正常，多采用环状管网。室外管网一般采用铸铁管，用铅或石棉水泥接口，若采用焊接钢管和无缝钢管要进行防腐处理，用焊接接口。室内管由进口管、水表接点、干管、支管和配水设备组成，有的还配有水箱和水泵。管网布置形式有上行式、下行式和分区式三种，具体采用何种方式，由建筑物的性质、几何形状、结构类型、生产设备的布置和用水点的位置决定。

（二）供水设施要求

根据食品安全国家标准食品生产通用卫生规范（GB 14881—2013）供水设施应满足以下要求。

（1）应能保证水质、水压、水量及其他要求符合生产需要。

（2）食品加工用水的水质应符合 GB 5749 的规定，对加工用水水质有特殊要求的食品应符合相应规定。间接冷却水、锅炉用水等食品生产用水的水质应符合生产需要。

（3）食品加工用水与其他不与食品接触的用水（如间接冷却水、污水或废水等）应以完全分离的管路输送，避免交叉污染。各管路系统应明确标识以便区分。

（4）自备水源及供水设施应符合有关规定。供水设施中使用的涉及饮用水卫生安全产品还应符合国家相关规定。

（三）给水处理

给水处理的任务是根据原水水质和处理后水质要求，采用最适合的处理方法，使之符合生产和生活所要求的水质标准。食品工厂水质净化系统可分为原水净化系统和水质深度处理系统。如以自来水为水源，一般不需要进行原水处理。采用其他水源时，常用处理方法有沉淀、澄清、过滤、软化和除盐等。食品工厂工艺用水处理要根据原水水质和生产要求，采用不同的处理方式，来提高加工产品的质量。产品用水、生活用水，除澄清过滤处理外，还须经消毒处理，有些用水还须软化处理。原水处理的主要步骤如下。

（1）沉淀、澄清处理：水中固体颗粒依靠重力作用，从水中分离出来的过程称为沉淀，主要是对含沙量较高的原水进行处理（例如江水、河水）。沉淀一般采用自然沉淀和混凝沉淀两种方法。前者即用沉淀的方法除去水中较大颗粒的杂质，具体方法是使水在沉淀池中停留较长时间，以达到沉淀澄清的目的。而后者须投加混凝剂（如硫酸铝、明矾、硫酸亚铁、三氯化铁等）和助凝剂（如水玻璃、石灰乳液等），使水中的胶体物质与细小的、难以沉淀的悬浮物质相互凝聚，形成较大的易沉绒体后，再在沉淀池中沉淀。然后在澄清池中通过重力分离（澄清）。澄清池是完成水和药剂的混合、反应以及絮凝体的分离三个阶段的设备。

混凝剂有湿法和干法两种投配方式，国内一般多采用湿法，把混凝剂或助凝剂加水先调制成含商品固体重量10%～20%浓度的溶液后，再定量加注投配，使注入的药剂在反应池中与原水急剧、充分地混合，发生混凝反应。所用设备为反应池，原水在反应池中与混凝剂反应，形成絮凝沉淀后，再进入沉淀池，利用重力分离沉淀。反应池的形式有隔板式、涡流式和旋流式等。反应池形式与处理水量有关。一般情况下，处理量在30 000 m^3/d以上者（大型水厂），多选用隔板式反应池。其特点是构造简单，管理方便，效果较好。其不足之处是容积大，反应时间长。处理量在20 000 m^3/d以下者（中小型水厂），多选用涡流式或旋流式，也有选用隔板式的，反应时间一般在20～30 min。沉淀池有平流式和立式之分，现在大多采用立式的机械加速澄清池、水力循环澄清池、脉冲澄清池等。平流式沉淀池因占地面积大，现一般不用。澄清后水质一般可达浑浊度20度以下。

（2）过滤处理：原水经沉淀后一般还要进行过滤。采用过滤方式主要用以去除细小悬浮物质和有机物等。生产用水、生活饮用水在过滤后再进行消毒，锅炉用水经过滤后，再进行软化或离子交换。所以，过滤是水处理的一种重要方式。过滤设备有过滤池和过滤器。过滤池形式有快滤池、虹吸滤池、重力或无阀滤池、压力式滤池等数种，都是借水的自重和位能差或在压力（或抽真空）状态下进行过滤，用不同粒径的石英砂组成单一石英砂滤料过滤，或用无烟煤和石英砂组成双层滤料过滤。过滤器有砂石过滤器、砂棒过滤器、板框压滤机、硅藻土压力过滤机、超滤、反渗透等形式。

（3）消毒处理：就是通过物理或化学的方法杀死水中的致病微生物。通常用到的物理方法有加热、紫外线、超声波和放射线等。紫外线杀菌原理是微生物在受紫外线照射后，其蛋白质和核酸发生变性，引起微生物死亡。目前使用的紫外线杀菌装置多为低压汞灯。应根据杀菌装置的种类和目的来选择灯管，才能获得最佳效果。用紫外线杀菌，操作简单，杀菌速度快（几乎在瞬间完成），效率高，不会带来异味。因此，得到了广泛的应用。紫外线杀菌器成本较低，投资也少，但对水质自身的要求较高，处理的水应无色、无混浊、微生物数量较少，且尽量少带气体。化学方法有氯、臭氧、高锰酸钾及重金属离子等药剂，其中氯消毒法，即在水中加适量的液氯和漂白粉，是目前普遍采用的方法。氯消毒的原理是通过向水中加入氯气或其他含有效氯的化合物，如漂白粉、氯胺、次氯酸钠等，依靠氯原子的氧化作用破坏细菌的酶系统，使细菌无法吸收养分而自行死亡。氯的杀菌效果以游离氯为主，因微生物种类、氯浓度、水温和 pH 等因素的不同，杀菌效果也不同。因此，要综合考虑氯的添加量。

（4）软化处理：软化是通过降低水中钙、镁离子的含量，也就是降低水的硬度的过程。软化的方法有以下几种。

① 加热法：将水加热到 100 ℃以上，使水中的 Ca^{2+}、Mg^{2+}形成 $CaCO_3$、$Mg(OH)_2$ 和石膏沉淀而除去。

② 药剂法：在水中加石灰和苏打，使 Ca^{2+}、Mg^{2+}生成 $CaCO_3$ 和 $Mg(OH)_2$ 而沉淀。

③ 离子交换法：使水和离子交换剂接触，用交换剂中的 Na^{+}或 H^{+}把水中的 Ca^{2+}、Mg^{2+}交换出来。三种方法中只有离子交换法可使水深度软化，离子交换法软化率高，也比较经济。但是，对离子交换剂的再生需要消耗大量的食盐或硫酸，排出的酸、碱废液对环境会造成一定污染，需要注意。

此外，当水中铁、锰等离子含量超过水质标准时，还需要进行除铁、锰等离子的处理。一般情况下，以上方法并不是单独使用的，而是根据原水的不同水源和水质及生产对水质的不同要求，联合使用几种不同的给水处理工艺。

清水池为贮存水厂中净化后的清水，以调节水厂制水量与供水量之间产生的差额，并为满足加氯接触时间而设置的水池。处理后的清水贮存在清水池内。清水池的有效容积，根据生产用水的调节贮存量、生活用水的调节贮存量、消防用水的贮存量和水处理构筑物自用水（快滤池的冲洗用水）的贮存量等加以确定。这几种不同情况的综合水量决定了清水池的总容积。清水池的个数或分格至少有两个，并能单独工作和泄空。

为了满足食品工厂工艺生产、产品用水的要求而对满足生活用水卫生标准的生产用水做进一步深度处理，常用的方法还有活性炭吸附、微滤、电渗析、反渗透和离子交换等方法。水的深度处理通常与生产工艺和产品特性紧密相关，有时就是生产过程的一部分如矿泉水生产、纯净水生产、饮料生产等，具体方法可参照食品生产工艺设计过程。

五、配水系统

水塔以下的给水系统统称为配水系统，有大、中、小三种阻力配水系统。配水工程一般由清水泵房、调节水箱、水塔和室外给水管网等组成。如采用城市自来水，上述的取水泵房和给水处理均可省去，可设置一个自来水贮水池（清水池），以调节自来水的水量和水压。因此，采用自来水为水源，给水工程的主要内容即为配水工程。

清水泵房（也有称二级水泵房）是从清水池吸水，增压送到各车间，以完成输送水量和满足水压要求为目的。水泵的组合是配合生产设备用水规律而选定，并配置用水泵，以保证不间断供水。

水塔是为了稳定水压和调节用水量的变化而设立的。

室外给水管网主要为输水干管、支管和配水管网、闸门及消防栓等。输水干管一般采用铸铁管或预应力钢筋混凝土管。生活饮用水的管网不得和非生活饮用水的管网直接连接，在以生活饮用水作为生产备用水源时，应在两种管道连接处设两个闸阀，并在中间加排水口以防止污染生活饮用水。

在输水管道和配水管网须设置分段检修阀门，并在必要位置上装设排气阀、进气阀或泄水阀。有消防给水任务的管道直径不小于100 mm，消防栓间距不大于120 m。

小型食品厂的配水系统，一般采用枝状管网。大中型厂生产车间，多采用环状管网，一个车间的进水管往往分几路接入，以确保供水正常。

管网上的水压必须保证每个车间或建筑物的最高层用水的自由水头不小于6～8 m，对于水压有特殊要求的工段或设备，可采取局部增压措施。

室外给水管线通常采用铸铁埋地敷设，管径太大浪费管材，管径太小压头损失大，动力消耗增加。为此，管径选择要适当，管内流速也应控制在合理范围内。对于管道的压力降一般应控制在500 Pa/100 m之内。还要特别注意的是生产与饮用水输配水设备和防护材料所用原料应使用食品级。

六、冷却水系统

冷却水系统设计要考虑节水、节能等因素。在食品厂中，制冷机房、车间空调机房及真空蒸发工段等都需要大量的冷却水。通常要设置冷却水循环系统和降温的装置，以减少给水消耗，降低全厂总用水量。降温系统主要有冷却池、喷水池、自然通风冷却塔和机械通风冷却塔等。机械通风冷却塔（其代表产品有圆形玻璃钢冷却塔）具有冷却效果好、体积小、质量轻、安装使用方便的特点，可以提高生产效率，节省用地和投资，并且只需补充循环量的5%～10%的新鲜水，对于水源缺乏或水费较高且电费不变的地区尤为适宜，因此被广泛采用。

七、消防用水系统

食品工厂的生产性质决定其发生火警的危险性较低，建筑物耐火等级较高。食品厂的消防给水一般与生产、生活给水管合并，采用合流给水系统。室外消防给水管网应为环形管网，水量按15 L/s计，水压应保证当消防用水量达到最大且水枪布置在任何建筑物的最高处时，管道内压力要保证水枪充实水柱仍不小于10 m。室内消火栓的配置，应保证两股水柱每股水量不小于2.5 L/s，保证同时达到室内的任何位置，水枪出口充实水柱不小于7 m。

八、排水系统

食品工厂的排出水按性质可以分为生产污水、生产废水、生活污水、生活废水和雨水等，一般情况下，食品工厂采取污水与雨水分流排放系统，即采用两个排水系统分别排放污水和雨水。根据污水处理工艺的选择，有时还要将污水按污染程度再进行细分，清浊分流，分别排至污水处理站，分质进行污水处理。排水量的计算也采用分别计算，最后累加的方法进行。

（一）排水系统的组成

排水系统是指排水的收集、输送、处理和利用，以及排放等设施以一定方式组合成总体。食品工厂的排水系统由室内排水系统和室外排水系统两部分组成。室内排水系统包括卫生洁具和生产设备的受水器、水封器、支管、立管、干管、出户管、通气管等钢管。室外排水系统包括支管、干管、检查井、雨水口及小型处理构筑物等。

（二）排水系统的要求

根据食品安全国家标准食品生产通用卫生规范（GB 14881—2013）排水设施应满足以下要求。

（1）排水系统的设计和建造应保证排水畅通、便于清洁维护；应适应食品生产的需要，保证食品及生产、清洁用水不受污染。

（2）排水系统入口应安装带水封的地漏等装置，以防止固体废弃物进入及浊气逸出。

（3）排水系统出口应有适当措施以降低虫害风险。

（4）室内排水的流向应由清洁程度要求高的区域流向清洁程度要求低的区域，且应有防止逆流的设计。

（5）污水在排放前应经适当方式处理，以符合国家污水排放的相关规定。

（三）排水量计算

食品工厂的排水量普遍较大，根据国家环境保护法，生产废水和生活污水，须经过处理达到排放标准后才能排放。

生产废水和生活污水的排放量可按生产、生活最大小时给水量的85%～90%计算。

雨水量按下式计算：

$$W = q\varphi F$$

式中：W—雨水量（kg/s）；

q—暴雨强度（$kg/s \cdot m^2$）（可查阅当地有关气象、水文资料）；

φ—径流系数，食品工厂一般取0.5～0.6；

F—厂区面积（m^2）。

（四）排水设计注意要点

食品工厂排水设施和排水效果的好坏直接关系到工厂卫生面貌的优劣，排水设计应注意如下要点。

（1）生产车间的室内排水（包括楼层）应采用无盖板的明沟，或采用带水封的地漏，明沟要有一定的宽度（200～300 mm）、深度（150～400 mm）和坡度（＞1%），车间地坪的排水坡度为1.5%～2.0%。

（2）在进入明沟排水管道之前，应设置格栅，以截留固形物，防止管道堵塞，垂直排水管的口径应比计算选大1～2号，以保证排水畅通。

（3）生产车间的对外排水口应加设防鼠装置，采用水封窨井，而不采用存水弯，以防堵塞。

（4）产车间内的卫生消毒池、地坑及电梯坑等，均需考虑排水装置。

（5）车间的对外排水尽可能考虑清浊分流，其中对含油脂或固体残渣较多的废水（如肉类和水产加工车间），须在车间外，经沉淀池撇油和去渣后，再接入厂区下水管。室外排水也应采用清浊分流制，以减少污水处理量。

(6) 食品工厂的厂区污水排放不得采用明沟，而必须采用埋地暗管，若不能自流排除厂外，应采用排水泵站进行排放。

(7) 厂区下水管一般采用混凝土管，其管顶埋设深度一般不小于 0.7 m。由于食品厂废水中含有固体残渣较多，为防止淤塞，设计管道流速应大于 0.8 m/s，最小管径不宜小于 150 mm，同时每隔一段距离应设置窨井，以便定期排除固体沉淀污物。排水工程的设计内容包括排水管网、污水处理和利用两部分。

排水管网汇集了各车间排出的生产污水、冷却废水、卫生间污水和生活区排出的生活污水。借重力自流经预制混凝土管引流至厂外城市下水道总管或直接排入河流。雨水也为排水组分中的重要部分之一，统一由厂区道路边明沟集中后，排至厂外总下水道或附近河流。

部分冷却废水可回收循环使用，采用有盖明渠或管道自流至热水池循环使用。

食品工厂用水量大，排出的工业废水量也大。许多废水含固体悬浮物，BOD 和 COD 含量很高，将废水(废糟)排入江河会污染环境，为使污水达到排水某一水体或再次使用的水质要求，并对其进行净化的过程。现在国家已颁布了《中华人民共和国环境保护法》和《基本建设项目环境保护管理办法》以及相应的环境标准。对于新建工厂必须贯彻把三废治理和综合利用工程与项目同时设计、同时施工、同时投入使用的“三同时”方针。废水处理在新建(扩建)食品工厂的设计中占有相当重要的地位。食品工业原料广泛，制品种类繁多，排出废水的水量、水质差异很大，处理工艺较复杂，工艺也会有区别。目前，处理废水的方法有沉淀法、活性污泥法、生物转盘法、生物接触氧化法以及氧化塘法等。不论采用何种处理方法，排出的工业废水都必须达到国家排放标准。

第五节 车间空调与空气净化设计

食品生产过程中会产生粉尘、废气、余热、有害气体等，它们都有可能恶化车间环境、危害人体健康以及影响产品质量，为控制这些因素对人体健康以及产品质量的影响，必须进行通风和空气调节。

一、通风设计基本知识

食品工厂车间通风与空气调节的方式分为自然通风和人工通风两种。

(一) 自然通风

自然通风是利用厂房内外空气密度差引起的热压或风力造成的风压来促使空气流动，进行通风换气。为节约能耗和减少噪声，工厂设计时应尽可能优先考虑自然通风。为此，要从建筑物间距、朝向、内隔墙、门、窗和气楼的设置等方面加以考虑，使之最有利于自然通风。同时，在采用自然通风时，也要从卫生角度考虑，防止外界有害气体或粉尘的进入。

（二）人工通风

食品工厂的人工通风是通过机械通风实现的，因此常称为机械通风。在自然通风达不到应有的要求时要采用机械通风。当夏季工作地点的气温超过当地夏季通风室外计算温度3 ℃时，每人每小时应有的新鲜空气量不少于20～30 m^3，而当工作地点的气温大于35 ℃时，应设置岗位吹风，吹风的风速在轻作业时为2～5 m/s，重作业时为3～7 m/s，在有大量蒸汽散发的工段，不论其气温高低，均需考虑机械排风。机械排风有两种方式，即局部机械排风和全面机械通风。

1. 局部机械排风

在排风系统中，以装设局部排风最为有效、最为经济。局部机械排风应根据工艺生产设备的具体情况及使用条件，并视所产生有害物的特性，来确定有组织的自然排风或机械排风。食品生产的热加工工段，有大量的余热和水蒸气散发，造成车间温度升高，湿度增加，并引起建筑物的内表面滴水、发霉，并严重影响劳动环境和卫生。为此，对这些工段需要采取局部排风措施，以改善车间条件。

小范围的局部排风一般采用排气风扇或通过排风罩接排风管来实现，如果设计合理，则采用较小的排风量就能获得良好的效果。但排风扇的电动机是在湿热气流下工作，易出故障。故较大面积的工段或温度较高的工段，常采用离心风机排风。因离心机的电动机基本上在自然气流状态下工作，运转比较可靠。一些设备如烘箱、烘房、排气箱、预煮机等，可设专门的封闭排风管直接排出室外；有些设备开口面积大，如夹层锅、油炸锅等，不能接封闭的风管，可加设伞形排风罩，然后接风管排出室外。但对于易造成大气污染的油烟气或其他化学性有害气体，应设立油烟过滤器等装置进行处理后再排入大气。

2. 全面机械通风

当利用局部通风或自然通风不能满足要求时，应采用机械全面通风。全面通风设计时，如室内同时散发几种有害物质时，全面通风的换气量取其中的最大值。在气流组织设计时，全面通风进、排风应避免将含有大量热、蒸汽或有害物质的空气流入没有或仅有少量热、蒸汽或有害物质的作业地带。采用全面排风排出有害气体和蒸汽时，应由室内有害气体浓度最大的区域排出。放散的气体较空气轻时，宜从生产车间上部排出；放散的气体较空气重时，应从上、下部同时排出，但气体温度较高或受车间散热影响产生上升气流时，应从上部排出；当挥发性物质蒸发后，使周围空气冷却下沉或经常有挥发性物质洒落地面时，应将排风口设置在车间的上、下部。

（三）车间的空气调节

车间的空气调节是指用人工的方法使生产车间的空气湿度、温度、洁净度、气流速度等达到特定的规定和要求。食品工厂车间的空气调节通常按照《民用建筑供暖通风与空气调节设计规范》（GB 50736—2012）的规定执行。空调车间的温、湿度要求随产品性质或工艺要求而定。根据不同食品厂的特点，提出车间温、湿度要求如下，仅供参考，见表9-20。

表 9-20　食品工厂有关车间的温度、湿度要求

工厂类型	车间或部门名称	温度(℃)	相对湿度(φ),(%)
罐头工厂	鲜肉凉肉间	0 ~ 4	> 90
	冻肉解冻间	冬天 12 ~ 15	> 95
		夏天 15 ~ 18	> 95
	分割肉间	< 20	70 ~ 80
	腌制间	0 ~ 4	> 90
	午餐肉车间	18 ~ 20	70 ~ 80
	一般肉禽、水产车间	22 ~ 25	70 ~ 80
	果蔬类罐头车间	25 ~ 28	70 ~ 80
乳制品工厂	消毒奶灌装间	22 ~ 25	70 ~ 80
	炼乳灌装间	22 ~ 25	> 70
	奶粉包装间	< 20	< 65
	麦乳精粉碎包装间	22 ~ 25	< 50
	冷饮包装间	22 ~ 25	> 70
糖果工厂	软糖成形间	25 ~ 28	< 75
	软糖包装间	22 ~ 25	< 65
	硬糖成型间	25 ~ 28	< 65
	硬糖包装间	22 ~ 25	< 60
饮料厂	溶糖间	< 30	
	碳酸饮料最后糖浆间	夏天 22 ~ 26	< 65
		冬天> 14	
	碳酸饮料灌装间	夏天 22 ~ 26	< 65
		冬天> 14	
	加工、配料间	夏天< 28	< 70
		冬天> 14	
	饮料热灌装间	夏天 22 ~ 26	< 65
		冬天> 14	
	浓缩果汁无菌灌装间	夏天< 28	< 65
		冬天> 14	
	冷藏饮料灌装间	夏天 22 ~ 26	< 65
		冬天> 14	
	瓶装纯净水灌装间	夏天 22 ~ 26	< 65
		冬天> 14	
	天然纯净水灌装间	夏天 22 ~ 26	< 50
		冬天> 14	

续表

工厂类型	车间或部门名称	温度(℃)	相对湿度(φ),(%)
饮料厂	包装间	夏天<30 冬天>14	
	成品库	冬天>5	<60
	空罐、瓶盖库	冬天>5	
	制瓶间	夏天<28	<65
		冬天>5	

二、空气净化

食品加工过程中不同的加工段对卫生要求也不同,食品生产的某些工段,如奶粉、麦乳精的包装间、粉碎间及某些食品的无菌包装间等,对空气的卫生要求特别高,经过空气净化处理的车间称为洁净室。空调系统的送风要考虑空气的净化。常用的净化方式是对进风进行过滤。

(一)空气洁净度等级的确定

洁净室内有多种工序时,应根据各工序不同的要求,采用不同的空气洁净度等级。食品工业洁净厂房设计或洁净区划分可以参考洁净厂房设计规范(GB 50073—2013)进行。也可参考医药工业洁净级别和洁净区的划分标准,医药行业空气洁净度划分为四个等级,空气洁净度参数见表 9-21。

在满足生产工艺要求前提下,首先,应采用低洁净等级的洁净室或局部空气净化;其次,采用局部工作区空气净化和低等级全室空气净化相结合或采用全面空气净化。

表 9-21　医药工业洁净厂房空气洁净度

洁净度级别	尘粒最大允许数(m^3)		微生物最大允许数	
	≥0.5 μm	≥5 μm	附有菌(m^3)	沉降菌(皿)
100 级(ISO class 5)	3 500	0(29)	5	1
10 000 级(ISO class 7)	350 000	2 000(2 930)	100	3
100 000 级(ISO class 8)	3 500 000	20 000(29 300)	500	10
300 000 级(ISO class 8.3)	10 500 000	60 000(293 000)	—	15

(二)洁净室设计的综合要求

首先,应按工艺流程,使洁净室布置合理、紧凑,避免人流混杂,如空气洁净度高的房间或区域,应布置在人员最少到达的地方,并应靠近空调机房;其次,洁净室应实现正压控制,如洁净室必须维持一定正压,不同等级的洁净室及洁净区与非洁净区之间的静压差,应不小于 10 Pa;第三,要进行空气净化处理,如各等级空气洁净度的空气净化处理,均应采用初效、中效、高效空气过滤器三级过滤。大于或等于 100 000(ISO class 8)级空气净化处理,可采用亚高效空气过滤器代替高效空气过滤器。一般没有洁净等级要求的房间,宜采用初效、中效空气过滤器二级过滤处理。总之,要按照洁净厂房设计规范(GB 50073—

2013)进行设计。

(三) 空气净化设备

根据过滤效率,空气净化设备(过滤器)可以分为初效过滤器、中效过滤器、高效过滤器等。设计时可根据需要查阅相关资料确定。此外,空气净化设备主要包括洁净工作台、层流罩、自净器、FFU 风机过滤装置及空气吹淋室等设施。

(1) 洁净工作台:洁净工作台是在操作台上的空间局部地形成无尘、无菌状态的装置,分为垂直单向流和水平两大类。其主要组成部件有预过滤器、高效过滤器、风机机组、外壳、静压箱、台面和配套的电器元器件等。

(2) 层流罩:层流罩是形成局部垂直单向流的净化设备,可作为局部净化设备使用,也可作为隧道洁净室的组成部分。

(3) 自净器:自净器是一种空气净化机组,主要由风机,初效、中效、高效空气过滤器及送风口、进风口组成。

(4) 风机过滤单元(FFU):风机过滤单元是一种空气自净装置,可室内吊顶安装或放置在支架上,使局部级别达到百级,也可用于洁净室末端送风。该产品设有初、高效两级过滤装置。风机从顶部将空气吸入并经初、高效过滤器过滤,过滤后的洁净空气在整个出风口送出。安装方式有悬挂式和落地支架两种。适用于大面积模块化建造的洁净室以及局部洁净度要求高的场合。

(5) 空气吹淋室:空气吹淋室是一种通用性较强的局部净化设备,安装于洁净室与非洁净室之间。当人与货物要进入洁净区时须经风淋室吹淋,其吹出的洁净空气可去除人与货物所携带的尘埃,能有效地阻断或减少尘源进入洁净区。风淋室/货淋室的前后两道门为电子互锁,又可起到气闸的作用,阻止未净化的空气进入洁净区域。

三、空调系统的选择

按空调设备的特点,空调系统有集中式、局部式或混合式三类。选择空调系统时,应根据建筑物的用途、规模、使用特点、室外气象条件、负荷变化情况和参数要求等因素,通过技术经济比较确定。这样就可在满足使用要求的前提下,尽量做到投资省、系统运行经济和能耗小。局部式(即空调机组)的主要优点是土建工程小,易调节,上马快,使用灵活。其缺点是一次性投资较高,噪音也较大,不适于较长风道。集中式空调系统主要优点是集中管理、维修方便、寿命长、初投资和运行费较低,能有效控制室内参数。集中式空调系统常用在空调面积超过 400 ~ 500 m^2 的场合。混合式空调系统介于上述两者之间,既有集中的优点,又有分散式的特点。

四、空调车间对土建的要求

空调车间及各空调房间的布置应优先满足工艺流程的要求,同时兼顾下列土建等方面的要求。

(1) 空调车间的位置。空调车间应尽量远离物料粉碎车间、锅炉房和污水处理站等,且应位于厂区最多风向的上风侧。

(2)车间内空调房间的布置要求如下。

① 室内温、湿度基数与允许波动范围、使用班次、隔振、消声和清洁度等要求相近的空调房间相邻布置。对产生有害物质的设备应尽可能集中布置。

② 建筑体型力求简单方正,减少与室外空气邻接的暴露面。

③ 应避免布置在有两面外墙的转角处和有伸缩缝、沉降缝的部位。

④ 要求噪声小的空调房间应尽量离开声源,防止通过门窗和洞口传播噪声,并充分利用走廊、套间和隔墙隔离噪声。

⑤ 机房应尽量布置在靠近负荷中心处。

(3)空调房间的高度。在满足生产、建筑、气流组织、管道布置和舒适条件等要求的前提下,空调房间的高度应尽量降低。一般应考虑工艺要求、空调工作区高度、送风射流混合层高度、设备高度、风道与风口安装位置高度、舒适条件和建筑物构造要求所必需的空间。

(4)空调房间的外墙、外墙朝向及其所在层次可按表 9-22 确定。

表 9-22 空调房间外墙设置要求

室温允许波动范围(℃)	外墙	外墙朝向	层次
≥ ±1	宜减少外墙	宜北向	宜避免顶层
±0.5	不宜有外墙	如有外墙宜北向	不宜在顶层
±0.1 ～ ±0.2	不应有外墙		不应在顶层

(5)空调房间的外窗、外窗朝向及内、外窗层数可按表 9-23 确定。对东西向外窗,应优先考虑采取外遮阳措施,也可以根据不同情况采用有效的内遮阳措施。

表 9-23 空调房间外墙设置要求

室温允许波动范围(℃)	外窗	外窗朝向	外窗层次	内窗层次 内窗两侧温差 ≥ 5 ℃	内窗层次 内窗两侧温差 < 5 ℃
≥ ±1	应尽量减少外窗	> 1 ℃应尽量北向; ±1 ℃不应有东西向	双层或单层	双层	单层
±0.5	不宜有外窗	如有外窗宜北向	双层	双层	
±0.1 ～ ±0.2	不应有外窗			双层	双层

(6)空调房围护结构的经济传热系数 K。应尽量根据技术经济比较确定。比较时应考虑室内外温差、恒温精度、保温材料价格和导热系数、空调制冷系统投资与运行维护费等因素。确定围护结构的传热系数时,还应符合围护结构最小传热阻的规定。通常可参照表 9-24 确定。

(7)围护结构隔气层、防潮层、保温层。南方地区,冬夏两季室内,外温差都小于 10 ℃时,外墙一般不设隔气层,对多雨潮湿地区,可考虑在围护结构靠室外侧或保温层外侧设防潮层。北方与中原地区,冬季室内外温差在 20 ～ 40 ℃之间时,可按冬季条件考虑。可在围护结构靠室内侧或保温层内侧考虑设隔气层。对于低温车间(即室内温度小于15 ℃),围墙结构要求做保温层,以免外墙面结露。

表 9-24 经济传热系数 K

围护结构名称	工艺性空调室温允许波动范围			舒适性空调
	−0.1～0.2 ℃	±0.5 ℃	≥ ±1 ℃	
屋盖			0.8(0.7)	1.0 (0.9)
顶棚	0.5(0.4)	0.8(0.7)	0.9(0.8)	1.2 (1.0)
外墙		0.8(0.7)	1.0(0.9)	1.5(1.3)～2.0(1.7)
内墙和楼板	0.7(0.6)	0.9(0.8)	1.2(1.0)	2.0(1.7)

注:① 表中内墙和楼板的有关数值,仅适用于相邻房间温差大于3 ℃时;

② 通常＞1 ℃房间,只要在顶棚或屋盖上设置保温层,不必重复设置

第六节 食品工厂的物流系统设计

物流是物品从供应地向接收地的实体流动过程中,根据实际需要,将运输、储存、装卸、搬运、包装、流通加工、配送、信息处理等功能有机结合起来实现用户要求的过程。所谓物流系统是指在一定的时间和空间里,由所需输送的物料和包括有关设备、输送工具、仓储设备、人员以及通信联系等若干相互制约的动态要素构成的具有特定功能的有机整体,一般划分为五部分:供应物流、生产物流、销售物流、回收物流与废弃物物流。食品工厂的物流活动主要包括厂内和厂外两部分。在毕业设计中要重视物流系统的设计。

一、仓库

(一)仓库的类别

食品厂仓库主要有原料仓库(包括常温库、冷藏库),辅助材料仓库(存放油、糖、盐及其他辅料),成品库,包装材料库(存放包装纸、纸箱、商标纸、塑料瓶、金属罐等),杂物仓库(存放废旧机器、各种钢材、有色金属等零星杂物)。此外,有些食品厂根据本厂的特点,还可设一些其他种类的仓库。

(二)仓库容量和位置的设计

设计仓库时要注意两个方面,即容量和位置。工艺设计人员要先决定各类仓库的容量,然后提供资料给土建工种,并一起确定它们在总平面中的位置,例如对于糕点厂如冷冻、冷藏库是以贮存生产原料为主时,应考虑设计在原料粗加工前端或操作间外;以贮存加工成型的半成品原料为主时,就考虑设计在原料细加工间与加热间的中间位置;在营业间以冷冻、冷藏库作为建筑隔断或一部分时,必须考虑进、出各自通路以保证生产作业的流畅。对于谷物库、水果、蔬菜库、油、调料库、干原料库等必备仓库,考虑在工艺设备、设施作业方便的就近方位为宜。

仓库的总面积(仓库占地总面积)是从仓库外墙线算起，整个围墙内所占的全部平面面积。仓库总面积的大小，取决于企业消耗的物质的品种、数量的多少，也与仓库本身的技术作业过程的合理组织和面积利用系数的大小有关，不同种类或不同规模的食品加工厂所需要的仓库面积、库容量均有所差异。原辅材料仓库的大小，决定于各种原辅材料的日需要量和生产贮备天数。成品仓库的大小，决定于产品的日产量及周转期。此外，仓库的大小还和货物的堆放形式有关。

对仓库的容量，可按下式确定：

$$V = Wt$$

式中：V—仓库容量(t)；

W—单位时间(日或月)的货物量；

t—存放时间(日或月)。

单位时间的货物量 W 可通过物料平衡的计算求取。但是，需要注意的是，食品厂的产量是不均衡的，单位时间货物量 W 的计算，一般以旺季为基准。

存放时间 t 则需根据具体情况确定。对原料库来说，单从生产周期的角度考虑，只需要 2、3 d 的贮藏量即可，但由于食品企业加工产品种类很多，不同的食品企业，生产不同的产品，需要不同的原料，不同的原料要求有不同的存放时间(最长存放时间)，究竟要存放多长时间，还应根据原料本身的贮藏特性和维持贮藏条件所需要的费用做出经济分析，不能一概而论。一般食品厂使用的农产品，如果蔬原料，往往季节性很强，采收期很短，原料往往集中在短期进厂，应根据原料本身的贮藏特性和维持贮藏条件所需要的费用做出经济分析。一般，容易老化的蘑菇、青豆等，常温储藏 t 可取 1 ～ 2 d，采用冷风储藏可取 3 ～ 5 d；耐储藏的苹果、柑橘等水果，常温储藏 t 可取几天到十几天，采用冷风储藏可取 2 ～ 3 月；冷冻好的肉禽和水产原料，t 可取 30 ～ 45 d。

对成品库来说，存放时间不仅要考虑成品本身的贮藏特性和维持贮藏条件所需要的费用，而且还应考虑成品在市场上的销售情况，按销售最不利，也就是成品积压最多时来计算。

包装材料的存放时间一般可按 3 个月来计算，此外，要考虑一些特殊情况，如生产计划发生改变，一些已印好的包装材料有可能会储藏 1 年以上。

仓库容量确定以后，仓库的建筑面积可按下式计算：

$$A = \frac{V}{dK} = \frac{V}{dp}$$

式中：A—仓库面积(m^2)；

d—单位面积堆放量(t/m^2)；

K—面积有效利用系数，一般取 $K = 0.67 \sim 0.70$；

dp—单位面积的平均堆放量；

V—库容量(t)。

单位面积的平均堆放量与库内的物料种类和堆放方法有关。一些原料和产品的单位面积的平均堆放量见表 9-25 和 9-26。

表 9-25　一些原料的平均堆放量

原料	包装规格	堆放方式	平均堆放量(t/m²)
柑橘	15 千克 / 箱	堆高 6 箱	0. 35
菠萝	15 千克 / 箱	堆高 6 箱	0. 45
番茄	15 千克 / 箱	堆高 6 箱	0. 30
砂糖	50 千克 / 袋 100 千克 / 袋	堆高 10 袋 堆高 6 袋	1. 275 1. 0
食盐	袋装(500 g)	堆高 1. 5 m	1. 3

表 9-26　一些产品的平均堆放量

原料	包装规格	面积利用系数	平均堆放量(t/m²)
奶粉	铁听放入木箱	0. 75	1. 4
罐头	铁听放入木箱	0. 70	0. 9
麦乳精	铁听放入木箱	0. 75	1. 3

（三）仓库对土建的要求

1. 原辅料库

常温原辅料库一般以单层为好，跨度可选 15 m、18 m 、21 m 、24 m，最大可达到 36 m，柱距 6 m，层高可选 4. 5 m、4. 8 m、5. 5 m、6. 0 m。地坪可采用高标号的混凝土地面。门窗可采用钢门窗、铝合金门窗或塑钢门窗。不同的原料品种，对土建的要求还有不同。

原料库是根据原料的贮藏特性进行设计的。果蔬原料的原料库可为两种。一种是短期贮藏，另一种是较长时间贮藏。短期贮藏一般用常温库，可用简易平房，便于物料进出。较长时间贮藏一般用冰点以上的冷库，也称高温冷库，库内相对湿度以 85% ～ 90% 为宜，可以设在多层冷库的底层或单层平房内。有条件的工厂对果蔬原料还可采用气调贮藏、辐射保鲜、真空冷却保鲜等。肉类原料的原料库一般是温度为 −18 ℃～ −15 ℃，相对湿度为 95% ～ 100% 的低温冷库，为防止物料干缩，不使用冷风机，而采用排管制冷。粮仓类型较多，按控温性能可分为低温仓、准低温仓和常温仓。其划分标准为可将粮温控制在 15 ℃以下（含 15 ℃）的粮仓为低温仓，可将粮温控制在 20 ℃以下（含 20 ℃）的粮仓为准低温仓。除低温仓、准低温仓以外的其他粮仓为常温仓。按仓房的结构形式可分为房仓式和机械化立筒仓等。贮粉仓库应保持清洁卫生和干燥，袋装面粉堆放贮存时用枕木隔潮，一般离地 20 ～ 25 cm、离墙 30 cm 以上，分类、定位码放，并有明显标志。易受污染的辅料（如果酱、馅等）应与其他原料分开存放，防止交叉污染。

2. 保温库

保温库一般只用于罐头的保温，宜建成小间形式，以便按不同的班次、不同规格分开堆放。保温库的外墙应按保温墙考虑，不开窗，门要紧闭，库内空间不必太高，一般 2. 8 ～ 3 m 即可。每一单独小间应单独配设温度自控装置，以自动保持恒温。

3. 成品库

成品库可建单层或多层。单层层高：人工堆垛 4. 8 m、5. 4 m，托盘堆垛 6 ～ 7 m，多层一般为 3 ～ 4 层，层高 5.4 ～ 6.0 m，柱距 6 m，跨度 9.0 m、12 m 或 6 m×6 m 柱网，地坪可采用高标号的混凝土地面。门窗可采用钢门窗、铝合金门窗或塑钢门窗。结构采用现浇钢筋混凝土框架结构。

成品库应满足进出货方便的要求，地坪或楼板要结实，每平方米可承重 1.5 ～ 2.0 t，可使用铲车，并考虑附加负载。不同特性的产品，其成品库的建筑要求不尽相同。如糖果类及水分含量低的饼干类等面类制品的库房应干燥、通风，防止制品吸水变质。而水分和（或）油脂含量高的蛋糕、面包等制品的库房，则应保持一定的温、湿度条件，以防止制品过早干硬或油脂酸败。

二、运输设施设计

食品工厂运输方式的设计，决定了运输设备的选型，而运输设备的选型，又直接关系到全厂总平面布置、建筑物的结构形式、工艺布置、劳动生产率、生产机械化与自动化。但是必须注意的是，计算运输量时，不要忽视包装材料的重量。工厂应配备专用的原、辅料，运输车辆要定期冲洗，经常保持清洁。运输原辅料和成品时应避免污染，应做到防尘、防雨、轻装轻卸，不散不漏。

食品工厂的运输方式按运输的区间来分，可分为厂外运输、厂内运输、车间运输及仓库内运输四类。下面按运输区间来分别简述对一些常用的运输设备的要求。

（一）厂外运输

货物运输的运行方式目前主要有铁路、公路、水路、航空和管道运输 5 种，食品厂的货物运输，主要通过水路或公路。运输的工具主要为船和汽车。

水路运输运载能力大、成本低、能耗少、投资省，所以主要运输大宗货物，工厂采用水路运输，只需要配备装卸机械即可。但水路运输时间长，对于鲜活农产品，容易在运输过程中发生腐败变质，同时，水路运输受自然条件的限制与影响大。公路运输网一般比铁路、水路网的密度要大十几倍，分布面也广，因此公路运输车辆可以“无处不到、无时不有”。此外，公路运输在时间方面的机动性也比较大，车辆可随时调度、装运，各环节之间的衔接时间较短。尤其是公路运输对货运量的多少具有很强的适应性。公路运输与铁、水、航运输方式相比，所需固定设施简单，车辆购置费用一般也比较低。食品原料采用公路运输，视物料情况，一般采用载重汽车，对冷冻物品则需冷藏车，特殊物料则用专用车辆，如运输鲜奶的槽车。此外，为保证食品的安全，目前一些食品运输中，在运输过程中，采用电子温度记录仪监测运输过程中的温度变化过程。

（二）厂内运输

厂内运输指的是厂区内车间外的运输。厂区内道路弯道多，窄小，有时又要进出车间，因此要求运输设备轻巧、灵活、装卸方便，如各种叉车、手推车等。当然，随着大型现代化工厂的崛起，机械化程度高的运输设备也越来越多地应用于厂内。

食品工厂内的道路设计应该确保物流通畅，防止运输污染，物流和人流应由不同门口进出，原料接受站门口易受原料污染，应该经常进行清洗。厂区道路一般采用环形道路，保证消防车可到达各车间。

食品工厂内常用运输设备见表9-27。

表9-27　食品工厂内常用运输设备

类型	名称	规格
内燃机动车	内燃铲车	各种规格，适合于食品工厂不同载重和提升高度
人力车	升降手推车	
电动车	电瓶搬运车 电瓶铲车	

（三）车间运输

因为车间运输与生产流程融为一体，工艺性很强。所以，车间运输的设计，也可属于车间工艺设计的一部分。车间运输方式选择得当，将使工艺过程更合理。

一般，可根据生产需要从以下方面来考虑选择输送设备。

1. 垂直运输

生产车间采用多层楼房的形式时，或设备较高，原料需要由底部运送到高处时，就需要采用垂直运输。垂直运输的形式有电梯、斗式提升机、磁性升降机、真空提升装置、物料泵等。

2. 水平运输

车间的物料一般为水平流动形式，因此，水平运输是车间的物料的常见要求，水平运输可根据物料的特性选择带式输送机、螺旋输送机、滚筒输送机等。带式输送机其输送带可采用胶带、不锈钢带、塑料链板、不锈钢链板等，但这些材料必须符合食品卫生要求。对干燥粉状物料可采用螺旋输送机。

3. 起重设备

常用起重设备如电动葫芦、手动或电动单梁起重机等。

（四）仓库运输（搬运）

物料搬运是仓库的主要作业之一，仓库内物料搬运系统可分为机械化系统、半自动化系统和自动化系统，可根据情况和需要进行选择。

第七节　工厂其他公共系统设计

食品工厂其他公用系统设计主要指食品工厂的供电系统、供热系统和制冷系统等。

一、供电系统

（一）供电设计所需的基础资料

1. 设计内容

食品工厂整体项目的供电工程设计范畴有全厂的变配电系统设计、厂区的外线供电系统设计、车间内设备配电系统设计、厂区及室内照明配电系统设计以及电气设备的防护修理设计等。主要包括负荷、电源、电压、配电线路、变电所位置、防雷接地、变压器选择、电机的选型和功率的确定等。

2. 所需基础资料

供电设计时，所需的基础资料有以下几方面。

（1）全厂用电设备详细清单（包括用电设备名称、功率、规格、容量和用电要求等）。

（2）供用电协议和有关资料，包括供电电源及技术数据、供电线路进户方位和方式、量电方式及量电器材划分、厂外供电器材供应的划分、供电部门要求及供电费用等。

（3）选择电源及变压器、电机等的形式、功率、电压的初步要求。

（4）弱电（包括照明、讯号、通讯等）的要求。

（5）设备、管道布置图，车间土建平、立面图。

（6）全厂总平面布置图。

（二）供电要求及相应措施

1. 供电要求

工厂的供电是电力系统的一个组成部分，必须符合电力系统的要求，还必须满足工厂生产的需要，保证高质量的用电，同时要考虑电路的合理利用与节约，供电系统的安全与经济运行，施工与维修方便。

2. 设计时的注意要点

（1）有些食品工厂生产的季节性很强，像饮料厂、糖果厂、糕点厂、罐头厂、乳品厂等产品产量随季节波动较大，电负荷变化较大。因此，大中型食品厂一般设置两台变压器供电，小型食品厂采用一台变压器供电即可。

（2）在设计时，变配电设备的容量和面积要留有一定发展余地，以适应食品厂远期的发展。

（3）食品工厂用电设备一般属Ⅲ类负荷，可采用单电源供电，也可采用双电源供电，采用双电源供电可避免意外停电（供电不稳定地区）时导致的原料腐败和变质，减少不必要的浪费。

（4）为减少电能损耗和改善供电质量，厂内变电所应接近或毗邻负荷高度集中的部门。当厂区范围较大，必要时可设置主变电所及分变电站。

（5）一般食品工厂的生产车间水汽大、湿度高，应对供电管线及电器采取必要防潮措施，防止发生事故。

（三）供电系统

当食品工厂的动力系统与照明系统同时使用时，电源应可以满足生产及生活要求。供电电压低压采用380/220 V三相四线制，高压一般采用10 kV。当采用2台变压器供电时，在低压侧应该有联络线。供电系统要和当地供电部门一起商议确定，要符合国家有关规程，安全可靠，运行方便，经济节约。装接容量在250 kW以下者，供电部门可以低压供电，超过此限者应为高压供电。变压器容量为320 kW以上者，须高压供电高压量电，320 kW及以下者为高压供电低压量电。特殊情况具体协商。

（四）变配电设施及对土建的要求

1. 变电所

变电所是接收、变换、分配电能的场所，是供电系统中极其重要的组成部分。它由变压器、配电装置、保护及控制设备、测量仪表以及其他附属设备和有关建筑物构成。厂区变电所一般分总降压变电所和车间变电所。凡只用于接收和分配电能，而不能进行电压变换的称为配电所。

总压降变电所位置选择的原则是要尽量靠近负荷中心，并应考虑设备运输、电能进线方向和环境情况（如灰尘和水汽影响）等。例如啤酒厂的变电所位置一般邻近冷冻站。

大型食品厂，由于厂区范围较大，全厂电动机的容量也较大，故需要根据供电部门的供电情况，设置车间变电所。车间变电所如设在车间内部，将涉及车间的布置问题，因而必须根据估算的变压器容量，初步确定预留变电所的面积和位置，最后与供电设计人员洽商决定，并应反映在车间平面布置图上。车间变电所位置选择的原则如下。

（1）应尽量靠近负荷中心，以缩短配电系统中支、干线的长度。

（2）为了经济和便于管理，车间规模大、负荷大的或主要生产车间，应具有独立的变电所。车间规模不大，用电负荷不大或几个车间的距离比较近的，可合设一个车间变电所。

（3）车间变电所与车间的相互位置有独立式和附设式两种方式。独立式变电所设于车间外部，并与车间分开，这种方式适用于负荷分散、几个车间共用变电所，或受车间生产环境的影响（如有易燃易爆粉尘的车间）。附设式变电所附设于车间的内部或外部（与车间相连）。

（4）在需要设置配电室时，应尽量使其与主要车间变电所合设，以组成配电变电所，这样可以节省建筑面积和有色金属的用量，便于管理。但具体位置，要求设备及管线进出方便，并避开易燃易爆危险地段和有剧烈振动的场所和通风自然采光等。

2. 变配电设施对土建的要求

变配电所对建筑的要求如下。

（1）变配电所房屋结构应符合防火、抗震要求，变电和配电设备应单独房间安装。门要向外开，且要耐火，中间通道门应为自由门。

（2）变配电所的墙壁、地面、线沟及门窗都不得留有孔洞，以防止小动物窜入。变压器室、电容器室通风口的面积除满足通风要求外，必须装防雨罩。

（3）变配电所不准与易燃、易爆、具腐蚀性物品或气体及具有导电灰尘的场所相毗连。

（4）变配电所的房屋不得渗、漏水。缆线进口处必须用阻燃材料密封。

变配电设施的土建部分为适应生产的发展，应留有适当的余地，变压器的面积可按放大1～2级来考虑，高低压配电间应留有备用柜屏的位置。具体要求见表9-28。

表 9-28　变配电设施对土建的要求

项目	低压配电间	变压器室	高压配电间
耐火等级	三级	一级	二级
采光	自然	不许采光窗	自然
通风	自然	自然或机械	自然
门	允许木质	难燃材料	允许木质
窗	允许木质	难燃材料	允许木质
墙壁	抹灰刷白	刷白	抹灰刷白
地坪	水泥	抬高地坪	水泥
面积	留备用柜位	宜放大 1 ～ 2 级	留备用柜位
层高(m)	架空线时 ≥ 3.5	4.2 ～ 6.3	架空线时 ≥ 5

（五）食品工厂的建筑防雷和电气安全

1. 防雷

防雷装置有避雷针、避雷线、避雷网、阀式避雷器与羊角间隙避雷器等。避雷针一般用于避免直接雷击，避雷器是用于避免高电位的引入。

食品工厂防雷保护范围如下。

（1）变电所：主要保护变压器及配电装置，一为防止直接雷击而装设避雷针，二为防止雷电波的侵袭而装设阀式避雷器。

（2）建筑物：高度在 12 ～ 15 m 以上的建筑物，要考虑在屋顶装设避雷针。

（3）厂区架空线路：主要防止高电位引入的雷害，可在架空线进出的变配电所的母线上安装阀形避雷器。对于低压架空线路可在引入线电杆上将其瓷瓶铁脚接地。

（4）烟囱：为防止直接雷击须装置避雷针。

食品厂的烟囱、水塔和多层厂房的防雷等级属于第三类建筑，其防雷装置的流散电阻可以为 20 ～ 30 Ω。这类建筑物是否安装防雷装置，可参考表 9-29。

表 9-29　食品工厂建筑防雷参考高度

分区	年雷电日数(d)	建筑物需考虑防雷的高度(m)
轻雷区	小于 30	高于 24
中雷区	30 ～ 75	平原高于 20，山区高于 15
强雷区	75 以上	平原高于 15，山区高于 12

2. 接地

接地装置是防雷装置的重要组成部分。接地装置向大地泄放雷电流，限制防雷装置对地电压不致过高。为了保证电气设备能正常、安全运行，必须设有接地。接地装置按作用不同可分为工作接地、保护接地、重复接地和接零。

（1）工作接地：在正常或事故情况下，为了保护电气设备可靠地运行，而必须在电力系统中某一点（通常是中点）进行接地，称为工作接地。

(2) 保护接地:为防止因绝缘损坏使人员有遭到触电的危险,而将与电气设备正常带电部分相绝缘的金属外壳或构架,同接地之间做良好的连接的一种接地形式。

(3) 重复接地和接零:是将零线上的一点或多点与地再次做金属的连接。而接零是将与带电部分相绝缘的电气设备的金属外壳或构架,与中性点直接接地的系统中的零线相互连接。食品工厂的变压器一般是采用三相四线制,中性点直接接地的供电系统,故全厂电气设备的接地按接零考虑。

若将全厂防雷接地、工作接地互相连在一起组成全厂统一接地装置时,其综合接地电阻应小于1 Ω。

电气设备的工作接地、保持接地和保护接零的接地电阻应不大于4 Ω,三类建筑防雷的接地装置可以共用。自来水管路或钢筋混凝土基础也可作为接地装置。

(六) 厂区外线

供电的厂区外线一般采用低压架空线,也有采用低压电缆的,线路的布置应保证路程最短,不迂回供电,与道路和构筑物交叉最少。架空导线一般采用LJ形铝绞线。建筑物密集的厂区布线应采用绝缘线。电杆一般采用水泥杆,杆距30 m左右,每杆装路灯一盏。

(七) 车间配电

食品生产车间多数环境潮湿,温度较高,有的还有酸、碱、盐等腐蚀介质,是典型的湿热带型电气条件。因此,食品生产车间的电气设备应按湿热带条件选择。车间总配电装置最好设在一单独小间内,分配电装置和启动控制设备应防水汽、防腐蚀,并尽可能集中于车间的某一部分。原料和产品经常变化的车间,还要多留供电点,以备设备的调换或移动,机械化生产线则设专用的自动控制箱。

(八) 照明

照明设计包括天然采光和人工照明,良好的照明是保证安全生产,提高劳动生产率和保护工作人员视力健康的必要条件。合理的照明设计应符合"安全、适用、经济、美观"的基本原则。

1. 人工照明类型

人工照明类型按用途可分为常用照明和事故照明。按照明方式可分为一般照明、局部照明和混合照明三种。一般照明是在整个房间内普遍地产生规定的视觉条件的一种照明方式。当整个房间内的被照面上产生同样的照度,称为均匀一般照明;在整个房间内不同被照面上产生不同的照度称为分区一般照明。局部照明是为了提高某一工作地点的照度而装设的一种照明系统。对于局部地点需要高照度并对照射方向有要求时宜采用局部照明。提灯或其他携带的照明器所构成的临时性局部照明,称为移动照明。混合照明是指一般照明和局部照明共同组成的照明。

2. 照明器选择

照明器选择是照明设计的基本内容之一。照明器选择不当,可以使电能消耗增加,装置费用提高,甚至影响安全生产。照明器包括光源和灯具,两者的选择可以分别考虑,但又必须相互配合。灯具必须与光源的类型、功率完全配套。

（1）光源选择：电光源按其发光原理可分为热辐射光源（如白炽灯、卤钨灯等），气体放电光源（如荧光灯、高压汞灯、高压钠灯、金属卤化合物灯和氙灯等）和电能转化光源（如LED灯等）三类。

选择光源时，首先应考虑光效高、寿命长，其次考虑显色性、启动性能。白炽灯虽部分能量耗于发热和不可见的辐射能，但其结构简单、易起动、使用方便、显色好，故被普遍采用。气体放电光源光效高、寿命长、显色好，日益得到广泛应用。但投资大，起燃难，发光不稳定，易产生错觉，在某些生产场所未能应用。高压汞灯等新光源，因单灯功率大，光效高，灯具少，投资省，维修量少，在食品工厂的原料堆场、煤场、厂区道路使用较多。近几年随着技术的发展和节能的需要，LED灯越来越多应用到食品工厂中，LED灯的优点是节能、长寿、发光效率高、环保、简洁美观、耐冲击，抗雷力强等，随着LED技术的不断提高，其他节能灯及白炽灯必然会被LED灯具所取代。

（2）灯具选择：在一般生产厂房，大多数采用配照型灯具及深照型灯具。配照型适用于高度6 m以下的厂房，深照型适用于高度7 m以上的厂房。高压水银荧光灯泡通常也采用深照型灯具。如用荧光灯管也应装灯罩，因为加装灯罩是为了使光源能经济合理的使用，可使光线得到合理分布，且可保护灯泡少受损坏和减少灰尘。

食品工厂常用的主要灯具有：荧光灯具选用YG1型；白炽灯具在车间者选用GC1系列配照型、GC3系列广照型、GC5系列深照型、GC9广照型防水防尘灯、GC17圆球型工厂灯；在走廊、门顶、雨棚者选用JXD3～1半扁罩型吸顶灯；对于临时检修、安装、检查等移动照明，选用GC30～B胶柄手提灯。LED灯选用食品厂专用LED灯。

（3）灯具排列：灯具行数不应过多，灯具的间距不宜过小，以免增加投资及线路费用。灯具的间距L与灯具的悬挂高度h较佳比值（L/h）及适用于单行布置的厂房最大宽度见表9-30。

表9-30　L/h值和单行布置灯具厂房最大宽度

灯具形式	L/h值（较佳值）		适用单行布置的厂房最大宽度
	多行布置	单行布置	
深照型灯	1.6	1.5	1.0 h
配照型灯	1.8	1.8	1.2 h
广照型、散照型灯	1.3	1.9	1.3 h

（4）照明电压：照明系统的电压一般为380/220 V，灯用电压为220 V。有些安装高度很低的局部照明灯，一般可采用24 V。当车间照明电源是三相四线时，各相负荷分配应尽量平衡，负荷最大的一相与负荷最小的一相负荷电流不得超过30%。车间和其他建筑物的照明电源应与动力线分开，并应留有备用回路。车间内的照明灯，一般均由配电箱内的开关直接控制。在生产厂房内还应装有220 V带接地极的插座，并用移动变压器降压至36（或24）V供检修用的临时移动照明。

二、供汽系统

供汽系统设计包括生产用汽和生活用气，一般不涉及热电站设计内容。供汽工程设计由热力设计人员(或部门)来完成。但食品生产工艺人员要按生产工艺的要求，提供小时用汽量和需要蒸汽的最高压力等数据资料，并对锅炉的选型和台数提出初步意见，作为供汽工程设计的依据。

(一)供汽设计内容及用汽要求

1. 设计内容

供汽设计的主要内容有：确定供应全厂生产、采暖和生活用气量；确定供汽汽源；按蒸汽消耗量选择锅炉；按所选锅炉的型号和台数设计锅炉房；锅炉给水及水处理设计；配置全厂的蒸汽管网等。对于食品工厂，生产用蒸汽一般为饱和蒸汽，因此，主要是锅炉房设计。

2. 用汽要求

蒸汽是食品工厂动力供应的重要组成部分。食品工厂用汽部门主要有生产车间(包括原料处理、配料、热加工、发酵、灭菌等)和辅助生产车间，如综合利用、罐头保温、实验室、浴室、洗衣房、食堂等，罐头保温库要求连续供热。

关于蒸汽压力，除以蒸汽作为热源的热风干燥、真空熬糖、高温油炸等要求的0.8～1.0 MPa外，其他用汽压力大多在0.7 MPa以下，大部分产品在生产过程中对蒸汽品质的要求是低压饱和蒸汽，因此蒸汽在使用时须经过减压装置，以确保用汽安全。

(二)锅炉的分类及选择

1. 蒸汽锅炉的分类

(1) 按用途可分为动力锅炉、工业锅炉和取暖锅炉。动力锅炉所产生的蒸汽供汽轮机作动力，以带动发电机发电，其工作参数(压力、温度)较高；工业锅炉所产生的蒸汽主要供应工艺加热用，多为中、小型锅炉；取暖锅炉所产生的蒸汽或热水供季取暖和一般生活上用，只生产低压蒸汽或热水。

(2) 按蒸汽参数可分为低压锅炉、中压锅炉和高压锅炉。低压锅炉的表压力在1.47 MPa以下(15大气压以下)；中压锅炉的表压力在1.47～5.88 MPa之间(15～60大气压之间)；高压锅炉的表压力在5.88 MPa以上(60大气压以上)。

(3) 按蒸发量可分为小型锅炉、中型锅炉和大型锅炉。小型锅炉的蒸发量在20 t/h以下；中型锅炉的蒸发量在20～75 t/h之间；大型锅炉的蒸发量在75 t/h以上。食品工厂采用的锅炉一般为低压小型工业锅炉。

(4) 按锅炉炉体可分为火管锅炉、水管锅炉和水火管混合式锅炉三类。火管锅炉热效率低，一般已不采用，大多采用水管锅炉。

(5) 按燃烧介质分为燃煤、燃气、燃油等锅炉。

2. 锅炉型号的意义

工业锅炉的型号是由三个部分组成的，各部分之间用短横线隔开，形如

$$\underline{\Delta\Delta\Delta}\,\underline{XX} - \underline{XX}/\underline{XX} - \underline{\Delta}/\underline{X}$$

型号的第一部分又分为三段：第一段以两个汉语拼音字母代表锅炉本体形式；第二段用一个字母表示燃烧方式；第三段用阿拉伯数字表示蒸发量为若干 t/h（热水锅炉的单位是 104 kJ/h），或以阿拉伯数字表示废热锅炉的受热面积（m^2）。其第一段和第二段所用代号的意义如表 9-31 和表 9-32 所示。型号的第二部分表示蒸汽参数，斜线上面表示额定工作压力（大气压），斜线下面表示过热蒸汽温度（℃）。若为饱和蒸汽时，则无斜线和斜线下面的数字。型号的第三部分，斜线上面用汉语拼音字母（大写）表示所采用的固体燃料种类，如表 9-33 所示。斜线下面用阿拉伯数字表示变形设计次序。如固体燃料为烟煤，或同时可燃用几种燃料时，型号的第三部分无第一段及斜线。举例说明如下。

（1）KZL4-1. 25-W：表示卧式快装链条炉排；蒸发量为 4 t/h；额定压力为 1. 25 MPa（表压）；饱和蒸汽，适于烧无烟煤；按原设计制造的锅炉。

（2）SHF6. 5-1. 25/350：表示双汽包横置式粉煤锅炉；蒸发量为 6. 5 t/h；额定压力为 1. 25 MPa（表压）；过热蒸汽温度为 350 ℃，适用多种燃烧，按原设计制造的锅炉。

（3）LSG 0. 5-0. 4-A Ⅲ：表示立式水管固定炉排，额定蒸发量为 0. 5 t/h，额定蒸汽压力为 0. 4 MPa，蒸汽温度为饱和温度，燃用Ⅲ类烟煤的蒸汽锅炉。

表 9-31　锅炉本体形式代号（摘自 JB/T 1626—2002）

锅炉类型	锅炉本体形式	代号
锅壳锅炉	立式水管	LS
	立式火管	LH
	立式无管	LW
	卧式外燃	WW
	卧式内燃	WN
水管锅炉	单锅筒立式	DL
	单锅筒纵置式	DZ
	单锅筒横置式	DH
	双锅筒纵置式	SZ
	双锅筒横置式	ZH
	强制循环式	QX

注：水火管混合式锅炉，如锅炉主要受热面形式采用锅壳锅炉式时，其本体形式代号为 WW；如锅炉主要受热面形式采用水管锅炉时，其本体代号为 DZ，但应在锅炉名称中明确为“水火管”

表 9-32　锅炉设备形式或燃烧方式代号（摘自 JB/T 1626—2002）

燃烧设备	代号	燃烧设备	代号
固定炉排	G	下饲炉排	A
固定双层炉排	C	抛煤机	P
链条炉排	L	鼓泡流化床燃烧	F
往复炉排	W	循环流化床燃烧	X
滚动炉排	D	室燃炉	S

注：抽板顶升采用下饲炉排的代号

表 9-33　燃料种类代号（摘自 JB/T 1626—2002）

燃料种类	代号	燃料种类	代号
Ⅱ类无烟煤	WⅡ	型煤	X
Ⅲ类无烟煤	WⅢ	水煤浆	X
Ⅰ类烟煤	AⅠ	木材	M
Ⅱ类烟煤	AⅡ	稻壳	D
Ⅲ类烟煤	AⅢ	甘蔗渣	G
褐煤	H	油	Y
贫煤	P	气	Q

3. 锅炉的基本规范

锅炉的型式很多，用途很广，规定必要的锅炉基本规范对其产品标准化、通用化以及辅助设备的配套都是有利的。锅炉的基本规范一般是用锅炉的蒸发量，蒸汽参数（指锅炉主蒸汽阀出口处蒸汽的压力和温度）以及给水温度来表示，参见表 9-34。

表 9-34　国家标准工业锅炉额定参数系列（摘自 GB/T 1921—2004）

额定蒸汽量(t/h)	额定蒸汽压力（表压力）MPa											
	0.1	0.4	0.7	1.0	1.25			1.6		2.5		
	额定蒸汽温度（℃）											
	饱和	饱和	饱和	饱和	饱和	250	350	饱和	350	饱和	350	400
0.1	△	△										
0.2	△	△										
0.3	△	△	△									
0.5	△	△	△	△								
0.7		△	△	△								
1.0		△	△	△								
1.5			△	△								
2			△	△	△			△				
3			△	△	△			△				
4			△	△	△			△		△		
6				△	△	△	△	△	△	△		
8				△	△	△	△	△	△	△		
10				△	△	△	△	△	△	△	△	△
12					△	△	△	△	△	△	△	△
15					△	△	△	△	△	△	△	△
20					△	△	△	△	△	△	△	△
25					△		△	△	△	△	△	△

续表

额定蒸汽量(t/h)	额定蒸汽压力(表压力)MPa											
	0.1	0.4	0.7	1.0	1.25			1.6		2.5		
	额定蒸汽温度(℃)											
	饱和	饱和	饱和	饱和	饱和	250	350	饱和	350	饱和	350	400
35					△		△	△	△	△	△	△
60											△	△

注:① 本标准规定了额定蒸汽压力大于 0.04 MPa,但小于 3.8 MPa 的工业蒸汽锅炉额定参数系列。本标准适用于工业用、生活用以水为介质的固定式蒸汽锅炉。

② 工业蒸汽锅炉的额定参数应选用上表中所列的参数,但表中标有符号“△”处所对应的参数宜优先选用

(1) 选择锅炉房容量的原则。对于连续式生产流程,食品工厂车间或工段的用汽负荷波动范围较小,如酒精厂采用连续蒸煮和连续蒸馏流程。对于间歇式生产流程,则用汽负荷波动范围较大,如饮料厂、罐头厂、乳制品加工厂等。在选择锅炉容量时,若高峰负荷持续时间很长,可按最高负荷时的用汽量选择。如果高峰负荷持续的时间很短,可按每天平均负荷的用汽量选择锅炉的容量。

在实际设计和生产中,应从工艺的安排上尽量避免最大负荷和最小负荷相差太大,尽量通过工艺的调整(如几台用汽设备的用汽时间错开等),采用平均负荷的用汽量来选择锅炉的容量,是比较经济的。但是,一旦这样选了锅炉,如果生产调度不好,则将影响生产,故应全面考虑决定。

(2) 锅炉房容量的确定。在上述原则的基础上,当锅炉同时供应生产、生活、采暖通风等用汽时,应根据各部门用汽量绘制全部供汽范围内的热负荷曲线,以求得锅炉房的最大热负荷和平均热负荷。但实际上多采用公式来计算。

4. 锅炉工作压力的确定

选择锅炉、确定锅炉容量后,应确定蒸汽压力。锅炉蒸汽分饱和蒸汽和过热蒸汽,饱和蒸汽的压力和温度有对应的关系,而过热蒸汽在同一压力下,由于过热量的不同,温度也不同。如我国大多发酵工厂均采用饱和蒸汽,用汽压力最高的一般是蒸煮工段,且由于所用原料不同,所需的最高压力也不同。锅炉工作压力的确定,应根据使用部门的最大工作压力和用汽量,管线压力降及受压容器的安全来确定。一般比使用部门的最大工作压力高出 0.29 ~ 0.49 MPa 比较适合。据此,我国目前食品工厂一般使用低压锅炉,其蒸汽压力一般不超过 1.27 MPa。即使确定了锅炉的蒸汽压力,还应根据使用部门的用汽参数,来供应经过调整温压的蒸汽。

5. 锅炉类型与台数的选定

锅炉形式的选择基本原则是要根据全厂的用汽负荷的需要、负荷随季节变化的曲线、所要求的蒸汽压力以及当地供应燃料的品质,并结合锅炉的特性,按照高效低耗、节能减排、操作和维修方便等加以确定。

食品厂应特别避免采用沸腾炉的煤粉炉,因为这两种形式的锅炉容易造成煤屑和尘

土的大量飞扬，影响卫生。设计时还要注意遵守不同城市建设部门的具体要求，如广州等地规定在城区只可使用燃油锅炉或燃气锅炉，不得使用燃煤锅炉。一般食品厂用锅炉的燃烧方式应优先考虑链条炉排。

食品工厂的工业锅炉目前都采用热效率高，省燃料的水管式锅炉，火筒锅炉已被淘汰。水管锅炉的选型及台数确定，须综合考虑下列各点。

（1）锅炉类型的选择，除满足蒸汽用量和压力要求外，还要考虑工厂所在地供应的燃料种类。

（2）同一锅炉房中，应尽量选择型号、容量、参数相同的锅炉。

（3）全部锅炉在额定蒸发量下运行时，应能满足全厂实际最大用汽量和热负荷的变化。

（4）新建锅炉房安装的锅炉台数应根据热负荷调度，锅炉的检修和扩建可能而定，采用机械加煤的锅炉，一般不超过4台，采用手工加煤的锅炉，一般不超过3台。对于连续生产的工厂，一般设置备用锅炉一台。

为了适应因食品工厂生产的季节性变化而引起的用汽负荷波动，食品工厂一般需要配备不少于两台型号相同的锅炉。

（三）锅炉房的布置和对土建的要求

1. 锅炉房在厂区中的布置

为解决大气污染问题，我国部分锅炉用燃料正在由煤向油、燃气逐步转变。但目前仍有为数不少的食品工厂在烧煤，烧煤锅炉烟囱排出的气体中，含有大量的灰尘和煤屑，造成环境污染。同时，煤堆场也容易对周围环境带来污染。所以，从食品工厂卫生角度考虑，锅炉房在厂区的位置应选在对生产车间影响最小的地方，具体要满足如下要求。

（1）尽可能靠近用汽负荷中心，以缩短送汽管道长度，降低热损失。

（2）锅炉房不宜布置在工厂前区或主要干道旁，以免影响厂容整洁。锅炉房应处在厂区和生活区常年主导风的下风向，以减少烟灰对环境的污染，使生产车间污染系数最小并符合环保标准。

（3）有良好的供电和给排水条件。

（4）有足够的煤和灰渣堆场，便于燃料的贮运和灰渣的排出，同时锅炉房必须有扩建余地。

（5）与相邻建筑物的间距应符合防火规程和卫生标准，锅炉房不宜和生产厂房或宿舍相连。

（6）锅炉房的朝向应考虑通风、采光、防晒等方面的要求。

2. 锅炉房对土建的要求

锅炉房首先应有安全可靠的进出口。锅炉机组原则上应采用单元布置，即每只锅炉单独配置鼓风机、引风机、水泵等附属设备，鼓风机、引风机、水泵等之间的通道一般不应小于0.7 m。锅炉房附属的锅炉间、水泵间、水处理间和化验室等应建在同一建筑物内。烟囱及烟道的布置应力求使每台锅炉抽力均匀并且阻力最小。烟囱离开建筑物的距离，应考虑到烟囱基础下沉时，不致影响锅炉房基础。锅炉房顶部最低结构与锅炉最高操作点的距离不应小于 2 m。锅炉房前墙与锅炉前端的距离不应小于 3 m，对于需要在炉前操作的锅炉，其炉前区长度要比燃烧室长 2 m。不需要在侧面操作的锅炉，其通道宽不小于 1 m，需要在侧面操作的锅炉，如在 4 t/h 以下，其通道宽不小于 2 m，如在 4 t/h 以上，其通道宽不小于 2.5 m。锅炉侧面和后端不需要操作时，其通道不应小于 0.8 m。锅炉房采用楼层布置时，操作层楼面标高不宜低于 4 m，以便出渣和进行附属设备的操作。

锅炉房应结合门窗位置，设有通过最大搬运体的安装孔。锅炉房操作层楼面荷重一般为 1.2 t/m^2，辅助间楼面荷重一般为 0.5 t/m^2，荷载系数取 1.2。在安装震动较大的设备时，应考虑防震措施。锅炉房每层至少设 2 个分别在两侧的出入口，其门向外开。锅炉房的建筑应避免采用砖木结构，而采用钢筋混凝土结构，当屋面自重大于 120 kg/m^2 时，应设气楼。

（四）锅炉的通风与排烟除尘

首先，锅炉烟囱的口径和高度应满足锅炉的通风，即烟囱的抽力应大于锅炉及烟道的总阻力，并有 20% 的余量。其次，烟囱的高度还应满足环境卫生要求。锅炉的通风一般采用送风机进行机械通风。烟尘与二氧化硫在烟囱出口处的允许排放量与烟囱的高度相关，国家规定了不同装机容量情况下烟囱的最低允许高度，见表 9-35。

表 9-35　燃煤、燃油锅炉烟囱最低允许高度（摘自 GB 13217—2001）

锅炉房装机总容量	MW	<0.7	0.7～<1.4	1.4～<2.8	2.8～<7	7～<14	14～<28
	t/h	<1	1～<2	2～<4	4～<10	10～<20	20～≦40
烟囱最低允许高度	m	20	25	30	35	40	45

注：燃轻柴油、煤油除外

烟囱材料大多采用砖砌，其优点在于取材容易，造价较低，使用期限长，不须经常维修。但烟囱高度若超过 50 m 或在 7 级以上的地震区，最好采用钢筋混凝土烟囱。我国大气污染防治法规定，向大气排放粉尘的排污单位，必须采取除尘措施。锅炉烟气中带有飞灰及黑烟（部分未燃尽的燃料）和二氧化硫，这不但给锅炉机组受热面及引风机造成磨损，而且增加大气环境污染。为此，在锅炉出口与引风机之间应装设烟囱气体除尘装置。一般情况下，可采用锅炉厂配套供应的除尘器。但要注意，当采用湿式除尘器时，应避免由于产生废水而导致公害转移的现象。

（五）锅炉的给水处理

锅炉属于特殊的压力容器。水在锅炉中受热蒸发成蒸汽，原水中的矿物质会结成水垢留在锅炉内壁，影响锅炉的传热效果，严重时会影响锅炉的运行安全。因此，锅炉给水和炉水的水质应符合低压锅炉水质标准要求，以保证锅炉的安全运行。工业锅炉水质标准符合 GB 1576—2008，见表 9-36。

一般自来水均达不到上述标准的要求，须进行软化处理。所选用的处理方法必须保证锅炉的安全运行，同时保证蒸汽品质符合食品安全要求。水管锅炉一般采用炉外化学处理法。炉外化学处理法以离子交换软化法用得较广，其成熟的设备为离子交换器，离子交换器使水中的钙、镁离子被置换，从而使水得到软化。对于不同的水质，可以分别采用不同形式的离子交换器。

表 9-36 工业锅炉水质标准（摘自 GB 1576—2008）

项目		给水			锅水		
额定蒸汽压力（MPa）		≤ 0.1 ≤ 1.6	＞1.0 ≤ 2.5	＞1.6	≦ 1.0 ≤ 1.6	＞1.0 ≤ 2.5	＞1.6
悬浮物（mg/L）		≤ 5	≤ 5	≤ 5			
总硬度（mmol/L）		≤ 0.03	≤ 0.03	≤ 0.03			
总碱度（mmol/L）	无过热器				6 ~ 26	6 ~ 24	6 ~ 16
	有过热器					≦ 14	≦ 12
pH（15 ℃）		≥ 7	≥ 7	≥ 7			
溶解（mg/L）		≤ 0.1	≤ 0.1	≤ 0.05			
溶解固形（mg/L）	无过热器				＜ 4 000	＜ 3 500	＜ 3 000
	有过热器					＜ 3 000	＜ 2 500
$S0_{2\sim3}$（mg/L）						10 ~ 30	10 ~ 30
$P0_{3\sim4}$（mg/L）						10 ~ 30	10 ~ 30
相对碱度游离 NaOH/ 溶解固形物						＜ 0.2	＜ 0.2
含油量（mg/L）		≤ 2	≤ 2	≤ 2			
含铁量（mg/L）		≤ 0.3	≤ 0.3	≤ 0.3			

为了保证锅炉的正常运行还必须对锅炉进行定期排污和连续排污。

三、制冷系统设计

食品工厂制冷系统主要作用是对原辅料及成品进行贮存和保鲜。制冷系统设计中最主要的设计是冷库设计。

（一）制冷装置的类型

制冷设备是制冷机与使用冷量的设施结合在一起的装置。制冷的方法很多，其中应用最广的是机械制冷法。用于制冷的机器称为制冷机。常用的制冷机可分为压缩式制冷机、蒸汽喷射式制冷机和吸收式制冷机三种类型。

1. 压缩式制冷机

压缩式制冷机按照工作特点，可分为活塞式压缩制冷机、离心式压缩制冷机和螺杆式压缩制冷机三种。

（1）活塞式压缩制冷机：活塞式制冷压缩机是制冷系统的心脏，它从吸气口吸入低温低压的制冷剂气体，通过电机运转带动活塞对其进行压缩后，向排气口排出高温高压的制冷剂气体，为制冷循环提供动力，从而实现压缩→冷凝→膨胀→蒸发（吸热）的制冷循环。

活塞式压缩制冷机广泛地应用于各种制冷场所，特别是中小制冷量场合，目前已成为国内压缩制冷机中使用面最广，且成系列批量生产的一种机型。这类设备用电动机带动，常用的制冷剂为氨（NH_3）、氟利昂（F-12、F-22）。其特点是压力范围广，热效率较高，有较高的单位功率制冷量，单位电耗相对较少，无须耗用特殊钢材，加工较容易，造价较低，装置系统较简单，使用方便。但是这种类型的压缩机，易损件多，零部件也多，管理和维修比较麻烦。我国食品工厂普遍采用氨活塞式压缩制冷机。本书中有关制冷设备的选择计算，均是对氨活塞式压缩机而言。

（2）螺杆式压缩制冷机：一般用电动机拖动，常用氟利昂和氨作制冷剂。制冷量范围广、效率高。但是由于螺杆式压缩制冷机加工精度较高，制造比较复杂，噪声大，效率稍低，在使用上受到一定的限制。国内已有产品生产，并推广应用。

（3）离心式压缩制冷机：一般用电动机或蒸汽机驱动，常用制冷剂为氟利昂或氨。离心式制冷机常与蒸发器、冷凝器组合为一体，设备紧凑，占地面积小，制冷量大。由于单机制冷量不能过小，限制了使用范围，在大型制冷装置中应用最广。如大型建筑的大面积空调、大型冷库等。

2. 蒸汽喷射式制冷机

依靠蒸汽喷射器的作用完成制冷循环的制冷机。它由蒸汽喷射器、蒸发器和冷凝器（即凝汽器）等设备组成，依靠蒸汽喷射器（见水蒸气喷射真空泵）的抽吸作用在蒸发器中保持一定的真空，使水在其中蒸发而制冷。蒸汽喷射式制冷机设备庞大，需要高位安装，一般在 10 m 以上，以便冷水泵和冷却水泵吸入处为正压，且需要较高压力的工作蒸汽，所以应用日渐减少。蒸汽喷射式制冷机主要用于空气调节降温。

3. 吸收式制冷机

吸收式制冷机也是由消耗热能（蒸汽、热水等）来工作的。在吸收式制冷机中，常使用制冷剂和吸收剂两种工质。工业上常用氨的水溶液为吸收剂。其工作原理是用二元溶液作为工质，其中低沸点组分用作制冷剂，即利用它的蒸发来制冷；高沸点组分用作吸收剂，即利用它对制冷剂蒸汽的吸收作用来完成工作循环。外功消耗不是压缩机的机械功而是加入的热量。常用的吸收式制冷机有氨水吸收式制冷机和溴化锂吸收式制冷机两种。

（二）制冷系统

工业上通常把冷冻分为两种，冷冻范围在－100 ℃以内的为一般冷冻，低于－100 ℃的为深度冷冻。食品工厂温度范围多在－25 ℃以内，多采用一般冷冻，压缩机压缩比小于8，多采用单级压缩式冷冻机制冷系统。

1. 制冷系统的类型

制冷系统可分为直接蒸发式（氨系统）和间接冷却式（盐水或乙醇－水系统）两种。

（1）直接蒸发制冷系统：直接蒸发制冷系统是氨气经压缩机压缩冷凝后，通过膨胀阀直接送至蒸发器或冷风机，使周围介质降温冷却。例如冷冻食品厂的包装间、肉制品冻结冷藏室、果酒贮酒间可采用直接蒸发式冷却。其优点是降温效果快，可获得较低的温度，操作方便，耗电量小。缺点是无缝钢管用量大，耗氨量较大。氨的直接蒸发制冷系统，按供液的方法不同又可分为直接膨胀系统、重力式供液制冷系统（简称重力系统）和氨泵强制氨液循环系统（简称氨泵系统），以重力式供液制冷系统应用最为广泛。

（2）间接制冷系统：间接制冷系统是采用直接蒸发式先将盐水池（或冷水池）的盐水（或冷水）冷冻，然后用盐水离心泵将冷冻盐水（或冷水）送至降温设备降温。例如一些冷藏库、冷藏罐，都采用间接式冷却。其优点是耗氨量较少，无缝钢管耗量少，可预先冷却较大量的盐水或冷水，供冷冻系统使用。盐水系统安装较容易，发生事故的危险性小。缺点是系统复杂，耗电量较大，盐水对管道腐蚀性大，维修费用高。

2. 制冷剂及冷媒的选择

（1）制冷剂的选择：制冷剂是制冷系统中借以吸收被冷却介质（或载冷剂）热量的介质。目前常用的制冷剂有氨和几种氟利昂。氟利昂主要用于冰箱、空调。氨主要用于冷冻厂，也是食品工厂普遍使用的制冷剂。氨虽具有毒性，但易于获得，价格低廉，压力适中，单位体积制冷量大，不溶解于润滑油中，易溶于水，放热系数高，在管道中流动阻力小，因而被广泛使用。

（2）冷媒的选择：采用间接冷却方法进行制冷所用的低温介质称为载冷剂，常称为冷媒。冷媒在制冷系统的蒸发器被冷却，然后被泵送至冷却或冷冻设备内，吸收热量后，返回蒸发器中。冷媒必须具备冰点低、热容量大、对设备的腐蚀性小及价格低廉等条件。空气或水是最容易获得的冷媒，如速冷间用空气作冷媒，有些冷库也是采用空气冷风机降温的。水热容量虽大，但其凝固点高。故只能用于 0 ℃以上的冷却系统。

0 ℃以下的冷却系统，一般采用盐类水溶液（盐水）作为冷媒。常采用的盐水有 NaCl、$CaCl_2$、$MgCl_2$ 等。NaCl 价廉，但对金属的腐蚀性大。$CaCl_2$ 对金属的腐蚀性较小，采用酒精和乙二醇作为载冷剂可以避免腐蚀现象。蒸发温度在－ 50 ℃～5 ℃范围，可采用 NaCl 或 $CaCl_2$ 水溶液作冷媒，NaCl 盐水用于－ 16 ℃～5 ℃的制冷系统中较适宜，$CaCl_2$ 盐水可用于－50 ℃～－5 ℃的制冷系统中。盐水的浓度与使用温度直接有关，因此，应根据使用温度查表选择盐水浓度，例如 $CaCl_2$ 盐水，使用温度－10 ℃，浓度为 20%；使用温度－20 ℃，浓度为 25%。为了减轻和防止盐水的腐蚀性，可在盐水中加入一定量的防腐蚀剂，一般使用氢氧化钠和重铬酸钠。乙醇、乙二醇作为冷媒，可以避免腐蚀现象，其缺点是挥发损失多。

（三）冷库类型、容量及建筑面积的确定

1. 冷库类型

冷库可根据各种特性分成不同的类型。第一种，按冷库容量规模进行分类。目前，冷库容量划分也未统一，一般分为大、中、小型。大型冷库的冷藏容量在 1 万吨以上；中型冷库的冷藏容量在 1 000 ～ 1 万吨；小型冷库的冷藏容量在 1 000 t 以下。第二种，按冷藏设计温度进行分类。可分为高温、中温、低温和超低温四大类冷库。一般高温冷库的冷藏设计温度在－2 ℃～8 ℃；中温冷库的冷藏设计温度在－23 ℃～－10 ℃；低温冷库温度一般在－30 ℃～－ 23 ℃；超低温速冻冷库温度一般为－80 ℃～－30 ℃。

2. 冷库容量的确定

制冷设计的主要任务是选择合适的制冷机及制冷系统。选择制冷机的关键是准确计算食品工厂的冷负荷。在设计中，对冷负荷波动较大的工厂，从实际出发，合理调度，避免高峰负荷的叠加，节约冷量是十分重要的。另外，适当提高蓄冷能力，为合理调度创造条件，是设计中应该考虑的问题。例如加大盐水箱、冰水箱容量，使在冷负荷低峰时，有许多冷量积聚在盐水箱中，供高峰时短时间需要。

食品厂的各类冷库的性质均属于生产性冷库，不同于商业分配性冷库，它的容量主要应根据生产周转、原料供应、运输条件的需要来确定，对于食品厂，全厂冷库的容量可按年生产规模的10%～20%考虑。各种冷库库房的容量的确定可参考表9-37。

表9-37　食品工厂各种库房的储存量

库房名称	温度(℃)	储藏物料	库房容量要求
高温库	0～4	水果、蔬菜	15～20 d需要量
低温库	<−18	肉禽、水产	30～40 d需要量
冰库	<−10	自制机冰	10～20 d的制冰能力
冻结间	<−23	肉禽类副产品	日处理量的50%
腌制间	−4～0	肉料	日处理量的4倍
肉制品库	0～4	西式火腿、红肠	15～20 d的产量

3. 冷库建筑面积的确定

在容量确定之后，冷库建筑面积的大小取决于物料品种、堆放方式及冷库的建筑形式。其中，肉类冷藏的堆放定额通常按堆高3 m、每m^3实际堆放体积可放0.375 t冻猪片来计算，也可采用下式：

$$S=P/(0.375a\times H)$$

式中：S—库房净面积(m^2)；

P—拟定的仓库容量(t)；

a—面积系数，0.37～0.75；

H—堆货高度(m)。

果蔬原料的堆放定额因品种和包装容器不同而异，见表9-38。

表9-38　果蔬原料的堆放定额

果蔬名称	包装方式	有效体积堆放量(t/m^3)
苹果、梨	篓装	0.24
	木箱装	0.32
柑橘	篓装	0.26
	木箱装	0.34
洋葱	木箱装	0.34
荔枝	木箱装	0.25
卷心菜	篓装	0.20

利用上述定额和设定的堆放高度(堆放高度取决于堆放方法)，可以计算出货物实际

所占的面积或体积与建造面积或建筑体积有如表 9-39 所示的关系。

表 9-39　不同形式的建筑面积(或体积)与使用面积(或体积)的关系

建筑形式	建筑面积	使用面积	建筑体积	使用体积
组合	1	0.63	1	0.42
楼层	1	0.65	1	0.64

(四)制冷设备的选择

1. 温度的确定

在制冷系统中,各种温度相互关联,以下是氨制冷剂在操作过程中的一般常用值。

(1) 冷凝温度:

$$t_k = \frac{t_{w1} + t_{w2}}{2} + 5 \sim 7(℃)$$

式中: t_k—冷凝温度(℃);

$t_{w1} + t_{w2}$—冷凝器冷却水的进水、出水温度(℃)。

式中的 5 ℃～7 ℃,冷却水进出口温差较大时,取较大值。冷凝器冷却水的进出口温差,一般立式冷凝器选用 2 ℃～4 ℃;卧式和组合式冷凝器选用 4 ℃～8 ℃;淇淋式冷凝器选取 2 ℃～3 ℃。

(2) 蒸发温度 t_o 当空气为冷却介质时,蒸发温度取低于空气温度 7 ℃～10 ℃,常采用 10 ℃。当盐水或水为冷却介质时,蒸发温度取低于介质温度 5 ℃。

(3) 过冷温度:在过冷器的制冷系统中,需定出过冷温度。在逆流式过冷器中,氨液出口温度(即过冷温度)比进水温度高 2 ℃～3 ℃。

(4) 氨压缩机允许的吸气温度:随蒸发温度不同而异,见表 9-40。

表 9-40　氨压缩机的允许吸气温度(℃)

蒸发温度	±0	−5	−10	−15	−20	−25	−28	−30	−33
吸收温度	+1	−4	−7	−10	−13	−16	−18	−19	−21

(5)氨压缩机的排气温度:

$$t_p = 2.4(t_k - t_o)$$

式中: t_p—氨压缩机的排气温度(℃);

t_k, t_o—冷凝温度及蒸发温度(℃)。

2. 氨压缩机的选择及计算

(1) 一般原则:选择压缩机时应按不同蒸发温度下的机械冷负荷分别予以满足;当冷凝压力与蒸发压力之比 $P_k/P_o < 8$ 时,采用单级压缩机;当 $P_k/P_o > 8$ 时,采用双级压缩机;单级氨压缩机的工作条件是最大活塞压力差< 1.37 MPa,最大压缩比< 8;最高冷凝温度 ≤ 40 ℃;最高排气温度 ≤ 145 ℃,蒸发温度为−30 ℃～5 ℃。食品工厂制冷温度>−30 ℃,压缩机压缩比< 8,所以都采用单级氨压缩机。

(2) 单级氨压缩机的选择计算:包括工作工况制冷量和压缩机台数的计算。

① 工作工况制冷量计算：根据氨压缩机产品手册，只能查知压缩机标准工况下制冷量，然后再根据制冷剂的实际蒸发温度、冷凝温度或再冷却温度，换算为工作工况下的制冷量。

$$Q_c = KQ_o$$

式中：Q_c—氨压缩机工作工况制冷量（kJ/h）；

Q_o—氨压缩机标准工况下制冷量（kJ/h）；

K—换算系数，根据蒸发温度、冷凝或再冷却温度查有关表格。

② 压缩机台数计算：

$$m = Q_j/Q_c$$

式中：m—压缩机台数（台）；

Q_j—全厂总冷负荷（kJ/h）；

Q_c—氨压缩机工作工况下的制冷量（kJ/h）。

压缩机台数的确定，在一般情况下不宜少于两台，也不易过多。除特殊情况外，一般不考虑备用机组。

3. 主要辅助设备的选择

（1）冷凝器的选择：冷凝器的选择取决于水质、水温、水源、气候条件以及布置上的要求等。最常用冷凝器有立式壳管式冷凝器、卧式壳管式冷凝器和大气式冷凝器和蒸发式冷凝器。立式冷凝器的优点是占地面积小，可安装在室外，冷却效率高，清洗方便。适用于水温较高、水质差而水源丰富的地区。卧式冷凝器的优点是传热系数高，结构简单，冷却水用量少，占空间高度小，可安装于室内，管理操作方便。缺点是清洗水管较困难，造价较高。

计算冷凝器冷凝面积的公式：

$$F = Q_1/q_1$$

式中：F—冷凝器面积（m^2）；

Q_1—冷凝器热负荷（kJ/h）；

q_1—冷凝器单位热负荷（$kJ/m^2 \cdot h$），立式冷凝器取 3 500 ～ 4 000，卧式冷凝器取 3 500 ～ 4 500。

冷凝器为定型产品，根据冷凝器冷凝面积计算结果，可从产品手册中选择符合要求的冷凝器。常用的立式冷凝器冷凝面积有 25 m^2、50 m^2、75 m^2、100 m^2、125 m^2、150 m^2、175 m^2，规格或型号如 LN-20、35、50、75、100、125、150、200、250，LNA-35 ～ LNA-300。卧式冷凝器型号为 WN 型，冷凝面积最小为 20 m^2，最大为 300 m^2。

（2）蒸发器的选择：蒸发器是一种热交换器，在制冷过程中起着传递热量的作用，把被冷却介质的热量传递给制冷剂。根据被冷却介质的种类，蒸发器可分为液体冷却和空气冷却两大类。

① 冷却水或盐水的蒸发器：有立式和卧式之分，立式蒸发器是高效蒸发器，直立列管式蒸发器和螺旋管式蒸发器属于立式蒸发器，壳管式蒸发器为卧式蒸发器。直立列管式的型号有 LZ-20 ～ LZ-300 型，其蒸发面积有 20 m^2、30 m^2、40 m^2、60 m^2、90 m^2、120 m^2、

100 m^2、200 m^2、240 m^2、320 m^2 等规格。螺旋管式的型号有 SR-30 ~ SR-180 型，其蒸发面积有 30 m^2、48 m^2、72 m^2、90 m^2、144 m^2、180 m^2 等规格。卧式壳管式蒸发器的型号有 DWZ-20 ~ DWZ-420 型。蒸发器选型是根据计算的蒸发面积确定的。蒸发面积计算如下：

$$F = Q_F / q_F$$

式中：F—蒸发器蒸发面积（m^2）；

Q_F—蒸发器冷负荷（kJ/h）；

q_F—蒸发器单位热负荷（kJ/m^2•h）。

蒸发器冷却液体循环量计算：

$$W_2 = \frac{Q_F}{c\Delta t} \quad (kg/h)$$

式中：W_2—冷却液循环量（kg /h）；

Q_F—蒸发器冷负荷（kJ/h）；

C—冷却液体的比热容（kJ/ kg• ℃）；

Δt—冷却液体进出温度差（℃）。

② 冷却空气的蒸发器：可分为空气自然循环蒸发器和强制循环蒸发器。如墙排管、平顶排管和管架等属于空气自然循环的蒸发器，据带翅片与否，又可分为带翅片式与光滑管式。

冷风机属于空气强制循环的蒸发器。主要有干式和湿式两种类型。干式冷风机内装有盘管，空气流经盘管管壁时被冷却，管内通以制冷剂、盐水或冷水。食品工厂采用的干式冷风机有光滑管式、立式和吊顶式三种。湿式冷风机是利用空气直接和盐水或冷水接触的办法，使空气被冷却，有洗涤式和喷淋式两种。洗涤式空气冷风机，是一种垂直式淋水室，一般以盐水作冷媒。其腐蚀性强，食品工厂一般不采用。喷淋式空气冷风机，也是一种淋水室，以水作冷媒，达到空气冷却、加湿等目的。车间空气调节多采用这种空气冷却设备。

（3）其他辅助设备：

① 贮液器：贮液器在制冷系统中，位于冷凝器与蒸发器之间，为高压贮液器。其作用是贮存和供应制冷系统内的液体制冷剂，使系统各设备内有均衡的氨液量，以保证压缩机的正常运转。贮液器容积确定的原则是应能贮藏工质每小时的循环量。具体规格型号可查阅有关产品手册。

② 油分离器：用以分离从压缩机排除的气体所带的油分，以防止冷凝器及蒸发器内油分过多而影响传热效果。油分离器一般可按接管直径的大小来选择。

③ 空气分离器、紧急泄氨器、氨液分离器、低压贮液器、集油桶、排液桶、盐水泵、盐水池等辅助设备，均可从有关产品手册中选择。

（五）冷库总耗冷量的计算

1. 计算原则

$$T_w = 0.4T_p + 0.6T_m$$

式中：T_w—库外空气计算温度（K）；

T_p—当地最热月的日平均温度（K）；

T_m—当地极端最高温度。

2. 冷库总耗冷量的计算

$$Q_0 = Q_1 + Q_2 + Q_3 + Q_4 \quad (kJ/h)$$

式中：Q_0—冷库总耗冷量（kJ/h）；

Q_1—透过围护结构的耗冷量（kJ/h）；

Q_2—物料冷却、冻结耗冷量（kJ/h）；

Q_3—室内通风耗冷量（kJ/h）；

Q_4—库房操作耗冷量（kJ/h）。

（1）Q_1 的计算：

$$Q_1 = PF$$

式中：P—围护结构单位面积的耗冷量（kJ/h），一般取 42 ~ 50 kJ/h;

F—围护结构的面积（m^2）。

需要注意的是 42 ~ 50 kJ/h 是一个经验数据，在冷库设计时，即据此计算围护结构绝热层的厚度。在计算压缩机的冷负荷时，如高峰负荷不在夏季，库温≤～ 10 ℃时，可取 Q_1 的 80%；库温≤ 0 ℃时，取 Q_1 的 60%；库温≤ 5 ℃时，取 Q_1 的 50%；库温≤ 12 ℃时，取 Q_1 的 30%。但在计算库房的冷却设备时，Q_1 按 100%计。

（2）Q_2 的计算：

$$Q_2 = \frac{G(i_1 - i_2)}{Z} + \frac{g(T_1 - T_2)}{Z} = \frac{c(g_1 - g_2)}{2}$$

式中：G—冷库进货量（kg）；

i_1, i_2—物料冷却冷冻结前后的热焓（kJ/kg）；

Z—冷却时间（h）；

g—包装材料重量（kg）；

T_1, T_2—进出库时包装材料的温度（K）；

c—包装材料的比热（kJ/kg·K）；

g_1, g_2—果蔬入、出库时相应的呼吸热（kJ/kg·h）。

需要注意的是在计算冷却间和冻结间的制冷设备时，考虑到物料开始冷却时的热负荷较大，应按 Q_2 计算值的 1. 3 倍计算。结冻物进库量按结冻能力或按本库容量的 15%取其较大者计算。果蔬进货量按旺季最大平均到货量减去最大加工量或按本库容量的 10%取其较大者计算。

（3）Q_3 的计算：

$$Q_3 = \frac{3V\Delta i}{Z}$$

式中：V—通风库房容积（m^2）；

Δi—室内外空气的焓差（kJ/m^3）；

Z—通风机每天工作时间（h）。

注：需要换气的冷风库才需计算 Q_3 项。

（4）Q_4 的计算：

$$Q_4 = Q_{4a} + Q_{4b} + Q_{4c} + Q_{4d} \quad (kJ/h)$$

式中：Q_{4a}—照明耗冷量(kJ/h)，每 m^2 冷藏间库房耗冷量 4. 18 kJ/h，操作间为 16. 7 kJ/h。

Q_{4b}—电动机运转耗冷量(kJ/h)，$Q_{4b}=N\times 3\,594$(kJ/h)；

Q_{4c}—开门耗冷量(kJ/h)；

Q_{4d}—库房操作人员耗冷量(kJ/h)，$Q_{4d}=1.256\times n$(kJ/h)，n 为库内同时操作人数，$n=2\sim4$。

注意在计算压缩机冷负荷时，还得加上管道耗冷量，直接冷却时，加 70%。盐水冷却时，加 12%。

(六)冷库的布置及设计

1. 冷库位置的选择

冷库位置选择时除考虑到发展的可能性，还应考虑下列因素。

(1) 冷库宜布置在全厂厂区夏季主导风向下风向，动力区域内。一般应布置在锅炉房和散发尘埃站房的上风向。

(2) 力求靠近冷负荷中心，并尽可能缩短冷冻管路和冷却水管网。

(3) 氨冷库不应设在食堂、托儿所等建筑物附近或人员集中的场所。其防火要求应按最新规定的《建筑设计防火规范》执行。

(4) 设备间夏季温度较高，其朝向应选择通风较好，不受阳光照射的方向。

2. 冷库设计基本原则

(1) 冷库要求结构坚固，并且具有较大承载力，以满足堆放货物和各种装卸运输设备正常运转的要求。建筑材料和构件应保证有足够的强度和抗冻能力。

(2) 冷库的平面布置应使工艺流程合理，路线短，不交叉，高、低温分区明确，尽量缩小围护结构的面积，柱网分布整齐，并考虑到扩建和维修方便。冷库的平面体形最好接近正方形，以减少外部围护结构。

(3) 高温库房与低温库房应分区布置(包括上下左右)，把库温相同的布置在一起，以减少绝缘层厚度和保持库房温湿度相对稳定。

(4) 采用常温穿堂，可防止滴水，但不宜设室内穿堂。

(5) 高温库因货物进出较频繁，宜布置在底层。

(6) 合理设置保温隔热层和隔气防潮层。

(7) 库房的层高和楼面负荷。单层冷库的净高不宜小于 5 m。为了节约用地，1 500 t 以上的冷库应采用多层建筑，多层冷库的层高，高温库不小于 4 m，低温库不小于 4. 8 m。楼面的使用荷载一般可考虑表 9-41 所列的标准。

表 9-41　各种库房的标准荷载

库房名称	标准荷载(kg/m^2)	库房名称	标准荷载(kg/m^2)
冷却间、冻结间	1 500	穿堂、走廊	1 500
冷藏间	1 500	冰库	900× 堆高
冻藏间	2 000		

3. 冷库绝热设计

目前,冷库墙体隔热层主要采用夹层墙、预制隔热嵌板和墙体上现场喷涂聚氨酯等方法。根据实际情况合理选择。

绝热材料应选用容量小、导热系数小、吸湿小、不易燃烧、不生虫、不腐烂、没有异味和毒性的材料。由于承受荷载,低温库地坪多采用软木绝缘,高温库地坪可采用炉渣绝缘;外墙多采用砻糠或聚苯乙烯泡沫塑料绝缘;天棚采用砻糠、软木或泡沫塑料绝缘;冷库门采用聚苯乙烯泡沫塑料绝缘。

4. 冷库的隔气设计

隔气设计是冷库设计的重要内容,由于库外空气中的水蒸气分压与库内的水蒸气分压有较大的压力差,水蒸气就由库外向库内渗透。良好的隔气层可阻止水蒸气的渗透。如隔气层不良或有裂痕,蒸汽会渗入绝缘材料中,使绝缘层受潮结冰以至破坏。

常用隔气防潮材料主要有两大类:石油、沥青、油毡和塑料薄膜防潮材料。一般要求在低温侧要选用渗透阻力小的材料,以利及时排除或多或少存在与绝缘材料中的水分。屋顶隔气层采用三毡四油,外墙和地坪采用二毡三油,相同库温的内隔墙可不设隔气层。隔气层必须敷设在绝缘层的高温侧。对于低温侧比较潮湿的场所,其外墙和内墙隔热层两侧均应设防潮层。

第八节　工厂辅助设施的设计

在食品工厂组成中,除生产车间以外的其他车间,都可称为辅助设施(车间)。辅助车间设计也是食品工厂设计的重要部分,没有辅助车间,单纯具有生产车间的食品工厂是无法实现食品生产任务的,而且辅助设施在食品工厂中的面积往往大于生产车间的面积。

一、原料接受站

由于食品原料多为易腐败变质生物原料,验收后需要及时进行处理,否则会发生品质下降,影响食品的生产,因此,原料接受站是食品工厂生产的第一个环节,质量如何将直接影响后面的生产工序。

原料接受站的主要功能是计量验收,通过计量验收,提供原料的真实质量数据,为生产管理螯合成本核算提供依据。因此,原料接受站必须设有地中衡、磅秤、电子秤等计量装置。

原料接受站接受原料时,接受的原料必须符合生产要求,因此,有些原料接受站在接受原料时,对原料进行分级、质量检验,也有些原料接受站接受原料时,只进行简单的外观检验,详细的理化检验交检验室进行分析。因此,原料接受站往往也配备一些检验设施。

一般地,多数原料接受站设在厂内,也有的设在厂外,或者直接设在产地。不论设在厂内或厂外,原料接受站都需要有适宜的卸货、验收、计量、即时处理、车辆回转和容器堆放的场地，并配备相应的计量装置(如地磅、电子秤)，容器和及时处理配套设备(如冷藏装置)。因食品原料种类繁多，形状各异，对原料接受站的要求也各不相同，现举例说明如下。

(一)肉类原料接受站

食品工厂使用的肉类原料，绝大多数来源于屠宰厂。已经过专门检验，对检验合格的原料，不论是冻肉还是新鲜肉，来厂后经地磅计量验收，即可直接进入冷库贮存。

(二)水产原料接受站

水产品容易腐败，其新鲜度直接影响产品品质。为了保证食品成品的质量，水产品的原料接受站，应对原料及时采取冷却保鲜措施。水产品的冻结点一般在−0.6 ℃～2 ℃之间，所以，常用的冷却保鲜措施为加冰保鲜法，加入量一般为水产原料用量的40%～80%，保鲜期可达3～7 d，冬天还可延长。为实现加冰保鲜法，一是需要有非露天的场地，二是需要配备碎冰制作设施。此外，对肉质鲜嫩的鱼虾、蟹等原料，可采用冷却海水保鲜法。该法需要配备保鲜池和制冷机，保鲜池的大小按鱼水比为7∶3，容积系数0.7考虑，制冷机的制冷量可将海水的温度控制在−1.5 ℃～−1 ℃之间。

(三)果蔬原料接受站

浆果类水果，如杨梅、葡萄、草莓等肉质娇嫩、新鲜度要求较高，应使原料尽可能减少停留时间，尽快进入下一道生产工序。因此，原料接受站应具备避免果实日晒雨淋、保鲜、进出货方便的条件。对菠萝、苹果、柑橘和梨等一些进厂后不要求立即加工，甚至需要经过后熟来改善质构和风味的水果(如阳梨)，在原料接受站验收完毕后，进入常温仓库短期贮存或进冷风库进行长期贮存。对于蔬菜原料，应视物料的具体性质，在原料接受站配备相应的预处理装置，如蘑菇的护色、马蹄的去皮等。预处理完毕后，应尽快进行下一道生产工序，以确保产品的质量。

(四)乳制品原料接受站

乳品工厂的收奶站一般设在奶源比较集中的地方，也可设在厂内。原料乳应在收奶站迅速冷却至5 ℃左右，奶源距离10 km左右为好。如果收奶站设在厂内，原料乳应迅速冷却，及时加工；如果收奶站不在厂内，接受的鲜奶应在12 h内可运到厂内及时加工。

(五)粮食原料接受站

粮食原料的接受站位置因粮食的运输方式不同而不同，一般粮食的运输方式主要有水路、公路和铁路三种方式。对水路运粮的企业，接受站通常设在沿海地区的港口，在港口通过吸粮机卸粮；对公路运粮的企业，接受站通常设有卸粮坑和输送机，粮食由汽车倒入卸粮坑，再由输送机输送；铁路运粮的企业，接受站和公路运粮的企业相似，也通设有卸粮坑和输送机，但接受位置的形式有差异。

对入仓粮食应按照各项标准严格检验。对不符合验收标准的，如水分含量大、杂质含量高等的粮食，要整理达标后再接受入仓；对发生过发热、霉变、发芽的粮食不能接受入仓。

检验后，粮食按不同种类、不同水分、新陈分开储存，有条件的应分等级贮存。

二、检验和技术研发中心

食品工厂的检验与技术研发中心是根据工厂实际情况进行生产技术的研究、检验机构，其主要任务一是向工厂提供新产品、新技术，二是对工厂的产品进行严格的质量、理化和卫生检验，保证产品的质量。其主要包括化验室和中心实验室。

（一）中心实验室（技术研发中心）

1. 中心实验室的任务

中心实验室的任务主要包括以下几方面。

（1）对供加工用的原料品种进行研究。如协助农业部门进行原料的改良和新品种的培育工作，对产品成分的分析和加工试验工作，提出原料的改良方向，设计新配方；采用新资源新原料等。

（2）制定并改良符合本厂实际情况的生产工艺。食品的生产过程是一个多工序组合的复杂过程，每一个工序又牵涉若干工艺条件和工艺参数。为寻求符合本厂实际情况的合理的工艺路线，往往需要进行反复试验与探索。一般需要先进行小样试验，再进行扩大试验，最后确定工艺路线及整套工艺参数，才能进行批量生产。此外，食品工艺也是常常需要改良的，中心实验室的研究人员要随时根据市场变化改进本厂的生产工艺和产品。

（3）开发新产品。为保持食品厂的活力经久不衰，必须不断地推出新的产品，中心实验室需要进行新产品的开发工作，开发符合生产需要的新产品。

（4）解决生产中出现的技术问题。如对生产过程中出现的异常情况，通过对产品进行分析检测，寻求解决方案。

（5）制定产品标准。根据企业的情况，确定采用国家标准或行业标准，或制定严于国家标准或行业标准的企业标准。

（6）其他方面的研究。如原辅材料的综合利用研究，新型包装材料的研究，三废治理方案的研究，国内外技术发展动态的跟踪和研究，产品分析方法的研究等。

2. 中心实验室的组成

中心实验室一般由研究工作室、分析室、保温间、微生物检验室、样品间、资料室及中小试制场地等组成。

中心实验室原则上应在生产区内，也可单独或毗邻生产车间，或安置在由楼房组成的群体建筑内。总之，要与生产密切联系，并使水、电、气供应方便。

中心实验室仪器设备的配备主要包括三个方面，一是要根据产品的属性和该产品市场准入时所要求配备的规定的分析检验设备，二是配备根据工厂产品需要的中、小型实验加工设备，还可进一步配备一些先进的检测仪器设备，如高效液相色谱、质构仪、蛋白测定仪等。

（二）化验室

化验室的职能是对产品和原料进一步进行质量检验。以便确定这些物料是否满足生产需要，确定生产的产品是否符合国家或企业有关的质量标准。

1. 化验室的任务

化验室的任务可根据检验对象和检验项目来划分。

根据检验对象，可分为对原料的检验，对成品的检验，对包装材料的检验，对各种食品添加剂的检验，对水质的检验，对环境的监测和生产过程的在线检测等。

根据检验的项目，可分为感官检验、物理检验、化学检验、微生物检验。但并不是每一种对象都要检查4个项目，检查项目根据产品的标准而定。一般对成品的检查比较全面，是检查的重点。

2. 化验室的组成

化验室由若干部分组成，化验室的组成根据工厂的规模和需要检测项目的多少而有不同，但一般包括以下组成部分。

(1) 感官检验室：主要对原辅材料、半成品和产品等进行感官分析，也可兼作日常办公室。

(2) 物理化学检验室：进行常规理化指标的检验，是化验室的工作中心。

(3) 微生物检验室：主要用于原辅材料、半成品和产品的卫生指标测定，主要检测产品的细菌总数、大肠菌群近似值、致病菌数的测定。

(4) 精密仪器室：放置精密大型仪器，如气相色谱、液相色谱、质构仪和流变仪等。

(5) 贮藏室：主要用于存放化学药品、玻璃仪器、仪器配件等。

3. 化验室的装备

化验室配备的大型用具主要有双面化验台、单面化验台、支撑台、药品橱、通风橱等。另外化验室还要配备各种玻璃仪器。不同产品(或原料)的化验室所需的仪器设备又不同，应根据需要进行设计。

4. 化验室的建筑要求

化验室在建筑位置、建筑结构、光线采集、上下水等方面都有一定的要求。

(1) 建筑位置。化验室的位置最好选择在距离生产车间、锅炉房、交通要道稍远一些的地方，并应在车间的下风或楼房的高层以避免烟囱和来往车辆灰尘的干扰以及避免车辆、机器震动精密分析仪器，还可避免化验室里有害气体排出而严重污染食品和影响工人的健康。如果所设化验室主要是检查半成品，此化验室也可设在低层楼或平房内。总之，化验室应根据检测的需要、厂区综合布置特点等具体情况进行设计。

(2) 建筑结构。房屋结构要做到防震、防火、隔热、空气流通、光线充足。准备间、无菌室、精密仪器室、工作间要合理设置，以满足各不同工作室的要求，如天平室应该避免放置在直接接受阳光暴晒的外墙边，也不适宜靠近窗户，要平面安装天平的位置不受振动影响，应该配备空调设施，使室内的温度、湿度符合要求；精密仪器室应该安装在单独的房间，远离电场、磁场干扰，保持室内合适的温度、湿度。

此外，通风排气橱最好在建筑房屋时一起建在适当位置的墙壁上，墙壁要用瓷砖镶好，并装上排气扇。设置水盆的墙壁要预先装好瓷砖。

(3) 上、下水管设置。化验室内上、下水管的设置一定要合理、通畅，并在合适的位置安装多个孔径不同的水龙头。自来水的水龙头要适当多安装几个，除一般洗涤外，大量的蒸馏、冷凝实验也需要占用专用水龙头，这类水龙头要求小口径，便于套皮管。除墙壁角落应设置适当数量水龙头外，实验操作台两头和中间也应设置水管。化验室水管应有自己的总水闸，必要时各分水管处还要设分水闸，以便于冬天开关防冻，或平时修理时开关方便。

有条件的厂还可以设置热水管，洗刷仪器用热水比用冷水效果更好，用热水浴时换水也方便，同时节省时间和用电。

下水管应设置在地板下和低层楼的天花板中间，即应为暗管式；下水道口采用活塞式堵头，当发生水管堵死现象时可很方便打开疏通管道；当排放的废水中含有大量杂质时，管道的拐弯处应预留清理孔，以便清理；排水管应尽量靠近排水量最大、杂质最多的排水点设置。下水管的平面段，倾斜角度要大些，以保证管内不存积水和不受腐蚀性液体的腐蚀。

（4）室内光线设置要求。化验室内应光线充足，窗户要大些，最好用双层窗户，以防尘和防止低温天气冻结了稀浓度的试剂。为采用自然采光，实验室最好是坐北朝南，采用较高的层高；对实验室的人工照明，光源以日光灯为好，因为此光源便于观察颜色变化。化验室内除装有共用光源外，操作台上方还应安装工作用灯，以利于夜间和特殊情况下操作。

（5）通风系统设置。实验室的通风不仅要保证新鲜空气的引入，而且还要注意灰尘、废气及其他测试过程中产生的有害副产品的排除问题。实验室的通风方式有两种，即局部排风和全室通风。局部排风是在产生有害物质后立即就近排出，如采用通风橱进行局部排风；对有些实验室不能使用局部排风，或者局部排风满足不了要求时，应采用全室通风。

（6）操作台面的保护。实验操作台面最好涂以防酸、防碱的油漆，或铺上塑料板或黑色橡胶板。橡胶板更适用一些，即可防腐，玻璃仪器侧翻时也不易破碎。

（7）其他。实验室的电源线路应保持电压稳定，应配备洗眼器、安全箱等安全设备。

三、机修车间

食品工厂机修车间的主要任务是制造非标准专业设备和维修保养专用设备，主要负责处理生产过程中的设备故障及维护，随时注意设备运行情况，保证设备正常运行，并定期进行大修。大型食品厂的机修车间一般设有厂部机修与车间保养，中小型食品厂一般只设厂级保修。机修车间一般由钳工、机工、锻工、板焊、热处理、管工和木工等工段组成。

机修车间对土建无特殊要求。它与生产车间应当保持适当的距离，使其与生产车间保持既不互相影响，又联系方便的相互位置，应将高温作业段和有强烈震动的作业段与其他工段分开，应安置在厂区的偏僻角落为宜。如果车间设备较多且笨重，则厂房应考虑安排行车，对于需要安装行车或吊车的工段，应注意厂房高度，吊车轨面离地高度应不小于6 m。一般机修车间的净高为4. 2 ～ 4. 5 m，车间柱跨度为9 ～ 15 m。

四、生活设施

食品工厂生活设施包括行政办公楼、食堂、更衣室、浴室、厕所、礼堂等。

（一）行政办公楼

办公楼应布置在靠近人流入口处，其面积与管理人员数及机构的设置情况有关。

办公楼建筑面积可按下式估算：

$$A = GK_1A_1/K_2 + B$$

式中：A—办公楼建筑面积（m^2）；

G—全厂职工总人数；

K_1—全厂办公人数比，一般取 8%～12%；

A_1—每个办公人员使用面积，一般取 5～7 平方米／人；

K_2—建筑系数，一般取 65%～69%。

B—辅助用房面积（m^2），根据需要决定。

（二）食堂

食堂在厂区中应布置在靠近工人出口处或人流集中处，其服务距离不宜超过 600 m，食堂主要由餐厅和厨房两部分组成，建筑总面积可由下式计算：

$$A = N(D_1 + D_2)/K$$

式中：A—食堂建筑面积（m^2）；

N—座位数；

D_1—每座位餐厅使用面积（m^2）；

D_2—每座位厨房及其他面积（m^2）；

K—建筑系数，一般取 82%～89%。

（三）更衣室

为适应食品工厂对卫生的要求，食品加工车间必须设有更衣室，依据车间对卫生要求的不同，更衣室有一次更衣室和二次更衣室。一次更衣室为进入生产车间的更衣；二次更衣室为初次更衣在进厂后完成，换上有工厂标志的服装，二次更衣在进入车间前，根据工作要求进行更衣。进入车间的更衣是确保生产产品安全的重要环节。一次更衣（换鞋、戴帽）进准洁净区，二次更衣（换鞋、戴口罩）进洁净区，是要分开的。例如乳制品企业二次更衣要连体的工装，最好连帽子也是一体的。

更衣室应分别设在生产车间或部门内靠近人员进出口处，一般布置在消毒间附近为宜。更衣室内应设个人单独使用的更衣柜，以分别存放衣物鞋帽等。更衣室使用面积应按工人总人数平均每人 0.5～0.6 m^2。

（四）浴室

对卫生要求特别严格的食品工厂，从事直接生产食品的工人应在上班前洗澡。因此，浴室一般应设在生产车间内，与更衣室、厕所等形成一体。此外，还有其他车间或部门的人员淋浴，厂区也应设置独立浴室。浴室淋浴器的数量按各浴室使用最大班人数的 6%～9% 计，浴室建筑面积按每个淋浴器 5～6 m^2 估算。淋浴室应设置在通风、采光较好的位置，并有通风排气设施，也可以设置天窗。为便于冬季洗澡，必须设置采暖设备（如暖气）。浴室内应采取防水、防潮、排水和排气措施。

（五）厕所

食品工厂内较大型的车间，特别是楼房式生产车间，应考虑在车间附近设置厕所，以方便生产工人。供生产人员使用的洗手间可考虑设置在男、女更衣间附近、消毒间以外，厕所应远离生产车间 25 m 以上。厕所门窗不得直接开向生产车间。厕所内应有排臭、防苍蝇措施，采用水冲式，同时设置洗手设施。厕所便池蹲位数量应按最大班人数计，男厕所按每 40 ～ 50 人设一个、女厕所按每 30 ～ 40 人设一个。厕所建筑面积一般按每个蹲位 2. 5 ～ 3 m^2 估算。

（六）礼堂

礼堂建筑面积数按下式计算：

$$A = MA_1/K$$

式中：A—礼堂建筑面积（m^2）；

M—最大班人数；

A_1—座位使用面积，0. 8 ～ 1. 0 m^2；

K—建筑系数，一般取 82%～ 89%。

（七）消毒间

一般布置在操作人员进入操作间的主要通道入口处，一切操作、管理人员必须更换工作服、工作鞋后进入消毒间，对手消毒或对工作服进行吹尘风淋后方可进入操作间。小型车间可设置一个，大型车间可考虑设置 2 个或 2 个以上。

第九节　设计概算和技术经济评价

食品工厂涉及大量的技术经济问题，因此对初步设计进行概算和技术经济评价也是食品工厂设计的重要内容，具有重要意义。

一、设计概算

设计概算是初步设计文件的重要组成部分，是确定投资额和编制建设计划的依据。在基本建设项目可行性研究报告或项目计划任务书中，设计概算一般根据产品与规模等因素进行测算，由设计部门负责编制，如果一项设计由两个以上单位共同设计，则由总体设计单位牵头进行。设计概算投资额一般不超过项目控制数额的 10%。项目设计概算的内容一般由建筑工程费用、设备及工具器具购置费用、安装工程费用、其他费用及预备费等组成。

二、技术经济评价

技术经济评价即对项目设计的不同方案从技术上、经济上进行计算、分析、评价，从最优目标出发，对项目设计各个方案的投资额度、建设进度、投资效益等进行多方案比选。

设计方案选择是为了在不同的设计方案中比选出最佳方案，以减少项目投资决策的盲目性，提高投资决策的科学性。通过对比项目设计的不同方案的投资总额、投资回收期、生产成本等绝对指标及其他相对指标，评价项目设计方案的优劣等级。一个项目设计方案如果所选择的厂址条件好，拟采用的生产工艺、生产技术、生产设备等先进适用且经济合理，生产过程安全且无环境污染，与项目所在地区的资源条件及社会经济条件相吻合，建设费用、经营费用等较少，投资回收期较短，则这样的方案应为最佳方案。

参考文献

[1] 王如福，等．食品工厂设计［M］．北京：中国轻工业出版社，2001.
[2] 纵伟，等．食品工厂设计［M］．郑州：郑州大学出版社，2011.
[3] 卢晓黎，等．食品科学与工程专业实验及工厂实习指导书［M］．北京：化学工业出版社，2010.
[4] 李元瑞，等．食品工厂设计原理［M］．西安：陕西科学技术出版社，1994.
[5] 无锡轻工大学，等．食品工厂设计基础［M］．北京：中国轻工业出版社，1999.
[6] 何东平．食品工厂设计［M］．北京：中国轻工出版社，2009.
[7] 李洪军．食品工厂设计［M］．北京：中国农业出版社，2005.
[8] 张国农．食品工厂设计与环境保护［M］．北京：中国轻工出版社，2005
[9] 王颉．食品工厂设计与环境保护［M］．北京：化学工业出版社，2006.
[10] 陈朝东．工业水处理技术问答［M］．北京：化学工业出版社，2007.
[11] 高艳玲，马达．污水生物处理新技术［M］．北京：中国建材工业出版社，2006.
[12] 陈亢利，钱先友，许浩瀚．物理性污染与防治［M］．北京：化学工业出版社，2006.
[13] 熊振湖，费学宁，池勇志．大气污染防治技术及工程应用［M］．北京：机械工业出版社，2003.
[14] 刘晓杰．食品工厂设计综合实训［M］．北京：化学工业出版社，2008.
[15] 杨芙莲．食品工厂设计基础［M］．北京：机械工业出版社，2005.
[16] 曾庆孝．GMP与现代食品工厂设计［M］．北京：化学工业出版社，2006.